항공정비사 표준교재
Aircraft Maintenance Engineer Handbook

개정판

항공기 전자전기계기(기본)

Avionics for AMEs

국토교통부

발/간/사

1948년, 첫 민간 항공기가 역사적인 비행을 시작한 이래 우리나라는 세계 7대 항공운송 강국으로 성장했습니다. 현재 세계 177개 도시와 379여개의 항공노선으로 연결 되어 있고, 작년 한 해 만도 1억 2,337만 명의 여객과 427만 톤의 화물을 실어 날랐습니다. 특히, 지난 가을에는 국제민간항공기구(ICAO) 이사국 7연임 달성에 성공함으로써 국제항공 무대에서도 우리나라의 위상은 더욱 높아졌습니다.

국내 항공 산업이 나날이 성장해감에 따라 우리 국토교통부에서는 보다 체계적으로 항공종사자를 양성하고자 2015년 12월부터 항공정비사, 조종사, 항공교통관제사 등을 위한 「항공종사자 표준교재」를 발간하여 왔습니다.

특히 항공정비사를 위한 표준교재는 2015년 12월 초판 발간 후부터 지금까지 많은 예비 항공정비사와 교육 업계의 꾸준한 관심을 받아왔으며, 긍정적인 평가와 동시에 때로는 새로운 교육내용에 대한 건의도 있었습니다.

이에 힘입어 최근 헬리콥터 정비사를 위한 교육교재와 항공전자분야의 전문정비사 양성을 위한 항공전자 · 전기 · 계기(심화) 교재를 발간하였고,

더불어 기존 항공정비사 교육교재 또한 새롭게 바뀐 항공안전법규와 정비기술의 발전 동향을 반영하여 새롭게 개편하였습니다.

이번에 발간하는 제2판 항공정비사 표준교재는 이전의 항공기 형식에는 없던 첨단소재, 동력장치, 전기전자 시스템 등을 갖춘 초대형 항공기의 출현에 따른 새로운 시스템, 장비 및 절차 등을 학습할 수 있도록 최신 동향을 반영 하는 데에 중점을 두었으며,

더불어 초판 교재 중 이해가 어려웠던 용어들을 작업현장에서 실제 사용하는 용어로 수정함과 동시에 한글과 원어를 같이 표기하여 학습자의 이해도를 높이고, 그림자료 또한 국내 작업현장의 자료 등을 활용하는 등 실제 교재 이용자의 다양한 건의사항을 충분히 검토하고 반영하여 학습 편의성을 높일 수 있도록 노력하였습니다.

바라건대, 본 개정판을 통하여 항공정비사를 꿈꾸는 학생, 교육기관의 교수, 현업에 종사하는 항공정비사들에게 교육의 표준 지침서가 되어 우리나라 항공정비 분야의 기초를 튼튼히 하고 저변을 확대하는 데 크게 기여하기를 바랍니다.

끝으로 이 책을 개정 발간하는데 아낌없는 노력과 수고를 하신 개정 집필자, 연구자, 감수자 등 편찬진에게 진심으로 감사드리며 내실 있고 좋은 책을 만들기 위해 노력하신 항공정책실 항공안전정책과장 이하 직원들의 노고에 감사를 표합니다.

항공정책실장 **김 상 도**

표준교재 이용 및 저작권 안내

표준교재의 목적

본 표준교재는 체계적인 글로벌 항공종사자 인력양성을 위해 개발되었으며 현장에서 항공안전 확보를 위해 노력하는 항공종사자가 알아야 할 기본적인 지식을 집대성하였습니다.

표준교재의 저작권

표준교재의 이용 및 주의사항

이 표준교재는 「항공안전법」 제34조에 따른 항공종사자에게 필요한 기본적인 지식을 모아 제시한 것이며, 항공종사자를 양성하는 전문교육기관 등에서는 이 표준교재에 포함된 내용 이상을 해당 교육과정에 반영하여 활용할 수 있습니다.

또한, 이 표준교재는 「저작권법」 및 「공공데이터의 제공 및 이용 활성화에 관한 법률」에 따른 공공저작물 또는 공공데이터에 해당하므로 관련 규정에서 정한 범위에서 누구나 자유롭게 이용이 가능합니다.

그리고 「공공데이터의 제공 및 이용 활성화에 관한 법률」에 따라 이 표준교재를 발행한 국토교통부는 표준교재의 품질, 이용하는 사람 또는 제3자에게 발생한 손해에 대하여 민사상 · 형사상의 책임을 지지 아니합니다.

표준교재의 정정 신고

이 표준교재를 이용하면서 다음과 같은 수정이 필요한 사항이 발견된 경우에는 항공교육훈련포털(www.kaa.atims.kr)로 신고하여 주시기 바랍니다.

- 항공법 등 관련 규정의 개정으로 내용 수정이 필요한 경우
- 기술된 내용이 보편타당하지 않거나, 객관적인 사실과 다른 경우
- 오탈자 및 앞뒤 문맥이 맞지 않아 내용과 의미 전달이 곤란한 경우
- 관련 삽화 등이 누락되거나 추가적인 설명이 필요한 경우

※ 주의 : 표준교재 내용에는 오류, 누락 및 관련 규정 미반영 사항 등이 있을 수 있으므로 의심이 가는 부분은 반드시 정확성 여부를 확인하시기 바랍니다.

목 차

CONTENTS

PART 01 전기 전자 기초 1–2

PART 02 항공기 전기 시스템 2-2

PART 03 항공계기 계통 3-2

01 전기 전자 기초

Fundamentals of Electricity and Electronics

1 전기 전자 기초

Fundamentals of Electricity and Electronics

1.1 개 요(Introduction)

이 단원에서는 전기에 관한 지식과 실제적인 고장 탐구의 기초를 다지기 위한 기본 개념을 설명한다. 예를 들어, 구리선이나 공간을 통해 어떻게 에너지가 이동하는가? 전류와 기전력은 무엇인가? 착륙등이 켜지도록 하거나 유압 펌프 구동모터가 동작하도록 하는 것은 무엇인가? 등과 같은 질문에 대하여 설명한다. 이 질문들은 기본 원리에 대한 많은 이해를 필요로 한다. 하나의 기본 원리에 다른 원리를 추가함으로써 전기나 전자장치에 대한 호기심이나 현실적인 질문의 대부분을 해결하는 것이 가능하게 된다.

전류를 이해하기 위해서는 물질의 본질에 대해 먼저 알아야 한다. 모든 물질은 분자로 이루어지며, 그 분자는 원자로 이루어진다. 또한 원자 자체는 전자, 양성자, 중성자로 구성된다.

1.2 물질의 일반적 구성 (General composition of matter)

1.2.1 물질(matter)

물질은 질량과 부피가 있고 물리적으로 물체를 구성하는 것이라고 정의할 수 있다. 본질적으로 물질은 만질 수 있는 모든 것이며, 모든 사물 구성의 기본이 된다. 물질은 공간을 차지하고, 질량을 가지며, 어떤 식으로든 감각적으로 느낄 수 있다. 무게는 질량을 결정하는 간접적인 방법일 수 있지만 서로 같지는 않다. 무게는 물체에 작용하는 중력으로 인해 당겨지는 척도이다. 물체가 더 많은 질량을 가질수록 무게는 더 나간다. 무게를 수식으로 나타내면 다음과 같다.

$$무게 = 질량 \times 중력가속도$$

물질의 상태는 분자의 활성도에 따라 구분할 수 있는데, 이를 네 가지로 구분하면 고체, 액체, 기체, 플라즈마(plasma)이다. 항공정비사의 업무상 고체, 액체, 기체만을 고려한다.

1.2.2 원소(element)

원소는 화학적인 방법을 통해 더 이상 단순한 형태로 분해되지 않는 물질 단위이다. 예를 들어 철, 금, 은, 구리, 산소가 이에 해당한다. 원소를 그 이상으로 분해한다면 현재의 상태를 유지할 수 없게 된다.

1.2.3 화합물(compound)

화합물은 두 가지 이상의 원소를 화학적으로 조합한 것이다. 물은 가장 흔한 화합물 중 하나이며, 수소 원자 2개와 산소 원자 1개로 이루어져 있다.

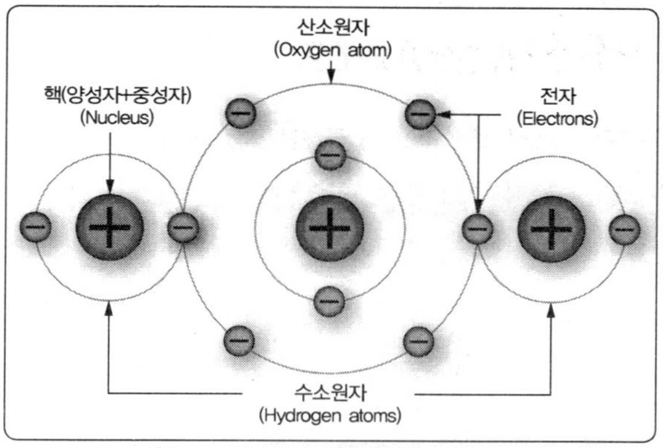

[그림 1-1] 물 분자의 구조(a water molecule)

1.2.4 분자(molecule)

물(H_2O)과 같이, 존재할 수 있고 여전히 그 동질성을 유지할 수 있는 물질의 가장 작은 입자를 분자라고 한다. [그림 1-1] 오직 한 가지 종류의 원자로 구성된 물질을 원소라고 한다. 그러나 대부분의 물질은 자연에서 두 가지 종류 이상의 원자로 이루어진 화합물이다. 만약 물이 1개의 수소 원자와 2개의 산소 원자가 화학적으로 결합되었다면, 이것은 더 이상 물의 성질을 유지할 수 없을 것이다. 물 한 방울을 둘로 나누고 또 나눠서 더 이상 나눌 수 없을 때까지 계속 나누어도 여전히 물인 것이다.

1.2.5 원자(atom)

원자는 모든 물질의 가장 기본적인 구성요소로 간주된다. 원자는 양성자, 중성자, 전자 세 개의 아원자 입자로 구성되어 있다. 이 세 개의 입자는 특정 원자의 성질을 결정한다. 원소란 특정 성질을 가진 동일한 원자로 구성된 물질이다. 산소가 이것의 한 예다. 각 원소를 정의하는 주 성분은 중성자, 양성자, 전자의 수이다. 수소와 헬륨은 원소의 예다. 이 2원소 모두 중성자, 양성자, 전자를 가지고 있지만, 그 수는 서로 다르다. 이 차이만으로도 이 두 가지 다른 원소의 화학적, 물리적 성질의 변화를 이해할 수 있다. 주기율표에는 알려진 100개 이상의 원소가 있다. [그림 1-2] 이 원소들은 주기율표에서 그들의 특성에 따라 분류된다. 또한 물질의 운동 이론은 물질을 구성하는 입자들이 항상 움직이고 있다고 말한다. 열팽창은 운동 이론이 적용되며, 물/얼음을 제외한 물질들이 차가워지면 수축하고 뜨거워지면 팽창하는 이유를 설명한다.

1.2.6 전자, 양성자, 중성자 (electrons, protons, and neutrons)

원자의 중심에는 양성자와 중성자를 포함하고 있는 핵이 있다. 양성자는 양전하를 띤 입자이고 중성자는 중성전하를 띤 입자이다. 중성자는 양성자와 거의 같은 질량을 가지고 있다. 원자의 원자를 구성하고 있는 3 번째 입자는 양성자에 비해 매우 작은 질량을 가지며 음전하를 띤 전자이다. 양성자의 질량은 전자보다 약 1,837배 크다. 원자의 중심부분, 즉 핵에 있는 양성자와 중성자 위치, 그리고 원자로부터 멀리 떨어져 있는 전자 위치로 인하여, 전자는 화학반응 동안 변화를 겪게 된다. 양성자의 무게는 대략 전자보다 1,845배 크기 때문에, 핵에 있는 양성자와 중성자의 수에 의해 원자 전체의 무게가 결정된다. 전자의 무게는 미세하기에 원자의 무게를 결정할 때 고려되지 않는다. 실제로 전자가 질량, 또는 중량이 없는 음전하인지, 음전하를 가진 물질의 소립자인지 분명하지 않기 때문에 전기의 본질을 명확하게 정의할 수는 없다.

수소는 원자의 가장 단순한 형태를 나타낸다. [그

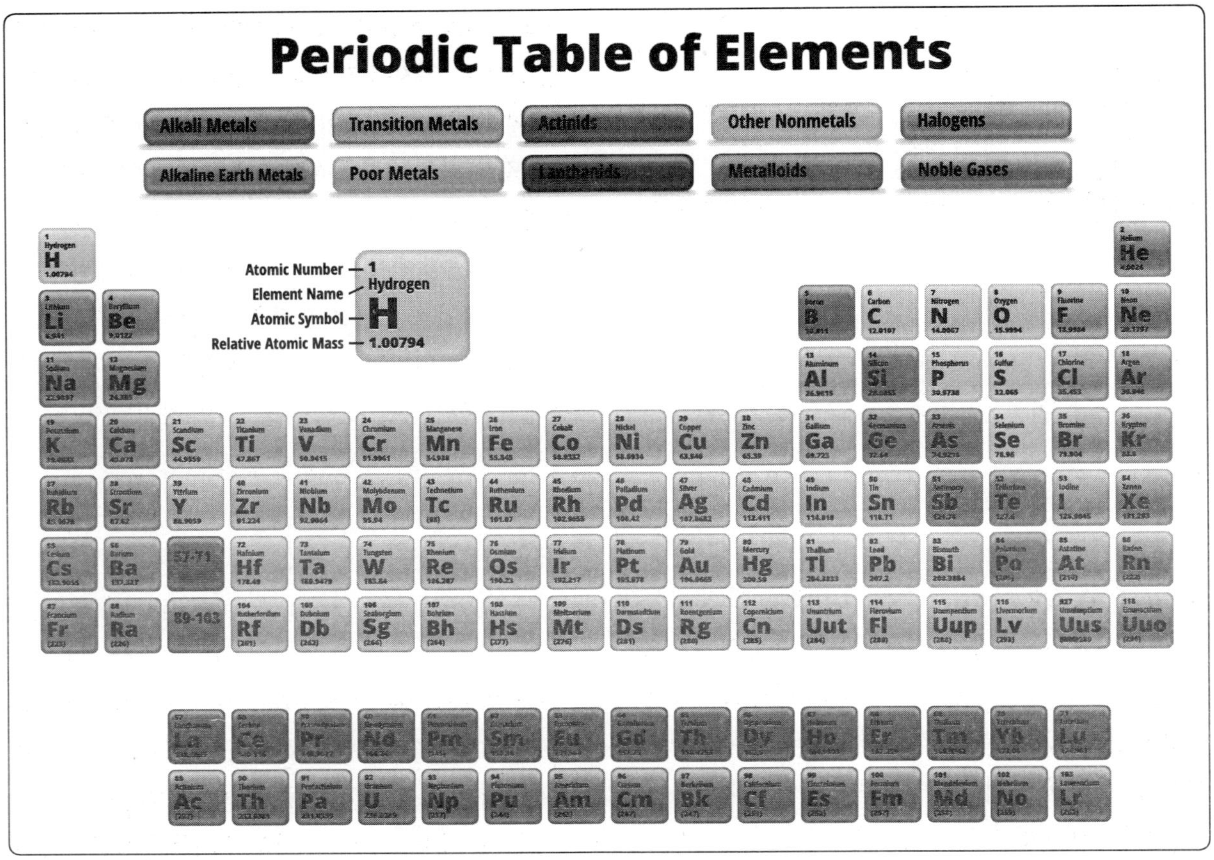

[그림 1-2] 주기율표(periodic table of elements)

림 1-3] 수소원자의 핵에는 1개의 양성자가 있고 궤도(orbit)를 도는 하나의 전자가 있다. 조금 더 복잡한 수준인 산소 원자는 8개의 양성자와 8개의 중성자로 구성된 핵이 있고 그 주변에서 2개의 각(shell)을 회전하는 8개의 전자가 있다. [그림 1-4] 핵에 있는 양성자의

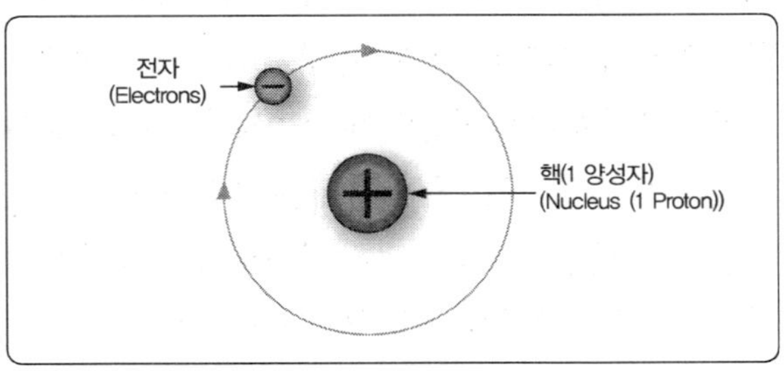

[그림 1-3] 수소원자

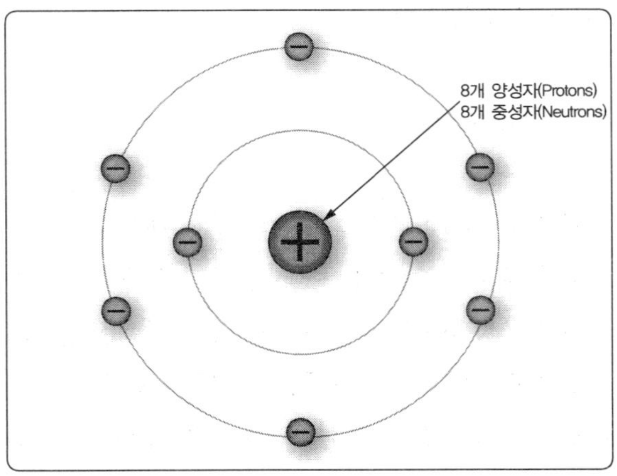

[그림 1-4] 산소원자

총 양전하가 핵 주위의 궤도에 있는 전자의 총 음전하와 같을 때, 원자는 중성이라고 한다.

1.2.7 전자 셀과 에너지준위 (electron shells and energy levels)

전자가 궤도에 머물기 위해서는 일정량의 에너지를 필요로 한다. 이 특정한 양을 전자의 에너지준위라고 한다. 전자는 자신의 운동에 따른 운동에너지를 갖고 있지만, 전자 궤도의 위치에 따라 전자의 위치에너지가 결정된다. 전자의 총 에너지는 전자가 위치할 궤도의 반지름을 결정하는 주 요인이다.

원자의 전자는 어떤 한정된 에너지준위, 즉 전자 셀(electron shells)에서만 나타난다. 에너지준위 사이의 간격은 다양한 원소에서 화학적 특성을 분류할 때, 몇 개의 촘촘히 늘어서 있는 허용 에너지준위를 전자 셀로 그룹화 하는 것이 편리하다. 임의의 전자 셀이나 또는 하위전자 셀에 포함될 수 있는 전자의 최대 수는 모든 원자에 대해 동일하며, 전자 수용 량 = $2n^2$로 정의된다. 이 식에서 n은 해당 원자의 에너지준위를 나타낸다. 첫 번째 전자 셀은 2개의 전자만을 수용할 수 있고, 두 번째 전자 셀은 8개의 전자를 수용할 수 있으며, 세 번째는 18개가 들어갈 수 있다. 이 식은 6개의 에너지준위를 가진 가장 무거운 원자를 위한 일곱 번째 전자 셀에 도달할 때까지 적용된다. 가장 안쪽의 전자 셀은 가장 낮은 에너지준위이기 때문에, 핵에 가장 가까운 전자 셀부터 채워지기 시작하여 원소의 원자 수가 증가함에 따라 바깥쪽으로 채워진다. 그러나 에너지준위는 다음 에너지준위를 전자가 채우기 시작하기 전에 완전히 채워져야 하는 것은 아니다. 원소의 전자 구성을 결정하기 위해 주기율표를 확인해야 한다.

(1) 원자가 전자(valence electrons)

원자가는 원자가 형성할 수 있는 화학결합의 수이고, 원자가 전자는 다른 원자와의 화학결합에 참여할 수 있는 전자들이다. 원자의 가장 바깥쪽 전자 셀에 있는 전자의 수는 원자가를 결정하는 요소이다. 따라서 이 전자 셀에 들어있는 전자를 원자가 전자라고 한다.

(2) 이온(ions)

이온화는 원자가 전자를 잃거나 얻는 과정이다. 원자로부터 전자를 방출하면 원자가 양전하를 띠게 된다. 양전하로 대전된 원자를 양성이온 또는 양이온이라고 부른다. 여분의 전자를 얻은 원자는 음전하를 띠며 음성이온 또는 음이온이라고 한다. 원자가 중성일 때, 양전하로 대전된 양성자 수와 음전하로 대전된 전자 수가 같다.

(3) 자유전자(free electrons)

원자가 전자는 2개의 원자핵 사이에서 이동하는 것을 볼 수 있다. 어떤 전자는 다른 전자에 비해 원자의 핵에 더 강하게 구속되어 핵에 더 가까운 전자 셀이나 층에 위치하는 반면, 어떤 전자는 더 약하게 구속되어 핵으로부터 더 먼 거리에서 궤도를 돈다. 이러한 가장 바깥쪽 전자는 핵에 있는 양성자의 인력으로부터 쉽게 벗어날 수 있기 때문에 “자유전자”라고 부른다. 일단 원자로부터 벗어나면, 전자는 원자에서 다른 원자로 이동할 수 있으며, 실제 전기 회로에서 흔히 전류라고 불리는 전자의 흐름이 일어난다.

1.2.8 전자이동(electron movement)

원자의 원자가는 전자를 얻거나 잃을 수 있는 능력

을 결정하는데, 이것은 궁극적으로 원자의 화학적, 전기적 성질을 결정한다. 이러한 성질은 물질의 자유 전자를 생산하는 능력에 따라 도체, 반도체 또는 절연체로 분류될 수 있다. 재료가 사용 가능한 많은 수의 자유전자를 가지고 있을 때, 재료는 더 많은 전류를 전도할 수 있다.

(1) 도체(conductors)

금, 구리, 은과 같은 원소들은 많은 자유 전자를 가지고 있어 좋은 도체를 만든다. 이 물질들의 원자들은 바깥쪽 궤도에 약하게 구속되는 몇 개의 전자를 가지고 있다. 열과 같은 에너지는 바깥쪽 궤도에 있는 전자들이 떨어져 나가 재료 전체에 떠다니게 하는 원인이 될 수 있다. 구리와 은은 바깥쪽 궤도에 1개의 전자를 가지고 있다. 실온상태에서, 은선 1 가닥은 수십억 개의 자유전자를 가지고 있다.

(2) 절연체(insulators)

절연체는 유리, 세라믹, 플라스틱과 같이 전류가 잘 흐르지 않거나 전혀 흐르지 않는 물질이다. 정상 상태에서 이들 물질의 원자는 자유 전자를 생성하지 않는다. 자유전자가 없다는 것은 물질을 통해 전류가 흐를 수 없다는 것을 의미한다. 재료가 아주 강한 전기장에 있을 때만 즉 고압으로 전류를 보낼 때 외곽전자는 이탈하게 된다. 이 작용을 항복현상이라고 하며, 이 때 보통 절연체는 물리적 손상이 발생한다.

(3) 반도체(semiconductors)

반도체의 재료 특성은 도체와 절연체 중간 정도에 속하는데, 순수한 상태에서는 전기 전도나 절연을 잘 하지 못하는데 어떤 외부 부하(전압)가 가해지는가에 따라 도체나 절연체처럼 동작할 수 있다. 반도체는 트랜지스터와 집적회로(IC)를 만드는 데 사용된다. 가장 널리 사용되는 반도체 재료로는 실리콘과 게르마늄이 있다.

1.3 전기 계산에 사용되는 접두사 (Prefixes used for electrical calculations)

어떤 측정계통에서, 한 가지 단위만으로 전기 계통 수리와 정비에 수반되는 모든 계산을 수행하는 것은 충분하지 않다. 예를 들어, 짧은 거리는 보통 inch로 측정할 수 있지만, 더 긴 거리는 피트(feet), 야드(yard), 또는 마일(mile) 등으로 표현한다. 전기 값은 종종 기본단위의 100만분의 1에서부터 매우 큰 값까지 다양하기 때문에, 볼트(volt), 암페어(ampere), 또는 옴(ohm)과 같은 단위의 값을 나타내기 위해 광범위한 범위의 수를 사용할 필요가 있다. 기본 단위에 대한 배수나 약수를 나타내기 위해 단위기호와 함께 사용되는 일련의 접두어가 고안되었다. 이들 접두사에는 12개가 있는데, 환산계수라고도 한다. 전기 업무에서 가장 많이 사용되는 4 가지 접두사는 다음과 같다.

(1) Mega(M) : 백만(1,000,000)
(2) Kilo(k) : 천(1,000)
(3) Milli(m) : 1,000분의 1(1/1,000)
(4) Micro(μ) : 백만분의 1(1/1,000,000)

킬로(Kilo)는 가장 널리 사용되는 환산계수 중 하나이다. 킬로(Kilo)는 1,000을 의미하며, 전압과 함께 사용할 경우 킬로볼트[kV]로 표시하며, 1000볼트[V]

[표 1-1] 기본량의 배수에 대한 접두사 및 기호

Number	Prefix	Symbol
1,000,000,000,000	tera	t
1,000,000,000	giga	g
1,000,000	mega	M
1,000	kilo	k
100	hecto	h
10	deka	dk
0.1	deci	d
0.01	centi	c
0.001	milli	m
0.000001	micro	μ
0.000000001	nano	n
0.000000000001	pico	p

를 의미한다. 킬로(Kilo)의 부호는 문자 "k"이며, 1000볼트[V]는 1[kV] 또는 1[㎸]이다. 반대로, 1V는 kV의 1,000분의 1과 같고, 이것은 또한 0.001 kV라고 쓸 수 있다. 마찬가지로 밀리(mili)는 1000분의 1을 의미하므로 1밀리볼트는 1볼트의 1000분의 1과 같다. [표 1-1]에는 전기량을 표현하는 데 사용되는 숫자의 배수와 그에 해당하는 접두사 및 기호를 수록하였다.

1.4 정전기(Static electricity)

전기는 종종 정전기 또는 동전기로 만들어진다. 이 둘 사이의 차이는 간단히 전자가 정지(정적) 상태인지 또는 운동(동적) 상태인지에 근거를 두고 있다. 정전기는 물체의 표면에 전하가 축적된 것이다. 그것은 교류(AC) 또는 직류(DC) 전기처럼 전류가 흐르지 않기 때문에 "정적(static)"으로 간주된다. 정전기(static electric)는 보통 고무, 플라스틱, 유리 등 비전도성 물질이 서로 마찰하여 전자가 이동할 때 발생하는데, 이는 두 물질 사이에 전하의 불균형을 초래한다. 두 물질 사이에 전하의 불균형이 존재한다는 것은 물체가 서로 끌어당기거나 밀어내는 힘을 가진 것이라는 것을 의미한다.

1.4.1 흡인력과 반발력 (attractive and repulsive forces)

자기학뿐만 아니라 전기학에서 가장 기본적인 법칙 중 하나가 흡인력과 반발력이 발생한다는 것이다. 같은 전하끼리는 서로 밀어내고 다른 전하끼리는 서로 끌어당긴다. 전자들은 음전하를 가지므로 서로 밀어낸다. 비슷하게 모든 양성자들은 양전하를 가지므로 서로 밀어낸다. 또한, 전자와 양성자는 정반대의 전하를 가지므로 서로를 끌어당긴다.

예를 들어 [그림 1-5]와 같이 매달려 있는 두 개의 피스 볼(pith balls)에 대전된 유리 막대를 접촉시키면, 막대로부터 대전된 전하의 일부가 볼로 이동한다. 이때 이 볼들은 동일한 전하를 가지게 되며, 결과적으로 [그림 1-5]의 B에 표시된 것처럼 서로를 밀어낸다. 플라스틱 막대를 모피에 마찰시키면, 플라스틱 막대는 음극으로 대전되고 모피는 양극으로 대전된다. 이와 같이 서로 다르게 대전된 물질을 각 볼에 접촉시키면, 볼은 반대되는 전하를 얻게 되어 [그림 1-5]의 C와 같이 서로를 끌어당긴다.

대부분의 물체가 마찰에 의해 정전기로 대전되지만 대전된 물질은 접촉에 의해 그 주변의 물체에 영향을 미칠 수 있다.[그림 1-6] 만약 양극으로 대전된 로드(둥근 막대. rod)를 대전되지 않은 금속 바(넓적한 막대. bar)에 접촉시키면, 대전되지 않은 금속 바에 있는 전자를 접촉점까지 끌어당길 것이다. 일부 전자는 양극으로 대전된 로드(둥근 막대. rod)로 흘러들어갈

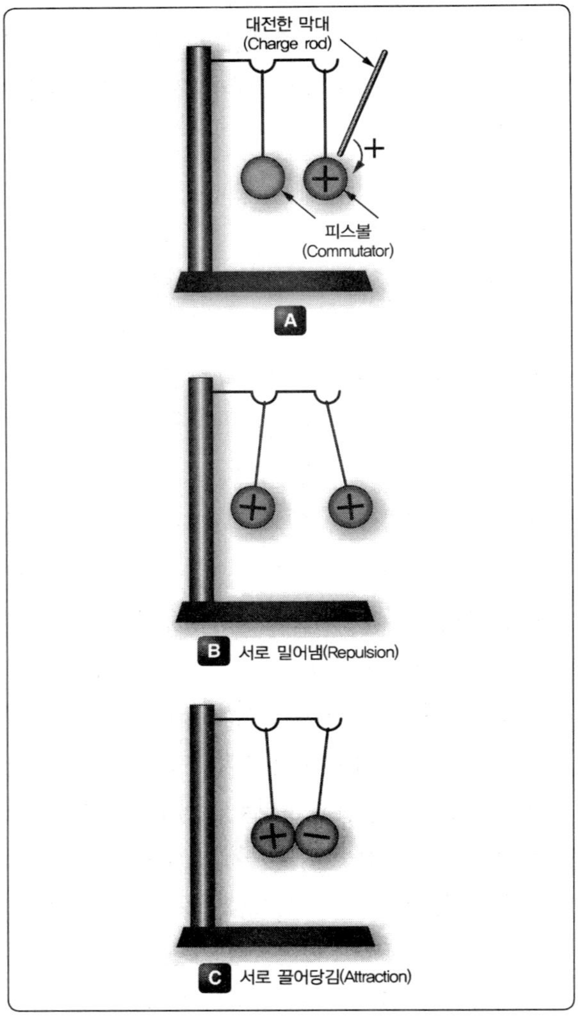

[그림 1-5] 같은 전하 또는 다른 전하에 의한 반응

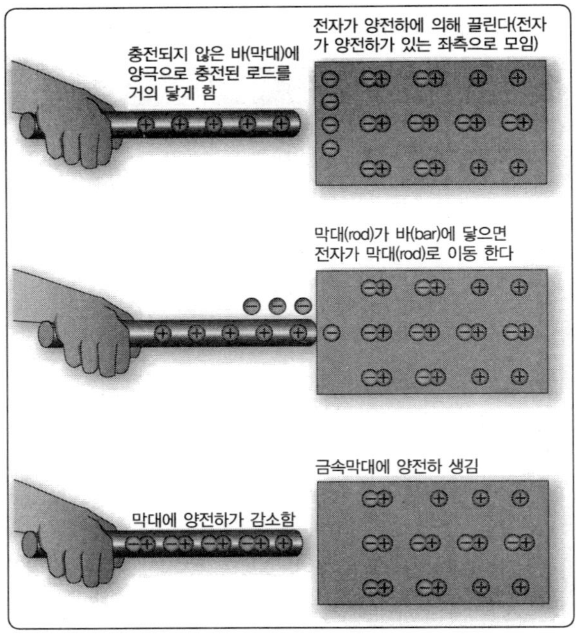

[그림 1-6] 접촉에 의한 대전(Charging by contact)

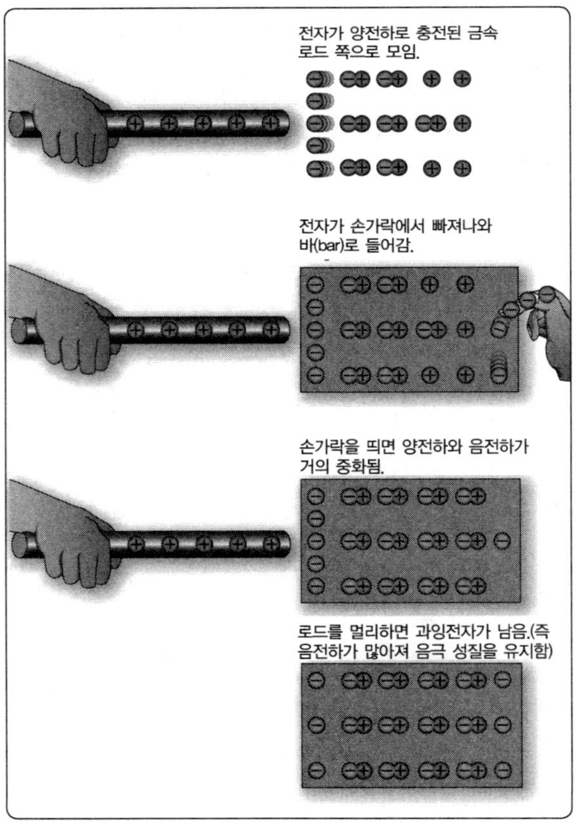

[그림 1-7] 유도에 의한 대전(Charging a bar by induction)

것이며, 금속 바(bar)는 전자의 부족현상(양극으로 대전)이 일어나며 양극으로 대전되었던 로드는 접촉하기 전보다 양성이 감소하거나, 완전히 중화되기도 한다.

유도에 의한 방법으로 금속 바가 대전되는 것을 [그림 1-7]에서 보여준다. 양극으로 대전된 로드를 대전되지 않은 금속 바 가까이 가져가지만 접촉시키지 않았을 때, 금속 바 내부의 전자는 양극으로 대전된 로드로 인해 바와 가장 가까운 곳으로 끌려오고, 금속 바의 반대쪽 끝은 전자 부족현상이 일어나고 양극이 될 것이다. 만약 이 양극으로 대전된 금속 바 끝단에 중성물체를 접촉시키면, 전자가 중성 물체로부터 금속 바 안으로 흘러들어 양전하를 중화시킨다. 금속 바는 전체적으로 전자 과잉상태로 남게 되어 결국 금속 바는 음극을 띄게 된다.

1.4.2 정전기 필드(정전기 장. electrostatic field)

대전체 주위로는 힘의 영역(장)이 존재한다. 이 영역을 정전기 필드(정전기 장 또는 유전자 장이라고도 함)이라 부른다. 정전기 필드의 작용을 설명하기 위해, 전기장의 힘의 방향과 강도를 나타내는 선을 사용한다. 대전체에서 모든 방향으로 균등하게 뻗어나가는 선으로 표현한다. 이 선은 반대극성의 전하가 있는 곳에서 끝난다. [그림 1-8]에 나타낸 것과 같이, 힘의 강도는 단위면적당 선의 수로 표시하며, 방향은 작은 시험전하가 힘의 장에서 영향을 받았을 때 이동(또는 이동하려는 경향이 있는)하는 방향을 가리키도록 선 위에 화살표로 표시한다.

힘의 방향을 결정하기 위해 양전하를 사용할 수도 있고 음전하를 사용할 수도 있지만, 편의상 작은 양전하를 사용하는 것으로 정한다. 따라서 양의 시험 전하는 양전하의 영향을 받으면 밀려나기 때문에 양전하를 둘러싼 시험전하의 방향은 항상 전하로부터 멀어

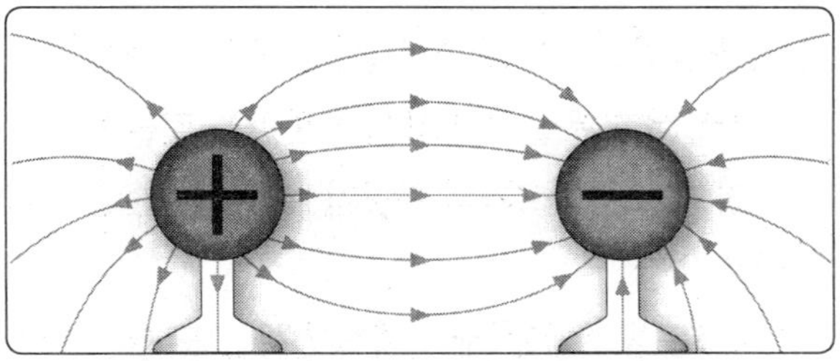

[그림 1-8] 양전하와 음전하 주변의 전기장 방향
(Direction of electric field around positive and negative charge)

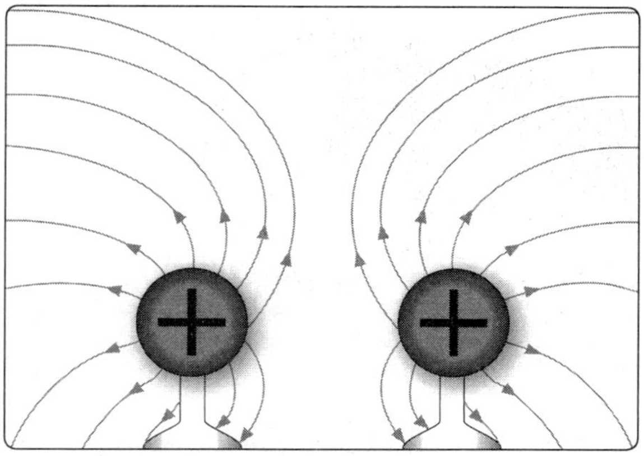

[그림 1-9] 양전하로 대전된 2 물체 주위의 필드
(Field around two positively-charged bodies)

지는 쪽이다.[그림 1-9] 반대로, 양의 시험전하는 음전하에 의해 당겨지기 때문에 음전하에 관한 선의 방향은 전하를 향하는 쪽이다.

[그림 1-9]에서는 같은 극성의 전하를 갖는 대전체 주위에서의 전기력선을 나타낸다. 전하의 극성에 관계없이, 전하가 서로 같은 극성이면 전기력선은 서로 밀려나게 된다. 선은 항상 양전하에서 음전하로 뻗어나가고 대전체에서 끝난다. 이 선들은 힘의 방향을 보여주기 위해 그린 실제 눈에 보이지 않는 가상적인 선이다.

물체에 전하가 어떻게 분포되는지 아는 것은 중요하다. [그림 1-10]은 음전하가 집중 배치된 작은 금속

[그림 1-10] 금속판에서의 전자 분포

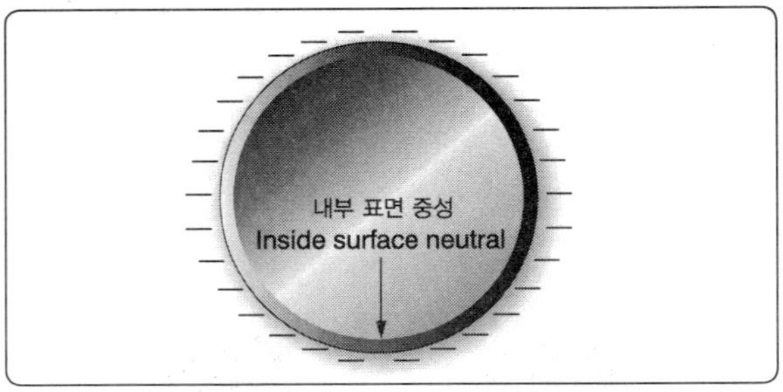

[그림 1-11] 속이 빈 구(球)에서의 충전
(Charge on a hollow sphere)

판을 보여주고 있다. 정전기 검출기를 사용하면 전하가 디스크의 전체 표면에 고르게 분포되어 있음을 알 수 있다. 금속 원판은 표면의 어느 곳에서나 균일한 저항을 제공하기 때문에 전자의 상호 반발로 인해 전체 표면에 균일한 분포가 발생한다.

[그림 1-11]에서 보여준 또 다른 예는 속이 빈 구(球)에서의 전하이다. 비록 구가 전도성 물질로 되어 있더라도 전하는 외부 표면에만 고르게 분포되어 있고, 내부 표면은 완전히 중성이다. 이 현상은 원자 스매싱(atom smashing)에 사용되는 대형 반데 그라프(Van de Graff) 정전기 발전기의 작업자를 보호하는 데 사용된다. 작업자에게 가장 안전한 영역은 수백만 볼트

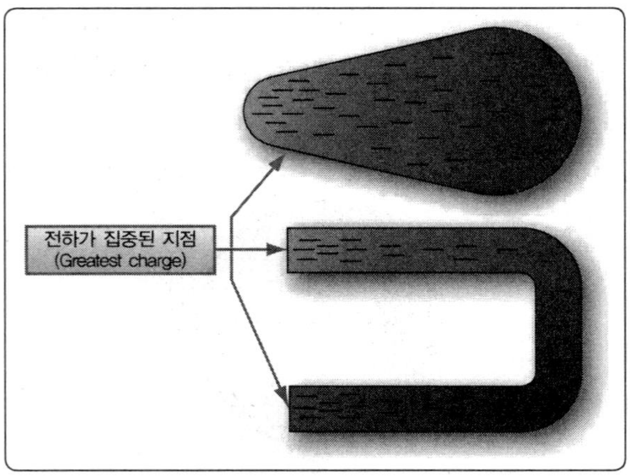

[그림 1-12] 불규칙한 모양의 물체에서 충전

(V)가 생성되는 거대한 구의 안쪽이다.

불규칙한 모양의 물체에 대한 전하 분포는 규칙적인 모양의 물체에서의 전하 분포와 다르다. [그림 1-12]는 불규칙한 모양의 물체에서 전하가 균일하게 분포되지 않음을 나타낸다. 물체의 끝이나 뾰족한 굴곡 지점으로 많은 전하가 모여 있다.

1.4.3 정전기방전의 중요성(ESD considerations)

고체 소자나 집적회로에서 자주 손상의 원인이 되는 것 중 하나는 이들 장치를 취급할 때 인체로부터 발생하는 정전기 방전(ESD, electro-static discharge)이다. LRU, 회로 카드 및 전자식 부품을 부주의하게 취급할 경우, 불필요한 시간낭비와 고비용의 정비의 원인이 될 수 있다. 이 손상은 정비사가 회로 카드(PCB)나 부품의 연결 핀(pin)에 손으로 만지면 정비사 몸에 쌓여 있던 정전기가 부품으로 들어가 손상이 발생할 수 있다. 정비사는 리스트 스트랩(wrist strap. 손목에 차는 스트랩 - 전자 부품 등을 취급하기 전에 몸의 정전기를 미리 방전시키기 위해 정비사 손목에 차는 strap)을 착용하여 항공기나 섀시(chassis)에 접지해서 몸에 있는 정전기를 방전시키고 난 후 ESDS 부품(Electrostatic Discharge Sensitive. 정전기에 취약한 전자 부품)을 취급하는 등 전문적인 취급 훈련으로 손상을 예방할 수 있다. 또한 장탈한 커넥터에 정전기 예방 플러그(커버)를 씌우는 것, 정전기 예방 포장지에 장탈한 부품을 저장하여 운반하는 것들이 정전기 방전으로 인한 고가의 항공기 부품들의 손상을 예방 할 수 있다.

전자부품을 취급할 때 취해져야 하는 또 다른 예방대책은 다음과 같다.

(1) 신호를 입력하거나 모니터링하기 전에 항상 시험용 장비와 전자 부품(회로) 사이에 접지를 한다.
(2) 회로부품과 트랜지스터에 대한 시험 전압이 최대허용전압을 초과하지 않도록 한다.(전자 제품들은 대체적으로 낮은 전압에서 작동)
(3) 트랜지스터 등을 시험하는데 1[mA] 이상의 전류를 필요로 하는 옴메터(ohmmeter)는 사용하지 않는다.
(4) 다이오드나 트랜지스터를 납땜할 때, 저(低)전력 납땜인두나 방열판(예; 핀셋 등)을 사용하여 납땜 열을 최소한으로 유지한다.
(5) 회로기판에서 부품을 들어 올리지 않는다.
(6) 부품을 교체하기 전에 회로로부터 전원을 차단해야 한다.
(7) 장비에 시험 프로브(test probe)를 사용할 때 또는 시험 지점 사이의 공간이 매우 가까울 때는 리드선의 끝 부분을 가능한 작게 유지함으로서 단락을 방지해야 한다.

1.5 자기(Magnetism)

자기는 특정 금속 물질을 끌어당기는 물체의 특성으로 정의된다. 일반적으로 이러한 물질은 연철, 강, 알니코(철 · 니켈 · 알루미늄 · 코발트의 합금)와 같은 철 또는 철 합금으로 구성된 물질이다. 자성체라고 불리는 이 물질들은 최소한 3 가지 비철금속인 니켈(nickel), 코발트(cobalt), 그리고 가돌리늄(Gd)을 포함하고 있는데, 이들은 자기의 강도를 한정한다. 다른 모든 물질은 비자성으로 간주되고, 비자성 물질 중에 일부는 자석의 양 극에 의해 밀려나는 반자성체로 분류될 수 있다.

자기는 눈에 보이지 않는 힘이며, 그 근본적인 성질을 완전히 밝혀내지는 못했다. 그것은 자기가 만들어내는 결과로 설명하는 것이 최선일 수밖에 없다. [그림 1-13]에 예시한 것과 같이, 간단한 막대자석 실험을 통하면 모든 자석의 일부 기본 특성을 알 수 있다. 만약 자석을 자유롭게 흔들리도록 매달아 둔다면, 자석은 지구의 자극을 따라 일직선으로 정렬된다. 한쪽

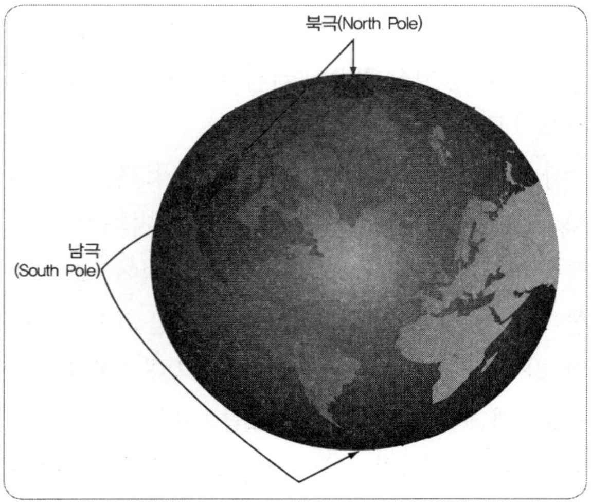

[그림 1-13] 자기북극을 가리키는 자석

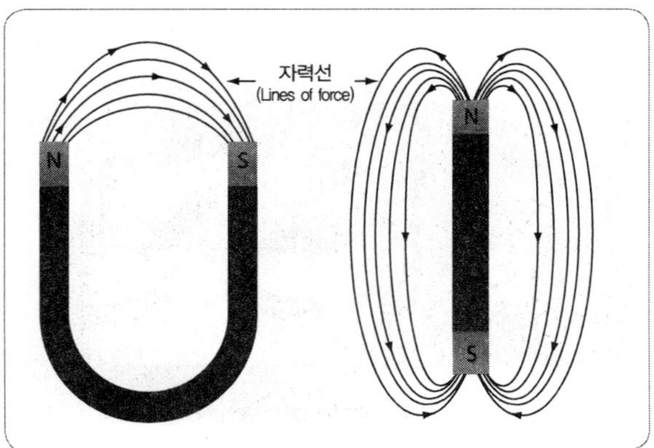

[그림 1-14] 자석 주위의 자기장

끝은 북쪽 또는 북극을 가리키는 자석의 끝이라는 의미에서 "N"으로 표시한다. 만약 나침반 또는 자석의 끝단 "N"은 북쪽이라기보다는 북쪽을 가리키는 것으로 이해해야 하며, 그것은 지구의 지리학상 북극인 진북을 가리키는 것이 아니라 자기북극이라 불리는 자북을 가리킨다는 것에 혼돈하지 말아야 한다. "S"라고 표시된 자석의 반대쪽 끝은 남쪽을 가리키는 끝이며, 자기남극을 가리킨다. 지구는 거대한 자석이기 때문에, 지구의 극은 자석의 끝을 끌어당긴다.

다소 신비롭고 전혀 보이지 않는 자석의 힘은 자석을 둘러싸는 자기장에 의한 것이다. [그림 1-14] 이 자기장(field)은 항상 자석의 극과 극 사이를 연결하며, 자석의 모양에 맞게 자체 배열된다.

자석의 작용을 설명하는 이론에서는 [그림 1-15]의 A와 같이 철 막대를 구성하는 각각의 분자가 N극과 S극을 가지고 있어서 그 자체가 작은 자석이라고 간주한다. 이 분자 자석들은 각각의 자기장을 가지고 있지만, 자화가 되지 않은 상태에서는 철 막대 전체에 걸쳐 불규칙하게 배열되어 있다. [그림 1-15]의 B와, 같이 만약 자철석을 마찰시키는 것과 같은 방법을 통해 자화되지 않은 막대를 자화시킨다면, 분자 자석은 모두 자철석의 자기장과 같은 방향을 가리키며 재배열된다. 그렇게 재배열된 분자 자석들의 자기장이 하나로 결합되어 자화된 막대의 총 자기장을 형성한다.

자석을 취급할 때, 자석을 직접 가열하거나 망치로 두드려서는 안 되며, 자석을 떨어뜨리지 않도록 주의해야한다. 가열이나 갑작스런 충격은 분자의 정렬을 분산시켜 자석의 강도를 감소시키는 원인이 된다. 자석을 보관할 때, 한 극에서 다른 극으로 흐르는 자기장의 원활한 통로를 제공하기 위해 "키퍼 바(keeper bars)"로 불리는 장치를 설치하며, 이 장치는 분자의 N-S극 정렬을 촉진하여 자기력을 유지하는데 도움을 준다.

자석 주위에 자기력이나 자기장의 존재는 [그림 1-16]과 같은 실험을 통해 손쉽게 확인할 수 있다. 유리나 투명합성수지와 같이 투명한 판을 자석 위에 올려놓고 쇳가루를 이 투명한 판 위에 천천히 뿌린다. 유리나 투명합성수지를 가볍게 두드리면 철가루는 막대자석 주위에 일정한 패턴으로 배열되며, 막대자석의 N극에서 S극으로 일련의 선을 형성하여 자기장의 패턴을 보여준다.

그림과 같이 자기장은 철가루가 선처럼 나타내는 수많은 개별적인 힘으로 이루어져 있다. 일반적인 의미에서 "선"은 아니지만, 자기장 전체 구성하는 독립

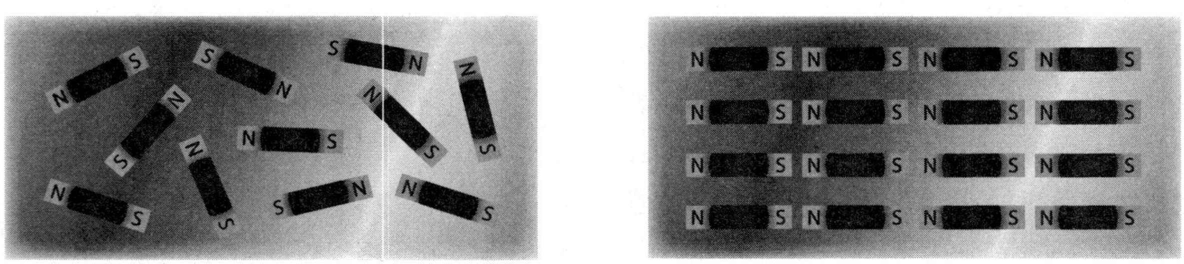

(A) 자화되지 않은 상태(Unmagnetized)　　**(B)** 자화된 상태(Magnetized)

[그림 1-15] 자석 주위의 자기장

된 힘 개개의 본질을 묘사하기 위해 이 단어를 사용한다. 이 자력선을 또한 자속이라고도 한다.

실제로 이 자력선끼리는 서로 밀어내려하기 때문에 하나의 자력선이 다른 자력선과 교차하지 않으며, 독립적이고 개별적인 힘이라고 할 수 있다. 이 자력선은 자석의 내부 자기력에 의해 그 주변에 고정되기 때문에 서로 평행하고 팽팽하게 잡아당겨진 고무줄과 비슷하다.

철가루를 이용한 실험에서 자석의 자기장이 자석의 끝에 더욱 집중되어 있음을 보여준다. 이처럼 자기장이 집중된 영역을 자석의 N극과 S극이라고 부른다. 주어진 크기의 자석에 유입될 수 있는 자력선의 수에는 한계가 있다. 자기력이 자성체의 한 조각에 가해졌을 때, 더 이상 유도되거나 이끌리지 않는 자력선 수에

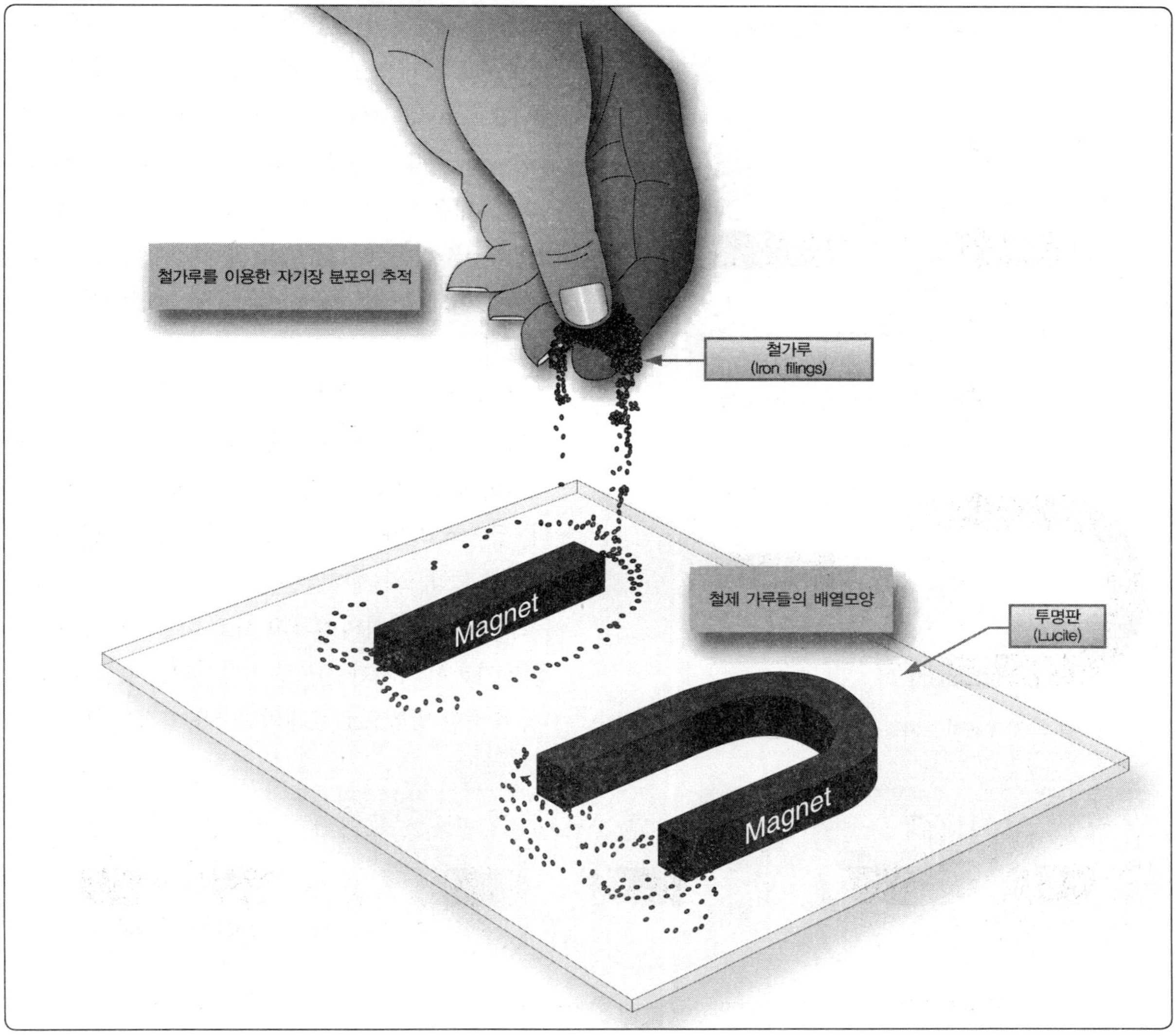

[그림 1-16] 철가루를 이용한 자기장 탐색

도달했을 때, 그 물질은 포화상태라고 말한다.

자속의 특성은 2개의 막대자석을 서로 같은 극끼리 배치했을 때 형성되는 자속 모양을 그려보면 검증할 수 있다. [그림 1-17] 2개의 같은 극은 자력선이 서로 교차할 수 없기 때문에 서로 밀어낸다. 각각의 자력선에 표시된 화살표가 가리키는 것처럼, 서로 같은 2개의 극을 가까이 가져가면 자력선은 밀려나면서 서로 평행하게 반발 한다 (반발력). 이런 식으로 반발하는 자력선들은 서로를 밀어내면서 자석이 뒤로 밀려나게 한다.

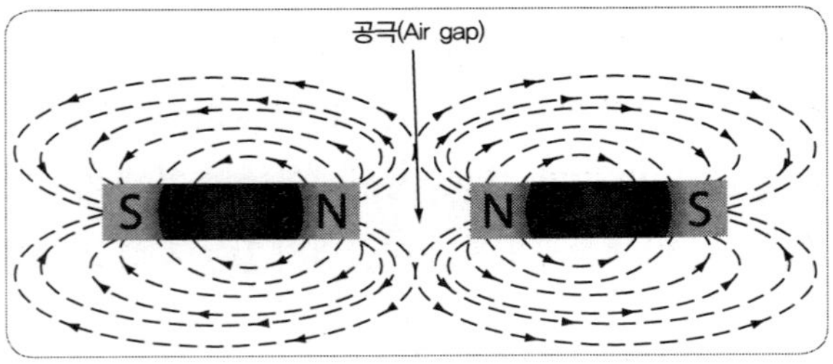

[그림 1-17] 같은 극끼리 반발하는 자력선

자석 중 하나의 방향을 반대로 바꾸면 서로 다른 극이 마주하게 되고, 이때는 흡인력을 검증할 수 있다.[그림 1-18] 서로 다른 극을 가까이 가져갔을 때, 자력선은 그들의 경로를 재정열하고, 한쪽 자석의 N극에서 나온 대부분의 자속은 다른 자석의 S극으로 들어간다. 자력선에서 서로를 밀어내려는 성향은 2개 자석 사이의 공극(air gap)에서 자속의 불룩함으로 나타난다.

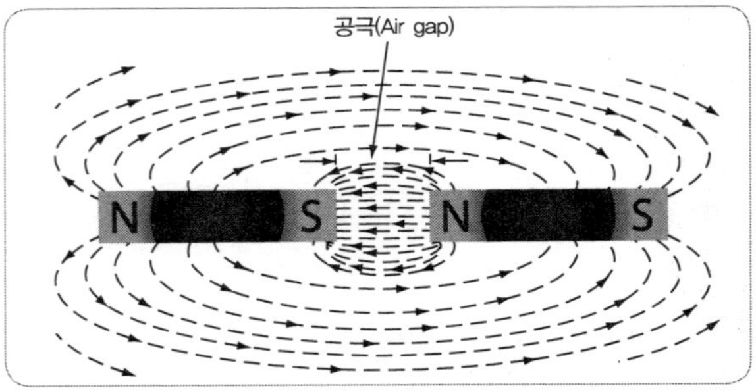

[그림 1-18] 서로 다른 극끼리 흡인하는 자력선

더 나아가서, 자력선이 다른 자력선과 교차하지 않는다는 것을 검증하기 위해, 막대자석과 말굽자석을 배치하여 [그림 1-19]와 같은 자기장을 표시할 수 있다. 두 자석의 자기장은 서로 교차하지 않지만 왜곡되는 자속모양으로 재배열된다.

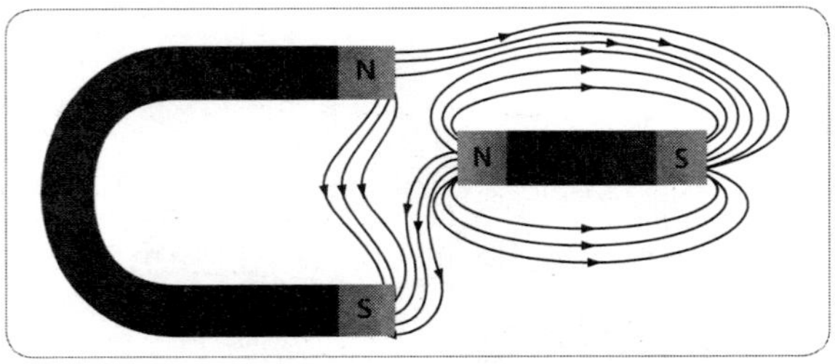

[그림 1-19] 우회하는 자력선(bypassing flux lines)

2개의 막대자석의 N극이 서로 마주보도록 손으로 잡고 가까이 가져가면 서로 반발하려는 것을 알 수 있다. 비슷한 방법으로, 2개의 S극을 가까이 했을 때도

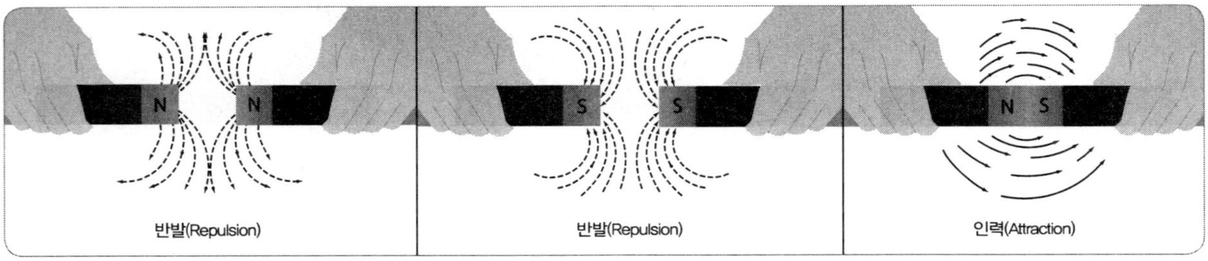

[그림 1-20] 자석의 반발과 인력

[그림 1-21] 깨진 자석에서의 자극

마찬가지이다. 다른 극 사이에서 발생하는 인력은 S극 끝과 N극 끝을 서로 인력(引力)을 느낄 수 있다. [그림 1-20]

[그림 1-21]에서는 자석의 또 다른 특성을 보여준다. 만약 막대자석이 잘리거나 부서지면, 각각의 조각은 바로 N극과 S극을 가지는 자석이 된다. 이 특징은 자석의 연속적인 분할이 더 많은 자석을 만들어내기 때문에, 각각의 분자가 자석이라는 이론을 뒷받침한다.

자력선은 연속 루프(loop)를 형성하므로 하나의 자기회로를 형성한다. 자석에서 자력선의 근원이 되거나 또는 시작하는 곳을 말한다는 것은 불가능하다. 그래서 임의로 모든 자력선은 자석의 N극에서 나와서 S극으로 들어가는 것으로 가정하고 있다.

자속 또는 자력선은 모든 재료를 뚫고 지나가기 때문에, 이에 대한 절연체는 알려진 것이 없다. 하지만, 다른 것보다 자속 또는 자력선이 더 쉽게 통과하는 물질은 있다. 그러므로 자력선이 더 잘 흐르는 재료로 계기와 같은 부품을 감싸줌으로써 자기장의 영향으로부터 보호하는 것이 가능해 지며, 이를 자기 차폐라고 한다. [그림 1-22]는 계기에 대한 자기차폐로서, 자속의 흐름에 대해 저항이 거의 없는 연철로 계기 케이스를 만들고 있다. 자력선은 더 쉬운 경로, 즉 투자율이 더 높은 경로를 취하게 되며, 따라서 계기 내부로 침투하지 않고 계기로부터 멀리 떨어져 흐르게 된다.

연철 또는 다른 철 금속과 같은 재료는 고투자율을 갖는다고 하는데, 이것은 자속이 어떤 물질을 통과할 수 있는 용이함의 척도라고 한다. 투자율의 척도는 완전 진공을 1등급으로 정하였다. 공기나 기타 비자성 물질은 여기에 매우 근접해 있어 1등급으로 간주한다. 니켈이나 코발트와 같이, 투자율이 1보다 큰 비철금속은 상자성체라고 부른다. 강자성체라는 말은 철과 철 합금에 적용되는데, 이 합금은 훨씬 큰 투자율을 갖는다. 비스무트와 같이 투자율이 1 미만인 물질은 반자성체로 부른다.

물질을 통과하는 자력선을 방해하는 척도인 자기저항은 전기회로에서의 전기저항과 비교될 수 있다. 예를 들어, 연철의 자기저항은 공기의 자기저항에 비해서 매우 낮다. [그림 1-23]에서는 자석의 자기장 가까이 놓인 연철 조각은 자력선을 왜곡시킬 수 있다는 것

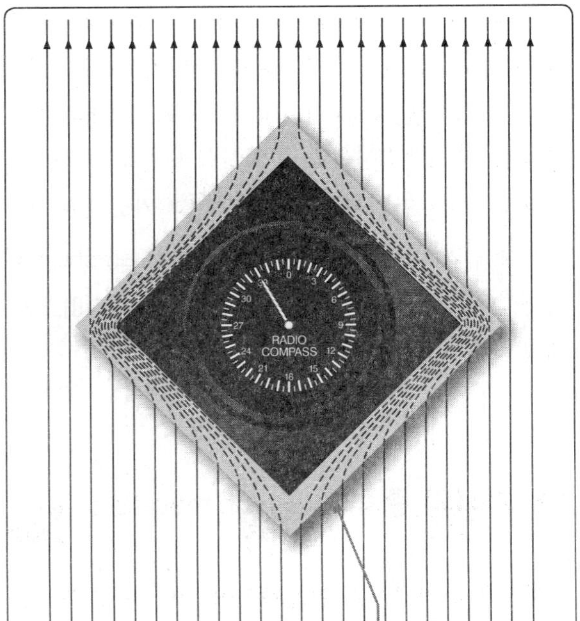

[그림 1-22] 자기 차폐

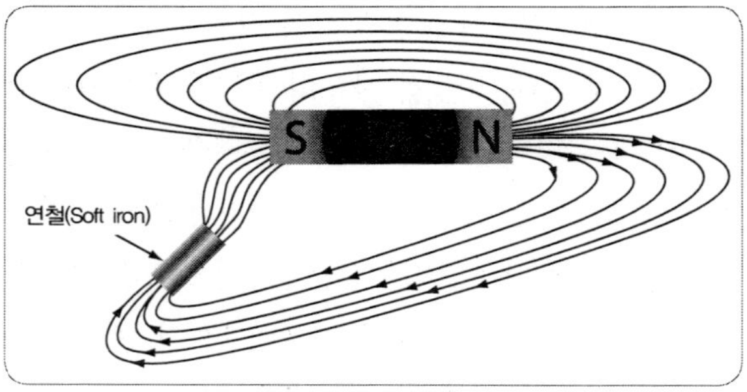

[그림 1-23] 자기장에 미치는 자성 물질의 영향

을 보여주고 있는데, 이것은 연철을 통과하는 것이 가장 낮은 자기저항의 경로이기 때문이다.

자기회로는 많은 관점에서 전기회로와 비교될 수 있다. 자기회로에서 자력선을 일으키는 기자력(magneto-motive force, mmf)은 전기회로의 기전력(electromotive force, emf) 또는 전압과 비교할 수 있다. 기자력은 길버트(gilbert)로 측정되고, 대문자 "F"로 표시한다. 자력선 또는 자속의 강도에 대한 부호는 그리스문자 파이(phi; φ)이고, 그리고 자기장의 세기를 나타내는 단위는 가우스(gauss)이다. 1[㎠]의 면적에 있는 맥스웰(maxwell)이라고 부르는 개개의 자력선은 1가우스에 해당하는 자기장의 세기를 생성한다. 투자율보다는 자기저항을 사용하면 자기회로에 대한 법칙을 쉽게 설명할 수 있다. 즉, 1길버트(gilbert)의 기자력은 물질의 자기저항이 1일 때 1[maxwell], 즉 1개의 자력선을 만들어내게 될 것이다.

1.6 자석의 종류(Type of magnets)

자석은 천연자석과 인공자석이 있다. 천연자석 또는 자철석은 실용적이지 못해, 이 장에서는 인공 자석에 대해서만 설명한다. 인공 자석은 다시 자화력을 제거한 후에도 오랫동안 자기를 유지하고 있는 영구자석과 외부에서 가해준 자화력을 제거하면 바로 자성이 소멸되는 임시자석으로 분류할 수 있다.

최신의 영구자석은 보다 더 좋은 자석을 만들기 위한 연구를 통해 개발된 특수 합금으로 만들어진다. 자석재료의 가장 일반적인 범주는 ① 알루미늄 · 니켈 · 코발트(Alnico), ② 스트론튬 · 철(strontium-iron ; 페라이트(ferrites) 또는 세라믹(ceramic)), ③ 네오디뮴 · 철 · 붕소(neodymium-iron-boron)(neo magnets), 그리고 ④ 사마륨 · 코발트(samarium-cobalt) 등이다. 철-알루미늄-니켈-코발트 합금인 알니코(alnico)는 최상의 재료로 여겨진다. 우수한 자기 품질을 갖춘 다른 재료는 레말로이(Remalloy)TM, 퍼멘더(Permendur)TM와 같은 합금이 있다.

자석이 자력을 유지하는 능력인 보자성은 금속의 종류에 따라 다르다. 연철로 만든 자석은 매우 쉽게 자화되지만 외부 자화력이 제거되면 자력의 대부분을 빠르게 상실한다. 잔류자기라고 불리는 남아 있는 소량의 자기는 발전기 작동과 같은 전기응용 분야에서 대단히 중요하다.

그림 1-24]과 같이, 말굽자석은 보통 두 가지 형태로 만들어진다. 가장 일반적인 형태는 말굽모양으로 구부러진 긴 막대 모양이고, 또 다른 하나는 이에 대한

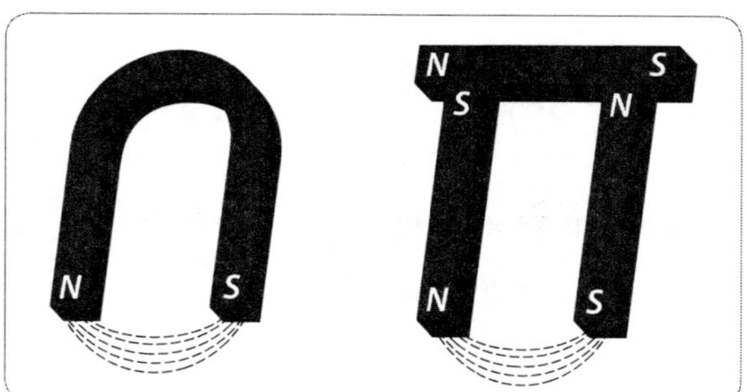

[그림 1-24] 말굽자석의 두 가지 형태

변형으로 2개의 막대자석을 요크(yoke)라고 부르는 또 다른 막대자석으로 연결시킨 형태이다.

자석은 구형, 원통형, 또는 원반형 등과 같이 다양한 모양으로 만들 수 있다. 자석의 한 가지 특별한 형태는 계측기에 종종 사용되는 링 자석, 또는 그램 링(gramme ring)이다. 이것은 폐쇄 루프 자석으로 변압기 코어에서 사용되는 유형과 유사하며, 극이 없는 유형이다.

때때로 자석의 특수 용도에서 자기장(field of force)의 방향이 금속조각의 길이방향보다 두께방향으로 놓이는 것을 필요로 하는 경우도 있다. 그런 자석은 평판 자석이라 불리며 발전기나 모터에서 극판으로 사용된다.

1.7 전자기(Electromagnetism)

1820년 덴마크의 물리학자인 한스 크리스티안 외르스테드(Hans Christian Oersted)는 전류가 흐르는 도선 가까이에 가져간 나침반의 자침이 기울어진다는 것을 발견하였다. 전류흐름을 멈추면 나침반의 바늘은 다시 원래의 위치로 되돌아간다. 이 중요한 발견은 전기와 자기 사이의 연관성을 알게 되었고, 현대 산업의 기초가 되는 수많은 발명을 선도하게 되었다.

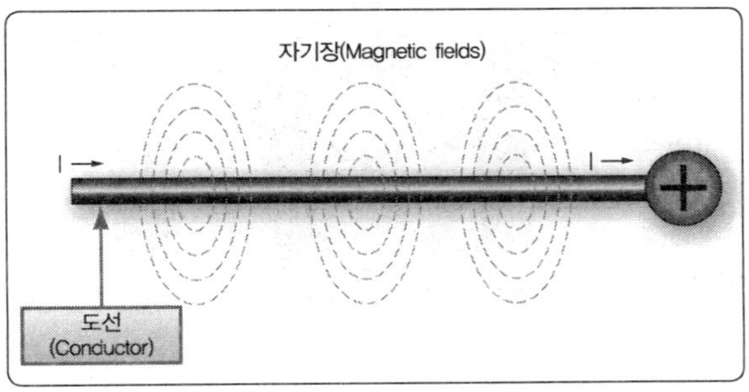

[그림 1-25] 전류가 흐르는 도선 주위에 형성된 자기장

외르스테드(Oersted)는 도선이 비자성체인 구리로 만들어져서 자기장은 전기가 흐르고 있는 도선과 관계가 없다는 것을 발견했다. 전선을 통해 움직이는 전자는 도선 주위에 자기장을 생성한다. 자기장은 대전한 입자를 동반하기 때문에, 전류량이 많아지면 많아질수록 자기장은 더 강해진다. [그림 1-25]는 전류가 흐르고 있는 전선 주위의 자기장을 보여준다. 도선 주위에 일련의 동심원들은 자기장을 의미하며, 이 선들을 모두 표시하면 도선 주위를 둘러싼 연속적인 원통 모양이 될 것이다.

[그림 1-26]과 같이, 도선에 전류가 흐르고 있는 동안에는 자력선이 도선 주위에 형성된다. 만약 도선에 적은 전류가 흐른다면, A원까지 자력선이 형성될 것이다. 만약 전류량이 증가한다면, 자력선의 크기는 B원까지 증가할 것이고, 더욱 전류량이 증가한다면 자력선이 C원까지 팽창될 것이다. 처음의 자력선(원)이 A원에서 B원으로 팽창되면 A원 위치에 새로운 자력선이 생성된다. 전류량이 증가할수록 자력선의 수가 늘어나고 처음 발생한 원은 도선의 표면으로부터 더 멀리까지 팽창되어 나간다.

만약 도선에 흐르는 전류량이 일정한 직류일 경우,

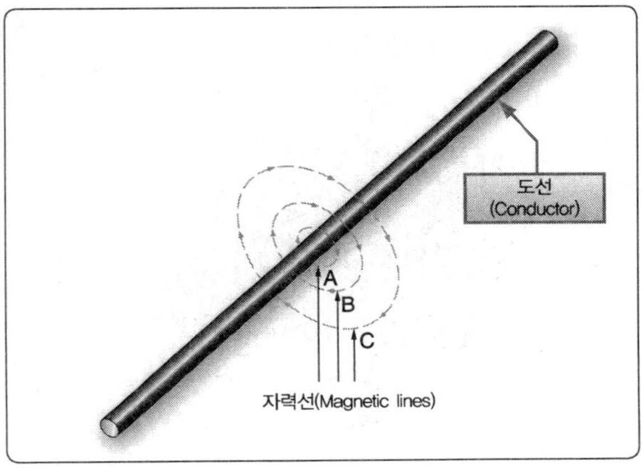

[그림 1-26] 전류 증가에 따른 자기장 팽창

자기장은 변하지 않고 일정하게 유지된다. 전류흐름이 멈추게 되면 자기장은 붕괴되고 도선 주위의 자성은 사라진다.

나침반(compass)을 이용하면 전류가 흐르는 도선 주위에 생성된 자기장의 방향을 확인할 수 있다. [그림 1-27A]와 같이 전류가 흐르는 도선에 직각으로, 약 1[inch] 떨어진 곳에 나침반이 놓여 있다. 만약 전류가 흐르지 않는다면, 나침반 바늘의 N극은 지구의 북쪽을 가리키게 될 것이다. 전류가 흐르면 나침반 바늘은 도선의 반지름 방향과 직각이 되도록 돌아간다. 나침반 바늘은 내부적으로 S극에서 N극으로 흐르는 자력선을 갖는 조그만 자석이기 때문에, 이 자력선의 방향이 도선 주위의 자력선 방향과 일치할 때까지 돌아갈 것이다. 나침반 바늘이 움직여서 도선과 직각인 위치를 유지하는 것은 전류가 흐르는 도선 주위의 자기장이 원형이라는 것을 의미한다. [그림 1-27B]와 같이, 도선을 통해 흐르는 전류의 방향이 반대로 바뀌면 나침반 바늘도 반대 방향을 가리키며 자기장의 방향이 반전되었음을 보여준다.

[그림 1-28]에서는 전자 흐름의 방향을 알 때 자력선의 방향을 결정하는 방법에 대하여 보여준다. 오른손 엄지손가락이 전류흐름 방향을 향하도록 하면서 도선을 움켜쥐면, 나머지 손가락들은 자기장의 자력선 방향과 같은 방향으로 도선을 감싸게 될 것이다. 이것을 오른손 법칙이라고 한다.

자력선이 방향을 가진다고 말했지만, 이것은 도선 주위에서 자력선이 원주 방향을 따라 회전하는 것으로 오해해서는 안 된다. 자력선이 시계방향 또는 반시계방향으로 작용하는 경향이 있지만, 도선 주위를 주기적으로 회전하는 것은 아니다.

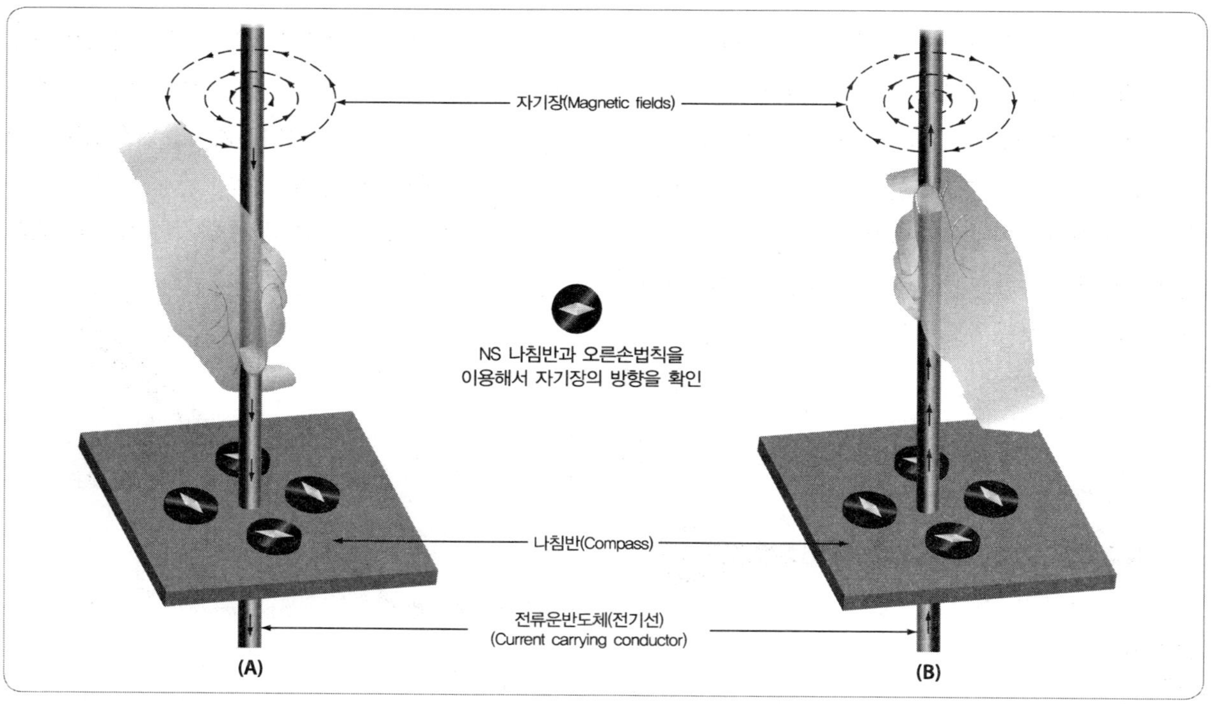

[그림 1-27] 전류가 흐르는 도선 주위의 자기장(Magnetic field around a current-carrying conductor.)

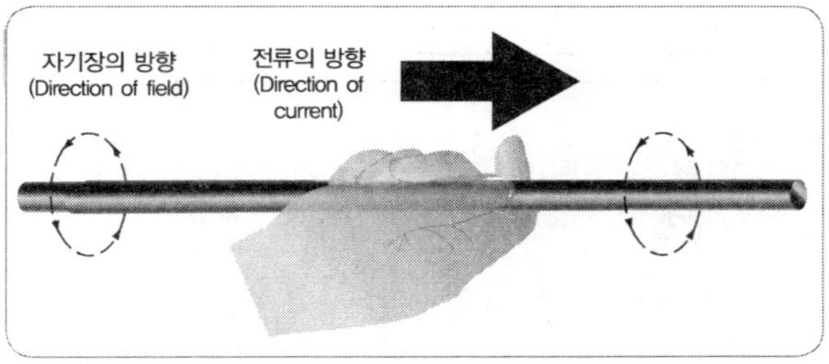

[그림 1-28] 오른손 법칙

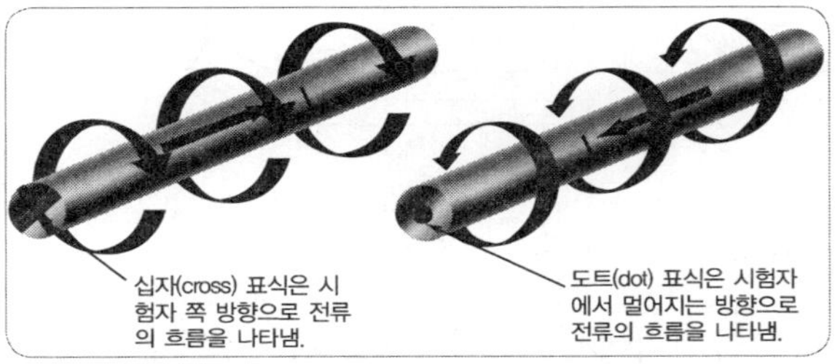

[그림 1-29] 도선에서의 전류 흐름 방향 표시

[그림 1-29]와 같이, 전류는 양극판에서 음극판으로 흐르기 때문에, 많은 그림에서 전류가 보는 사람 쪽으로 흐르고 있을 때, 도선의 끝단에 점 기호(◉)로 전류 방향을 표시하고, 전류가 보는 사람으로부터 멀어지고 있을 때, (⊕)표시로 전류의 방향을 표시한다.

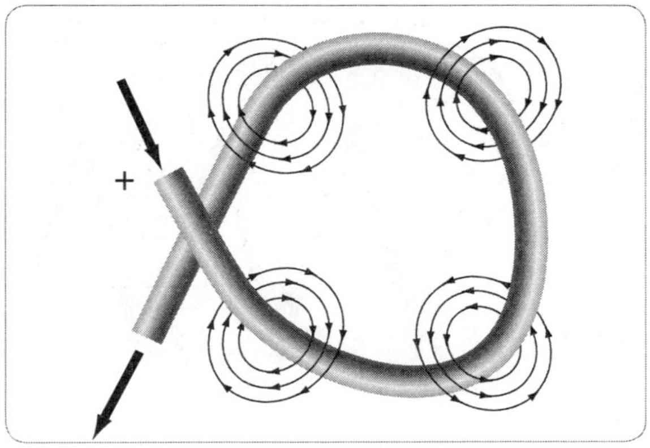

[그림 1-30] 고리모양 도선 주위의 자기장

[그림 1-30]과 같이, 전류가 흐르는 도선이 고리모양으로 감겨있을 때에도 오른손 법칙이 여전히 적용된다.

[그림 1-31]과 같이, 도선 2개가 고리모양으로 감겨있다면, 자력선들은 고리 모두를 포함할 만큼 확장하

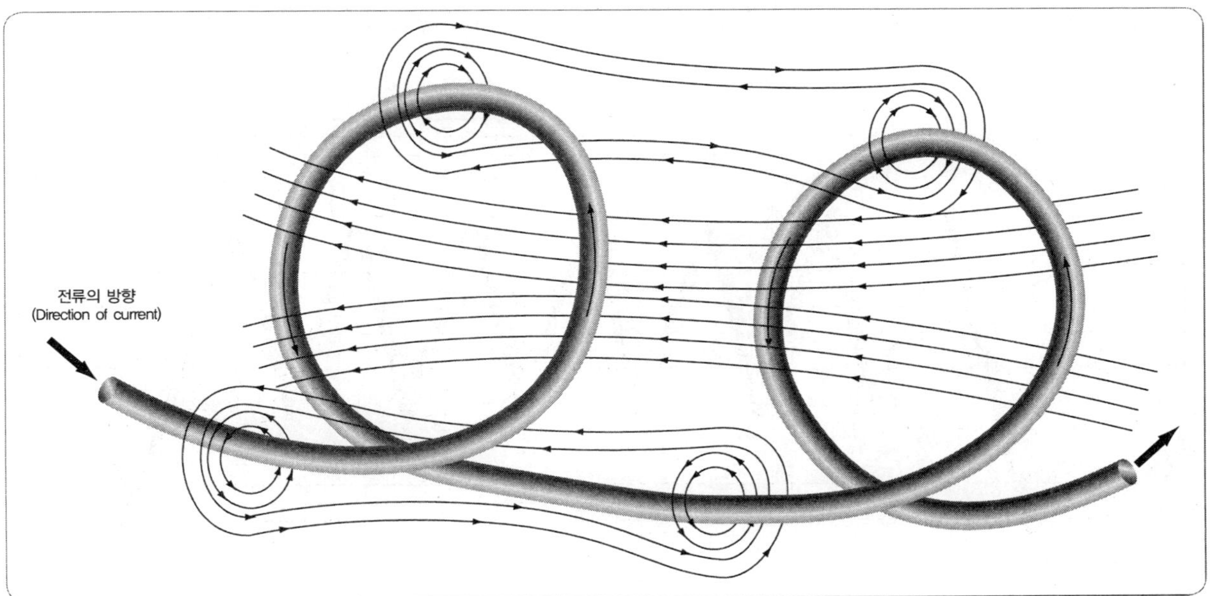

[그림 1-31] 두 개 고리가 있는 도선 주위의 자기장

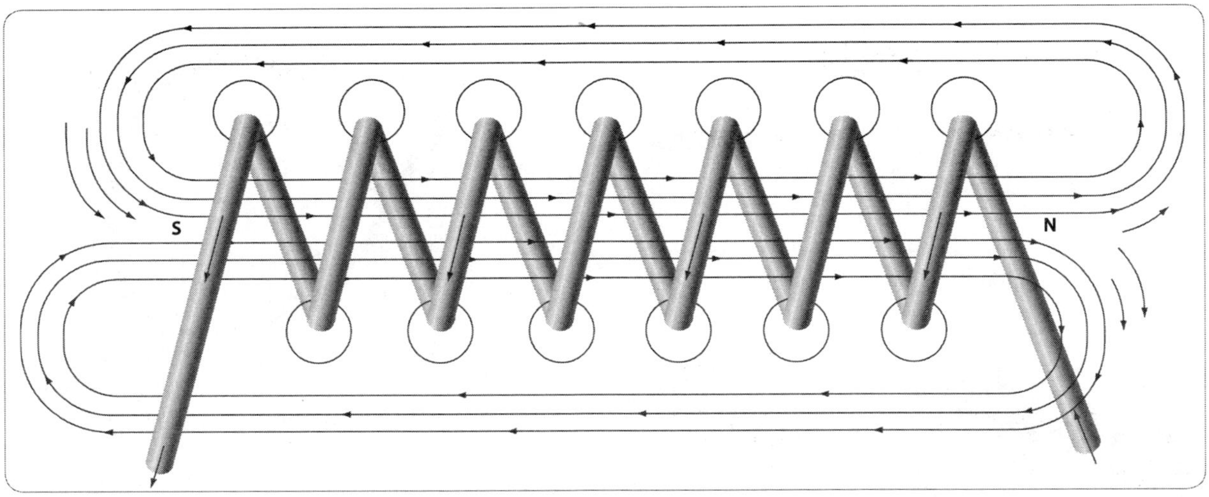

[그림 1-32] 코일의 자기장

게 된다. 자력선은 같은 방향으로 고리를 통과하여 두 코일의 바깥쪽을 돌아 반대쪽 끝으로 들어온다.

[그림 1-32]와 같이, 도선이 여러 개의 고리모양으로 되어 있을 때, 이것은 코일이라고 부른다. 자력선은 모든 고리에 의해 병합되는 형태가 되고 코일의 중심을 통과하는 자속선의 밀도를 증가시킨다.

도선의 고리로 만든 코일에서, 많은 자력선이 코일의 고리 사이에서 사라진다. [그림 1-33]과 같이, 코일 안쪽에 연철심을 놓으면, 연철은 공기보다 투자율이 더 크기 때문에, 자력선은 코일의 중심인 연철로 응집된다. 코일의 끝(극)은 막대자석의 성질을 가지고 있기 때문에, 전선 고리 또는 회전 코일에 철심을 결합한 것을 전자석이라고 한다.

전류가 흐르는 코일에 대해 연철심을 추가하면 다

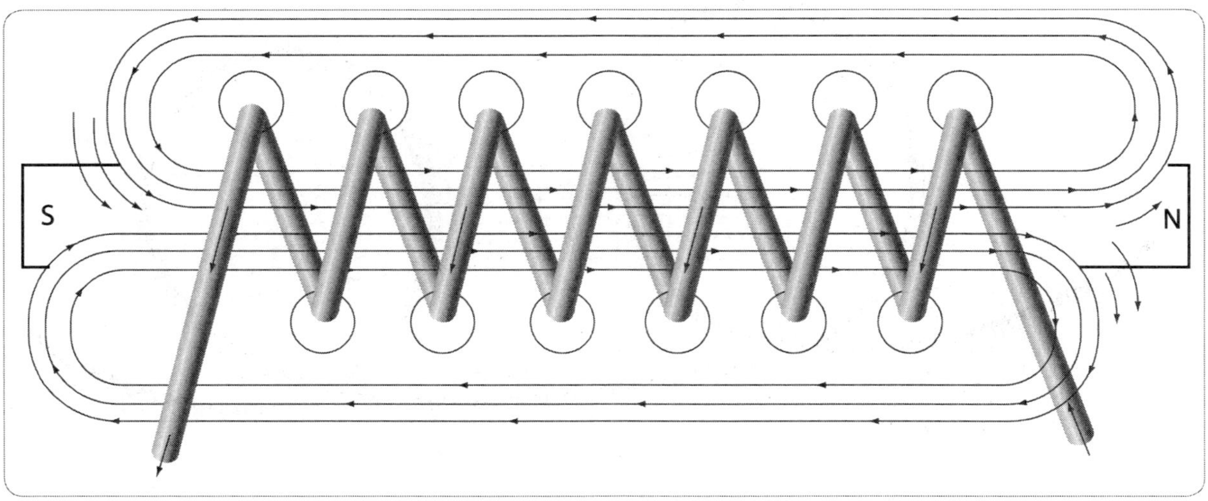

[그림 1-33] 전자석(Electromagnet)

음과 같은 두 가지 효과가 발생한다. 첫째, 자속이 증가된다. 둘째, 자속선이 더 응집된다. 코일을 통해 직류가 흐를 때, 코일은 철심이 없는 코일에서 발생하는 것과 같은 극성(N극과 S극)으로 자화된다. 만약 전류의 방향이 반대로 바뀐다면, 극성도 또한 반대로 바뀐다.

[그림 1-34]와 같이, 전자석의 극성은 오른손법칙에 따라 철심 없는 코일에서 극성을 결정하던 것과 같은 방법으로 결정된다. 오른손 손가락을 전류흐름 방향, 즉 (+)에서 (-)의 방향으로 코일에 감아쥐었을 때, 오른손 엄지손가락이 가리키는 방향이 N극을 향하게 된다.

전자석의 자기장 강도는 전류의 흐름을 증가하거나, 전선에 고리의 수를 증가함으로써 증가시킬 수 있다. 전류흐름을 2배로 하면 자기장의 강도도 약 2배로 되고, 같은 개념에서 고리의 수를 2배로 하면 자기장의 강도도 2배가 된다. 마지막으로 철심의 재질은 전자석 전계강도에 영향을 주는 인자이다.

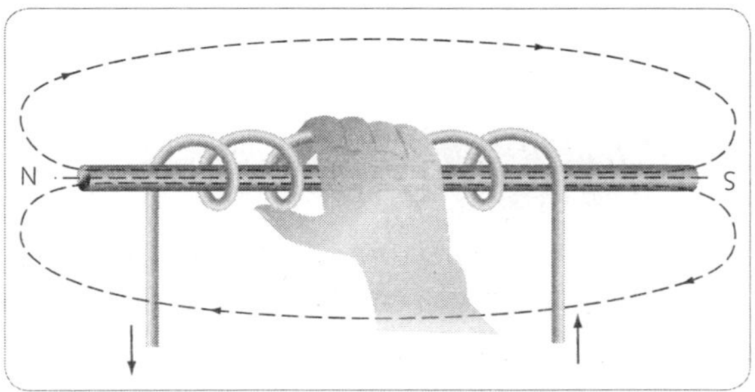

[그림 1-34] 코일에 적용되는 오른손 법칙

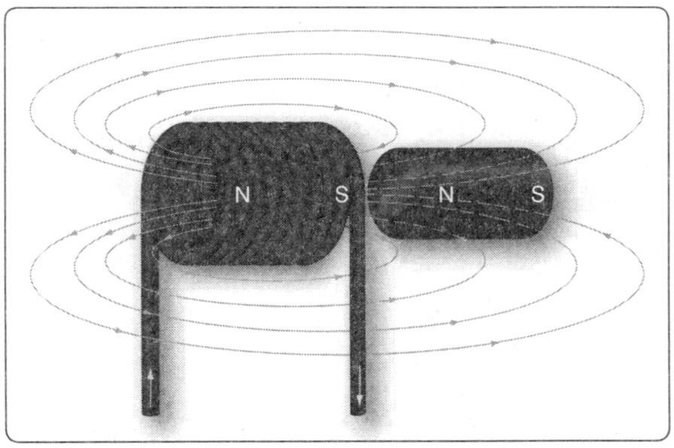

[그림 1-35] 철심이 있는 솔레노이드(Solenoid with iron core)

[그림 1-35]와 같이, 연철막대는 영구자석의 어느 한쪽의 극으로 끌어당겨지고, 마찬가지로 코일을 흐르는 전류에 의해서 끌어당겨진다. 자력선은 연철을 통해 뻗어 있으며, 유도에 의해 그것을 자화시키고 연철막대를 코일 쪽으로 끌어당긴다. 만약 막대가 움직임이 자유롭다면, 막대는 코일 안의 자력이 가장 강한 중심근처 위치로 끌려들어갈 것이다.

전자석은 전기기기, 전동기, 발전기, 릴레이, 및 다른 장치에 사용된다. 일부 전자기 장치는 코일에 전원이 공급되면 코일 중심에서 떨어진 철심이 중심 위치로 빠르게 당겨지는 원리로 작동한다. 이 원리는 솔레노이드 스위치 또는 릴레이라고도 하며, 이 솔레노이드에서 철심이 스프링에 의해 중심으로부터 떨어지고, 코일에 전원이 공급되면 회로를 완성하기 위해 움직인다.

1.8 전통적인 흐름과 전자흐름 (Conventional flow and electron flow)

오늘날의 정비사는 전기의 흐름에 대하여 두 가지 상응하는 이론이 논의되고 있음을 알게 될 것이다. 이 두 가지는 기존의 전류이론과 전자이론이다.

1.8.1 전통적인 흐름(conventional flow)

이 두 가지 중 전통적인 전류이론은 여러 해를 걸쳐

적용되면서 먼저 발전하였고, 이 방법이 전기관련 분야에 깊이 뿌리내리게 되었다. 이 이론은 전류가 (+) 공급원에서 흘러나와 다수의 전하가 결핍된 (−)쪽으로 흐른다는 것을 추론한 벤자민 프랭클린(Benjamin Franklin)에 의해 처음으로 제시되었다. 전하에 부여된 표시법은 전하가 다수일 때 (+), 전하가 결핍되었을 때 (−)로 표시한다. 당시에는 전류의 흐름이 (+)에서 (−)쪽으로 이루어진다고 명시하는 것은 당연한 것으로 생각되었다.

1.8.2 전자흐름(electron flow)

나중에 그 반대가 사실이라는 것을 증명하였다. 실제로 전자흐름은 전자가 풍부한 (−) 공급원에서 흘러나와 전자가 결핍되는 (+)쪽으로 흐를 때 일어나는 현상이다.

전통적인 전류흐름이나 전자흐름 모두 산업계에서 적용된다. 현재 사용되고 있는 많은 교과서는 전자 흐름과 전통적인 전류흐름 방법이 모두 혼용되고 있다. 항공기 시스템 결함을 해결하는 정비사의 실질적인 관점에서 고장탐구분석에 일관되게 사용되는 한 전류가 흐르는 방식에는 거의 차이가 없다.

1.9 기전력(Electromotive force, voltage)

흐름으로 시각화하기 쉬운 전류와 달리 전압은 두 지점 사이에서 결정되는 변수다. 가끔 우리는 전압을 두 지점의 값으로 지칭한다. 그것은 궁극적으로, 도선에서 전자가 흐르도록 이동시키는 것은 기전력(emf, electromotive force) 또는 전압이다. 기전력에 대한 기호는 대문자 "E"이다.

일반적으로 항공기 배터리 단자에서의 전압은 12V 또는 24V의 전위차로 측정할 수 있다. 배터리의 2개의 단자 사이에는, 회로를 통해 전류를 밀어주기 위해 이용할 수 있는 12[V] 또는 24[V]의 기전력이 있다고 말한다. 상대적으로 음극단자에 있는 자유전자는 양극단자에 있는 과도한 수의 양전하 쪽으로 이동할 것이다. 앞서 정전기에 대한 논의에서 같은 전하끼리는 서로 반발하지만, 반대의 전하끼리는 서로 끌어당기게 된다는 것을 확인하였다. 최종결과는 도선을 통한 흐름 또는 전류이다. 만약 배터리, 발전기, 또는 지상동력장치로부터 인가전압이 없다면 도선에 흐름이 있을 수 없다는 것이다. 전기계통에서 두 지점 사이의 전위차, 또는 전압은 다음에 의해 결정할 수 있다.

$$E = \frac{\varepsilon}{Q}$$

E = *Potential difference in volts*
(전위차 (볼트))

ε = *Energy expanded* or *absorbed in joules[J]*
(주울(J)로 팽창 또는 흡수된 에너지)

Q = *Charge measured in coulombs*
(쿨롱으로 측정된 전하)

[그림 1-36]은 전류, 전자의 흐름을 보여준다. 2개의 서로 연결된 물탱크에서 이들 두 탱크 사이에 압력차가 존재한다면, 두 탱크의 물높이가 같아질 때까지 물이 흐를 것이라는 것을 증명한다. 그림은 탱크 A의 수압이 10psi (더 높은 전위 에너지)이며 탱크 B의 수압은 2psi (낮은 전위 에너지)임을 보여준다. 두 탱크 사이에는 8[psi]의 수압차가 있다. 만약 탱크 사이에 연결된 라인에 있는 밸브가 열린다면, 물은 양쪽 탱크

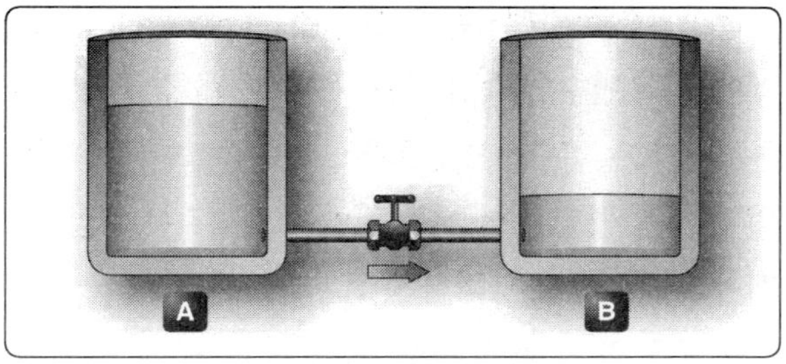

[그림 1-36] 압력의 차

에서 물의 수위, 즉 위치에너지가 같아질 때까지 탱크 A에서 탱크 B로 흐를 것이다.

물이 흐르게 한 것은 탱크 A의 압력이 아니라 탱크 A와 탱크 B 사이의 압력 차이였다는 점을 유념해야 한다.

이 비유는 경로가 연결되어 있을 때, 전자는 과잉전자의 지점, 즉 더 높은 위치에너지에서 전자에서 불충분한 지점, 즉 더 낮은 위치에너지로 움직인다는 원리를 설명한다. 이 움직임의 원인이 되는 힘은 두 지점 사이의 전기에너지차이인 전위차이다. 이 힘을 전압, 전위차 또는 기전력이라고 부른다.

1.10 전류(Current)

움직이고 있는 전자는 전류를 형성한다. 이 전류는 보통 얼마나 많은 전자가 이동하고 있는지에 관계없이 "전류" 또는 "전류흐름"이라고 부른다. 전류는 전하가 공간의 어떤 지대 또는 도체를 통해 흐르는 비율의 척도이다. 움직이는 전하는 구리, 은, 알루미늄, 그리고 금과 같은 도체에 들어 있는 자유전자이다. "자유전자"라는 용어는 외곽전자가 그들의 원자(parent atom)에서 느슨하게 결속된 어떤 전자들을 의미한다. 이들 느슨하게 결속된 전자는 배터리와 같은 외부전원이 회로에 가해졌을 때 주어진 방향으로 쉽게 이동할 수 있다. 이들 전자는 배터리의 (+)극 단자로 끌어당겨지고, 반면에 (−)극 단자는 전자의 공급원이 된다. 주어진 단위 시간동안 도체를 통해 흐르는 전하의 양을 전류라고 하며 계산식은 다음과 같다.

$$\text{전류} = \frac{\text{전하량}}{\text{시간}} \quad \text{or} \quad I = \frac{Q}{t}$$

I = 전류[A]
Q = 전하량[C]
t = 시간[sec]

전류에 대한 국제단위(system international unit)는 암페어(ampere)이다.

$$1[A] = 1\frac{\mathrm{C}}{s}$$

즉, 1[A]의 전류는 1[sec] 동안에 도체를 통과하는 1 쿨롱[C]의 전하와 같다. 1[C]의 전하는 6.28×10^{18}개의 전자와 같다. 공식 또는 회로도에서 전류를 나타내기 위해 사용되는 부호는 대문자 "I"이다.

전류흐름이 한쪽 방향일 때, 직류라고 한다. 회로 내에서 주기적으로 진동하는 전류의 형태인 교류에 대하여서는 후반부에서 설명할 것이다. 이 단원에서는 직류 적용에 대해서만 설명한다.

전하의 속력은 실제로는 평균속도이며 유동속도라고 부른다. 유동속도의 개념을 이해하기 위해, 전하 캐리어가 자유전자인 도체를 생각한다. 이들 전자는 항상 기체분자의 것과 유사한 불규칙한 운동 상태에 있다. 도체에 전압이 인가되면, 기전력은 도체 내에 전기장을 생성하고 전류가 설정된다. 전자는 직선방

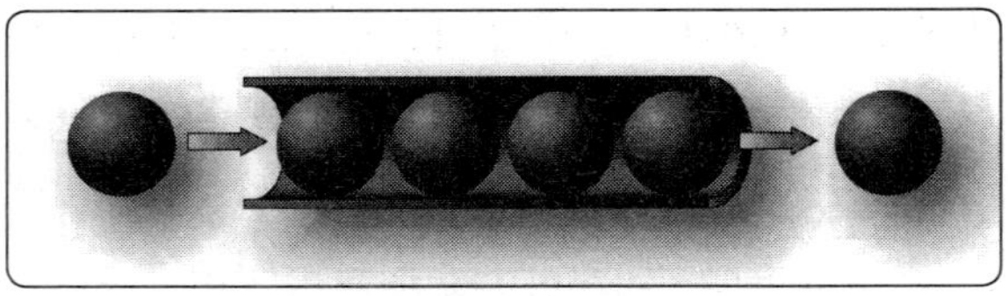

[그림 1-37] 전자의 이동 모형

향으로 움직이지 않고 주변의 다른 원자와 반복적으로 충돌한다. 이 충돌은 보통 그들 원자의 자유전자를 두드리면서 이 전자는 유동속도라고 부르는 비교적 느린 속도인 평균속도로 도체의 (+)극 쪽으로 이동한다. 순간적인 전류 효과의 속도를 이해하기 위해서는 [그림 1-37]과 같이 강철 볼로 채워진 긴 관을 시각화하는 것이 도움이 될 것이다. 도체를 대변하는 관의 한쪽 끝으로 볼이 유입되면 곧바로 관의 반대쪽 끝에서 볼이 방출되는 것을 알 수 있다. 그러므로 전자를 비교적 느린 속도로 밀어 보내더라도, 전류는 순간적으로 반대쪽으로 방출되는 것을 알 수 있다. 따라서 전류가 상대적으로 느린 전자 흐름의 결과라 할지라도 그 속도는 순간적이라 볼 수 있다.

1.11 저항과 옴의 법칙 (Ohm's law, resistance)

전류와 전압의 2 가지 기본성질은 저항이라고 알려진 3 번째 성질로 서로 관련이 있다. 어떤 전기회로에서, 전압이 회로에 가해지면, 전류가 흐른다. 도체의 저항은 주어진 전압에서 흐르는 전류의 양을 결정한다. 대부분의 경우 회로저항이 크면 클수록 전류는 적어진다. 만약 저항이 감소하면 전류는 증가한다. 이 관계는 사실상 선형관계이며, 옴의 법칙(Ohm's law)이라고 알려져 있다.

선형적으로 비례하는 특성을 갖는다는 것은 상호관계에서 한 변수가 일정 비율 증가하거나 감소하면 다른 변수도 같은 비율로 증가하거나 감소한다는 것을 의미한다. 예를 들어 저항 전체에 가해지는 전압이 2 배가 되면 저항을 통과하는 전류도 2 배가 된다. 이 관계는 회로의 저항이 일정하게 유지되는 경우에만 적용될 수 있다. 만약 저항이 변화한다면, 전류 또한 변화한다고 볼 수 있다. [그림 1-38]에서는 20[Ω]의 불변저항을 사용하는 이 관계의 그래프를 보여준다. 이 예에서 전압과 전류 사이에 관계는 0~120[V] 값으로 X축을 따라 수평으로 표시된 전압을 보여준다. 해당 전류 값은 Y 축을 따라 0에서 6.0 암페어의 값으로 표시된다. 전압과 전류 선이 만나는 모든 지점을 통과하는 직선은 방정식 $I = E/20$을 나타내며 선형 관계라고 말한다.

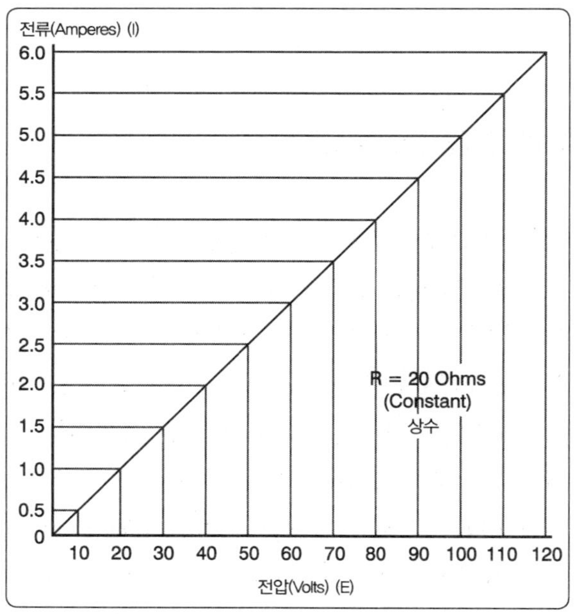

[그림 1-38] 일정한 저항의 회로에서의 전압과 전류

$$E = 10[V] \text{이면,} \ \frac{10[V]}{20[\Omega]} = 0.5[A]$$

$$E = 60[V] \text{이면,} \ \frac{60[V]}{20[\Omega]} = 3[A]$$

$$E = 120[V] \text{이면,} \ \frac{120[V]}{20[\Omega]} = 6[A]$$

옴의 법칙은 다음 방정식으로 표현한다.

식1) $$I = \frac{E}{R}$$

I = 전류 $[A]$
E = 전압 $[V]$
R = 저항 $[\Omega]$

여기서 I는 전류(A)이고, E는 측정된 전위차(V)이고, 그리고 R은 측정된 저항(Ω)이다. 만약 이들 회로 성분 중에서 두 가지를 알고 있다면, 간단한 계산으로 세 번째 성분을 구할 수 있다. 만약 전압과 저항을 알고 있다면 이 식으로 회로에서의 전류를 계산할 수 있다. 이 식은 또한 전압을 계산하기 위해 사용할 수 있는데, 식 1)의 양쪽에 R을 곱함으로써 우리는 옴의 법칙의 동일한 형태를 얻는다.

식2) $$E = I \times R$$

마지막으로 만약 식 2)를 I로 나눈다면, 저항에 대해 풀 수 있을 것이다.

식3) $$R = \frac{E}{I}$$

세 가지 식 모두는 서로 등가이고 설명한 옴의 법칙의 서로 다른 유형이다.

[그림 1-39]와 같이, 기본법칙을 이항하여 유도한 여러 가지의 방정식은 삼각형을 사용하면 쉽게 구할 수 있다. E, R, 그리고 I를 포함하는 삼각형은 선 위쪽에 E, 선의 아래쪽에는 I×R로, 2개의 부분으로 나누어진다. 다른 두 가지를 알고 있을 때 미지의 값을 결정하려면, 엄지손가락으로 미지의 양을 덮는다. 삼각형에 남아 있는 노출된 문자의 위치는 수행하고자 하는 연산을 나타낼 것이다. 예를 들어, [그림 1-39 A]와 같이, I를 구하고자 하면, 엄지손가락으로 I를 덮는다. 노출된 문자는 E를 R로 나누는, 즉 I=E/R을 나타낸다. R을 구하려고 하면, [그림 1-39 B]와 같이, 엄지손가

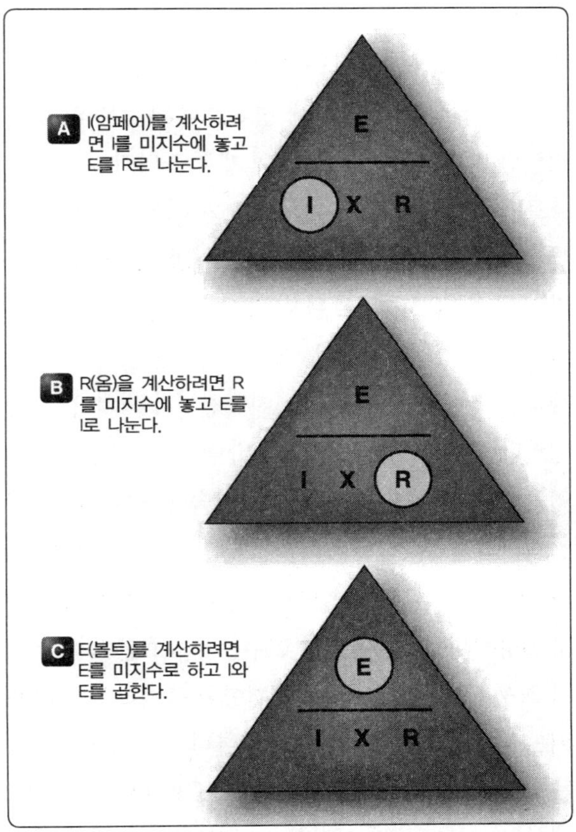

[그림 1-39] 옴의 법칙 차트(Ohm's law chart)

락으로 R을 덮는다. 결과는 E를 I로 나눌 것, 즉 R=E/I를 나타낸다. E를 구하고자 하면, [그림 1-39 C]와 같이, 엄지손가락으로 E를 덮는다. 결과는 I에 R을 곱할 것, 즉 E=I×R을 나타낸다. 이 도표는 옴의 법칙 활용법을 이해하는 데 상당히 유용하다. 또한 이것은 초보자의 수학 지식 향상에도 보탬이 된다고 생각된다.

1.12 도체의 저항 (Resistance of a conductor)

어떤 크기 또는 어느 정도의 저항값의 전선이 사용될 수 있지만, "도체"라는 말은 보통 전류흐름에 낮은 저항을 주는 재료를 말하는 것이고, "절연체"라는 말은 전류 흐름에 높은 저항을 제공하는 재료로 나타낸다. 도체와 절연체 사이에 명확한 경계선은 없지만, 적절한 상황에서 모든 유형의 재료도 약간의 전류를 흐르게 한다. 최상의 도체와 절연체 사이 중간쯤의 전류흐름에 저항을 제공하는 재료를 "반도체"라고 하며 가장 큰 응용 분야인 트랜지스터에서 찾아볼 수 있다.

최상의 도체는 다수의 자유전자를 가진 재료, 주로 금속이다. 반대로 절연체는 자유전자가 거의 없는 물질이다. 최상의 도체는 은, 구리, 금, 그리고 알루미늄이고, 탄소나 물과 같은 일부 비금속이 도체처럼 사용될 수 있다. 고무, 유리, 세라믹, 그리고 플라스틱 등과 같은 재료는 열악한 도체이기 때문에 보통 절연체로 사용한다. 이들 재료 중 일부는 전류흐름이 매우 낮아 보통 0이라고 간주된다. 저항을 측정하는데 사용되는 단위는 옴(ohm)이라고 부른다. 옴에 대한 기호는 그리스 문자인 오메가(Omega; Ω)이다. 수학 공식에서는, 대문자 "R"로 저항을 나타낸다. 도체의 저항과 그것에 가해진 전압은 도체를 통해 흐르는 전류의 양(암페어)을 결정한다. 그러므로 1[Ω]의 저항은 1[V]의 전압이 가해진 도체에서 전류흐름을 1[A]로 제한한다.

1.12.1 저항에 영향을 주는 요인 (factors affecting resistance)

(1) 금속성도체의 저항은 도체 재료의 유형에 따라 달라진다. 특정 금속은 최 외곽 궤도에 많은 수의 자유 전자가 있기 때문에 일반적으로 도체로 사용된다는 것이 지적되어 왔다. 보통 특정한 직경의 구리선이 동일한 직경의 알루미늄선보다 전류흐름에 더 낮은 저항을 제공하기 때문에, 구리는 최적의 도체 재료로 간주된다. 그러나 알루미늄은 구리보다 훨씬 가벼우며 가격 측면에서 저렴할 뿐만 아니라 항공기같이 무게가 중요한 고려 사항일 때 종종 알루미늄을 사용한다.

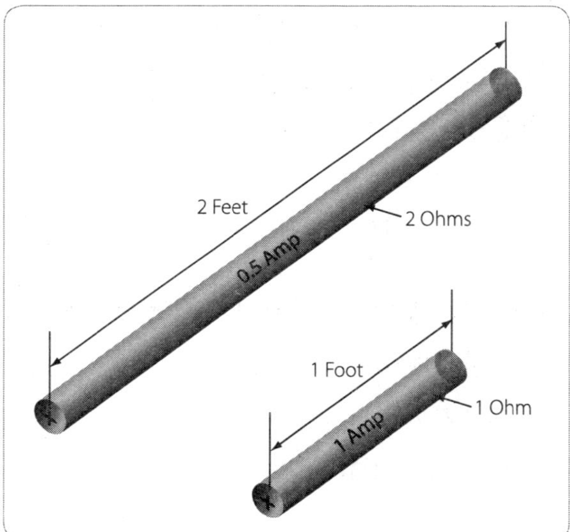

[그림 1-40] 도선의 길이에 따른 저항의 변화

(2) 금속성도체의 저항은 도체의 길이에 비례한다. 주어진 크기의 전선에 길이가 길면 길수록, 저항은 더 커진다. [그림 1-40]에서는 서로 다른 길이의 2개의 전선을 보여준다. 만약길이 1[feet]이고 저항이 1[Ω]인 도체의 양쪽 끝단의 전역에 1[V]의 전압이 가해졌다면, 전류흐름은 1[A]로 제한된다. 만약 동일한 지름의 도체에서 길이가 2배로 된다면, 가해진 1[V]전압에 대한 저항이 2배로 증가한다는 것을 알 수 있는데, 결과적으로 전류흐름은 1/2[A]로 감소될 것이다.

(3) 금속성도체의 저항은 단면적에 반비례한다. 이 면적은 삼각형 또는 사각형일 수도 있지만, 보통 원형의 것이다. 만약 도체의 단면적이 2배가 된다면, 전류흐름에서 저항은 1/2로 줄어들 것이다. 이것은 증가된 면적 때문에 전자가 원자에 충돌하거나 또는 원자에 포획 없이 움직일 수 있기 때문이다. 그러므로 저항은 도체의 단면적에 반비례한다.

(4) 도체의 저항에 영향을 주는 4 번째 주요 요인은 온도이다. 비록 탄소와 같은 어떤 물질은 외기온도, 즉 주위온도가 증가할 때 저항이 감소하는 경우도 있지만, 도체로 사용되는 대부분의 물질은 온도가 증가할 때 저항도 증가한다. 콘스탄탄(constantan) 또는 ManganinTM과 같은 몇몇 합금의 저항은 온도가 변화할 때 아주 조금 변화한다. 임의의 표준, 0[℃] 이상 온도에서 온도 1°C 상승하는데 대한 도체에서 증가하는 저항[Ω]의 양을 저항온도계수라고 한다. 각각의 금속마다, 저항온도계수는 다르다. 예를 들어, 구리에 대한 저항온도계수는 약 0.00427[Ω]이다. 따라서 0[℃]의 온도에서 50[Ω]의 저항을 가진 구리선은 0[℃] 이상 온도에서 온도 1℃ 상승할 때마다 50×0.00427, 즉 저항이 0.214[Ω]씩 증가할 것이다. 저항온도계수는 운영 시에 도체의 온도 변화가 있는 곳에서는 반드시 고려되어야 한다. 서로 다른 재료에 대한 저항온도계수 도표를 이용할 수 있다. [표 1-2]에서는 일반적인 전기도체의 일부에 대한 고유저항을 표로 보여준다.

[표 1-2] 고유저항 표(Resistivity table)

도체 재료(Conductor Material)	저항력 (ohm meters @ 20 °C)
Silver(은)	1.64×10^{-8}
Copper(구리)	1.72×10^{-8}
Aluminum(알루미늄)	2.83×10^{-8}
Tungsten(텅스텐)	5.50×10^{-8}
Nickel(니켈)	7.80×10^{-8}
Iron(철)	12.0×10^{-8}
Constantan(콘스탄탄)	49.0×10^{-8}
Nichrome II(니크롬 II)	110×10^{-8}

재료의 저항은 네 가지 성질, 즉 재료, 길이, 면적, 그리고 온도에 따라 결정된다. 처음 세 가지 성질은 T=20[℃], 즉 실온에서 다음 공식에 따른다.

$$R = \frac{\rho \times l}{A}$$

R = 저항[Ω]

ρ = 물질의 고유저항 *circular mil-ohm per foot*

l = 길이[*feet*]

A = 면적(*circular mils*)

1.12.2 전선크기와 저항의 관계 (resistance and its relation to wire sizing)

(1) 원형도선(circular conductors, wires/cables)

도체의 저항은 그것의 길이에 비례하기 때문에, 만약 전선의 단위길이에 대한 저항을 알고 있다면, 동일한 지름을 갖는 전선의 임의의 길이에 대한 저항을 계산할 수 있다. 또한 도체의 저항은 단면적에 반비례하기 때문에, 만약 단위 단면적에 대한 저항을 안다면, 동일한 재료, 같은 길이에서 임의의 단면적에 대한 전선의 저항을 계산할 수 있다. 그러므로 만약 주어진 도체의 저항을 알고 있다면, 동일한 온도에서 동일한 재료의 어떤 도체에 대한 저항을 계산할 수 있다. 다음은 그에 대한 계산식이다.

$$R = \frac{(\rho \times l)}{A}$$

또한 상기의 식은 다음과 같이 쓸 수도 있다.

$$\frac{R_1}{R_2} = \frac{l_1}{l_2} = \frac{A_1}{A_2}$$

만약 1[㎟]의 단면적으로서 1[m] 길이인 도체의 저항이 0.017[Ω]이라면, 동일한 재료로서 단면적이 0.25[㎟]이고 길이가 50[m]인 전선의 저항을 구해본다.

$$R_2 = 0.017[\Omega] \times \frac{50}{1} \times \frac{1}{0.25} = 3.4[\Omega]$$

일반적으로 전기회로의 분석에 국제단위계가 사용되는 반면에, 북아메리카에서는 아직도 길이 단위로 피트(ft), 지름의 단위로 mil(1/1,000[inch])을 사용하고 있다. 주어진 AWG 크기 도체의 저항을 계산하기 위해 방정식 R=(ρ×ℓ)/A를 사용하기 전에, 단면적은 전환계수 1[mil]=0.0254[㎜]를 이용하여 [m²]로 환산해야 한다. 전선길이의 가장 편리한 단위는 피트(ft)이다. 이들 표준을 이용하여, 크기의 단위는 [mil-ft]이다. 그러므로 전선은 만약 1[mil]의 직경과 1[ft] 길이를 갖는다면 단위크기이다.

[표 1-3]과 같이, 구리도선을 사용하는 경우, 표를 이용하면 쉽게 계산할 수 있다. 표 목록으로 만든 단면 치수는 게이지번호가 하나 감소하면 단면적은 25[%] 증가하는 것과 같다. 따라서, 전선번호가 3단계 감소하면 단면적은 약 2:1로 증가한다. 마찬가지로 10단계

[표 1-3] 구리 도선 환산표

AWG(미국 와이어 게이지) 번호	직경(단위: mils)	옴/1,000 피트
0000	460.0	0.04901
000	409.6	0.06180
00	364.8	0.07793
0	324.9	0.09827
1	289.3	0.1239
2	257.6	0.1563
3	229.4	0.1970
4	204.3	0.2485
5	181.9	0.3133
6	162.0	0.3951
8	128.5	0.6282
10	101.9	0.9989
12	80.81	1.588
14	64.08	2.525
16	50.82	4.016
18	40.30	6.385
20	31.96	10.15
22	25.35	16.14
24	20.10	25.67
26	15.94	40.81
28	12.64	64.9
30	10.03	103.2

의 게이지번호의 변화는 단면적에서 10:1 변화를 나타낸다. 또한 도체의 단면적에 2배가 되어서 저항은 1/2로 감소한다. 3단계 게이지번호의 감소는 1/2로 주어진 길이의 도체에서 저항이 절반으로 감소한다.

(2) 사각형 도선(rectangular conductors, bus bars)

정사각형 도체의 단면적을 mil^2단위로 계산하기 위해, 한 변의 길이를 제곱하면 된다. 직사각형 도체의 경우에는 한 변의 길이에 다른 쪽 변의 길이를 곱한다. 예를 들어, 일반적으로 대형 특수 컨덕터인 버스 바(bus bar)는 3/8[inch] 두께에 4[inch] 폭인 직사각형이다. 3/8[inch] 두께는 0.375[inch]로 표시한다. 1[inch]는 1,000[mil]과 같기 때문에, 4inch 폭은 4,000[mil]로 바꾸어 쓸 수 있다. 따라서 직사각형 도체의 단면적은 0.375×4,000, 즉 1,500[mil^2]이다.

1.13 전력과 에너지(Power and Energy)

1.13.1 전기회로에서 전력 (power in an electrical circuit)

이 단원에서는 직류회로의 전원과 에너지 소비에 대하여 설명한다. 기계 또는 전기 시스템과 관련하여 전력은 해당 시스템 내에서 에너지 소비 또는 변환 속도, 즉 주어진 시간에 사용되거나 변환 된 에너지의 양으로 정의된다.

물리학의 과학적인 학문으로부터 전력에 대한 기본적인 계산식은 다음과 같다.

$$R = \frac{\varepsilon}{t}$$

P = 전력 $[W]$
ε = 에너지 $[J]$
t = 시간 $[s]$

전력에 대한 측정 단위는 와트(W)로, 1joule(J)/초의 에너지 변환 속도를 가리킨다. 따라서 1초에 소비되는 줄(J)의 양을 와트(W)와 같다. 간단한 예는 아래와 같다.

300[J]의 에너지가 10[sec] 동안에 소비되었다고 가정할 때 전력은 얼마인가?

$$P = \frac{\text{에너지}}{\text{시간}} = \frac{300}{10} = 30[W]$$

와트(watt)는 증기기관의 발명가인 제임스 와트(James Watt)의 이름에서 따온 것이다. 와트는 그가 발명한 증기기관의 기계동력을 측정하는 수단을 찾기 위해 말의 일률을 측정하는 실험을 생각해 내었다. 33,000[pound]를 1분 동안에 1ft를 움직이는데 1마력이 필요하다. 일률은 일을 하고 있는 비율이기 때문에, 일을 시간으로 나눈 것과 같다. 공식으로 쓰면 다음과 같다.

$$\text{전력} = \frac{33{,}000[feet-lb]}{60[sec]} = 550[feet-lb/sec]$$

전력도 유사한 방식으로 평가된다. 예를 들어, 1[hp]짜리 전동기는 746[W]의 전기에너지를 필요로 한다.

1.13.2 전기에 사용되는 전력공식(power formulas used in the study of electricity)

전류가 저항 회로를 흐를 때, 에너지는 열의 형태로 소비된다. 전압은 다음 식과 같이 에너지와 전하의 관점에서 표현 될 수 있다.

$$E = \frac{\varepsilon}{Q}$$

E = 전위차$(volts)$
ε = 팽창하거나 흡수된 에너지$[J]$
Q = 전하량$(coulombs)$

전류 I는 또한 다음과 같이 전하와 시간의 용어로 설명할 수 있다.

$$\text{전류} = \frac{\text{전하량}}{\text{시간}} \quad \text{or} \quad I = \frac{Q}{t}$$

I = 전류$[A]$
Q = 전하량$(coulombs)$
t = 시간$[s]$

전압 ε/Q와 전류 Q/t가 곱셈되었을 때 전하 Q는 다음과 같이 소거되어 없어진다.

$$E \times I = \frac{\varepsilon}{Q} \times \frac{Q}{t} = \frac{\varepsilon}{t} = \text{전력}$$

간단한 직류 전기계통에서의 소비전력은 다음 식으로 나타낼 수 있다.

$$P = I \times E$$

P = 전력
I = 전류
E = 전압

만약 회로에서 24[V]의 전압으로 2[A]의 전류가 흐르고 있다면 이 회로의 소비전력은 다음과 같다.

$$P = I \times E = 2 \times 24 = 48[W]$$

다시 옴의 법칙 E=I×R에서, 이를 공식에 대입하여 E를 IR로 바꾼다면, 회로에서의 전력은 오직 전류 I와 저항 R만을 사용하는 공식이 된다.

$$P = I \times E = I \times IR = I^2R$$

만약 회로에서 2[A]의 전류와 100[Ω]의 저항을 알았다면, 그때 회로에서의 전력은

$$P = I^2R = 2^2 \times 100 = 400[W]$$

옴의 법칙을 다시 적용하면 I=E/R이라고 나타낼 수 있다. 전력은 회로에서 오직 전압 E와 저항 R만으로 다시 만들 수 있다.

$$P = I \times E = \frac{E}{R} \times E = \frac{E^2}{R}$$

만약 회로에서 24[V]의 전압과 20[Ω]의 저항을 알았다면, 그때 회로에서의 전력은 다음과 같다.

$$P = \frac{E^2}{R} = \frac{24^2}{20} = 28.8[W]$$

1.13.3 직렬회로와 병렬회로에서의 전력 (power in a series and parallel circuit)

직렬회로와 병렬회로 모두에서 소비된 전체 전력은 회로에 각각의 저항에서 소비된 전력의 합과 같다. 전력은 간단한 덧셈을 통해 다음과 같이 나타낼 수 있다.

$$P_t = P_1 + P_2 + P_3 + \cdots\cdots P_N$$

[그림 1-41]은 옴의 법칙 공식과 전력공식에서 유도한 가능한 모든 수식을 제공해 준다.

1.13.4 전기회로에서 에너지 (energy in an electrical circuit)

에너지는 일을 할 수 있는 능력으로 정의된다. 전력은 에너지 사용률이므로 일정 기간 동안 사용 된 전력은 실제 에너지 소비이다. 힘과 시간을 곱하면 에너지를 얻는다. 에너지 단위는 줄(joule)로 정의된다. 전력을 와트, 시간을 초 단위로 표시했을 때, 에너지 단위를 와트-초 (Ws) 또는 전기 요금 청구서에서 볼 수 있는 킬로와트시(kWh)로 나타낼 수 있다.

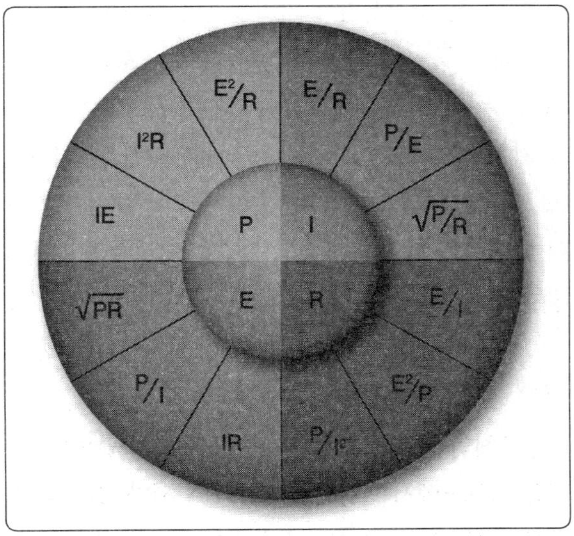

[그림 1-41] 옴의 법칙 공식(Ohm's Law formula)

1.13.5 전기의 공급원(sources of electricity)

전기에너지는 여러 가지 방법으로 생산될 수 있다. 가장 일반적인 네 가지는 압력, 화학, 열, 그리고 빛이다.

(1) 압력원(pressure source)

이러한 형태의 전기 발전은 일반적으로 압전(piezoelectric, to press; pressure; to squeeze) 또는 비전도성 결정체에 기계적 압력을 가한 결과로 알려져 있다. 오늘날 사용되는 가장 일반적인 압전재료는 석영결정과 로셸염(rochelle salt)이다. 그러나 로셸염은 티탄산바륨(barium titanate)과 같은 다른 물질로 대체되고 있다.

기계적 응력을 적용하면 전기적 분극화가 발생하는데, 이는 이 응력에 비례한다. 이 분극화는 석영결정 전반에 걸쳐 전압을 형성한다. 회로를 석영결정에 걸쳐 연결하면 석영결정에 응력이 가해질 때(압력이 가해질 때) 전류 흐름을 관찰할 수 있다. 정반대의 상태가 발생할 수 있는데, 이 경우 결정의 특정 면 사이에 전압을 적용하면 기계적 왜곡(일그러짐)이 발생할 수 있다. 이 효과를 흔히 압전효과(piezoelectric effect)라고 한다.

압전재료는 기계적 변형을 전기신호로 바꾸기 위한 변환기로서 광범위하게 사용된다. 이런 장치는 송화기, 축음기 수신장치, 그리고 항공기 엔진진동센서(vibration sensor) 등이 포함된다. 전기신호 입력으로부터 기계적 출력으로 유도되는 반대 효과는 또한 헤드폰(headphone), 스피커 등에 폭넓게 사용된다.

(2) 화학적인 공급원(chemical source)

화학에너지는 전기로 변환시킬 수 있는데, 가장 일반적인 것이 배터리이다. 일차 전지는 알칼리 전해질과 같은 화학 용액에서 두 가지 금속을 사용하여 전기를 생산하는데, 여기서 금속과 화학 물질 사이의 화학 반응은 한 금속에서 다른 금속보다 더 많은 전자를 방출한다. 배터리의 한쪽 단자는 아연과 같은 금속에 부착되고, 다른 쪽 단자는 산화망간과 같은 다른 금속에 부착된다. 더 많은 전자를 방출하는 단자는 양전하를 조성하고 다른 쪽 끝단은 음전하를 조성한다. 만약 전선이 배터리의 한쪽 단자에서 다른 쪽 단자까지 도선으로 연결한다면, 전자는 전하의 균형을 잡기 위해 도선을 통해 흐른다.

(3) 열 공급원(thermal source)

항공 산업에서 찾아볼 수 있는 가장 일반적인 열기전력(thermal electricity)은 열전대(Thermocouples)에서 비롯된다. 열전대은 온도감지기로 광범위하게 사용된다. 열전대은 값이 싸고 교체할 수 있는 표준 커넥터를 갖고 있으며, 광범위한 온도를 측정할 수 있다. 열전대은 적어도 한쪽 끝에서 연결된 서로 다른 금속 와이어의 쌍으로, 접합부의 온도에 비례해서 두 금속 와이어 사이에 전압을 발생시킨다. 이것은 1821년에 이 현상을 처음 발견한 토마스 시벡(Thomas Seebeck)을 기리기 위해 시벡 효과(seebeck effect)라고 불린다. 또한 금속 조합에 따라 전압 차이가 다르다는 점도 확인되었다.

열전대은 보통 실린더헤드온도와 터빈엔진 배기가스온도를 측정하기 위한 센서로 이용된다.

(4) 광원(light source)

태양전지 또는 광전지는 빛에너지를 전기로 변환시키는 장치이다. 기본적으로 이 장치는 빛에너지에 노출되면 전자를 방출하는 특정 화학성분이 포함되어 있다.

햇빛에 있는 광입자는 태양 전지판이나 셀에 의해 흡수되는데, 여기서 실리콘과 같은 반도체 물질에 의해 흡수된다. 셀 안의 전자는 원자로부터 떨어져 나가 전기를 생산하기 위해 물질을 통해 흐를 수 있게 된다. 또한 생성되는 보완적인 양전하를 정공(전자의 부재)이라고 하며 실리콘 태양 전지판에서 전자와 반대 방향으로 흐른다.

태양 전지는 많은 응용분야를 가지고 있으며 역사적으로 지구 궤도를 도는 위성이나 우주탐사선, 휴대용 계산기, 손목시계 등에 사용되어 왔다.

1.13.6 전기부품의 회로도(schematic representation of electrical components)

회로도는 정비사가 전기기호를 찾아보게 될 가장 일반적인 곳이다. 회로도는 전자회로 또는 전기회로의 상호연결과 논리회로를 묘사한 도표이다. 많은 기호가 회로도(schematic diagram), 도면, 청사진(blueprint), 그리고 삽화에서 활용된다. 이 단원은 보다 일반적인 기호 중 일부를 간략하게 설명하고 해석 방법을 설명한다.

(1) 전도체(도선, conductors)

전도체인 도선의 회로도 표현은 아주 간단하다. 이것은 회로도에서 보통 실선으로 표시된다. 그러나 선 종류는 회로도를 그리는 사람에 따라, 그리고 선이 나타내는 내용에 따라 다를 수 있다. 실선은 전선이나 전도체를 묘사하는 데 사용되지만, 항공기 개조 시 사용되는 도식에서는 수정 전 "기존" 와이어를 나타낼 때는 점선을 사용하고 "신규" 와이어를 나타낼 때는 실선 등의 다른 선 유형을 사용할 수도 있다.

와이어 크로스오버(crossovers, 2 선 교차) 및 와이어 연결을 표시하는데 2가지 방법이 있다. [그림 1-42]에서는 버전(version)A와 버전B의 연결되지 않고 교차되는 도선을 그리는 두 가지 방법을 보여준다. [그림 1-43]에서는 버전A와 버전B의 연결되는 도선을 그리는 두 가지 방법을 보여준다. 만약 [그림 1-42]의 버전A가 연결되지 않고 교차되는 와이어를 묘사하기 위해서 사용했다면, 전선연결에 대해서는 [그림 1-43]의 버전A를 사용한다. [그림 1-42]의 B와 [그림 1-42]의 B 방법에 대한 적용도 마찬가지이다.

[그림 1-44]에서는 정비사가 회로도에서 보게 될 일반적인 와이어 유형의 몇 가지 예를 보여준다. 그들은

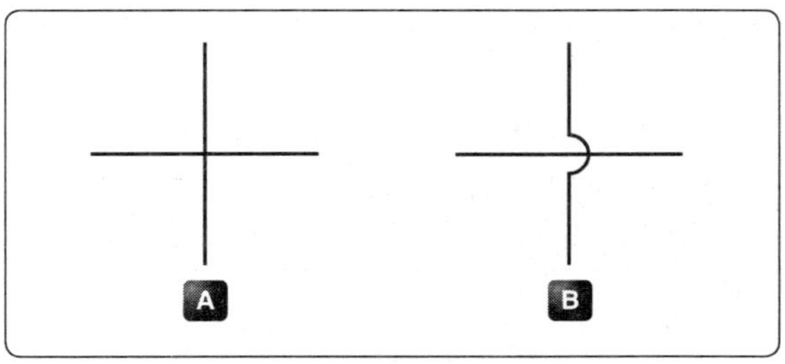

[그림 1-42] 연결되지 않은 와이어 교차

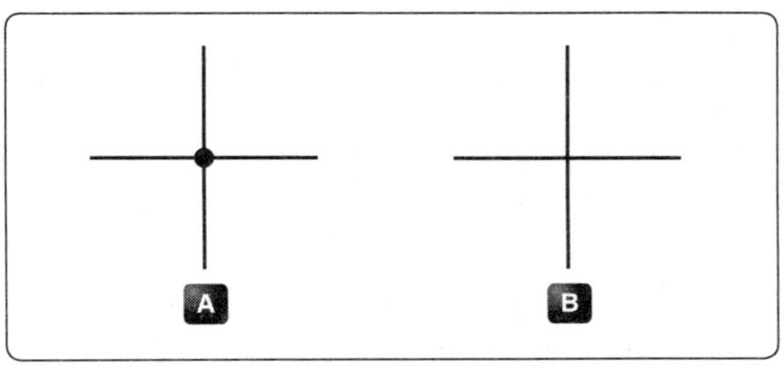

[그림 1-43] 연결된 와이어 교차

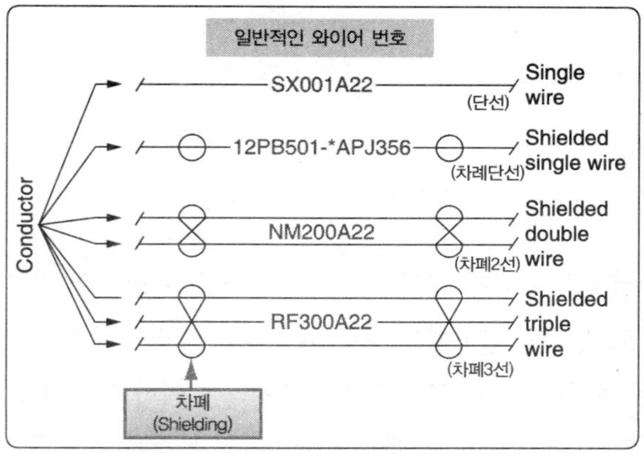

[그림 1-44] 일반적인 와이어 유형의 몇 가지 예

단일 도선, 단일 차폐선, 꼬임 이중차폐선 또는 이중차폐선, 그리고 삼중차폐선 등이다. 이것은 와이어 유형을 총망라한 목록은 아니지만, 그들이 어떻게 묘사되었는지에 대한 올바른 표현이다. [그림 1-44]에서는 또한 와이어번호를 갖고 있는 와이어를 보여준다. 이는 설명을 위해 표시되며 설치 기관마다 다르다. 그 이상의 와이어번호체계의 이해하기는 인쇄를 하는 부서에 의해 편집된 적용할 수 있는 배선안내서를 참고한다. 와이어번호체계의 명세서에 관계없이, 전문배선방법을 실행하는 구성은 어떤 방식으로 부호를 붙인 설치와이어를 갖출 것이다. 이것은 나중에 계통을 고장탐구하거나 또는 수정하는 정비사에게 도움을 줄 것이다.

1.14 저항의 유형(Types of resistors)

1.14.1 고정저항(fixed resistor)

고정 저항은 전류흐름을 제한하는 수단으로 설계되었다. [그림 1-45] 회로에서 저항의 일반적인 용도는

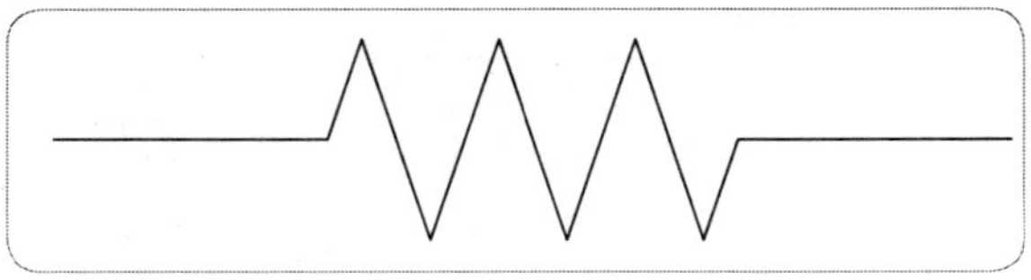

[그림 1-45] 고정 저항의 기호

전류흐름을 제한하는 것이다. 저항값, 저항값의 정밀도 및 열을 발산하는 능력 등과 같은 성질을 제어하는 저항의 구조와 크기조정에 사용되는 여러 가지 방법이 있다. 일부 적용에서 저항소자의 목적은 프로펠러 방빙부츠(propeller anti-ice boots)와 같이 열을 발생시키기 위해 사용되기도 하지만, 일반적으로 열은 원하지 않는 에너지의 손실이다.

1.14.2 탄소구성(carbon composition)

탄소 합성 저항은 정교하게 분류된 탄소/흑연, 충전재용 절연 재료 및 재료를 서로 결합시키기 위한 물질의 혼합물로 구성된다. 절연 물질과 관련된 흑연의 양은 저항의 크기 또는 저항 값이 결정된다. 이 혼합물은 봉 안에서 압축되어 있고, 그다음에 동축도선 또는 "접속용구리줄"로 고정되어 있다. 그다음에 마무리된 제품은 격리와 물리적 보호를 위해 절연피복으로 밀봉된다.

일반적으로 사용되는 고정저항의 다른 유형이 있다. 다음은 이 그룹에 포함된다.

(1) 탄소피막(carbon film)
(2) 금속산화물(metal oxide)
(3) 금속박막(metal film)
(4) 메탈 글레이즈(metal glaze, 금속 분말을 유리 속에 분산시키고 자기 등의 표면에 칠하여 구어 붙인 것)

피막저항기의 구조는 세라믹 봉에 저항재료를 균일하게 침전시킴으로써 이루어진다. 이 저항재료는 탄소피막저항에 흑연, 금속박막저항에 니켈크롬(nickel chromium), 메탈글레이즈저항(metal glaze resistor)에 금속과 유리, 그리고 마지막으로 금속산화물저항에 금속과 산화절연물이 될 수 있다.

1.14.3 저항 정격(resistor ratings)

정확한 표준 저항 값으로 저항을 제조하는 것은 매우 어렵다. 그러나 다행히 대부분의 회로 요구 사항은 그다지 중요하지 않다. 대부분 일반 용도에서 저항의 실제 저항은 표시된 값보다 20 % 높거나 낮을 수 있다. 표시된 값과 저항기의 실제 값 사이의 백분율 변동을 저항기의 "허용 오차"라고 한다. 5 % 허용 오차로 코딩된 저항은 색상 코드로 표시된 값보다 5 % 이상 높거나 낮지 않다는 것이다.

저항 색상 코드는 색상, 숫자 및 오차 값의 그룹으로 구성된다. 각 색상은 숫자로 표시되며 대부분의 경우

[표 1-4] 저항기 색상 코드 (Resistor color code)

	저항기 색상 코드	
저항기 색상	색상 번호	허용오차(Tolerance)
흑색	0	—
갈색	1	1%
적색	2	2%
황색	3	3%
노랑색	4	4%
녹색	5	5%
청색	6	6%
자색	7	7%
회색	8	8%
백색	9	9%
금색	—	5%
은색	—	10%
무색	—	20%

허용오차 값이 표시된다.[표 1-4]

색상 코드가 엔드 투 센터 색상 밴드 표시시스템(end-to-center band marking system)로 사용될 때 즉 색상 코드 표시를 저항 한쪽 끝에서 중앙까지 표식 방법으로 할 때, 저항은 정상적으로 저항의 한 쪽 끝에 색상 밴드로 표시된다. 저항의 본체 또는 바탕색은 색상 코드와는 아무런 관계가 없고, 결코 저항값을 지시하지 않는다. 이 혼돈을 막기 위해서, 이 본체는 저항값을 지시하는 줄무늬의 어떤 색과도 동일한 색을 사용하지 않는다.

1.14.4 색상 밴드의 판독(Color Band Decoding)

엔드 투 센터 색상 밴드 표시시스템이 사용될 때, 3개의 색상 밴드 또는 4개의 색상 밴드로 저항을 표시한다.

(1) 저항의 끝에 가장 가까운, 첫 번째 색상 밴드는 저항값의 첫 번째 자리수를 지시한다. 이 색상 밴드는 절대로 금색 또는 은색이 될 수 없다.
(2) 두 번째 색상 밴드는 항상 저항값의 두 번째 자리수를 지시한다. 그것은 금색 또는 은색이 될 수 없다. [그림 1-46]
(3) 세 번째 색상 밴드는 다음 두 가지 경우를 제외하고, 첫 번째와 두 번째 색상 밴드에서 얻어진 2개의 숫자에 추가해야 할 0의 개수를 나타낸다.
(a) 만약 세 번째 색상 밴드가 금색이면, 첫 번째와 두 번째 숫자에 10[%]을 곱해야 한다.
(b) 만약 세 번째 색상 밴드가 은색이면, 첫 번째와 두 번째 숫자에 1[%]로서 곱해야 한다.
(4) 만약 네 번째 색상 밴드가 있다면, 그것은 표 1-4에 있는 색상 코드 도표에 지시된 것과 같이, 허용오차에 대한 백분율로 사용된다. 만약 저항의 네 번째 줄무늬가 없다면, 저항의 허용오차가 20[%]라는 것을 의미한다.

[그림 1-46]에서는 엔드 투 센터 색상 밴드 표시시스템으로 구분된 저항의 저항값 판독하기 위한 규칙을 그림으로 나타냈다. 이 저항에는 끝에서 중앙 쪽으로 읽어야 하는 3개의 색상 밴드로 표시되었다.

네 번째 색상 밴드는 없다. 그러므로 허용오차는 20[%]라는 것을 알 수 있다. 즉 250,000의 20[%]은 ±50,000이다.

따라서 허용오차를 더하거나 빼야 하므로

최대저항값 = 250,000 + 50,000 = 300,000[Ω]

최소저항값 = 250,000 − 50,000 = 200,000[Ω]

다음 절은 저항 색상 밴드 판독의 몇 가지 추가적인 예를 보여준다. [그림 1-47]에서는 앞의 예와 다른 색을 갖춘 저항을 포함하고 있다. 이 저항 코드는 다음과 같이 읽어야 한다.

이 저항의 크기는 86,000±10[%] ohm이다. 최대저항은 94,600[Ω]이고, 최소저항은 77,400[Ω]이다.

[그림 1-48]과 같이, 또 다른 예로서, 저항은 960±

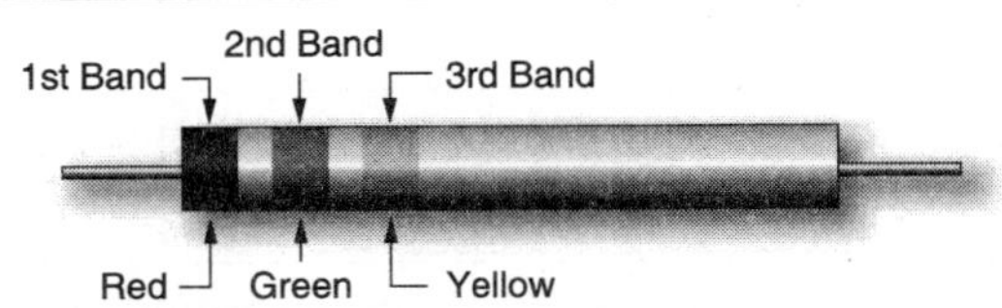

색상	수치(Numerical Value)	의미(Significance)
첫 번째 색상 – 적색	2	첫째 자리
두 번째 색상 – 녹색	5	둘째 자리
세 번째 색상 – 노랑색	4	밴드 0(제로) 개수

[그림 1-46] 끝–중앙 색상 밴드 표식

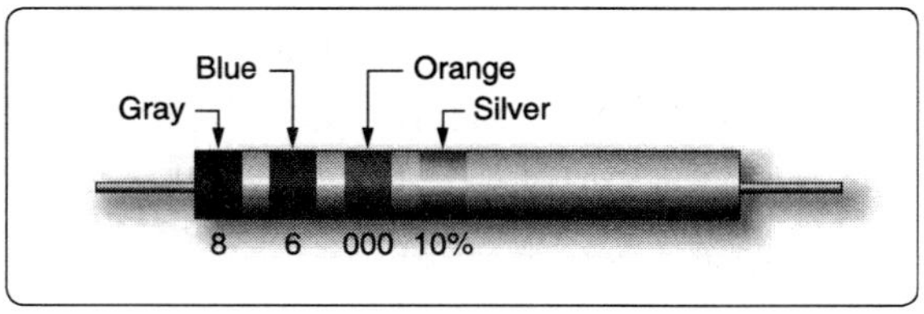

[그림 1-47] 저항 색상 밴드 판독의 예

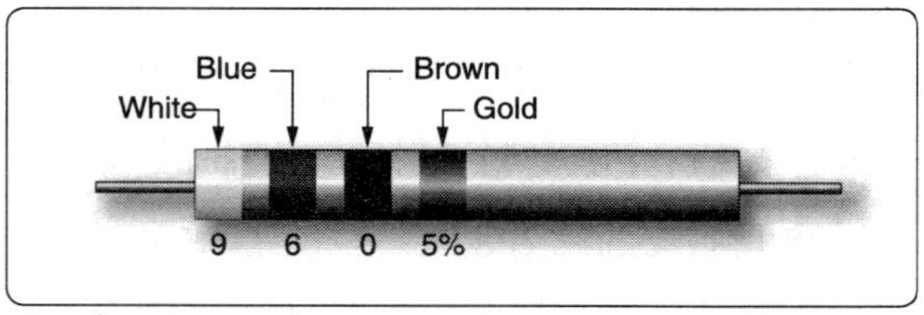

[그림 1-48] 저항 색상 밴드 판독의 예

5[%]옴(ohm)이다. 최대저항은 1,008[Ω]이고, 최소저항은 912[Ω]이다.

때때로 회로 고려의 대상은 오차허용도가 20[%] 미만이어야 한다는 것을 지시한다. [그림 1-49]에서는 2[%] 오차허용도로서의 저항기의 예를 보여준다. 이 저항기의 저항값은 2,500±2[%] ohm이다. 최대저항은 2,550[Ω]이고, 최소저항은 2,450[Ω]이다.

[그림 1-50]에서는 검은색 세 번째 색상 밴드인 저항의 예를 보여주고 있다. 검은색의 색상 코드 값은 0

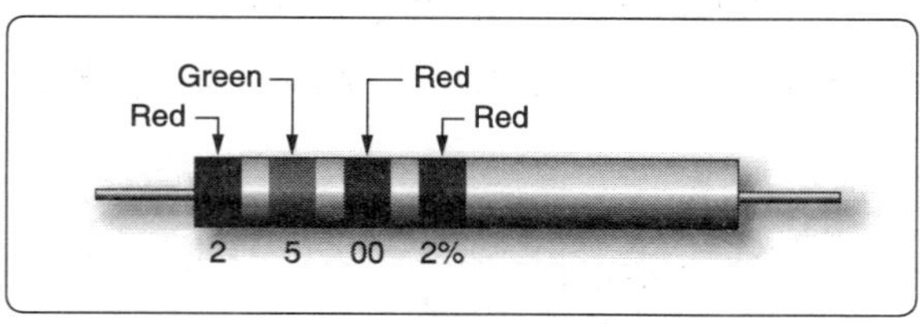

[그림 1-49] 2[%] 허용오차를 가지는 저항

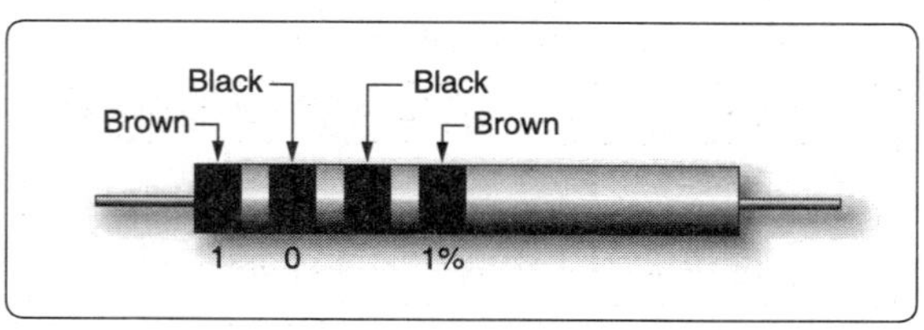

[그림 1-50] 검은색 세 번째 색상 밴드를 가지는 저항

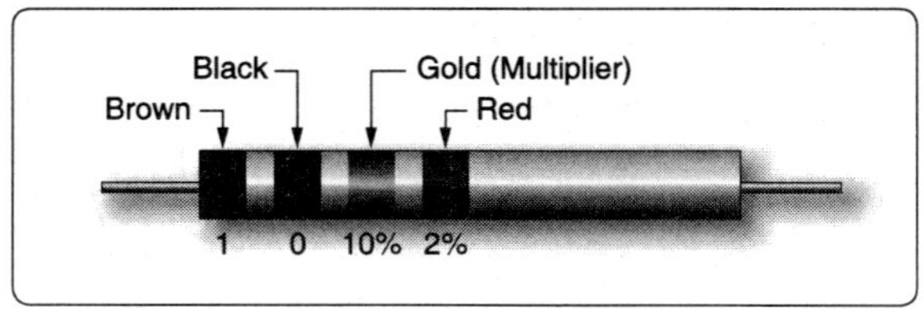

[그림 1-51] 세 번째 색상 밴드가 금색인 저항

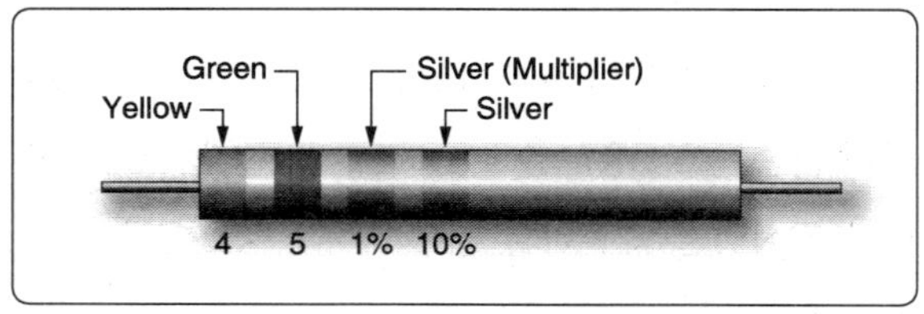

[그림 1-52] 세 번째 색상 밴드가 은색인 저항

이고, 세 번째 밴드는 첫 번째와 두 번째 숫자에 더해야 할 0의 개수를 지시한다.

이 경우에서, 첫 번째와 두 번째 숫자에 더해야 하는 0개수가 0이므로, 0이 더해지지 않는다. 그러므로 저항값은 10±1[%] ohm이다. 최대저항은 10.1[Ω]이며, 최소저항은 9.9[Ω]이다. 0의 개수를 지시하는 세 번째 색상 밴드를 판독하는 규칙에 두 가지 예외가 있다. [그림 1-51]에서는 이들 예외의 첫 번째 경우를 보여준다. 세 번째 색상 밴드가 금색일 때, 그것은 첫 번째와 두 번째 숫자에 10[%]를 곱해야 한다는 것을 지시한다. 이 경우에서 이 저항의 저항값은 10×0.10±2[%]=1±0.02[Ω]이다. 이다.

[그림 1-52]와 같이, 세 번째 색상 밴드가 은색 일 때, 첫 번째와 두 번째 숫자에 1[%]를 곱해야 한다. 이 저항의 값은 0.45±10[%]옴이다.

1.14.5 권선저항(wire-wound resistors)

[그림 1-53]과 같이, 전형적으로 권선저항은 대용량의 전류를 제어하고 고전력 정격을 갖는다. 이 유형

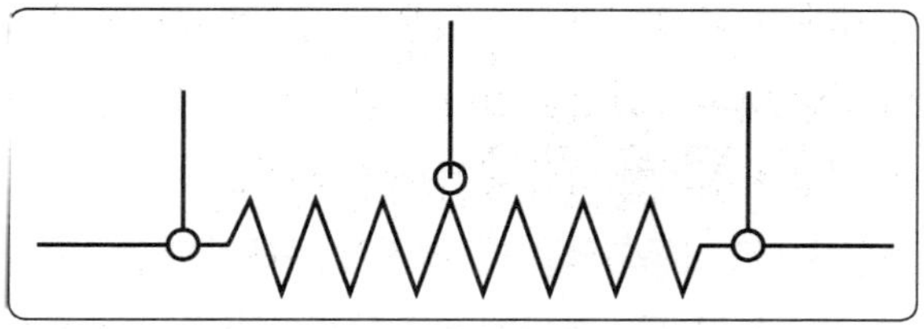

[그림 1-53] 권선저항(Wire-wound resistors)

의 저항기는 보통 세라믹으로 만든 절연막대 주위에 저항선을 감아서 제작한다. 권선은 물리적 보호와 열전도를 위한 절연 재료로 코팅되어 있다. 권선의 양쪽 끝은 회로에서 저항을 연결하기 위해 사용되는 단자에 연결된다.

탭(tap)이 있는 권선 저항은 조정할 수 있는 특수 유형의 고정 저항이다. 이들 조정은 미리 설정된 증분위치로 미끄럼막대 중간접점 또는 중간접점을 이동하여 만들 수 있다. 탭은 조정할 수 있지만, 조정은 일반적으로 설치 시 특정 값으로 설정되고 고정 저항기로 사용 시 작동된다. 또 다른 유형의 권선저항은 높은 정밀도가 필요할 때 사용하는 망간 와이어로 구성된다.

1.14.6 가변저항(variable resistors)

가변 저항기는 저항값을 쉽게 변경할 수 있도록 구성된다. 이러한 조정은 수동 또는 자동이 될 수 있으며, 조정은 연결된 시스템이 작동하는 동안 이루어질 수 있다. 수동 조정기에는 두 가지 기본적인 유형이 있다. 한 가지는 가감저항기(rheostat. 가변저항 일종)이고 다른 한 가지는 전위차계(potentiometer)이다.

(1) 가감저항기(rheostat)

[그림 1-54]에서는 가변저항에 대한 기호를 보여준다. 가감저항은 회로에 흐르는 전류 양을 변화시키기

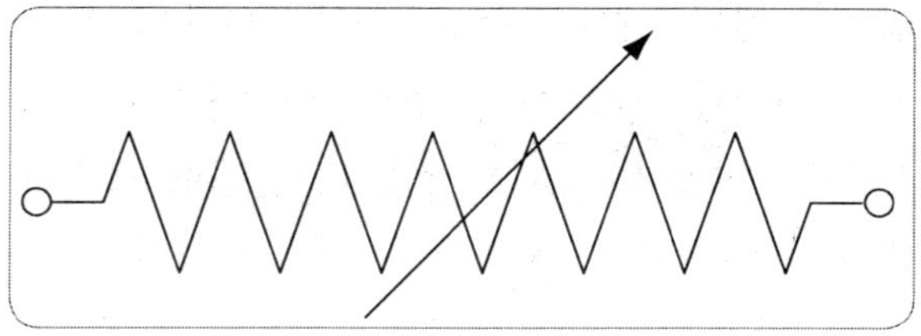

[그림 1-54] 가감저항기(Rheostat)의 기호

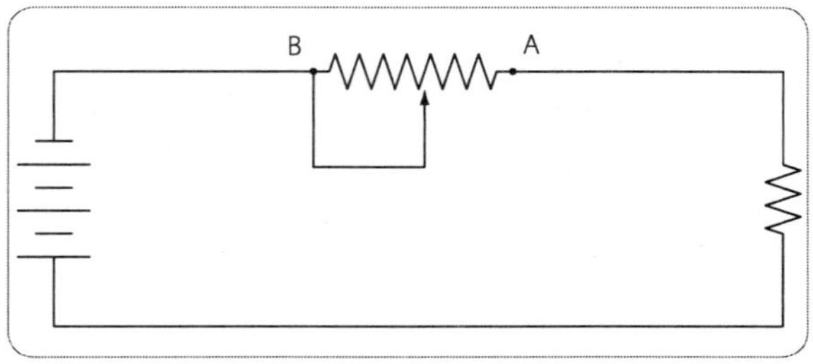

[그림 1-55] 회로에서의 가감저항기(Rheostat)

위해 사용되는 가변저항이다. [그림 1-55]에서는 직렬회로에서 일반적인 저항과 직렬 연결된 가변저항을 보여준다. 슬라이더 암(slider arm)이 지점 A에서 지점 B로 이동할 때, 가변저항(AB)의 양이 증가한다. 가감저항 저항과 고정저항은 직렬로 되어 있기 때문에, 회로에서 전체저항 또한 증가하고, 회로에 전류는 감소한다. 반대로 만약 슬라이더 암이 지점 A 쪽으로 이동한다면, 전체저항은 감소하며 회로에 흐르는 전류는 증가한다.

(2) 전위차계(potentiometer)

[그림 1-56]은 전위차계에 대한 기호를 보여준다. 전위차계는 3단자 장치라고 간주된다. 그림에서와 같이, 터미널 1과 터미널 2 사이는 전위차계 저항의 전체 값을 갖는다. 터미널 3은 와이퍼 또는 가동접점이다. 이 가동접점을 통해, 터미널 1과 터미널 3 또는 터미널 2와 터미널 3 사이의 저항값은 바뀔 수 있다. 가변저항이 회로에서 전류를 변경시키는 데 사용되는

반면에, 전위차계는 회로에서 전압을 변경시키는 데 사용된다. 이 구성요소에서 전형적인 적용은 다른 많은 응용분야에서도 오디오 패널에 있는 음량조절장치와 비행기록장치의 입력장치에서 찾아볼 수 있다.

[그림 1-57]의 A에서, 전위차계는 전기부하에 가해지는 고정 전압원으로부터 가변전압을 얻기 위해 사용된다. 부하에 가해진 전압은 지점 2와 지점 3 사이의 전압이다. 슬라이더 암이 지점 1로 이동되면, 전체의 전압은 전기장치(즉 부하)에 가해지고, 암(arm)이 지점 3으로 이동되었을 때, 부하에 가해진 전압은 0이 된다. 전위차계는 부하에 0과 전체전압 사이에 어떤 전압을 적용할 수 있도록 한다.

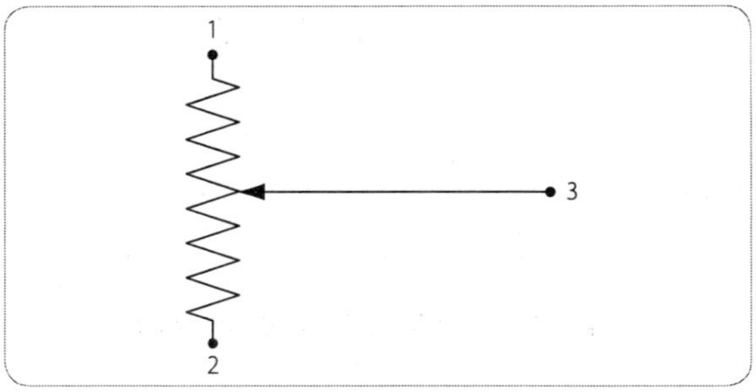

[그림 1-56] 전위차계(Potentiometer) 기호

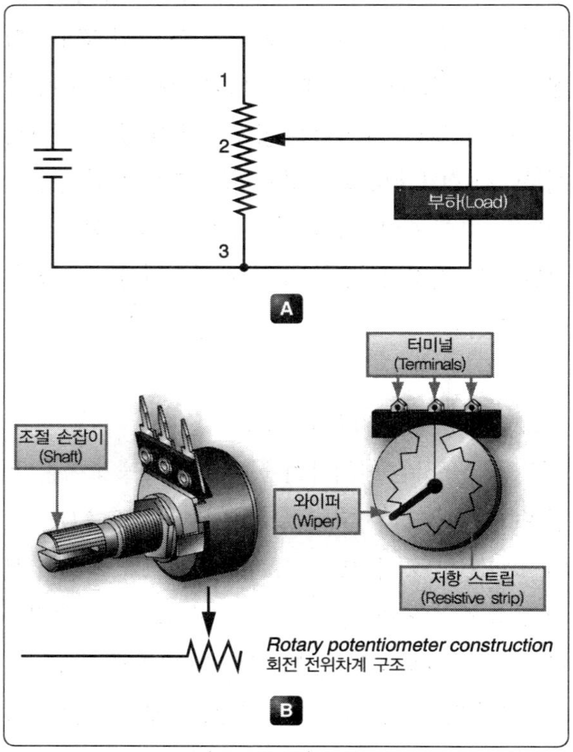

[그림 1-57] 전위차계(Potentiometer) 및 표시 기호

[그림 1-57]과 같이, 회로를 통해 흐르는 전류는 배터리의 양극단자를 떠나고 전위차계의 아래쪽 부분, 즉 지점 1에서 지점 2를 통해 흐르는 한쪽 부분과 부하를 통한 다른 쪽 부분으로 나누어진다. 양쪽 부분은 지점 3에서 결합하고 전위차계의 아래쪽 부분, 즉 지점 2에서 지점 3을 통해 흐른다. [그림 1-57]의 B에서, 전위차계와 그에 대한 회로기호를 보여준다.

전위차계 저항을 선택할 때는 부하에 의해 유입되는 전류량과 슬라이더 암의 모든 설정에서 전위차계를 통한 전류 흐름을 고려해야한다. 전위차계를 통한 전류의 에너지는 열의 형태로 소모된다.

전위차계의 저항을 가능한 한 크게 만들어 이 소비되는 전류를 최대한 작게 유지하는 것이 중요하다. 대부분의 경우 전위차계의 저항은 부하 저항의 몇 배가 될 수 있다.

[그림 1-58]은 전위차계를 가변 저항으로 작동시키기 위해 배선하는 방법을 보여준다.

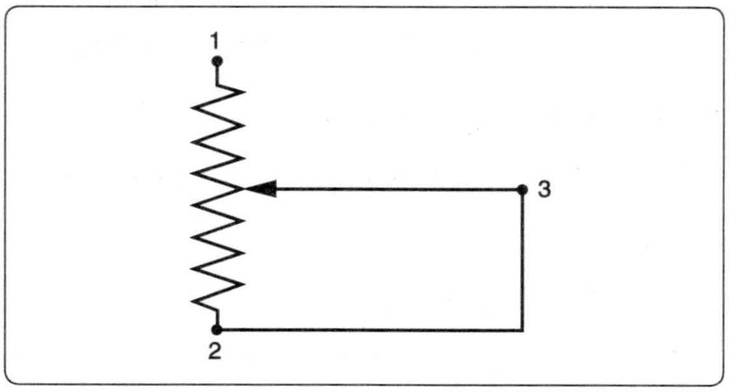

[그림 1-58] 가감저항기(Rheostat) 기능하도록 연결된 전위차계(Potentiometer)

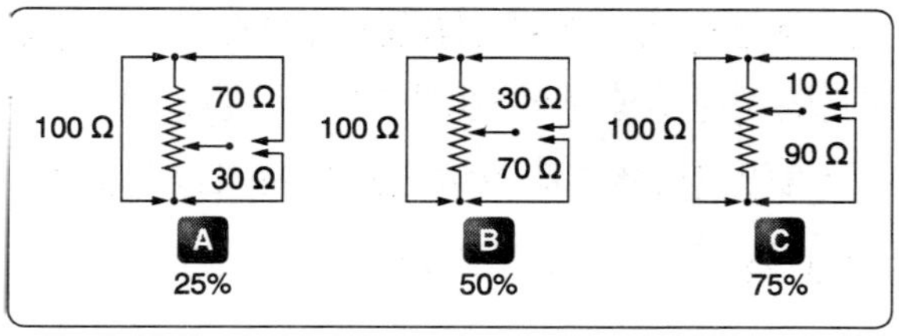

[그림 1-59] 선형전위차계(Linear potentiometer)

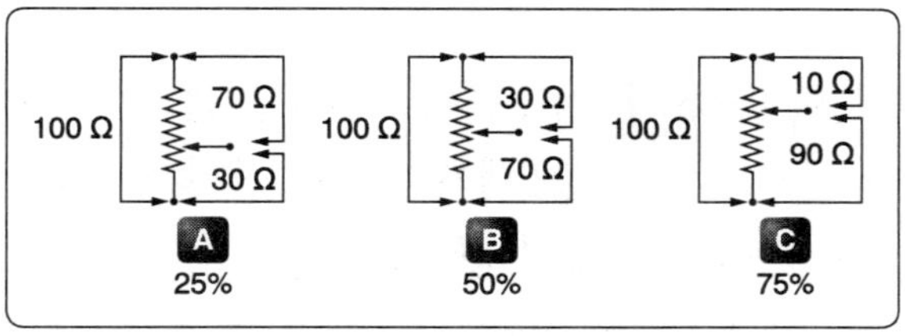

[그림 1-60] 테이퍼 분배(Tapered potentiometer)

① 선형전위차계(linear potentiometers)

선형 전위차계에서 터미널과 와이퍼 사이의 저항은 와이퍼의 위치에 따라 선형으로 변한다. 예를 들어, 전위차계를 켜고 1/4회전하면 전체 저항의 1/4이 발생한다. 전위차계의 1/2 또는 3/4가 움직일 때도 동일한 관계가 성립한다.[그림 1-59]

② 테이퍼형 전위차계(tapered potentiometers)

테이퍼형 전위차계의 경우에 저항이 비선형적으로 변화한다. [그림 1-60]은 이것을 보여주는데, 전위차계 이동거리의 1/2이 반드시 전위차계 전체저항의 1/2에 해당하지 않을 수 있다.

1.14.7 서미스터(thermistors)

[그림 1-61]에서는 서미스터(온도가 오르면 전기저항이 감소되는 반도체 회로소자)에 대한 회로기호를 보여준다. 서미스터는 온도에 민감한 가변 저항기의 일종이다. 이 구성요소는 음의 온도 계수를 가지는데,

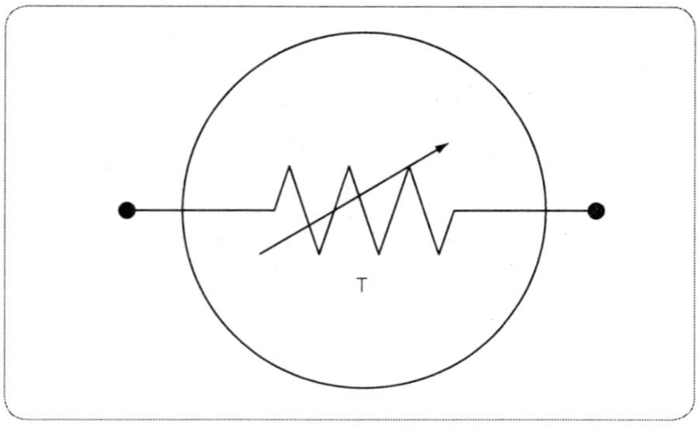

[그림 1-61] 서미스터(thermistors)의 기호

이는 감지된 온도가 증가할수록 서미스터의 저항이 감소한다는 것을 의미한다.

1.14.8 광전도셀(Photoconductive Cells)

광전도셀(photoconductive cell, 빛의 세기에 따라 저항값이 바뀌는 광전지)은 서미스터와 유사하다. 서미스터와 마찬가지로 음의 온도 계수를 가지고 있다. 서미스터와는 다르게, 저항은 빛의 세기에 의해서 조절된다. 이러한 종류의 구성요소는 주변 조명의 강도를 광전지를 통해 감지하고 조종실 조명을 비행 환경에 적합하도록 조절하는 무선 제어장치에서 찾을 수 있다. [그림 1-62]에서는 회로기호를 보여준다.

1.15 회로보호장치 (Circuit protection devices)

아마도 회로에서 가장 위험한 문제는 직접적인 단락이다. "직접 단락(Direct Short)"라는 용어는 전압이 존재하는 전체 시스템 회로의 일부 지점이 접지 또는 리턴 측에 직접 접촉하는 상황(흔히들 합선)을 의미한

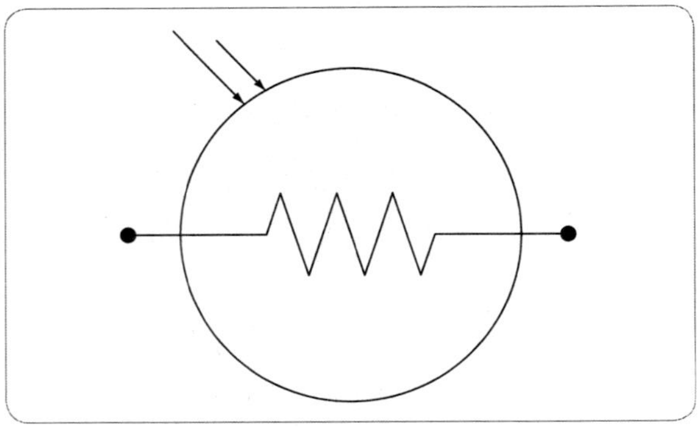

[그림 1-62] 광전도셀(Photoconductive cell)의 기호

다. 이것은 전류를 전달하는 도선에 존재하는 것 이외에 저항을 포함하지 않는 전류 흐름 경로를 제공하며, 이 경로는 저항이 매우 적다.

항공기 전기회로에서 사용된 대부분의 와이어는 작은 굵기이고, 그들의 송전용량은 아주 제한된다. 어떤 주어진 회로에 사용된 와이어의 크기는 와이어가 정상작동조건에서 운반하고자 예상되는 전류의 양에 의해 결정된다. 직접적인 단락의 경우처럼, 정상치를 초과하는 전류 흐름은 급속한 열을 발생시킬 수 있다. 단락으로 인한 과도한 전류 흐름을 방치하면 와이어의 일부가 녹고 최소한 회로가 손상될 수 있다.

과도한 전류로 인한 손상과 고장으로부터 항공기 전기계통을 보호하기 위해, 몇몇 종류의 보호장치를 계통에 장착한다. 퓨즈(fuse), 회로차단기(circuit breaker), 열보호장치(thermal protector), 전류 제한기(current limiter) 그리고 아크누전회로차단기(arc fault circuit breaker)등이 이 목적으로 사용된다.

이름에서 알 수 있듯이, 회로보호장치는 회로의 구성부분과 와이어를 보호하기 위한 목적을 가지고 있다. 어떤 장치는 전류가 와이어가 안전하게 운반할 수 있는 것보다 더 크게 되었을 때 우선적으로 배선을 보호하기 위해 전류흐름을 차단시키는 것과 같은 수단으로 회로를 개방하도록 설계된다. 다른 장치는 구성부분이 과도하게 뜨거워졌을 때 그 구성부분으로 전류흐름을 차단하여 회로에 있는 구성부품을 보호하도록 설계된다.

1.15.1 퓨즈(fuse)

[그림 1-63]에서는 퓨즈에 대한 회로기호를 보여준다. 퓨즈는 과전류상황에서 회로를 보호하기 위해 사용된다. 퓨즈는 회로에 있는 모든 전류가 그것을 거쳐 지나가도록 회로에 장착된다. 대부분 퓨즈에서, 주석과 납의 합금으로 만든 금속의 작은 조각은 전류가 퓨즈의 정격용량을 초과할 때 녹게 되어 회로를 통해 연결된 회로를 개방한다. 예를 들어, 만약 5[A] 퓨즈가 회로에 연결되어 있으면, 퓨즈를 통해 전류가 5[A]까지 지나가게 할 것이다. 퓨즈는 회로를 보호하려는 목적을 가졌기 때문에, 퓨즈 용량은 작동 회로의 요구를 맞추는 것이 중요하다.

퓨즈를 교환할 때, 정확한 종류와 용량을 확인하기 위해 제작사 매뉴얼을 참고한다. 퓨즈는 항공기에서 2 가지 퓨즈홀더(fuse holder) 유형으로 장착된다. "Plug-in Holder" 또는 "In-line Holder"는 소형이며 저용량 퓨즈용으로 사용된다. "Clip"형 홀더는 고용량 퓨즈와 전류제한기에서 사용된다.

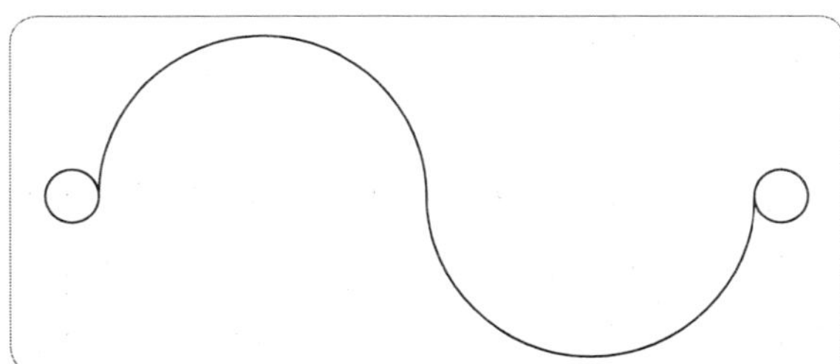

[그림 1-63] 퓨즈(fuse)

1.15.2 전류제한기(current limiter)

전류제한기는 퓨즈와 매우 유사하다. 그러나 전류제한기 연동장치는 보통 구리로 만들고 짧은 기간 동안 상당한 과부하를 견딜 것이다. 전류제한기는 30[A] 이상의 큰 전류회로에 연결되어 과전류조건에서 퓨즈처럼 개방된다. 전류제한기는 일차적으로 항공기 회로 또는 버스(bus)를 부분으로 나누기 위해 사용된다. 전류제한기가 개방되었을 경우에는 전류제한기를 교체해야 된다. 전류제한기의 회로기호는 퓨즈 기호와 같다.

1.15.3 회로차단기(circuit breaker)

회로차단기는 현대 항공기에서 퓨즈 대신 사용된다. 정해진 값을 초과하여 전류가 흐를 때 회로로 들어가는 전류 회로를 차단하여 전류흐름을 중지하도록 설계된다. 퓨즈 또는 전류제한기는 1회용으로 작동 후 교체해야 되지만 회로차단기는 리셋을 통해서 계속 사용할 수 있다. [그림 1-64]에서는 회로차단기에 대한 회로기호를 보여준다.

항공기 계통에서 널리 쓰이는 몇몇의 유형의 회로차단기가 있다.[그림 1-65] 그중의 한 가지는 자석형

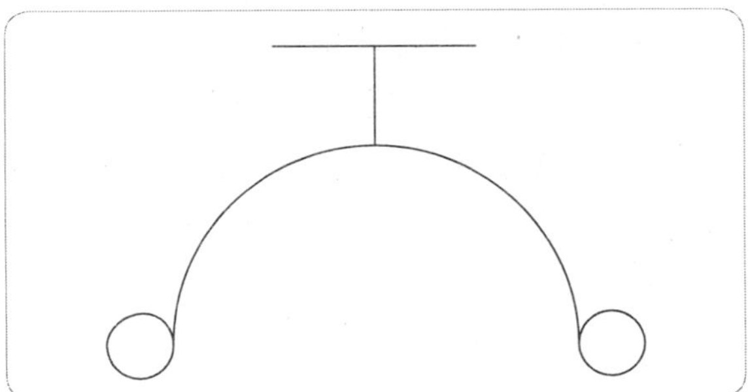

[그림 1-64] 회로차단기(Circuit breakers)

[그림 1-65] 항공기 전기 시스템의 회로차단기 패널 (circuit breaker panel)

(magnet type)이다. 과도한 전류가 회로에 흐를 때, 회로 차단기 내의 소형의 전기자(electromagnet)가 강한 전자석을 만들어 전기자를 움직여 차단기를 트립(trip)시킨다. 즉 연결된 접촉점을 개방시킨다. 또 다른 유형은 열과부하 스위치(thermal overload switch) 또는 열과부하 차단기(thermal overload breaker)이다. 과전류로 과열되면 스위치레버(switch lever)에 걸쇠에서 구부러져 스위치가 열리도록하는 바이메탈 스트립(bimetallic strip)으로 구성되어 있다.

대부분 회로차단기는 손으로 재설정(reset)해야 한다. 만약 과부하상태가 여전히 존재하면 회로차단기는 회로에 손상을 방지하기 위해 다시 트립(trip) 될 것이다. 이 시점에서는 회로차단기를 재설정하기 보다 트립(trip)시키는 회로의 원인을 찾는 것을 권한다. 원인 해결 없이 회로차단기의 계속된 재설정(reset)은 회로 또는 구성품 손상 또는 화재 또는 폭발의 가능성을 유발할 수 있다.

1.15.3.1 아크결함회로차단기 (arc fault circuit breaker)

최근에, 아크결함회로차단기는 종래의 회로차단기에 의해 이미 제공된 열보호의 것보다 추가의 보호층을 제공하기 시작했다. 아크결함회로차단기는 전기 아크 징후가 있는지 회로를 모니터링 하여 가능한 배선결함과 불안전 조건을 찾아낼 수 있다. 이런 아크 징후의 상황은 중대한 계통에 화재 또는 전원의 손실로 이어질 수 있다. 아크결함회로차단기는 항공기 산업에서 출현하고(사실 노후 항공기 해결 방법으로 제시 되고 시도 되었음) 있으나 회로차단기의 열형(thermal-type)처럼 폭넓게 사용되지는 않는다.

1.15.4 열보호장치(thermal protectors)

열보호장치, 또는 서멀스위치(thermal switch)는 전동기 등을 보호하는 데 이용된다. 전동기의 오랜 작동으로 인해 온도가 지나치게 높아질 때에는 언제든지 자동적으로 회로를 개방하도록 설계된다. 열보호장치는 2개의 위치를 갖고 있는데, 열기와 닫기이다. 서멀스위치 일반적인 사용은 과열로부터 전동기를 보호하기 위한 것이다. 만약 전동기에서 기능불량으로 전동기가 과열되면 서멀스위치가 즉시 회로를 차단시킨다.

서멀스위치는 바이메탈 디스크(disk) 또는 바이메탈 스트립으로 되어 있어 과열되면 구부러져 회로를 끊어주는 방식이다. 구부러지는 방식은 금속 중 하나는 동일한 온도를 조건으로 하였을 때 다른 금속보다 더 많이 팽창시키기 때문에 일어난다. 과열이 사라지면 구부러진 바이메탈은 다시 수축하여 원래 위치로 되돌아가며 회로를 연결시킨다.

1.16 제어장치(Control devices)

전기회로의 구성요소는 일반적으로 연속적으로 또는 자동적으로 작동하도록 설계된 것은 아니다. 그들 대부분은 특정한 시기에, 특정한 조건하에서, 매우 확실한 기능을 수행하도록 되어 있다. 이들의 작동을 제어할 수 있는 몇몇 수단들이 있는데 이들은 스위치, 또는 릴레이, 또는 2가지 모두 회로에서 제어장치로 사용한다.

1.16.1 스위치(switches)

스위치는 대부분 항공기 전기회로에서 전류흐름을 제어한다. 스위치는 회로에 전류흐름의 시작, 차단, 또는 방향을 바꾸는 데 사용된다. 각각의 회로에 있는 스위치는 회로의 정상전류를 운반시킬 수 있어야 하고 회로의 전압에 대해 충분히 절연되어야 한다.

스위치 유형을 논의하기 전에 스위치의 일부 기본 정의에 대한 이해가 필요하다. 스위치의 내부 구성품인 극(Pole), 스로우(Throw) 및 위치(Positions)의 개수는 토글스위치(toggle switch)뿐만 아니라 일부 다른 유형의 스위치에서도 같은 방법으로 지정된다.

(1) 극(Pole)

극은 스위치의 가동 블레이드(movable blade) 또는 접촉기이다. 극의 수는 스위치를 통해 한 번에 완성될 수 있는 회로의 수 또는 전류흐름을 위한 경로의 수와 같다. 보통 전원 쪽에 연결된다.

(2) 스로우(Throw)

각각의 Pole 또는 접촉기로 스위치를 통해 완료할 수 있는 회로 수 또는 전류 경로를 나타냅니다. 보통 부하쪽에 연결된다

[그림 1-66] 현대 항공기에 사용되는 다양한 종류의 스위치

(3) 위치(Position)

위치는 작동 장치(토글(toggle), 플런저(plunger), 등)가 정지하고 동시에 하나 이상의 회로를 열거 나 닫기 위해 멈출 수 있는 위치 수를 나타낸다.

1.16.1.1 토글스위치(toggle switch)

(1) 단극단투(Single-pole, Single-throw; SPST)

단일 풀, 단일 스로우 즉 단극단투는 2개의 접점 사이에 접속을 허용한다. 두 가지 조건 중 한 가지가 존재할 것이다. 회로는 하나의 위치에서 개방되거나 아니면 다른 위치에서 접속된다. [그림 1-67]에서는 단극단투(SPST) 스위치에 대한 회로기호를 보여준다.

(2) 단극쌍투(Single-pole, Double-throw; SPDT)

[그림 1-68]에서는 단극쌍투 즉 싱글 폴, 더블 스로우 스위치를 보여준다. 이 스위치를 사용하면 한 접점과 다른 접점 간에 접속을 만들 수 있다.

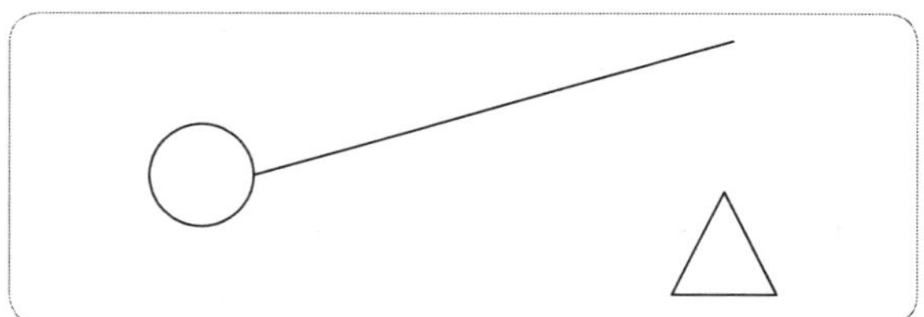

[그림 1-67] SPST(Single-pole, single-throw) 스위치 회로 기호

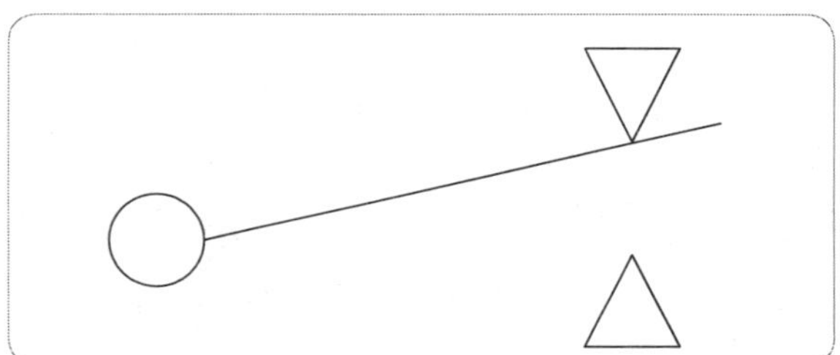

[그림 1-68] SPDT(Single-pole, Double-throw)스위치 회로 기호

(3) 쌍극단투(Double–pole, Single–throw; DPST)

쌍극단투 즉 더블 폴, 싱글 스로우 스위치 연결은 하나의 접점 세트와 두 개의 다른 접점 세트 중 하나를 연결할 수 있다. [그림 1–69]에서는 쌍극단투(DPST)에 대한 회로기호를 보여준다.

(4) 쌍극쌍투(Double–pole, Double–throw; DPDT)

[그림 1–70]에서는 쌍극쌍투 즉 더블 폴, 더블 스로우 스위치에 대한 회로기호를 보여준다. 이 유형의 스위치는 한 접점 세트에서 두 개의 다른 접점 세트 중 하나로 연결된다. 스프링이 OFF 위치로 동작시키고 회로를 완료하기 위해 ON 위치에 있어야하는 토글스위치는 순간 접점 2위치 스위치이다. 하나의 위치에서 회로를 개방하고, 또 다른 위치에서 접속하는 2위치 중 어느 하나에 멈추게 될 2위치 스위치이다. 3개의 위치 중 어느 하나에서 멈추게 될 토글스위치는 3위치 스위치이다.

닫힌 위치에서 고정된 경우를 제외하고 열린 상태를 유지하는 스위치는 정상 열린 스위치(일반적으로 NO로 식별됨)이다. 개방 위치에 고정된 경우를 제외하고 닫힌 상태를 유지하는 스위치(NC)는 정상 닫힌 스위치다. 두 종류 모두 스프링이 정상 위치로 로드되어 방출되는 즉시 그 위치로 돌아간다.

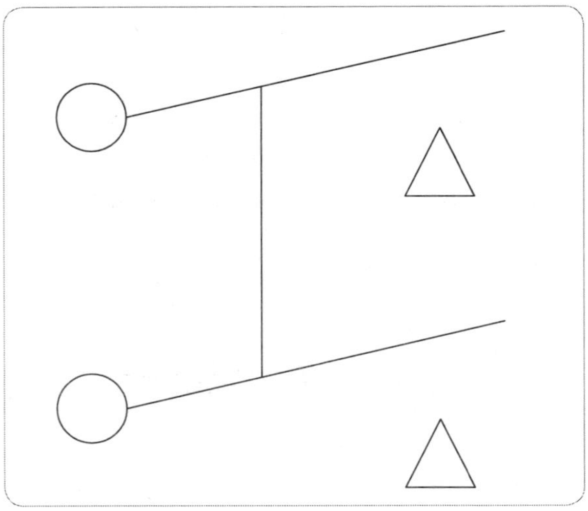

[그림 1–69] DPST(Double–pole, Single–throw) 스위치 회로 기호

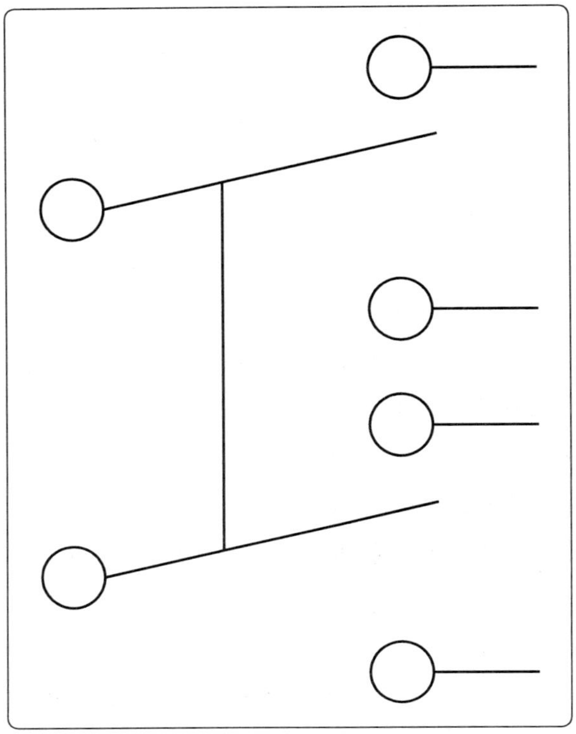

[그림 1–70] DPDT(Double–pole, Double–throw) 스위치 회로 기호

잠금 토글(locking toggle) 스위치는 조작자가 스위치를 다른 위치로 이동시키기 위해서는 스위치를 뽑아내야 한다. 토글스위치가 새 위치에 있게 되면 다시 잠금 위치가 되고, 그러면 부주의로 인해 스위치가 움직이지는 것을 방지하게 된다.

1.16.1.2 푸시버튼스위치(push–button switches)

푸시버튼스위치는 1개의 고정접점과 1개의 가동접점을 갖고 있다. 가동접점은 푸시버튼에 부착된다. 푸시버튼은 절연체이거나 또는 접촉으로부터 절연된다.

이 스위치는 스프링작동식이고 순간접점으로 설계되었다.

1.16.1.3 리밋스위치(limit switches)

리밋스위치는 마이크로스위치(micro-switch)로 더 많이 불린다. 마이크로스위치는 트리핑장치(tripping device)의 1/16인치 이하의 아주 작은 움직임으로도 회로를 개방하거나 또는 접속시킬 수 있다. 그래서 마이크로(micro)가 작다는 의미이기 때문에, 스위치의 이름이 붙은 것이다.

마이크로스위치는 보통 푸시버튼스위치이다. 이 스위치는 주로 착륙장치, 액추에이터 전동기, 그리고 그와 유사한 것의 자동제어를 마련하기 위해 주로 리밋스위치로서 사용된다. [그림 1-71]에 도면은 단면으로 정상 닫힘(normally closed) 마이크로스위치를 보여주며 이들 스위치가 어떻게 작동하는지를 설명한다. 작동플런저(operating plunger)가 안으로 눌려졌을 때, 접점과 회로를 개방하는 스프링과 가동접점은 밀려 움직인다.

1.16.1.4 회전선택스위치(rotary-selector switches)

[그림 1-73]와 같이, 회전선택스위치는 몇몇의 스위치를 대신한다. 스위치의 손잡이(노브; knob)를 회전시키면, 하나의 회로는 개방되고 다른 하나의 회로가 접속된다. 점화스위치와 전압계 선택스위치는 이러한 종류 스위치의 전형적인 예이다.

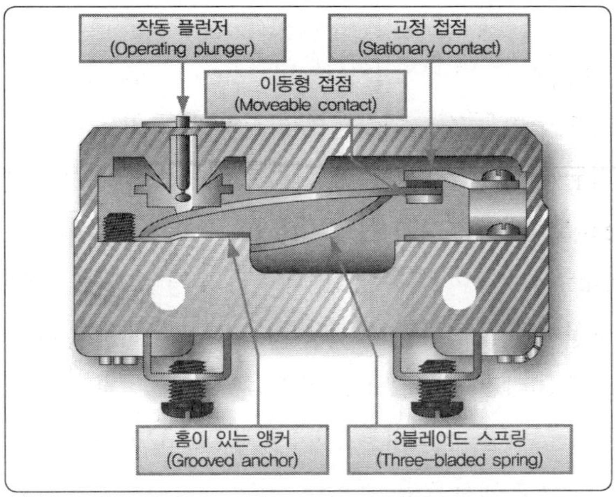

[그림 1-71] 마이크로 스위치의 단면 모양

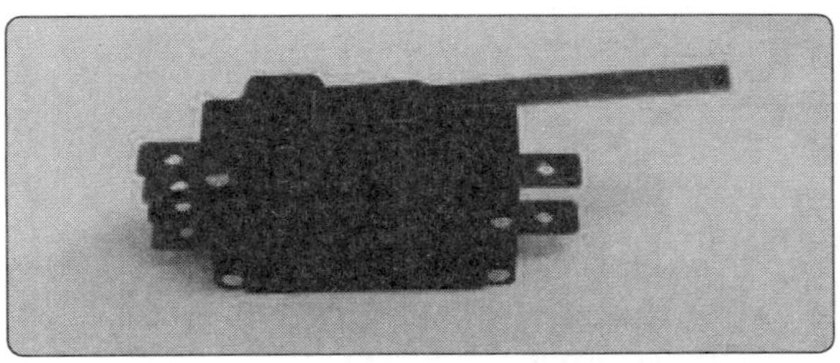

[그림 1-72] 푸시버튼 마이크로스위치(push-button microswitch)

[그림 1-73] 로터리 선택 스위치(Rotary-selector switches)

1.16.2 조명식 푸시버튼 스위치 (lighted-pushbutton switches)

오늘날 항공기에서 찾아볼 수 있는 또 다른 더욱 일반적인 스위치는 조명식 푸시버튼 스위치이다. 이 유형의 스위치는 스위치의 기능을 지시하기 위해 백열등 또는 LED가 있는 5/8~1[inch] 정육면체 형태를 취한다. 스위치 설계는 다수의 형태가 있는데 가장 일반적인 2 가지는 교체동작(alternate action)과 순간동작(momentary action)이며 보통 2극 또는 4극 스위치 본체를 갖추고 있다. 일반적이지 않는 또 다른 스위치 작용은 교체유지코일배치와 순간유지코일배치이다. 잘 알려지지 않은 유지코일 또는 래치코일(latching coil) 스위치 본체는 스위치의 기부에 2개의 접점을 통해 전압을 가하는 스위치본체 안쪽에 자기코일을 갖도록 설계된다. 코일에 전원이 공급되고 스위치가 눌렸을 때, 스위치 접촉은 전원이 코일에서 제거될 때까지 여전히 래치(latch)에 의해 잠겨 있을 것이다. 이 유형의 설계는 스위치본체 위에서 어느 정도의 원격제어를 허용한다. [그림 1-74]에서는 이 스위치설계의 도식 표현을 설명한다.

조명이 켜진 푸시버튼 스위치의 디스플레이 광학장치는 조도가 매우 높고 시야각이 넓은 광범위한 조명 조건에서 볼 수 있는 명확한 메시지를 승무원에 제공한다. 일부 표시장치는 단순히 백열등에 의해 백라이트 되는 투명한 화면이지만, 더 높은 품질과 더 신뢰할 수 있는 스위치는 일광판독 화면표시장치(sunlight readable display version)와 야간 시야(NVIS) 버전에서 이용할 수 있다. 조종실의 햇빛환경으로 인하여, 표준조명기술인 "워시아웃(washout)"을 활용한 디스플레이가 있다. 일광판독 화면표시는 이 효과를 최소화하도록 설계되었다.

[그림 1-74] 조명식푸시버튼 스위치(lighted-pushbutton switches)

또한 조명식 푸시버튼 스위치는 스위치가 없이 오직 광학 지시를 필요한 곳에 사용할 수 있다. 이 유형의 표시기는 일반적으로 신호표시기라고 부른다.

1.16.3 딥스위치(Dip switches)

이중일렬 병렬스위치(dual in-line parallel switch)의 약어인 "DIP"스위치는 물리적 배치를 참조하여 정의된다. DIP 스위치는 일반적으로 카드케이지(card cage)와 현장교체가능장치(LRU, line replacement unit)에서 찾아볼 수 있고, 대부분의 경우 게인, 제어 구성 등을 조정하는 데 사용된다. 각 스위치는 일반적으로 SPST 슬라이드(slide) 또는 로커스위치(rocker switch)이다. 정비사는 DIP 2에서 DIP 32까지의 크기로 패키지에서 찾을 수 있다. 가장 일반적인 크기로는 DIP 4와 DIP 8이다.

1.16.4 스위치 가드(switch guards)

스위치 가드는 의도되지 않은 작동으로부터 스위치를 보호하기 위한 덮개이다. 보통 스위치 작동 전에, 스위치 가드를 들어 올려야 한다. 스위치 가드는 일반

[그림 1-75] (A) 적색 안전 스위치.
(B) 보호장치가 있는 푸시 버튼 스위치

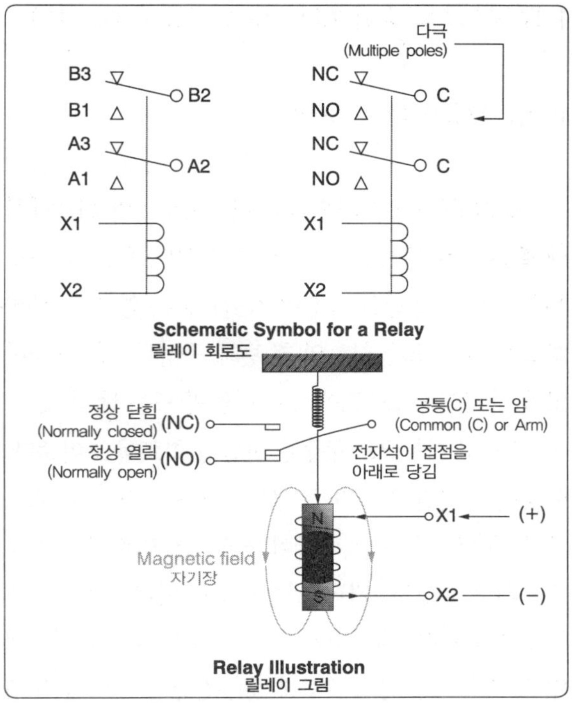

[그림 1-76] 릴레이의 동작 원리

적으로 화재진압 및 오버라이드 로직(override logics)과 같은 시스템에 흔히 사용된다. [그림 1-75]

1.16.5 릴레이(relays)

릴레이는 적은 양의 전류로 큰 양의 전류를 제어할 수 있는 전기기계식스위치(electro-mechanical switch)이다. [그림 1-76]에서는 기본적인 릴레이의 개략도와 동작에 대하여 설명한다. 전압이 릴레이의 코일에 가해지면, 전류로 인해 전자석에 전압이 공급된다. 전원이 공급되면 전자기장은 릴레이의 공통(C) 접점 또는 암(arm)을 아래로 당긴다. 암 또는 공통(C) 접점이 아래쪽으로 끌어당겨지면 암(arm)과 정상 닫힘 접점(NC, normally closed contact) 사이의 회로는 개방되고 암(arm)과 정상 열림 접점(NO, normally open contact) 사이의 회로가 접속된다. 인가된 전압을 제거하면 스프링에 의해 원래의 정상 닫힘 접점(NC)으로 암(arm)을 되돌린다. 보통 릴레이는 코일마다 2개의 연결부를 갖는다. (+)쪽은 X_1에 연결되고 코일의 접지 쪽은 X_2에 연결된다.

1.17 직렬직류회로(Series DC Circuits)

1.17.1 개요(introduction)

직렬회로는 가장 기본적인 전기회로이며 회로해석에 좋은 기본 예시를 제공한다. 회로의 3요소는 전원, 부하 그리고 전선을 말하며 직렬회로는 연구 및 분석하고자 하는 모든 회로의 첫 번째 구성요소를 구성하고 있다. [그림 1-77]에서는 전압원 또는 배터리, 도선, 그리고 저항으로 구성된 간단한 회로를 보여준다. 이것은 동일한 전류가 각각의 구성요소를 통해 흐르도록, 구성요소의 끝과 끝이 연결되었기 때문에 직렬회로로 분류한다. 가해지는 전류에 대해 오직 1개의 경로가 있으며, 배터리와 저항은 서로 직렬로 연결되었다. 다음은 [그림 1-78]에 있는 간단한 회로에 몇 개 추가하였다.

[그림 1-78]에서는 추가 저항과 값에 대한 자세한 내용을 보여준다. 이 값으로 회로의 특성에 대해 좀 더 배울 수 있다. 이 구성에는 두 개의 저항 $R_1 = 10\Omega$ 및 $R_2 = 30\Omega$과 직렬로 연결된 12V DC 전원이 있다. 직렬 배치에 있는 저항에서, 회로의 전체저항은 각 저항의 합과 같으며, 기본 공식은 다음과 같다.

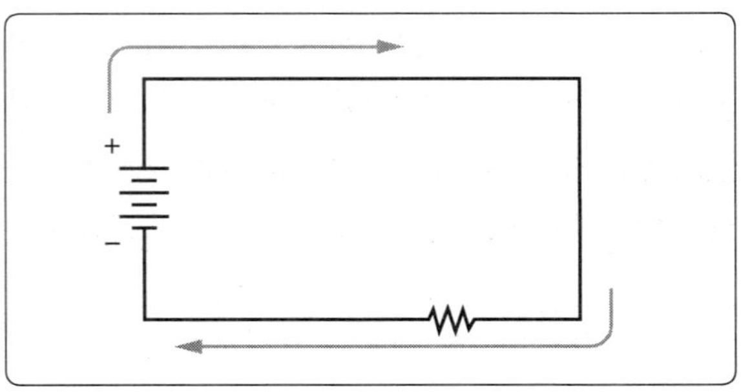

[그림 1-77] 간단한 직렬회로(DC circuit)

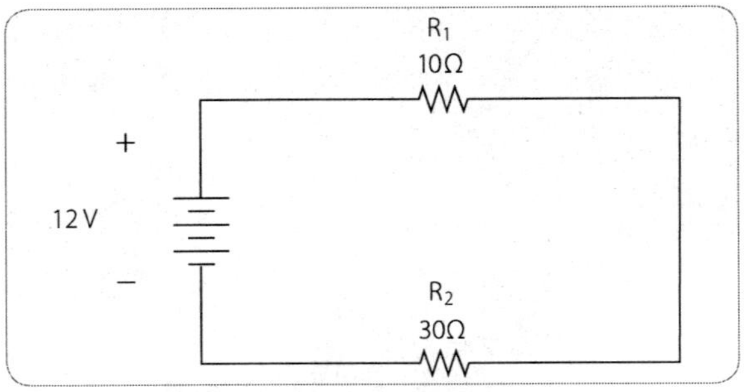

[그림 1-78] 저항이 추가된 간단한 직렬회로

$$R_T = R_1 + R_2 + R_3 + \cdots\cdots R_N$$

이 수식을 [그림 1-79]에 적용하면 다음과 같다.

$$R_T = 10 + 30 = 40[\Omega]$$

회로의 전체저항을 알면 회로에서의 전류를 결정할 수 있다. 직렬 회로에서는 각 요소를 통해 통과하는 전류가 어느 지점에서나 항상 동일하다. 따라서 간단한 회로의 전류는 옴의 법칙을 적용하여 결정할 수 있다.

$$I = \frac{E}{R} = \frac{12}{40} = 0.3[A]$$

옴의 법칙은 몇 가지 추가 계산으로 선형적이며, 설명하기 쉬운 전압, 전류, 저항 사이의 관계를 설명한다. 첫 번째는 회로의 총 저항을 바꾸는 반면 다른 두 개는 일정하게 유지하는 것입니다. 이 예에서, [그림 1-79]의 회로에서 RT는 2배가 될 것이다. 회로에서 전원전류는 다음과 같다.

$$I = \frac{E}{R} = \frac{12}{80} = 0.15[A]$$

회로의 저항이 2배로 증가하면 전류가 원래 값의 절

반으로 감소한다는 것을 정량적이고 직관적으로 알 수 있다. 그림 1-78과 같이 원래 회로의 저항 R_T 값을 1/2로 줄이면 전원전류는 다음과 같이 된다.

$$I = \frac{E}{R} = \frac{12}{20} = 0.6[A]$$

1.17.2 전압강하와 옴의 법칙의 응용(voltage drops and further application of Ohm's law)

[그림 1-79]의 예제회로는 전압 강하의 개념을 설명하기 위해 사용된다. 직렬 회로를 논의할 때, 전압 강하를 구별하는 것이 중요하다. 전압 강하는 저항을 통해 전자를 강제로 발생하는 전압 또는 emf의 손실을 말한다. 이 예제에는 2개의 저항이 있으므로 각각의 전압 강하가 있다. 각 전압강하는 각 개별 저항에서 일어난다. 저항을 통해 주어진 수의 전자를 통과시키는데 필요한 전압의 양은 저항의 크기에 비례한다.

[그림 1-79]에서 전압강하의 개념을 설명하는데 사용되는 값은 다음과 같다.

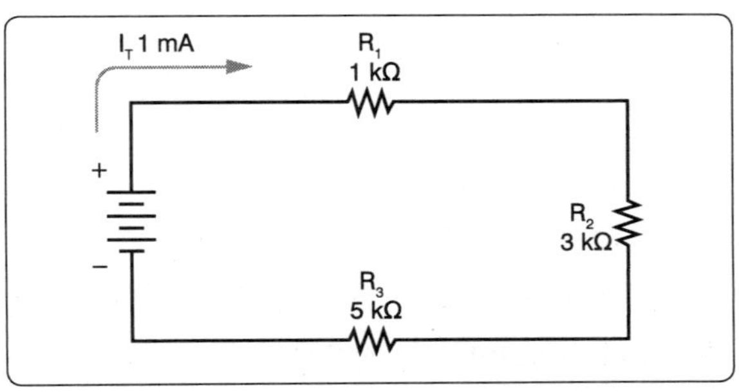

[그림 1-79] 직렬로 연결된 3개의 저항

$$Current,\ I = 1[mA]$$
$$R_1 = 1[k\Omega]$$
$$R_2 = 3[k\Omega]$$
$$R_3 = 5[k\Omega]$$

각 저항의 전압 강하는 옴의 법칙을 사용하여 계산한다. 각 저항의 전압강하는 각 저항과 회로 총 전류의 곱이다. 동일한 전류가 직렬 저항을 통해 흐른다.

$$Voltage\ across\ R_1 :$$
$$E = I \times R = 1[mA] \times 1[k\Omega] = 1[V]$$

$$Voltage\ across\ R_2 :$$
$$E = I \times R = 1[mA] \times 3[k\Omega] = 3[V]$$

$$Voltage\ across\ R_3 :$$
$$E = I \times R = 1[mA] \times 5[k\Omega] = 5[V]$$

이제 전원전압을 결정할 수 있으며, 이를 사용하여 각 전압 강하에 대한 계산을 확인할 수 있다. 옴의 법칙을 적용하면 다음과 같다.

$$E_S = I \times R_T$$
$$R_T = 1 + 3 + 5 = 9[k\Omega]$$
$$E_S = I \times R_T = 1[mA] \times 9[k\Omega] = 9[V]$$

계산을 확인하고 전압강하의 개념을 설명하기 위한 간단한 점검은 전압강하의 개별 값을 합산하여 위의 계산 결과와 비교한다.

$$1[volt] + 3[volt] + 5[volt] = 9[volt]$$

1.17.3 직렬에서의 전압원 (voltage sources in series)

전압원은 부하에 일정한 전압을 제공하는 에너지원이다. 이 전압원이 두 개 이상 직렬로 연결되었을 때 총 전압은 대수합과 같다. 대수합의 의미는 공급원을 추가할 때 극성을 고려해야 함을 나타내는 것이다. 극성은 회로에서 공급원의 위치에 따라 (+)기호 또는 (−)기호로 지시될 것이다.

[그림 1−80]에서 모든 전압원의 극성은 같은 방향이다. 모든 전압은 동일한 기호를 갖는다. [그림 1−80]의 경우, 1.5[V] 3개의 셀이 같은 방향의 극성으로 직렬연결 되어 있다. 간단히 더하면 다음과 같다.

$$E_T = 1.5[V] + 1.5[V] + 1.5[V] = +4.5[V]$$

그러나 [그림 1−81]에서는 3개 공급원 중 1개가 반전되었으며, 그래서 극성은 다른 2개의 전압원과 반대이다. 다시 합산하면 다음과 같다.

$$E_T = +1.5[V] - 1.5[V] + 1.5[V] = +1.5[V]$$

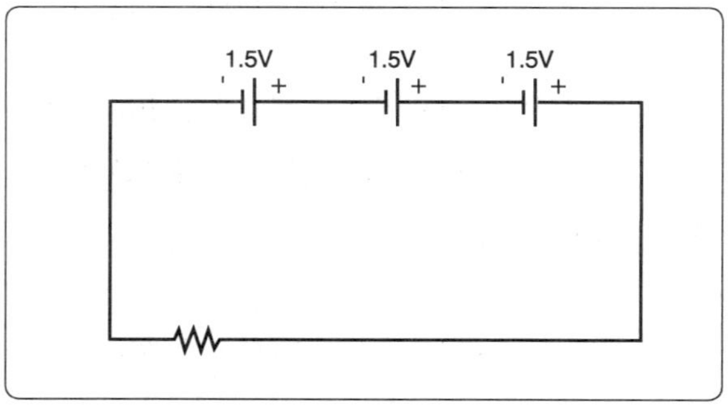

[그림 1−80] 직렬 연결된 전압원의 합산

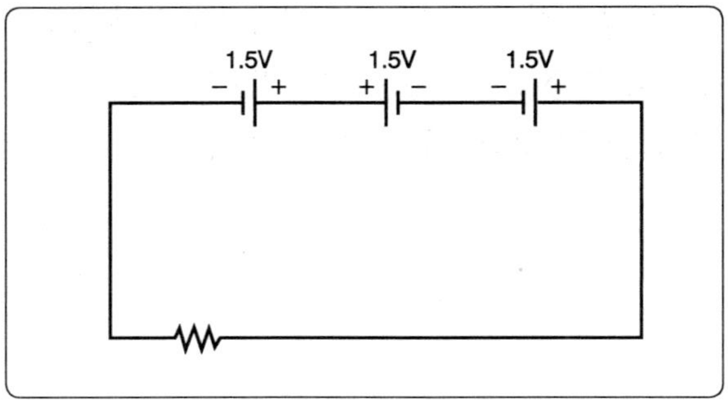

[그림 1−81] 직렬 연결된 전압원의 합산; 1개는 반대 방향

1.17.4 키르히호프의 전압법칙 (Kirchhoff's voltage law)

전기 회로 분석에서 가장 중요한 법칙은 키르히호프의 전압법칙이다. 이 법칙은 단순히 닫힌 경로 또는 루프 주변의 모든 전압의 대수적 합이 0이라는 것을 명시한다. 다른 말로 하자면, 모든 전압 강하의 합은 총 전원전압과 같다. 이 법칙을 보여주는 간단한 공식은 다음과 같다.

$$E_S - E_1 - E_2 - E_3 \cdots\cdots - E_N = 0[V]$$

공급원의 기호와 개개의 전압강하의 기호가 반대라는 것에 유의해야한다. 그런 까닭에, 대수합은 0이다. 다른 수단으로 나타내면 다음과 같다.

$$E_S = E_1 + E_2 + E_3 \cdots\cdots + E_N$$

전원전압은 전압강하의 합과 같다.

전압강하의 극성은 전류흐름의 방향에 의해 결정된다. 회로에서 저항의 극성은 전원전압의 극성에 반대라는 것에 유의해야한다. 저항에서 (+)는 공급원에 양극에 마주하고 있으며 (−)는 음극과 마주하고 있다.

[그림 1-82]는 키르히호프의 전압법칙에 대한 기본 개념을 설명한다. 이 예에서 2개의 저항이 있다. 하나는 14[V]의 전압강하가 일어나고 다른 하나는 10[V]의 전압강하가 일어난다. 전원전압은 회로에서 전압강하의 합과 같아야 한다. 전원 전압은 계산 결과는 24[V]이다.

[그림 1-83]은 3개의 전압강하와 24[V]의 전원전압을 갖는 직렬회로를 보여준다. 2개의 전압강하는 알고 있지만 세 번째를 모를 때, 키르히호프의 전압법칙을 이용하면 세 번째 전압강하를 알 수 있다.

$$E_S - E_1 - E_2 - E_3 = 0[V]$$

알려진 값으로 대체하면 다음과 같다.

$$24 - 12 - 10 - E_3 = 0[V]$$
$$E_S = 2[V]$$

[그림 1-84]와 같이, E_4의 값을 구해본다. 이 예에서 I=200[㎃]이다.

첫 번째, 저항 각각의 전역에서 전압강하는 다음과 같이 계산된다.

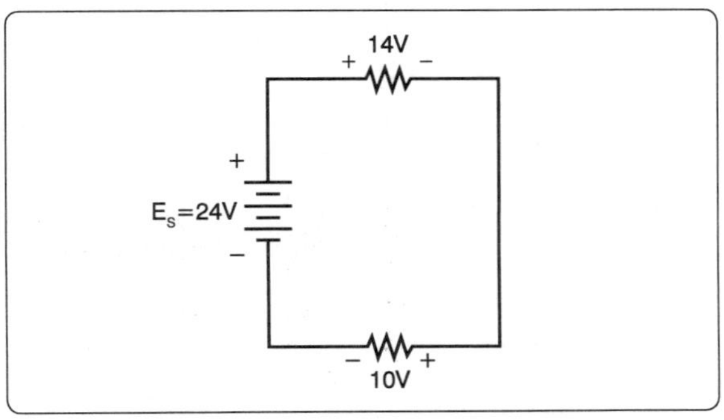

[그림 1-82] 키르히호프의 전압법칙(Kirchhoff's voltage law)

$$E_1 = I \times R_1 = 200[mA] \times 10[\Omega] = 2[V]$$
$$E_2 = I \times R_2 = 200[mA] \times 50[\Omega] = 10[V]$$
$$E_3 = I \times R_3 = 200[mA] \times 100[\Omega] = 20[V]$$

E_4의 전역에서 전압강하를 결정하기 위해 키르히호프의 전압법칙을 적용한다.

$$E_S - E_1 - E_2 - E_3 - E_4 = 0[V]$$
$$100 - 2 - 10 - 20 - E_4 = 0[V]$$
$$E_4 = 68[V]$$

옴의 법칙을 이용하여 E_4를 대체하면, R_4에 대한 값은 다음과 같이 구할 수 있다.

$$R_4 = \frac{E_4}{I} = \frac{68}{200[mA]} = 340[\Omega]$$

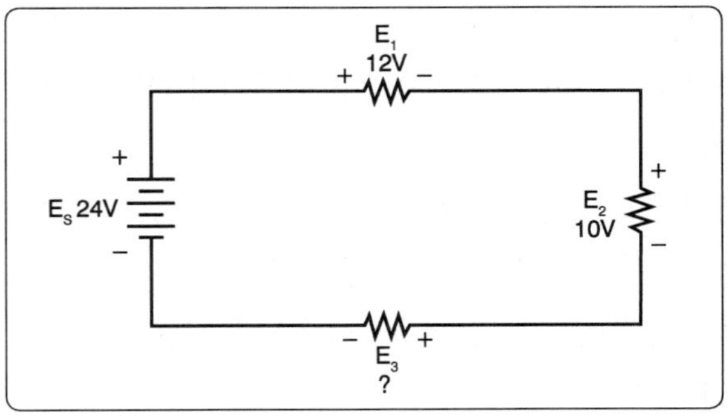

[그림 1-83] 미지(未知) 전압 강하 결정

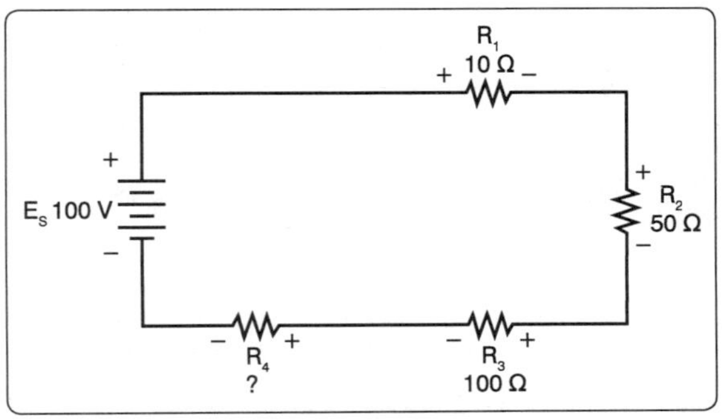

[그림 1-84] 미지(未知) 전압 강하 결정

1.17.5 전압 분배기(voltage dividers)

전압 분배기는 단일전원에서 1개 이상의 전압을 얻을 수 있는 장치이다. 분배기는 보통 고정접점 또는 가동접점 그리고 2개의 고정단자접점으로서, 1개의 저항 또는 직렬로 연결된 여러 개의 저항으로 이루어진다. 전류가 저항을 통해 흐를 때, 접점 사이에서 서로 다른 전압을 얻을 수 있다.

직렬회로는 분배기용으로 이용된다. 분배법칙은 정비사가 직렬저항의 하나 또는 조합의 전역에서 전압을 계산하게 한다. 회로에서 전류를 먼저 계산하지 않고 하나 또는 직렬저항의 조합을 가로질러 전압을 계산하도록 해준다. 전류는 각각의 저항을 통해 흐르기 때문에, 전압강하는 구성하는 저항 값에 비례한다. [그림 1-85]에서는 전형적인 분배기를 보여준다.

분배기가 어떻게 작용하는지 알기 위하여, [그림 1-86]과 같이, 그림을 자세히 관찰하고 다음 사항을 살펴본다.

각각의 부하에는 주어진 양의 전류, I_1, I_2, I_3이 흐른다. 부하전류 이외에도, 약간의 분배기전류 I_B가 흐른다. 전류 I_t는 전력원에서 흘러나오며, 모든 전류의 합과 같다.

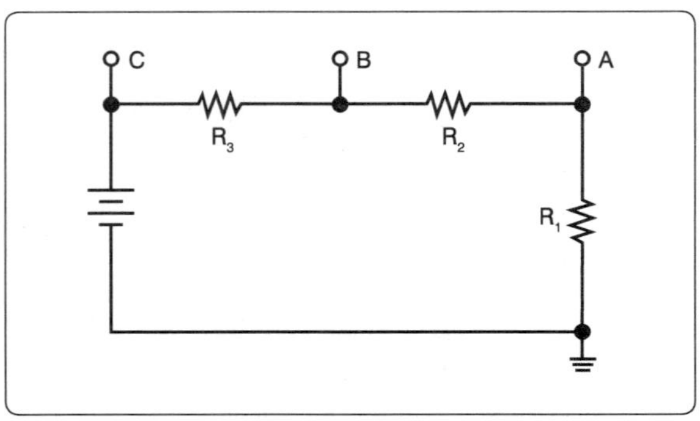

[그림 1-85] 분배기 회로(voltage divider circuit)

각각의 지점에서 전압은 공유점에 대하여 측정된다. 공유점은 전원전류 I_t가 각각의 전류, 즉 I_1, I_2, I_3로 나누어지는 지점이다.

분배기 각각의 부분은 그것에 흐르는 서로 다른 전류를 갖는다. 전류분포는 다음과 같다.

(1) R_1을 거친 분배기전류 I_B
(2) R_2를 거친 $I_B + I_1$
(3) R_3을 거친 $I_B + I_1 + I_2$

분배기 각각의 저항 전역에서 전압은 다음과 같다.

(1) R_1의 전역에서 90[V]
(2) R_2의 전역에서 60[V]
(3) R_3의 전역에서 50[V]

이 시점까지 생각했던 분배기회로는 대지전위(ground potential)로서 전원장치, 즉 배터리의 한쪽

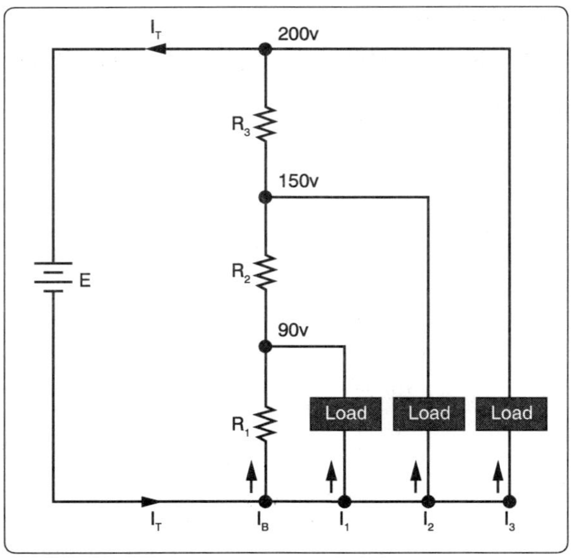

[그림 1-86] 전형적인 분배기

단자에 연결된다. [그림 1-87]과 같이, 공통기준점, 즉 접지기호는 분배기에 다른 공유점으로 이동하였다. R1의 전역에서 전압강하는 20[V]이지만, Tap A가 배터리의 (−)쪽과 같은 전위에 있는 지점과 연결되기 때문에, Tap A와 기준점 사이에 전압은 (−)20[V]이다. 저항 R_2 와 R_3은 배터리의 (+)쪽에 연결되기 때문에, 기준점과 Tap B 또는 Tap C 사이의 전압은 (+)이다.

다음 법칙은 (+)전압 또는 (−)전압을 결정하는 간단한 방법을 마련하는데, (1)만약 기준점을 떠나서 흐르는 전류가 저항으로 흘러 들어간다면, 그 저항의 전역에서 전압강하는 기준점에 대하여 (+)이다. (2)만약 전류가 기준점 쪽으로 저항에서 흘러나온다면, 그 저항의 전역에서 전압강하는 기준점에 대하여 (−)이다. 전압이 (+)인지 아니면 (−)인지를 결정하는 것은 기준점의 위치이다.

전류흐름을 추적하는 것은 전압 극성을 결정하는 수단을 제공한다. [그림 1-88]에 표시된 전압강하의 극성과 전류흐름의 방향을 갖춘 동일한 회로를 보여준다.

전류는 배터리의 (−)쪽으로부터 R_1로 흐른다. Tap A는 도선의 저항에 의한 약간의 전압강하는 무시되기 때문에, 배터리의 음극단자와 동일한 전위이다. 그러나 R_1을 통해 전류가 흐르게 하기 위해서는 전원전압의 20V가 필요하며 이 20V 강하는 극성을 나타낸다. 다른 방식으로 설명하면, R_1의 접지 측 회로에는 80V의 전압만 남아 있다.

전류가 Tap B에 도달하면, R_2를 통해 전자가 움직이게 하기 위해 30[V]가 사용되었고, 유사한 방식으로 남아 있는 50[V]는 R_3에서 사용된다. 그러나 R_2와 R_3의 전역에서 전압은 그들이 대지전위 이상이기 때문에 (+)전압이다.

[그림 1-89]에서는 이전에 사용된 분배기를 보여준다. 저항의 전역에서 전압강하는 동일하지만, 기준점, 즉 접지는 변경되었다. 접지와 Tap A 사이에 전압은 (−)100[V], 또는 인가전압이다. 접지와 Tap B 사이에 전압은 (−)80[V]이고, 그리고 접지와 Tap C 사이에 전압은 (−)50[V]이다.

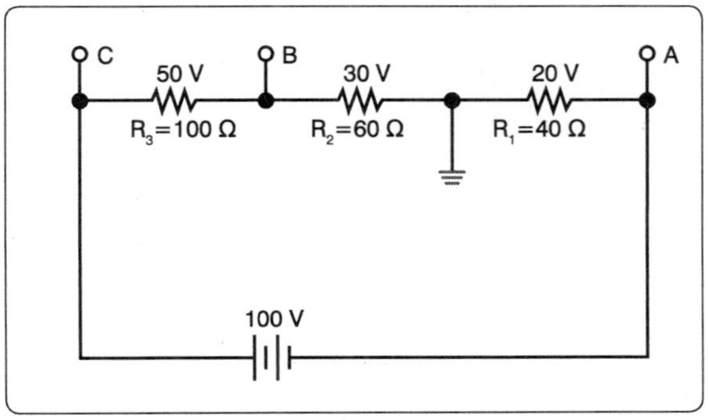

[그림 1-87] 전압 분배기의 양극 및 음극 전압

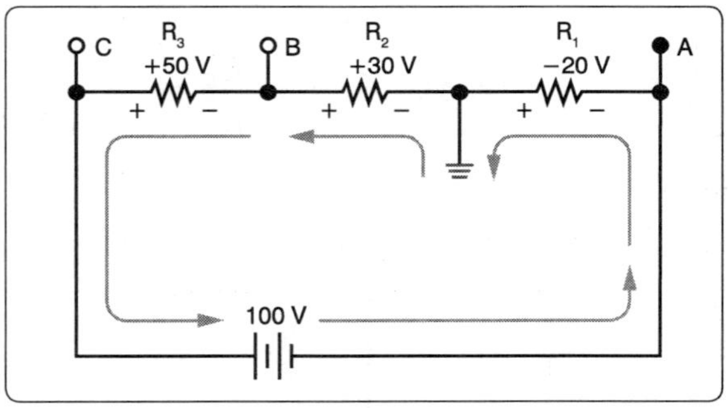

[그림 1-88] 분배기에서의 전류 흐름

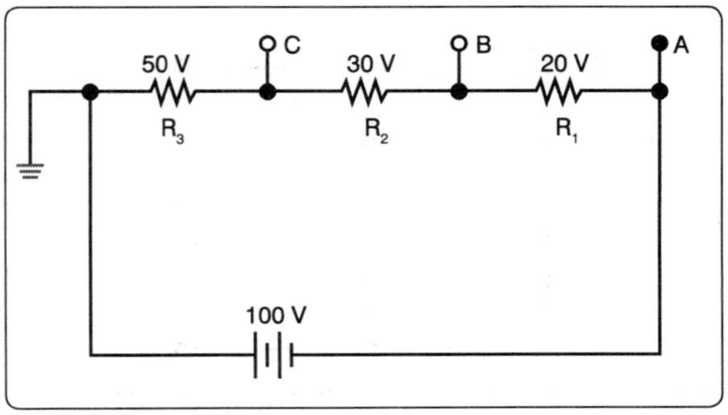

[그림 1-89] 접지가 변경된 전압 분배기

1.17.6 분배기공식의 결정 (determining the voltage divider formula)

[그림 1-90]에서는 4개의 저항과 전압원의 견본회로망을 보여준다. 간단한 계산으로 직렬회로에서 전압 분배를 결정하기 위한 공식을 결정할 수 있다.

어떤 특정한 저항 전역에서의 전압강하의 첨자 x가 특정한 저항, 1, 2, 3, 또는 4의 값인 E_X라고 부르도록 한다. 옴의 법칙을 이용하여, 어떤 저항 전역에서의 전압강하는 다음과 같이 결정할 수 있다.

$$\text{옴의법칙} \quad E_X = I \times R_X$$

이전에 보여준 것과 같이, 전류는 직렬회로의 전체 저항으로 나누어진 전원전압과 같다.

$$\text{전류} \quad I = \frac{E_S}{R_T}$$

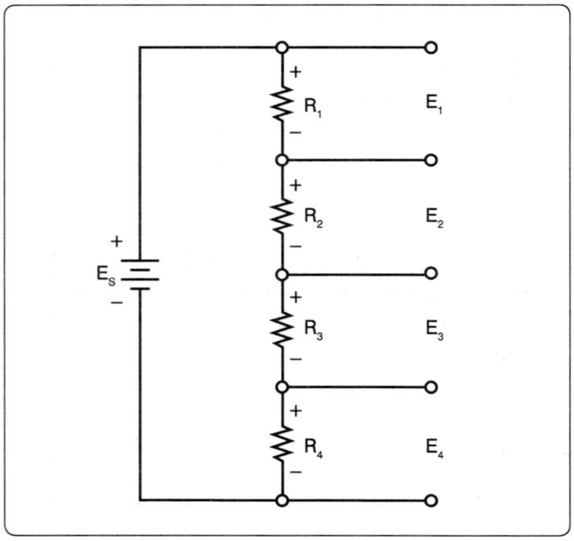

[그림 1-90] 4개의 저항을 이용한 분배기

현재 방정식은 옴의 법칙에 대한 방정식에 대입할 수 있다.

$$E_X = \frac{E_S}{R_T} \times R_X = \frac{R_X}{R_T} \times E_S$$

이 방정식은 일반적인 분배기 공식이다. 이 공식의 설명은 직렬회로에서 어떤 저항 또는 저항들의 조합의 전역에서 전압강하가 전원전압의 값으로 나누어진, 전체저항에 저항값의 비율과 같다는 것이다. [그림 1-91]에서는 3개의 저항과 1개의 전압원의 회로망을 설명한다.

$$E_X = \frac{E_S}{R_T} \times R_X = \frac{R_X}{R_T} \times E_S$$

$$R_T = 100 + 300 + 600 = 1000[\Omega]$$

$$E_S = 100[V]$$

100[Ω] 저항에 대한 전압강하는

$$E_X = \frac{R_X}{R_T} \times E_S = \frac{100}{1,000} \times 100 = 10[V]$$

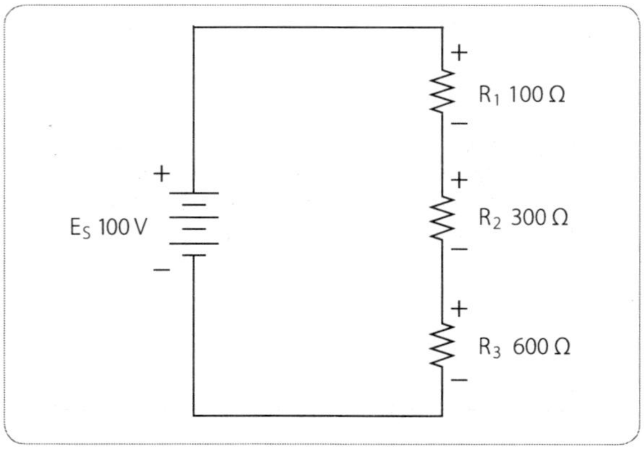

[그림 1-91] 저항 3개와 전원 1개로 구성된 네트워크

300[Ω] 저항에 대한 전압강하는

$$E_X = \frac{R_X}{R_T} \times E_S = \frac{300}{1,000} \times 100 = 30[V]$$

600[Ω] 저항에 대한 전압강하는

$$E_X = \frac{R_X}{R_T} \times E_S = \frac{600}{1,000} \times 100 = 60[V]$$

확인해 보면 $E_T = 10 + 30 + 60 = 100[V]$이다.

1.18 병렬직류회로(Parallel DC circuits)

1.18.1 개요(overview)

2개 이상의 전기저항 또는 부하가 동일한 전압원을 통해 연결된 회로를 병렬회로라고 한다. 병렬회로와 직렬회로 사이에 근본적인 차이점은 병렬회로에서 1개 이상의 전류 경로가 제공된다는 것이다. 이들 병렬 경로를 분기라고 부른다. 병렬회로에 대한 최소필요 조건은 다음과 같다.

① 전원
② 도체
③ 각각의 전류경로에 대한 저항 또는 부하
④ 전류흐름에 대한 2개 이상의 경로

[그림 1-92]는 가장 기본적인 병렬회로를 보여주고 있다. 공급원에서 흘러나오는 전류는 도면에 있는 지

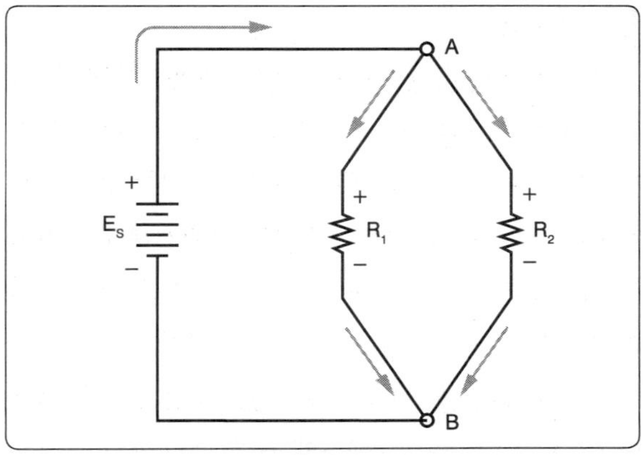

[그림 1-92] 기본적인 병렬회로

점 A에서 나누어지고 R_1과 R_2를 통해 지나간다. 더 많은 분기가 회로에 추가되면 전원전류에 대한 더 많은 경로가 제공된다.

1.18.2 전압강하(voltage drops)

가장 먼저 이해해야 할 것은 모든 분기의 전압이 다른 모든 분기의 전압과 같다는 것이다.

1.18.3 전체병렬저항(total parallel resistance)

병렬회로는 전류가 모든 저항을 한 번에 통과할 수 있도록 연결된 2개 이상의 저항으로 구성된다. 따라서 전류가 다음 저항을 통과하기 전에 하나의 저항을 통과할 필요가 없다. 저항이 병렬로 연결되면 회로의 전체저항은 감소한다. 병렬결합의 전체저항은 항상 회로에서 가장 작은 저항 값보다 작다. 직렬회로에서, 전류는 한 번에 하나의 저항을 거쳐 지나가도록 한다. 전류에 부여한 저항은 모든 저항의 합과 같다. 병렬 회로에서는 전류가 통과할 수 있는 여러 개의 저항이 있어 실제로 하나의 저항 값과 관련하여 회로의 총 저항

을 감소시킨다.

각 저항을 통과하는 전류의 양은 개별 저항에 따라 달라진다. 회로의 총 전류는 모든 분기 내 전류의 합이다. 총 전류가 특정 지점의 전류보다 크다는 것을 검사하여 판단할 수 있다. 인가전압과 전원전류에 근거하여 저항을 계산하기 위해 옴의 법칙을 적용하면, 전체 저항이 어떤 개개의 분기보다 적다는 것을 알 수 있다.

이것의 예는 만약 100[Ω]과 5[Ω] 저항을 갖춘 회로가 있다면, 실제 값을 계산해 보면, 2개 저항 사이에 병렬로 조합된 저항은 5[Ω]보다 작을 것이라고 말할 수 있다.

1.18.4 병렬에서의 저항(resistors in parallel)

전체병렬저항에 대한 공식은 다음과 같다.

$$\frac{1}{R} = \frac{1}{R} + \frac{1}{R} + \frac{1}{R} \cdots \frac{1}{R}$$

만약 양변의 역수가 취해진다면, 그때 전체병렬저항에 대한 일반식은 다음과 같다.

$$R_T = \frac{1}{\frac{1}{R} + \frac{1}{R} + \frac{1}{R} + \cdots \frac{1}{R_N}}$$

1.18.5 병렬에서 2개의 저항기 (two resistors in parallel)

전형적으로, 이 관행은 일반적 경험에서 일어나기 때문에 한 번에 오직 2개의 저항을 고려하는 것이 더욱 편리하다. 회로에서 저항의 수는 한 쌍으로 분류할 수 있다. 그런 까닭에 가장 동일방법은 병렬로 2개의 저항에 대한 공식을 사용하는 것이다.

$$R_T = \frac{1}{\frac{1}{R_1} + \frac{1}{R_2}} \quad \text{or} \quad R_T = \frac{R_1 \times R_2}{R_1 + R_2}$$

말로 나타내면, 이것은 병렬로 2개의 저항에 대한 전체저항은 양쪽 저항의 곱을 2개의 저항기의 합으로 나누는 것과 같다는 것을 말한다. R_1=500[Ω], R_2=400[Ω]인 병렬회로에서 전체저항을 구해보면 다음과 같다.

$$R_T = \frac{R_1 \times R_2}{R_1 + R_2} = \frac{500 \times 400}{500 + 400} = \frac{200{,}000}{900} = 222.22[\Omega]$$

1.18.6 전류원(current source)

전류원은 부하가 저항값에서 변화할 때조차도 부하에서 전류의 상수값을 마련하는 에너지원이다. 기억하기 위한 일반규칙은 병렬로 전류원에 의해 산출되는 전원전류는 개개의 공급원의 대수합과 같다는 것이다.

1.18.7 키르히호프의 전류법칙 (Kirchhoff's current law)

키르히호프의 전류법칙은 다음과 같이 설명할 수 있는데, 교차점 또는 마디 안으로 유입되는 전류의 합은 동일한 교차점 또는 마디의 밖으로 흐르는 전류의 합과 같다. 교차점은 2개 이상의 회로경로가 합쳐지는 지점이라고 정의할 수 있다. 병렬회로의 경우, 회로에서 개개의 분기가 합류되는 지점이다. 일반식은 다음과 같다.

$$I_T = I_1 + I_2 + I_3$$

[그림 1-93]과 같이 지점 A와 지점 B는 중간에 3개의 분기로서 2곳의 교차점 또는 노드(nodes)를 가진다. 전압원은 마디 A 안으로 전원전류 I_T를 공급한다. 이 지점에서, 각 분기의 저항값에 따라 접점 A 밖으로 흐르는 전류로 각각 나누어진다. 키르히호프의 전류법칙은 안으로 들어가는 전류는 나가는 전류와 같아야 한다는 것이다. 3개의 분기를 통과한 전류와 노드 B로 되돌아온 전류에 이어, 마디 B를 떠나는 전원전류 I_T는 노드 A에 들어온 전류와 같다. 그다음 전류는 원래의 전압원으로 흐른다.

[그림 1-94]에서는 개개의 분기전류가 I_1=5[mA] 그리고 I_2=12[mA]를 보여준다.

마디 A로 흘러드는 전원전류는 분기전류의 합과 같

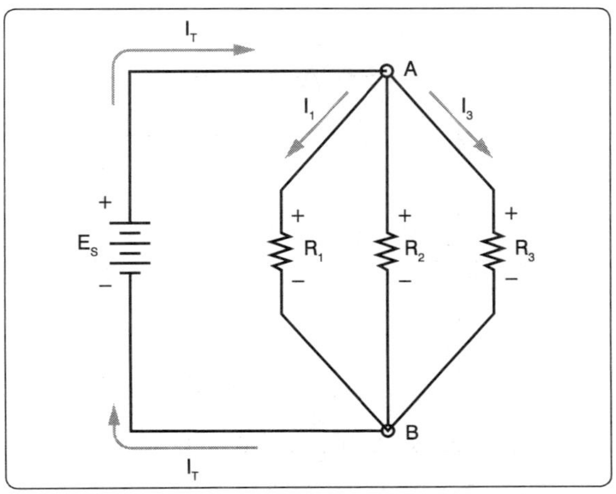

[그림 1-93] 키르히호프의 전류법칙(Kirchhoff's current law)

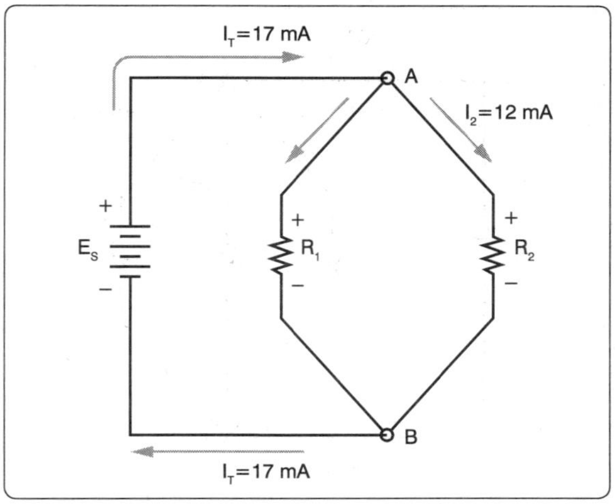

[그림 1-94] 개개의 분기 전류(branch current)

다. 즉,

$$I_T = I_1 + I_2 = 5 + 12 = 17[mA]$$

노드 B로 들어오는 전원전류 또한 같다.

[그림 1-95]에서는 하나의 분기에서 알려지지 않은 전류를 어떻게 결정하는지를 설명한다. 3개의 분기의 교차점 안으로 전원전류는 알고 있다. 분기전류 중 2개는 알고 있다. 일반식을 재배열하면 분기에서의 전류를 계산할 수 있다.

$$I_T = I_1 + I_2 + I_3$$
$$75 = 30 + I_2 + 20$$
$$I_2 = 75 - 30 - 20 = 25[mA]$$

1.18.8 전류분배기(current dividers)

병렬회로는 전류분배기라는 것을 쉽게 알 수 있었다. 그림 1-94와 같이, 2개의 저항기의 각각을 통과하

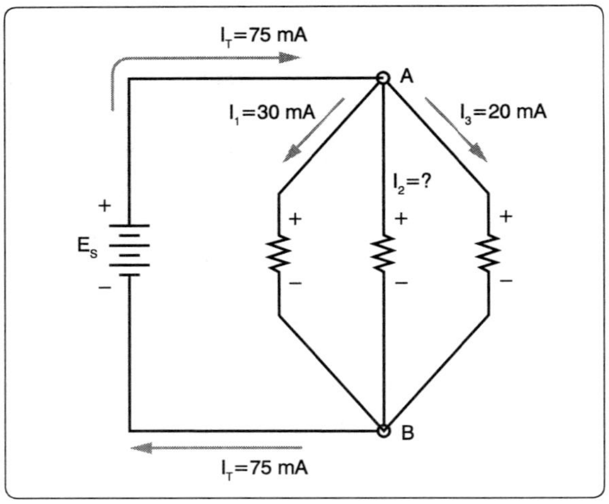

[그림 1-95] 분기전류에서 알 수 없는 전류 결정

는 전류가 있다. 같은 전압이 병렬로 양쪽 저항기의 전역에서 가해졌기 때문에, 분기전류는 저항기의 옴의 값에 반비례한다. 더 높은 저항을 갖춘 분기는 더 낮은 저항을 갖춘 분기보다 적은 전류를 갖는다. 예를 들어, 만약 R_2의 저항값이 R_1의 저항값에 2배이라면, R_2의 전류는 R_1의 1/2이 될 것이다. 이 모든 것은 옴의 법칙으로써 결정할 수 있다.

옴의 법칙에 의해, 분기 중 어느 하나를 통과하는 전류는 다음과 같이 기록할 수 있다.

$$I_X = \frac{E_S}{R}$$

전압원은 병렬저항기의 각각을 가로질러 보이게 되고 R_X는 어느 하나의 저항기를 나타낸다. 전압원은 전원전류에 전체병렬저항의 곱과 같다.

$$E_S = I_T \times R_T$$

$$I_X = \frac{E_S}{R_X} = \frac{I_T \times R_T}{R_X} = \frac{R_T}{R_X} \times I_T$$

$$I_1 = \frac{R_T}{R_1} \times I_T$$

$$I_2 = \frac{R_T}{R_2} \times I_T$$

이 공식은 일반적인 전류분배기 공식이다. 각각의 분기를 통과하는 전류는 전체병렬저항을 개개의 분기저항으로 나누고, 전원전류를 곱한 것과 같다.

1.19 직 · 병렬 직류회로 (Series-parallel DC circuits)

1.19.1 개요(overview)

정비사가 마주치게 될 대부분의 회로는 간단한 직렬회로 또는 병렬회로만은 아닐 것이다. 회로는 보통 병렬과 직렬로 저항으로 이루어진 그룹인 직 · 병렬회로로 알려진 양쪽의 결합이다. [그림 1-96]에서는 이

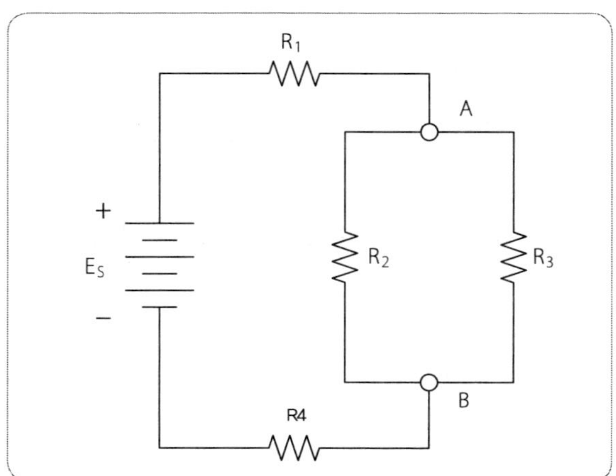

[그림 1-96] 직병렬 회로

유형의 예를 볼 수 있다. 직 · 병렬회로는 처음에 복잡한 것처럼 보일 수 있는 반면에, 직렬회로와 병렬회로에 대해 적용하였던 동일한 규칙이 이들 회로에도 적용할 수 있다.

전압원은 저항 R_1을 거친 다음 저항 R_2와 R_3의 그룹으로, 그 다음에는 전압원으로 되돌아가기 전에 다음 번 저항 R_4로 전류를 공급할 것이다. 간소한 절차에서 첫 번째 단계는 그룹 R_2와 R_3을 분리하고 등가저항으로 단순화될 수 있는 병렬회로망이라는 것을 인지한다. 병렬저항에 대한 공식을 이용하면 다음과 같다.

$$R_{23} = \frac{R_2 \times R_3}{R_2 + R_3}$$

R_2와 R_3은 R_{23}으로 단순화될 수 있다. [그림 1-97]에서는 3개의 직렬식 저항을 갖춘 등가회로이다. 회로의 전체저항은 간단히 저항 R_1, R_{23}, 그리고 R_4의 값을 합계하여 결정할 수 있다.

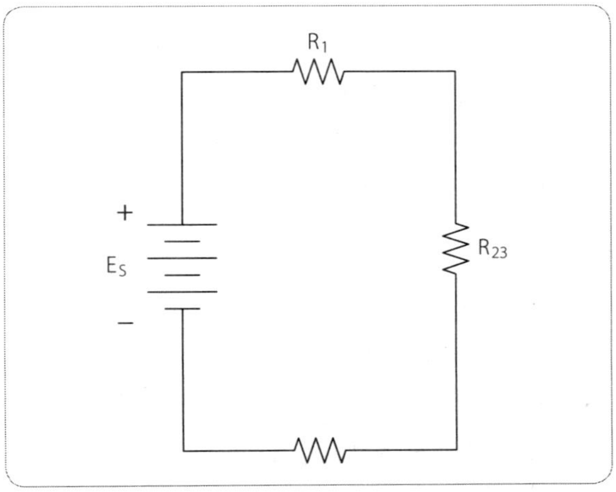

[그림 1-97] 직렬 연결한 3개의 저항으로 변환한 등가 회로

1.19.2 전체저항 결정 (determining the total resistance)

[그림 1-98]와 같이, 결합회로에서 전체저항과 각각의 분기에 전류를 결정하기에 대한 예를 다음 예에서 보여준다.

병렬분기로 끌고 들어가는 첫 번째 단계는 교차점 A에서 전류를 결정하는 것이다. I_T를 결정하기 위해, 전체의 회로의 전체저항 R_T를 알아야 한다. 회로의 전체저항은 다음과 같다.

$$R_T = R_1 + R_{23}$$

병렬회로망에서 R_{23}을 구하면,

$$R_{23} = \frac{R_2 \times R_3}{R_2 + R_3} = \frac{2 \times 3}{2+3} = \frac{6}{5} = 1.2[k\Omega]$$

R_T에 대해서 풀면,

$$R_T = R_1 + R_{23} = 1 + 1.2 = 2.2[k\Omega]$$

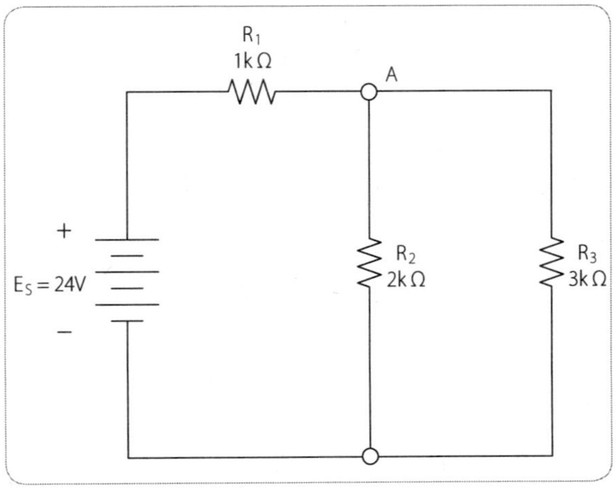

[그림 1-98] 전체저항 결정

전체저항 R_T가 결정됨으로써 전체 I_T를 결정할 수 있다. 옴의 법칙을 이용하면

$$I_T = \frac{E_S}{R_T} = \frac{24[V]}{2.2[k\Omega]} = 10.9[mA]$$

R_2와 R_3의 병렬분기를 통과한 전류는 전류분배법칙을 이용하여 결정할 수 있다.

$$I_2 = \frac{R_{23}}{R_2} \times I_T$$

$$I_3 = \frac{R_{23}}{R_3} \times I_T$$

$$\begin{aligned} I_2 &= \frac{R_{23}}{R_2} \times I_T \\ &= \frac{\frac{R_2 \times R_3}{R_2 + R_3}}{R_2} \times I_T \\ &= \frac{R_3}{R_2 + R_3} \times I_T \\ &= \frac{3}{2+3} \times 10.9[mA] \\ &= 6.54[mA] \end{aligned}$$

키르히호프의 전류법칙을 이용하여, R_3이 있는 분기에 전류는 다음과 같이 결정할 수 있다.

$$I_T = I_2 + I_3$$

$$I_3 = I_T - I_2 = 10.9 - 6.54 = 4.36[mA]$$

1.20 교류 전류와 전압 (Alternating Current (AC) and Voltage)

교류(AC)는 여러 가지 이유로 상용 전력 시스템의 직류(DC)를 대체했다. AC 전압은 변압기를 통해 증가하거나 감소할 수 있기 때문에 DC보다 더 쉽고 경제적으로 장거리에 걸쳐 송전할 수 있다. 점점 더 많은 장치가 비행기에서 전기적으로 작동하고 있기 때문에, 전력 요건은 AC를 사용함으로써 많은 장점을 실현할 수 있는 것이다. AC 장치, 특히 모터는 DC 장치보다 작고 단순하기 때문에 공간과 중량을 절약할 수 있다. 대부분의 AC 모터에서는 브러시가 필요하지 않으며, 그리고 고고도에서 정류문제가 배제된다. 회로차단기는 AC 시스템의 높은 고도의 부하 상태에서 만족스럽게 작동하지만, DC 시스템의 경우 아크가 너무 심해 회로차단기를 자주 교체해야 한다. 끝으로, 24[V] 직류계통을 사용하는 대부분 비행기는 상당한 양의 400[Hz] 교류전류를 필요로 하는 특수 장비를 갖추고 있다.

1.20.1 교류와 직류 비교(AC and DC compared)

"AC"는 교류를 나타낸다. 교류의 많은 원리, 특성, 그리고 효과는 직류의 것과 비슷하다. 마찬가지로, 설명하게 될 여러 가지 차이점도 있다. 직류는 일정한 극성으로 오직 하나의 방향으로만 계속 흐른다. [그림 1-99]의 직류파형과 같이, 직류는 오직 회로가 개방되거나 또는 접속될 때만 크기가 변한다. AC는 일정한 간격으로 방향을 바꾸고, 일정한 비율로 값이 0에서 최대 양의 강도로 증가했다가 다시 0으로 감소한다. 그런 다음 반대 방향으로 흐르며, 최대 음의 값과 비슷

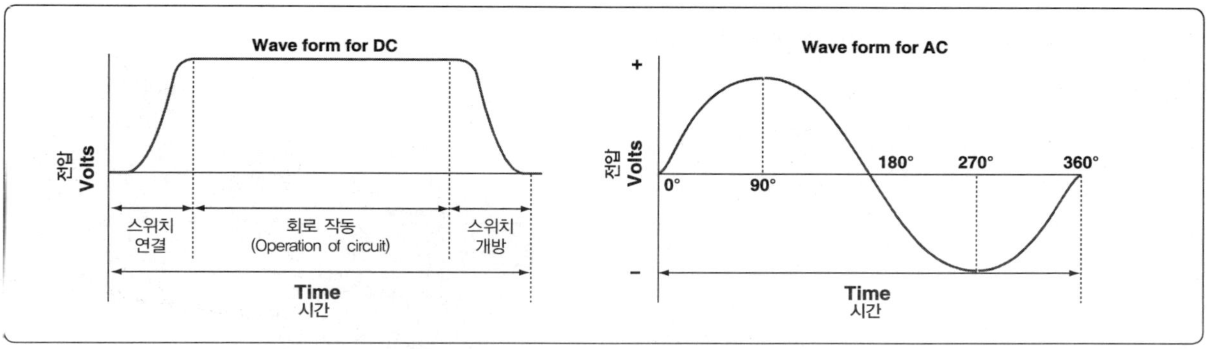

[그림 1-99] DC 및 AC 전압 곡선

하게 증가하며, 다시 0으로 감소한다. 직류와 교류의 파형은 [그림 1-99]에서 비교된다.

교류는 끊임없이 방향과 강도를 변화시키기 때문에, 직류회로에서 일어나지 않는 것이 다음 두 가지 효과가 교류회로에서 일어난다.

(1) 유도리액턴스(inductive reactance)
(2) 용량리액턴스(capacitive reactance)

1.21 발전기 원리(Generator principles)

도선을 통해 흐르는 전류가 도선 주위에 자기장을 만들어내는 것을 발견한 후, 자기장이 도선에 전류흐름을 만들어낼 수 있는지에 관하여 상당한 과학적 고찰이 있었다. 1831년에 영국의 과학자 마이클 패러데이(Michael Faraday)는 이것이 이루어질 수 있다는 것을 발견했다.

[그림 1-100]과 유사한 실연을 통해 어떻게 전류가 자기장에 의하여 만들어질 수 있는지 보여줄 수 있다. 도선을 원통형으로 여러 번 감고, 도선의 끝단은 검류계를 포함하는 완전한 회로를 형성하도록 함께 연결

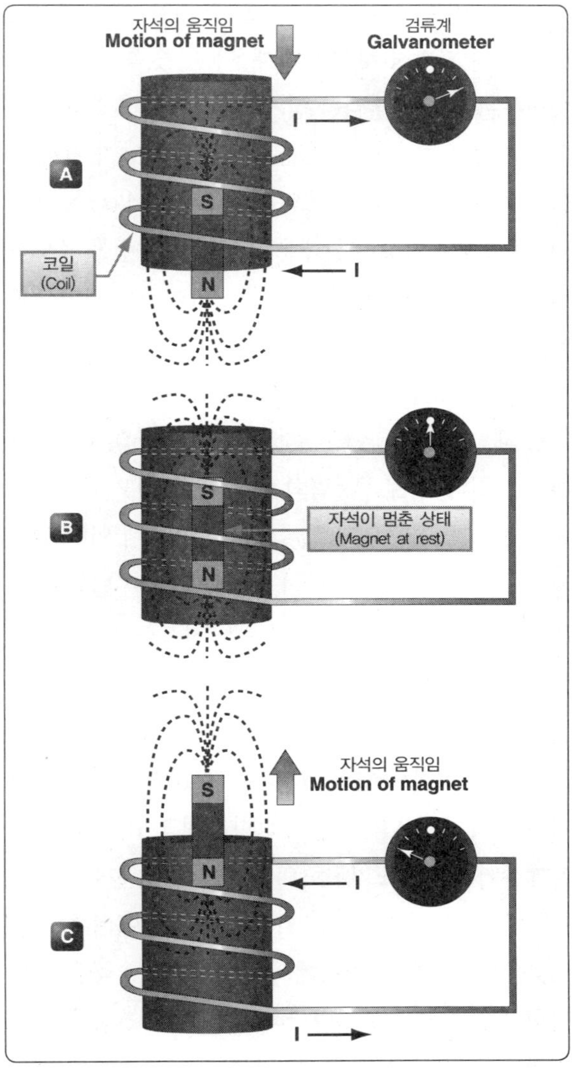

[그림 1-100] 유도전류 발생

한다. [그림 1-100]의 A와 같이, 만약 단순 막대자석이 원통형 도선 안으로 넣으면, 검류계는 0 위치, 즉 중앙에서 한쪽 방향으로 편향하는 것을 관찰할 수 있다.

[그림 1-100]의 B와 같이, 자석이 원통형 도선 안쪽에 정지해 있을 때, 검류계는 전류가 흐르지 않는다는 것을 의미하는 0을 지시한다.

[그림 1-100]의 C에서, 자석이 원통형 도선에서 잡아당겨질 때 검류계는 반대방향의 전류흐름을 지시한다.

자석을 정지시키고 자석 위로 코일을 움직여도 전선 코일과 자기장 사이의 상대운동이 있을 때 전류가 흐른다는 동일한 결과를 얻게 된다. 이들의 결과는 독일의 과학자 하인리히 렌츠(Heinrich Lenz)가 처음 발표한 법칙에 따른다. 렌츠의 법칙(Lentz's law)에 따르면, 도선과 자기장의 상대운동에 의해 발생한 유도전류는 항상 그 자기장의 움직임에 반대하는 방향으로 흐른다.

[그림 1-101]과 같이, 도선이 자기장을 통과하여 움직일 때, 기전력(electromotive force, emf)은 도선에서 유도된다. 유도기전력의 방향, 즉 극성은 자력선과 자기장을 지나서 움직이는 도선의 방향에 의해 결정된다. [그림 1-102]와 같이, 발전기오른손법칙은 유도기전력의 방향을 결정하기 위해 사용할 수 있다. 코일에서 사용된 오른손법칙과 혼동하지 않는다. 오른손의 집게손가락은 자석의 N극에서 S극으로 자력선의 방향을 향하게 되고, 엄지손가락은 자기장을 지나서 도선의 움직임의 방향으로 향하게 되고, 그리고 가운데손가락은 유도기전력의 방향으로 향하게 된다.

[그림 1-103]과 같이, 코일이 자기장에서 회전될 때, 전압은 코일의 양쪽에서 유도된다. 두 곳은 반대방향으로 자기장을 절단한다. 비록 전류흐름은 연속적이지만, 코일의 두 곳에 대하여 반대방향으로 움직

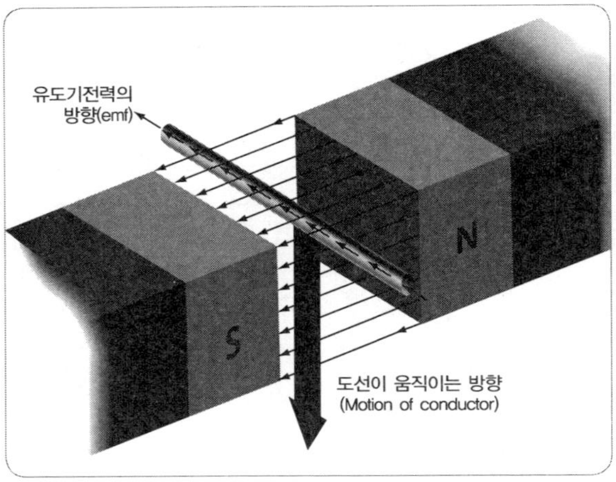

[그림 1-101] 도선에서의 유도기전력 발생

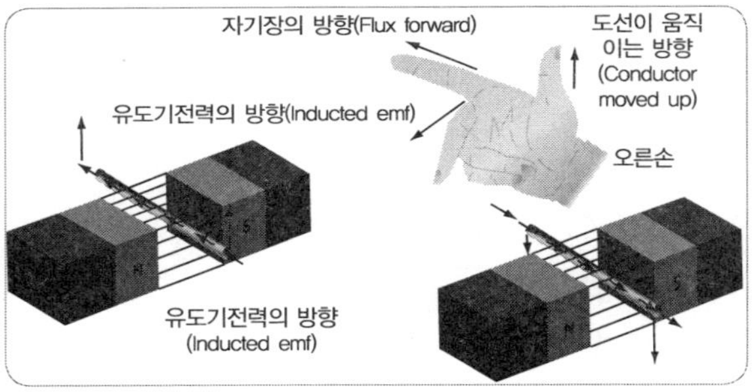

[그림 1-102] 발전기에 적용되는 오른손법칙

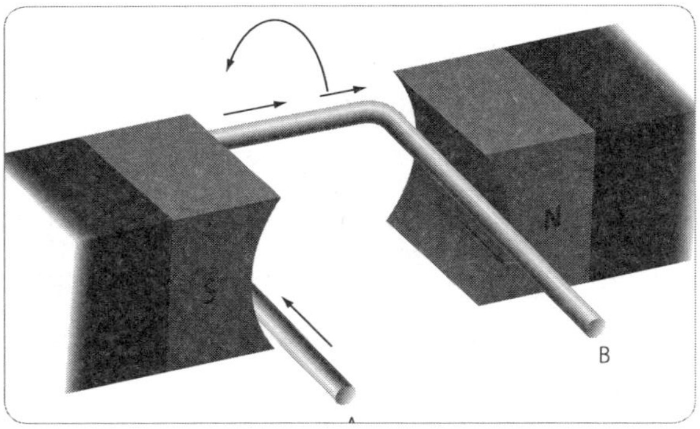

[그림 1-103] 도선에 유도된 기전력

인다. 만약 Side A 루프와 Side B 루프가 1/2바퀴 회전하고 도선의 위치가 서로 바꾸었다면, 이전에 전선이 위쪽으로 자력선을 절단하던 것이 이번에는 아래쪽으

로 움직이기 때문에, 각 유도기전력의 방향이 반대가 된다. 유도기전력의 세기는 세 가지 요인에 따른다.

(1) 자기장을 지나서 움직이는 전선의 수
(2) 자기장의 세기
(3) 회전의 속도

1.21.1 교류 발전기 (generators of alternating current)

교류를 만들기 위해 사용되는 발전기를 교류발전기 또는 알터네이터(alternator)라고 부른다.

[그림 1-104]와 같이, 단순 발전기는 교류전압을 발생시키는 한 가지 방법을 구성한다. 도선은 N극과 S극 사이에 A와 B로 표시된 회전 루프로 구성되어 있다. 루프의 양쪽 끝단은 2개의 금속 슬립링(slip-ring), C_1과 C_2에 연결된다. 전류는 브러시에 의해 슬립링에서 이어받는다. 만약 루프를 별도의 도선 A와 B로 간주하고 발전기에 대한 오른손법칙을 적용한다면, 도선 A가 자기장을 가로질러 위로 이동할 때 전류가 안쪽으로 흐르게 하는 전압이 유도되는 것을 관찰할 수 있다. 전선 B가 자기장을 가로질러 아래쪽으로 움직일 때, 전압이 유도되어 전류가 바깥쪽으로 흐르게 된다. 전선이 루프로 형성되었을 때, 루프의 두 곳에서 유도된 전압이 결합된다. 그런 까닭에, 설명을 위한 목적에서, 자기장 속에서 회전하는 동안, 도선 A나 B 중 하나의 작용은 루프의 작용과 비슷하다.

[그림 1-105]는 자기장에서 회전하는 간단한 도선 루프에 의해 발생하는 교류를 설명한다. 루프가 반시계방향으로 회전함에 따라, 전압의 변화하는 값이 루프에서 유도된다.

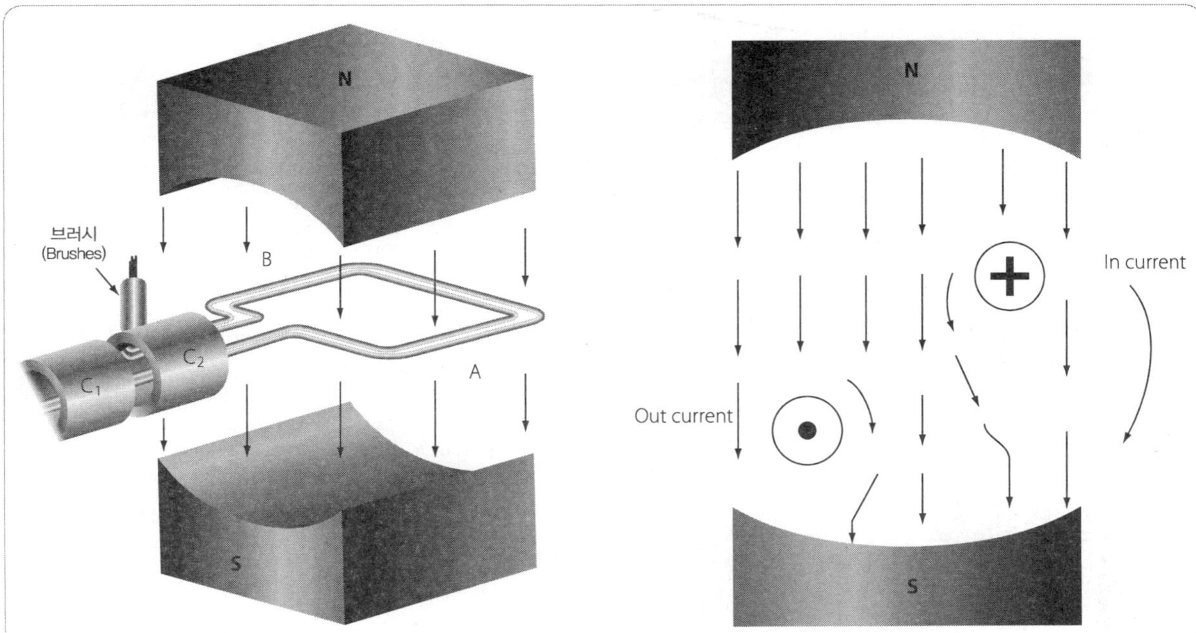

[그림 1-104] 간단한 발전기 구조

(1) Position 1

도선 A는 자력선에 평행하게 이동한다. 도선은 자력선을 전혀 절단하지 않기 때문에, 유도전압은 0이다. 도선이 위치 1에서 위치 2로 진행할 때, 유도전압은 서서히 증가한다.

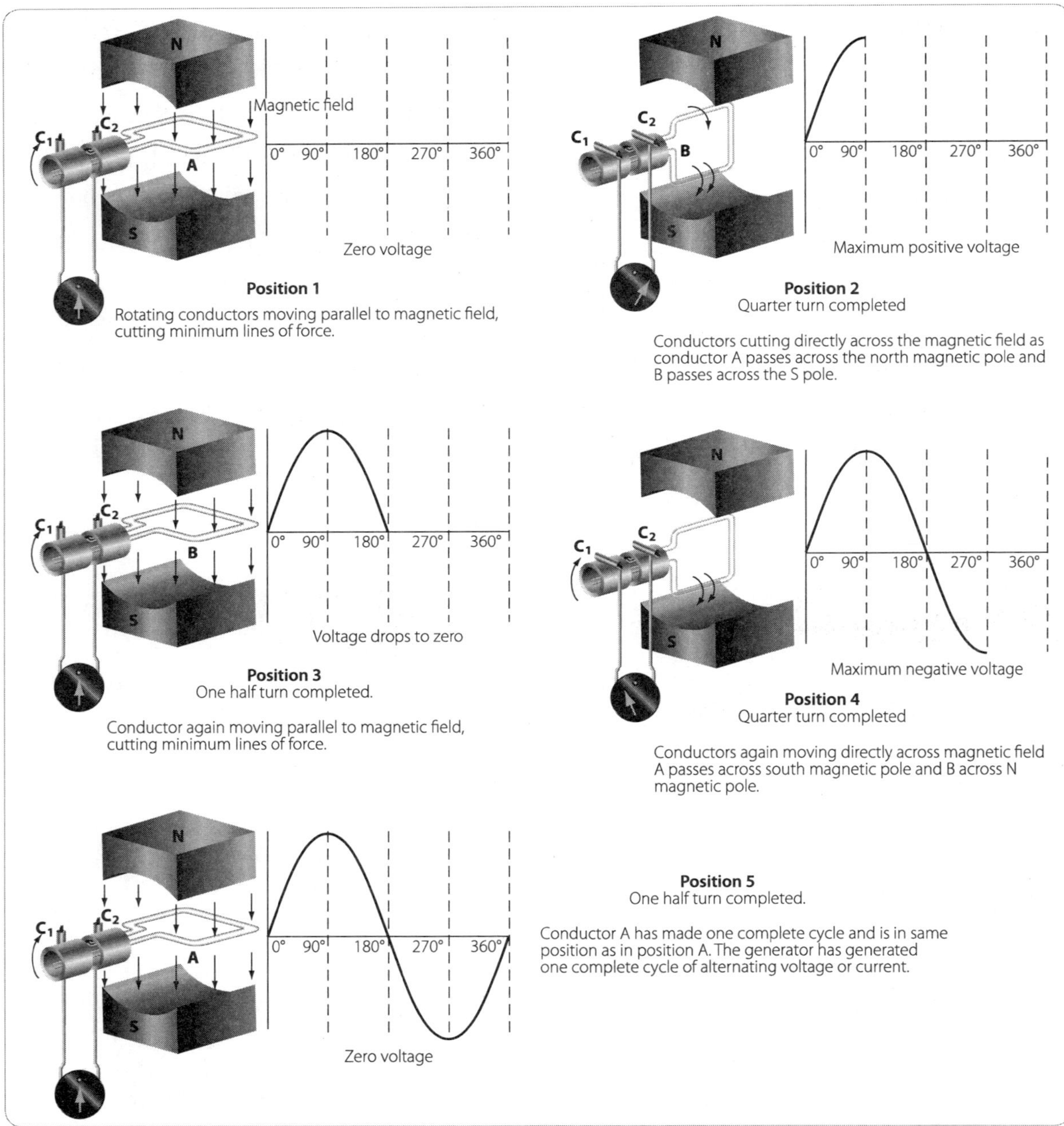

[그림 1-105] 사인파 생성(Generation of a sine wave)

(2) Position 2

도선은 이제 자기장에 수직으로 이동하며, 자력선의 최대수를 절단하므로 최대전압이 유도된다. 도선이 위치 2를 지나 움직이면 도선은 매 순간 자기장을 절단하는 양이 감소하고, 그래서 유도전압은 감소한다.

(3) Position 3

이 때 도선은 1/2을 회전하고 다시 자력선에 평행하게 움직이며, 그래서 도선에 전압은 유도되지 않는다. 도선 A가 위치 3을 지날 때, 도선 A가 아래로 움직이고, 반대방향으로 자기장을 절단하기 때문에, 유도전압의 방향은 반대로 된다. 도선 A가 S극을 가로질러 위치 4에 도달할 때까지, 유도전압은 서서히 (−)방향으로 증가한다.

(4) Position 4

위치 2에서와 같이, 도선은 다시 자기장에 직각을 이동하고 최대음전압을 발생한다. 위치 4에서 위치 5로 도선이 움직이는 동안, 유도전압은 0일 때까지 서서히 감소하고, 그래서 도선과 파장은 새로운 사이클을 시작할 준비가 된다.

(5) Position 5

위치 5에서 보여준 곡선을 사인파라고 한다. 사인파는 발생한 전압의 극성과 크기를 나타낸다. 수평기선은 시간으로 구분되고, 수평기선의 위쪽 또는 아래쪽에 수직거리는 루프의 회전 시 각 특정 지점에서의 전압 값을 나타낸다.

1.21.2 사이클과 주파수(cycle and frequency)

(1) 사이클의 정의(cycle defined)

사이클은 패턴의 반복이다. 전압이나 전류가 일련의 변화를 거쳐 출발점으로 되돌아간 다음 다시 동일한 변화를 연속적으로 할 때, 이 시리즈를 사이클이라고 한다. 사이클은 원안에 물결선의 ⏦ 기호로 표시한다. [그림 1-106]에 나타낸 전압의 사이클에서 전압은 0에서 최대 양의 값으로 증가했다가 0으로 감소했다가 다시 최대 음의 값으로 감소하고 다시 0으로 증가한다. 이제 처음과 동일한 일련의 변화를 수행할 준비가 된 것이다. 하나의 완전한 사이클에서 두 번의 교번이 있는데, (+)교번과 (−)교번이다. 각각의 교번은 1/2 사이클이다.

(2) 주파수의 정의(frequency defined)

[그림 1-106]과 같이, 교류의 주파수는 1[sec]당 사이클 수이다. 주파수 측정의 기본단위는 헤르츠[㎐]이다.

발전기에서, 전압과 전류는 코일 또는 도선이 자석의 N극과 S극 아래로 지나갈 때마다 완전 사이클로 생성된다. 코일 또는 도선의 회전운동마다 형성되는 사

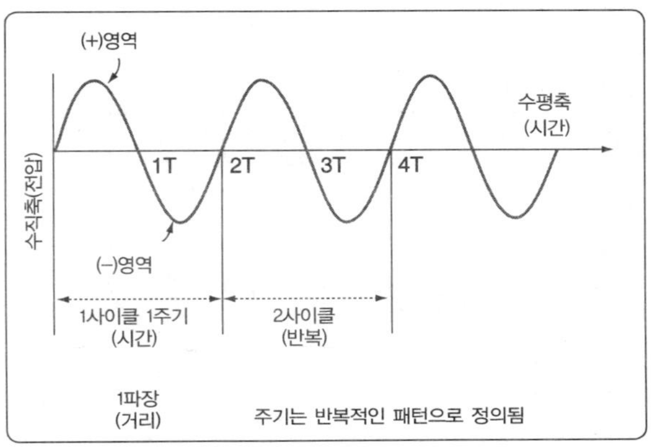

[그림 1-106] 전압의 사이클(Cycle of voltage)

이클 수는 한 쌍의 극 수와 같다. 따라서 초당 사이클 수인 주파수는 한 쌍의 극수에 초당회전수를 곱한 것과 같다. 계산식으로 나타내면

$$f = \frac{극수}{2} \times \frac{r.p.m}{60}$$

여기에서 P/2는 극 한 쌍을 의미하며, rpm/60은 초당 회전수이다. 만약 2극발전기에서, 도선이 3,600[rpm]으로 돌아가고 있다면, 초당 회전운동은 다음과 같다.

$$r.p.s = \frac{3{,}600}{60} = 60\ [초당회전수]$$

2극 발전기이기 때문에, P/2는 1이고, 그리고 주파수는 60[cps]이다. 1,800[rpm]의 전기자 속도로서 4극 발전기에 대한 계산식으로 바꾸면,

$$f = \frac{P}{2} \times \frac{r.p.m}{60} = \frac{4}{2} \times \frac{1{,}800}{60}$$
$$= 2 \times 30 = 60[c.p.s]$$

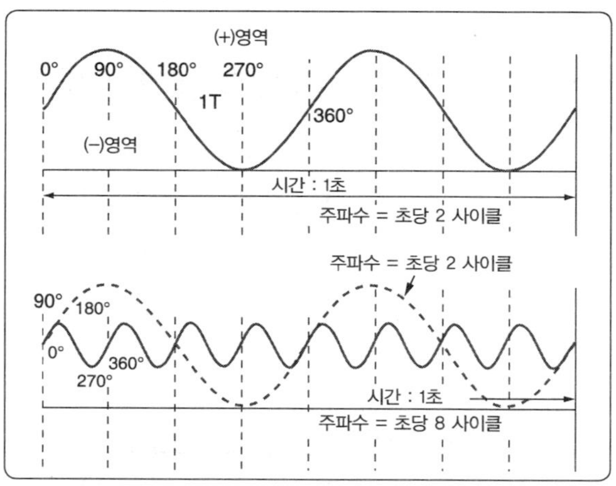

[그림 1-107] 초당 사이클인 주파수(Frequency)

(3) 주기(週期)의 정의(period defined)

[그림 1-107]과 같이, 사인파에서 한 번의 완전 사이클을 완성하기 위해 요구되는 시간을 주기라고 부른다. 사인파의 주기는 주파수와 반비례한다. 즉, 주파수가 커질수록, 주기는 더 짧아질 것이다. 주파수와 주기 사이에 관계식은 다음과 같다.

$$주기:\quad T = \frac{1}{f}$$
$$주파수:\quad f = \frac{1}{T}$$

(4) 파형의 정의(wavelength defined)

[그림 1-107]과 같이, 일반적으로 파형이 한 번의 주기 동안 이동한 거리를 파장이라고 하며, 그리스 문자 람다(lambda, λ)로 표시한다. 파장의 측정은 파형의 한 점에서 다음 번 파형의 대응점까지 취한다.

1.21.3 위상관계(phase relationships)

주파수특성과 사이클 특성에 추가하여, 교류전압과 전류는 또한 "위상"이라고 부르는 관계를 갖는다. 하나의 교류발전기에 의해 공급된 회로에서, 회로가 효율적으로 기능하려면, 전압과 전류 사이에 일정한 위상관계가 있어야 한다. 2개 이상의 교류발전기에 의해 공급되는 계통에서, 하나의 교류발전기의 전압과 전류 사이에 일정한 위상관계가 있어야 하는 것뿐만 아니라 각각의 전압과 전류 사이에서 위상관계가 있어야 한다. 또한 하나의 위상 특성과 다른 위상 특성을 비교하여 두 개의 개별 회로를 비교할 수 있다.

(1) 동상조건(in-phase condition)

[그림 1-108]의 A는 동일한 시간 축에 중첩된 전압 신호와 전류신호를 보여준다. 전압이 (+)교번으로 증가할 때 전류도 역시 증가한다는 것이다. 전압이 최고값에 도달하면 전류 역시 최고값에 도달한다. 그때 두 파형은 반전되고 0으로 다시 감소하고, 그다음 양의 방향에서와 동일한 방식으로 음의 방향으로 진행됩니다. [그림 1-108]의 A와 같이, 2개의 파가 실제로 서로 일치할 때, 이를 동상이라고 말한다. 동상에서, 2개의 파형은 동시에 그리고 동일한 방향으로 그들의 최대점과 최소점을 지나야 한다.

(2) 이상조건(out-of-phase condition)

[그림 1-108]과 같이, 2개의 파형이 서로 다른 시간에 그들의 최대점과 최소점을 지날 때, 2개의 파형 사이에 위상차가 존재할 것이다. 이 경우에서, 2개의 파형은 서로에 대해 이상(out of phase)이라고 말한다. 용어 리드(lead. 앞섬)와 래그(lag. 뒤처짐)는 가끔 파형 사이에 위상차를 설명하기 위해 사용된다. 그것의 최대값 또는 최소값에 먼저 도달한 파형은 다른 파형에 리드(lead)라고 말한다. 그림 [1-108]의 B에서는 이들의 관계를 보여준다. 하나의 전압원은 0[°] 위치에서 올라가기 시작하고 두 번째 전압원은 90[°] 위치에서 올라가기 시작한다. 하나의 전압원이 두 번째 전압원에 비하여 더 일찍 때를 맞춰, 즉 90[°]에 올라가기 시작했기 때문에, 첫 번째 전압원은 두 번째 전압원을 앞서고 있다고 말한다. 반대로 두 번째 공급원은 첫 번째 공급원에 래그(lag. 뒤처짐)이라고 말한다. 파형이 리드(lead) 또는 래그(lag)이라고 말할 때, 보통 각도로 차이를 설명한다. 만약 2개의 파형이 360[°]로서 다르다면, 그들은 서로 동상이라고 말한다. 만약 2개의 신호 사이에 180[°] 차이가 있다면, 그때 그들은 비록 그들이 동시에 최소값과 최대값에 모두 도달하고 있다고 하지만 여전히 이상(out of phase)이다.

A PRACTICES NOTE OF CAUTION 2개 이상의 교류버스를 갖고 있는 항공기에서는, 서로 분리되거나 동기화되지 않을 수 있다. 동상으로 맞추지 않은 2개의 신호

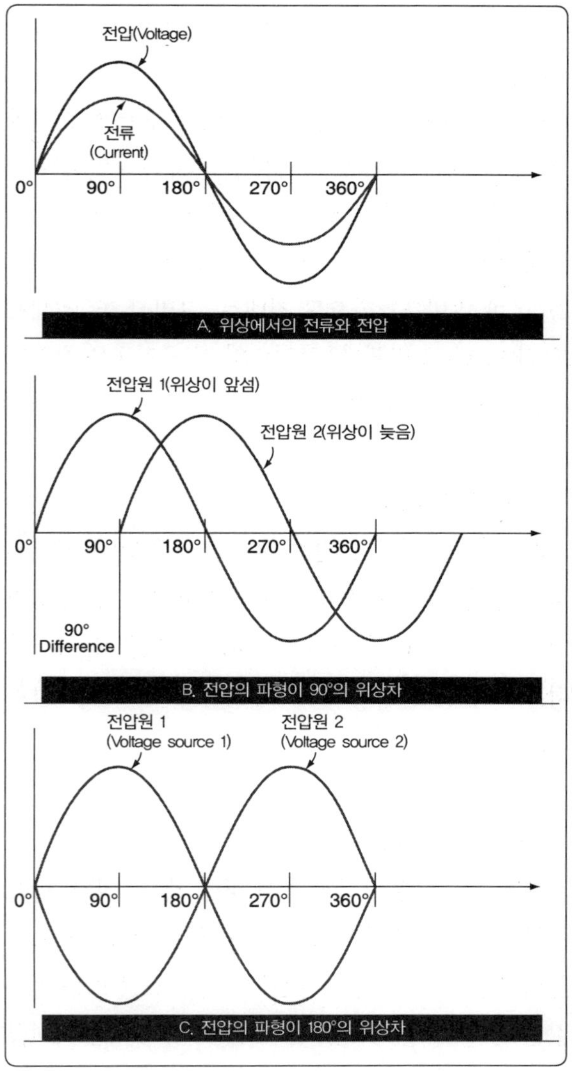

[그림 1-108] 전류 및 전압의 위상 상태

가 결합되었을 때, 항공기 계통 또는 항공전자기기에서 많은 손상이 일어날 수 있다.

1.21.4 교류의 값(values of alternating current)

순간값(instantaneous value), 최고값, 그리고 유효값(root mean square, RMS)으로서 교류의 3가지 값이 있다.

(1) 순간값(instantaneous value)

전압 또는 전류의 순간값은 사이클 내 어떤 순간에서 흐르는 유도전압 또는 유도전류이다. 사인파는 연속된 이들 순간값을 묘사한다. 전압의 순간값은 0[°]에서 0이고 90[°]에서 최대까지, 180[°]에서 0이고, 270[°]에서 반대방향으로 최대로, 그리고 360[°]에서 또 다시 0으로 바뀐다. 사인파의 어느 지점은 전압의 순간값으로 간주된다.

(2) 최고값(peak value)

최고값은 가장 큰 순간값이다. 가장 큰 단하나의 (+)값은 전압의 사인파가 90[°]에 있을 때 일어나고, 그리고 가장 큰 단하나의 (−)값은 270[°]에 있을 때 일어난다. 최대값은 유효값의 1.41배이다. 이들을 최고값이라고 부른다.

(3) 유효값(effective value)

유효값은 또한 값이 도출된 것에 의한 수학적 방법으로 언급되는 실효값 또는 평균평방근(RMS)으로서 알려져 있다. 대부분 교류전압계는 유효값 또는 실효값을 나타낸다. 유효값은 최대값보다 작으며, 최대값의 0.707배와 같다.

사인파의 유효값은 실제로 사인파의 가열효과의 측정이다. [그림 1−109]에서는 저항이 교류전압원을 가로질러 연결되었을 때 무슨 일이 일어나는지를 설명한다. [그림 1−109]의 A에서, 열의 어떤 양은 저항에서 전력에 의해 발생한다. [그림 1−108]의 B에서는 직류전압원에 삽입된 동일한 저항기를 보여준다. 직류전압원의 값은 저항기가 교류회로에 있을 때 하는 것처럼 동일한 양의 열을 방산하도록 바로 조정할 수 있다. 사인파의 실효값 또는 유효값은 사인파전압처럼 직류전압과 동일한 양의 열을 만들어낸다.

사인파의 최고값은 다음 관계를 이용하여 상응하는 실효값으로 전환할 수 있다.

$$V_S = \sqrt{0.5} \times V_P = 0.707 \times V_P$$

이것은 전압이든지 또는 전류에 적용할 수 있다.

V_P에 대한 공식과 풀이를 대수적으로 재배열하기는 또한 최고값을 결정할 수 있으며, 결과 공식은 다음과 같다.

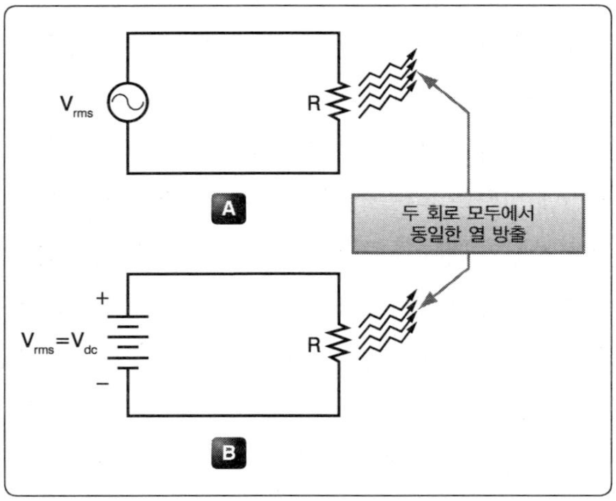

[그림 1−109] 사인파 유효값(Sine wave effective value)

$$V_P = 1.414 \times V_{\text{rms}}$$

그러므로 가정으로 공급된 교류로서 주어진 110[V] 값은 이 공급에서 최대전압의 0.707배이다. 최대전압은 약 155[V](110×1.41=155[V])이다.

교류의 학습에서, 특별한 언급이 없으면 전류 또는 전압에서 주어진 어떤 값은 유효값으로 추정되고, 실제는 오직 전압과 전류의 유효값이 사용된다. 마찬가지로, 교류전압계와 교류전류계도 유효값을 측정한다.

1.22 커패시턴스(Capacitance)

저항과 유도용량 이외에, 교류회로에서 또 다른 중요한 성질은 커패시턴스 즉 정전용량이다. 유도용량은 코일로서 회로에서 나타내는 반면에, 정전용량은 커패시터(축전기 또는 콘덴서)로서 나타낸다. 그것의 가장 기본형에서, 커패시터는 유전체로 불리는 절연체에 의해 분리된 2개의 평행 판으로 조립된다. 전기회로에서, 커패시터는 전기를 위한 저장소 또는 창고로서의 기능을 한다.

1.22.1 직류에서 커패시터 (capacitors in direct current)

[그림 1-110]의 A에서 보여준 회로에서, 커패시터가 축전지와 같은 직류의 공급원에 연결되고 스위치가 접속되면 B로 표시된 판은 (+)로 대전되고, 판 A는 (-)로 대전된다. 전류는 전자가 B에서 A로 이동하는 시간 동안 외부회로에 흐른다. 회로에 흐르는 전류는 스위치가 접속된 순간에 최대이지만, 점차 0에 도달할 때까지 서서히 감소한다. 전류는 A와 B의 전압에 차이가 배터리의 전압과 같게 되면 곧바로 0이 된다. [그림 1-110]의 B와 같이, 만약 스위치가 개방되면, 판은 대전된 상태를 유지한다.

[그림 1-110]의 C와 같이, 커패시터가 단락된다면, 커패시터는 빠르게 방전될 것이다.

비록 회로가 커패시터 판 사이의 간격에 의해 차단되었다고 할지라도, 커패시터가 충전되거나 또는 방전되는 시간 동안은 회로에 전류가 흐른다는 것을 분명히 해야 한다. 전류는 오직 충전과 방전 시간동안만 생기게 되고, 이 시간은 보통 짧다.

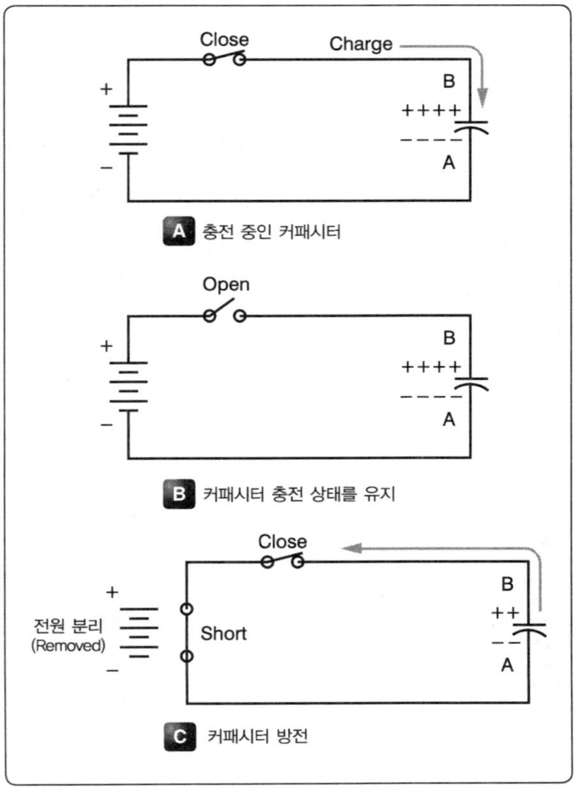

[그림 1-110] DC 회로의 커패시터(Capacitor in a DC circuit)

1.22.2 RC 시간상수(the RC time constant)

완전충전을 얻기 위해 커패시터에서 요구된 시간은 회로의 정전용량과 저항에 비례한다. 회로의 저항은 커패시터의 충전과 방전에서 시간의 요소를 받아들인다.

커패시터가 저항을 통해 충전하거나 또는 방전할 때, 어떤 양의 시간은 완전충전 또는 완전방전을 위해 요구된다. 커패시터의 전역에서 전압은 순간적으로 변화하지 않을 것이다. 충전 또는 방전의 비율은 회로의 시간상수(time constant)에 따라 결정된다. 직렬 RC회로의 시간상수는 저항(ohm)과 정전용량(farad)의 곱과 같은 시간간격이고 그리스 문자 Tau(τ)로 나타낸다.

$$\tau = RC$$

공식에서 시간은 공급원의 전압에 63[%]로 충전하는 데 필요로 하는 것이다. 전원전압의 약 99[%]로 충전을 가져오는 데 필요로 하는 시간은 약 5τ이다. [그림 1-111]에서는 충전의 시간상수특성의 관계를 설명한다.

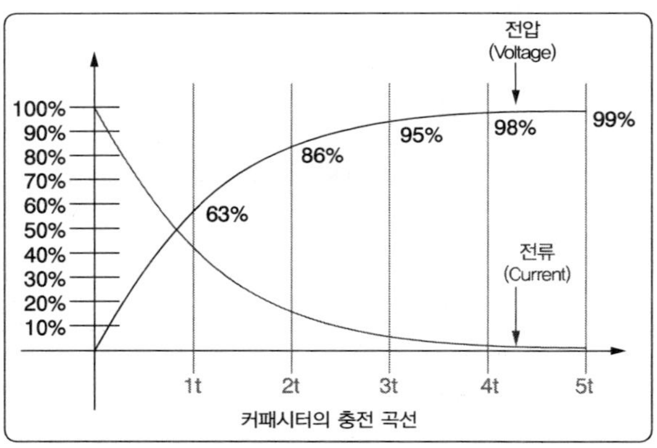

[그림 1-111] 커패시턴스 방전 곡선(Capacitance discharging curve)

전하를 저장하는 커패시터의 능력의 척도는 그것의 정전용량이다. 정전용량에 대한 부호는 문자 C이다.

시간상수 그림에서 볼 수 있었던 것과 같이, 커패시터를 통과한 직류의 연속적인 움직임은 없을 수 있다. 양호한 커패시터는 직류를 차단시킬 것이고 맥류나 교류는 통과시킬 것이다.

1.22.3 정전용량의 단위(units of capacitance)

전하의 기호는 문자 Q로 나타내고 단위는 [쿨롱]으로 측정된다. [쿨롱]은 정전용량으로서, 문자 C로 주어진다. 불행히도 이것은 혼동할 수 있다. 전하의 1[쿨롱]은 6.28×10^{18} 전자를 갖는 전하로 정의된다. 정전용량의 기본단위는 패럿(farad)이며 문자 F로 주어진다. 정의하면, 1[F]는 커패시터의 판의 전역에서 1[V]로 저장된 1 [쿨롱]의 전하이다. 전하와 전압의 용어에서 정전용량에 대한 일반식은

$$C[F] = \frac{Q[\text{쿨롱}]}{E[V]}$$

C = 정전용량(F)

E = 인가된 전압(V)

Q = 전하량(쿨롱)

실제의 용어에서, 1[F]는 큰 양의 정전용량이다. 전통적으로 전자공학에서, 아주 작은 단위가 사용된다. 두 가지 더 일반적인 작은 단위는 보통 10^{-6}[farad]인 microfarad[㎌]와 10^{-12}[F]인 picofarad[㎊]이다.

1.22.4 커패시터의 전압정격 (voltage rating of a capacitor)

커패시터는 얼마나 많은 전압이 판의 전역에 가해질 수 있는지에 관한 한계를 갖는다. 항공정비사는 장치 손상의 위험성 없이 가해질 수 있는 최대직류전압을 명시하는 정격전압에 대해 알아야 한다. 이 전압정격은 전형적으로 항복전압, 작동전압, 또는 단순히 정격전압이라고 부른다. 만약 커패시터의 판의 전역에서 가해진 전압이 너무 높으면, 유전체는 붕괴될 것이고 아크가 판 사이에 일어날 것이다. 그때 커패시터는 단락되고, 그곳을 통한 직류 흐름은 장비의 다른 부분을 손상시키는 원인이 될 수 있다.

500[VDC]로 무사히 대전될 수 있는 커패시터는 유효값이 500[V]인 교류 또는 맥류에 안전하게 맡겨질 수 없다. 500[V](rms)의 교류전압은 707[V]의 최고값을 가지며, 그리고 그것이 가해진 곳에 커패시터는 적어도 750[V]의 정격전압을 가져야 한다. 커패시터의 정격전압은 가해지는 가장 높은 전압보다 적어도 50[%] 더 크도록 선택되어야 한다.

커패시터의 정격전압은 유전체의 두께가 증가할 때 정전용량은 감소하기 때문에 실제 정전용량을 결정하는 요소이다. 두꺼운 유전체를 갖고 있는 고전압 커패시터는 얇은 유전체를 갖고 있는 저전압 커패시터와 동일한 정전용량을 갖기 위해 더 넓은 판 면적을 가져야 한다.

1.22.5 정전용량에 영향을 주는 요인 (factors affecting capacitance)

(1) 평행판의 정전용량은 판의 면적에 비례한다. 판 면적이 크면 클수록 더 큰 정전용량을 만들어내고 판 면적이 작으면 작을수록 더 적은 정전용량을 만들어낸다. 만약 판의 면적이 2배로 증가한다면, 전하를 위한 공간이 2배로 증가한다는 것이다. 주어진 전위차에서 C=Q/E이며, 커패시터가 유지할 수 있는 전하량이 2배이기 때문에 정전용량은 2배가 된다.

(2) 평행판의 정전용량은 판의 간격에 반비례한다.

(3) 유전체는 평행판의 정전용량에 영향을 준다. 진공에서 유전율은 1이고, 그리고 공기의 것은 1에 아주 가깝다. 이들의 값은 참고로 이용되고, 모든 다른 재료는 공기, 즉 진공에 관하여 명시된 값을 갖는다.

[표 1-5]는 일반적으로 쓰이는 몇몇 유전물질의 강도를 표시하였다. 또한 정격전압은 손실과 그에 따른 가열효과는 주파수가 증가함에 따라 증가하기 때문에 주파수에 의존한다.

1.22.6 커패시터 유형(types of capacitors)

커패시터는 모든 모양과 크기로 되어 있으며, 일반

[표 1-5] 유전체의 강도(Strength of some dielectric materials)

유전체 (Dielectric)	K	유전체의 강도 (V/0.001inch)
공기(Air)	1.0	80
종이(Paper)		
(1) 파라핀 처리	2.2	1,200
(2) 밀랍 처리	3.1	1,800
유리(Glass)	4.2	200
아주까리 기름(Castor Oil)	4.7	380
베이클라이트(Bakelite)	6.0	500
운모(Mica)	6.0	2,000
섬유(Fiber)	6.5	50

적으로 그들의 값은 패럿(farad)으로 표시한다. 또한 커패시터는 고정커패시터와 가변커패시터 두 가지 그룹으로 분류된다. 거의 일정한 정전용량을 갖는 고정커패시터는 사용된 유전체의 종류에 따라 더 분류된다. 이 종류는 종이 커패시터, 오일 커패시터, 운모 커패시터, 전해 커패시터, 그리고 세라믹 커패시터 등이다. [그림 1-112]에서는 고정 커패시터와 가변 커패시터에 대한 회로기호를 보여준다.

1.22.6.1 고정커패시터(fixed capacitors)

(1) 운모커패시터(mica capacitors)

고정운모커패시터는 유전체를 형성하는 운모의 판으로서 분리된 금속박판으로 만든다. 모든 조립은 습기를 방지하기 위해, 주조된 플라스틱으로 덮는다. 운모는 우수한 유전체이며 판 사이에 아크를 허용하지 않고 종이커패시터보다 더 고전압에 견딜 수 있을 것이다. 운모커패시터의 일반적인 값은 약 50[㎌]~0.02[㎌]의 범위를 정한다.

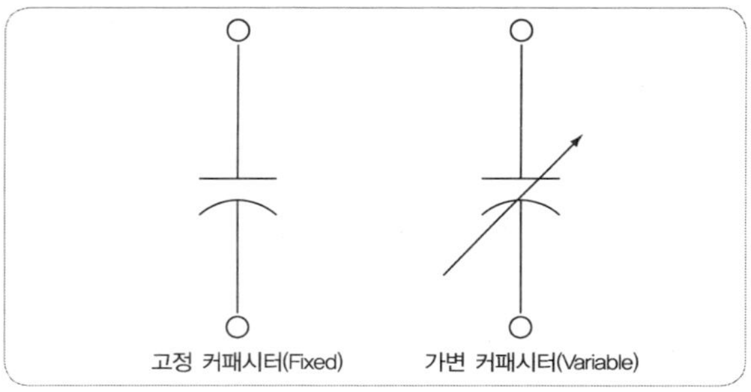

[그림 1-112] 커패시터의 기호

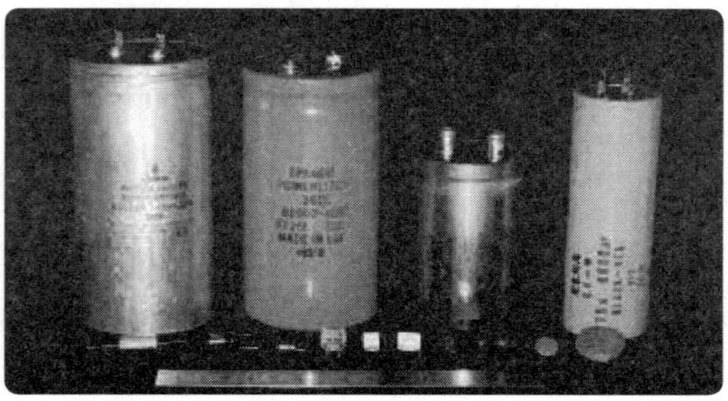

[그림 1-113] 고정 커패시터(fixed capacitors)

(2) 세라믹커패시터(seramic capacitor)

세라믹커패시터는 유전체에 대해 티타늄산바리륨과 같은 재료로 조립된다. 내부에 이들의 커패시터는 코일처럼 조립되지 않는데, 그래서 그들은 고주파 적용에서 사용에 매우 적합하게 되었다. 세라믹커패시터는 매우 작은 정전용량과 매우 작은 크기로 이용할 수 있는 평원반 형태를 이룬다. 이 유형은 상당히 작고, 저렴하며, 신뢰성이 있다. 세라믹과 전해질 모두는 가장 폭넓게 이용할 수 있는 것이고 커패시터에 사용되었다.

(3) 전해커패시터(electrolytic capacitor)

두 가지 종류의 전해커패시터는 습식전해커패시터와 건식전해커패시터이다. [그림 1-114]는 전해커패시터를 보여준다.

두 가지 금속판으로 설계된 습식전해커패시터는 기본적으로 용제에 전도성소금을 넣은, 전해질 유전체로서 전해액에 의해 분리된다. 수 [㎌] 이상의 정전용량에서, 종이커패시터 또는 운모커패시터의 판 면적은 아주 넓게 되어야 하는데, 그래서 전해커패시터가 그 대신에 사용된다. 전해커패시터는 작은 물리적 크기(physical size, 물체의 실제 크기)로서 큰 정전용량을 제공한다. 정전용량의 값은 1[㎌]에서 약 1,500[㎌]의 범위를 정한다. 다른 커패시터와는 달리, 전해커패시터는 대개 (+)로 표시된 (+)도선과 (−)로 표시된 (−)도선으로 극성을 가지며, 오직 직류전압 또는 맥류전압을 받게 해야 한다.

[그림 1-114] 전해 커패시터(electrolytic capacitor)

페이스트(paste)이거나 아니면 액체형태로, 음극단자와 접촉하는 전해질은 (−)전극을 이룬다. 유전체는 커패시터의 (+)전극에 침전시킨 대단히 얇은 산화물의 피막이다. 알루미늄 판이 있는 (+)전극은 최대면적을 이루기 위해 접어서 겹쳐진다. 커패시터는 전류가 그것을 거쳐 지나간 곳에, 제작 시 성형공정을 받게 된다. 전류의 흐름은 알루미늄 판에 얇은 산화물 피막이 형성된다.

(−)전극과 (+)전극의 촘촘한 간격은 정전용량을 증가시켜 주지만, 절연파괴의 가능성과 한쪽 전극에서 다른 쪽 전극으로 전자 누설의 더 큰 가능성을 남긴다.

건식전해커패시터의 전해질은 거즈(gauze) 또는 종이와 같은, 흡수물질로 만든 격리판으로 억제하는 페이스트(paste)이다. 격리판은 제자리에 있는 전해질을 수용할 뿐만 아니라 격리판과 판이 단락되는 것을 방지한다. 건식전해커패시터는 원통형 또는 직사각형블록 형태 양쪽으로 만들어지고 마분지 내에 있거나 또는 금속덮개에 담겨 있게 된다. 전해질은 흐르지 않기 때문에, 건식전해커패시터는 어느 편리한 위치에 설치하게 된다.

(4) 탄탈륨 커패시터(tantalum capacitor)

전해커패시터와 유사한, 이 커패시터는 전극을 위해 사용된 탄탈륨이라고 부르는 재료로 구성된다. 탄탈륨 커패시터는 좋은 온도특성과 주파수특성을 갖는 전해커패시터보다 더 우수하다. 탄탈분말이 그것을 응고시키기 위해 구워졌을 때, 갈라진 금이 안쪽에 형성된다. 이 갈라진 금은 전하를 저장하는 데 이용된다. 전해커패시터와 같이, 탄탈륨 커패시터는 또한 (+)와 (−) 부호로 나타나는 극성이 있다.

(5) 폴리에스터피막 커패시터(polyester film capacitor)

폴리에스터 커패시터에서, 얇은 폴리에스터피막은 절연체처럼 사용된다. 이 구성요소의 특징은 저렴하고, 온도에 대해 안정적이며, 폭넓게 이용된다는 것이다. 허용오차는 약 5~10[%]이다. 그것은 용량 또는 정격전압에 따라 아주 크게 할 수 있다.

(6) 오일 커패시터(oil capacitors)

[그림 1-115]와 같이, 무선송신기 또는 레이더송신기에서는 종이커패시터의 아크 또는 고장의 원인이 될 정도로 높은 전압이 가끔 사용된다. 따라서 이런 경우에는 유전물질에 오일 또는 종이에 오일이 스며들게 한 커패시터가 선호된다. 이런 유형의 커패시터는 원래의 종이커패시터보다 상당히 비싸며, 일반적으로 그들의 사용이 무선송신설비 및 레이더송신설비로 제한된다.

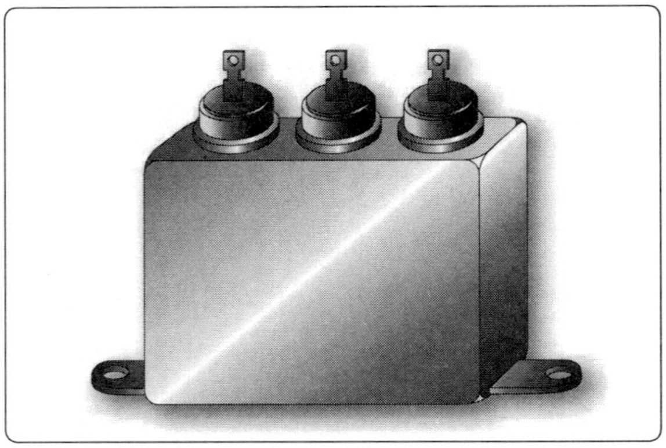

[그림 1-115] 오일 커패시터(oil capacitors)

1.22.6.2 가변 커패시터(variable capacitors)

가변커패시터는 주로 무선동조회로에 사용되고, 그리고 그들은 때때로 "동조커패시터"라고 부르기도 한다. 가변커패시터는 전형적으로 100~150[pF] 사이에, 아주 작은 정전용량을 갖는다.

(1) 트리머 커패시터(trimmer capacitor)

트리머(미세조정용 가변 소자)는 실제로 유전체처럼 세라믹 또는 플라스틱을 사용하는 조정커패시터 또는 가변커패시터이다. 트리머 커패시터의 대부분은 쉽게 그들을 조정할 수 있는 크기를 인지하기 위해 색상 코드식이다. 세라믹형은 커패시터에 인쇄된 값을 갖고 있다. 색은 노란색(5[pF]), 파란색(7[pF]), 흰색(10[pF]), 푸른색(30[pF]), 그리고 갈색(60[pF])이다.

(2) 버랙터 커패시터(varactor capacitor)

전압가변커패시터 또는 버랙터(varactor, 반도체 다이오드 저항기)는 또한 가변용량다이오드 또는 배리캡(varicap)이라고도 알려져 있다. 이 장치는 역방향 바이어스식다이오드에서 장벽 폭의 변이를 활용한다. 다이오드의 장벽 폭은 부도체처럼 활용하기 때문에, 다이오드는 역방향 바이어스식일 때 커패시터를 형성한다. 본질적으로 N-type 재료는 하나의 판으로 되고 접합은 유전체이다. 만약 역방향 바이어스 전압이 증가한다면, 그때 효과적으로 2개의 커패시터 판을 분리하는 그리고 정전용량을 감소하는 장벽 폭은 넓게 된다.

1.22.7 직렬에서 커패시터(capacitors in series)

커패시터가 직렬로 놓여있을 때, 유효판 간격은 증가되고 전체정전용량은 가장 작은 커패시터의 것보다 작은 것이다. 더군다나 직렬조합은 개개의 커패시터의 어떤 것보다 더 높은 전체전위차에 잘 견딜 수 있다. [그림 1-116]에서는 간단한 직렬회로를 보여준다. C_1의 밑판과 C_2의 상판은 정전유도에 의해 대전 될 것이다. 커패시터는 전류가 회로를 통해 확립될 때 충전한다. 이것은 직렬회로이기 때문에, 전류는 모든 지점에서 동일한 것이어야 한다. 전류는 전하 흐름의 비율이기 때문에, 각각의 커패시터에 의해 저장된 전하, Q의 양은 전체전하와 같다.

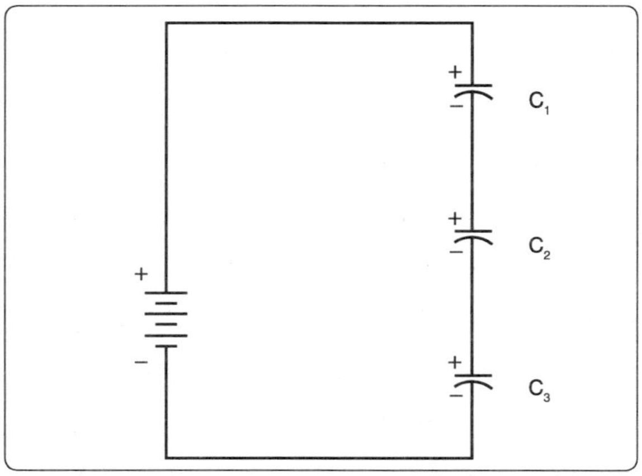

[그림 1-116] 간단한 직렬 커패시터 회로

$$Q_T = Q_1 + Q_2 + Q_3$$

키르히호프의 전압법칙에 따라, 대전한 커패시터의 전역에서 전압의 합은 전체전압, E_T와 같아야 한다. 이것은 다음과 같이 표현된다.

$$E_T = E_1 + E_2 + E_3$$

방정식 E=Q/C를 대치하면 다음과 같다.

$$\frac{Q_T}{C_T} = \frac{Q_1}{C_1} + \frac{Q_2}{C_2} + \frac{Q_3}{C_3}$$

모든 커패시터에서 같은 전류가 흐르기 때문에,

$$Q_T = Q_1 = Q_2 = Q_3$$

이므로 양변에서 Q를 제거하면 다음과 같다.

$$\frac{1}{C_T} = \frac{1}{C_1} + \frac{1}{C_2} + \frac{1}{C_3}$$

다음 예를 들어보면, 만약 C_1=10[㎌], C_2=5[㎌], C_3=8[㎌]이라면 전체정전용량은

$$\frac{1}{C_T} = \frac{1}{C_1} + \frac{1}{C_2} + \frac{1}{C_3} = \frac{1}{10} + \frac{1}{5} + \frac{1}{8}$$

$$C_T = \frac{1}{0.425} = 2.35[\mu F]$$

1.22.8 병렬에서 커패시터 (capacitors in parallel)

커패시터가 병렬로 연결되었을 때, 유효판면적은 증가하고, 그리고 전체정전용량은 개개의 정전용량의 합이다. [그림 1-117]에서는 간단한 병렬회로를 보여준다. 공급원으로부터 전체 충전전류는 병렬분기의 교차점에서 나누어진다. 서로 다른 전하는 각각의 커패시터에 의해 저장될 수 있도록 각각의 분기를 통해 독립된 충전전류가 있다. 키르히호프의 전류법칙을 이용하면, 충전전류 모두의 합은 그때 전원전류와 같다. 커패시터에 전하, Q의 합은 전체전하와 같다. 병렬분기의 모두를 가로지르는 전압, E는 동일하다. 이 개념으로, 병렬로 커패시터에 대한 일반식은 다음과 같이 결정될 수 있다.

$$Q_T = Q_1 + Q_2 + Q_3$$

Q=CE이기 때문에

$$C_T E_T = C_1 E_1 + C_2 E_2 + C_3 E_3$$

$E_T = E_1 = E_2 = E_3$이기 때문에 전압을 제거하면 다음과 같다.

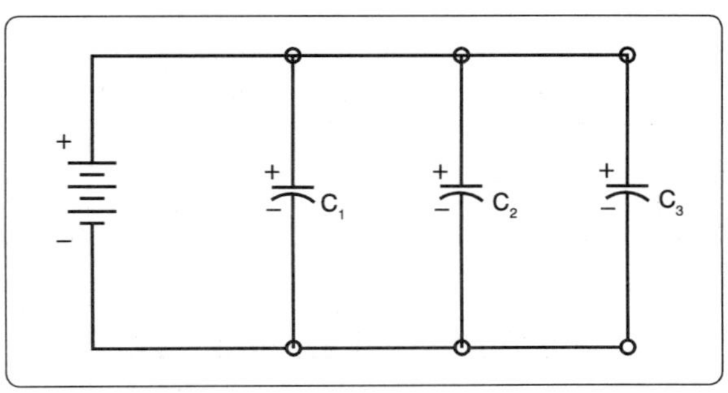

[그림 1-117] 간단한 병렬 커패시터 회로

$$C_T = C_1 + C_2 + C_3$$

다음 예를 들어보면, 만약 C_1=330[μF], C_2=220[μF]이라면 전체정전용량은

$$C_T = C_1 + C_2 = 330 + 220 = 550[\mu F]$$

1.22.9 교류에서 커패시터 (capacitors in alternating current)

만약 배터리를 교류 공급원으로 대체한다면, 커패시터는 직류와 아주 다르게 동작한다. [그림 1-118]과 같이, 회로에 교류를 공급하면, 판에 충전은 끊임없이 바뀐다. 이것은 전기가 처음에 Y에서 시계방향으로 돌아서 X로 흘러야 하고, 그다음에 X에서 반시계방향으로 돌아서 Y로, 이번에는 Y에서 시계방향으로 돌아서 X로 흐르는 것을 반복한다. 비록 전류가 커패시터 판 사이의 절연체를 통해 흐르지 않을지라도, 전류는 X와 Y 사이의 회로에서 끊임없이 흐른다. 정전용량만 있는 회로에서, 전류가 전압에 뒤쳐지는 유도용량이 있는 회로와 비교해 보면, 전류는 인가전압에 앞선다.

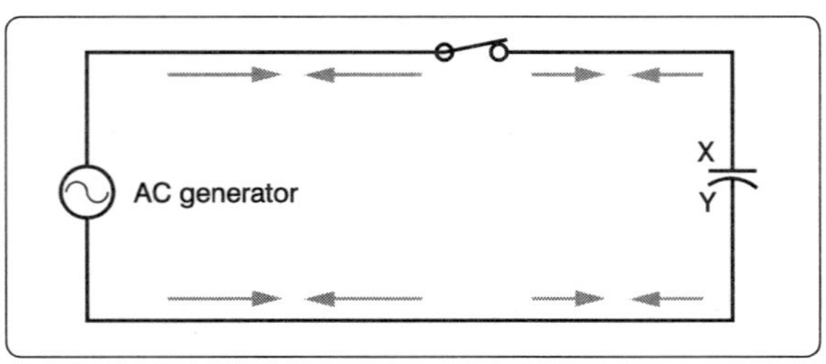

[그림 1-118] 교류 회로에서 커패시터

1.22.10 커패시터 유도저항 (capacitors reactance, X_C)

교류흐름을 통과하게 하는 커패시터의 효과는 회로의 정전용량과 인가된 주파수에 따라 달라진다. 커패시터가 교류흐름을 어느 정도 허용하느냐에 따라 대부분 패러디(f)에 주어진 콘덴서의 정전용량의 값에 따라 달라진다. 커패시터의 쿨롱(coulomb)으로 측정되는 정전용량이 클수록 커패시터를 완전 충전 상태로 만드는 데 필요한 전자의 수가 많아진다. 커패시터가 완전충전상태에 접근하거나 또는 실제로 도달할 경우, 커패시터의 극성은 인가전압의 극성에 반대가 되며, 본질적으로 개방 회로로 작용한다. 이 특성과 그것이 AC 회로에서 어떻게 나타나는지 자세히 설명하려면 다음을 고려한다. 커패시터가 큰 용량 값을 갖는 경우, 이를 완전 충전 상태로 만들기 위해 비교적 많은 수의 전자가 필요하다는 것을 의미하는 경우, 커패시터가 완전 충전에 도달하지 않고도 커패시터를 통해 다소 고주파 전류가 교대로 통과할 수 있다. 이 경우, 커패시터가 완전 충전에 도달하기에 충분한 시간이 없을 정도로 주파수가 충분히 높고 정전용량이 충분히 크면 커패시터가 전류에 대한 저항이 거의 없거나 전혀 없을 수 있다. 그러나 정전용량이 작으면 작을수록, 전기로 끌어올리는 데 필요한 전자가 적어지고, 커패시터가 충분히 반대 전하를 축적하여 개방 회로처럼 동작하는 지점이 아니라면 전류에 대해 상당한 저항을 나타낼 수 있을 가능성이 높다. 이 둘 사이의 극한 조건에는 적용된 주파수와 선택된 정전용량의 조합에 따라 전류 저항의 가능성이 연속적으로 존재한다. AC 회로의 전류를 저항으로 제어할 수 있다는 방식과 유사하게 회로의 정전용량을 변경하여 전류를

제어할 수 있다. 실제 AC 리액턴스 Xc는 저항과 마찬가지로 옴(Ω) 단위로 측정된다. 용량성 리액턴스 Xc는 다음에 의해 결정된다.

$$X_C = \frac{1}{2\pi fC}$$

X_C = 용량성 리액턴스(Ω)
f = 주파수(cps)
C = 정전용량(F)

Example 1

감쇄된 전압이 60 cps에서 110 볼트이고 커패시터의 정전용량이 80 μF인 직렬 회로에 대한 용량 리액턴스와 전류 흐름을 구하시오.

Solution 1

용량리액턴스를 구하기 위하여, 방정식 XC=1/2π fC이 사용된다. 먼저 정전용량, 1[F]은 백만 [μF]이기 때문에, 80[μF]을 1,000,000으로 나누어 [F]로 고치면 0.000080[F]익 이를 방정식에 대입하면

$$X_C = \frac{1}{2\times 3.14\times 60\times 0.000080} = 33.2[\Omega]$$

유도저항이 결정되면, 그다음 전류를 결정하기 위해 직류회로에서 사용되었던 것과 같이 옴의 법칙을 적용한다.

전류는 $I = \frac{E}{X_C} = \frac{110}{33.2} = 3.31[A]$

1.22.11 직렬과 병렬에서 용량리액턴스 (capacitive reactances in series and in parallel)

커패시터가 직렬로 연결되었을 때, 전체리액턴스는 개개의 유도저항의 합과 같다.

$$X_{CT} = (X_C)_1 + (X_C)_2$$

병렬로 연결된 커패시터의 전체리액턴스는 전체저항이 병렬회로에서 계산되는 것과 동일한 방법으로 구할 수 있다.

$$(X_C)_T = \frac{1}{\frac{1}{(X_C)_1} + \frac{1}{(X_C)_2} + \frac{1}{(X_C)_3}}$$

1.22.12 리액턴스를 갖는 회로에서 전류와 전압의 위상(phase of current and voltage in reactive circuits)

순수한 저항회로와는 달리, 용량리액턴스와 유도리액턴스는 인가교류전압과 회로에서 상응하는 전류 사이의 위상관계에 상당한 영향을 미친다.

[그림 1-119]의 A와 같이, 전류와 전압이 0을 통과하여 동시에 최대값에 도달할 때, 전류와 전압은 같은 위상이라고 말한다. 만약 전류와 전압이 서로 다른 시간에 0을 통과하고 각각 최대값에 도달한다면, 전류와 전압은 위상이 다르다고 말한다. [그림 1-119]의 B와 같이, 오직 인덕턴스만을 포함하는 회로에서, 전류는 전압보다 90[°] 또는 1/4[cycle] 만큼 늦게 최대값에 도달한다. [그림 1-119]의 C와 같이, 오직 정전용량

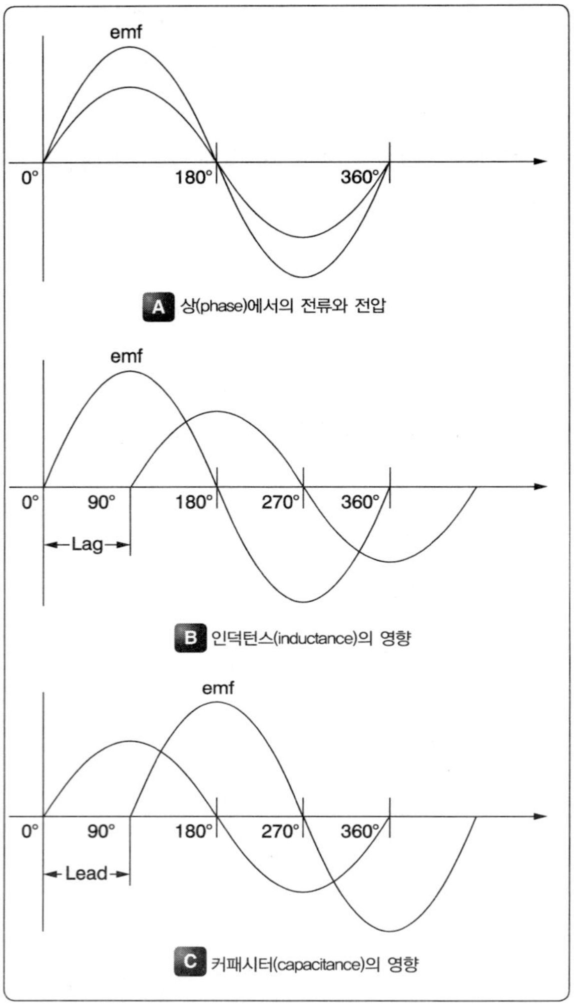

[그림 1-119] 리액턴스를 갖는 회로에서 전류와 전압의 위상

만을 포함하는 회로에서, 전류는 전압보다 90[°] 또는 1/4[cycle] 만큼 앞서서 최대값에 도달한다. 회로에서 전류가 전압보다 뒤지거나 또는 앞장서서 가는 양은 회로에서 저항, 유도용량, 그리고 정전용량의 상대적인 양에 따라 달라진다.

1.23 유도용량(Inductance)

1.23.1 유도용량의 특성 (characteristics of inductance)

마이클 패러데이(Michael Faraday)는 전선의 코일을 통과해 자석을 움직임으로써 코일의 전역에서 전압이 유도된다는 것을 발견했다. 만약 회로가 완성된다면, 전류 또한 유도된다. 유도전압의 양은 코일에 관한 자기장의 변화율에 비례한다. 가장 간단한 실험은 막대자석이 전선 코일을 통과하여 움직일 때, 전압이 유도되고 전압계로 측정할 수 있다는 것으로 입증할 수 있다. 이를 흔히 패러데이의 법칙 또는 전자기 유도 법칙이라고 하는데, 이는 코일의 폐 루프에서 유도된 기전력이나 전자기력은 전선 코일을 통한 자속의 변화 속도에 비례한다고 기술하고 있다.

반대로 전선의 코일을 흐르는 전류는 자기장을 생성한다. 이 전선이 코일로 형성되면 그것은 기본적인 인덕터가 된다. 각 루프 주위의 자기력선 또는 코일의 회전은 인접한 루프 주위의 자력선에 효과적으로 추가된다. 이것은 코일 내부와 주위에 강한 자기장을 형성한다. [그림 1-120]의 A는 자기장을 강하게 하는 전선 코일의 개념을 설명한다. 인접한 루프 주위의 자력선은 루프가 함께 가깝게 연결될 때 외부경로로 편향된다. 이것은 인접한 루프 사이에 자력선이 서로 반대에 있기 때문에 일어난다. [그림 1-120]의 B에서는 2개의 루프에 대한 전체자기장을 보여준다. 더 많은 루프가 함께 가까이 합산되었을 때, 자기장의 강도는 증가할 것이다. [그림 1-120]의 C에서는 코일의 여러 루프 결합 효과를 나타낸다. 결과는 강한 전자석이다.

코일 작동의 주요 측면은 코일을 통한 전류 변화에

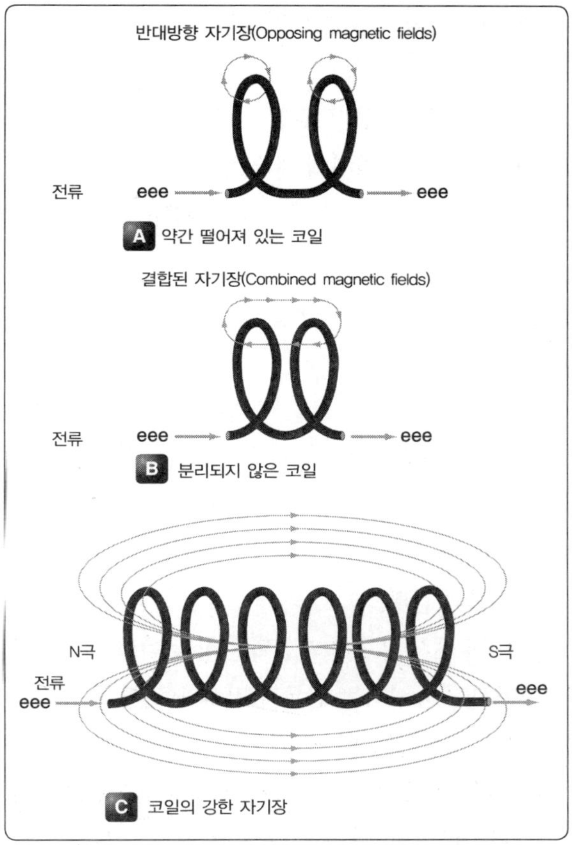

[그림 1-120] 많은 고리의 코일에 의한 자기장

반대하는 특성이며, 이 특성을 인덕턴스라고 부른다. 전류가 어떤 도체를 통해 흐를 때, 자기장은 전선의 중심으로부터 확장되기 시작한다. 자력선이 도체를 통해 바깥쪽으로 커짐에 따라, 도체 자체에 기전력이 유도된다. 유도전압은 항상 전류흐름과 반대 방향이다. 이 역기전력의 효과는 최대 전류의 즉각적인 생성에 반대하는 것이다. 이 효과는 일시적인 현상이다. 전류가 도체에서 안정된 값에 도달하는 경우, 자력선은 더 이상 확장하지 않을 것이고 역기전력은 더 이상 나타나지 않을 것이다.

시작하는 순간에, 역기전력은 거의 인가전압과 같아 작은 전류흐름을 초래한다. 그러나 자력선이 바깥쪽으로 이동할 때, 초(second)당 도체를 절단하는 자력선의 수가 점차 적어져 역기전력이 감소하게 된다. 결국 역기전력은 0으로 떨어지고 회로의 유일한 전압은 인가전압이며 전류가 최대값이다.

1.23.2 RL 시간상수(the RL time constant)

인덕터의 기본적인 작용은 전류 변화에 반대하는 것이기 때문에, 인덕터에서 전류가 지시기에서 순간적으로 변화할 수 없다는 것에 따른다. 전류가 한 값에서 다른 값으로 변화하려면 일정한 시간이 필요하다. 전류 변화의 비율은 그리스 문자 Tau(τ)로 나타내는 시간상수에 의해 결정된다. RL회로에 대한 시간상수는 다음과 같다.

$$\tau = \frac{L}{R}$$

τ = 전류변화률[seconds]

L = 인덕턴스[H]

R = 저항[Ω]

직렬RL회로에서, 전류는 회로가 접속된 후 첫 번째 시간상수에서 전체 값의 63[%]까지 증가할 것이다. 물론 이 증대는 RC회로를 충전하기 때 커패시터에 전압의 증대와 유사하다. 양쪽 모두는 지수곡선에 따르며 다섯 번째 시간상수 이후에 99[%] 값에 도달한다. [그림 1-121]에서는 이 특성을 설명한다.

1.23.3 물리적 변수(physical parameters)

인덕턴스에 영향을 미치는 물리적 요인은 다음과 같다.

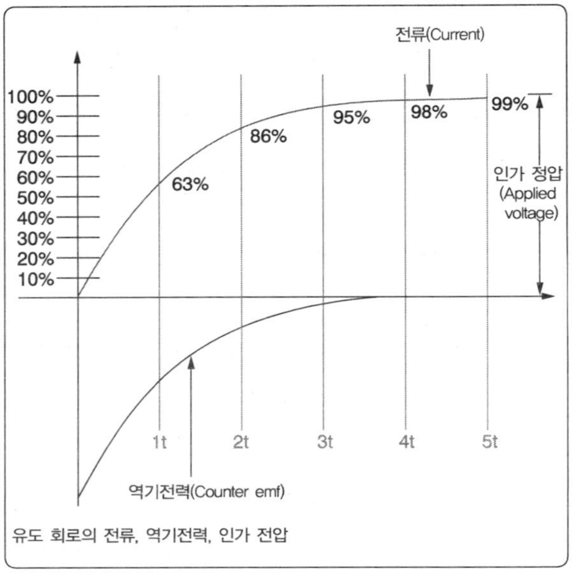

[그림 1-121] 인덕터 곡선(Inductor curve)

(1) 회전수(the number of turns)

동일한 전류를 사용하는 경우 코일의 회전수를 두 배로 늘리면 자기장은 두 배로 강해진다. 일반적으로 인덕턴스는 회전수의 제곱에 따라 다르다.

(2) 코일의 단면적(the cross-sectional area of the coil)

코일의 인덕턴스는 코어의 단면적이 증가함에 따라 비례해서 증가한다. 코일의 반지름을 두 배로 하면 인덕턴스가 4배 증가한다.

(3) 코일의 길이(the length of a coil)

같은 회전수를 유지하면서 코일의 길이를 두 배로 하면 인덕턴스의 값을 절반으로 감소한다.

(4) 코일이 형성된 주위에 핵심재료(the core material around which the coil is formed)

코일은 자성재료 또는 비자성재료에 감겨 있다. 일부 비자성재료로는 공기, 구리, 플라스틱, 그리고 유리를 포함한다. 자성재료로는 니켈, 철, 강, 또는 코발트 등이 있으며, 자력선에 대해 좋은 경로를 제공하고 더 강한 자기장을 가능케 하는 투자율을 갖는다.

1.23.4 자기유도(self-inductance)

자기유도의 특성은 1833년 독일의 물리학자 하인리히 렌츠(Heinrich Lenz)에 의해서 요약되었고 전자기 유도의 결과로 일어나는 유도기전력의 방향을 제시한다. 이것은 일반적으로 렌츠의 법칙이라고 알려져 있으며, 다음과 같다.

전기회로에서 유도된 기전력은 항상 폐회로의 주위를 돌아서 가동시키는 전류가 자속에 변화를 방해하는 자기장을 만들어내는 그런 방향으로 작용한다.

자기유도는 동일한 회로에서 전류를 변화함으로써 전기회로에서 나타나는 전압의 발생이다. 심지어 일직선의 한조각의 전선이라도 도체에서 전류가 자기장을 만들어내기 때문에 어느 정도의 인덕턴스를 가질 수 있다. 도체에 전류가 방향을 바꿀 때, 도체의 주위를 돌아서 자기장의 극성에서 상응하는 변화가 있을 것이다. 그런 까닭에, 변화하는 전류는 전선 주위에 변화하는 자기장을 일으킨다. 더욱 자기장을 강하게 하기 위해, 전선은 인덕터라고 부르는 코일을 감을 수 있다. 인덕터 주위에 변화하는 자기장은 코일의 전역에서 전압을 유도한다. 이러한 유도기전력은 자기유도라고 부르며 회로 내에서 전류의 변화에 반대하려는 경향을 갖는다. 이 성질은 보통 인덕턴스라고 부르며 대문자 L기호로 나타낸다.

1.23.5 인덕터의 유형(types of inductors)

무선에 사용되는 인덕터는 극초단파(UHF)의 직선에서 전원 공급 장치 및 오디오 앰프의 출력에서 파동을 필터링하는 데 사용되는 대형 초크 및 변압기에 이르기까지 다양하다. [그림 1-122]는 일반적인 인덕터에 대한 회로기호를 보여준다. 인덕터의 값은 10억분의 1(nano-henry, [nH])에서 10[henry]까지 다양하다.

인덕터는 코어의 종류와 권선방법에 따라 분류된다. 인덕터 코어 재료와 권선의 회전수가 인덕터의 용량을 결정한다. 세라믹, 나무, 종이와 같은 유전 물질로 만들어진 코어는 적은 양의 저장 에너지를 제공하는 반면 페라이트 물질로 만들어진 코어는 훨씬 더 높은 저장 에너지를 가지고 있다. 코어 재료는 일반적으로 인덕터 구성에서 가장 중요한 사항이다. 인덕터의 구조에 사용되는 일반적인 도체는 전류의 흐름에 대한 저항이 매우 작다. 그러나 코어가 도입되면 회로에 저항이 유입되고 코어의 저항을 극복 할 때까지 권선에 전류가 축적된다. 이 축적은 코어에 자기 에너지로 저장된다. 코어 저항에 따라 축적은 곧 자기 포화점에 이르며, 필요할 때 방출할 수 있다. 가장 일반적인 핵심 재료는 공기, 고체 페라이트, 분말 페라이트, 강철, 토로이드, 페라이트 토로이드 등이다.

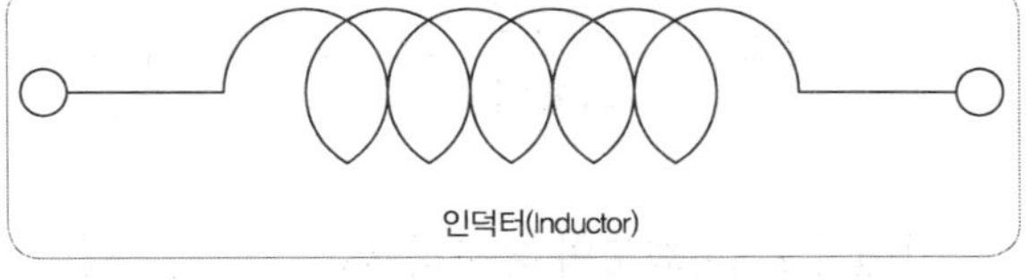

[그림 1-122] 인덕터에 대한 회로 기호

1.23.6 유도용량의 단위(units of inductance)

헨리(henry)는 인덕턴스의 기본 단위로서 문자 H로 표시된다. 전기 회로는 초당 1 암페어의 속도로 전류가 변화하여 회로에 1 볼트의 전압이 유도될 때 1 헨리의 인덕턴스를 갖는다. 많은 실제 응용에서 밀리 헨리(mH)와 마이크로 헨리 (μH)가 더 일반적인 단위이다. [그림 1-122]는 인덕터에 대한 일반적인 기호를 보여준다.

1.23.7 직렬에서 인덕터(inductors in series)

[그림 1-123]과 같이, 2개의 인덕터를 직렬로 연결하면 동일한 전류가 2 인덕터를 통해 흐르게 되므로 2 인덕터 모두 동일한 전류 변화율을 적용받게 된다. 인덕터가 직렬로 연결되었을 때, 총 인덕턴스 LT는 각각 인덕터의 합이다. 직렬로 연결한 인덕터 n개에 대한 일반적인 방정식은 다음과 같다.

$$L_T = L_1 + L_2 + L_3 \cdots\cdots + L_N$$

1.23.8 병렬에서 인덕터(inductors in parallel)

[그림 1-124]와 같이, 2개의 인덕터가 병렬로 연결

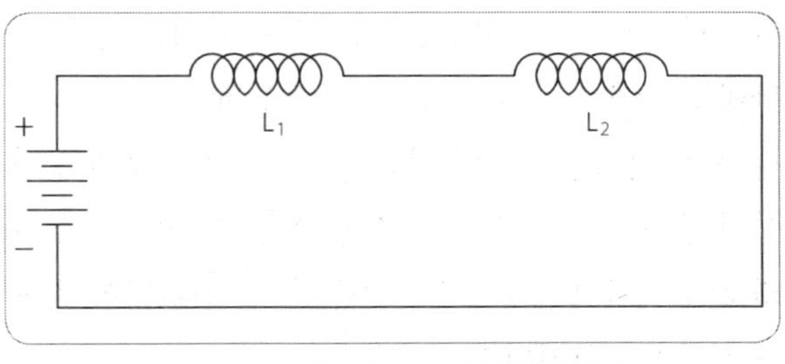

[그림 1-123] 2개 인덕터의 직렬연결

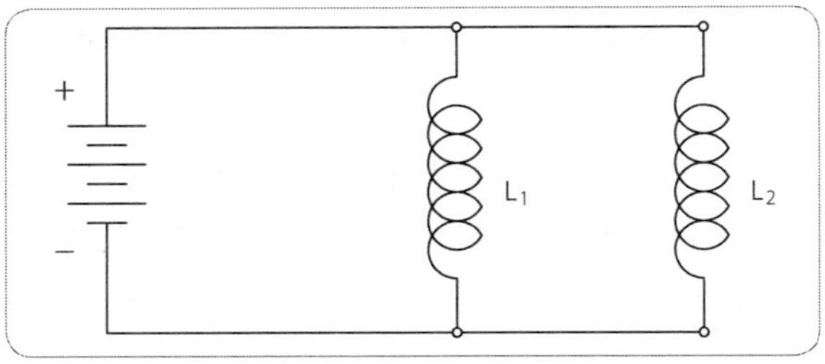

[그림 1-124] 2개 인덕터의 병렬연결

되어 있을 때, 각 인덕터는 단자 사이에 동일한 전위차를 가져야 한다. 인덕터를 병렬로 연결하면 전체유도용량은 가장 작은 인덕턴스보다 더 작다. 병렬로 연결한 인덕터 n개에 대한 일반적인 방정식은 다음과 같다.

$$L_T = \frac{1}{\frac{1}{L_1} + \frac{1}{L_2} + \frac{1}{L_3} \cdots\cdots + \frac{1}{L_N}}$$

예를 들어 L1=10[mH], L2=5[mH], L3=2[mH]일 때 전체인덕턴스는

$$L_T = \frac{1}{\frac{1}{10} + \frac{1}{5} + \frac{1}{2}} = \frac{1}{0.8} = 1.25[mH]$$

1.23.9 유도리액턴스(inductive reactance)

교류는 일정한 변화 상태에 있다. 자기장의 영향은 회로 내 전류흐름을 방해하는 연속적인 유도 전압이다. 이 방해는 유도리액턴스라고 부르며 기호 XL로 나타내고, 저항이 측정되는 것처럼 옴(ohm)으로 측정된다. 인덕턴스는 전류의 변화에 반대하는 회로의 성질이며 헨리(henry) 단위로 측정된다. 유도리액턴스는 회로에서 역기전력이 전류 변동을 얼마나 많이 방해할 것인지의 크기이다.

구성요소의 유도리액턴스는 유도용량과 회로에 인가주파수에 비례이다. 인덕턴스의 증가 또는 인가주파수의 증가에 의해, 유도리액턴스 마찬가지로 증가할 것이며 회로에서 전류에 점점 더 많은 방해를 나타낼 것이다. 이 관계식은 다음과 같다.

$$X_L = 2\pi f L$$

X_L = 유도리액턴스[Ω]
f = 주파수[cyde/sec]
π = 3.1416

Example 2

[그림 1-125]에서, 교류 직렬회로에서 인덕턴스가 0.146[H], 전압은 110[V], 주파수는 60[㎐]일 때 유도리액턴스는 얼마이며 전류는 얼마인가?

Solution 2

$$X_L = 2\pi f L$$
$$= 2 \times 3.14 \times 60 \times 0.146$$
$$= 55[\Omega]$$

오직 저항만 있는 어떤 회로에서, 전압과 전류의 관계는 옴의 법칙에 따라 I=E/R이다. 같은 개념에서 교류회로 내에 인덕터가 있을 때, 전압과 전류의 관계는 다음과 같다.

$$전류 = \frac{전압}{리액턴스} \quad \text{or} \quad I = \frac{E}{X_L}$$

여기에서 X_L은 회로의 유도리액턴스이며, 단위는

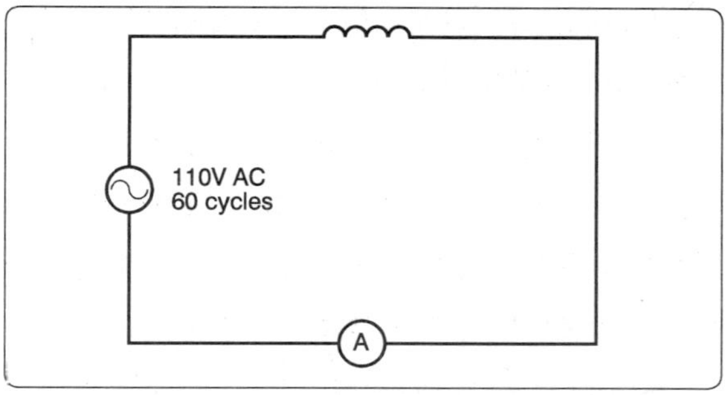

[그림 1-125] 인덕턴스가 포함된 AC 회로
(AC circuit containing inductance)

[Ω]이다.

$$I = \frac{E}{X_L} = \frac{110}{55} = 2[A]$$

[그림 1-126]과 같이, 직류 회로에서 저항의 직렬연결에 대하여 더하는 것과 같이, 교류 회로에서 직렬 연결된 유도리액턴스는 더해진다. 예를 들어 설명한 회로의 전체리액턴스는 각 유도저항의 합과 같다.

[그림 1-127]과 같이, 병렬로 연결된 인덕터의 전체리액턴스는 병렬회로에서의 전체저항처럼 동일한 방법으로 계산한다. 그러므로 병렬로 연결된 인덕턴스의 전체리액턴스는 다음과 같다.

$$(X_L)_T = \frac{1}{\frac{1}{(X_L)_1} + \frac{1}{(X_L)_2} + \frac{1}{(X_L)_3}}$$

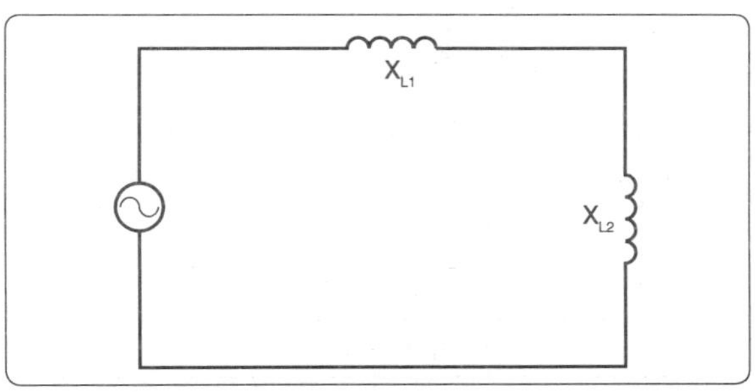

[그림 1-126] 직렬로 연결된 인덕터(Inductances in series)

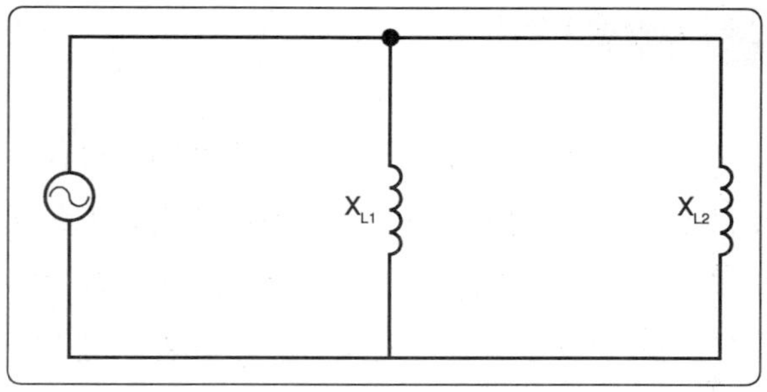

[그림 1-127] 병렬로 연결된 인덕터(Inductances in parallel)

1.24 교류회로(AC circuits)

1.24.1 교류회로에서 옴의 법칙 (Ohm's law for AC circuits)

직류회로에 대한 법칙과 방정식은 램프와 발열소자에 관하여 말하자면, 단지 회로가 단독으로 저항만 포함할 때 교류회로에 적용할 수 있다. 교류회로에서 전압과 전류의 유효값을 이용하기 위해, 저항과 함께 유도용량과 정전용량의 영향은 고려되어야 한다.

저항, 유도리액턴스, 그리고 용량리액턴스의 총합 결과는 교류회로에서 전류흐름에 전체방해를 만든다. 이 전체방해는 임피던스(impedance)라고 부르고 문자 "Z"로 나타낸다. 임피던스의 측정을 위한 단위는 ohm이다.

1.24.2 직렬교류회로(series AC circuits)

만약 교류회로가 오직 저항만으로 구성된다면, 임피던스의 값은 저항과 같고, 그리고 교류회로에 대한 옴의 법칙, I=E/Z는 정확하게 직류회로에 대한 것과 같다.

Example 3

[그림 1-128]에서는 공급원을 가로질러 연결된 11[Ω] 저항과 함께 램프를 포함하는 직렬회로를 설명한다. 만약 110[V] DC가 가해졌다면, 얼마의 전류가 흐를 것인가 그리고 만약 110[V] AC가 가해졌다면, 얼마의 전류가 흐를까?

Solution 3

$$I = \frac{E}{R} = \frac{110[V]}{11[\Omega]} = 10[A]\ DC$$

$$I = \frac{E}{Z} = \frac{110[V]}{11[\Omega]} = 10[A]\ AC$$

교류회로가 저항과 유도용량이거나 또는 정전용량을 포함할 때, 임피던스 Z는 저항 R과 같지 않다. 회로의 임피던스는 전류의 흐름에 대한 전체방해이다. 교류회로에서, 이 방해는 저항과 유도저항, 즉 유도리액턴스이거나 또는 용량리액턴스, 또는 두 가지 요소 모두로 이루어진다.

[그림 1-129]와 같이, 저항과 유도저항은 직접 더해질 수는 없지만, 저항과 유도저항은 서로에 직각으로 작용하는 두 가지 힘으로 생각할 수 있다. 그러므로 저항, 유도저항, 그리고 임피던스 사이에 관계는 직각삼각형으로써 설명하게 된다.

이 세 가지 양은 직각삼각형의 변에 관계되게 하기 때문에, 교류회로에서 전류흐름에 임피던스 또는 전체방해를 구하는 공식은 직각삼각형의 법칙을 이용하여 구할 수 있다. 피타고라스 정리(Pythagorean theorem)라고 부르는 이 정리는 어느 직각삼각형에도 적용된다. 빗변의 제곱은 다른 두 변의 제곱을 더한 것과 같다는 것을 말한다. 그러므로 만약 직각삼각형의 다른 두 변이 알려졌다면 나머지 어느 변의 값을 구할 수 있다. [그림 1-128]과 같이, 만약 교류회로가 저항과 인덕턴스를 포함한다면, 변 사이에 관계는

$$Z^2 = R^2 + X^2$$

위의 방정식의 양변의 제곱근을 구하면

$$Z = \sqrt{R^2 + X_L^2}$$

이 공식은 유도리액턴스와 저항의 값이 알려졌을 때 임피던스를 결정하기 위해 사용할 수 있다. 그것은 X_L 대신에 공식에서 X_C를 대치함으로써 용량리액턴스와 저항을 포함하는 회로에서 임피던스에 대해 풀기 위해 변경될 수 있다. 유도리액턴스와 용량리액턴스

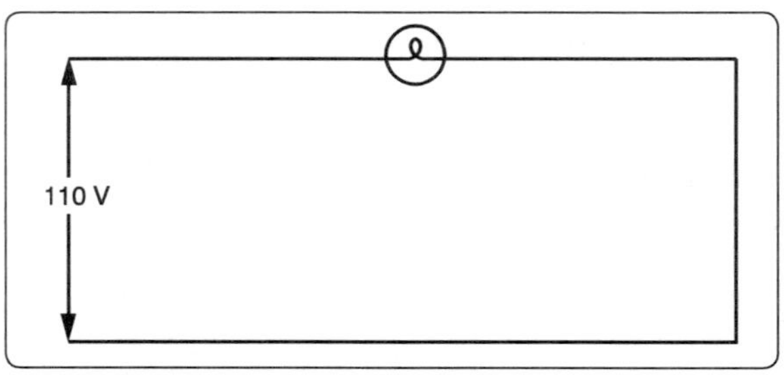

[그림 1-128] 회로에 DC 및 AC 적용

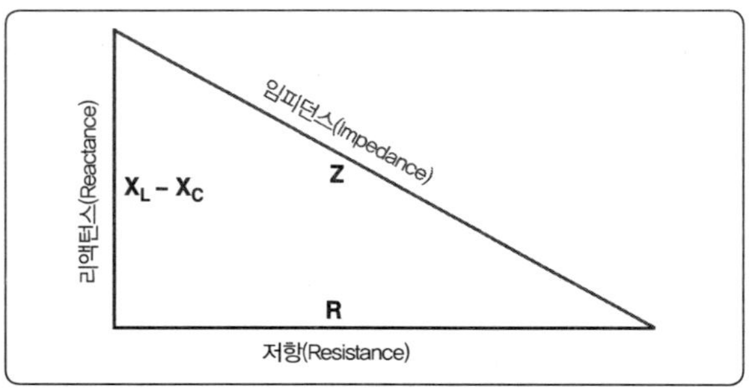

[그림 1-129] 임피던스 삼각형(Impedance triangle)

모두와 저항을 포함하는 회로에서, 유도저항은 결합될 수 있지만, 회로 내에서 2개의 유도저항의 결과는 정확하게 정반대의 것이기 때문에, 항상 큰 값에서 작은 값을 빼야 한다.

$$X = X_L - X_C \quad \text{or} \quad X = X_C - X_L$$

Example 4

[그림 1-130]에서, 저항과 인덕턴스로 이루어진 직렬회로가 60[cps]로서 110[V]의 전원에 연결되었다. 저항소자는 6[Ω]의 저항으로서의 램프이고, 그리고 인덕터는 0.021[H]의 유도용량을 가진 코일이다. 임피던스는 얼마이며 램프와 코일을 통과하는 전류는 얼마인가?

Solution 4

먼저 코일의 유도리액턴스를 계산한다.

$$X_L = 2\pi fL$$
$$= 2 \times 3.14 \times 60 \times 0.021$$
$$= 8[\Omega]$$

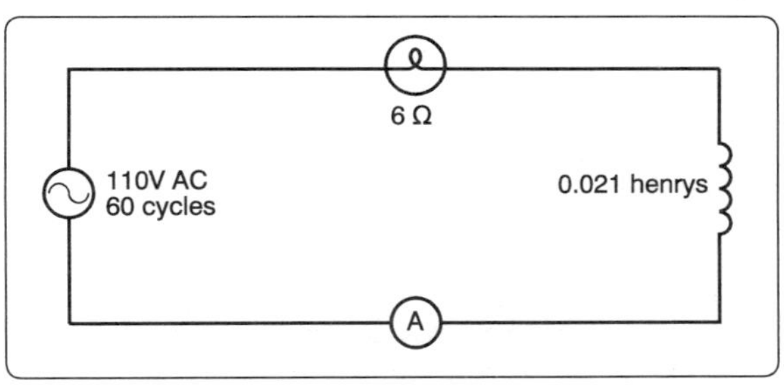

[그림 1-130] 저항과 인덕턴스를 포함하는 회로(RL회로)

다음에는 임피던스를 계산한다.

$$Z = \sqrt{R^2+X_L{}^2} = \sqrt{6^2+8^2}$$
$$= \sqrt{36+64} = \sqrt{100} = 10[\Omega]$$

그다음에 전류는

$$I = \frac{E}{Z} = \frac{110}{10} = 11[A]$$

저항, E_R에서의 전압강하는

$$E_R = I \times R = 11 \times 6 = 66[V]$$

유도용량, E_{XL}에서의 전압강하는

$$E_{XL} = I \times E_L = 11 \times 8 = 88[V]$$

두 가지 전압의 합은 인가전압보다 크다. 이것은 2개의 전압이 이상에 있고, 그리고 최대전압을 나타내고 있다는 것으로 귀착된다. 만약 회로에 전압이 전압계로서 측정된다면, 그것은 인가전압, 약 110[V] 임을 알 수 있다. 이 사실을 방정식으로 증명할 수 있다.

$$Z = \sqrt{(E_R)^2+(E_{XL})^2} = \sqrt{66^2+88^2}$$
$$= \sqrt{4356+7744} = \sqrt{12100} = 110[V]$$

Example 5

[그림 1-131]에서, 회로가 200[μF]의 커패시터가 10[Ω]의 램프에 직렬로 연결된 곳에서 설명된다. 임

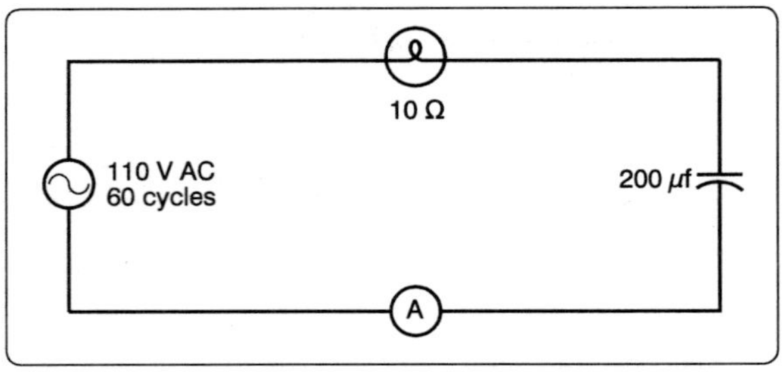

[그림 1-131] 저항과 커패시터를 포함하는 회로(RC회로)

피던스의 값, 전류흐름, 그리고 램프의 전역에서 전압강하는 얼마인가?

Solution 5

먼저 정전용량을 단위[㎌]에서 farad로 고친다. 백만 microfarad가 1[F]이므로

$$200[\mu F] = \frac{200}{1,000,000} = 0.000200[farads]$$

$$X_C = \frac{1}{2\pi fC} = \frac{1}{2\times 3.14\times 60\times 0.000200} = \frac{1}{0.07536} = 13[\Omega]$$

임피던스를 구하면

$$Z = \sqrt{(R)^2+(X_C)^2} = \sqrt{10^2+13^2} = \sqrt{100+169} = \sqrt{269} = 16.4[\Omega]$$

전류는

$$I = \frac{E}{Z} = \frac{110}{16.4} = 6.7[A]$$

램프(E_R)에서의 전압강하는

$$E_R = 6.7 \times 10 = 67[V]$$

커패시터(capacitor, E_{XC})에서의 전압강하는

$$E_{XC} = I \times X_C = 6.7 \times 13 = 86.1[V]$$

이들 두 가지 전압의 합은 전류가 전압을 앞서고 있기 때문에, 인가전압과 같지 않다. 인가전압을 구하기 위하여 다음 공식이 쓰인다.

$$E_T = \sqrt{(E_R)^2+(E_{XC})^2} = \sqrt{67^2+86.1^2} = \sqrt{4489+7413} = \sqrt{11902} = 110[V]$$

회로가 저항, 유도용량 그리고 정전용량을 포함할 때, 다음 방정식은 임피던스를 구하기 위해 사용된다.

$$Z = \sqrt{R^2+(X_L-X_C)^2}$$

Example 6

[그림 1-132]와 같이, 7[Ω]의 유도저항을 갖는 커패시터, 10[Ω]의 유도저항을 갖는 인덕터, 그리고

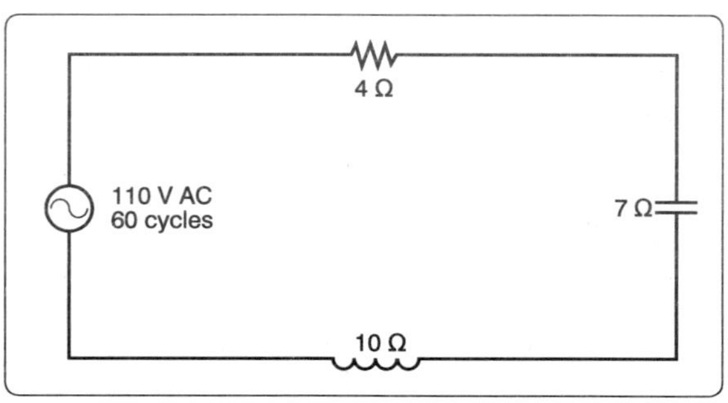

[그림 1-132] 저항, 인덕턴스 및 커패시턴스를 포함하는 회로(RLC회로)

4[Ω]의 저항을 갖는 저항기로 이루진 직렬회로의 임피던스는 얼마인가?

Solution 6

커패시터의 유도저항은 10[Ω]이고 인덕터의 유도저항은 7[Ω]인 것을 취하면, 그때 X_C는 X_L보다 크다. 그러므로

$$Z = \sqrt{R^2+(X_L-X_C)^2} = \sqrt{4^2+(10-7)^2}$$
$$= \sqrt{4^2+3^2} = \sqrt{25} = 5[\Omega]$$

1.24.3 병렬교류회로(parallel AC circuits)

병렬교류회로 문제를 풀기에서 사용된 방법은 기본적으로 직렬교류회로에서 사용된 것과 같다. 이상 전압과 전류는 직각삼각형의 법칙을 이용하여 더할 수 있다. 그러나 회로 문제를 풀기에서, 분기를 통과한 전류는 여러 가지의 분기의 전역에서 전압강하가 똑같고 인가전압도 동일하기 때문에 더해진다.

Example 7

[그림 1-133]에서, 유도용량과 저항을 포함하는 병렬교류회로가 개략적으로 제시되었다. 유도용량을 통하여 흐르는 전류 I_L은 0.0584[A]이고, 그리고 저항을 통하여 흐르는 전류는 0.11[A]이다. 회로에서 전체전류는 얼마인가?

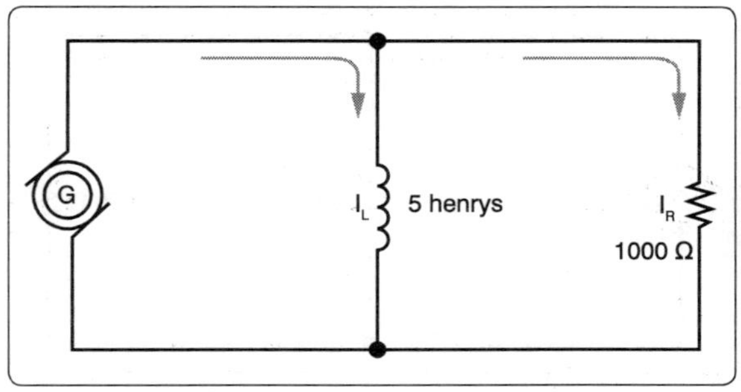

[그림 1-133] 저항과 인덕턴스가 병렬 연결된 교류회로

Solution 7

$$I_T = \sqrt{{I_L}^2+{I_R}^2} = \sqrt{(0.0584)^2+(0.11)^2}$$
$$= \sqrt{0.0155} = 0.1245[A]$$

유도리액턴스는 전압으로 하여금 전류를 앞서게 되기 때문에, 유도성 전류의 성분을 포함하는 전원전류는 인가전압에 뒤떨어진다. 만약 전류와 전압이 좌표로 위치를 결정한다면, 위상각이라고 부르는 2개 사이에 각도는 전류가 전압에 뒤떨어지는 크기를 설명한다.

Example 8

[그림 1-134]에서, 110[V] 발전기는 병렬로 2[μF] 커패시턴스(정전용량)와 10,000[Ω] 저항으로 이루어진 부하에 연결된다. 임피던스와 전체전류흐름의 값은 얼마인가?

Solution 8

먼저 회로의 용량리액턴스를 구한다.

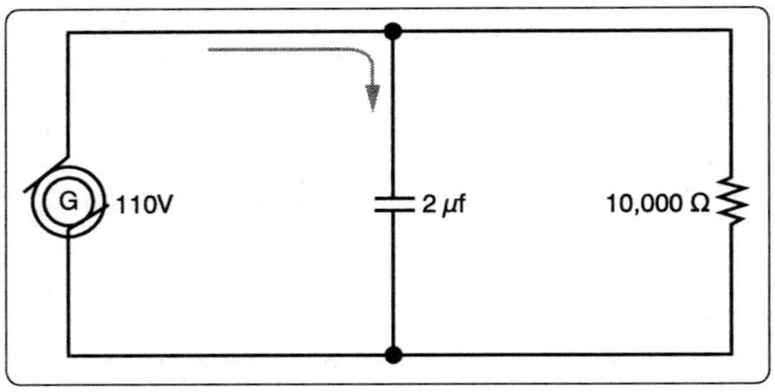

[그림 1-134] 저항과 커패시터가 병렬 연결된 교류회로

$$X_C = \frac{1}{2\pi fC}$$

2[µF]를 Farad로 바꾸어 주어진 공식에 넣으면

$$X_C = \frac{1}{2\pi fC} = \frac{1}{2\times3.14\times60\times0.000002}$$
$$= \frac{1}{0.00075360} = 1{,}327[\Omega]$$

임피던스를 구하기 위해, 직렬교류회로에서 사용된 임피던스 공식은 병렬회로에 맞도록 변경되어야 한다.

$$Z = \frac{RX_C}{\sqrt{R^2+X_C^{\ 2}}}$$
$$= \frac{10{,}000+1{,}327}{\sqrt{(10{,}000)^2+(1{,}327)^2}}$$
$$= 0.1315[\Omega]$$

정전용량을 통과한 전류는

$$I_C = \frac{E}{X_C} = \frac{110}{1{,}327} = 0.0829[A]$$

저항을 통과한 전류는

$$I_R = \frac{E}{R} = \frac{110}{1{,}000} = 0.011[A]$$

회로에 전원전류는

$$I_T = \sqrt{I_R^{\ 2}+I_C^{\ 2}} = \sqrt{(0.011)^2+(0.829)^2} = 0.0836[A]$$

1.24.4 공진(resonance)

유도리액턴스와 용량리액턴스는 교류 주파수의 함수이다.

$$X_L = 2\pi fL$$

$$X_C = \frac{1}{2\pi fC}$$

주파수를 감소시키면 유도리액턴스의 값은 감소시키지만, 주파수의 감소는 용량리액턴스를 증가시킨다. 공진주파수로 잘 알려진, 어떤 특정한 주파수에서 커패시터와 인덕터의 리액티브 효과(reactive effect, 리액턴스를 나타내는 효과)는 똑같아질 것이다. 이들의 효과는 서로의 반대의 것이기 때문에, 회로에서 전류흐름을 방해하는 성분은 저항 값만이 남고 그들은 상쇄될 것이다. 만약 저항의 값이 작거나 또는 오직 도체에 저항으로 이루어진다면, 전류흐름의 값은 매우 커지게 될 수 있다.

인덕터와 커패시터가 직렬로 있는 그리고 주파수가 공진주파수, 또는 공진의 주파수인 회로에서, 회로는 "공진상태"에 있다고 말하며, 직렬공진회로라고 한다. 공진주파수의 부호는 이다.

만약 공진의 주파수에서, 유도리액턴스는 용량리액턴스와 같으므로,

$$X_L = X_C \quad \text{or} \quad 2\pi f L = \frac{1}{2\pi f C}$$

양변을 2πL로 나누면,

$$f_n^2 = \frac{1}{(2\pi)^2 LC}$$

양변의 제곱근을 구하면,

$$f_n = \frac{1}{2\pi\sqrt{LC}}$$

여기에서 은 cps(cycle per second)로서 공진주파수이고, C는 farad로 정전용량, L은 henry로 유도용량이다. 이 공식으로, 커패시터와 인덕터가 공명하게 될 곳에 주파수는 결정될 수 있다.

회로의 유도리액턴스를 구하려면

$$X_L = 2\pi f L$$

직렬교류회로에서 적용했던 임피던스 공식은 병렬회로에 적합하도록 변형하면

$$Z = \frac{X_L}{\sqrt{R^2 + X_L^2}}$$

유도용량과 용량리액터의 병렬형 회로망을 구하면

$$Z = \frac{X_L + X_C}{\sqrt{X_L + X_C}}$$

저항, 정전용량, 그리고 유도용량을 갖춘 병렬형 회로망을 구하면

$$Z = \frac{RX_L X_C}{\sqrt{X_L^2 X_C^2 + (RX_L - RX_C)^2}}$$

공진주파수에서는 X_L과 X_C가 상쇄되기 때문에, 저항의 크기에 따르는 전류는 매우 커지게 될 수 있다. 이런 경우에, 인덕터 또는 커패시터의 전역에서 전압강하는 가끔 인가전압보다 커지게 될 것이다.

[그림 1-135]와 같이, 병렬공진회로에서 유도저항은 같고 동등한 전류가 코일과 커패시터를 통해 흐를 것이다.

유도리액턴스는 코일을 통과하는 전류로 하여금 전압에 90[°]만큼 뒤떨어지게 하고, 그리고 용량리액턴스는 커패시터를 통과한 전류로 하여금 전압에 90[°]만큼 앞서게 하기 때문에, 2개의 전류는 180[°]의 위상차를 가진다. 두 가지 전류의 상쇄효과는 전류가 발전기와 인덕터의 병렬결합으로부터 전혀 흐르지 않는다는 것을 의미하며, 그리고 커패시터는 무한의 임피던스로 나타나게 된다. 실제 이와 같은 회로는 약간의 저항 값이 항상 나타나기 때문에, 가능한 것이 아니고, 그리고 때때로 탱크회로라고 부르는 병렬회로는 매우 높은 임피던스로서 작용한다. 그것은 또한 임피던스

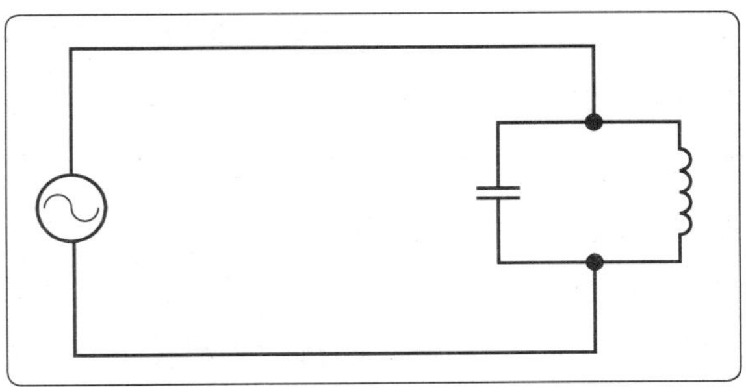

[그림 1-135] 병렬 공명 회로(A parallel resonant circuit)

가 매우 낮은 회로에서 그것의 효과는 직렬공진회로의 것과 반대이기 때문에, 반공진 회로라고 부른다.

1.24.5 교류회로에서 전력(power in AC circuits)

직류회로에서, 전력은 방정식 P=EI에 의해서 얻을 수 있다. 즉, 전력(Watt)은 전압(volt)에 전류(ampere)를 곱한 것과 같다. 따라서 만약 1[A]의 전류가 200[V]의 압력으로 회로에 흐른다면, 전력은 200[W]이다. 전압(volt)에 전류(ampere)의 곱은 회로에 대한 유효전력이다.

(1) 유효전력의 정의(true power defined)

전력은 회로의 저항에서 소모되거나, 또는 전력은 실제로 회로에 사용된다.

교류회로에서, 전압계는 유효전압을 지시하고 전류계는 유효전류를 지시한다. 이들 2개의 눈금읽기의 곱은 피상전력이라고 부른다.

(2) 피상전력의 정의(apparent power defined)

피상전력은 무효전력을 포함하는 교류회로에서 이용할 수 있는 전력이다. 피상전력은 유효전압과 유효전류의 곱으로 VA(volt-ampere)로 나타낸다. 그것은 이용할 수 있는 유효전력을 역률로 나누면 얻어진다.

[그림 1-136]과 같이, 교류회로가 순수한 저항만으로 구성되었을 때는 피상전력이 유효전력과 동일하다. 회로에 커패시턴스 또는 인덕턴스가 있을 때, 전류와 전압은 정확하게 동상이 아니고, 그리고 유효전력은 피상전력보다 작다. 유효전력은 전력계 눈금읽기로써 얻을 수 있다. 유효전력과 피상전력의 비는 역률이라고 하며 보통 퍼센트로 나타낸다. 방정식 형태

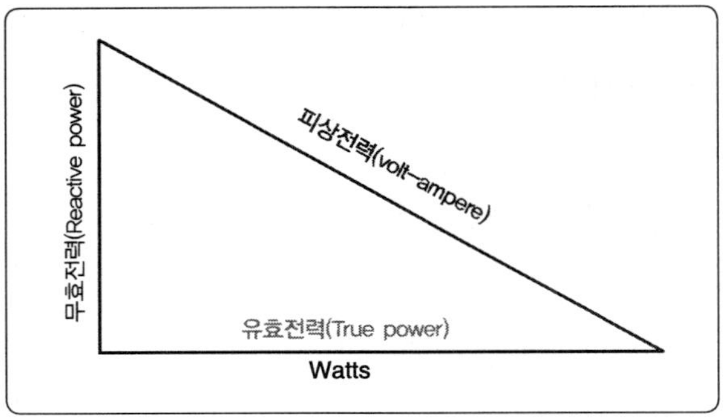

[그림 1-136] 교류회로에서 전력의 상호관계

에서, 관계는 다음과 같다.

$$\text{역률}\,(PF) = \frac{100 \times Watt(\text{유효전력})}{Volts \times Amperes(\text{피상전력})}$$

Example 9

220[V] 교류전동기는 전선으로부터 50[A]를 취하지만, 전선에 있는 전력계는 단지 9,350[W]가 전동기에 의해 취해지는 것을 보여준다. 피상전력과 역률은 얼마인가?

Solution 9

$$\begin{aligned}\text{피상전력} &= Volts \times Amperes \\ &= 220 \times 50 \\ &= 11{,}000[W] \text{ or } 11{,}000[VA]\end{aligned}$$

$$\begin{aligned}PF &= \frac{100 \times Watt(\text{유효전력})}{Volts \times Amperes(\text{피상전력})} \\ &= \frac{9{,}350 \times 100}{11{,}000} \\ &= 0.85 \quad \text{or} \quad 85[\%]\end{aligned}$$

1.25 변압기(Transformers)

변압기는 주어진 전압의 전기에너지를 상이한 전압 준위에 전기에너지로 변환한다. 변압기는 전기적으로 연결되지 않은 2개의 코일로 이루어지며, 하나의 코일을 에워싸는 자기장이 다른 코일과 교차하도록 배열된다. 교류전압을 한쪽 코일에 공급하면 코일주위에 변화하는 자기장이 형성되고 이 자기장은 상호유도 작용을 통해 다른 쪽 코일에 교류전압을 만들어낸다. 오직 변화하는 전압만이 상호유도 작용에 필요한 자기장의 변화를 일으킬 수 있기 때문에 변압기의 입력 전압으로 교류이외에 맥류를 사용할 수 있지만, 순수한 직류전압은 사용할 수 없다.

[그림 1-137]과 같이, 변압기는 세 가지 기본부품으로 이루어지는데 인가전압의 공급원으로부터 전기에너지를 받아들이는 일차코일, 그리고 일차코일로부터 유도에 의해 전기에너지를 받아들이는 이차코일, 자력선에 대하여 자기저항이 낮은 통로를 제공하는 철심이다.

이 폐심형변압기의 일차코일과 이차코일은 2개의 코일 사이에 최대유도효과를 얻기 위해 폐심형철심에 감긴다.

변압기의 두 가지 부류가 있는데, (1) 전압을 승압하거나 강압하기 위해 사용되는 계기용변압기, 그리고 (2) 계기회로 등에 사용되는 변류기이다.

[그림 1-138]의 A와 같은 계기용변압기에서, 일차코일은 공급전압과 병렬로 연결된다. [그림 1-138]의 B와 같은 변류기의 일차권선은 일차회로에 직렬로 연결된다. 두 가지 유형 중, 계기용변압기가 더 일반적인 것이다.

수많은 유형의 계기용변압기가 있다. 이들 중 대부분은 승압변압기이거나 또는 강압변압기이다. 변압기가 승압인지 아니면 강압인지를 결정하는 요소는 "권선비"이다. 권선비는 일차권선에 권회수와 이차권선에 권회수의 비이다. 예를 들어, [그림 1-139]의 A와 같이, 강압변압기의 권선비는 일차코일이 이차코일보다 5배 더 많이 감았기 때문에 5대 1이다. [그림 1-139]의 B와 같이, 승압변압기는 1대 4 권선비를 갖는다.

변압기 입력전압과 출력전압의 비는 만약 변압기의 효율이 100[%]라면 권선비와 동일하다. 따라서 [그림

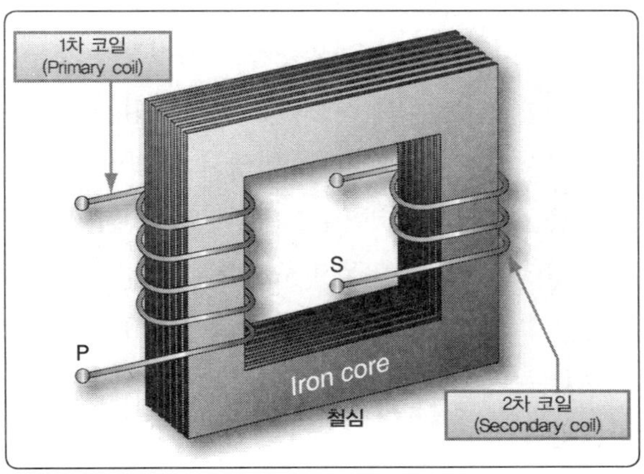

[그림 1-137] 철심변압기(iron-core transformer)

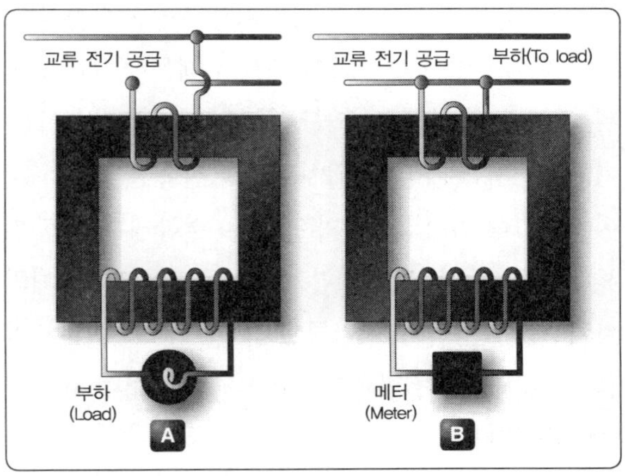

[그림 1-138] 전압 및 전류 변압기(Voltage and current transformer)

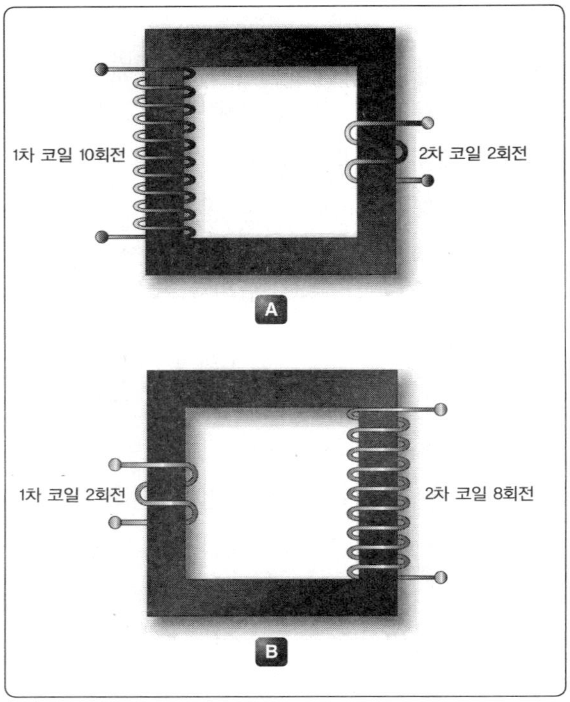

[그림 1-139] 강압변압기(A) 또는 승압변압기(B)

1-139]의 A에서 보여준 변압기의 일차코일에 10[volt]가 가해졌을 때, 이차코일에는 2[volt]가 유도된다. 만약 [그림 1-139]의 B에서 보여준 변압기의 일차코일에 10[volt]가 가해졌을 때, 이차코일에서의 출력전압은 40[volt]이다.

철심형변압기의 효율은 일차코일에 생긴 자력선 모두가 이차코일에 전단되지 못하기 때문에 100[%]이 될 수 없다. 누설자속이라고 부르는 약간의 자속이 자기회로에서 누설된다. 일차코일의 선속이 얼마나 잘 이차코일에 연결되는지의 정도는 "결합계수"라고 부른다. 예를 들어, 만약 변압기의 일차코일 10,000개의 자력선을 발생시키고, 그중 오직 9,000개가 이차코일을 질러간다면, 결합계수는 0.9 또는 변압기 효율은 90[%]이 된다.

교류전압이 변압기의 일차단자를 가로질러 연결되었을 때, 교류는 흐를 것이고 일차코일에서 정반대의 전압을 스스로 유도시키며 인가전압과 거의 같아진다. 이들 두 가지 전압의 차이는 일차코일의 전류에 의해 철심이 자력을 띠기에 충분한 것이 된다. 이것은 여자전류 또는 자화전류라고 한다. 이 여자전류에 의해 일으킨 자기장은 이차코일을 질러가고 상호유도에 의해 전압을 유도시킨다.

만약 부하가 이차코일을 가로질러 연결되었다면, 이차코일을 통해 흐르는 부하전류는 일차전류에 의해 만들어낸 자기장을 중화시키려는 자기장을 만들어낼 것이다. 이것은 일차코일에서 자기유도전압, 즉 방해전압을 감소시킬 것이고 더 많은 일차전류가 흐르게 한다. 일차전류는 이차부하전류가 증가할 때 증가하고, 그리고 이차부하전류가 감소할 때 감소한다. 이차코일 부하가 제거되었을 때, 일차전류는 변압기의 철심을 오직 자력을 띠게 하기에 충분한 적은 여자전류로 다시 감소된다.

만약 변압기가 전압을 올린다면, 동일 비율로 전류는 줄일 것이다. 변압 과정에서 그 에너지손실을 무시하고 전력공식을 적용한다면, 이차코일에 출력되는 전기에너지의 전력, 즉 I×E는 일차코일의 입력전력과 같다는 것을 분명히 알 수 있다. 그러므로 만약 10[volt]와 4[A], 즉 40[W]의 전력이 자기장을 만들어내기 위해 일차코일에 사용되었다면, 어떤 에너지손실을 무시하는 이차코일에서 발생시킨 40[W]의 전력이 있을 것이다. 만약 변압기가 4대 1의 승압비를 가지고 있다면, 이차코일을 가로지르는 전압은 40[volt]일 것이고 전류는 1[A]일 것이다. 전압은 4배로 커지고, 전류는 일차회로 값에 1/4이지만, 전력, 즉 I×E의 값은 같다.

권선비와 입력전압이 알려졌을 때, 출력전압은 다

음과 같이 결정될 수 있다.

$$\frac{E_2}{E_1} = \frac{N_2}{N_1}$$

여기에서 E1은 일차코일의 입력전압, E_2는 이차코일의 출력전압, 그리고 N_1과 N_2는 각각 일차코일과 이차코일의 권회수이다.

출력전압을 구하기 위하여 위의 방정식을 고치면 다음과 같다.

$$E_2 = \frac{E_1 N_2}{N_1}$$

가장 일반적으로 사용된 계기용변압기의 유형은 다음과 같다.

(1) 전력 변압기(power transformers)

전력 변압기는 수많은 유형의 전력장치에 승압 또는 강압기능으로 사용한다. [그림 1-140]과 같이, 그들은 무선수신기에 사용된 조그만 전력 변압기부터 가정에서 사용된 110~120[V]로 고출력선간전압을 강압하여 사용하는 커다란 변압기까지 크기로 범위를 정한다.

[그림 1-141]에서는 철심형변압기에 대한 회로기호를 보여준다. 이 경우에서, 이차코일은 3개의 분리된 권선으로 구성된다. 각각의 권선은 3개의 분리된 변압기의 무게, 공간, 그리고 확장을 줄일 수 있는 비전압으로 서로 다른 회로를 공급한다. 각각의 이차코일은 전체 권선의 전역에서 전압의 1/2를 선택할 수 있는 "중간 탭"이라고 하는 중간지점 접속을 가지고 있다. [그림 1-141]에서 명칭을 붙인 것처럼, 여러 가지의 권선으로부터 도선은 제작사에 의한 색코드이다. 이것은 표준색코드이지만, 다른 코드 또는 숫자가 사용되기도 한다.

(2) 가청변압기(audio transformers)

가청변압기는 전력변압기와 공통점이 있다. 그들은 오직 하나의 이차코일을 갖고 있고 20~20,000[cps]의 가청주파수의 범위 이상에서 작동되도록 설계된다.

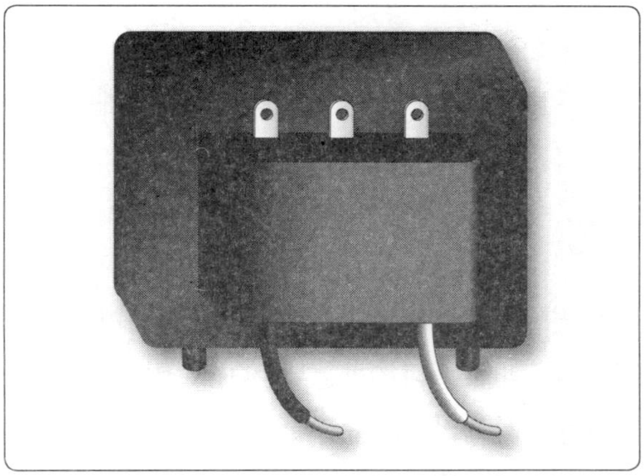

[그림 1-140] 전력 변압기(power transformers)

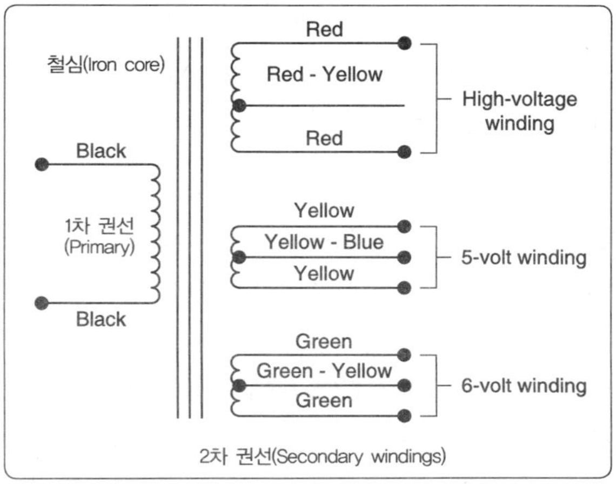

[그림 1-141] 철심형 변압기에 대한 회로기호

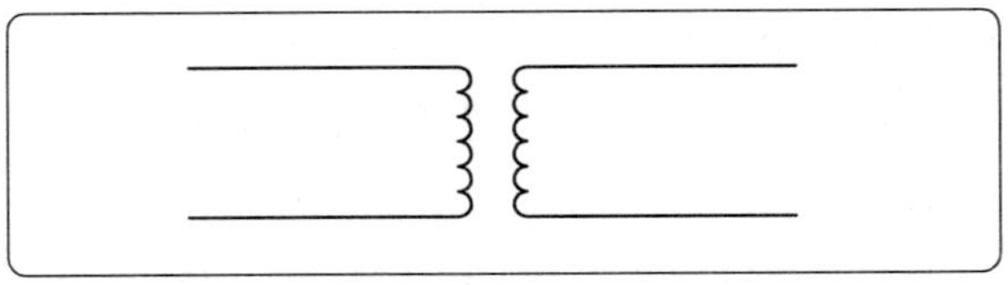

[그림 1-142] 공기코어 변압기(air-core transformer)

(3) 무선주파변압기(RF transforms)

무선주파변압기는 주파수의 무선거리로 작용하는 장비에서 작동되도록 설계된다. 무선주파변압기에 대한 부호는 무선주파초크코일에 대한 것과 같다. [그림 1-142]와 같이, 무선주파변압기는 공심을 가지고 있다.

(4) 자동 변압기(auto-transformers)

단권변압기는 대개 전력회로에 사용되지만, 그들은 다른 용도로 설계된다. [그림 1-143]에서는 전력회로 또는 가청회로에 사용된 단권변압기에 대한 두 가지 서로 다른 부호를 보여준다. [그림 1-143]의 B와 같이, 만약 무선주파통신회로 또는 항법회로에 사용된다면, 부호가 없다는 것을 제외하고, 철심형변압기와 동일하다. 단권변압기는 일차코일로서 승압 또는 강압에 따라, 권선의 일부를 사용하고, 이차코일로서 동일한 권선의 전부 또는 일부를 사용한다. 예를 들어, [그림 1-143]의 A에서 보여준 단권변압기는 일차단자와 이차단자에서 그 뒤에 오는 가능한 것을 선택하여 사용할 수 있다.

1.25.1 변류기(current transformers)

변류기는 발전기 선간전류를 감지하기 위해 그리고 회로보호와 제어장치에서 선간전류에 비례하는 전류를 공급하기 위해 교류전력 공급 장치에 사용된다.

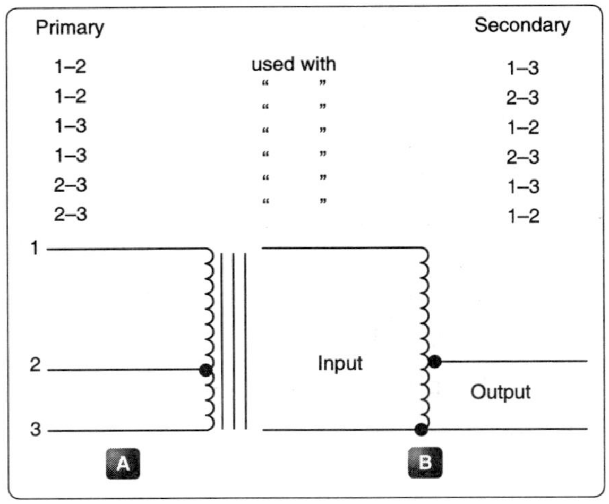

[그림 1-143] 자동 변환기(auto-transformers)

변류기는 교류발전기의 전력선 또는 접지도선의 일차코일로서 송전전력선을 사용하는 링형 변압기이다. 일차코일의 전류는 자기유도에 의해 이차코일에 전류를 유도한다.

모든 변류기의 옆면은 장치 바닥에 "H1"과 "H2"로 부호를 붙였다. 변류기는 적절한 극성을 갖추기 위해 회로에서 발전기 쪽으로 "H1"이 장착되어야 한다. 변류기의 이차 부분은 시스템이 작동하는 동안 절대로 열어 두어서는 안 된다. 그렇게 하면 위험할 정도로 높은 전압이 발생하여 변류기를 과열시킬 수 있다. 따라서 변류기를 사용하지 않고 시스템에 남아 있을 때는 항상 변류기 출력 연결부를 점퍼(jumper)로 연결해야 한다.

1.25.2 변압기 손실(transformer losses)

불완전한 결합에 의한 전력손실외에도 변압기는 "구리"와 "철" 손실의 영향을 받는다. 코일의 회전을 구성하는 도체의 저항은 구리 손실을 일으킨다. 철 손실에는 히스테리시스손실(Hysteresis loss)과 와전류손실이라고 부르는 두 가지 유형의 것이 있다. 히스테리시스손실은 인가교류전압에 보조를 맞추어, 처음에 한쪽 방향으로 그다음에는 다른 쪽 방향으로, 변압기 철심이 자력을 띠기에 필요한 전기에너지이다. 와전류 손실은 변화하는 자기장에 의해 변압기 철심에 유도된 전류, 즉 와전류에 의해 발생한다. 와전류손실을 줄이기 위해, 철심은 유도전류의 소용돌이를 줄이는 절연체로서 입힌 얇은 적층으로 만든다.

1.25.3 변압기에 전력(power in transformers)

변압기는 회로에 어떤 전기라도 추가하지 않고 이미 존재하는 전기를 어떤 전압에서 다른 회로의 전압으로 단지 변경하거나 또는 변압하기 때문에, 회로에서 에너지의 총량은 마찬가지로 보존되어야 한다. 만약 완벽한 변압기를 조립하는 것이 가능한 것이라면, 변압기에서 전력 손실은 없게 되고, 옮겨지게 된 전력은 어떤 전압에서 다른 전압으로 저하되지 않는다.

전력은 전압에 전류를 곱한 것이기 때문에, 변압기에 의해 전압이 증가하면 전류는 감소하고 반대로도 또한 같다. 변압기의 일차코일 쪽에 전력보다 이차코일 쪽에 전력이 더 많을 수는 없다. ampere에 volt의 곱은 마찬가지로 남아 있다.

너무 긴 거리에 전력의 송전은 변압기를 이용함으로써 이루어진다. 전력원에서, 전압은 송전 시에 선로 손실을 줄이기 위해 올려준다. 이용하는 관점에서, 전압은 전동기, 등, 또는 그 밖의 전기기구를 작동시키기 위해 고전압을 사용하는 데 적당한 것이 아니기 때문에, 낮추어진다.

1.26 직류계측기 (DC measuring instruments)

전기계측기의 기능 설계 및 작동을 이해하는 것은 전기 회로의 수리, 유지 보수 및 문제 해결에 사용되므로 매우 중요하다. 정비사가 측정 대상과 각 판독값이 무엇을 나타내는지 알지 못하는 한 가장 우수하고 가장 비싼 측정 기구라도 아무 소용이 없다. 계측기의 목적은 회로에 존재하는 양을 측정하는 것이다. 이런 이유에서, 계측기가 회로에 연결되었을 때, 그것은 그 회로의 특성을 변화시키지 않아야 한다.

계측기는 자여자방식 또는 외부여자방식이다. 자여자방식인 것은 계측기 내의 전력원에 의해 작동한다. 외부여자방식계측기는 계측기에 연결된 회로로부터 그들의 전력원을 얻는다. 오늘날 쓰이고 있는 가장 일반적인 아날로그계측기는 전압계, 전류계, 그리고 전기저항계이다. 그들의 모두는 전자기의 원리로 작동한다. 계측기의 작동 이면에 근본원칙은 어떤 방식으로 회로에서 모아진 전류로 만들어내는 자기장 사이의 상호작용이다. 이 상호작용은 영구자석의 자기장과 회전자석의 코일 사이에 있다. 회전자석의 코일을 관통한 전류가 커지면 커질수록, 더 강한 자기장이 발생한다. 더욱 강한 전계는 코일의 더 큰 회전을 일으킨다. 반면 일부 계측기는 직류회로와 교류회로 측정 모두에서 사용될 수 있지만, 여기에서는 오직 직류계기를 다루도록 한다.

1.26.1 다르송발 계측기 작동장치 (D'Arsonval meter movement)

전기계측을 제조한 프랑스의 과학자 다르송발

(D'Arsonval)에 의해 처음 쓰인 기본적인 직류형의 계측기 작동장치는 전류계, 전압계, 그리고 전기저항계에서 사용되는 전류측정장치이다. 지침은 코일을 관통한 전류의 양에 비례하여 편향된다. 기본적으로, 전류계와 전압계 모두는 그들이 회로에 연결되는 곳에서 방법에 나타나는 주요한 차이점인, 전류계측기이다. 반면에 전기저항계는 또한 기본적으로 전류계측기이지만, 전력의 자체 공급원, 즉 자여자방식을 장치한 것과 다른 보조회로를 갖고 있다는 점에서 전류계 그리고 전압계와 다르다.

1.26.2 전류감도와 저항 (current sensitivity and resistance)

계측기의 전류감도는 전체눈금에 대한 편향을 위해 계측기작동장치를 가동시키는 데 필요한 전류의 양이다. 간단한 예를 들어, 1[㎃] 감도를 갖고 있는 계측기작동장치에서, 전체눈금범위로 지침을 이동시키는 데 1[㎃]의 전류가 필요할 것이라는 것이다. 반면에 1/2 눈금편차는 단지 0.5[㎃]의 전류만 필요할 것이다. 부가적으로 운동저항이라고 부르는 것은 계측기 코일을 조립하는 데 사용된 도선의 실제의 직류저항이다.

[그림 1-144]와 같이, 표준 다르송발(D'Arsonval) 계측기작동장치는 1[㎃]의 전류감도와 50[Ω]의 저항을 갖게 된다. 만약 계측기가 1[㎃] 초과할 경우 작업을 수행하려면 추가 회로가 필요하다. 이 추가적인 회로는 간단한 분류기이다. 분류기의 목적은 계측기작동장치의 1[㎃] 제한을 초과하는 전류를 우회시키기 위한 것이다. 이 그림에서, 1[㎃] 계측기로 10[㎃]을 측정한다고 가정한다. 사용된 분류기는 9[㎃]를 실어 보내져야 하는 반면에 남아 있는 1[㎃]은 계측기를 거쳐 지나가게 된다.

이 상황에서 분로저항을 구하기 위해

R_{SH} = 분로저항
R_M = 계측기저항 = 50[Ω]

분로저항과 50[Ω] 계측기저항이 병렬로 있기 때문에, 두 저항에 대한 전압강하는 같다.

$$E_{SH} = E_M$$

옴의 법칙을 이용하여, 관계식을 다시 쓰면 다음과 같다.

$$E_{SH} = I_{SH} \times R_{SH}$$
$$E_M = I_M \times R_M$$
$$I_{SH} \times R_{SH} = I_M \times R_M$$

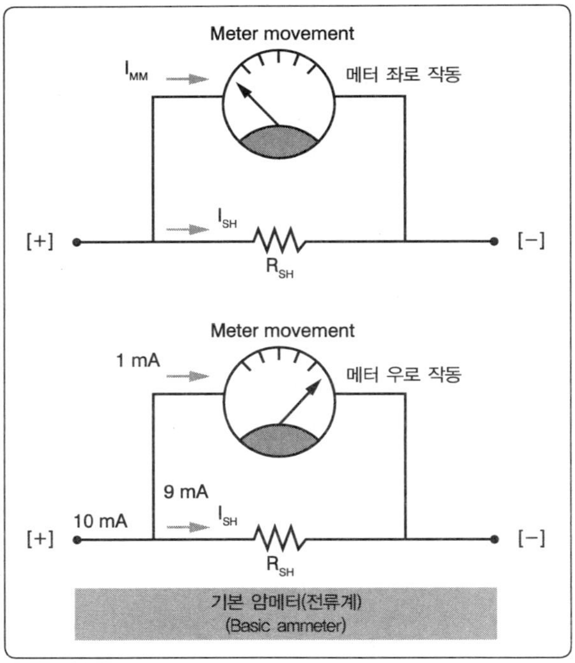

[그림 1-144] 기본적인 전류계의 구조

$$R_{SH} = \frac{I_M \times R_M}{I_{SH}} = \frac{1 \times 50}{9} = 5.56[\Omega]$$

1.26.3 댐핑(damping)

계측기 눈금을 빠르고 정확하게 판독하려면 움직이는 지침이 적절한 위치를 약간 초과하였다가 1 ~ 2 회 정도의 작은 진동 후에 휴식을 멈추는 것이 바람직하다. "댐핑"이라는 용어는 움직이는 전기계측기의 지침이 정지하도록 하기 위해 사용하는 방법을 의미한다. 댐핑은 전기적인 방법, 기계적인 방법, 또는 양쪽을 조합하여 이루어지게 된다.

1.26.3.1 전기식 댐핑(electrical damping)

전기에 의한 댐핑의 일반적인 방법은 알루미늄 틀에 가동코일을 감는 것이다. 코일이 영구자석의 자기장속에서 움직일 때, 와전류는 알루미늄 틀에 새로이 만들어진다. 와전류에 의해 만들어진 자기장은 코일의 운동을 반해한다. 그렇게 하면 지침은 더 서서히 흔들릴 것이고 빠르게 진동이 줄어들면서 적절한 위치에 멈춰 선다.

1.26.3.2 기계식 댐핑(mechanical damping)

공기 댐핑은 기계적 방법으로 댐핑하는 일반적인 방법이다. 그림 1-145와 같이 베인은 움직이는 요소의 축에 부착되고 공기실에 둘러싸여 있다. 공기가 베인에 주는 저항 때문에 축의 움직임이 느려진다. 베인이 챔버의 벽에 거의 닿을 경우 효과적인 댐핑이 이루어진다.

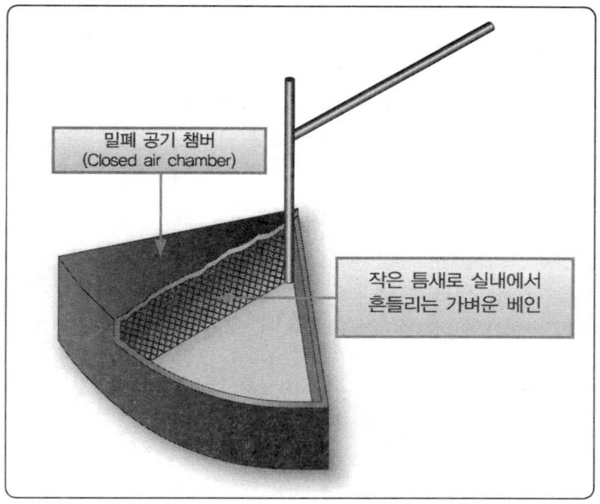

[그림 1-145] 공기 댐핑(Air damping)

1.26.4 기본적인 다중범위전류계 (a basic multirange ammeter)

앞서 설명한 기본 계측기를 기반으로 하는 것이 보다 복잡하고 유용한 다중 범위 계측기인데, 이것은 더욱 실용적이다. 다중범위 전류계의 기본 개념은 전압의 폭넓은 범위를 넘어서 유용한 계측기를 만드는 것이다. 이것을 이루기 위해, 각각의 범위는 서로 다른 분로 저항을 활용해야 한다. 이 본문에 제시된 예는 2가지 범위 계측기이다. 그러나 2가지 범위 다중범위 전류계의 기본 사항을 이해하면 이 발상은 선택 가능한 범위가 많은 계측기의 설계로 쉽게 활용할 수 있게 된다.

[그림 1-146]은 두가리 가지 선택범위를 가지고 있는 전류계의 개략도를 보여준다. 이 예는 이전의 10[mA] 범위 계측기를 기반으로 100[mA] 범위를 추가하는 것이다. 스위치를 10mA 범위로 선택하면 바늘이 풀 스케일로 편향되었을 때 계측기에 10mA가 표시되

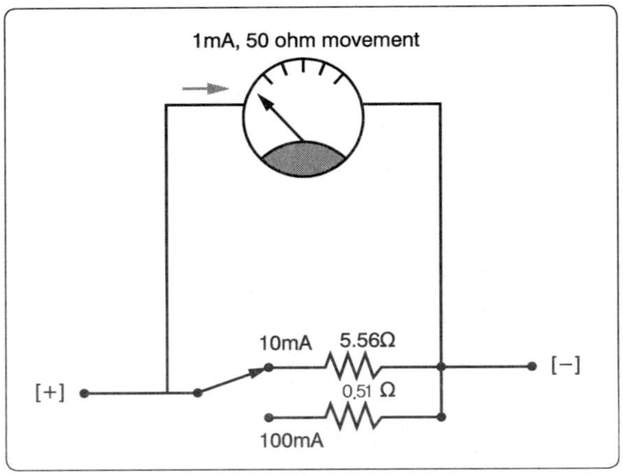

[그림 1-146] 2범위 전류계(Ammeter))

고 100mA로 선택하면 풀 스케일에서 100mA가 표시된다.

100[mA] 분류기의 값은 10[mA] 분류기가 측정된 것과 같은 수단으로 측정된다. 다시 말하면 계측기 작동장치는 단지 1[mA]을 옮길 수 있다. 이것은 100[mA] 범위에서 남아 있는 전류 99[mA]가 분류기를 거쳐지나가야 한다는 것을 의미한다.

$$R_{SH} = \frac{I_M \times R_M}{I_{SH}} = \frac{1 \times 50}{99} = 0.51[\Omega]$$

1.26.4.1 예방책(precaution)

전류계를 사용할 때 준수하기 위한 예방책은 다음과 같이 요약된다.

(1) 측정하고자 하는 전류흐름이 통과하는 요소에 전류계를 직렬로 연결한다.

(2) 절대로 배터리 또는 발전기와 같은 전압의 공급원을 가로질러 전류계를 연결하지 않는다. 특히 더 높은 범위에서 전류계의 저항은 아주 적고 그리고 심지어 그것에 손상의 원인이 되는 1[V] 또는 그런, 어떤 전압이라도 아주 큰 전류로 하여금 계측기를 통해 흐르게 할 수 있다는 것을 명심해야 한다.

(3) 실물크기보다 작은 편향을 유지하기에 충분한 큰 범위를 사용한다. 전류를 측정하기 전에, 전류의 크기를 대강 예측한다. 그다음에 아주 충분히 큰 눈금으로 연결하거나 또는 가장 큰 범위로 시작하고 작업은 적합한 눈금이 될 때까지 내린다. 가장 정확한 눈금읽기는 거의 1/2 눈금에서 얻어진다. 많은 milliammeter는 전류를 측정하기 위한 시도로 못쓰게 되어버린다. 그런 까닭에, 눈금판 또는 스위치 위치에 글자의 배치를 확인하고 회로에 계측기를 연결하기 전에 적당한 눈금을 선택한다.

(4) 회로에 계측기를 연결할 때, 적절한 극성을 준수한다. 전류는 상위눈금으로 표시기 지침을 움직이기 위해 코일을 통해 일정한 방향으로 흘러야 한다. 회로의 연결이 잘못되어 전류방향이 역으로 접속하면 계측기 변위가 역으로 돌아가고 종종 계측기 바늘이 구부러진다. 계측기의 극성 표시를 확인하여 부적절한 계측기 연결을 방지해야 한다.

1.27 전압계(The voltmeter)

전압계는 전류계처럼 같은 유형의 계측기 작동장치를 사용하지만, 계측기 작동장치의 외부에 있는 다른 회로를 사용한다.

앞에서 나타낸 것처럼, 계측기 코일의 전압강하는 전류와 코일저항의 함수이다. 또 다른 예로서, 50[μA]

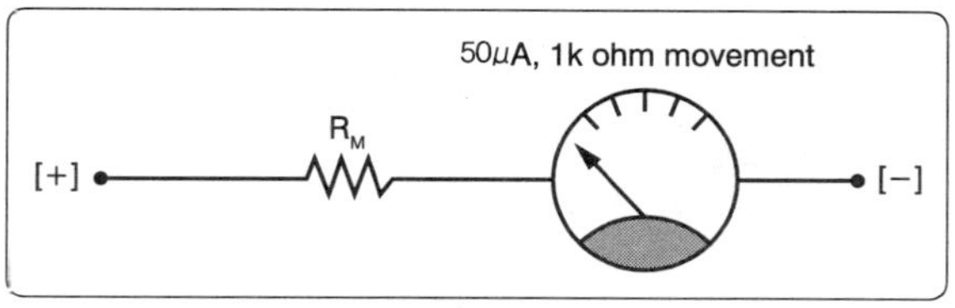

[그림 1-147] 기본적인 전압계(voltmeter)

×1,000[Ω]=50[㎷]이 있다. 50[㎷] 이상의 전압을 측정하기 위해 사용하고자 하는 계측기는 계측기작동장치가 전체 스케일의 편향을 위해 필요한 것보다 더 큰 초과제한 전압을 떨어뜨리기 위해 직렬저항을 추가해야 한다. 전압계의 경우에, 이 저항은 배율기저항이라고 부르며 R_M으로 표시될 것이다. [그림 1-147]에서는 기본적인 전압계를 보여주는데, 이 전압계는 하나의 범위로 사용하기 위해 오직 하나의 배율기를 갖고 있다. 이 예에서, 전체눈금 판독값은 1[V]가 될 것이고, R_M은 다음과 같은 수단으로 결정된다.

계측기작동장치는 50[㎂]의 전체 스케일 편향에서 50[㎷]로 떨어뜨린다. 배율기저항 R_M은 1[V]−50[㎷]=950[㎷]의 남아 있는 전압을 떨어뜨려야 한다. 배율기저항 R_M은 작동장치에 직렬로 있기 때문에, 그것은 또한 전체눈금에서 50[㎂]을 운반한다.

$$R_M = \frac{950[mV]}{50[\mu A]} = 19[k\Omega]$$

따라서 1[V] 전체 스케일 편향의 경우 전압계의 전체저항은 20[㏀]이다. 즉, 배율기저항과 코일저항이다.

1.27.1 전압계 감도(voltmeter sensitivity)

전압계 감도는 전압당 저항(Ω/V) 단위로 정의된다. 앞의 예에서 사용한 계측기는 20[㏀]의 감도와 1[V]의 전체 스케일 편향을 갖는다.

1.27.2 다중범위 전압계 (multiple range voltmeters)

[그림 1-147]에서 보여준 간단한 전압계는 0~1[V]까지 전압을 측정할 수 있는 수단으로서 오직 하나의 범위, 1[V]를 갖는다. 더 유용한 것으로 계측기를 위해, 추가의 배율기가 사용되어야 한다. 하나의 저항기는 각각의 요구된 범위에 대해 사용되어야 한다.

50[㎂] 움직임에서, 요구된 전체저항은 전체눈금 눈금읽기의 각각의 전압에 대해 20[㏀]이다. 다시 말해, 50[㎂] 움직임을 위한 감도는 선택한 범위에 관계없이 항상 20[㏀]이다. 전체눈금 계측기 전류는 어떤 범위 선택에서 50[㎂]이다. 전체계측기저항을 구하기 위해, 개개의 범위에 대한 전체눈금 전압에 감도를 곱한다. 10[V] 범위에 대한 예를 들어보면, RT=20[㏀/V]×10[V]=200[㏀]이다. 1[V] 범위에 대한 전체저항은 20[㏀]이며, 그래서 10[V] 범위에 대한 R_M은 200[㏀]−20[㏀]=180[㏀]이 될 것이다. [그림 1-148]에서는 2가지 범위 전압계를 보여준다.

1.27.3 전압계 회로연결 (voltmeter circuit connections)

전압계가 사용될 때, 그들은 회로와 병렬로 연결된다. 만약 측정하고자 하는 전압에 관하여 불확실한 것이라면, 먼저 계측기에 높은 값으로 눈금읽기를 취하고 그다음 적절한 읽기가 얻어질 때까지 범위 사이를 점차적으로 격하시킨다. 극성은 회로에 전압계를 연결하기 전에 수정되었는지를 주시하거나 또는 손상이

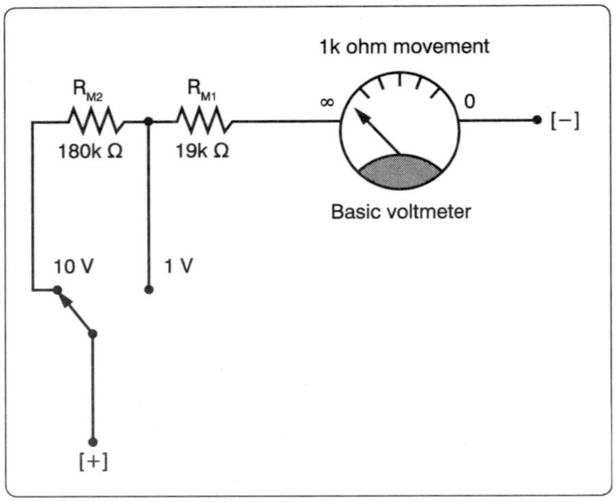

[그림 1-148] 2범위 전압계(voltmeter)

뒤쪽방향으로 움직임을 가동시킴으로써 일어나게 될 것을 주시한다.

1.27.4 회로에서 전압계의 작용 (influence of the voltmeter in the circuit)

전압계가 회로의 두 지점에 연결되면 전류가 분로하게 될 것이다. 만약 전압계의 저항이 낮으면 상당한 양의 전류를 끌어낸다. 이는 회로의 유효 저항을 낮추고 전압 판독값을 변화시킨다. 전압 측정을 할 때, 회로가 흔들리지 않도록 고저항 전압계를 사용해야한다.

1.28 전기저항계(The ohmmeter)

전류계와 전압계에 사용된 계측기 작동장치는 또한 저항계에서도 사용될 수 있다. 저항계의 기능은 저항을 측정하는 것이다. [그림 1-149]와 같이, 기본적인 저항계가 계측기 작동장치에 직렬로 배터리와 가변저

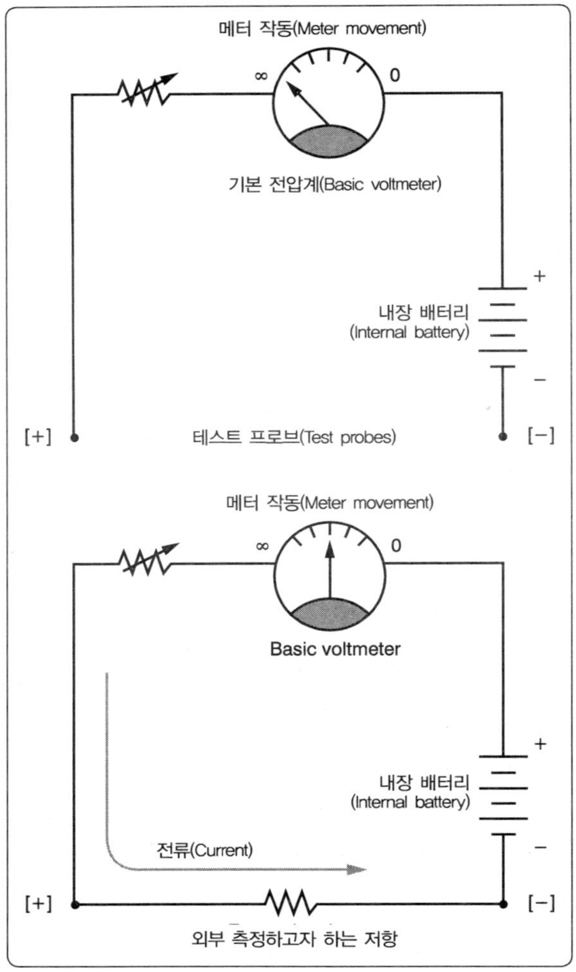

[그림 1-149] 기본적인 저항계(ohmmeter)

항이 포함되어 있다. 저항을 측정하기 위해, 계측기의 리드 선은 측정하고자 하는 외부저항을 가로질러 연결해서 저항계 회로를 완성한다. 이 연결을 통해 내부 배터리는 이동 코일을 통해 전류를 발생시킬 수 있으며, 측정되는 외부 저항 값에 비례하는 지침의 편향을 일으킨다.

1.28.1 0점 조정(zero adjustment)

[그림 1-150]과 같이, 저항계 리드가 열려 있을 때, 미터는 무한(∞) 저항 또는 단선을 나타내는 풀 스케일 편향에 있다. 그림에서 보여준 "0점 조정"처럼 리드 선을 단락시켰을 때, 지침은 완전 오른쪽위치에 있으며 단락 또는 0점 저항을 지시한다. 이 그림에서 가변저항의 목적은 리드 선이 단락되었을 때 지침이 정확히 0을 지시하도록 전류를 조정하는 것이다. 이것은 내부배터리의 소비로 인한 전압의 변화를 보상하기 위해 사용된다.

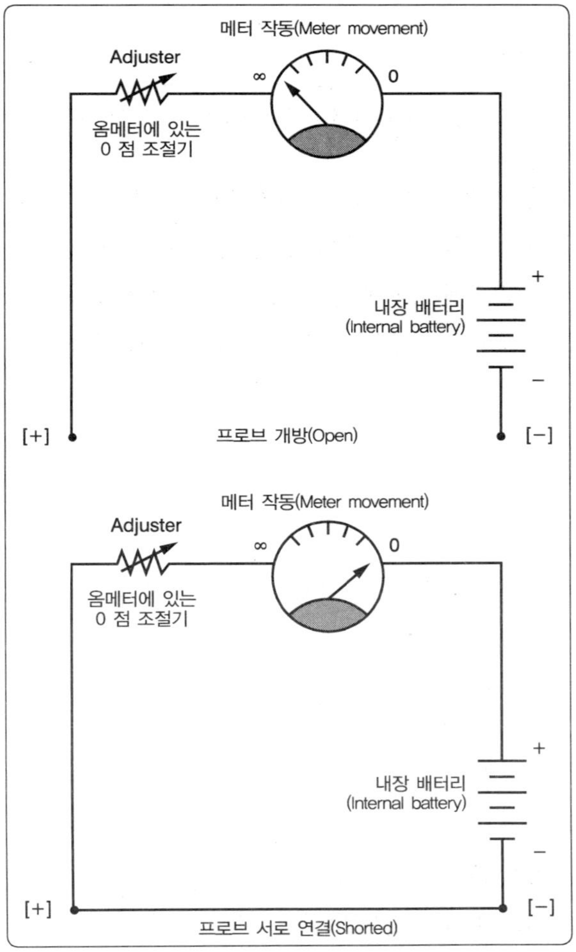

[그림 1-150] 0점 조정(Zero adjustment)

1.28.2 전기저항계 눈금(ohmmeter scale)

[그림 1-151]에서는 전형적인 아날로그저항계 눈금을 보여준다. 0과 무한대 사이에서, 눈금은 여러 가지의 저항 값을 지시하기 위해 구분된다. 값이 왼쪽에서 오른쪽으로 감소하기 때문에, 이 눈금은 가끔 "백-오프 스케일(Back-off Scale)"이라고 부른다.

주어진 예의 경우에서, 어떤 저항계가 50[㎂], 1,000[Ω] 계측기 작동장치를 사용하고 1.5[V] 내부 배터리를 갖고 있다고 가정한다. 50[㎂]의 전류는 시험용도선(test lead)이 단락시켜졌을 때 전체눈금 편향을 일으킨다. 50[㎂]을 갖기 위해, 전체 저항계 저항은 1.5[V]/50[㎂]=30[㏀]이다. 그 결과로서, 코일저항이 1[㏀]이기 때문에, 가변영점조정저항은 30[㏀]−1[㏀]=29[㏀]로 설정되어야 한다.

지금 120[㏀] 저항이 저항계 도선에 연결되었다고 간주해 본다. 30[㏀] 내부저항에 결합한 전

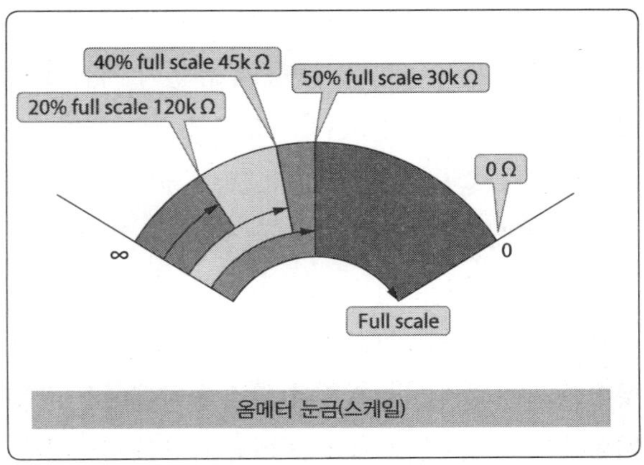

[그림 1-151] 아날로그전기저항계의 눈금Ohm scale (sampled ohmmeter scale)

체 R은 150[㏀]이다. 전류는 전체눈금 전류의 20[%] 그리고 [그림 1-151]과 같이 눈금에 나타난, 1.5[V]/150[㏀]=10[㎂]이다.

더 나아가서 지금 120[㏀] 저항이 저항계 리드 선에 연결되었다고 가정해 보자. 이것은 전체눈금 전류의 40[%] 그리고 그림에서 눈금에 부호를 붙인, 1.5[V]/75[㏀]=10[㎂]의 전류로 귀착할 것이다. 이 유형의 더하기 계산은 눈금이 직선이 아니라는 것을 보여준다. 그것은 오른쪽보다 왼쪽으로 향하여 더 압축되었다. 중앙눈금지점은 30[㏀]의 내부계측기저항에 일치한다. 그 이유는 도선에 연결된 30[㏀]으로 인해, 전류는 50[㎂]의 전체눈금 전류의 1/2인, 1.5[V]/60[㏀]=25[㎂]이다.

1.28.3 다중범위저항계 (the multi-range ohmmeter)

실제의 저항계는 보통 몇 개의 운용범위를 갖고 있다. 전형적으로 이들은 R×1, R×10, R×100, R×1k, R×100k, 그리고 R×1M로 지시된다. 이들 범위선정은 전류계 또는 전압계의 것보다 다른 방식으로 설명된다. 저항계 눈금에서 눈금읽기는 범위설정에 의해서 지시된 계수로 곱한다. 예를 들어, 만약 지침이 눈금에서 결정되고 범위스위치가 R×100으로 결정된다면, 실제의 저항측정은 20×100 또는 2[㏀]이다.

작은 저항값을 측정하기 위해, 정비사는 큰 저항값을 측정하는 데 필요한 것보다 더 높은 저항계 전류를 사용해야 한다. 분류기는 매우 작은 것부터 매우 큰 저항값까지의 범위를 측정하기 위해 저항계에서 다중범위를 장치하는 것을 필요로 한다. 각각의 범위에서, 분로저항의 다른 값이 안에서 연결된다. 분로저항은

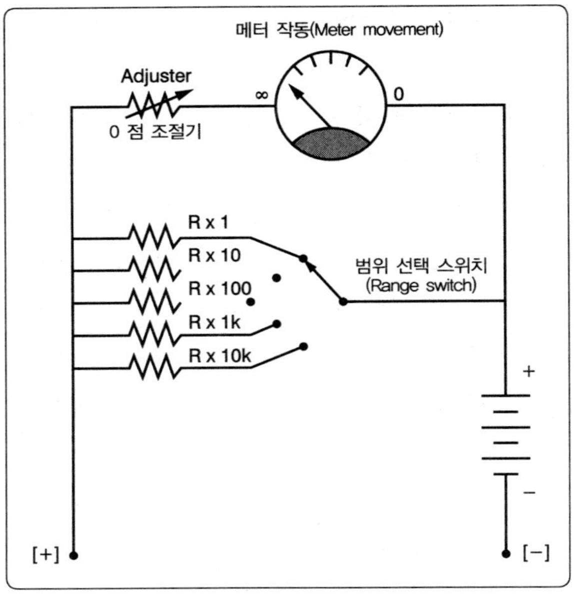

[그림 1-152] 다중범위저항계(the multi-range ohmmeter)

더 높은 옴의 범위에서 증대하고 항상 어떤 선택된 범위에서 한결 같은 중앙눈금 눈금읽기에 있게 한다. 일부 계측기에서, 더 높은 배터리전압은 가장 높은 옴의 범위에 대해 사용된다. 그림 1-152에서는 일반적인 회로배열을 보여준다.

1.28.4 절연저항계(megger, megohmmeter)

절연저항계(megger) 또는 메가옴메터(megohmmeter)는 수동식발전기를 담고 있는 고범위 저항계이며, 절연저항과 다른 높은 저항값을 측정하기 위해 사용된다. 그것은 또한 전력계통의 접지, 연속상태, 그리고 회로시험에도 사용된다. 전기저항계를 능가하는 절연저항계의 주요 장점은 고전위, 또는 "항복"전압으로 저항을 측정할 수 있다는 것이다. 이러한 유형의 시험은 절연재나 유전물질이 잠재적 전기적 응력 하에서 단락되거나 누출되지 않았음을 보장한다.

[그림 1-153]과 같이, 절연저항계는 두 개의 주요 요소로 구성되며, 둘 다 공통 영구 자석의 개별 자기장이 제공된다. 이 두 가지는 모두 측정에 필요한 전류를 공급하는 수동식 DC 발전기 G와 측정되는 저항의 값을 나타내는 계기 부분으로 되어 있다. 계측기 부분은 반대 코일 유형이다. 코일 A와 코일 B는 서로 고정된 각도관계로서 가동부재에 설치되고 자기장 내에서 하나의 구성부분으로서 자유롭게 돌아간다. 코일 B는 지침을 반시계방향으로 움직이고 코일 A는 시계방향으로 움직이려는 경향이 있다. 코일은 보석 베어링으로 회전하고 0축을 중심으로 자유롭게 움직이는 가볍고 움직이는 프레임에 장착된다.

코일 A는 저항 R3 및 측정하고자 하는 미지의 저항 Rx와 직렬로 연결되었다. 코일 A, R3, Rx의 직렬결합은 직류발전기의 (+)브러시와 (-)브러시 사이에 연결된다. 코일 B는 R2와 직렬로 연결되어 있으며, 이 조합도 발전기를 가로질러 연결되어 있다. 메가옴메터 계측기 부분의 가동부분에는 고정 스프링이 없다. 발전기가 작동하지 않을 때 지침은 자유롭게 떠다니고 눈금의 임의 위치에 정지할 수 있다.

만약 단자가 개회로식이라면, 전류는 코일 A에 흐르지 않고, 그리고 코일 B에서 전류는 단독으로 가동요소의 움직임을 제어한다. 코일 B는 철심이 움직일 수 없고 코일 B는 움직일 수 있기 때문에, 철심에 있는 간극에 정반대의 위치를 취하고, 그리고 지침은 눈금에서 무한대를 지시한다. 저항이 단자 사이에 연결되었을 때, 시계방향으로 지침을 움직이려는 경향이 있는 전류는 코일 A에서 흐른다. 동시에, 코일 B는 반시계방향으로 지침을 움직이려고 한다. 그런 까닭에, 가동요소는 코일 A와 지침을 비교하여, 2개의 힘이 균형이 잡혀진 위치에서 멈춰 선다. 이곳 위치는 코일 A의 전류의 상대크기를 제어하는 외부저항의 값에 따라 결정한다. 전압에서 변화는 동일한 비율로 코일 A와 B에 모두에게 영향을 주기 때문에, 가동요소의 위치는 전압에 관계없는 것이다. 만약 단자가 폐회로식이라면, 지침은 A에 전류가 비교적 크기 때문에 0에 놓여있다. 계기는 전류가 저항 R3에 의해 제한되기 때문에 이들 주위 사정 하에서 손상되지 않는다.

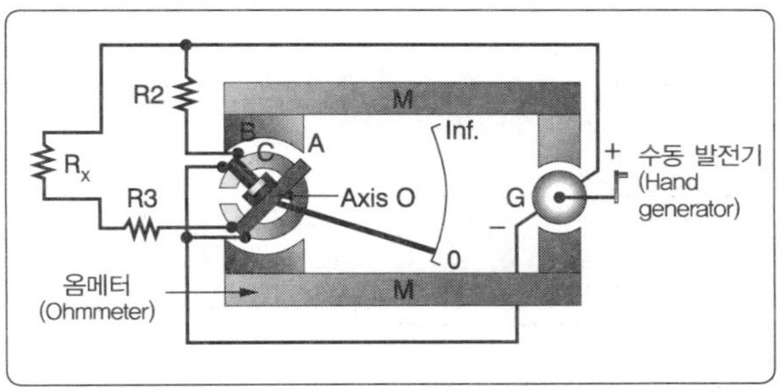

[그림 1-153] 간단한 절연저항계의 구조

수동식 절연저항계의 두 가지 유형이 있는데, 가변전압식과 정전압식이다. 가변전압식 절연저항계의 속도는 수동크랭크를 얼마나 빨리 돌려주는지에 따라 달라진다. 정전압식 절연저항계는 원심조속기, 또는 슬립클러치(slip clutch, 토크가 너무 걸리면 연동이 멈추는 구조의 마찰 클러치)를 사용한다. 조속기는 절연저항계의 전압이 상수를 유지하는 속도에서, 그것의 슬립속도 이상의 속도로 작동할 때에만 효과적인 것이 된다.

1.29 교류계측기 (AC measuring instruments)

전류계와 같이, 교류회로에 연결된 직류계측기는 다르송발(D'Arsonval) 유형 작동장치에 사용된 계측기작동장치가 직류로 한정되기 때문에, 0을 지시할 것이다. 다르송발(D'Arsonval) 유형 계측기에서 영구자석의 자기장은 언제나 상수로 남아 있고 같은 방향으로 머무르기 때문에, 가동코일은 전류의 극성을 따른다. 가동코일은 교류사이클의 1/2 동안에 한쪽 방향으로 그리고 전류가 반대로 되었을 때 다른 1/2 동안 역방향으로 움직이려고 시도한다.

코일로 하여금 평균 위치를 취하게 하는 전류는 잇따라 오는 코일에서 너무 빠르게 방향을 반대로 한다. 전류는 교류사이클의 각각의 1/2 동안에 동일한 그리고 정반대의 것이기 때문에, 직류계측기는 평균값인, 0을 지시한다. 그러므로 영구자석을 가지고 있는 계측기는 교류전압과 교류를 측정하는 데 사용될 수 없다. 전류와 전압의 교류측정에서, 추가의 회로소자는 요구된다. 추가의 회로소자는 교류를 직류로 전환시키는 정류기를 갖는다. 정류기의 두 가지 기본적인 유형이 있는데, 한 가지는 반파정류기이고 다른 한 가지는 전파정류기이다. [그림 1-154]에서는 블록선도 형태로 묘사된 이들의 모두를 보여준다.

[그림 1-154]에서는 또한 교류계측기의 개략적인 블록선도를 보여준다. 이 묘사에서, 전파정류기는 계측기 움직임보다 먼저 일어나는데, 움직임은 맥류의 평균값에 반응하고, 그때 눈금은 설계자가 원하는 대로 무엇이든지 보여주도록 보정되어 질 수 있다. 대부분 그것은 실효값 또는 최고값이 될 것이다.

1.29.1 전류력계 계측기작동장치 (electrodynamometer meter movement)

[그림 1-155]와 같이, 전류력계(electrodynamometer)는 교류전압과 전류 또는 직류전압과 전류를 측정하기 위해 사용될 수 있다. 그것은 영구자석이 공심전자석에 의해 대체되는 것을 제외하고, 영구자석 가동코일형계측기와 동일한 원리로 작동한다. 전류력계의 자기장은 가동코일을 통해 흐르는 동일한 전류에 의해 발생한다.

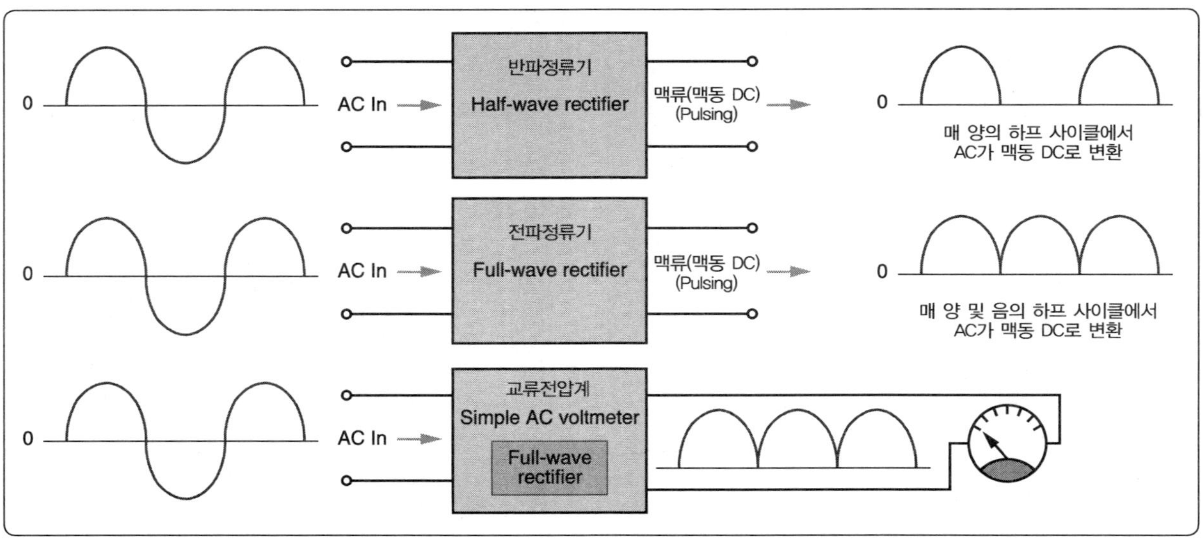

[그림 1-154] 교류계측기의 단순화 된 블록 다이어그램(block diagram)

이 작동장치는 철을 포함하고 있지 않기 때문에, 전류력계는 교류계기 또는 직류계기 모두에서 작동장치로 사용할 수 있다. 교류는 직렬로 고정코일과 가동코일을 연결함으로써 측정할 수 있다. 가동코일에 전류가 반대로 될 때에는 언제나, 고정코일에 의해 만들어진 자기장은 반대로 되고, 전류의 방향에 관계없이, 지침은 시계방향으로 움직일 것이다.

그러나 전압계거나 또는 전류계 적용에서, 전류력계는 다르송발(D'Arsonval) 유형 작동장치와 견주어 볼 때 경제적으로 너무 비싸다.

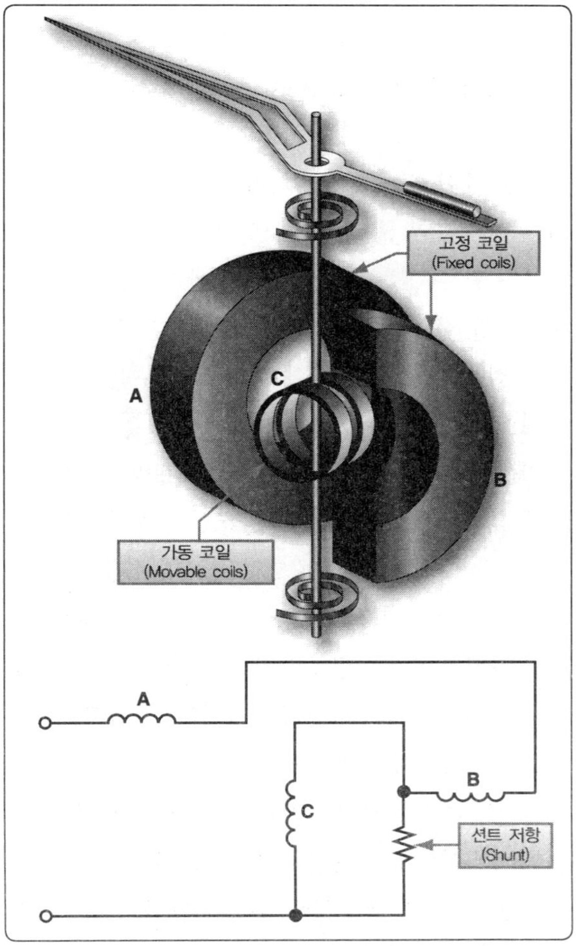

[그림 1-155] 전류력계 작동의 간단한 다이어그램

1.29.2 가동철편형계측기 (moving iron-vane meter)

[그림 1-156]과 같이, 가동철편형계측기는 또 다른 기본적인 유형의 계측기이며, 교류이거나 또는 직류를 측정하는 데 사용할 수 있다. 영구자석을 쓰는 다르송발(D'Arsonval) 계측기와는 달리, 가동철편형계측기는 그것의 작동을 위해 유도자기에 좌우된다. 가동철편형계측기는 솔레노이드 안쪽에 놓여있는 하나는 고정된 또 하나는 움직일 수 있는 2개의 동심철편 사이에 반발의 원리를 활용하고, 지침은 가동철편 세그먼트에 부착한다.

전류가 코일을 통해 흐를 때, 2개의 철편은 그들의 상단에서 N극 그리고 그들의 하단에서 S극으로 자화된다. 같은 극은 반발하기 때문에, 가동소자에 접선, 힘의 균형이 잡히지 않는 성분은 그것으로 하여금 스프링에 의해 가해진 힘에 반대하여 돌아가게 한다.

가동 베인은 모양에서 직사각형의 것이고 고정 베인은 점점 가늘어진다. 이 설계는 비교적 등분눈금의

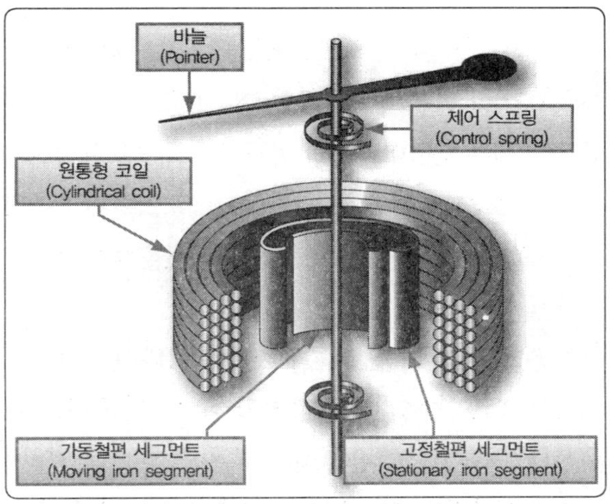

[그림 1-156] 가동철편형계측기(moving iron-vane meter)

사용을 가능케 한다.

전류가 코일을 통해 흐르지 않을 때, 가동 베인은 그것이 점점 가늘어진 고정 베인의 긴 변 쪽에 정반대의 것이도록, 그리고 눈금 눈금읽기가 0이도록 배치된다. 철편의 자화의 양은 전계의 강도에 따르는데, 다시 말해, 코일을 통해 흐르는 전류의 양에 따른다.

반발력은 그것이 고정 베인의 더 짧은 변 가까이 갈수록 고정 베인의 긴 변에 반대 위치에 더 크다. 그런 까닭에, 가동 베인은 코일전류의 크기에 비례하는 각도를 통해 더 짧은 변 쪽으로 움직인다. 움직임은 반발력이 스프링의 억제력에 의해 균형이 잡혀질 때 멈춘다.

반발은 항상 코일을 통해 흐르는 전류의 방향에 관계없이, 고정날개의 더 짧은 변 쪽으로 같은 방향에 있기 때문에, 가동철편형계기는 직류회로이거나 또는 교류회로에서 작동한다.

이 유형의 계기에서 기계적 제동은 축이 움직일 때, 알루미늄날개는 제한된 공간에서 움직이도록, 축에 부착된 알루미늄날개의 효과에 의해 얻을 수 있다.

가동철편형계측기가 전류계로 사용될 때, 코일은 정격전류를 실어 보내기 위해 비교적 적은 감음의 굵은 전선으로 감긴다.

가동철편형계측기가 전압계로서 사용될 때, 솔레노이드는 여러 번 감아주는 가는 전선으로 감긴다. 휴대용 전압계는 750[V]까지의 범위에서 내부포함직렬저항(self-contained series resistance)으로 만들어진다. 그보다 높은 범위는 추가의 외부배율기의 사용으로 얻을 수 있다.

가동철편형계기는 직류를 측정하기 위해 사용하게 되지만, 베인 깃에서의 잔류자기로 인하여 오차가 발생한다. 계측기 접속을 반대로 하는 그리고 눈금읽기를 균등배분(均分)하는 것은 오차를 최소로 하게 된다. 교류회로에 사용되었을 때, 계기는 0.5[%]의 정밀도를 갖는다. 그것의 간단함, 비교적 저비용, 그리고 전류가 가동요소로 전도되지 않는다는 사실 때문에, 이 유형의 움직임은 교류전력회로에서 전류 또는 전압을 측정하는데 광범위하게 사용된다. 그러나 자기회로의 자기저항이 크기 때문에, 가동철편형계측기는 동일한 범위의 다르송발(D'Arsonval) 계측기에서 요구되는 것보다 전체눈금 편향을 만들어내기 위해 더 많은 전력을 필요로 한다. 따라서 가동철편형계측기는 높은 저항, 저전력 회로에서는 자주 사용되지 않는다.

1.29.3 경사코일철편형계측기 (inclined coil iron vane meter)

가동철편형 기계장치(moving iron-vane mechanism)의 원리는 교류와 직류 모두를 측정하는데 사용될 수 있는 경사코일형의 계측기에 응용된다. 경사코일, 철편형계측기는 축에 대해 비스듬히 설치한 코일을 갖고 있다. 축에 비스듬히 부착된, 그리고 코일 안쪽에 위치된 2개의 연철 베인이 있다. 전류가 코일을 통해 흐르지 않을 때, 제어스프링은 0으로 지침을 유지하고, 그리고 철편은 코일의 면에 평행하는 면으로 놓여있다. 전류가 코일을 통해 흐를 때, 철편은 코일의 면에 직각으로 코일의 중심을 거쳐지나가는 자력선과 함께 일렬로 세우려는 경향이 있다. 그러므로 철편은 눈금 위에 지침을 움직이기 위해 스프링 작동에 반대하여 돌아간다.

철편은 코일을 통해 흐르는 전류의 방향에는 관계없이 자력선과 함께 일렬로 세우려는 경향이 있다. 그런 까닭에, 경사코일, 철편형계측기는 교류 또는 직류를 측정하기 위해 사용될 수 있다. 알루미늄평원반과

제동자석은 전자기제동을 마련한다.

가동철편형계측기와 마찬가지로, 경사코일형은 전체눈금 편향을 위해 비교적 많은 양의 전류를 필요로 하고 높은 저항, 저전력 회로에서 자주 사용되지 않는다.

가동철편형 계기에서처럼, 경사코일형계기는 전류계로서 사용될 때 비교적 굵은 전선을 적은 감고 전압계로 사용될 때는 가는 전선을 많이 감는다.

1.29.4 무효전력계(varmeters)

교류회로에서 전압과 전류를 곱하면 피상전력이 되며, 이는 일을 하는 유효전력과 일을 하지 않고 전선으로 되돌아가는 무효전력으로 나누어진다. 무효전력은 VAR(volt-ampere reactive) 또는 kilovar(KVAR, kilo-volt-ampere reactive)의 단위로 측정된다. 적절하게 연결되었을 때, 전력계는 무효전력을 측정한다. 이런 경우에, 전력계는 무효전력계라고 부른다. [그림 1-157]에서는 교류회로에 연결된 무효전력계를 보여준다.

1.29.5 전력계(wattmeter)

[그림 1-158]과 같이, 전력은 전력계를 써서 측정된다. 전력은 전류와 전압의 곱이기 때문에, 전력계는 두 가지 요소를 갖고 있어야 하는데, 전류에 대해 한 가지이고 전압에 대해 다른 한 가지 요소이다. 이런 이유 때문에, 전력계는 보통 전류력계형이다.

직렬저항을 가지고 있는 가동코일은 전압성분을 형성하고, 그리고 고정코일은 전류성분의 구성 요소가 된다. 전위코일 주위에 전계의 강도는 코일을 통해 흐르는 전류의 양에 따라 좌우된다. 결과적으로, 전류는 코일과 코일에 직렬로 높은 저항을 가로질러 가해지는 부하전압에 따르고, 전류코일 주위에 전계의 강도는 부하를 통해 흐르는 전류의 양에 따른다. 따라서 계측기 편향은 전위코일의 전역에서 전압과 전류코일을 거친 전류의 곱에 비례한다. 결과는 만약 전력계의 눈금이 적절하게 보정된다면, 마치 부하의 전역에서 가해진 전압과 부하를 거친 전류가 함께 곱해진 것처럼 거의 동일하다.

만약 전선에 전류가 반대로 되었다면, 양쪽 코일과 전위코일에서 전류의 방향은 반대로 되고, 최종적인

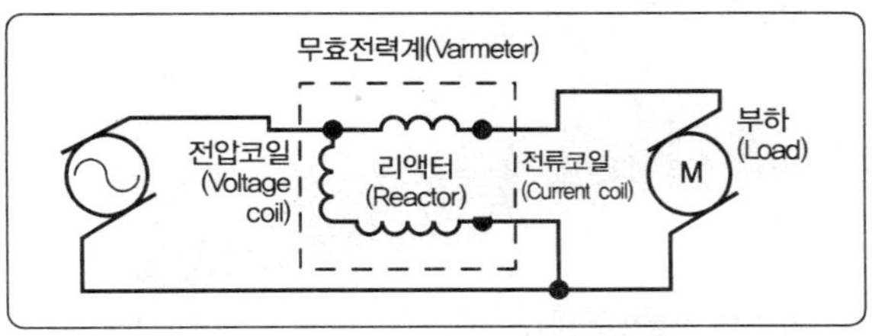

[그림 1-157] AC 회로에 연결된 무효전력계
(A varmeter connected in an AC circuit)

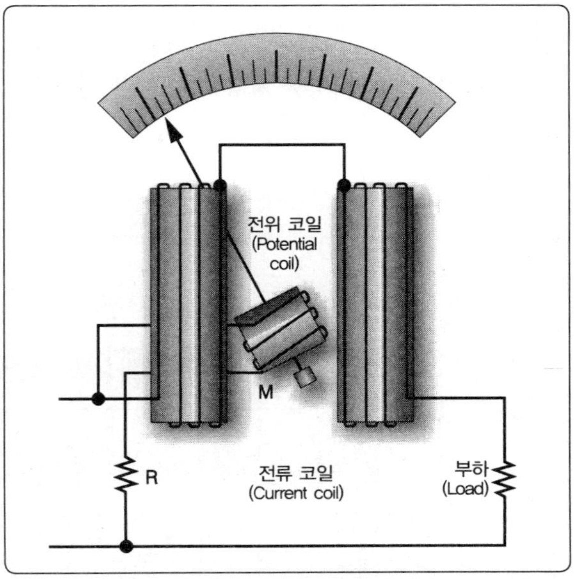

[그림 1-158] 단순화 된 전류력계형 전력계 회로
(Simplified electrodynamometer wattmeter circuit)

결론은 지침이 최대눈금을 나타내도록 지속한다. 그런 까닭에, 이 유형의 전력계는 교류전력이거나 또는 직류전력을 측정하는 데 사용될 수 있다.

1.29.6 주파수 측정/오실로스코프 (frequency measurement/oscilloscope)

오실로스코프는 더 유용하게 이용할 수 있는 전자 측정법 중 한 가지이다. 오실로스코프의 시각적인 능력은 위상관계, 진폭, 그리고 지속기간과 같은 여러 가지의 파형특성을 보여주고 양을 표시하는 것이 가능한 것으로 만든다. 반면에 오실로스코프는 여러 가지의 배치와 표현으로 일어나지만, 기본 작동은 전형적으로 동일하다. 대개 작업대 또는 작업장 적용에서 대부분의 오실로스코프는 파형을 나타내는 장치 또는 화면이 있는 음극선관(CRT, cathode-ray tube)을 사용한다.

음극선관은 아주 좁고 전자의 집속빔을 방출하는, 전자총을 담고 있는 진공계기이다. 화면의 뒤쪽에 바른 형광물질도금은 화면을 형성한다. 빔은 전자빔이 화면에 부딪치도록 전자적으로 겨냥되고 가속된다. 전자빔이 화면에 부딪칠 때, 빛은 충격의 지점에서 방출된다.

[그림 1-159]는 블록선도로서 음극선관의 기본구성요소를 보여준다. 가열된 음극은 전자를 방출한다. 제어그리드(control grid)에 전압의 크기 는 전자의 실제의 흐름을 결정하고 이렇게 하여 전자빔의 명암도를 제어한다. 가속양극은 전자의 속도를 증가시키고, 그리고 집속양극은 첨단 양상에 이르기까지 빔을 좁힌다. 화면의 표면은 또한 양극이고 전자빔의 가속을 도울 것이다.

수직편향판과 수평편향판의 목적은 전자빔을 향하도록 그리고 화면의 특정한 지점에 그것을 위치하도록 하는 것이다. [그림 1-160]에서는 편향판이 어떻게 화면에 전자빔을 배치하는 데 이용되는지를 보여준다. 편향판에 중립 또는 무전압을 공급함으로써, 전자빔은 영향을 받지 않을 것이다. 편향판에 (-)전압을 가함으로써 전자빔은 반발될 것이고 편향판에서 떠나버린다. 마지막으로, 편향판에 (+)전압을 가함으로써 전자빔은 편향판으로 끌어당겨질 것이다. [그림 1-160]에서는 몇몇 가능한 편향판 전압 결합과 합성 전자빔 위치를 마련한다.

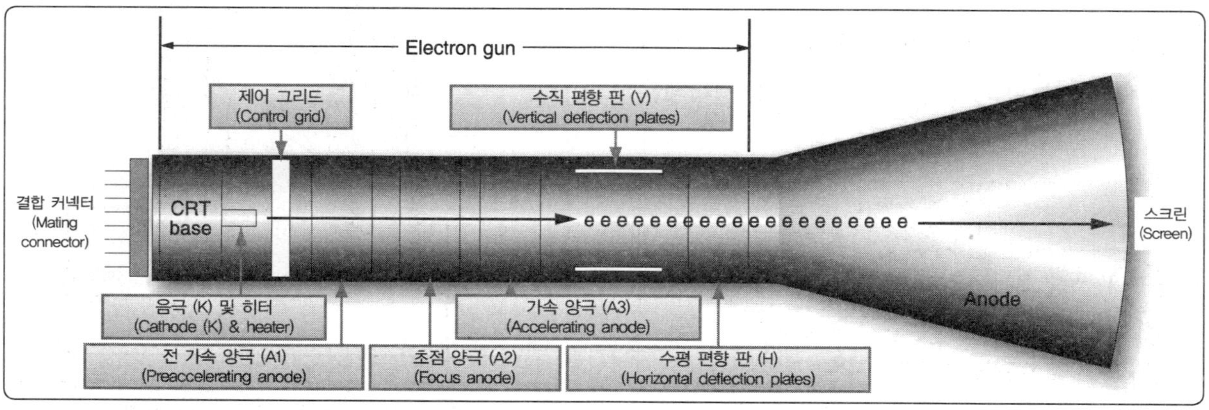

[그림 1-159] 블록 다이어그램이 있는 CRT의 기본 구성 요소

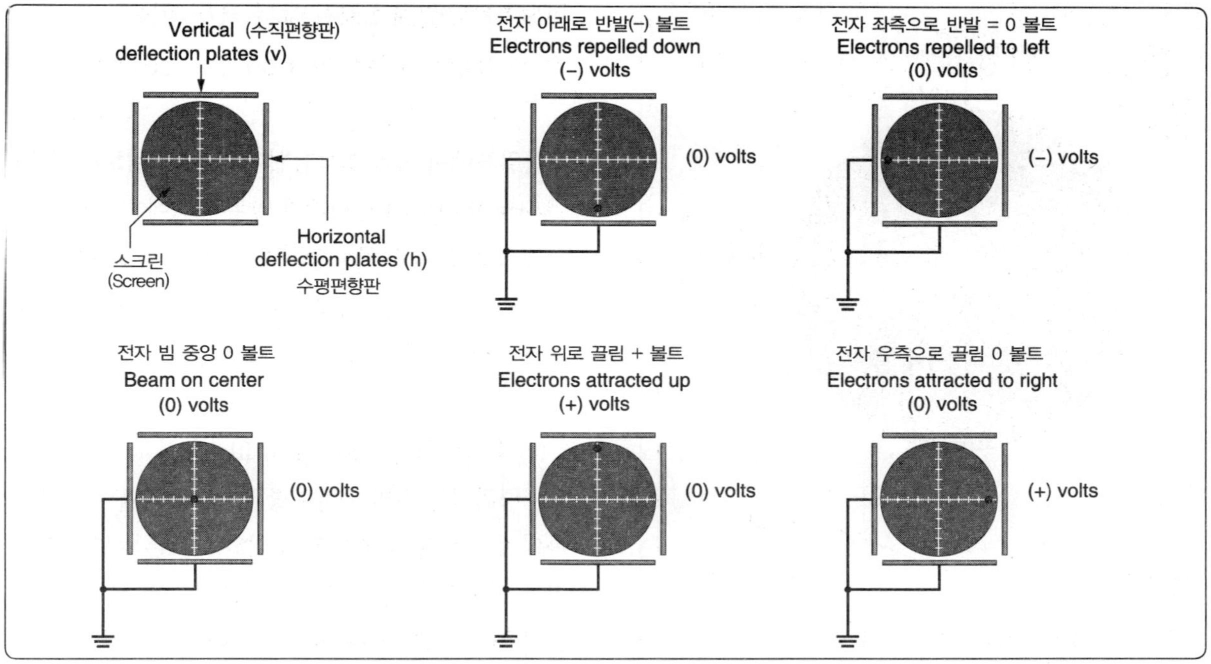

[그림 1-160] 가능한 편향판 전압 결합과 합성전자빔 위치

1.29.7 수평편향(horizontal deflection)

입력신호의 시각제시를 얻기 위해서, 내면적으로 발생된 톱니파전압이 발생시켜지고 그다음에 수평 편향판에 가해진다. [그림 1-161]에서는 톱니파전압이 (-)전압에서 시작하여 (+)전압으로 일정비율로 증가하는 인가된 전압의 형을 보여준다. 이 인가된 변전압은 화면의 왼쪽 끝부터 화면의 오른쪽 끝까지 전자빔을 묘사하거나 또는 추적할 것이다. 결과로서 일어나는 화면표시기는 만약 소사율이 충분히 빠르다면, 직선이다. 이 톱니파 인가전압은 전자빔이 되풀이하여 관을 가로질러 소사되도록 하는 반복신호이다. 톱니파전압이 (-)전압에서 (+)전압으로 향하는 진도는 주파수에 의해 결정된다. 그때 이 진도는 전자빔의 소사율을 확립한다. 톱니파전압이 왼쪽에서 오른쪽으로 그것의 소사의 끝단에 도달할 때, 그때 전자빔은 신속하게 왼쪽으로 돌아오고 또 다른 소사를 만들기 위해 준비한다. 그 시간 동안에, 전자빔은 멈춰지거나 지워지고 어떤 종류의 흔적도 만들어내지 않는다. 이 기간은 귀환비행(fly-back, 브라운관의 음극선 빔이 주사의 시발점에 돌아옴)이라고 부른다.

1.29.8 수직편향(vertical deflection)

만약 이와 같은 신호가 수직편향판에 가해졌다면, 전자빔은 또한 빔으로 하여금 아래쪽 위치에서 위쪽 위치로 거슬러 올라가게 하는 것으로 수직선을 만들어낸다.

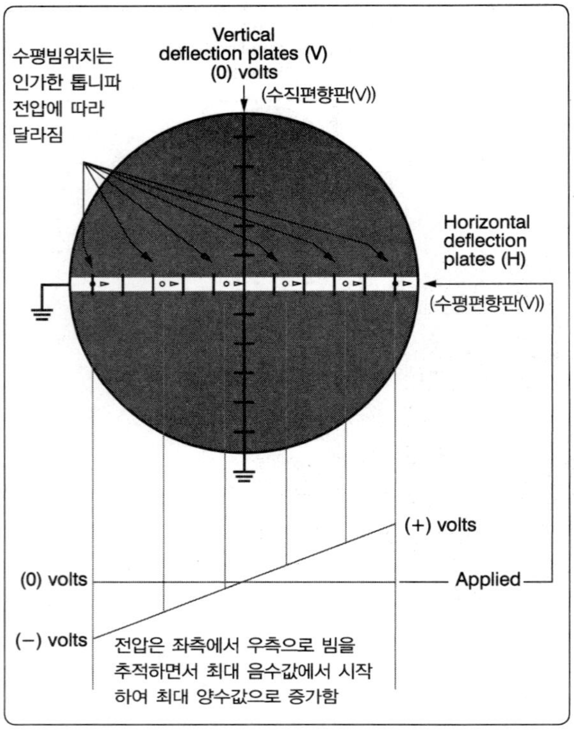

[그림 1-161] 톱니파인가전압(Saw-tooth applied voltage)

1.29.9 사인파 투사(tracing a sine wave)

[그림 1-162]와 같이, 오실로스코프에서 사인파를 재생하기는 수직편향형과 수평편향형 모두를 결합시킨다. 만약 사인파 전압신호가 수직편향판을 가로질러 가해졌다면, 결과는 화면에 아래위로 수직전자빔 발진이 있을 것이다. 중심선 위쪽으로 움직이는 양은 전압의 최고값에 달려 있을 것이다.

전자빔이 수평편향판에 의해 왼쪽에서 오른쪽으로 조사하고 있는 동안에, 입력신호의 형상으로 하여금 화면에서 흔적을 찾아내게 하는 사인파 전압은 수직편향판에 가해지고 있다.

1.29.10 오실로스코프에서 제어기능 (control features on an oscilloscope)

단일체에서 복합체의 범위에 걸친, 오실로스코프에는 다양한 서로 다른 형태가 있는 반면에, 그들 모두는 공동으로 몇 가지 조종장치를 갖고 있다. 화면과 ON/OFF 스위치를 제외하고, 이들 조종장치의 일부는 다음과 같다.[그림 1-163]

(1) 수평위치(horizontal position)

수평위치는 빔의 중립수평위치의 조정을 고려한다. 파의 보다 좋은 시야를 갖기 위하여 또는 보다 좋은 측정을 취하기 위하여 파형 화면표시기에 위치를 움직이기 위해 이 조종장치를 사용한다.

(2) 수직위치(vertical position)

수직위치는 보다 좋은 관찰과 측정을 고려하는 아래위로 추적영상을 이동시킨다.

(3) 초점(focus)

초점은 그것이 목표 삼았던 전자빔과 화면에 적용범위를 제어한다. 빔이 뚜렷한 초점에 있을 때, 그것은 아주 작은 점까지 줄어들고 희미한 양상을 갖지 않는다.

(4) 명암도(intensity)

명암도는 본질적으로 흔적의 밝기이다. 화면에 전자의 흐름을 제어하는 것은 명암도에 변화를 준다. 확대시험을 위해 또는 빔이 정지한 것일 때 그리고 화면에 작은 점을 형성할 때 아주 높은 명암도를 유지하는 것은 피해야 한다. 이것은 화면을 손상시킬 수 있다.

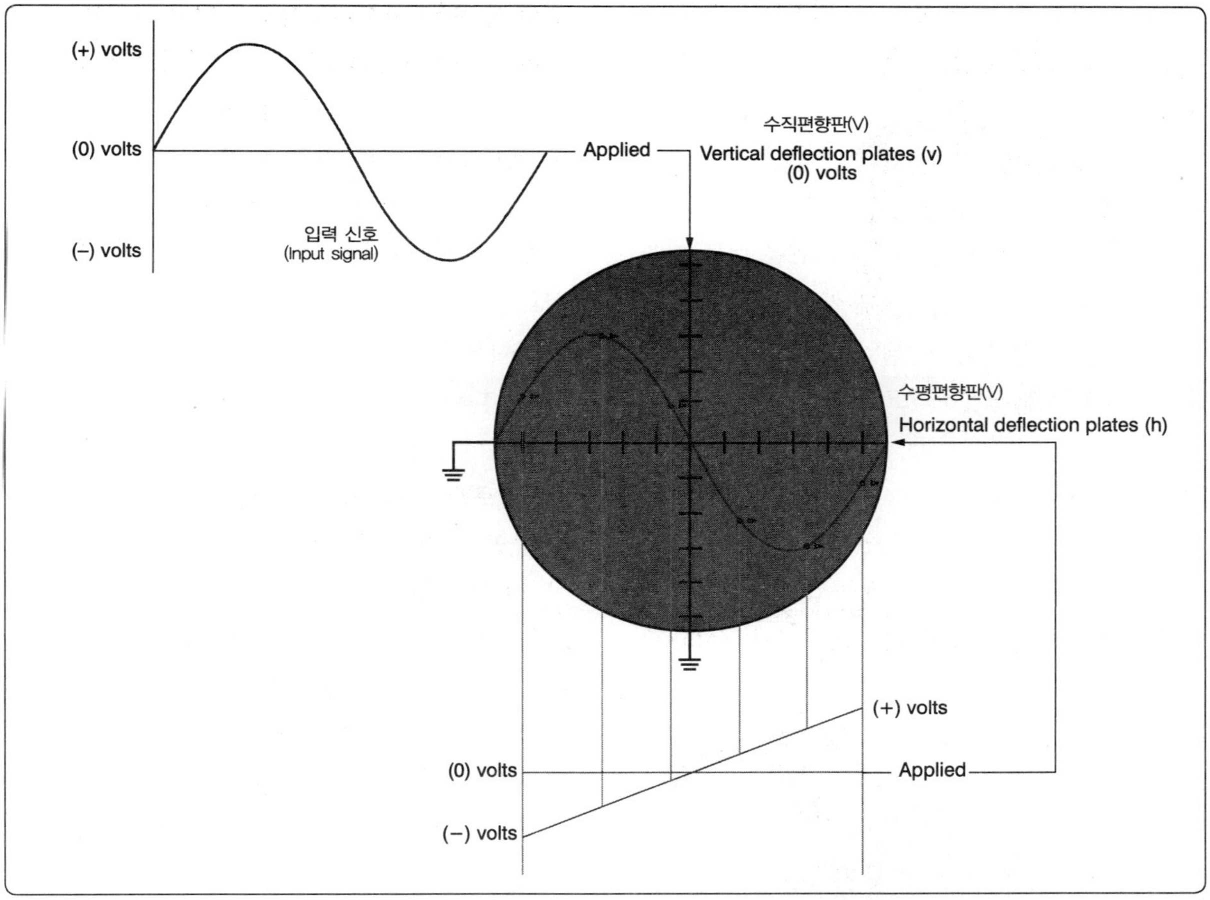

[그림 1-162] 사인파 전압 신호(Sine wave voltage signal)

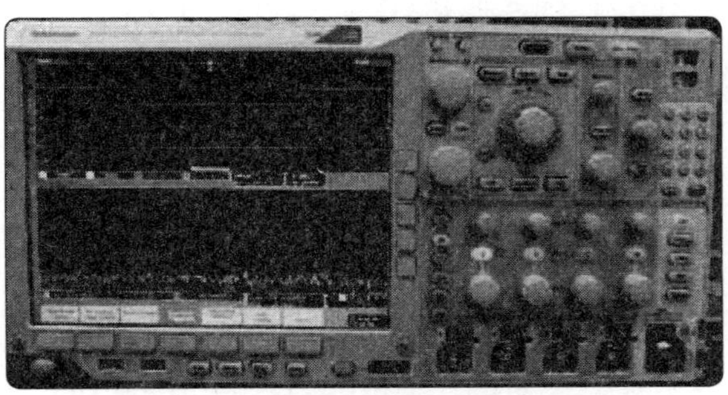

[그림 1-163] 평판 디스플레이가 있는 오실로스코프 (Oscilloscope with flat panel display)

(5) 초/분할(seconds/division)

초/분할은 수평 조사율을 설정하는 시간 의존적 제어이다. 기본적으로, 스위치는 수평눈금에서 각각의 분할이 묘사할 시간간격을 선택하는 데 사용된다. 이들 분할은 초(second), 밀리 초(millisecond), 또는 마이크로 초(microsecond)가 될 수 있다. 간단한 예는 만약 정비사가 10[㎲]에 초/분할 제어장치(control set)를 갖는 경우이다. 만약 이들 정비사가 화면에서 4분할의 주기를 가지고 있는 파형을 바라보고 있다면, 그때 파형의 주기는 40[㎲]이게 된다. 이 파형의 주파수는 그때 주기의 역수를 취함으로써 결정할 수 있다. 이 경우에, 1/40[㎲]은 25[㎑]의 주파수와 같을 것이다.

(6) 전압/분할(volts/division)

전압/분할은 수직눈금에서 각각의 분할이 묘사할 전압 간격을 선택하는 데 사용된다. 예를 들어, 각각의 수직분할이 10[㎷]와 동일하게 설정되어 있다고 가정해 보자. 만약 파형이 측정되었고 4분할의 최고값을 갖고 있다면, 그때 전압에 최고값은 40[㎷]이게 된다.

(7) 트리거(trigger)

트리거 컨트롤(trigger control)은 톱니파 수평조사와 수직판에 인가신호 사이에 동조를 마련한다. 장점은 화면에 파형이 정지된 그리고 고정된 그리고 화면의 전역에서 표류하기 없는 것으로 보이게 된다는 것이다. 트리거링 회로는 고정식톱니파 조사율보다는 오히려 조사의 시작을 개시하는 데 사용된다. 전형적인 오실로스코프에서, 트리거링 신호(triggering signal)는 신호의 사이클 동안 선택된 지점에서 입력신호 자체로부터 나온다. 한 번의 조사를 완료한 수평신호는 왼쪽에서 뒤쪽으로 되돌아가고 그것이 또 다른 조사를 시작하기 위해 입력신호로 다시 유발될 때까지 기다린다.

[그림 1-164] 오실로스코프에 평판색표시기
(flat panel color display for oscilloscope)

오실로스코프의 표준 음극선관 설계는 여전히 가동 중인 반면에, 화면표시기와 제어의 기술은 평면모니터의 사용으로까지 발전시켜졌다. 더욱이 더 새로운 오실로스코프는 상용소형컴퓨터(PC, common personal computer)와 통합될 수 있다. 이런 수준의 통합은 불과 몇 년 전에 아직 알려지지 않은 진단 선택권을 제공한다. 이 기술의 특색의 일부는 편리한 자료수집, 자료전송, 문서화, 자료 분석 등이 있다.[그림 1-164]

1.29.11 디지털멀티미터(digital multimeter)

전통적으로 정비사가 사용했던 계측기는 아날로그전압계, 아날로그전류계, 그리고 아날로그 저항계이었다. 이들은 보통 멀티미터(multimeter) 또는 전압 · 저항 · 밀리암페어계(VOM, volt-ohm-milliammeter)라고 부르는 동일한 계기로 결합되었다. 이 해결방법은 편리함과 경제성을 모두 갖추었다. 디지털멀티미터(DMM, digital multimeter)와 디지털전압계(DVM, digital voltmeter)는 현재 사용의 용이함으로 인하여 더 평범한 것이 되었다. 이들 계측기는 지침 작동장치를 가지고 있는 구형아날로그장치와 비교했을 때 읽기가 쉽고 더 정밀함을 준다. 멀티미터의 단일코일작동장치는 항상 정밀하게 읽기가 쉽지 않은, 눈금의 수치를 필요로 한다. 추가로 때때로 내부저항으로 인한 장하특성은 회로와 측정에 영향을 준다. 디지털전압계는 더욱 정밀함과 덜 불명료함뿐만 아니라 장하효과와 회로에서 영향력을 줄여주는 더 높은 입력저항을 제공한다.

1.30 기본적인 회로분석과 고장탐구 (Basic circuit analysis and troubleshooting)

고장탐구는 회로에서 문제점의 징후를 인지하기, 있음직한 원인을 확인하기, 그리고 고장 난 구성요소 또는 도체의 위치를 정하기의 체계적인 과정이다. 고장탐구에서 숙달된 것을 위해, 정비사는 회로가 어떻게 작동되고 시험용 장비를 어떻게 적절하게 사용하는지를 이해해야 한다. 계통은 고장 날 수 있는 여러 가지의 사항이 있고 모든 가능성을 해결하기 위해 이 책에서 미치지 못하는 것이 있다. 그러나 정비사가 항공기에서 마주치는 다수의 결함을 취급하는 것을 가능케 하는 약간의 기본개념이 있다.

기본회로와 고장탐구에 대한 토론을 시작하기 전에, 다음 정의가 주어진다.

① 단락회로(short circuit)

단락회로는 회로에서 2개의 구성요소 사이에 또는 구성요소/도체와 접지 사이에 고의가 아닌 결함으로 인해 형성된 낮은 저항경로이며, 보통 타버리거나 또는 회로도체 또는 회로부품 손상의 원인이 될 큰 전류흐름을 일으킨다.

② 개방회로(open circuit)

개방회로는 완전한 또는 연속적인 경로가 아닌 회로이다. 개방회로는 무한적으로 큰 저항을 나타낸다. 스위치는 회로를 개방하고 접속하기 위해 사용된 일반적인 장치이다. 때때로 회로는 백열전구 또는 타버린 저항과 같은, 구성요소 파손으로 인하여 개방될 것이다.

③ 연속성(continuity)

연속성은 연속적인, 연속된 또는 함께 연결된 것의 상태인데, 단절된 또는 개로를 가지고 있는 회로에 정반대의 것이다.

④ 불연속성(discontinuity)

회로가 단절되었거나 또는 연속적인 것이 아닌 것을 지시하는 불연속성은 연속성의 정반대의 것이다.

1.30.1 전압측정법(voltage measurement)

전압은 전압계 또는 멀티미터에 있는 전압계 위치로서 구성요소를 가로질러 측정된다. 보통 계측기에 직류와 교류 선택이 있다. 측정을 위해 사용하기 전에, 계측기는 정확한 전압 스케일이 선택되었는지 확인한다. [그림 1-165]와 같이, 측정을 위해 탐사침을 구성요소와 병렬 연결할 때, 극성이 정확히 일치하는지를 확인한다. 표준관행은 (+)Jack에 빨간색 계측기 리드 선을 연결하고 (−)Jack에 검은색 계측기 리드 선을 연결하게 된다. 그다음 전압을 측정하기 위해 구성요소에 병렬로 탐사침을 접속할 때, 리드 선은 구성요소의 극성에 맞추어져야 한다. 계측기에 손상 또는 부정확한 측정을 예방하기 위해 빨간색 리드 선은 구성요소의 (+)측에, 검은색 리드 선은 (−)측에 접속시켜야 한다.

모든 계측기는 약간의 저항을 갖고 있으며 전류 중 일부에 대한 분로를 형성한다. 이것은 전류에서 이 변화 때문에 회로의 특성을 변화시키는 것이 가능하다. 이것은 일반적인 구형아날로그형 계측기에 더 많은 관련이 있다. 만약 구성요소에 가해지고 있는 전압의 크기를 모르고 있다면, 그때 계측기는 가장 높은 전압 스케일에 설정해 놓고 측정하도록 해야 한다. 이것은 계측기의 측정 범위를 넘는 전압, 전류를 공급하게 되는 경우 손상이 발생할 수 있다. 범위는 측정된 전압이

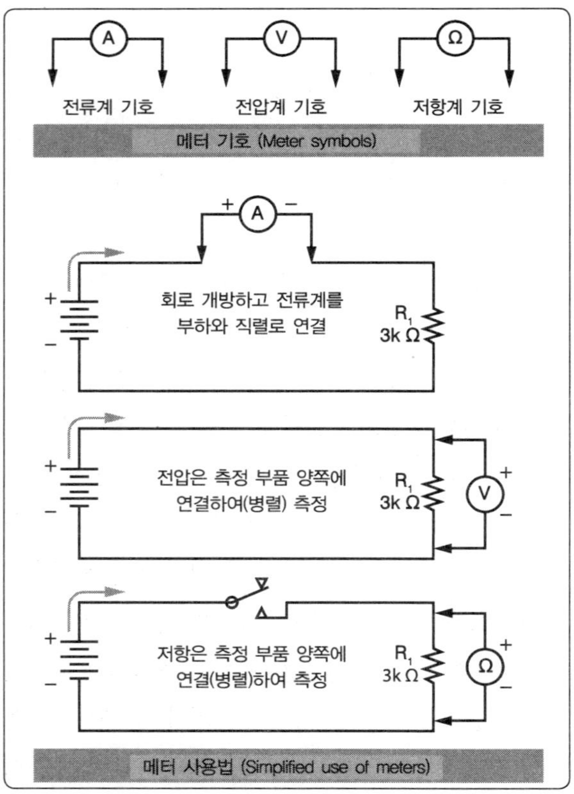

[그림 1-165] 전류측정(Current measurement)

중간눈금에서 읽혀질 때까지 점차 낮은 스케일로 선택되어야 한다. 이는 중간눈금에서 눈금읽기가 좀 더 정확하게 취할 수 있기 때문이다.

1.30.2 전류측정법(current measurement)

[그림 1-165]와 같이, 전류는 회로를 개방 또는 단선에 의해 그리고 직렬로 계측기를 삽입함으로써 전류경로에 연결된 전류계로 측정된다. 표준관행은 (+)Jack에 빨간색 계측기 리드 선, (−)Jack에 검은색 계측기 리드 선을 연결한다. 계측기의 (+)측은 (+)전압원 쪽으로 연결된다. 관념적으로 계측기는 전류를 변경하지 말아야 하며 회로와 측정에 영향을 미치지 않아야 한다. 그러나 계측기는 직렬로 회로의 여분으로 연결된 계측기의 내부저항 때문에 약간의 영향을 받게 된다. 저항은 매우 작은 것이고 실제로, 이것은 무시될 수 있다.

1.30.3 회로에서 저항 점검하기 (checking resistance in a circuit)

저항계는 저항을 측정하기 위해 사용된다. 그것의 아주 기본형으로서, 저항계는 계측기작동장치와 전압원에 직렬로 있는 가변저항기로 이루어진다. 계측기는 사용하기 전에 먼저 적절한 스케일로 조정되어야 한다.

조정 시에 계측기 배열 형태에 대해서 [그림 1-166]을 참고한다. 계측기 도선이 연결되지 않았을 때, 즉 개로일 때, 지침은 무한대 저항 또는 개회로를 의미하는 완전 왼쪽위치를 지시할 것이다. 리드 선을 합쳐서 단락시키면 계측기 지침은 완전 오른쪽으로 회전해

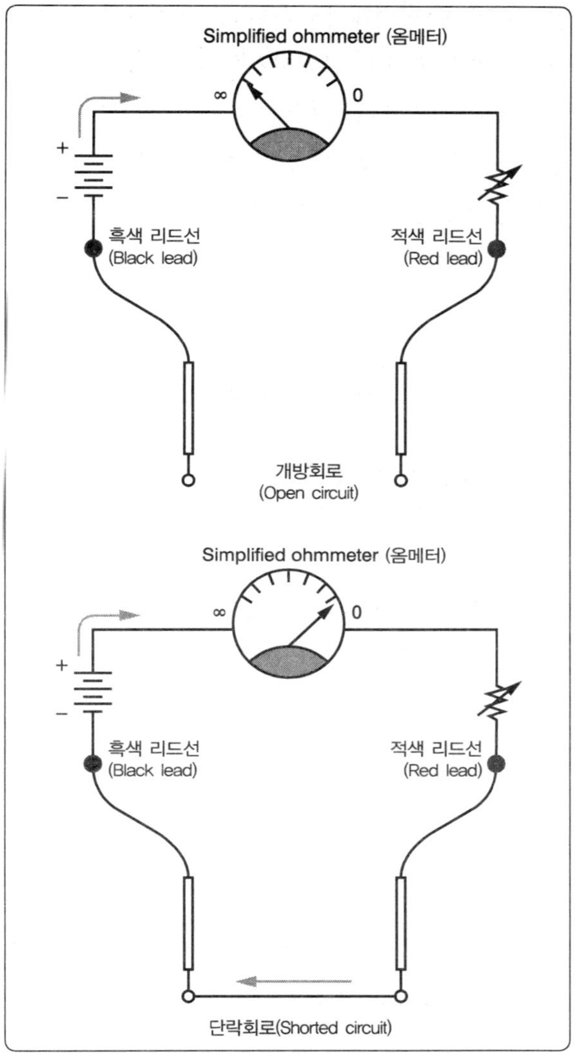

[그림 1-166] 조정 시에 계측기 배열형태

서 위치하도록 설정한다. 접속이 만들어졌을 때, 외부 저항의 값에 비례로서 지침의 편향을 일으키는 내부 배터리는 가동코일을 통과하는 전류를 만들어내게 한다. 이 경우에, 저항은 리드 선이 단락되었기 때문에 0[Ω]이다.

계측기에서 가변저항의 목적은 리드 선을 단락시켰을 때 지침이 정확하게 0을 나타내도록 전류를 조정하

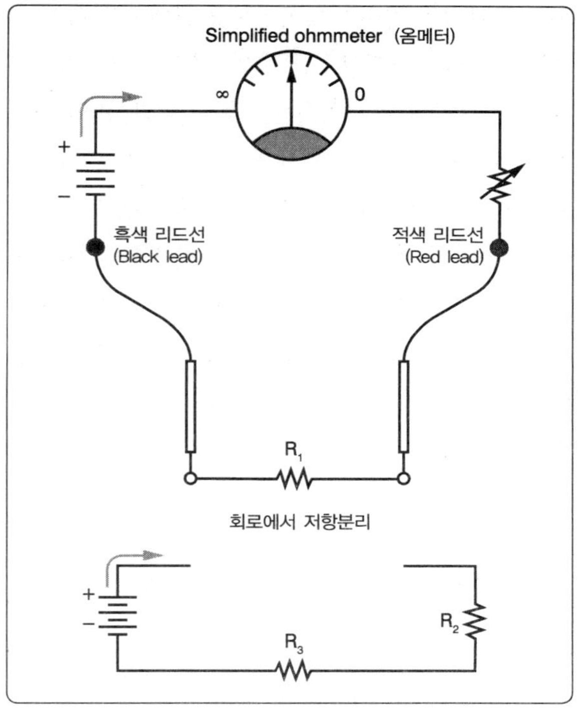

[그림 1-167] 저항 측정 방법

는 것이다. 이것은 배터리 사용이 지속될 때, 배터리 전압이 변화될 것이고, 이에 대한 보정을 요구하기 때문에 필요로 한다. 계측기는 매번 사용하기 전에 "영점에 맞추어야 된다."

[그림 1-167]과 같이, 저항 값을 점검하기 위해, 저항은 회로로부터 분리되어야 한다. 이렇게 하는 것은 저항계의 손상을 방지하고, 측정하고자 하는 저항과 다른 부품들이 병렬 회로로 구성되면서 발생할 수 있는 부정확한 판독의 가능성을 막아줄 것이다.

1.30.4 연속성점검(continuity checks)

많은 경우, 저항계는 구성요소의 저항을 측정하는데 사용될 뿐만 아니라 회로의 한쪽 부분에서 다른

쪽 부분까지의 접속 이상여부를 간단히 점검하기 위해 사용된다. 만약 양호한 접속이라면, 그때 저항계는 거의 "0Ω" 또는 단락을 지시할 것이다. 만약 회로가 개방되었다면 또는 커넥터의 오버압착 핀(over-crimped pin)처럼 어떤 지점에서 매우 불확실한 접속이 이루어지고 있다면, 저항계는 무한대 또는 매우 높은 저항을 나타낼 것이다. 측정이 이루어지는 동안, 회로 또는 탐사침과의 접촉은 피해야 한다. 접촉은 또 다른 병렬경로를 초래할 수 있으며 이로 인한 오차가 발생할 수 있다.

1.30.5 정전용량 측정법 (capacitance measurement)

[그림 1-168]은 저항계를 이용한 커패시터의 기본적인 시험을 보여준다. 일반적으로 커패시터는 두 가지 고장 형태가 있다. 한 가지는 절연파괴 또는 개방회로로 인하여 커패시터를 통하여 단락이 되는 완벽한 고장이다. 또 다른 하나는 커패시터의 퇴화로 인하여 성능이 점진적으로 저하되는 고장이다.

만약 문제점이 예측된다면, 회로에서 커패시터를 떼어서 저항계로 점검해야한다. 첫 번째 단계는 그것이 완전히 방전되었는지 확인하기 위해 커패시터에 2개의 도선을 단락시킨다. 그다음 단계는 [그림 1-168]과 같이, 커패시터에 저항계의 2개 리드 선을 각각 연결하고 저항계 지침의 움직임을 관찰한다. 연결 초기에는 지침이 단락회로를 지시한다. 그다음에 점차 커패시터가 충전되는 동안, 지침은 왼쪽 또는 무한대로 움직이고 결국에는 개방회로를 지시한다. 커패시터는 저항계의 내부배터리로부터 전원을 공급받아 충전된다. 정전용량이 크면 클수록, 더 오랫동안 충전이 될 것이다. 만약 커패시터가 단락시켜졌다면, 그때 지침은 매우 낮은 또는 단락시켜진 저항으로 유지할 것이다. 만약 유전체에 어떤 내부변질이 있다면, 지침은 전류를 지시하는 약간의 중간값에 있지만 절대로 높은 저항에 도달하지는 못할 것이다.

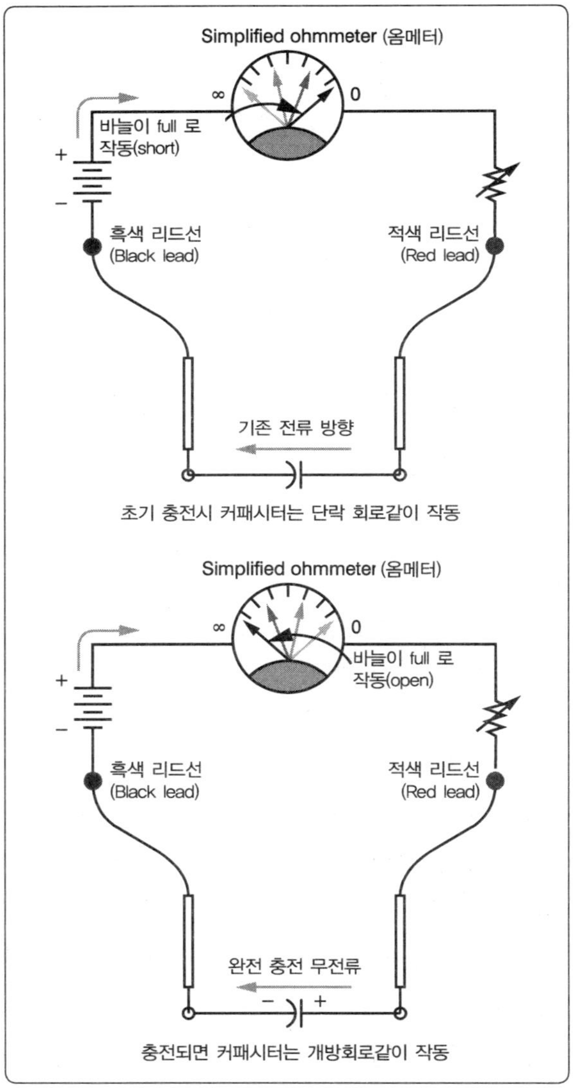

[그림 1-168] 저항계를 사용한 콘덴서의 기본 시험

1.30.6 유도용량 측정법 (inductance measurement)

인덕터의 일반적인 고장 모드는 개방형이다. 인덕터의 무결성을 점검하려면 인덕터를 회로에서 분리하고 콘덴서와 마찬가지로 격리된 구성 요소로 테스트해야 한다. 인덕터에 개방이 있는 경우, 저항이 무한대인 개방 회로로 표시된다. 실제로 인덕터가 양호한 상태일 경우 저항계는 코일의 저항을 표시한다.

과열로 인해 인덕터가 고장나는 경우가 있다. 인덕터가 과열되면 코일의 와이어를 덮고 있는 절연체가 녹아서 단락이 발생할 수 있다. 단락된 코일의 영향은 권선의 회전수를 감소시키는 것이다.

1.30.7 직렬회로에서 개로결함 고장탐구 (troubleshooting the open faults in series circuit)

가장 일반적인 고장 모드 중 하나는 "개방" 회로다. 저항과 같은 구성품은 정격전력을 초과하여 과열될 수 있다. "냉간" 납땜 접합부가 갈라지면서 릴레이나 커넥터에서 도선이 분리되면 또 다른 더 심각한 문제가 발생할 수 있다.

이러한 유형의 손상은 정비사가 검사를 위해 구역에 접근한 후 정기적인 유지보수 중에 발생할 수 있다. 많은 경우, 고장이 발생했다는 시각적 징후가 보이지 않아서 정비사는 항공기 인도나 계획된 운항에 이르는 마지막 날에 전원이 다시 항공기에 공급될 때까지 문제가 있다는 것을 알지 못한다. 첫 번째 예는 [그림 1-169] ~ [그림 1-171]에 표시된 간단한 그림이다. [그림 1-169]에 표시된 회로는 전류가 램프를 통해 흐르도록 설계되었지만, 개방된 저항 때문에 램프는 켜지지 않는다. 이런 개방을 찾으려면 전압계 또는 저항계를 사용해야 한다.

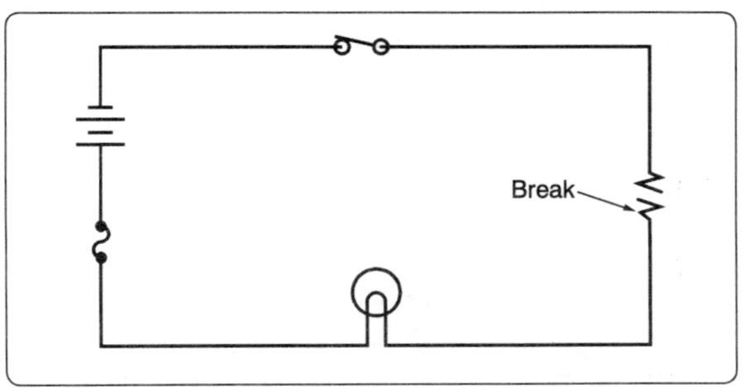

[그림 1-169] 단선 회로(An open circuit)

1.30.8 전압계로서 개방회로 추적 (tracing opens with the voltmeter)

이 경우에 따르는 일반적인 절차는 회로에서 각각의 구성요소를 가로질러서 전압강하를 측정하는 것이다. 만약 직렬회로에 개방회로가 있다면, 개방 요소에서 전압이 떨어진다. 이 경우에, 전체전압은 키르히호프의 전압법칙에 의거 열린 저항을 가로질러 나타나야 한다.

[그림 1-170]과 같이, 만약 전압계가 램프를 가로질러 연결되었다면, 전압계는 0을 지시할 것이다. 개방

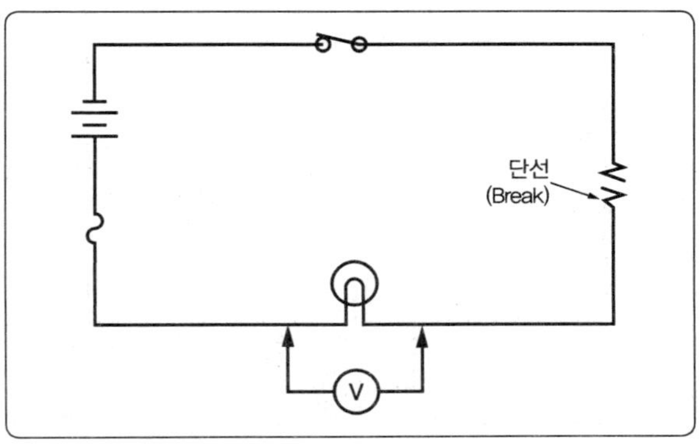

[그림 1-170] 개방 회로에서의 램프에 대한 전압계

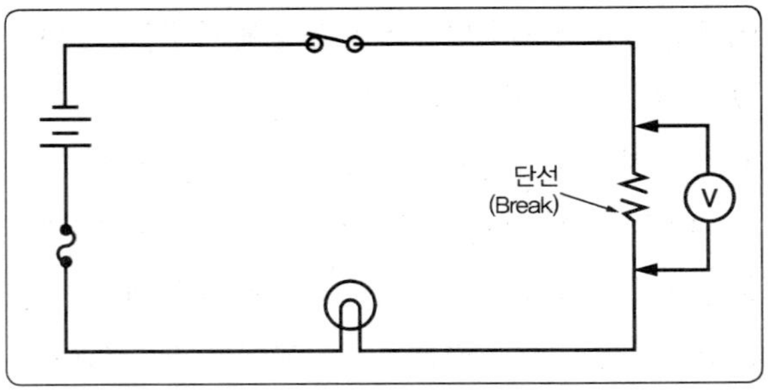

[그림 1-171] 개방 회로에서의 저항에 대한 전압계

된 저항으로 인해 회로에 전류가 흐를 수 없기 때문에, 램프가 양호한 것을 지시하는 램프를 가로질러서 전압강하는 없다.

다음에, [그림 1-171]과 같이, 전압계는 열린 저항을 가로질러 연결되었다. 전류가 흐르게 하는 전압계는 타버린 저항에 분로를 만들어서, 즉 병렬접속에 의해서 회로를 접속시킨다. 전자는 배터리의 음극단자로부터 흐를 것이고, 스위치를 거치고, 전압계와 램프를 거치고, 다시 배터리의 양극단자로 되돌아갈 것이다. 그러나 전압계의 저항은 단지 아주 조금의 전류가 회로에 흐르도록 매우 높다. 전류는 램프에 불을 켜주기 위해서는 너무 작지만, 전압계는 배터리전압을 나타낼 것이다.

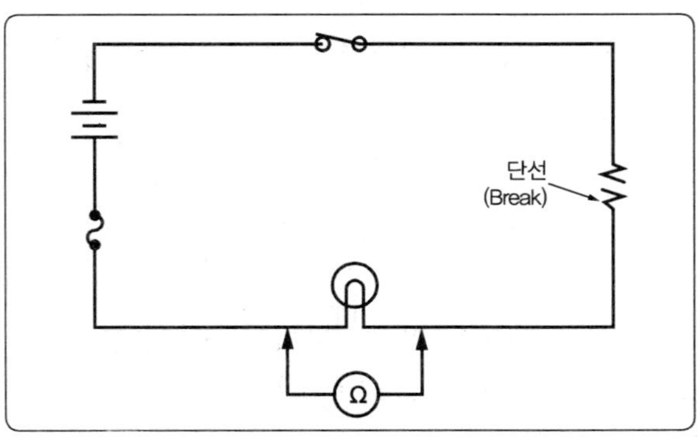

[그림 1-172] 저항계를 사용하여 회로 구성 요소 점검

1.30.9 저항계로서 개로 추적 (tracing opens with the ohmmeter)

[그림 1-172]와 [그림 1-173]과 같이, 간이회로는 저항계를 이용하여 어떻게 직렬회로에서 개방 위치를 알아내는지 설명한다. 저항계로 고장탐구 때 지켜야 하는 일반규칙인데, 저항계를 회로부품과 적절하게 연결했을 때 저항 눈금이 얼마간 지시된다면 해당 구성요소는 연속성을 갖고 있으므로 개방 위치가 아니다.

저항계를 사용해서 시험하고자 하는 회로부품은 격리시켜야 하며 회로로부터 전원을 차단해야 한다. 이 경우에, 회로 스위치를 개방함으로써 이러한 요구조건에 부합할 수 있다. 저항계는 영점 조정되고 모든 양호한 구성요소에서 0일 것이다. 개방된 구성요소의 전역에서 전압강하는 직렬결합을 가로질러서 전체전압과 같아질 것이다. 이 상황은 열린 구성요소가 직렬회로를 거쳐지나가는 전류를 차단할 것이기 때문에 일어난다. 전류가 흐르지 않으면 양호한 구성 요소에서 전압 강하가 발생할 수 없다. 전류가 0이기 때문에 구성 요소 전체에 걸쳐 E = IR = 0V로 옴의 법칙에 의해 결정될 수 있다. 전압은 램프를 가로지르는 두 위치에서 동일하다. 이 시험배치에서, 램프가 양호한 상태이고 회로의 개방 소스가 아님을 나타내는 저항값이

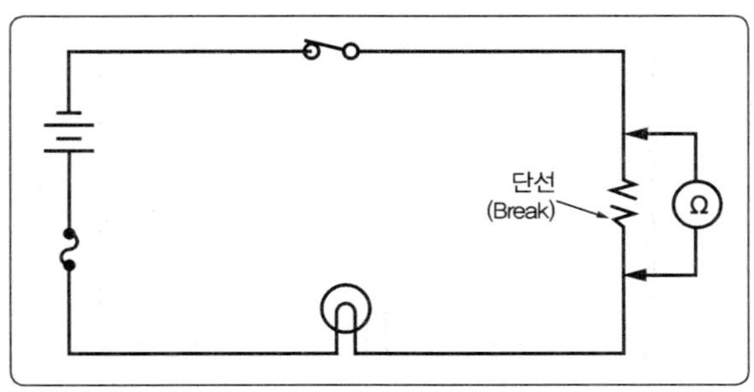

[그림 1-173] 저항계를 사용하여 회로 구성 요소에서 개방 위치 찾기

읽힌다.

[그림 1-173]과 같이, 정비사는 저항으로 이동해야 하고 그것을 가로질러 저항계 탐사침을 연결한다. 저항계를 개방된 저항과 병렬 연결했을 때, 저항계는 무한대 저항 또는 불연속상태를 나타낸다. 따라서 회로의 개방 위치를 바로 알 수 있다.

1.30.10 직렬회로에서 단락결함 고장탐구 (troubleshooting the shorting faults in series circuit)

개방된 고장은 구성 요소나 시스템이 작동하지 않게 할 수 있으며, 이는 심각하고 위험할 수 있다. 단락단자는 잠재적으로 개방된 유형의 결함보다 더 심각한 상황일 수 있다. "단락"은 역효과의 원인이 될 것이다. 직렬 회로의 단락은 정상 전류보다 큰 전류를 생성한다. 이 유형의 결함은 전선다발이 적절하게 고정되지 않았을 때 서서히 진행할 수 있고 기체구조 또는 유압라인과 같은 다른 계통에 부딪쳐서 벗겨지게 된다. 단락은 또한 내부 설치 시 잘못된 하드웨어를 사용하는 부주의한 정비서 때문에 발생할 수 있다. 만약 너무 긴 나사를 사용하여 트림을 설치하면 와이어 묶음을 관통하여 즉시 수많은 단락을 일으킬 수 있다. 더 나쁜

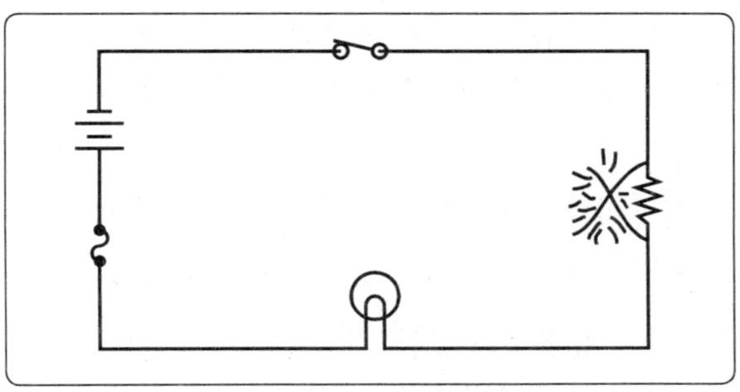

[그림 1-174] 단락된 저항

것은 곧바로 볼 수 있는 것이 아니라 "잠재적인" 그리고 항공기가 가동되기 전까지 징후를 나타내지 않는 단락이라는 것이다. 패널을 닫을 때도 명심해야 할 점이 있다. 전선은 패널과 에어프레임 사이에 끼일 수 있으며, 이로 인해 단락되거나 잠재되어 간헐적으로 단락될 수 있다. [그림 1-174]에서 [그림 1-176], 그리고 [그림 1-177]과 같이, 단일회선은 직렬회로에서 단락을 고장 탐구하는 그림으로 사용될 것이다.

[그림 1-174]와 같이, 회로는 램프에 불을 켜주도록 설계되었다. 저항은 전류흐름을 제한하기 위하여 회로에 연결되었다. 그림과 같이, 만약 저항기가 단락되었다면, 전류흐름은 증가될 것이고 램프는 더 밝아질 것이다. 만약 인가전압이 과도하게 높아졌다면, 램프는 타버리게 되지만, 이 경우에는 퓨즈가 먼저 개방하여 램프를 보호하게 된다.

보통 단락은 퓨즈를 끊어지게 하거나, 또는 개방 또는 회로부품을 태움으로써 개로를 만들어낼 것이다. 그러나 [그림 1-174]에서 보여준 일부 회로에서, 하나의 단락된 저항이 퓨즈를 끊어지게 하거나 또는 구성요소를 태울 정도로 전류흐름을 증가시키지 않도록 부가적인 저항이 있다. 그러므로 단락시켜진 하나의 저항으로서, 회로는 다른 저항에 의해 소산된 전원이 퓨즈의 정격을 초과하지 않기 때문에 여전히 작용할 것이다.

1.30.11 저항계로서 단락 추적 (tracing shorts with the ohmmeter)

[그림 1-175]와 같이, 단락시켜진 저항기는 저항계로서 위치를 알아낼 수 있다. 첫 번째로 스위치는 회로부품을 격리시키기 위해 개방된다. [그림 1-176]에

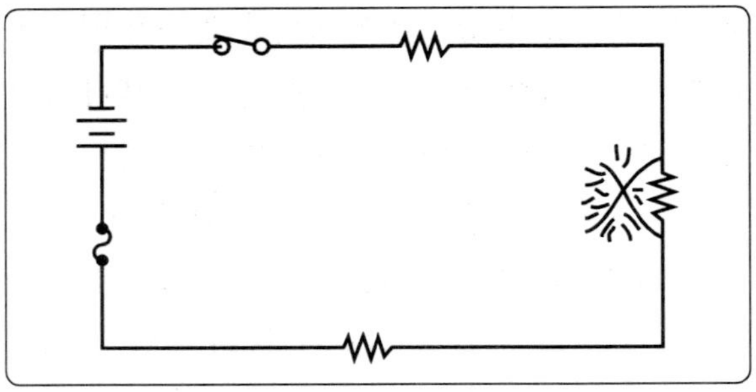

[그림 1-175] 회로가 개방되지 않는 단락

서, 이 회로는 저항 각각을 가로질러 연결된 저항계를 보여준다. 이 저항이 단락되었다는 것을 나타내는 오직 단락시켜진 저항을 가로질러 연결된 저항계는 눈금 0을 보여준다.

1.30.12 전압계로서 단락 추적 (tracing shorts with the voltmeter)

회로가 작용하고 있는 동안 단락된 저항을 찾아내기 위해, 전압계가 사용될 수 있다. [그림 1-177]에서는 전압계가 단락되지 않은, 어떤 저항을 가로질러 연결되었을 때, 인가전압의 일부는 전압계 눈금에 지시될 것이라는 것을 보여준다. 전압계는 단락된 저항을

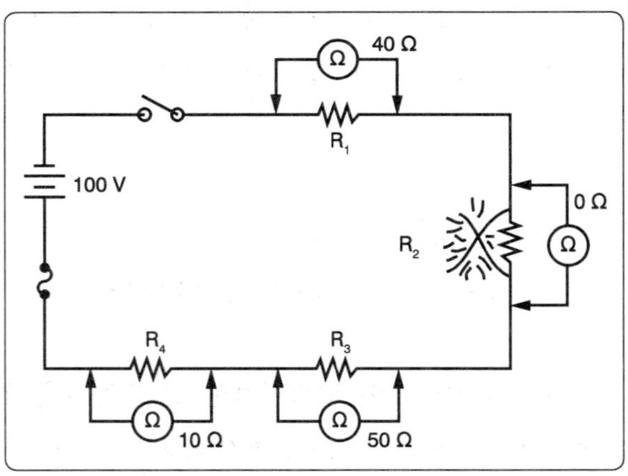

[그림 1-176] 저항계를 사용하여 단락 저항 찾기

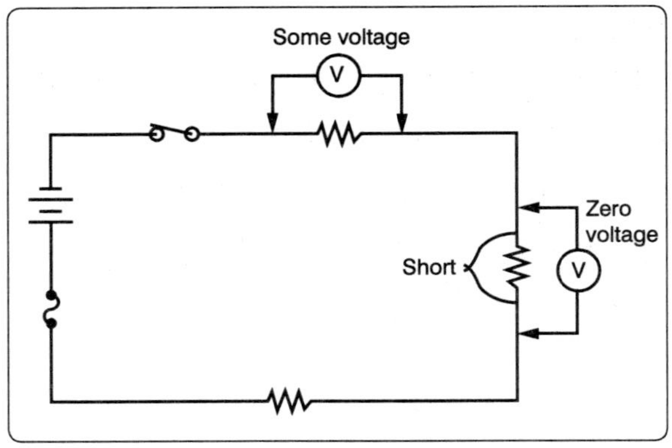

[그림 1-177] 저항에 연결된 전압계

가로질러 연결되었을 때, 전압계는 0을 나타낼 것이다.

1.30.13 병렬회로에서 오픈결함 고장탐구 (troubleshooting the open faults in parallel circuit)

병렬회로의 고장탐구 절차는 때때로 직렬회로에서 사용된 절차와 다르다. 직렬회로와 달리, 병렬회로는 전류가 흐르는 곳이 1개 이상인 경로를 갖는다. 전압계를 개방된 저항을 가로질러 놓았을 때, 그것은 병렬분기에서 전압강하를 나타낼 것이기 때문에, 사용될 수 없다. 그러나 전류계 또는 수정된 적용의 저항계는 병렬회로에서 개방된 분기를 탐지하기 위해 쓰일 수 있다.

[그림 1-178]과 같이, 만약 열린 저항이 시각적으로 명백하지 않다면, 회로는 전류가 회로의 다른 2개의 분기로 흐르게 되기 때문에, 적절하게 작용하는 것으로 보이게 된다. 회로가 적절하게 작동하지 못한다는 것을 판단하기 위한, 해결책은 회로가 적절하게 작동할 때 어떻게 작용해야 하는지에 따라 판단해야 한다. 첫 번째, 회로의 전체저항, 전원전류, 그리고 분기전류는 마치 회로에서 개방 회로가 없는 것처럼 계산

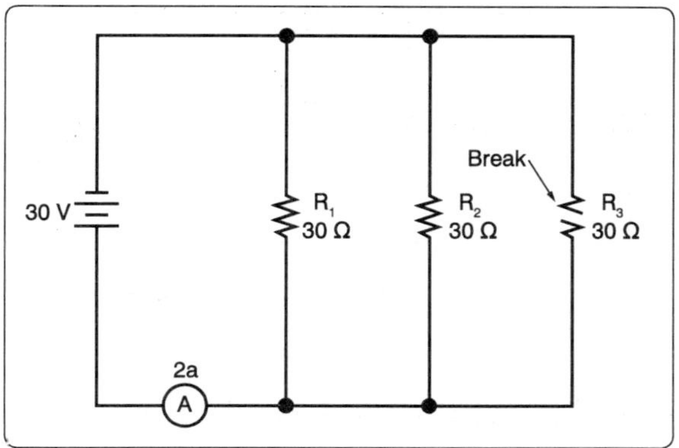

[그림 1-178] 병렬 회로에서 단선 분기 찾기

되어야 한다. 이 경우에, 전체저항은 간단하게 다음과 같이 계산할 수 있다.

$$R_T = \frac{R}{N} = \frac{30}{3} = 10[ohm]$$

여기에서, R_T는 전체회로 저항, N은 저항의 수, R은 저항값이다.

회로에서 전원전류는 옴의 법칙을 이용함으로써 계산할 수 있다.

$$I_T = \frac{E_S}{R_T} = \frac{10[V]}{10[\Omega]} = 3[A]$$

I_T는 전원전류, E_S는 병렬분기의 전역에서 전원전압, R_T는 병렬분기의 전체저항이다.

각각의 분기전류는 동일한 방식으로 계산되어야 한다. 첫 번째 분기에서, 전류는 다음과 같다.

$$I_1 = \frac{E_1}{R_1} = \frac{30[V]}{30[\Omega]} = 1[A]$$

다른 2개의 분기는 동일한 저항값이기 때문에, 그때 이들 분기의 각각에서 전류는 또한 1[A]일 것이다. 각각의 분기에 전류를 더하면 3[A]가 된다는 전원전류의 초기 계산을 입증한다.

1.30.14 전류계로서 개로 추적 (tracing an open with an ammeter)

[그림 1-178]과 같이, 만약 정비사가 회로에 전류계를 놓는다면, 전원전류는 계산된 3[A] 대신에 2[A]를 지시하게 된다. 1[A]의 전류는 각각의 분기를 통해 흐르고 있어야 되기 때문에, 하나의 분기가 개방되었다는 것이 명백한 것이다. 만약 그때 전류계가 분기에 연결되었다면, 개방된 분기에서의 전류계 눈금이 "0[A]"를 지시하는 것에 의해 개방 위치를 알아낼 수 있다.

1.30.15 저항계로서 개로 추적 (tracing an open with an ohmmeter)

저항계의 수정된 적용은 또한 이 유형의 끊어진 저항 위치를 알아낼 수 있다. [그림 1-179]와 같이, 만약 저항계가 끊어진 저항을 가로질러 연결되었다면, 연

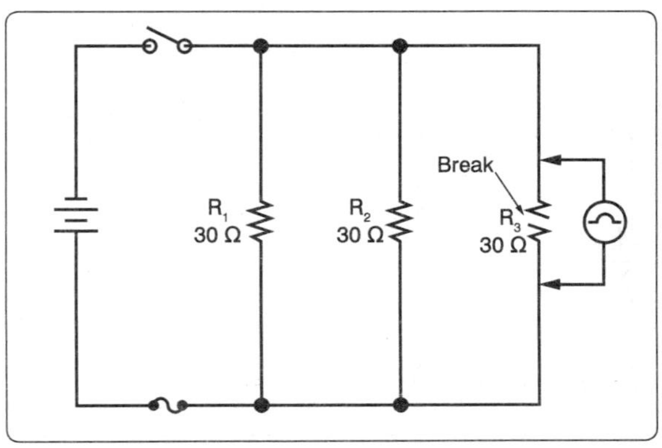

[그림 1-179] 잘못된 저항계 지시(A misleading ohmmeter indication)

속적이지 않은 눈금판독이 얻어지게 된다. 비록 회로 스위치가 개방되어 있더라도, 끊어진 저항은 저항 R1과 R_2에 병렬연결상태이고, 저항계는 R_1과 R_2의 병렬 결합의 등가저항인, 15[Ω]의 저항을 갖는 끊어진 저항을 지시하게 된다.

그런 까닭에, [그림 1-180]과 같이, 그것은 R3의 저항을 점검을 위해 회로와 분리하는 것이 필요하다. 이렇게 하여, 저항 R_1과 R_2에 의해 분로를 만들지 않는다. 끊어진 구성요소가 격리되었다는 것을 의미하는 저항계에 눈금 판독은 바로 무한대 저항을 지시하는 것이다.

1.30.16 병렬회로에서 단락결함 고장탐구 (troubleshooting the shorting faults in parallel circuit)

직렬회로에서와 같이, 병렬회로에서의 단락은 보통 퓨즈가 끊어지는 원인이 될 것이다. 그러나 직렬회로와는 달리, 병렬회로에서 하나의 단락된 구성요소는 퓨즈로 하여금 개방하게 함으로써 전류흐름을 멈추게 할 것이다. [그림 1-181]에 있는 회로를 참고하면, 저항 R_3이 단락되었다면, 저항이 거의 0Ω인 경로를 제

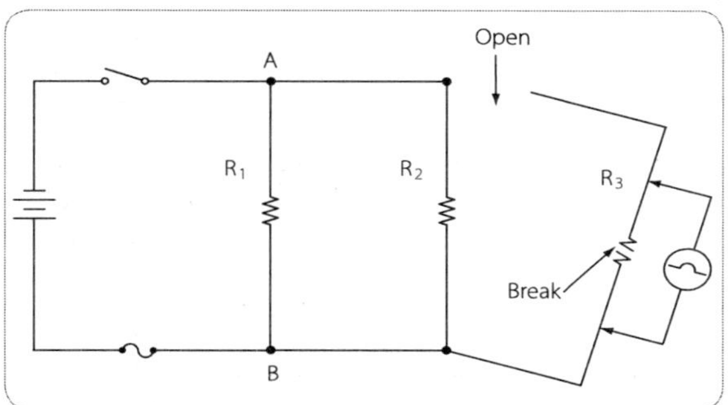

[그림 1-180] 정확한 저항 값을 얻기 위해 분기 회로 분리

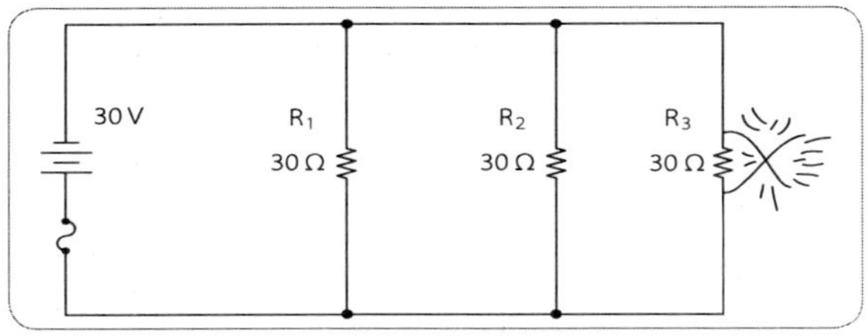

[그림 1-181] 퓨즈가 끊어지는 원인이 되는 구성품의 단락

공할 것이고, 회로전류는 단락된 저항을 포함하는 분기를 통해 흐를 것이다. 이것은 실제로 배터리의 단자 사이에 전선을 연결하는 것과 같은 것이기 때문에, 전류는 과도한 값으로 상승할 것이므로 퓨즈가 끊어질 것이다. 퓨즈는 거의 저항이 단락되자마자 나타나자마자 개방하기 때문에, 전류 또는 전압 점검을 수행하기 위한 시간이 없다. 따라서 단락된 구성요소에 대해 병렬직류회로의 고장탐구는 저항계로 이루어져야 한다. 그러나 병렬회로에서 끊어진 저항에 대해 점검의 경우에서처럼, 단락된 저항은 만약 단락된 저항의 한쪽 끝단이 분리되었다면, 즉 회로로부터 격리되었다면 오직 저항계로 탐지할 수 있다.

1.30.17 직병렬회로에서 단락결함 고장탐구 (Troubleshooting Shorting Faults in Series-Parallel Circuits)

1.30.17.1 개로 추적에 논리 (logic in tracing an open)

직 · 병렬저항회로의 고장탐구는 직렬회로 또는 병렬회로에서 찾아볼 수 있는 기능불량 위치를 알아내는 것이 수반된다. [그림 1-182]에서 [그림 1-184]까지는 직 · 병렬회로에서 결함 3 가지 지점과 일반화된 효과를 보여준다.

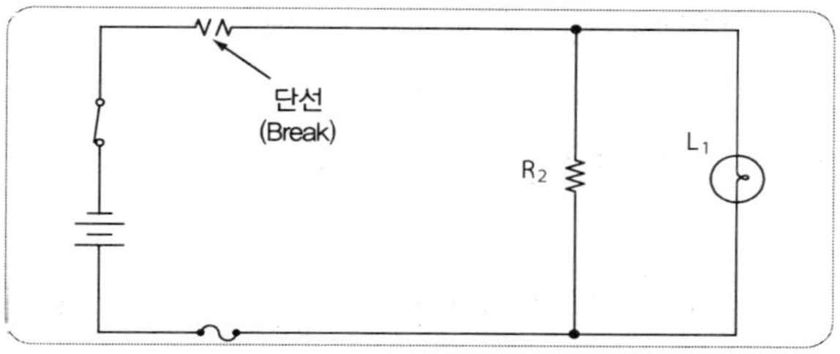

[그림 1-182] 직병렬 회로의 직렬부분에서의 단선

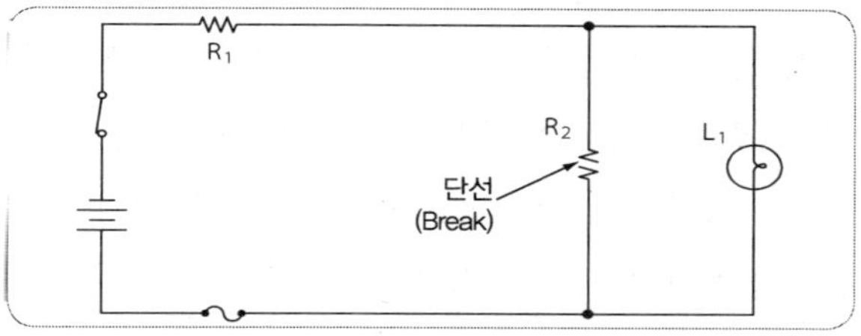

[그림 1-183] 직병렬 회로의 병렬 부분에서의 단선

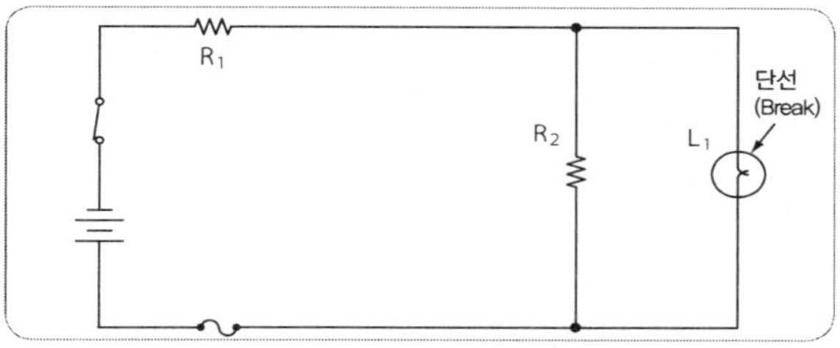

[그림 1-184] 직병렬 회로의 램프의 개방

(1) [그림 1-182]에서 보여준 직 · 병렬회로의 직렬 부분 어딘가에서 단선이 일어났다면, 전체 회로에서 전류흐름은 중단될 것이다. 이 경우에, 회로는 역할을 다하지 못할 것이고, 램프 L_1은 불이 켜지지 않을 것이다.

(2) [그림 1-183]와 같이, 만약 직 · 병렬회로의 병렬 부분에서 단선이 일어난다면, 회로의 주요부분은 작동할 것이다. 이 경우에, 회로의 전체저항이 증대되었고 전원전류는 감소되었기 때문에, 램프에 불은 들어오겠지만, 그것의 광도는 감소할 것이다.

(3) [그림 1-184]와 같이, 만약 개방 회로가 램프에서 일어난다면, 회로는 증가된 저항과 감소된 전류로 작동하겠지만, 램프는 불이 켜지지 않을 것이다.

1.30.17.2 전압계로서 개로 추적 (tracing opens with the voltmeter)

전압계와 저항계로 직 · 병렬회로를 고장탐구하기 위해서 어떻게 사용되는지 설명하기 위해, [그림 1-185]에 보여준 회로의 여러 지점에 명칭을 붙였다. 지점과 지점사이에 대해 예상되는 결과를 다음과 같이 나타내었다.

(1) 지점 A와 지점 D 사이에 전압계를 연결함으로써, 배터리 또는 스위치에 대한 개방여부를 점검할 수 있다.

(2) 지점 A와 지점 B 사이에 전압계를 연결함으로써, 저항 R1에서의 전압강하를 점검할 수 있다. 이 전압강하는 인가전압의 일부분이다.

(3) 만약 R_1이 끊어진 상태라면, 지점 B와 지점 D 사이에 눈금은 0[V]를 나타낼 것이다.

(4) 지점 A와 지점 E 사이에 전압계를 연결함으로써, 배터리의 양극단자와 지점 E 사이뿐만 아니라

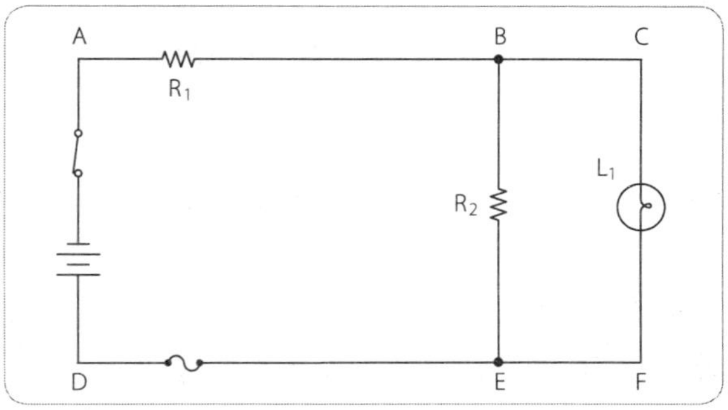

[그림 1-185] 전압계를 이용한 직병렬 회로 문제 해결

배터리의 양극단자와 퓨즈 사이 도체의 연속성은 점검할 수 있다. 만약 도체 또는 퓨즈가 끊어진 상태라면, 전압계는 0[V]를 나타낼 것이다.

(5) 만약 램프가 타버렸다면, 램프를 포함하는 분기에서 전류가 존재하지 않는다는 것은 명백한 것이고, 전압계는 회로에서 램프 L_1을 분리함으로서 R2를 포함하는 분기에서 개방여부를 확인하기 위해 사용할 수 있다.

1.31 배터리(Batteries)

1.31.1 일차전지(primary cell)

건전지는 가장 일반적인 유형의 일차전지 배터리이며 그 특성에 있어서 전해전지와 유사하다. 이 유형의 배터리는 기본적으로 음극 단자 역할을 하는 금속 전극 또는 흑연 봉으로 설계되어 전해질 페이스트에 담겨 있다. 이 전극/전해질 축적(build-up)은 보통 아연으로 만들어진 금속 용기에 담겨져 있으며 그 자체는 양극 단자 역할을 한다. 배터리가 방전 상태에 있을 때 전기 화학 반응(electrochemical reaction)이 일어나 금속 중 하나가 소비된다. 이러한 소비로 인해 충전 프로세스는 되돌릴 수 없다. 재충전을 통해 1 차 전지에서 화학 반응을 역전시키는 것은 일반적으로 위험하며 배터리 폭발로 이어질 수 있다.

이 배터리는 일반적으로 손전등과 같은 품목의 전원으로 사용한다. 오늘날 가장 일반적인 일차전지는 알칼리성건전지, 산화은건전지, 리튬전지 등에서 찾아볼 수 있다. 탄소 막대를 음극으로, 양극으로서 아연 케이스를 가진 이전의 탄소-아연 전지가 한때 널리 퍼져 있었지만 그렇게 흔하지는 않았다.

1.31.2 2차전지(secondary cell)

2차전지는 에너지를 방출하는 전기화학반응이 역으로 이루어지면서 재충전되는 전해전지의 한 가지 종류이다. 황산납 배터리는 대표적인 2차전지이다. 전해액은 묽은 황산, 즉 배터리 산이고, 양극은 이산화납, 음극은 납이다. 전형적인 황산납 배터리는 케이스 안에 6개의 황산납 셀로 이루어진다. 각각의 셀은 완전한 배터리가 총 12[V]를 생산하도록, 2[V]를 생산한다.

일반적으로 2차전지의 다른 종류는 니켈카드뮴전지, 니켈수소전지, 리튬이온전지, 그리고 리튬이온폴리머전지이다.

항공기에 사용되는 황산납 배터리는 자동차 배터리와 비슷하다. 황산납 배터리는 각각 양극 및 음극판 세트를 포함하는 일련의 동일한 전지로 구성된다. [그림 1-186]에서는 이산화납(PbO2)의 양극판, 음극판, 그리고 전해액 즉 황산과 물을 담고 있는 각각의 셀을 설명한다. 실제의 셀은 규정된 전류 출력을 얻기 위하여 2개보다 더 많은 판으로 조립된다. 모든 양극판은 음극판 모두와 마찬가지로 함께 연결된다. 각각의 양극판은 항상 2개의 음극판 사이에 배치되기 때문에, 항상 양극판보다 음극판이 1개 더 있다. 즉 각각의 셀의 양쪽끝단에 있는 판은 음극판이다.

판 사이에는 각 셀의 접촉이나 단락으로부터 양극판과 음극판을 보호하기 위한 다공성 격리판이 있다. 격리판은 양극판을 향하는 쪽에 수직 리브(rib)를 갖고 있다. 이 구조는 전해액이 판 주위에 자유롭게 순환하도록 한다. 첨언하여, 그것은 셀의 밑바닥으로 침전시키는 침전물을 위한 통로를 마련한다.

각 셀은 단자 기둥과 비 유출 배기 캡이 나사로 체결된 단단한 고무 케이스에 장착된다. 이 구멍은 전해액의 강도를 시험하고 물을 첨가하기 위한 접근을 제공한다. 비 유출 벤트 캡은 비행기에서 일어날 수 있는 자세와 관계없이 전해액 누출은 최소화 하면서 기체가 셀에서 빠져나갈 수 있도록 한다. [그림 1-187]에서는 벤트 캡의 구조를 보여준다. 수평비행 시에, 납추는 작은 구멍을 통해서 가스의 배출이 가능하게 하고, 배면비행 시에, 납추에 의해 이 구멍이 차단된다.

[그림 1-188]과 같이, 배터리의 개별 셀은 셀 스트랩을 통해 직렬로 연결된다. 완전한 어셈블리는 전기적인 차폐와 기계적인 보호의 대용이 되는 내산성금속용기, 즉 배터리 박스에 넣는다. 배터리 박스는 떼어놓을 수 있는 뚜껑을 갖고 있다. 그것은 또한 양쪽 끝단에 벤트 관 니플(nipple)을 갖고 있다. 배터리가 비행기에 장착될 때, 벤트 관은 각각의 니플에 부착된다. 한쪽 벤트 관은 흡입관이고 후류에 노출시켜진다. 다른 쪽 벤트 관은 배기가스 배기관이고 흔히 베이킹소다(baking soda)라고 부르는 중탄산나트륨 농축액으로 적신 펠트받침이 들어있는 유리병인, 배터리 용기에 부착된다. 이러한 배치로 기류는 배터리 가스를 집어서 섬프에서 중화시킨 다음 비행기에 손상 없이 배 밖으로 배출되는 배터리 케이스를 통해 유도된다.

일부 항공기에서 배터리의 장착과 장탈을 손쉽게

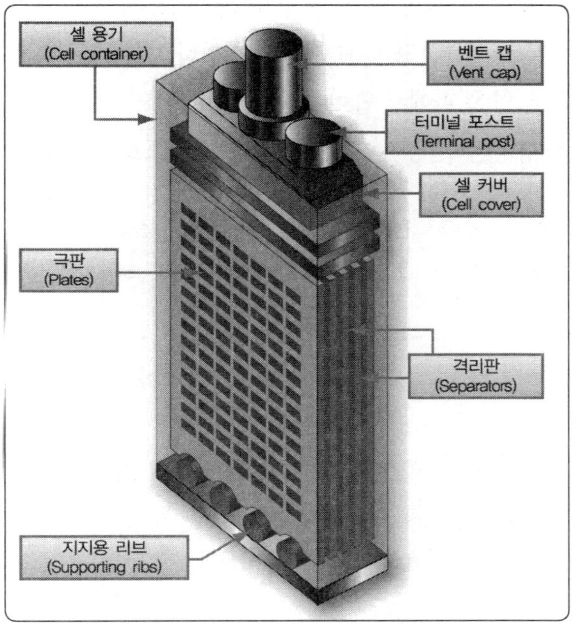

[그림 1-186] 황산납 배터리 셀의 구성(Lead-acid cell construction)

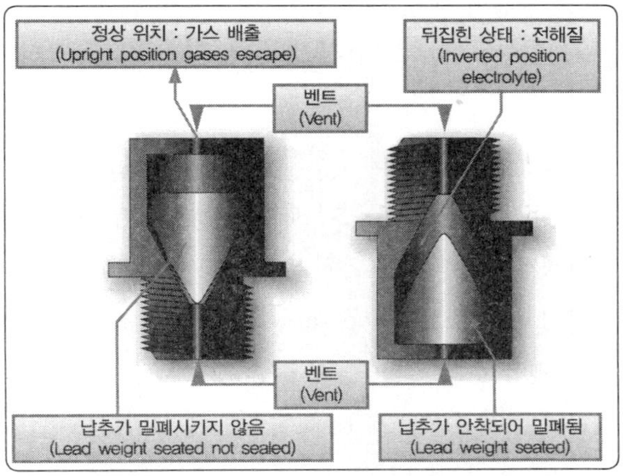

[그림 1-187] 비유출 밴트 캡의 구조

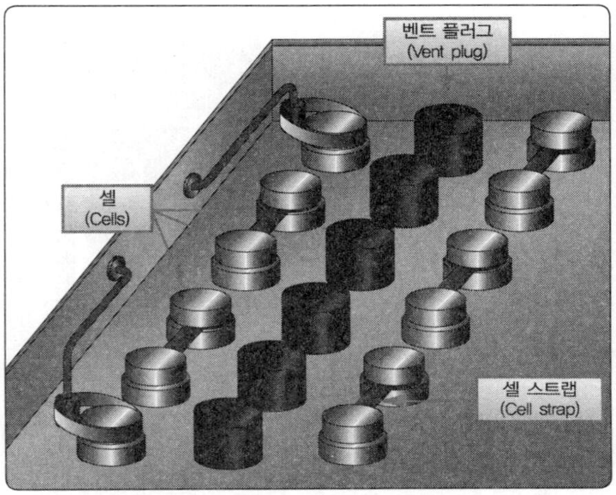

[그림 1-188] 배터리 스토리지의 연결(Connection of storage battery)

하고, 배터리에 전력선을 연결시키기 위해 신속분리 어셈블리를 사용한다. [그림 1-189]와 같이, 이 어셈블리는 배터리의 쪽에 설치된 리셉태클(소켓)에 항공기에 있는 배터리 도선을 부착시킨다. 리셉태클(receptacle)은 배터리 단자기둥을 감싸고 배터리의 장착과 장탈 시에 우발적인 단락을 방지한다. 플러그(plug)는 소켓(socket)과 보통피치나사로 되어 있는 수동핸들로 이루어진다. 플러그는 수동핸들로서 리셉태클(receptacle)에 쉽게 연결될 수 있다. 배터리 도선을 반대로 하는 가능성을 배제시키는 이 어셈블리의 또 다른 이점은 플러그가 오직 하나의 위치로 장착될 수 있다는 것이다.

황산납셀의 전압은 운영에 필요한 전압을 획득하기 위하여 약 2[V]이다. 그다음에 각각의 셀은 배터리를 형성하기 위해 굵은 치수 금속 스트랩으로 직렬 연결한다. 시동을 위해 항공기에서 사용되는 전형적인 배터리의 규정된 전압은 12[V] 또는 24[V]이다. 이 전압은 각각 6개의 셀 또는 12개의 셀을 직렬로 함께 연결하고 하나의 플라스틱박스에 집어넣어서 장착한다.

판을 담고 있는 각각의 셀은 60[°F]에서 1.270의 비중이 되도록 증류수로 희석한 전해액인 묽은 황산으로 채워진다. 이 용액은 다른 이온과 잘 결합하는 양의 수소이온과 음의 황산염이온(SO_4)을 포함하고 있으며 새로운 화합물을 형성한다. 셀이 방전될 때, 전자는 음극판을 떠나고 그들이 이산화납(PbO_2)으로 하여금 음의 산소이온과 양의 납이온으로 분해되는 양극판으로 흐른다. 음의 산소이온은 황산으로부터 양의 수소이온과 결합하고 물(H_2O)을 형성한다. 음의 황산염이온은 양쪽 판에서 납이온과 결합하고 황산납($PbSO_4$)을 형성한다. 방전 후, 비중은 약 1.150으로 바뀐다.

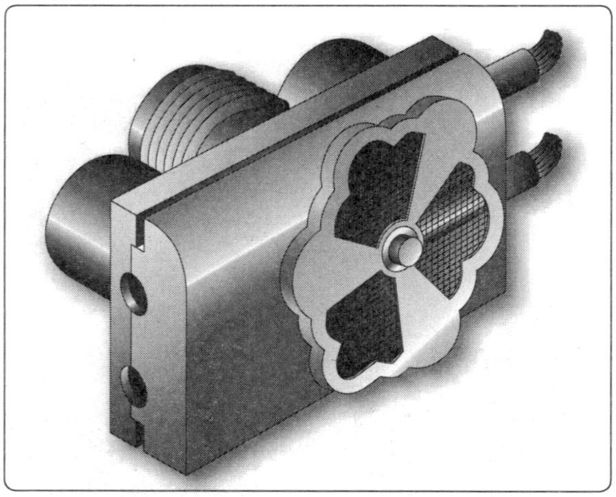

[그림 1-189] 배터리 단자의 신속 분리 어셈블리

$$\underset{\text{양극}}{PbO_2} + \underset{\text{음극}}{Pb} + \underset{\text{전해액}}{2H_2SO_4} \underset{\text{방전}}{\overset{\text{충전}}{\rightleftarrows}} \underset{\text{양극}}{PbSO_4} + \underset{\text{음극}}{PbSO_4} + \underset{\text{전해액}}{2H_2O}$$

1.31.3 배터리 정격(battery ratings)

배터리의 전압은 배터리를 구성하기 위해 직렬로 연결된 셀의 개수에 의해 결정된다. 비록 충전기에서 이제 방금 떨어진 하나의 황산납 셀의 전압은 약 2.2[V]이지만, 황산납 셀은 일반적으로 약 2[V]로 간주된다. 12[V]로 등급을 매긴 배터리는 직렬로 연결된 6개의 황산납 셀로 구성되고, 그리고 24[V]로 평가되는 배터리는 직렬로 연결된 12개의 황산납 셀로 구성된다.

가장 일반적인 배터리정격은 암페어시(amp-hour)로 표시하고 배터리용량에 대한 측정의 단위이다. 배터리정격은 배터리가 방전되고 있는 시간(hour)에 그때까지의 전류흐름(ampere)을 곱함으로써 결정된다.

1암페어시[Ah]의 용량을 갖춘 배터리는 완전히 방전되기 전에 정확하게 1[hour] 동안에 부하에 1[amp]의 전류를 또는 1/2[hour] 동안에 2[amp], 또는

3[hour] 동안에 1/3[amp] 등으로 연속적으로 공급할 수 있어야 한다. 실제로, 특정한 배터리의 암페어시[Ah] 출력은 배터리가 방전되는 비율에 좌우된다. 다량의 방전전류는 배터리를 가열하고 배터리의 효율과 전체 암페어시[Ah] 출력을 감소시킨다. 비행기 배터리에 대해, 5[hour]의 주기는 정격배터리용량에 방전시간으로 제정되었다. 그러나 5[hour]의 시간은 오직 정격에 대한 기준이고 배터리가 전류를 제공하는 데 예상되는 동안의 기간을 반드시 의미하지는 않는다. 실제 사용상태 하에서, 배터리는 단 몇 분 이내에 완전히 방전될 수도 있거나, 또는 만약 발전기가 충분한 충전을 공급한다면 전혀 방전되지 않게 된다.

배터리의 암페어시[Ah] 용량은 그것의 전체 유효판 면적에 따른다. 병렬로 배터리를 연결하기는 암페어시[Ah] 용량을 증가시키지만, 직렬로 배터리를 연결하기는 전체전압을 증가시키지만, 암페어시[Ah] 용량을 증가시키지 못한다.

1.31.4 배터리의 수명주기(life cycle of a battery)

배터리 수명주기는 정상충전용량이 그 초기정격용량의 80[%] 이하로 떨어지기 전에 수행할 수 있는 완전한 충 · 방전 사이클의 횟수로서 정의된다. 배터리 수명은 대략 500~1,300[cycle]로 다양하게 할 수 있다. 배터리 수명을 악화시키는 원인으로 여러 가지 요인이 될 수 있고 사용기간을 단축한다. 첫 번째는 과도한 황산염의 원인인 과방전이고, 두 번째는 판의 과열과 활성물질의 발산으로 귀착할 수 있는 너무 빠른 충전 또는 방전이다. 떨어진 물질의 축적은 판(plate)의 단락의 원인이 되고 내부방전으로 귀착한다. 오랜 기간 동안 저전압 상태 또는 방전상태로 남아 있던 배터리는 영구히 손상된다. 악화는 셀 용량이 1,000[cycle] 이후에 80[%]로 떨어질 수 있는 지점에서 지속될 수 있다. 많은 경우에, 셀은 거의 2,000[cycle]까지 정상작동을 지속할 수 있지만, 그것의 원래상태의 60[%]의 한정용량으로만 지속할 수 있다.

1.31.5 황산납 배터리 시험방법 (lead-acid battery testing methods)

축전지의 충전상태는 주로 판, 즉 축전지 활성물질의 상황에 따라 좌우된다. 그러나 배터리의 충전상태는 전해액의 밀도로 지시되고 액체의 비중(물과 비교해서 측정한 무게 비)은 액체비중계로 점검한다.

[그림 1-190]과 같이, 가장 일반적으로 사용되는 액체비중계(hydrometer) 내부에는 아래쪽이 무겁고 밀봉된 작은 유리관이 들어있으며 유리관은 측정하는 동안 똑바로 떠오르도록 하였다. 관의 좁은 유리관 내에는 1.100~1.300 범위의 눈금이 있다. 액체비중계가 사용될 때, 액체비중계를 띄우기에 충분한 양의 전해액은 관 안으로 끌어올려진다. 액체비중계의 내부 유리관이 전해액에 의해 떠오르는 정도는 전해액의 밀도에 의해 결정되고, 전해액의 높이로 지시된 측정값은 전해액의 비중을 나타낸다. 밀도가 높은 전해액일수록, 더 높게 액체비중계를 띄게 할 것이다. 가장 높은 수치인 1.300눈금은 액체비중계 눈금의 아래쪽의 끝에 위치한다.

완전히 충전된 항공기 축전지의 전해액은 부피로 약 30[%]의 산과 70[%]의 증류수이며 비중이 1.300이다. 방전 시에, 전해액의 밀도는 감소하고 비중이 1.300 이하로 떨어진다. 비중 1.300과 1.275 사이에 눈금일 때는 높은 충전상태이고, 1.275와 1.240 사이는 중간 충전상태, 1.240과 1.200 사이는 낮은 충전상태를 지시한다. 항공기 배터리는 대개 적은 용량이지만, 큰 부하를 받게 된다. 그런 까닭에 충전상태에 대해 명시된 값이 클수록 좋다. 액체비중계 시험은 항공기에 장착된 모든 축전지에서 주기적으로 실시된다. 낮은 충전상태에 있는 항공기 배터리는 어쩌면 남아있는 50[%]의 충전을 갖게 되지만, 그럼에도 불구하고 곧바로 그것을 고갈시키게 되는 막대한 수요에 직면하여 낮은 것으로 간주된다. 그런 충전상태에 있는 배터리는 즉시 재충전하기를 필요로 한다고 생각된다.

액체비중계를 이용하여 배터리비중을 측정할 때, 전해액의 온도를 고려해야 한다. 액체비중계에 눈금값은 온도가 변할 때 실제 비중도 바뀔 것이다. 온도가 70[°F]에서 90[°F] 사이에 있을 때는 변화가 크지 않기 때문에, 보정이 필요하지는 않다. 온도가 90[°F] 이상이거나 또는 70[°F] 이하일 때, 그것은 보정계수를 적용하는 것이 필요하다. 일부 액체비중계는 관 안쪽에 보정눈금을 갖추고 있다. 그 밖의 액체비중계로서, 제조사에서 마련한 도표를 참고하는 것이 필요하다. 어느 경우에나, 보정은 액체비중계에서 보여준 눈금읽기에서 더하거나 빼주어야 한다.

만약 정상적인 증발로 인해 상실된 셀의 비중을 복원시키기 위해 소량의 증류수를 전해액에 첨가한다. 항상 증류수를 보충하기 전에 액체비중계로 비중을 확인하고, 증류수를 보충한 후에 측정해서는 절대로 안 된다. 이것은 전해액과 함께 충분히 혼합되도록 물에서 시간을 고려해 넣기 위해 그리고 용액의 정확한 농도에 상당하지 않은 시료를 액체비중계 주사기 안으로 끌어올려지는 것을 피하기 위해 필요하다.

황산납 셀의 액체비중계시험을 실시하고 있을 때는 각별한 주의가 필요하다. 황산은 옷이나 인체 피부를 손상시킬 수 있기 때문에 조심스럽게 전해액을 취급한다. 만약 산이 피부에 닿으면, 해당 부위를 물로 충분히 씻어내고 그다음에 중탄산나트륨을 바른다.

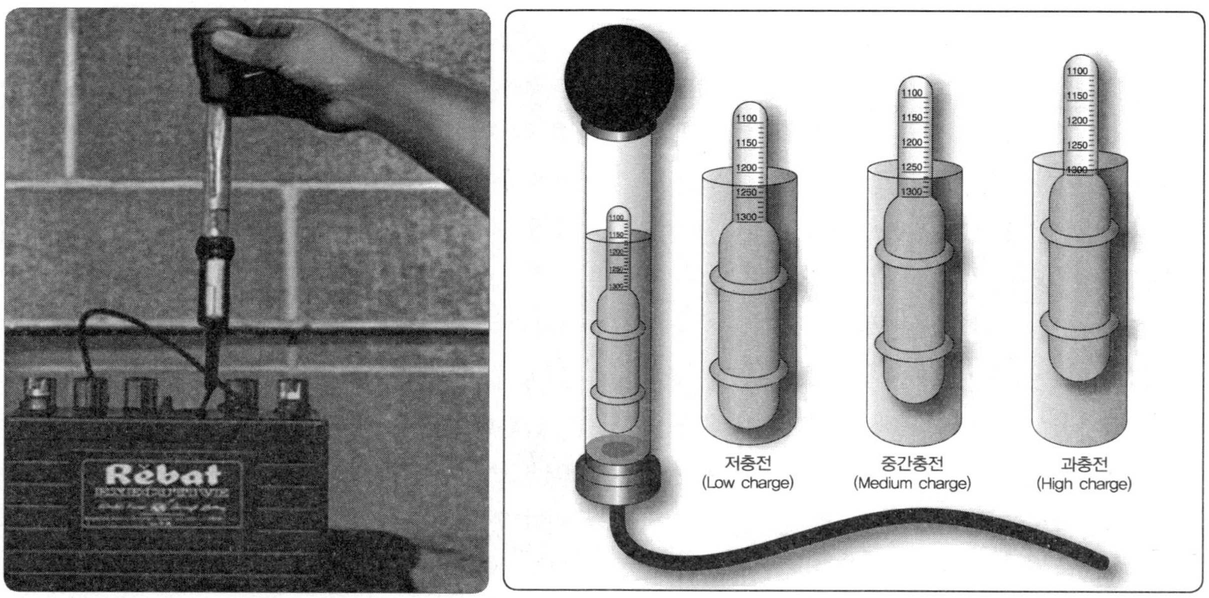

[그림 1-190] 비중계(Hydrometer)

1.31.6 황산납 배터리 충전방법 (lead-acid battery charging methods)

방전전류의 것과 정반대의 방향으로 배터리에 직류를 공급하면 축전지는 충전된다. 배터리의 내부저항(IR) 때문에, 외부의 충전전원 전압은 개회로전압보다 높게 되어야 한다. 예를 들어, 완전히 충전된 12-cell, 황산납 배터리의 개회로전압은 약 26.4[V](12×2.2[V])이지만, 약 28[V]가 그것을 충전하기 위해 요구된다. 배터리에서 내부저항에 의해 전압강하가 일어나기 때문에 충전을 위해 더 큰 전압이 필요하다. 따라서 황산납 배터리의 충전전압은 개회로전압에 배터리 내부의 내부저항강하, 즉 충전전류×내부저항을 합한 것과 같아야 한다.

배터리는 정전압 충전법(constant-voltage method) 또는 정전류 충전법(constant-current method)으로 충전된다. [그림 1-191]의 A와 같이, 정전압 충전법에서, 조절된 전압을 상수로 설정한 전동발전기가 배터리에 전류를 공급한다. 이 방법에서, 초기 전류는 높지만, 배터리가 완전히 충전될 때까지 약 1[A]에 이르도록, 점점 자동적으로 줄어든다. 정전압 충전법은 정전류충전법에 비해서 더 적은 시간과 더 적은 감시를 필요로 한다.

[그림 1-191]의 B와 같이, 정전류충전법에서, 전류는 전체의 충전과정 동안에 거의 일정하게 유지한다.

이 방법은 배터리를 완전 충전하기 위해 더 오랜 시간을 필요로 하며, 충전 마무리단계에서 조금만 주의를 하지 않으면 과충전될 수 있는 위험이 있다.

항공기에서, 축전지는 항공기 발전기계통으로부터 직류로서 충전된다. 이 충전 방법은 발전기 전압이 전압조절기에 의해 일정하게 유지되기 때문에, 정전압 충전법이다.

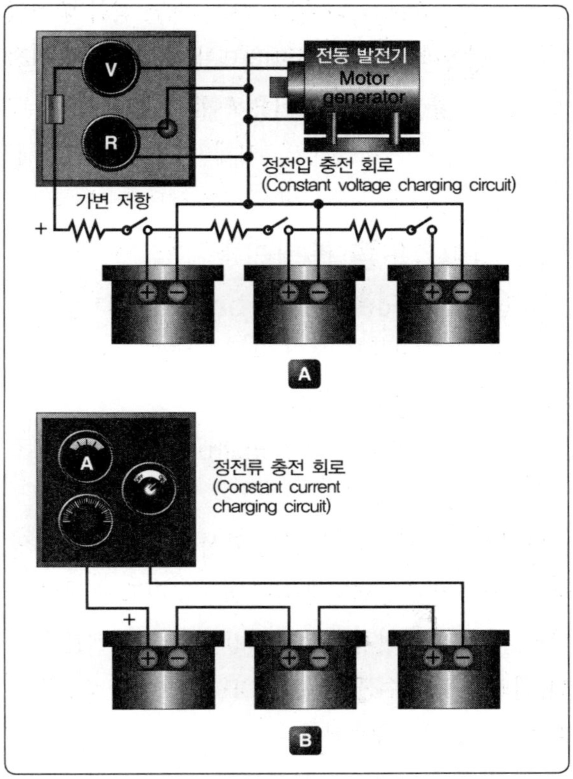

[그림 1-191] 배터리 충전 방법

축전지가 충전되고 있을 때, 그것은 어떤 정해진 양의 수소와 산소를 발생시킨다. 이것은 폭발성 혼합물이기 때문에, 가스혼합물의 점화를 방지하기 위한 조치를 취하는 것이 중요하다. 벤트 마개를 열어 놓아두

[그림 1-192] 배터리 충전기(Battery charger)

고, 부근에 발화원이나 불꽃, 또는 다른 점화원이 있어서는 안 된다. 충전에서 배터리를 분리하거나 연결하기 전에, 항상 스위치를 이용하여 전원을 끈다.

1.32 니켈카드뮴 배터리 (Nickel-cadmium batteries)

1.32.1 화학작용과 구조 (chemistry and construction)

니켈카드뮴 배터리에 있는 활성물질은 충전된 양극판, 양극에 수산화니켈(NiOOH) 그리고 충전된 음극판, 음극에 스펀지 카드뮴(Cd)이다. 전해액은 20~34[%]의 중량의 수산화칼륨(KOH)을 순수한 증류수로 희석한 수산화칼륨용액이다.

니켈카드뮴 배터리는 판 격자(plate grid) 구조물을 형성하는 비교적 얇은 소결된 니켈 모체를 갖고 있다. 격자구조물(축전지 안의 활성물질의 지지물 또는 도선으로 쓰이는 금속판)은 고도로 다공성의 것이며 활성양성물질과 활성음성물질을 주입시킨다. 그때 판은 고운망사 그물망에 니켈분말을 소결시킴으로써 형성된다. 소결된 모체에 활성물질을 처리 중에 다른 변이는 화학적으로, 또는 열로 활성상태로 전환시키고 그다음에 형성된다. 전반적으로, 주입과 형성의 이들의 사이클에서 수많은 단계가 있다. 얇은 소결된 강판 셀은 매우 고율 충전서비스와 방전서비스에 이상적으로 적합하게 된다. 포켓 판 니켈카드뮴전지는 도금한 강판을 구멍 난 니켈의 포켓 안으로 또는 관 안으로 내리누른 양성 활성물질 또는 음성 활성물질을 갖고 있다. 활성물질은 활성물질 발산이 충분히 배제되도록

[그림 1-193] 니켈카드뮴 항공기 배터리

금속집전장치에 접촉으로 안전하게 갇혀진다. 판은 순환서비스 필요조건에 따르는 두께로서 아주 다양하게 설계한다. 니켈카드뮴 배터리의 전형적인 개로 셀 전압은 약 1.25[V]이다.

1.32.2 니켈카드뮴 셀의 작동 (operation of nickel-cadmium cells)

충전전류가 니켈카드뮴 배터리에 가해질 때, 음극판은 산소를 빼앗기고 금속성카드뮴을 형성하기 시작한다. 양극판의 활성물질, 즉 수산화니켈은 더 고도로 산화시키게 된다. 이 과정은 충전전류가 가해지는 동안 또는 모든 산소가 음극판에서 제거되고 오직 카드뮴만이 남아 있을 때까지 지속한다.

$$\underset{\text{양극}}{Ni(OH)_3} + \underset{\text{음극}}{Cd} \underset{\text{방전}}{\overset{\text{충전}}{\rightleftarrows}} \underset{\text{양극}}{Ni(OH)_2} + \underset{\text{음극}}{CdOH}$$

충전 사이클 끝에 셀은 가스를 방출한다. 이것은 또한 셀이 과충전되었을 때 일어난다. 이 가스는 전해액에 있는 물의 전기분해작용에 의해 음극판에서는 수소, 양극판에서는 산소가 발생한다. 온도뿐만 아니라 충전하는 동안에 사용된 전압은 언제 가스발생이 일

어날 것인지를 결정한다. 니켈카드뮴 배터리를 완전히 충전하기 위해, 약간의 가스발생은 일어나야 한다. 따라서 약간의 물이 사용될 것이다.

방전 동안의 화학반응은 반대로 된다. 양극판은 천천히 음극판에서 되찾은 산소를 포기한다. 이 과정은 화학에너지에서 전기에너지의 전환으로 귀착된다. 방전 동안에, 판은 전해액의 다수를 흡수한다. 재충전에서, 전해액의 높이는 올라가고, 완전충전에서, 전해액은 가장 높은 높이에 있게 될 것이다. 그런 까닭에, 물은 오직 배터리가 완전히 충전되었을 때에만 추가시켜져야 한다.

니켈카드뮴 배터리는 보통 황산납 배터리와 교체할 수 있는 것이다. 니켈카드뮴 배터리로 황산납 배터리를 교체할 때, 배터리 실을 깨끗하게 세척한 후 건조시키고, 이전의 배터리로부터 산의 흔적을 모두 제거한다. 배터리 실은 세척한 후 암모니아용액 또는 붕산용액으로 중화시켜야 하고, 완전히 건조되도록 한 다음 내알카리성 바니시로 도장한다.

배터리 배수조에 있는 받침은 배터리통기장치를 연결하기 전에 중량으로 3[%] 붕산과 물의 용액으로 흠뻑 적셔야 한다.

1.32.3 일반 정비와 안전예방책(general maintenance and safety precautions)

자세한 사용법은 배터리 제조사의 정기점검 사용설명서를 참고한다. 다음은 정비와 안전예방에 대한 일반적인 권고사항이다. 배기식 니켈카드뮴 배터리에서, 일반정비 필요조건은 다음과 같다.

(1) 과충전으로 인해 상실된 물을 공급하기 위해 셀을 수화시킨다.
(2) 셀간 커넥터를 적정한 토크 값으로 유지한다.
(3) 셀의 꼭대기와 노출된 측면은 깨끗하고 건조하게 유지한다.

전해액 누출은 접지경로를 형성할 수 있다. 벤트 마개 실(seal) 주위에 백색 이끼는 탄산염칼륨(K_2CO_3)이다. 증류수로 이들 표면을 청소하고 건조시킨다. 가성수산화칼륨 전해액을 취급하는 동안에, 눈을 보호하기 위해 보안경을 착용한다. 정비사는 또한 비닐장갑을 착용해야 하고 피부와 의복을 보호하기 위해 앞치마를 입는다. 손 또는 의복에 누출된 경우에는 곧바로 식초 또는 묽은 붕소용액으로 알칼리를 중화시키고, 그다음 깨끗한 물로 헹구어준다.

과충전 상황 시에, 수소와 산소의 폭발성혼합물은 니켈카드뮴전지에서 발단된다. 잠재적인 폭발성위험을 일으키는 이것이 일어날 때, 셀 릴리프밸브는 대기로 이들의 가스를 배출한다. 게다가, 밀폐된 공간에서 체적당 1[%]을 초과하는 수소 형성을 방지되도록 실내를 환기시켜야 한다. 폭발은 공기에서 체적당 4[%] 이상 농축에서 일어날 수 있다.

1.32.4 밀봉식 황산납 배터리 (sealed lead-acid batteries)

많은 분야에서 밀봉식 황산납 배터리가 니켈카드뮴 배터리를 대체하고 있다.[그림 1-193] 니켈카드뮴 배터리의 한 가지 탁월한 특성은 그들이 저전압, 완전방전, 고순환 적용에서도 잘 수행한다는 점이다. 그러나 관성기준장치(IRU, inertial reference unit) 또는 스탠드바이 장비(비행자세계 용 자이로)에 전원을 공급하기 위해 사용된 보조 또는 비상배터리팩처럼, 장기간의 비상용으로 사용하기에는 성능이 떨어진다.

니켈카드뮴 배터리를 정비하는 동안 불균형 및 방전 종료 시 셀 반전을 방지하기 위해 20개의 개별 셀과 일치시키는 것이 일반적이다. 니켈카드뮴 배터리가 역류하면 매우 높은 압력과 열이 발생할 수 있다. 결과는 가끔 압력 기밀 손상, 또는 최악의 경우 셀 폭발에 이르게 된다. 밀봉식 황산납 배터리는 셀 매칭은 각 배터리에 내재되어 있다. 니켈카드뮴 배터리는 또한 비상용에서처럼, 지속적인 과충전과 드문 방전으로 인해 바람직하지 않은 특성을 갖는다. 그것은 전문용어로 "전압저하"로 알려져 있고 그리고 일반적으로 "기억효과(니켈카드뮴 배터리에서 발생하는 현상: 방전이 충분하지 않은 상태에서 재충전하면 전지의 실질 용량이 감소하고 마는 일)"라고 부른다. 이 특성은 오직 완전방전이 시도될 때 탐지할 수 있는 것이다. 그러므로 그것은 완전충전이 존재한다는 것을 믿게 되지만, 반면에 사실은 그렇지 않다. 밀봉식 황산납 배터리는 이 특성, 즉 전압저하현상, 기억현상을 갖고 있지 않으며, 그래서 니켈카드뮴처럼 예정된 심층 사이클 유지관리가 필요하지 않다.

니켈카드뮴 비상배터리 팩은 니켈카드뮴의 복잡한 특성으로 인하여 비교적 복잡한 시험용 장비를 필요로 한다. 밀봉식 황산납 배터리는 이들의 특성을 갖고 있지 않은 까닭에 특별한 배터리정비용 기기를 구매할 필요가 없다. 밀봉식 황산납 배터리의 일부 제조사는 배터리가 항공기에 여전히 장착되어 있는 동안에 시험할 수 있는 수단을 배터리팩에 포함시켰다. 니켈카드뮴은 항공기에서 그들의 에너지준위를 측정하는 것이 무능으로 인하여, 그리고 주목할 만한 "복원작용" 단점 때문에 작업대에서 수행된 예정된 에너지시험을 해야 한다.

[그림 1-194] 밀봉식 배터리

밀봉식 황산납 배터리는 만약 배터리가 고장 나면 정비사에게 알려주도록 설계할 수 있다. 더구나 내장시험장비(BITE, built in test equipment) 버튼을 작동하여 고장감지회로를 시험하는 것이 가능하다. 이것은 FAA 문서업무와 정비표준작업량을 상당히 줄여준다.

1.32.5 리튬 이온 배터리

니켈카드뮴 배터리는 휴대전화, 배터리 구동 도구, 컴퓨터 등 많은 소비자 유형의 장비에 1차적인 배터리이지만, 현재는 상용 및 군용 항공기에서도 사용되고 있다. FAA는 항공기에 사용할 리튬이온배터리를 인증했고, 리튬이온배터리를 최초로 활용한 항공기 중 하나가 보잉 787이다. 리튬이온 배터리의 3가지 주요 기능 구성요소는 양극 및 음극과 전해질이다. 일반적으로 기존 리튬이온 전지의 음극은 탄소로부터 만들어진다. 양극 전극은 금속 산화물이고, 전해질은 유기용매 중 리튬염이다. 전극의 전기화학 역할은 전지를 통과하는 전류의 방향에 따라 양극과 음극 사이에서 역방향으로 작용한다. 리튬이온 배터리는 어떤 조건에서는 위험할 수 있으며 다른 충전 가능 배터리와는 달리 가연성 전해질을 포함하며 가압되어 있기 때

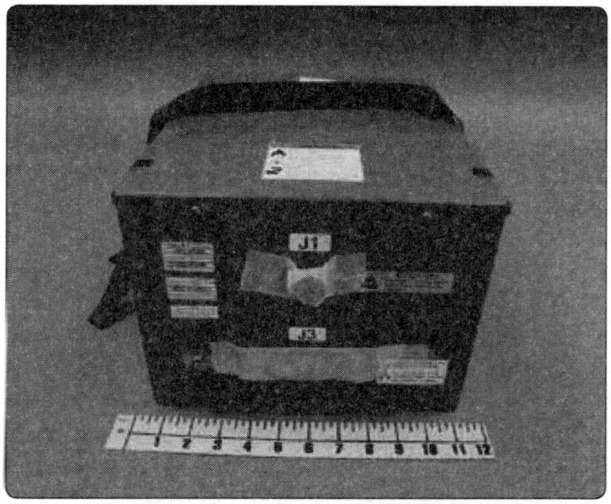

[그림 1-195] 보잉 787 리튬이온 배터리

문에 안전에 위험을 초래할 수 있다. 특정 조건에서는 과열되어 화재가 발생할 수 있다. 보잉 787 항공기는 두 개의 대형 32V 8셀 리튬이온 배터리를 사용한다. 이 배터리는 비슷한 크기의 항공기에 사용되는 니켈카드뮴 배터리보다 훨씬 가볍고 강력하다. 이 배터리는 비행기 동력을 위해 150A를 생산할 수 있다. [그림 1-195]는 B787항공기의 니켈카드뮴 배터리를 보여준다.

1.33 인버터(Inverters)

인버터는 일부 항공기에서 직류전원을 교류전원으로 전환시켜 계통에 공급하기 위해 사용한다. 이 교류는 주로 계기, 무선, 레이더, 조명, 그리고 다른 부속품에 사용된다. 이들 인버터는 보통 400[㎐]의 주파수로 전류를 공급하기 위해 조립되었지만, 일부는 예를 들어, 하나의 권선에 26[V] 교류 그리고 또 다른 권선에 115[V]로 1개 이상의 전압을 공급하기 위해 설계된다. 두 가지 기본적인 유형의 인버터가 있는데, 회전식인버터와 스태틱인버터이다. 어느 쪽 유형이든지 단상 또는 다상이 될 수 있다. 다상인버터는 단상인버터보다 동일한 출력정격에서 더 가볍지만, 다상전력을 배전하는 데 그리고 균형이 잡힌 부하를 유지하는 데 있어 복잡하다.

1.33.1 회전식인버터(rotor inverters)

회전식인버터의 수많은 크기, 유형, 그리고 형태가 있다. 이 종류의 인버터는 본질적으로 하나의 틀에 교류발전기와 직류전동기가 구성되어 있다. 발전기 계자 또는 전기자, 그리고 전동기 계자 또는 전기자는 틀의 내부에서 공동의 회전축을 가진다. 회전식인버터 중 한 가지 일반적인 유형은 영구자석인버터이다.

1.33.1.1 영구자석회전식인버터 (permanent magnet rotary inverter)

영구자석인버터는 직류전동기와 영구자석 교류발전기어셈블리로 구성되어 있고, 각각은 공동의 틀 안에 설치된 독립적인 고정자를 갖고 있다. 전동기 전기자는 회전자에 설치되고 정류자와 브러시어셈블리를 통해 직류전원에 연결된다. 전동기 계자권선은 틀에 설치되고 직접 직류전원에 연결된다. 영구자석회전자는 전동기 전기자처럼 동일한 축의 정반대의 끝단에 설치되고, 그리고 고정자권선은 교류가 브러시의 사용 없이 인버터에서 끌어내도록 하는 틀에 설치된다. [그림 1-196]에서는 회전식인버터의 이 유형에 대한 내부배선도를 보여준다. 6극을 갖는 발전기 회전자는 그것의 원주에 대하여 번갈아 하는 N극과 S극을 마련하도록 자화된다.

전동기 계자와 전동기 전기자가 여자될 때, 회전자

는 돌아가기 시작할 것이다. 회전자가 돌아가면, 영구자석은 교류고정자코일 내에서 회전할 것이고, 영구자석에 의해 발생된 자속은 교류고정자코일에 있는 도체에 의해 끊어질 것이다. 각각의 극이 권선을 지나갈 때 전자기 유도현상에 의해 이 권선에서 교류전압이 유도될 것이다.

이 유형의 인버터는 각각의 코일에서 적절한 양으로 위상을 발생시키기 위해, 틀에 더 많은 교류 고정자코일을 배치하게 된다.

회전식인버터의 명칭이 나타내듯이, 이 인버터는 교류발전기 구역에 회전식영구자석을 갖고 있다. [그림 1-197]은 회전식영구자석 3상인버터의 배선도를 보여준다.

이 인버터에 있는 직류전동기는 4극, 복권전동기이다. 4개의 계자코일은 가는 전선으로 여러 번 감은 그리고 그 위에 굵은 전선으로 조금 감은 코일로 이루어

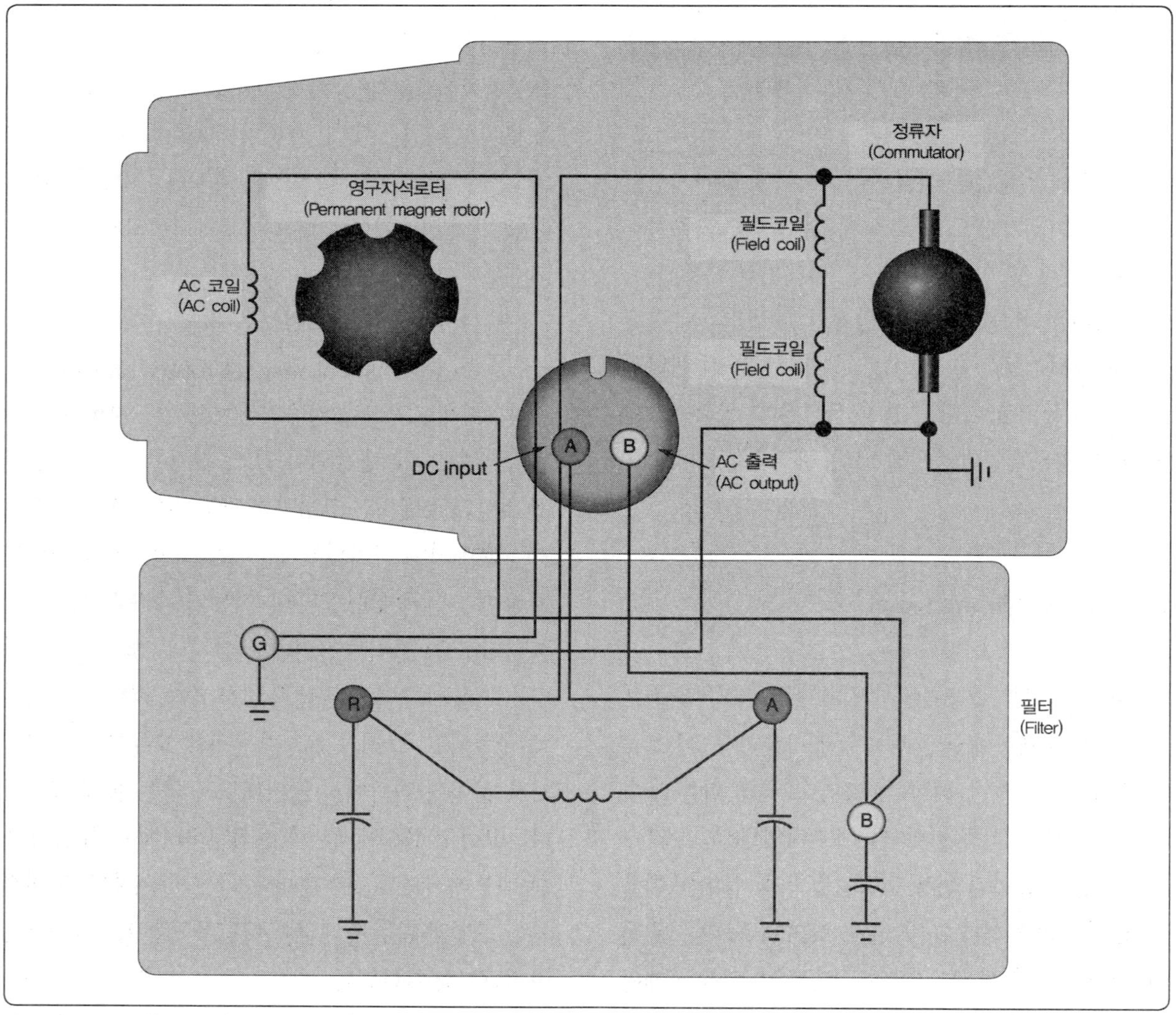

[그림 1-196] 단상 영구자석 회전식 인버터의 배선도(Wiring diagram of single-phase permanent magnetic rotary inverter)

진다. 가는 전선은 필터를 통해서 직류공급원에 그리고 원심조속기를 통해 접지에 연결된, 분권계자이다. 굵은 전선은 전동기 전기자에 직렬로 연결된 직권계자이다. 원심조속기는 전동기가 어떤 속도에 도달할 때 분권계자에 직렬로 있는 저항기를 분로를 만들어 속도를 제어한다.

교류기는 3상, 4극, 성형 결선식 교류발전기이다. 직류입력은 발전기 계자코일에 공급되고 전압조절기

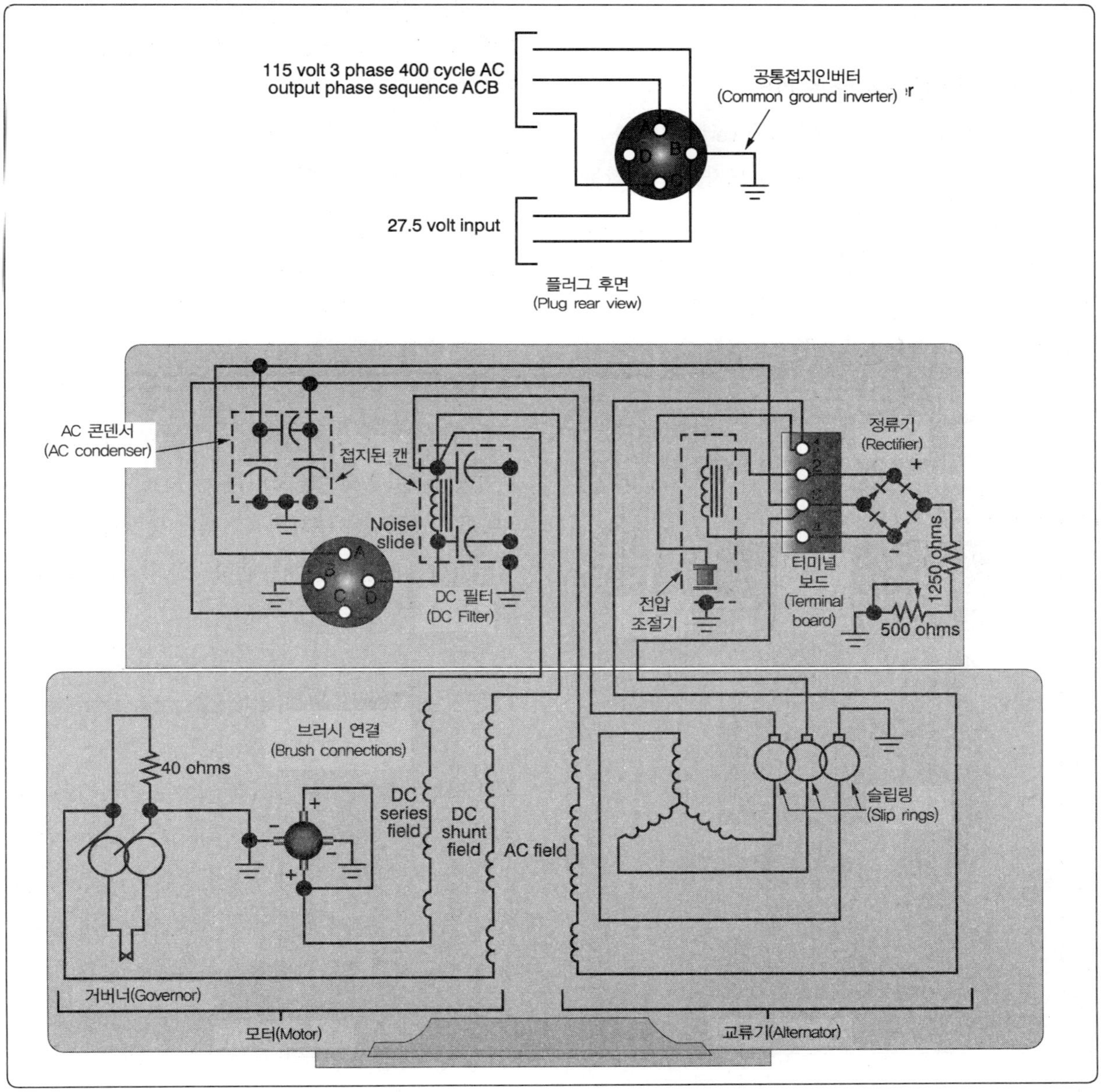

[그림 1-197] 3상 회전 전기자의 내부 배선도

를 통해 접지로 연결된다. 출력은 3상 전력을 마련하기 위해 3개의 슬립링을 통해 전기자를 떠나간다.

인버터는 만약 하나의 전기자권선과 하나의 슬립링을 갖고 있다면, 단상인버터가 된다. 이런 유형의 장치의 주파수는 전동기의 속도와 발전기 극의 수로 결정된다.

1.33.1.2 인덕터형회전식인버터 (inductor-type rotary inverter)

[그림 1-198]과 같이, 인덕터(유도자)형인버터는 고정자 극의 수에 부합하는 극을 장치하기 위해 표면을 측면으로 가로질러 절단한 홈으로서 연철적층으로 만든 회전자를 사용한다. 계자코일은 고정자극 중 하나의 세트에 감겨지고 교류전기자코일은 고정극의 다

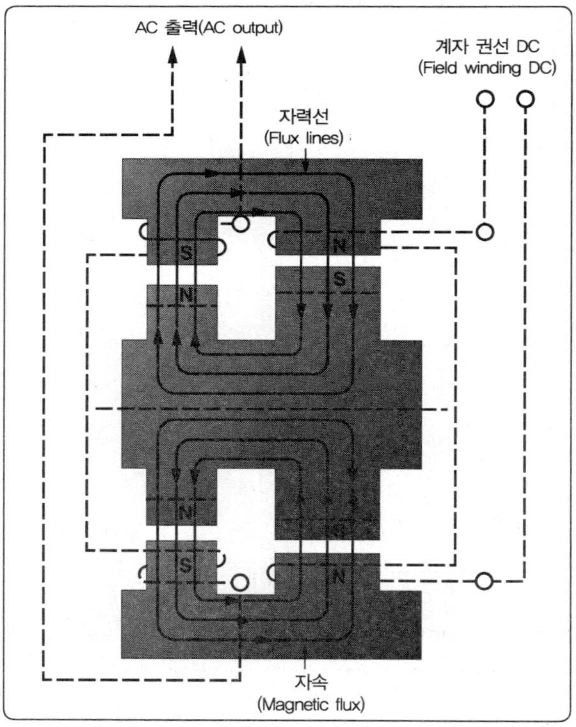

[그림 1-198] 기본 인덕터형 인버터 다이어그램
(Diagram of basic inductor-type inverter)

른 하나의 세트에 감겨진다. 직류가 계자코일에 가해졌을 때, 자기장이 만들어진다. 회전자는 계자코일 안에서 돌아가고, 회전자에 있는 극이 고정자극에 정렬시켜질 때, 자속을 위한 전자기저항 경로는 계자극에서 회전자 극을 통과한 교류전기자 극으로, 그리고 틀 뒤쪽을 통과하여 계자극으로 자리 잡게 된다. 이런 순환으로, 교류코일을 연결하는 많은 양의 자속이 형성될 것이다.

회전자 극이 고정자극 사이에 있을 때, 주로 공기로 이루어지는 선속을 위한 고자기 저항 경로가 있고, 그 때 교류코일을 연결하는 적은 양의 자속이 있을 것이다. 고정자에서 자속밀도에 증가와 감소는 교류코일에서 교류를 유도한다.

극의 수와 전동기의 속도는 이 유형의 인버터의 주파수를 결정한다. 직류고정자 계자전류는 전압을 제어한다. [그림 1-199]에서는 인덕터형회전식인버터의 절단면(CUTOUT)을 보여준다.

[그림 1-200]은 주회전식인버터 장치와 예비회전식인버터 장치를 활용하는 전형적인 항공기 교류전력 배전장치의 단면도를 보여준다.

1.33.2 스태틱(정지식)인버터(static inverters)

연속적인 직류전압이 교류전압으로 전환되어야 하는 수많은 적용에서, 스테틱인버터는 회전식인버터 또는 전동발전기 세트 대신에 사용된다. 반도체산업에 의해 만들어진 신속한 진행은 수년 전까지 실행할 수 없게 되었던 전압범위와 출력영역에서 그러한 장비의 적용이 가능하게 하였다. 동력을 공급하는 일부 적용은 주파수정밀 군용교류장비와 상용교류장비, 항공기 비상교류계통, 그리고 광범위한 주파수범위

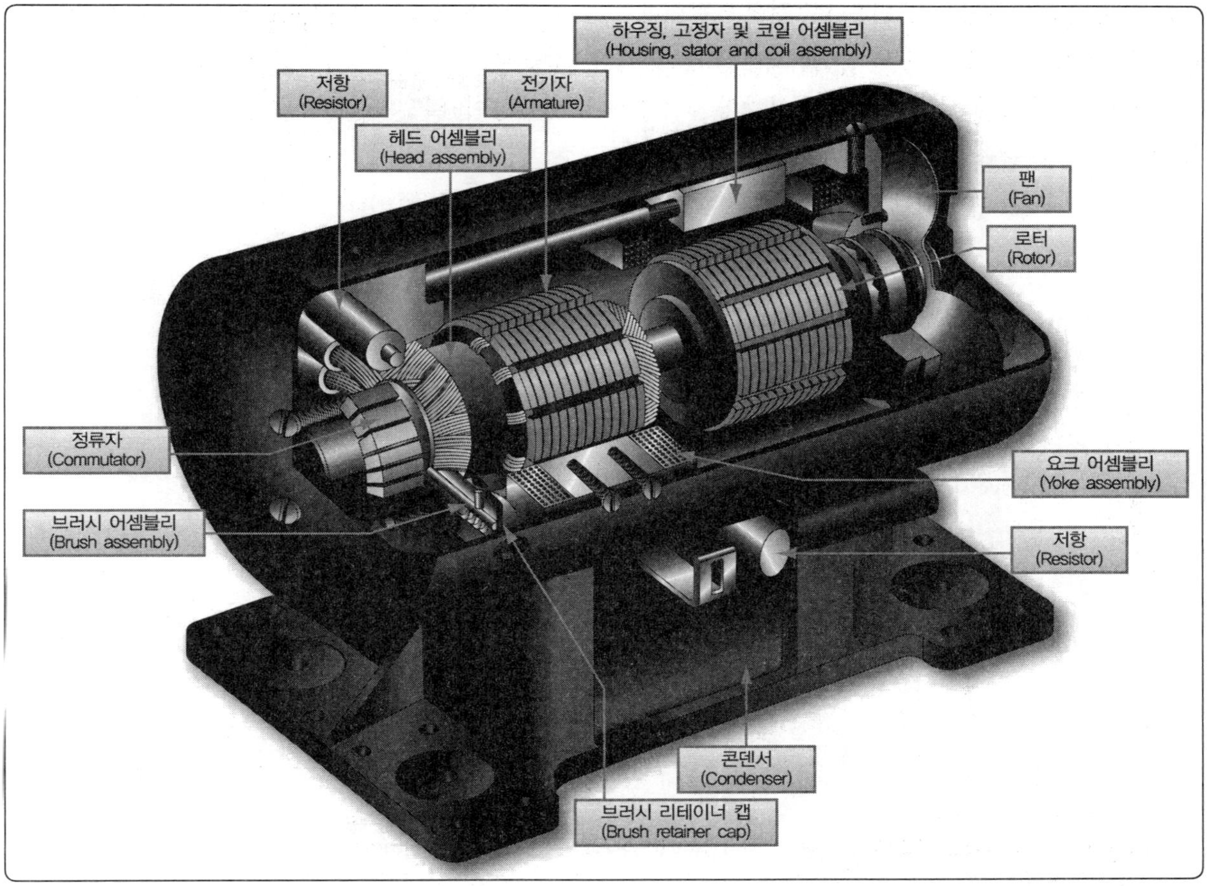

[그림 1-199] 인덕터형 로터리 인버터의 단면도

의 변조를 위해 정밀한 주파수 동력을 공급한다.

소형 항공기에서 정지식인 스태틱인버터의 이용은 또한 지난 몇 년 동안 빠르게 확대되었고, 그리고 기술은 스태틱인버터가 회전식인버터를 대체해서 어떠한 필요조건에 대해 이용할 수 있는 지점으로 끌어올렸다. 예를 들어, 항공기 배터리로부터 작동되는 250[VA] 비상교류전원은 가지각색의 주파수발생기 공급원으로부터 작동되는 2,500[VA] 주 교류전원으로 현재 생산 중에 있다. 이 유형의 장비는 특히 가동부의 부재와 전도냉각의 적응성으로 항공기 적용에 대한 어떤 이점을 갖는다.[그림 1-201]

고체형인버터라고 부르는 스태틱인버터는 교류출력파형의 형상과 동력출력 능력으로 분류될 수 있는 광범위한 유형과 모델로 제조된다. 가장 일반적으로 사용되는 스태틱인버터 중 한 가지는 조절된 사인파 출력을 생산한다. [그림 1-202]에서는 전형적인 조절된 사인파 스태틱인버터의 블록선도를 보여준다. 이 인버터는 낮은 직류전압을 더 높은 교류전압으로 전환시킨다. 교류출력전압은 전체입력 부하 교환으로 1[%] 미만의 일반적인 변이는 매우 적은 전압허용 한계로 유지된다. 출력 중간접점은 대개 여러 가지의 전압의 선택을 가능케 하도록 장치되는데, 예를 들어,

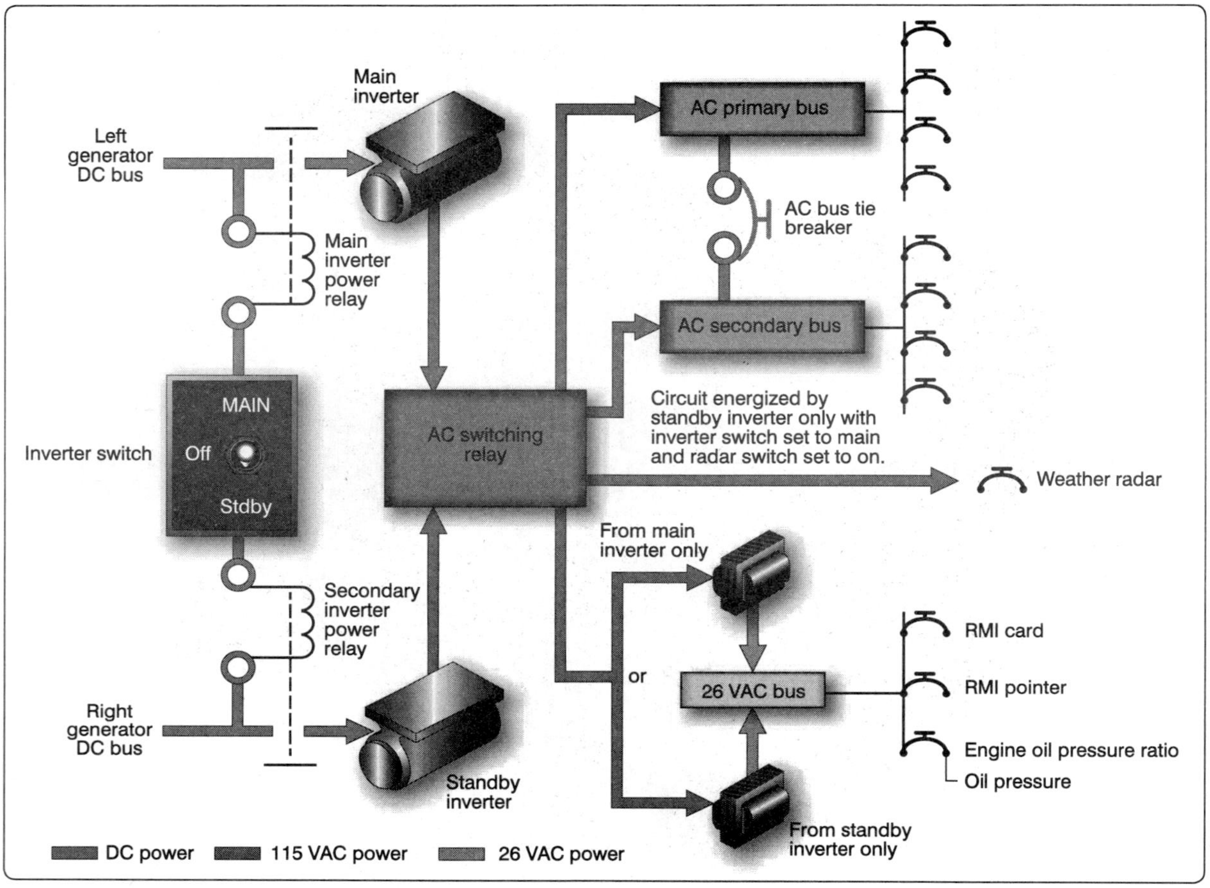

[그림 1-200] 메인 인버터 및 대기 인버터(Main inverter and standby inverter)

중간접점으로 105[V], 115[V], 125[V] 등의 교류출력을 위해 장치하게 된다. 주파수 조정은 전형적으로 0~100[%] 부하교환을 위해 1[cycle]의 범위 내에 있다.

이 유형의 스태틱인버터에서 변이는 구형파 출력을 공급하는 수많은 것에 이용할 수 있는 것이다. 스태틱인버터는 고체소자를 사용하기 때문에, 그들은 회전식인버터보다 더 작고, 더 소형이며 무게도 더 가볍다. 요구되는 출력 정격전력에 따라, 전형적인 대기속도계보다 더 작은 스태틱인버터가 항공기 계통에 사용될 수 있다. 스태틱인버터의 특색은 다음과 같다.

(1) 고효율

(2) 적은 정비요구, 긴 수명

[그림 1-201] 스태틱인버터(static inverters)

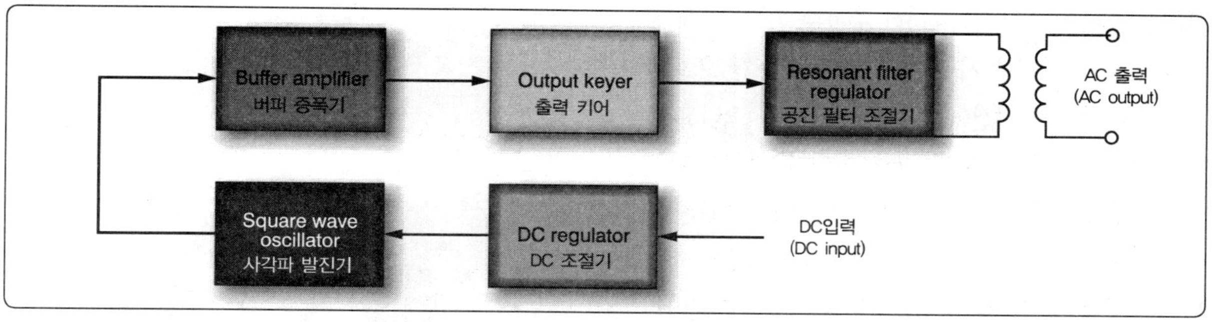

[그림 1-202] 조절 사인파 스태틱 인버터(Regulated sine wave static inverter)

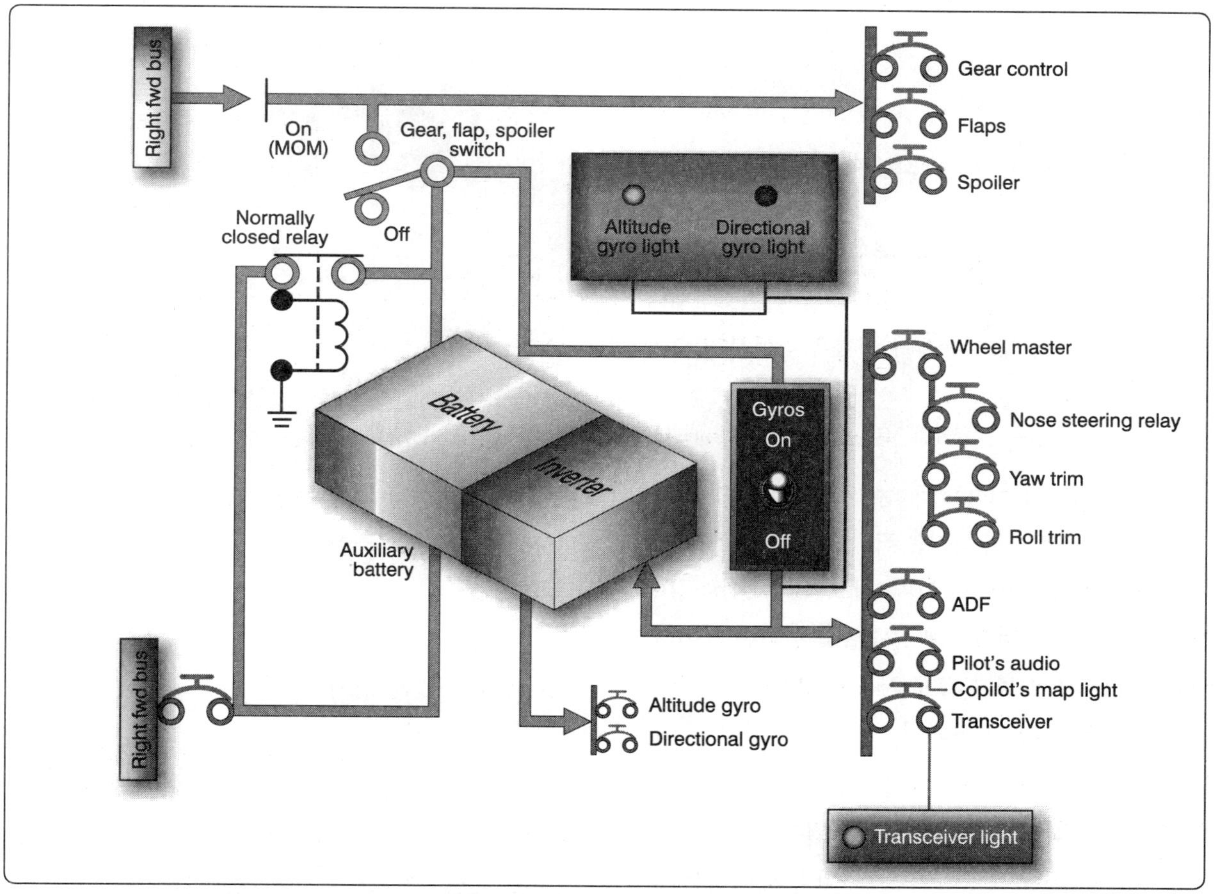

[그림 1-203] 스태틱 인버터를 사용하는 보조 배터리 시스템

(3) 작동할 수 있는 상태가 되는 기간이 필요하지 않다.

(4) 부하 하에서 가능한 시동

(5) 대단히 조용한 가동

(6) 부하교환에 빠른 반응

스태틱인버터는 일반적으로 자세자이로와 정침의

(directional gyro)처럼 그러한 주파수감지장치에 전원을 공급하기 위해 사용된다. 그들은 또한 오토신(autosyn)과 마그네신(magnesyn) 지시기 그리고 송신기, 레이트 자이로(rate gyro), 레이더, 그리고 다른 탑재 적용을 위해 전원을 공급한다. [그림 1-203]에서는 전형적인 소형 제트항공기 보조배터리계통의 개략도를 보여준다. 그것은 인버터에 입력으로서 배터리를, 그리고 여러 가지의 하부계통에 출력인버터회로를 보여준다.

1.34 반도체(Semiconductor)

일반적으로 SSD(Solid-State Device)라고 하는 고체전자소자의 기능을 이해하기 위해서는 SSD의 재료로 사용되는 반도체의 구성과 성질을 알아볼 필요가 있다.

반도체에 사용되는 가장 일반적인 두 가지 재료로는 게르마늄(Germanium)과 실리콘(Silicon)이 있다. 게르마늄과 실리콘의 특징은 각각의 원자가 4개의 가전자(valence electron)를 가지며 [그림 1-204]와 같이 인접한 원자의 가전자와 공유결합을 한다는 것이다. 두 가지 모두 반도체 재료로 사용되지만 온도 변화에 강한 실리콘이 주로 사용된다.

[그림 1-204]에서와 같이 실리콘의 공유결합형태는 매우 안정적이며 2개의 원자 간 결속력이 강한 특징이 있다. 모든 외각 전자가 서로 간의 공유결합에 사용되었기 때문에 전자가 이동하기 위한 빈자리(정공)가 없어 결국 절연체의 특성을 갖게 된다. 이러한 절연성질을 갖는 실리콘결정체에 전류를 흐르게 하기 위해서는 순수한 실리콘결정체에 비소(arsenic) 또는 인

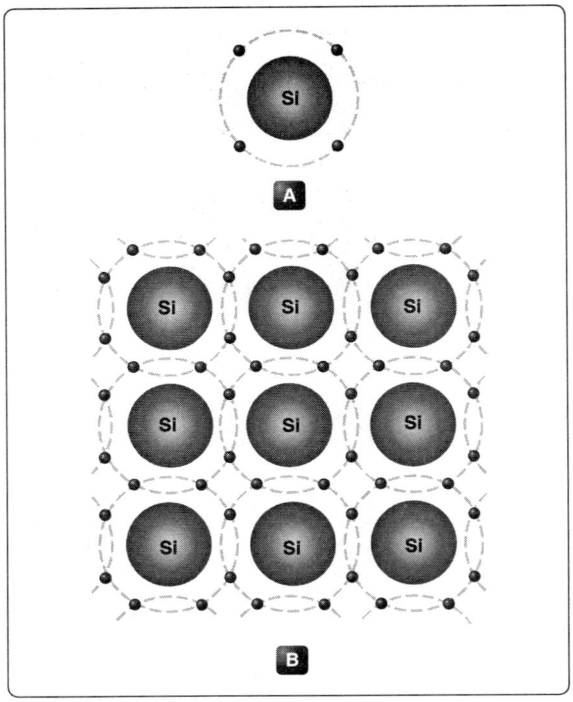

[그림 1-204] 원자가 전자(Valence electrons)

(phosphorus)과 같은 불순물을 혼합하여 공유결합에 참여하지 않는 잉여의 전자(자유전자)를 만들어 내거나 전자가 이동할 수 있는 정공(hole)을 만들어 주는 것이 필요하다. 이러한 방법을 도핑(Doping)이라 부른다.

1.34.1 도핑(Doping)

도핑이란 전자나 정공의 수를 늘려서 전류가 잘 흐를 수 있도록 반도체에 소량의 불순물을 추가하는 과정이라고 할 수 있다. 도핑을 거친 반도체는 N형 반도체와 P형 반도체로 나뉜다. N형 반도체물질은 외각전자의 개수가 5개인 비소(arsenic), 인(phosphorus), 안티몬(antimony) 같은 불순물을 실리콘결정체에 첨가하여 만들어진다. 이런 경우 4가원소인 실리콘결정체

와 5가원소가 서로 섞이게 되고 공유결합의 결과로 인해 잉여 전자가 남게 되고 이 잉여 전자는 전류를 잘 흐르게 하는 주된 역할을 한다. 그리고 이 잉여 전자는 원자핵에 의해 구속되지 않기 때문에 자유전자(free electron)라고 부르기도 한다. 반면 P형 반도체의 경우 실리콘결정체에 외각전자가 3개인 3가원소인 붕소(boron), 알루미늄(aluminum), 갈륨(gallium) 등을 혼합하게 되면 4가원소와 공유결합을 하게 되면 전자가 부족한 결과를 초래하게 되고 이로 인해 정공(hole)이 생성된다.

[그림 1-205]의 첫 번째 그림은 정공을 가진 원자를 이용하여 전자가 오른쪽에서 왼쪽으로 이동하는 것을 묘사하였다. 하지만 다시 한 번 생각해보면 두 번째 그림처럼 정공을 가진 원자가 왼쪽에서 오른쪽으로 이동하는 것처럼 보일 수도 있을 것이다. 실제로 전류의 흐름은 전자의 흐름이지만 P형 반도체처럼 전류의 흐름은 마치 전자가 이동하는 반대방향으로 흐르는 것처럼 생각될 수도 있다.

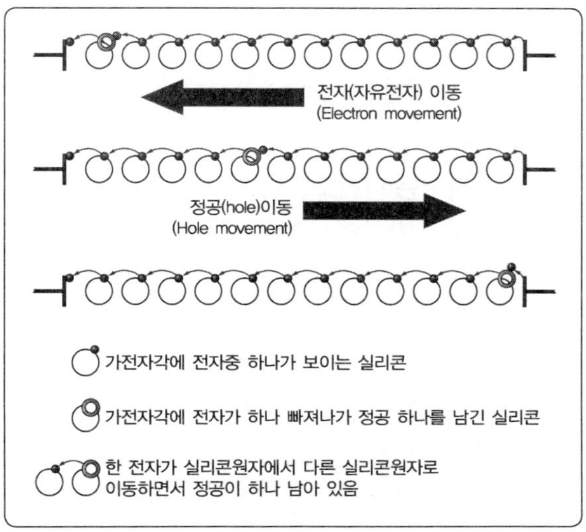

[그림 1-205]원자를 통해 움직이는 정공

1.34.2 PN접합과 다이오드(Diode) 기본원리

P형이나 N형 반도체를 개별로 사용하는 것은 별다른 의미가 없으며, P형과 N형 반도체를 함께 사용하면 활용도를 높일 수 있다. 전자소자의 한 종류인 다이오드(Diode)가 바로 P형 반도체와 N형 반도체를 접합한 PN접합다이오드이다. PN접합다이오드는 전류를 한쪽방향으로만 흐르도록 하는 특성 때문에 교류를 직류로 변환하는 정류소자로 사용된다.

[그림 1-206]는 외부전압이 가해지지 않은 다이오드의 전기적 특성을 보여준다. 그림에서 P형 반도체는 정공을 많이 갖고 있는 반면에 N형 반도체는 전자를 많이 가지고 있다. N형 영역의 전자는 모든 방향으로 확산하려는 경향을 띈다. P형 영역으로 들어가려는 성질이 강한 전자가 P형 영역으로 들어갈 때 한 쌍의 이온을 만들어낸다.

[그림 1-206]의 점선으로 표현된 부분을 보면 P형 영역으로 전자가 이동하면서 N형 영역에서는 양이온이 만들어지고 P형 영역으로 이동한 전자로 인해 P형

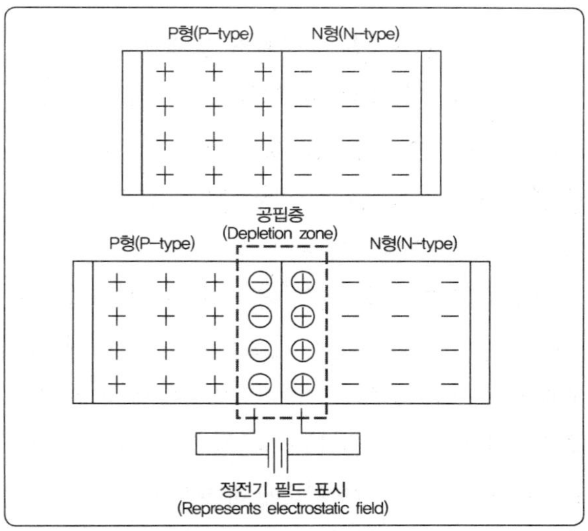

[그림 1-206] 공핍층(Depletion region)

영역에서는 음이온이 만들어지는 동시에 이들 한 쌍의 이온은 서로 당기려는 성질로 인해 견고해지면서 이동하지 않으려는 성질을 띤다.

이러한 영역을 공핍지역 혹은 공핍층이라 부르며 [그림 1-206]에서와 같이 마치 소형 배터리로 묘사될 수 있으며 이 공핍층을 정전기 필드(electrostatic field)이라고 볼 수도 있다. P형 영역과 N형 영역의 접합부위에 이러한 공핍층 영역이 지속적으로 증가하지 않는 이유는 앞서 설명했듯이 최초에 생겨난 이동하지 않으려는 양이온과 음이온으로 인해 P형 영역의 전자가 N형 영역으로 넘어가기가 점점 어렵게 되기 때문이다.

그래서 공핍층은 최초에 발생하여 어느 시점이 되었을 때 더 이상 그 영역이 증가하지 않게 되며 공핍층은 전자가 넘어가기 어려운 영역이라는 이유로 인해 접합장벽이라 부르기도 한다.

1.34.3 순방향 바이어스 다이오드 (Forward Biased Diode)

[그림 1-207]에서는 순방향으로 바이어스된 다이오드를 나타낸다. 순방향 바이어스란 P형 영역에 배터리의 + 극성을, N형 영역에 -극성을 연결해주는 것을 의미한다. 배터리의 극성을 반대로 연결할 경우는 역방향 바이어스라고 한다.

[그림 1-207]에서와 같이 순방향 바이어스일 경우 N형 영역으로 자유전자가 지속적으로 공급됨에 따라 N형영역의 접합부위 공핍층의 양이온은 점점 줄게 되고 공핍층의 두께가 줄어들면서 전자는 접합부위에서 P형 영역으로 쉽게 이동이 가능하게 된다.

지속적인 자유전자의 이동은 P형영역의 정공을 이용하여 배터리의 +단자 쪽으로 쉽게 이동하게 됨에 따라 전류의 지속적인 흐름이 가능해진다. 실상 전류의 흐름을 전자의 흐름으로 볼 때, 배터리의 -단자에서 +단자로 이동하는 것이지만 [그림 1-207]의 예와 같이 전류의 흐름을 정공의 이동이라는 관점에서 본다면 +단자에서 -단자로 흐른다고 볼 수도 있을 것이다.

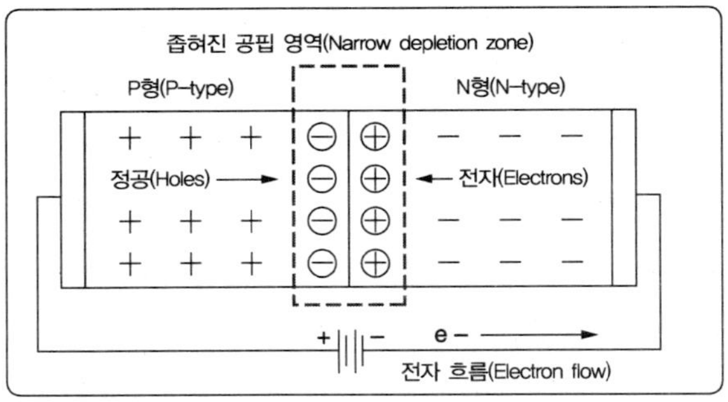

[그림 1-207] 순방향 바이어스 PN 접합부
(Forward-biased PN Junction)

요약

(1) 자유전자는 배터리의 -단자를 떠나서 다이오드의 오른쪽 끝단, 즉 N형 영역으로 들어간다.
(2) 자유전자는 접합부위에 접근하여 양이온과 재결합하여 그 원자의 외곽전자가 된다.
(3) 그 외곽전자는 다시 자유전자로서 P형 영역으로 이동한다.
(4) 자유전자는 다이오드를 떠나서 배터리의 양극 단자로 되돌아 흘러간다.

1.34.4 역방향 바이어스 다이오드 (Reverse Biased Diode)

[그림 1-208]과 같이 다이오드가 역방향 바이어스일 경우 전류는 흐르지 않을 것이다. 이 그림에 나타난

가장 주목할 점은 넓어진 공핍지역이다.

인가된 배터리전압은 공핍지역과 같은 방향으로 바이어스되어 있다. 이것 때문에, 정공과 전자는 접합부분에서 멀리 이동하려는 경향이 있다.

다시 말하면, 배터리 음극단자는 접합부분으로부터 정공을 멀리 끌어당기고 배터리 양극단자는 접합부분으로부터 전자를 멀리 끌어당긴다. 그런 이유로 인해 접합부분에 더 넓은 공핍지역이 생겨나는 것이다. 이러한 작용은 P형 영역에 더 많은 음이온이, N형 영역에 더 많은 양이온이 생겨나게 하기 때문에 접합장벽의 폭(공핍층)은 증가된다. 여기에서 기억해야 할 중요한 점은 PN 접합다이오드는 순방향 바이어스 될 경우 다이오드 내부 접합장벽이 전류흐름에 대해 매우 작은 저항성분으로 작용한다는 점이다. 이 저항성분이 최대가 될 경우는 다이오드가 역방향 바이어스일 때 발생할 것이다.

[그림 1-209]에서는 순방향 바이어스 다이오드와 역방향 바이어스 다이오드의 전류흐름 특성을 보여준다. 세로축을 중심으로 오른쪽은 순방향 바이어스일 경우의 전류를 나타내며 왼쪽은 역방향 바이어스일 경우 다이오드에 흐르는 전류의 흐름 정도를 나타낸다. 순방향 바이어스라 하더라도 접합면근처 접합장벽이 저항성분으로 작용하므로 특정전압(대략 0.3V)

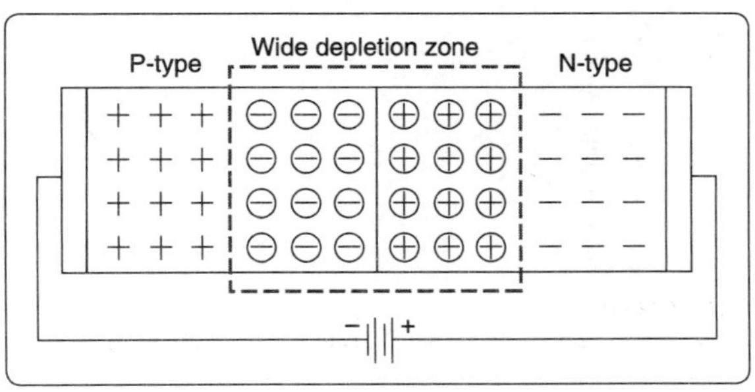

[그림 1-208] 역방향 바이어스 다이오드(Reverse Biased Diode)

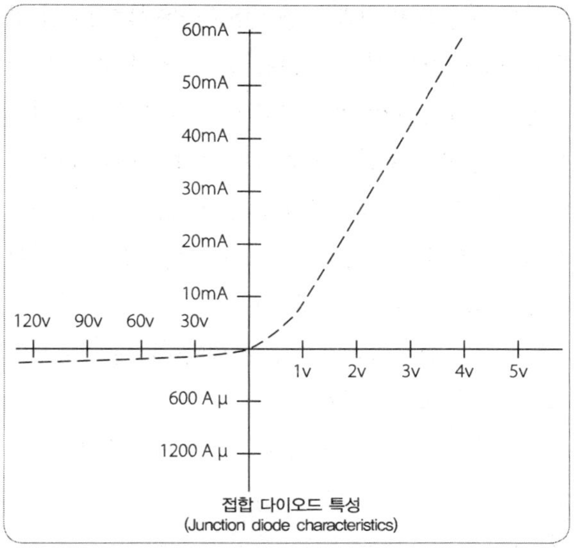

[그림 1-209] 양방향 바이어스 다이오드

이하에서는 전류흐름이 매우 적다가 특정전압 이상 순방향 바이어스되면 전류흐름이 순조로워진다. 반대로 역방향 바이어스일 경우는 인가된 전압값이 커질수록 접합장벽이 커지면서 저항성분이 크게 작용하므로 전류흐름은 거의 없게 된다.

1.35 정류기(Rectifiers)

항공기에 장착되어 있는 많은 장치 중에는 높은 전류/낮은 직류전압을 필요로 하는 곳이 있다. 이를 위한 직류전원은 직류를 직접 만들어내는 발전기에 의해 만들어지기도 하고 진공관정류기, 건식디스크정류기(dry disk rectifier), 반도체정류기(solid-state rectifier) 등 정류기에 의해 교류가 직류로 변환되어 제공되기도 한다.

항공기 엔진으로부터 직접 교류전원을 만들어내는 경우는 직류발전기를 구동하기 위한 부수적인 장비를 추가로 필요로 하기 때문에 별도의 직류발전기를 장착하는 것은 바람직하지 않다.

진공관 또는 다양한 형태의 반도체정류기를 이용하여 간단하고 효과적으로 교류전원을 저전류/고전압 직류 전원으로 변환시킬 수 있다. 한편으로 건식디스크정류기와 반도체정류기는 훌륭한 저전압/고전류 직류전원으로 사용될 수도 있다.

정류기는 전류흐름의 방향을 제한하거나 조절하여 교류를 직류로 변환시키는 장치이다.

정류기의 대표적인 종류로는 건식디스크타입(dry disk type)과 반도체정류기가 있다. 반도체정류기가 실질적으로 모든 다른 유형의 정류기를 대신하게 되었고 건식디스크정류기와 전동발전기(motor generator)가 구형 항공기에서의 사용이 많이 제한되는 까닭에 정류기 연구에 대한 주요부분은 정류를 위해 이용되는 반도체 장치(solid-state device)에 집중되고 있다.

1.35.1 반파정류기(Half-wave Rectifier)

[그림 1-210]에서는 반파정류기의 기초개념을 설명하고 있다. [그림 1-210]의 A를 보면 교류입력신호의 (+)진폭 구간 동안 다이오드와 부하저항기(load resistor)에도 동일한 (+)진폭 출력을 보여주고 있음을 알 수 있다. 이 경우에, 다이오드는 순방향 바이어스 상태이고 그림과 같이 단락회로(short circuit)로 간주될 수 있다. 회로 내 입력신호의 (+)부분은 다이오드를 가로질러 아무런 전기적인 손실 없이 부하저항

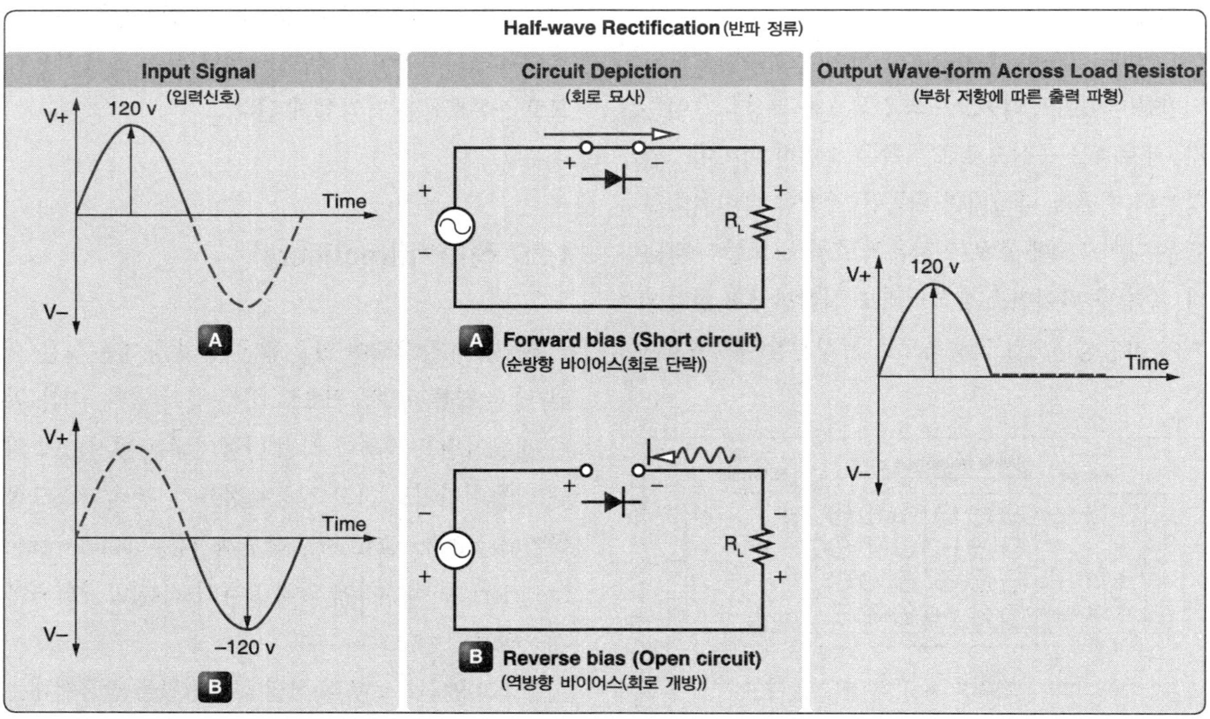

[그림 1-210] 반파 정류기(half-wave rectifier)의 기본 개념

에서 출력됨을 알 수 있다.

[그림 1-210]의 B는 현재 A와는 반대로 된 입력신호를 보여준다. 다이오드와 부하저항에도 반대극성이 가해짐을 기억해야 한다. 이 경우에 다이오드는 현재 역방향 바이어스 상태이고 A와는 반대로 개방회로(open-circuit)로 간주될 수 있다.

개방회로에서 전류는 현재 0[A]이고 부하저항을 통한 전압강하는 0[V]이다. 입력신호는 완전한 사인파 입력이지만 다이오드 뒤쪽 출력파형은 (-)진폭부분이 제외된 (+)진폭파형만 나타남을 알 수 있다. 그래서 이러한 형태의 정류기를 반파정류회로(half-wave rectifier circuit)라고 부른다.

1.35.2 전파정류기(Full-wave Rectifier)

[그림 1-211]에서는 좀 더 상용화된 정류기형태를 보여준다. 이런 형태의 정류기를 전파브리지정류기(full-wave bridge rectifier)라고 부른다. "전파(full-wave)"라는 용어는 반파정류기의 출력과는 달리 출력파형이 연속적으로 나타나는 파형을 뜻한다.

[그림 1-211]의 C는 입력신호의 (+)부분이 회로에 가해지는 동안의 초기상태를 보여준다. D2와 D4는 역방향 바이어스가 되어 전류가 흐를 수 없다. 반면에 D1과 D3은 순방향 바이어스가 되어 C그림처럼 전류가 흘러간다. 그러므로 부하저항에서는 (+)입력신호에 대한 출력파형이 나타나게 된다.

계속해서 입력신호의 (-)부분이 회로에 가해지는

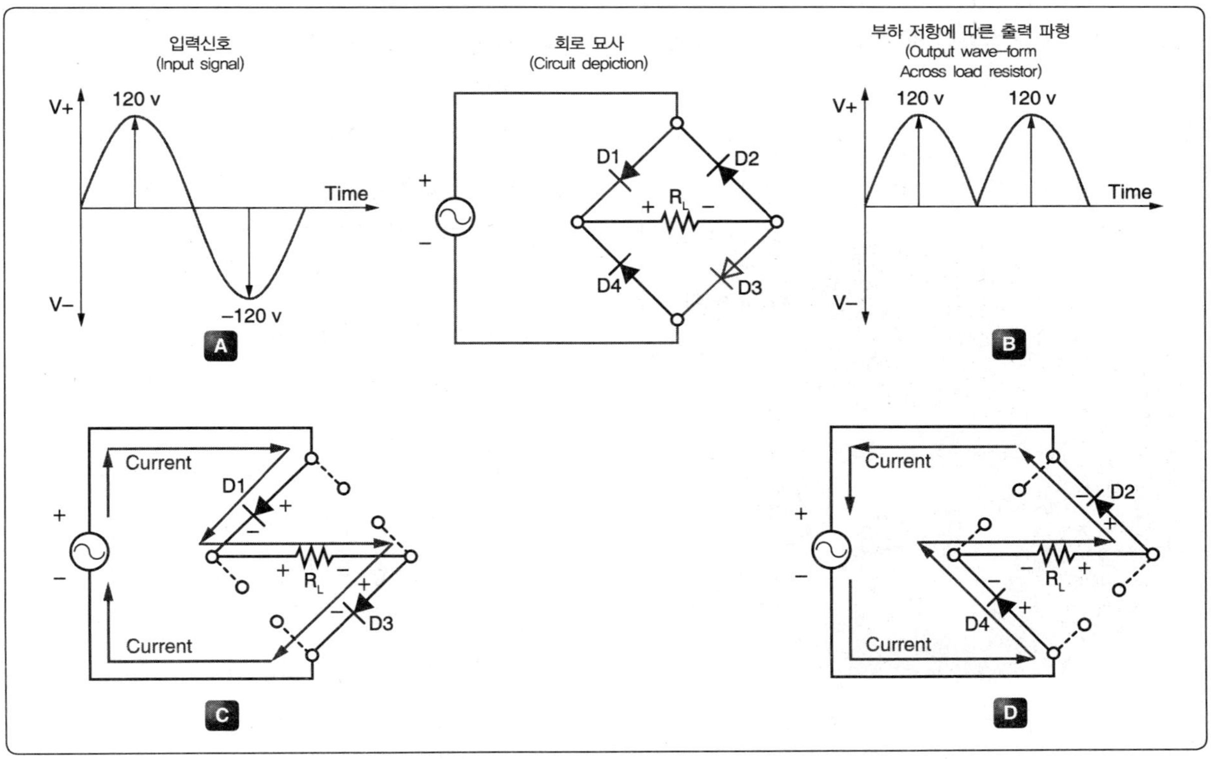

[그림 1-211] 브리지정류기를 통한 전파 정류(Full-wave bridge rectifier)

동안에는 D 그림처럼 D1와 D3는 역방향 바이어스가 되어 전류가 흐를 수 없으나 D2와 D4는 순방향 바이어스가 되어 전류가 잘 흘러가게 된다. 결과적으로 교류 입력신호가 회로에 가해지는 동안 부하저항 입장에서 지속적으로 한쪽 방향으로만 전류가 흐르는 직류신호 출력파형이 나타나게 되고 전파정류 되었다고 말할 수 있는 것이다.

1.35.3 건식디스크정류기(Dry Disk Rectifier)

건식디스크정류기는 서로 다른 성질을 가진 전도성재료가 접합되어 있을 때 전류가 저항이 낮은 곳을 향해 흐르려 하는 성질을 이용한 정류기이다. 사용된 재료에 따라 1~10[A] 정도의 전류가 저항이 낮은 곳으로 흐르지만 저항이 높은 방향으로는 밀리암페어[mA] 단위의 적은 전류만 흐르게 되므로 한쪽방향으로만 전류를 흘리게 되는 정류기의 역할을 하게 되는 것이다. 산화동정류기(copper oxide rectifier), 셀렌정류기(selenium rectifier), 마그네슘 황화구리 정류기(magnesium copper-sulfide rectifier) 이렇게 3가지 종류의 건식디스크정류기가 있는데 [그림 1-212]은 산화동정류기의 구조를 나타내고 있다.

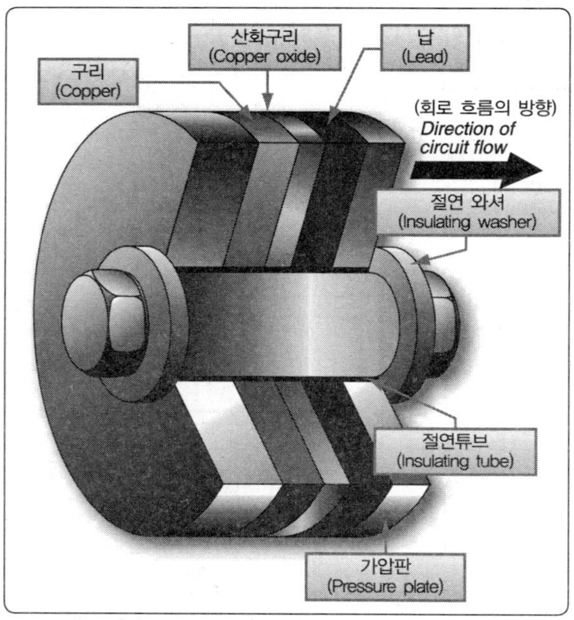

[그림 1-212] Copper oxide dry disk rectifier

1.35.4 다이오드의 종류(Kind of Diodes)

일반적으로 사용되는 다이오드의 몇 가지 종류를 알아보자.

(1) 전력정류기다이오드(Power Rectifier Diodes)

정류목적으로 이용되는 다이오드는 보통 전원장치와 같은 높은 전류를 필요로 하는 곳에 사용된다. 다이오드를 통해 흐를 수 있는 전류의 범위는 1[A]에서 수백[A]까지이다.

일반적인 다이오드의 한 가지로는 부품번호 1N4001~1N4007까지의 범주에 속하는 다이오드의 계열이다. 여기에서 "N"의 의미는 오직 하나의 PN 접합이라는 것을 가리키거나 장치가 하나의 다이오드라는 것을 가리킨다. 이들 정류다이오드의 평균적인 전류흐름은 대략 1[A]이고 50~1,000[V] 사이의 역전압을 견딜 수 있다.

더 큰 정류용 다이오드의 경우 순방향 바이어스일 때 300[A]까지의 전류를 흘릴 수 있으며 600[V]의 역방향 전압을 감당할 수 있다. 크기가 큰 정류용 다이오드의 외관상 특징은 방열장치를 장착하기 위해 다이오드를 금속케이스 내부에 넣었다는 것이다.

[그림 1-213]에서는 다용도 다이오드의 부호와 배선도를 나타낸다.

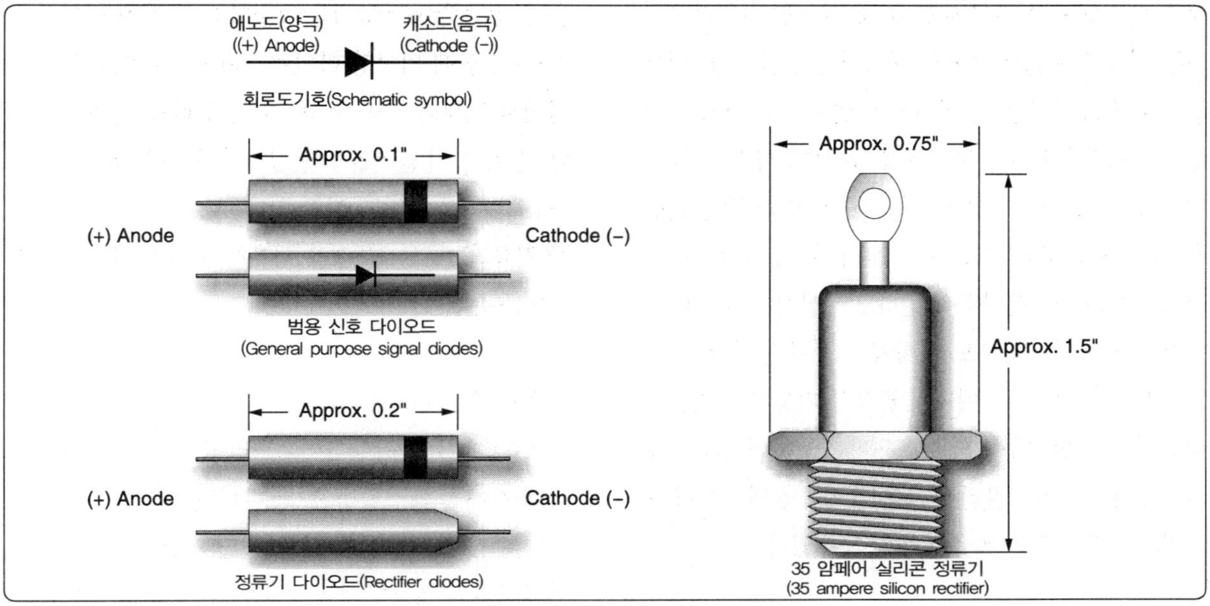

[그림 1-213] 다용도 다이오드

(2) 제너다이오드(Zener Diodes)

제너다이오드는 순방향 바이어스되었을 때 일반적인 다이오드처럼 작동하지만 역방향 바이어스되었을 때는 특정전압 이상의 역방향 전압이 가하질 때에만 전류가 통과되도록 설계되어 있어서 정전압원과 같은 역할을 한다.

전류가 흐르기 시작하시는 시점의 역방향 전압을 항복전압(breakdown-voltage)이라고 하는데 설계된 디자인에 따라 2~200[V]의 항복전압 범위를 정할 수 있다.

항복전압이상으로 역방향 바이어스되면 제너다이오드는 전압조절기, 파형 클리퍼(waveform clipper, 설정 강도 범위 외의 신호를 제거하는 회로) 등의 용도로 활용될 수 있으며 항복전압 이하에서는 일반다이오드가 역방향 바이어스되었을 때처럼 전류흐름을 차단시킨다.

(3) 특수목적다이오드(Special Purpose Diodes)

반도체재료의 독특한 특성을 이용하여 수많은 특화된 다이오드의 개발이 가능해졌다. [그림 1-214]에서는 특수목적다이오드의 몇 가지 회로부호를 보여준다.

(4) 발광다이오드(Light-emitting Diode)

앞서 설명하였던 것처럼 순방향 바이어스 다이오드에서 전자는 PN접합면을 가로질러 P형영역의 정공으

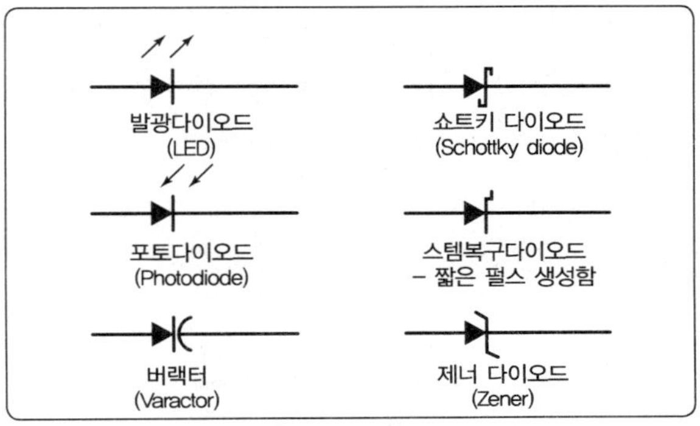

[그림 1-214] 특수 목적 다이오드에 대한 개략적 기호

로 들어가면서 전류의 흐름이 생기는데 이때 자유전자는 정공으로 들어가면서 에너지를 방출한다. 정류용 다이오드에서는 이 에너지가 열로 발산되지만 발광다이오드라고 하는 특수목적 다이오드에서는 이 에너지가 빛으로 발산된다. 갈륨, 비소, 인과 같은 물질을 이용하면 발광다이오드는 적색, 녹색, 노란색, 파란색과 같은 다양한 색을 발산하도록 설계가 가능하다.

이러한 발광다이오드는 항공기 조종실 내부 각종 지시계기와 객실조명에까지 활용이 가능하고 기존의 램프에 비해 반영구적으로 사용이 가능하며 전력소모가 적을 뿐 아니라 열의 발산이 적으며 점멸시간이 매우 짧아 응답속도가 빠르다는 장점이 있다.

(5) 액정디스플레이(LCD–Liquid Crystal Displays)

LCD는 전력소모 측면에서 볼 때 LED보다 이점이 있다.

LED가 일반적으로 밀리와트 범위에서 작동하는 반면 LCD는 마이크로와트 범위에서 작동한다. 액정(liquid crystal)은 2개의 유리판 사이에 밀봉되어 있는 구조로서 외부로부터 액정에 가해진 전기 신호에 따라 내부적인 액정분자의 배열이 변화하며 각각 일정한 패턴의 방향성을 띄게 되고 이에 따라 액정 뒤쪽에 장치된 백라이트(back light)에서 전해진 빛은 액정을 통과하면서 각기 다른 패턴으로 굴절하며 이 빛이 액정 패널 앞에 있는 컬러 필터와 편광 필터를 통과하면서 굴절 패턴에 따라 각기 다른 색상과 밝기를 띤 하나의 점(화소)이 되고 이들이 모여 전체 화면을 구성하게 된다.

(6) 포토다이오드(Photodiode)

포토다이오드는 다이오드 몸체 일부분에 빛이 들어올 수 있는 창(window)을 만들어 놓고 이 창을 통해 빛이 들어올 때 역방향 바이어스된 포토다이오드 접합면에서 전자와 정공이 생성되는 원리를 이용한 것이다. 강한 빛이 들어올수록 접합면에 많은 양의 전자와 정공이 생기게 되고 이로 인해 포토다이오드에 역방향 전류가 흐르는 특성을 이용하여 빛을 검출하는 회로에 응용된다.

(7)버랙터(Varactors)

버랙터는 가변용량다이오드라고 할 수 있는데 버랙터에 가해진 역전압을 통해 버랙터의 정전용량을 제어할 수 있다. 버랙터에 가해진 역전압이 증가할수록 버랙터의 정전용량이 감소하는 특징을 가지며 과거에 사용되었던 기계적인 커패시터를 대체하거나 동조회로(tuning circuit), 공진탱크회로(resonant tank circuit)에 응용된다.

(8) 쇼트키다이오드 (Schottky Diodes)

쇼트키다이오드는 접합면의 한쪽에 금, 은, 또는 백금 그리고 접합면의 반대쪽에는 보통 실리콘에 불순물이 첨가된 N형 물질을 접합하여 설계된다. 일반적인 다이오드에서 N형 영역의 다수반송자는 전자, P형 영역의 다수반송자는 정공이므로 양극성 소자로 불리는데 쇼트키다이오드는 자유전자가 접합면의 양쪽에서 다수반송자(majority carrier)이기 때문에 단극성 소자(unipolar device)로 간주된다. 쇼트키다이오드는 공핍층이 존재하지 않아 개폐시간(switching time)이 300㎒만큼 높아질 수 있다. 이 특성은 양극성다이오드(bipolar diode)의 개폐시간을 훨씬 능가하는 것이다.

1.35.5 다이오드식별(Diode Identification)

[그림 1-213]에서는 다이오드의 극성을 식별하기 위해 사용되는 몇 가지 방법을 보여준다. 일반적으로 제조사는 어느 쪽이 양극(anode)이고 어느 쪽이 음극(cathode)인지를 나타내기 위해 다이오드에 특별한 표시를 한다. 다이오드의 음극 쪽에 띠(Band)를 두르거나 글자 'k'를 쓰거나 특이한 문양을 표시해 놓는다.

1.36 트랜지스터(Transistors)의 개요

트랜지스터는 회로 내에서 주로 전류를 제어하거나 신호를 증폭하는 용도로 사용되며 단자(Terminal)가 3개인 전자소자이다.

[그림 1-215]에서와 같이 2개의 동일반도체 사이에 다른 종류의 반도체가 샌드위치형태로 끼워져 있는 2개의 접합면과 3개의 층(layer)이 있는 기본구조를 가진다.

트랜지스터에서 도핑의 농도가 가장 강한 부분을 이미터(Emitter), 가장 약한 부분을 베이스(Base) 그리고 중간 정도의 도핑 농도를 가진 부분을 컬렉터(Collector)라 한다. 트랜지스터는 반도체물질이 어떤 종류가 사용되었느냐에 따라 트랜지스터의 이름이 정해진다. 서로 다른 층(layer) 사이에 접촉되는 부분을 접합(junction)이라 부르는데 셀렌다이오드(selenium diode)와 게르마늄다이오드(germanium diode)는 접합다이오드(junction diode)의 한 예이다. 샌드위치 구조의 중간에 삽입된 층(layer)인 베이스는 컬렉터 또는 이미터에 비해 상당히 얇다는 점이 특징이다.

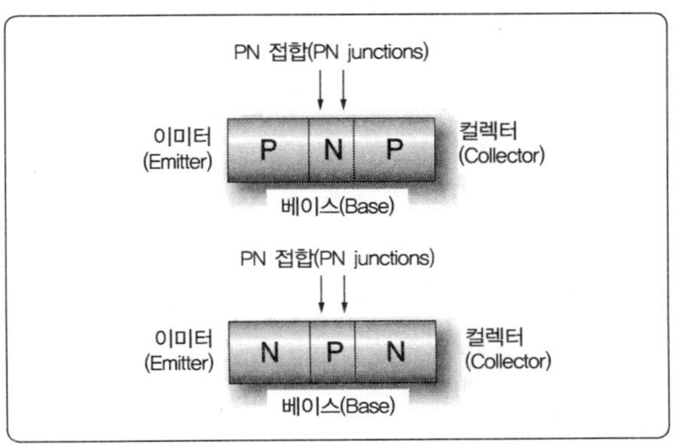

[그림 1-215] 트랜지스터(Transistor)

1.36.1 분류(Classification)

트랜지스터는 그들의 N형 반도체와 P형 반도체 배열에 따라 NPN이거나 또는 PNP로 분류된다. NPN 트랜지스터는 2개의 N형 반도체 사이에 두께가 얇은 P형 반도체를 삽입하여 만들어지며 이와 반대로 반도체를 배치한 것이 PNP 트랜지스터이다.

[그림 1-216]에서는 2가지 형태의 트랜지스터 기호을 보여준다. 2개의 사선이 모이는 수평선은 베이스를 나타내고 2개의 사선 중 화살표가 있는 부분은 이미터이고 그 반대편은 컬렉터를 나타낸다. 이미터의 화살표 방향은 트랜지스터가 NPN형인지 아니면 PNP형인지를 결정한다. 화살표가 안쪽을 향해 있다면 PNP형이고 그 반대라면 NPN형이다. 일반적인 전류의 흐름이 양극(+)에서 음극으로(-)로 흐른다는 점을 기억하면 쉽게 구별이 가능하다.

1.36.2 트랜지스터 이론(Transistor Theory)

다이오드의 설명부분에서 언급한 바와 같이 전자와 정공의 이동을 전류라고 할 수 있다. 전자전류

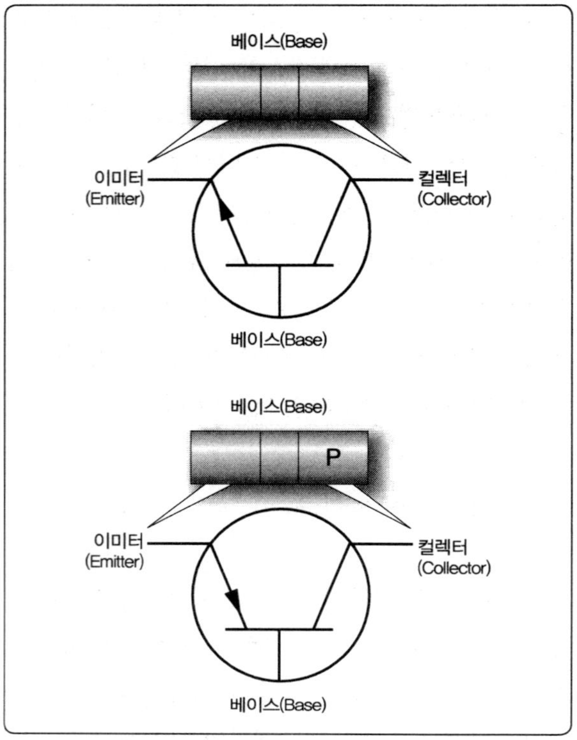

[그림 1-216] 2가지 형태의 트랜지스터 기호

(electron current)가 어느 한쪽 방향으로 이동한다면 정공전류(hole current)는 그 반대반향으로 이동한다. 트랜지스터에서 전자와 정공은 모두 전류의 반송자(carrier)로서 활동한다.

순방향 바이어스식 PN 접합은 전압이 가해질 때 고전류를 통과시키기 때문에 저저항회로요소로 작용하고 반대로 역방향 바이어스식 PN 접합은 고저항회로요소로 작용한다.

트랜지스터의 2개의 접합면에 일정한 전류가 흐른다고 가정할 때 전력에 관한 옴의 법칙(Ohm's Law, P=I2R)을 적용해보면 역방향 바이어스식 접합면이 순방향 바이어스 접합면보다 높은 전력이 생성됨을 알 수 있다.

그런 까닭에 트랜지스터의 순방향 바이어스된 접합면에 저출력 신호를 가해주면 다른 하나의 역방향 바이어스된 접합면에서 고출력 신호를 얻을 수 있는 증폭기의 용도로 사용이 가능하다. 트랜지스터를 증폭기로 사용하기 위해서 두개의 접합면에 바이어스를 어떻게 가해줘야 할지를 결정해야 한다. 첫 번째 PN 접합, 즉 이미터-베이스는 순방향으로 바이어스를 걸어준다. 이것은 저저항을 만들어낸다. 컬렉터-베이스 접합인 두 번째 접합은 고저항을 만들어내기 위해 역바이어스를 걸어준다. [그림 1-217]에서는 NPN 트랜지스터의 적절한 바이어스를 나타낸다.

순방향으로 바이어스를 걸어준 이미터-베이스 접합에서 전자는 배터리의 음극단자를 떠나 N형 영역으로 들어간다. 이들의 전자는 쉽게 이미터를 거쳐 지나 접합면을 건너간다. 그리고 베이스의 P형 영역에 있는 정공과 결합한다. P형 영역에서 있는 정공을 채우고 난 나머지 다른 전자는 P형 영역을 떠날 것이고 배터리의 양극 단자로 들어간다.

베이스-컬렉터 접합인 두 번째 PN 접합은 역방향 바이어스이다. 이것은 접합면이 고저항으로 작용되어 다수 반송자가 접합면을 건너지 못하도록 할 것이

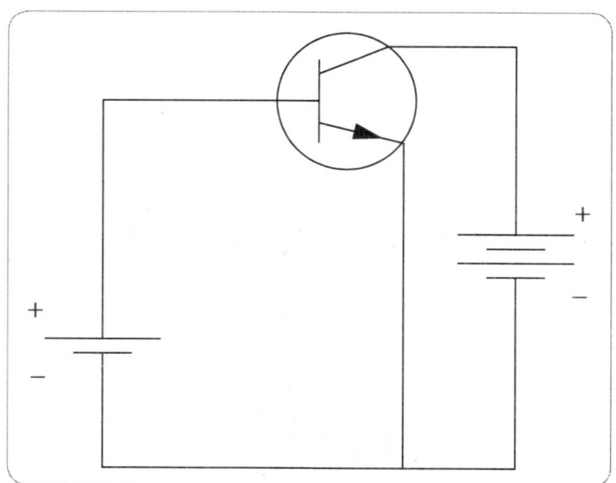

[그림 1-217] NPN 트랜지스터(NPN transistor)

다. 그러나 소수 반송자, 즉 P형 영역에 있는 전자와 N형 영역에 있는 정공으로 인해 역방향 바이어스된 PN 접합부분에도 적은 전류의 흐름이 존재한다는 것을 기억해야 한다. 소수 반송자는 NPN 트랜지스터의 작동에서 중요한 부분을 담당하기 때문이다.

[그림 1-218]에서는 NPN 접합의 기본적인 상호작용을 보여준다. 2개의 배터리가 전압원으로 사용되는데 Vbb라고 표현된 1[V] 베이스 전압원과 V_{CC}라고 표현된 6[V] 콜렉터 전압이 사용되고 있다.

[그림 1-218]에서 배터리의 음극단자에서 출발하여 N형 영역으로의 자유전자의 이동을 볼 수 있는데 이를 이미터전류라 한다.

전자가 N형 영역으로 들어갈 때 그들은 다수반송자가 되고 N형 영역을 통과해서 이미터-베이스 PN 접합으로 이동한다. 이미터-베이스 접합은 약 0.65~0.7[V] 이상의 순방향 전압이 가해지면 쉽게 전자의 흐름이 가능하다. 이들 전자가 베이스 안으로 들어갈 때 P형 영역의 정공과 결합하고 나머지 전자는 베이스를 거쳐 베이스 전압원의 (+)단자로 이동하면서 베이스전류(Ib)가 된다.

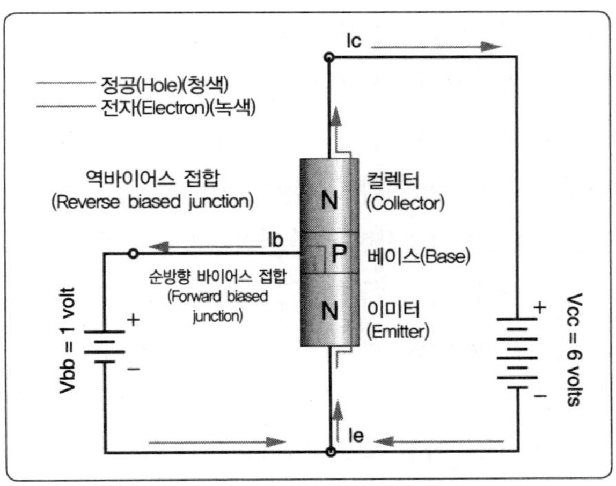

[그림 1-218] NPN 접합의 기본적인 상호작용

베이스 안으로 이동한 전자의 대부분은 컬렉터-베이스 접합이 역방향 바이어스인 이유로 컬렉터의 N형 영역으로 이동하기 어려우나 컬렉터의 N형 영역 소수반송자 입장에서는 컬렉터-베이스 접합이 순방향 바이어스인 것처럼 여겨질 수 있어서 베이스 영역의 전자가 컬렉터-베이스 접합을 건너 컬렉터로 이동하고 [그림 1-218]에서 보여준 Ic로 나타낸 전자는 콜렉터 전류로 컬렉터에 연결된 배터리의 양극단자로 되돌아간다. 베이스에서 컬렉터로의 전자의 흐름을 용이하게 하기 위해 베이스 영역을 얇게 도핑하는 게 일반적이다.

트랜지스터는 전자의 이동과 역방향 바이어스시의 저항의 두 가지 성질을 이용하는 이유로 Transistor (Transfer-resistor)라고 부르는 것이다.

1.36.3 PNP 트랜지스터의 작동 (Transistor Operation)

PNP 트랜지스터는 NPN 트랜지스터와 같이 동일한 원리로 작동한다. 주된 차이점은 이미터, 베이스, 그리고 컬렉터재료가 NPN과는 다른 재료로 구성되어 있다는 것이다. 다수반송자와 소수반송자는 PNP와 NPN이 서로 정반대이다. NPN의 경우 다수반송자가 전자이지만 PNP의 경우에 다수반송자는 정공이 된다. 또한 바이어스 방식도 NPN에 비해 반대가 되어야 한다.

1.36.4 트랜지스터의 식별 (Identification of Transistors)

[그림 1-219]는 일반적인 트랜지스터의 단자(lead)

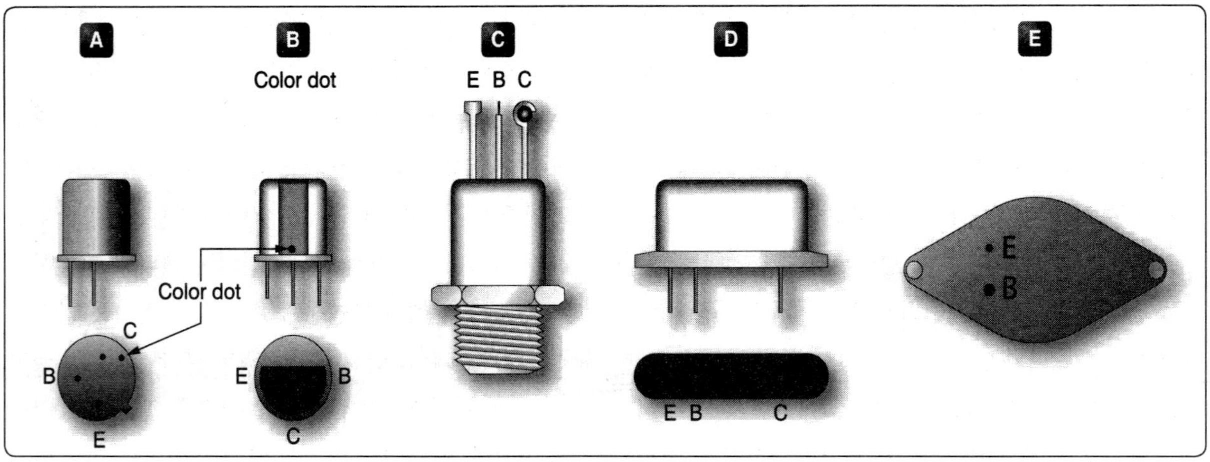

[그림 1-219] 공통 트랜지스터 리드 식별 (Common transistor lead identifications)

식별법을 보여준다.

단자식별에 대한 기준이 부족한 관계로 주로 트랜지스터의 제작사 정보를 이용해야 한다. [그림 1-219] D의 타원형 트랜지스터의 경우 단자 간격이 넓은 하나가 컬렉터가 되고 반대편 두 개 중 왼쪽이 이미터가 된다. 어떤 트랜지스터의 경우 색띠로 표시한 부분이 컬렉터가 되고 단자의 길이가 짧은 쪽이 이미터가 되기도 한다.

[그림 1-219] E의 트랜지스터는 과거에 주로 많이 사용되던 것인데 트랜지스터의 케이스가 컬렉터 단자로 사용이 되기도 한다.

1.36.5 전계효과트랜지스터 (FET-Field Effect Transistors)

두개의 접합면을 가진 양극성 트랜지스터보다 더 중요하게 사용되는 또 다른 트랜지스터 모델로서 전계효과 트랜지스터인 FET가 있다. 양극성 트랜지스터와 FET 사이의 주요한 차이점은 양극성 트랜지스터는 2개의 PN접합을 가진 전류제어식소자(current-controlled device)인 반면 FET는 오직 1개의 PN 접합을 가진 전압제어식소자(voltage-controlled device)라는 점이다.

FET는 크게 2가지 종류로 구분할 수 있는데 한 가지는 단 하나의 PN 접합만을 갖고 있는 JFET(junction field effect transistor)와 금속산화막접합형 전계효과트랜지스터(MOSFET, metal-oxide junction field effect transistor)이다.

[그림 1-220]에서는 JFET의 기본구조와 회로도 기호를 보여준다. 이 그림에서 드레인(Drain)과 소스(Source)는 N형 물질에 연결되고 게이트(Gate)는 P형 물질에 연결된 것을 볼 수 있다. 여기에서 N형 물질을 N채널이라 부른다. 초기 게이트전압 Vgg를 0[V]로 설정하고, 드레인전압 Vdd는 약간의 양전압(positive voltage)으로 설정하면 전류는 N채널을 통해 소스와 드레인 사이를 흐르게 된다. 그 상태에서 Vgg를 약간의 음전압(negative voltage)으로 조정하면 PN 접합은 역방향 바이어스가 되고 접합면의 공핍층이 넓어지면서 N채널이 좁아져 드레인에서 소스로 흐르는 전류의 감소효과를 얻을 수 있다.

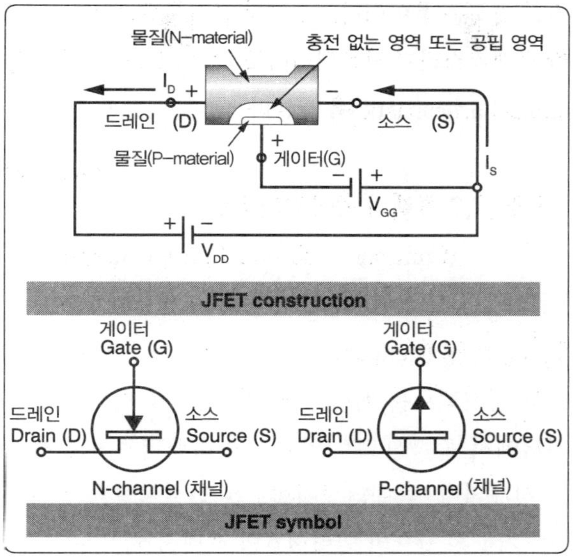

[그림 1-220] JFET의 기본구조와 회로도 기호

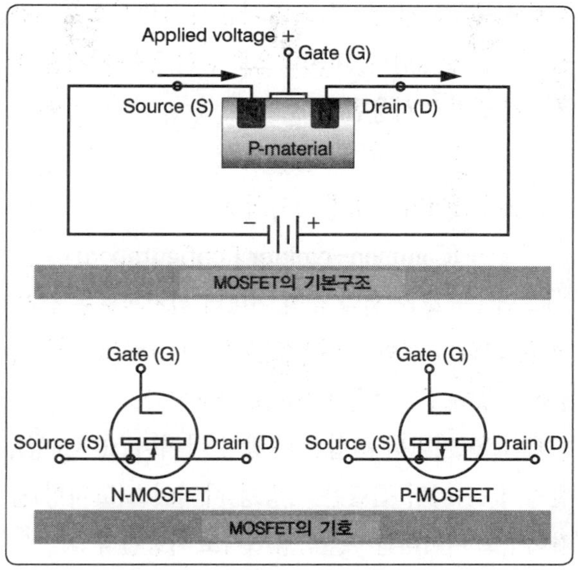

[그림 1-221] MOSFET의 일반적인 구조와 회로도 기호

FET는 전압제어식소자로서 양극성 트랜지스터에 비해 약간의 장점을 갖는다. 한 가지 장점은 게이트가 역방향 바이어스이기 때문에 FET가 장착되는 회로입장에서 매우 높은 저항 소자처럼 보이기 때문에 회로에 장착 시 삽입영향(insertion influence)이 적다는 점과 높은 저항이므로 전류소모가 적다는 것이다. 수많은 다른 고체장치들처럼 정전기에 민감하므로 취급 시 주의가 필요하다.

1.36.6 금속산화막접합형 전계효과트랜지스터 (Metal-oxide Semiconductor FET)

[그림 1-221]에서는 MOSFET의 일반적인 구조와 회로도 기호를 보여준다. MOSFET의 바이어스는 JFET와 같으며 게이트에 전압을 가해주면 드레인과 소스 사이에 전류흐름이 시작된다. JFET는 게이트 전압의 크기에 따라 N채널의 폭이 조절되지만 MOSFET는 채널이 존재하지만 폭을 조절할 수는 없다. MOSFET의 기본원리는 게이트의 금속과 반도체 사이의 수직전계를 이용한 N채널을 형성하여 게이트 전압으로 드레인과 소스 사이의 전류를 제어하는 것이다.

1.36.7 공통접지구성 (Common Transistor Configurations)

트랜지스터의 공통접지에는 3가지 방식이 있다. 세 가지의 방식은 이미터공통접지(Common-emitter), 베이스공통접지(Common-base), 그리고 컬렉터공통접지(Common-collector)이다. "공통(common)"이라는 용어는 트랜지스터의 특정 단자가 다른 2개 단자의 입력과 출력에 대한 공통 (-)단자로 사용된다는 의미이다. 3가지 방식의 공통접지회로는 그 응용분야에 따라 고유의 특징을 갖는다. 원하는 회로를 구성하기 전 먼저 3개의 트랜지스터 단자 중 어떤 것이 입력신호로 사용되는지 결정하고 그다음에 출력신호로 사용될 단자를 결정한다. 마지막으로 남아 있는 단자를 공통접지 단자로 사용한다.

1.36.7.1이미터 공통접지회로 (Common-emitter Configuration)

[그림 1-222]에서와 같이 이미터 접지회로는 전압, 전류, 그리고 전력에 대한 양호한 이득(gain) 때문에 증폭회로에서 가장 일반적으로 사용된다.

베이스-이미터 접합은 순방향 바이어스(저저항), 컬렉터-이미터 접합은 역방향 바이어스(고저항)를 가해주고 이미터단자는 공통접지로 사용한다.

이미터 접지회로는 입력신호대비 출력신호의 위상이 반전되는 유일한 접지회로로서 양호한 전류이득(current gain)과 전압이득(voltage gain)이 최상의 조합을 갖기 때문에 세 가지 접지회로 중에서 가장 널리 사용된다. 여기에서 이득(gain)의 의미는 증폭의 크기를 뜻하는 용어이다. 세 가지 접지회로는 비록 동일한 트랜지스터가 사용되더라도 각각 고유한 이득특성(gain characteristic)을 갖는다.

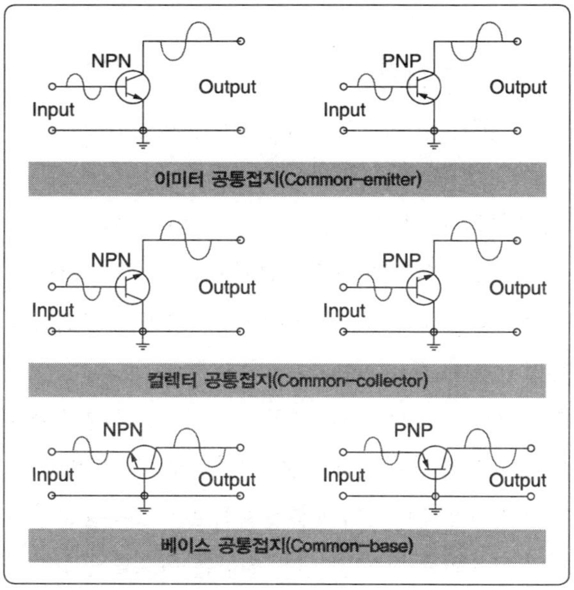

[그림 1-222] 트랜지스터 구성(Transistor configuration)

1.36.7.2 콜렉터 공통접지회로 (Common-collector Configuration)

[그림 1-222]에서와 같이 콜렉터 접지회로는 보통 임피던스 정합(impedance matching)에 사용된다. 콜렉터 접지회로는 베이스에 입력신호를 가해주고 이미터에서 출력신호가 얻어지며 컬렉터는 공통접지로 사용된다. 콜렉터접지회로는 입력저항은 높지만 출력저항은 낮으며 입력신호와 출력신호가 동상(in-phase)인 특징이 있다. 고전류 이득(high-current gain)으로 인하여 전류드라이버(current driver)로도 사용되며 한쪽 방향으로 신호를 통과시키는 능력을 갖고 있기 때문에 스위칭 회로에 아주 유용하다. 전류이득은 이미터 접지회로보다 높지만 이미터 접지회로나 베이스 접지회로에 비해 전력이득(power gain)은 낮다.

1.36.7.3 베이스 공통접지회로 (Common-base Configuration)

베이스 공통접지회로는 저입력임피던스(low-input impedance)와 고출력저항(high-output resistance)을 갖는 특성으로 인해 임피던스 정합에 주로 사용된다.[그림 1-222] 하지만 저입력저항(low-input resistance)이라는 점과 전류흐름이 언제나 1 이하라는 2가지의 이유로 인해 회로응용에 제약이 있다. 전압증폭(voltage amplification)의 장점을 이용하여 마이크로폰 증폭에 일부 사용되기도 한다.

1.37 진공관(Vacuum Tubes)

진공관은 트랜지스터가 등장하기 이전 트랜지스터의 역할을 하던 장치로서 유리로 밀봉된 진공상태의 내부에 금속단자를 장착한 후 전류를 가하여 사용하던 것으로 이미 오래전 항공기 전자, 전기분야에서의 진공관 활용도는 트랜지스터의 등장으로 인해 급격히 감소하고 있다. 그러나 아직도 일부 시스템은 특별한 목적으로 진공관을 사용하거나 일부 구형 항공기에서 진공관을 사용하기도 한다. 본래 진공관은 무선통신을 위해 개발되었으며 진공관은 무선송신기 내에서 발진기(oscillator), 정류기, 증폭기의 용도로 사용되었다. 용도별로 다양한 종류의 진공관이 있지만 일반적으로 다이오드(Diode), 트리오드(Triode), 테드로드(Tetrode), 펜토드(Pentode)의 4가지 종류로 구분할 수 있다.

1.38 필터링(Filtering)

정비사가 현장에서 접할 수 있는 커패시터(capacitor)와 인덕터(inductor)의 가장 흔한 응용이 필터기능이다.

1.38.1 커패시터의 필터링 특성 (Filtering Characteristics of Capacitors)

커패시터는 정전기 필드의 에너지를 저장하여 전압 변동을 거부하려는 성질이 있다. 전압이 상승하려는 경향이 있을 때에는 전압변동을 에너지로 전환시키고 전압이 떨어지려는 경향이 있을 때에는 이 저장된 에

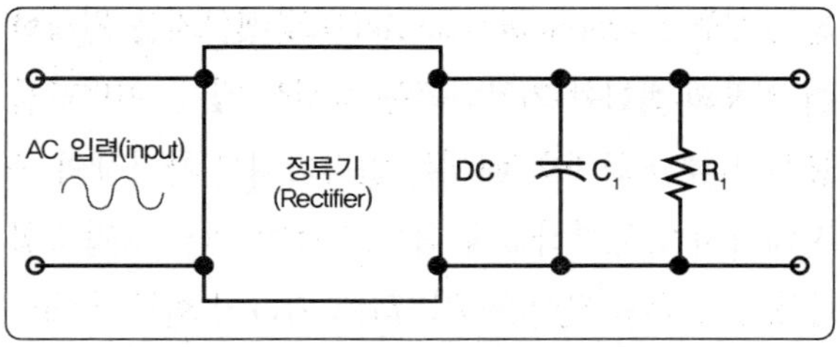

[그림 1-223] 필터로 사용되는 콘덴서

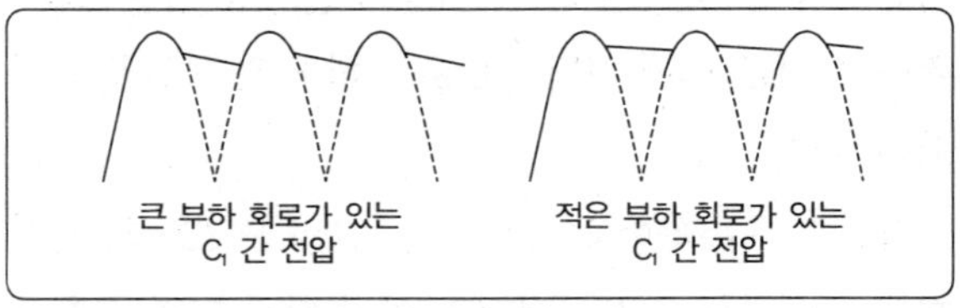

[그림 1-224] 커패시터 필터를 사용한 반파 및 최대파 정류기 출력

너지를 다시 전압으로 전환시킨다. [그림 1-223]에서는 정류기의 출력을 커패시터가 어떻게 필터링 하는지 보여주고 있다. 정류기는 박스모양으로 나타나고 그리고 커패시터 C1은 부하 R1과 병렬로 연결된다.

[그림 1-223]과 [그림 2-224]에서와 같이 정류기를 통과한 교류입력신호는 [그림 1-224]의 점선형태처럼 전파정류된다. 그리고 커패시터 C_1의 전압출력이 증가하려는 경향이 있을 때 충전하고 전압출력이 감소하려는 경향이 있을 때 방전하는 필터링 효과로 인해 점선형태의 파형은 실선형태의 파형으로 변화되어 출력된다. 결론적으로 [그림 1-223]의 회로에서 커패시터의 역할은 정류기를 통해 전파 정류된 직류파형을 좀 더 안정적인 직류파형으로 바꾸어주는 필터 역할을 하는 것이다.

1.38.2 인덕터의 필터링 특성 (Filtering Characteristics of Inductors)

인덕터는 전류흐름이 있을 때 스스로에게 생기는

전자기장(electromagnetic field)의 에너지를 저장하여 전류의 변화를 거부하려는 성질이 있다. 인덕터를 통해 전류가 증가할 때에는 인덕터의 전자기장의 축적에너지가 증가하고 인덕터를 통한 전류가 감소할 때에는 전류의 흐름을 유지하기 위하여 회로에 에너지를 공급한다. [그림 1-225]와 [그림 1-226]에서는 정류기의 출력을 인덕터가 어떻게 필터링하는지 보여준다. 이 회로에서 인덕터 L_1은 부하 R_1과 직렬로 연결되어 있다.

정류기를 통과한 교류신호는 [그림 1-226]의 점선형태로 나타나지만 인덕터 L_1의 필터링 효과로 인해 점선형태파형은 실선형태의 파형으로 바뀌어 출력된다. 결론적으로 그림 [1-225]의 회로에서 인덕터의 역할은 정류기를 통해 전파정류된 직류파형을 좀 더 안정적인 직류파형으로 바꾸어주는 필터역할을 하는 것이다.

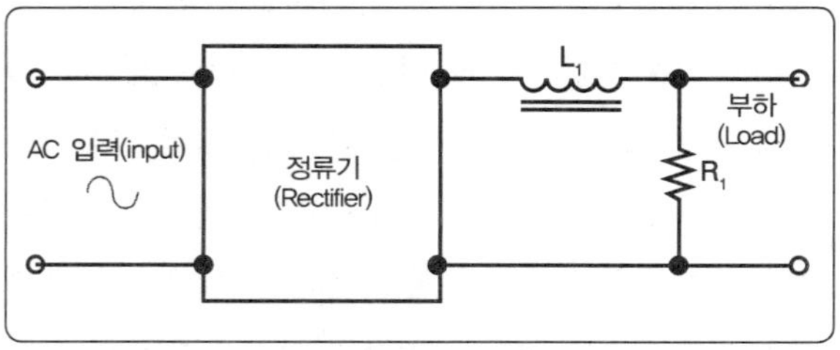

[그림 1-225] 필터로 사용되는 인덕터(inductor)

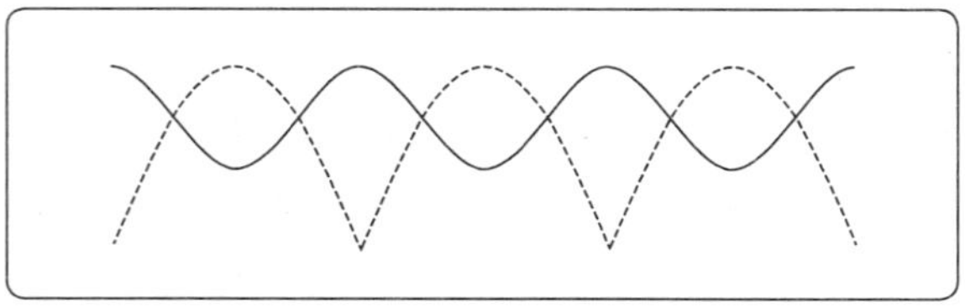

[그림 1-226] 인덕터 필터 정류기 출력
(Output of an inductor filter rectifier)

1.38.3 일반적인 필터구성 (Common Filter Configurations)

커패시터와 인덕터는 다양한 방식으로 결합되어 단일 커패시터 또는 인덕터로 얻을 수 있는 것보다 더 만족스러운 필터링을 제공한다. 이를 총칭하여 LC 필터라고 한다. [그림 1-227]에 여러 조합이 개략적으로 표시되어 있다. L형 또는 역 L형 및 T형 필터 섹션은

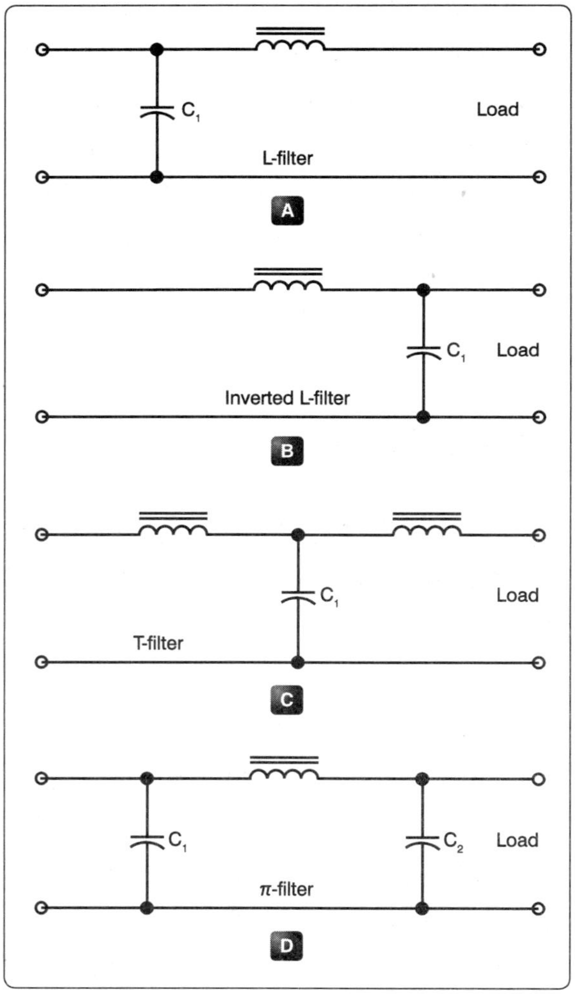

[그림 1-227] LC 필터(LC Filters)

알파벳의 해당 문자와 개략적으로 유사하다. 파이(pi)형 필터 부분은 그리스 문자 π와 개략적으로 유사하다.

표시된 모든 필터 섹션은 인덕턴스가 직렬이고 커패시턴스가 부하와 병렬이라는 점에서 유사하다. 따라서 인덕턴스는 리플 주파수에 매우 높은 임피던스와 커패시터에 매우 낮은 임피던스를 제공해야 한다. 리플 주파수가 상대적으로 낮기 때문에 인덕턴스는 많은 인덕턴스(일부 헨리) 값을 갖는 철심 코일이다. 그것들은 리플 주파수에 매우 높은 임피던스를 제공하기 때문에, 이 코일을 초크라고 부른다. 또한 리플 주파수에 거의 반대하지 않으려면 커패시터(몇몇 마이크로패럿)가 커야 한다. 커패시터의 전압이 DC이기 때문에 전해 커패시터는 필터 커패시터로 자주 사용된다. 전해 커패시터 연결 시 항상 극성이 올바른지 확인해야 한다. LC 필터는 또한 커패시터와 인덕터의 위치에 따라 분류된다. 커패시터 입력 필터는 커패시터가 정류기의 출력 단자에 직접 연결되는 필터 중 하나이다. 초크 입력 필터는 초크가 필터 커패시터보다 선행하는 필터이다.

인가된 전압을 단일 정류기가 허용할 수 있는 것 이상으로 증가시켜야 하는 경우 일반적인 해결책은 인가전압을 쌓는 것이다. 이러한 정류기는 직렬로 추가된 저항과 유사하다. 각 저항은 총 전압보다 인가전압

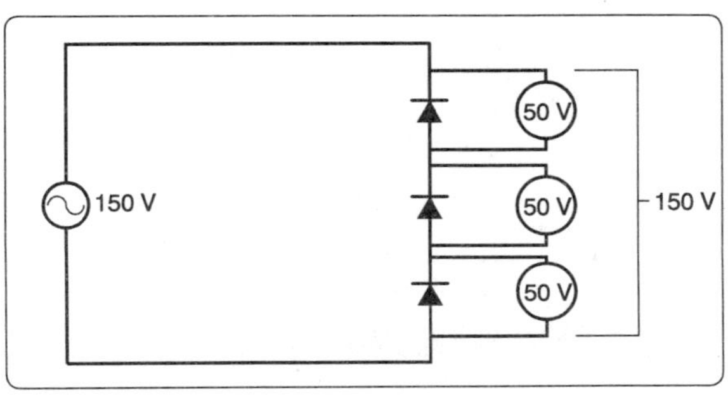

[그림 1-228] 다이오드 조합 회로(Stacking diodes in a circuit)

의 일부를 떨어뜨린다. 직렬로 추가되거나 적층된 정류기에도 동일한 이론이 적용된다. 직렬 적층은 정격전압을 높인다. 예를 들어, 인가전압이 50V를 초과하는 상태에서 정류기가 파괴되고, 인가전압이 150V인 회로에 사용해야 하는 경우, 다이오드 적층을 사용할 수 있다. 그 결과는 [그림 1-228]과 같다.

1.38.4 기본적인 LC 필터(Basic LC Filters)

아날로그필터는 리플(Ripple)과 같은 원치 않는 신호성분을 제거하거나 원하는 신호를 향상시키기 위한 신호처리 기능을 수행하는 회로이다. 가장 간단한 아날로그필터는 인덕터와 커패시터의 조합을 기본으로 한다. Filter의 4가지 기본범주는 저역필터(low-pass filter), 고역필터(high-pass filter), 대역통과필터(band-pass filter), 대역소거필터(band-stop filter)이다. 이들은 모두 외부 전력원에 의존하지 않기 때문에 수동필터(passive filter)라고 부른다. 필터의 작동은 회로에 어떤 주파수가 인가되었느냐에 따라 달라지는 가변 유도성 리액턴스와 가변 용량성 리액턴스의 특성에 따라 달라진다. 다시 말하면 인덕터는 고주파신호인 높은 리액턴스를 차단하며, 저주파신호인 낮은 리액턴스를 통과시키지만 반면에 커패시터는 반대로 작동한다.

신호가 인덕터를 거쳐 지나가거나 커패시터가 접지를 제공하는 필터는 고주파신호에서보다 저주파신호에서 적은 감쇠(attenuation) 또는 감소를 나타내기 때문에 저역필터로 간주된다. 만약 신호가 커패시터를 거쳐 지나가거나 인덕터를 통해 접지를 제공하는 필터는 저주파신호보다 고주파신호에서 적은 감쇠를 나타내므로 고역필터로 간주된다.

(1) 저역필터(Low-pass Filter)

저역필터는 저주파를 잘 통과시키고 고주파를 감쇠시키는 필터이다. 일명 차단주파수(cutoff frequency)라 하는 주파수를 기준으로, 필터를 통과하는 주파수 범위와 차단되는 주파수의 범위가 나뉜다. 다시 말해 차단주파수보다 더 높은 주파수성분은 저역필터에 의해 차단되는 것이다.

개별 주파수의 실제 감쇠량은 필터설계에 달라진다. 유도성 저역필터는 부하에 대해 인덕터를 직렬로 연결하고 용량성 저역필터는 부하에 대해 커패시터를 병렬로 연결한다. [그림 1-229]에서와 같이 원하는 저주파 성분은 흐르게 하고 원치 않는 고주파 성분은 차단하는 것이다.

(2) 고역필터(High-pass Filter)

고역필터는 기능상 저역필터와는 정반대의 것이다. 저주파 차단 필터(Low-cut Filter)라고 부르기도 하는데, 고주파는 잘 통과시키지만 차단주파수보다 더 낮은 주파수를 감쇠시킨다. [그림 1-230]에서와 같이 원치 않는 저주파성분을 차단시키는 반면에 원하는 고주파성분을 통과시킨다.

(3) 대역통과필터(Band-pass Filter)

대역통과필터는 기본적으로 고역필터와 저역필터의 조합이라 할 수 있는데, 광범위한 주파수로부터 일부 특정 주파수범위만을 통과시키거나 차단하고자 할 때 응용할 수 있는 필터이다. [그림 1-231]에서 대역통과필터의 회로와 특정 주파수 대역만을 출력한 것을 볼 수 있다.

(4) 대역소거필터(Band-stop Filter)

신호처리에서 대역소거필터 또는 대역제거필터는 대부분의 주파수를 통과시키지만 특정 주파수를 감쇠시키는 필터이다. 이 필터는 대역통과필터의 정반대 개념이다. 대역소거필터의 한 종류인 노치필터(Notch

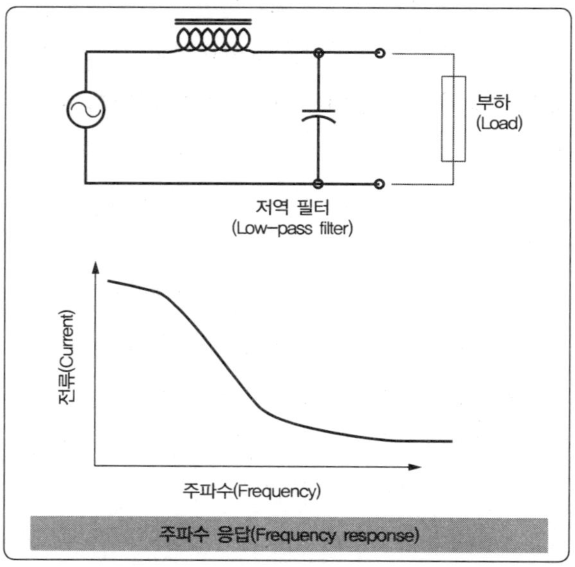

[그림 1-229] 저역필터(Low-pass Filter)

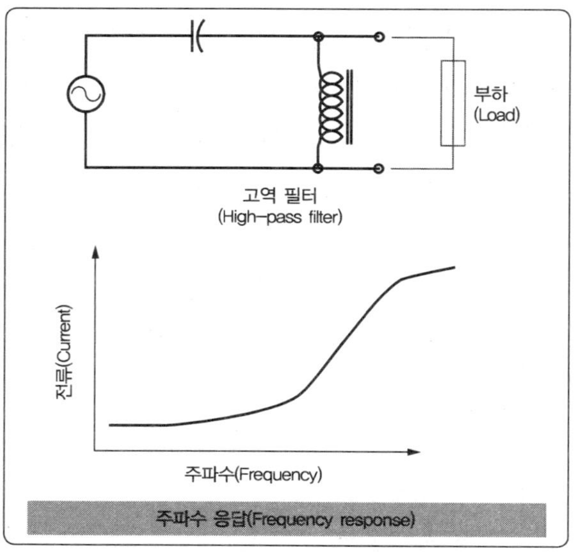

[그림 1-230] 고역필터(High-pass Filter)

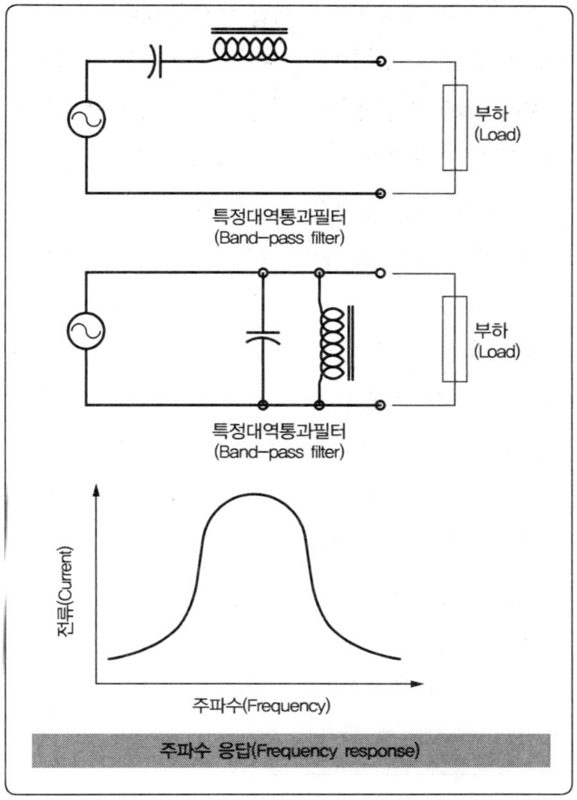

[그림 1-231] 대역통과필터(Band-pass Filter)

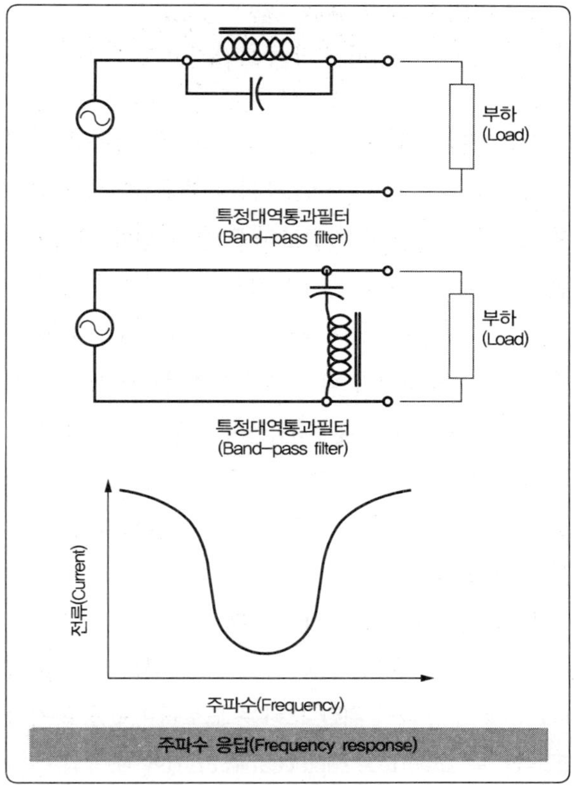

[그림 1-232] 대역소거필터(Band-stop Filter)

Filter)는 광범위한 주파수 대역 중 일부 좁은 주파수 대역만을 차단하는 대역소거필터이다. 노치필터는 되먹임(feedback)을 줄이거나 방지하는 반면에 주파수스펙트럼(frequency spectrum)의 다른 나머지 주파수에 효과음을 주는 특징이 있는데 기내방송장치의 생음재생과 악기용 앰프나 음향기기의 증폭기로 사용된다. 다른 명칭으로는 "대역제한필터", "티노치필터(T-notch Filter)", "대역배제필터", 그리고 "대역제거필터"라고도 한다. [그림 1-232]에서 대역소거필터 회로와 특정 주파수 대역만을 차단한 출력을 볼 수 있다.

1.39 증폭회로(Amplifier Circuits)

증폭기는 입력신호를 이용하여 출력신호를 제어하는 장치라 할 수 있다. 출력신호는 입력신호의 일부 또는 전부의 특성을 가지지만 일반적으로 전압, 전류, 또는 전력의 측면에서 입력신호보다 더 큰 크기(magnitude)가 된다. 이득(gain)은 모든 증폭기의 기본적인 기능이다. 이 이득 때문에 출력신호가 입력신호보다 더 커지게 되는 것이다. 예를 들어 입력신호가 1[V]이고 출력신호가 10[V]이라면, 이득은 다음과 같이 정의할 수 있다.

$$Gain = Signal\ out\ /\ Signal\ in$$
$$Gain = 10V\ /\ 1V = 10$$

전압이득은 보통 소형 이득증폭기의 작동을 설명하기 위해 사용되며, 이런 유형의 증폭기에서 출력신호 전압은 입력신호 전압보다 크다. 반면에 전력이득은 보통 대형 신호증폭기의 작동을 설명하기 위해 사용되며, 이득은 전압이 아닌 와트(Watt)의 단위를 사용한다. 전력증폭기 역시 출력신호전력이 입력신호전력보다 더 크다. 대부분 전력증폭기는 증폭의 마지막 단계에서 사용되며 출력장치를 구동하는 역할을 한다. 출력장치는 조종석 또는 객실스피커, 지시기(indicator), 또는 안테나일 수 있다. 어떤 장치이든지 그 장치를 작동시키기 위한 전력은 증폭의 마지막 단계에서 나온다. 일부 오토파일럿 서보(autopilot servo)를 구동하기 위한 모터는 오토파이럿 증폭기라고 불리는 LRU(line replaceable unit)에 내장되어 있다. 이러한 증폭기는 비행안내시스템으로부터 낮은 신호 명령을 받아서 서보모터를 가동하기에 충분한 수준의 신호로 증폭시킨다.

1.39.1 분류(Classification)

트랜지스터 증폭회로의 분류는 출력회로의 전류흐름시간이 얼마나 많은지를 통해 결정되며 A급(Class A), AB급(Class AB), B급(Class B), C급(Class C) 이렇게 4가지로 분류할 수 있다. 4가지 중 어떤 것이 가장 좋다고 할 수는 없다. 중요한 것은 의도하는 작동을 위해 어떤 종류를 사용하느냐이다.

(1) A급(Class A)

[그림 1-233]은 간단한 A급 증폭회로이다. A급은 가해진 입력신호의 100[%]가 트랜지스터를 통과하는 특징이 있다. 또한 모든 Class 중 효과적인 측면에서 가장 낮은 종류이지만 충실도(fidelity) 면에서는 최상이다. 충실도(fidelity)란 진폭을 제외한 모든 면에서 입력신호에 대한 양호한 재생출력신호를 제공한다는 의미이다.

어떤 회로의 경우에는 입력신호와 출력신호 사이에 약간의 위상변이(phase shifting)가 있을 수도 있는데 일반적인 위상변이는 180[°]이다. 만약 출력신호가 입력신호에 대해 양호한 재생을 보여주지 못한다면 그 때의 출력신호는 왜곡되었다고 말할 수 있다. 결국 왜곡은 입력신호가 원치 않는 출력신호로 변형되는 것이다.

증폭기의 효율은 회로에 공급된 전력대비 출력에

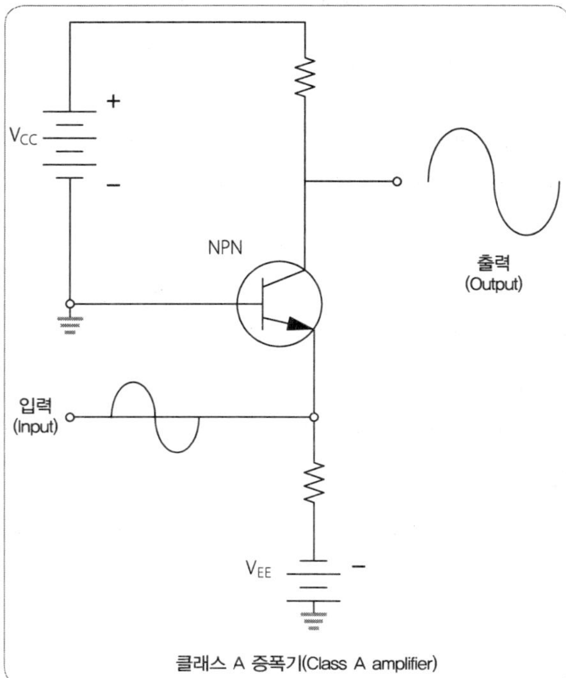

[그림 1-233] 간단한 A급 증폭회로

반영된 전력 양의 정도라고 할 수 있다. 모든 회로는 작동을 위해 전력이 소모된다. 만약 증폭기가 입력신호의 360[°]에 대해 작동한다면 입력신호의 180[°]에 대해 작동하는 것보다 더 많은 전력을 사용하고 있다는 것이다. 증폭기가 전력을 많이 소모할수록 출력신호가 사용할 수 있는 전력은 줄어든다. 그런 면에서 보통 A급 증폭기는 효율은 다소 떨어지더라도 높은 재생률(reproduction)과 충실도(fidelity)가 요구되는 곳에 사용한다.

(2) AB급(Class AB)

[그림 1-234]에서는 간단한 AB급 증폭회로를 보여준다. AB급 회로에서는 입력신호의 50~100[%]이 트랜지스터를 통과한다.

트랜지스터 전류는 입력신호의 50~100[%]로 흐른다. AB급 증폭기와는 달리 출력신호가 왜곡되며 일부가 잘려나간 것 같은 형태의 출력을 보여준다. 이유는 일부가 잘려나간 것 같은 지점에서 트랜지스터를 통한 전류의 흐름이 부족하기 때문이다.

AB급 증폭기는 A급 증폭기보다는 효율이 좋지만 충실도는 낮다. 사용용도는 입력신호의 정확한 재생이 요구되진 않지만 입력신호의 플러스 부분과 마이너스 부분 모두가 출력신호를 위해 이용되는 곳에 사용한다.

(3) B급(Class B)

[그림 1-235]에서는 간단한 B급 증폭회로를 보여준다. B급 증폭회로에서는 입력신호의 50[%]만이 트랜지스터를 통과한다.

[그림 1-235]에서와 같이 입력신호의 마이너스 부분만 재생되는 특징이 있다. 마치 정류기처럼 보일 수 있으나 B급 증폭기는 입력신호의 1/2을 재생시킬 뿐

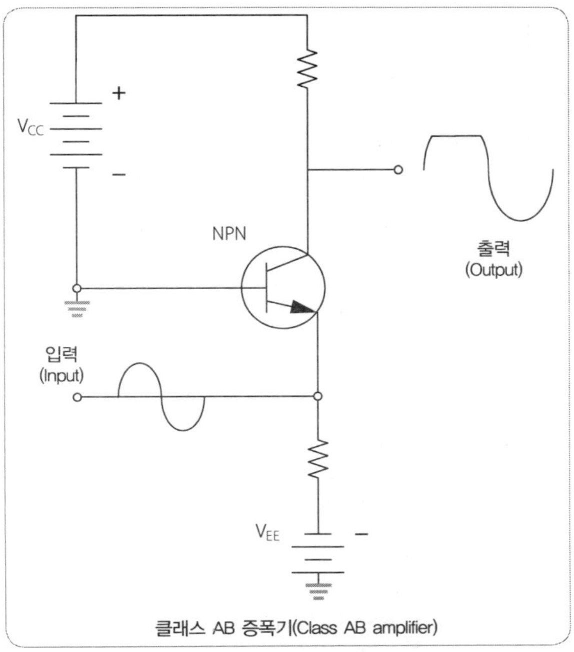

[그림 1-234] 간단한 AB급 증폭회로

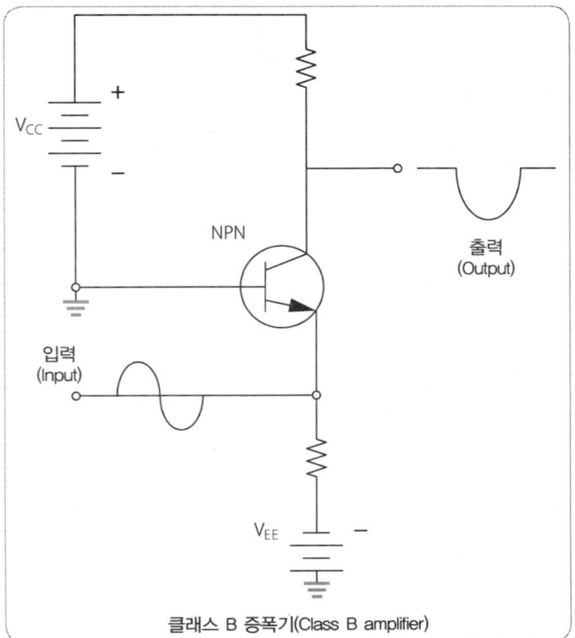

[그림 1-235] 간단한 B급 증폭회로

만 아니라 그것을 증폭시킨다는 면에서 정류기와는 다른 특징을 보여준다. B급 증폭기는 입력신호의 1/2에 대해서만 전력을 사용하기 때문에 A급 증폭기에 비해 효율이 2배라고 할 수 있다.

(4) C급(Class C)

[그림 1-236]에서는 간단한 C급 증폭회로를 보여준다.

C급 증폭회로에서는 트랜지스터를 통과하는 입력신호가 50[%] 이하이다. 입력신호의 일부분 동안만 트랜지스터가 작동하므로 모든 종류 중에서 가장 효율적인 증폭회로라고 할 수 있다. 또한 입력신호의 일부분만 출력으로 재생되므로 가장 왜곡이 심하며 충실도가 낮은 증폭기이기도 하다.

C급 증폭기는 출력신호가 입력신호의 일부분만을 이용하고자 할 때 사용된다.

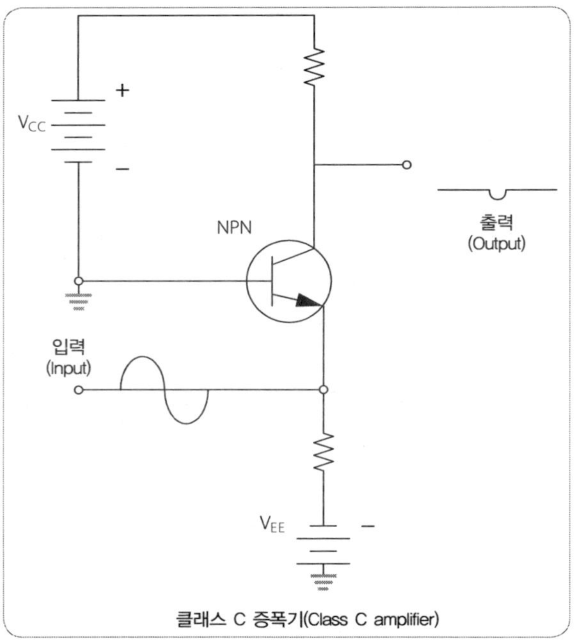

[그림 1-236] 간단한 B급 증폭회로

1.39.2 커플링 방법(Methods of Coupling)

커플링은 서로 다른 회로 간의 에너지의 전달과정이라 할 수 있다.

증폭기내부 회로에서 신호가 회로에 입력되거나 출력될 때 혹은 회로와 회로 사이를 이동할 때 커플링이 반드시 필요하다. 커플링의 구체적인 설명은 본 교재의 목적을 벗어나므로 커플링의 4가지 방법에 대한 간단한 설명과 작동만을 소개하기로 한다.

(1) 다이렉트 커플링(Direct Coupling)

다이렉트 커플링은 회로와 회로를 직접 연결하는 방식으로서 커패시터나 인덕터와 같은 주파수에 민감한 소자를 사용하지 않으므로 양호한 주파수 응답을 보이는 특징이 있다.

그러나 복잡한 전원회로를 필요로 하며 임피던스 매칭(impedance matching) 문제로 인해 흔하게 사용되지는 않는다.

(2) RC 커플링(RC Coupling)

RC 커플링은 가장 일반적으로 사용되는 커플링 방법이다. [그림 1-237]에서 Q1과 Q2 트랜지스터를 각

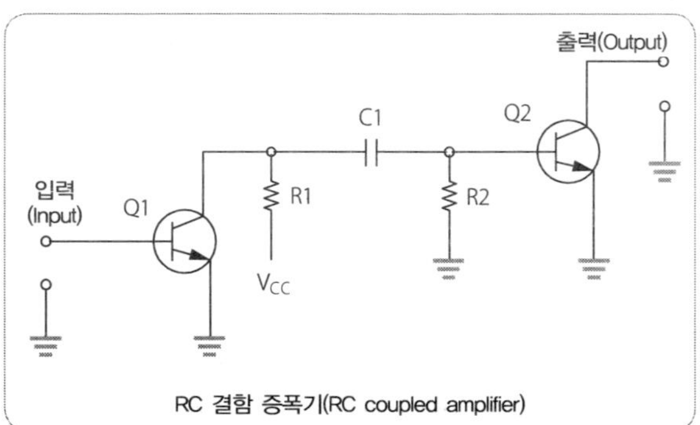

[그림 1-237] 간단한 RC 커플링 회로

각의 스테이지(stage)라고 표현할 수 있으며 2개의 스테이지 사이에 저항과 콘덴서가 배열되어 있다. Q1의 출력신호는 Q2의 입력신호가 되며 그 사이의 회로배열을 앞서 설명한 것처럼 커플링이라 할 수 있다. 이러한 회로배열은 각각의 스테이지에 직류바이어스 전압은 차단하되 교류신호는 각각의 스테이지 사이를 통과하게 하는 기능을 한다.

(3) 임피던스 커플링(Impedance Coupling)

임피던스 커플링은 [그림 1-238]에서와 같이 첫 번째 스테이지에서 저항대신 코일(L1)을 사용했다는 점을 제외하고는 RC 커플링과 동일한 회로배열을 갖추고 있다. 코일(L1)의 리액턴스 값의 크기에 따라서 Q1

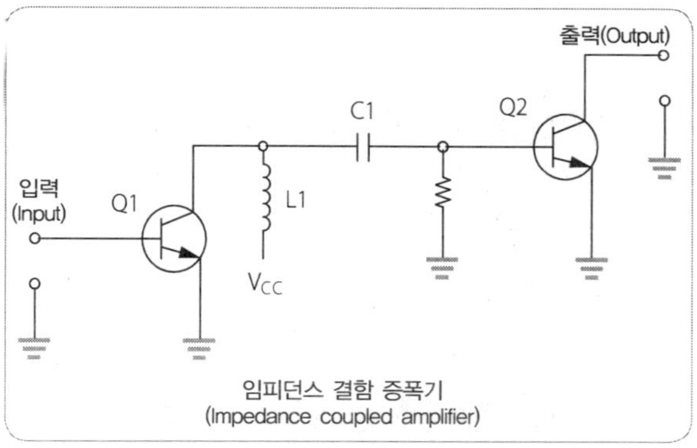

[그림 1-238] 간단한 임피던스 커플링(Impedance Coupling) 회로

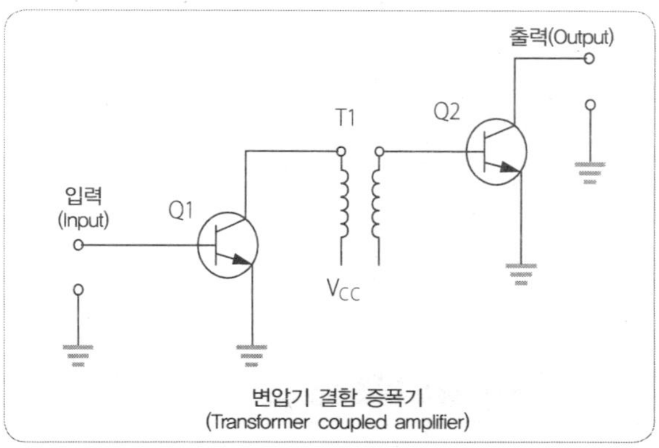

[그림 1-239] 간단한 트랜스포머 커플링(Transformer Coupling) 회로

스테이지의 출력 값이 결정되므로 고주파 신호에 효과적으로 사용되기 위해서는 리액턴스 값이 큰 코일이 사용되어야 한다.

(4) 트랜스포머 커플링(Transformer Coupling)

트랜스포머 커플링은 2개의 스테이지 사이에서 입/출력신호를 위한 변압기용도로 사용이 된다. [그림 1-239]에서 T1의 1차 코일은 Q1 스테이지의 출력신호 부하 역할을 하며 T1의 2차 코일은 Q2 스테이지의 임피던스 전개 역할을 한다. 트랜스포머 커플링은 효율이 좋으며 임피던스 매칭의 효과도 있다.

1.39.3 피드백(Feedback)

피드백이란 증폭기 출력신호 중 일부가 증폭기 입력신호로 다시 들어가는 현상을 뜻하며 2가지 종류의 피드백이 있다.

(1) 양의 피드백(Positive Feedback)

(2) 음의 피드백(Negative Feedback)

2가지 피드백의 주요한 차이점은 피드백신호가 입력신호와 합쳐져 입력신호를 증가시키는지 혹은 입력신호를 감소시키는지에 있다.

[그림 1-240]에서와 같이 보통 양의 피드백은 피드백신호와 입력신호의 위상이 동일한 경우를 뜻한다. 양의 피드백이 있게 되면 그렇지 않은 경우보다 입력신호와 출력신호가 더 커지게 된다. 양의 피드백이 있는 음향장치(Audio System)의 경우, 원치 않는 삐익(squeal) 소리를 듣게 되는 게 한 예이다.

음의 피드백은 피드백신호와 입력신호의 위상이 다

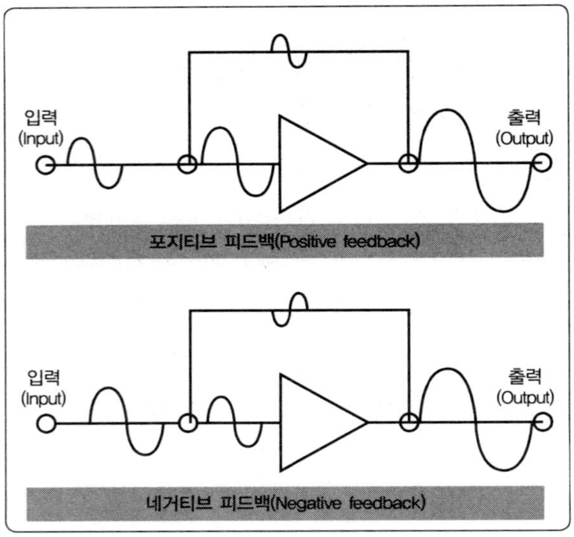

[그림 1-240] 피드백(Feedback)

를 때 일어난다. [그림 1-240]에서처럼 음의 피드백이 있게 되면 입력신호와 출력신호가 감소하게 되는 결과를 낳는다.

1.39.4 연산증폭기(Operational Amplifiers)

연산증폭기라 불리는 OP 앰프(Amp)는 다른 회로와 연동하여 컴퓨터 기능과 필터링의 목적으로 사용된다.

OP 앰프(Amp)는 피드백의 양에 따라 이득의 양이 결정되는 고이득 증폭기이다.

원래는 아날로그 컴퓨터의 수학연산기능을 위해 개발되었으나 현재는 직류증폭기, 교류증폭기, 비교기(comparator), 발진기(oscillator), 필터회로에 두루 사용된다.

응용의 범위가 넓으며 저렴하고 소형이라는 장점 때문에 IC(integrated chip)에 집적되어 다양한 회로에 사용되고 있다.

[그림 1-241]에서는 OP 앰프(Amp)의 몇 가지 종류를 보여주고 있는데 아래와 같은 특징으로 인해 OP AMP 등급이 결정되며 그 특징은 OP 앰프(Amp)에 사용된 저항과 트랜지스터와 같은 전자소자에 의해 결정된다.

(1) 매우 높은 이득
(2) 매우 큰 입력임피던스
(3) 매우 작은 출력임피던스

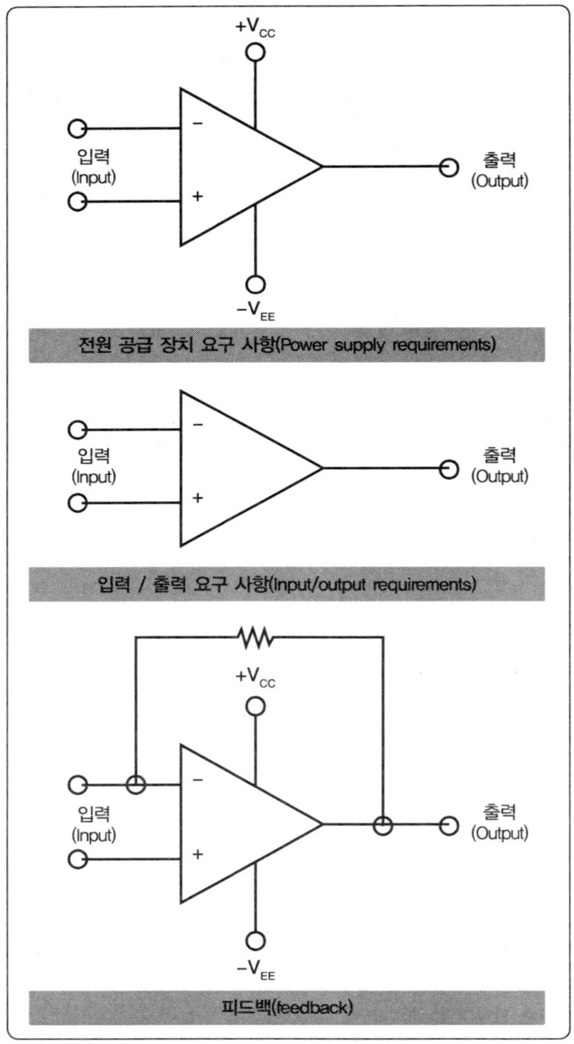

[그림 1-241] 연산증폭기(Operational Amplifiers)의 회로도

1.39.4.1 응용(Applications)

OP 앰프(Amp)의 응용분야는 너무 광범위하며 최신 항공기에서 접할 수 있는 기본응용 분야는 다음과 같다.

(1) Go/No Go 탐지기(detectors)
(2) 구형파회로(square wave circuit)
(3) 비반전증폭기(non-inverting amplifier)
(4) 반전증폭기(inverting amplifier)
(5) 반파정류기(half-wave rectifier)

1.40 자기증폭기(Magnetic Amplifiers)

자기증폭기는 전자기를 이용하여 신호를 증폭하는 증폭기이다. 본질적으로 자기증폭기는 가청주파수중 100[㎐] 이하의 아주 국한된 저주파만을 증폭하는 전력증폭기라 할 수 있다. 자기증폭기의 장점은 다음과 같다.

(1) 90[%]이상의 고효율성
(2) 높은 신뢰도
(3) 진동, 습기, 그리고 과부하에 강함
(4) 초기가동시간(warm-up time)이 필요 없음

자기증폭기의 단점은 다음과 같다.

(1) 저전압 입력신호에는 부적당
(2) 고주파응용 회로에서는 사용할 수 없음
(3) 자기효과로 인한 시간지연
(4) 충실도가 낮음

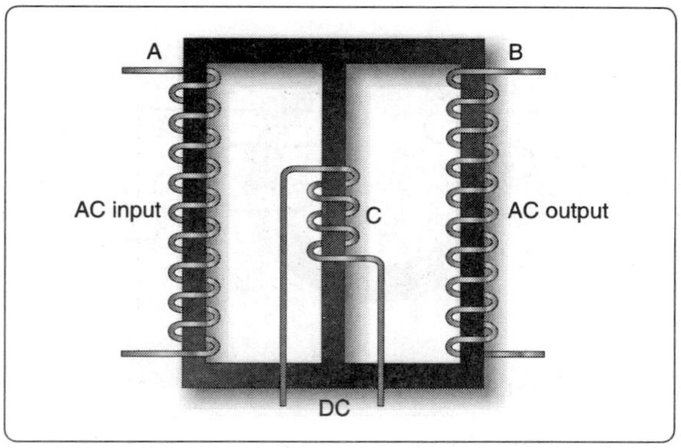

[그림 1-242] 자기증폭기(Magnetic Amplifiers) 회로

[그림 1-242]는 자기증폭기를 설명하고 있다. A코일에 전류가 가해지면 전자기유도 현상에 의해 B코일에도 전류가 유도된다. A코일과 B코일의 코일 권선수는 정해져 있으므로 A코일의 전류값이 일정하다면 B코일의 전류값도 일정할 것이다.

하지만 C 코일에 전류가 흐른다면 A코일과 B코일 사이의 자계에 변화가 생겨 B코일에 흐르는 전류값에 변화가 생기게 된다. 이렇듯 자기증폭기는 C코일을 통한 저전류를 이용하여 B코일에 흐르는 큰 전류를 제어할 수 있는 증폭기이다.

1.40.1 기포화 리액터 (Saturable-core Reactor)

[그림 1-243]의 기포화 리액터는 좌측코일의 직류전류를 이용하여 우측 전류신호를 제어할 수 있다. 좌측직류전류로 인한 자기의 세기를 이용하여 우측코일에 흐르는 전류의 크기를 제어할 수 있는 것이다.

[그림 1-244]에서와 같이 전파 브릿지 정류기를 장착하여 교류입력신호를 모두 사용할 수 있는 것을 전파자기증폭기(full-wave magnetic amplifier)라고 한다.

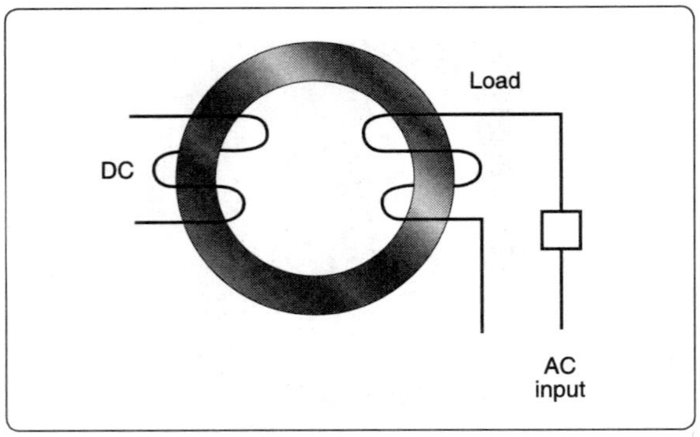

[그림 1-243] 기포화 리액터(Saturable-core Reactor) 회로

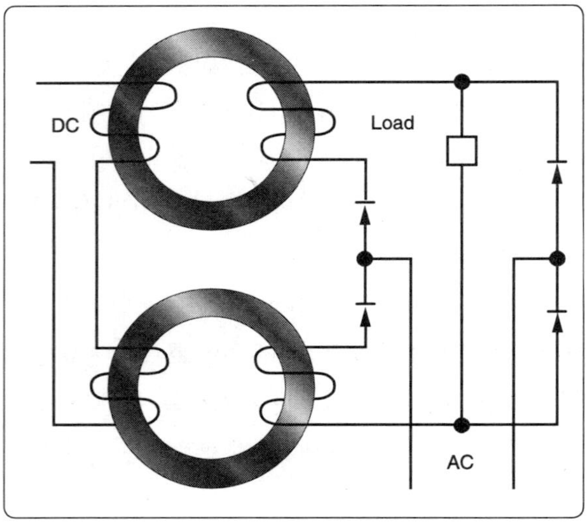

[그림 1-244] 자체 증착 전파자기증폭기
(full-wave magnetic amplifier)

[그림 1-245]에서 DC 제어 입력신호 값이 변화한다고 가정해보자. 이때 변화하는 입력신호에 따른 변화하는 교류출력신호를 효과적으로 사용할 수 있게 되는데 그렇게 하기 위해서는 또 다른 일정한 기준 값이 필요하다. [그림 1-245]의 DC Ref가 DC control에게 자기의 영향을 주어 결과적으로 교류출력신호의 양을 변화시키므로 DC Ref값을 기준으로 하여 입력신호와 교류출력신호를 특정 용도에 맞게 사용할 수 있다.

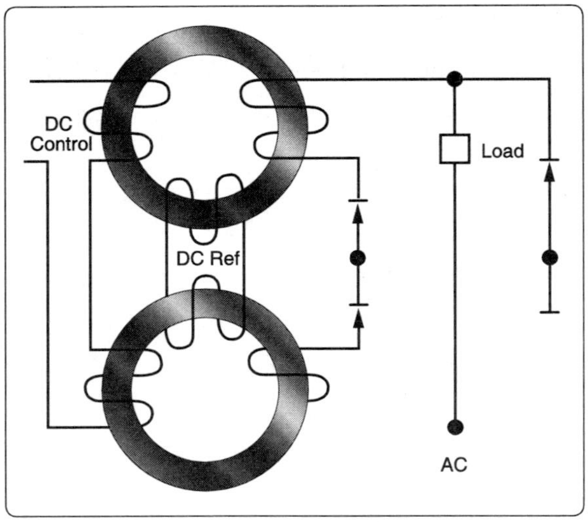

[그림 1-245] 기본 프리앰프(Pre-amplifiers)회로

1.41 논리회로(Logic Circuits)

논리(logic)란 알려진 정보를 바탕으로 합리적인 결론을 도출하는 추론의 과학이라 할 수 있다. 인간의 추론은 어떤 조건이나 전제가 명확하다면 특정 명제(proposition)가 참(true)이라고 말한다. 한 가지 예로 조종실의 주경고 패널의 "LOW HYDRAULIC PRESS" 라는 글자가 보이게 하는 램프를 켜는 것이 명제라고 하자. 램프를 켜지게 하기 위해서는 유압내부 압력이 낮은 상태가 되어야 하고 이러한 상황이 정확해지면 램프가 켜지게 되는 것이다. 이때 유압이 낮은 상태는 논리가 되고 램프가 켜지는 것이 명제가 된다. 그리고 논리가 명확해지면 명제는 참이 된다. 몇 개의 명제는 결합되었을 때 논리함수를 형성한다. 위의 예에서 "LOW HYDRAULIC PRESS"램프는 유압이 낮은 경우(AND)와 램프가 정상인 경우 또는 램프 테스트 중일 때(AND)와 램프가 정상일 때 켜질 것이다.

이 섹션에서는 논리회로의 기초개념만 소개하기로 한다. 정비사는 업무 중 논리함수의 형태로 표현되는 여러 가지 결함상황에 직면할 수 있으며 그런 여러 가지 결함상황은 논리적인 정돈을 통해 예/아니요 또는 참/거짓 이라는 간단하고 이치에 맞는 결론으로 정리할 수 있다.

디지털논리회로(digital logic circuit)는 최신 항공기의 모든 장비에 장착되어 매우 안정적으로 목적에 맞게 운영되고 있으며, 항법과 통신 같은 시스템에서도 논리함수를 수행하기 위해 사용된다.

디지털논리회로는 항공기에 장착되는 수많은 컴퓨터 내에서 여러 가지 역할을 수행하므로 그것에 대해 모두 이해하는 것은 한계가 있으므로 본 교재에서는 기본이 되는 몇 가지의 논리회로를 소개하여 정비사로 하여금 논리부호를 사용하는 정비교범이나 시스템 회로도를 이해하는데 도움을 주고자 한다.

1.41.1 논리극성(Logic Polarity)

전기적인 펄스는 2가지의 논리조건을 표현할 수 있으며 이를 위해 2개의 서로 다른 전압값이 사용된다. 예를 들어 양전압 펄스는 참(true) 또는 1의 논리 조건을 뜻하며 음전압펄스는 거짓(false) 또는 0의 논리조건을 뜻하기도 한다. 참 또는 1의 논리조건을 나타내기 위해 전압이 변한 상태를 논리극성이라고 할 수 있다. 논리회로는 일반적으로 양극성과 음극성이라는 2가지 범주로 분류된다. 정(Positive)의 논리 또는 부(Negative)의 논리에 대한 설명이나 논리를 표현하기 위해 사용된 전압값의 크기는 제작사가 제공하는 논리 다이아그램을 통해 알 수 있다.

(1) 정(Positive)

1 혹은 참 또는 고전압상태(high condition)를 뜻하는 전압값이 다른 상태를 뜻하는 전압값보다 클 때 그때의 논리극성을 '정'이라고 말한다.

$$\text{정논리극성: } 1 \text{ 또는 } True = +5[V]\ DC$$
$$0 \text{ 또는 } False = -5[V]\ DC$$

(2) 부(Negative)

1 혹은 참 또는 고전압상태(high condition)를 뜻하는 전압값이 다른 상태를 뜻하는 전압값보다 작을 때 그때의 논리극성을 '부'라고 말한다.

$$\text{부논리극성: } 1 \text{ 또는 } True = 0[V]\ DC$$
$$0 \text{ 또는 } False = +5[V]\ DC$$

1.41.2 펄스의 구조(Pulse Structure)

[그림 1-246]에서는 이상적인 형태의 양의 펄스(positive pulse)파형과 음의 펄스(negative pulse)파형을 보여주고 있다. 양의 논리펄스와 음의 논리펄스는 두 종류의 엣지(Edge)로 구성되는데 하나는 앞전(Leading edge)이고 다른 하나는 뒷전(Trailing edge)이다. 양의 논리펄스인 경우 저(low)에서 고(high)로 변하는 구간이 앞전이고 반대가 뒷전이 된다. 음의 논리펄스인 경우는 고(high)에서 저(low)로 변하는 구간이 앞전이 되고 반대는 뒷전이 된다.

[그림 1-246]의 펄스파형은 전압값이 고(high)에서 저(low)로 혹은 저(low)에서 고(high)로 변화할 때의 상승시간이나 하강시간이 0(zero)이기 때문에 이상적

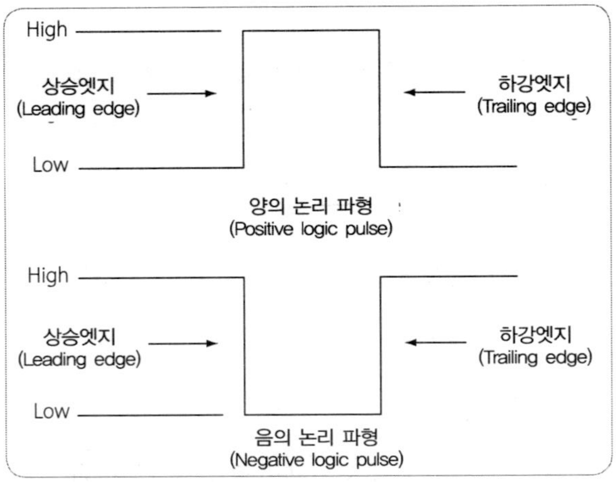

[그림 1-246] 이상적인 형태의 양의 펄스 및 음의 펄스

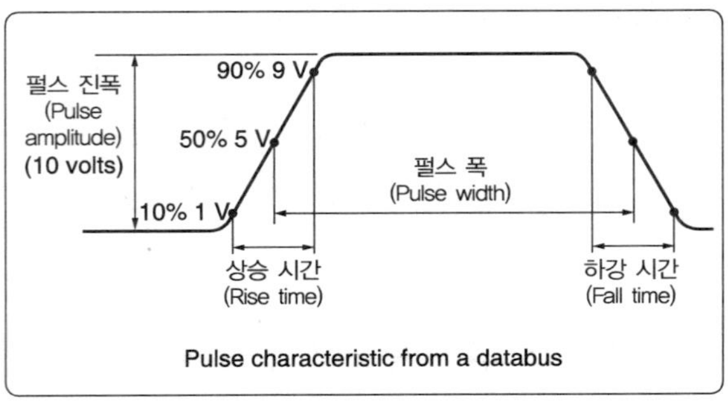

[그림 1-247] 비이상 펄스(Non-ideal pulse)와 그 특성

인 펄스로 간주된다. 하지만 실제회로에서는 비록 극히 짧은 시간이라 할지라도 상승시간과 하강시간이 존재한다.

[그림 1-247]에서는 실제회로의 펄스파형을 나타내고 있다. 저(low)에서 고(high)로 바뀌는 데 필요한 시간을 상승시간(rising time)이라 하며 그 반대를 하강시간(fall time)이라 한다. 일반적으로 상승시간과 하강시간은 고(high) 값의 10~90% 사이를 변화하는 데 소용되는 시간을 뜻한다. 펄스폭(pulse width)은 앞전의 50% 지점과 뒷전의 50% 되는 지점 간의 지속 시간을 뜻한다.

1.41.3 기본논리회로(Basic Logic Circuits)

논리회로에서 논리극성으로 표현되는 참(true)이나 거짓(false)은 컴퓨터나 전자공학에서 사용하는 2진수 값을 이용하여 1이나 0으로 표현된다. 또한 논리회로는 기본적인 3가지 논리회로가 있는데 이러한 논리회로를 게이트(gate)라고 부르며 3가지 게이트를 서로 조합하면 13가지의 게이트를 만들 수 있는데 본 교재에서는 7가지의 게이트를 소개하고자 한다.

(1) NOT 게이트(The NOT Gate)

인버터회로(inverter circuit)라 불리는 NOT 게이트는 반전 기능을 수행하는 기본적인 논리함수회로이다. NOT 게이트의 목적은 하나의 논리 상태를 반대상태로 전환하는 것이다. 예를 들어 2진수의 경우 입력 1을 출력 0으로 또는 입력 0을 출력 1로 전환하는 것이다. 전기회로 식으로 표현하자면 고전압(High voltage)이 회로의 입력으로 주어졌을 때 저전압(Low voltage)이 출력되거나 저전압이 회로의 입력으로 주어졌을 때 고전압이 출력되는 것이다.

[표 1-6]에서는 NOT 게이트에서 일어날 수 있는 논리상태를 나타내며 그림과 같은 표를 논리표 또는 진

[표 1-6] 일어날 수 있는 논리상태

Input	Output
High	Low
Low	High

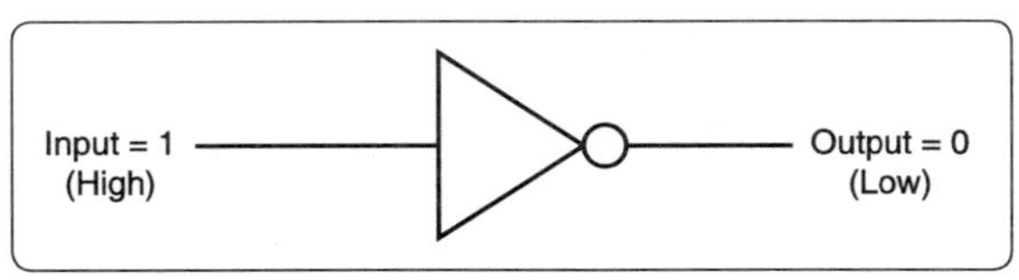

[그림 1-248] 기본논리회로(Basic Logic Circuits)

리표라고 부른다. [그림 1-248]은 NOT 게이트의 심벌을 나타내고 있다.

(2) AND 게이트(The AND Gate)

AND 게이트는 2개 이상의 입력과 하나의 출력으로 구성된다. [그림 1-249]는 AND 게이트의 심벌을 보여주고 있다. 각각의 그림에서 왼쪽은 입력, 오른쪽은 출력을 나타낸다. AND 게이트의 작동은 모든 입력이 High일 때만 출력이 High가 된다. 만약 어떤 입력 중 하나라도 Low이면 출력은 Low가 된다. 그런 까닭에 AND 게이트의 기본적인 목적은 어떤 조건이 동시에 동일상태가 되었는지를 판단하는 것이다. [그림 1-250]에서는 2개의 스위치와 1개의 백열전구로 표현된 간단한 AND 게이트를 보여주고 있다. 양쪽 스위치가 모두 접속되어야만 백열전구가 켜지고 그 이외의 상황에서는 백열전구가 켜지지 않을 것이다.

[그림 1-251]은 AND 게이트를 이용한 오토파이럿의 작동조건을 보여주고 있다.

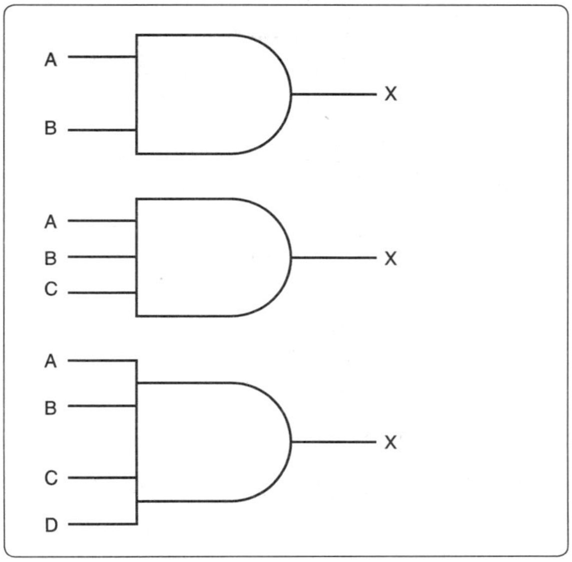

[그림 1-249] AND 게이트 논리 기호

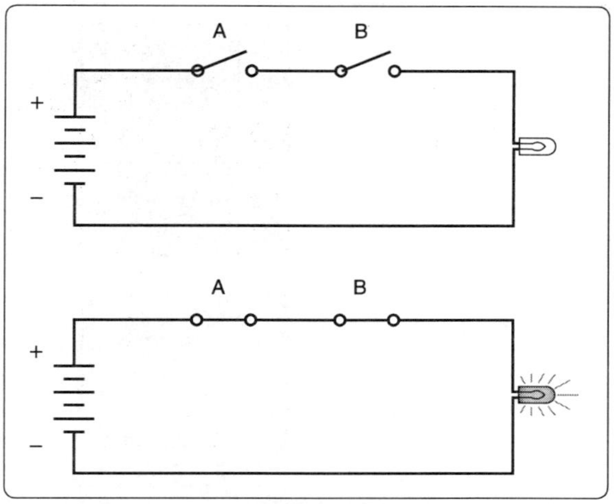

[그림 1-250] AND 논리의 간단한 다이어그램

그림에서와 같이 오토파이럿은 수직자이로, 방향자이로, 오토파이럿(Autopilot) 제어스위치 , 서보의 상태가 모두 원하는 조건을 만족시킬 때 작동될 수 있다.

(3) OR 게이트(The OR Gate)

OR 게이트는 2개 이상의 입력과 하나의 출력을 갖는 회로로서 [그림 1-252]에서와 같은 심벌과 진리표로 표현될 수 있다. 그림에서와 같이 입력 중 어느 하나가 High일 경우 출력은 High가 된다. 출력이 Low가 되기 위해서는 입력이 모두 Low가 되어야 한다.

[그림 1-253]은 OR 게이트의 간단한 회로를 보여준다. Cabin Door와 Baggage Door가 모두 Close될 때는 "Door Unsafe" 램프가 꺼지지만 두 개의 Door 중 하나라도 Close가 아닐 때는 "Door Unsafe" 램프가 켜지는 것이다.

(4) NAND 게이트(The NAND Gate)

NAND라는 용어는 NOT 게이트와 AND 게이트의 결합을 의미한다. [그림 1-254]는 NAND 게이트에 대

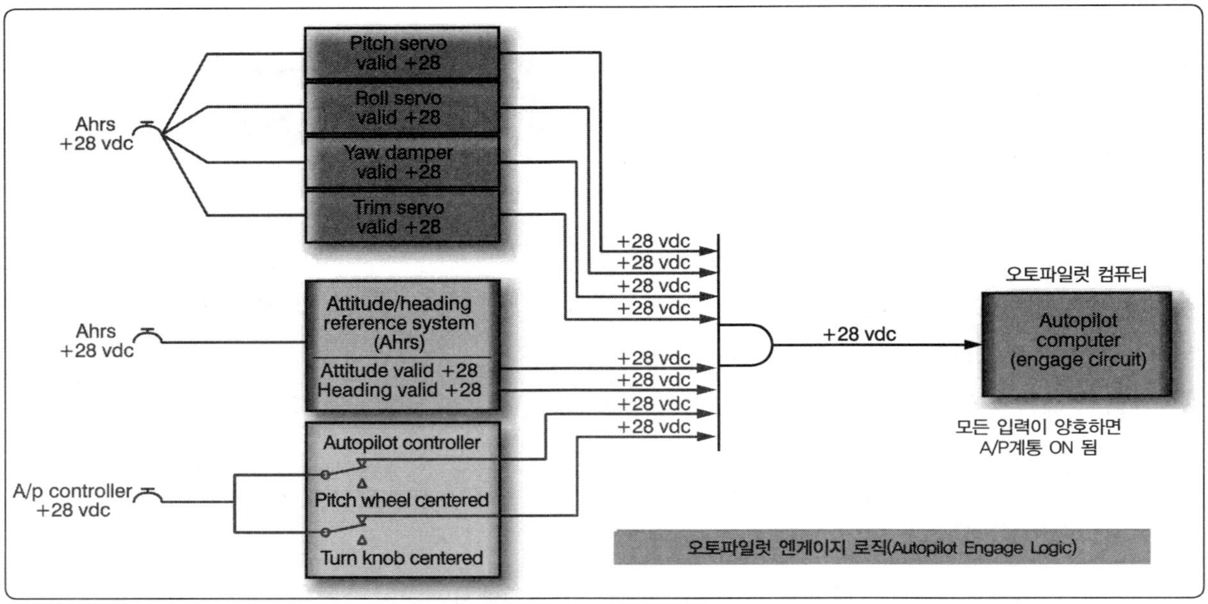

[그림 1-251] AND 게이트를 이용한 항공기 오토파일럿의 작동조건

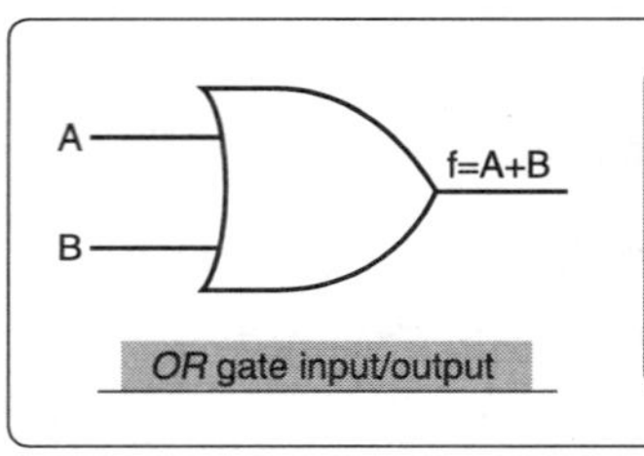

A	B	f
0	0	0
0	1	1
1	0	1
1	1	1

[그림 1-252] OR 게이트

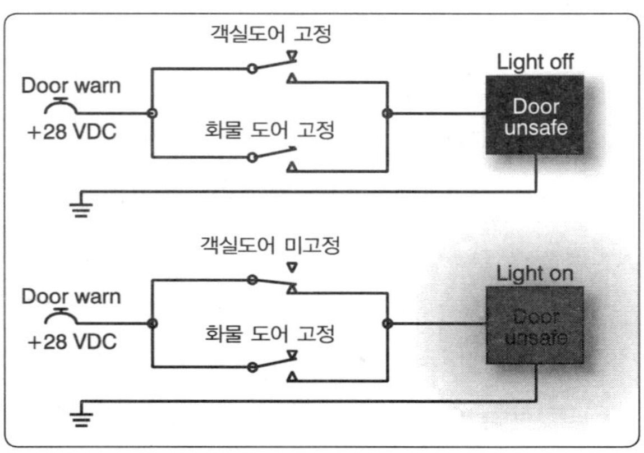

[그림 1-253] OR 게이트의 간단한 회로

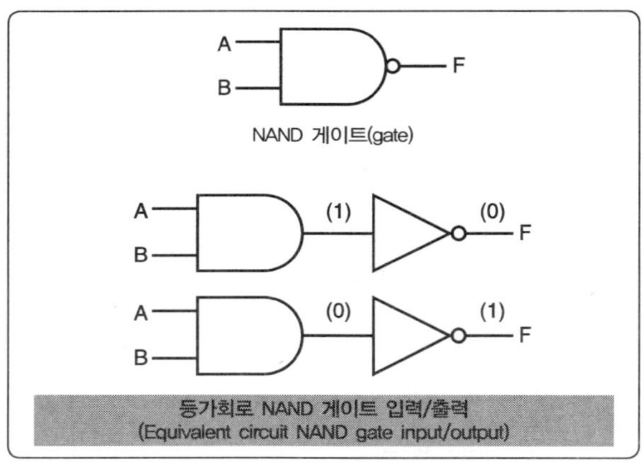

[그림 1-254] 두 개의 입력 NAND 게이트에 대한 표준 논리 기호

한 심벌을 보여주고 있다.

[그림 1-255]에서와 같이 NAND 게이트는 입력이 하나라도 Low이면 출력은 High가 되고 입력이 모두 High일 때만 출력이 Low가 되는 특징을 갖는다.

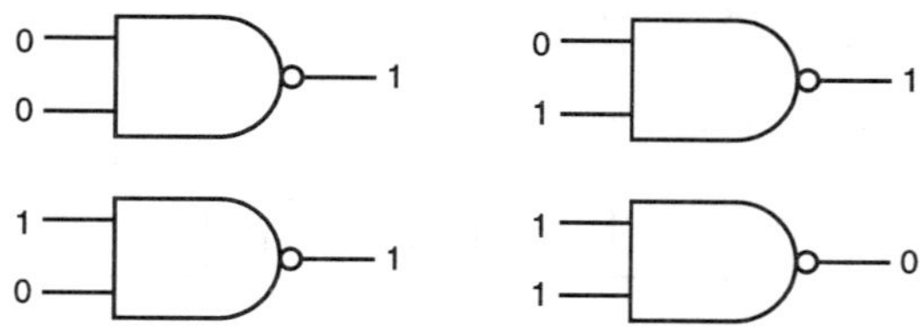

NAND 게이트 입력/출력
(NAND gate input/output)

A	B	f
0	0	1
1	0	1
0	1	1
1	1	0

NAND 게이트 진리표
(NAND gate truth table)

[그림 1-255] 2개의 입력 NAND 게이트와 해당 진리표

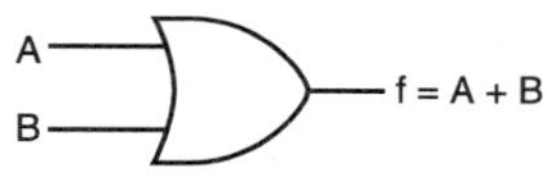

OR 게이트 입력/출력
(OR gate input/output)

A	B	f
0	0	0
1	0	1
0	1	1
1	1	1

진리표(Truth table)

[그림 1-256] 두 개의 입력 OR 게이트에 대한 표준 논리 기호

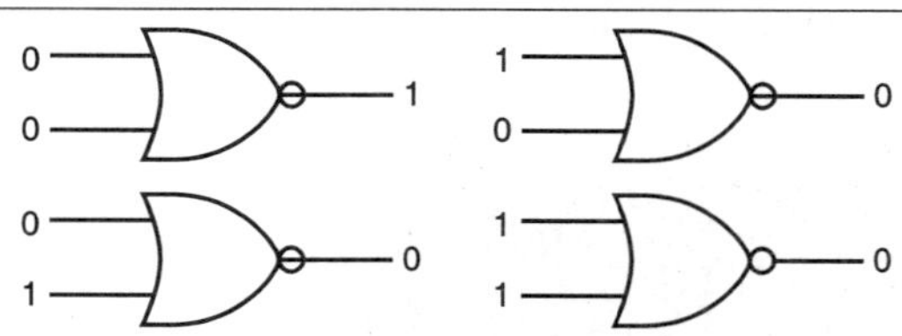

NOR 게이트 입력/출력
(NOR gate input/output)

A	B	f
0	0	1
0	1	0
1	0	0
1	1	0

NOR 게이트 진리표(NOR gate truth table)

[그림 1-257] 2 개의 입력 NOR 게이트 및 진리표의 논리 연산

(5) NOR 게이트(The NOR Gate)

NOR 라는 용어는 NOT 게이트와 OR 게이트의 결합을 의미한다. [그림 1-256]은 OR 게이트에 대한 심벌과 진리표를 보여주고 있으며 [그림 1-257]은 NOR 게이트에 대한 심벌과 진리표를 보여주고 있다. [그림 1-257]에서와 같이 두 개의 입력 중 어느 곳이라도 High일 경우 출력은 Low가 되고 입력이 모두 Low일 경우에만 출력이 High가 되는 특징을 갖는다.

(6) 배타적 OR 게이트(The Exclusive OR Gate)

배타적 OR 게이트는 두 개의 입력이 서로 다를 때에만 출력이 1이 되는 회로로서 OR 게이트의 변형된 형태이다. X-OR로 표현되기도 하며 심벌과 진리표는 [그림 1-258]처럼 표현된다.

(7) 배타적 NOR 게이트(The Exclusive NOR Gate)

배타적 NOR(X-NOR) 게이트는 X-OR 게이트의 출력에 NOT 게이트를 결합한 것으로서 두 개의 입력이 서로 같을 때 출력이 1이 되는 특징이 있다.

[그림 1-259]에서는 배타적 NOR(X-NOR) 게이트의 심벌과 진리표를 보여주고 있다.

1.41.4 집적회로(The Integrated Circuit)

지금까지 논의된 모든 논리회로뿐만 아니라 다른 전자소자들 역시 IC라고 하는 집적회로의 형태로 응용되고 있다. 최근 항공기에 사용되고 있는 디지털 시스템은 IC의 덕을 톡톡히 보고 있다고 해야 할 것이다.

IC는 소형, 저전력, 신뢰성, 저렴하다는 여러 장점을 가지고 있다. [그림 1-260]에서 집적회로의 가장 주목할 만한 특징은 크기 면에 있어서 개별반도체부

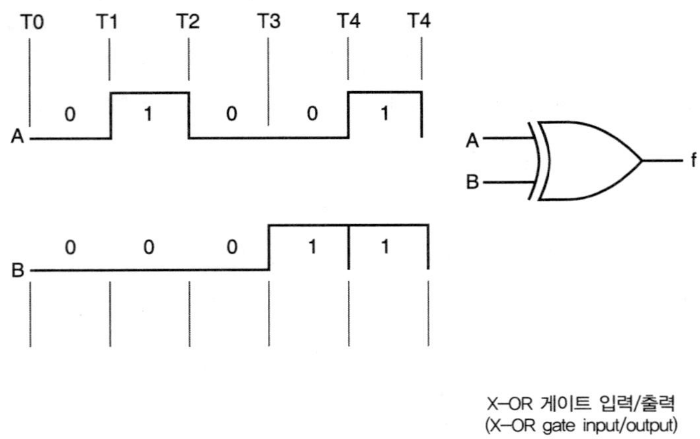

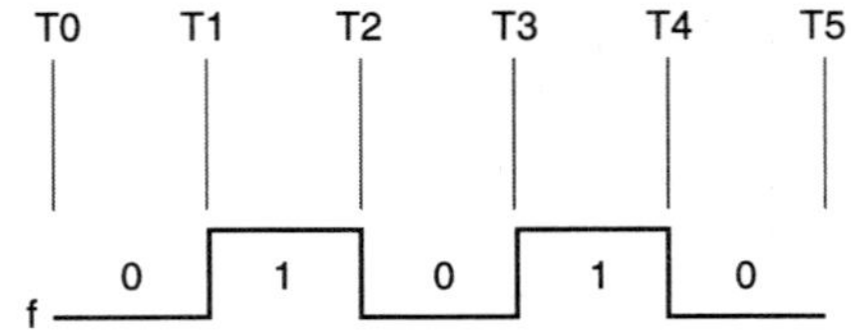

A	B	f
0	0	0
0	1	1
1	0	1
1	1	0

진리표(Truth table)

[그림 1-258] X-OR 게이트의 표준 기호 및 진리표

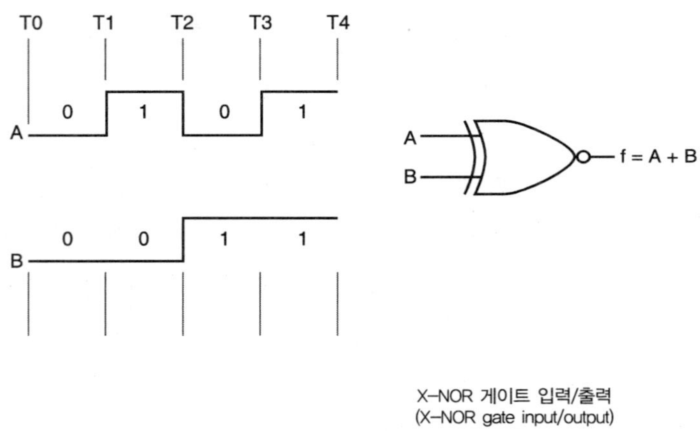

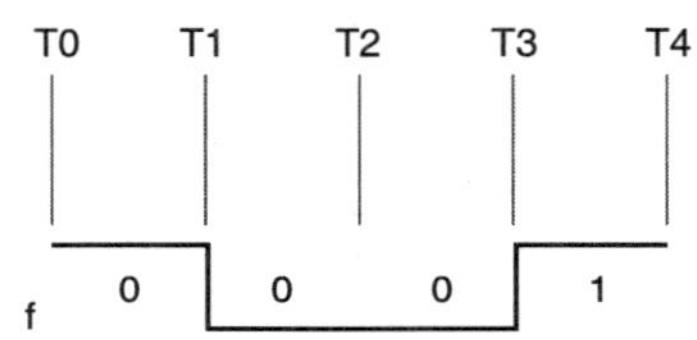

A	B	f
0	0	1
0	1	0
1	0	0
1	1	1

진리표(Truth table)

[그림 1-259] 배타적 NOR(X-NOR) 게이트의 기호와 진리표

품과 비교했을 때 손쉽게 수천 배 더 작게 제작할 수 있다는 것이다.

[그림 1-260]에서는 일반적인 모놀리틱 집적회로(monolithic integrated circuit)를 보여주고 있다. 모놀리틱 집적회로란 능동 소자 또는 수동 소자가 반도체 칩의 표면 또는 내부에 칩과 한 몸으로 만들어져 전체적으로 어떤 기능을 가지도록 구성한 집적 회로를 뜻한다. 저항, 트랜지스터, 다이오드, 커패시터와

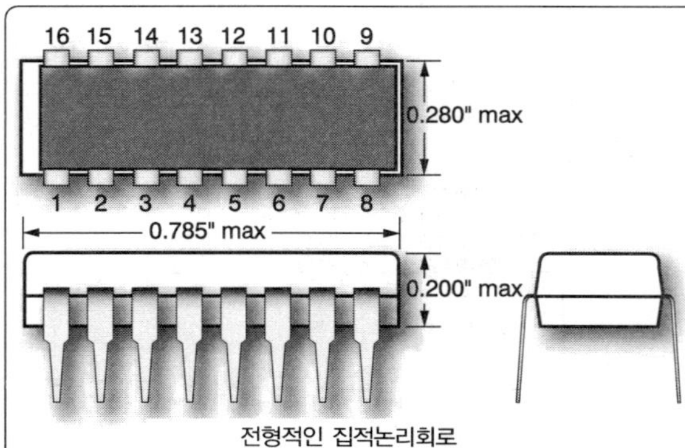

[그림 1-260] 집적회로(Integrated Circuit)

같은 모든 개별전자소자가 IC 내부에 내장되어 IC 칩(chip)의 일부가 되는 것이다.

집적(integration)은 그 정도에 따라 여러 등급이 있다. 이들 등급은 소규모 집적회로(SSI, small-scale integration), 중규모 집적회로(MSI, medium-scale integration), 대규모 집적회로(LSI, large-scale integration) 그리고 마이크로프로세서로 나눌 수 있다. SSI는 디지털집적회로 중에서 가장 간단한 설계로 간주된다. AND, OR, NOT, NOR, 그리고 NAND 게이트와 같은 비교적 간단한 회로가 직접 되는 IC이다. [그림 1-261]에서는 SSI의 한 형태를 보여준다. MSI는 SSI와 같은 간단한 회로가 집적되지만 SSI보다 12~100배 범위에 걸치는 많은 개수의 회로를 집적한 IC이다.

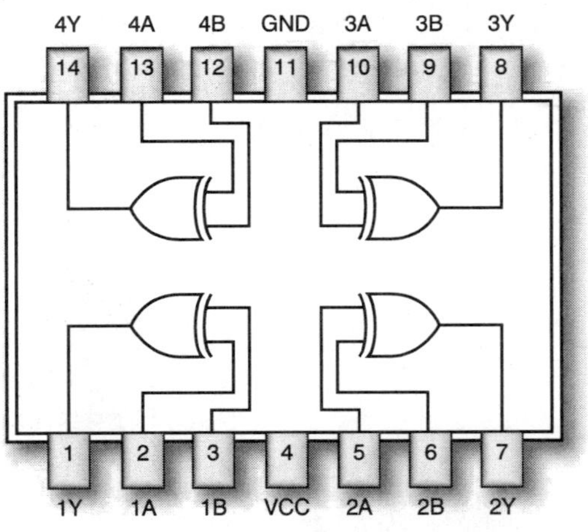

쿼드 배타적 OR 회로(Quad exclusive-OR circuit)

Input		Output
A	B	Y
0	0	0
0	1	1
1	0	1
1	1	0

[그림 1-261] 소규모 통합 회로도 양식

중규모(medium-scale) 설계는 암호기(encoder), 해독기(decoder), 등록기(register), 계수기(counter), 다중화기(multiplexer), 기억장치(memories), 그리고 연산회로(arithmetic circuit)와 같은 좀 더 복잡한 하우스회로(house circuit)이다.

그림 1-262에서는 MSI의 한 형태를 보여준다. LSI는 MSI보다 더 많은 그리고 더 복잡한 회로를 의미하며 더 많은 기억장치를 가지며 어떤 경우에는 마이크로프로세서를 포함하기도 한다.

1.41.5 마이크로프로세서(Microprocessors)

마이크로프로세서는 정해진 순서대로 논리연산 및 그 외 다른 기능을 수행할 수 있도록 프로그램화할 수 있는 장치이다. 마이크로프로세서는 대개 메모리칩이나 여러 형태의 입·출력장치와 함께 연결하여 컴퓨터 시스템의 중앙처리장치(CPU, central processing unit)로 사용된다.

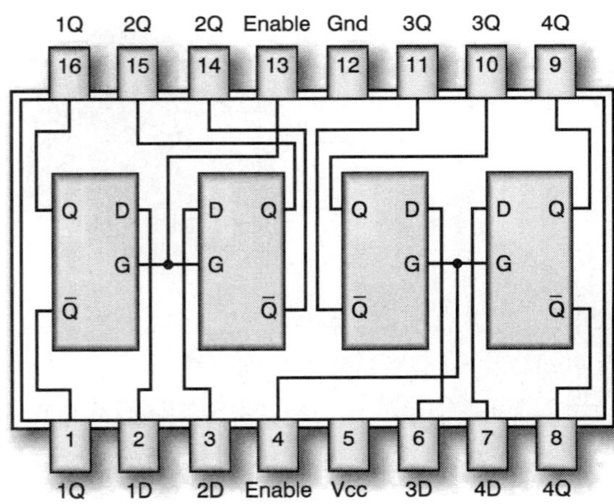

D-register

[그림 1-262] 중규모 통합 회로도 양식

1.42 직류발전기(DC generators)

1.42.1 작동 이론(theory of operation)

교류의 설명에서, 기본적인 발전기 원리는 자기장에서 회전하는 코일에 의해 교류전압의 발생을 설명하기 위해 소개했다. 이것이 모든 발전기 운전에서 기본원리이기 때문에, 전기에너지의 발생의 원리를 복습하는 것이 필요하다.

자력선이 그들을 거쳐 지나가는 도선에 의해 끊어질 때, 전압은 도선에서 유도된다. 유도전압의 강도는 도선의 속도와 자기장의 강도에 따라 달라진다. 도선의 끝단이 완성회로를 형성하도록 연결된다면, 전류는 도선에서 유도된다. 도선과 자기장은 기본발전기를 구성한다.

그림 1-263에서 간단한 발전기에서 생성된 에너지를 수집하고 사용하는 외부 발전기 회로의 구성 요소를 보여 주고 있다. 그림 1-263과 같이, 전선의 루프 A와 루프 B는 자기장에서 회전하도록 배열되어 있다. 전선의 루프의 면이 자력선에 평행시킬 때, 루프에서 유도된 전압은 전류로 하여금 그림 1-263에서 화살표에 의해 지시된 방향으로 흐르게 한다. 이곳 위치에서 유도된 전압은 전선이 수직으로 자력선을 절단하고 있어서 자기장에 상대적인 어떤 다른 위치보다 초당 더 많은 자력선을 절단하고 있기 때문에 최대이다.

그림 1-264와 같이, 루프가 수직의 위치에 접근할 때, 유도전압은 루프 A와 루프 B 양쪽이 자력선에 거의 평행되기 때문에 그리고 절단의 비율이 줄어들어 감소한다. 루프가 수직일 때, 자력선은 전선이 순간적으로 자력선에 평행하여 이동하고 있어 절단되지 않으므로 유도전압이 없다. 루프의 회전이 지속할 때, 자력선 절단의 수는 루프가 수평면으로 추가의 90[°]를 회전될 때까지 증가한다. 그림 1-265과 같이, 자력선 절단의 수와 유도전압은 또 다시 최대가 된다. 그러나 그림 1-263과 그림 1-264와 같이, 절단의 방향은 일어나는 것에 반대방향에 있고, 그래서 유도전압의

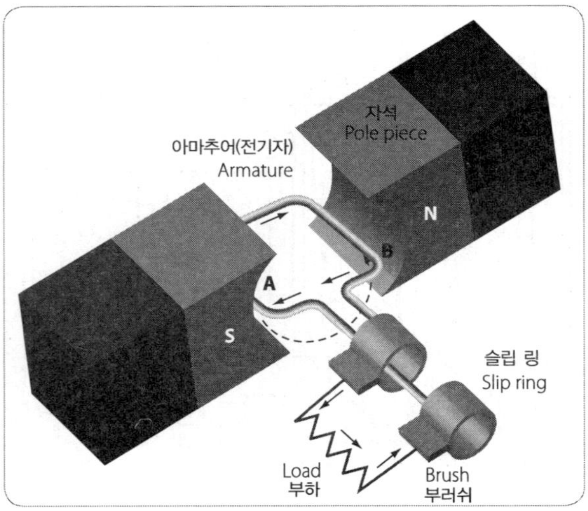

[그림 1-263] 기본 발전기의 최대정압유도
(Inducing maximum voltage in an elementary generator)

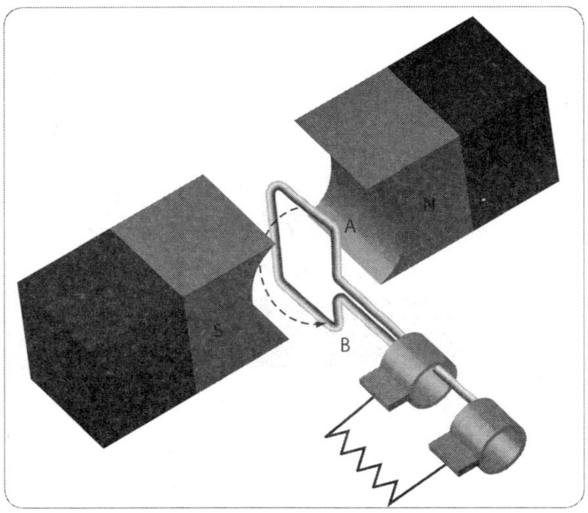

[그림 1-264] 기본 발전기의 최소 유도 전압
(Inducing minimum voltage in an elementary generator)

방향, 즉 극성은 반대로 된다.

루프의 회전이 지속될 때, 절단된 자력선의 수는 다시 감소하고, 그리고 유도전압은 전선 A와 전선 B가 다시 자력선에 평행하기 때문에, 그림 1-266에서 보여준 위치에서 0이 된다.

만약 완전한 360[°]의 회전의 전체에 걸쳐서 유도된 전압이 구성된다면, 그림 1-267에서 보여준 곡선의 결과로서 나타난다. 이러한 전압은 (+)값에서 (−)값으로, 즉 처음에는 어떤 한 방향에서 그다음에는 다른 방향으로 그것의 반전 때문에 교류전압이라고 부른다.

외부회로에서 전류흐름을 만들어내기를 위해 루프에서 발생한 전압을 이용하려면, 와이어 루프를 외부회로와 직렬로 연결하는 몇 가지 수단이 제공되어야 한다. 이러한 전기적 연결은 와이어 루프를 열고 두 끝을 슬립 링이라고 하는 두 개의 금속 링에 연결하여 두 개의 금속 또는 카본 브러시를 타는 방식으로 수행 할 수 있다. 브러시는 외부 회로에 연결되어 있다. 그림 1-268과 같이, 기본 AC 발전기의 슬립 링을 정류자라고하는 2 개의 반 실린더로 교체하여 기본 DC 발전기

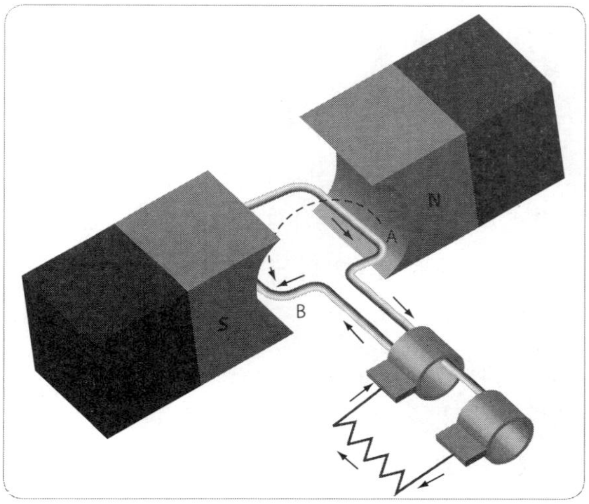

[그림 1-265] 반대방향의 최대유도전압
(Inducing maximum voltage in the opposite direction)

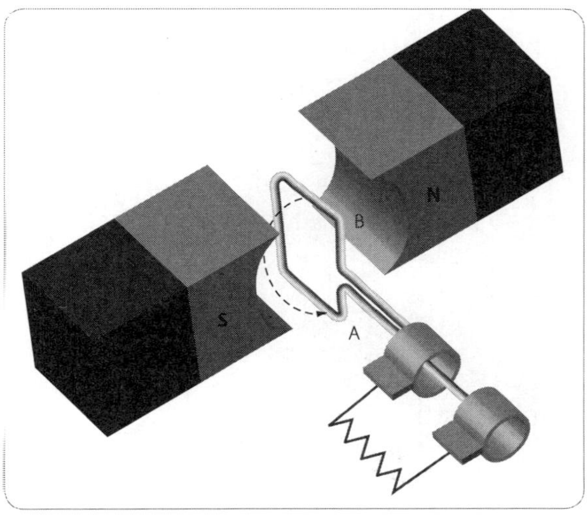

[그림 1-266] 반대방향의 최소유도전압
(Inducing minimum voltage in the opposite direction)

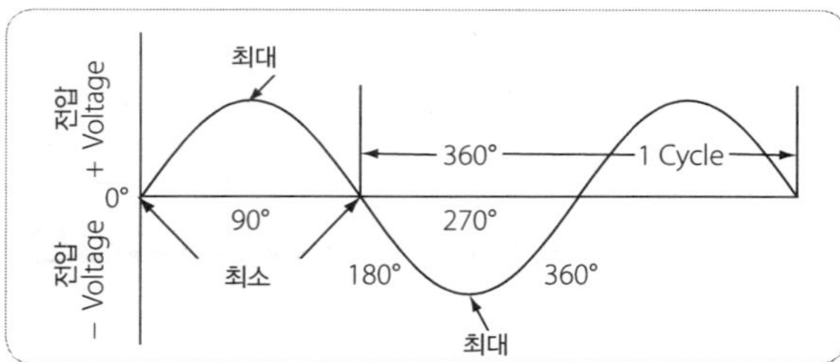

[그림 1-267] 발전기 출력(Output of an elementary generator)

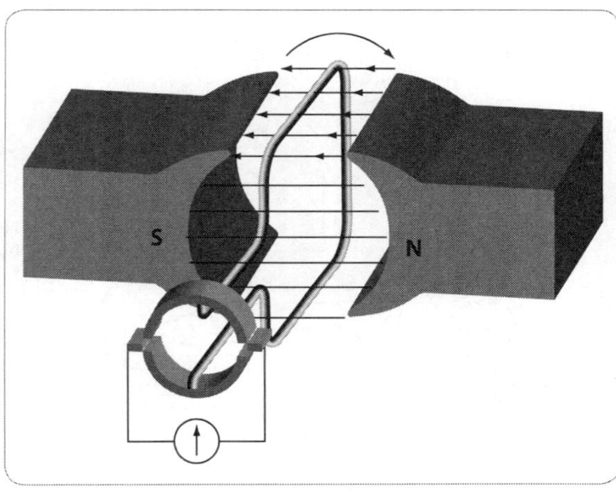

[그림 1-268] 기본 직류 발전기 (Basic dc generator)

를 얻는다. 이 그림에서, 코일의 검은색 쪽은 검은색 세그먼트, 그리고 코일의 흰색 쪽은 흰색 세그먼트에 연결되고, 세그먼트는 서로 절연되어 있다. 2개의 고정브러시는 정류자의 맞은편에 놓여있고 각각의 브러시는 후자의 것이 루프와 동시에 주기적으로 회전할 때 정류자의 각각의 세그먼트에 접촉하도록 설치된다. 직류발전기의 회전부분, 즉 코일과 정류자는 전기자라고 부른다. 자기장 내에서 회전하는 루프에 의한 기전력의 발생은 교류발전기와 직류발전기 모두에 대해 마찬가지이지만, 정류자의 작용은 직류전압을 만들어낸다.

1.42.2 직류전압의 발전 (generation of a dc voltage)

그림 1-269는 어떻게 직류전압이 발생되는지, 기본적인 단계로 설명한다. 이것은 자기장 내에서 일련의 위치를 통해 회전하는 단선식 루프를 보여줌으로써 이루어진다.

(1) 위치 A

루프는 위치 A에서 시작하여 시계방향으로 회전하고 있다. 그러나 코일 측면에서 힘의 선이 끊어지지 않아 emf가 생성되지 않는다. 검은 색 브러시는 정류자의 검은 색 세그먼트에 닿는 것으로 표시되고 흰색 브러시는 흰색 세그먼트에 닿아 있다.

(2) 위치 B

위치 B에서 플럭스는 이제 최대 속도로 절단되고 있으며, 이는 유도된 emf가 최대임을 의미한다. 이때 검은 색 브러시가 검은 색 세그먼트에 닿고 흰색 브러시는 흰색 세그먼트에 닿는다. 미터의 지시는 오른쪽을 향하고 있으며 출력 전압의 극성을 나타낸다.

(3) 위치 C

위치 C에서 루프는 180 ° 회전을 완료했다. 위치 A와 마찬가지로 플럭스 라인이 절단되지 않고 출력 전압이 0이 된다. 위치 C에서 관찰해야 할 중요한 조건은 세그먼트와 브러시의 작용이다. 180 ° 각도의 검은 색 브러시가 검은 색과 흰색 세그먼트에 닿는다. 정류

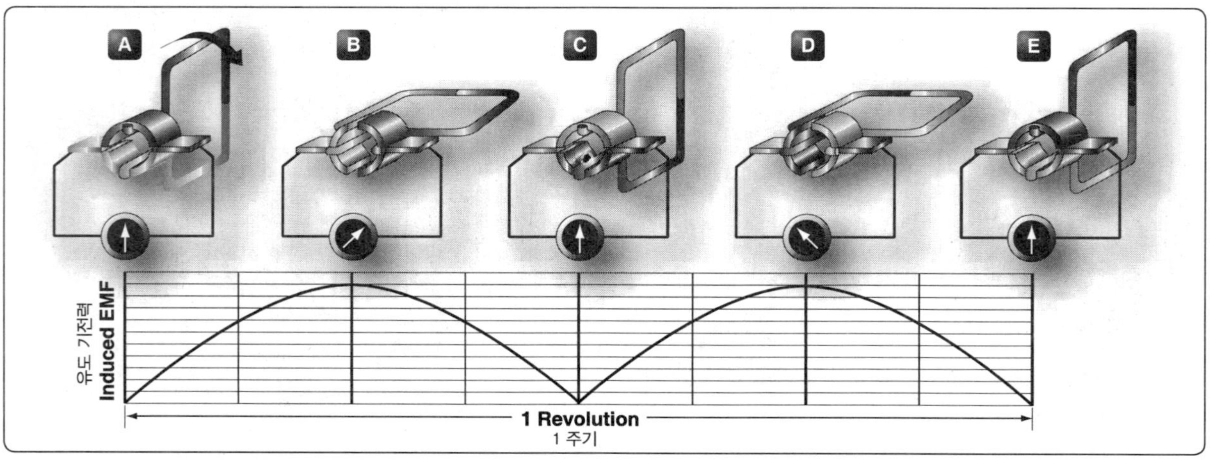

[그림 1-269] 기본 직류발전기 작동(Operation of a basic dc generator)

자의 한쪽에 있고 흰색 브러시가 정류자의 다른 쪽에 있는 두 세그먼트와 접촉하고 있다. 루프가 180° 포인트를 지나 약간 회전 한 후 검은 색 브러시는 흰색 세그먼트에만 닿고 흰색 브러시는 검은 색 세그먼트에만 닿는다.

이러한 정류자 소자의 스위칭으로 인해, 검은 색 브러시는 항상 아래쪽으로 이동하는 코일면과 접촉하고, 흰색 브러시는 항상 위쪽으로 이동하는 코일면과 접촉한다. 전류는 실제로 교류 발전기에서와 동일한 방식으로 루프에서 방향을 반대로 바꾸지만 정류자 동작은 전류가 외부 회로 나 미터를 통해 항상 같은 방향으로 흐르게 한다.

(4) 위치 D

위치 D에서 정류자 동작은 외부 회로의 전류를 반전시키고 후반주기는 전반주기와 동일한 파형을 갖는다. 정류는 AC 전압을 DC 전압으로 변환하기 때문에 정류 과정을 정류라고도 한다.

(5) 중립면(the natural plane)

각 브러시가 정류기의 두 세그먼트와 접촉하는 순간 (그림 1-269 위치 A, C 및 E) 직접 단락이 발생한다. 이때 루프에서 emf가 발생하면 회로에 높은 전류가 흘러 아크가 발생하여 정류자가 손상 될 수 있다. 이러한 이유로 브러시는 생성된 emf가 0 일 때 단락이 발생하는 정확한 위치에 배치해야한다. 이 위치를 중립평면이라고 한다. 브러시가 올바르게 설치되면 브러시와 정류자 사이에 스파크가 발생하지 않는다. 스파크는 부적절한 정류의 주요 원인 인 부적절한 브러시 배치를 나타낸다.

그림 1-269의 기본 DC 발전기에 의해 생성된 전압은 루프의 각 회전에 대해 0에서 최댓값까지 두 번 변한다. DC 전압의 이러한 변동을 "리플"이라고하며 그림 1-270A에 표시된 것처럼 더 많은 루프 또는 코일을 사용하여 줄일 수 있다. 루프 수가 증가함에 따라 전압의 최댓값과 최소값 사이의 변화가 감소하고 [그림 1-270B] 발전기의 출력 전압은 꾸준한 DC 값에 도달한다. 그림 1-270A에서, 정류자 세그먼트의 수는 루프 수에 정비례하여 증가한다. 즉, 하나의 루프에 대한 두 개의 세그먼트, 두 개의 루프에 대한 네 개의 세그먼트 및 네 개의 루프에 대한 여덟 개의 세그먼트가 있다.

단일 회전 루프에서 유도된 전압은 작다. 루프 수를 늘려도 생성된 전압의 최댓값은 증가하지 않지만 각 루프에서 회전 수를 늘리면 이 값이 증가한다. 좁은 한계 내에서 DC 발전기의 출력 전압은 루프 당 회전 수,

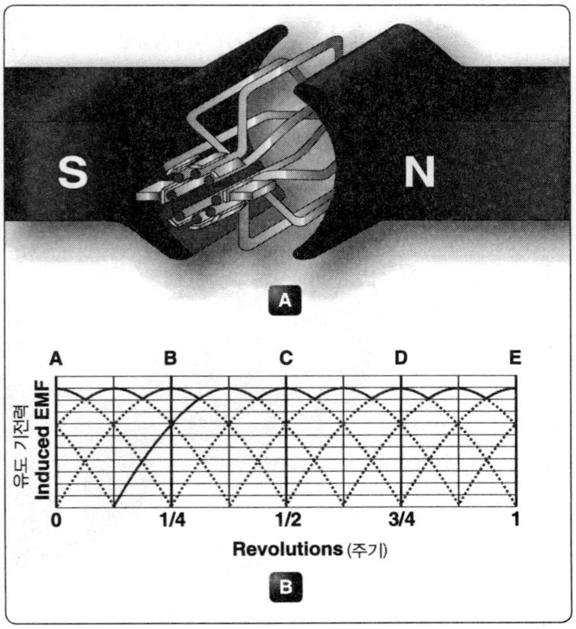

[그림 1-270]코일 수 증가 - 전압의 리플 감소
(Increasing the number of coils reduces the ripple in the voltage)

기계의 극상 당 총 플럭스 및 전기자의 회전 속도의 곱에 의해 결정된다.

AC 발전기 또는 교류기 및 DC 발전기는 회전 루프에서 전압을 생성하는 방법에 관한한 동일하다. 그러나 슬립 링에 의해 루프에서 전류를 가져 오는 경우가 교류이며 교류 발전기 또는 교류 발전기라고 한다. 정류자에 의해 전류가 수집되면 직류가 되며 이를 DC 발전기라 한다.

1.42.3 직류발전기의 구조특색 (construction features of dc generators)

항공기에 사용된 발전기는 몇 개의 제작사가 제작하기 때문에, 설계에서 어느 정도 차이가 난다. 그러나 일반적으로 동일한 구조이며 비슷하게 작동한다.

직류발전기의 주요부분은 필드(계자) 프레임 또는 요크(yoke), 회전하는 전기자, 그리고 브러시 어셈블리이다. 그림 1-271에서는 전형적인 항공기 발전기의 부품을 보여준다.

1.42.3.1 필드 프레임(field frame)

필드 프레임은 발전기를 위한 토대 또는 틀인 것으로, 또한 요크(yoke)라고도 부른다. 프레임은 두 가지 기능을 갖는데, 그것은 극 사이에 자기회로를 완성하고 발전기의 다른 부품을 위해 기계적 지지물로서 기능을 다한다. 그림 1-272의 보기 A에서 2극 발전기에 대한 프레임이 단면도개념으로 보여주고, 그림 1-272의 보기 B에서 4극 발전기 프레임을 보여준다.

소형 발전기에서 프레임은 한 조각의 철로 만들어지지만, 대형 발전기에서는 보통 함께 볼트로 죄어진

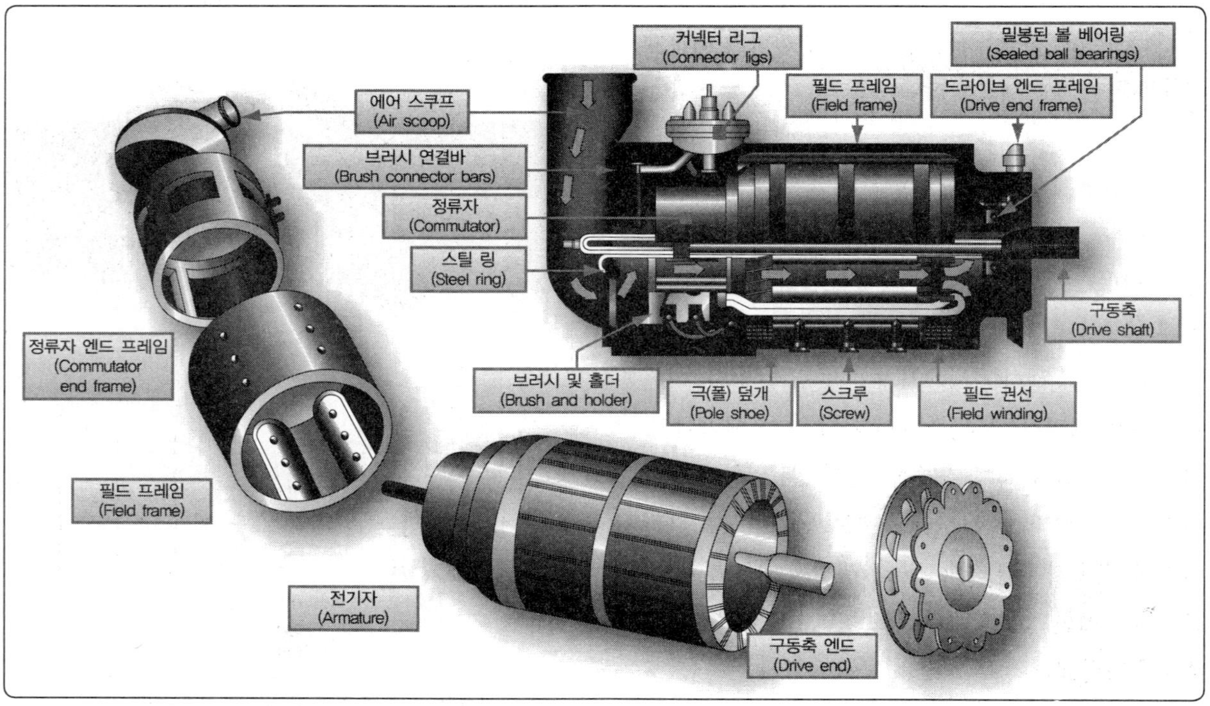

[그림 1-271] 전형적인 24V 항공기 발전기 (Typical 24[V] aircraft generator)

2개의 부품으로 만든다. 자극 세그먼트와 함께 고자극성을 띠고 있는 프레임은 자기회로의 주요부분을 형성한다. 그림 1-272와 같이, 필드극은 프레임의 내부에서 볼트로 죄어지고 필드코일 권선이 설치된 곳에서 철심을 형성한다.

극은 보통 와전류손실을 줄이기 위해서 적층 판으로 만들어지고 전자석의 철심과 같은 용도에 알맞다. 즉, 철심은 필드코일에 의해 만들어진 자력선을 집중시킨다. 필드 자극을 포함한 전체의 틀은 고품질의 자철 또는 박강판으로 만들어진다.

실용적인 직류발전기는 영구자석 대신에 전자석을 사용한다. 영구자석으로 필요한 강도의 자기장을 만들기 위해서, 발전기의 물질적 크기를 크게 증가시키게 된다.

그림 1-273과 같이, 필드코일은 절연선의 수많은 감김으로 구성되고 보통 그것이 안전하게 고정된 곳에서 극의 철심 위에 맞는 형태로서 감겨진다. 자기장을 만들어내기 위해 사용되는 그리고 필드코일을 통해 흐르는 여자전류는 외부전원 또는 기계장치에서 발생된 직류로부터 얻어진다. 배선은 필드코일의 권선과 자극편 사이에 존재하지 않는다.

대부분 필드코일은 극이 엇갈리는 극성을 나타내도록 연결된다. 항상 각각의 남극에 대해 하나의 북극이 있기 때문에, 항상 어떤 발전기에서도 극의 수는 짝수이어야 한다.

그림 1-272와 같이, 프레임으로부터 불쑥 나온 자극 세그먼트를 주의하여 본다. 공기는 자기장에서 많은 양의 자기저항을 일으키기 때문에, 이 설계는 극과 회전하는 전기자 사이에 공극의 거리한도를 줄이고

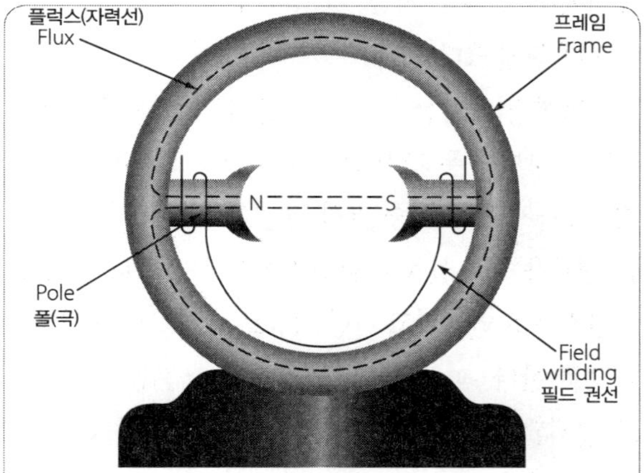

(A)

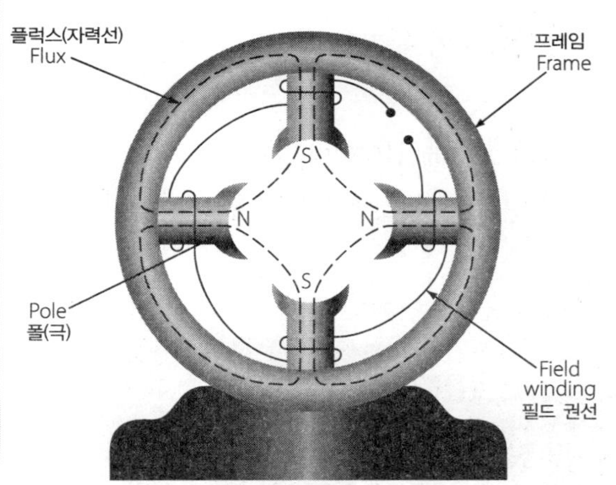

(B)

[그림 1-272] 2 극 및 4 극 프레임
(Two-pole and four-pole frame assembly)

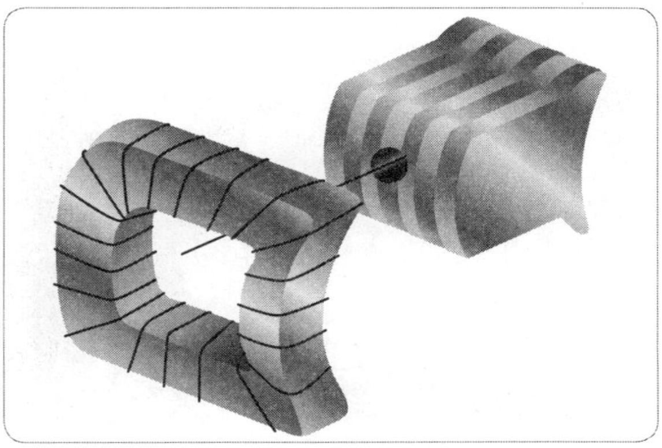

[그림 1-273] 필드 극에서 장탈 된 필드 코일
(A field coil removed from a field pole)

그래서 발전기의 효율을 증가시킨다. 그림 1-272와 같이, 자극 세그먼트가 불쑥 나오도록 만들었을 때, 그들은 돌출자극이라고 부른다.

1.42.3.2 전기자(armature)

발전기의 전기자 어셈블리는 철심에 감겨진 수많은 전기자코일, 정류자, 그리고 그에 딸린 기계부품으로 이루어진다. 이들의 추가적인 전선의 루프는 실제로 권선(winding)이라고 부르며 각각의 권선 사이에 거리가 동일하도록 전기자 주위에 균등하게 일정한 간격을 두었다. 축에 설치된, 전기자는 필드(계자)코일에 의해 만들어진 자기장 사이를 회전한다. 전기자의 철심은 자기장에서 철도선처럼 작용하고, 이러한 이유 때문에, 와전류의 순환을 방지하기 위해서 적층 판으로 만들어진다.

(1) 그람 링 전기자(gramme-ring armature)

2 가지 일반적인 종류의 전기자가 있는데, 즉 링 형과 드럼 형이다. 그림 1-274에서는 1개의 철심, 8개의 구역의 권선, 그리고 8개의 조각 정류자로 구성된 링 형 전기자를 보여준다. 이 배열의 단점은 철 링의 내면에 위치된, 권선이 적은 플럭스 라인을 절단하는 것이다. 결과적으로, 전압이 거의 발생하지 않는다. 이런 이유로 그람 링(gramme-ring) 전기자는 널리 사용되지 않는다.

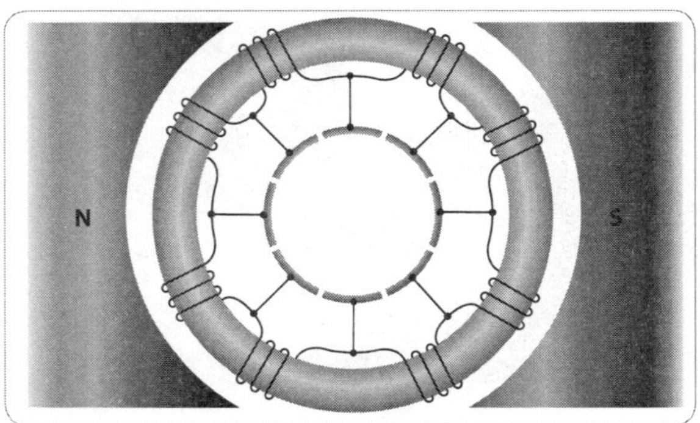

[그림 1-274] 8 개 조각의 링 형 전기자
(An eight-section, ring-type armature)

(2) 드럼형 전기자(drum-type armature)

그림 1-275에서는 드럼형 전기자를 보여준다. 전기자 코어는 드럼 모양이며 전기자 권선이 배치되는 슬롯을 잘라낸다. 이점은 각 권선이 코어를 완전히 감싸서 도체의 전체 길이가 자속을 절단한다는 것이다. 이 배열에서 총 유도 전압은 Gramme 링형 전기자의 전압보다 훨씬 크다.

드럼형 전기자는 보통 자기만의 장점을 갖고 있는 각각의 방법인 두 가지 방법 중 하나로 조립된다. 권선법의 2가지 유형은 중권(랩 권선)과 파권이다. 중권은 큰 전류용으로 설계된 발전기에서 사용된다. 권선은 병렬경로로 연결되고 이런 이유로서 각각의 브러시를 필요로 한다. 파권(웨이브 권선)은 고전압 출력용으로 설계된 발전기에서 사용된다. 정류자 세그먼트에 연결된 각각의 코일에 2개의 끝단은 극 사이에 거리로 분리된다. 이것은 코일의 직렬배열로 귀착하고 모든 유도전압을 추가 할 것이다.

1.42.3.3 정류자(commutators)

그림 1-276에서는 전형적인 정류자의 단면도를 보

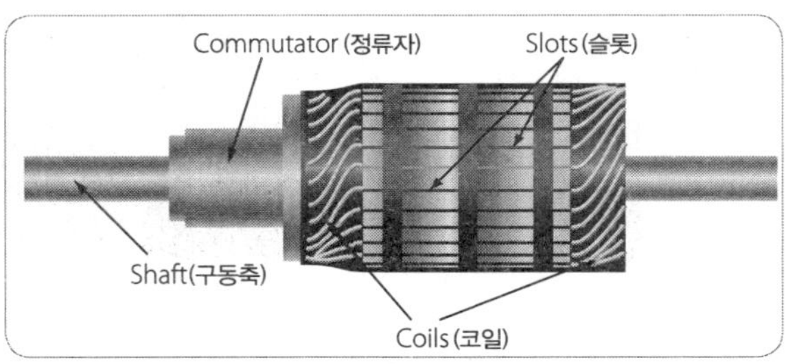

[그림 1-275] 드럼 형 전기자(A drum-type armature)

여준다. 정류자는 전기자의 끝에 위치하며 얇은 운모 시트로 서로 절연된 딱딱한 구리로 된 쐐기 모양의 세그먼트로 구성된다.세그먼트는 볼트가 장착된 스틸 V 링 또는 클램핑 플랜지로 고정된다. 운모 고리는 플랜지에서 세그먼트를 절연시킨다. 각 세그먼트의 돌출 부분을 라이저라고 한다. 전기자 코일의 리드는 라이저에 납땜된다.

브러시는 정류자 표면을 타고 전기자 코일과 외부 회로 사이의 전기 접점을 형성한다. 일반적으로 피그테일이라고 하는 유연한 브레이드 구리 도체는 각 브러시를 외부 회로에 연결한다. 일반적으로 고급 탄소로 만들어지고 프레임과 절연된 브러시 홀더로 고정된 브러시는 정류자 표면의 불규칙성을 따르기 위해 홀더에서 위 아래로 자유롭게 미끄러져 움직인다. 브러시는 보통 정류기의 브러시 압력이 변할 수 있고 세그먼트에 대한 브러시의 위치가 조정될 수 있도록 조정 가능하다.

전압이 유도되는 코일에 대한 연결을 지속적으로 만들고 끊기 위해서는 확실한 접촉 저항을 갖는 브러시 용 재료를 사용해야 한다. 또한 이 재료는 과도한 마모를 방지하기 위해 정류자와 브러시 사이의 마찰이 적어야 한다. 이러한 이유로 브러시에 일반적으로 사용되는 재료는 고급 탄소이다. 카본은 정류자의 과도한 마모를 방지 할 수 있을 정도로 부드러 우면서도 합리적인 브러시 수명을 제공 할 수 있을 정도로 단단해야 한다. 탄소의 접촉 저항이 상당히 높기 때문에 브러시는 넓은 접촉 면적을 제공하기 위해 상당히 커야 한다. 정류자 표면은 마찰을 최대한 줄인다. 정류자에 오일 또는 그리스를 사용해서는 안 되며 세척 시 표면이 손상되거나 긁히지 않도록 각별히 주의해야한다.

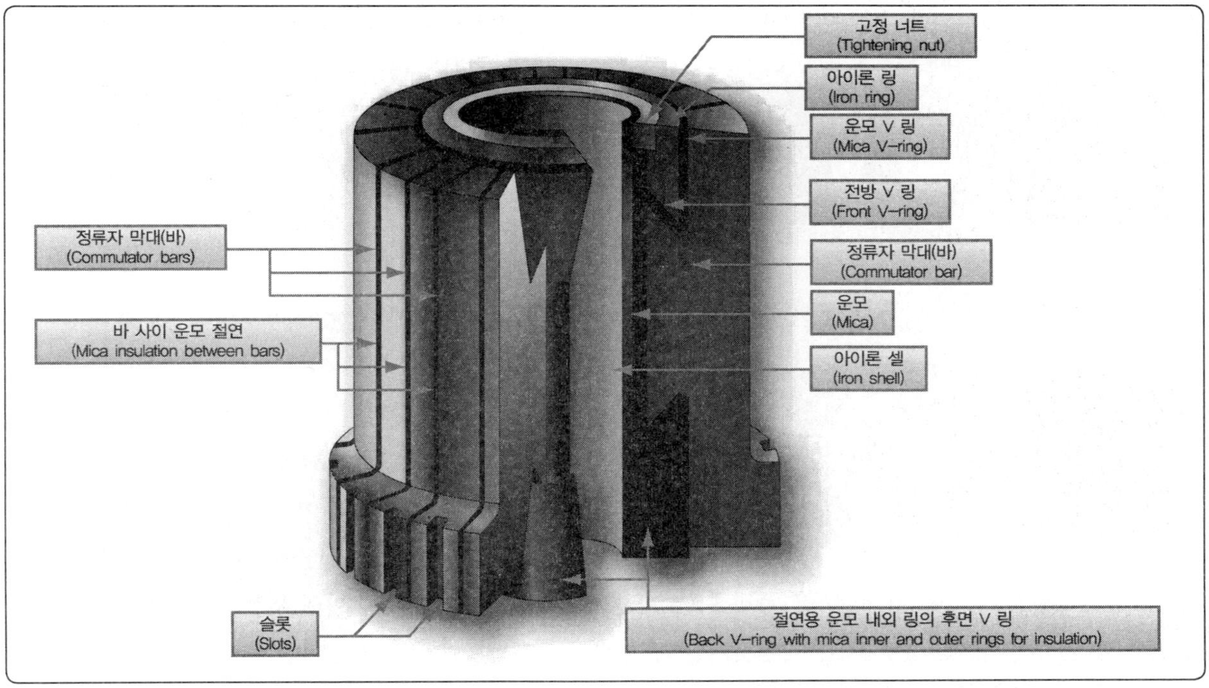

[그림 1-276] 내부 구조 견본 용 정류자 (Commutator with portion removed to show construction)

1.42.4 전기자 반응(armature reaction)

그림 1-277과 같이, 전기자를 통해 흐르는 전류는 권선에 전자기장을 새로이 만든다. 이들 새로운 자기장은 직선경로에서 발전기의 극 사이에 자속을 왜곡하거나 구부리는 경향이 있다. 전기자전류는 부하에 따라 증가하기 때문에, 왜곡은 부하에 증가에 따라 더 크게 된다. 자기장에서 이 왜곡은 전기자 반응(reaction)이라고 부른다.

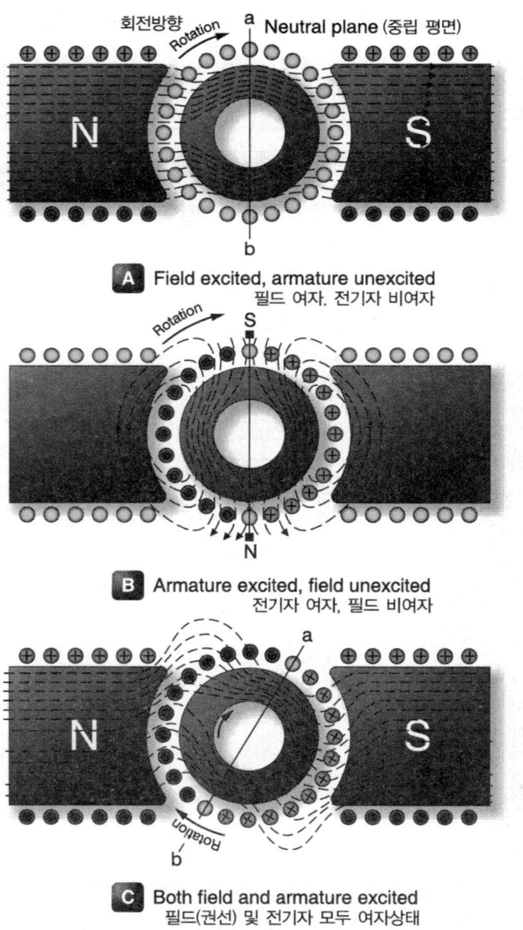

[그림 1-277] 전기자 반응 (Armature reaction)

발전기의 전기자 권선은 전기자의 회전 동안 브러시가 2 개의 인접한 세그먼트와 접촉할 때 특정 위치가 존재하여 전기자 권선이 이들 세그먼트로 단락될 수 있도록 특정 위치가 존재한다. 자기장이 왜곡되지 않는 경우, 일반적으로 단락 권선에서 전압이 유도되지 않으므로 권선 단락으로 인한 유해한 결과가 발생하지 않는다. 그러나 필드가 왜곡되면 이러한 단락 권선에서 전압이 유도되고 브러시와 정류자 세그먼트 사이에서 스파크가 발생한다. 결과적으로, 정류자가 움푹 들어가고, 브러시의 마모가 과도하게 되고, 발전기의 출력이 감소된다. 이 상태를 정정하기 위해, 브러시에 의해 단락된 코일의 평면이 왜곡된 자기장에 수직이 되도록 브러시가 설정되며, 이는 브러시를 회전 방향으로 전방으로 이동시킴으로써 달성된다. 이 작업을 브러시를 중립 평면 또는 정류 평면으로 이동시키는 것이다. 중립 평면은 두 개의 반대 코일의 평면이 발전기의 자기장에 수직인 위치이다. 몇몇 발전기에서 브러시는 필드 중립에 의해 야기 된 정상 중립 평면보다 중립 평면으로 수동으로 이동 될 수 있다. 조정 불가능한 브러시 발전기에서 제조업체는 스파크를 최소화하도록 브러시를 설정한다.

1.42.5 보상권선(compensating windings)

보상권선은 극면의 슬롯에 내장된 일련의 코일로 구성된다. 이 코일은 또한 전기자에 직렬로 연결된다. 결과적으로, 전기자와 이 직렬연결은 전기자전류에 직접적으로 변하는 보상권선에서 자기장을 생성한다. 보상 권선은 그들에 의해 생성된 자기장이 전기자에 의해 생성된 자기장에 대항하는 방식으로 감겨진다. 결과적으로, 중립면은 전기자 전류를 정지 상태로 유지한다. 이 디자인에서 브러시가 올바르게 설정되면 다시 이동할 필요는 없다. 그림 1-278의 A에서는 극면에 어떻게 권선을 설치하는지를 보여준다.

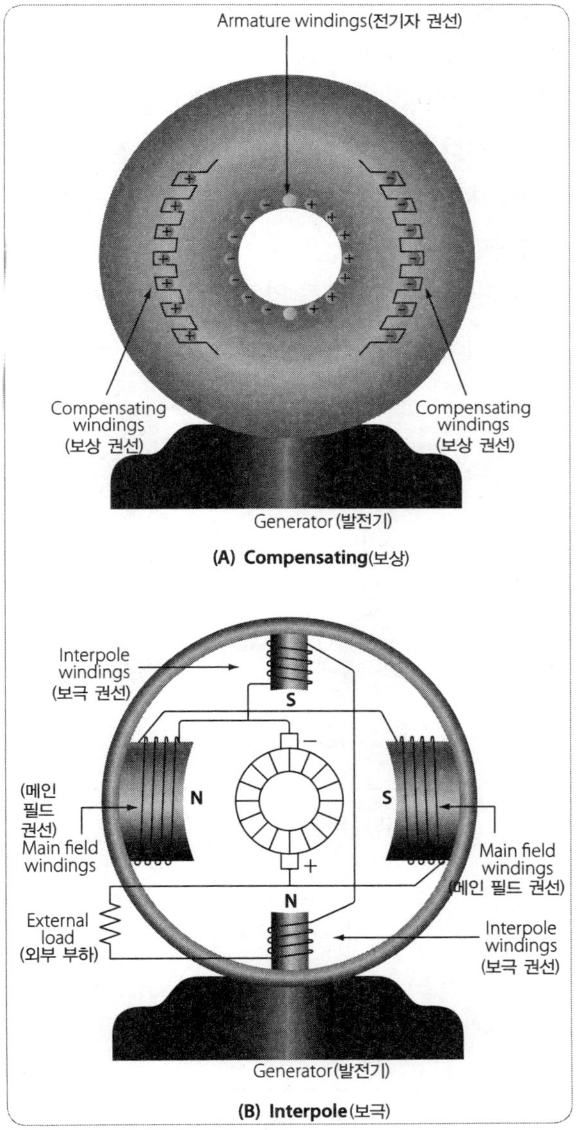

[그림 1-278] 2 개 보극과 2극 발전기
(Simple two-pole generator with two inter-poles)

1.42.6 보극(inter-pole)

보극은 발전기의 주극 사이에 놓은 극이다. 그림 1-278의 B에서는 보극 배치의 예를 보여준다. 이것은 2개의 보극을 갖춘 2극 발전기이다.

보극은 회전의 방향에서 그다음의 주극과 같은 극성을 갖는다. 보극에 의해서 만들어진 자속은 전기자권선이 자속 속으로 지나갈 때 전기자에 전류로 하여금 방향을 바꾸게 한다. 이것은 전기자권선의 주위에 전자기장을 상쇄시킨다. 보극의 자기의 강도는 발전기에서 부하에 따라서 바뀌고, 그리고 필드(계자)왜곡은 부하에 따라 바뀌기 때문에, 보극의 자기장은 전기자권선 주위에 새로이 만들어지는 자기장의 효과에 반작용하고 필드왜곡을 최소로 한다. 그러므로 보극은 발전기에 모든 부하에 대해서 동일 위치에 중립면을 유지하려는 경향이 있고, 필드(계자)왜곡은 보극에 의해서 줄어들고, 그리고 브러시의 효율, 출력, 그리고 사용기간은 향상된다.

1.42.7 직류발전기의 유형 (Type of dc generators)

직류발전기의 세 가지 유형이 있는데, 직권(series-wound), 분권(shunt-wound), 직 · 분권(shunt-series wound) 또는 복권(compound-wound)이다. 유형에서 차이점은 외부회로에 필드 권선의 관계에 따른다.

(1) 직권직류발전기(series-wound dc generators)

그림 1-279와 같이, 외부회로에 직렬로 연결된 직권발전기의 필드권선은 부하라고 부른다. 필드코일

은 굵은 전선의 몇 번의 감김으로 구성되어 있는데, 자기장강도는 필드코일에 감긴 횟수보다 오히려 전류흐름에 더 많이 의존한다. 직권발전기는 외부회로로 필드코일을 통과한 전류가 많으면 많을수록, 유도기전력이 더 증가하고 단자전압 또는 출력전압이 더 커지기 때문에, 변화하는 부하 하에서 아주 보잘 것 없는 전압조절을 갖는다. 그런 까닭에, 부하가 증가할 때, 전압은 증가하고, 마찬가지로 부하가 감소할 때, 전압은 감소한다. 그림 1-279의 A와 같이, 직권발전기의 출력전압은 필드권선에 병렬로 가감저항기에 의해서 제어되게 한다. 직권발전기는 전압조절이 좋지 않기 때문에 비행기 발전기로서 사용하지 않는다. 비행기에서 발전기는 필드 권선이 있으며 분권이거나 또는 복권으로 연결된다.

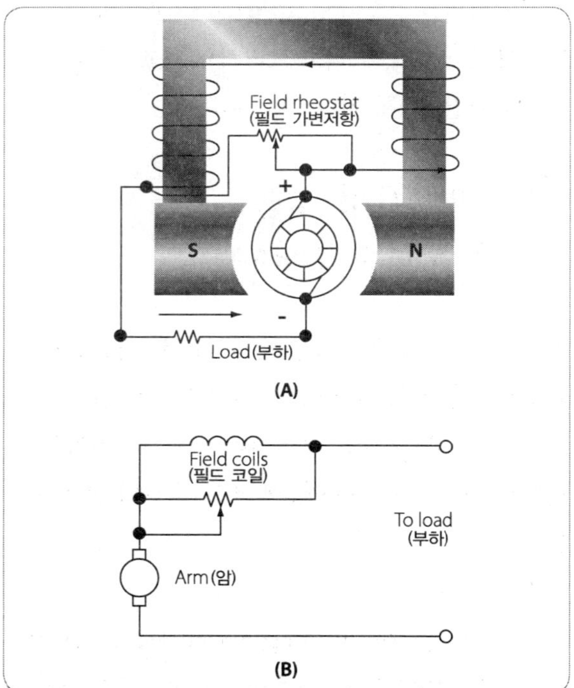

[그림 1-279] 직권직류발전기 다이어그램 및 회로도
(Diagram and schematic of a series-wound generator)

(2) 분권직류발전기(shunt-wound dc generators)

그림 1-280의 A와 B와 같이, 외부회로에 병렬로 연결된 필드권선을 갖춘 발전기를 분권발전기라고 한다. 분권발전기의 필드코일에는 가는 와이어로 여러 번 감은 것이 있는데 자기강도는 코일을 통과한 전류의 세기보다 오히려 다수의 권 회수에서 파생된다.

일정한 전압이 필요한 경우 분권발전기는 급격한 변동 하중에 적합하지 않다. 부하가 증가하면 단자 또는 출력 전압이 감소하고 부하가 감소하면 단자 전압이 증가한다. 전기자와 부하가 직렬로 연결되어 있기 때문에 외부 회로에 흐르는 모든 전류가 전기자 권선을 통과한다.

전기자권선에 저항으로 인해 전압강하, 즉 IR 강하

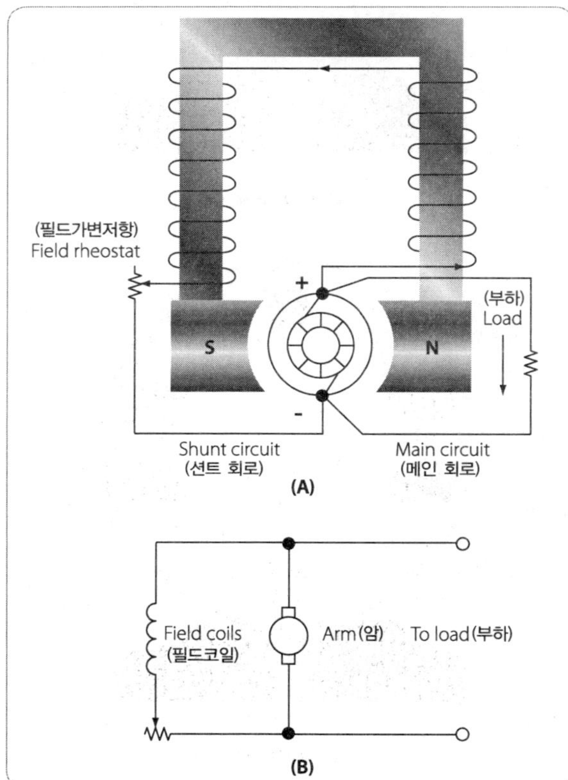

[그림 1-280] 분권직류발전기(Shunt-wound generator)

=전류×저항이 있다. 부하가 증가하면, 전기자 전류는 증가하고 전기자에서 IR 강하는 증가한다.

단자로 전달되는 전압은 유도 전압과 전압 강하의 차이이다. 따라서 단자 전압이 감소한다. 필드 코일의 전류는 단자 전압의 감소에 비례하여 감소하기 때문에 이러한 전압 감소는 전계 강도의 감소를 야기한다. 필드가 약할수록 전압이 더 감소한다. 부하가 감소하면 그에 따라 출력 전압이 증가하고 권선에 더 큰 전류가 흐른다. 이 동작은 누적되므로 출력 전압이 필드(계자) 포화라고 하는 지점까지 계속 상승한 후 출력 전압이 더 이상 증가하지 않는다.

그림 1-280의 A와 같이, 분권발전기의 단자전압은 필드권선에 직렬로 삽입된 가감저항기에 의하여 제어될 수 있다. 저항이 증가되었을 때, 필드전류는 줄어드는데, 결과적으로 발생전압은 또한 줄어든다. 필드 가감저항기의 주어진 설정에서, 전기자 브러시에서 단자전압은 발생전압에서 전기자에서 부하전류에 의해 만들어진 IR 강하를 뺀 것과 거의 동일할 것이다. 그러므로 발전기의 단자에서 전압은 부하가 가해졌을 때 떨어질 것이다. 어떤 전압감지장치는 부하에서 변이에 대해 보정하기 위해 자동적으로 필드가감저항기를 조정하는 것을 이용할 수 있는 것이다. 이런 장치가 사용되었을 때, 단자전압은 본질적으로 상수를 유지한다.

(3) 복권직류발전기(compound-wound dc generators)

복권발전기는 직렬 권선과 분권 권선을 결합하여 각각의 특성이 유리하게 사용되도록 한다. 직렬 필드 코일은 원형 또는 직사각형 단면에서 비교적 적은 수의 큰 구리 도체로 구성되며 전기자 회로와 직렬로 연결된다. 이러한 코일은 션트 필드 코일이 장착된 동일한 극에 장착되므로 발전기의 주 필드 플럭스에 영향을 미치는 자기력에 기여한다. 복권직류발전기의 개략도는 그림 1-281의 A 및 B에 나와 있다.

만약 직권필드의 암페어-횟수(ampere-turn)가 분권필드의 암페어횟수와 같은 방향으로 작용한다면, 합병된 기자력은 직권필드와 분권필드 성분을 합한 것과 같다. 발전기 단자를 가로지르는 병렬경로의 수를 증가시킴으로써 분권발전기에 부하를 추가하는 것과 같은 방식으로 부하가 복권발전기에 추가된다.

증가된 직권필드 효과는 증가된 부하로 전계 자속의 증가이다. 증가된 필드 플럭스의 정도는 분권필드 전류에 의해 결정된 필드의 포화 정도에 따라 달라진다. 따라서 직렬 필드 코일의 영향에 따라 발전기의 단

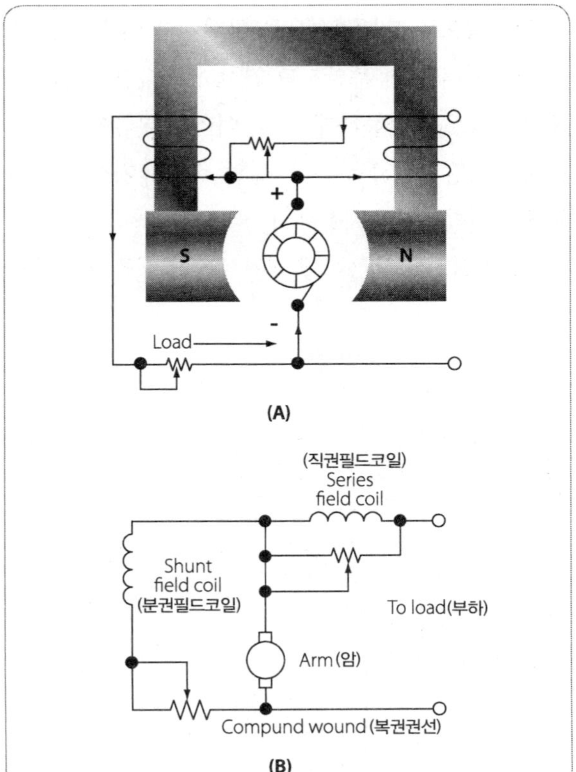

[그림 1-281] 복권 발전기(Compound-wound generator)

자 전압은 부하에 따라 증가 또는 감소 할 수 있다. 이 영향을 복권의 정도라고 한다.

평복권발전기(flat-compound generator)는 무부하 및 완전 부하 전압이 동일한 값을 갖는 발전기이다. 반면 저(低)복권발전기(under-compound generator)는 무부하 값보다 작은 완전 부하 전압을 가지며, 과복권발전기(over-compound generator)는 무부하 값보다 높은 완전 부하 전압을 갖는다. 부하가 증가함에 따라 단자 전압의 변화는 복권 정도에 따라 다르다.

직권 필드가 분권 필드를 보조하는 경우 발전기는 화동복권식(cumulative-compounded)이라고 한다. 직권 필드가 분권 필드에 대항(반대)하는 경우, 이 기계장치는 차동복권식(differentially compounded)이라고 말하거나 차동 발전기라고 한다. 복권발전기는 일반적으로 과복권식으로 설계된다. 이 특색은 직권 필드에서 가변 분류기를 연결하여 다양한 정도의 복권의 정도를 가능하게 한다. 이러한 분류기는 때로는 분류가감기라고 부른다. 전압 조절이 가장 중요한 곳에 복권발전기가 사용된다.

차동발전기는 그들이 본질적으로 정전류 발전기라는 점에서 직권발전기와 같은 특성을 지닌다. 그러나 부하전류가 증가할 때 현저하게 전압강하를 하는 그들은 무부하에서 정격전압을 발생한다. 정전류 발전기는 전기아크 용접기를 위한 전력원에 이상적으로 적합하고 거의 보편적으로 전기아크용접에 사용된다.

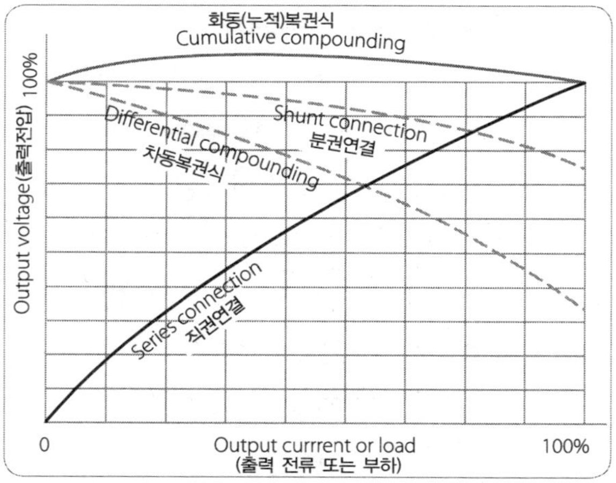

[그림 1-282] 발전기 특징(Generator characteristics)

만약 복권발전기의 분권필드가 전기자와 직권필드 모두를 가로질러 연결된다면, 그것은 외(긴)분권 결선이라고 하지만, 만약 분권필드만 전기자를 가로질러 연결된다면, 그것은 내(짧은)분권 결선이라고 부른다. 이들 결선은 본질적으로 동일한 발전기 특성을 만들어낸다.

그림 1-282에서는 설명된 여러 가지의 유형의 발전기의 특성에 대한 요약을 도표로 보여준다.

1.42.8 발전기 정격(generator ratings)

발전기는 전력출력으로 등급이 매겨진다. 발전기는 명시된 전압에서 작동하도록 설계되기 때문에, 보통 발전기가 주어진 정격전압에서 안전하게 공급할 수 있는 암페어 수로 등급이 지정된다. 발전기 정격과 성능자료는 발전기에 부착된 명판에 새겨진다. 발전기를 교체할 때, 적정한 정격의 발전기를 선택하는 것은 중요한 것이다.

발전기의 회전은 작동 측에서 보았을 때, 시계방향 또는 반시계방향으로 이름 지어진다. 보통 회전의 방향은 자료 판(데이터 플레이트)에 새겨진다. 만약 방향이 판에 새겨지지 않았다면, 회전은 브러시 하우징에 화살표로 표시하게 된다. 회전의 정확한 방향으로 발전기가 사용된다는 것은 중요한 것인데, 그렇지 않으면 전압이 반대로 될 것이다.

항공기 엔진의 속도는 유휴 rpm에서 이륙 rpm까지

다양하다. 그러나 비행의 주요 구간에서 항속 운항 속도는 일정하다. 발전기 구동 장치는 일반적으로 엔진 크랭크샤프트 속도의 11/8 ~ 11/2 배 사이에서 발전기를 회전 시키도록 기어링되어 있다. 대부분의 항공기 발전기는 정상 전압을 생산하기 시작하는 속도를 가지고 있다. "개시 – 들어오는(coming–in)"속도를 의미하며 일반적으로 약 1,500 rpm 정도 된다.

1.42.9 발전기 터미널(generator terminals)

대부분의 대형 24[V] 발전기에서, 배선은 B, A, 그리고 E로 표시된 단자에서 이루어진다. 발전기에 있는 (+)전기자 도선은 B 단자에 연결한다. (–)전기자 도선은 E 단자에 연결한다. 분권필드권선의 (+)끝단은 단자 A에 연결하고, 그리고 정반대의 끝단은 음극단자 브러시에 연결한다. 단자 A는 분권필드권선을 통해서 (–)발전기브러시로부터 전류를 받는다. 이 전류는 전압조절기를 거쳐 지나가고 (+)브러시를 통해서 전기자로 되돌아간다. (–)브러시를 통해 전기자를 떠나는 부하전류는 E 도선에서 나오고 (+)브러시를 통해 전기자로 돌아가기 전에 부하를 거쳐 지나간다.

1.43 직류발전기 정비 (DC generator maintenance)

1.43.1 검사(inspection)

직류발전기계통의 검사와 정비에 관한 다음 정보는 대다수 항공기 발전기 시스템으로 일반적 것이다. 이들 절차는 일반적인 것으로 특정 발전기 시스템에 대한 것은 해당 제작사 사용법설명서에 따른다.

전반적으로, 항공기에 장착된 발전기의 검사는 다음 항목을 포함해야 한다.

(1) 발전기 장착 안전성
(2) 배선 연결의 상태
(3) 발전기의 먼지와 기름 – 먼지와 오일이 있다면 엔진 오일 실(seal)을 점검한다. 압축공기로써 먼지를 불어낸다.
(4) 발전기 브러시의 상태
(5) 발전기 작동
(6) 전압조절기 작동

1.43.2 발전기 브러시의 조건 (condition of generator brushes)

브러시의 스파크는 정류자편과 접촉하는 유효한 브러시면적을 빠르게 줄인다. 그러한 스파크의 정도는 반드시 규정되어야 하고, 과도한 마모는 상세한 검사를 수행해야한다.

다음에 정보는 브러시 안착, 브러시 압력, High–mica 조건, 그리고 브러시 마모에 관계된다. 제작사는 보통 슬립링 또는 정류자와 양호한 접촉을 만들지 않는 브러시를 안착시키기 위해 다음에 절차를 권고한다.

그림 1–283과 같이, 보강재가 붙어 있는 쪽이 밖으로, 브러시의 아래에 No. 000, 또는 더 고운, 사포의 길고 가느다란 조각의 삽입을 가능케 하도록 충분히 브러시를 들어 올린다. 가능한 브러시의 가장자리를 둥글게 되는 것을 방지하기 위해 슬립링 또는 정류자 표면에 가까이 사포의 끝단을 유지하도록 조심하여,

전기자 회전의 방향으로 사포를 사용한다.

출발점에서 뒤로하는 사포를 끌어당기기 때, 사포에 올라타지 않도록 브러시를 위로 올린다. 오직 회전의 방향으로만 브러시를 사포로 닦는다.

발전기가 짧은 기간 동안 가동한 후, 브러시는 모래 부스러기가 브러시에 끼워졌는지 아닌지 그리고 구리 가루를 모으고 있는지 확인하기 위해서 검사되어야 한다.

여하한 일이 있어도 금강사 천 또는 유사한 연마제는 그들이 브러시와 정류자편 사이에서 아킹의 원인이 될 것인 도전재료를 함유하기 때문에, 브러시를 안착하기 또는 정류자를 매끄럽게 하는 데 사용하지 않는다.

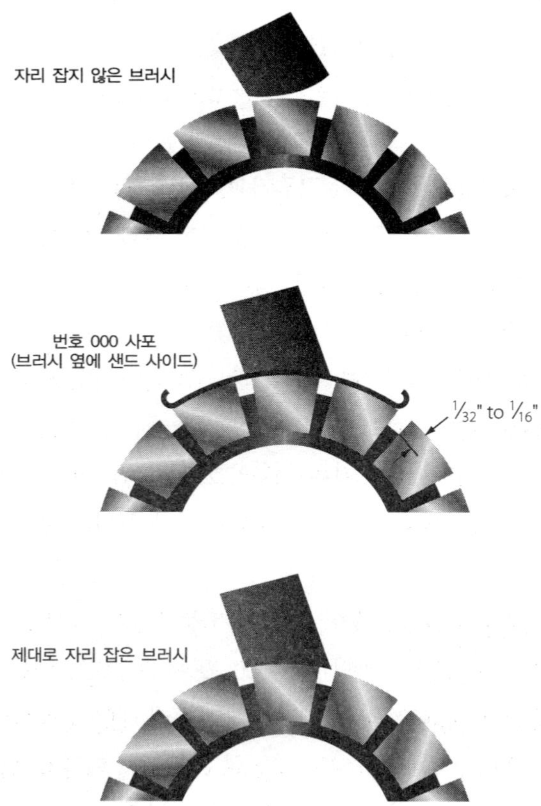

[그림 1-283] 샌드페이퍼와 자리 잡는 브러시
(Seating brushes with sandpaper)

초과압력은 브러시의 신속한 마모의 원인이 될 것이다. 그러나 불에 탄 표면과 움푹 들어간 표면으로 귀착하는 너무 작은 압력은 브러시의 "되튀게 하기(bounding)"를 하게 할 것이다.

탄소, 흑연, 또는 가볍게 금속을 입힌 브러시는 정류자에 $1\frac{1}{2}$~$2\frac{1}{2}$[psi]의 압력을 가해야 한다. 제작사에 의해 권고된 압력은 ounce로 눈금을 표시한 용수철 저울을 사용하여 점검되어야 한다. 브러시 스프링장력은 보통 32~36[ounce]로 조정되지만, 장력은 각각의 특정한 발전기마다 조금씩 다르게 된다.

용수철저울을 사용할 때, 브러시가 정류자에 가하는 압력의 측정은 눈금에서 직접 읽힌다. 눈금은 유도장치에 장착된 브러시와 함께 브러시의 스프링 암(arm)과 꼭대기 사이에 접촉의 지점에서 적용된다. 눈금은 암(arm)이 브러시 표면을 막 발진할 때까지 끌어올려진다. 이 순간에, 눈금에서 힘은 읽혀야 한다.

유연한 낮은 저항 접속용 구리줄은 대부분 다량의 통전브러시에 장치되고, 그리고 그들의 접속은 확실히 만들어져야 하고 빈번한 주기로 점검되어야 한다. 접속용 구리줄은 바뀌도록 내버려두면 안 되고 브러시의 자유운동을 제한하지 말아야 한다.

접속용 구리줄의 목적은 과열함으로써 그것의 스프링작동을 변화되게 하는 전류에 브러시스프링을 영향하에 두기보다 오히려, 전류를 전도하기 위한 것이다. 접속용 구리줄은 또한 홀더 내에 브러시의 움직임에 의해 일으킨 브러시유도장치에서 어떤 가능한 스파크를 없애주는 그러므로 브러시의 측면의 마모를 최소로 하는 것이다.

브러시 샌딩으로 인한 탄소먼지는 사포작업 후에

발전기의 모든 주요부분에서 철저히 세척되어야 한다. 그런 탄소 분진은 심각한 화재의 원인이 되었으며 발전기에 많은 비용이 든다.

장기의 기간 동안 작동은 가끔 정류자 막대의 사이의 운모 절연이 막대의 표면 위로 튀어 나온다. 이 상황은 높은 운모(High-mica"라고 하며 정류자에 브러시의 접촉을 방해한다. 이런 상황이 존재할 때에는 언제나, 또는 만약 전기자가 선반에서 돌려졌을 경우에, 운모의 폭과 같은 깊이 또는 대략 0.020[inch]로 운모 절연재를 신중히 하부를 잘라낸다.

각각의 브러시는 정확하게 작동하기 위해 길이가 지정된 길이이어야 한다. 브러시가 너무 짧으면 정류자와의 접점에 결함이 발생하여 브러시를 제자리에 고정시키는 스프링 력이 감소 될 수 있다. 대부분의 제조업체는 새 브러시 길이에서 허용되는 마모량을 지정한다. 브러시가 허용되는 최소 길이로 마모되면 교체해야 한다.

브러시 표면에 약간의 홈이 있으므로 일부 특수 발생기 브러시를 교체해서는 안된다. 이 홈은 정상이며 일부 항공기 발전기 모델에 설치된 AC 및 DC 발전기 브러시에 나타난다. 이 브러시에는 사용 된 재료보다 높은 팽창률을 가진 단단한 재료로 만들어진 두 개의 코어가 있다. 일반적으로 브러시 페이스의 본체는 정류자를 타고 간다. 그러나 특정 온도에서 코어는 정류자의 필름을 통해 연장되어 마모 된다

1.44 직류전동기(DC motors)

시동기(starter)에서 자동조종장치까지, 비행기의 대부분 장치는 직류전동기에 의해 제공된 기계에너지에 달려 있다. 직류전동기는 직류에너지를 기계에너지로 변형시키는 회전기이다. 2개의 주요부분으로 이루어지는데, 필드(계자) 부분과 전기자 부분이다. 전기자는 송전 와이어가 자기장에 의해 작용하는 회전 부분이다.

송전선이 자석의 자기장 내에 놓였을 때에는 힘이 전선에 작용한다. 힘은 인력이나 반발력이 아니지만 그것은 전선에 수직으로 있고 또한 자석에 의해 새로이 만들어지는 자기장에 수직으로 있다. 그림 1-284에서는 자기장 내에 놓여있는 송전선에서 힘의 작용을 보여준다. 전선은 2개의 영구자석 사이에 놓여 있

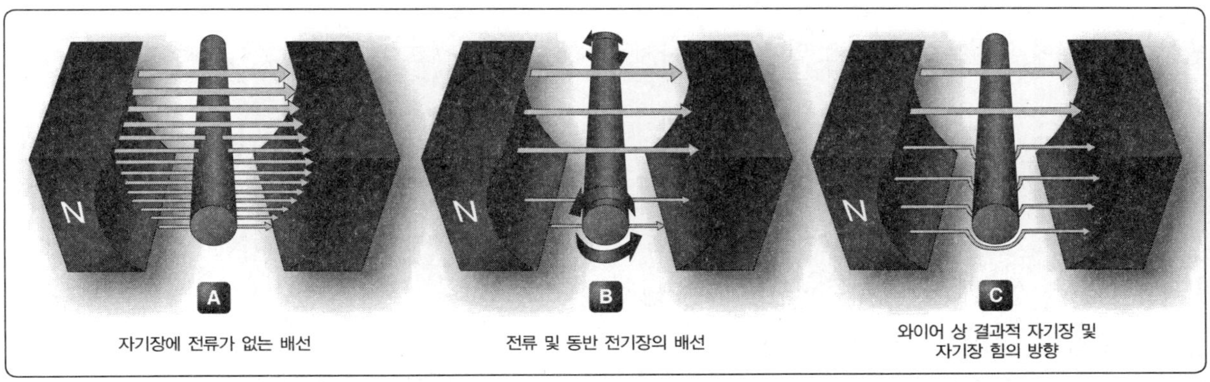

[그림 1-284] 전송하는 와이어에 가해지는 힘(Force on a current-carrying wire)

고. 자기장에서 자력선은 북극에서 남극으로 있다. 그림 1-284의 A와 같이, 전선에 전류흐름이 없을 때, 힘은 전선에 가해지지 않지만, 그림 1-284의 B와 같이, 전류가 전선을 통해 흐를 때, 자기장이 그것의 주의에 새로이 만들어진다. 자기장의 방향은 전류흐름의 방향에 따른다. 어느 한 방향으로 전류는 전선에 대하여 시계방향 자기장, 그리고 다른 쪽 방향에 전류는 반시계방향 자기장을 만들어낸다.

송전선이 자기장을 생성하기 때문에, 와이어에 대한 필드와 자석 사이의 자기장 사이에 반응이 발생 한다. 와이어 주위에 시계 반대 방향의 자기장을 생성하는 방향으로 전류가 흐를 때, 이 자기장과 자석 사이에 자기장은 자력선이 동일한 방향에 있기 때문에 전선의 밑바닥에서 더해지거나 보강한다. 전선의 꼭대기에서, 그들은 2개의 자기장에 있는 자력선은 방향에서 정반대의 것이기 때문에, 빼거나 중화한다. 그러므로 하단의 결과 필드는 강력하고 상단의 필드는 약하다. 결과적으로, 그림 1-275의 C와 같이, 전선은 위쪽 방향으로 밀어진다. 전선은 항상 자기장이 가장 강한 쪽에서 떠나서 밀어준다.

만약 전선을 통해 흐르는 전류가 방향에서 반대로 되었다면, 2개의 자기장은 꼭대기에서 더해지고 밑바닥에서는 뺀다. 전선은 항상 강한 자기장에서 떠나서 밀어주기 때문에, 전선은 아래쪽으로 밀어주게 된다.

1.44.1 평행도선 사이에 힘 (force between parallel conductors)

가까이에 있는 2개의 전선송전은 그들의 자기장 때문에 서로 힘을 발휘한다. 그림 1-285에서는 2개의 도선의 단면도를 보여준다. 그림 1-285의 A에서, 양쪽 도선에 흐르는 전자는 읽는 사람의 쪽을(◉) 향하여 있고, 그리고 자기장은 도선 주위에 시계방향으로 생긴다. 와이어 사이에서 두 필드의 방향이 서로 반대되므로 필드가 중화된다. 전선은 약한 방향으로 서로를 향하게 된다. 이 힘은 잡아당기는 힘 중의 하나이다. 그림 1-286에서 두 와이어의 전자 흐름은 반대 방향이다. 따라서, 자기장은 도시된 바와 같이 하나의 시계 방향이고 다른 하나의 반시계 방향이다. 필드는 와이어 사이에서 서로를 강화하여 와이어는 약한 필드 방향으로 서로 멀어 지도록 힘을 받는다. 이 힘은 반발력 중 하나이다. 요약하면 같은 방향으로 전류를 전달하는 도체는 함께 끌리는 경향이 있고 반대 방향으로 전류를 전달하는 도체는 서로 반발하는 경향이 있다.

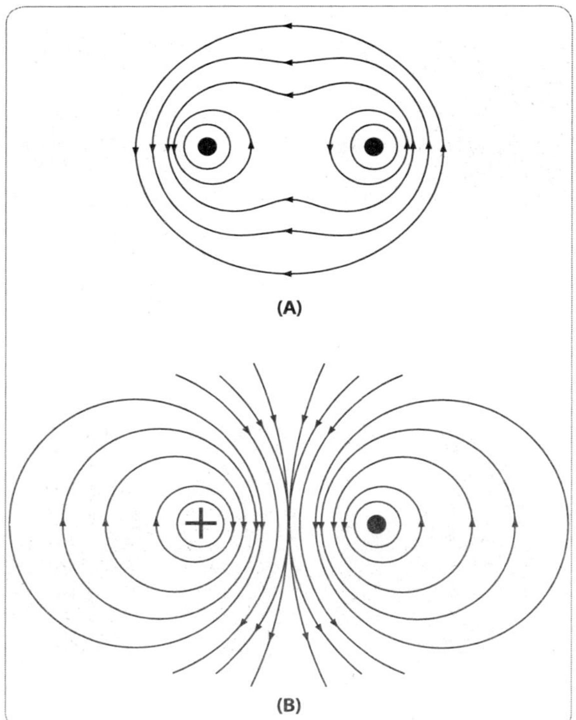

[그림 1-285] 병렬도체를 둘러싼 필드
(Field surrounding parallel conductors)

1.44.2 회전력 발생(developing torque)

전류가 흐르는 코일이 자기장에 놓이면 코일이 회전하는 힘이 발생한다. 그림 1-286에 표시된 코일에서 전류는 A면 안쪽으로, B면 바깥쪽으로 흐른다. B에 대한 자기장은 시계 방향이고 A에 대해서는 반 시계 방향이다. 전술 한 바와 같이, B면을 아래로 밀어내는 힘이 발생한다. 동시에, 자석의 필드와 전류가 안쪽으로 향하는 A에 관한 필드는 맨 아래에 더하고 맨 위에 뺀다. 따라서 A가 위로 이동 한다. 코일은 그림 1-286에 흰색 코일이 검은 색 코일에 직각으로 표시되어있는 것처럼 평면이 자석의 북극과 북극 사이의 자기 선에 수직이 될 때까지 회전한다.

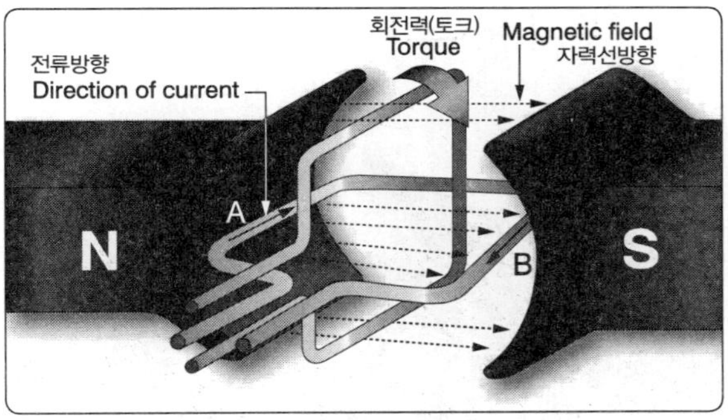

[그림 1-286] 토크(회전력) 생성 (Developing a torque)

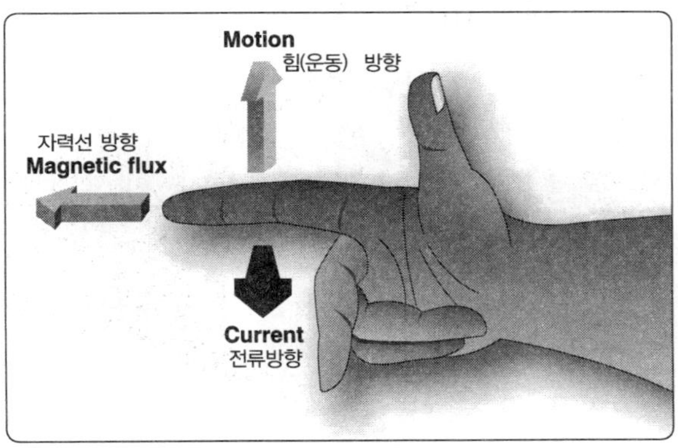

[그림 1-287] 플레밍의 오른손 법칙 - 전동기 (Right-hand motor rule)

회전을 만들어내려는 힘의 성향은 회전력(torque)이라고 부른다. 자동차의 조향장치가 돌리면 회전력이 적용한다. 비행기의 엔진은 프로펠러에 회전력을 제공한다. 회전력은 또한 방금 설명한 송전코일에 대한 반응 자기장에 의해 개발되는데 이는 코일을 돌리는 회전력이다.

왼손전동기법칙(left-hand motor rule)은 자기장 내에서 송전선이 자기장에서 이동하는 방향을 결정할 수 있다. 그림 1-287에 있는 그림에서, 만약 오른손의 둘째손가락이 자기장의 방향 그리고 전류흐름의 방향으로 가운데 손가락을 가리켜진다면, 엄지손가락은 송전선이 움직이려는 방향을 나타낼 것이다.

코일에서 발생된 회전력의 양은 몇몇의 요인에 따르는데, 자기장의 세기, 코일로서 권 회수, 그리고 자기장에 있는 코일의 위치이다. 자석은 강한 자기장을 만들어내는 특수강으로 만든다.

각각 회전 시 토크가 작용하기 때문에 코일의 회전수가 많을수록 토크가 커진다. 균일한 자기장에 위치한 정상 전류를 전달하는 코일에서, 토크는 연속적인 회전 위치에서 변한다.

코일의 평면이 힘의 선(lines of force)과 평행할 때 토크는 0가 된다. 평면이 힘의 선을 직각으로 자를 때,

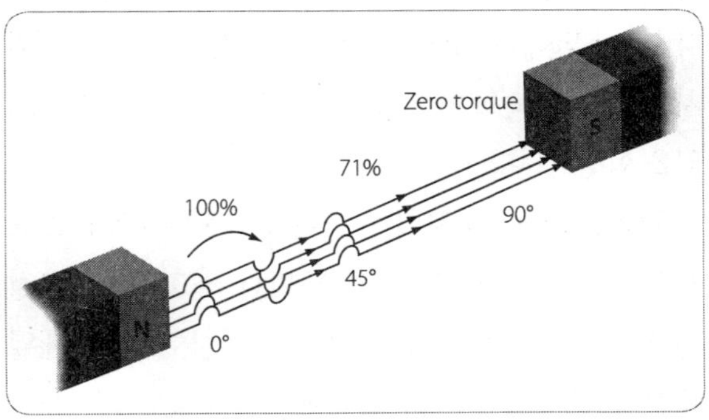

[그림 1-288] 다양한 회전각도에서 코일에 미치는 토크 (Torque on a coil at various angle of rotation)

토크는 100 %이다. 중간 위치에서 토크 범위는 0 ~ 100 %가 된다.

1.44.3 기본적인 직류전동기(basic dc motor)

전류가 흐르는 전선의 코일은 자기장 내에 놓여 있을 때 회전할 것이다. 이것이 직류전동기의 구조를 제어하는 기술적인 기초이다. 그림 1-289에서는 그것이 회전할 수 있는 자기장에 설치된 코일을 보여준다. 그러나 만약 배터리로부터 보조모선이 코일의 단자에 영구히 고정되었고 전류의 흐름이 있었다면, 코일은 오직 그것이 자기장과 자신이 일치될 때까지만 회전하게 된다. 그다음에, 해당 지점의 회전력이 0 이 때문에 정지한다.

그러므로 코일이 자력선과 평행이 될 때 코일의 전류를 역전시키는 장치를 설계 할 필요가 있다.이것은 다시 토크를 생성하고 코일을 회전 시킨다.코일이 정지하려고 할 때마다 전류 역전 장치가 전류를 역전 시키도록 설정되면, 코일은 원하는 만큼 계속 회전하도록 할 수 있다.

이를 수행하는 한 가지 방법은 코일이 회전함에 따라 각 접점이 연결되는 터미널에서 미끄러져 반대 극성의 터미널로 미끄러지도록 회로를 연결하는 것이다. 다시 말해서, 코일이 회전함에 따라 코일은 스위치 단자와 연속적으로 접촉하여 토크를 유지하고 코일을 회전시킨다.

그림 1-289에서 코일 단자 세그먼트는 A와 B로 표시되어 있다. 코일이 회전함에 따라 세그먼트는 고정 단자나 브러시 위로 미끄러져 움직인다. 이러한 배열에 의해, 북극을 향하는 극 옆에 있는 코일의 측면에서의 전류 방향은 판독기를 향해 흐르고, 코일의 측면에

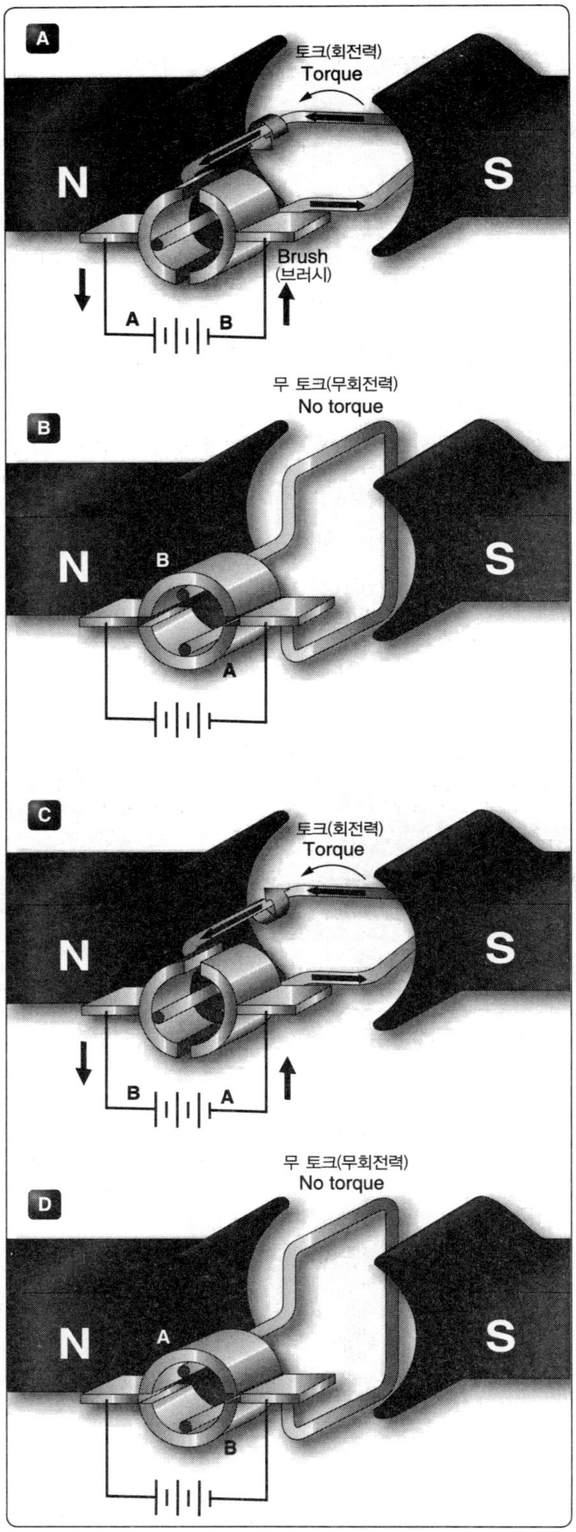

[그림 1-289] 기본 직류 모터 작동 (Basic DC motor operation)

작용하는 힘은 그것을 아래쪽으로 향하게 한다. 한 와이어에서 다른 와이어로 전류를 변경하는 모터 부분을 정류자라고 한다.

(1) 위치 A

코일이 그림 1-289의 A에 표시된 것처럼 배치되면 전류는 배터리의 음극 단자에서 음극 (-) 브러시로, 정류기의 세그먼트 B로, 루프를 통해 정류기의 세그먼트 A로, 양극으로 흐른다. (+) 브러시를 누른 다음 배터리의 양극 단자로 돌아간다.

오른쪽 모터 규칙을 사용하면 코일이 시계 반대 방향으로 회전하는 것을 알 수 있다. 코일에 의해 가장 많은 수의 힘의 선이 절단되기 때문에 코일의 이 위치에서의 토크는 최대가 된다.

(2) 위치 B

코일이 그림 1-289의 B에서 보여준 위치로 90[°] 회전하면 정류기의 세그먼트 A와 B는 더 이상 배터리 회로와 접촉하지 않으며 코일을 통해 전류가 흐르지 않는다. 이 위치에서, 최소수의 자력선이 절단되고 있기 때문에 토크는 최소 값에 도달한다. 그러나, 코일의 운동량은 세그먼트가 다시 브러시와 접촉하고 전류가 다시 코일에 들어갈 때까지 이 위치를 넘어서게 한다. 그러나 이번에는 세그먼트 A를 통해 들어가고 세그먼트 B를 통해 나온다. 그러나 세그먼트 A와 B의 위치가 반대로 되었기 때문에 전류의 영향은 이전과 같으며 토크는 같은 방향으로 작용하며 코일은 시계 반대 방향으로 계속 회전한다.

(3) 위치 C

그림 1-289의 C에서 보여준 위치를 거쳐 지나가면, 회전력은 다시 최대에 도달한다.

(4) 위치 D

그림 1-289의 D와 같이, 연속된 회전은 최소회전력의 위치로 코일을 다시 이동시킨다. 이 위치에서, 브러시는 전류를 더 이상 전달하지 않지만, 운동량은 코일이 세그먼트 B를 통해 유입되고 A를 통과하는 지점으로 코일을 회전시킨다. 추가로의 회전은 코일이 시작점에서 도달하므로 1회전이 완료된다.

코일 단자를 양극 브러시에서 음극 브러시로 전환하는 것은 코일의 회 전당 두 번 발생한다. 단일 코일만 포함하는 모터의 토크는 실제로 토크가 전혀 없는 두 개의 위치가 있기 때문에 연속적이거나 효과적이지 않는다.

이를 극복하기 위해 실용적인 DC 모터에는 전기자에 감긴 많은 코일이 포함되어 있다. 이 코일은 전기자의 어느 위치에서나 자석의 극 근처에 코일이 있도록 간격을 두고 있다. 이것은 토크를 연속적이고 강하게 만든다. 정류자는 마찬가지로 두 개가 아닌 많은 수의 세그먼트를 포함한다. 실제 모터의 전기자는 영구 자석의 극 사이가 아니라 전자석의 극 사이에 위치하므로 훨씬 강한 자기장이 제공 될 수 있다. 코어는 보통 연강 또는 어닐링 처리된 스틸(연강)로 만들어지며, 유도에 의해 강하게 자화 될 수 있다. 전자석을 자화시키는 전류는 전기자에 전류를 공급하는 동일한 소스에서 나온 것이다.

1.45 직류전동기 구조 (DC motor construction)

그림 1-290과 같이, 실제의 전동기에서 주된 부분은 전기자 어셈블리(armature assembly), 필드(계자) 어셈블리(field assembly), 브러시 어셈블리(brush assembly), 그리고 엔드 프레임(끝단 틀. end frame)으로 구성되어 있다.

1.45.1 전기자어셈블리(armature assembly)

전기자 어셈블리에는 회전식 강철 샤프트에 장착된 적층형 연철 코어, 코일 및 정류자가 포함되어 있다. 서로 절연된 연철 더미로 만들어진 적층은 전기자 코어를 형성한다. 자기장에서 회전하는 단단한 철심이 가열되어 불필요하게 에너지를 사용하기 때문에 단단한 철은 사용되지 않는다. 전기자 권선은 절연 구리선으로, 권선을 보호하기 위해 섬유 유지 (fish paper : 화학처리한 절연용의 두꺼운 종이)로 절연된 슬롯에 삽입된다.

권선의 끝단은 정류자 세그먼트에 연결된다. 전기자가 고속으로 회전할 때 쐐기 또는 강철 밴드가 권선을 제자리에 고정하여 슬롯 밖으로 날아가지 않도록 한다. 정류자는 서로 절연된 다수의 구리 세그먼트와 운모 조각으로 전기자 샤프트로 구성된다. 절연 웨지 링(쐐기 링. wedge rings)은 세그먼트를 제자리에 고정시킨다.

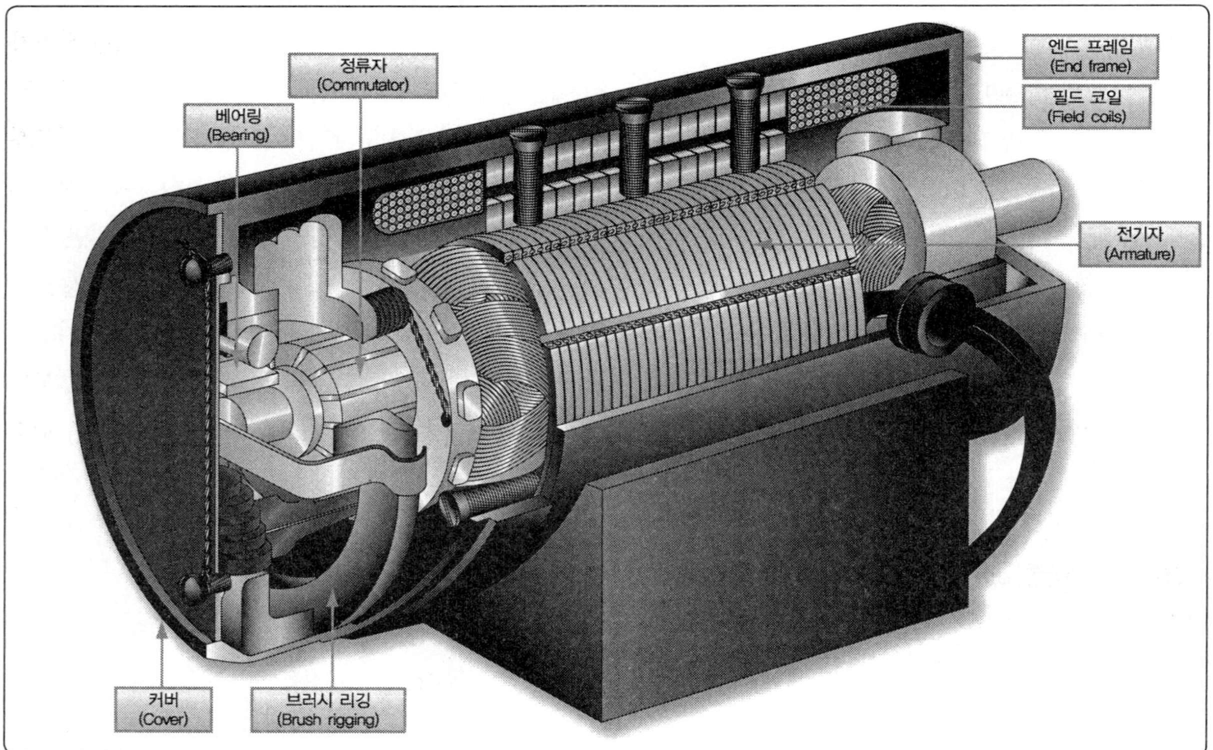

[그림 1-290] 직류 모터 단면도 (Cutaway view of practical DC motor)

1.45.2 필드 어셈블리(field assembly)

필드어셈블리는 필드 프레임, 자극편, 그리고 필드 코일로 이루어져 있다. 필드 프레임은 전동기 하우징의 내벽을 따라 위치를 정하고, 필드코일이 감겨진 적층된 연강 자극편이 포함되어 있다. 절연선의 몇 번의 감김으로 이루어진, 코일은 극과 함께 각각의 자극편 위에 필드극과 함께 조립한다. 일부 전동기는 2개의 극, 다른 전동기는 8개의 극을 갖고 있다.

1.45.3 브러시 어셈블리(brush assembly)

브러시어셈블리는 브러시와 브러시홀더(brush holder)로 이루어져 있다. 브러시는 보통 이 재료가 긴 사용기간을 갖고 있고 또한 정류자에 최소한의 마모를 일으키기 때문에, 흑연탄소의 작은 블록이다. 브러시홀더는 그들이 정류자의 표면에서 어떤 요철을 따라가도록 그리고 양호한 접촉을 만들도록 브러시에서 약간의 움직임을 허용한다. 스프링은 정류자에 대하여 견고하게 브러시를 잡아준다. 그림 1-291에서는 정류자와 두 가지 유형의 브러시를 보여준다.

1.45.4 엔드 프레임 (끝단 틀. end frame)

엔드 프레임은 모터의 정류자 반대편 부품이다. 보통 엔드 프레임은 구동시키고자 하는 장치에 연결될 수 있도록 설계되어 있다. 구동장치 엔드의 베어링(bearing)도 엔드 프레임에 있다. 때때로 엔드 프레임은 전동기에 의해 구동되는 장치의 일부분으로 제작된다. 이것이 되었을 때, 구동장치 끝단에 있는 베어링은 여러 곳 중 어느 한 곳에 위치될 수 있다.

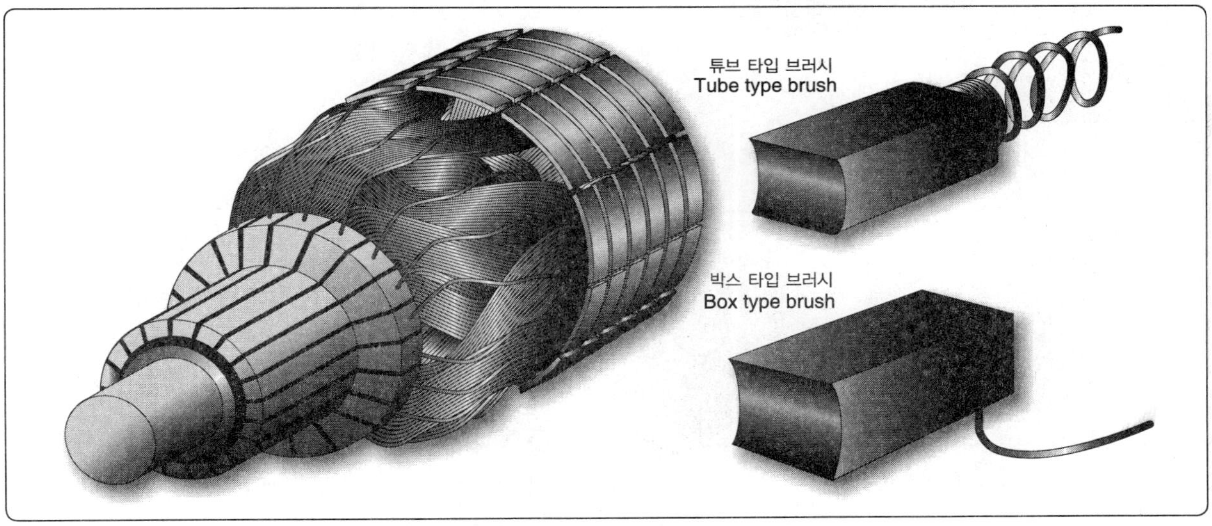

[그림 1-291] 정류자 및 브러시(Commutator and brush)

1.46 직류전동기의 유형 (Types of DC motors)

세 가지 기본적인 유형의 직류전동기가 있는데, (1) 직권전동기(series motor), (2) 분권전동기(shunt motor), 그리고 (3) 복권전동기(compound motor)이다. 그들은 그들의 필드와 전기자코일이 연결되는 곳에서 방법으로서 대부분 구분한다.

1.46.1 직권직류전동기(series DC motor)

직권전동기에서, 비교적 굵은 전선으로 몇 번 감김으로 이루어져 있는 필드권선은 전기자권선과 직렬로 연결된다. 그림 1-292에서는 직권전동기의 개략의 그림과 개략도 그림 모두를 보여준다. 필드권선을 통해 흐르는 동일한 전류는 또한 전기자 권선을 통해 흐른다. 그런 까닭에 전류에서 어떤 증가는 필드와 전기자 모두의 자기력을 강하게 한다.

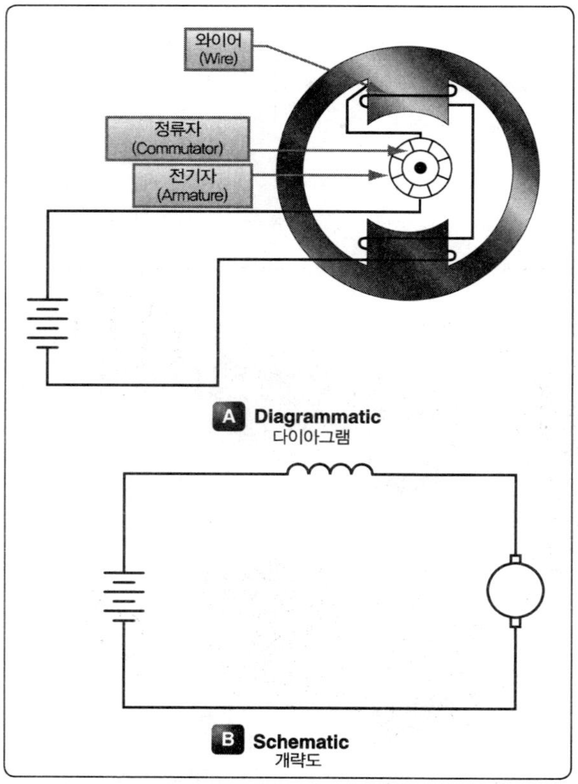

[그림 1-292] 직권모터 (Series motor)

권선에 낮은 저항 때문에, 직권전동기는 시동에서 큰 전류를 흐르도록 할 수 있다. 필드와 전기자권선 모두를 거쳐 지나가고 있는 이 시동전류는 직권전동기의 주요한 장점인, 고기동회전력(high starting torque)을 만들어낸다.

직권전동기의 속도는 부하에 종속관계의 것이다. 부하에 어떤 변화는 속도에서 상당한 변화를 수반하여 일어난다. 직권전동기는 그것이 경부하(light load)를 갖고 있을 때 고속으로서 그리고 중부하(heavy load)로 저속에서 돌아갈 것이다. 만약 부하가 완전히 제거되면 전동기는 전기자가 떨어지도록 고속으로서 작동할 수 있다. 만약 고부하 조건에서 높은 시동 토크가 필요한 경우 직권전동기에는 많은 응용분야가 있다. 수많은 실용성을 갖는다. 직권전동기는 종종 항공기 엔진 시동기로 그리고 착륙장치, 카울 플랩(cowl flap), 그리고 날개플랩(wing flap)을 올리고 내리기 위해 항공기에서 사용된다.

1.46.2 분권직류전동기(shunt DC motor)

션트 모터(분권직류전동기)에서 필드권선(winding)은 전기자 권선과 병렬 또는 션트(분로)로 연결된다. [그림 1-293] 필드권선의 저항이 높다. 필드 권선은 전원 공급 장치를 통해 직접 연결되므로 필드를 통과하는 전류는 일정하다. 전계 전류는 직렬 모터에서와 같이 모터 속도에 따라 변하지 않으므로 분로 모터의 토크는 전기자를 통한 전류에 따라 달라진

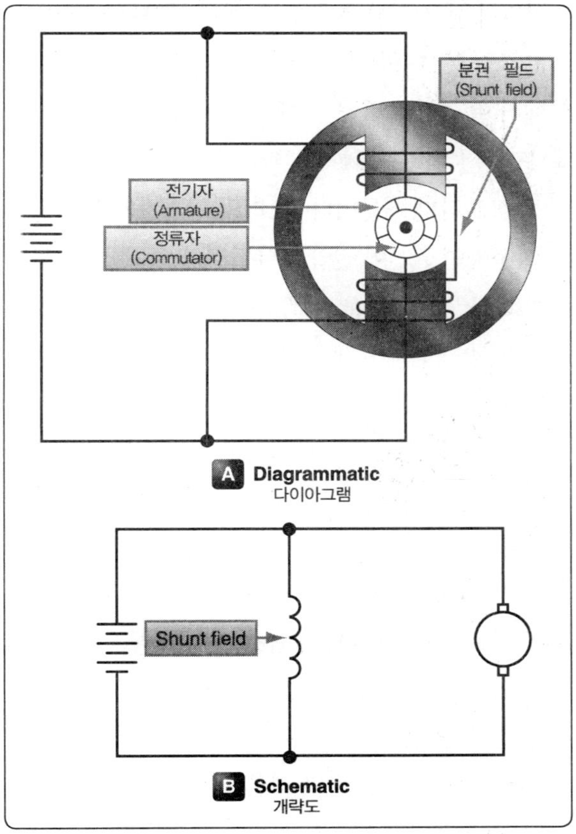

[그림 1-293] 분권식 모터(Shunt motor)

다. 시동 시 발생하는 토크는 동일한 크기의 직렬 모터에 의해 발생된 토크보다 작다. 션트 모터의 속도는 부하의 변화에 따라 거의 변하지 않는다. 모든 하중을 제거하면 하중보다 약간 높은 속도를 취한다. 이 모터는 일정한 속도가 필요할 때와 높은 시동 토크가 필요하지 않을 때 사용하기에 특히 적합하다.

1.46.3 복권직류전동기(compound DC motor)

복권전동기는 직권전동기와 분권전동기의 조합이다. 필드에 2개의 권선이 있는데, 분권권선과 직렬권선이다. 그림 1-294에서는 복권전동기의 개략도를 보여준다. 가는 전선의 수많은 감김으로 구성되어 있는 분권권선은 전기자 권선에 병렬로 연결된다. 직렬권선은 굵은 전선의 몇 번 감김으로 이루어져 있고 전기자 권선에 직렬로 연결된다. 기동 회전력은 분권전동기보다는 더 크지만 직권전동기보다는 더 작다. 부하에 따른 속도의 변이는 직권전동기보다는 적지만 분권전동기보다는 더 크다. 복권전동기는 직권전동기와 분권전동기의 조합된 특성이 필요할 때 언제나 사용된다.

복권발전기와 마찬가지로, 복권전동기는 직권필드권선과 분권필드권선 모두를 갖고 있다. 직렬권선은 분권권선을 도와주거나, 즉 가동복권 아니면 분권권선에 반대하게 되는 차동복권이다. 가동복권전동기의 시동특성과 부하특성은 직권전동기의 이들과 분권전동기의 이들 사이에 있다. 직권필드 때문에, 가동복권전동기는 분권전동기보다 고기동 회전력을 갖는다. 가동복권전동기는 부하에 급작스러운 변화를 필요로 하는 구동기계장치에서 사용된다. 그들은 또한 고기동회전력이 요구되지만 직권전동기가 쉽게 사용될 수 없는 곳에 사용된다.

차동 복권 모터에서 부하 증가는 이러한 유형의 모터에서 전류 증가와 총 플럭스 감소를 만든다. 이 두

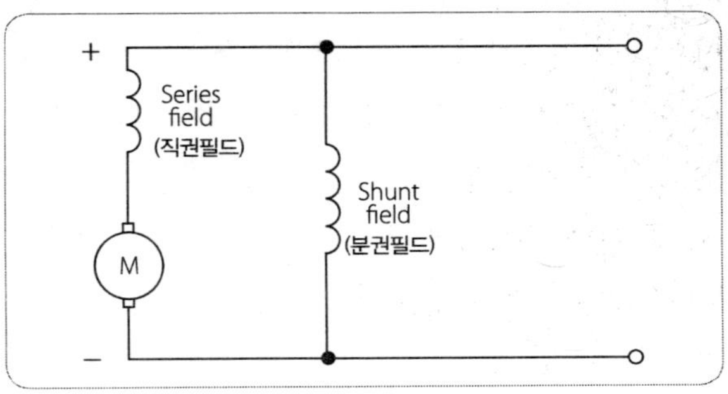

[그림 1-294] 복권 모터(compound motor)

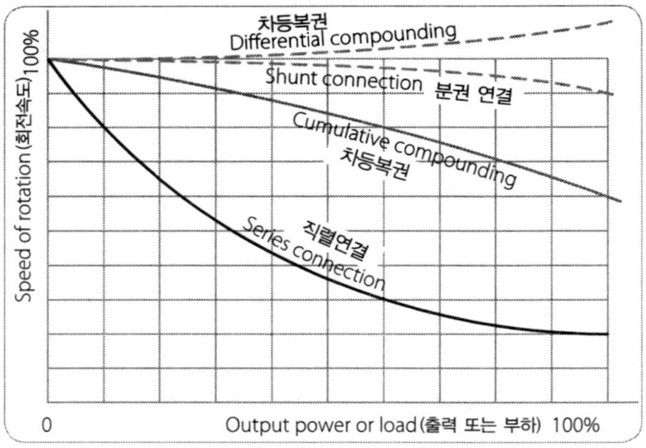

[그림 1-295] 직류 모터 부하 특성
(Load characteristics of dc motors)

가지는 서로 상쇄되는 경향이 있으며 결과적으로 실질적으로 일정한 속도가 된다. 그러나 부하의 증가는 전계 강도를 감소시키는 경향이 있기 때문에, 속도 특성이 불안정해진다. 항공기 시스템에서 이러한 유형의 모터는 거의 사용되지 않는다

그림 1-295에서는 여러 가지의 유형의 직류전동기의 부하의 변화에 따른 속도에 변이의 그래프를 보여준다.

1.47 역기전력 (Counter electro-motive force, emf)

소형 28[V] 직류전동기의 전기자 저항은 약 0.1[Ω]으로 매우 낮다. 전기자가 28[V] 전원에 연결되었을 때, 전기자를 통과한 전류는 다음과 같을 것이다.

$$I = \frac{E}{R} = \frac{28}{0.1} = 280[A]$$

이러한 높은 전류 흐름 값은 실현 불가능할 뿐만 아니라, 특히 모터의 정상 작동 동안 전류 드레인이 약 4 암페어 인 것으로 밝혀 질 때 비합리적이다. 이는 작동 중 모터 전기자를 통한 전류가 저항보다 많은 요인에 의해 결정되기 때문이다. 모터의 전기자가 자기장에서 회전하면 권선에 전압이 유도된다. 이 전압을 역기전력(back or counter emf, electromotive force)이라 하며 외부 전원에서 모터에 적용되는 전압과 반대 방향이다.

역기전력은 전류에 반대하여 전기자가 회전하게 한다. 따라서 전기자를 통해 흐르는 전류는 역기전력이 증가함에 따라 감소한다. 전기자가 빠르게 회전할수록 역기전력은 커진다. 이러한 이유로, 배터리에 연결된 모터는 시동 시 상당히 높은 전류를 끌어 올 수 있지만, 전기자 속도가 증가함에 따라 전기자를 통해 흐르는 전류는 감소한다. 정격 속도에서 역기전력은 배터리 전압보다 몇 볼트 만 적을 수 있다. 그런 다음 모터의 부하가 증가하면 모터 속도가 느려지고 역기전력이 줄어들고 외부 전원에서 끌어온 전류가 증가한다. 분권전동기에서 필드는 전원을 통해 병렬로 연결되므로 역기전력은 전기자의 전류에만 영향을 미친다.

전동기가 느려지고 역기전력이 감소할 때, 더 많은 전류는 전기자를 통해 흐르지만 필드에 자기력은 변화되지 않는다. 직권전동기가 느려지면, 역기전력은 감소하고 더 많은 전류가 전기장과 전기자를 통해 흘러 자기장이 강화된다. 이 특성 때문에, 분권전동기보다 직권전동기를 정지시키는 것이 더 어렵다.

1.47.1 작동 유형(type of duty)

전동기는 여러 가지의 조건 하에서 작동되도록 요청을 받는다. 일부 전동기는 간헐운전을 위해 사용되기도 하고 또 일부는 계속적으로 작동하는 데 사용된다. 간헐적 단속사용을 위한 전동기는 오직 짧은 기간 동안만 사용될 수 있고, 그다음에 다시 작동시키기 전에 냉각이 되어야 한다. 만약 이런 전동기가 전체부하로 오랫동안 작동된다면, 전동기는 과열될 것이다. 연속사용을 위해 조립된 전동기는 정격 출력 하에서 오랫동안 작동하게 설계되어 있다.

1.47.2 모터 방향 역전하기 (reversing motor direction)

전기자 또는 필드권선에서 전류흐름의 방향을 바꿈으로써 전동기의 회전의 방향은 반대가 된다. 이것은 전기자가 회전하는 그곳에서 전기자 또는 자기장의 자기력을 반전시킨다. 만약 외부전원에서 전동기에 연결하는 전선을 바뀌면, 회전의 방향은 이들 전선을 변경하기가 자기장과 전기자 모두의 자기력을 바꾸어 놓기 때문에, 반대로 되지 않을 것이고 이전처럼 동일한 방향에 회전력 상태로 되게 한다.

회전 방향을 반전시키는 한 가지 방법은 동일한 극에서 반대 방향으로 감아준 2개의 필드 권선을 사용한다. 이러한 유형의 모터를 분할 필드 모터라고 한다. [그림 1-296] 단일 극, 이중 스로우(단극쌍투) 스위치(SPDT)를 사용하면 2 권선 중 하나를 통해 전류를 전달할 수 있다. 스위치를 아래쪽의 위치 A에 놓으면, 전류가 하부 필드 권선을 통해 흐르고, 하부 필드 권선 및 하부 자극 편(pole piece)에는 북극이, 상부 자극편에는 남극이 생성된다. 스위치가 상단 위치에 놓이면 전류가 상단 필드 권선을 통해 흐르고 필드의 자기가 역전되고 전기자가 반대 방향으로 회전한다. 일부 분할 필드 모터는 대체 극에 감겨진 2개의 개별 필드 권선으로 제작된다. 이러한 모터의 전기자, 4극 가역 모터는 한 세트의 반대 극 조각의 권선을 통해 전류가 흐를 때 한 방향으로 회전하고 다른 세트의 권선을 통해 전류가 흐를 때 반대 방향으로 회전한다.

전환방법이라고 부르는 방향 반전의 또 다른 방법은 전기자 또는 필드에서 전류흐름의 방향을 변경하는 Double-pole, Double-throw(DPDT, 쌍극쌍투) 스위치를 고용하는 것이다. 그림 1-297에서 보여준 전환방법의 그림에서, 전류방향은 필드를 통해 반대로 하게 되지만, 전기자를 통과하지는 않는다. 스위치를 "Up" 위치로 움직였을 때, 전류는 전동기의 오른쪽에서 북극 그리고 전동기의 왼쪽에서 남극을 자리 잡도록 필드권선을 통해 흐른다. 스위치를 "Down" 위치로

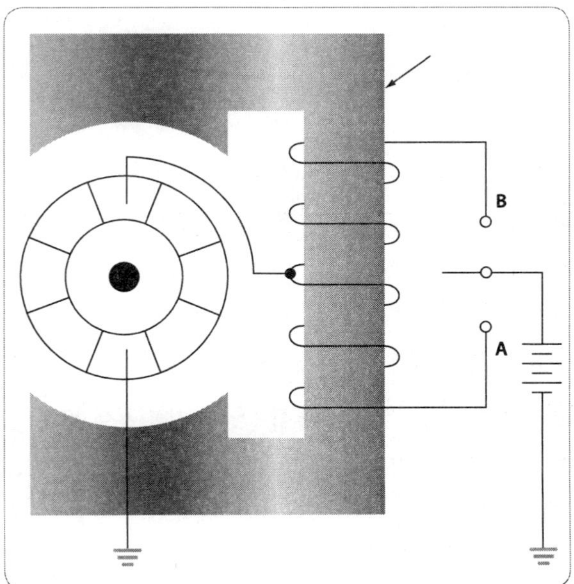

[그림 1-296] 분할필드 직렬모터(Split field series motor)

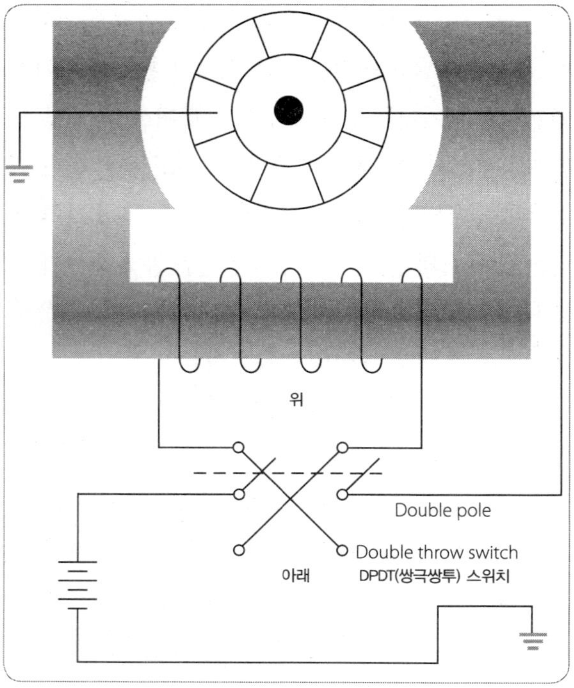

[그림 1-297] 모터방향반전의 전환방법
(Switch method of reversing motor direction)

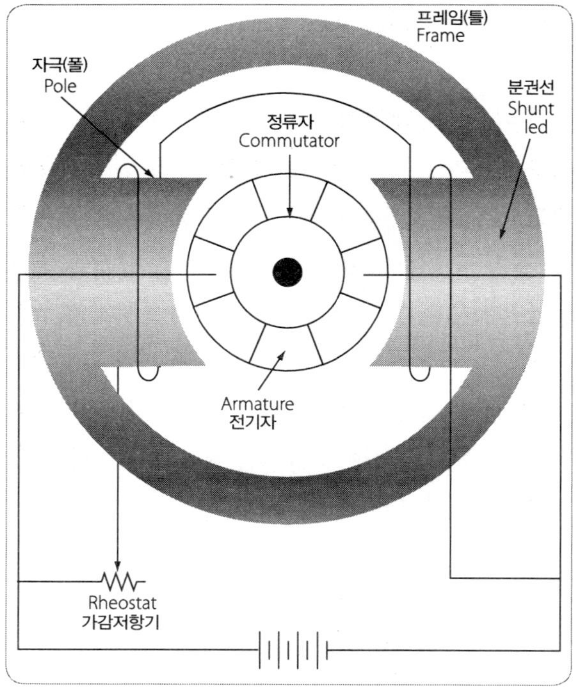

[그림 1-298] 가변속도제어기능이 있는 분권모터
(Shunt motor with variable speed control)

움직였을 때, 이 극성은 반대로 되고 전기자는 반대방향으로 회전한다.

1.47.3 전동기 속도(motor speed)

전동기속도는 필드권선에서 전류에 변화로 제어될 수 있다. 필드권선을 통해 흐르는 전류의 양이 증가될 때, 전계강도는 증가하지만, 전동기는 역기전력의 더 많은 양이 전기자권선에서 발전되기 때문에 속력을 늦춘다. 필드전류가 감소될 때, 전계강도는 감소하고, 그리고 전동기는 역기전력이 감소되기 때문에 속도를 빠르게 한다. 속도가 제어할 수 있는 모터를 가변속도 모터라고 부른다. 이는 분권전동기이거나 또는 직권전동기일 수 있다.

그림 1-298과 같이, 분권전동기에서, 속도는 필드권선에 직렬로 가감저항기(rheostat)에 제어된다. 속도는 필드권선에서 가감저항기를 통해 흐르는 전류의 양에 따라 다르다. 모터 속도를 높이려면 가변 저항의 저항이 증가하여 전계 전류가 감소한다. 결과적으로 자기장 및 역기전력의 강도가 감소한다. 이것은 순간적으로 전기자 전류와 토크를 증가시킨다. 그러면 역기전력이 증가하고 전기자 전류가 이전 값으로 감소할 때까지 모터가 자동으로 속도를 높인다. 이 경우 모터는 이전보다 높은 고정 속도로 작동한다.

전동기속도를 감소시키려면, 가감저항기의 저항은 감소된다. 더 많은 전류는 필드권선을 통해 흐르고 자기장의 강도를 증가시키는데, 그때 역기전력은 순간적으로 증가하고 전기자전류는 감소한다. 결과적으로, 회전력은 감소하고 전동기는 역기전력이 그것의 이전의 값으로 감소할 때까지 속력을 늦추는데, 그때

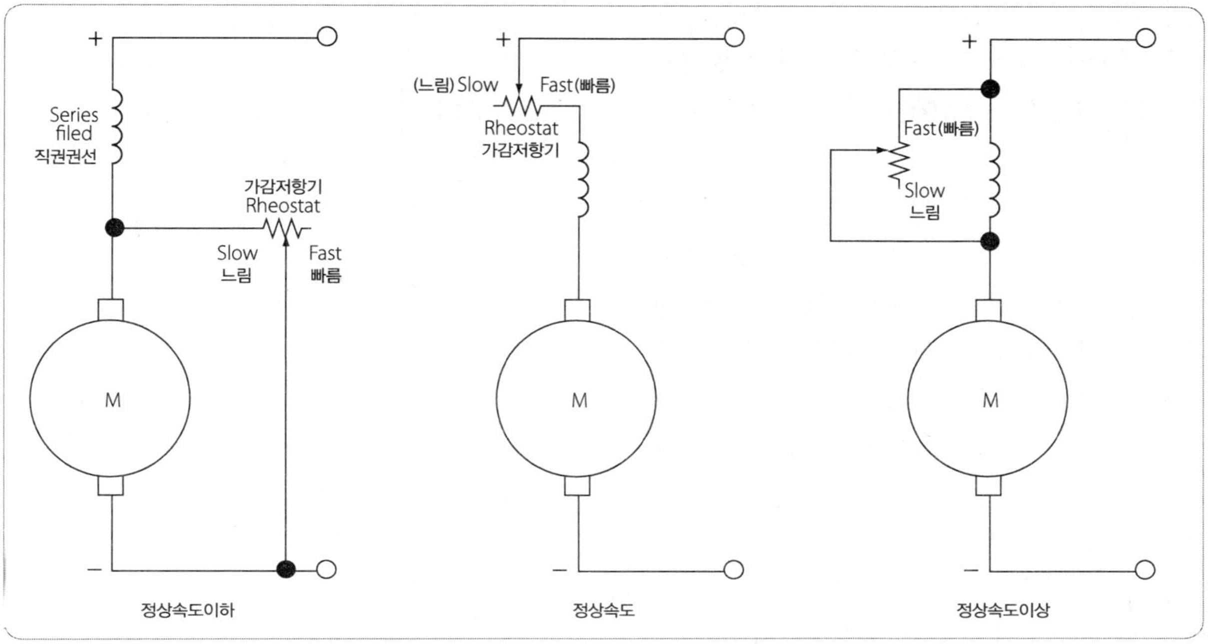

[그림 1-299] 직권 전동기 속도 제어(Controlling the speed of a series DC motor)

전동기는 이전보다 더 낮은 고정속도로 작동한다.

그림 1-299와 같이, 직권전동기에서, 가감저항기 속도제어는 전동기 필드에 직렬로 또는 병렬로 연결되거나, 또는 전기자와 병렬로 연결된다. 그림 1-299의 A와 같이, 가감저항기가 최대저항으로 설정될 때, 전동기속도는 전류에서 감소로서 병렬전기자결선에서 증가된다. 그림 1-299의 B와 같이, 가감저항기 저항이 직렬연결에서 최대의 것일 때, 전동기속도는 전동기의 전역에서 전압에 감소로서 줄여진다. 그림 1-299의 C와 같이, 정상속도운전 이상에서, 가감저항기는 직권필드와 병렬로 있다. 직권필드전류의 일부분가 바이패스(우회)되고 전동기 속도가 향상된다.

1.47.4 직류전동기에 에너지 손실 (energy losses in DC motors)

전기 에너지가 모터에서 기계 에너지로 변환되거나 기계 에너지가 발전기에서 전기 에너지로 변환 될 때 손실이 발생한다. 기계를 효율적으로 사용하려면 이러한 손실을 최소화해야한다. 일부 손실은 전기적 것이고 나머지는 기계적인 것이다. 전기 손실은 구리 손실(동손)과 철 손실(철손)로 분류된다. 기계의 다양한 부품의 마찰을 극복 할 때 기계적 손실이 발생한다.

동손은 전자가 전기자와 필드의 구리권선을 밀치고 나갈 때 발생한다. 이들 손실은 전류의 제곱에 비례한다. 그들은 필드권선과 전기자권선의 저항에서 열의 형태로 방산된 전력으로 인한 것이기 때문에, 때때로 I^2R Loss(손실)라고 부른다.

철 손실은 히스테리시스 및 와전류 손실로 세분화된다. 히스테리시스 손실은 교번 자기장에서 회전하는 전기자에 의해 발생한다. 따라서 먼저 한 방향으로 자화되고 다른 방향으로 자화된다. 전기자가 만들어지는 철 또는 강철의 잔류 자성은 이러한 손실을 유발한다. 필드 자석은 항상 한 방향으로 자화되기 때문에 (DC 필드) 히스테리시스 손실이 없다.

와전류 손실은 전기자의 철심이 자기장 내에서 순환식의 도선이기 때문에 일어난다. 철심 내에서 전류로 하여금 흐르게 하는 이것은 철심의 부분을 가로 지르는 역기전력을 새로이 만든다. 이들 전류는 철심을 가열하고, 과도하게 되면, 전기자 권선을 손상시키게 된다. 출력이 관계되는 한, 와전류에 의해 소모된 전력은 손실이다. 와전류를 최소한도로 줄이기 위해, 보통 적층철심(코어)이 사용된다. 적층철심은 서로서로 전기적으로 절연된 박판의 철로 만들어진다. 적층 사이에 절연은 그것이 이들의 전류가 흐르려는 경향이 있는 그곳에서 방향에 "가로"있기 때문에, 와전류를 줄인다. 그러나 그것은 자기회로에 영향을 미치지 않는다. 적층이 얇으면 얇을수록, 이 방법은 효과적으로 와전류손실을 더 줄인다.

1.47.5 직류전동기의 검사와 정비(inspection and maintenance of dc motors)

직류전동기의 검사와 정비점검을 수행하기 위해 다음 절차를 적용한다.

(1) 특정 설치에 대한 지침에 따라 전동기로 구동되는 장치의 작동을 점검한다.
(2) 모든 배선, 연결, 터미널, 퓨즈, 그리고 스위치가 일반적인 상태 및 장착상태를 점검한다.
(3) 깨끗한 전동기 유지 및 장착 볼트 단단히 고정여부를 점검한다.
(4) 브러시의 상태, 길이, 그리고 스프링장력을 점검한다. 브러시를 교체하기에서 최소브러시길이, 정확한 스프링장력, 그리고 절차는 적용할 수 있는 제작사사용법설명서를 참조한다.
(5) 정류자의 청결, 핏팅(pitting), 스코어링, 거칠음, 부식, 또는 연소에 대해 검사한다. 운모의 높이(High-mica)에 대해 점검한다. 만약 구리가 운모 아래쪽을 마멸시킨다면, 운모는 정류자로부터 브러시를 고립시킬 것이다. 권고된 세정용제에 적신 헝겊으로 더러운 정류자를 깨끗하게 한다. 미세한 사포 (000 이상)로 거칠거나 부식된 정류자를 연마하고 압축 공기로 불어낸다. 사포(emergy paper)는 단락을 일으킬 수 있는 금속 입자가 포함되어 있으므로 절대 사용하지 않는다. 운모 절연체가 정류자 표면과 같은 높이가 될 정도로 정류자가 타거나 움푹 패이거나 홈이 있거나 마모된 경우 모터를 교체한다.
(6) 과열 된 흔적이 있는지 노출 된 모든 배선을 점검한다. 리드 또는 권선의 절연 부가 타거나 갈라지거나 부서지면 모터를 교체한다.
(7) 오직 전동기를 다루는 제작사사용법설명서에 따라서 필요로 한다면, 윤활한다. 오늘날의 비행기에 사용된 대부분 전동기는 오버홀까지는 윤활을 필요로 하지 않는다.
(8) 구성부분을 다루는 적용할 수 있는 제작사사용법설명서에 따라, 전동기가 구동시키는 기어박스(gearbox), 또는 구성부분을 조정하고 윤활한다.

직류전동기장치에서 고장이 발생할 때, 우선 고장의 근원을 판단하기 위해 점검한다. 단지 고장이 전동기 자체에 결함으로 인한 경우에만 전동기를 교체한다. 대부분의 경우에서, 작동시키기 위한 전동기의 고장은 외부전기회로에 있는 결함에 의해, 또는 전동기에 의해 구동되는 기계장치에서 기계적 결함에 의해 발생한다.

외부 전기 회로의 연결이 느슨하거나 더러운 지, 배선이 잘못 연결되어 있는지 확인한다. 해당 제조업체의 회로 테스트 절차에 따라 개방(open) 회로, 접지 및 단락을 찾는다. 퓨즈가 끊어지지 않으면 모터가 작동하지 않는 것은 대개 개방(open) 회로 때문이다. 끊어진 퓨즈는 일반적으로 우발적인 접지 또는 단락을 나타낸다. 배터리가 부족하면 일반적으로 모터를 제어하는 릴레이 스위치의 채터링이 발생한다. 배터리가 부족하면 배터리의 개방 회로 전압이 릴레이를 닫기에 충분하지만 모터의 과전류 소모로 인해 릴레이를 닫는 데 필요한 수준 아래로 전압이 떨어진다. 릴레이가 열리면 배터리의 전압이 릴레이를 다시 닫을 수 있을 만큼 증가한다. 이 사이클은 반복되어 채터링을 유발하는데, 이는 큰 전류로 인해 접점을 태우는 릴레이로 인해 릴레이 스위치에 매우 해롭다.

모터 또는 구동 장치의 고장에 대해 모터로 구동되는 장치를 점검한다. 구동 장치의 고장으로 모터가 고장 난 경우 새 모터를 설치하기 전에 고장을 수정해야 한다. 모터 단자의 올바른 전압을 점검하고 구동 장치의 고장을 점검하여 모터 자체에 결함이 있는 것으로 판단되면 정류자와 브러시를 검사한다. 더럽혀진 정류자 또는 결함이 있거나 바인딩 된 브러시는 브러시와 정류자 사이의 접촉이 불량 할 수 있다. 권장되는 세척 솔벤트에 적신 천으로 정류자, 브러시 및 브러시 홀더를 세척하다. 브러시가 지정된 최소 길이로 손상되거나 마모된 경우 해당 제조업체의 모터 관련 지침에 따라 새 브러시를 설치한다. 모터가 여전히 작동하지 않으면 수리 가능한 모터로 교체한다.

1.48 교류전동기(AC motors)

장점으로 인해 많은 유형의 항공기 모터가 교류에서 작동하도록 설계되었다. 일반적으로 AC 모터는 다른 DC 모터보다 저렴하다. 많은 경우 AC 모터는 브러시와 정류자를 사용하지 않으므로 브러시에서 스파크가 발생하지 않는다. AC 모터는 신뢰할 수 있으며 유지 보수가 거의 필요하지 않다. 또한 정속 적용에 적합하며 가변 속도 특성을 한계 내에서 갖춘 특정 유형이 제조된다. AC 모터는 다상(poly-phase line) 또는 단상 라인(single-phase line)과 여러 정격 전압에서 작동하도록 설계된다.

AC 모터의 회전 속도는 극수와 전원의 주파수에 따라 다르다:

$$r.p.m = \frac{120 \times Frequency}{Number\ of\ poles}$$

회전수 = 120 × 주파수/극 수

비행기 전기 시스템은 일반적으로 400 [cycle]로 작동하기 때문에 이 주파수의 전기 모터는 동일한 수의 극을 갖춘 60[cycle] 상용 모터 속도의 약 7 배로 작동한다. 이러한 고속 회전으로 인해 400 사이클 AC 모터는 감속 기어를 통해 소형 고속 로터를 작동하고 날개 플랩, 개폐식 랜딩 기어 및 엔진 시동과 같이 무거운 하중을 들어 올리거나 이동할 때 적합하다. 400 사이클 유도 형 모터는 6,000 rpm ~ 24,000 rpm 범위의 속도로 작동한다. 교류 모터는 마력 출력, 작동 전압,

최대 부하 전류, 속도, 위상 수 및 주파수로 등급을 매긴다. 모터가 연속적으로 또는 간헐적으로 작동하는지도 (짧은 간격으로) 또한 정격으로 간주된다.

1.48.1 교류전동기의 유형 (types of AC motors)

두 가지 일반적인 유형의 교류전동기는 항공기 계통에서 사용되는데, 유도전동기와 동기전동기이다. 어느 유형이든 단상, 2상, 또는 3상일 수 있다. 3상 유도전동기는 다량의 전력이 요구되는 곳에 사용된다. 그들은 시동기, 플랩, 착륙장치, 그리고 유압펌프와 같은 그런 장치를 작동한다. 단상유도전동기는 소요동력이 적은 곳에 조종익면 장금장치(surface lock), 중간냉각기개폐기(intercooler shutter), 그리고 오일차단밸브와 같은 장치를 작동시키기 위해 사용된다. 3상 동기전동기는 정속동기속도로 작동하고 일반적으로 플럭스게이트 나침의(flux gate compass)와 프로펠러동조기시스템을 작동시키기 위해 사용된다. 단상동기전동기는 전기시계와 그 이외에 소형 정밀장비를 작동시키기 위한 일반적인 공급원의 동력이다. 그들은 동기속도까지, 즉 그들을 시동시키려고 그들을 이끌기 위한 약간의 보조방법을 필요로 한다. 보통 기동권선은 보조고정자권선으로 이루어진다.

1.48.2 3상유도전동기 (three-phase induction motor)

3상 교류유도전동기는 또한 농형전동기(squirrel-cage motor)라고도 부른다. 단상전동기와 3상전동기 모두는 회전자기장의 원리에서 작동한다. 나침반 바늘 위에 붙들어 놓은 말굽자석은 회전자계의 원리에 간단한 실례이다. 지침은 자석의 2개의 극 사이를 두고 지나가는 자속에 평행한 위치를 취할 것이다. 만약 자석이 회전된다면, 나침은 따라서 갈 것이다. 회전자기장은 철골의 내부에서 돌출한 극에 감겨진 2개 그룹 이상의 코일을 통해 흐르는 2상 또는 3상전류에 의해 일으켜질 수 있다. 극의 각각의 그룹에 코일은 반대극성을 일으키기 위해 반대방향으로 교대로 감겨지고, 그리고 각각의 그룹은 전압에서 독립된 위상으로 연결된다. 작동원리는 회전력을 생산하기 위해 순환자기장 또는 회전자기장에 따른다. 유도전동기를 이해하는 열쇠는 회전자기장을 완전히 이해하는 것이다.

1.48.3 회전자기장(rotating magnetic field)

그림 1-300의 A와 같이, 필드 구조에는 권선이 3개의 교류전압, 즉 a, b, 그리고 c에 의해 전압을 가한 극을 갖고 있다. 그림 1-300의 B와 같이, 이들 전압은 동일한 크기를 갖지만, 위상에서 다른데, 0의 시점에서, 3개의 전압의 인가함에 따라 생산된 합성자기장은 극 1에서 극 4까지 이어지는 방향으로 그것의 가장 강한 강도를 갖는다. 이 상황에서, 극 1은 북극 그리고 극 4를 남극이라고 간주될 수 있다. 1의 시점에서, 합성자기장은 극 2에서 극 5까지 이어지는 방향으로 그것의 가장 강한 강도를 갖게 될 것인데, 이 경우에서, 극 2는 북극 그리고 극 5는 남극이라고 간주될 수 있을 것이다.

따라서 시점 0과 시점 1 사이에서, 자기장은 시계방향으로 회전되었다. 시점 2에서, 순간 2에서, 결과적인 자기장은 극 3에서 극 6까지의 방향에서 가장 큰 세기를 가지며, 결과적인 자기장은 시계 방향으로 계속 회전한다. 극 3에서, 극 4 및 1은 각각 북극 및 남극으로 간주 될 수 있으며, 필드는 여전히 더욱 앞으로 회전 한다. 더 나중의 시점에서, 결과적인 자기장은 시계 방향으로 진행하면서 다른 위치로 회전하며, 한 번의 주기로 발생하는 자기장의 단일 회전이다. 여자 전압의 주파수가 60 cps 인 경우, 자기장은 초당 60 회전 또는 3,600 rpm을 만든다. 이 속도를 회전 필드의 동기 속도라고 한다.

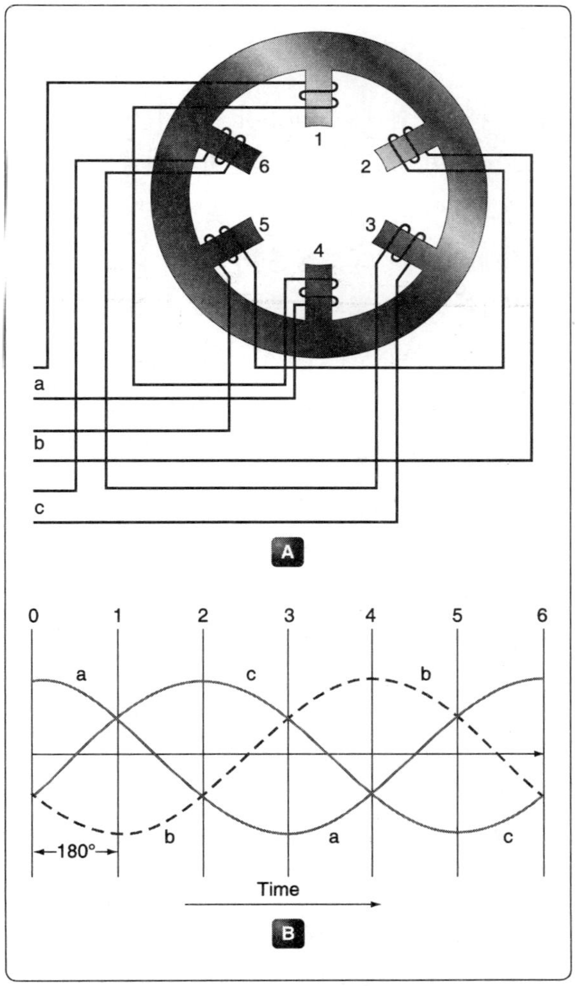

[그림 1-300] 3 상 전압을 적용하여 개발한 회전 자기장
(Rotating magnetic field developed by application of three-phase voltages)

1.48.4 유도전동기의 구조 (construction of induction motor)

유도 전동기의 고정 부분을 고정자라고하고 회전 부재를 회전자라고 한다. 그림 1-292의 A와 같이 고정자의 돌출 극(sailent pole) 대신 분산 권선이 사용된다. 이 권선은 고정자 주변의 슬롯에 배치된다. 육안 검사로 유도 모터의 극수를 식별하는 것은 일반적으로 불가능하지만 정보는 모터의 명판에서 얻을 수 있다. 명판은 일반적으로 극 수와 모터가 작동하도록 설계된 속도를 제공한다. 이 정격 또는 비동기 속도는 동기 속도보다 약간 낮다. 모터의 위 상당 극 수를 계산하려면 주파수를 120배 한 것을 정격 속도로 120 배로 나눈다.

방정식으로 나타내면 다음과 같다.

$$P = \frac{120 \times f}{N}$$

여기서 P는 위상 당 극의 수이다. f는 c.p.s에서 주파수이고, N은 rpm으로 정격속도이며, 그리고 120은 상수이다.

$$P = \frac{120 \times f}{N}$$

결과는 위상 당 극의 수와 거의 같다. 예를 들어, 1,750[rpm]의 정격속도를 갖는 60[cycle], 3상 전동기가 있다면

$$P = \frac{120 \times f}{N} = \frac{120 \times 60}{1.750} = \frac{7,200}{1,750} = 4.1$$

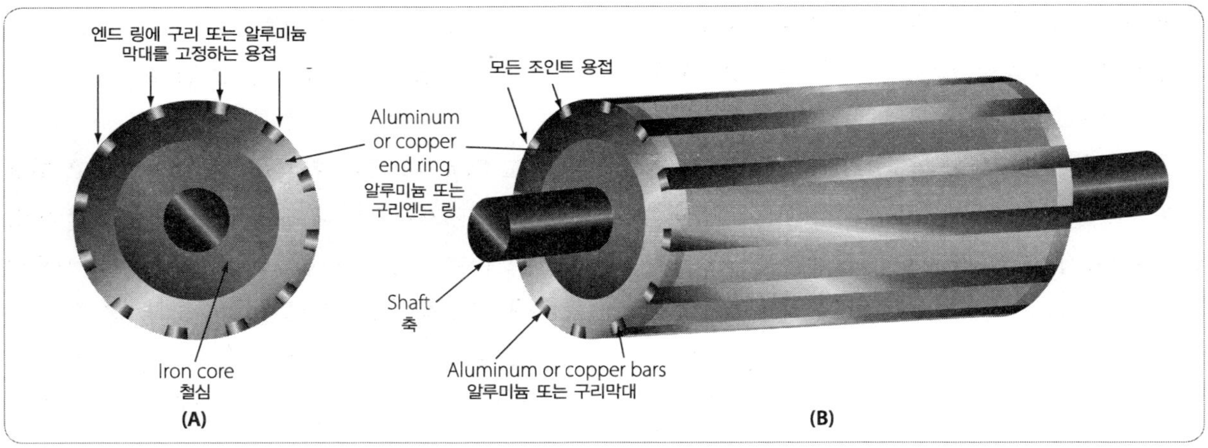

[그림 1-301] 유도전동기 용 농형 케이지 (Squirrel-cage rotor for an ac induction motor)

그런 까닭에, 전동기는 위상 당 4개의 극을 갖는다. 만약 극의 수가 표찰에서 주어졌다면, 동기속도는 120에 주파수를 곱하여 위상 당 극의 수로 나누어 구해질 수 있다. 위의 예에서, 동기속도는 7,200을 4로 나눈 것과 같은 1,800[rpm]이다.

그림 1-301과 같이, 유도전동기의 회전자는 굵은 구리막대 또는 알루미늄막대가 내장된 둘레에 세로 슬롯이 있는 철심으로 이루어진다. 이들 막대는 양쪽 끝단에 고(高)전도율의 굵은 링으로 용접된다. 복합구조는 때때로 농형이라고 하며, 그리고 그런 회전자를 포함하는 전동기를 농형유도전동기라고 부른다.

1.48.5 유도전동기 공전(induction motor slip)

유도 전동기의 회전자에 고정자 권선에 의해 생성된 회전 자기장이 가해지면, 길이 막대에 전압이 유도된다. 유도 전압은 전류가 막대를 통해 흐르게 한다. 이 전류는 차례로 자기장을 생성하는데, 이는 회전 필드와 결합하여 회전자가 유도 전압이 최소화되는 위치를 취한다.

결과적으로, 회전자는 고정자 필드의 거의 동기 속도로 회전하며, 속도 차이는 회전자의 적절한 양의 전류를 유도하여 회전자의 기계적 및 전기적 손실을 극복하기에 충분할 정도로 충분하다.

회전자가 회전필드와 같은 속도로 회전한다면, 회전자 도체는 자력선에 의해 절단되지 않으며, EMF가 유도되지 않으며, 전류가 흐르지 않으며, 토크가 없다. 그러면 로터가 느려진다. 이러한 이유로 로터와 회전 필드 사이에는 항상 속도 차이가 있어야한다.

이 속도 차이를 슬립이라고 하며 동기 속도의 백분율로 표시한다. 예를 들어, 로터가 1,750 rpm으로 회전하고 동기 속도가 1,800 rpm이면 속도 차이는 50 rpm입니다. 슬립은 50/1,800 또는 2.78 % 이다.

1.48.6 단상유도전동기 (single-phase induction motor)

이전의 논의는 오직 다상유도전동기에 대해서만 설명을 했다. 단상전동기는 단지 하나의 고정자권선을 갖고 있다. 이 권선은 회전하는 대신에, 다만 맥동하는 자기장을 형성한다. 전동기가 정지된 것일 때, 확장하는 그리고 와해하는 고정자필드는 회전자에서 전류를 유도시킨다.

이 전류는 고정자의 것과 반대 극성의 회전자 필드를 생성한다. 필드의 대향은 로터의 상부 및 하부에 회전력을 가하여 위치에서 180° 회전시킨다. 이러한 힘은 로터의 중심을 통해 가해지므로 회전력은 각 방향에서 동일하다. 결과적으로 로터가 회전하지 않는다. 회전자가 회전을 시작하면 회전자의 운동량에 의해 해당 방향의 회전력이 지원되므로 회전자가 시작한 방향으로 계속 회전한다.

1.48.7 분극형유도전동기 (shaded-pole induction motor)

자가 시동식 단상 모터 개발에 있어 첫 번째 노력은 분극형 유도 모터였다.(그림 1-302 참조) 이 모터는 돌출자극을 가지며, 각 극의 일부는 무거운 구리 링으로 둘러싸여 있다. 링의 존재는 자극면의 링(루프)을 끼운 부분을 통한 자기장이 자극면의 다른 부분을 통한 것보다 상당히 뒤처지게 한다. 순수 효과는 회전자가 회전하게하기에 충분한 자계 회전 성분의 생성이다. 로터가 가속함에 따라 정격 속도에 도달 할 때까지 토크가 증가 한다. 이러한 모터는 시동 토크가 낮고 필요한 초기 토크가 낮은 소형 팬 모터에서 가장 큰 응용 분야를 찾을 수 있다.

그림 1-302에서는 극과 회전자의 도면을 보여준다. 분극형전동기의 극은 직류전동기의 것과 공통점이 있다.

낮은 저항, 단락식 코일 또는 구리 띠는 전동기가 분극이라는 이름을 얻게 된 것으로부터, 각각의 작은 극의 하나의 팁(tip, 도금용 브러시)을 건너서 놓는다. 이 전동기의 회전자는 농형이다. 전류가 고정자권선에서 증가할 때, 선속(flux)은 증가한다. 이 선속의 부분은 낮은 저항 차일코일을 절단한다. 이것은 차일코일에서 전류를 유도시키고, 그리고 렌츠의 법칙에 의거하여, 전류는 전류를 유도하는 선속에 반대하는 선속을 새로이 만들어낸다. 결과적으로, 그림 1-302와 같이, 대부분 선속은 극의 가려지지 않은 부분(unshaded portion)을 거쳐 지나간다.

권선 및 주 플럭스의 전류가 최대에 도달하면 변화율은 0이다. 따라서 쉐이딩 코일에서 emf가 유도되지 않는다. 조금 후에, 유도된 emf가 지연되게 하는 음영 처리된 코일 전류가 0에 도달하고 반대되는 플럭스가 없다. 따라서, 메인 필드 플럭스는 필드 자극의 음영 부분을 통과한다.

현재 감소하고 있는 메인 필드 플럭스는 음영 처리된 코일에서 전류를 유도한다. 이 전류는 극의 음영 부분에서 메인 필드 플럭스의 감소에 대향하는 플럭스

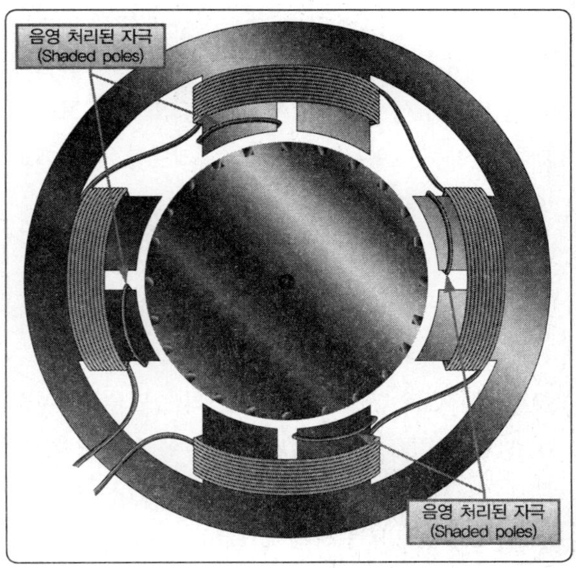

[그림 1-302] 음영 처리된 유도 전동기
(Shaded-pole induction motor)

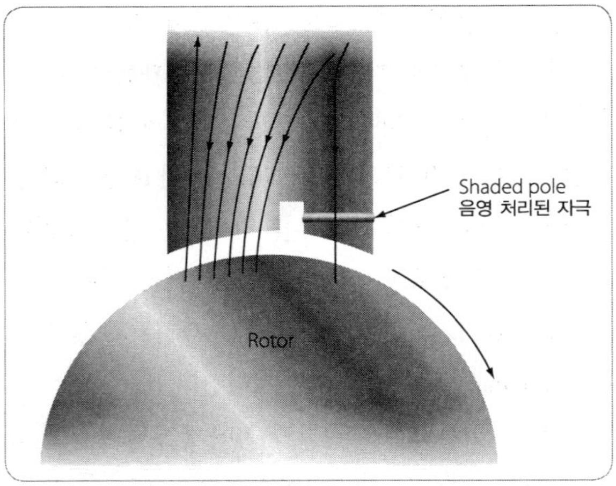

[그림 1-303] 음영 처리된 전동기 다이아그램
(Diagram of a shaded-pole motor)

를 설정한다. 그 효과는 극면의 음영 부분에 힘의 선을 집중시키는 것이다. 실제로, 차양 코일은 시간 단계에서 극의 음영 부분을 통과하는 플럭스 부분을 지연시킨다.

음영 처리 된 팁에서 플럭스의 시간 지연은 플럭스가 음영 처리된 방향으로 왼쪽에서 오른쪽으로 극면을 쓸어 넘기는 효과를 발생시킨다. 이것은 매우 약한 회전 자기장처럼 작동하며 작은 모터를 시작하기에 충분한 토크가 생성된다. 분극형 모터의 기동 토크가 지나치게 약하고 역률이 낮다. 결과적으로 소형 팬과 같은 장치를 구동하기에 적합한 크기로 제작된다.

1.48.8 분상전동기(split-phase motor)

분상전동기(split-phase motor)라고 알려진, 여러 가지의 유형의 자기시동식전동기가 있다. 그런 전동기는 주권선 또는 가동권선에 90[°] 전기각을 바꾸어 놓은 기동권선을 갖고 있다. 일부 유형에서, 기동권선은 이 권선에 전류로 하여금 가동권선에서 전류와 이상이 되게 하는 상당히 높은 저항을 갖는다. 사실상, 이 상황이 연출되면, 회전필드와 회전자는 주기적으로 회전한다. 원심스위치는 회전자가 그것의 정격속도에 약 25[%]에 이른 후, 자동적으로 기동권선을 분리시킨다.

1.48.9 커패시터기동형전동기 (capacitor-start motor)

대용량전해커패시터의 개발로 커패시터기동형전동기로 알려진, 분상전동기의 변형이 개발되었다. 그림 1-304와 같이, 냉장고와 다른 유사한 기구에서 오늘날 쓰이는 거의 모든 분수마력전동기는 이 유형의 전동기이다. 이 적응에서, 기동권선(starting winding)과 가동권선(running winding)은 같은 크기와 같은 저항 값을 갖는다. 2개의 권선의 전류 사이에 위상변이는 기동권선에 직렬로 연결된 커패시터를 사용함으로써 얻어진다.

커패시터 기동형모터는 정격속도에서의 토크와 비슷한 시동 토크를 가지며 초기 부하가 큰 응용분야에서 사용할 수 있다. 또한, 회전자 속도가 정격 속도의 약 25 % 일 때 시작 와인딩(권선)을 분리하려면 원심스위치가 필요하다.

일부 단상유도모터의 정격 출력은 2[hp] 이지만 주요 응용 분야는 더 작은 사이즈용 115[V]의 정격전압에서 1 hp 정도, 110~220[V] 정격 전압에서는 1/4 hp 정도이다. 심지어 그 이상의 큰 출력정격을 요구하는 곳에는 대개 다상전동기는 우수한 기동회전력 특성을 갖고 있기 때문에 사용된다.

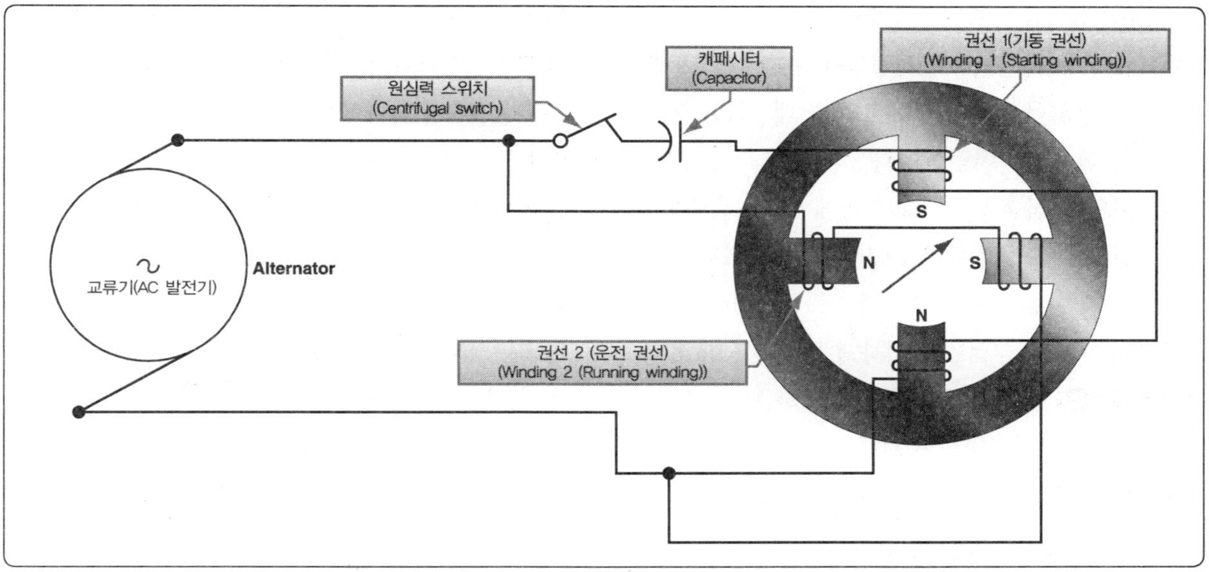

[그림 1-304] 캐패시터 시동 권선이 있는 단상 모터 (Single-phase motor with capacitor starting winding)

1.48.10 유도전동기의 회전의 방향 (direction of rotation of induction motors)

3 상 유도 전동기의 회전 방향은 단순히 2 개의 리드를 모터로 반전시켜 변경할 수 있다. 연결을 한 위상으로 반전하여 2 상 모터에서도 동일한 효과를 얻을 수 있다. 단상 모터에서 시작 권선에 대한 반전 연결은 회전 방향을 반대로 한다. 일반 응용 제품용으로 설계된 대부분의 단상 모터에는 시동 와인딩에 대한 연결을 쉽게 반전 할 수 있다. 방향은 구리 쉐이딩 링의 물리적 위치에 의해 결정되므로 회전 방향을 반전시키기 위해 음영 처리 된 분극전동기에 대해 수행 할 수 있는 것이 없다

시작 후 3 상 모터에 대한 하나의 연결이 끊어지면 모터는 계속 작동하지만 정격 전력의 1/3 만 공급한다. 또한 2 상 모터는 1 상이 분리되면 정격 전력의 절반(1/2)으로 작동한다. 이러한 비정상적인 조건에서 모터가 시동되지 않는다.

1.48.11 동기전동기(synchronous motor)

동기 모터는 AC 모터의 주요 유형 중 하나이다. 유도 모터와 마찬가지로 동기 모터는 회전 자기장을 사용한다. 그러나 유도 모터와는 달리, 발생된 토크는 로터의 전류 유도에 의존하지 않는다. 간략히 말하면, 동기 모터의 작동 원리는 다음과 같다. 다상 AC 공급원이 고정자 권선에 적용되고 회전 자기장이 생성된다. 회전자 권선에 직류가 인가되고 다른 자기장이 생성된다. 동기 모터는 이러한 두 필드가 고정자 권선에 의해 생성된 회전 자기장과 동일한 속도로 회전자가 드래그 되고 회전하는 방식으로 이들 두 필드가 서로 반응하도록 설계되고 구성된다.

동기식 모터의 작동에 대한 이해는 그림 1-305의 간단한 모터를 고려하여 얻을 수 있다. 회전 자기장을

생성하기 위해 일부 기계적 수단에 의해 극 A 및 B가 시계 방향으로 회전한다고 가정하자. 이들은 연철 회전자에서 반대 극성의 극을 유도하고, 대응하는 북극과 남극 사이에 인력이 존재한다.

결과적으로, 극 A 및 B가 회전함에 따라, 회전자는 동일한 속도로 드래그 된다. 그러나 로터 샤프트에 하중이 가해지면, 로터 축은 순간적으로 회전 장의 축보다 뒤떨어지지만, 부하가 일정하게 유지되는 한 동일한 속도로 필드와 함께 계속 회전한다. 하중이 너무 크면 로터가 회전 필드와의 동기에서 벗어나 결과적으로 더 이상 같은 속도로 필드와 함께 회전하지 않는다. 따라서 모터에 과부하가 걸린다고 한다.

그림 1-305에 표시된 것과 같은 간단한 모터는 사

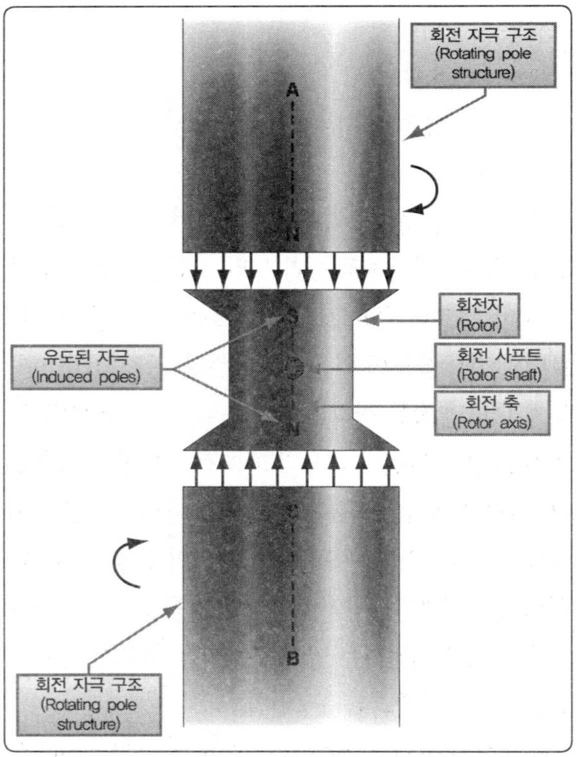

[그림 1-305] 동기식 모터 작동 설명
(Illustrating the operation of a synchronous motor)

용되지 않는다. 극을 회전시키는 기계적인 수단을 사용한다는 아이디어는 이 작업을 수행하기 위해 다른 모터가 필요할 것이기 때문에 비현실적이다. 또한, 위상 AC 전압을 사용하여 회전 자기장이 전기적으로 생성될 수 있기 때문에 이러한 구성은 불필요하다. 이와 관련하여, 동기 모터는 유도 모터와 유사하다

동기 모터는 유도 모터와 유사한 고정자 필드 권선으로 구성된다. 고정자 권선은 회전 자기장을 생성한다. 회전자는 클록 및 기타 소형 정밀 장비에 사용되는 소형 단상 동기식 모터에서와 같이 영구 자석 일 수 있으며 전자석 일 수도 있다.교류 발전기에서와 같이 슬립 링을 통해 로터 필드 코일로 공급되고 전력이 공급된다. 실제로, 교류 발전기는 교류 발전기 또는 동기식 모터로서 작동 될 수 있다.

동기 모터는 기동 토크가 거의 없기 때문에 동기 속도에 이를 수 있도록 몇 가지 수단을 제공해야한다. 가장 일반적인 방법은 무부하에서 모터를 시동하고 최대 속도에 도달한 다음 자기장에 전원을 공급하는 것이다. 회전자의 자기장은 고정자의 자기장과 고정되고 모터는 동기 속도로 작동한다.

그림 1-306에 표시된 로터의 유도 극의 크기는 너무 작아서 대부분의 실제 부하에 충분한 토크를 개발할 수 없다. 모터 작동에 대한 이러한 제한을 피하기 위해 권선은 회전자에 배치되고 DC로 통전된다. DC 소스와 직렬로 연결된 가변 저항은 기계의 작동 자에게 회전자 극의 강도를 변화시키는 수단을 제공하므로, 다양한 부하에 대한 모터 제어가 가능하다.

동기 모터는 자체 기동 모터(self-starting motor)가 아니다. 로터는 무겁고 데드 스톱에서 회전 자기장으로 로터를 자기 잠금 상태로 만드는 것은 불가능하다. 이러한 이유로 모든 동기식 모터에는 일종의 시동

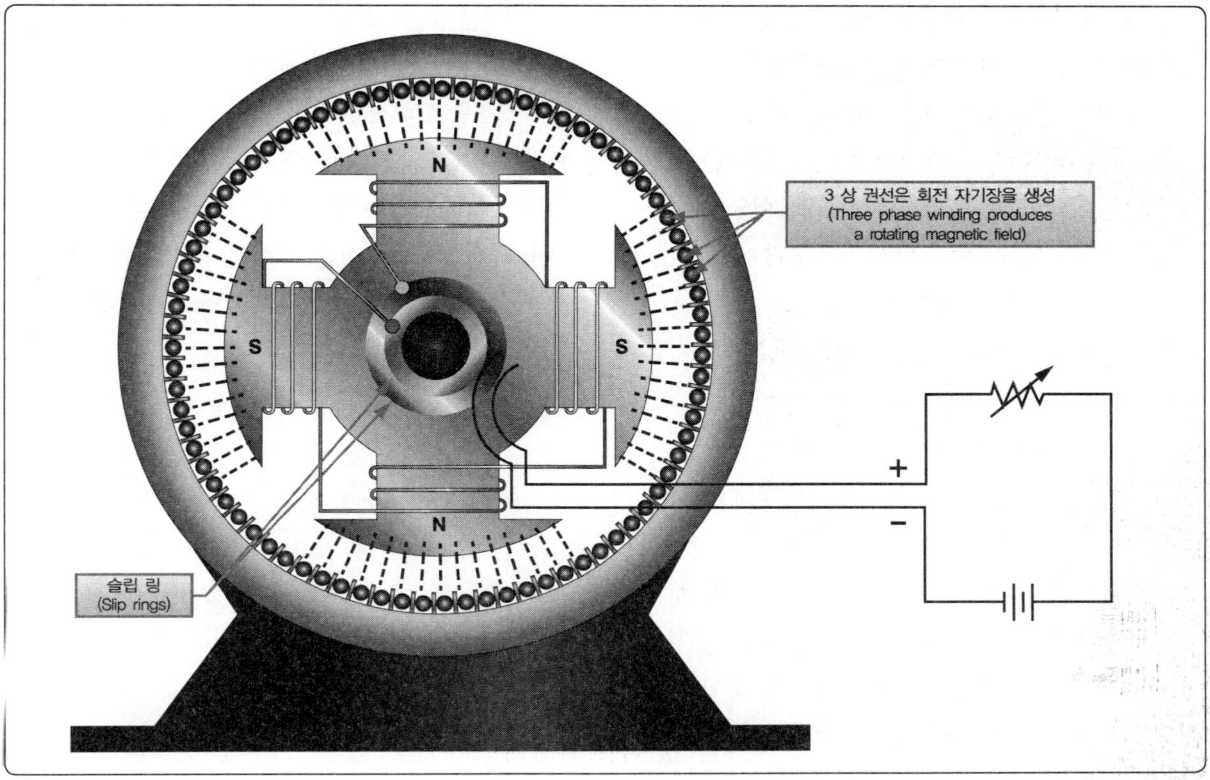

[그림 1-306] 동기모터 (Synchronous motor)

장치가 있다. 간단한 스타터의 한 유형은 AC 또는 DC 인 다른 모터로, 로터를 동기 속도의 약 90 %까지 끌어 올린다. 그런 다음 시동 모터가 분리되고 회전자가 회전 필드와 함께 잠긴다. 또 다른 시작 방법은 로터에서 농형의 두 번째 권선이다. 이 유도 권선은 회전자를 거의 동기 속도로 만들고 DC가 회전자 권선에 연결되면 회전자가 필드와 계단을 당긴다. 후자의 방법이 더 일반적으로 사용된다.

1.48.12 교류직권전동기(AC series motor)

교류직권전동기는 단상전동기이지만 유도전동기 또는 동기전동기는 아니다. 이 전동기는 브러시와 정류자를 갖고 있다는 점에서 직류전동기와 미슷하다. 교류직권전동기는 교류회로 또는 직류회로에서 작동할 것이다. AC 시리즈 모터는 AC 또는 DC 회로에서 작동합니다. 필드 및 전기자 연결이 변경되지 않은 경우 직류지권전동기의 회전 방향은 적용된 전압의 극성과 무관하다. 따라서 직류직권전동기가 AC 소스에 연결되면, 전기자를 한 방향으로 회전시키는 토크가 발생한다. 그러나 직류직권전동기는 다음과 같은 이유로 교류전원에서 만족하게 작동하지 못한다.

(1) 교번자속은 자기회로의 얇은 판으로 만들지 않은 부분에서 큰 와전류손실과 히스테리시스손실을 새로이 만들고 그리고 과도한 가열하기를

일으키고 그리고 효율을 줄인다.

(2) 필드와 전기자권선의 자기유도는 저 역률의 원인이 된다.

(3) 교번자계 선속은 브러시에 의해 단락되는 코일에서 큰 전류를 확고히 하는데, 이 작용은 정류자에서 과도한 스파크의 원인이 된다.

교류에서 만족스러운 작동을 위해 직권전동기를 설계하기 위해, 다음과 같이 변경된다.

(1) 와전류 손실은 전계기 중 프레임, 그리고 전기자를 적층판으로 만듦으로써 줄여진다.

(2) 히스테리시스손실은 고투자율, 변압기형, 규소강 적층을 사용함으로써 최소로 된다.

(3) 필드권선의 유도저항은 얇은 자극편, 전선의 조금의 감김, 보통 대형 전동기에서 25[Hz]의 저주파, 낮은 자속밀도, 그리고 짧은 공극으로 낮은 자기저항을 사용함으로써 만족하게 낮게 유지된다.

(4) 전기자의 유도저항(리액턴스)은 자극편에 끼워 넣은 보상권선을 사용함으로써 줄여진다. 그림 1-307과 같이, 만약 보상권선이 전기자에 직렬로 연결된다면, 전기자는 전도에 의해 보상된다.

보상권선이 그림 1-308과 같이 설계된다면, 전기자는 유도에 의해 보상된다.

모터가 DC 및 AC 회로 모두에서 작동하도록 설계된 경우 보상 권선은 전기자와 직렬로 연결된다. 보상 권선의 축은 메인 필드 축에서 90° 각도로 변위된다. 이 배열은 전기자 반응을 극복하기 위해 일부 DC 모터 및 발전기에 사용되는 보상 권선과 유사하다. 보상 권선은 역자기력을 형성하여, 전기 자기력의 영향을 중화시키고, 메인 필드 플럭스의 왜곡을 방지하며, 전기자 리액턴스를 감소시킨다. 유도 보상 전기자는 변압기의 1 차와 같은 역할을 하며 2 차는 보상 권선이 단락된다. 단락된 이차는 교류 전기자 플럭스의 작용에 의해 유도 전압을 수신하고, 보상 권선의 회전을 통해 흐르는 결과적인 전류는 상대 자력을 확립하여 전기자 리액턴스를 중화시킨다.

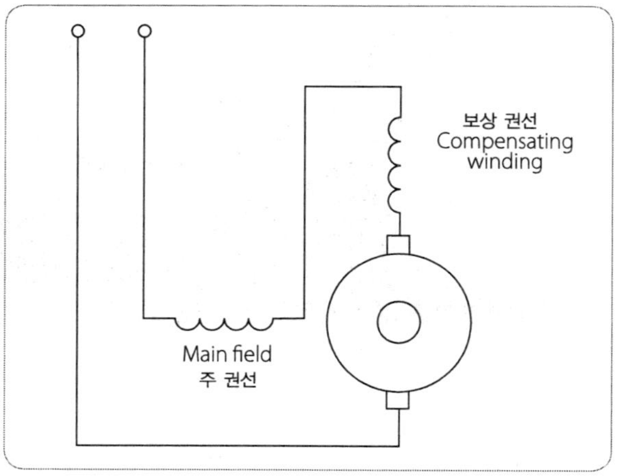

[그림 1-307] 교류직권전동기의 전도성 보상 전기자
(Conductively compensated armature of ac series motor)

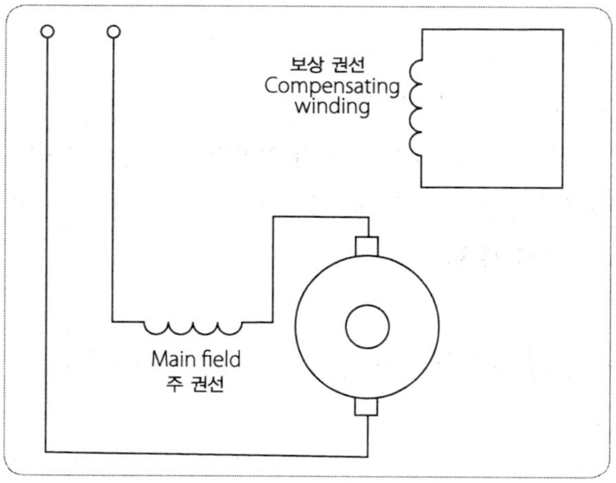

[그림 1-308] 교류직권전동기 유도 보상 전기자
(Inductively compensated armature of ac series motor)

(5) 그림 1-309에 도시된 바와 같이, 링 전기자가 간략화 되도록 도시된 예방 리드 P1, P2, P3 등을 사용함으로써 정류자에서의 스파크가 감소된다. 브러시로 A 및 B의 코일이 단락되면 유도 전류는 리드의 저항이 상대적으로 높아 제한된다. 브러시에서의 스파크는 또한 단일 회전 및 다극 필드만을 갖는 전기자 코일을 사용함으로써 감소된다. 많은 전기자 도체와 큰 직경의 전기자를 가짐으로써 높은 토크를 얻을 수 있다. 따라서, 정류자는 매우 많은 정류 막대를 가지며 전기자 전압은 약 250 볼트로 제한된다.

분수 마력 AC 시리즈 모터를 범용 모터(universal motor)라고 한다. 보상 권선이나 예방 리드가 없다. 그들은 드릴, 그라인더 및 톱과 같은 휴대용 도구와 팬을 작동시키는 데 광범위하게 사용된다.

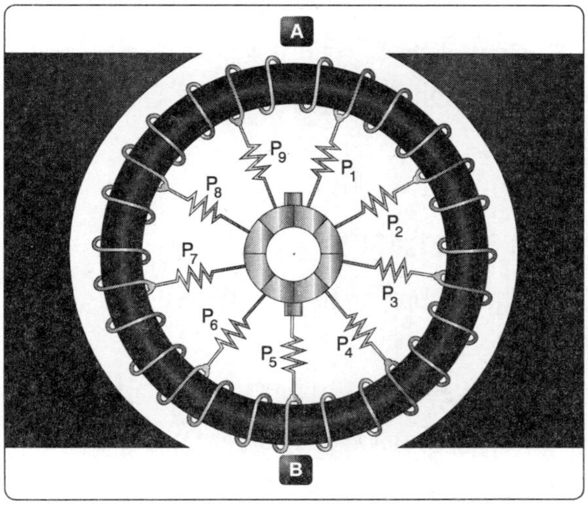

[그림 1-309] 직권전동기의 예방 코일
(Preventive coils in ac series motor)

1.48.13 교류전동기의 정비 (maintenance of ac motors)

교류전동기의 검사와 정비는 매우 간단하다. 베어링은 잦은 윤활을 필요로 하거나 또는 필요로 하지 않게 된다. 만약 그들이 공장에서 기름을 친 밀폐형이라면, 그들은 더욱 손질을 필요로 하지 않는다. 코일이 건조 상태를 유지하고 오일 또는 다른 오용의 염려가 없는지를 확인한다. 전동기의 온도는 보통 그것의 유일한 제한작동인자이다. 경험상 손의 온도가 너무 높으면 안전하고 거리가 멀다. 온도에 다음으로, 전동기 또는 발전기의 소리는 최상의 고장 지표이다. 적절하게 운영할 때, 그것은 부드럽게 윙윙거려야 한다. 만약 그것이 과부하 되었다면, 그것은 "그렁거림"이 될 것이다. 분리된 하나의 도선을 가지고 있는 3상 전동기는 돌아가려 하지 않고 "우르르"할 것이다. 폭연 음은 대개 풀린 전기자코일, 정렬되어 있지 않은 축, 또는 닳아진 베어링 때문에 느릿느릿한 전기자를 지시한다.

모든 경우에서, 모든 교류전동기의 검사와 정비는 적용할 수 있는 제작사사용법설명서에 따라 수행되어야 한다.

1.49 교류기(alternators)

1.49.1 기본적인 교류기와 분류법(basic alternators and classifications)

전기발전기는 전자기유도에 의해 기계에너지를 전기에너지로 바꾸는 기계장치이다. 교류를 생성하는 발전기는 "Alternating"과 "Generator"의 조합을 통해, 교류발전기라고 하고, 복합어인 "교류기"는 널리 사용된다. 일부에서는 단어 "교류기"는 단지 소형 교류발전기에만 적용된다. 이 책에서는 두 단어를 동의어로 사용하며 교류발전기와 직류발전기를 구분하기 위해서 용어 "교류기"를 사용한다.

교류기와 직류발전기 사이에 주요한 차이는 외부회로에 접속의 방법이다. 즉, 교류기는 슬립링에 의해 외부회로에 연결되지만, 직류발전기는 정류자에 의해서 외부회로에 연결된다.

1.49.2 여자의 방법(method of excitation)

분류 방법 중 하나는 사용된 여자장치의 유형이다. 항공기에서 사용된 교류 발전기에서 여자는 다음 방법 중 한 가지에 의해 영향을 받을 수 있다.

(1) 직결식 직류발전기(a direct-connected, dc generator)

이 계통은 교류발전기와 같은 축에 고정된 직류발전기로 이루어진다. 이 시스템의 변형은 배터리에서 DC를 사용하여 구동하는 교류 발전기의 한 유형이며, 그 후에 교류 발전기가 자기 여자식(자려식. self-excited)이다.

[그림 1-310] 벨트 구동 교류발전기 - 소형기용
(Belt driven alternator for small single engine aircraft)

(2) 교류장치에서 변압과 정류로서(by transformation and rectification from the ac system)

이 방법은 초기의 교류전압 형성을 위해 잔류자기에 의존하고, 그 이후에 필드에는 교류발전기로부터 정류된 전압으로 공급된다.

(3) 무브러시 일체형(integrated brushless type)

이 배열은 교류발전기와 같은 축에 직류발전기를 갖는다. 여자회로는 정류자와 브러시보다는 오히려 실리콘 정류기를 통해 완성된다. 정류기는 발전기축에 설치되고 그들의 출력은 교류발전기의 주회전자계에 직접 공급된다.

1.49.3 위상의 수(number of phases)

분류의 또 다른 방법은 출력전압의 위상의 수에 의한 것이다. 교류발전기는 단상, 2상, 3상, 또는 심지어 6상 그리고 그 이상의 위상이 있게 된다. 항공기의 전기계통에서 3상 교류기는 단연코 가장 일반적인 것이다.

1.49.4 전기자회전 또는 필드회전 (armature or field rotation)

또 다른 분류 방법은 사용되는 고정자 및 회전자의 유형이다. 이 관점에서 볼 때 회전 전기자 유형과 회전 필드 유형의 두 가지 유형의 교류 발전기가 있다. 회전 전기자 교류기는 전기자가 정지 자기장을 통해 회전한다는 점에서 DC 발전기와 구조가 유사하다. 회전 전기자 교류 발전기는 저전력 등급의 교류 발전기에서만 발견되며 일반적으로 사용되지 않는다. DC 발전기에서 전기자 권선에서 생성된 EMF는 정류자에 의해 단방향 전압 (DC)으로 변환된다. 회전 전기자 유형의 교류 발전기에서 생성된 AC 전압은 슬립 링과 브러시를 사용하여 부하에 변경없이 적용된다.

[그림 1-311] 순환전자기형의 교류기는 고정전기자권선, 즉 고정자와 회전자계권선, 즉 회전자를 갖고 있다. 고정 전기자 권선의 장점은 전기자가 부하 회로에서 슬라이딩 접점(미끄림접촉)을 갖지 않고 부하에 직접 연결될 수 있다는 것이다. 회전 전기자에는 전기자에서 외부 회로로 부하 전류를 전달하기 위해 슬립 링과 브러시가 필요하다.

슬립 링은 서비스 수명이 비교적 짧으며 아크 오버는 지속적인 위험이다. 따라서 고전압 교류 발전기는

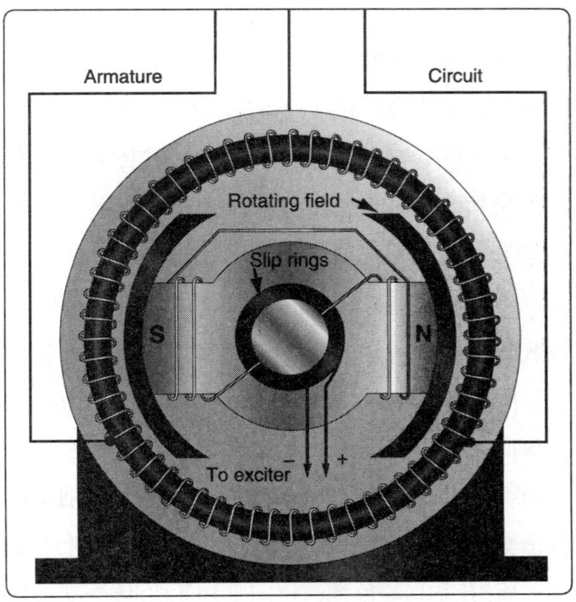

[그림 1-311] 고정 전기자 및 회전 필드의 교류 발전기
(Alternator with stationary armature and rotating field)

일반적으로 고정 전기자, 회전 필드 유형이다. 회전 필드에 공급되는 전압과 전류는 상대적으로 작으며 이 회로에 대한 슬립 링과 브러시가 적합하다.

전기자 회로에 직접 연결하면 고전압에 적합하게 절연된 큰 단면 도체를 사용할 수 있다. 회전 필드 교류 발전기는 항공기 시스템에서 거의 보편적으로 사용되므로 이 유형은 단상, 2 상 및 3 상 교류 발전기로 자세히 설명될 것이다.

1.49.5 단상교류기(single phase alternator)

발전기의 프레임에 유도된 EMF가 교류하기 때문에 교류 발전기에서와 동일한 종류의 권선을 교류 발전기에 사용할 수 있다. 이 유형의 교류 발전기는 단상 교류 발전기로 알려져 있지만 단상 회로에 의해 전달되는 전력이 맥동하기 때문에 이러한 유형의 회로는 많은 응용 분야에서 적정하지 않다. 단상 교류 발전기는 직렬로 여러 권선으로 구성된 고정자를 가지고 있으며 출력 전압이 생성되는 단일 회로를 형성한다.[그림 1-312] 고정자는 고정자 프레임 주위에 균등한 간격으로 4 개의 극성 그룹이 있다. 로터는 반대 극성의 인접 극을 가진 4 개의 극을 가지고 있다. 로터가 회전함에 따라, 고정자 권선에서 AC 전압이 유도된다. 하

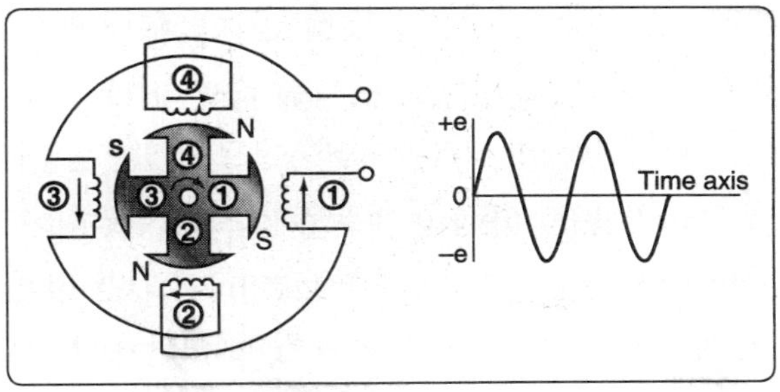

[그림 1-312] 단상 교류기 (Single-phase alternator)

나의 회전자 폴은 다른 회전자 폴과 동일한 고정자 권선에 대해 동일한 위치에 있기 때문에, 모든 고정자 폴라(polar) 그룹은 언제든지 같은 수의 자력선에 의해 절단 된다.

결과적으로, 모든 권선에 유도된 전압은 주어진 순간에 동일한 진폭 또는 값을 갖는다. 4 개의 고정자 권선은 서로 연결되어 AC 전압이 위상 또는 "직렬 가산(series adding)" 된다. 남극의 회 전자 극 1이 고정자 권선 1에서 화살표로 표시된 방향으로 전압을 유도한다고 가정한다. 극 2는 북극이며, 고정자 코일 2에서 코일 1의 반대 방향으로 전압을 유도한다.두 개의 유도 전압이 직렬로 더해지려면 두 코일이 그림 1-312에 표시된 것처럼 연결된다. 동일한 추론을 적용하면 고정자 코일 3에 유도된 전압 (필드의 시계 방향 회전)은 코일 1에 유도된 전압과 동일한 방향 (반 시계 방향)이다.유사하게, 권선 (4)에서 유도된 전압의 방향은 코일 (1)에서 유도된 전압의 방향과 반대이다. 4 개의 고정자 코일 그룹은 직렬로 연결되어 각 권선에서 유도된 전압이 합쳐져 하나의 권선에서 전압의 4 배인 총 전압이 된다.

1.49.6 2상 교류기(two phase alternator)

2상 교류기는 고정자 주위에 대칭적으로 간격을 둔 2개 이상의 단상 권선을 갖고 있다. 2상 교류기에서, 한쪽에서 유도된 교류전압이 다른 쪽에서 유도된 전압에 90[°]의 이상이 되도록 물리적으로 간격을 둔 2개의 단상 권선이다. 권선은 서로 전기적으로 분리한 것이다. 한쪽 권선이 최대선속을 절단하고 있다면, 다른 권선은 어떤 선속도 절단하지 못한다. 이런 상황은 2 개의 위상 사이에 90[°] 관계를 이룬다.

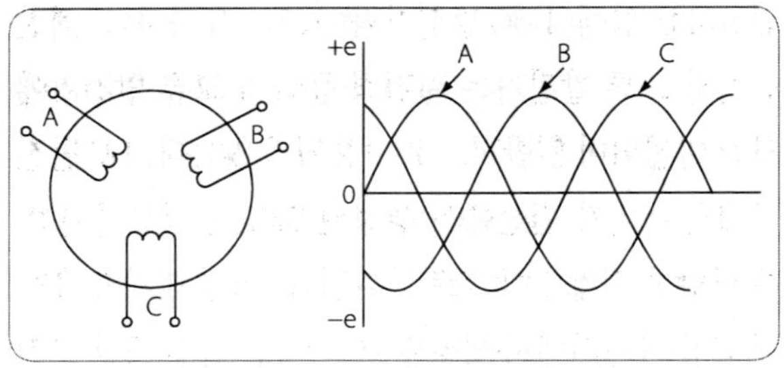

[그림 1-313] 3 상 교류발전기 및 출력 파형 (Simplified schematic of three-phase alternator with output waveforms)

1.49.7 3상교류기(three phase alternator)

상 또는 다상 회로는 단일 또는 2 상 교류 발전기 대신 대부분의 항공기 교류 발전기에 사용된다. 3 상 교류 발전기는 3 개의 단상 권선을 이격하여 각 권선에 유도된 전압이 다른 두 권선의 전압과 위상이 120 °가 되도록 한다. 모든 코일을 보여주는 3 상 고정자의 회로도는 복잡해지고 실제로 무슨 일이 일어나고 있는지 알기가 어렵다.3 상의 각각을 보여주는 단순화된 개략도가 그림 1-313에 나와 있다. 간단하게하기 위해 로터는 생략되었다. 전압 파형은 회로도의 오른쪽에 표시된다. 3 개의 전압은 120 ° 떨어져 있으며 전압이 120 °의 각도로 위상이 다른 3 개의 단상 교류 발전기에 의해 생성되는 전압과 유사하다.3 개의 위상은 서로 독립적이다.

1.49.8 3상, Y-결선 (wye connection, three phase)

3 상 교류 발전기의 리드가 6 개가 아닌 각 위상의 리드 중 하나가 연결되어 공통 접점을 형성 할 수 있다. 그러면 고정자를 와이(Y) 또는 별(Star) 연결이라고 한다. 공통 리드는 교류 발전기에서 나오거나 나오

지 않을 수 있다. 그것이 나오면 중립 리드라고 한다. 단순화된 회로도는 공통 리드가 나오지 않은 Y 결선 고정자를 보여주고 있다. [그림 1-314A] 각 부하는 직렬로 2 개의 위상을 직렬로 연결된다. 따라서 R_{AB}는 위상 A와 B에 걸쳐 직렬로 연결된다. R_{AC}는 위상 A와 C에 직렬로 연결되어 있다. R_{BC}는 위상 B와 C에 걸쳐 직렬로 연결된다. 따라서 각 부하의 전압은 단일 위상의 전압보다 크다. 두 위상의 총 전압 또는 라인 전압은 개별 위상 전압의 벡터 합이 된다. 균형의 조건의 경우 라인 전압은 위상 전압(상전압)의 1.73 배가 된다. 라인 와이어에는 전류에 대한 경로와 연결된 위상이 하나뿐이므로 라인 전류는 위상 전(상 전류)와 같다.

1.49.9 3상, 델타결선 (delta connection, three phase)

또한 3 상 고정자가 연결되어 위상이 끝단과 끝단을 붙여 연결할 수 있다. [그림 1-314B]이 배열을 델타 결선이라고 한다. 델타 결선에서 전압은 상전압과 같다. 선간전류는 상전류의 벡터 합과 동일하다; 부하 전류가 균형을 잡을 때 선간전류는 상전류의 1.73 배가 된다. 동일한 부하 (동일 출력)의 경우, 델타 연결은 상전압과 동일한 선전압 값에서 증가된 라인 전류를 공급하고, 와이 연결은 상전류와 동일한 선간전류 값에서 증가된 선간전압을 공급한다.

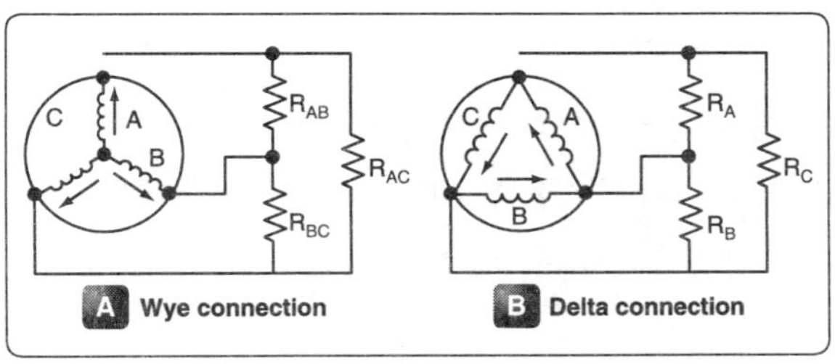

[그림 1-314] 와이 결선 및 델타 결선 교류기
(Wye-connected and delta-connected alternators)

델타결선에서, 전압은 상전압과 같고, 선간전류는 상전류의 백터 합과 같고, 그리고 선간전류는 부하가 균형을 잡았을 때 상전류에 1.73배와 같다. 동등한 부하, 즉 동등한 출력에서, 델타결선은 상전압과 같은 선간전압의 값으로 증가된 선간전류를 공급하고, 그리고 Y결선은 상전류와 같은 선간전류의 값으로 증가된 선간전압을 공급한다.

1.49.10 교류기 · 정류장치 (alternator-rectifier unit)

그림 1-314에서는 무게가 12,500[pound] 이하인 수많은 항공기의 전기계통에서 사용된 교류기의 유형을 보여준다. 이 유형의 전력원은 그것이 직류계통에서 사용되기 때문에 때때로 직류발전기라고 부른다. 이것의 출력이 직류전압일지라도, 교류정류장치이다. 이 유형의 교류정류기는 자력식장치(a self-excited unit)으로, 영구자석이 없다. 시동을 위한 여자(excitation)는 배터리로부터 얻어지는데, 시동 후 곧바로, 장치는 자기여자를 한다. 교류기를 위한 냉각공기는 공기흡입구덮개에 있는 분사 공기 튜브에 의해 장치 안으로 전달된다.

[그림 1-315] 교류기-정류기 분해도
(Exploded view of alternator-rectifier)

교류기는 가요성구동장치연결기(flexible drive coupling)의 통해 항공기 엔진에 직접 결합된다. 그림 1-316과 같이, 장치의 교류기 부분의 출력은 3상, 전파브리지 정류기를 결합시키는 3상, 델타 결선식 장치에서 끌어낸 3상 교류이다. 이 장치는 2,100~9,000[rpm]의 속도범위에서 작동하며 출력 전압은 26~29[V], 125[A]이다.

1.49.11 무브러시 교류기(brushless alternator)

이 설계는 고고도에서 마멸시키거나 또는 아크할 브러시가 없기 때문에 훨씬 효율적이다. 이 발전기는 보조여자기, 여자기, 그리고 주발전기장치로 이루어진다. AC 메인 출력에 대해 AC 출력이 정류된 회전 전기자 (통합 전기자 포함)를 갖춘 일체형 여자기를 사용하여 브러시는 제거된다. 그림 1-317에서는 브러시리스 교류기(brushless alternator)를 보여준다.

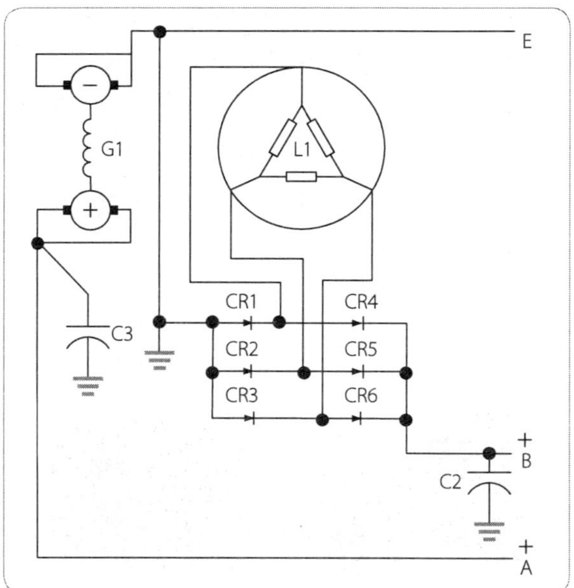

[그림 1-316] 교류기-정류 장치
(Wiring diagram of alternator-rectifier unit)

보조여자기는 8극, 8,000[rpm], 533[cps]의 교류발전기이다. 보조여자기필드는 주발전기 회전자축에 설치되고 주발전기 필드와 직렬로 연결된다. 보조여자기 전기자는 주발전기 고정자에 설치된다. 보조(파일럿) 여자기의 AC 출력은 전압 조정기로 공급되어 정류 및 제어된 후 여자 기 권선에 영향을 주어 발전기에 대한 여자를 제공한다.

여자기는 주발전기 고정자에 필드가 장착되고 발전기 회전자축에 3상 전기자가 장착된 소형 교류발전기이다. 여자기필드에는 여자기 자극 사이의 주 발전기 고정자에 장착된 영구자석이 포함된다.

여자기 필드 저항은 서미스터에 의해 온도 보상된다. 이는 레귤레이터 출력 단자에서 거의 일정한 저항을 유지하여 레귤레이션을 지원한다. 여자기 출력은 정류기 필드와 파일럿(보조) 여자 기 필드에서 정류되고 영향을 받는다. 여자기 고정자는 안정화 필드를 가지며, 안정성을 향상시키고 발전기 출력 전압의 변화에 대한 전압 조정기 과잉 교정을 방지하는 데 사용된다.

그림 1-316에서 보여준 교류발전기는 31.5[KVA], 115/200[V], 400[cps]의 정격을 갖는 6극, 8,000[rpm] 장치이다. 이 발전기는 중성점접지방식으로 연결된 3상4선Y결선식(three-phase, four-wire, Y-connected)이다. 일체 성형의 교류여자기를 사용함으로써, 발전기 내에 브러시에 대한 필요성은 배제되었다. 회전여자기 전기자의 교류출력은 고온 실리콘 정류기를 사용하는 회전자축 안쪽에 위치된 3상, 전파(full-wave), 정류기 브리지로 직접 들어간다. 정류기 브리지에서 직류출력은 주 교류발전기 회전자계로 공급된다.

전압 조절은 AC 여자 기 고정 필드의 강도를 변경하

여 수행된다. 브러시가 없기 때문에 AC 발전기의 극성 반전이 제거되고 무선 소음이 최소화된다. 교류 발전기에 장착 된 소음 필터(noise filter)는 기존의 무선 소음을 더욱 줄인다. 발전기의 회전 극 구조는 6 개의 극과 연결 허브 섹션을 포함하는 강철 펀칭으로 적층된다. 이것은 최적의 자기 및 기계적 성질을 제공한다.

일부 교류 발전기는 강철 튜브를 통해 순환 오일로 냉각된다. 냉각에 사용되는 오일은 정속 드라이브 어

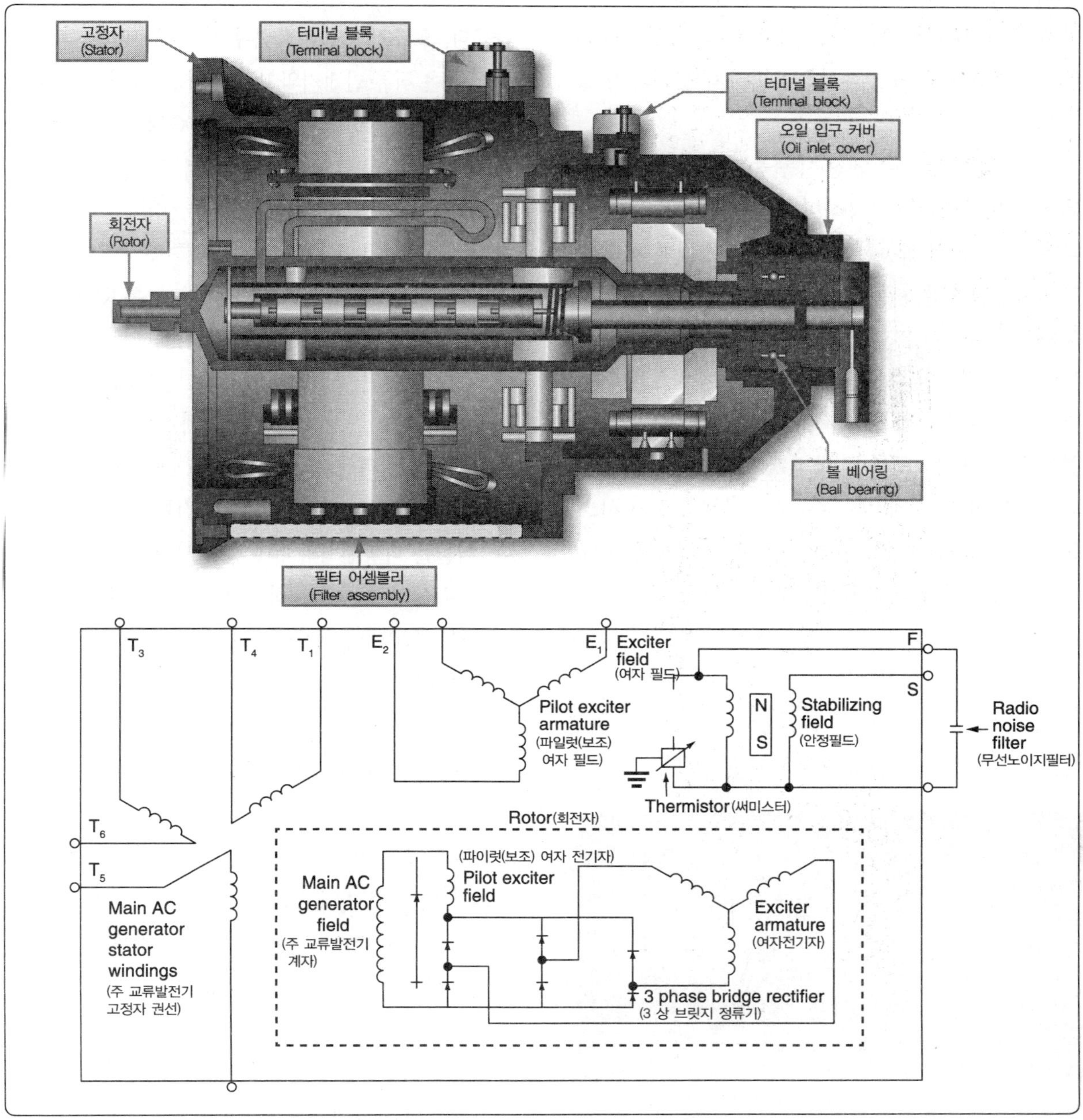

[그림 1-317] 무부러시 교류기(A typical brushless alternator)

셈블리에서 공급된다. 발전기와 드라이브 어셈블리를 연결하는 플랜지에 있는 포트는 정속 드라이브와 발전기 사이의 오일 흐름을 가능하게 한다. 여자기 고정자에 영구 자석 보극(인터폴)을 사용하여 전압을 형성한다. 영구 자석은 전계 플래싱의 필요성을 배제하여 전압 축적을 보장한다. 교류 발전기의 회전자는 교류 발전기의 잔류 자기 손실을 유발하지 않고 제거 될 수 있다.

일부 터빈 항공기는 엔진 시동 중 시동기 역할을 하는 시동기 발전기를 사용하며 엔진이 온라인 상태 일 때는 발전기처럼 작동한다. 즉 한 개의 장치가 처음 엔진을 시동할 때는 시동기 역할을 하고 곧 이어 엔진이 구동되면 발전기 역할을 하는 것이다. [그림 1-318] 시동기-발전기의 주요 장점은 시동 중에 만 사용되는 별도의 스타터를 제거하여 무게를 절약 할 수 있다는 것이다. 소형 터보프롭 및 소형 제트기에서 처음 사용되었지만 이제 주 엔진에 전력을 공급하고 전기 시스템에 전력을 공급하기 위해 B737 및 B787 항공기 엔진에 대형 유닛이 설치되었다.

[그림 1-318] 소형항공기용 시동기-발전기
(stater-generator for small business jet)

1.49.12 교류기 정격(alternator rating)

교류기에 의해서 공급될 수 있는 최대전류는 전기자에서 받게 될 수 있는 최대열손실, 즉 I^2R 동력상실 그리고 필드에서 받게 될 수 있는 최대열손실에 따라 다르다. 교류기의 전기자전류는 부하에 따라 다르다. 이 작동은 직류 발전기와 비슷하며 12 극의 작동과 유사하며 4,000 rpm 교류 발전기는 DC 발전기의 주파수를 갖는다. 그러나 교류발전기에서, 지연역률 부하는 교류기의 필드의 자성을 없애려는 경향이 있고, 그리고 단자전압은 오직 직류필드전류를 증가함으로써 유지된다. 이런 이유로, 교류발전기는 보통 KVA, 역률, 위상, 전압, 그리고 주파수에 따라서 등급을 매긴다. 예를 들어, 어떤 발전기는 75[%] 역률에서, 40[KVA], 208[V], 400[㎐], 3상으로 등급을 매기게 된다. KVA는 피상전력을 나타낸다. 이것은 KVA 출력, 또는 발전기가 작동하기 위해 예정된 전압과 전류 사이의 관계이다. 역률은 피상전력과 유효전력 사이에 비율의 표현이다. 위상의 수는 독자적인 발생전압의 수이다. 3상 발전기는 120[°]의 전기각도씩 떨어져서 3개의 전압을 생성시킨다.

1.49.13 교류기 주파수(alternator frequency)

교류기 전압의 주파수는 회전자의 회전의 속도와 극의 수에 달려 있다. 속도가 빠르면 빠를수록, 주파수는 더 높아질 것이고, 속도가 느려질수록, 주파수는 더 줄어들게 된다. 회전자에서 극이 많으면 많을수록, 주파수는 주어진 속도에 대해서 더 높아질 것이다. 회전자가 2개의 인접한 회전자 극, 즉 북극과 남극이 하나의 권선을 지나가도록 각도로서 회전했을 때, 그 권선에서 유도된 전압은 하나의 완전한 순환으로 바뀔 것이다. 주어진 주파수에서, 한 쌍의 극의 수가 많으면 많을수록, 회전의 속도는 더 내려갈 것이다. 2극 교류기는 발생시킨 전압의 동일한 주파수에서 4극교류기의 속도에 2배로서 회전한다. cycle per minute로서 교류기의 주파수는 극의 수와 속도에 관계가 있으며, 방정식으로 나타내자면 다음과 같다.

$$F = \frac{P}{2} \times \frac{N}{60} = \frac{PN}{120}$$

여기에서 P는 극의 수이고, N은 rpm으로서 속도이다. 예를 들어, 2극, 3,600[rpm] 교류기는 다음 주파수를 갖는다.

$$F = \frac{2}{2} \times \frac{3,600}{60} = \frac{7,200}{120} = 60[cps]$$

또한 4극, 1,800[rpm] 교류기도 같은 주파수를 갖는다. 6극, 500[rpm] 교류기는 다음 주파수를 갖는다.

$$F = \frac{6}{2} \times \frac{500}{60} = \frac{3,000}{120} = 25[cps]$$

그리고 12극, 4,000[rpm] 교류기는 다음 주파수를 갖는다.

$$F = \frac{12}{2} \times \frac{4,000}{60} = \frac{48,000}{120} = 400[cps]$$

1.49.14 교류기 정비(alternator maintenance)

교류기계통의 정비와 검사는 직류계통의 것과 비슷하다. 닳아 해짐과 표면형성에 대해 여자기 브러시를 점검한다. 2개 또는 4개의 교류기계통을 가지고 있는 대부분 대형 항공기에서, 각각의 전원패널은 3개의 표시등(signal lights)을 갖고 있는데, 하나는 전원버스의 각각의 위상에 연결되었고, 그래서 램프는 패널 전원이 들어올 때 켜질 것이다. 비행기의 전체에 걸쳐서 개개의 버스는 그 특정한 버스에서 장비를 작동함으로써 점검할 수 있다. 각각의 버스를 시험하는 방법에 대한 장비의 조작에 대해서는 제작사사용법설명서를 참고한다.

교류기시험대는 수리시설에서 교류기와 정속구동장치를 시험하기를 위해 사용된다. 교류기시험대는 2,400~9,000[rpm]까지 변경하는 입력속도로 정속구동장치에 전원을 공급할 능력이 있는 것이다.

전형적인 시험대 전동기는 220/440[V], 60[Hz], 3상 전원을 사용한다. 환기를 위한 송풍기, 오일냉각기, 그리고 필요한 계측기와 스위치는 시험대의 일체로 된 부분이다. 부하 저항기는 시험회로를 보완한다. 그림 1-319에서는 지상시험을 위한 교류전동발전기 세트를 보여준다.

다중범위 전기저항계, 다중범위 연합 교류전압계와 직류전압계, 클립식 변류기를 가지고 있는 전류계, 진동편형주파수계, 그리고 설치되지 않은 연속성 회로 라이트(continuity light)으로 이루어진, 전형적인, 휴대용, 교류전기계통시험세트는 분석기이다.

휴대용부하저항기장치는 비행기에 설치된 동안이거나 또는 작업장 시험대에서나 교류기를 시험하기 위해 비행기에서와 마찬가지로 부하를 갖춘다. 하나의 장치는 선택스위치에 의해 제어된 저항성부하와 무효부하 그리고 제어패널에 설치된 시험계로 이루어진다. 교류기와 제어장비를 시험하기와 조정하기 동안 비행기에 큰 부하를 운영하기의 난점을 배제하는 이 부하장치는 간단하고 편리하다.

교류기의 적절한 정비는 장치가 깨끗하게 유지된 것 그리고 모든 배선이 바짝 죈 것 그리고 양호한 수리에 있는 것을 요구한다. 만약 교류기가 적용할 수 있는 제작사기술설명서에서 지정된 만큼 전압을 높이는 것을 하지 못한다면, 먼저 다른 교류기의 전압을 점검함으로써 전압계를 시험하거나, 또는 또 다른 전압계를 가지고 있는 의심되는 교류기에서 전압을 점검함으로써 그리고 결과를 비교함으로써 전압계를 시험한다. 만약 전압계가 만족한 것이라면, 결함에 대해 배선, 브러시, 그리고 전동장치를 점검한다. 만약 이 검사가 고장탐구가 불가능하면 여자기는 그것의 잔류자기를 상실하게 된다. 잔류자기는 필드를 플래싱(flashing, 영구자기를 감소시키는 방법)으로 여자기에서 복원된다. 여자기필드를 플래싱할 때 제작사사용법설명서에 따른다. 만약 필드를 플래싱 후에, 전압이 지시되지 않아진다면, 교류기가 아마 결함이 많은 것이기 때문에, 교류기를 교체한다.

인가된 세척제로 교류기 외부를 깨끗하게 하는데, No. 000 사포로 거칠거칠한 또는 움푹 들어간 여자기 정류자 또는 슬립링을 매끄럽게 하고, 그다음 깨끗한, 마른 헝겊으로 깨끗하게 하고 닦는다. 길이와 일반적인 상태에 대해 주기적으로 브러시를 점검한다. 정확한 브러시에서 정보를 얻기 위해 특정한 교류기에 적용할 수 있는 제작사사용법설명서를 참조한다.

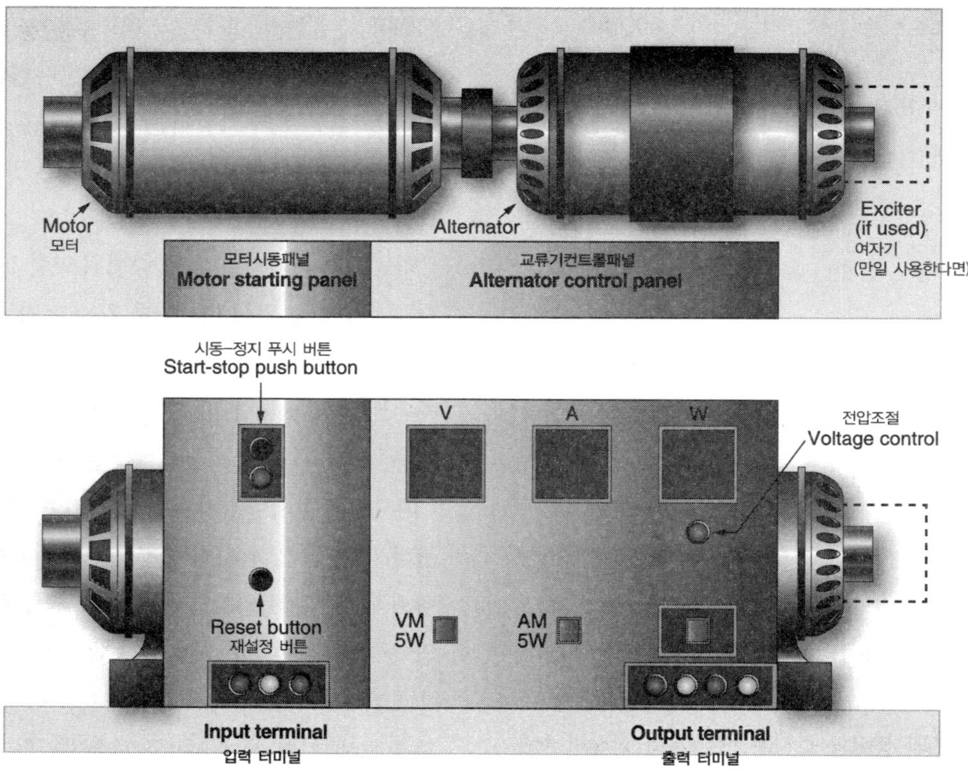

[그림 1-319] 교류 모터-발전기 지상 시험기 (AC motor-generator set for ground testing)

1.49.15 발전기 압의 조절 (regulation of generator voltage)

비행기에서 전기장치의 효율적인 작동은 발전기로부터 공급하는 일정한 전압에 달려 있다. 발전기의 전압출력을 결정하는 요인의 가운데에서 오직 한 가지, 필드전류의 강도는 편리하게 제어될 수 있다. 그림 1-320에 도면을 참고하여, 이 제어를 나타내기 위해, 필드회로에 가감저항기를 가지고 있는 간단한 발전기를 보여준다. 만약 가감저항기가 필드회로에서 저항을 증가시키도록 설정한다면, 적은 전류는 필드권선을 통해 흐르고 전기자가 회전하는 그 점에서 자기장의 강도는 감소한다. 그 결과로 발전기의 전압출력은 감소한다. 만약 필드회로에 저항이 가감저항기와 더불어 감소된다면, 더 많은 전류는 필드권선을 통해 흐르고, 자기장이 더 강하게 되어 발전기는 더 큰 전압을 생성한다.

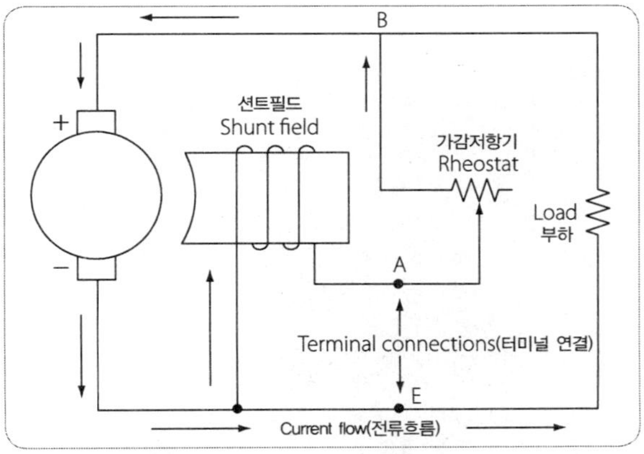

[그림 1-320] 필드 가변 저항에 의한 발전기 전압 조절
(Regulation of generator voltage by field rheostat)

1.49.16 진동형조절기로서 전압조절 (voltage regulation with a vibrating-type regulator)

그림 1-321을 참고한다. 정상속도로 돌아가는 발전기와 스위치 K 개로로 필드가감저항기는 단자전압이 정상전압의 약 60[%]이도록 조정된다. 솔레노이드 S는 약한 것이고 접점 B는 스프링에 의해서 닫힌 것으로 유지된다. K가 닫혔을 때, 단락은 필드가감저항기를 가로질러 놓인다. 이 작용은 필드전류로 하여금 증가하게 하고 단자전압으로 하여금 상승하게 한다.

단자전압이 어떤 임계값 이상으로 상승할 때, 솔레노이드 아래쪽방향으로 당김은 스프링장력보다 크고, 따라서 필드회로에서 필드가감저항기를 다시 끼워 넣는 그리고 필드전류와 단자전압을 줄이는 접점 B는 열린다.

단자전압이 임계전압 이하로 떨어질 때, 솔레노이드 전기자 접점 B는 스프링에 의해서 다시 닫히고, 필드가감저항기는 바로 단락시켜지고, 그리고 단자전압은 상승하기 시작한다. 싸이클은 빠르고 연속적으로 반복한다. 따라서 평균전압은 부하교환으로서 유지되거나 또는 부하교환 없이 유지된다.

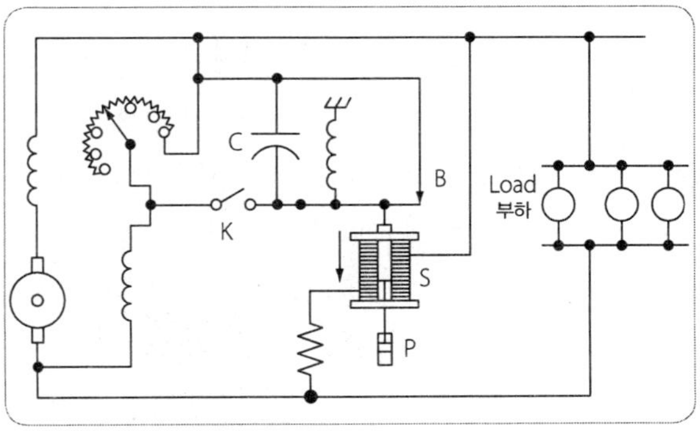

[그림 1-321] 진동식 전압 조절기
(Vibrating-type voltage regulator)

Dash-pot(완충 · 제동장치) P는 난조(hunting, 동위상전동기에 일어나는 주기적인 회전 기복)를 방지하기 위한 제동자처럼 활동함으로써 더 순조로운 작동을 마련한다. 접점 B를 가로질러 커패시터 C는 스파크를 제거한다. 가중된 부하는 필드가감저항기로 하여금 더 오랫동안 일정기간 동안 단락시키게 하고, 따라서 솔레노이드 전기자는 더욱 천천히 진동한다. 만약 부하가 줄어들고 단자전압이 상승한다면, 전기자는 더욱 빠르게 진동하고 조절기는 발전기에 무부하에서 전체부하까지, 부하에 어떤 변화에 대해 안정된 값으로 단자전압을 유지한다.

진동형조절기는 접촉이 옴폭 들어갈 것이기 때문에 또는 타버릴 것이기 때문에, 고(高)필드전류를 필요로 하는 발전기와 함께 사용할 수 없다. 고 부하에 많이 사용하는 발전기계통은 카본파일전압조절기와 같은, 다른 유형의 조절기를 필요로 한다.

1.49.17 3단위조절기(three unit regulators)

다수의 경항공기는 발전기계통을 위해 3단위조절기를 사용한다. 이 유형의 조절기는 전압조절기뿐만 아니라, 전류제한기와 역전류개폐기로 구성되어 있다.

전압조절기의 작동은 이전에 말한 진동형조절기와 비슷하다. 3단위 중 두 번째 구성부분은 발전기의 출력전류를 제한하는 전류조절기이다. 세 번째 구성부분은 발전기로부터 배터리를 분리하는 역전류개폐기이다. 만약 배터리가 분리되지 않는 경우 발전기 전압이 배터리 전압 이하로 떨어지면 발전기 전기자를 통해 방전되어 발전기를 모터로 구동한다. 이 동작을 발전기의 "모터 링"이라고 하며, 방지하지 않는 한 짧은 시간 내에 배터리를 방전시킨다.

그림 1-323과 같이, 3단위조절기의 작동은 다음 단원에서 논의된다.

전압조절기 구성부분에 있는 진동접점 C1의 작용은 지점 R1과 L2 사이에 간헐적인 단락을 일으킨다. 발전기가 작동하고 있지 않을 때, 스프링 S1은 닫힌 C1을 유지하는데, C2도 또한 S2에 의해서 닫힌다. 분권필드는 전기자를 가로질러 직접 연결된다.

발전기가 시동되었을 때, 단자전압은 발전기가 속도에 이를 때 상승할 것이고, 그리고 전기자는 닫힌 접점 C1과 접점 C2를 통해 전류로 필드에 공급할 것이다.

단자전압이 상승할 때, L1을 통해 흐르는 전류는 증가하고 철심은 더 강하게 자력을 띠게 된다. 어떤 속도와 전압에서, 가동 암(movable arm)에 자기흡인은 스프링 S1의 장력을 이겨낼 정도로 충분히 강하게 되고, 접점 C1은 분리된다. 그때 필드전류는 R1과 L2를 통해 흐른다. 저항이 필드회로에 더해지기 때문에, 필드는 순간적으로 약해지고 단자전압에서 상승은 억제된다. 또한 L2 권선은 L1 권선에 반대로 되기 때문에, S1을 향하여 L1의 자기견인력은 부분적으로 무력하게 되고, 그리고 스프링 S1은 접점 C1을 접속한다. 그런 까닭에, R1과 L2는 다시 회로로부터 단락시켜지고,

[그림 1-322] 3 단위조절기(Three unit regulator)

그리고 필드전류는 다시 증가하는데, 출력전압은 증가하고, 그리고 C1은 L1의 작용 때문에 다시 열려진다. 순환은 빠른 것이고 1[sec]에 여러 번 일어난다. 발전기의 단자전압은 약간 변하지만, 빠르게 상하로 조정하게 되는 평균값은 스프링 S1의 장력에 의해 결정된다.

진동형 전류제한기의 목적은 발전기를 보호하기 위하여 자동적으로 그것의 최대정격 값으로 발전기의 출력전류를 제한하기 위한 것이다. 그림 1-323과 같이, L3은 주전원과 부하에 직렬로 있다. 그러므로 전선에 흐르는 전류의 양은 C2가 열려질 때 그리고 R2가 발전기 필드와 직렬로 놓였을 때 결정짓는다. 그에 반해서, 전압조절기는 선간전압에 의하여 그 행위를 하게 되고, 반면에 전류제한기는 선간전류에 의하여 그 행위를 하게 된다. 스프링 S2는 주전원과 L3을 통과한 전류가 스프링 S2의 장력에 의해서 결정될 때, 임의의 값을 넘을 때까지 닫힌 접점 C2를 유지한다. 그래서 C2로 하여금 열려지게 한다. 전류에 증가는 부하에 증가 때문이다. 이 작용은 발전기의 필드회로에 R2를 끼워 넣고 필드전류와 발생전압을 감소시킨다. 발

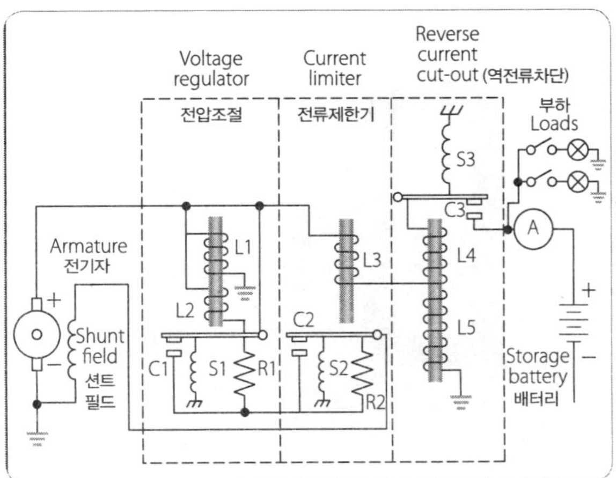

[그림 1-323] 가변속도발전기 3 단계 조절기
(Three-unit regulator for variable-speed generator)

생전압이 감소되었을 때, 발전기 전류는 줄어든다. L3의 철심은 부분적으로 자성을 없애고 스프링은 접점을 접속한다. 이것은 전류가 다시 순환을 시작하기에 충분한 값에 도달할 때까지 발전기 전압과 전류로 하여금 상승하게 한다. 부하전류의 어떤 최소값은 전류제한기로 하여금 진동하게 하는 필요한 것이다.

역전류 차단릴레이의 목적은 발전기 전압이 배터리 전압보다 낮을 때 발전기로부터 배터리를 자동적으로 분리시키기 위한 것이다. 만약 이 장치가 발전기 회로에서 사용되지 않았다면, 배터리는 발전기를 통해서 방전하게 된다. 이것은 전동기처럼 작동하는 발전기를 만들려는 경향이 있지만, 발전기는 엔진에 연결되기 때문에, 그것은 그런 과중부하를 회전시킬 수 없다. 이런 상황에서 발전기 권선은 과도한 전류에 의해 격심하게 손상되게 한다.

연철심에는 2개의 권선, 즉 L4와 L5가 있다. 굵은 전선으로 몇 번 감김으로 이루어진 전류권선 L4는 전선에 직렬로 있고 전체의 선간전류를 운반한다. 가는 전선의 다수의 감김으로 이루어진 전압권선 L5는 발전기 단자를 가로질러 분로를 만들었다.

발전기가 작동하고 있지 않을 때, 접점 C3은 스프링 S3에 의해서 개로로 유지된다. 발전기 전압이 증진되었을 때, L5는 철심을 자력을 띠게 한다. 발생전압의 결과로서 전류가 철심에서 충분히 자기력을 만들어낼 때, 보여준 것과 같이 접점 C3은 닫쳐진다. 그때 배터리는 충전전류를 받는다. 코일스프링 S3은 전압권선이 발전기의 전압이 배터리의 정상전압을 초과할 때까지 접점을 접속하지 않도록 조정된다. L4를 거쳐 지나가는 충전전류는 단단히 닫힌 접점을 유지하도록 L5에 전류를 돕는다. C1과 C2와는 달리, 접점 C3은 진동하지 않는다. 발전기가 속력을 늦출 때, 또는 어떤

다른 이유 때문일 때, 발전기 전압은 배터리전압의 것 이하의 어떤 값으로 감소하고, 전류는 L4를 통과하여 반대로 하고 L4의 암페어 수는 L5의 것에 반대한다. 그러므로 배터리에서 순간방전전류는 철심의 자기력을 줄이고 발전기로 방전하기 그리고 감시하기로부터 배터리를 보호하는 C3은 개방된다. C3은 발전기 단자 전압이 설정 값으로 배터리전압을 초과할 때까지 다시 접속되지 않을 것이다.

1.49.18 차동릴레이스위치 (differential relay switch)

항공기 전기 시스템은 일반적으로 역전류 릴레이 스위치의 일부 유형을 사용하는 데, 이 스위치는 역전류 릴레이 차단기 역할을 할뿐만 아니라 언제든지 발전기를 전기 시스템에서 분리 할 수 있는 원격 제어 스위치 역할도 한다. 역전류 릴레이 스위치의 한 유형은 발전기의 전압 레벨에서 작동하지만 대형 항공기에서 가장 일반적으로 사용되는 유형은 배터리 릴레이와 발전기 간의 전압 차이에 의해 제어되는 차동 릴레이 스위치이다.

차동 전압 계전기 스위치는 발전기 전압 출력이 버스 전압을 0.35 ~ 0.65V 초과할 때 발전기를 전기 시스템의 기본 버스 바에 연결한다. 공칭 역전류가 버스에서 발전기로 흐르면 발전기의 연결을 끊는다. 전기 부하가 적을 때 다발 엔진 항공기의 모든 발전기의 차동 계전기가 접속하지 않는다. 예를 들어, 50 암페어의 항공기에서는 2 개 또는 3 개의 계전기 만 접속 할 수 있다. 과중 부하가 가해지면 등화 회로는 이미 버스에 있는 발전기의 전압을 낮추고 동시에 나머지 발전기의 전압을 높여 릴레이를 접속한다. 발전기가 올바르게 병렬 연결된 경우 발전기 제어 스위치가 꺼질 때까지 또는 엔진 속도가 발전기 출력 전압을 유지하는데 필요한 최소값 아래로 떨어질 때까지 모든 릴레이

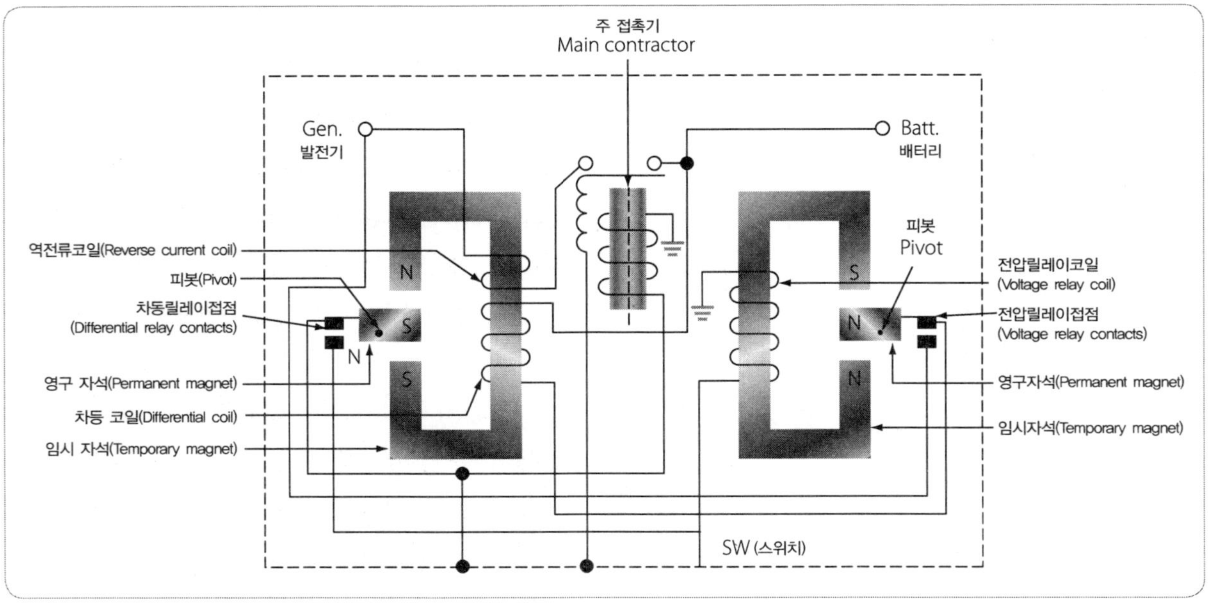

[그림 1-324] 차동 발전기 제어 릴레이(Differential generator control relay)

가 접속한다.

그림 1-324에 표시된 차동 발전기 제어 계전기는 2개의 계전기와 코일 작동 식 접촉기로 구성된다. 한 릴레이는 전압 릴레이이고 다른 릴레이는 차동 릴레이이다. 2 릴레이에는 릴레이 코일로 감겨 진 임시 자석의 극 조각 사이에서 회전하는 영구 자석이 포함된다. 하나의 극성의 전압은 영구 자석이 릴레이 접점을 폐쇄하는데 필요한 방향으로 이동하게 하는 극성을 갖는 임시 자석에 대한 필드를 설정하고 반대 극성의 전압은 계전기 접점을 여는 필드를 설정한다. 차동 릴레이에는 동일한 코어에 2 개의 코일이 감겨 있다. 주 접촉기라고하는 코일 작동 식 접촉기는 가동식 철심이 있는 코일로 작동되는 가동식 접점으로 구성된다. 제어판의 발전기 스위치를 닫으면 발전기 출력이 전압 릴레이 코일에 연결된다. 발전기 전압이 22V에 도달하면 코일을 통해 전류가 흐르고 전압 계전기의 접점이 닫힌다. 이 동작은 차동 코일을 통해 발전기에서 배터리로 회로를 완성한다.

발전기 전압이 버스 전압을 0.35V 초과 할 때 전류가 차동 코일을 통해 흐르고, 차동 릴레이 접점이 접속하고 주 접촉기 코일 회로가 완성된다. 주 접촉기의 접점은 발전기를 버스에 닫고 연결한다. 발전기 전압이 버스 (또는 배터리) 전압 아래로 떨어지면 역전류가 차동 계전기의 임시 자석 주변의 자기장을 약화시킨다. 약화된 필드는 스프링이 차동 릴레이 접점을 열고 메인 컨택터 릴레이의 코일에 회로를 차단하고 접점을 열고 버스에서 발전기를 분리 할 수 있도록 한다. 조종석 제어 스위치를 열면 발전기 배터리 회로가 파손되어 전압 계전기의 접점이 열리고 차동 계전기 코일의 전원이 차단된다.

1.49.19 과전압제어릴레이와 필드제어릴레이 (over-voltage and field control relays)

발전기제어회로와 함께 사용된 다른 2 가지 항목은 과전압제어릴레이와 필드제어릴레이이다. 명칭이 의미하는 것과 같이, 과전압제어는 과도한 전압이 있을 때 계통을 보호한다. 과전압제어릴레이는 발전기 출력이 32[V]에 도달할 때 접속되고 필드제어릴레이의 트립 코일(trip coil)로 회로를 완전한 것으로 만든다. 발전기 전압으로 하여금 떨어지게 하는 필드제어릴레이의 차단회로의 접속하기는 분권필드회로를 개방하고 저항기를 통과하여 회로를 완성시키고, 또한 발전기 스위치회로와 다발항공기에서 균압선회로(equalizer circuit)는 개방된다. 과전압 상황이 존재한다는 것을 경고하는 표시등 회로는 완성된다. 그것의 정상위치로 릴레이를 되돌리는 조종석스위치의 "RESET" 위치는 필드제어릴레이에서 재기동 코일회로를 완성하는 데 사용된다.

1.50 발전기제어장치 (GCU, generator control unit)

1.50.1 발전기제어장치의 기본기능 (basic functions of a generator control unit)

발전기제어장치(GCU, generator control unit)는 일반적으로 터빈항공기에서 더 많이 찾아볼 수 있다. 가장 기본적인 발전기제어장치는 직류발전계통의 조절, 감지 및 보호와 관련된 여러 기능을 수행한다.

1.50.2 전압조절(voltage regulation)

가장 기본적인 발전기제어장치(GCU) 기능은 전압조절이다. 전압조절은 출력의 일부를 표본 추출하여 기준 값과 비교하기 위한 조정장치가 필요하다. 만일 표본으로 추출한 값이 설정한 한도의 범위를 벗어나 높거나 낮으면 발전기의 출력 값을 올리거나 내리는 조정 수단이 있어야 한다. 발전기제어장치(GCU)인 경우 발전기의 출력 전압을 GCU가 감지하여 기준 값과 비교한다. 차이가 나면 그 오차만큼을 조정하기 위해 GCU에서 발전기의 필드여자제어 부분(여자발전기(Exciter Generator stator)으로 공급되는 전류량을 조절(전류량 변화 – 자기장 세기 변화 – 전압변화) 함으로써 발전기 출력 전압을 조절한다.

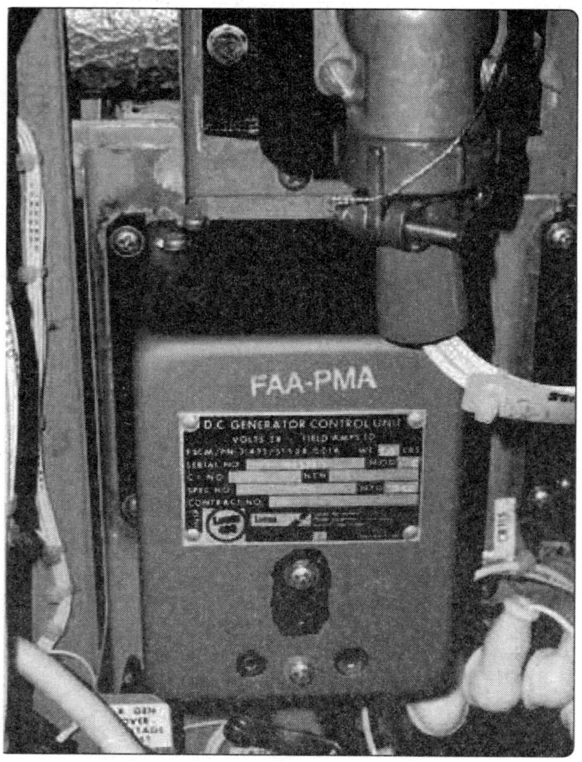

[그림 1- 325] 발전기제어장치(GCU)

1.50.3 과전압방지(overvoltage protection)

발전기제어장치의 전압조절 특색처럼, 과전압보호계통은 기준전압과 표본추출전압을 비교한다. 과전압보호회로의 출력은 필드여자를 위한 출력을 제어하는 릴레이를 개방하기 위해 이용된다. 이들 유형의 결함은 다수의 이유로 발생할 수 있다. 그러나 가장 일반적인 결함의 이유는 발전기제어장치에서 전압조절회로의 결함이다.

1.50.4 병렬발전기운전 (parallel generator operations)

발전기제어장치의 병렬접속특색은 2개 이상의 발전기제어장치/발전기계통이 항공기 전기계통으로 전류를 공급하기 위해 공동으로 작동한다. 균압모선과 보극/보상기(compensator) 전압 사이에 전압을 비교하고 차이를 증폭하면 계통의 제어가 완성된다. 그 다음 그 차이를 GCU의 전압조정회로로 보내서 전압을 조정한다. 이들 조절은 버스의 모두가 그들의 부하분담에서 균등히 분배될 때까지 계속될 것이다.

1.50.5 과여자 방지 (over–excitation protection)

병렬운전방식에서 발전기제어장치가 고장 났을 때, 발전기 중 하나가 과여자 되게 하고 모든 부하가 아니라면 부하의 점유율을 초과하여 운반하려고 하는 상황이 발생할 수 있다. 균압모선(equalizing bus)에서 이 조건이 감지되면 결함 생성 제어 시스템은 여자 해제 신호를 수신하여 종료된다. 그런 다음 이 신호는 과 전압 회로로 전송 된 다음 필드여자출력회로를 연다.

1.50.6 차동전압(differential voltage)

발전기제어장치는 논리회로출력이 발전기 회로접촉기를 접속하도록 허용할 때, 발전기 전압은 부하버스의 근소한 차의 허용한계 이내에 있어야 한다. 만약 출력이 명시된 허용한계 이내에 있지 않다면, 그때 접촉기는 버스에 발전기를 연결시키는 것을 허락하지 않는다.

1.50.7 역전류감지(reverse current sensing)

만약 발전기가 요구된 전압준위를 유지하는 것이 불가능한 것이라면, 그것은 결국 전압을 공급하는 대신에 전류를 끌어오기 시작할 것이다. 이 경우에서, 결함의 발전기는 다른 발전기에게 부하처럼 보이게 될 것이고 버스로부터 분리되는 것이 필요하게 될 것이다. 발전기가 작동하지 않는 경우, 발전기 결함이 해소되고 발전기가 버스에 전류를 제공할 능력이 있을 때까지 버스에 다시 연결하는 것이 허용되지 않을 것이다. 대부분의 경우 차동전압회로와 역전류감지회로는 동시에 일어난다.

1.51 교류기 정속구동장치(alternator constant speed drive system)

교류기는 항상 직류발전기처럼 비행기 엔진에 직접 연결되지 않는다. 교류기에 의해서 공급된 교류에 작동하는 여러 가지의 전기장치는 어떤 전압에서 그리고 명시된 주파수에서 작동하게끔 설계되기 때문에, 교류기의 속도는 일정한 것이어야 하지만, 비행기 엔진의 속도는 변동한다. 그런 까닭에, 엔진은 엔진과 교류기 사이에 장착된 정속구동장치를 통해 교류기를 가동시킨다.

그림 1-326에서는 전형적인 유압형 정속구동장치를 보여준다. 정속구동장치계통에 대한 다음 설명은 대형 다발항공기에서 찾아볼 수 있는 그런 구동장치에 기초할 것이다.

정속구동장치는 전기 작용으로 또는 기계장치로 제어되게 하는 유압변속장치이다.

2,800~9,000[rpm]로 유지하는 입력을 장치한, 정속구동장치어셈블리는 6,000[rpm]의 출력을 인도하도록 설계되었다. 만약 엔진회전속도에 의해 결정된 입력이 6,000[rpm] 이하이라면, 정속구동장치는 요구된 출력을 공급하기 위하여 속도를 증대한다. 이렇게 속도를 늘리는 것은 증속구동이라고 한다.

증속구동에서, 자동차 엔진은 49[mph]로 전통적인 운전에서 하는 것처럼 거의 60[mph]에서 동일한 rpm으로 작동할 것이다. 항공기에서, 이 원리는 동일한 방식으로 적용된다. 정속구동장치는 그것이 이륙분당 회전수 또는 순항분당 회전수 경우처럼, 약간 엔진공회전수 이상으로서 동일한 주파수를 만들어내도록 교류기를 가능하게 한다.

6,000[rpm]으로 정해진 정속구동장치에서 입력속도로 출력속도는 같을 것이다. 이것은 직렬전동이라고 하며 최 고속 기어에 있는 자동차와 비교된다. 그러나 입력속도가 6,000[rpm]보다 크면, 그것은 6,000[rpm]의 출력을 만들어내기 위해서 줄여야 한다. 저속기어에 있는 자동차와 비교할 수 있는 이것은 감속전동이라고 한다. 그러므로 높은 엔진회전수에

[그림 1-326] 정속구동장치(CSD. Constant-speed drive)

의해 일으킨, 큰 입력은 원하는 교류기 속도를 주기 위해서 줄여진다.

정속구동장치에 의한 이 제어의 결과로서, 발전기의 주파수출력은 무(無) 부하에서 420[cps]에서 전체 부하에서 400[cps]까지 변화한다.

간단히 말해서, 이것이 정속구동장치어셈블리의 기능이다. 여러 가지의 장치와 회로를 설명하기 전에, 변속기의 전반적인 작동은 다음에서 설명된다.

1.52 유압변속기(hydraulic transmission)

변속기는 발전기와 항공기 엔진 사이에 설치된다. 그것의 명칭은 비록 일부 변속기가 엔진 오일을 사용하지만, 유압 오일이 사용된다는 것을 의미한다. 그림 1-327에서는 그러한 변속기의 단면도를 보여준다. 입력축 D는 엔진의 액세서리 구역에 구동축으로부터 가동된다. 변속기의 정반대의 끝단에 출력축 F는 발전기의 구동축에 맞물리게 한다.

입력축은 그것을 가동시키는 회전실린더 블록 기어뿐만 아니라 보강펌프 및 소기 기어펌프 E까지 맞물린다.

보강펌프, 즉 충전펌프는 펌프와 전동기실린더 블록에, 조속기장치에, 그리고 가압케이스에 300[psi]의 오일을 인도하는 것에 반하여, 소기펌프는 외부저장소로 오일을 돌려준다.

회전실린더어셈블리 B는 펌프와 모터 실린더 블록

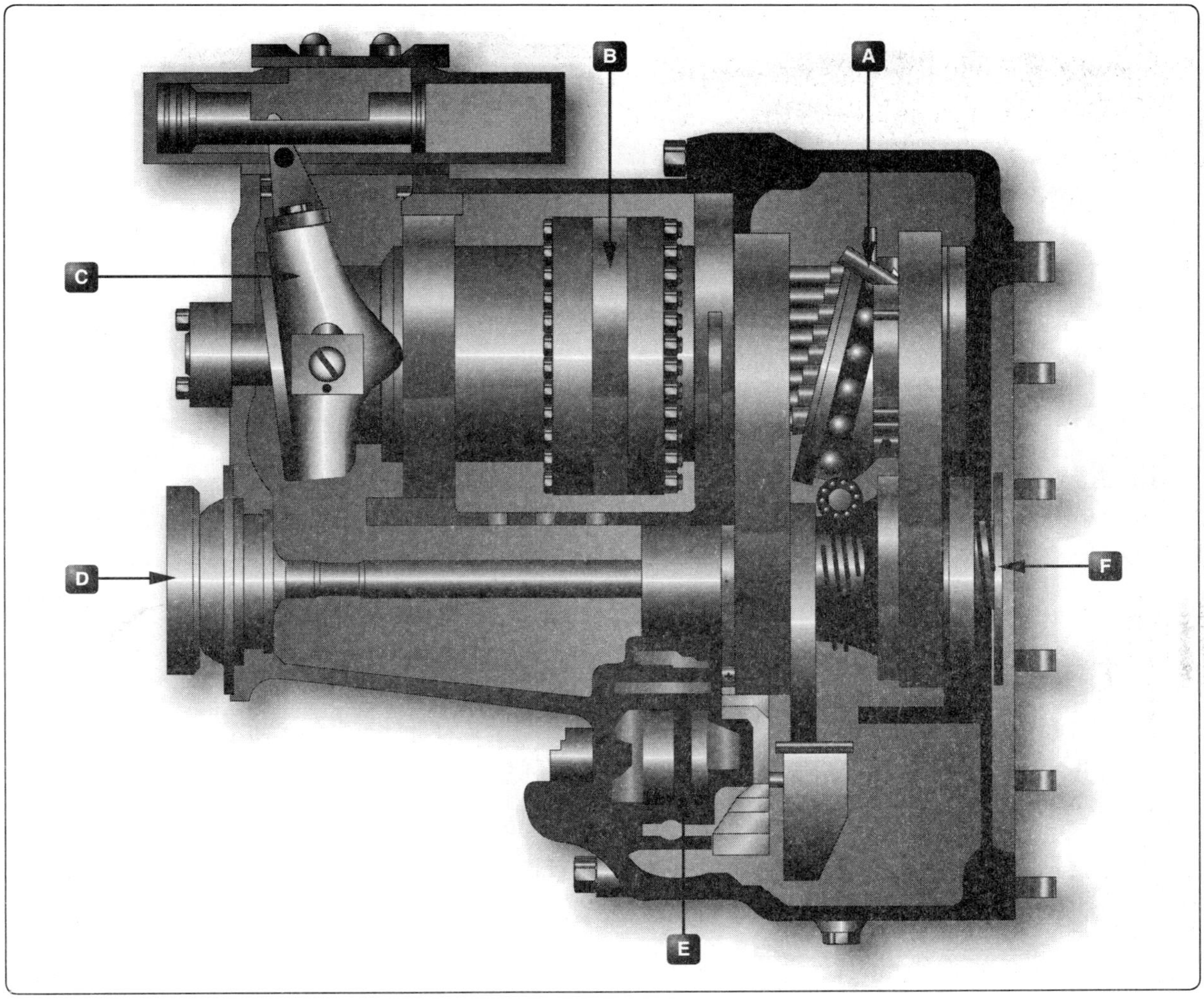

[그림 1-327} 유압 변속기의 단면도 (Cutaway view of a hydraulic transmission)

으로 구성되면 배출구판의 반대쪽에 볼트로 고정된다. 다른 2개의 주된 부분은 모터 동요기(모터 워블러. motor wobbler) A와 펌프 동요기(pump wobbler) C이다. 조속기장치는 그림에 왼쪽 꼭대기에 있는 장치이다.

실린더어셈블리는 2개의 기본 장치를 갖고 있다. 장치 중 하나의 실린더블록어셈블리인, 펌프는 피스톤과 푸시로드를 갖고 있는 것의 각각에 14-cylinder를 담고 있다. 보강펌프에서 충전압력은 푸시로드에 대해 바깥쪽방향으로 그것을 밀어내기 위해서 각각의 피스톤에 가해진다. 결과적으로, 그것은 펌프경사판을 향하여 밀고 나아간다.

만약 판이 그림 1-328의 A와 같이 유지되었다면, 14-cylinder의 각각은 균압을 갖게 되고, 그리고 모든 피스톤은 그들의 각자의 실린더에서 동일한 상대적 정립에 있게 된다. 그러나 그림 1-328의 B와 같이, 경사진 판을 상대로, 상부부분은 바깥쪽방향으로 움직

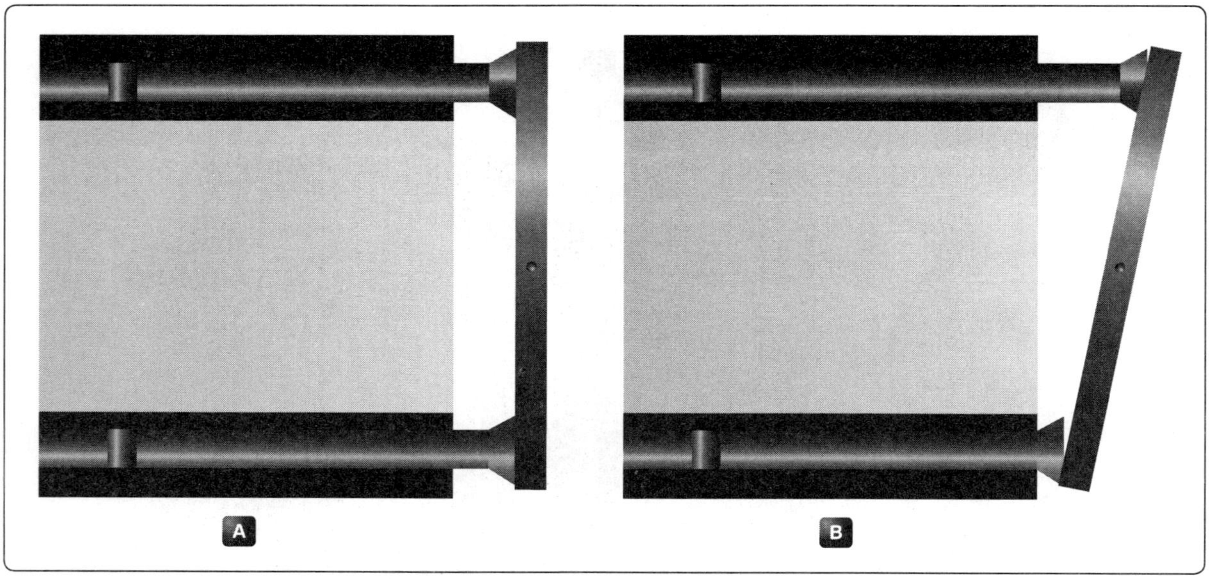

[그림 1-328] 워블러 플레이트 위치(동요기판 위치. Wobble plate position)

이고 하부부분은 안쪽방향으로 움직인다. 그 결과로, 더 많은 오일은 위쪽 실린더의 내부에 들어가지만, 오일은 밑바닥 피스톤의 실린더로부터 밀어내게 될 것이다.

만약 펌프블록이 판이 정지된 대로 있는 동안에 회전되었다면, 꼭대기 피스톤은 판의 각도 때문에 안쪽방향으로 밀어 넣게 된다. 이 작용은 실린더 내에 제한된 오일로 하여금 전동기 실린더블록어셈블리 안으로 그것을 밀어 넣기에 아주 충분하도록 증대된 압력을 받게 한다.

운동단위에서 고압 오일이 무엇을 할 것인가를 설명하기 전에, 회전실린더블록 어셈블리의 이 부분에 관하여 어느 정도 알아 둘 필요성이 있다. 전동기블록어셈블리는 각각의 피스톤과 푸시로드(pushrod)를 가지고 있는 16-cylinder를 갖고 있다. 이들은 300[psi]의 충전압력을 끊임없이 받고 있다. 피스톤의 위치는 각각의 푸시로드가 전동기 경사판과 닿는 지점에 달려 있다. 이들 푸시로드는 그들이 그것의 경사면에 대해 가하는 압력으로써 경사판으로 하여금 회전하게 한다.

전동기의 피스톤과 푸시로드는 오일이 펌프 실린더로부터 전동 밸브판을 통해서 밀어 넣었을 때 바깥쪽방향으로 밀고 나아간다. 푸시로드는 회전하는 것이 자유로운 전동기경사판을 이 향하여 밀어 넣어지지만, 그것이 정해진 곳에서 각도를 변화시킬 수는 없다. 푸시로드는 옆길로 움직일 수 없기 때문에, 전동기경사판의 경사면을 향하여 가해진 압력은 푸시로드로 하여금 회전하게 한다.

실제의 변속기에서 가변경사판이 있다. 제어실린더어셈블리는 펌프경사판의 사면을 결정한다. 예를 들어, 만약 변속기가 증속구동에 있으면, 그것은 전동기어셈블리보다 더 빨리 전동기경사판으로 하여금 회전하게 하는 각도로 정해진다. 펌프와 전동기실린더에 더 큰 압력은 설명된 결과를 만들어낸다.

감속전동에 있는 변속기로서, 각도는 양수작용으로 감소가 있도록 배열된다. 푸시로드와 전동기경사판 사이에 차후의 미끄러짐은 변속기의 출력속도를 줄인다. 펌프경사판이 그 각도에 있지 않을 경우, 양수작용은 최소로 될 것이고 변속기는 유체고착현상이라고 알려진 것이 될 것이다. 이런 상황에서, 입력속도와 출력속도는 거의 같은 것이 될 것이고, 그리고 변속기는 직렬전동에 있는 것으로 간주된다.

실린더블록 내부에 과도하게 높게 되는 오일 온도를 방지하기 위하여, 보강압력펌프는 이 블록의 중앙과 압력릴리프밸브를 통해 오일을 밀어낸다. 이 밸브로부터, 오일은 변속기케이스의 밑바닥으로 흘러들어간다. 소기펌프는 변속기케이스에서 오일을 내어

고 오일냉각기를 지나서 그것을 순환시키고 저장소로 들어가기 전에 여과한다. 순환의 시작에서, 오일은 저장소에서 끌어내지고, 필터를 거쳐 지나가고, 그리고 보강압력펌프에 의해서 실린더블록 안으로 밀어넣는다.

출력기어(output gear)와 클러치어셈블리에 위치된 클러치는 오버런 방식의 편도 스프래그 -타입 장치이다. 교류 발전기가 동력을 공급 받으면 래칫(걸쇠)하는 것이 목적이다. 그렇지 않으면 발전기가 엔진을 돌릴 수 있다. 더욱이, 클러치는 변속기가 발전기를 구동 할 때 양극 연결을 제공한다.

그림 1-329와 같이, 여기서 꼭 말해 두어야 할 구동장치의 또 다른 구성부분은 조속기 장치(통제 시스템)이다. 피스톤이 있는 유압실린더로 이루어진 거버너 시스템은 전기적으로 제어된다. 그것의 임무는 제어 실린더 어셈블리로 흐르는 오일 압력을 조절하는 것이다.

장치의 유압 실린더에 중앙은 펌프경사판의 암(arm)이 피스톤과 연결될 수 있도록 갸름한 구멍을 내었다. 오일 압력이 피스톤을 움직일 때, 펌프경사판은 과속이거나, 저속이거나, 또는 직렬전동에 놓인다.

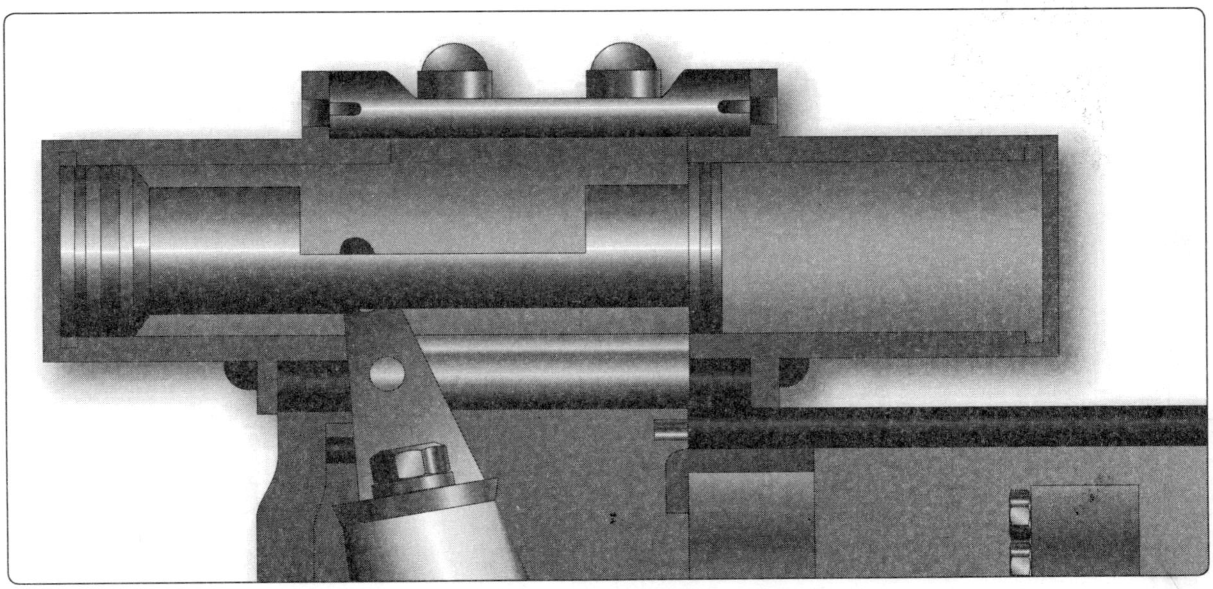

[그림 1-329] 실린더 제어 (Control cylinder)

그림 1-329에서는 변속기의 속도를 제어하기 위해 사용된 전기회로를 보여준다. 그림 1-313과 그림 1-330과 같이, 첫 번째, 완전한 전기제어회로의 요점이 설명될 것이다. 그다음에 간소화를 위해, 두 가지 부분, 즉 증속구동회로와 부하분할회로가 개개의 회로로서 고려될 것이다.

그림 1-330과 같이, 회로가 밸브와 솔레노이드 어셈블리(solenoid assembly) O 그리고 제어 실린더 E를 갖고 있다는 것을 참조한다. 그리고 이 회로에 회전계용 발전기 D, 정류기 C, 가변저항기 B, 가감저항기 A, 그리고 제어코일 Q와 같은 그런 구성부분이 있다는 점에도 참조한다.

그림 1-331과 같이, 가끔 Tacho라고 부르는 회전속도계는 변속기에 있는 구동기어에 의해서 가동되기 때문에, 회전계용 발전기, 3상장치는 출력구동장치의 속도에 비례하는 전압을 갖는다. 정류기는 교류에서 직류로 그것의 전압을 변화시킨다. 정류 후에, 전류는 저항기, 가감저항기, 그리고 밸브와 솔레노이드를 지나서 흐른다. 이들 구성부분의 각각은 직렬로 연결된다.

정상작동조건에서, 회전계용 발전기의 출력은 밸브에서 스프링 힘과 균형을 맞추기 위한 충분한 강도의 자기장을 새로이 만들도록 밸브와 솔레노이드코일에 들어가는 겨우 충족될 만큼 전류를 일으킨다. 교류기 속도가 부하에서 감소의 결과로 증대할 때, 회전계용 발전기 출력은 또한 증대한다. 더 커진 출력 때문에, 솔레노이드에 있는 코일은 스프링 힘을 극복할 수 있을 만큼 충분하게 강해진다. 그러므로 밸브는 움직이고, 그래서 그 결과로서, 오일 압력은 제어 실린더의 줄어든 속도 쪽으로 들어간다.

번갈아, 펌프경사판의 각도로 하여금 줄어들게 하

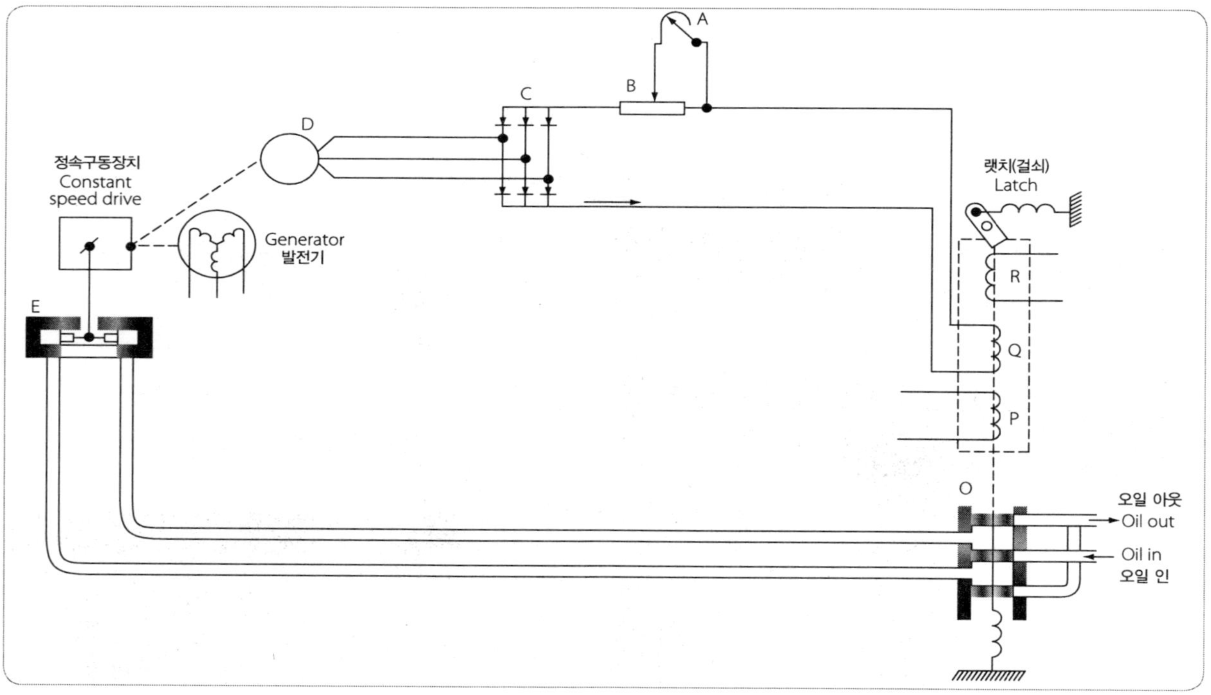

[그림 1-330] 전기유압제어회로(Electrical hydraulic control circuit)

는 압력은 피스톤을 움직인다. 피스톤의 반대쪽에서 오일은 계통 복귀로 밸브를 지나서 다시 밀어 넣는다. 펌프경사판의 각도가 더 작기 때문에, 변속기에서 적은 양수작용이 있다. 결과는 출력속도가 감소된다. 순환을 완료하기 위해, 진행은 반대로 된다.

출력속도를 축소하면 회전계용 발전기 출력은 감소하는데, 결과적으로, 솔레노이드에서 전류의 흐름은 줄어든다. 그런 까닭에, 솔레노이드의 자기장은 스프링이 솔레노이드를 극복할 수 있기에 그리고 밸브를 위치를 움직이기에 너무 약하게 된다.

만약 중부하가 교류발전기에 가해진다면, 그것의 속도는 감소한다. 발전기는 엔진에 의해서 직접 가동되지 않는데, 유압구동장치는 미끄러짐을 하게 할 것이다. 이 감소는 회전계용 발전기의 출력으로 하여금 점점 줄어들게 하고, 결과적으로, 솔레노이드 코일(solenoid coil)의 자기장을 약화시킨다. 솔레노이드에 있는 스프링은 밸브를 움직일 것이고 오일 압력이 제어 실린더의 증가 쪽으로 들어가도록 하여 변속기의 출력속도는 끌어 올려 질 것이다.

아직도 언급해야 하는 두 가지 중요한 회로가 있는데, 과속회로와 부하분할회로이다. 그림 1-332와 같이, 발전기는 원심스위치 S와 솔레노이드와 밸브어셈블리(valve assembly)에 위치한 과속솔레노이드코일 R에 의해서 과속하기를 방지한다. 원심스위치는 변속기에 있으며 회전계용 발전기처럼 동일한 기어(gear) 배열을 통해 가동시킨다.

항공기 직류계통은 솔레노이드와 코일어셈블리(coil assembly)에 있는 과속코일을 작동시키기 위한 전원을 공급한다. 만약 변속기의 출력속도가 7,000~7,500[rpm]에 속도에 도달한다면, 원심스위치는 직류

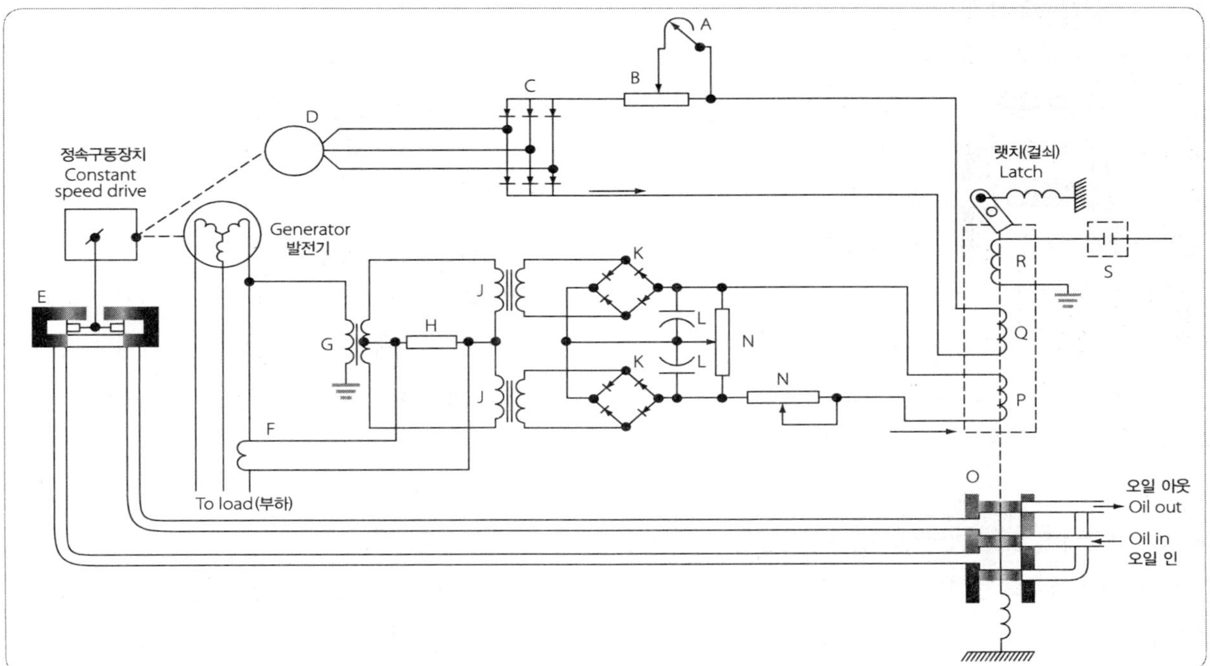

[그림 1-331] 속도제어회로(Speed control circuit)

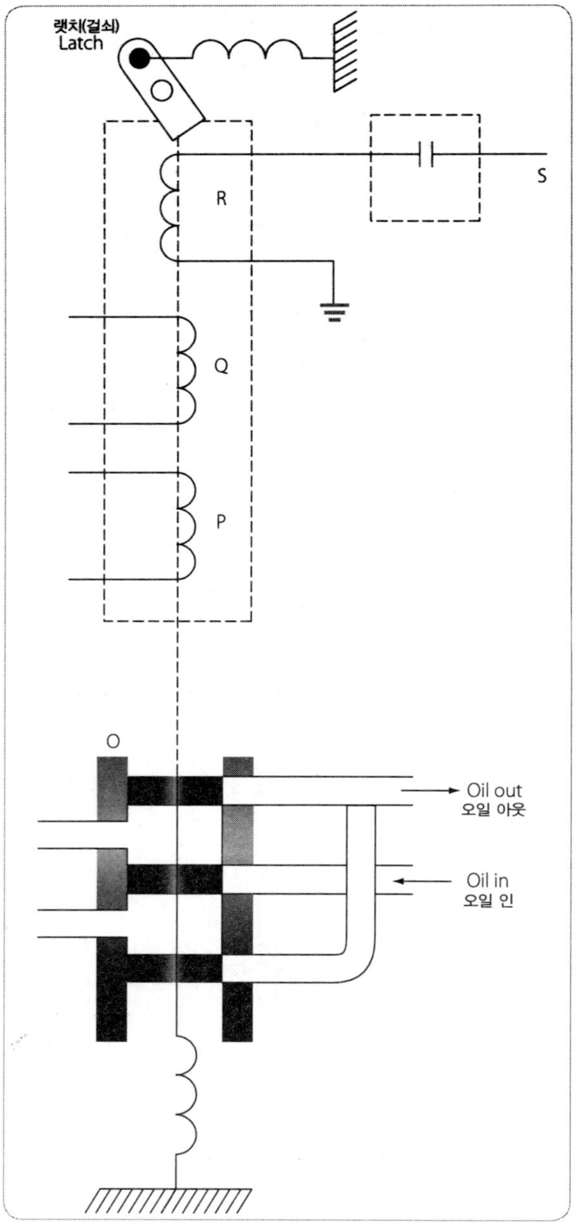

[그림 1-332] 오버스피드(과속) 회로 (Overspeed circuit)

회로를 접속시키고 과속솔레노이드에 전압을 가한다. 그러면, 이 구성요소는 밸브를 움직이고 감속전동 위치로 밸브를 끌어당기는 걸쇠를 맞물리게 한다. 걸쇠를 풀어놓기 위해서, 감속전동 개방솔레노이드에 전압을 가한다.

부하분할회로의 기능은 각각의 교류기가 그것의 몫을 떠맡는 것을 확보하기 위해 필요한, 각각의 교류기에 걸린 부하를 균등히 분배하는 것인데, 그렇지 않으면, 하나의 교류기는 지나치게 부하를 걸리게 되는 반면에 다른 쪽 교류기는 단지 적은 부하를 수반하고 있게 된다.

그림 1-333과 같이, 교류기의 1개의 위상은 2차코일이 다른 2개의 변압기 J1과 J2의 1 차코일에 전원을 공급하는 변압기 G에 일차코일에 전원을 공급한다. 그때 정류기 K는 교류에서 직류로 변압기 이차코일의 출력을 바꾼다. 2개의 커패시터 L의 기능은 직류맥동을 일정하게 하는 것이다.

변류기 F의 출력은 하나의 위상의 전선에 흐르는 전류의 양에 달려 있다. 이렇게 하여, 그것은 발전기의 실제부하를 측정한다. 변류기의 출력전압은 저항기 H의 전역에서 가해진다. 이 전압은 변압기 F의 출력에 의해서 변압기 J의 상부 권선에 가해진 전압에 벡터(vector)로 더해질 것이다. 전압이 변압기 J의 상부 권선에 벡터로 더해지는 것과 동시에, 이 전압은 변압기 J의 하부 권선에 가해진 전압에서 벡터로 빼게 된다.

이 전압 덧셈과 뺄셈은 발전기의 실제부하에 따른다. 실제부하의 양은 위상각을 결정짓고 전압의 양은 저항기 H의 전역에서 전압을 가한다. 실제부하가 커질수록, 저항기 H의 전역에서 전압은 더 커지며, 따라서 변압기 J의 2개의 일차코일에 가해진 전압에 차이는 더 커진다. 변압기 J의 이차코일에 의해 저항기 M에 가해진 균등하지 않은 전압은 제어코일 P를 통해서 흐르는 전류를 일으킨다.

제어코일은 그것의 전압이 밸브와 솔레노이드어셈블리에 있는 제어코일에서 전압을 보충하도록 감긴

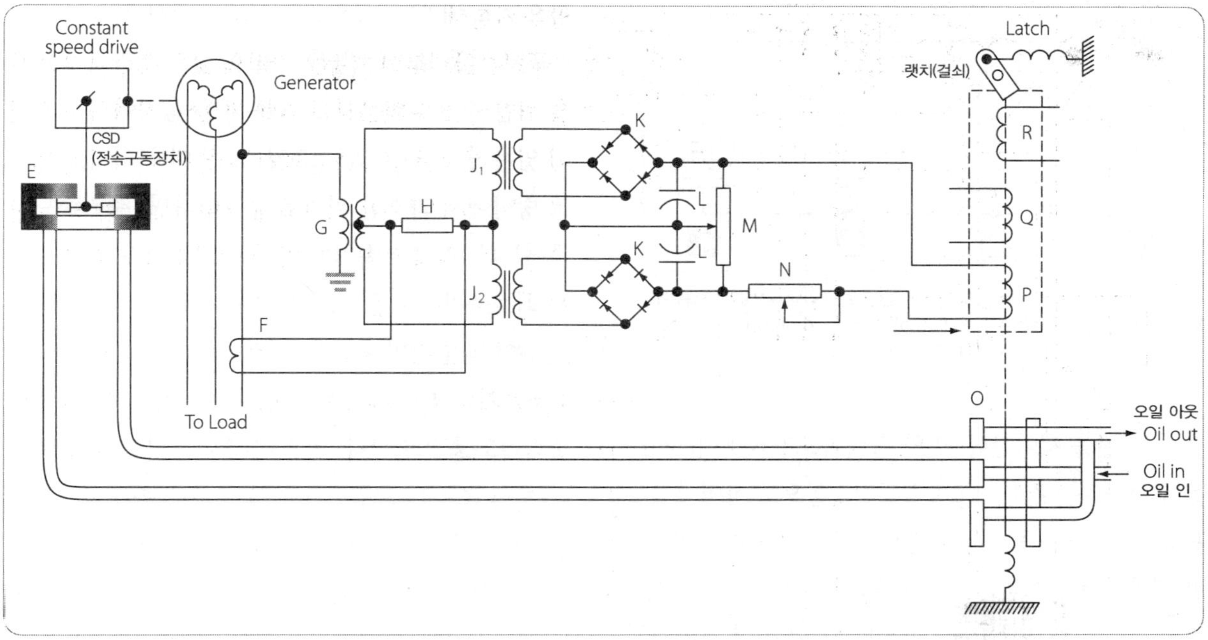

[그림 1-333] 두룹(처짐) 회로 (Droop circuit)

다. 결과로서 초래된 증가된 전압은 밸브를 움직여서 발전기의 속도의 속력을 늦춘다. 만약 부하가 증가해 버렸다면 왜 속도가 감소되어야 하는지 알아본다. 실제로 오직 1개의 발전기를 사용하는 계통은 속도를 감소시키지 않게 되지만, 2개 이상의 발전기를 가진 계통에서 감소는 부하를 균등히 분배하기 위하여 필요한 것이다.

부하분할회로는 반드시 2개 이상의 발전기가 전원을 공급할 때만 쓰인다. 그런 계통에서, 제어코일은 병렬로 연결된다. 만약 이들 제어코일 중 1개에 대한 전원전압이 다른 것보다 더 높게 된다면, 그것은 전체의 부하분할회로의 전체에 걸쳐서 흐르는 전류흐름의 방향을 결정한다. 이전에 설명한 바와 같이, 발전기에 실제부하는 제어코일에 전압의 양을 결정하는데, 그런 까닭에 가장 큰 실제부하를 가지고 있는 발전기는 가장 높은 전압을 갖는다.

그림 1-334와 같이, 그것에 의해서 그림에서 제어코일의 전원전압이 배터리부호로 나타내는, 발전기의 속력을 늦추는 가장 큰 부하가 있는 No.1 제어코일을 통과하는 전류는 밸브와 솔레노이드의 제어코일을 거든다. 잔여제어코일에 전류는 다른 발전기의 속도를 증가시키기 위해서, 밸브와 솔레노이드의 제어코일에 반대하고 그래서 부하는 더욱 고르게 분배될 것이다.

일부 장치에서, 전기제어식조속기 대신에, 구동장치의 출력축에 의해 가동하는 오목형 회전 밸브, 플라이 웨이트(flyweight), 2개의 코일스프링, 그리고 비회전 밸브대로 이루어진, 플라이 웨이트형 조속기가 쓰인다. 조속기 플라이 웨이트에 작용하는 원심력은 그들로 하여금 코일스프링의 반대에 향하여 밸브대를 들어 올리는 바깥쪽방향으로 움직이게 한다.

밸브대 위치는 2개의 오일 배출관으로 오일을 향하

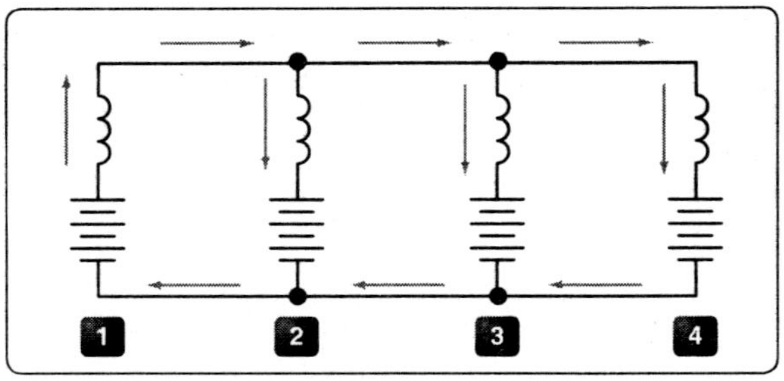

[그림 1-334] 부하가 동일하지 않은 드룹 코일 회로에서 전류의 상대적인 방향 (Relative direction of current in droop coil circuit with unequal loads)

게 하는 것을 제어한다. 만약 출력속도가 6,000[rpm]을 초과하려는 경향이 있다면, 피스톤으로 하여금 펌프경사판각도를 줄이는 방향으로 움직이게 하는 플라이 웨이트는 제어피스톤의 쪽으로 더 많은 오일을 향하게 하도록 밸브대(valve stem)를 들어 올릴 것이다. 만약 속도가 6,000[rpm] 이하로 떨어진다면, 오일은 그것이 경사판각도를 증가시키기 위해 움직이도록 제어피스톤으로 향하게 된다.

과속보호는 조속기에 장착된다. 구동장치는 감속전동 위치에서 시작한다. 조속기 코일스프링은 완전히 늘어나고 밸브대는 그것의 아래쪽방향 왕복운동의 한도로 유지된다. 이런 상황에서, 압력은 최소경사판각도를 주는 제어 피스톤의 쪽으로 향하게 된다. 제어피스톤의 최대각 쪽은 공동대(hollow stem)에서 열린다. 입력속도가 증가하면, 플라이 웨이트는 스프링 사선을 이겨내기 위하여 바깥쪽방향으로 움직이기 시작한다. 이 작용은 밸브대를 들어 올리고 제어피스톤의 최대량 쪽으로 오일이 향하는 것을 시작하고, 반면에 최소량 쪽은 공동대에서 열린다.

약 6,000[rpm]에서, 대는 양쪽의 배수를 멈추기 위해 배치되고, 그리고 2개의 압력은 플라이 웨이트 힘이 스프링 사선에 대해서 균형이 잡혀질 때 균형점을 찾으려고 애쓴다. 그러므로 조속기에서 기술적 결함은 감속전동 조건의 원인이 될 것이다. 플라이 웨이트의 힘은 항상 감속 위치로 밸브대를 움직이려는 경향이 있는데, 그래서 만약 코일스프링이 부러지고 대가 그 방향에서 과격한 위치로 움직인다면, 출력속도는 줄어든다. 만약 조속기에 입력이 고장 난다면, 스프링은 최소출력속도를 얻도록 START 위치로 완전히 대를 밀어 넣을 것이다.

조속기의 끝단에 있는 조정나사는 정속구동장치의 출력속도를 조절한다. 플라이 웨이트의 작용에 반대하는 이 조정은 코일스프링의 압축을 증대시키거나 감소시킨다. 조정나사는 알려진 증가량으로 속도 조정을 만들기의 수단을 마련하는 톱니 모양을 한 이음루프(collar)에서 돌아간다. 매번 "Click"은 발전기 주파수에서 약간씩 변화를 준다.

1.53 교류기의 전압조절 (voltage regulation of alternators)

교류계통에서 전압조절의 문제점은 직류계통에서의 것과 근본적으로 다르지 않다. 각각의 경우에 있어서, 조절기계통의 기능은 시스템에 부하가 가해질 때 전압을 제어하고, 계통의 전체의 순환전류균형을 유지하며 전압의 급격한 변화(안티 헌팅)을 제거하는 것이다. 그러나 DC 발전기의 레귤레이터 시스템과 병렬 구성으로 작동되는 교류 발전기 사이에는 중요한 차이점이 있다. 2 개 또는 4 개의 발전기 시스템에서 특정 DC 발전기에 의해 전달되는 부하는 버스 전압과 비교하여 전압에 의존하는 반면 교류 발전기 사이의 부하 분배는 주파수와 제어에 의해 제어되는 속도 조절기의 조정에 달려 있다.

교류발전기가 병렬로 작동할 때, 주파수와 전압은 모두 같아야 한다. 동기력이 오직 직류발전기 사이에 전압을 같게 하는 것이 요구되는 곳에서, 동기력은 교류발전기 사이에 전압과 속도, 즉 주파수 모두를 같게 하는 것이 요구된다. 비교해 보면, 교류발전기에 대한 동기력은 직류발전기에 대한 것보다 훨씬 크다. 교류발전기가 충분한 크기의 것이고 그리고 같지 않은 주파수와 단자전압에서 작동하고 있을 때, 중대한 손상은 만약 그들이 공통모선을 통해서 서로 갑자기 연결된 경우를 초래하게 된다. 이것을 방지하기 위해, 발전기는 그들을 함께 연결하기 전에 가능한 꼭 맞게 동기화해야 한다.

교류발전기 회전자 필드에 전류를 공급하는 직류여자기의 전압출력을 조절하면 교류기의 출력전압을 가장 잘 제어할 수 있다. 28[V] 계통의 변동률에 의해 이루어지는 이것은 여자기의 필드회로에 연결된다. 조절기는 여자기 필드전류를 제어하고 그러므로 교류기 필드에 가해진 여자기 출력전압을 조절한다.

1.53.1 교류기 트랜지스터식 조절기 (alternator transistorized regulators)

많은 항공기 교류발전기 계통은 교류기 출력을 제어하기 위해 트랜지스터식 전압조절기를 사용한다. 이 단원을 공부하기 전에, 트랜지스터 원리의 복습은 도움이 될 수 있다.

트랜지스터식전압조절기는 주로 트랜지스터, 다이오드(diode), 저항기, 커패시터, 그리고 보통 서미스터로 이루어진다. 작동에서, 전류는 다이오드와 트랜지스터 경로를 통해서 발전기 필드로 흐른다. 적정한 전압준위가 도달되었을 때, 조정구성요소는 트랜지스터로 하여금 교류기 전계강도를 제어하도록 전도를 차단하게 한다. 레귤레이터 작동범위는 보통 좁은 범위를 통해 조정할 수 있다. 서미스터는 회로소자에 대한 온도보상을 제공한다. 그림 1-335와 같이, 트랜지스터식전압조절기는 이런 유형의 조절기의 작동을 설명함으로써 언급될 것이다.

발전기의 교류출력은 그것이 기준전압과 비교되는 전압조절기로 공급되고, 그리고 그 차이는 조절기의 제어증폭기 구역에서 이용된다. 만약 출력전압이 너무 낮으면, 교류여자발전기의 전계의 강도는 조절기에 있는 회로소자에 의해서 증대된다. 만약 출력이 너무 높으면, 전계강도는 줄어든다.

변압기 T1로부터 3상 출력의 전파정류를 공급하는 브리지회로를 위한 전원장치는 CR1이다. CR1의 직류출력전압은 평균 상전압에 비례한다. 전원은 전원장치의 (-)끝단으로부터 지점 B, R2, 지점 C, 제너다이오드 CR5, 지점 D를 통해, 그리고 V1과 R1의 병렬접속으로 공급된다. 브리지의 도약지점 C는 저항기 R2와 제너다이오드 사이에 위치된다. 기준브리지의 다른 쪽 변에서, 저항기 R9, R7, 그리고 온도보상저항기 RT1은 지점 B, 지점 A, 그리고 지점 D를 통해서 V1과 R1에 직렬로 연결된다. 브리지의 이 변에서 출력은 R7의 가동자 암(arm)에서 있다.

예를 들어, 발전기 전압변동이 일어날 때, 만약 전압이 내려가면, V2가 전도하기를 시작하는 경우에, R1과 V1을 가로지르는 전압은 상수로 남아 있을 것이다. 전체전압변화는 브리지회로를 가로질러 일어날 것이다. 제너다이오드의 전역에서 전압은 그것이 전도하기를 시작하는 경우에, 상수로 남아 있기 때문에, 브리지의 변에서 일어나는 전체전압변화는 저항기 R2

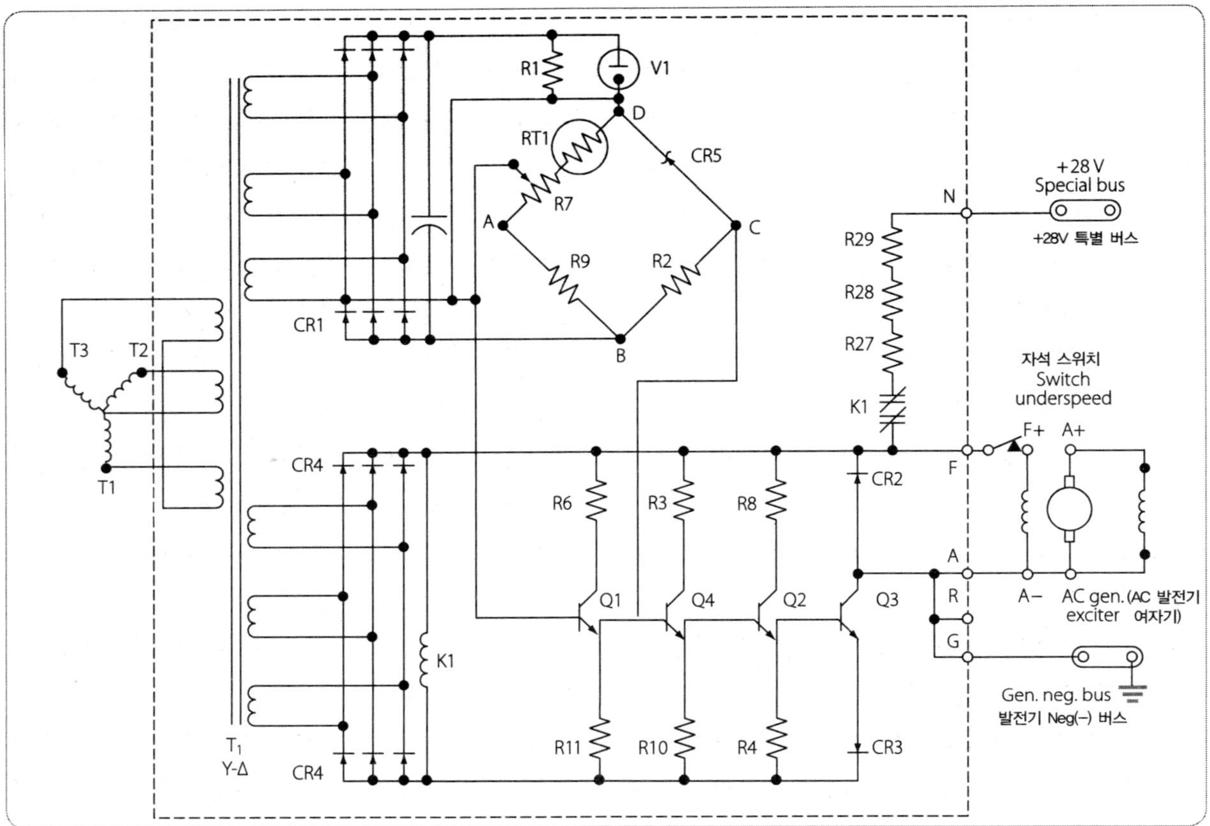

[그림 1-335] 트랜지스터식 전압 조절기(Transistorized voltage regulator)

를 가로질러 있을 것이다. 브리지의 다른 쪽 변에서, 저항기를 가로지르는 전압변동은 그들의 저항 값에 비례할 것이다. 그런 까닭에 R2를 가로지르는 전압변동은 R7의 가동자 암(arm)에서 저항기 R9를 가로지르는 전압변동보다 더 크게 될 것이다. 만약 발전기 출력전압이 떨어진다면, 지점 C는 R7의 가동자 암(arm)에 관하여 음전기가 될 것이다. 바꾸어 말하면, 만약 발전기 전압출력이 증가한다면, 2개 지점 사이에 전압의 극성은 반대로 될 것이다.

지점 C와 지점 A 사이에서 취한, 브리지출력은 트랜지스터 Q1의 이미터(emitter)와 베이스(base) 사이에 연결된다. 낮은 발전기 출력전압에서, 브리지로부터의 전압은 이미터에서 음전기일 것이고, 베이스에서는 양전기일 것이다. 이것은 트랜지스터에서 순방향 바이어스신호이고, 그리고 이미터 · 컬렉터사이(emitter-to-collector) 전류는 그런 까닭에 증가할 것이다. 전류가 증가함으로 인하여 이미터 저항기 R11을 가로지르는 전압도 증가할 것이다. 결과적으로, 그것의 이미터 · 컬렉터사이 전류를 증가시키는 그리고 이미터 저항기 R10을 가로지르는 전압강하를 증가시키는 이것은 트랜지스터 Q4의 베이스에서 양전기신호를 사용할 것이다.

이것은 그것의 이미터 · 컬렉터사이 전류를 증가시킬 그리고 그것의 이미터 저항기 R4를 가로지르는 전압강하를 증가시킬, Q2의 베이스에 순방향 바이어스(positive bias)를 주게 될 것이다. 이 양전기신호는 출력 트랜지스터 Q3을 제어할 것이다. Q3의 베이스에 양전기신호는 이미터 · 컬렉터사이 전류를 증가시킬 것이다.

여자발전기의 제어분야는 컬렉터회로에 있다. 발전기 출력을 증가시킬, 여자발전기의 출력을 증대하기는 교류발전기의 전계강도를 증가시킬 것이다.

주파수가 낮은 값으로 있을 때 발전기를 여자하기를 방지하기 위하여, F+ 단자 근처에 위치된 저속스위치가 있다. 발전기가 적절한 작동주파수에 도달할 때, 스위치는 접속할 것이고 발전기가 여자 되게 한다.

또 다른 흥미 있는 것은, K1 릴레이의 접속된 정상적으로 닫힘 접점에 직렬로 저항기 R27, R28, 그리고 R29이 연결된 선이다. 이 릴레이의 작동코일은 개략도의 왼쪽 아래에서 찾아볼 수 있다. 릴레이 K1은 트랜지스터 증폭기에서 전원장치 CR4를 가로질러 연결된다. 발전기가 시동되었을 때, 전기에너지는 초기여자를 위해 "Flash the Field"로, 28[V] 직류버스에서 여자발전기 필드로 공급된다. 여자발전기의 필드는 전압이 가해졌을 때, 교류발전기는 생산하기 위해 시동하고, 그리고 "초기여자(field flash)" 회로를 개방하는 교류전압이 증진되었을 때, 릴레이 K1은 전압이 가해진다.

02 항공기 전기 시스템

Aircraft Electrical System

2 항공기 전기 시스템

Aircraft Electrical System

2.1 항공기 전기계통 개요

항공기의 전기계통은 발전(generation), 배전(distribution) 그리고 전기를 사용하는 부하제어 (load control)로 구성 되어 있다. 전기 계통은 자동으로 그리고 필요하면 수동으로 제어할 수 있고 자체 점검하고 시험할 수 있는 BITE 기능이 있으며 비상시를 대비한 대체 전원 및 실시간 계통 감시하는 기능이 있다.

2.1.1 항공기 전기계통의 특징

(1) 비행 중에는 항시 전기가 공급이 되어야 한다. 비행준비, 탑승, 비행 후 목적지에 도착하여 하기까지 전원이 공급이 되도록 항공기 전기 계통이 설계되어 있다.

(2) 항공기 계통에는 교류와 직류가 필요하다. 각종 모터, 밸브, 히터(heater) 등 힘이나 전기 에너지 소모가 크게 필요한 계통에 주로 교류(AC 전기)가 사용되고 전기계기계통 모니터, 지시, 조정 기능 등 소량의 전기가 필요한 계통에는 직류(DC) 전기가 공급 된다.

(3) 항공기 전기 계통은 정상전원계통(Normal electrical system)과 비상전원계통(Emergency electrical system)으로 구성이 되어 있다. 1)항에서 비행 전구간에 걸쳐 전기가 공급이 되어야 한다는 것은 정상전원과 비상전원를 갖추어야 한다는 것과 같은 의미일 수 있다.

(4) 항공기 전기 계통은 고도의 안전성이 필요하고 실시간 감시 및 조정이 가능하다. 이는 작동 중 비정상적인 전기계통은 작동이 멈추고 그 결과는 바로 모니터가 되어 다른 조치를 취하도록 되어 있다. 예를 들어 지상에서 GPU 전원이 불량하면 항공기에 공급을 하려해도 연결이 안된다거나 발전기의 출력이 범위를 벗어나게 되면 언제든지 전원 차단이 발생하고 자동으로 다른 전원이 연결되는 특징이 있다.

2.1.2 항공기 계통 전원

(1) 교류전원으로는 비행 중에는 주전원으로 엔진 구동식 아이디지(IDG), backup으로 APU 발전기, 지상에서는 GPU 나 GATE 전원을 공급해서 사용할 수 있다.

(2) 직류전원으로는 변압정류기(TRU. Transformer Rectifier Unit), 그리고 battery charger 및 battery 가 준비되어 있고

(3) 비상 전원으로는 비상 발전기 또는 스태틱인버터 (Static Inverter), Battery가 사용된다.

(4) 항공기 교류 전원은 115 VAC 400Hz 3 phase 직류 전원은 14VDC(소형기) 또는 28VDC(대형기)가 사용된다.

2.1.3 전기계통 보호 및 제어

전원 결함(source failure)이나 부하 결함(load failure)인 경우 항공기 전기 계통은 여러 가지 컴퓨터들을 사용하여 보호 및 제어를 한다.

대표적인 LRU들로는 엔진구동 발전기인 IDG의 상태, 출력 등을 모니터하고 제어하는 GCU(Generator Control Unit), APU generator 상태 및 출력 등을 모니터 및 제어하는 AGCU(APU GCU), 각종 버스들의 전원과 Contactor/Breaker 등을 모니터 및 제어하는 BCU(Bus Control Unit, 또는 Bus Power Control Unit 또는 GPCU(Ground Power Control Unit) 그리고 SPCU (Standby Power Control Unit) 등이 있다.

조종석 전기계통제어패널(Electrical Control Panel) 또는 Electrical Synoptic Page에서 전기계통의 상태를 실시간으로 지시하고 모니터하고 제어할 수 있다.

2.1.4 전기 모선 및 회로 차단기

전기 모선을 일반적으로 버스(bus)라고 한다. 버스는 전원이 연결되어 있고 여기에서 각종 회로차단기를 통해서 배전이 이루어지고 있다. 전원과 버스, 버스와 버스 사이에는 Contactor 또는 breaker 등으로 구성되어 있고 이들은 시스템 구성 및 전원에 따라 컴퓨터들에 의해서 자동 또는 수동으로 작동이 된다.

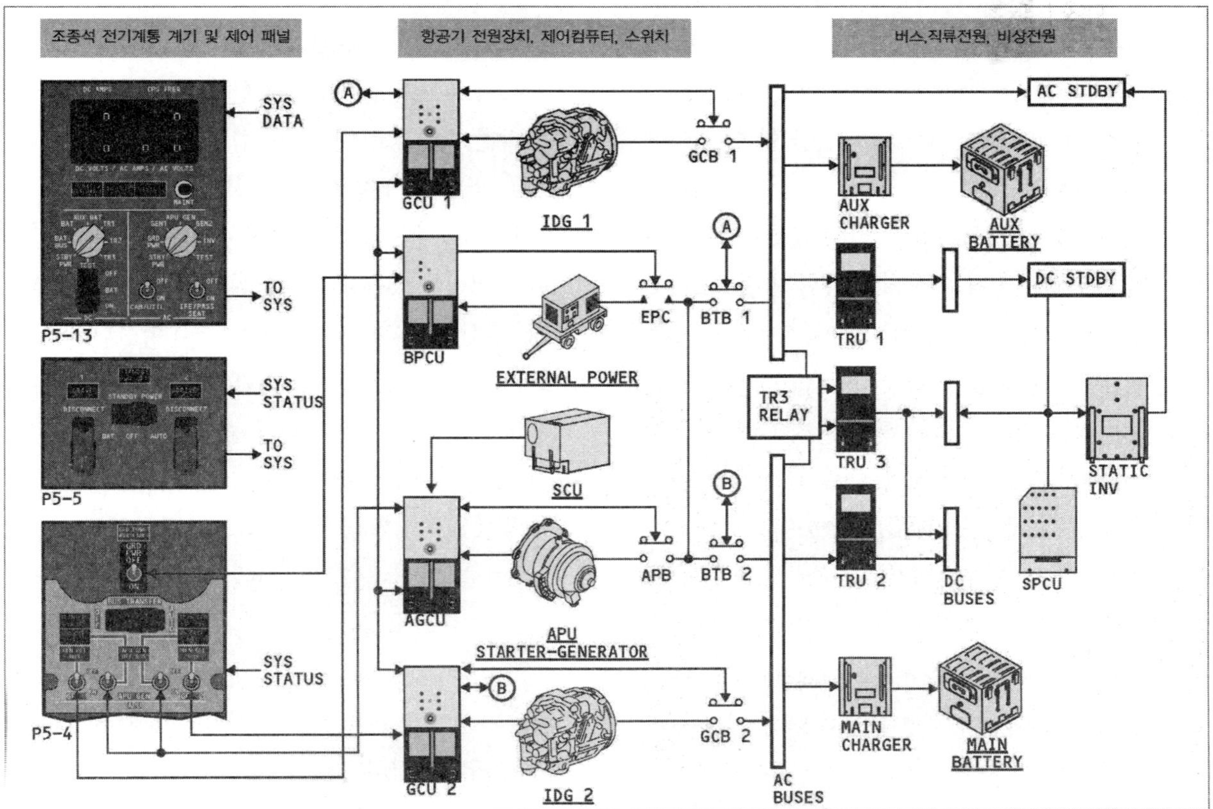

[그림 2-1] 전기계통 전원 및 제어 (Electrcial System Power and Control)

2.1.5 전기계통 주요 용어

(1) GCU – Generator Control Unit – IDG 상태 모니터 및 제어, GCB 제어. AGCU는 APU generator 모니터 및 제어, APB 모니터 및 제어
(2) IDG – Integrated Drive Generator – 엔진 구동 발전기 – 정속구동장치(Constant Drive Unit)와 발전기(Generator)를 하나의 장치로 통합한 대형항공기 교류 발전기
(3) APU – Starter/Generator – 소형기나 일부 항공기의 APU 시동을 위한 starter가 APU 발전기와 하나의 장치로서 통합이 된 경우가 있다. 처음 시동 걸때는 시동기(APU 시동기)로 사용되었다가 시동이 완료되면 발전기 역할을 하는 것이다.
(4) SCU (Starter Control Unit) – APU Starter/Generator가 초기 Starter 역할을 할 때 제어하는 컴퓨터이다.
(5) TRU – Transformer–Rectifier Unit – 변압기와정류기가 하나의 장치로 통합된 것으로 AC POWER를 받아서 감압하고 정류하여 28VDC를 공급하는 주요 전원이다.
(6) Charger – 충전기로 AC를 받아서 TRU 와 같이 28VDC로 변화하여 Battery를 먼저 충전한다. 충전이 끝나면 TRU 와 같이 작동한다.
(7) Static Inverter – 비행 중 AC 전원이 없을 때 배터리로부터 DC 전원을 받아서 115VAC 400 Hz 1 phase로 변환시켜 필수 계통에 공급한다.
(8) GCB – Generator Control Breaker – 발전기의 전원을 bus에 연결 또는 분리하는 스위치이다.
(9) BTB – Bus Tie Breaker – BCB(Bus Contactor Breaker)라고도 하며 버스와 버스 사이를 연결 및 분리하는 스위치이다.

2.2 항공기 직류 계통 및 배터리

소형 항공기에서는 직류 발전기를 사용하였지만 현대 대형항공기에서의 직류 계통은 교류 전원을 직류로 정류하여 사용하고 비상전원으로 배터리를 충전하여 사용한다. 항공기마다 그 구성이 다르지만 대체적으로 항공기 직류 전원 계통은 교류 전원을 직류로 생성하는 TRU(변압정류기, Transformer–Rectifier Unit)가 직류 주전원이고 배터리 충전기(battery charger)와 battery 가 있다.

항공기 배터리는 APU 시동(starting) 및 비상전원(emergency power)으로 사용한다. 배터리 충전기가 배터리를 충전하고 항시 충전상태를 유지하고 있다. 대부분 소형 및 구형 항공기는 황산납 배터리(lead–acid battery)를 사용하고 대형 민항항공기는 니켈카드뮴 배터리(nickel–cadmium battery, NiCd)를 사용한다. 황산납 배터리 대신 발브–조절 황산납 배터리(Valve–regulated Lead–acid(VRLA) Battery)를 이용하기도 한다. 항공기 배터리 구성은 무게, 가격, 부피, 보급 또는 저장수명, 방전율, 정비, 그리고 충전율과 같은 몇몇의 특성의 상대적 중요도에 따라 달라진다.

2.2.1 배터리 종류

항공기 배터리 종류는 보통 배터리 내부 판(plates) 재료에 의해서 구분된다. 가장 일반적인 2 가지 유형의 배터리는 황산납 배터리와 니켈카드뮴 배터리이다.

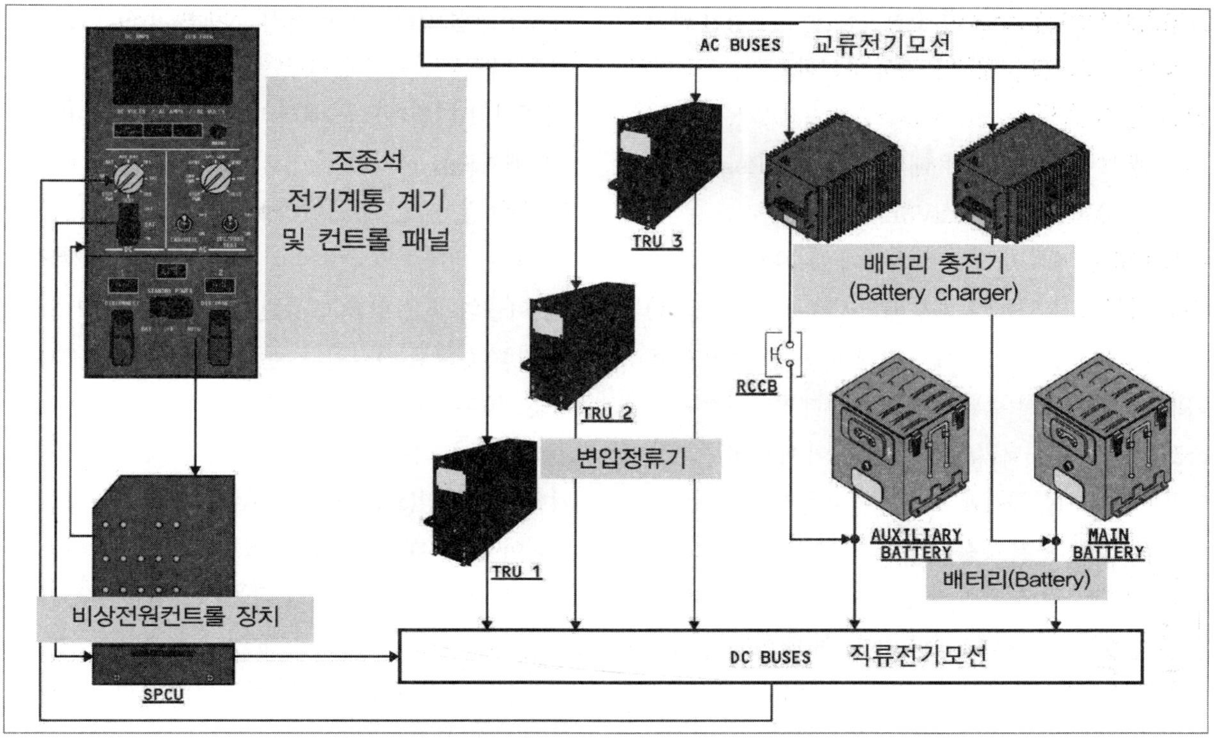

[그림 2-2] B737 직류전원계통 (B737 DC Generation)

2.2.1.1 황산납 배터리(Lead-acid Batteries)

(1) 건식충전셀 황산납 배터리(Dry Charged Cell Lead Acid Batteries)

침수식 배터리 (flooded battery) 또는 습식 배터리 (wet battery)라고도하는 건식충전셀 황납 배터리는 완전히 충전 및 건조된 전극(플레이트)으로 조립된다. 배터리가 사용 중일 때 배터리에 전해액이 보충되며 배터리의 수명이 시작된다. 항공기 배터리(storage battery)는 6 또는 12 개의 납전지(Lead-acid Cell)가 직렬로 연결되어 구성이 된다. 6셀-배터리의 무부하 회로전압(open circuit voltage)은 약 12[V]이고, 12 셀-배터리의 무부하 회로전압은 약 24[V]이다. 무부하 회로 전압은 배터리에 부하가 연결되어 있지 않을 때의 전압이다. 침수식(배기식)배터리가 충전 중일 때, 양극판에서 생성된 산소가 셀에서 빠져나온다. 동시에, 음극판에서는 수소가 물로부터 생성되어 셀에서 빠져 나온다. 전반적인 결과는 셀의 가스화로 인한

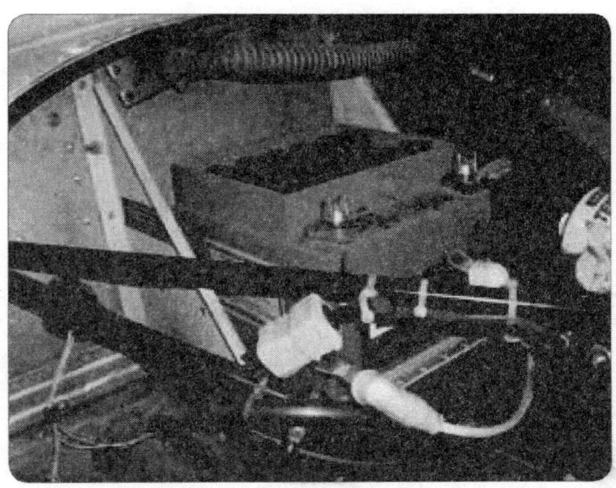

[그림 2-3] 황산납 배터리 장착 (Lead acid battery installation)

물 손실을 가져온다. 따라서 침수식 셀로 구성된 황산납 배터리는 물을 수시로 보충을 하여야 한다.

(2) 밸브-조절 황산납 배터리(Valve-Regulated Lead Acid batteries(VRLA))

전해액 없는 유리 매트 격리판에 흡수된 모든 전해액을 포함하고 있어 밀폐형배터리(sealed battery)라고도 부른다. VRLA 배터리에서 전기화학반응은 VRLA 배터리에서 주된 가스재결합 메커니즘를 제외하고는 침수식 배터리와 동일하다. 이 배터리는 범용 항공기과 터빈항공기에 사용되며 니켈카드뮴 배터리 대체품으로 인증된 제품이다.

VRLA 배터리가 충전 중일 때, 산소는 H_2SO_4에 잠겨있는 음극판(negative plate)에서 황산염납(lead sulfate, $PbSO_4$)과 화학적으로 결합하여 황산납과 물을 형성한다. 이 산소재결합은 음극판에서 수소의 발생을 억제한다. 일반적으로 충전 중에 물의 감소는 없다. 자체 방전반응으로 매우 적은 양의 물이 줄어들지만, 물의 보충이 필요 없을 정도이다. 배터리 셀은 배터리가 과충전 되었을 경우 가스를 배출하는 압력릴리프 안전밸브(pressure relief safety valve)가 있다.

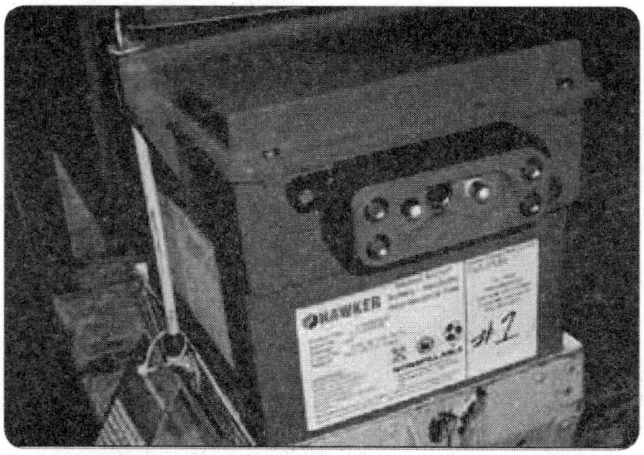

[그림 2-4] 밸브-조절 황납산 배터리 (Valve-regulated lead-acid battery (sealed battery))

2.2.1.2 니켈카드뮴 배터리(NiCd Batteries)

니켈카드뮴 배터리(니카 배터리라고 부름)는 다수의 셀을 담아두는 스테인리스강, 수지 피복강, 도색강, 또는 티타늄의 금속성의 박스(box)로 제작되었다. 이들의 셀은 항공기 전원 12[V] 또는 24[V]를 얻기 위해 직렬로 연결된다. 셀은 전도성이 좋은 니켈구리 연결부에 연결된다. 배터리박스 내부에 격막(partitions), 라이너(liner), 스페이서(spacer), 그리고 커버 어셈블리(cover assembly)로 셀들이 적절히 장착되어 있다. 배터리에 환기장치는 과충전 시에는 생성된 가스가 배출하고 정상 작동 시에는 냉각을 제공한다.

항공기 배터리에 장착된 NiCd 셀은 전형적인 벤트셀(배기식 셀. vented cell) 유형이다. 벤트 셀은 과충전 또는 빠르게 방전되었을 때 생성된 산소가스와 수소가스를 배출시키는 벤트 밸브(vent valve) 또는 저압릴리스밸브(low pressure release valve)를 갖추고 있다. 이말은 과충전, 방전, 또는 심지어 음전하 충전에도 배터리가 손상되지 않는 것을 의미한다. 셀은 재충전할 수 있으며 방전 내내 1.2[V]의 전압을 유지한다.

니켈카드뮴 배터리 & 셀

[그림 2-5] 니켈카드뮴 배터리 장착 및 셀

일반적으로 니켈카드뮴 배터리를 사용하는 항공기에서는 배터리의 작동 상태를 감시하는 결함보호장치(fault protection system)를 갖추고 있다. 배터리충전기(battery charger)는 충전뿐만 아니라 배터리의 작동상태를 감시하는 장치로 다음과 같은 결함 상황을 감시한다.

① 과충전상황(overheat condition)
② 저온조건(−40℃(−40[°F]) 이하)(low temperature condition
③ 셀 불균형(cell imbalance)
④ 개방 회로(open circuit)
⑤ 단락 회로(shorted circuit)

만약 배터리 충전기가 결함을 발견하면, 배터리 충전기는 기능을 멈추고 전기부하관리시스템(ELMS, electrical load management system)으로 결함신호를 보낸다. 니켈카드뮴 배터리는 배터리의 외기온도가 16~32℃(60~90[°F])의 범위 내에 있을 때 정격 용량으로 작동될 수 있다. 이 범위에서 온도를 높이거나 낮추면 충전 용량이 줄어든다. 니켈카드뮴 배터리는 환기장치가 있어서 배터리의 온도를 제어한다. 71°C(160[°F])를 초과하는 배터리의 높은 온도와 과충전의 조합은 열 폭주(thermal runaway) 상태에 이를 수 있다. 그래서 배터리의 온도는 안전작동을 확보하기 위해 끊임없이 감시되어야 한다. 열폭주로 인해 정전압 소스에 의한 재충전 시 NiCd 화학약물질 화재 및/또는 NiCa 배터리 폭발이 일어날 수 있으며 주기적으로 온도가 증가하고 충전 전류가 주기적으로 증가한다. 하나 이상의 단락된 셀 또는 기존의 고온 그리고 저충전(low charge)은 다음과 같은 주기적인 이벤트를 생성할 수 있다.

① 과도한 전류 (Excess current)
② 증가된 온도 (Increased temperature)
③ 감소된 셀 저항 (Decreased cell(s) resistance
④ 증가된 전류 (Further increased current)
⑤ 더 증가된 온도 (Further increase temperature)

만약 배터리 온도가 71℃(160[°F])를 초과하기 전에 정전압 충전 소스(constant−voltage charging source)를 제거하면 자체 유지하는 열−화학작용이 되지 않는다.

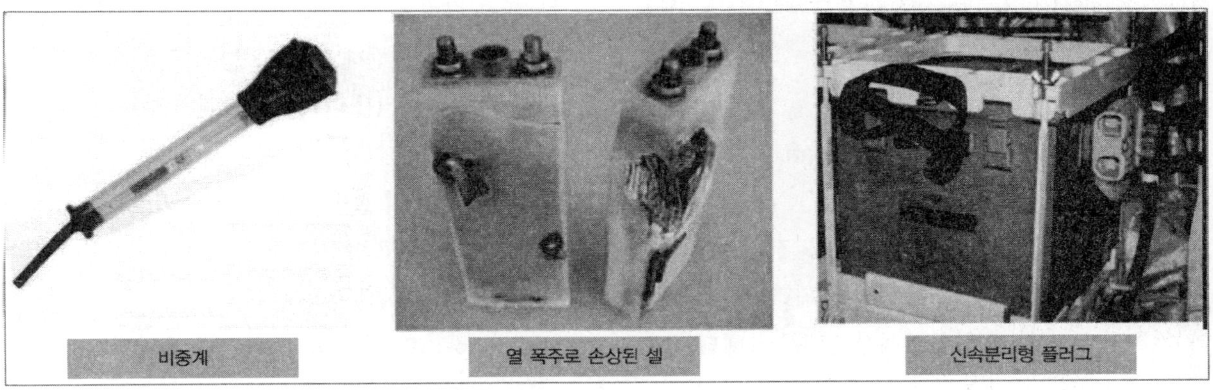

[그림 2-6] 비중계, 열폭주 결함, 배터리 퀵 분리형 플러그

2.2.1.3 용량(Capacity)

용량은 실온에서 정해진 차단전압(cut-off voltage)으로 명시된 방전율(discharge rate)로 전달되는 암페어 아워(ampere-hour)로서 정량적(수치적. quantitatively)으로 측정된다. 차단전압은 셀당 0.1[V]이다. 배터리 유효용량은 다음과 같은 요인에 따라 다르다.

(1) 셀 디자인

셀 구조, 판의 두께, 하드웨어, 그리고 단자 설계는 온도, 방전율 등의 사용조건에 따라 성능이 좌우된다.

(2) 방전율

고전류율(high current rate)이 저전류율(low current rate)보다 더 적은 용량을 산출한다.

(3) 온도

용량과 전압준위(voltage level)는 배터리 온도가 16℃ (60℉)~32℃ (90℉) 범위에서 높거나 낮은 극단으로 갈수록 감소한다.

(4) 충전율

대개 충전율(charge rate)이 높을수록 더 큰 용량을 산출한다.

2.2.1.4 항공기 배터리 정격(Aircraft Battery Ratings by Specification)

방전율 1시간 정격이란 배터리 전압이 셀당 1.67[V]이상이거나 24[V]-황산납 배터리는 20[V] 또는 12[V]-황산납 배터리인 경우 10[V]로 배터리가 1[hour] 동안 지속적으로 공급(방전)을 하는 경우이다. 암페어 시간(Ah)으로 측정한 1시간 용량은 지정된 엔드전압(end voltage)에 대한 방전율과 시간[hour]의 곱이다.

비상률(emergency rate)은 30분[minutes] 동안 필수버스에 공급하는 데 필요한 총 필수부하(total essential load)이다. 이것은 배터리 전압이 셀당 1.67[V]이상이거나 24[V] 황산납 배터리인 경우 20[V], 또는 12[V] 황산납 배터리인 경우 10[V]이다.

2.2.1.5 저장과 서비싱 시설 (Storing and Servicing Facilities)

침수식 전해액 황산납 배터리와 니켈카드뮴 배터리의 저장 또는 서비싱은 별도의 시설에서 해야 된다. 알칼리성 전해액 안으로 산성전해액의 유입은 배기식 니켈카드뮴 배터리에 영구적인 피해의 원인이 되고 반대의 경우도 같다. 그러나 밀봉된 배터리는 동일한 구역에서 충전할 수 있고 용량을 점검할 수 있다. 밸브조절식 황산납 배터리에 있는 전해액은 격리판과 다공성 판에 흡수되었기 때문에 동일한 구역에서 서비싱을 받아도 니켈카드뮴 배터리는 오염되지 않는다.

WARNING 동일한 지역에 황산납 배터리와 니켈카드뮴 배터리를 저장하고 점검하는 것은 대단히 위험하다. 알칼리성전해액 안으로 산성전해액의 유입은 니켈카드뮴 배터리를 파괴하고 반대의 경우도 같다.

2.2.1.6 배터리 결빙(Battery Freezing)

냉온에 노출되고 방전된 황산납 배터리는 전해액의 결빙으로 인하여 판(plate) 손상이 될 수 있다. 결빙손상을 방지하려면 비중을 1.275로 유지하거나 밀봉식 황산납 배터리의 경우 개방회로전압을 확인한다. 니

[표 2-1] 황산납 배터리 전해액 결빙점
(Lead-acid battery electrolyte freezing points)

비중	빙결 점		밀봉식 황납산 배터리 70도에서 충전 상태		
	°C	°F	SOC	12 volt	24 volt
1.300	−70	−95	100%	12.9	25.8
1.275	−62	−80	75%	12.7	25.4
1.250	−52	−62	50%	12.4	24.8
1.225	−37	−35	25%	12.0	24.0
1.200	−26	−16			
1.175	−20	−04			
1.150	−15	+05			
1.125	−10	+13			
1.100	−08	+19			

[표 2-2] 황산액 온도 보정
(Sulfuric acid temperature correction)

전해액 온도		비중 값에서 +/− 하는 포인트
°C	°F	12 volt
+60	+140	+0.024
+55	+130	+0.020
+49	+120	+0.016
+43	+110	+0.012
+38	+100	+0.008
+33	+90	+0.004
+27	+80	0
+23	+70	−0.004
+15	+60	−0.008
+10	+50	−0.012
+05	+40	−0.016
−02	+30	−0.020
−07	+20	−0.024
−13	+10	−0.028
−18	0	−0.032
−23	−10	−0.036
−28	−20	−0.040
−35	−30	−0.044

켈카드뮴 배터리 전해액은 충전(charged state)과 방전(discharged state) 사이의 화학변화가 없기 때문에 결빙에 민감하지 않지만 전해액은 약 −59℃(−75[°F])에서 동결된다.

NOTE 부하점검(load check)은 종합적인 배터리 상태를 결정한다.

2.2.1.7 온도 보정(Temperature Correction)

미국산 황산납 배터리는 비중이 1.275~1.300 사이일 때 완전충전으로 간주된다. 27℃(80[°F])의 전해액 온도에서 액체비중계로 시험했을 때 1/3 방전된 배터리는 약 1.240을 나타내고 2/3 방전된 배터리는 1.200의 비중을 보여준다. 그러나 정확한 비중 판독 값을 결정하기 위해, 액체비중계 지시에 온도 보정을 적용해야 한다. [표 2-2] 예를 들어, 1.260의 액체비중계와 5℃(40[°F])의 전해액 온도에서, 전해액의 보정된 비중은 1.244이다.

2.2.1.8 배터리 충전(Battery Charging)

주변온도 또는 충전전압 한도를 넘는 항공기 배터리의 작동은 전해액 비등, 셀의 빠른 변질, 그리고 배터리 고장에 이르게 하는 과도한 셀 온도가 발생할 수 있다. 최대 충전 전압과 배터리 셀 수량 사이의 관계도 중요하다. 이것은 주어진 주변온도와 충전상태에 따라 배터리 내에서 에너지가 열에 흡수되는 비율을 결정한다. 황산납 배터리 경우 셀 당 전압이 2.35[V]를 초과하지 않아야 한다. 니켈카드뮴 배터리의 경우 충전전압 한도는 설계 및 구성에 따라 달라진다. 셀 당 1.4~1.5[V]의 값이 일반적으로 사용되지만 항상 배터리제조사의 권장사항을 따른다.

(1) 정전압충전(Constant Voltage Charging)

비행기에서 배터리 충전시스템은 정전압 방식이다. 엔진구동발전기(IDG)는 충전용 전압을 항공기 배터리에 직접 공급된다. 비행기가 가동되고 있지 않을 때 배터리 스위치가 항공기로부터 배터리를 분리시킨다.

발전기의 전압은 발전기의 필드(계자)회로(field circuit)에 연결된 전압조절기에 의해 정확하게 제어된다. 12[V] 시스템에서, 발전기의 전압은 약 14.25[V]로 조정된다. 24[V] 장치에서, 조정은 28~28.5[V] 사이에 있어야 한다. 이러한 조건에서, 배터리의 초기 충전전류는 높다. 충전상태에 있을 때, 배터리전압 또한 증가하고, 전류는 점점 줄어들게 된다. 배터리가 완전히 충전되었을 때, 배터리전압은 거의 발전기 전압과 같게 되고, 소량의 전류가 배터리로 흐르게 된다. 충전전류가 낮아질 때, 배터리는 손상 없이 발전기에 연결된 상태로 유지된다.

배터리 작업장에서 정전압 시스템을 사용할 때, 정전압을 자동으로 유지시키는 전압조절기가 시스템에 통합된다. 예를 들어 42[Ah]와 같이, 대용량 배터리는 33[Ah]와 같은 저용량 배터리보다 더 낮은 저항을 갖는다. 결국 대용량 배터리는 양쪽이 동일한 충전상태에 있을 때, 그리고 충전전압이 같을 때 저용량 배터리보다 더 높은 충전전류를 끌어들인다. 정전압법은 황산납 배터리를 위해 선호되는 충전법이다.

(2) 정전류충전(Constant Current Charging)

정전류충전은 다양한 전압의 여러 배터리를 동일한 시스템에서 한 번에 충전할 수 있기 때문에 비행기 외부 배터리 공장등에서 배터리를 충전하기에 가장 용이하다. 정전류충전식은 일반적으로 정류기로 구성되어 일반 교류 전원을 직류로 변환한다. 변압기는 정류기를 거치기 전에 110[V] 또는 220[V] 교류원을 원하는 정도로 낮추는 데 사용된다. 정전류충전 시스템(constant current charging system)은 배터리가 과열하지 않거나 과도하게 가스를 발산하지 않는 한 여러 배터리가 직렬로 연결될 수 있다.

정전류충전법은 니켈카드뮴 배터리를 충전하기에 알맞은 방법이다. 일반적으로 니켈카드뮴 배터리는 모든 셀이 적어도 1.55[V]에 도달하기 전에 1[CA]의 비율로 충전하는 정전류충전이다. 또 다른 충전 주기는 모든 셀이 적어도 1.55[V]에 도달하기 전에 0.1[CA]로 이어진다. 일반적으로 충전은 0.1[CA]의 비율로 4[hour] 이상의 시간 동안, 과충전 또는 추가충전으로 마무리된다. 과충전의 목적은 만약 모든 가스(gas)가 음극에서 수소, 양극에서 산소가 수집되지 않을 때에는 그와 같은 양만큼 배출시키기 위한 것인데, 이들 가스 중 일부는, 전해액 수위를 조정하기 위해 안전하게 가장 높은 높이로 전해액 수위를 끌어올릴 수 있는 물을 형성하기 위해 재결합한다. 과충전 또는 추가 충전(top-up. 가득 충전) 시에, 셀 전압은 1.6[V]를 넘어 서서히 떨어지기 시작한다. 어떤 셀도 건전지에서 1.71[V] 이상 올라가거나 또는 1.55[V] 이하로 떨어지지 않아야 한다.

벤트 캡(vent cap)이 느슨하거나 열려 있는 상태에서 충전이 완료된다. 통풍구가 막히면 셀의 압력이 높아질 수 있다. 또한 그것은 충전전류가 계속 공급되고 있는 동안에 추가충전이 끝나기 전에 물을 보충하여 레벨을 보정할 수 있다. 그러나 외기로부터 용해된 이산화탄소는 셀을 탄화시키고 배터리를 낡게 하기 때문에 셀은 배출이 완료되고 점검하는 즉시 셀은 닫아야 한다.

2.2.1.9 배터리 검사(Battery Maintenance)

배터리 검사절차와 정비절차는 화학기술 유형과 물리적 구성의 종류에 따라 다르다. 항상 배터리 제조사 승인된 절차를 따른다. 배터리 성능은 배터리의 수명, 작동상태, 충전상태, 그리고 기계적 무결성에 따르며, 다음에 따라 판정할 수 있다.

① 배터리의 수명과 사용시간을 판정하기 위해, 배터리의 장착일자를 기록한다. 배터리 정상점검 시에 배터리 사용시간은 항공기 정비일지 또는 작업장 정비일지에 상세히 기록한다.

② 황산납 배터리 작동상태는 서비스 간격 (배기식 배터리의 경우), 환경 요인(과열 또는 냉기) 및 전해액 누출 여부(배선 및 커넥터의 부식 또는 분말염의 축적에 의해 입증됨)에 의해 결정될 수 있다. 외부누출의 흔적 없이, 배터리를 자주 보충해야하는 경우 이는 배터리 상태, 배터리 충전시스템 또는 과충전 상태를 나타낼 수 있다.

③ 전해액의 무게와 증류수의 무게를 비교하는 황산납 배터리 전해액의 비중을 결정하기 위해, 액체비중계를 사용한다. 전해액이 추출된 셀로 되돌아갔는지를 확인한다. 0.050 이상의 비중 차이가 배터리의 셀 사이에 존재한다면 배터리는 유효수명이 거의 다 됨을 의미하며 교체를 고려하여야 한다. 전해액 수준은 증류수의 보충으로 조정하며 전해액은 보충하지 않는다.

④ 배터리 충전상태는 배터리 충전 및 방전의 누적효과에 의해 결정된다. 일반적인 전기충전시스템에서, 항공기 발전기 또는 교류기는 60~90분[minutes]의 비행 시 완전 충전하여 배터리를 복원한다.

⑤ 적절한 기계적 무결성에는 어떤 물리적 손상이 없고 하드웨어의 정확한 장착과 배터리가 적절한 연결되어 있는지 확인하는 것이 포함된다. 필요한 경우, 배터리와 배터리격실 통기장치 튜브, 니플(nipple), 그리고 부착물은 폭발가스의 잠재적 축척을 방지하는 수단을 마련하고, 그리고 주기적으로 그들이 안전하게 연결되었는지, 정비매뉴얼의 장착절차에 따라 올바른 방향에 놓였는지를 정기적으로 확인한다. 항상 배터리 시스템이 명시된 성능을 발휘하는 능력을 제공할 수 있도록 항공기와 배터리 시스템에 대하여 정해진 절차를 따른다.

2.2.1.10 배터리와 충전기 특성 (Battery and Charger Characteristics)

다음은 일반적인 항공기 배터리와 배터리충전기 유형의 특성으로 사용자가 숙지할 수 있도록 제공된다. 일부는 기술의 서로 다른 적용으로 인하여 설명과 다를 수 있다. 특정 성능자료에 대해서는 제조사에 문의한다.

NOTE 정확히 점검되지 않는 한 충전기에 황산납 배터리를 절대로 연결하지 않는다.

(1) 황산납 배터리(Lead-acid Batteries)

배기식황산납 배터리(lead-acid vented battery)는 2 볼트(volt)의 공칭 셀 전압(nominal cell voltage)을 갖고 있다. 황산납 배터리는 개개의 셀을 떼어놓을 수 없도록 조립되었다. 일반적인 점검에서 과충전으로 인한 물 손실을 대체하기 위해 물을 보충한다. 완전히 방전된 배터리는 재충전을 할 수 없다. 밀봉식 황산납 배터리는 배기식 황산납 배터리와 거의 유사하지만, 물을 보충할 필요가 없다.

황산납 배터리는 경제적이고 광범위하게 적용되지만, 다른 유형의 동등한 성능 배터리에 비해 무겁다. 황산납 배터리는 높은 방전율과 저온에서도 높은 성능을 가진다. 그러나 일정시간 동안 높은 방전율을 유지하면 일반적으로 셀 플레이트가 휘어져 배터리가

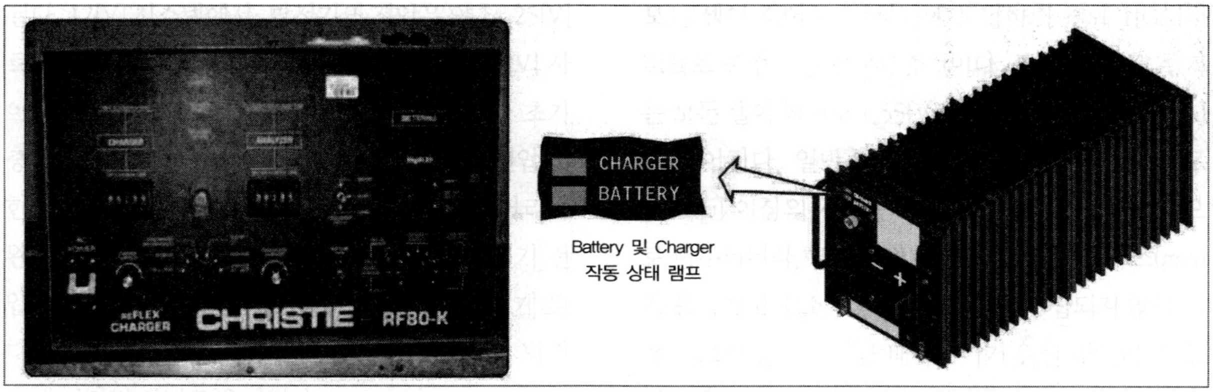

[그림 2-7] 배터리 충전기 및 B737 항공기 배터리 충전기 (battery charger)

단락된다. 배터리의 전해액은 적당한 비중을 갖고 있어야 하고, 충전상태는 액체비중계로 점검할 수 있다.

황산납 배터리는 보통 조절된 직류전압원에 의해 충전된다. 이것이 재충전의 초기 부분에서 충전이 최대로 이루어지게 한다.

(2) 니켈카드뮴 배터리(NiCd Batteries)

배기식 니켈카드뮴 배터리의 정격전압은 1.2[V]이다. 정상사용 중 과충전으로 인한 물손실을 대체하기 위해 때때로 증류수 추가가 요구된다. 고장은 보통 셀이 단락되거나 약화된 경우에 발생한다. 셀을 교체하게 되면, 배터리의 수명은 5년[year] 이상 연장될 수 있다. 이 배터리 경우 완전 방전은 별 문제가 없다 (황산납 배터리인 경우 완전 방전은 바로 고장이다).

밀봉식 니켈카드뮴 배터리는 대부분 배기식 니켈카드뮴 배터리와 유사하지만, 대개 물의 보충이 필요 없다. 0[V]로 배터리의 완전 방전은 1개의 이상의 셀에 비가역적 손상이 발생, 저용량의 결과로 결국 배터리 고장으로 이어진다.

니켈카드뮴 배터리의 충전상태는 수산화칼륨 전해액의 비중 측정으로 알 수 없다. 전해액 비중은 충전상태에서 변화지 않는다. 니켈카드뮴 배터리의 충전상태 점검 방법은 전압을 측정하거나 니켈카드뮴 배터리 충전기와 제작사사용법설명서를 따르는 방전에 의해 측정된다. 배터리를 완전히 충전하고 2시간[hour] 이상 기다린 후, 필요에 따라 증류수 또는 탈염수를 사용하여 유체면(fluid level)을 조정한다. 유체 수준은 충전상태에서 변하기 때문에 배터리가 항공기에 장착되었을 때는 물을 절대로 보충하지 않는다. 물을 너무 많이 채우면 충전 중 전해액 분출의 원인이 된다. 이것은 셀 연결부의 부식, 배터리의 자체방전, 전해액 농도의 희석, 셀 배출구의 막힘, 그리고 우발적인 셀 파열의 원인이 된다.

니켈카드뮴셀 전압은 부(음)온도계수를 갖기 때문에 정전류 배터리충전기는 일반적으로 니켈카드뮴 배터리를 위해 제공된다. 정전압 충전소스를 사용하면 셀이 단락된 니켈카드뮴 배터리가 과도한 과충전으로 인해 과열되고 열 폭주가 발생하여 배터리가 파손되고 항공기에 안전 위험이 발생 할 수 있다. 펄스 전류(pulsed-current) 배터리충전기가 때때로 니켈카드뮴 배터리를 위해 제공되기도 한다.

CAUTION 시험과 정비 중인 배터리에 대한 적절한 충전절차를 사용하는 것은 중요하다. 재조정 주기(reconditioning cycle) 및 충전주기(charging cycle)에 대한 충전방식(charging regime)은 항공기제작사가 정의하므로 반드시 준수한다.

2.2.1.11 항공기 배터리 검사 (Aircraft Battery Inspection)

항공기 배터리 검사는 다음 항목으로 이루어진다.

① 배터리 썸프자(Sump Jar)와 라인(Line)의 상태와 장착 상태를 검사한다.

② 배터리 터미널을 검사하고 플러그와 pin을 분리하여 부식(corrosion), 침식(pitting), 아킹(arcing), 그리고 불탄 흔적(burn)이 있는지 검사하고 필요하면 세척한다.

③ 배터리 드레인(배수관), 벤트라인이 막혔는지, 악화가 되었는지 안전하게 장착이 되었는지 검사한다.

④ 비행전후검사(PRPO) 절차에 손상여부, 연결 상태 및 전해액 손실의 흔적을 검사할 항목이 포함되어야한다.

2.2.1.12 환기장치(Ventilation Systems)

현대의 비행기는 배터리 환기장치를 갖추고 있다. 환기장치는 화재위험을 감소하고 기체부분에 손상을 방지하기 위해 배터리로부터 가스와 산성연무를 제거한다. 공기는 벤트튜브를 통해 비행기 외부에 공기흡입구로부터 배터리케이스의 내부로 운반된다. 공기, 배터리가스, 그리고 산성연무는 배터리의 맨 위를 통과한 후 다른 튜브를 통과하여 배터리 썸프(sump)로 운반된다. 이 썸프는 최소 1[pint] 용량의 유리병 또는 플라스틱 통이다. 용기(jar)에는 물과 5[%]의 중탄산나트륨의 용액으로 포화된 약 1[inch] 두께의 펠트 패드(felt pad)가 있다. 썸프로 연무를 운반하는 튜브는 felt pad의 약 1/4 인치 정도까지 병 안으로 이어진다. 선외배출튜브(overboard discharge tube)가 썸프 용기 위에서 비행기 외부 지점까지 연결된다. 이 튜브의 출구는 비행기가 운항 중일 때 부압(negative pressure)이 가해지도록 설계되었다. 이를 통해 섬프와 비행기 외부를 통해 배터리 상단에 공기가 지속적으로 흐르도록 할 수 있다. 썸프 안으로 들어가는 산성연무는 소다용액(수산화나트륨용액)의 작용으로 중화되며, 항공기 금속외판의 부식과 직물 표면(fabric surface)의 손상을 방지한다.

2.2.1.13 장착 작업(Installation Practices)

① 외부 표면

항공기에 장착 이전에 배터리의 외부표면을 깨끗하게 세척한다.

② 황산납 배터리 교체

황산납 배터리를 니켈카드뮴 배터리로 교체할 때, 배터리 온도감시장치 또는 전류감시장치를 장착한다. 배터리 박스 또는 배터리 격실을 중화시키고 물로 완전히 세척하고 건조시킨다. 비행 매뉴얼 부록에도 니켈카드뮴 배터리 장착에 대해 보충설명이 제공되어야 한다. 알카라인(alkaline)이 황납산 배터리에 대한 것이므로 산 잔유물(acid residue)은 니켈카드뮴 배터리의 올바른 기능에 해를 끼칠 수 있다.

③ 배터리 환기 (ventilation system)

배터리 연무와 가스가 폭발성 혼합물 또는 오염된 격실의 원인이 되기에 적절한 환기로 분산되어야 한다. 환기장치는 가끔 배터리케이스를 통해 신선한 공기로 세척하거나 안전한 외기방출지점으로 분출하도록 램 압력(ram pressure)을 이용한다. 배기장치 차동 압력은 항상 양(+)의 수치여야 하며 권고된 최소 값과 최대 값 사이를 유지해야 한다. 라인(line) 설치는 자유로운 기류가 갇히거나 방해하여 배터리 유동체 범람 또는 응축이 없도록 한다.

④ 배터리썸프용기(battery sump jar)

배터리썸프용기의 장착은 배터리 전해액 범람을 처리하기 위해 환기장치와 함께 연결하여 장착한다. 썸프용기는 적절히 설계되어야 하며 적당한 중화제를 사용해야 한다. 썸프용기는 배터리 환기장치의 배출측에 위치되어야 한다.

⑤ 배터리 장착

항공기에 배터리를 장착할 때, 배터리 단자의 부주의한 단락을 방지하기 위해 조심하도록 한다. 결과적으로 높은 전기 에너지 방출로 인해 항공기 구조 (프레임, 외피와 다른 서브시스템, 항공전자기기, 전선, 연료)에 심각한 손상을 입힐 수 있다. 이 상태는 일반적으로 설치 과정에서 단자 포스트를 절연시켜 피할 수 있다. 배터리 장탈을 위해 먼저 접지선을 제거한 다음 양극 선을 제거한다. 설치 중에 배터리의 + 단자가 단락 될 위험을 최소화하려면 배터리의 접지선을 마지막에 연결한다.

⑥ 배터리 홀드 다운 장치(Battery Hold Down Device)

배터리 죔쇠장치(홀드다운장치)는 단단히 고정되어 있지만 과도한 압력을 가해 배터리가 버클로 인해 내부 단락을 일으킬 수 있다.

⑦ 신속분리형 배터리

배터리 도선 교차 연결 방지 신속분리형(quick-disconnect type) 배터리커넥터(battery connector)를 사용하지 않았다면, 항공기 배선이 적당한 배터리 단자에 연결되었는지 확인한다. 전기시스템에서 극의 뒤바뀜은 배터리와 다른 전기부품에 심각한 피해를 입힐 수 있다. 배터리 케이블 접속이 아크와 고저항 접속 방지를 위해 단단히 연결되었는지 확인한다.

2.3 항공기 전기 시스템 (Aircraft Electrical Systems)

모든 항공기는 전기시스템을 갖추고 있다. 대부분 항공기는 엔진의 점화시스템(ignition system)의 작동을 위한 전기를 생산해야 한다. 현대 항공기는 비행의 거의 모든 양상을 제어하는 복잡한 전기시스템을 갖추고 있다. 일반적으로, 시스템의 기능에 따라 전기계통을 여러 범주로 나눌 수 있다. 전기 시스템은 발전시스템 및 배전 시스템 그리고 상태를 모니터하고 부하를 제어하는 시스템으로 나누고 정상전기계통과 예비용 비상전기계통의 2 중 체계로, 교류발전과 직류발전으로 그리고 사용처에 따라 조명 및 오락 시스템, 엔진시동 시스템(engine starting system), 그리고 항공기 계통으로 나눌 수 있다.

2.3.1 소형 단발 항공기 (Small Single-engine Aircraft)

경량항공기는 비교적 간단한 전기시스템을 갖고 있다. 대부분 경량항공기에서, 엔진구동교류기(engine-driven alternator) 또는 발전기에 의해 동력이 공급되는 전기시스템이 있다. 항공기 배터리는 비상전원과 엔진시동을 위해 사용된다. 전력은 일반적으로 전기버스 또는 모선(bus bar)으로 알려진 1개 이상의 공통접점(common points)을 통해 배전된다. 버스는 대체적으로 전도성이 좋은 구리로 만들어진 하나의 막대 같은 바(bar)이며 이곳에 연결된 전기는 회로차단기(CB)를 걸쳐서 각 사용 부품에 연결이 된다. 그래서 전기 버스는 대체적으로 회로차단기 패널 뒤에서 발견할 수 있다. (그림 2-8 참조)

대부분의 전기회로는 시스템에서 일어날 수 있는 결함으로부터 보호되어야 한다. 전기 결함은 개방(open) 또는 단락(short)으로 개방회로는 회로가 분리되었을 때 일어나는 전기결함이다. 단락회로는 1개 이상의 회로가 원치 않는 접속을 만들 때 일어나는 전기결함이다. 가장 위험한 단락회로는 (+)전선이 원치 않는 (-)접속 또는 접지를 만들 때 일어난다. 이것은 일반적으로 합선 또는 접지라고 말한다.

결함으로부터 전기 시스템을 보호하기 위한 두 가지 방법이 있는데, 기계적 방법과 전기적 방법이다. 기계적 방법은 전선과 부품을 적절하게 장착하고 보호덮개와 차폐(shields)를 추가하여 마찰과 과도한 마모를 방지한다. 전기적 방법은 회로차단기와 퓨즈를

[그림 2-8] 전기모선(bar), 모선과 회로차단기, 회로차단기 패널

[그림 2-9] 경량항공기 회로차단기 패널

사용하여 보호한다. 회로차단기는 단락회로인 경우 전류의 과도한 흐름으로 인한 손상으로부터 시스템을 보호한다. 퓨즈는 회로차단기 대신에 사용할 수 있으며 일반적으로 구형 항공기에서 사용한다.

2.3.1.1 배터리 회로(Battery Circuit)

항공기 배터리회로는 엔진시동을 위한 전원을 공급하고 교류기 또는 발전기가 고장 난 경우에 배터리로 이차적인 전원공급을 제공하기 위해 사용된다. 그림 2-10에서는 일반적인 배터리회로의 개략도(schematic)를 보여준다. 이 그림은 시동기회로(starter circuit)와 외부전원회로(external power circuit)의 관계를 보여준다. 그림에서 볼 수 있는 굵은 적색선(배터리 (+)접속에서 시작하는)은 이들 와이어를 통해 제공되는 다량의 전류로 인하여 배터리 회로에서 사용된다. 배터리가 큰 전류흐름을 공급할 수 있기 때문에 일반적으로 배터리는 전기솔레노이드(electrical solenoid)를 통해 시스템에 연결된다. 매 비행의 시작과 끝에서, 배터리는 솔레노이드접점을 통

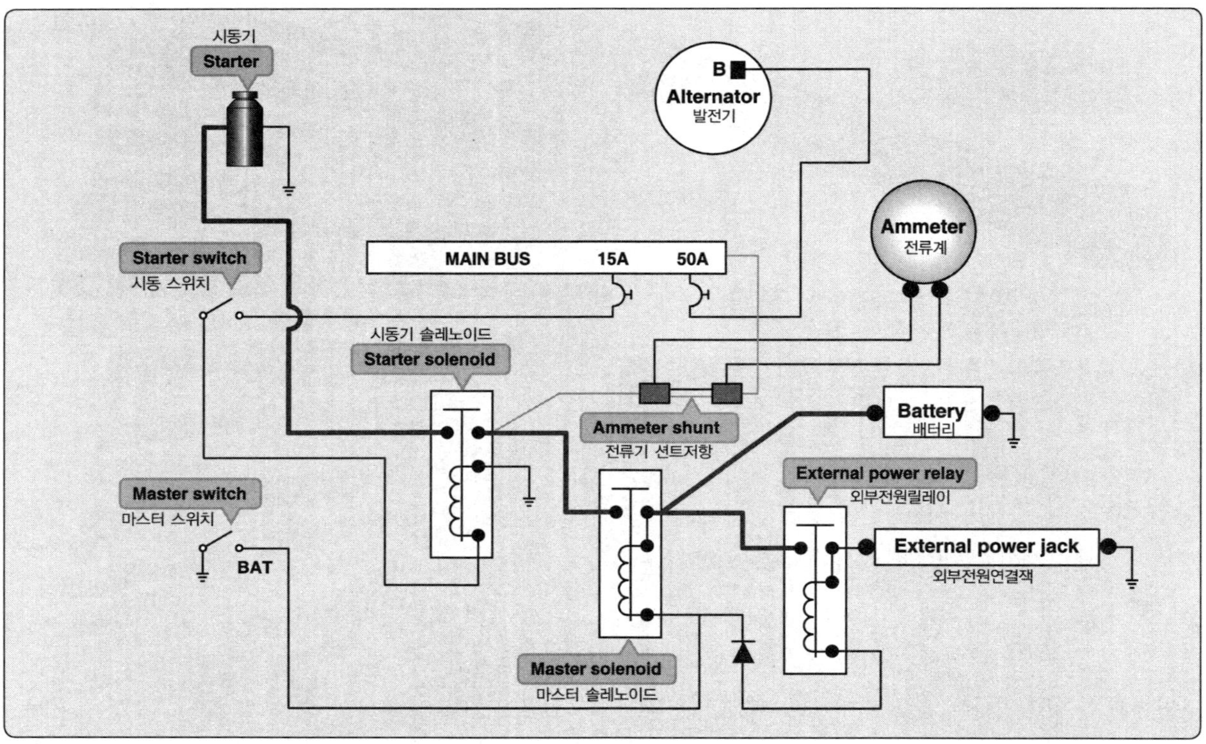

[그림 2-10] 배터리 회로 배선도 (Schematic of typical battery circuit)

해 배전버스에 연결되고 분리된다. 조종실에 있는 배터리마스터스위치(battery master switch)는 솔레노이드를 제어하기 위해 사용된다.

용어 "솔레노이드(Solenoid)"와 "릴레이(Relay)"는 종종 혼동하여 사용한다. 솔레노이드는 일반적으로 고(高)전류 회로의 전환을 위해 사용되고, 릴레이는 저(低)전류회로를 제어하기 위해 사용된다. 용어 "접촉기(contactor)"는 종종 자기식 스위치(magnetically operated switch)를 설명할 때 이용된다. 일반적으로 용어 릴레이, 솔레노이드, 그리고 접촉기를 동의어로 간주할 수 있다. 이들은 전기회로에서 전자석에 의해 제어되는 전기 스위치을 정의할 때 사용된다.

이 교류기 제어 회로에서 배터리 마스터스위치가 작동될 때 배터리 (+)와이어가 전기 버스에 연결되는 것을 볼 수 있다. 그림 2-11은 배터리 솔레노이드이다. 배터리스위치가 배터리의 버스 접속을 제어하며 사실상 모든 전력을 ON/OFF 하기 때문에 마스터 스위치(master switch)라고도 한다. 배터리 솔레노이드의 전기적 접속부분이 각각의 와이어의 끝단의 고무덮개로 어떻게 누전으로부터 보호되는지 주목한다.

배터리회로에 있는 전류계는 배터리에서 배전 버스까지 전류흐름을 모니터링하기 위해 사용된다. 모든 시스템이 정상적으로 작동되는 경우, 배터리 전류는 전류계에 양(+)의 지시(positive indication)를 제공하는 주 버스(main bus)에서 배터리로 흘러야 한다. 이 경우, 배터리는 충전 중이다. 만약 항공기 교류기 또는 발전기에 고장이 발생하면, 전류계는 음(-)의 값을 지시한다. 음의 지시(negative indication)는 전류가 버스에 연결된 전기부하에 동력을 공급하기 위해 배터리에서 나가고 있다는 것을 의미한다. 배터리는 방전 중 이고 계속되면 항공기는 곧 비상전원까지 잃을

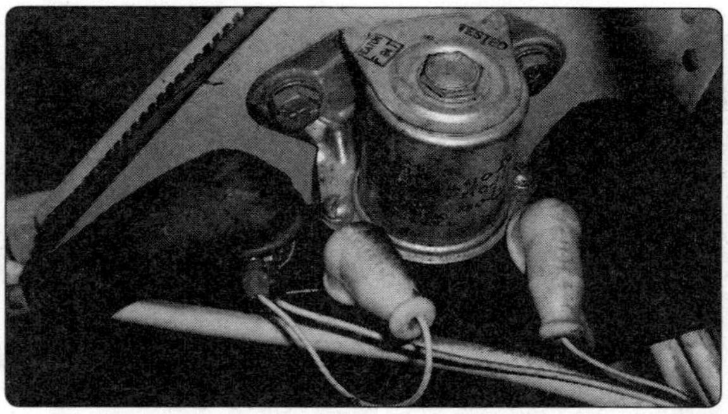

[그림 2-11] 배터리 솔레노이드 - 끝단 절연처리

위험에 처하게 된다.

2.3.1.2 발전기회로(Generator Circuit)

발전기회로는 항공기 발전기와 배전 버스 사이에 전력을 제어하기 위해 사용된다. 일반적으로 이들 회로는 교류기로 업그레이드하지 않은 구형 항공기에서 찾아볼 수 있다. 발전기회로는 계자권선에 전원과 발전기에서 배전버스까지 전력을 제어한다. 발전기 마스터스위치(generator master switch)는 일반적으로 필드(계자)전류를 제어하여 발전기를 작동하는데 사용된다. 발전기가 회전하고 전류가 필드회로로 흐르면, 발전기는 전력을 생산한다. 발전기의 동력 출력(power output)은 발전기제어장치(GCU) 또는 전압조절기(voltage regulator)를 통해 제어된다.

그림 2-12에서 발전기 스위치는 발전기계자(generator field), F 단자의 전원을 제어한다. 발전기 출력전류는 발전기의 전기자 회로(armature circuit)인 A 단자를 통해 항공기 버스로 공급된다.

2.3.1.3 교류기회로(Alternator Circuit)

교류기회로는 발전기회로처럼, 교류기의 입력 및 출력의 전원을 제어한다. 교류기는 교류기 마스터스위치가 제어한다. 교류기 마스터스위치는 교류기제

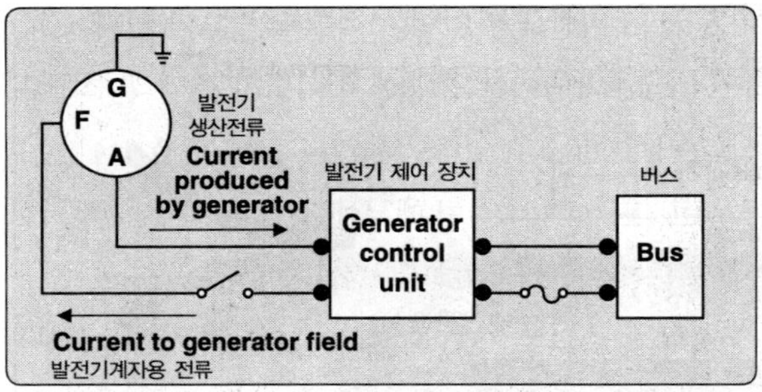

[그림 2-12] GCU 발전기 컨트롤 회로
(simplified generator control circuit)

어장치(alternator control unit) 또는 전압조절기 내에 회로를 차례로 작동시키고 교류기필드(alternator field)로 전류를 보내준다. 만약 교류기가 항공기 엔진에 의해 구동되는 경우, 교류기는 항공기 전기부하에 제공되는 전력을 생산한다. 교류기제어회로의 주요 부품은 교류기(alternator), 전압조절기(voltage regulator), 그리고 교류기 마스터스위치(alternator master switch)이다.

전압조절기는 항공기 전기부하에 따라 발전기 필드(계자)전류를 제어한다. 만약 항공기 엔진이 가동되고 있고 교류기 마스터스위치가 ON 이라면, 전압조절기는 필요에 따라 교류기필드에 전류를 조정한다. 만약 더 많은 전류가 교류기필드에 흐르면, 교류기 출력은 증대하고 배전버스를 통해 항공기 부하로 공급된다.

모든 교류기의 출력을 정확히 모니터링 할 필요가 있다. 대부분 경량항공기는 교류기 출력을 모니터링 하기 위해 전류계를 사용한다. 그림 2-14에서 교류기 출력을 모니터링하기 위해 사용된 일반적인 전류계 회로(ammeter circuit)를 볼 수 있다. 교류기회로에 배치되는 전류계는 오직 한쪽방향으로 교류기에서 버

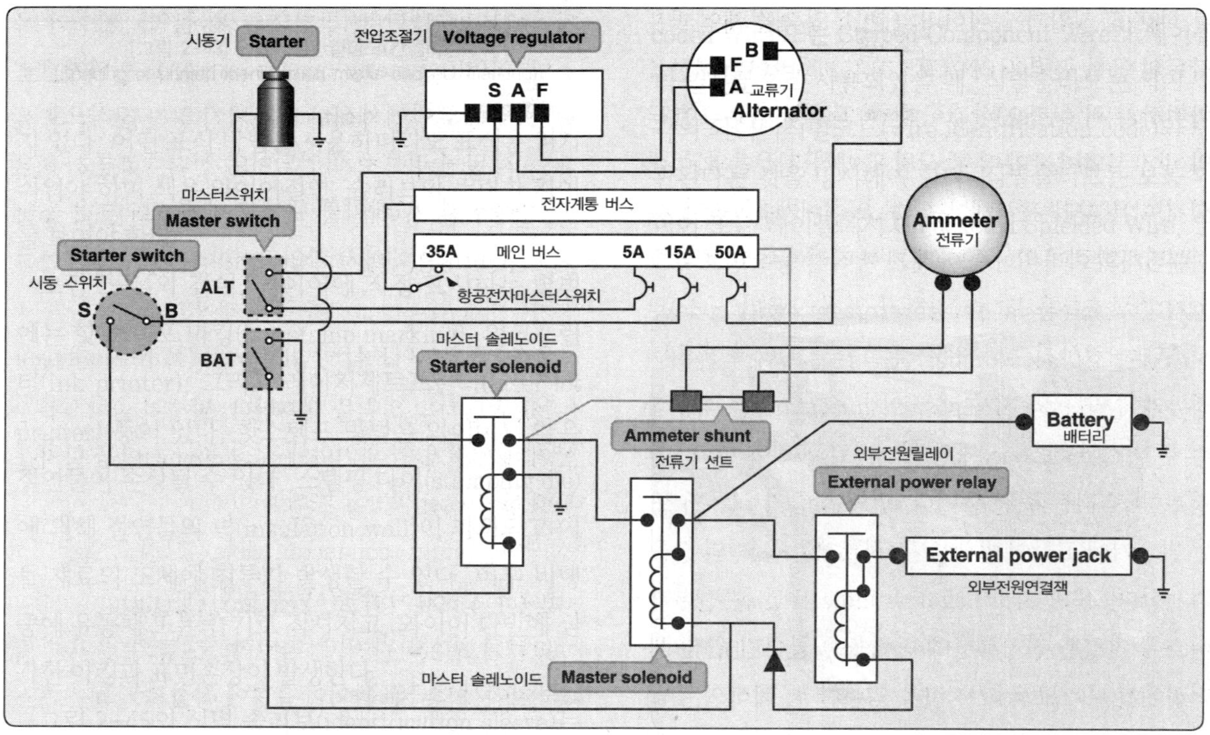

[그림 2-13] 교류기 컨트롤 회로

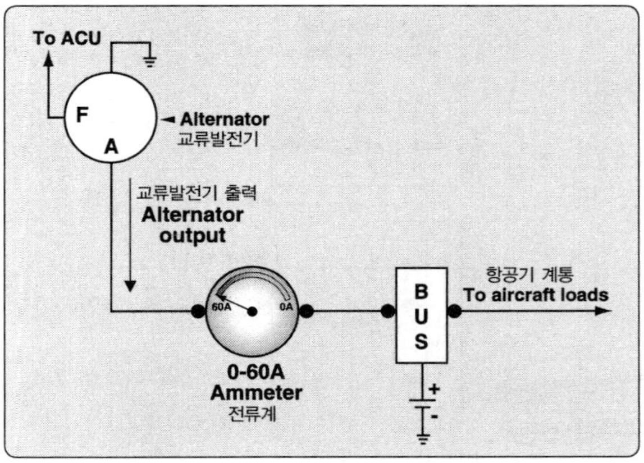

[그림 2-14] 교류기 모니터용 전류계 (Typical ammeter circuit used to monitor alternator output)

스까지의 전류흐름을 보여주는 단일극계측기(single polarity meter)이다. 교류기는 전기자회로에 다이오드를 포함하고 있어 버스에서 교류기로 전류 역류를 예방한다.

교류기시스템의 고장탐구를 수행할 때, 항공기 전류계를 반드시 점검 한다. 교류기시스템이 작동 불능이면 전류계는 '0'을 지시한다. 이 경우 배터리는 방전되고 있는 것이다. 전압계는 또한 교류기시스템의 고장탐구 때 필요하다. 엔진 교류기가 작동하여 설계된 범위(전기 시스템에 따라 약 14[V] 또는 28[V]) 내의 전압을 생산하면 전압계는 이 엔진 교류기의 출력을 지시한다. 항공기 매뉴얼을 참고하여 시스템 전압이 정확한지 확인한다. 전압이 규정 값 이하이며 충전시스템을 점검 한다.

2.3.1.4 외부전원회로(External Power Circuit)

지상전원을 항공기로 전력을 연결시키는 데는 외부전원회로가 이용된다. 외부전원은 엔진 작동 없이 항공기에서 정비 및 점검을 위해 필요한 전기 공급을 위해 사용한다. 이러한 시스템은 배터리를 방전하지 않고 여러 전기시스템을 작동하게 한다. 외부전원시스템은 일반적으로 동체 전방에 위치한 전기플러그, 버스에 외부전원을 연결하는 솔레노이드, 그리고 시스템에 관련된 배선으로 구성된다. 그림 2-15에서는 소형기(좌측)와 대형기(우측) 일반적인 외부 전원 리셉태클(external power receptacle)을 보여준다.

그림 외부전원연결회로에서 외부전원 리셉태클이 역극성 다이오드(역전류방지. reverse polarity diode)를 통해 외부전원 솔레노이드(external power solenoid)에 어떻게 연결되어 있는지 보여준다. 이 다이오드는 외부전원연결이 부정확한 극성을 가질 경우에, 예를 들어 양과 음의 배선이 반대로 되는 경우, 우발적인 연결을 방지하기 위해 사용된다. 역극성 연결

[그림 2-15] 외부전원연결구 - 3 핀(External power receptacle)

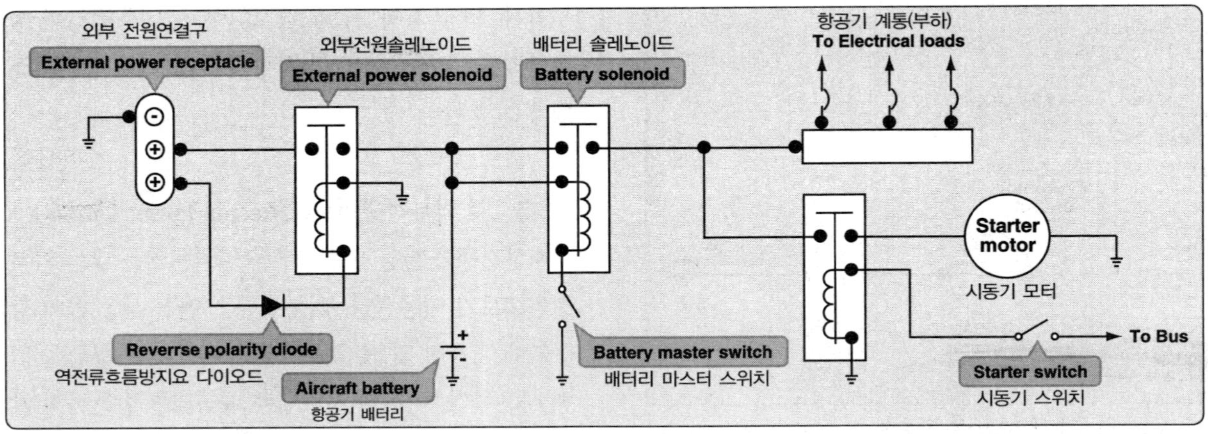

[그림 2-16] 외부전원연결회로 (A simple external power circuit diagram)

은 항공기의 전기시스템에 큰 재해가 될 수 있다. 만약 극성이 바꾸어서 지상 전력원이 연결되면, 다이오드가 전류를 차단하여 외부전원 솔레노이드는 작동되지 않아 전기 연결이 안 된다. 그림 2-16은 외부전원이 항공기 배터리를 충전하거나 항공기 전기부하에 동력을 공급하기 위해 사용됨을 보여준다. 항공기 엔진과 전기부하에 동력을 공급하는 외부전원의 작동을 위해 배터리 마스터스위치의 작동이 필요하다.

2.3.1.5 시동기회로(Starter Circuit)

그림 2-17과 같이, 실질적으로 대부분 현대 항공기는 항공기 엔진 시동을 위해 전동기를 사용한다. 엔진 시동에는 많은 마력이 필요하여 실제 시동 시 시동전동기(starter motor)는 종종 100[ampere] 이상 전류를 끌어들일 수 있다. 이런 이유로, 모든 시동전동기는 솔레노이드를 통해 제어된다.

시동전동기에 전력을 공급하기 위해 굵은 와이어가 필요하고 배터리와 시동기가 항공기에서 서로 가까이 장착될 때 무게경감을 이룰 수 있어, 시동기회로는 배터리에 최대한 가까이에 연결되어야 한다. 시동기 회로도(starter circuit diagram)와 같이, 시동기스위치(starter switch)는 엔진마그네토(engine magneto, 내연 기관의 고압자석발전기)를 제어하기 위해 사용되는 다기능스위치(multi-function switch)의 일부일

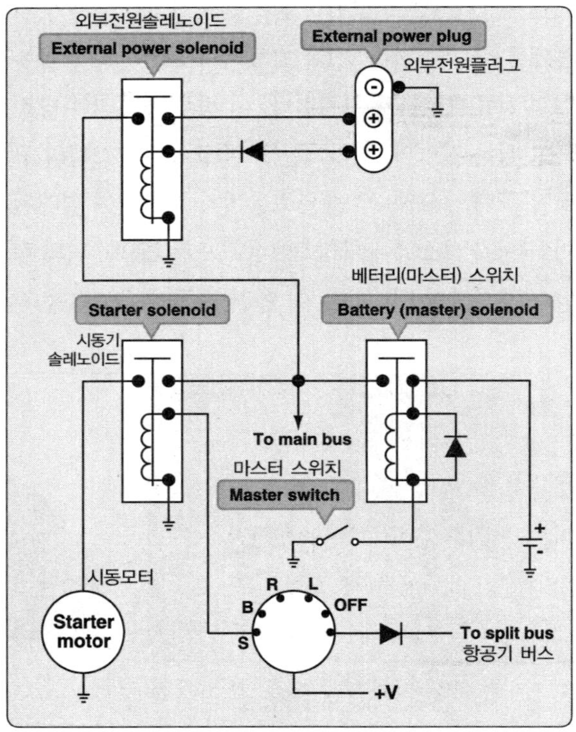

[그림 2-17] 시동기 회로 (Starter circuit)

[그림 2-18] 다기능 시동기 스위치 (Multifunction starter switch)

수 있다.

시동기는 항공기 배터리 또는 외부전원장치에 의해 동력이 공급될 수 있다. 종종 항공기 배터리가 약하거나 또는 충전을 필요로 할 때, 외부전원회로는 시동기에 동력을 공급하기 위해 사용된다. 일반적인 작동 시, 시동기는 항공기 배터리에 의해 동력이 공급된다. 배터리 마스터스위치는 켜져야 하고 마스터 솔레노이드(master solenoid)는 배터리로 엔진을 시동하기 위해 연결되어야 한다.

2.3.1.6 항공전자기기 전원회로 (Avionics Power Circuit)

그림 2-19와 같이, 일부 항공기는 전자계통 컴퓨터들을 위해 별도로 단독배전버스(separate power distribution bus)를 갖고 있다. 이 버스를 항공전자버스(avionics bus)라고 부른다. 현대의 항공전자장비(avionics equipment)는 고압 및 전류에 민감한 전자회로로 구성이 되어 있어서 항공전자장비의 회로를 보호하기 위해 초기 항공기 전원 공급할 때 항공전자기기를 격리하는 것이 필요하다. 예를 들어 시동전동기(starter motor)가 작동할 때 항공전자버스에 전원을 연결하지 않는 경우가 있는데 이것은 시동전동기에 의해 초기의 과전압이 민감한 항공전자기기로 공급 되는 것을 방지하기 위한 것이다.

이 회로는 주전원버스에 항공전자버스를 연결하는 솔레노이드를 이용한다. 솔레노이드의 전자석은 시동기가 작동될 때마다 개방되어 항공전자버스에 동력을 끊어주고 계통의 전류는 점화 스위치(starter switch)에서 다이오드 D1을 통해 보내진다. 동시에 항공전자버스에 연결된 모든 전자장치는 전원이 끊어진다. 항공전자접촉기(avionics contactor) 또한 외부전원이 항공기에 연결될 때 항상 작동된다. 이 경우에,

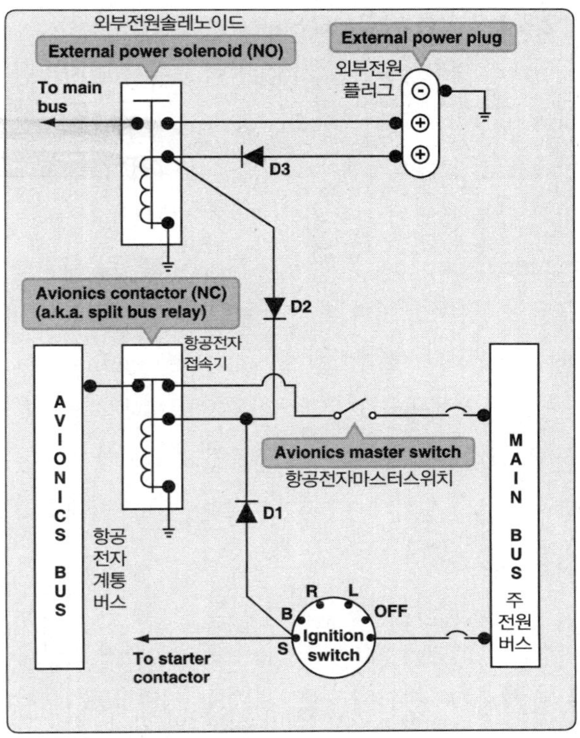

[그림 2-19] 항공전자전원회로(Avionics power circuit)

전류는 다이오드 D2와 D3을 통해 항공전자버스 접촉기(contactor)로 이동한다. 이는 NC(Normal Close) 보통 close 상태이다가 전원이 들어가면 open 이 되어 전기를 끊어준다.

독립된 항공전자 전원스위치(avionics power switch)는 또한 전체의 항공전자버스의 전원을 끊는데 사용된다. 일반적인 항공전자 전원스위치는 항공전자 전원버스(avionics power bus)와 직렬로 배선된다. 일부의 경우, 회로차단기스위치(circuit breaker switch)라고 부르는, 이 스위치는 회로차단기와 결합되고 두 가지의 기능을 수행한다. 또한 항공전자 접촉기는 접촉기가 주 모선(main bus)으로부터 항공전자기기버스를 분리(분할)하기 때문에, 가끔 분할버스릴레이(split bus relay)라고도 부른다.

2.3.1.7 교류 공급(AC Supply)

현대의 경량항공기는 저(低)전력 교류 전기시스템(low-power AC electrical system)을 사용한다. 일반적으로, 교류시스템은 교류만을 사용하여 특정 계기와 일부 조명에 사용된다. 전계-발광판(electro-luminescent panel)은 항공기 계기판용으로 널리 보급된 조명시스템이며 이를 작동하기 위한 교류 시스템이 필요하다. 전계발광조명(electro-luminescent lighting)은 가볍고 효율적이어서 항공기에 적용하기 좋다. 전계발광재료는 전압이 공급되었을 때 빛나는 반죽 같은 물질이다. 이 재료는 일반적으로 플라스틱판으로 성형되어 조명으로 사용된다.

인버터 장치는 배터리 직류 전원 24VDC를 공급받아 교류 115VAC 400Hz 1 phase로 변환하여 공급하는 장치로 DC 전원을 주로 사용하는 경량항공기에서 교류 전류가 필요로 할 때 사용한다. 간단히 말해, 인버터는 직류를 교류로 변환시키는 장치로 대부분 항공기에서 비상용 전원으로 사용하고 있다. 항공기에서 주로 사용하는 인버터 종류는 2 가지가 있다. 회전형인버터(rotary inverter)와 스태틱 인버터(static inverter)인데, 회전형인버터는 낮은 신뢰성, 과도한 무게, 그리고 비효율로 인하여 구형 항공기에서만 볼 수 있다. 회전형인버터는 교류발전기를 회전시키는 직류전동기를 사용하며 전압조절기회로를 포함한다. 대부분 항공기는 회전형인버터 대신에 현대적인 스태틱 인버터를 갖춘다. 이름에서 알 수 있듯이, 스태틱 인버터는 가동부가 없이 직류에서 교류로 전환시키기 위해 전자회로소자를 사용한다. 교류가 경량항공기에서 사용될 때에는 언제나, 직류시스템으로부터 분리된 배전회로(distribution circuit)를 사용해야 한다.

일부 항공기는 교류전력을 제어하기 위해 인버터 전원스위치(inverter power switch)를 이용한다. 직류버스(DC bus)에 동력이 공급되는 동시에 인버터 전

[그림 2-20] 정적 인버터(static inverter)

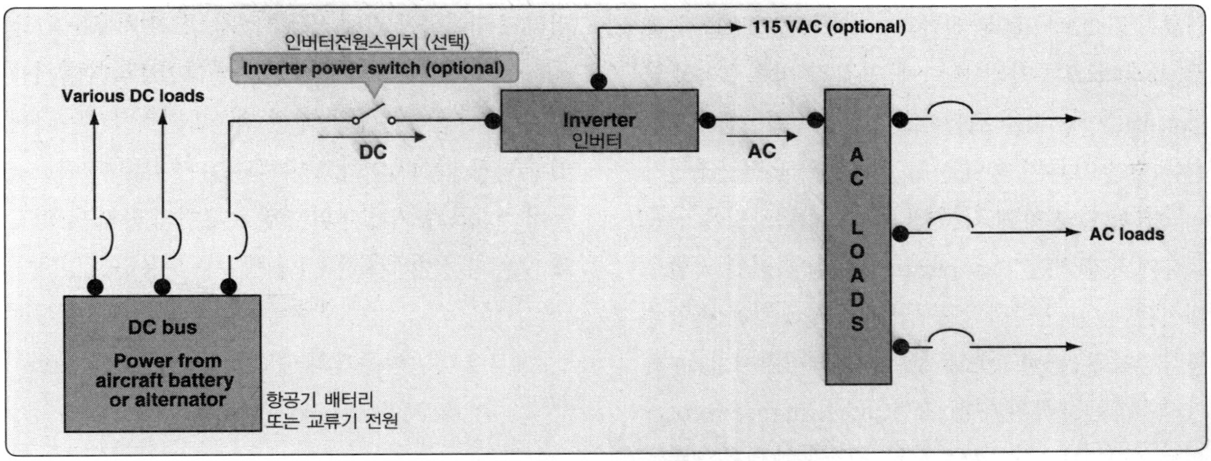

[그림 2-21] 배전 회로(Distribution circuit)

원스위치가 필요하지 않을 때에 항공기는 단순히 인버터에 동력을 공급한다. 복잡한 항공기에서, 1개 이상의 인버터는 예비교류 전력원(backup AC power source)을 백업하기 위해 사용된다. 대부분 인버터는 한 가지 이상의 전압출력을 제공하며 항공기 용 인버터는 26[V]와 115[V] 교류를 생산한다.

2.3.2 경량다발항공기 (Light Multiengine Aircraft)

다발항공기는 일반적으로 단발항공기보다 더 빠르게, 더 높게, 그리고 더 멀리 비행한다. 다발항공기는 경량단발기에 비해 보다 안전성과 여분기능(redundancy, 어느 장치가 고장 났을 때 동일한 기능을 할 수 있는 대체용 장치)으로 설계되어 배전시스템(power distribution system)은 더 복잡 해졌다. 쌍발 항공기에는 여러 부하에 전류 공급용으로 2개의 교류기 또는 발전기가 가동할 수 있다. 배전버스시스템(electrical distribution bus system) 또한 2개 이상의 시스템으로 나뉜다. 배전버스시스템은 일반적으로 일련의 회로 보호기(circuit protector), 다이오드, 그리고 릴레이를 통해 연결된다. 배전버스시스템은 1개 이상의 전원으로부터 대부분 부하에 전류를 공급하는 매우 안정적인 배전시스템이 되도록 설계되어있다.

2.3.2.1 병렬 교류기 또는 발전기 (Paralleling Alternators or Generators)

쌍발항공기에는 2개의 교류발전기 (또는 발전기)가 사용되므로 두 발전기 모두 전기부하를 균등하게 공유하는 것이 중요하다. 교류발전기 출력을 균등화하는 이 과정을 종종 병렬운전(paralleling)이라 한다. 일반적으로 경비행기에서 직류전원시스템(DC power system)을 운전할 때 병렬운전은 간단한 과정이다. 양쪽 교류기가 동일한 부하버스에 연결되고 양쪽 교류기가 동일한 출력전압을 생산한다면, 교류기는 균등하게 부하를 분배한다. 따라서 병렬시스템은 양쪽 전력 생산기(power producer)가 수 volt 이내로 시스템 전압을 유지하도록 해야 한다. 대부분 쌍발항공기 경우 교류발전기가 작동하는 상태에서 전압은 26.5~28[VDC] 사이가 된다.

그림 2-22와 같이, 왼쪽과 오른쪽 전압조절기 모두 각각의 교류기의 출력에 연결된 병렬접속코일(paralleling coil)을 포함하고 있다. 이 병렬접속코일은 적당한 교류기 출력을 보장하기 위해 전압조절기의 전압코일과 함께 작동한다. 병렬접속코일은 양쪽 교류기의 출력단자(output terminal) 사이에 직렬로 배선된다. 따라서 만약 2개의 교류기가 같은 전압을 공급한다면, 병렬접속코일은 영향을 미치지 않는다. 만약 1개의 교류기가 더 고전압출력(higher voltage output)을 갖는다면, 필드전류 제어와 교류기 출력을 제어하는 병렬접속코일은 접점을 개방/접속에 적합한 자력을 만들어낸다.

오늘날 항공기는 교류기의 적절한 병렬접속을 보증하기 위해 반도체 제어회로(solid-state control circuit)를 쓴다. 구형 항공기는 교류기 출력을 모니터링하고 제어하기 위해 진동접점전압조절기(vibrating point voltage regulator) 또는 카본파일조절기를 사용한다. 대부분 부품에서, 모든 카본파일조절기는 극히 일부 항공기를 제외하고 대체되었다. 비록 이 시스템들이 현대 항공기에서 더 이상 사용하지 않지만, 아직도 많은 항공기에서 진동접점장치를 사용하고 있다.

2.3.2.2 다발항공기의 배전(Power Distribution on Multiengine Aircraft)

현대의 다발항공기에서 사용되는 배전시스템은 전력의 신뢰성을 보장하기 위해 여러 버스와 제어기기와 보호기기를 가지고 있다. 항공기가 다양한 임무를 수행하기 위해 더 많은 전자 장비를 사용함에 따라 전기시스템은 더욱 복잡하고 신뢰성이 높아져야 한다. 신뢰성을 증진시키기 위한 방법 중 하나는 2이상의 전

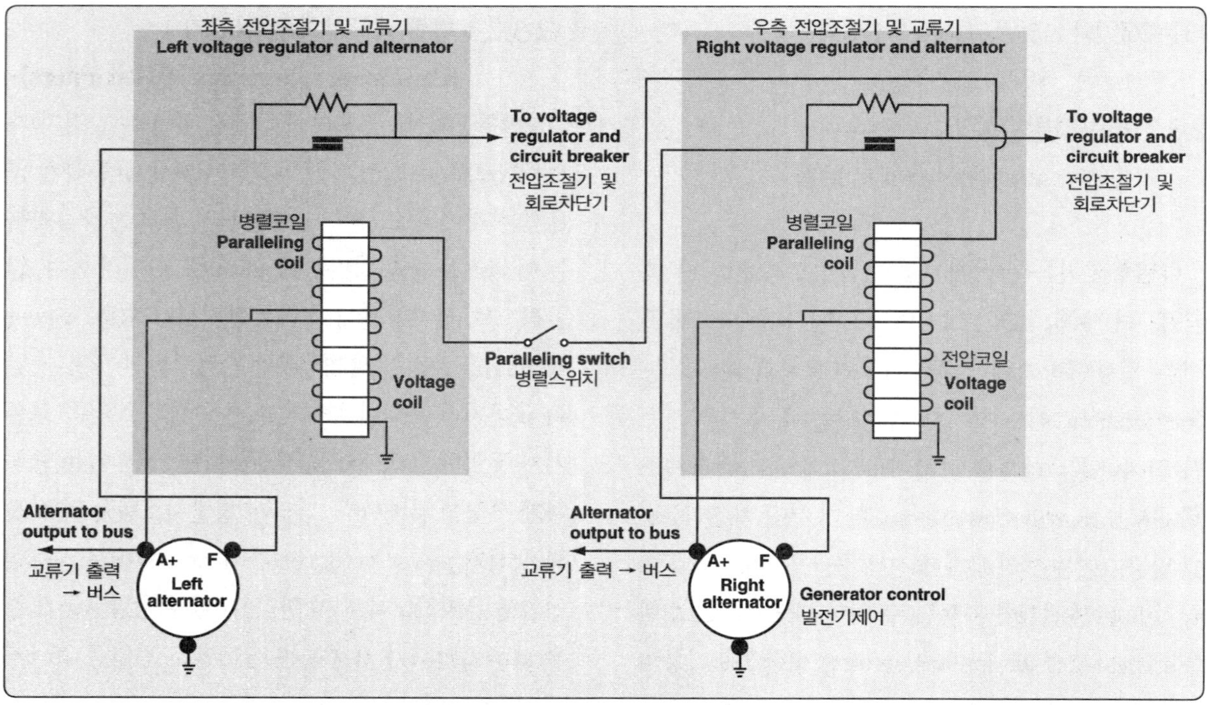

[그림 2-22] 병렬운전 교류발전기 진동 지점 시스템(Vibrating point system used for paralleling alternators)

원을 사용하여 특정 부하에 전원을 공급하는 것이다. 또 다른 중요한 설계개념은 2개 이상의 버스로부터 중요한 전기부하에 공급하는 것이다. 일반적인 기업제트항공기(corporate jet) 또는 통근 항공기(commuter aircraft)와 같은, 쌍발항공기는 2개의 직류발전기를 갖고 있고, 또한 각각의 발전기로부터 공급되는 여러 배전버스(multiple distribution bus)를 갖추고 있다. 그림 2-23에서 쌍발터보프롭항공기(twin-engine turboprop aircraft)에 대한 배전시스템의 회로도를 볼 수 있다.

이 항공기에는 엔진을 시동하고 DC 전력을 생성하는 데 사용되는 두 개의 스타터 발전기가 있다. 다이오드 및 전류 제한기를 통해 각 서브 버스에 연결하여 전기 부하를 분할 (공유)하는 왼쪽 및 오른쪽 발전기 버스가 있기 때문에 이 시스템은 일반적으로 스플릿 버스(분리) 전력 분배 시스템으로 정의된다. 발전기는 병렬로 작동하고 부하를 균등하게 운반한다.

이 항공기에 공급되는 주 전원은 DC이지만 소량의 AC가 2 개의 인버터에 의해 공급된다. 이 다이어그램은 왼쪽 상단과 중간에 AC 전원 분배를 보여주며 하나의 인버터가 주 AC 전원에 사용되고 다른 하나는 대기 모드에서 작동하며 백업으로 준비된다. 2개 인버터 모두 26V AC 및 115V AC를 생산한다. 조종사 제어 스위치로 작동하는 인버터 선택 계전기는 인버터를 선택하는 데 사용된다.

핫 배터리 버스(그림 2-23의 오른쪽) 또는 핫 버스(hot bus)는 항공기 배터리에 직접 연결되었다. 이 버스는 충전된 배터리가 있을 경우 항상 전압이 걸려있다. 이 버스에 의해 동력이 공급되는 품목은 주요한 시스템으로 항상 전원을 사용할 수 있어야 하며, 출입구 비상 조명계통과 항공기 시계와 같은 기본적인 것들이 이 핫 배터리 버스와 연결되어 있다. 또 다른 항목은 소화기(fire extinguisher), 연료 차단(fuel shut off), 그리고 연료펌프와 같은, 비행안전에 중요한 계통에 연결되어 있다. 정상 전원 공급 시스템 고장 시, 핫 배터리버스가 항공기에서 가장 마지막으로 비상 전원을 공급하는 버스다.

만약 배터리스위치가 on되고 배터리릴레이가 작동되었다면, 배터리전원(battery power)은 주 배터리버스(main battery bus)와 격리버스(isolation bus)에 연결된다. 주 배터리버스는 엔진시동과 외부전원에 쓰일 전류를 운반한다. 따라서 주 배터리버스는 항공기의 가장 큰 전류부하(current load)를 운반하기 위한 것이므로 충분히 큰 용량을 지녀야 한다. 이 버스를 배터리와 시동기에 최대한 가깝게 배치하고 버스는 단락과 접지로부터 잘 보호되어야 한다.

격리버스는 왼쪽과 오른쪽 버스에 연결되고 주 배터리버스에 전압이 가해졌을 때에는 언제나 전원을 받는다. 격리버스는 병렬로 왼쪽과 오른쪽 발전기의 출력을 연결한다. 이때 두개의 발전기의 출력은 추가된 버스를 거쳐 부하로 보내진다. 발전기버스는 전류제한기라 알려진 퓨즈를 거쳐 격리버스로 연결된다. 전류제한기는 단락회로가 발생할 때 버스를 격리하는 고(高)암페어 퓨즈(high amperage fuse)이다. 버스 사이의 보호를 위해 이 시스템에서 사용된 여러 전류제한기가 있다. 그림 2-23 과 같이, 전류제한기 부호는 서로 마주보는 2개의 삼각형 모양이다. 격리버스와 주 발전기버스(main generator bus) 사이에 전류제한기는 325[ampere]으로 정격되며 지상에서만 교체할 수 있다. 대부분 전류제한기는 초과 전류와 관련된 기능 불량에 한해서 지상에서 교체가 가능하다.

왼쪽과 오른쪽 직류발전기는 각자의 주 발전기버

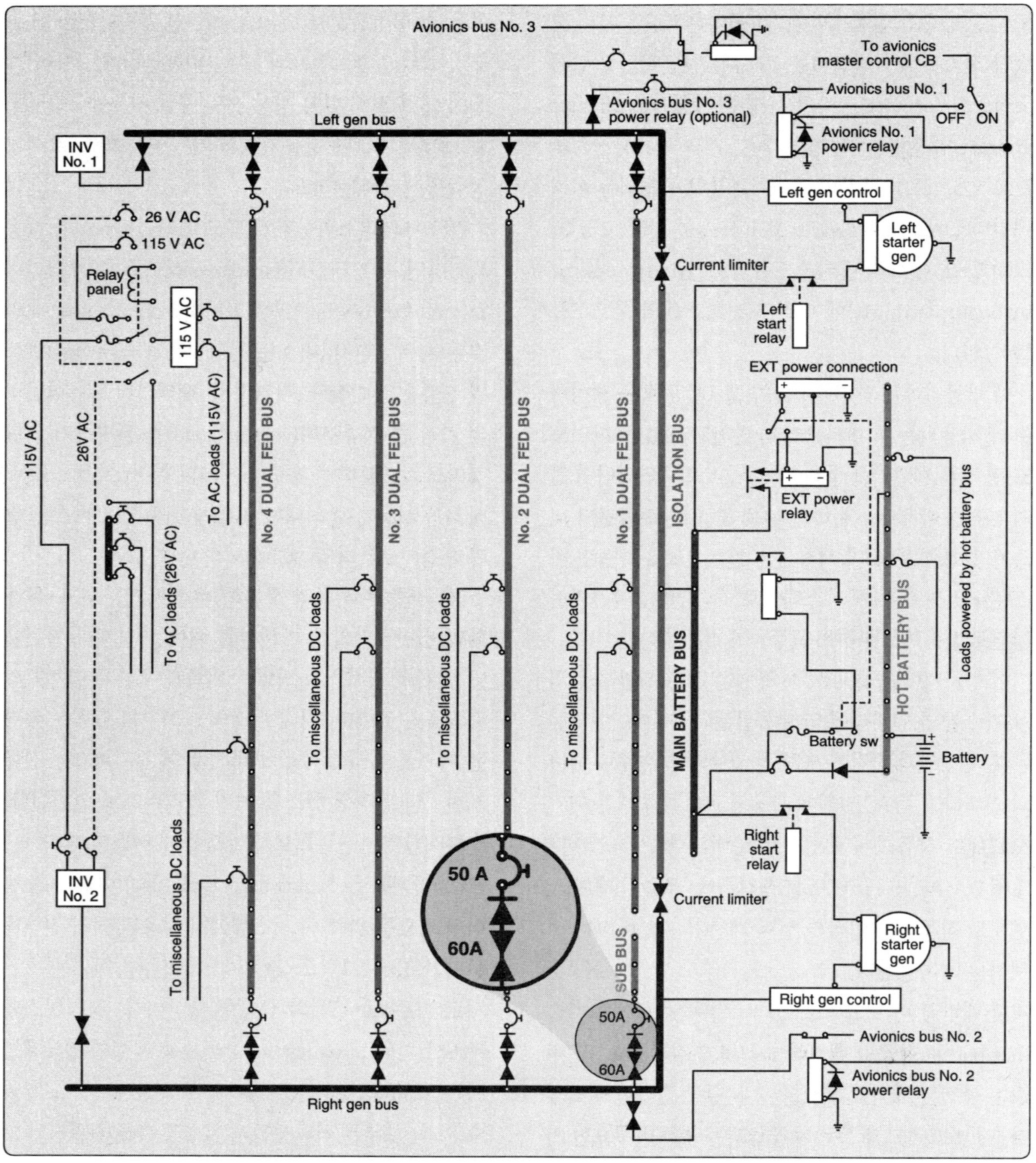

[그림 2-23] 쌍발터보항공기의 배전 회로도(Diagram of the power distribution system for a twin-engine turboprop aircraft)

스에 연결된다. 각각의 발전기는 발전기 각자의 버스에 공급하고, 그리고 버스가 정상적인 상황에서 연결되었기 때문에, 발전기는 병렬로 운전한다. 양쪽 발전기는 모든 부하에 공급된다. 만약 하나의 발전기가 고장이거나 전류제한기가 개방된다면, 발전기는 독립적으로 작동할 수 있다. 이 설계는 만약 고장일 경우에 대리 기능(redundancy)을 허용하는 것이고 만약 두 개의 발전기 고장일 경우에 배터리지원(battery backup)을 제공한다.

그림 2-23의 중간에, 4개의 이중 급지 전기버스(dual-feed electrical bus)가 있다. 이들 버스는 왼쪽과 오른쪽 발전기버스 모두로부터 전원을 받기 때문에 이중급지로 간주된다. 만약 결함이 발생하면, 각각의 발전기버스는 이중급지 전기버스에 있는 어떤 버스 또는 모든 부하에 동력을 공급할 수 있다. 항공기의 전기부하는 이중급전버스의 각각의 사이에 균일하게 배전되어야 한다. 또한 서로 다른 버스로부터 같은 시스템에 동력을 공급하는 것은 중요한 것이다. 예를 들어, 조종사의 윈드실드(windshield) 가열은 부조종사의 윈드실드 가열에 동력을 공급하는 버스와 다른 버스로 동력이 공급되게 한다. 만약 하나의 버스가 고장이 나도 다른 하나의 윈드실드 가열은 적절하게 작동하도록 하여야 항공기가 결빙상태(icing condition)에서 안전하게 착륙할 수 있다.

그림 2-23과 같이, 이중급전버스는 양쪽 전류제한기와 다이오드를 거쳐 주 발전기버스에 연결되었다는 것을 알 수 있다. 다이오드는 전류를 한쪽 방향으로만 흐르게 하는데 사용된다.

전류는 발전기버스에서 이중급전버스로 흐를 수는 있지만, 이중급전버스에서 발전기버스로 흐르는 것

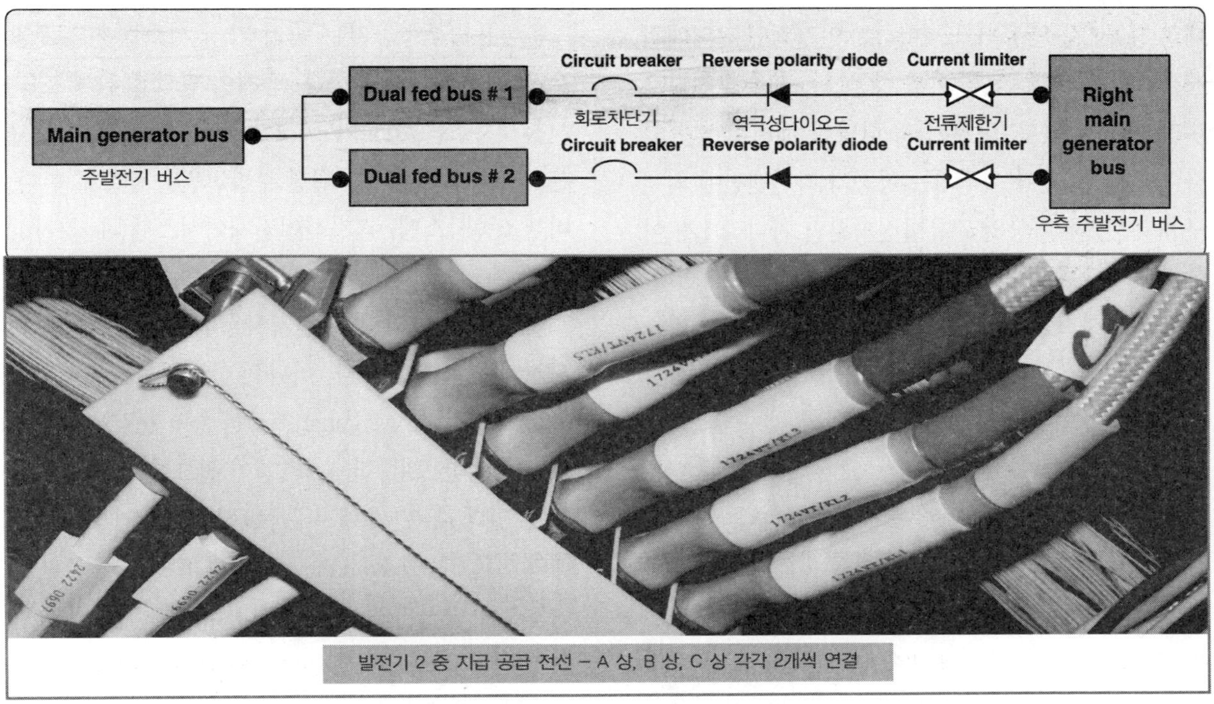

[그림 2-23] 쌍발터보항공기의 배전 회로도(Diagram of the power distribution system for a twin-engine turboprop aircraft)

은 불가능하다. 다이오드는 주 버스가 전류흐름에서 하위 버스(sub bus)보다 더 양(+)이 되도록 회로에 위치한다. 또한 이 회로는 전류제한기와 회로차단기를 포함한다. 회로차단기는 조종실에 위치하며 조종사에 의해 재작동 될 수 있다. 전류제한기는 정비사에 의해 지상에서 교체될 수 있다. 회로차단기는 전류제한기보다 약간 더 낮은 전류 값으로 정격되기 때문에, 만약 회로차단기에 전류 과부하가 있다면 개방되어야 한다. 만약 회로차단기가 개방된 상태에서 고장 나면, 전류제한기는 백업보호를 제공하고 회로를 차단시킨다.

2.3.3 대형다발항공기 (Large Multiengine Aircraft)

운송용 대형 항공기는 일반적으로 매번 항행에 수백 명의 승객을 나르고 수천 마일을 비행한다. 따라서 대형 항공기는 컴퓨터가 제어하는 안정적인 전력배전시스템을 필요로 한다. 이들 항공기는 교류발전기로 여러개의 전원(AC 발전기)과 다양한 배전버스가 있다. 전형적인 민항 여객기는 항공기 터빈엔진에 의해 구동되는 2개 이상의 교류발전기뿐만 아니라 1개 이상의 예비교류발전기(backup AC generator)가 있다. 또한 직류시스템은 대형 항공기에서도 사용되고 항공기의 배터리는 비상시 비상전원을 공급하기 위해 사용된다.

때때로 교류기라고 부르는 교류발전기는 3상, 115/200[V] 교류, 400[㎐]를 발전한다. 대부분 운송용 항공기는 2개의 엔진으로 설계되었기 때문에, 2개의 주 교류발전기(main AC generator)가 있다. 또한 보조동력장치(APU)는 교류발전기(APU generator)를 구동시킨다. 이 장치는 주 발전기 중 하나가 고장 난 경우에 대체 발전기로 비행 내내 이용할 수 있다. 주 발전기와 보조 발전기(auxiliary generator)는 출력 용량이 일반적으로 유사하며 주로 90 – 120[kilovolt amp, KVA]를 공급한다. 비상 램 에어 터빈(emergency ram air turbine)에 의해 구동되는 네 번째 발전기는 2개의 주 발전기와 1개의 보조 발전기가 고장 났을 경우에 이용할 수 있는 것이다. 비상 발전기(emergency generator)는 일반적으로 주교류발전기보다 적은 량의 전원을 발전하여 공급한다. 현대 항공기에서 2중 3중으로 발전기들이 백업 준비가 되어 있어 완전한 정전(power failure)이 발생할 가능성은 거의 없다. 그러나 만일 모든 교류발전기가 고장 나더라도 항공기 배터리와 스태틱 인버터을 이용해서 중요한 시스템에 교류와 직류를 공급하여 계속 비행을 할 수 있다.

2.3.3.1 교류전력시스템(AC Power Systems)

운송용범주항공기는 여러 가지 시스템용으로 많은 양의 전력을 사용한다. 승객의 편의를 위해 조명, 시청각시스템(Audio Visual System)의 전원, 식품보온기와 음료냉각기를 위한 주방전원을 필요로 한다. 비행조종시스템, 전자식엔진제어시스템(electronic engine control system), 통신시스템, 그리고 항법시스템과 같은 여러 가지 전기시스템이 항공기를 비행시키기 위해 필요하다. 하나의 엔진구동교류발전기(engine-driven AC generator)의 출력 용량은 일반적으로 이러한 모든 전기시스템이 필요한 전력을 공급할 수 있다. 두 번째 엔진구동발전기는 전기부하의 분배와 대체기능(redundancy)을 위해 비행 중 가동된다.

복잡한 발전기와 다양한 배전버스는 전력의 공급을 안전하고 일정하게 유지하기 위해서 여러 가지의 제어장치를 필요로 한다. 교류전기시스템은 주파수

400[㎐]±10[%]에 115~120[V]의 일정한 출력을 유지해야 한다. 시스템은 반드시 전력제한을 초과되지 않도록 해야 한다. 교류발전기는 적절한 시점에 적절한 배전버스에 연결되며, 필요할 때 동일한 위상의 상태를 유지한다. 또한 항공기에 공급된 외부전원을 모니터링하고 제어하는 것뿐만 아니라 직류전력의 제어도 필요하다.

대형 항공기에서 전력을 제어하기 위해 사용되는 2가지 컴퓨터가 있는데 그중 하나인 발전기제어장치(GCU)는 발전기의 전압조절과 주파수제어를 한다. 버스전원제어장치(BPCU)는 GPCU(Ground Power Control Unit) 또는 EPCU(External Power Control Unit) 라고도 하는데 항공기의 외부 전원 및 여러 가지의 배전버스 사이에 전력 분배를 제어하기 위해 사용된다. 발전기제어장치(GCU)와 버스전원제어장치(BPCU)는 전력을 제어하고, 결함을 탐지하며, 필요하면 교정조치를 취하기 위해 함께 일하고, 그리고 조종사의 경고계통과 항공기의 중앙정비시스템(central maintenance system)으로 결함을 통보한다. 일반적으로 각각의 교류발전기에 대해 하나의 발전기제어장치(GCU)가 있고 버스접속(bus connection)을 제어하기 위해 적어도 버스전원제어장치(BPCU)와 연결되어 있다. 이들 장치들은 항공기의 전자장비실(electronics equipment bay)에 장착되어있으며 교체가 용이하도록 설계되어 있다. (그림 2-25 참조)

조종사가 조종실에서 발전기제어스위치(generator control switch)를 조작하여 발전기전원(generator power)을 요구할 때, 발전기제어장치(GCU)는 정확한 작동을 보장하기 위해 시스템을 모니터링 한다. 만약 모든 시스템이 한도 이내로 작동하고 있다면, 발전기제어장치(GCU)는 적합한 발전기회로에 전압을 가하고 시스템을 위해 전압조절을 제공한다. 또한 발전기제어장치(GCU)는 일정한 400[㎐] 주파수를 보정하기 위해 교류출력을 모니터링 한다. 만약 발전기출력이

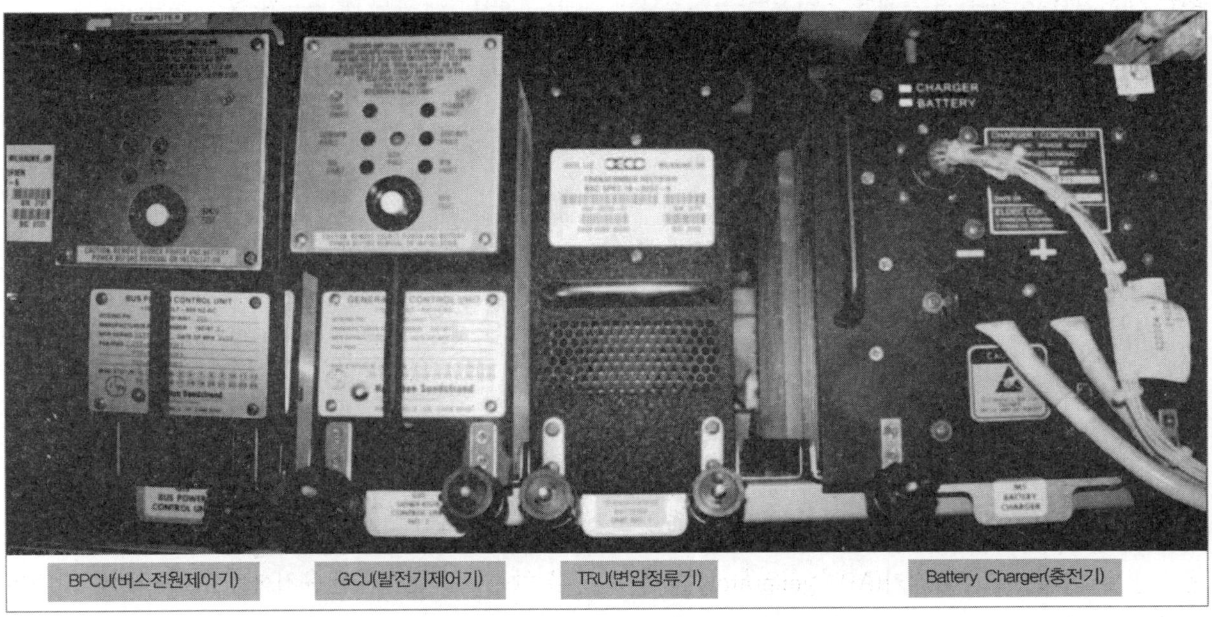

[그림 2-25] 전자장비실에 위치한 전기제어장치들 (BPCU, GCU, TRU 등)

한도 이내에 있다면, 발전기제어장치(GCU)는 전기접촉기(electrical contactor), 즉 솔레노이드를 거쳐 주발전기버스로 전력을 연결한다. 이들 접촉기는 주 발전기회로를 차단하고, 연결하기 때문에 종종 발전기차단기(GB, generator breaker)라고 부른다.

발전기전원을 이용할 수 있을 때, 버스전원제어장치(BPCU)는 전력을 배전하기 위해 여러 가지의 접촉기를 작동시킨다. 버스전원제어장치(BPCU)는 전체 전기시스템을 모니터링하고 적절한 작동을 보장하기 위해 발전기제어장치(GCU)와 통신한다. 그림 2-25와 같이, 버스전원제어장치(BPCU)는 시스템을 모니터링하기 위해 변류기(CT, current transformer)라고 부르는 원격전류감지기를 이용한다.

변류기(CT)는 전원분배시스템의 주 전원케이블(main power cable)을 둘러싼 유도장치(inductive unit)이다. 교류전력이 주 전원케이블을 거쳐 흐를 때, 변류기(CT)는 유도전압을 받는다. 변류기(CT) 전압의 양은 케이블을 통해 흐르는 전류에 직접적으로 연관된다. 변류기(CT)는 시스템의 정확한 전류모니터링을 할 수 있도록 버스전원제어장치(BPCU)에 연결된다. 일반적인 항공기는 전기시스템 전체에 걸쳐 여러 가지 변류기(CT)를 사용한다.

버스전원제어장치(BPCU)는 항공기에서 볼 수 있는 다양한 배전버스 사이에 전기적인 접속을 제어하는 전용컴퓨터이다. 버스전원제어장치(BPCU)는 여러 가지의 회로의 접속을 위해 모선연결차단기(BTB, bus tie breaker)라고 부르는 접촉기, 즉 솔레노이드를 사용한다. 이들 모선연결차단기(BTB)는 조종사와 버스전원제어장치(BPCU)의 요구에 의해 시스템운용에 필요한 버스 사이에 접속을 개방하고 접속시킨다. 이것은 간단한 일처럼 들리지만, 다양한 조건에서 적절한 작동을 보장해야 하는 버스시스템은 매우 복잡한 것이다.

운송용 항공기 등 대형기에서 운용하고 있는 3 가지 형태의 배전버스시스템(distribution system) : 분할버스(split bus), 병렬버스(parallel bus), 그리고 분할 · 병렬버스(split parallel bus) 이 있다.

소형항공기용 1phase 변류기

대형항공기용 3phase 변류기

[그림 2-26 변류기 (current transformer)]

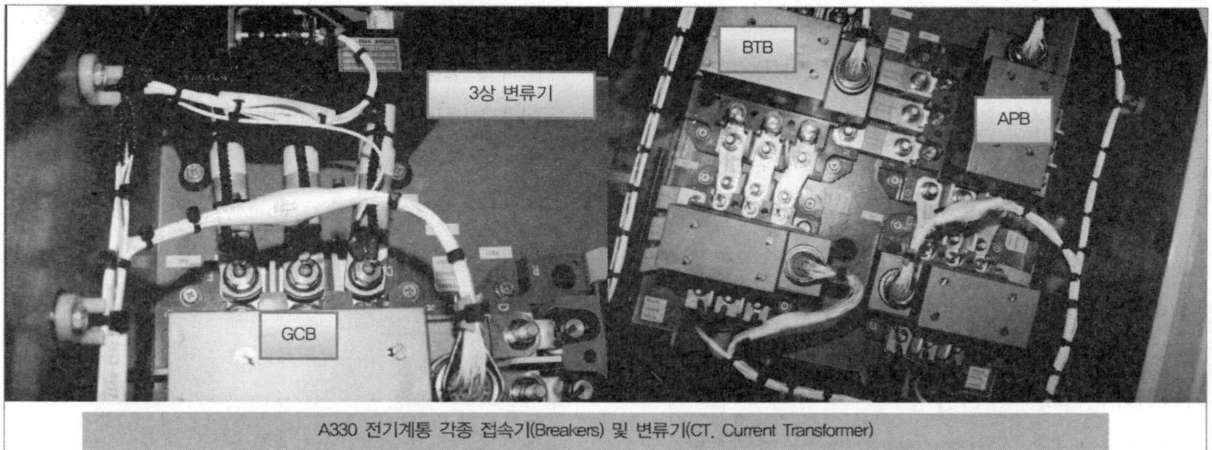

[그림 2-27] A330 전기계통 접촉기들 (GCB, BTB, APB)

(1) 분할버스배전시스템(Split-bus Power Distribution Systems)

Boeing 737, 757, 777, Airbus A-300, A-320, 그리고 A310과 같은, 현대의 쌍발항공기는 분할버스배전시스템을 사용한다. 정상 비행 상황에서, 2 개의 엔진구동교류발전기(IDG)가 있고 배전계통이 2 개로 나누어져 있다. 각 발전기는 해당하는 각 주 교류버스(main AC bus)에 동력을 공급한다. 이 때 양쪽의 버스들은 분할된 상태를 유지하며, 2개의 발전기가 동시에 한 버스에 전기를 절대로 공급할 수 없다. 발전기출력전류(generator output current)가 조절된 위상이 아니기 때문이다. 만약 2개의 이상(out-of-phase) 발전기가 동일한 버스에 연결되면, 시스템에 손상이 일어나게 된다. 분할버스시스템(split bus system)은 양쪽 엔진구동발전기가 하나의 버스에 동력을 공급하게 하지만, 동시에 하지는 않는다. 발전기는 손상을 피하기 위해 서로 격리되어야 한다. 발전기제어장치(GCU)와 버스전원제어장치(BPCU)가 상호 정보를 교환하면서 적절한 접속기들(GCB, BTB 등)을 제어하면서 발전기 작동과 배전을 한다.

분할버스시스템으로 작동하는 항공기는, 비행 중 보조동력장치(APU)의 시동 및 작동이 가능하다. 이것은 보조 동력장치발전기(APU generator)가 주 발전기 고장일 경우에 예비전력(backup power)을 제공한다. 램 에어 터빈(ram air turbine)에 의해 동력이 공급되는 4번째 비상 발전기 또한 다른 발전기들(both IDG, APU generator)이 고장인 경우 이용할 수 있는 것으로 발전량이 적어 시스템에서 제한 배전이 이루어진다.

그림 2-28의 아래에 4개의 교류발전기를 볼 수 있다. 이들 발전기는 발전기차단기(GB) 또 다른 용어인 발전기제어차단기(GCB)를 거쳐 각자의 메인 버스에 연결된다. 예를 들어, Generator 1은 GCU 1 및 BPCU가 제어하는 GB 1을 거쳐 AC Bus 1로 전류를 보낸다. AC Bus 1은 여러 가지의 1차 전기부하에 공급되고, 그리고 차례로 추가의 부하에 동력을 공급하는 하위 버스(sub-bus)로 송전한다.

양쪽 발전기가 작동하고 모든 시스템이 정상이면, AC Bus 1과 AC Bus 2는 서로 격리된다. 일반적으로 비행 중에는, 그림 2-28의 아래쪽 중앙에 APU가 off 이니까 APB(auxiliary power breaker)는 Open 될 것이고 또한 비상발전기 또한 off 이므로 EGB도 Open 된다. 만약 발전기 1개가 고장 나면, 다음과 같은 일이 발생한다.

① GB 1은 고장 난 발전기를 분리시키기 위해 발전기제어장치(GCU)에 의해 Open 된다
② 버스전원제어장치(BPCU)는 BTB 1과 BTB 2를 접속시키고 동시에 Generator 2에서 AC Bus 1로 교류전력을 공급한다.
③ 이 때 조종사는 보조 동력장치(APU)를 공중에서 작동하여 보조 동력장치 발전기(APU generator)를 연결시킨다. 이때, 버스전원제어장치(BPCU)와 발전기제어장치(GCU)가 보조동력장치 발전기 전원을 AC Bus 1에 공급하고 BTB 2 개를 다시 Open 시켜서 Generator 2는 AC Bus 2에만 전기를 공급한다. 이 때도 APU 발전기와 엔진 발전기 2는 서로 독립적으로 Bus를 독립적으로 분할하여 공급한다.

만약 모든 발전기(4 개)가 고장 나면, 항공기에 필요한 교류는 스태틱 인버터(static inverter)를 통해 이용할 수 있다. 인버터는 배터리와 직접 연결되어 있는 핫 배터리버스(Hot Battery Bus)로부터 직류전원을 받아 교류로 변환하여 교류 전원을 필수교류부하(essential

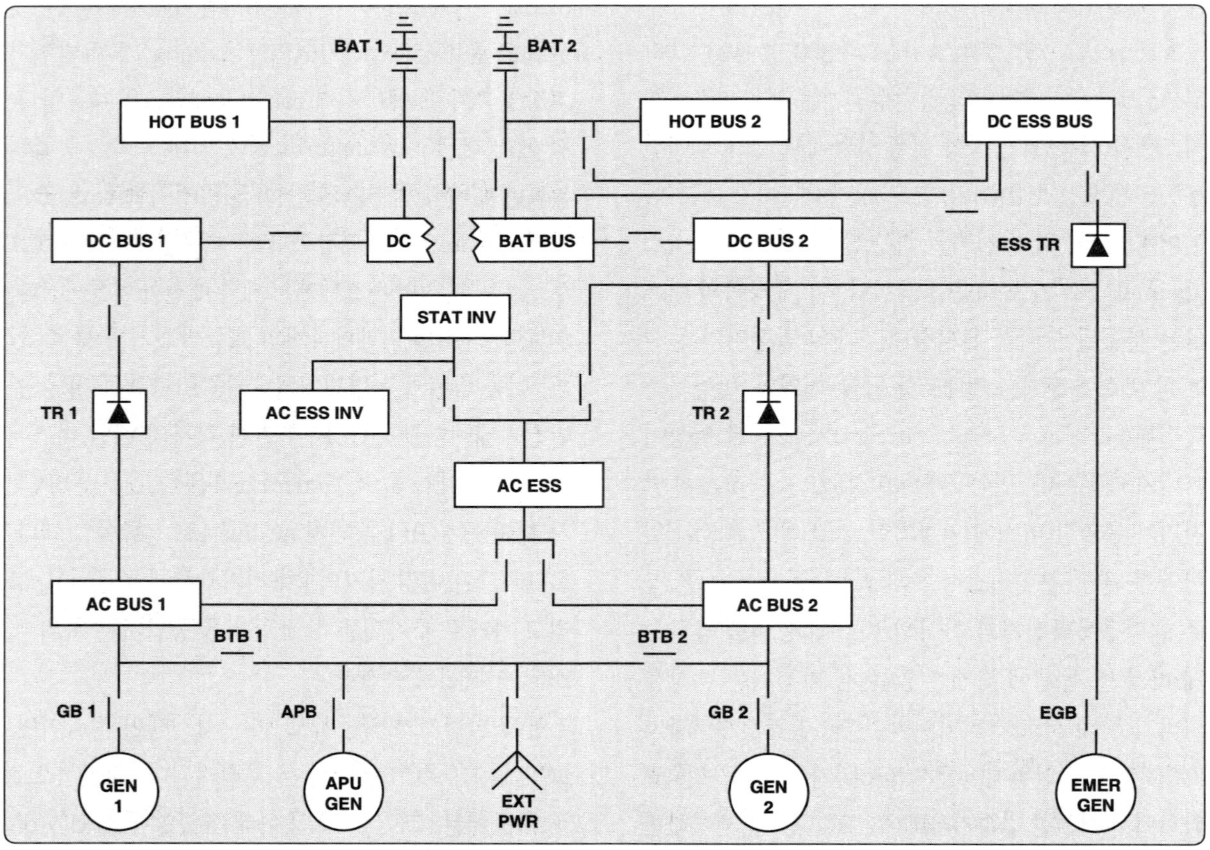

[그림 2-28] 분할배전시스템 회로도(Schematic of split-bus power distribution system)

AC load)로 보낸다.

직류전력을 생산하기 위해, AC Bus 1이 교류(115VAC)를 TR 1으로 보낸다. 변압정류장치(TRU, transformer rectifier unit)는 교류(115VAC)를 직류(28VDC)로 변환하는 데 사용된다. 변압정류장치(TRU)는 115[V] 교류를 28[V] 교류로 전압을 낮추기 위한 변압기와 28[V] 교류를 28[V] 직류로 변환시키는 정류기로 구성되어 있다. 따라서 변압정류장치(TRU)의 출력은 28[V] 직류로서 항공기 배터리와 호환된다. 직류전력은 민감한 위상이 없기 때문에 직류버스는 정상작동 시 버스들끼리 서로 연결된다. 이것을 병렬 운전이라고 하며 DC는 전압만 어느 정도 같으면 병렬운전이 가능하지만 버스 등에 문제가 발생하면 버스전원제어장치(BPCU)가 직류버스를 분리하기도 한다. 이 항공기는 비상직류전력(emergency DC power)용으로 2개의 배터리가 연결되어 있다.

(2) 병렬버스배전시스템(Parallel Systems)

Boeing 727, MD-11, 그리고 초기의 Boeing 747과 같은, 다발항공기는 병렬배전시스템(parallel power distribution system)을 사용한다. 정상비행 조건에서, 모든 엔진구동발전기는 각자의 버스들이 서로 연결하여 교류부하에 동력을 공급한다. 발전기들이 병렬로 작동하기 때문에 이런 구성 시스템을 병렬버스배전시스템이라 한다. 병렬접속방식에서, 모든 발전기출력전류(generator output current)는 위상(phase)과 전압 및 주파수가 서로 동일하도록 조절되어야 한다. 여러 발전기가 동일한 버스에 연결하기 위해서는 연결되기 전에 발전기의 출력주파수는 교류출력이 양의 최고점(positive peak)과 음의 최고점(negative peak)에 동시에 도달하게 조정되어야 한다. 비행 시, 발전기는 적절한 작동을 위해 이 동상조건(in-phase condition)을 유지해야 한다.

병렬접속방식의 하나의 이점은 발전기고장 시, 버스에 연결된 시스템들은 계속 작동이 가능하고 결함이 있는 발전기만 시스템으로부터 격리하면 된다는 것이다. 병렬접속버스(paralleling bus) 또는 동기조정버스(synchronizing bus)는 비행 중에 발전기에 연결시키기 위해 사용된다. 동기조정버스는 가끔 싱크버스(sync bus)라고도 부른다. 이러한 시스템은 대부분 자동화되어 있지 않기 때문에 비행승무원이 시스템을 모니터링하고 제어버스접촉기(control bus contactor)를 수동으로 제어해야 한다. 모선연결차단기(BTB)는 비행승무원이 전기제어패널(electrical control panel)을 통해 조작하며 필요한 버스들을 연결하는 데 이용된다. 발전기차단기(GB)는 발전기를 연결하고 분리하기 위해 사용된다.

그림 2-29에서는 간단한 병렬배전시스템을 볼 수 있다. 이 항공기는 3개의 주 엔진구동발전기(main engine-driven generator)와 1개의 보조 동력장치 발전기를 사용한다. 오른쪽 아래에 보조 동력장치는 운항 중에 작동하지 않아 예비전력을 제공할 수 없다. 보조 동력장치 발전기는 오직 지상운전을 위한 것이다. 3개의 주 발전기는 No.1, No.2, 그리고 No.3 GB를 거쳐 그들 각자의 교류버스에 연결된다. 교류버스는 3개의 모선연결차단기(BTB)를 거쳐 동기버스(synchro bus)에 연결된다. 이러한 방식으로, 3개의 발전기 모두는 전체의 교류전기부하(AC electrical load)를 분담한다. 동기버스에 연결된 모든 발전기는 동상(in-phase)이어야 한다. 만약 발전기가 고장 나면, 비행승무원은 결함이 있는 발전기를 간단히 off 시키면 되고 비행은 중단 없이 지속될 것이다.

No.1과 No.2 직류버스는 항공기의 직류전기부하(DC electrical load)에 전원을 공급하는 데 사용된다. DC Bus 1은 TR 1을 통해 AC Bus 1로부터 전원을 받는다. DC Bus 2는 AC Bus 2로부터 동일한 방식으로 공급된다. 직류버스 또한 배터리버스(battery bus)와 연결되며 결국에는 배터리까지 연결된다. 왼쪽 꼭대기에 필수직류버스(essential DC bus)는 DC Bus 1 또는 필수변압정류장치(essential TRU)로부터 공급될 수 있다. 다이오드는 필수직류버스가 DC Bus 1으로 동력이 공급되는 것(역류)을 방지한다. 필수직류버스는 필수교류버스(essential AC bus)로부터 전력을 받는 필수변압정류장치(essential TRU)로부터 전력을 받는다. 이것은 필수교류버스가 격리될 수 있기 때문에 대리기능(redundancy)의 여분의 층을 제공하여 어떤 주발전기로부터 공급될 수 있다. 그림에서는 필수교류버스에 동력을 공급하는 Generator 3을 보여준다.

(3) 분할 · 병렬버스(Split-parallel Systems)

분할 · 병렬버스(split parallel bus)는 기본적으로 분할버스시스템(split-bus system)과 병렬버스시스템(parallel-bus system)이 합쳐진 것으로 양쪽의 장점을 살리는 배전 시스템이다. 분할 · 병렬시스템은

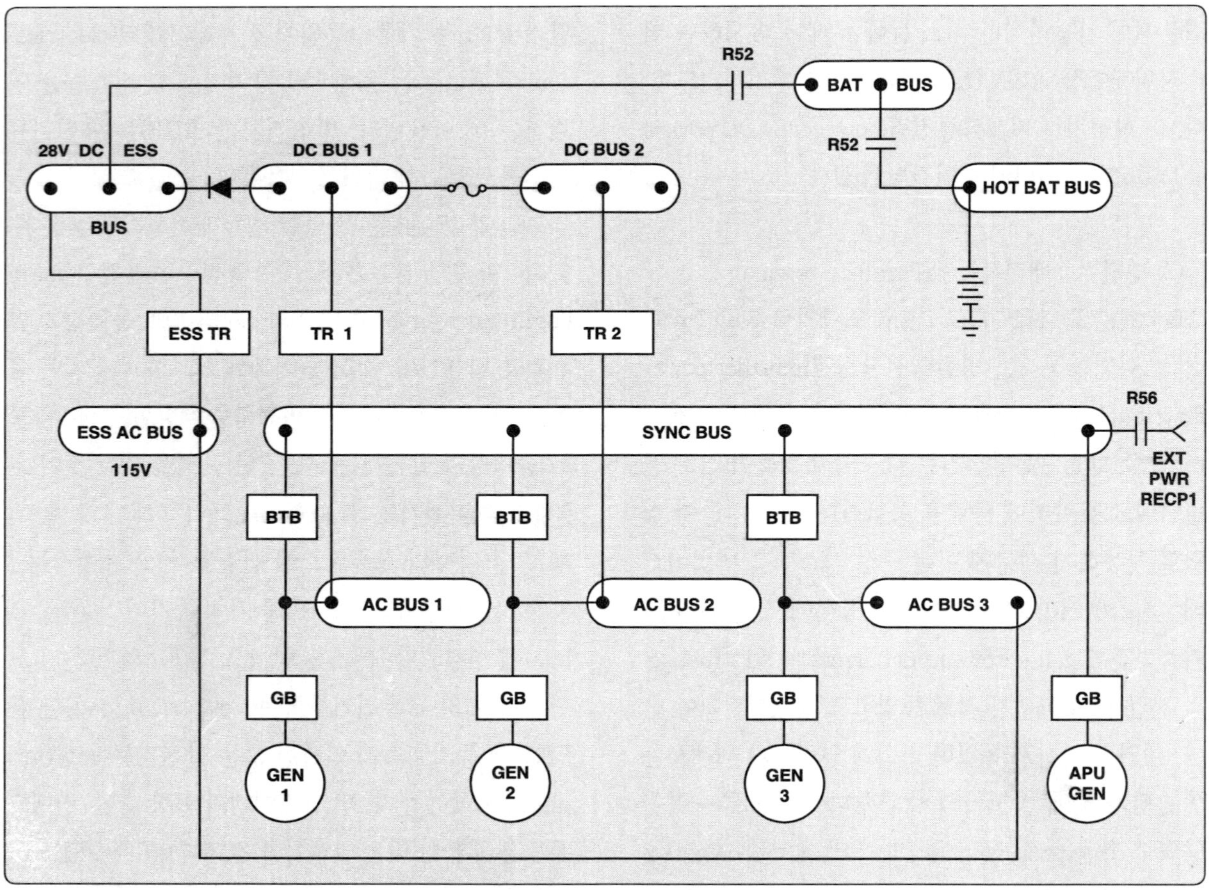

[그림 2-29] 병렬버스배전시스템(Parallel power distribution system)

Boeing 747-400에서 찾아볼 수 있다. 이 계통의 전기시스템은 엔진에 의해 가동되는 4개의 엔진구동발전기(engine generator)와 2개의 보조 동력장치구동발전기(APU-driven generator)로 구성되어 있다. 시스템은 병렬로 모든 발전기를 이용하여 작동할 수 있거나, 분할버스시스템처럼 독립적으로 작동시킬 수 있는 발전기로 작동될 수 있다. 정상비행 중, 4개의 엔진구동발전기 모두는 병렬로 작동된다. 시스템은 단지 특정 고장조건에서 또는 외부전원을 사용할 때에만 분할버스모드(split-bus mode)로 작동된다. Boeing 747-400 분할 · 병렬시스템은 4개의 발전기제어장치(GCU)와 2개의 버스전원제어장치(BPCU) 컴퓨터로 제어된다. 각각의 발전기를 제어하는 발전기제어장치(GCU)가 있는데, BPCU 1은 왼쪽 버스배전(bus power distribution)을 제어하고, BPCU 2는 오른쪽 버스배전을 제어한다. 발전기제어장치(GCU)와 버스전원제어장치(BPCU)는 분할시스템에서 이전에 설명했던 것과 유사하게 작동된다.

그림 2-30에서는 간단한 분할 · 병렬배전시스템(split-parallel power distribution system)을 보여준다. 그림 2-30의 꼭대기에 주 발전기는 주 터빈엔진(main turbine engine)에 의해서 구동된다. 각각의 발전기는 발전기회로차단기(GCB)를 거쳐 발전기의 부하버스에 연결된다. 발전기제어장치(GCU)는 조종사가 발전기 전원을 필요로 할 때 그리고 모든 시스템이 정상적으로 작동하고 있을 때 발전기회로차단기(GCB)를 접속시킨다. 각각의 부하버스는 다양한 전기시스템과 추가의 하부버스(sub-bus)에 연결된다. 모선연결차단기(BTB)는 버스전원제어장치(BPCU)에 의해 제어되고 왼쪽과 오른쪽 동기조정버

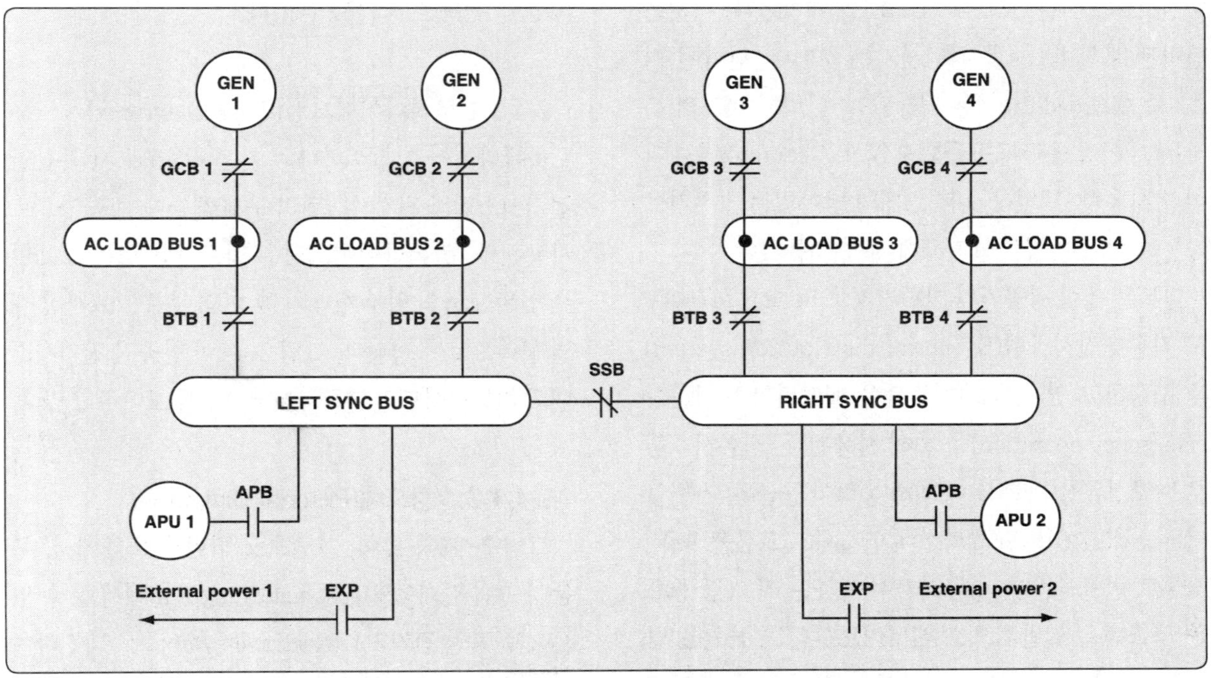

[그림 2-30] 분할-병렬 배전 시스템(Split-parallel distribution system)

스(synchronizing bus)에 각각의 부하버스를 연결한다. 분할시스템차단기(SSB, split system breaker)는 왼쪽과 오른쪽 동기조정버스를 연결하기 위해 사용되고 정상비행 동안 접속된다. 분할시스템차단기(SSB), 발전기회로차단기들(GCBs), 그리고 모선연결차단기들(BTBs)이 접속위치(closed position)이면, 발전기는 병렬로 운전한다. 병렬로 운전할 때, 모든 발전기는 동상(in-phase)이어야 한다.

만약 항공기 전기시스템이 기능불량이 발생하면, 제어장치는 필요한 모든 부하가 전력을 받을 수 있도록 적절한 조정을 한다. 예를 들어, 만약 Generator 1이 고장 나면, GCU 1은 결함을 탐지하고 GCB 1을 개방(open)하도록 명령한다. GCB 1 개방과 함께, AC Load Bus 1은 바로 동기조정버스(synchro bus)와 나머지 3개의 작동하는 발전기로부터 공급받는다. 또 다른 예로서, 만약 AC Load Bus 4가 접지로 단락되었다면, BPCU 4는 GCB 4와 BTB 4를 개방한다. 이것은 단락된 부하버스 4를 격리시키는 것이다. 단락된 버스, 즉 AC Load Bus 4는 격리된다. 단락된 버스의 부하는 더 이상 동력이 공급되지 않고, Generator 4는 더 이상 사용할 수 없다. 비록 3개의 남아있는 발전기로 작동하지만, 비행은 안전하게 지속할 수 있다.

대부분 대형 항공기와 마찬가지로 Boeing 747-400도 직류배전시스템(DC power distribution system)을 구성하고 있다. 직류시스템은 배터리와 비상운항 emergency operation)을 위해 사용된다. 직류시스템은 변압정류장치(TRU)에 의해 동력이 공급된다. 변압정류장치(TRU)는 교류버스에 연결되고 교류를 28[V] 직류로 변환시킨다. 항공기가 비행하는 데 가장 중요한 시스템은 일반적으로 배터리로부터도 전원을 받는다. 또한 필요하면 비상교류전력(emergency AC power)을 공급하기 위한 스태틱인버터가 1개 이상 장착되어 있다.

2.4 배선설비(Wiring Installation)

2.4.1 배선도(Wiring Diagrams)

전기배선도는 대부분 항공기 정비매뉴얼에 포함되어 있으며 특정응용분야에 사용될 전선의 크기 및 단자의 유형과 같은 정보를 명시한다. 또한 배선도는 항공기의 생산 과정에서 변경된 사항을 포함하여 부품번호 및 일련번호로 시스템 내의 각 구성품를 식별한다. 배선도는 종종 전기 계통 고장탐구에 사용된다.

배선도의 종류로는 블록 다이어그램(block diagrams), 그림도해(pictorial diagrams), 회로도(WDM, SSM)으로 나눌 수 있다

2.4.1.1 블록다이어그램(Block Diagrams)

블록다이어그램은 하나의 기능구성도로서 복잡한 전기시스템과 전자시스템의 문제 해결에 보조 자료로 사용된다. 블록다이어그램은 회로기판 또는 교체할 수 있는 모듈의 일부 형태처럼, 여러 부품을 묘사한 개별 블록으로 구성된다. 그림 2-31이 항공기 전기시스템의 기능구성도인 블록다이어그램을 보여주고 있다.

2.4.1.2 그림도해(Pictorial Diagrams)

그림 2-32와 같이, 그림으로 나타낸 도해에서, 부품의 그림은 회로도(schematic diagram)에서 볼 수 있는 전통적인 전기기호(electrical symbol)를 대신하여 사용된다. 그림도해는 정비사가 시각적으로 시스템

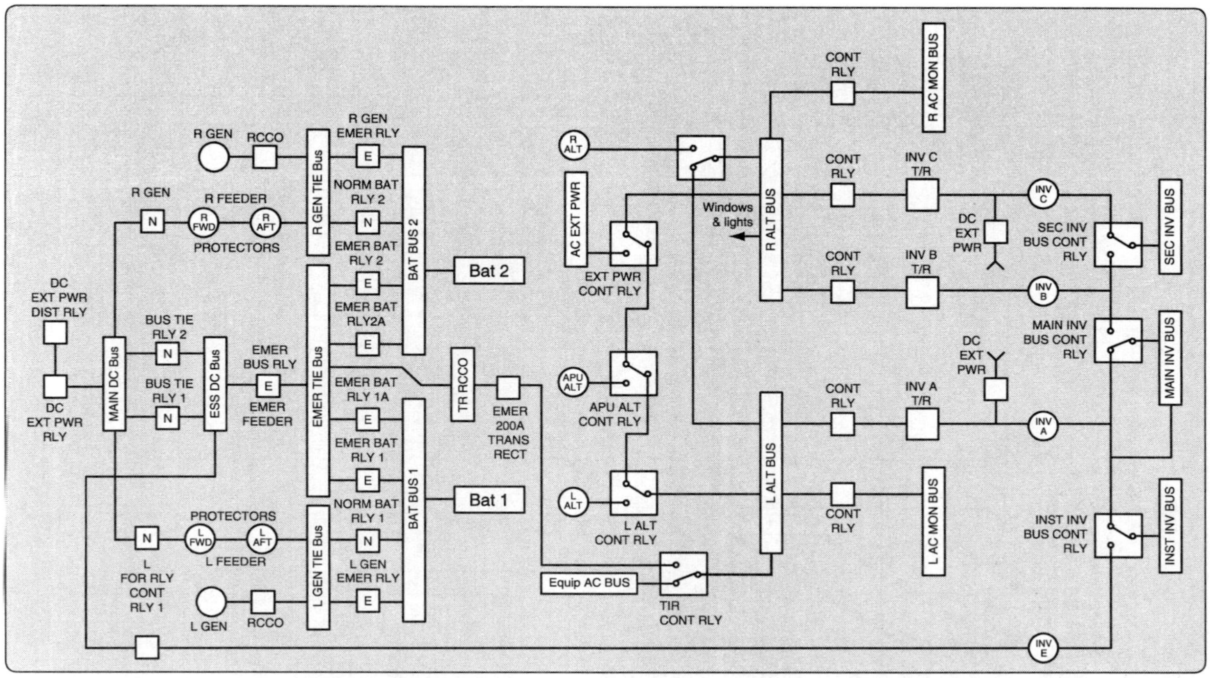

[그림 2-31] 항공기전기계통의 블록다이어그램 (Block diagram of an aircraft electrical system)

의 작동을 보고 이해하는데 도움을 준다.

2.4.1.3 회로도(Schematic Diagrams)

그림 2-33과 같이, 시스템도해인 회로도는 작동 원리를 설명하기 위해 사용되며, 실제로 나타내거나 또는 기능을 하는 부품을 보여주지는 않지만 시스템 부품끼리 서로 관계(interface)되는 부품의 위치를 나타낸다. 이 회로도는 SSM(System Schematic Manual)이라해서 계통 이해 및 고장탐구 하는데 가장 유용하게 활용된다.

2.4.2 와이어 유형(Wire Types)

현대 항공기의 성능은 전기계통과 하부계통의 지속적인 안정성에 크게 좌우된다. 부적절하거나 부주의하게 관리된 배선은 즉각적 또는 잠재적 위험의 원인이 될 수 있다. 전기계통의 성능은 전기 계통 와이어 또는 케이블을 설치, 검사, 관리하는 정비사의 지식과 기술에 달려 있다.

이 절에서 설명하는 절차(procedures)와 작업방법(practices)은 일반적인 권고사항으로 자세한 것은 제작사 매뉴얼을 사용한다.

와이어는 단선(single conductor), 경선(solid conductor), 또는 절연재료로 감싼 연선(stranded conductor)으로 설명된다. 그림 2-34에서는 와이어의 이들 두 가지를 정의한다. 비행 중 진동과 휨 때문에, 원형와이어는 피로손상을 최소로 하기 위해 서로 꼬여야 한다.

항공기 전기설비에 사용되는 용어 "케이블(Cable)"은 다음과 같다.

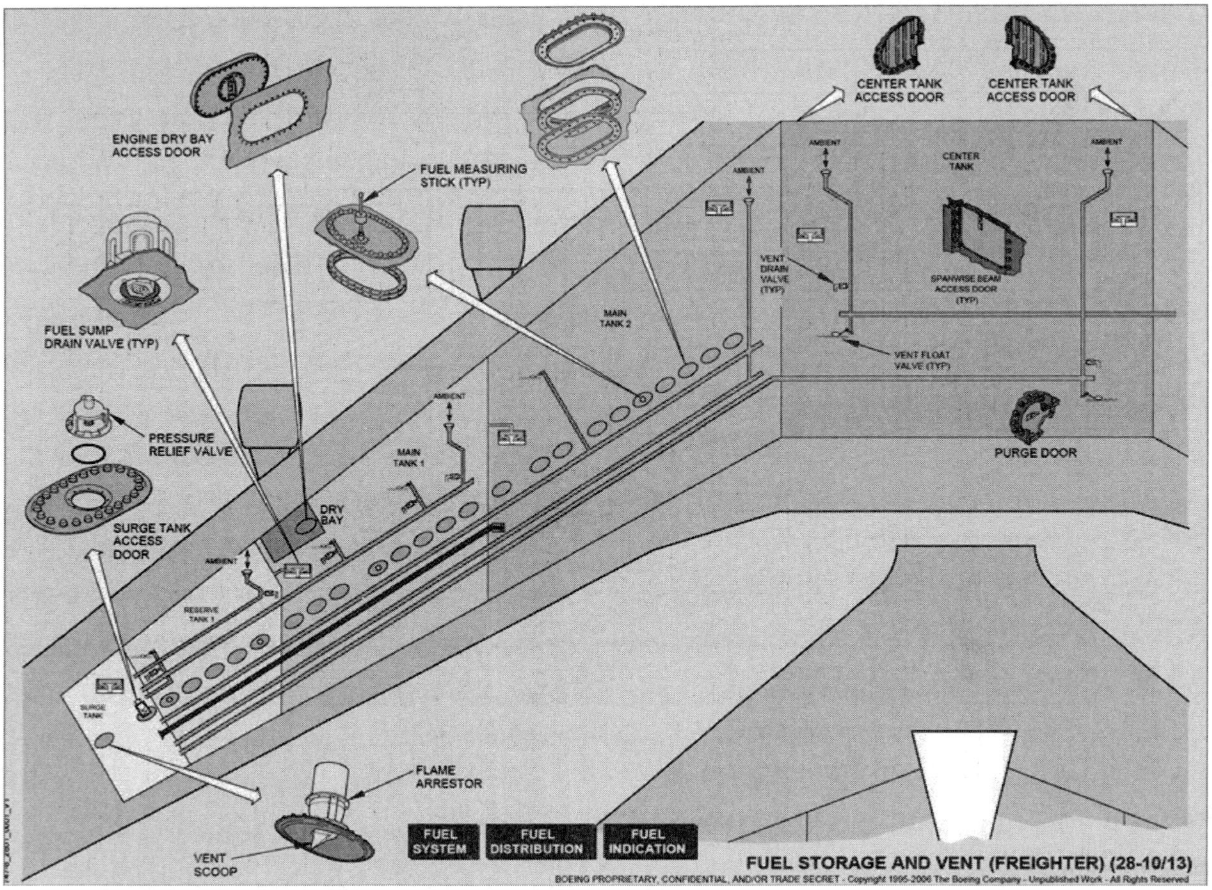

[그림 2-32] 항공기 연료계통 그림도해(Pictorial diagram of an aircraft fuel system)

(1) 다심케이블(Multi-conductor Cable)

같은 재킷(jacket) 내에 2개 이상의 개별 절연된 와이어

(2) 트위스트 페어케이블(Twisted Pair Cable)

2개 이상의 개별 절연된 도체가 꼬여 있는 와이어(서로 꼬여 있음)

(3) 쉴드(차폐) 케이블(Shielded Cable)

금속편조차폐물(metallic braided shield)로 감싸진 하나 이상의 절연처리된 와이어

(4) 무선주파수케이블(Radio Frequency Cable)

금속편조외외부도체(무선주파수케이블)가 있는 단일 절연 중심 도체

"와이어 하네스(wire harness)"라는 용어는 절연 도체 배열이 레이싱 코드, 금속 밴드 또는 하네스가 설계된 특정 장비에만 사용하기에 적합한 배열로 다른 바인딩에 의해 함께 묶일 때 터미널을 포함해서 사용된다. 와이어 하네스는 특히 엔진에서 많은 전기 부품을 연결하는 항공기에서 널리 사용된다. (그림 2-35 참조)

수년 동안 경 비행기의 표준 와이어는 MIL-W-5086A로 600 볼트 및 105°C의 주석 도금 구리 도체를 사용하고 있다. 이 기본 와이어는 다양한 절

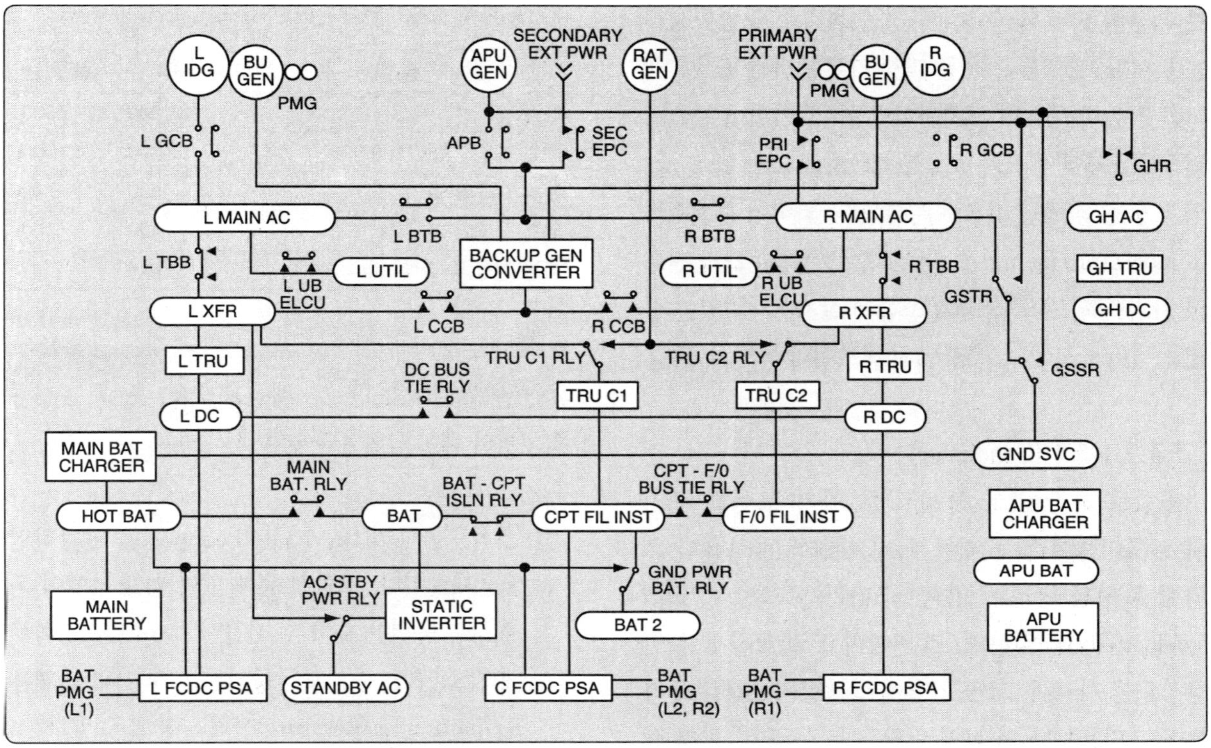

[그림 2-33] 회로도 (시스템 도해. Schematic diagram)

연 코팅재료로 코팅되었다. 민항 및 군용 항공기는 MIL-W-22759 사양에 따라 제조된 와이어를 사용하며, 이는 현재 군 및 FAA 요구 사항과 일치한다.

항공기 와이어의 선정에서 가장 중요한 고려사항

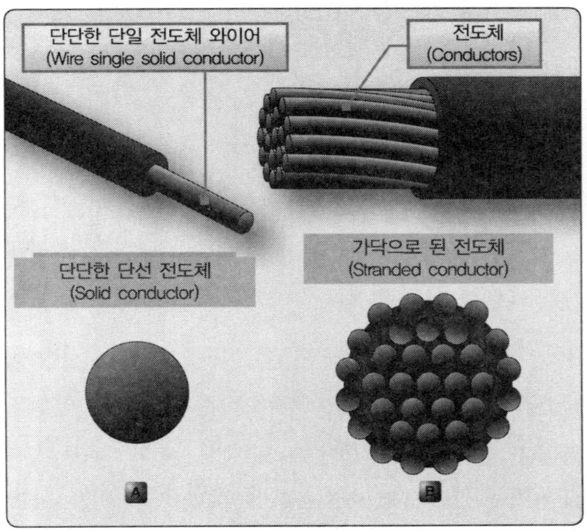

[그림 2-34] 항공기 전기케이블 (Aircraft electrical cable)

[그림 2-35] 차폐와이어하네스 (Shielded wire harness)

은 적용환경에 와이어의 구성을 적절하게 일치시키는 것이다. 발생할 수 있는 가장 가혹한 환경조건에 적합한 와이어 구성이 선택되어야 한다. 와이어는 일반적으로 노출배선 또는 보호된 배선(protected wiring)의 적용 중 적합한 것으로 분류된다. 와이어 온도정격(temperature rating)은 일반적으로 주변온도와 전류와 관련 도체 온도 상승의 조합에 잘 견딜 수 있는 절연 능력(insulation's ability)의 척도이다.

2.4.2.1 도선(Conductor)

대체로 가장 많이 사용된 두 가지 도선은 구리와 알루미늄이다. 각각은 특정 상황에서 사용이 유리한 특성과 단점이 있다. 구리는 고도전율(high conductivity)을 갖는데, 더 연성이고, 비교적 높은 인장강도를 가지며, 그리고 쉽게 납땜할 수 있다. 구리는 알루미늄보다 더 값이 비싸고 더 무겁다. 비록 알루미늄은 구리의 전도율에 약 60[%]을 갖지만, 가볍고 저렴하기에 광범위하게 사용된다. 알루미늄의 가벼움은 긴 와이어(long span) 제작을 가능하게 하고, 주어진 전도율에 대한 상대적으로 큰 직경은 높은 전위(high potential)를 갖는 와이어로부터 전기 방전인, 코로나를 감소시킬 수 있다. 큰 직경 와이어를 사용할 때보다 작은 직경 와이어를 사용할 때 방전이 더 크다. 일부 모선은 동일한 전도도에 대해 더 큰 방열표면(radiating surface)이 필요한 장소에 구리 대신 알루미늄으로 구성한다. 표 2-4에서는 알루미늄과 구리의 특성이 비교되었다.

[표 2-4] 항공기 전기 케이블 (Aircraft electrical cable)

특성	구리	알루미늄
인장강도	55,000	25,000
동일 전도도별 인장강도	55,000	40,000
동일 전도도 별 무게	100	48
동일 전도도 별 직경	100	160
특정 저항(옴/밀 피트)	10.6	17

2.4.2.2 도금(Plating)

나동선(bare copper)은 온도에 따른 비율로 표면산화피막(surface oxide coating)이 생긴다. 이 산화피막은 불량한 전기 도체여서 와이어의 측정을 방해한다. 그런 까닭에, 모든 항공기 배선은 주석, 은, 또는 니켈로 코팅을 해서 산화율을 늦춘다.

① 주석도금구리(tin-coated copper)는 일반적인 도금재료이다. 고활성 용제 없이 쉽게 납땜이 되게 하는 능력은 제작 후 시간이 흐름에 따라 빠르게 감소된다. 주석도금구리는 150[℃]의 한계온도(limiting temperature)까지 사용될 수 있다.

② 은도금와이어(silver-coated wire)은 온도가 200[℃](392[℉])를 초과하지 않는 곳에 사용된다.

③ 니켈도금와이어(nickel-coated wire)은 260[℃]를 넘어서도 해당 속성을 유지하지만, 이러한 도금된 가닥(coated strands)을 사용하는 대부분 항공기 와이어는 장기적인 노출에도 260[℃]를 초과하지 않게 하는 절연시스템을 갖는다. 니켈도금와이어의 납땜된 종단은 주석도금도선 또는 은도금도선에 사용된 것과 다른 솔더 슬리브(solder sleeve) 또는 용제를 사용한다.

2.4.2.3 절연(Insulation)

절연재료의 두 가지 근본적인 성질은 절연저항(insulation resistance)과 절연내력(dielectric strength)이다. 이들은 비슷한 것 같지만 완전히 다르고 독특한 속성이다.

절연저항은 절연재료의 표면 관통 및 표면 위의 누설전류에 대한 저항이다. 절연저항은 절연체를 손상시키지 않고 메가옴-메터(megohmmeter)/절연-시험계(insulation tester)로 측정하고, 그리고 이렇게 얻어진 자료는 절연체의 일반적인 조건을 결정하는 유용한 지침이 되지만 이러한 방식으로 얻어진 자료는 정확한 절연상태를 나타내지 못할 수 있다. 균열 또는 기타 결함이 있는 깨끗하고 건조한 절연체는 높은 절연저항 수치를 나타내지만 사용하기에 부적합하다.

절연내력은 절연체가 전위차를 견딜 수 있는 능력으로 보통 절연체가 정전기 응력(electrostatic stress)으로 인해 절연이 파괴되는 전압으로 표현한다. 최대 절연내력값(maximum dielectric strength)은 절연이 파괴될 때까지 테스트 샘플의 전압을 높여서 측정할 수 있다.

도선절연재료의 종류는 설치 유형에 따라 달라진다. 특성은 내마모성(abrasion resistance), 방전저항(arc resistance), 내식성(corrosion resistance), 관통강도(cut-through strength), 절연내력(dielectric strength), 내화(flame resistant), 기계적 강도(mechanical strength), 연기방출(smoke emission), 유체저항(fluid resistance), 그리고 열 변형(heat distortion)과 같은 환경에 따라 선정되어야 한다. PVC/Nylon, Kapton®, 그리고 Teflon®과 같은 절연체 등의 종류는 새로운 항공기 설계에 더 이상 사용되지 않지만, 구형 항공기에는 여전히 장착될 수 있다. 새로운 항공기 설계를 위한 절연재료는 Tefzel®, Teflon®/Kapton®/Teflon®, 그리고 PTFE/Polyimide /PTFE로 만든다. 절연재료의 개발은 현재까지도 계속해서 진행되고 있다.

장시간 동안 검사를 자주 안하는 지역에 장착될 수 있기 때문에, 와이어의 선정에 있어서 열 노화 특성을 고려할 필요가 있다. 열에 대한 저항은 와이어 정격에 기본적 요소이기 때문에, 항공기 용도에 따른 와이어의 선정에서 가장 중요한 것이다. 와이어가 높은 외기온도, 높은 전류 부하(high current loading), 또는 이들의 조합으로 인해 더 높은 온도에서 작동해야하는 경우 가장 열악한 조건에서 만족스러운 성능을 기준으로 선택한다.

2.4.2.4 와이어차폐(Wire Shielding)

현대의 항공기에서 볼 수 있는 매우 민감한 전자장치의 수의 증가함에 따라 전기회로에 대한 적절한 차폐를 보장하는 것은 매우 중요해졌다. 차폐는 전자기간섭(EMI, electromagnetic interference)을 제거하기 위해 배선과 장비에 금속성피복(metallic covering)을 적용하는 공정이다. 전자기간섭(EMI)은 전자기장(electromagnetic field), 즉 전파(radio wave)가 와이어 또는 부품에 고주파전압(high frequency voltage)을 유도할 때 발생한다. 이 유도전압은 시스템의 부정확 또는 고장의 원인이 될 수 있다.

적용범위가 85[%] 이상인 차폐를 사용하는 것이 좋다. 그림 2-36과 같이, 동축 케이블, 3축 케이블(triaxial cable), 2축 케이블(Twin-axial cable), 또는 4축 케이블(Quadr-axial Cable)은 차폐 목적에 따라, 차폐가 단일 지점 또는 여러 지점에 접지로 연결되어 있는 경우 적절한 곳에 사용되어야 한다. 또한 기체접지구조(airframe grounded structure)는 전자기간섭(EMI) 실드(차폐)로 사용될 수 있다.

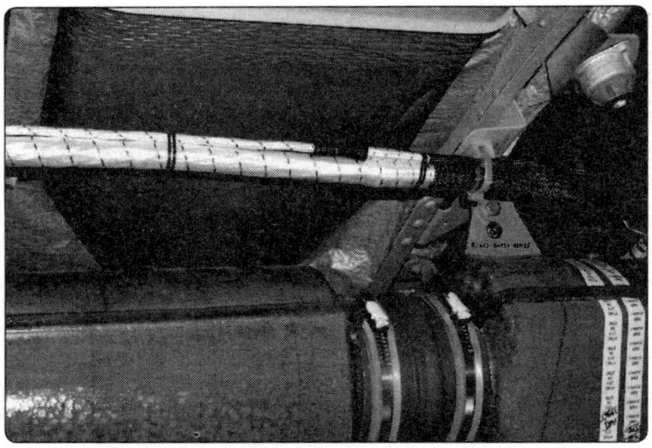

[그림 2-36] 비행조종면용차폐선하네스
(Shielded wire harness for flight control)

2.4.2.5 대체 와이어(Wire Substitutions)

대체 와이어가 기존 항공기의 수리와 개조에 필요한 경우, 원(原)항공기 제작사(OAM, original aircraft manufacturer)의 대체 승인 여부 결정을 위해 우선 항공기에 대한 정비매뉴얼(AMM)를 검토해야 한다. 만약 그렇지 않다면, 제작사에 교체 가능 여부를 확인해야 한다.

2.4.2.6 바람 · 습기문제 지정구역(Areas Designated at Severe Wind and Moisture Problem(SWAMP))

바람 · 습기문제 구역은 항공기마다 다르지만, 혹

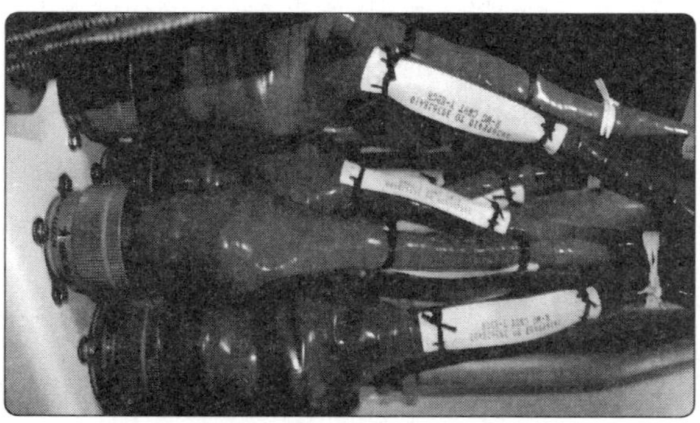

[그림 2-37] 보호용 재킷으로 입힌 와이어 하네스
(Wire harness with protective jacket)

독한 환경을 갖게 되는 바퀴 집(wheel well), 날개 플랩(wing flap) 근처, 날개 폴드(wing folds), 파일론(pylon) 등 외부구역이다. 이들 구역에서의 혹독한 환경으로부터 와이어를 보호하기 위해 외부 재킷을 갖는다. 이런 곳에 사용된 와이어는 종종 특별한 와이어 제작 설계특성을 갖기 때문에 교체품을 찾기가 매우 힘들고, 불가능할 수 도 있다. 그래서 항공기 제조업체의 정비매뉴얼(aircraft manufacturer's maintenance handbook)에서 권고된 와이어 유형을 사용하는 것은 매우 중요하다. 절연체 또는 재킷은 환경에 따라 달라진다.

2.4.3 와이어규격선택(Wire Size Selection)F

항공기 와이어는 미국와이어규격(AWG, American wire gauge)으로 알려진 표준 크기로 제조된다. 표 2-5와 같이, 규격번호(gauge number)가 클수록 와이어 직경은 작아진다. 일반적인 와이어크기는 No.40에서 No.0000까지의 범위를 정하고 항공기에서는 짝수번호를 사용한다.

규격번호는 와이어의 직경의 크기를 비교하기에는 유용하지만, 와이어 또는 케이블의 모든 종류의 규격을 정확하게 측정할 수 있는 것은 아니다. 더 굵은 와이어는 보통 이들의 유연성을 증대하기 위해 몇 가닥의 와이어가 하나로 꼬여져 있기도 한다. 이런 경우에, 총면적은 보통 직경 또는 규격번호를 알고 있을 때 서큘러밀(circular mil(1/1000[inch]))로 계산된, 와이어 또는 케이블의 가닥 개수에 한 가닥의 면적을 곱하여 결정할 수 있다.

전력을 송전하고 배전하는 와이어의 크기를 선정할 때는 여러 가지 요소들이 고려되어야 한다.

[표 2-5] 표준어닐링된 단선 구리선의 미국와이어게이지 (American wire gauge for standard annealed solid copper wire)

Cross Section 단면적			Ohms per 1,000 ft 저항/1000 피트		
게이지 미터	직경 (mils)	원호(mils)	제곱인치	25 °C (77 °F)	65 °C (149 °F)
0000	460.0	212,000.0	0.166	0.0500	0.0577
000	410.0	168,000.0	0.132	0.0630	0.0727
00	365.0	133,000.0	0.105	0.0795	0.0917
0	325.0	106,000.0	0.0829	0.100	0.166
1	289.0	83,700.0	0.0657	0.126	0.146
2	258.0	66,400.0	0.0521	0.159	0.184
3	229.0	52,600.0	0.0413	0.201	0.232
4	204.0	41,700.0	0.0328	0.253	0.292
5	182.0	33,100.0	0.0260	0.319	0.369
6	162.0	26,300.0	0.0206	0.403	0.465
7	144.0	20,800.0	0.0164	0.508	0.586
8	128.0	16,500.0	0.0130	0.641	0.739
9	114.0	13,100.0	0.0103	0.808	0.932
10	102.0	10,400.0	0.00815	1.02	1.18
11	91.0	8,230.0	0.00647	1.28	1.48
12	81.0	6,530.0	0.00513	1.62	1.87
13	72.0	5,180.0	0.00407	2.04	2.36
14	64.0	4,110.0	0.00323	2.58	2.97
15	57.0	3,260.0	0.00256	3.25	3.75
16	51.0	2,580.0	0.00203	4.09	4.73
17	45.0	2,050.0	0.00161	5.16	5.96
18	40.0	1,620.0	0.00128	6.51	7.51
19	36.0	1,290.0	0.00101	8.21	9.48
20	32.0	1,020.0	0.000802	10.40	11.90
21	28.5	810.0	0.000636	13.10	15.10
22	25.3	642.0	0.000505	16.50	19.00
23	22.6	509.0	0.000400	20.80	24.00
24	20.1	404.0	0.000317	26.20	30.20
25	17.9	320.0	0.000252	33.00	38.10
26	15.9	254.0	0.000200	41.60	48.00
27	14.2	202.0	0.000158	52.50	60.60
28	12.6	160.0	0.000126	66.20	76.40
29	11.3	127.0	0.0000995	83.40	96.30
30	10.0	101.0	0.0000789	105.00	121.00
31	8.9	79.7	0.0000626	133.00	153.00
32	8.0	63.2	0.0000496	167.00	193.00
33	7.1	50.1	0.0000394	211.00	243.00
34	6.3	39.8	0.0000312	266.00	307.00
35	5.6	31.5	0.0000248	335.00	387.00
36	5.0	25.0	0.0000196	423.00	488.00
37	4.5	19.8	0.0000156	533.00	616.00
38	4.0	15.7	0.0000123	673.00	776.00
39	3.5	12.5	0.0000098	848.00	979.00
40	3.1	9.9	0.0000078	1,070.00	1,230.00

(1) 와이어는 충분한 기계적 강도를 갖추어야 한다.
(2) 와이어의 허용전력손실(I^2R loss)은 열로 변환되는 전기에너지를 나타낸다. 굵은 도선의 사용은 저항을 줄여 결과적으로 I^2R 손실이 줄어든다. 그러나 굵은 도선은 값이 비싸고 무겁기 때문에 더 많은 수의 지주를 필요로 한다.
(3) 전원이 라인의 입력에서 정전압을 유지하는 경우, 와이어 부하의 변동은 선전류(line current)의 변동과 와이어에서의 IR 강하(drop)로 필연적 변동을 일으킨다. 와이어에서 IR 강하의 폭넓은 변동은 부하에서 불충분한 전압조절의 원인이 된다. 명확한 교정법은 전류를 줄이거나 저항을 줄이는 것이다. 선 저항(line resistance)의 감소가 요구된 도선의 크기와 무게가 증가하는 반면, 부하전류(load current)의 감소는 송전되는 전력의 양을 낮춘다. 절충안은 대개 부하에서 전압변동이 허용 가능한 한도 내에 있고 선 도체(line conductor)의 무게가 과도하지 않을 때 이루어진다.
(4) 전류가 도선을 통해 흐를 때 열이 발생한다. 와이어 온도는 방출되거나 그렇지 않으면 소산될 열이 와이어를 통한 전류의 흐름에 의해 발생된 열과 같아질 때까지 상승한다. 만약 도선이 절연되었다면, 도선에서 발생된 열은 도선이 절연되지 않을 때보다 쉽게 제거되기 어렵다. 그러므로 많은 열로부터 절연체를 보호하기 위해, 도선을 통과하는 전류의 양을 일정 값 이하로 유지해야 한다. 전기도선이 외기온도가 비교적 높은 장소에 장착되는 경우, 외부원인에 의해 발생 된 열은 전체 도선 가열의 큰 원인이 된다. 허용오차는 허용도선전류에 외부가열의 영향에 대해 이루어져야하며 각 경우마다 일정한 제한이 있다. 절연와이어의 최대허용운전온도는 사용되고 있는 도체절연의 종류에 따라 바뀐다.

그림 2-38과 같이, 만약 No.20보다 더 작은 크기의 와이어를 사용하고자 할 경우, 기계적 강도와 진동, 구부림, 말단 등과 같은 와이어의 장착작업에 처리에 각별한 주의를 기울여야 한다. 19 가닥 이하의 와이어는 사용되지 않아야 한다. 기계적 강도를 증가시키기 위해 가는 굵기의 와이어에 고강도 합금도선(high-strength alloy conductor)의 사용을 고려해야 한다. 일반적으로, Size No.20 이하의 와이어는 추가로 클램프가 제공되어야 하며 적어도 3개의 다른 와이어와 서로 그룹이 되어야 한다. 또한 커넥터 그로밋(connector grommet), 변형릴리프장치 클램프(strain relief clamp), 열 수축 슬리빙(shrinkable sleeving), 또는 신축식 부싱(telescoping bushing)과 같이, 말단에 추가의 지지대가 있어야 한다. 와이어는 과도한 흔들림, 반복된 굽힘, 또는 스크루(screw) 말단으로부터 잦은 분리가 되는 곳에는 사용되지 않아야 한다.

2.4.3.1 전류운반능력(Current Carrying Capacity)

일부 사례에서 와이어는 관련 커넥터(connector)의 접점에 권장되는 것보다 더 많은 전류를 운반할 수 있다. 이 경우는, 와이어에 의해 운반되는 최대전류를 규정하는 것은 접점정격(contact rating)이다. 더 큰 굵기의 와이어는 흐르는 전류에 적절하게 정격된 커넥터 접속의 압착(crimp) 범위에 맞게 사용되어야 한다. 그림 2-40에서는 번들 정격감소계수(derating factor)를 얻게 하는 곡선의 도해들을 제공한다.

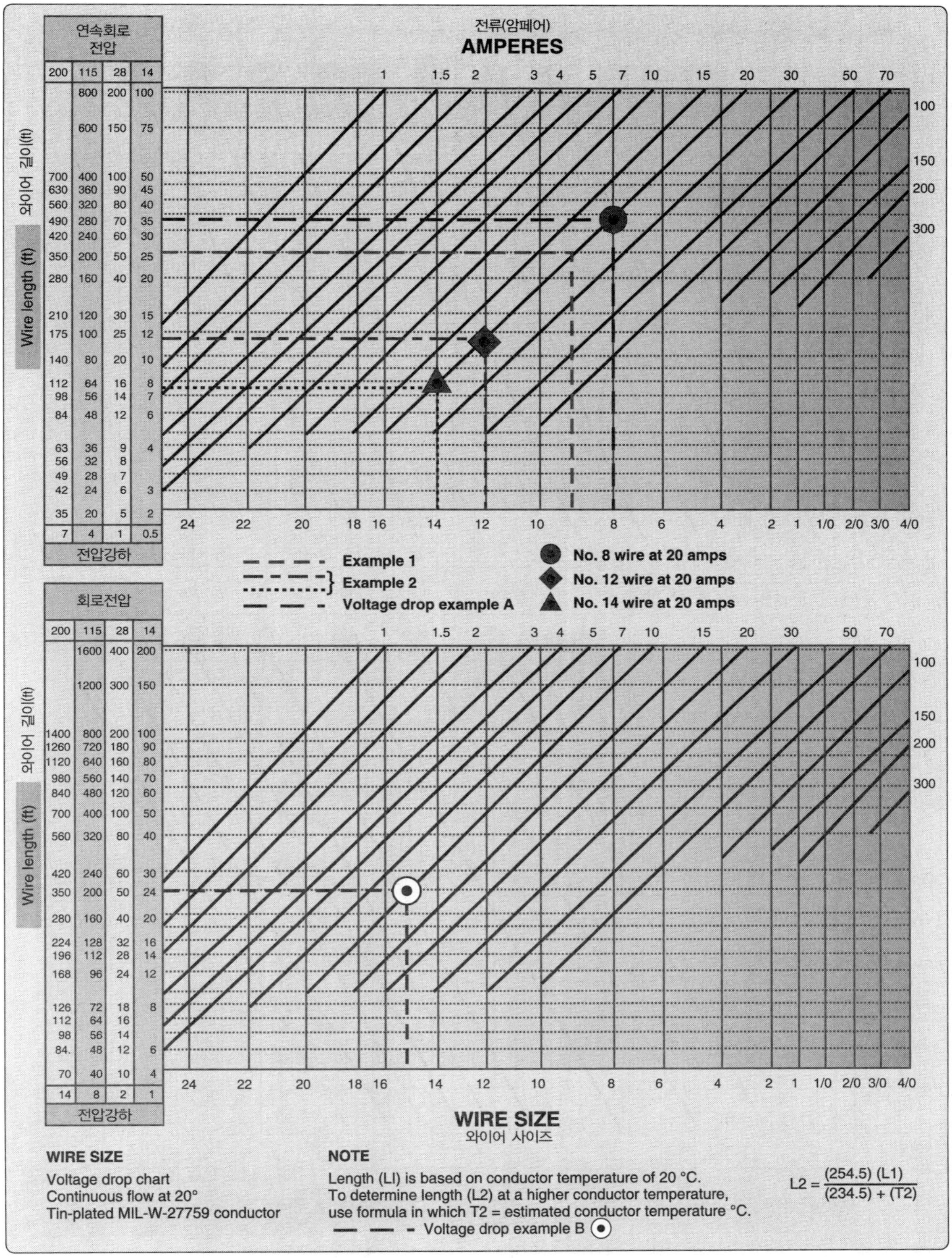

[그림 2-38] 연속(위) 및 간헐적(아래) 전류 흐름에 대한 전도체 차트(Conductor chart, continuous (top) and intermittent flow (bottom)

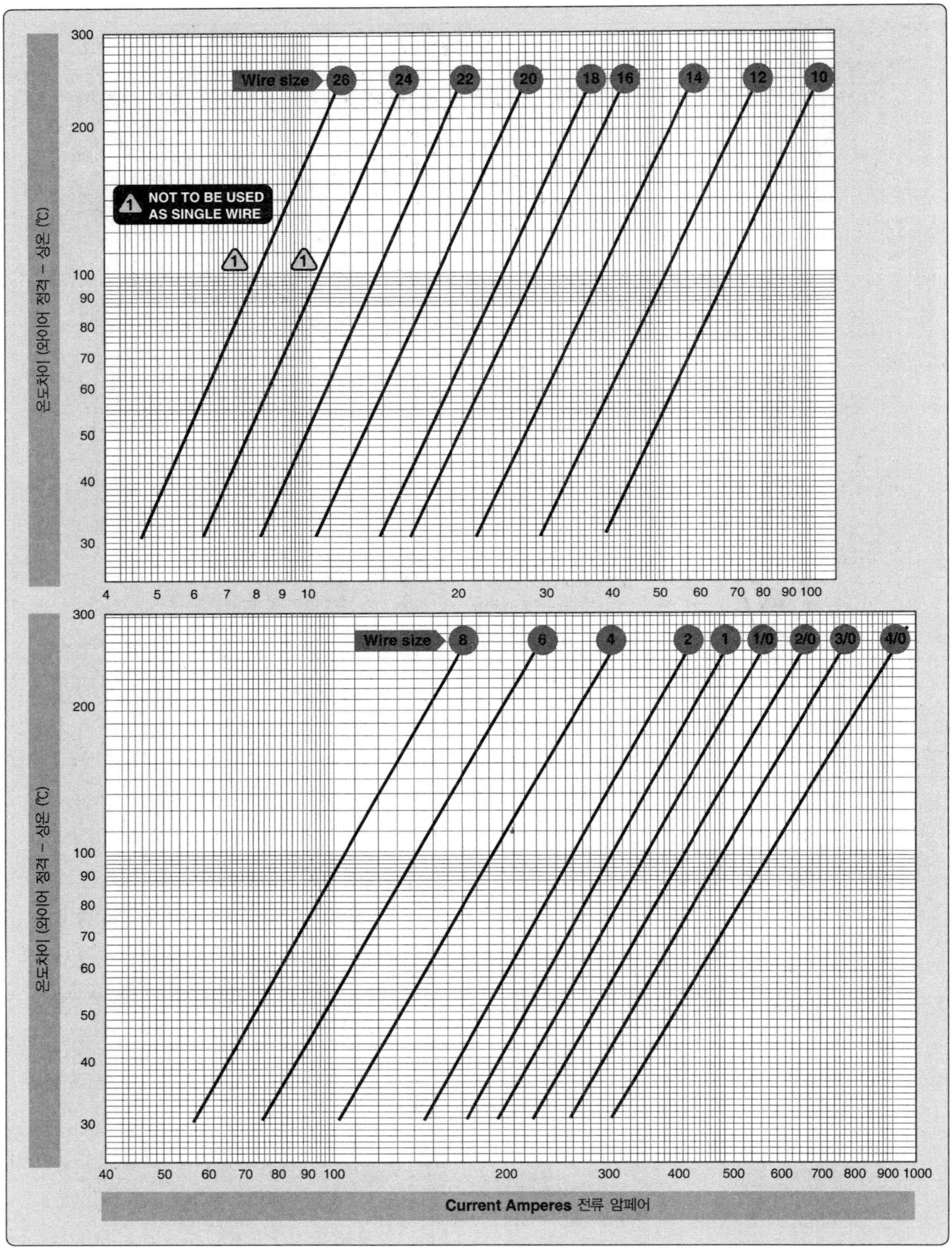

[그림 2-39] 자유 대기 단일 구리선 (외부에 단선으로 노출된 와이어)Single copper wire in free air)

(1) 최대운전온도(Maximum Operating Temperature)

와이어의 정격온도와 동일한 온도정상상태조건(temperature steady state condition)을 유발하는 전류를 초과해서는 안 된다. 와이어의 정격온도는 열화 없이 연속적인 동작을 견딜 수 있는 도체 또는 절연체의 능력에 기초할 수 있다.

① 자유대기의 단선(Single Wire in Free Air)

배선시스템(wiring system)의 전류운반용량(current-carrying capacity)을 결정하는 것은 허용 가능한 온도차이(정격온도 - 외기온도)를 초과하지 않고 주어진 크기의 와이어가 운반할 수 있는 최대전류를 결정하는 것으로 시작한다. 곡선은 자유공기에서 단일 구리선을 기준으로 한다.(그림 2-39 참조)

② 하네스 내의 와이어(Wire in a Harness)

와이어가 하네스에 묶여있는 경우 그림 2-41에 표시된 것처럼 단일 와이어에 대해 유도된 전류를 줄여야한다. 전류 감소량은 번들의 와이어 수와 사용 중인 총 와이어 번들 용량의 백분율에 따라 달라진다.

③ 고도에서의 하네스(Harness at Altitude)

번들로부터의 열손실은 고도가 증가함에 따라 감소하므로 전류의 양은 감소되어야 한다. 그림 2-41에서 고도감소계수(altitude-derating factor)를 얻을 수 있는 곡선을 볼 수 있다.

④ 알루미늄와이어(Aluminum Conductor Wire)

알루미늄와이어를 사용하는 경우, 크기는 표 2-6에서 표시된 전류정격(current rating)을 기초로 선

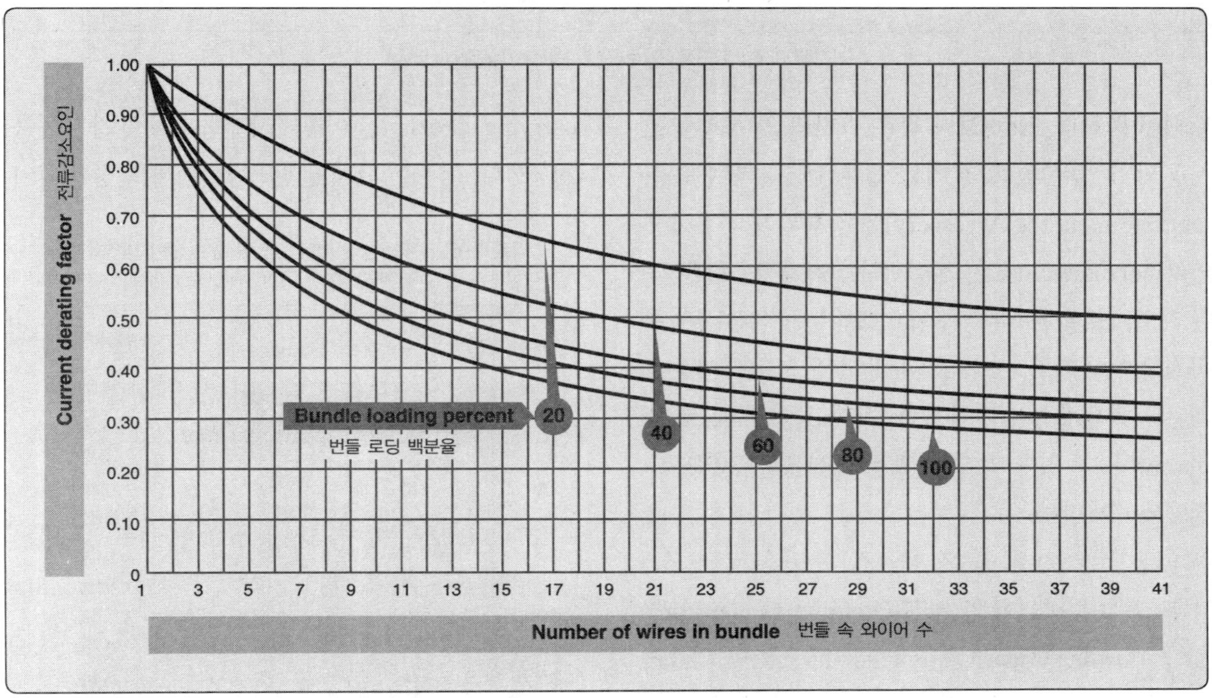

[그림 2-40] 번들정격감소곡선(Bundle derating curve)

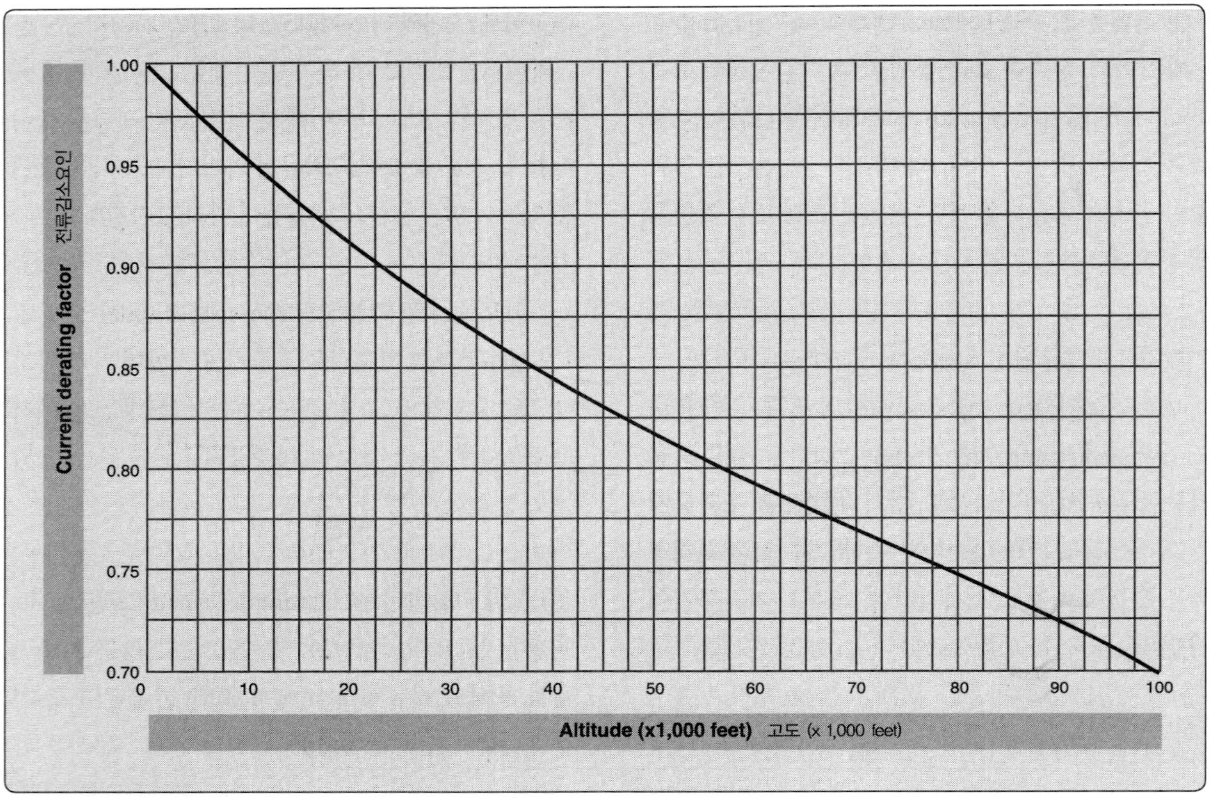

[그림 2-41] 고도감소계수곡선(Altitude derating curve)

택되어야 한다. No.8보다 작은 크기의 와이어는 잘 사용되지 않는다. 알루미늄 선은 엔진장착부속품(engine-mounted Accessory)에 장착되거나 부식성 연무(corrosive fume), 심한 진동, 기계적응력을 갖는 지역, 또는 자주 분리를 필요로 하는 곳에서는 사용하지 않아야 한다. 또한 알루미늄 선은 3[feet] 이하에서는 배선하지 않는 것이 좋다. 그리고 종단 하드웨어(hardware)는 알루미늄도선과 함께 사용할 수 있도록 설계되어야 한다.

(2) 전류운반능력의 계산(Computing Current Carrying Capacity)

다음 절에서는 항공기 와이어의 부하용량(load carrying capacity)을 어떻게 계산하는지 몇 가지 예를 제공한다. 계산은 단계별 접근방식이며 특정한 와이

[표 2-6] 알루미늄 와이어의 전류 운반 용량 및 저항
(Current-carrying capacity and resistance of aluminum wire)

와이어 크기	번들, 그룹 또는 하네스 또는 도관의 연속 전류(amp) 전선		최대 저항/1000 feet
	전선도체온도등급		
	@ 105 °C	@ 150 °C	@ 20 °C
#8	30	45	1.093
#6	40	61	0.641
#4	54	82	0.427
#2	76	113	0.268
#1	90	133	0.214
#0	102	153	0.169
#00	117	178	0.133
#000	138	209	0.109
#0000	163	248	0.085

어의 전류운반능력을 계산하기 위한 정보를 얻기 위해 몇 가지 그래프가 사용된다.

Example A

10개의 와이어, Size 20, 200[℃]의 등급을 갖고 있는 구리선, 그리고 25개의 와이어, Size 22, 200[℃]의 등급을 갖고 있는 구리선으로 이루어진 하네스, 즉 노출선(open wire) 또는 편조선(braided wire)이 외기온도가 60[℃]인 지역에 장착되었고 항공기가 3만 5,000[feet] 고도에서 운용할 능력이 있는 것이라고 가정한다. 회로해석은 번들에 있는 35개의 와이어 중 7개, 약 20[%]가 용량에 근접하거나 또는 용량까지 전원전류를 운반하고 있다는 것을 나타낸다.

Solution A

Step 1 그림 2-39 자유대기곡선(free air curve)에 있는 단선(single wire)을 참고한다. 자유대기정격(free air rating)을 결정하기 위해 와이어에서 온도의 변화를 판정한다. 와이어는 60[℃]의 외기온도와 200[℃]에서 평가되기 때문에, 온도의 변화는 200-60=140[℃]이다. 그림 2-39에서 와이어크기 선과 교차할 때까지 수평으로 140[℃] 온도 차이만큼 따라간다. Size 20에 대한 자유대기정격은 21.5[amp]이고, 그리고 Size 22에 대한 자유대기정격은 16.2[amp]이다.

Step 2 그림 2-40에서 번들경감곡선(bundle derating curve)을 참고한다. 20[%] 곡선은 하네스에 있는 와이어 중 20[%] 이하를 지시하는 회로해석이 전원전류(power current)를 운반하고 있으며 번들 용량(bundle capacity)의 20[%] 이하가 사용되어야 한다. 번들에 35개 와이어가 있기 때문에, 수평축에서 35를 찾은 후 20[%] 곡선에서 수직축 0.52의 감소계수(derating factor)를 결정한다.

Step 3 8.4[amp] 하네스 내 정격(in-harness rating)을 구하기 위해 16.2에 0.52를 곱하여 Size 22 자유대기정격의 정격출력을 낮춘다.
11.2[amp] 하네스 내 정격을 구하기 위해 21.5에 0.52를 곱하여 Size 20 자유대기정격의 정격출력을 낮춘다.

Step 4 그림 2-41의 고도경감곡선(altitude derating curve)을 참조한다. 항공기가 운항하고 있는 곳의 고도인 35,000[feet]를 수평축에서 찾는다. 와이어는 수직축에서 찾은 0.86의 계수로 정격출력을 낮추어야 한다는 것에 주목한다. 7.2[amp]를 구하기 위해 8.4[amp]에 0.86을 곱하여 Size 22 하네스 내 정격을 낮춘다. 9.6[amp]를 구하기 위해 11.2[amp]에 0.86을 곱하여 Size 20 하네스 내 정격을 낮춘다.

Step 5 전체 하네스 용량(total harness capacity)을 구하기 위해, 정격출력이 낮추어진 용량, 즉 25×7.2=180.0[amp]로서 Size 22 와이어의 총수(total number)를 곱하고 정격출력이 낮추어진 용량, 즉 10×9.6=96.8[amp]로서 곱해진 Size 20 와이어의 수와 더하고 20[%] 하네스 용량계수(harness capacity factor)로서 합에 곱한다. 결국 총 하네스 용량은 (180.0+96.0)×0.20=55.2[amp]이다. 총 하네스 전류(total harness current)는 55.2[amp]를 초과하지 않아야 한다. Size 22 와이어는 7.2[amp] 이상 운반하지

못하며 Size 20 와이어는 9.6[amp] 이상 운반하지 못한다.

Step 6 번들에 있는 각각의 와이어에 대해 그리고 전체의 번들에 대해 실제의 회로전류를 결정한다. 만약 Step 5에서 계산된 값이 초과된다면, 다음의 더 큰 크기 와이어를 선택하고 계산을 반복한다.

Example B

Size 12의 와이어 12개, 200[℃]의 등급을 갖고 있는 구리선으로 이루어진, 하네스, 즉 노출선(open wire) 또는 편조선(braided wire)이 해수면에서 25[℃]의 외기온도와 20,000[feet] 고도에서 60[℃]로 운용된다고 가정한다. 12개의 와이어 모두는 그들의 최대용량(maximum capacity)에서 작동된다.

Solution B

Step 1 그림 2-39에서 자유대기곡선에 있는 단선을 참고하여, 자유대기정격을 결정하기 위해 와이어의 온도 차이를 결정한다. 와이어는 25[℃]와 60[℃]의 외기온도에 있고 200[℃]의 등급을 갖고 있기 때문에, 온도 차이는 200−25=175[℃]와 200−60=140[℃]이다. 그림 2-38에서 각각의 와이어크기에서 선과 교차할 때까지 175[℃]와 140[℃] 온도차이선(temperature difference line)을 따라간다. Size 12의 자유대기정격은 각각 68[amp]과 59[am]이다.

Step 2 그림 2-40에서 번들 경감곡선을 참고한다. 12개의 와이어 모두가 전체 부하(full load)를 운반하고 있다는 것을 알고 있기 때문에 100[%] 곡선이 선택되었다. 번들에 12개의 와이어가 있기 때문에 수평축에서 12를 찾고 100[%] 곡선에서 수직축에서 0.43의 정격출력경감계수(de-rating factor)를 결정한다.

Step 3 각각 29.2[amp]와 25.4[amp]를 구하기 위해 68[amp]와 61[amp]에 0.43을 곱하여 크기 No.12 자유대기정격의 정격출력을 낮춘다.

Step 4 그림 2-41의 고도정격출력경감곡선(altitude de-rating curve)은 부하가 전달되는 조건이므로 수평축 해수면과 2만[feet]를 찾는다. 와이어는 각각 1.0과 0.91의 계수로 정격출력을 낮추어야 한다.

Step 5 29.2[amp]와 23.1[amp]을 얻기 위해 해수면에서 29.2[amp] 그리고 2만[feet]에서 25.4[amp]에 각기 1.0과 0.91을 곱하여 번들 정격(bundle rating)에 있는 Size 12의 정격출력을 낮춘다. 해수면에서 그리고 25[℃] 외기온도에서 전체 번들용량(total bundle capacity)은 29.2×12=350.4[amp]이다. 20,000[feet], 60[℃] 외기온도에서, 번들용량은 23.1×12=277.2[amp]이다. 각각의 Size 12 와이어는 해수면, 25[℃] 외기온도에서 29.2[amp]를 운반할 수 있거나 또는 2만[feet], 60[℃] 외기온도에서 23.1[amp]을 운반할 수 있다.

Step 6 번들에 있는 각각의 와이어와 번들에 대해 실제의 회로전류를 결정한다. 만약 Step 5에서 계산된 값이 초과한다면, 다음 크기의 와이어를 선택하고 계산을 반복한다.

2.4.3.2 허용전압강하(Allowable Voltage Drop)

발전기가 정격 전류를 운반하거나 배터리가 5분 방전율로 방전할 될 때 전원(generation source) 또는 배터리에서 버스까지 주 전원와이어(main power wire)의 전압강하는 조정전압(regulated voltage)의 2[%]를 초과해서는 안 된다. 표 2-7의 버스와 사용장비(utilization equipment) 접지 사이에 부하회로(load circuit)에서 허용되는 최대전압강하(maximum acceptable voltage drop)를 정의한다.

항공기 구조물을 통한 전류리턴경로(current return path)의 저항은 일반적으로 무시해도 좋을 정도로 작아야 된다. 이것은 구조물에 적절한 본딩(bonding) 또는 특별한 전류리턴경로를 무시해도 좋은 전압강하로 필요한 전류를 운반할 수 있게 장치되었을 때 가능하다. 회로저항을 결정하기 위해 회로 양단의 전압강하를 확인한다. 전압강하는 항공기 제작사 또는 제품생산자에 의해 지정된 한도를 초과하지 않으면, 회로의 저항값을 만족한 것으로 간주할 수 있다. 회로 점검 시, 입력전압은 일정한 값으로 유지되어야 한다. 표 2-8과 표 2-9에서는 와이어에서 전기저항을 결정하기 위해 사용되는 공식과 그 전형적인 예를 보여준다.

다음 공식은 전압강하를 점검하기 위해 사용할 수 있다. 저항/feet는 표 2-8에서 찾아볼 수 있고 와이어 크기에 대해서는 표 2-9에서 확인할 수 있다.

[표 2-7] 도표 차트 (Tabulation chart)(버스와 이용 장비 접지 사이의 허용 전압 강하)(allowable voltage drop between bus and utilization equipment ground)

공칭 시스템 전압	연속 작동 중 허용 전압 강하	간헐적 작동
14	0.5	1
28	1	2
115	4	8
200	7	14

$$\begin{aligned} & Calculated\ Voltage\ Drop\ [VD] \\ & = Resistance/feet \times Length \times Current \end{aligned}$$

조정전압강하 = 저항/피트 × 길이 × 전류

(1) 와이어 도표 설명(Electric Wire Chart Instructions)

와이어의 정확한 크기를 선택하기 위해, 두 가지 주요 조건이 필요하다.

① 표 2-7과 같이, 와이어가 지정된 거리까지 전류를 운반하는 동안 과도한 전압강하를 방지할 수 있어야 한다.

② 와이어 크기는 요구된 전류를 운반하는 와이어의 과열을 방지하기에 충분한 것이어야 한다. 연

[표 2-8] 필요한 주석 도금 구리 와이어 크기 및 전압 강하 결정 (Determining required tin-plated copper wire size and checking voltage drop)

전압 강하	와이어 길이 (피트)	회로전류 (암페어)	와이어 사이즈 (차트)	전압강하계산 = 저항/피트 x 길이 x 전류
1	107	20	No. 6	VD = (0.00044 ohms/feet) (107 x 20) = 0.942
0.5	90	20	No. 4	VD = (0.00028 ohms/feet) (90 x 20) = 0.504
4	88	20	No. 12	VD = (0.00202 ohms/feet) (88 x 20) = 3.60
7	100	20	No. 14	VD = (0.00306 ohms/feet) (100 x 20) = 6.121

[표 2-9] 최대 주석 도금 구리 와이어 길이 및 전압 강하 결정 (Determining maximum tin-plated copper wire length and checking voltage drop)

최대 전압 강하	와이어 사이즈	회로전류 (암페어)	최대 와이어길이 (피트)	전압강하계산 = 저항/피트 x 길이 x 전류
1	No. 10	20	39	VD = (0.00126 ohms/feet) (39 x 20) = 0.98
0.5	–		19.5	VD = (0.00126 ohms/feet) (19.5 x 20) = 0.366
4	–		156	VD = (0.00126 ohms/feet) (156 x 20) = 3.93
7	–		273	VD = (0.00126 ohms/feet) (273 x 20) = 6.88

산전류전송용량법(computing current carrying capacity method)에 대해서는 최대운전온도(maximum operating temperature)를 참조한다.

그림 2-38을 이용하여 정확한 와이어크기를 선택하는 두 가지 필요조건에 부합시키기 위해, 다음 사항을 알아야 한다.

① 와이어의 길이
② 운반하고자 하는 전류의 암페어의 수
③ 허용전압강하
④ 연속전류(continuous current) 또는 단속전류(intermittent current) 여부
⑤ 예측 또는 측정된 도선의 온도
⑥ 와이어도관 또는 번들 중 선택
⑦ 자유대기에 단선으로 장착여부

Example A

다음 알려진 정보를 이용하여 그림 2-38에서 와이어크기를 알아본다.
① 접지선(ground wire)을 포함하는, 와이어설치는 50[feet]이다.
② 전류부하(current load)는 20[amp]이다.
③ 전압원은 버스에서 장비로 28[V]이다.
④ 회로는 연속운전이다.
⑤ 예측된 도선 온도는 20[℃] 이하이다. 도표 왼쪽의 눈금은 14[V], 28[V], 115[V], 200[V]와 같이, 정해진 전압원계통(voltage source system)에 대한 과도한 전압강하를 방지하기 위한 최대와이어길이(maximum wire length)를 나타낸다. 이 전압은 눈금의 꼭대기에서 그리고 밑바닥에서 연속운전에 대해 상응하는 전압강하한도(voltage drop limit)로 확인된다. 도표의 꼭대기에 사선(slant line) 눈금은 암페어를 나타낸다. 도표의 밑바닥 눈금은 와이어규격(wire gauge)을 나타낸다.

Step 1 왼쪽 눈금에서, 28[V] 전원 열 아래에 와이어길이 50[feet]를 찾는다.

Step 2 20[amp] 부하에 대한 경사진 선과 교차할 때까지 오른쪽으로 부합하는 수평선을 따라간다.

Step 3 이 지점에서, 도표의 밑바닥에서 수직으로 내려간다. 값은 No.8과 No.10 사이에 떨어진다. 오른쪽으로 하나 더 큰 크기의 와이어를 택한다. 이 경우에는 No.8을 선택한다. 이것은 왼쪽 눈금의 밑바닥에서 표시된 전압강하한도의 초과 없이 사용할 수 있는 가장 작은 크기의 와이어를 뜻한다. 이 예는 그림 2-38에 와이어 도표에서 구성된다. 연속흐름(continuous flow)에 대해서는 그림 2-38의 위쪽 그리고 간헐적 흐름(intermittent flow)에 대해서는 그림 2-38의 아래쪽을 사용한다.

Example B

다음 알려진 정보를 이용하여 그림 2-38에서 와이어크기를 알아본다.
① 접지선을 포함하는, 와이어설치는 200[feet]이다.
② 전류부하는 10[amp]이다.
③ 전압원은 버스에서 장비로 115[V]이다.
④ 회로는 간헐적(intermittent operation)이다.

Step 1 왼쪽 눈금에서, 115[V] 전원 열 아래에 와이어길이 200[feet]를 찾는다.

Step 2 10[amp] 부하에 대한 경사진 선과 교차할 때까지 오른쪽으로 부합하는 수평선을 따라간다.

Step 3 이 지점에서, 도표의 밑바닥에 수직으로 내려간다. 값은 No.16과 No.14 사이에 떨어진다. 오른쪽으로 하나 더 큰 크기 와이어, 이 경우에는 No.14를 선택한다. 이것은 왼쪽 눈금의 밑바닥에서 표시된 전압강하한도 초과 없이 사용할 수 있는 가장 작은 크기의 와이어이다.

2.4.4 와이어 식별(Wire Identification)

회로 및 전압과 와이어 및 케이블의 적절한 식별은 작동의 안전, 정비사의 안전, 그리고 정비의 용이함을 마련하기 위해 필요한 것이다. 항공기에 사용된 모든 와이어는 와이어의 유형 식별에 대한 정보를 와이어의 길이를 따라 표시해야 한다. 와이어제조사를 인지하는 5개의 아라비아숫자/문자 제작사 등록번호 부호(CAGE, commercial and government entity code)로 이 부품번호(Part Number)를 따르는 것이 일반적이다. 부품번호 사용은 교체할 와이어의 성능을 확인할 수 있고, 성능이 좋지 않은 와이어 사용과 와이어의 부정확한 교체를 예방하는 것이다.

2.4.4.1 식별표식배치 (Placement of Identification Markings)

식별표식은 와이어의 양쪽 끝단과 와이어의 길이를 따라 최대 15[inch] 간격으로 배치되어야 한다. 길이 3[inch] 미만의 와이어는 식별할 필요가 없다. 길이 3~7[inch] 와이어는 중앙에서 식별하면 된다. 식별표식 슬리브(Identification Marker Sleeve)는 타이(tie), 클램프, 또는 지지 장치 때문에 보이지 않을 때 부착한다. 와이어식별부호(wire identification code)는 수평(왼쪽에서 오른쪽으로) 혹은 수직으로(위에서 아래로) 읽도록 인쇄되어야 한다. 와이어 또는 케이블에 표시하는 2 가지 방법은 다음과 같다.

① 그림 2-42의 B와 같이, 직접표식(direct marking)은 케이블의 외부피복에 인쇄하여 수행한다.

② 간접표식(indirect marking)은 열 수축슬리브(heat-shrinkable sleeve)에 인쇄하고, 와이어 또는 케이블 외부피복에 인쇄된 슬리브를 장착하여 수행한다. 그림 2-42와 같이, 간접표식와이어(indirectly-marked wire) 또는 케이블은 양쪽 끝단에서 6[feet]를 넘지 않는 간격으로 인쇄된 슬리브로 확인되어야 한다. 그림 2-42의 A와 같이, 케이블 내에 개개의 와이어는 종단 3[inch] 이내에서 확인되어야 한다.

2.4.4.2 와이어표식 방법(Types of Wire Markings)

와이어 표식 선호 방법(preferred method)이란 절연체의 변질 없이 와이어에 직접 표시를 하는 것이다. Teflon-coated Wire, 차폐배선(shielded wiring), 다심케이블(multi-conductor cable), 그리고 열전대선(thermocouple wire)은 보통 인식기호(identification mark)를 표식하기 위해 특별한 슬리브를 필요로 한다. 위에서 언급된 와이어 유형에 직접 각인할 수 있는 와이어표식기계장치(wire marking machine)가 몇 가

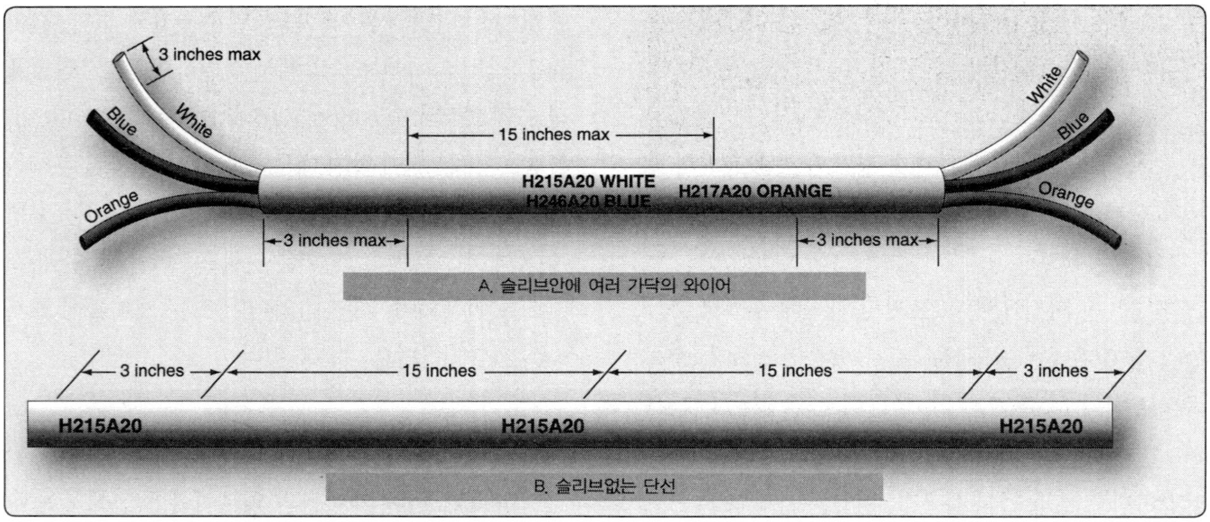

[그림 2-42] 슬리브없는 단일 와이어의 마킹(Wire markings for single wire without sleeve)

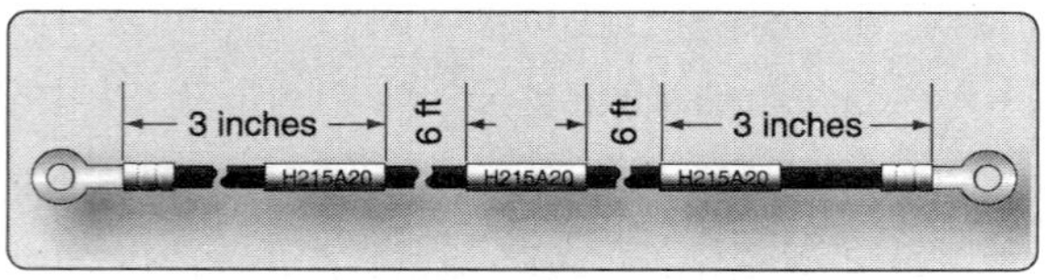

[그림 2-43] 인쇄식별간결마크(간접마킹)
(Spacing of printed identification marks (indirect marking))

지 있다. 어떤 표식 방법을 사용하더라도 표식은 읽기 쉬워야 하며 색은 와이어절연, 슬리브와 뚜렷한 차이를 보여야 한다.

그림 2-44와 같이, 와이어에 직접 표시하는 방법에는 핫 스템프 마킹(hot stamp marking), 잉크프린터(ink printer), 그리고 레이저제트프린터(laser jet printer) 등이 있다. 핫스템프 방법은 와이어의 얇은 절연물이 손상될 수 있다. 스템핑 다이(stamping die)에 의해 절연물의 벽(insulation wall)이 파괴되고 이들 재료의 도체에 침투가 발생할 수 있다. 이후 비행 중에 유동체 또는 습기로 적셔지고, 와이어 다발에 심각한 아킹과 표면손상이 발생한다.

그림 2-45의 식별 슬리브(identification sleeve)는 와이어에 직접표식이 불가능할 때 사용할 수 있다.

투명한 또는 불투명한 유연 슬리빙(flexible sleeving)가 일반적으로 사용하기에 적절하다. Color-coded Wire 또는 Striped Component Wire가 케이블의 일부분으로 사용되었을 때, 식별슬리브는 색이 각각의 와이어식별코드(wire identification code)와 연관된다는 것을 명시해야 한다. 식별슬리브는 보통 와이어 또는 케이블에서 Unjacketed Shielded Wire, 열

[그림 2-44] 레이저 와이어 인쇄기 (Laser wire printer)

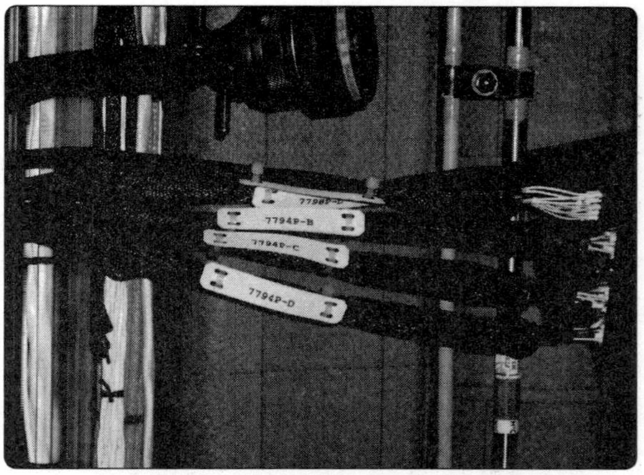

[그림 2-45] 와이어 번들 식별 대체 방법
(Alternate method of identifying wire bundles)

전도선(thermocouple wire), 동축케이블, 다심케이블(multi-conductor cable), 그리고 고온와이어(high-temperature wire) 등의 유형을 식별하기 위해 사용된다. 대부분 식별테이프(identification tape)는 슬리빙을 대신하여 사용할 수 있다. 400[°F] 이상의 고온에 노출되는 슬리빙에는 실리콘 유리섬유와 같은 재료가 사용되어야 한다. 폴리올레핀 슬리빙(polyolefin sleeving)은 솔벤트(solvent)와 합성 작동유(synthetic hydraulic fluid)에 저항력이 필요한 지역에 사용되어야 한다. 슬리브는 케이블타이(cable tie) 또는 열 수축 작업으로 제 위치에 고정되어야 한다. 표 2-10에서는 여러 가지 크기의 와이어에 대한 식별 슬리빙을 보여준다.

2.4.5 와이어의 장착과 배선 (Wire Installation and Routing)

2.4.5.1 노출배선(Open Wiring)

인터 커넥팅 와이어는 일반적으로 내부 또는 여압 동체에서 2개 지점(point-to-point) 오픈 하네스에

[표 2-10] 식별 슬리브의 권장 크기
(Recommended size of identification sleeving)

와이어 사이즈 Wire size		슬리빙 사이즈 Sleeving size	
AN #	AL #	No.	Nominal ID (inch)
24		12	0.085
22		11	0.095
20		10	0.106
18		9	0.118
16		8	0.113
14		7	0.148
12		6	0.166
10		4	0.208
8	8	2	0.263
6	6	0	0.330
4	4	3/8 inch	0.375
2	2	1/2 inch	0.500
1	1	1/2 inch	0.500
0	0	5/8 inch	0.625
00	00	5/8 inch	0.625
000	000	3/4 inch	0.750
0000	0000	3/4 inch	0.750

사용되며, 각 와이어는 취급 및 서비스 노출로 인한 손상을 견딜 수 있는 충분한 절연을 제공한다. 전기 배선은 종종 특수 밀폐 수단 없이 항공기에 설치된다. 이 방법은 개방형 배선으로 알려져 있으며 유지 보수가 쉽고 무게가 줄어든다는 장점이 있다.

2.4.5.2 와이어그룹, 다발묶기, 배선 (Wire Group and Bundles and Routing)

와이어는 더욱 조직적인 장착을 위해 번들(bundle)에 장착된다. 이 와이어다발을 종종 와이어하네스라고 부른다. 그림 2-46과 같이, 와이어하네스는 공장 또는 전기 작업장의 지그 보드(jig board)에서 와이어다발이 항공기 또는 엔진에 적합하도록 제작되어 하나의 부품 즉 LRU가 된다. 결과적으로, 특정 항공기 장착을 위한 각 하네스의 모양과 길이는 동일하다. 와

이어링 하네스(wiring harness)는 전자기간섭(EMI)을 피하기 위해 금속편조(metal braid)로 커버를 만들 수 있다.

전기적으로 비보호전력배선(unprotected power wiring)과 이중핵심구성요소(duplicate vital component)로 가는 배선과 같은, 와이어 그룹(grouping) 또는 번들(bundling)은 피해야 한다. 사용 가능한 와이어다발은 일반적으로 75개 와이어 이하, 또는 직경 $1\frac{1}{2}$~2[inch] 이하가 되어야 한다. 여러 와이어가 접속배선함(junction box), 단자판(terminal block), 패널(panel) 등에 모였을 때에도 번들 내에 그룹의 식별은 유지할 수 있어야 한다.

(1) 와이어 번들의 느슨함(Slack in Wire Bundles)

배선은 번들과 개별 와이어에 장력이 걸리지 않도록 느슨하게 장착되어야 한다. 가동구성품(movable component) 또는 완충마운트식(shock-mounted) 장비에 연결된 와이어는 번들에 장력이 걸리지 않은 상태에서 충분히 이동할 수 있도록 충분한 길이를 가져야 한다. 터미널러그(terminal lug) 또는 커넥터에 배선은 와이어의 교체 없이 두 번의 재-종단(re-termination)을 허용할 수 있는 충분한 여유가 있어야 한다. 이 여유는 드립루프(drip loop)와 가동구성품의 허용오차에 추가되어야 한다. 그림 2-47과 같이, 일반적으로 와이어그룹(wire group) 또는 번들은 지지점 사이에 1/2[inch] 편향(늘어짐)을 초과하지 않아야 한다. 만약 와이어그룹 또는 번들이 벗겨짐을 일으키는 표면에 닿을 가능성이 없다면 이 치수는 초과해도 된다. 양쪽 끝단은 단자(terminal)의 교환과 정비를 편리하게 할 수 있도록 충분히 느슨해야 하는데, 와이어, 케이블, 접합점, 그리고 지주에 기계적 변형을 방지하고, 완충마운트식과 진동마운트식(vibration-mounted) 장비의 자유로운 이동을 허용하고, 그리고 필요하면 항공기에 장착되어 있는 동안에 얼라인먼트(alignment), 서비싱(servicing), 튜닝(tuning), 먼지덮개(dust cover)의 제거 및 내부구성품의 변경을 수행하기 위해 장비의 이동을 허용한다.

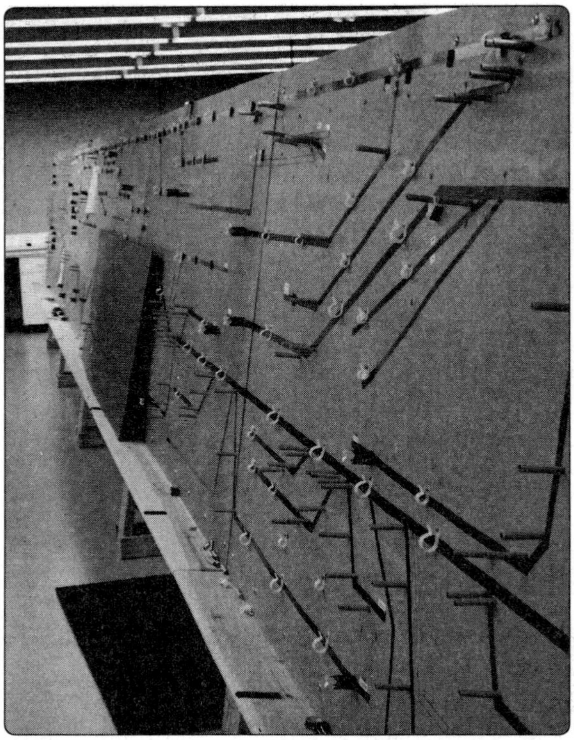

[그림 2-46] 케이블 하네스 지그 보드 (Cable harness jig board)

(2) 와이어 비틀림(트위스트) 작업 (Twisting Wires)

엔지니어링 도면에 명시되었거나 그 자체 현지 작업(a local practice)이 수행되었을 때, 평행한 와이어는 다음과 같은 작업을 할 때 와이어를 비틀어주어야 한다.

① 자기나침반(magnetic compass) 또는 플럭스밸

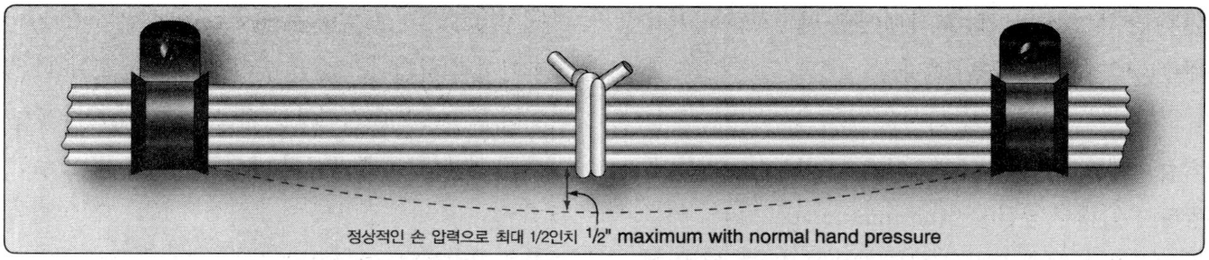

[그림 2-47] 케이블 하네스 지지대 사이의 느슨함 (Slack between supports of a cable harness)

브(flux valve)의 부근에 있는 배선

② 3상 배전(three-phase distribution) 배선

③ 엔지니어링 도면에 명기된 보통 무선 배선

표 2-11과 같이, 1[feet]당 비틂의 수를 대략 만드는데, 서로에 대하여 편하게 놓이도록 와이어를 비튼다. 항상 비틀기 후 손상에 대해 와이어 절연체를 점검한다. 만약 절연체가 찢어졌거나 또는 마모되면 와이어를 교체한다.

(3) 와이어번들 내에서 스플라이스 연결(Spliced Connections in Wire Bundles)

스플라이싱(splicing)은 배선의 신뢰성과 전기 · 기계특성에 영향을 주지 않는 범위 내에서 배선이 허용된다. 전력선, 동축케이블, 복합버스(multiplex bus), 그리고 큰 규격와이어의 스플라이싱은 인가된 자료를 갖추어야 한다. 와이어의 스플라이싱은 최소로 유지되어야 하며 극심한 진동이 있는 장소에서는 피해야 한다. 그룹 또는 번들에 있는 개별 와이어의 스플라이싱은 엔지니어링 승인을 가져야 하고 스플라이스(splice)는 정기검사를 고려하여 위치표시가 확인이 가능해야 된다.

[표 2-11] 피트 당 와이어 권장 트우스트 수 (Recommended number of wire twists per foot)

Gauge #	22	20	18	16	14	12	10	8	6	4
2 Wires	10	10	9	8	7 1/2	7	6 1/2	6	5	4
3 Wires	10	10	8 1/2	7	6 1/2	6	5 1/2	5	4	3

수많은 종류의 항공기 스플라이스 커넥터(splice connector)는 개개의 와이어를 스플라이싱할 때 사용할 수 있다. 자체 절연식 스프라이스(self-insulated splice)의 사용이 선호되지만, 비절연식 스플라이스(non-insulated splice) 커넥터는 스플라이스가 양쪽 끝단에 고정되는 플라스틱 슬리빙(plastic sleeving)으로 덮어 사용할 수 있다. 환경적으로 MIL-T-7928에 일치하는 밀봉식스플라이스(sealed splice)는 바람 · 습기문제(SWAMP) 지역에서 스플라이싱의 믿을 수 있는 수단을 제공한다. 그러나 사용되는 비절연식 스플라이스 커넥터는 스플라이스에 적절한 재료의 듀얼-월 쉬린크 슬리빙(2 겹 오무려드는 슬리브. Dual-wall Shrink Sleeving)으로 덮어 사용할 수 있다.

2개의 커넥터 또는 다른 분리지점 사이에 1개 이상의 스플라이스가 있어서는 안 된다. 하지만 커넥터를 여유 피그테일 리드(spare pigtail lead)에 부착할 때, 단선에 다선(multiple wire)을 스플라이싱할 때, 커넥터 접접크림프배럴(Contact Crimp Barrel)을 맞추기 위해 와이어크기를 조정할 때, 그리고 인가된 수리를 할 때는 예외이다.

그림 2-48과 같이, 번들에 있는 스플라이스는 설계

된 공간 내에서 번들의 크기 증대를 예방하도록 서로 엇갈리게 (stagged)해야 한다.

스플라이스는 단선에 다선을 합쳐 잇기 위해, 또는 접접크림프배럴 크기에 적합하도록 와이어크기를 조정하기 위해서 종단장치(termination device)의 연결선 여분의 도선에 부착할 때를 제외하고, 종단장치에서 12[inch] 이내에 스플라이스 작업을 해서는 안된다.

(4) 굴곡반경(Bend Radii)

와이어그룹 또는 번들에서 굴곡부의 최소반경은 와이어가 종단에서 이탈하거나 또는 번들에 역방향인 단말 단자를 제외하고, 가장 굵은 와이어 또는 케이블의 외경(outer diameter)에 10배 이하가 되어서는 안 된다. 와이어가 적절하게 지탱된 곳에서, 반경은 와이어 또는 케이블 직경의 3배가 되게 한다. 반경요건(radius requirement) 이내로 와이어 또는 케이블을 장착하는 것이 사실상 어려운 곳에서는 굴곡부가 절연배관(insulating tubing)으로 감싸져야 한다. 열전대 와이어(thermocouple wire)에 대한 반경은 제조사의 권고에 따라야 수행되어야 하고 케이블의 초과손실 또는 초과손상이 일어나지 않도록 충분히 두꺼워야 한다. 동축케이블 및 3축 케이블(triaxial cable)과 같은 무선 주파수 케이블(RF cable)은 케이블의 외경에 6배 이상의 반경으로 구부려야 한다.

(5) 마찰로부터 보호(Protection against Chafing)

와이어와 와이어 그룹은 날카로운 표면 또는 다른 와이어와 접촉으로 절연체를 손상시키거나 기체 또는 다른 구성품에 의해 마찰이 발생할 수 있는 장소로부터 마찰이나 마모로부터 보호되어야 한다. 절연체에 손상은 단락회로, 기능불량, 또는 장비의 우발적인 작동의 원인이 된다.

(6) 고온으로부터 보호(Protection against High Temperature)

배선은 절연체의 변질을 방지하기 위해 고온장비 또는 고온와이어로부터 멀리 떨어져 배선되어야 한다. 와이어는 도선 온도가 전류용량(current-carrying capacity)에 관련된 외기온도와 열 상승을 고려할 때 최대와이어사양(wire specification maximum) 이내로 유지되도록 등급이 매겨져야 한다. 항공기가 장기간 주기될 때 햇빛 노출로 인한 잔열 효과도 고려되어야한다. 화재 시 그리고 화재 후에 작동해야 하는 화재감지계통, 소화계통, 연료차단계통, 플라이바이와이어(fly-by-wire) 비행조종계통에 사용되는 와이어는 명시된 기간 동안 화재에 노출된 후에도 회로보존성이 제공되도록 등급이 갖추어진 종류로 선택되어야 한다. 와이어절연은 고온에 노출되었을 때 급속히 저하된다.

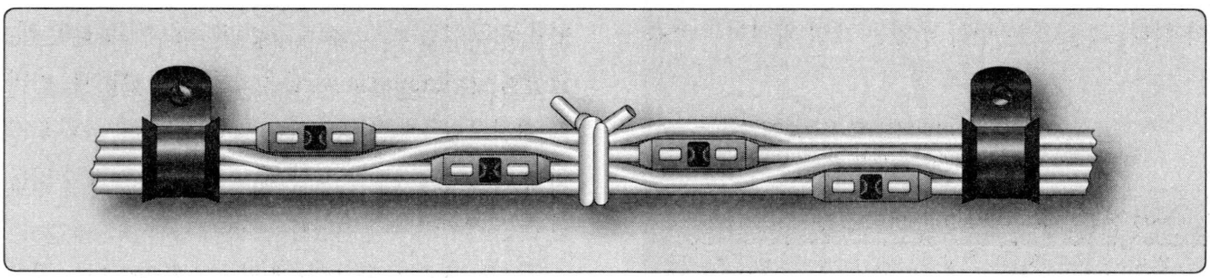

[그림 2-48] 와이어 번들에서 엇갈리는 스플라이스 (Staggered splices in wire bundle)

절연파괴를 방지하기 위해 저항기, 배기통(exhaust stack), 히팅 덕트(heating duct)와 같은 고온장비로부터 와이어를 격리시킨다. 고열지역을 통과해 지나가야 하는 와이어는 유리섬유 또는 폴리테트라플루로에틸렌(PTFE, polytetrafluoroethylene)과 같은 고온 절연재료로 절연시킨다. 이들 재료는 상승된 온도에서 변질과 변형될 수 있기 때문에 폴리에틸렌과 같은 부드러운 플라스틱 절연체로 케이블에 사용하는 경우에는 고온지역을 피해야 한다. 수많은 동축케이블은 이러한 종류의 절연체를 갖고 있다.

(7) 솔벤트 및 유체로부터 보호(Protection against Solvents and Fluids)

와이어와 금속가연성유동체라인(metallic flammable fluid line) 사이에 발생할 수 있는 아킹결함(arcing fault)은 관에 구멍을 뚫고 화재의 원인이 될 수 있다. 산소, 오일, 연료, 유압유, 또는 알코올을 담고 있는 관과 장비로부터 와이어를 물리적으로 분리하여 이러한 위험요소를 방지하도록 노력해야 한다.

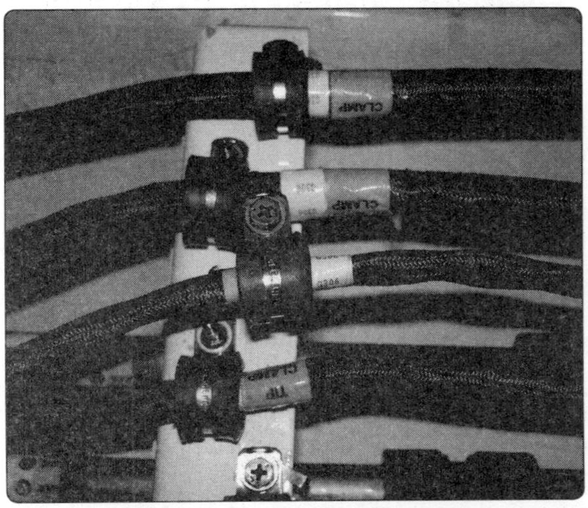

[그림 2-49] 와이어 및 유체 라인과 와이어 클램프의 확실한 분리 (Positive separation of wire and fluid lines and wire clamps)

배선은 가능하면 언제나 6[inch] 이상의 최소간격으로 이들 관과 장비 위에 배선되어야 한다. 이런 배열이 어려우면 유동체관(fluid line)에 평행하지 않도록 배선하여야 한다. 적어도 1/2[inch] 간격을 유지하도록 확실히 고정되었을 때와 유동체 운반 장비에 직접 연결할 때를 제외하고, 배선과 관, 그리고 장비 사이에 최소한 2[inch]는 간격이 되도록 배선이 유지되어야 한다. 그림 2-49와 같이 클램프를 장착한다. 이들 클램프는 와이어다발을 지탱하는 수단으로 사용되어서는 안 된다. 클램프가 와이어다발을 지탱하기 위해서는 추가로 장착되어야 하고 클램프는 상대운동을 방지하도록 유동체관을 지탱하기 위해 사용된 동일한 구조물에 고정되어야 한다.

와이어 또는 와이어의 그룹은 접속배선함 위쪽 방향으로 들어가거나 또는 장비의 한쪽에서 끝나야 한다. 트랩(trap) 또는 드립루프는 커넥터, 터미널 블록(terminal block), 패널(panel), 또는 정션 블록(junction block)을 향하여 아래쪽 방향으로 경사진 와이어 또는 케이블 끝단은 흘러들어오는 유동체 또는 응축물을 막도록 장치되어야 한다. 그림 2-50과 같이, 드립 루프(drip loop)는 와이어가 아래쪽으로 이동

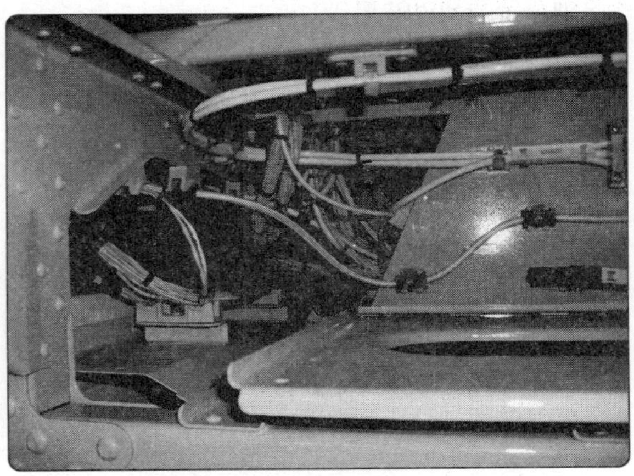

[그림 2-50] 드립 루프 (Drip loop)

한 다음 커넥터까지 이동하는 영역이다. 유동체와 습기는 드립루프의 밑바닥으로 와이어를 따라 흐를 것이고 와이어, 접속장치, 또는 연결된 장치에서 전기전도율에 영향 없이 똑똑 떨어지거나 증발되게 한다.

와이어가 접속배선함 또는 전기장치에서 아래쪽 방향으로 배선되어야 하는 곳에서, 입구는 접속배선함 또는 전기장치에 들어가는 습기를 방지하기 위해 제작사 매뉴얼에 따라 밀봉되어야 한다. 유동체가 모이는 항공기 밑 만곡부 또는 다른 장소에 장착된 와이어와 케이블은 가능한 가장 낮은 지점에서 멀리 배선되거나 또는 방습덮개(moisture-proof covering) 등의 다른 방법으로 배선되어야 한다.

(8) 휠웰 지역의 와이어보호(Protection of Wires in Wheel Well Areas)

착륙장치와 휠웰 지역에 위치된 와이어는 적절하게 보호되지 않으며 위험한 여러 상황에 노출될 수 있다. 와이어다발이 구부러진 지점을 지나가는 곳에서, 각종 작동 부품이 완전히 펼쳐지고 오므러들 때 부착물에 어떤 변형 또는 과도한 느슨함이 없어야 한다. 배선과 보호배관은 자주 검사되어야 하고 마모의 첫 번째 징후에서 교환되어야 한다.

와이어는 유동체가 커넥터로부터 멀리 떨어져 배선되어야 한다. 이 작업이 어려우면 커넥터가 잘 보호되어야 한다. 휠웰 또는 다른 외부지역에 배선되는 와이어는 하네스 자켓팅(덮기)(harness jacketing)와 커넥터 응력 릴리프(strain relief)의 형태로서 추가보호를 해주어야 한다. 배선을 보호하기 위해 사용된 와이어 도관 또는 유연 슬리빙에는 습기의 포착을 방지하기 위해 배수구가 설비되어야 한다.

정비사는 와이어와 케이블이 조약돌, 얼음, 진흙 등과 같은 것의 충격으로부터 손상에 노출되는 휠웰과 다른 구역에서 적절하게 보호되었는지를 검사해야 한다. 만약 와이어 또는 케이블의 재배선이 실용적이지 않은 경우에는, 보호피복을 설치할 수 있다. 이 유형의 설치는 최소로 유지해야 한다.

(9) 클램프장착(Clamp Installation)

그림 2-51과 같이, 와이어와 와이어다발은 클램프 또는 플라스틱 케이블 스트랩(plastic cable strap)으로 지지되어야 한다. 클램프와 다른 1차 지지장치는 온도, 유체저항(fluid resistance), 자외선(UV, ultraviolet light)에 노출, 그리고 와이어다발에 걸리는 물리적 부하 등의 모든 면에서 적합한 재료로 구성되어야 한다. 이들은 24[inch]를 넘지 않는 간격으로 유지하여야 한다. 그림 2-52부터 그림 2-54까지 보여준 것과 같이, 와이어다발에 클램프는 클램프 사이에서 와이어가 죄어지지 않고 꼭 맞도록 선택하여야 한다.

CAUTION 만약 클램프 고정이 무선주파수케이블(RF cable)의 단면을 왜곡시킬 경우 동축무선주

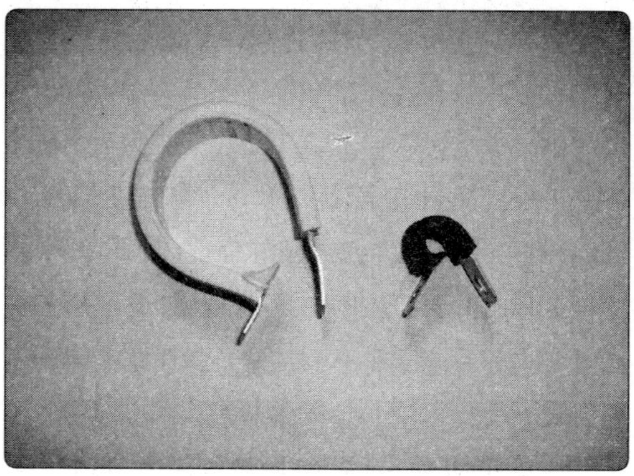

[그림 2-51] 와이어 클램프(Wire clamps)

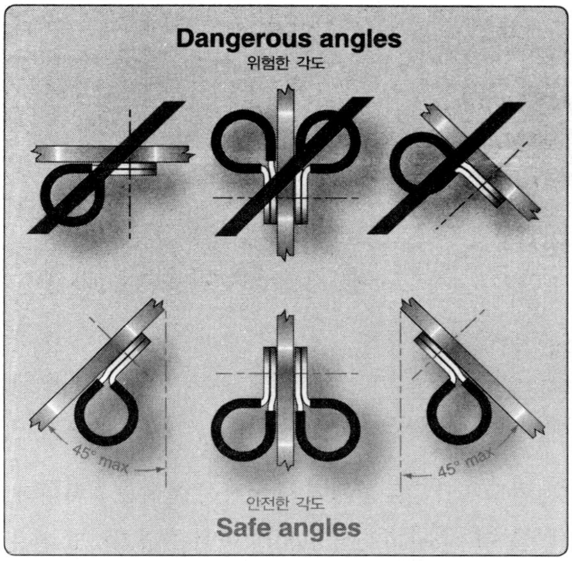

[그림 2-52] 케이블 클램프의 안전 각도
(Safe angle for cable clamps)

파수케이블(coaxial RF cable)에 금속 클램프(metal clamp)의 사용은문제를 일으킬 수 있다.

그림 2-52와 같이, 와이어 번들의 클램프는 약간의 축방향 당김(axial pull)이 가해졌을 경우 움직이는 것이 허용되지 않는다. 클램프는 무선주파수케이블(RF cable)을 눌러 파쇄 되지 않으면서 케이블이 클램프속에서케이블이 움직이는 것을 막기 위한 적절한 사이즈를 선택해야 한다. 그러나 케이블이 가벼운 축방향 당김(axial pull)이 가해졌을 때 클램프안에서 약간 미끄러지는 정도는 허용하여도 좋다. 케이블 또는 와이어다발의 고정이 필요하면 1[turn] 이상의 전기절연용 테이프로 감는다. 플라스틱 클램프(plastic clamp) 또는 케이블 타이(cable tie)는 이들의 결합이 가동 조종면(movable controls), 가동장비와 와이어 다발 접촉, 벗겨짐 손상(chafing damage)이 발생할 수 있는 곳에서는 사용이 금지된다. 이들은 느슨함으로 인한 움직임이 벗겨짐 등을 포함한 배선의 손상을 일으킬 수 있는 수직배선에는 사용되지 않는다. 클램프는 와이어다발 무게 또는 와이어다발 벗겨짐의 결과로 회전할 가능성이 없도록 위쪽에 배치된 이들의 부착 하드웨어에 장착되어야 한다.

그림 2-53과 같이, 비금속성재료(nonmetallic material)에 나란히 세워진 클램프는 배선을 따라 와이어다발을 지탱하도록 사용되어야 한다. 묶기는 클램프 사이에 사용할 수 있지만, 접착테이프는 노화 변질될 수 있기 때문에 클램핑(clamping)의 대용으로 고려해서는 안 된다.

그림 2-54와 같이, 작업할 수 있는 때에는 언제나, 클램프의 뒤쪽 구조부재(structural member)에 얹혀

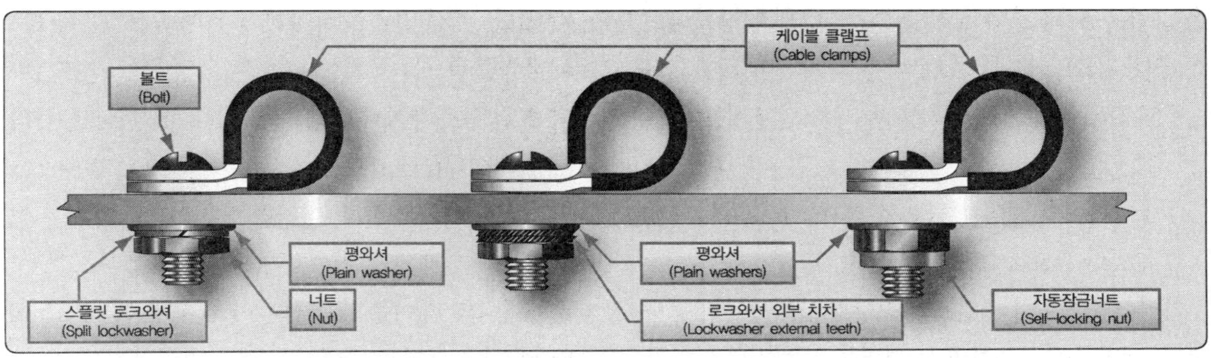

[그림 2-53] MS-21919 케이블 클램프 용 전형적인 장착 하드웨어(Typical mounting hardware for MS-21919 cable clamps)

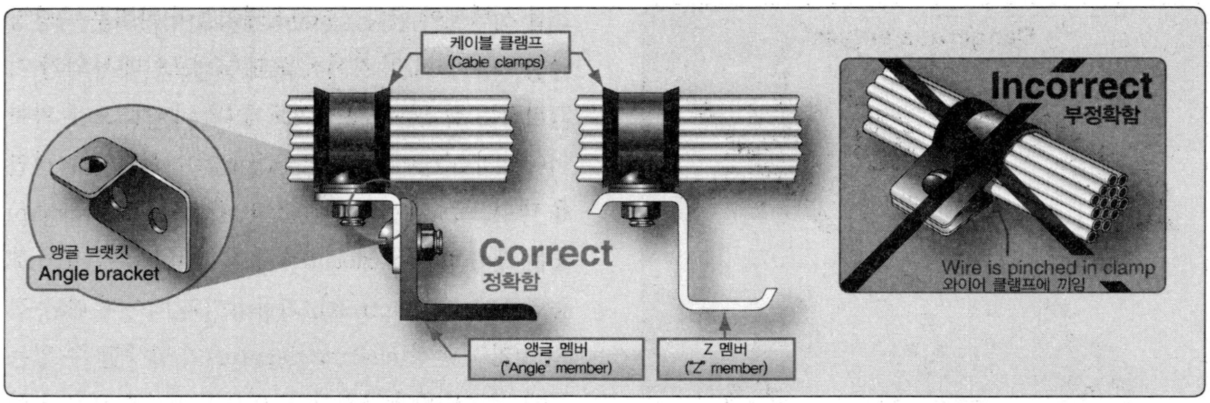

[그림 2-54] 항공기 기체 구조에 키에블 클램프 장착 (Installing cable clamp to structure)

있어야 한다. 격리애자(stand-off)는 와이어와 구조물 사이에 최소 여유 공간을 유지하기 위해 사용한다. 클램프는 와이어가 진동을 받았을 때 항공기의 다른 부분에 접촉하지 않도록 장착되어야 한다. 충분한 느슨함은 단자(terminal)에서 변형을 방지하기 위해 그리고 완충 마운트식 장비에 악영향을 최소화하도록 마지막 클램프와 전기장치 사이에 놓여야 한다. 와이어 또는 와이어다발이 격벽(bulkhead) 또는 다른 구조부재를 거쳐 지나는 곳에 그로밋(grommet) 또는 적절한 클램프가 마손을 방지하기 위해 장치되어야 한다.

와이어다발이 제 위치에 고정되었을 때, 만약 격벽결부(bulkhead cutout)와 와이어다발 사이에 3/8[inch] 이하의 여유 공간이 있다면, 적합한 그로밋을 그림 2-55와 같이 장착할 수 있다. 쉽게 장착되도록 45[°] 각도로 절단한 그로밋은 제 위치에 접합되고 슬롯(slot)은 결부(cutout)의 상부에 위치되어 제공된다.

(10) 와이어와 케이블 클램프 검사(Wire and Cable Clamp Inspection)

와이어와 케이블 클램프가 적당히 조여졌는지 검사한다. 케이블이 구조물 또는 격벽을 거쳐 지나가는 곳에, 클램프와 그로밋에 대해 적정성 여부를 검사한다. 케이블단자(cable terminal)의 변형을 방지하고 완충 마운트식 장비에 악영향을 최소화하기 위해 마지막 클램프와 전기장치 사이에 느슨함이 충분한지 검사한다. 와이어와 케이블은 홈통(trough), 덕트(duct), 또는 도관에 포함된 경우를 제외하고 24[inch] 이하의 간격으로 클램프, 그로밋, 또는 기타 장치로 적절히 지지되어야 한다. 지지장치는 적절한 크기와 유형이어야 하며 와이어 및 케이블은 절연 손상없이 단단히 고정되어 있어야 한다.

와이어와 구조물 사이에 간격을 유지하기 위해 금속격리애자(metal stand-off)를 사용한다. 간격 유지를 위한 스탠드 오프 대신 테이프 또는 튜브를 사용할 수 없다. 배선 간격을 유지하기 위해 오프 앵글(off-angle) 클램프를 설치할 수 없는 구멍, 벌크 헤드, 바닥 또는 구조 부재에 페놀 블록(phenolic block), 플라스틱 라이너(plastic liner) 또는 고무 그로밋(rubber grommet)을 장착한다. 이러한 경우 플라스틱 또는 절연 테이프 형태의 추가 보호가 사용될 수 있다.

와이어와 케이블의 움직임이 단자기둥(terminal post) 또는 커넥터에 지주와 납땜연결(solder

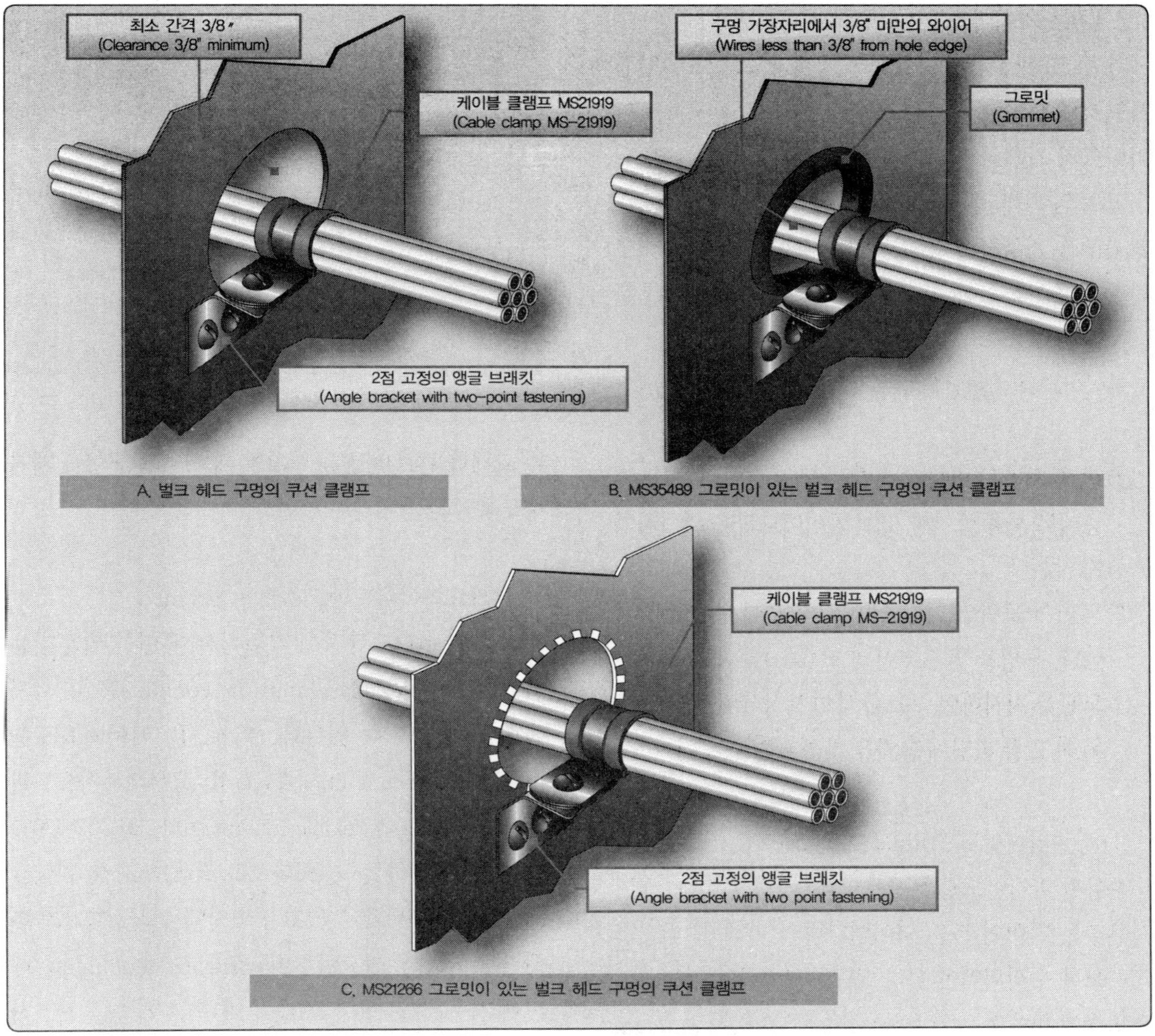

[그림 2-55] 벌크헤드 구멍에서 클램핑 (Clamping at a bulkhead hole)

connection) 또는 기계적 연결(mechanical connection) 범위로 제한되도록 클램프 고정 볼트(clamp retaining bolt)를 적절하게 고정시킨다.

(11) 가동비행조종 배선 주의사항(Movable Controls Wiring Precautions)

가동비행조종장치(movable flight control) 근처에 배선된 와이어의 고정은 스틸하드웨어(steel hardware)로 부착해야 하고 단일부착점(single attachment point)의 결함이 조종장치 작동에 영향이 간격을 두어야 한다. 배선과 가동비행조종장치 사이에 최소간격은 번들이 조종장치의 방향으로 가벼운 손 힘으로 옮겼을 때 적어도 1/2[inch]은 되어야 한다.

2.4.5.3 와이어도관(Conduit)

와이어도관은 금속재료와 비금속재료로 모두 단단하면서도 유연한 형태로 제작된다. 주로 케이블 또는 와이어의 기계적인 보호를 목적으로 제작된다. 와이어 번들의 최대 직경보다 약 25 % 더 큰 와이어도관 내경 (ID)을 지정하여 유지 관리가 용이하고 향후 회로 확장이 가능하도록 와이어도관 크기를 선택해야 한다.

와이어도관 문제점은 다음 지침으로 방지할 수 있다.

① 승객 또는 정비사가 손잡을 곳 또는 딛고 오르는 층계로 사용될 만한 곳에 와이어도관을 위치시키지 않는다.
② 와이어 도관의 가장 낮은 부분에 배수구를 장치한다. 구멍을 뚫은 부분의 버 (bur)를 제거한다.
③ 도관을 지지하여 구조물에 마찰이 발생하지 않도록 하고 끝 피팅에 응력을 가하지 않도록 한다.

(1) 경질와이어도관(Rigid Conduit)

손상된 와이어도관 부분은 Tube 직경의 80[%] 정도 사용하는 와이어 또는 와이어다발의 피해를 미리 방지하도록 수리되어야 한다. 표 2-12에서는 경질와이어도관에 허용되는 최소허용튜브벤드반경(minimum allowable tube bend radii)을 보여준다. 경질와이어도관에서 뒤틀리거나 주름진 굴곡부는 교환되어야 한다. 타원형으로 납작해져 공칭배관지름(nominal tubing diameter)의 75[%] 이하로 짧아진 지름(minor diameter)을 갖는 배관 굴곡부는 튜브 직경이 적어도 10[%] 이상 줄었기 때문에, 교환되어야 한다.

와이어 절연 손상을 방지하기 위해 절단된 튜빙을 디버링(deburring. 버제거) 한다. 양쪽 끝에 피팅이 있는 교체할 튜브 섹션을 설치할 때 기계적 변형을 제거하도록 주의를 기울여야 한다.

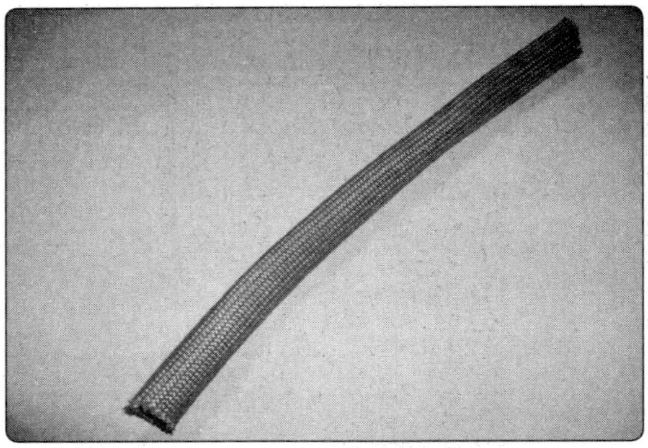

[그림 2-56] 연성 와이어 도관 (Flexible conduit)

(2) 가요와이어도관(Flexible Conduit)

MIL-C-6136 규격에 부합하는 유연한 알루미늄 와이어도관(flexible aluminum conduit)은 두 가지 유형을 이용할 수 있는데, Type Ⅰ, 베어가요도관(bare flexible conduit)과 Type Ⅱ, 고무피복가요도관(rubber-covered flexible conduit)이다. MIL-C-7931 규격에 부합하는 가요황동도관(flexible brass conduit)은 상용할 수 있고 전파장애를 최소화하기 위해 필요한 경우 가요알루미늄(flexible aluminum) 대신에 사용된다. 또한 MIL-T-8191A 기준을 참조하여, 플라스틱가요배관(plastic flexible tubing)을 사용할 수 있다. 가요와이어도관은 와이어도관 끝 사이에 움직임이 있는 지역 또는 복잡한 굽힘이 필요한 지역과 같이, 경질와이어도관을 사용하는 것이 불가능한 곳에 사용하게 된다.

편조의 풀림을 최소화 하기위해 쇠톱으로 가요관(flexible tube)을 절단할 때 투명접착제테이프의 사용이 권고된다. 테이프는 절단기준표식(cutting

[표 2-12] 경질와이어도관 최소 반경
(Minimum bend radii for rigid conduit)

공치튜브외경(인치)	최소곡률반경(인치)
1/8	3/8
3/16	7/16
1/4	9/16
3/8	15/16
1/2	1 1/4
5/8	1 1/2
3/4	1 3/4
1	3
1 1/4	3 3/4
1 1/2	5
1 3/4	7
2	8

reference mark) 위 중심에 있어야 한다. 가요와이어도관을 절단한 후, 투명테이프는 제거하고, 너덜너덜해진 편조 끝단은 다듬어야 하고, 와이어도관 안쪽에 버(bur)는 제거되어야 하며, 그리고 결합너트(coupling nut)와 페룰(ferrule)이 장착되어야 한다. 표 2-13에서는 가요와이어도관에 대한 최소허용튜브굴곡반경(minimum allowable bending radii)을 보여준다.

2.4.5.4 와이어차폐(Wire Shielding)

기존의 배선 시스템에서 회로는 엔지니어링 문서에서 요구되는 각 회로의 차폐 요구 사항에 따라 개별적으로 쌍, 삼중 또는 사중으로 차폐된다. 다른 회로에 의해 회로가 영향을 받을 것으로 예상되면 와이어 하네스는 일반적으로 차폐된다. 전선이 서로 가까이 오면, 연결된 회로에 해를 끼치기에 충분한 간섭을 일으킬 수 있다. 이 효과를 종종 혼선(cross talk) 또는 크로스 토크라고 한다. 와이어는 필드(전계)가 상호 작용할 수 있을 정도로 가까이 되면 크로스 토크 효과를 생성하는 작동 모드가 된다. 그러나 cross talk의 가능성

[표 2-13] 가요와이어도관 또는 황동도관의 최소곡률반경
(Minimum bending radii for flexible aluminum or brass conduit)

도관의 공칭식별	내부최소곡률반경
3/16	2 1/4
1/4	2 3/4
3/8	3 3/4
1/2	3 3/4
5/8	3 3/4
3/4	4 1/4
1	5 3/4
1 1/4	8
1 1/2	8 1/4
1 3/4	9
2	9 3/4
2 1/2	10

은 실제이며 혼선을 방지하는 유일한 방법은 와이어를 차폐하는 것이다. [그림 9-57 참조]

(1) 본딩과 접지(Bonding and Grounding)

항공기 전기계통의 설계와 정비에서 매우 중요한 요인 중 한 가지는 적절한 본딩과 접지이다. 부적절한 본딩 또는 접지는 시스템의 오작동, 전자기간섭(EMI), 민감한 전자장비에 정전기방전(electrostatic discharge) 손상, 인명의 감전위험(shock hazard), 또는 낙뢰(lighting strike)로부터 손상을 유인할 수 있다.

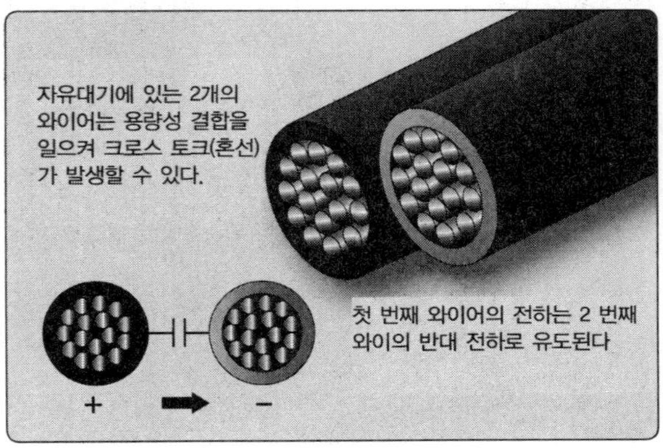

[그림 2-57] 혼선 (crosstalk)

(2) 접지(Grounding)

그림 2-58과 같이, 접지는 정상회로 또는 결함회로를 안전하게 완성하기 위한 목적으로 전도성 구조물(conductive structure)이나 또는 다른 전도성귀환경로(conductive return path)에 전도성물체를 전기적으로 연결하는 과정이다. 만약 직류발전기와 교류발전기의 신호와 같이, 다른 유형의 전원으로부터 귀선전류(return current)를 운반하는 와이어가 동일한 접지지점에 연결되었다면 또는 귀환경로(return path)에 공유접속(common connection)을 갖는다면, 전류의 상호간섭(cross talk)이 일어난다. 하나의 공급원에서 다른 공급원으로 잡음이 연결되기 때문에 그리고 디지털시스템에 대해 주요 문제가 될 수 있기 때문에 여러 가지 전원으로부터 혼합귀선전류(mixing return current)는 피해야 한다. 다양한 리턴전류 사이의 상호간섭을 최소화하려면 서로 다른 유형의 접지가 식별되고 사용되어야 한다. 설계상 최소한 3 가지의 접지유형을 사용해야 하는데, 이 3 가지는 교류귀환접지(AC return ground), 직류귀환접지(DC return ground), 그리고 다른 것들(others)이다.

배전계통(distributed power system)에서 대체되는 전력원(power source)에 대한 전력귀환점(power return point)은 격리되도록 한다. 예를 들어, 왼쪽과 오른쪽에 하나씩, 2개의 교류발전기계통에서 만약 오른쪽 교류발전기가 왼쪽 장비선반(equipment rack)에 위치된 장비에 예비전력을 공급하고 있다면, 예비교류접지귀로(backup AC ground return)는 "AC Right"라고 명칭이 붙여져야 한다. 왼쪽 발전기에 대한 귀선전류는 "AC Left"라고 명칭을 붙인 접지지점(ground point)에 연결되어야 한다.

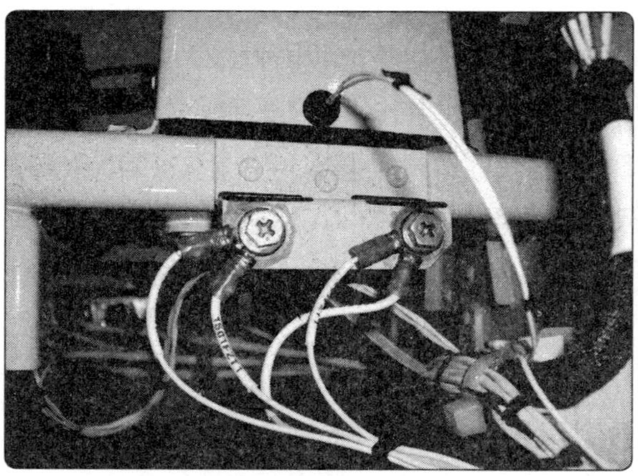

[그림 2-58] 접지 와이어 (Ground wires)

접지귀로회로(ground return circuit)의 설계는 많은 주의를 기울여야한다. 적절한 접지접속(ground connection)에 대한 필요조건은 본질적으로 일정한 임피던스를 유지하는 것이다. 접지귀환회로는 연결된 전기장치와 전자장치의 만족스러운 작동을 위해 충분한 전류정격과 전압강하를 갖추어야 한다. 시스템의 전력선에 의해 일어날 수 있는 전자기간섭(EMI) 문제점은 회로차단기판(circuit breaker panel)과 같은 전력배선의 원점 가까이 연관된 접지귀로(ground return)를 위치시키고, 전력선과 꼬임 쌍(twisted pair)으로 접지귀로를 배선하여 실질적으로 감소될 수 있다. 접지귀로도선(ground return lead)에 교체를 확실히 하도록 특히 주의해야 한다. 베어접지점퍼(Bare Grounding Jumper) 대신에 열거된 절연도선(insulated wire lead)의 사용은 이 점에서 도움이 될 수 있다. 일반적으로, 장비품목(equipment item)은 내부적으로 접지되었어도 외부접지접속(external ground connection)을 갖추어야 한다. 마그네슘구조물에 직접 접속은 화재위험을 만들 수 있기 때문에 접지귀환으로 사용되지 않아야 한다.

발전기, 변압정류기(transformer rectifier), 배터리, 외부전원 리셉태클 및 다른 고전류 부하에 대한 전력접지접속(power ground connection)은 적당한 금속 간 본딩 연결 장치(metal-to-metal bonding attachment)로 항공기 구조물에 부착되는 개개의 접지 브래킷(grounding bracket)에 부착되어야 한다. 이 연결 장치와 주위의 구조물은 과도한 전압강하와 구조물에 손상을 일으키지 않고 시스템의 정격전류와 결함전류를 수용하기에 적당한 전도성을 제공해야 한다. 삼각형의 또는 사각형의 패턴이 있는, 적어도 3개의 패스너(fastener)는 진동 하에 풀려져 고장발생을 최소로 하도록 브래킷(bracket)을 고착하는 데 사용되어야 한다. 만약 구조물이 알루미늄 또는 구리보다 더 큰 고유저항을 갖는, 탄소섬유복합(CFC, carbon fiber composites)와 같은, 재료로 조립되는 경우, 전력귀환전류(power return current)를 위한 대체되는 접지경로(ground path)를 마련하는 것이 필요하다. 복합소재 항공기(composite aircraft)에 특별한 주의가 필요하다.

가연성증기지역(flammable vapor area) 내에서 전력귀환접지접속(power return ground connection) 또는 결함전류접지접속(fault current ground connection)은 피해야 한다. 만약 이것들이 만들어져야 한다면, 반드시 이들의 접속이 유도번개전류(induced lightning current)를 포함하는, 모든 가능한 전류흐름 또는 기계적 결함 하에 아크를 이루지 않는지, 불꽃이 튀지 않는지, 또는 과열되지 않는지 확인해야 한다. 항공기의 예상 수명(expected life) 전반에 걸쳐서 지속된 감항성을 보장하기 위해 검사와 정비에 대한 기준이 수립되어야 한다. 전력귀환결함전류(power return fault current)는 대개 구조물에서 흐르는 가장 높은 전류이다. 이 전류는 전체발전기전류용량(full generator current capacity)일 수 있다. 만약 전체발전기결함전류가 탄소섬유구조물(carbon fiber structure)의 국부적인 영역을 통해 흐르는 경우, 가열과 고장이 일어날 수 있다. 탄소섬유복합(CFC) 소재와 다른 유사한 저내화재료는 전력귀환경로(power return path)로 사용되지 않아야 한다. 귀환경로에서 추가적인 전압강하는 전압조절 문제의 원인이 될 수 있다. 반면에 전류급상승(current surge)에 의한 반복된 국부재료(localized material) 가열은 재료열화(material degradation)의 원인이 될 수 있다. 2 문제 모두 경고 없이 발생할 수 있다.

둘 이상의 회로에 영향을 줄 수 있는 관련 오작동이 위험한 상태를 초래하지 않는 것을 보여주는 경우를 제외하고는 둘 이상의 회로 또는 기능에 공통 접지 연결을 사용하지 않아야한다. 여러 시스템의 손실이 그 자체로 위험을 초래하지 않더라도 그러한 고장의 영향은 조종사에게 상당히 산만하게 할 수 있다.

(3) 본딩(Bonding)

본딩은 적절하게 연결되지 않은 2개 이상의 전도성 물체(conducting object)의 전기적 연결이다.

고려하여야 할 본딩 요건은 다음과 같다.

① 장비 본딩(Equipment Bonding)

전자 장비가 무선 주파수 리턴 회로를 제공하고 전기 장비가 전자기 간섭(EMI) 감소를 용이하게 하려면 항공기 구조에서 임피던스가 낮은 경로가 필요하다. 전자기 에너지(electromagnetic energy)를 생성하는 장비는 반드시 접지되어야한다. 전자 장비의 올바른 작동을 위해서는 상호 연결(interconnection), 본딩 및 접지를 할 때 시스템의 설치 사양을 준수하는 것이 특히 중요하다.

② 금속표면본딩(Metallic surface Bonding)

기체의 외부에 있는 모든 전도성 물체는 정전기와 낙뢰를 일으킬 수 있는 기계적 조인트, 전도성 힌지 또는 본드 스트랩을 통해 기체에 전기적으로 연결되어야한다. 안테나 요소와 같은 일부 부품은 기체와 전기적으로 절연되어야하는 기능을 위해서는 예외지만 대신 정전기 충전 및/또는 낙뢰 전류를 적절히 대처하기 위한 대체 수단이 제공되어야 한다.

③ 스태틱 정적 본드(Static Bond)

3 제곱 인치 이상의 면적과 3 인치 이상의 길이 치수를 가지며, 강수, 유체 또는 움직이는 공기로 인해 상당한 정전기가 발생하는 항공기 내부 및 외부의 모든 격리된 전도 부품은 정전기를 소멸시키기위해 충분한 전도성이 되도록 항공기 기체 구조에 기계적으로 연결이 잘 되어야 한다. 깨끗하고 건조할 때의 1[ohm] 미만의 저항은 일반적으로 더 큰 구조물에서 그러한 소산(정전기 방전)을 보장하며 이보다 작은 구조물을 기체 구조에 연결할 때는 더 높은 저항이 허용 된다. (1옴 이상)

(4) 본드와 접지 검사(Testing of Bonds and Grounds)

모든 본드와 접지의 저항은 접속을 마무리하기 전에 시험하여야 한다. 본드와 접지접속의 저항은 통상 0.003[Ω]을 초과해서는 안 된다. 저항값을 정확하게 측정하려면 옴메터 인 AN/USM-21A 또는 이와 동등한 성능의 본딩 메터(bonding meter)를 사용한다.

(5) 본딩 점퍼 장착(Bonding Jumper Installation)

그림 2-59와 같이, 본딩 점퍼는 가능한 한 짧게 만들어, 각각의 접속의 저항이 0.003[Ω]을 초과하지 않

[그림 2-59] 본딩 점퍼(Bonding jumpers)

는 방식으로 장착되어야 한다. 점퍼(jumper)는 비행조종면(surface control) 같은, 가동항공기부품(movable aircraft element)의 작동을 방해하지 않아야 할뿐만 아니라 이들 소자의 정상 움직임이 본딩 점퍼에 손상을 초래해서도 안 된다.

① 본딩연결(Bonding Connections)

저항이 낮은 연결을 하기 위해 페인트 및 아노다이징 필름과 같은 비전도성 마감재를 부착 표면에서 제거하여 본딩 단자와 접촉해야한다. 전기 배선은 마그네슘 부품에 직접 접지해서는 안된다.

② 부식보호(Corrosion Protection)

전기계통 본딩과 접지에서 빈번한 결함 원인 중 한 가지는 부식이다. 연결이 완성되면 주변을 적절한 마감코팅(finish coating)으로 빠르게 마무리하여야 한다.

③ 부식예방(Corrosion Prevention)

전해작용(electrolytic action)은 적절한 예방책을 취하지 않을 경우 본딩 연결(bonding connection)을 빠르게 부식시킬 수 있다. 알루미늄합금점퍼(aluminum alloy jumper)가 대부분 권장되지만, 구리점퍼(copper jumper)를 사용하여 스테인리스강, 카드뮴도금강(cadmium-plated steel), 구리, 황동, 또는 청동으로 제작된 부품을 서로 연결해야 한다. 이종금속(dissimilar metal) 사이의 접촉을 피할 수 없는 경우 점퍼와 하드웨어 중 부식이 더 적게 일어나는 것 즉 부식될 가능성이 있는 부분에 점퍼와 관련 하드웨어이어야 한다.

④ 본딩 점퍼 부착(Bonding Jumper Attachment)

본딩 점퍼를 부착할 때 땜납을 사용해서는 안 된다. 강관부재(tubular member)는 Jumper가 부착되는 곳에 클램프를 이용하여 접착해야 한다. 클램프 재료의 적절한 선정은 부식을 최소화한다.

⑤ 접지귀환연결(Ground Return Connection)

그림 2-60과 같이, 본딩 점퍼가 실질적인 접지귀로

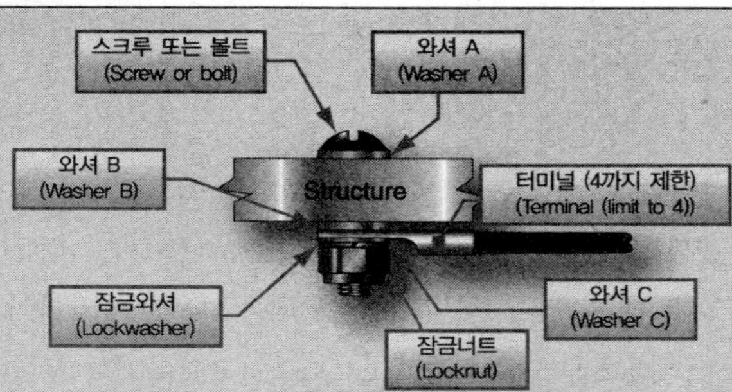

Structure	Screw or bolt and nut plate	Locknut	Washer A	Washer B	Washer C
알루미늄 터미널 및 점퍼					
Aluminum alloys	Cadmium-plated steel	Cadmium-plated steel	Cadmium-plated steel or aluminum	None	Cadmium-plated steel or aluminum
Magnesium alloys	Cadmium-plated steel	Cadmium-plated steel	Magnesium-alloy	None or magnesium alloy	Cadmium-plated steel or aluminum
Cadmium-plated steel	Cadmium-plated steel	Cadmium-plated steel	Cadmium-plated steel	Cadmium-plated steel	Cadmium-plated steel or aluminum
Corrosion-resisting steel	Corrosion-resisting steel or Cadmium-plated steel	Cadmium-plated steel	Corrosion-resisting steel	Cadmium-plated steel	Cadmium-plated steel or aluminum
주석도금구리단자 및 점퍼					
Aluminum alloys	Cadmium-plated steel	Cadmium-plated steel	Cadmium-plated steel	Aluminum alloys[2]	Cadmium-plated steel
Magnesium alloys[1]					
Cadmium-plated steel	Cadmium-plated steel	Cadmium-plated steel	Cadmium-plated steel	none	Cadmium-plated steel
Corrosion-resisting steel	Corrosion-resisting steel or cadmium-plated steel	Cadmium-plated steel	Corrosion-resisting steel	none	Cadmium-plated steel

[1] Avoid connecting copper to magnesium.
[2] Use washers with a conductive finish treated to prevent corrosion, such as AN960JD10L.

[그림 2-60] 평면에 볼트 및 너트 본딩 또는 접지 (Bolt and nut bonding or grounding to flat surface)

전류(ground return current)를 운반할 때, 점퍼의 전류정격이 적절해야 하고, 무시해도 좋을 정도의 전압강하만이 존재해야 한다.

2.4.6 와이어번들의 묶기와 매기 (Lacing and Tying Wire Bundles)

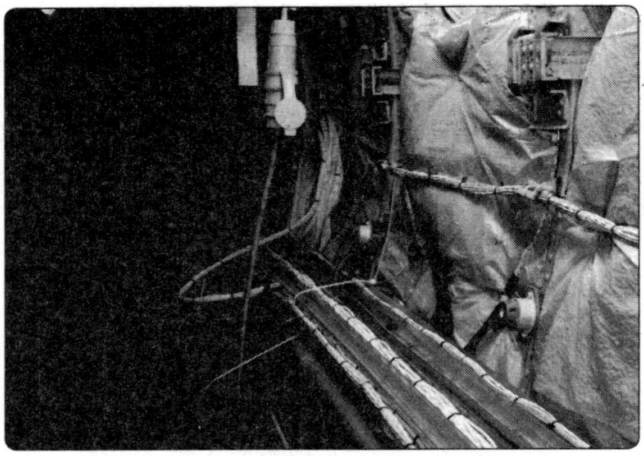

[그림 2-61] 와이어 묶기(Wire lacing)

그림 2-61과 같이, 묶기(lacing), 매기(tying), 그리고 스트랩(strap)은 정비, 검사, 그리고 장착의 용이성을 제공하기 위해 와이어그룹 또는 와이어번들을 묶어 고정하는 데 사용된다. 휠엘, 날개 플랩의 근처, 또는 날개가 접히는 곳과 같이 바람 습기(SWAMP)영역에는 스트랩은 사용할 수 없다. 스트랩이 고장 나면 절연에 손상을 줄 수 있는 부품에 대해 배선이 움직이고 기계적 연결 또는 기타 움직이는 기계적 부품이 손상될 수 있는 높은 진동 지역에서는 사용할 수 없다. 또한, 비록 스트랩이 이런 노출에 저항력이 있다고 할지라도 자외선(UV, ultraviolet light)에 노출될 수 있는 곳에는 사용하지 않아야 한다.

단일코드묶기법(single cord-lacing method)과 매

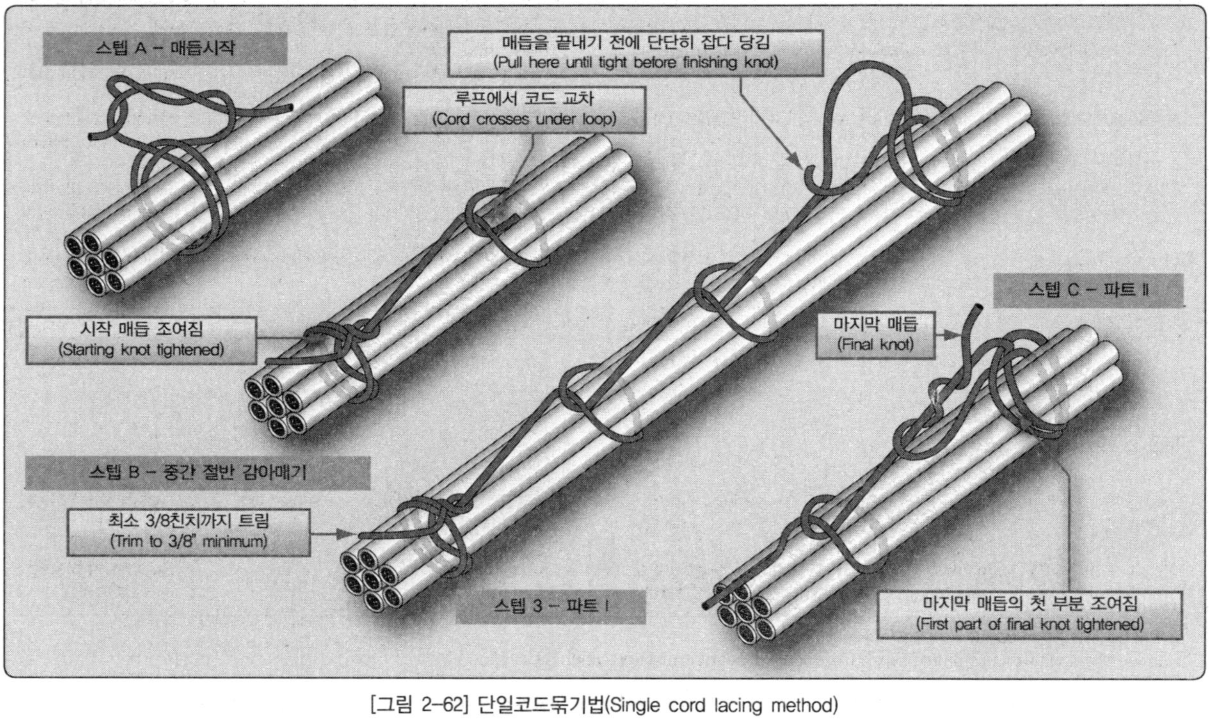

[그림 2-62] 단일코드묶기법(Single cord lacing method)

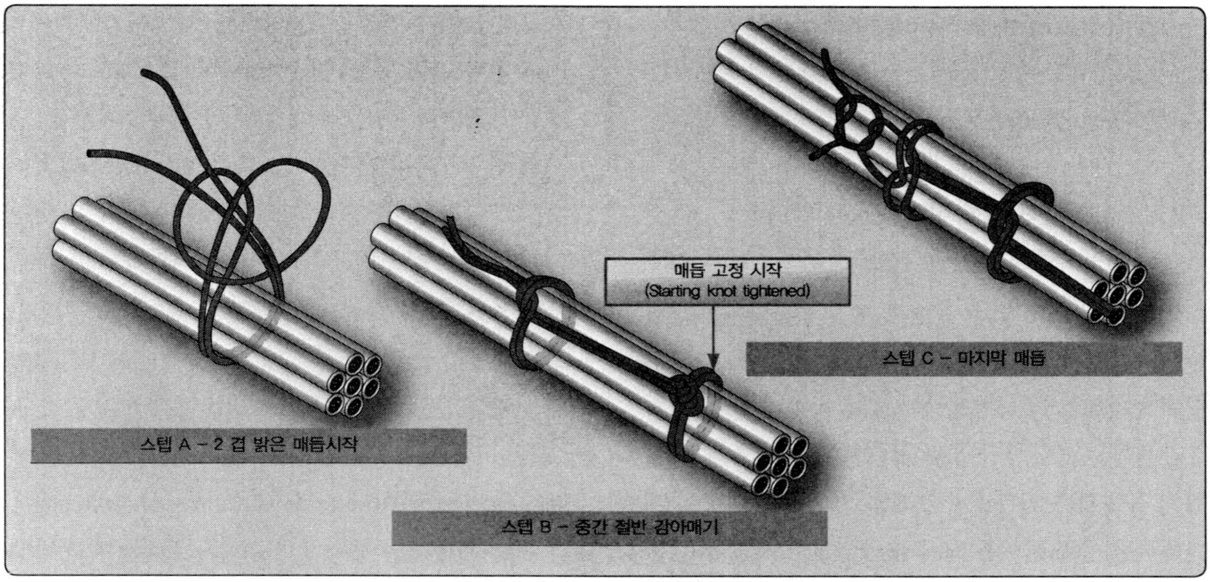

[그림 2-63] 이중코드묶기법(Double cord lacing)

기테이프(tying tape)는 직경 1[inch] 이하 와이어그룹의 번들에 사용한다. 단일코드묶기법을 시작하기 위한 권장 매듭은 이중루프오버핸드 매듭(double-looped overhand knot)으로 고정된 감아매기(clove hitch)이다. 그림 2-62의 Step A와 같이, 직경 1[inch] 이상 와이어다발에는 이중코드묶기법(double cord-lacing method)을 사용한다. 그림 2-63의 Step A와 같이, 이중코드묶기법을 사용할 때, 시작매듭(starting knot)으로 두겹고정매듭(bowline-on-a-bight)을 이용한다.

2.4.6.1 매기(Tying)

그림 2-64와 같이, 와이어를 위한 지지대가 12[inch] 이상 떨어져 있는 곳에 와이어그룹 또는 번들 매기(bundle tie)를 사용한다. 매기(tie)는 옭매듭(square knot)으로 고정되고, 와이어그룹 또는 번들의

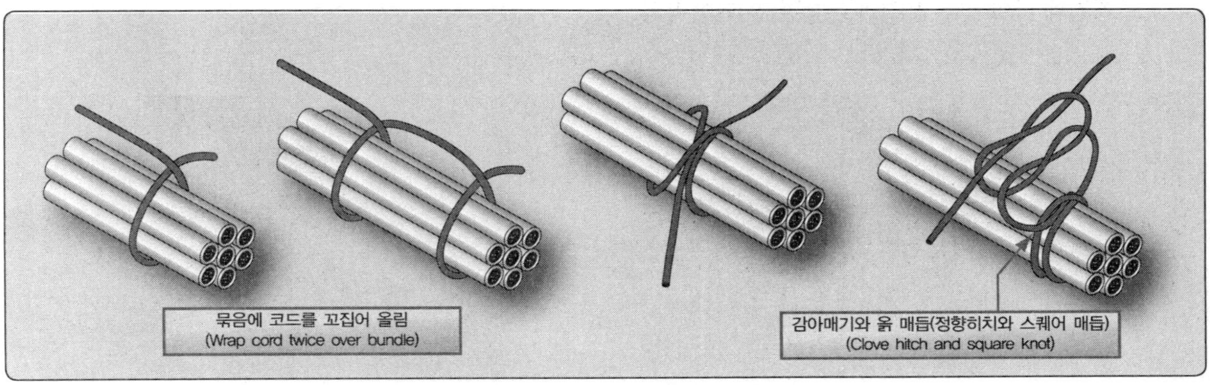

[그림 2-64] 묶기(tying)

주위를 감는 감아매기(clove hitch)로 구성된다.

2.4.7 Wire Termination

2.4.7.1 와이어 벗기기(Stripping Wire)

와이어를 커넥터, 터미널, 스플 라이스 등에 조립하려면 먼저 와이어 연결 끝에서 절연체를 벗겨서 노출된 도체를 노출시켜야 한다. 구리 와이어는 크기와 절연체에 따라 여러 가지 방법으로 벗겨 질 수 있다.

알루미늄 와이어의 개별 가닥은 흠집이 나면 매우 쉽게 끊어지므로 각별한 주의를 기울여 절연체를 제거해야한다. 와이어를 제거 할 때는 다음과 같은 일반적인 예방 조치를 권장한다.

(1) 모든 종류의 와이어스트리퍼(wire stripper)를 사용할 때, 와이어가 절단 날(cutting blade)에 직각이 되도록 유지한다.

(2) 자동피복기(automatic stripping tool)를 주의 깊게 조정하는데, 가닥에 새긴 자국, 절단, 또는 다른 손상을 피하기 위해 제작사사용법설명서를 따른다. 이것은 알루미늄선과 No.10보다 작은 구리선에 더욱 중요하다. 제작사사용법설명서의 지침에 나와 있는 흠집 또는 끊어진 와이어의 허용개수 이상을 갖는 모든 와이어를 잘라내고 만약 길이가 충분하다면 다시 벗기거나 버리고 교체한다.

(3) 절연체가 해지거나 들쭉날쭉한 가장자리 없이 깨끗하게 절단한다. 필요하면 다듬는다.

(4) 모든 절연체는 벗겨진 영역에서 제거되어야 한다. 와이어의 일부 종류는 도체와 1차 절연체 사이에 투명한 절연체가 있어서 (잘 보이지 않음) 만약 이것이 있는 경우, 절연체를 완전히 제거한다.

(5) 3/4[inch] 이상 절연체의 길이를 제거하기 위해 핸드-플라이어 스트리퍼(hand-plier stripper)를 사용하는 경우, 2번 이상으로 나누어서 작업을 수행하는 것이 더 쉽다.

(6) 구리 가닥을 손으로 또는 필요에 따라 플라이어 공구로 꼬아서 가닥의 자연스러운 평평함과 견고성을 복원한다.

그림 2-65에서는 수동용 와이어스트리퍼(handheld wire stripper)를 보여준다. 이 공구는 일반적으로 대부분 와이어를 벗기는 데 사용된다. 다음은 핸드스트리퍼(hand stripper)로 와이어의 절연체를 벗기는 절차이다.

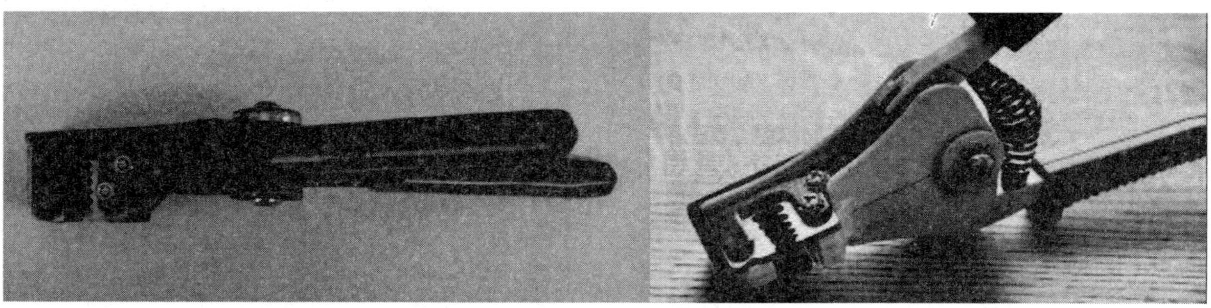

[그림 2-65] 와이어 스트립퍼(Wire strippers)

(1) 벗기고자 하는 와이어크기(wire size)에서 절단 슬롯(구멍)(cutting slot)의 중앙에 정확히 와이어를 삽입한다. 각 슬롯에는 와이어크기 번호가 표시되어 있다.
(2) 손잡이를 최대한 닫는다.
(3) 와이어홀더(wire holder)가 열린 위치(open position)로 되돌아 갈 수 있도록, 핸들을 놓는다.
(4) 벗겨진 와이어를 빼낸다.

그림 2-66의 단자(terminals)는 와이어의 끝단에 연결되어 단자대(terminal strip) 또는 장비의 품목에 와이어를 쉽게 연결하도록 한다. 와이어-터미널 조인트(wire-to-terminal joint)의 인장강도는 적어도 와이어 자체의 인장강도와 동등해야 하고, 그리고 그 자체의 저항은 와이어의 정상적인 저항과 비교해서 무시할 수 있을 정도로 차이가 없어야 한다.

와이어단자(wire terminal)를 선정할 때 고려해야 할 점은 다음과 같다.

전류정격, 와이어의 크기(규격) 및 절연 직경, 도체 재료의 호환성, 적용환경, 땜납 여부.

[그림 2-66] 링-텅 터미널(Ring-tongue terminals)

사전절연압착형링텅 터미널(Pre-insulated Crimp-type Ring-tongue Terminal)이 많이 사용된다. 임의의 하나의 포스트에 부착될 단자의 수를 결정할 때 스터드 및 바인딩 포스트의 강도, 크기 및 지지 수단 및 와이어 크기가 고려 될 수 있다. 고온 적용에서, 단자 온도정격(temperature rating)은 주변온도에 전류 관련 온도상승을 더한 값보다 커야 한다. 고온 절연 슬리브가 있는 니켈 도금 단자(nickel-plated terminal) 및 비 절연 단자(uninsulated terminal)사용을 고려해야 한다. 단자대(terminal block)는 장착 하드웨어와 전도성 부품 사이에 적절한 전기 간격이나 절연 스트립이 제공되어야 한다.

2.4.7.2 터미널 스트립(Terminal Strips)

와이어는 일반적으로 터미널 스트립에서 연결된다. 배리어가 장착 된 단자대를 사용하여 인접한 스터드의 단자가 서로 접촉하는 것을 방지 할 수 있다. 스터드는 회전하지 않도록 고정되어야한다. 4 개 이상의 터미널을 함께 연결하려면 작은 금속 버스를 두 개 이상의 인접한 스터드에 장착해야한다. 모든 경우에 전류는 스터드 자체가 아닌 단자 접촉면에 의해 전달되어야한다. 더 작은 크기의 터미널 스트립 스터드는 너트를 너무 세게 조이면 전단 될 수 있으므로 결함이 있는 스터드는 동일한 크기와 재질의 스터드로 교체해야한다. 교체 용 스터드는 터미널 스트립에 단단히 장착하고 터미널 고정 너트를 조여야한다. 단자 스트립은 느슨한 금속 물체가 단자 또는 스터드에 떨어지지 않도록 장착해야한다. 추후 회로 확장을 위해 또는 스터드가 파손 된 경우 하나 이상의 예비 스터드를 제공하는 것이 좋다.

무선 및 전자 시스템을 항공기 전기 시스템에 연결

[그림 2-67] 터미널 스트립 (Terminal strip)

하는 터미널 스트립은 느슨하게 연결되어 있는지, 터미널 스트립을 가로 질러 떨어질 수 있는 금속 물체, 먼지 및 그리스 축적 등을 검사해야한다. 이러한 조건으로 인해 아크가 발생하여 화재나 시스템 고장이 발생할 수 있다.

2.4.7.3 터미널 러그(Terminal Lugs)

배선을 터미널 블록 스터드(stud) 또는 장비 터미널 스터드에 연결하려면 와이어 터미널 러그를 사용해야 한다. 하나의 스터드에 4 개의 터미널 러그 또는 3 개의 터미널 러그와 버스 바를 연결해서는 안된다. 스터드 당 총 터미널 러그 수에는 인접한 스터드를 연결하는 공통 버스 바가 포함된다. 하나의 스터드에는 4 개의 터미널 러그와 공통 버스 바가 허용되지 않는다. 터미널 러그는 스터드 직경과 일치하는 스터드 구멍 직경으로 선택해야한다. 그러나 스터드에 부착된 단자 러그의 직경이 다를 경우 가장 큰 직경은 하단에 배치하고 가장 작은 직경은 상단에 배치해야한다. 단자 연결을 조이면 단자 러그 또는 스터드가 변형되지 않아야한다. 고정 나사나 너트를 제거하기 위해 터미널 러그를 구부릴 필요가 없도록 터미널 러그를 배치해야 하며 터미널 러그의 움직임으로 인해 연결이 강화되는 경향이 있다.

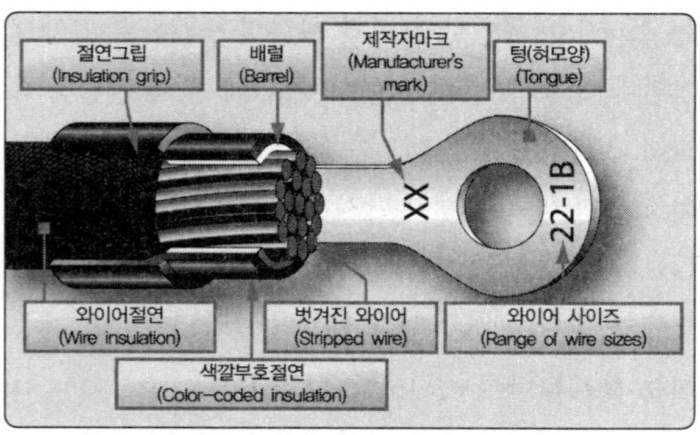

[그림 2-68] 와이어 터미널 (Wire terminal)

(1) 구리와이어단자(Copper Wire Terminals)

MIL-T-7928을 준수하는 솔더리스(비땜납) 압착형의 구리 와이어, 터미널 러그를 사용할 수 있다. 터미널 러그의 텅(tongue) 사이에 스페이서(spacer) 또는 와셔를 사용해서는 안 된다.

(2) 알루미늄와이어단자(Aluminum Wire Terminals)

알루미늄 터미널 러그는 알루미늄 와이어만 압착해야한다. 알루미늄 터미널 러그의 텅(tongue) 또는 적층 시 알루미늄 터미널 러그의 총 텅 수는 터미널 스터드에서 종단 될 때 두 개의 평 와셔 사이에 끼워 져야 한다. 터미널 러그의 텅 사이에 스페이서 또는 와셔를 사용해서는 안된다. 접합부에서 과도한 전압 강하 및 높은 저항을 초래하여 접합부의 고장을 초래할 수 있는 조건을 방지하기 위해 알루미늄 와이어 및 케이블 설치에 특별한 주의를 기울여야한다. 이러한 조건의 예는 단자 및 와셔의 부적절한 설치, 부적절한 비틀림(너트의 토크) 및 부적절한 단자 접촉 영역이다.

(3) 사전절연스플라이스(Pre-insulated Splices)

사전 절연된 터미널 러그 및 스플라이스는 고품질 압착 공구를 사용하여 설치해야한다. 이러한 도구에는 와이어 크기에 대한 포지셔너가 제공되며 각 와이어 크기에 맞게 조정된다. 압착 깊이는 각 와이어 크기에 따라 적합해야한다. 압착이 너무 깊으면 개별 스트랜드(와이어 가닥)가 파손되거나 절단될 수 있다. 압착이 충분히 깊지 않으면 단자나 커넥터에 와이어가 고정이 안 될 수 있다. 느슨한 크림프는 압착 단자와 와이어 사이의 부식으로 인해 높은 저항이 생길 수 있다.

(4) 압착공구(크림핑 공구, Crimping Tools)

압착 단자 러그에 휴대용 및 고정식 전동 공구를 사용할 수 있다. 이 도구는 배럴을 도체로 압착하고 동시에 전선 절연재에 단열재 지지대를 형성한다. [그림 2-70 참조).

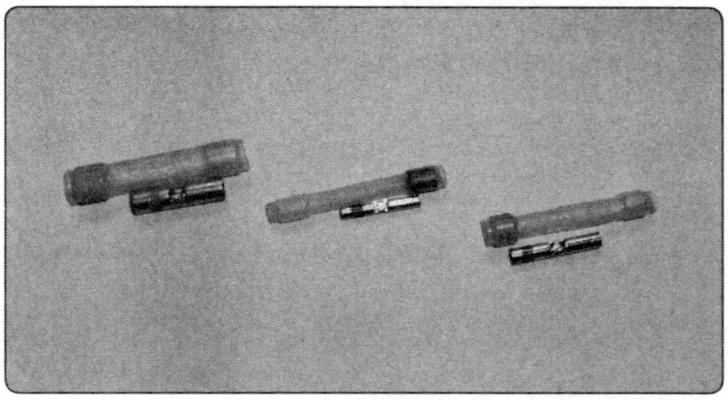

[그림 2-69] 터미널 스플라이스(Terminal splices)

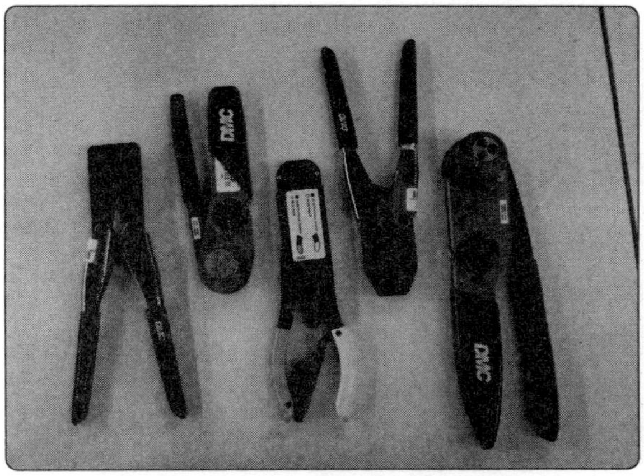

[그림 2-70] 크림핑 공구 (Crimping tools)

2.4.7.4 비상임시 스플라이싱 수리 (Emergency Splicing Repairs)

끊어진 와이어는 압착식 스플라이스를 사용하거나, tongue이 벌어진 터미널러그를 사용하거나, 끊어진 가닥을 함께 납땜하고 밀봉함으로써 수리할 수 있다. 이러한 수리는 구리선에 적용할 수 있다. 손상된 알루미늄선은 임시방편으로 접합할 수 없다. 이러한 수리는 오직 임시방편이며 가능한 빨리 영구적인 수리를 다시 하여야 한다. 일부 제작사는 스플라이싱을 금지하기 때문에, 제작사의 사용설명서를 참고해야한다.

2.4.7.5 접속배선함(정션 박스. Junction Boxes)

그림 2-71과 같이, 접속배선함은 장비에 부착된 적합한 하네스로 모으기, 구성하기, 그리고 분배회로에 사용된다. 접속배선함은 또한 릴레이와 다이오드 같은 잡다한 구성품을 한곳에서 편리하게 간수하기 위해 사용된다. 고온지역에서 사용되는 접속배선함은 스테인리스강으로 제작되어야 한다.

교체 접속배선함은 원래의 것 또는 알루미늄과 같은 내화성 비 흡수성 재료, 또는 기준에 맞는 플라스틱 재료를 사용하여 조립해야 한다. 방염이 요구되는 곳에는 스테인리스강 접속배선함의 사용을 권고한다. 강성구조(rigid construction)는 내부 단락회로로 귀착될 수 있는 박스(box) 쪽의 오일캐닝(oil-canning)을 방지한다. 배수구는 항상 박스의 가장 낮은 부분에 장치되도록 한다. 전력 장비(electrical power equipment)의 케이스는 접지결함관련 화재를 막기 위

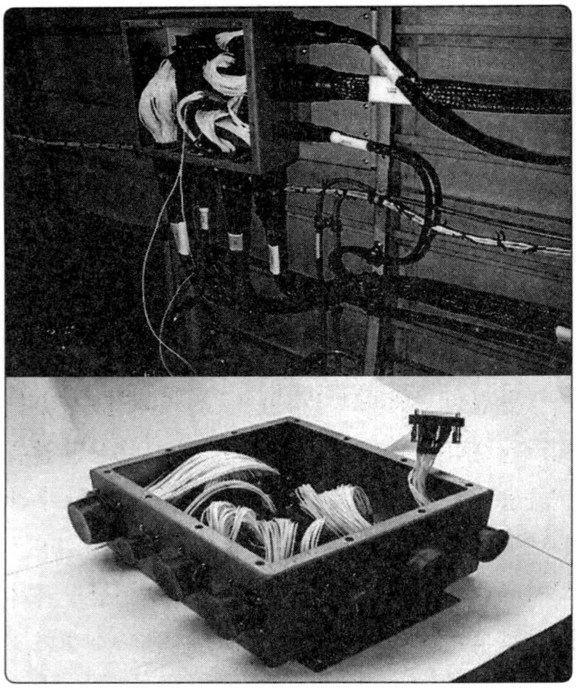

[그림 2-71] 접속배선함 (정션박스, Junction boxes)

해 금속성구조물로부터 절연되어야 한다.

정션 박스 배열은 설치된 모든 장비, 터미널 및 와이어 항목에 쉽게 접근 할 수 있어야한다. 한계 여유가 불가피한 경우, 전류 운반 부품과 접지면 사이에 절연 재료를 삽입해야한다. 도어 또는 커버가 닫힌 위치에 있을 때 내부 간격을 검사 할 수 없으므로 정션 박스의 커버 또는 도어에 장비를 장착하는 것은 좋지 않다. 정션 박스는 내용물에 쉽게 접근 할 수 있는 방식으로 항공기 구조물에 단단히 장착해야한다. 가능하면 개방된 면이 아래쪽 또는 비스듬히 향해야 풀린 와셔 또는 너트가 단자 사이의 쐐기보다는 정션 박스 밖으로 빠지게 한다.

접속배선함은 적절한 배선 공간과 향후 추가에 대한 필요성을 고려하여 설치되어야 한다. 와이어 번들은 케이블이 다른 구성품에 닿지 않도록, 접근을 방해하지 않도록, 또는 표식 또는 라벨(label)을 덮어 감추지 않도록 박스 내부에서 끈으로 묶거나 또는 고정시켜야 한다. 입구 구멍(entrance opening)에서 케이블은 그로밋 또는 다른 적절한 수단을 사용하여 벗겨짐에 대하여 보호되어야 한다.

2.4.7.6 AN/MS 커넥터(AN/MS Connectors)

커넥터, 즉 플러그와 리셉태클은 분리 시 정비를 손쉽게 한다. 여러 유형의 커넥터가 있다. 압착식 컨택트(contact)를 사용하는 커넥터 유형이 일반적으로 항공기에 사용된다. 일부 일반적인 유형으로는 원형캐논형(round cannon type), 직사각형, 그리고 모듈블록(module block)등이 있다. 유체, 진동, 열, 기계적 충격, 또는 부식성요소가 있는 분야에는 환경친화적인 커넥터(environmentally-resistant connector)를 사용되어야 한다.

고강도복사자기장/번개보호(HIRF(high intensity radiated fields)/lightning protection)가 필요한 경우 개별 또는 전체 실드의 종단에 특별한 주의를 기울여야한다. 배선 시스템의 수와 복잡성으로 인해 전기 커넥터의 사용이 증가하고 있다. [그림 2-72] 커넥터의

[그림 2-72] 전기 커넥터(Electrical connectors)

올바른 선택과 적용은 항공기 배선 시스템의 중요한 부분이다. 항공기에 최대의 안전성과 신뢰성을 제공하기 위해 커넥터는 최소한으로 선택하고 설치해야한다. 특정 커넥터 어셈블리를 설치하려면

제조업체 또는 해당 관리 기관의 사양을 따라야한다.

(1) 커넥터의 유형(Type of Connector)

커넥터는 MIL Specification(MS) 또는 OEM Specification에서 파생된 고유식별번호(original identification number)에 의해 식별되어야 한다. 그림 2-73에서는 MS Style 커넥터에 관한 정보를 제공한다.

친환경성커넥터(environmentally-resistant connector)는 유체, 진동, 열, 기계적 충격, 부식의 영향을 받는 곳에 사용된다. 이와 동일한 특색을 포함하는 방화벽등급커넥터(firewall class connector)는 또한 항공기 방화벽 커넥터(firewall connector)의 열린 구멍을 통한 화재의 침투를 방지할 수 있어야 하며 화재에 노출되었을 때 명시된 일정기간 동안 결함 없이 계속 작동할 수 있어야 한다. 밀폐형 커넥터(hermetic connector)는 여압지역(pressurized area)을 유지하기 위해 압력 Seal을 제공한다. 전자기간섭(EMI)/무선주파수간섭(RFI, radio frequency interference) 보호가 필요한 경우, 개별 차폐 및 전체 차폐의 종단에 특별한 주의가 필요하다. 백쉘 어댑터(back shell adapter)는 차폐종단(shield termination), 전도성마무리(conductive finish)를 가지는 커넥터를 위해 설계되며, 전자기간섭(EMI) 접지지침(grounding finger)은 이런 목적을 위해 사용할 수 있다.

그림 2-74의 사각형커넥터(rectangular connector)는 일반적으로 다수의 회로가 단일결합상대(single mated pair)로 수용하는 응용분야에 사용된다. 이들은 기본형(standard type), 동축형(coaxial type), 그리고 대형 전력형(power type)의 혼합을 포함할 수 있는, 매우 다양한 접점(contacts)를 이용할 수 있는 것이다. 연결(coupling)은 여러 가지의 방법에 의해 이루어진다. 더 작은 유형의 커넥터는 테두리(flange)를 함께 잡아주는 나사로 고정된다. 더 큰 것은 정확한 일치를 확실하게 하는 일체형틀가이드핀(integral guide pin), 또는 커넥터를 정렬시키는 것뿐만 아니라 잠그는 Jackscrew를 갖고 있다. Rack과 패널커넥터(panel connector)는 커플링을 위한 일체형핀(integral pin) 또는 랙 장착 핀(rack mounted pin)을 사용한다.

모듈블록(module block)은 커넥터에서 이들과 유사한 압착식 컨택트를 받아들이는 접속배선함의 유형이다. 일부는 내부 버스를 사용하여 여러 가지의 회로 배열(circuit arrangement)을 제공한다. 이들은 다수의 와이어가 배전(power distribution) 또는 신호분배(signal distribution)를 위해 연결되는 곳에서 유용하다. 접지모듈(grounding module)로 사용하면, 항공기에 하드웨어 장착을 줄여 비용절감을 한다. 와이어 중 일부가 종료되고 나머지 와이어를 분리하는 기능이 필요한 경우. 인라인 터미널 접속함은 환경에 강하다. 터미널 접합 스플라이스는 작아 OEM의 승인을 받으면 와이어 번들 표면에 연결될 수 있다.

(2) 전압 및 전류 정격(Voltage and Current Rating)

선택된 커넥터는 외기온도와 회로전류부하(circuit current load)의 최대조합(maximum combination) 하에 연속작동에 대한 등급이 매겨져 있어야 한다. 고(高)전류 인입과 관련된 회로 응용 제품에 사용되는 밀폐형 커넥터는 정격이 낮아야 한다. 최대 정격 전류 부하에서 커넥터는 대부분 또는 모든 접점

MS27480 E 10 A 6 P B

- MIL SPECIFICATION — MS27480
- CLASS — E
- SHELL SIZE — 10
- FINISH — A
- INSERT ARRANGEMENT — 6
- CONTACT STYLE — P
- POLARIZATION — B

MS27472 Wall mount receptacle
MS27473 Straight plug
MS27474 Jam nut receptacle
MS27475 Hermetic wall mount receptacle
MS27476 Hermetic box mount receptacle
MS27477 Hermetic jam nut receptacle
MS27478 Hermetic solder mount receptacle
MS27479 Wall mount receptacle (note 1)
MS27480 Straight plug(note 1)
MS27481 Jam nut receptacle (note 1)
MS27482 Hermetic wall mount receptacle (note 1)
MS27483 Hermetic jam nut receptacle (note 1)
MS27484 Straight plug, EMI grounding
MS27497 Wall receptacle, back panel mounting
MS27499 Box mounting receptacle
MS27500 90° Plug (note 1)
MS27503 Hermetic solder mount receptacle (note 1)
MS27504 Box mount receptacle (note 1)
MS27508 Box mount receptacle, back panel mounting
MS27513 Box mount receptacle, long grommet
MS27664 Wall mount receptacle, back panel mounting (note 1)
MS27667 Thru-bulkhead receptacle

NOTE

1. Active	Supersedes
MS27472	MS27479
MS27473	MS27480
MS27474	MS27481
MS27475	MS27482
MS27477	MS27483
MS27473 with MS27507 elbow	MS27500
MS27478	MS27503
MS27499	MS27504
MS27497	MS27664

CLASS

E Environment-resisting box and thru-bulkhead mounting types only (see class T)
P Potting—includes potting form and short rear grommet
T Environment-resisting wall and jam-nut mounting receptacle and plug types: thread and teeth for accessory attachment
Y Hermetically sealed

FINISH

A Silver to light iridescent yellow color cadmium plate over nickel (conductive) –65 °C to +150 °C (inactive for new design)
B Olive drab cadmium plate over suitable underplate (conductive), –65 °C to 175 °C
C Anodic (nonconductive), –65 °C to + 175 °C
D Fused tin, carbon steel(conductive), –65 °C to +150 °C
E Corrosion resistant steel (cres), passivated (conductive), –65 °C to +200 °C
F Electroless nickel coating (conductive), –65 °C to +200 °C
N Hermetic seal or environment resisting cres (conductive plating), –65 °C to +200 °C

CONTACT STYLE

A Without pin contacts
B Without socket contacts
C Feed through
P Pin contact—including hermetics with solder cups
S Socket contacts—including hermetics with solder cups
X Pin contacts with eyelet (hermetic)
Z Socket contacts with eyelet (hermetic)

POLARIZATION

A, B Normal—no letter required
C, or D

[그림 2-73] MS 커넥터 정보 시트(MS connector information sheet)

[그림 2-74] 4각 커넥터 (Rectangular connectors)

으로 작동해야하는 상황하에서 예비 테스트를 수행하는 것이 엔지니어링 관행이다. 배선이 정격온도(rated temperature) 근처에서 높은 도체 온도(high conductor temperature)로 작동하는 경우 커넥터 접전 크기는 회로부하(circuit load)에 대해 적합하게 정격화 되어야 한다. 이것은 와이어크기를 늘려야 할 수도 있다. 비여압지역에서 커넥터를 높은 고도에서 사용하는 경우 전압감소가 필요하다.

(3) 향후 추가 배선을 위한 여분의 컨택트(Spare Contacts for Future Wiring)

향후 배선 추가에 편의를 도모하기 위해, 일반적으로 예비 여분의 접점이 제공된다. 커넥터에서 배선되지 않은 컨택트(unwired contact)를 찾으면 나중에 사용을 위해 접근을 할 수 있다. 25개 이하의 컨택트(contacts)를 가지고 있는 커넥터에 2개의 예비부품, 26~100컨택트를 가지고 있는 커넥터에서는 4개의 예비부품, 100개 이상의 컨택트를 가지고 있는 커넥터에서 6개의 예비부품을 장치하는 것은 좋은 방법이다. 여분 컨택트는 일반적으로 배선을 추가하지 않는 구성품의 레셉태클에는 제공되지 않는다. 커넥터에는 유무선 접점으로 채워진 사용 가능한 모든 접점 구멍이 있어야한다. 배선되지 않은 접점에는 플라스틱 그로밋 씰링 플러그(sealing plug)가 제공되어야한다.

(4) 커넥터에 와이어 설치(Wire Installation into the Connector)

다중계통(redundant system)에서 동일한 기능을 수행하는 와이어는 별도의 커넥터를 통해 배선되어야 한다. 비행안전에 중대한 시스템에서 시스템작동배선(system operation wiring)은 시스템결함경보(system failure warning)를 위해 사용된 배선으로부터 분리된 커넥터를 통해 배선되어야 한다. 또한 시스템의 지시 배선을 고장 경고 회로와 가능한 한 분리된 별도의 커넥터에 배선하는 것이 좋다. 이 단계를 수행하면 커넥터 결함으로 인해 발생할 수 있는 사고에 대한 항공기의 취약성을 줄일 수 있다

(5) 인접한 커넥터(adjacent Locations)

그림 2-75와 같이 인접한 커넥터의 메이트(mating)가 가능하지 않도록 해야 한다. 이것을 확실히 하기 위

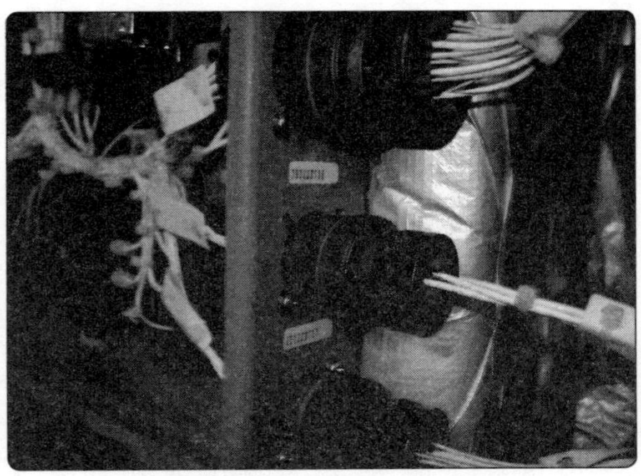

[그림 2-75] 잘못 연결을 방지하기 위한 커넥터 배열
(Connector arrangement to avoid wrong connection)

해, 인접한 커넥터 쌍은 외곽틀 크기(shell size), 커플링 연결 수단, 삽입 배열(insert arrangement)과 키 배열(keying arrangement)로 서로 달라야 한다. 이런 수단이 실행될 수 없을 때, 잘못 짝을 이루는 쌍이 서로 닿지 않도록 와이어를 배선하고 고정해야 한다. 표식 또는 색띠(color strip)로 구분하려 표식 할 경우 시간이 지날수록 변질되기 때문에 권고하지 않는다.

(6) 밀봉(Sealing)

커넥터는 결합되었을 때 압착된 주위의 씰(seal)과 계면(interfacial, 두면 사이에 낀) 씰의 사용을 통해 습기가 유입되지 않는 유형이어야 한다. 커넥터의 배후를 통해 들어오는 습기는 커넥터의 후방 그로밋(rear grommet) 밀봉범위(sealing range)로 와이어의 바깥지름에 정확하게 맞추어 막아야 한다. 크림프 스타일 접점에서 하나 이상의 와이어를 종단하지 않는 것이 좋다. 와이어 직경을 늘리기 위해 열수축 튜브를 사용하거나 후면 그로밋과 후면 호환성을 제공하는 추가 수단으로 와이어 입구 영역에 포팅을 적용하는 것이 좋다. 이들 추가 장착은 불리한 조건이 있으므로 다른 수단이 사용될 수 없는 경우에만 고려되어야 한다. 배선되지않은 예비 접점(Unwired Spare Contact)에는 정확히 크기의 플라스틱 플러그(plastic plug)가 끼워넣져야 한다.

(7) 배수(Drainage)

커넥터는 결합되지 않은 상태에서 습기와 액체가 커넥터 밖으로 안전하게 배출하는 방식으로 장착되어야 한다. 번들에 축적된 습기가 커넥터에서 배출되도록 배선해야한다. 선반이나 바닥을 통해 커넥터를 수직위치(vertical position)에 장착해야하는 경우 커넥터를 용기에 넣어두거나(potted) 밀봉해야 한다. 이 상황에서는 용기를 아래쪽으로 향하게 하여 결합되지 않은 상태에서도 수분이 모이기 쉽지 않도록 한다.

(8) 와이어 지지(Wire Support)

그림 2-76과 같이, 후방액세서리백쉘(rear accessory backshell)은 에워싸지 않은 커넥터에 사용되어야 한다. 배선크기가 매우 작거나 정비 작업이 빈번하거나 진동이 많은 곳에 있는 커넥터에는 변형릴리프장치형(strain-relief-type) 백쉘(backshell)이 제공되어야 한다. 와이어 번들은 클램프에 의해 고정되는 적절한 쿠션재료를 사용하여 기계적 손상으로부터 보호되어야 한다. potted된 커넥터 또는 주조된 후방 어댑터(adapter)를 갖고 있는 커넥터는 일반적으로 별도의 변형릴리프 액세서리(strain relief accessory)을 사용하지 않는다. 변형릴리프장치클램프(strain relief clamp)는 클램프와 접전 사이의 와이어에 장력을 주어서는 안 된다.

적절한 드립루프를 확보하기 위해 커넥터에 충분한 와이어 길이가 필요하며 커넥터와 컨택트의 완전한

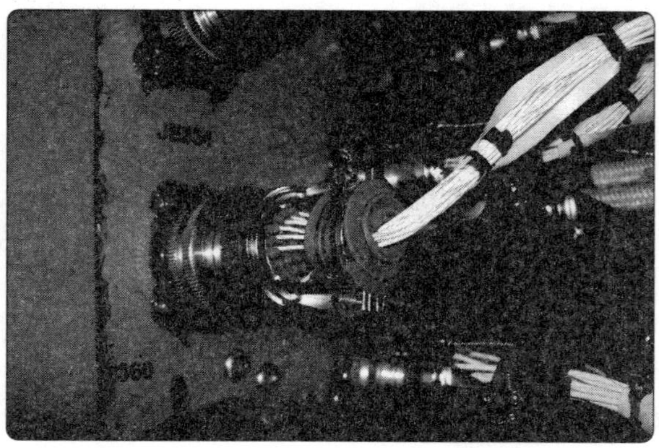

[그림 2-76] 변형방지기능이 있는 백쉘(Backshells with strain relief)

교체 후에도 말단에 변형이 없어야 한다.

2.4.7.7 동축 케이블(Coaxial Cable)

모든 배선은 손상으로부터 보호되어야 한다. 특히 동축케이블 또는 3축케이블(triaxial cable)은 특정유형의 손상에 특히 취약하다. (그림 2-77 참조) 작업자는 동축케이블을 취급하거나 주위에서 작업하는 동안 주의해야 한다. 동축케이블 손상은 너무 단단하게 고정되었을 때, 또는 대개 커넥터나 또는 커넥터 근처에서 급격하게 구부러졌을 때 발생할 수 있다. 손상은 또한 동축케이블 주위에서 관련 없는 정비행위 도중에 발생할 수 있다. 동축케이블은 외부에서 손상의 어떤 흔적 없이도 내부에 심각하게 손상될 수 있다. 단단한 중심 도체(solid center conductor)가 있는 동축케이블을 사용해서는 안된다. 그림 2-78과 같이, 연선중심 동축케이블(strandard center coaxial cable)은 단단한 중심 동축케이블(solid center coaxial cable)을 직접 대체하는데 사용할 수 있다.

동축케이블 주의사항은 다음과 같다.

① 동축케이블을 절대로 비틀지 않는다.

[그림 2-77] 동축 케이블 (Coaxial cables)

② 동축케이블에 물건을 떨어뜨리지 않는다.
③ 동축케이블을 밟지 않는다.
④ 동축케이블을 급격하게 구부리지 말아야 한다.
⑤ 허용굴곡부반경(allowable bend radius)보다 더 크게 구부리지 않는다.
⑥ 직선을 제외하고 동축케이블을 당기지 않는다.
⑦ 손잡이를 위해 사용하거나, 동축케이블에 기대거나, 또는 동축케이블에 다른 와이어를 걸지 않는다.

2.4.8 와이어 검사(Wire Inspection)

항공기 운항은 와이어에 심각한 환경 조건을 부과한다. 만족한 서비스를 보장하기 위해 매년 마모, 절연 불량, 부식, 종단의 상태에 대해 와이어를 검사한다. 전원, 배전장비, 전자기차폐를 위한 접지접속을 할 때에는 전기결합저항이 접속의 헐거워짐 또는 부식으로 인해 크게 증가하지 않았는지 확인하기 위해 특별한 주의를 기울여야 한다.

2.5 전기 계통 부품 (Electrical System Components)

2.5.1 스위치(Switches)

그림 2-79와 같이, 스위치는 회로를 열고 닫는 장치이다. 이들은 한 쌍 이상의 접촉점으로 이루어진다. 회로에서 스위치의 접점(contact)이 닫힐(closed) 때 전류가 흐른다. 순간접점(momentary contact)이 있는 스위치는 일시적으로 작동시키고, 스위치를 놓

[그림 2-78] 동축 케이블 커넥터(Coaxial cable connectors)

으면 내부의 스프링에 의해 원래 정상 위치(normal position)로 되돌아간다. 연속접점(continuous contact)을 가지고 있는 스위치는 작동하면 활성화된 상태로 유지된다. 2단(two-position) On/Off 스위치는 On Position이 토글(toggle)의 위쪽방향으로 또는 앞쪽방향으로 움직이도록 설치되어야 한다. 스위치가 착륙장치 또는 플랩과 같은, 가동 장치를 제어할 때 제어 작동과 동일한 방향으로 토글이 움직여야 한다. 스위치의 부주의한 작동은 스위치 위에 적당한 가드(guard)를 설치하여 방지할 수 있다.

스위치 오작동이 위험할 수 있는 모든 회로에는 특수하게 설계된 스위치를 사용해야 한다. 이러한 스위치는 견고한 구조를 가지며 연결된 부하전류를 끊고, 연결하고, 운반하기에 충분한 접촉능력(contact capacity)을 갖는다. 걸쇠작용(snap action)의 설계는 대개 작동 토글 또는 플런저의 속도에 관계없이 접점을 빠르게 열고 닫아 접점아크를 최소화 하는 것이 바람직하다. 기존 항공기 스위치의 명의상의 전류정격은 보통 스위치틀(switch housing)에 찍혀있다. 이 정격은 접점이 닫힌 상태에서 연속전류정격(continuous current rating)을 나타낸다. 다음 유형의 회로에서는 스위치는 정격을 낮추어야 한다.

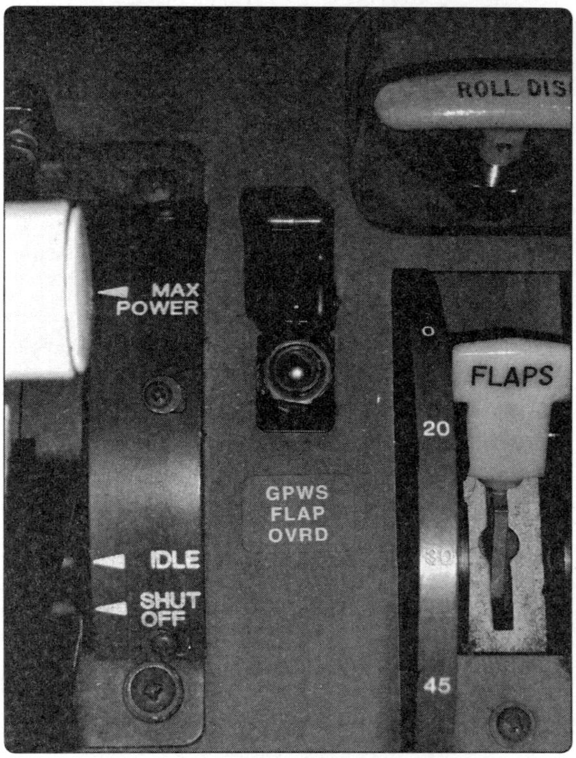

[그림 2-79] 스위치 가드(Switch guard)

(1) 고인입회로(High Rush-in Circuit)

고인입회로(초기에 많은 전류 흐름)는 연속전류보다 15배 더 큰 초기전류(initial current)를 끌어당길 수 있는 백열등(incandescent lamp)이 포함되어 있다. 이런 스위치는 닫힐 때 접점 연소(burning) 또는 용접(welding)이 발생할 수 있다.

(2) 유도회로(Inductive Circuit)

제어스위치(control switch)가 개방될 때 솔레노이드코일 또는 릴레이에 축적된 자기에너지가 방출되며 아크로 나타낸다.

(3) 전동기(Motors)

직류전동기(DC motor)는 시동 시 정격전류의 몇 배를 끌어들이고, 전기자와 필드(계자)코일에 축적된 자기에너지는 제어스위치가 열릴 때 방출된다.

표 2-14에서는 연속부하전류(continuous load current)가 알려진 경우에 공칭 스위치정격(switch rating)을 선택하기 위해 사용된다. 이 선택은 본질적으로 정격출력을 낮추어 스위치의 효율과 수명을 늘리기 위한 것이다.

[표 2-14] 스위치 경감 테이블 (Derating table for switches)

공칭 시스템 전압	부하종류	경감요인
28V	Lamp	8
28V	Inductive	4
28V	Resistive	2
28V	Motor	3
12V	Lamp	5
12V	Inductive	2
12V	Resistive	1
12V	Motor	2

2.5.1.1 스위치의 유형(Type of Switches)

(1) 단극단투(Single-pole Single-throw(SPST))

단일회로(single circuit)를 열고 닫는다. 극(pole)은 활성화될 수 있는 개별회로(separate circuit)의 수를 나타내고 전원이 연결되어 있으며, 그리고 스로우(throw)는 전류경로(current path)의 수를 나타낸다.

(2) 쌍극단투(Double-pole Single-throw(DPST))

하나의 Lever로 2개의 회로를 연결시켜주거나 끊어준다.

(3) 단극쌍투(Single-pole Double-throw(SPDT))

2개의 경로 중 어느 한쪽으로 전류를 보낸다. 스위치는 양쪽 위치에서 ON이다. 예를 들어, 스위치는 한쪽 위치에 있는 적색등(red lamp)을 켜고 다른 쪽 위치에서는 녹색등(green lamp)을 켠다.

(4) 쌍극쌍투(Double-pole Double-throw(DPDT))

동시에 2개의 단독회로를 작동시킨다.

(5) 쌍투스위치(Double-throw Switch)

2개 또는 3개의 위치를 갖고 있다.

(6) 2 위스위치(Two Position Switch)

극(pole)은 항상 2개의 스로(throw) 중 한 곳에 연결된다. 3 위치 스위치(three-position switch)에는 양쪽 스로(throw)로부터 극(pole)의 접속을 끊는 중앙 OFF position을 갖고 있다.

(7) 스프링-작동식 스위치(Spring-loaded Switch)

두 가지 유형으로 이용할 수 있는데, 1) 상시 열림(NO, normally open)과 2) 상시 닫힘(NC, normally closed)이다. 상시열림(NO) 스위치의 접촉은 정상위치에서 분리되고 스위치가 활성화되면 닫힌다. 스위치에 가해진 힘이 해제되면 스위치는 정상위치로 되돌아간다. 상시 닫힘(NC) 스위치의 접촉은 정상위치에서 연결되어 있고 스위치가 작동되었을 때 열린다. 스위치는 스위치에 가해진 힘이 해제되면 정상위치로 되돌아온다.

2.5.1.2 토글스위치와 로커스위치 (Toggle and Rocker Switches)

그림 2-80과 같이, 토글스위치(toggle switch)와 로커스위치(rocker switch)는 대부분 항공기의 전기부품을 제어한다. 최신디지털 조종석으로 갖춰져 있는 항공기는 종종 푸쉬 버튼(push button)을 사용하여 전기부품을 제어한다.

2.5.1.3 로터리 스위치(Rotary Switches)

회전스위치(rotary switch)는 노브(knob) 또는 샤프트(shaft)를 회전시켜 작동시키며 보통 무선제어판(radio control panel)에서 확인할 수 있다. 회전스위

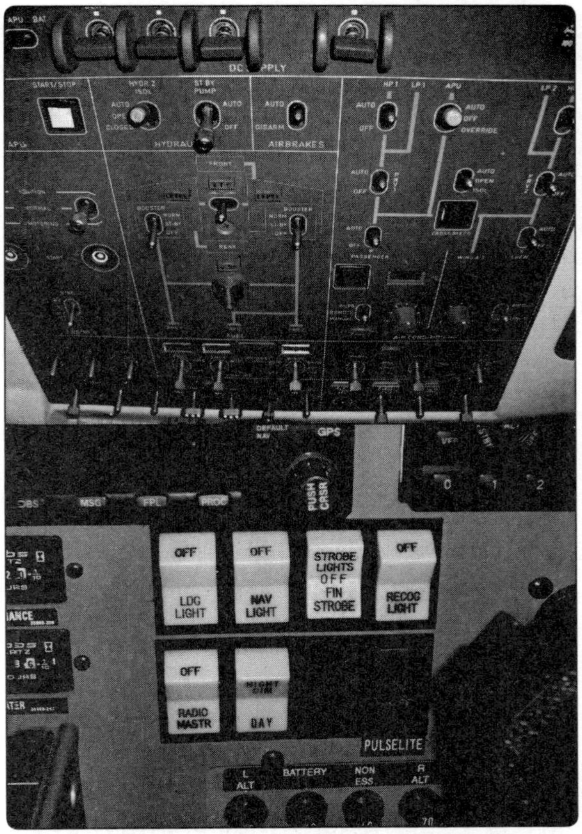

[그림 2-80] 토글 및 잠금 스위치(Toggle and rocker switches)

치는 2개의 이상의 회로를 제어하는 데 사용된다.

2.5.1.4 정밀(마이크로)스위치 (Precision(Micro) Switches)

마이크로스위치(micro switch)는 아주 적은 압력으로도 작동한다. 이러한 유형의 스위치는 스프링 작동식(spring-loaded) 이며, 압력이 제거되면, 접점은 정상위치로 되돌아간다. 이 유형의 스위치는 전형적으로 단극쌍투(Single-pole Double-throw (SPDT)) 또는 쌍극쌍투(Double-pole Double-throw(DPDT))이고, 세 가지의 접촉을 가지고 있는데, 상시열림(NO), 상시닫힘(NC), 그리고 공통(common)이다. 마이크로

[그림 2-81] 마이크로 스위치(A micro switch)

스위치는 착륙장치, 플랩, 스포일러 등과 같이 위치를 탐지하거나 또는 가동부(moving part)의 왕복운동을 제한하기 위해 사용된다.

2.5.2 릴레이와 솔레노이드(전자석 스위치) (Relays and Solenoid(Electromagnetic Switches))

릴레이는 적은 전류를 이용하여 큰 전류의 흐름을 제어하기 위해 사용된다. 저전력직류회로(low-power DC circuit)로 작동되는 릴레이는 큰 교류전류의 흐름을 제어한다. 이들은 전동기와 다른 전기장치의 On과 Off를 전환하기 위해, 그리고 과열로부터 릴레이를 보호하기 위해 사용된다. 솔레노이드는 가동철편(moving core)을 갖고 있는 릴레이의 특별한 형태이다. 릴레이에 있는 전자석철편(electromagnet core)은 고정되어 있다. 솔레노이드는 거의 기계식 액추에이터(mechanical actuator)처럼 사용되지만, 대용량(large current)을 전환하기 위해서도 사용된다.

2.5.2.1 솔레노이드(Solenoids)

그림 2-82의 솔레노이드는 무게를 줄이거나 전기제어(electrical control)를 단순화될 수 있는 스위치장

[그림 2-82] 솔레노이드 (Solenoid)

치(switching device)로 사용된다. 앞서 논의한 스위치정격은 대개 솔레노이드접촉정격(solenoid contact rating)에 적용할 수 있다. 솔레노이드는 보통 강 또는 철로 만들어진 가동철심(movable core)/전기자를 갖고 있으며, 코일은 전기자 주위에 감겨져 있다. 솔레노이드에는 전자기관(electromagnetic tube)가 있으며 전기자가 튜브 안팎으로 움직인다.

2.5.2.2 릴레이(Relays)

그림 2-83의 릴레이의 두 가지 주요 유형은 전자기계식(electro-mechanical type)과 반도체식(solid-state type)이다. 전자기계식릴레이(electro-mechanical relay)에는 접점이 있는 고정철심(fixed core)과 가동판(moving plate)을 갖고 있고, 반면에 반도체릴레이(solid-state relay)는 트랜지스터와 유사하게 작동하며 가동판이 없다. 전자기계식릴레이의 코일을 통해 흐르는 전류는 레버(lever)를 끌어당겨 스위치접촉(switch contact)을 바꾸어주는 자기장을 만들어낸다. 코일전류(coil current)는 릴레이가 2개의 스위치위치(switch position)를 갖고 있기 때문에 연결하거나 또는 차단할 수 있고, 그래서 이들은 쌍투스위치(double-throw switch)이다. 잔류자기(residual magnetism)는 사소한 문제이며 접속은 잔류자기의 작은 양에 의해 접속(closed) 또는 개방 상태에 머무르게 한다. 릴레이는 전기적으로 작동되는 스위치 이므로 저계통전압조건(low system voltage condition) 하에서 Dropout(자성체의 결함 등으로 단락되는 일)이 될 수 있다. 릴레이는 하나의 회로가 첫 번째 회로로부터 완전히 분리될 수 있는 두 번째 회로에 전환될 수 있다. 예를 들어, 저전압 직류배터리회로(DC battery circuit)는 110[V] 3상 교류회로(three-phase AC circuit)로 전환하기 위해 릴레이를 사용할 수 있다. 2개의 회로 사이에 릴레이의 안쪽에 전기접점은 없고 연결은 자석과 기계적인 구조로 이루어 진다.

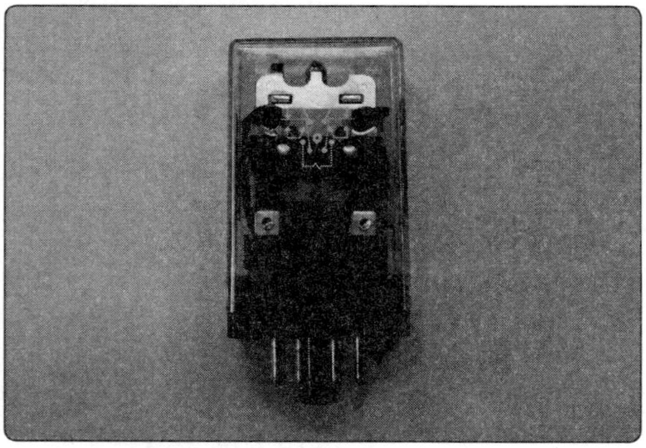

[그림 2-83] 릴레이 (Relay)

2.5.3 전류제한장치(Current Limiting Devices)

도체는 전원버스(electrical power source bus)에 최대한 가까이있는 회로차단기 또는 퓨즈로 보호되어야 한다. 일반적으로, 전기장치의 제조사는 장비를 장착할 때 사용할 퓨즈 또는 회로차단기를 명시한다. 회로차단기나 퓨즈는 도체가 연기를 발생하기 전에 회로를 차단해야 한다. 이를 위해 보호장치의 시

[표 2-15] 스위치 경감 테이블(Derating table for switches)

와이어 AN 게이지 구리	회로차단기 암페어	퓨즈 암페어
22	5	5
20	7.5	5
18	10	10
16	15	10
14	20	15
12	30	20
10	40	30
8	50	50
6	80	70
4	100	70
2	125	100
1		150
0		150

간-전류특성(time current characteristic)은 관련된 도체보다 작은 값에 위치해야 한다. 연결된 장비를 최대한 활용하려면 회로보호기특성(circuit protector characteristic)을 일치시켜야 한다. 표 2-15는 구리 도체의 퓨즈를 보호하는 회로차단기를 선정하는 데 사용된 도표이다. 이 도표는 외기온도와 와이어번들 크기가 명시된 특정한 설정에서 적용할 수 있고 통상적으로만 제시된다. 특정 목적을 위한 도체를 선택하기 전에 이런 지침을 참고하는 것은 중요한 것이다. 예를 들어, 외기에서 하나의 와이어흐름은 도표에서 보여준 것보다 한 단계 더 높은 정격의 회로차단기에 의해 보호된다.

2.5.3.1 퓨즈(Fuses)

그림 2-84의 퓨즈는 전압원에 직렬로 연결되어 모든 전류가 퓨즈를 통해 흘러야 한다. 퓨즈는 유리튜브 또는 플라스틱튜브에 봉해 넣어진 금속의 스트립(strip)으로 이루어진다. 금속 스트립은 저(低)용해점(low melting point)을 갖고 있고 보통 납, 주석, 또는

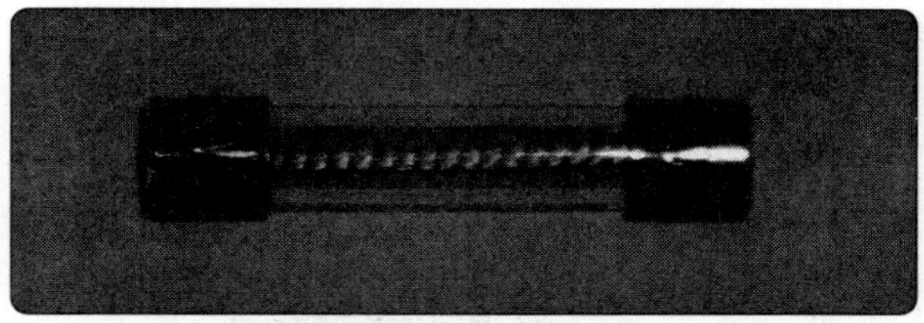

[그림 2-84] 퓨즈 (fuse)

구리로 만들어진다. 전류가 퓨즈의 용량을 초과할 때, 금속 스트립은 가열되어 녹으면서 끊어진다. 이 결과로, 회로에서 전류의 흐름은 정지한다.

퓨즈에는 두 가지 기본 유형이 있는데, 신속형(fast acting)과 지연형(slow blow)이다. 신속형은 특정한 전류정격이 초과되었을 때 매우 빠르게 개방된다. 이것은 아주 많은 전류가 매우 짧은 시간에 퓨즈를 통해 흐를 때 빠르게 망가질 수 있는 전기장치에 중요하게 사용된다. 지연형 퓨즈(slow blow fuse)는 내부에 코일이 감긴 구조이다. 이들은 오직 단락회로와 같은 연속과부하(continued overload)에서만 열리도록 설계되어 있다.

2.5.3.2 회로차단기(Circuit Breakers)

그림 2-85와 같이, 회로차단기는 과부하 또는 단락으로 인한 전기 회로의 손상을 방지하도록 설계된 자동작동 전기스위치이다. 이것의 기본적인 기능은 고장상황을 감지하고 즉시 전기흐름을 중단하는 것이다. 퓨즈는 한 차례 작동하고 교체해야 하지만, 회로차단기는 정상작동을 회복하도록 재설정(reset)을 할 수 있다. 모든 리셋가능 회로차단기는 과부하 또는 회로고장이 존재할 때 운영제어(operating control)의 위치에 관계없이 장착된 곳에서 회로를 개방시켜야 한다. 이러한 회로차단기는 "트립 프리(Trip Free)"라고도 한다. 자동재설정회로차단기(automatic reset

[그림 2-85] A330 회로차단기패널(Circuit breaker panel)

circuit breaker)는 스스로 자동적으로 재설정된다. 이들은 항공기에서 회로보호장치로 사용되어서는 안 된다. 회로차단기가 트립(trip)되었을 때, 전기회로는 점검되어야 하고 결함은 회로차단기가 재설정하기 전에 해결되어야 한다. 때때로 회로차단기가 명백한 이유 없이 트립되면, 회로차단기는 재설정할 수 있다. 만약 회로차단기가 다시 트립되면, 회로고장이 존재하는 것이고 작업자는 회로차단기를 재설정전에 회로 문제를 해결해야 한다.

일부 신형 항공기에서는 디지털회로보호구조(digital circuit protection architecture)를 사용한다. 이 시스템은 특정회로를 통해 감시한다. 이 회로가 최대전류량(maximum amperage)에 도달되었을 때 전원이 회로에서 끊어진다. 이 시스템은 기계적회로차단기의 사용을 줄이면서 기계부품의 무게경감과 무게부품을 줄이는 장점이 있다.

2.6 항공기조명계통 (Aircraft Lighting System)

항공기 조명계통은 실내용도로 조종석, 객실 및 화물칸에 조명을 제공하고 실외용으로는 항법등, 충돌방지등, 착륙등에 제공이 되고 정상 전원이 결함인 경우 비상등 작동을 위한 비상 전원 계통이 준비되어 있다.

2.6.1 외부등(Exterior Lights)

외부등 계통은 항공기 식별, 방향 및 항공기의 안전한 운항을 돕기 위해 조명을 제공한다. 일반적으로 대부분의 민항 항공기 공통적인 외부 조명등(light)은 다음과 같다.

- Wing illumination – 날개 검사등 – Wing & Engine scan light 라고도 함
- Landing lights – 착륙등 – 빔이 가장 강함. 지상에서 작동 지양.
- White anti-collision lights – 백색 충돌방지등 – 스트로브(strobe light)라고도 함
- Red anti-collision lights – 적색 충돌방지등 – 비컨 라이트(beacon light)라고도 함. 토잉, 엔진 작동 중 on 한다.
- Position lights – 위치등 – 항법등(navigation light)라고도 함. 비행 중 반드시 on 한다.
- Taxi lights – 항공기 택싱 중 on 하는 유도 등
- Takeoff lights – 이륙등
- Runway turnoff lights – 활주로 옆길 등.
- Logo lights – 로고 등
- 계기 비행 및 야간 비행 시 반드시 on 되어야 하

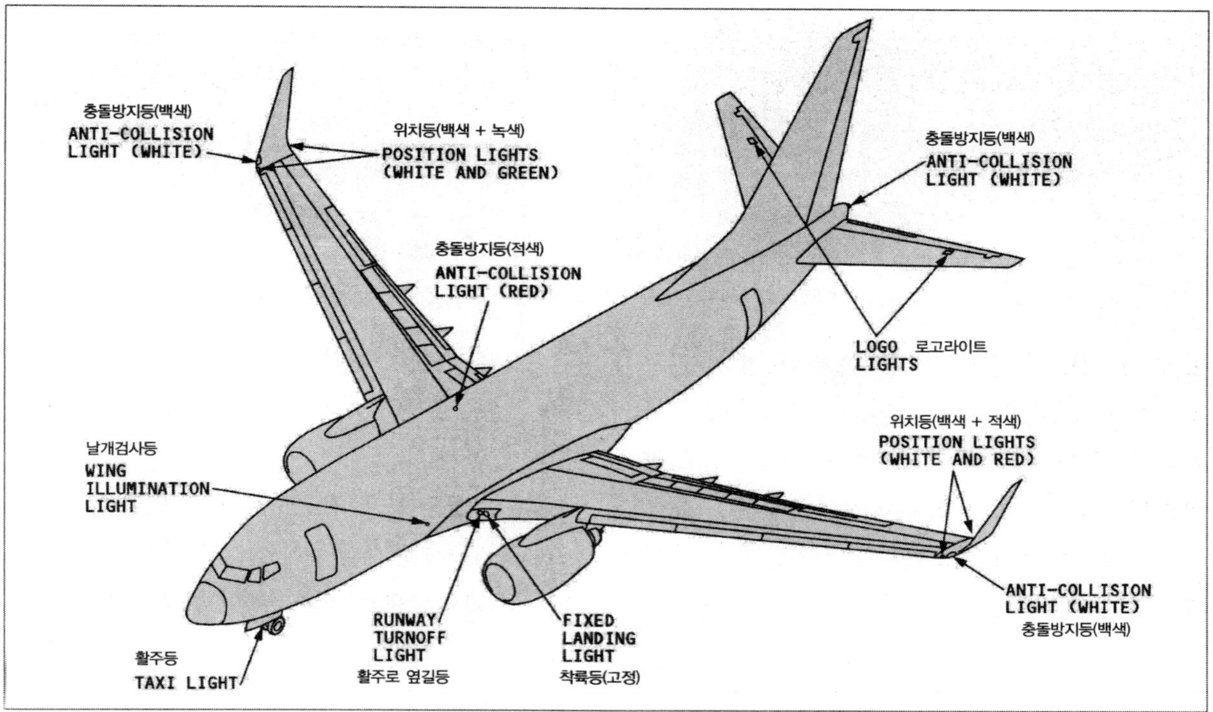

[그림 2-86] B737 항공기 외부라이트(B737 Airplane Exterior Lights)

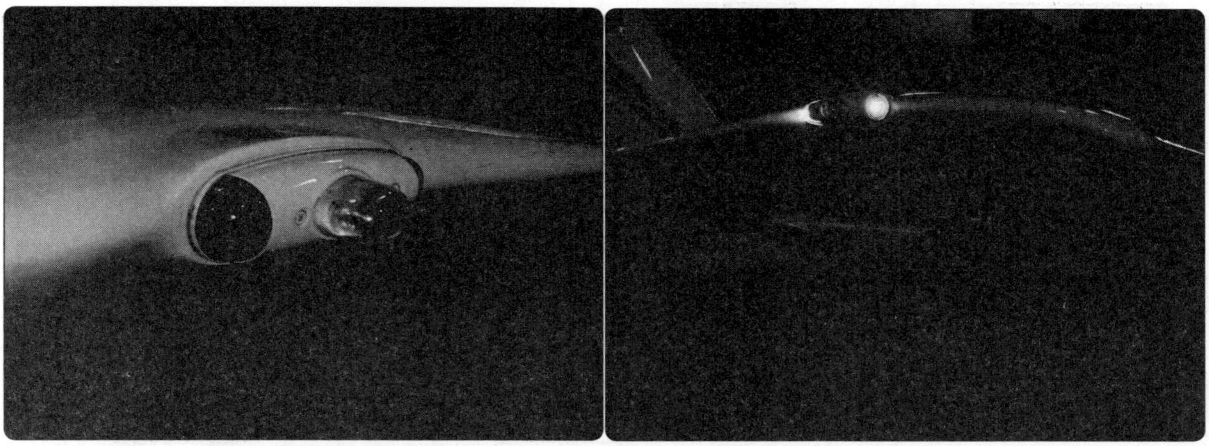

[그림 2-87] 좌측 날개 끝 위치등(적색)/충돌방지등 및 우측 날개 끝 위치등(적색)/충돌방지등(백색) (A left wing tip position light (red) and a white strobe light and right wing tip position light(green) and strobe light)

는 라이트(light), 엔진 작동, 토잉(towing), 활주(taxing) 때 반드시 on 해야 하는 라이트(light)들이 있다.

2.6.1.1 위치등(Position Lights)

그림 2-87과 같이, 야간에 항공기 비행 시 에는 미연방규정집(CFR, code of federal regulations)의 Title 14에 명기된 최소한의 요구사항에 합당하는 위치등

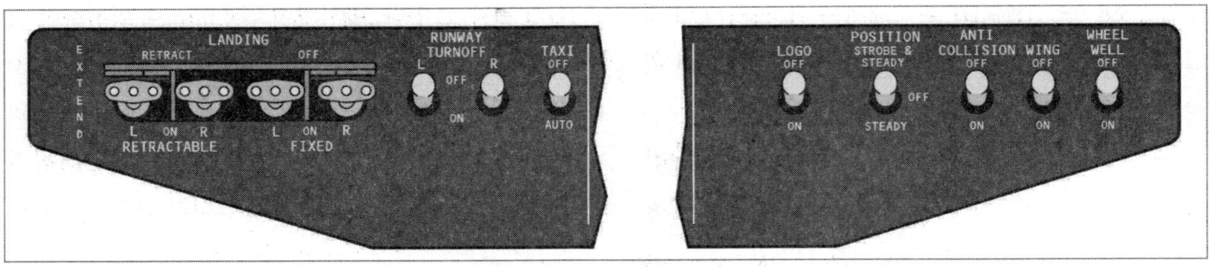

[그림 2-88] B737 외부라이트 스위치(B737 exterior lighting switches)

(position light)을 갖추고 있어야 한다. 항법등이라고도 하는 위치등의 한 조는 1개의 적색, 1개의 녹색, 그리고 1개의 흰색등으로 이루어진다. 이 위치등의 목적은 항공기 위치, 비행 방향 및 자세 등을 알 수 있게 한다. 항법등인 이 위치등은 비행 중에 반드시 ON 되어야 한다. 대부분 민항 항공기에서는 결함을 대비해 램프 2 세트 또는 2 개의 라이트 계통으로 구성되어 있다. 결함이 발생하면 나머지 하나가 대체용으로 사용된다.

일부 유형의 항공기(B737)에서, 위치(항법)등 스위치는 2 세트 준비대신 위치등(position) 및 섬광작동(flashing) 2 position으로 선택할 수 있다. 예를 들어

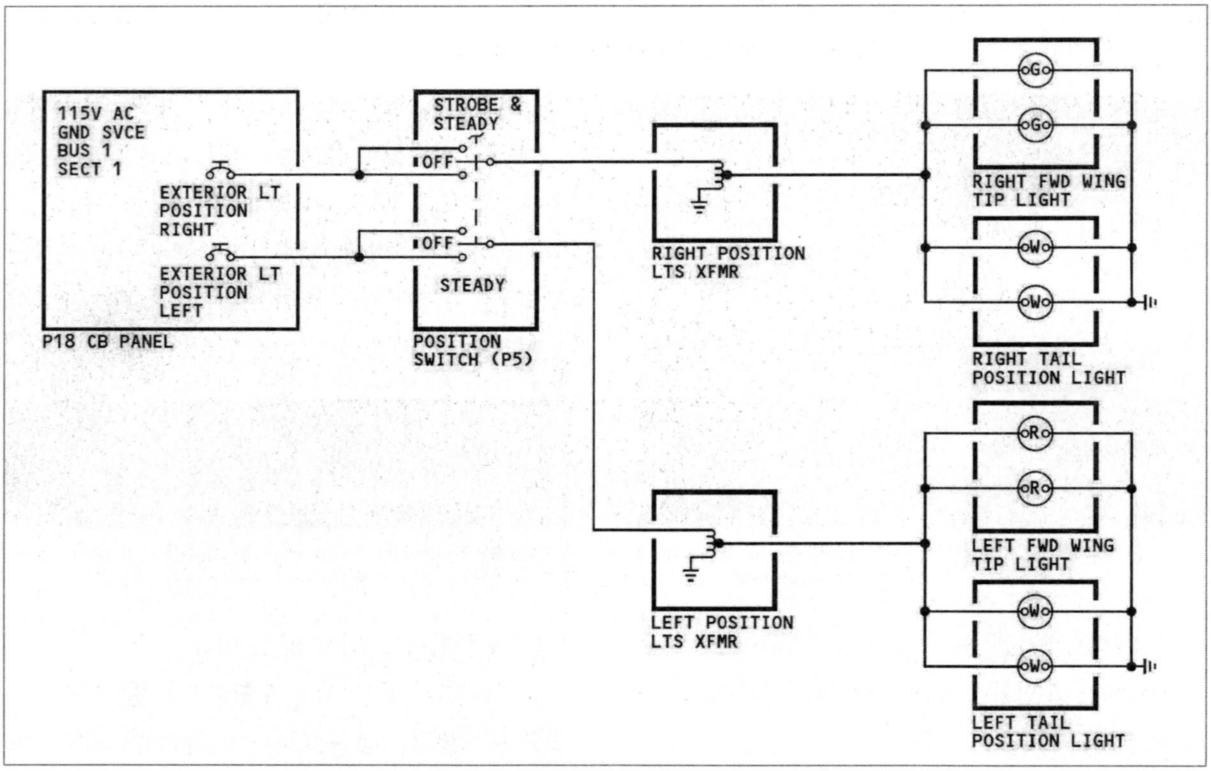

[그림 2-89] B737 항법등 계통 회로도(Navigation light system schematic, B737)

그림 2-88에서 STEADY 위치에서는 위치등만 ON 되고 STOBE & STEADY 위치에 스위치를 선택하면 위치등과 충동방지등이 동시에 ON이 된다.

우측 날개 끝에 녹색등 장치(green light unit)가 장착되고 좌측 날개 끝에는 적색등장치가 그리고 항공기 후미에 백색등 장치가 장착이 된다. 최근 민항기에서는 훨씬 선명하고 전력이 적으며 신뢰성이 좋은 LED가 기존 램프를 대신 사용하고 있다.

2.6.1.2 충돌방지등(Anti-collision Lights)

충돌방지등계통(anti-collision light system)은 하나 이상의 라이트로 구성될 수 있다. 충돌방지등장치는 동체 또는 미익위에 설치되어 보통 승무원의 시야에 영향을 주지 않으면서 위치등의 가시성(visibility)을 방해하지 않은 위치에 회전 빔 조명이다. 대형항공기 경우 충돌방지등(anti-collision light)은 동체 상하에 장착되어 작동한다. 그림 2-90에서 전형적인 충돌방지등 장치를 볼 수 있다.

충돌방지등 장치(anti-collision light unit)는 보통 전동기에 의해 작동되는 1개 또는 2개의 회전등(rotating light)으로 이루어진다. 빛은 고정되지만 돌출 붉은 유리(red glass)틀 내부의 회전 반사경 아래에 설치 될 수도 있다. 반사경이 원호(arc)로 회전하며 결과 섬광률(flash rate)은 분당 40~100[cycle]이다. 최신의 항공기 설계는 발광다이오드유형(LED-type)의 충돌방지등을 사용한다. 충돌방지등은 특히 과밀지역에서 다른 항공기에 경고하기 위한 안전등(safety light)이다.

백색 섬광등(white strobe light)은 또 다른 하나의 충돌방지등 유형이다. 보통 날개끝(wing tip)에 그리고 미부 말단에 설치된 이 섬광등(strobe light)은 백색광(white light)의 매우 밝은 간헐적 섬광(intermittent flash)을 만들어낸다. 빛은 커패시터의 고전압방전(high-voltage discharge)에 의해 생기게 한다. 전용 전원팩(dedicated power pack)은 커패시터가 있고 밀봉식 제논충전튜브(sealed xenon-filled tube)에 전압을 공급한다. 제논(xenon)은 전압이 공급되었을 때 섬광으로 이온화한다.

2.6.1.3 착륙등과 유도등 (Landing and Taxi Lights)

착륙등은 야간착륙 시에 활주로를 비추기 위하여 항공기에 장착된다. 이 라이트는 매우 강력하며 조명의 최대도달거리(maximum range)를 제공하는 각도

[그림 2-90] 충돌방지등 (백열 스트로브 라이트 & 적색 비컨라이트) (Anti-collision lights)

로 포물면 반사장치(parabolic reflector)에 의해 전달된다. 소형 항공기의 착륙등은 보통 양쪽 날개의 앞전(leading edge)의 중간에 위치하거나 항공기 표피 안에 유선형으로 되어 있다. 대형 운송용 항공기에서 착륙등은 보통 날개의 리딩 에지에 위치한다. 각각의 라이트는 릴레이에 의해 제어되거나 전기회로에 직접 연결될 수 있다. 그림 2-91과 같이, 일부 항공기에서, 착륙등은 유도등(taxing light)과 동일한 위치에 설치된다. 밀봉된 빔(beam), 할로겐(halogen), 또는 고강도-제논 방전등(high-intensity xenon discharge lamp)이 사용된다.

그림 2-92의 유도등은 활주로, 유도로(taxi strip)로부터, 또는 격납고지역(hangar area)으로 항공기를 유도 또는 견인하는 동안 지상에 조명을 제공하도록 설계되었다. 세발착륙장치(tricycle landing gear)를 가지고 있는 항공기에서, 단일라이트유도등(single taxi light) 또는 다등형유도등(multiple taxi light)은 전방착륙장치(nose landing gear)의 비조향 부분(non-steerable part)에 설치된다. 이들은 항공기 앞쪽에 직접 조명을 그리고 항공기 경로의 오른쪽과 왼쪽으로 조명을 제공하기 위해 항공기의 중심선에 비스듬한 각도로 적당한 장소에 위치한다. 일부 항공기에서, 이중 유도등(dual taxi light)은 동일한 회로에 의해 제어되는 날개 끝 가장 바깥쪽을 표시하는 등(clearance light)에 의해 보완된다. 유도등은 또한 날개앞전(wing leading edge)의 오목한 지역에 설치되고, 가끔 고정식 착륙등(fixed landing light)과 함께 동일한 지역에 설치된다.

[그림 2-91] 착륙등(Landing Lights)

[그림 2-92] 유도등(Taxi lights)

대부분 소형 항공기가 유도등을 갖추고 있지 않지만, 활주운전(taxiing operation) 상태에서 빛을 비추기 위해 착륙등을 사용한다. 아직도 다른 항공기는 유도를 위해 줄어든 조명을 제공하기 위해 착륙등 회로(landing light circuit)에 조광저항기(dimming resistor)를 이용한다. 그림 2-93에서는 유도등에 대한 일반적인 회로를 보여준다.

일부 대형 항공기는 노즈 레이돔(nose radome)의 후미, 항공기의 아랫면에 위치한 다른 유도등을 갖추고 있다. 주 유도등에서 별도 스위치로서 작동되는 이 라이트는 항공기 기수의 앞쪽과 바로 아래쪽에 가까운 지역을 비춘다.

2.6.1.4 날개 검사등(Wing Inspection Lights)

날개 및 엔진 검사등(wing & engine scan light)이라고도 하며 이는 비행 중에 날개의 리딩에지 결빙이나 FOD 여부등을 검사하기 위해 비추는 라이트이다. 이러한 조명등은 야간에 비행하는 동안에 날개 리딩에지에 결빙형성의 육안탐지를 가능케 한다. 이들은 보통 조종석에 있는 On/Off 토글스위치(toggle switch)에 의해 릴레이를 통해 제어된다. 일부 날개 검사등계통(wing inspection light system)은 때때로 엔진 카울(cowl), 플랩 또는 착륙장치와 같은, 인접지역을 비추는, 나셀등(nacelle light)이라고도 한다. 이들은 대개 동일한 형태의 등이고 동일한 회로에 의해 제어된다.

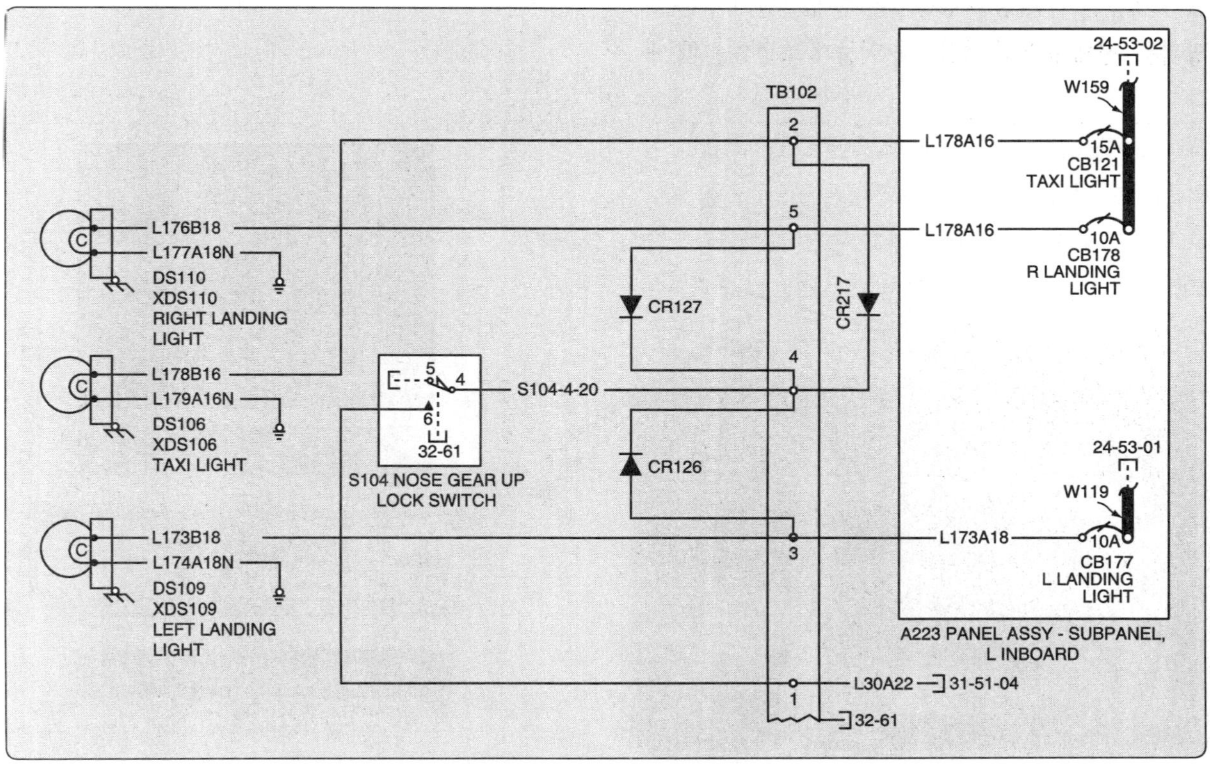

[그림 2-93] 유도등 회로 (Taxi light circuit)

2.6.1.5 활주로 옆길 등 (Runway turnoff light) 및 로고 등(logo light)

야간에 착륙 후 활주로(runway)를 벗어나 유도로(taxiway)로 회전할 때 유도로 상태를 먼저 볼 수 있도록 비추어주는 라이트이다. 로고등(logo light)은 특히 야간에 항공사의 로고나 상징(emblem)이 잘 보이도록 비추는 라이트이다. 이 라이트는 수직 안정판(vertical stabilizer)에 있는 로고를 비추도록 수평안정판(horixontal stabilizer)에 장착이 되어 있다.

2.6.2 내부등(Interior Lights)

그림 2-94와 같이, 항공기는 객실을 조명하기 위해 내부등을 갖추고 있다. 종종 흰색등와 적색등 설치가 제공된다. 사업용 항공기는 주 객실을 비추는 조명계통, 전체 승객의 객실등을 어둡게 조절했을 때 개인적으로 독서등을 할 수 있도록 하는 독립조명계통(independent lighting system), 그리고 비상사태 시에 항공기의 승객의 탈출을 돕기 위해 항공기의 바닥등에 비상조명계통(emergency lighting system)을 갖추고 있다. 이 비상조명계통은 비행기에서 밖으로 빠져나가는 통로와 비상출구 (EXIT) 위치를 비추어 준다. 항공기 정상 전원에 문제가 있어도 자체 배터리에 의해서 15분 정도 계속 작동할 수 있는 비상조명계통이 준비되어 있다.

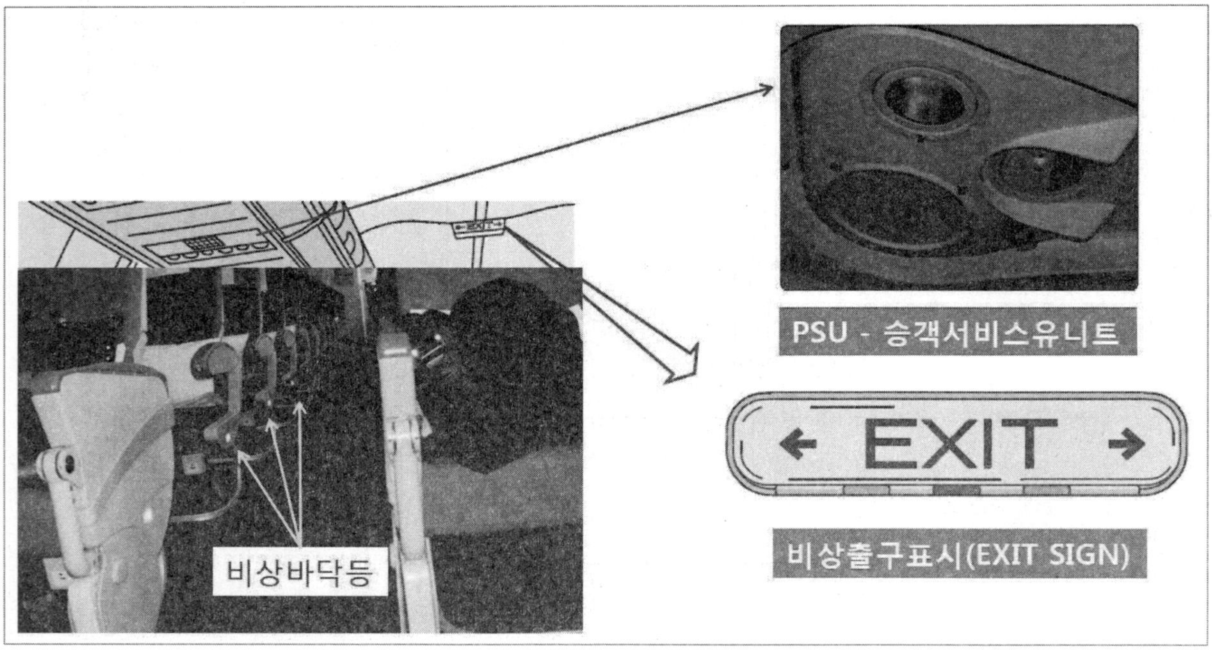

[그림 2-94] 객실 내부등 및 비상등 (Cabin interior and emergency lights)

03 항공계기 계통

Aircraft Instrument Systems

3 항공계기 계통

Aircraft Instrument Systems

3.1 서론(Introduction)

최초 유인비행(manned flight)이 시작한 이래 항공기 작동에 대한 비행 정보를 조종사에게 제공하는 것이 중요하고 안전 비행의 필수라고 인식되었다. 최초 라이트 형제의 비행기에 기본적인 계기류(instrument), 즉 엔진 회전계(tachometer), 풍력계(wind meter), 그리고 스톱워치(stop watch) 등이 장착된 것으로 확인되었다. 초창기의 조종사들은 항공기 엔진상태와 비행 과정에 대해 관심을 갖게 되었으며, 이러한 관심의 시작으로 조종석에는 계기들이 추가로 장착되기 시작하였다.

초기에는 단순한 계기들이 장착되었고 항공 기술의 발달과 함께 항공기가 대형화 및 고속화되면서 다양한 파라미터(parameter)를 지시하는 계기로 발전하였다.

항공 계기를 사람 몸에 비유하면 오관(five feeling) 및 신경조직과 같은 것으로 항공기의 여러 계통의 상태를 나타내고 어느 한 곳에 이상이 생기면 조종사에게 전달 및 경고하여 비행 안전에 만전을 기한다. 계기계통(instrument system)은 항공기의 비행 상태, 즉 비행 자세, 항공기 속도, 고도 등을 실시간으로 지시하고 각 계통의 작동상태, 엔진상태, 현재의 항로 정보와 위치, 각종 항법장비, 통신, 기상상태, 객실 환경 등의 작동상태 등을 제공한다.

다음은 초기 항공기부터 현대 항공기까지의 계기판의 변화를 보여주는 사진들이다.

[그림 3-1] 라이트 형제 항공기 계기판
(Wright Brothers aircraft instrument panel)

[그림 3-2] 아날로그 계기(An analog instruments)

3.1.1 항공계기발달 필연성(The necessary of airplane instrument development)

조종사가 원하는 정확한 정보를 획득하여 이해하기 쉽게 전달하는 계기의 능력은 항공 산업 발달과정 동안 큰 이슈가 되었다. 항공 산업의 발달에 따라 항공기

[그림 3-3] 다양한 계기판(Various instrument panel)

가 점점 고속화, 대형화, 복잡화되면서 사용하는 장비 또한 지속적으로 현저하게 발달하고 이에 따라 필요한 정보의 범위도 커지게 되었다. 이는 조종석에는 많은 계기들이 점점 늘어나고 복잡해지면서 이 계기들의 지시사항을 계속 주시하는 조종사에게는 비행 내내 커다란 부담으로 작용한다. 이는 결국 비행 안전에 저해 요소가 되면서 이를 해결하기 위한 노력이 계속되고 있다. 조종사들의 업무 부하(load)를 감소시키고 더욱 정확한 정보를 지시하기 위한 계기들은 디지털 기술과 함께 발달을 하게 되는데 그 발달 속도가 매우 빠르다. 구형 항공기의 개별 계기에서 조금씩 종합계기로 발달하더니 이제는 액정화면표시장치(LCD)인 종합전자계기(IDS, Integrated Display System-전체 계기들이 6 개의 액정화면 안에 지시하는 계기 계통)로 발달하게 된다. 그림 3-2에서 계기판이 있는 구형 조종석을 스팀조종석(steam cockpit)이라고 하고 그림 3-3에서 디지털 계기판이 있는 조종석을 유리조종석(glass cockpit)이라고도 한다.

3.1.2 항공계기의 특징 (The features of airplane instrument)

항공계기의 주요 요건은 절대적인 신뢰성이다. 고공 및 장시간의 비행환경의 심한 온도 변화, 희박한 기압, 수시로 변하는 비행 자세, 항공기 무게 변화 등 수많은 변수 속에서도 계기의 지시는 고도의 신뢰성이 있어야 한다. 이를 위해 계기의 제작 설계 단계부터 온도, 기압, 자세, 가속도, 항공기 진동 등 여러 가지 영향을 고려하여 정확하게 작동하도록 설계되어야 한다.

항공계기의 특징은 다음과 같다.

(1) 가능한 경량(Light Weight)

항공기의 무게를 줄여 유효 탑재량을 늘리기 위해서는 당연히 계기들도 가능한 경량인 것이 중요하다.

(2) 가능한 소형 크기(Size)

조종석 및 계기판 크기에 한계가 있는데 비해 다발엔진 항공기 및 대형화되면서 계기수량이 늘어나게 되어 제한된 공간의 계기판에서 계기 크기도 주요한 요소가 되고 있다.

(3) 내구성(Durability)

장시간 비행하는 항공기 특성상 계기의 정확도를 계속 유지하는 것이 중요하다. 이를 위해선 계기 자체의 내구성이 좋아야 한다. 계기의 정확도를 확인하기 위하여 다음과 같이 2가지 방법으로 사용시간에 따라 지속적인 점검을 수행 한다.

① 기계적으로 작동하는 계기는 일정 사용 시간마다 오버홀(overhaul)등을 하여 신뢰성을 유지한다 (Hard Time 정비 방식).

② 전기 전자적으로 작동하는 계기는 일정 사용 시간마다 정확도를 점검하여 신뢰성 여부를 판단한다(On Condition 정비 방식).

(4) 상온에서 계기의 오차

작동 범위라 해서 제작 시에는 고온과 저온에서 오차 시험을 거쳐서 온도에 의한 오차를 최소화시킨다. 보통 상온에서 작동할 때는 오차 여부는 작동이나 기능 점검을 통해서 확인이 가능하다.

(5) 누설(Leakage) 과 밀봉(Sealing)

항공기에 장착된 계기는 주위의 기압이 크게 바뀌므로 계기 자체의 누설은 오차의 원인이 된다. 특히 속도계, 고도계, 승강계 등은 기압 차이에 의해서 많은 오차가 발생하므로 계기 자체의 밀봉(sealing)이 무엇보다 중요하다.

(6) 마찰에 의한 오차(Friction)

기계적 부품인 베어링(bearing), 기어(gear), 각종 기계적으로 움직이는 장치 등은 마찰에 의한 오차를 완전히 해결할 수는 없다. 제트 항공기에서는 마찰 오차를 줄이기 위해 고도계 경우에는 내부에 진동기(vibrator)가 설치되어 있기도 하다. 계기 오차 시험을 할 경우에도 계기를 가볍게 두드리거나 진동 장치(가볍게 계속 진동하는 작업대) 위에서 검사하기도 한다. 진동이 많은 왕복항공기는 오히려 진동으로부터 오차를 줄이기 위해서 충격흡수장치(shock absorber)가 된 계기판을 사용한다. 이에 비해 제트엔진 항공기의 경우는 엔진의 진동이 적으므로 마찰 오차를 줄이기 위해 오히려 진동 장치를 계기판에 설치하여 기계적인 계기들의 마찰 오차를 감소하게 한다.

(7) 온도보정(Temperature Compensation)

비행 특성상 항공기는 극한에서부터 극서의 환경변화가 심한 곳으로 장기간 비행함으로 일반 계기와는 달리 항공계기계통은 온도 보정이 필요하다. 항공 계기의 작동 온도 범위는 대체적으로 −65.5~+70℃ 범위이다. 135℃ 차이의 범위에서 미치는 온도 변화에 대하여 대부분 계기는 자동으로 온도 보정되어 작동하도록 설계 제작되어 있지만 실제 사용 측면과 경제적인 측면에서 보면 어느 정도의 오차가 허용되어 있다. 이러한 온도 변화와 기압의 변화를 고려하여 검사할 필요가 있는 계기도 있다.

(8) 진동에 의한 오차(Vibration)

항공기의 진동은 주로 엔진, 프로펠러 또는 헬리콥터 메인 블레이드(main blade)의 진동으로 항공기 전체에 전달되어 계기판에도 엔진 회전속도에 해당하는 진동수 및 고주파의 진동의 영향이 미치게 된다. 또한 엔진의 최대 출력의 폭발적인 충격과 착륙 시의 충격 등과 합성한 진동이 계기판에 미치게 된다. 이러한 진동에 대해서 계기판에 충격흡수장치(shock absorber)인 방진장치를 하고 계기에 오차가 발생하지 않도록 하고 있다. 또한 계기 설계 제작 시 이러한 진동에 대비해서 제작된다고 볼 수 있다.

(9) 습도(Humidity)

비행 여건상 우기에도 비행하고 또한 비행장 야외에 주기 등도 하게 되는데 이는 외부 기후에 따라 직접 또는 간접으로 습도에 대해서 영향을 받게 되어 있어 이 습기로부터 오차를 줄이기 위해 항공계기는 내부 및 외부 방청처리가 되어 있고 계기 케이스(case)도 밀봉되어 있다. 그리고 계기 내부에는 습기에 의한 전기적인 누전을 방지하기 위해 불활성 가스(inert gas)로 충전되어 있다.

(10) 기압의 변화

항공 계기는 특성상 광범위하게 변화하는 기압에 노출되므로 기압변화에 대한 영향이 없도록 제작되어 있다. 특히 동 · 정압 계기들은 밀봉이나 밀폐가 잘못되는 경우 기압변화에 의한 흡인(suction) 작용으로 계기 오차뿐만 아니라 계기 내부에 습기 등이 침투되어 계기 다이얼이 변색되거나 절연 불량 등이 나타날 수 있다.

3.1.3 계기의 지시에 대한 기본 원리 (Principle of Instrument Indication)

계기 계통에는 그림 3-4에서 보듯이 보통 수감부(sensor)와 지시부(indication) 2부분으로 나뉜다.

계기 계통의 수감부(sensor)는 항공기 각 계통의 부위에서 작동 상태를 감지하여 지시부로 전달하고 지시부는 이를 받아 최종 지시한다. 일부 구형인 소형 항공기의 아날로그 계기에서는 이 수감부 및 지시부 기능이 하나의 계기 안에 있다. 이들을 보통 직독식(direct-sensing instrument) 지시 방식이라고 부른다. 이에 반해 항공기가 대형화되면서 지시부와 수감부가 서로 멀리 떨어지게 되어 원격탐지(remote-sensing)의 기능이 필요해졌다. 감지하고자 하는 부위, 즉 엔진, 조종면, 압력원등에 센서(sensor), 트랜스미터(transmitter), 프로브(probe), 탐지기(detector), 스위치(switch), 트랜스듀서(transducer) 등 다양한 수감부를 통해서 정보를 확보하고 이 정보를 멀리 떨어져 있는 조종석 표시장치인 계기 지시부

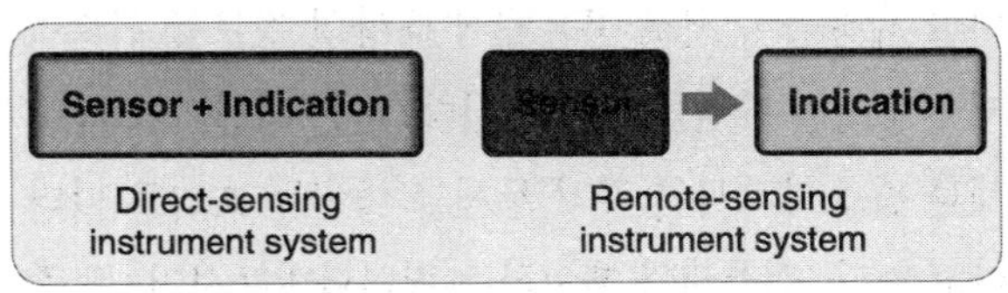

[그림 3-4] 직독식 및 원격식 계기
(Direct-sensing and remote-sensing instrument)

로 전달하여 보여준다. 이를 원격식 지시 방식이라 한다. 계기 계통이 발달하면서 수감부와 지시부가 원격으로 떨어지면서 아날로그계기, 전기전자식 계기, 디지털계기등 모두 이 원격식 지시 방법으로 설계 및 제작되고 있다.

3.1.4 정보 전달(Information Transfer)

수감부에서 확보한 정보를 지시부에 전달하는 방법은 여러 가지가 있다.

1) 전기배선(wired)
2) 공압라인(pneumatic lines)
3) 모듈화(module)
4) 디지털버스(digital bus)

즉, 수감부에서 감지하여 기계적인 정보를 전기신호로 변환시켜 조종석 계기까지 연결된 전기 배선을 통해서 정보를 전달하며 때때로 공압 라인도 정보전달 장치로 이용된다. 이결과 계기판 뒤쪽에 많은 배선과 배관들의 배치로 많은 문제점이 나타났다. 최신 항공기에서는 계기판 뒤쪽에 이 방대한 양의 배관과 배선들이 플러그인 또는 모듈화되어 있다. 최근 디지털 항공기, 즉 B777, A330에서는 각 계통의 신호를 디지털 방식으로 부호화(encoding)하여 한 데이터 버스선(ARINC 429 bus, ARINC 629 bus)에 여러 대의 컴퓨터나 계통들이 서로 공유해서 대량의 정보를 신속하게 전송하는 방식을 택하고 있다. 이는 배선의 수와 무게를 감소시켜서 항공기 무게를 줄이는 효과로 나타나고 있다. 컴퓨터가 제어하는 평면화면표시기, 즉 종합전자계기화면(flat panel computer display screen)은 다중화면 표시기 계기로 한 화면에 여러 계기들의 정보를 지시함으로써 그동안 많은 개별 계기들을 장착할 때보다 무게를 줄이고 신뢰성이 높아졌다.

3.2 항공 계기 분류 (Classifying Instruments)

보통 항공계기들의 용도에 따라 크게 4가지로 비행계기(flight instrument), 엔진계기(engine instrument), 항법계기(navigation instrument), 그리고 기타계기(miscellaneous instrument)로 분류한다.

3.2.1 비행계기(Flight Instruments)

항공기의 비행자세, 속도, 고도 등을 지시하고 항공기를 조종하는 데 실시간으로 사용하는 계기를 비행계기(flight instrument)라고 한다. 이계기들은 실시간으로 변화는 상태를 지시하며 이를 통해 조종사는 항공기를 조종한다. 비행계기 종류에는 다음과 같다.

3.2.1.1 비행 계기(Flight Instruments) 및 계기 배치

(1) 고도계(altimeter) – 비행 고도 지시. 피트(feet) 단위. 일부국가는 meter를 사용, 대부분 국제선 항공기는 2가지 단위로 지시하게끔 설계되어 있다.

(2) 대기속도계(airspeed indicator) – 대기 속도 지시, 노트(knot) 단위사용

(3) 승강계(vertical speed indicator) – 상승, 하강 속도를 분당 feet 단위로 지시(FPM)

(4) 경사 선회계(turn and bank indicator) – 비행

선회율 및 경사각 지시. 군용기에 주로 사용

(5) 비행 자세계 (자이로 수평의)(gyro horizon indictor) – 인공수평의라고도 하며 비행 자세 지시(피치 및 롤)

(6) 비행 방향계 (directional gyro indicator) – 비행 방향자이로. 비행 방향 지시 – 항법계기로 분류되기도 한다.

(7) 받음각 계기 및 실속 탐지기(AOA indicator & Stall Detector) – 실속각 지시

(8) 마하계(Mach meter) – 비행속도를 음속으로 환산 지시하며 M 단위 사용 – 신형기에서는 대기 속도계에 포함되어 있다.

대부분 항공기 계기판은 그림 3–5에서 보듯이 조종석에서 티(T)자 형태로 계기들을 배치하는 것이 기본이다. 조종사 정면에서 볼 때 바로 상부 중앙 전면 위치에 비행자세계(Flight Attitude Indicator)를 배치하는 것이 원칙이다. 그리고 그 좌측에 속도계, 우측에 고도계 그리고 자세계 아래에 비행방향계를 T자형으로 주요 비행계기들을 배치한다. 이는 최신 항공기의 종합전자계기판(flat–panel screen indicating system)에서도 마찬가지로 적용되고 있다. 2인석 항공기 계기판에서도 대체적으로 이런 기본적인 T자형으로 배치된다. 계기판 중앙에서 비행 자세를 보고 바로 아래에서 비행 방향을 보고 좌우에서 항공기 대기속도 및 고도를 확인하는 방식이다. 그림 3–6의 주 비행장치(PFD)에서도 확연히 확인이 가능하다.

[그림 3–5] 기본 T 자 배치 아날로그 비행 계기
(analog flight instruments)

3.2.1.2 예비용 비행계기 (Standby Flight Instrument)

최초의 아날로그형 비행계기들은 공기압과 자이로스코프(gyroscope) 사용으로 작동한다. 이는 항공기의 전기 공급에 문제가 발생하여 작동 불능의 위험을 피할 수 있는 장점이 있다. 항공전자기술의 발달에 따라 신뢰성이 높은 주요 전기 전자식 계기계통이 2중으로 지시계통을 구성하고 있지만 아직도 항공기 전기계통 문제가 발생 시 기계적 또는 비상전원으로 작동하는 예비용 계기들이 현대판 최신 계기판에도 여전히 장착되어 예비용으로 사용되고 있다. 이는 미연방항공당국(FAA) 또는 감항당국의 항공기 제작 및 형식승인 때 반드시 갖추어야 하는 요건이다.

보통 사용하는 예비용 비행계기들은 그림 3–6에서 확인할 수 있다.

(1) 기압 고도계(pneumatic altimeter)

(2) 대기 속도계(airspeed indicator)

(3) 비행 자세계 – 자이로인공수평의(gyro artificial horizon indicator)

(4) 비행 방향계 – 자기나침반(magnetic compass indicator)

[그림 3-6] 주비행계기(PFD), 항법계기(ND) 및 3 개의 스탠드바이 계기(three standby indictors)

[그림 3-7] 전기식 평면 스크린 디스플레이 계기판(The electrically operated flat screen display instrument panel)

3.2.2 엔진 계기(Engine Instruments)

항공기에 장착된 엔진 작동 상태를 나타내는 계기로 제작사 엔진에 따라, 제트 엔진 과 왕복엔진에 따라 계기 이름과 지시부가 다양하다.

3.2.2.1 엔진 계기 - 제트 엔진과 왕복엔진 계기 (Engine instruments - jet engine instruments and reciprocating engine instruments)

(1) 엔진 회전계(Tachometer) - RPM / % RPM 단위로 지시

N1/N2 회전계(N1/N2 rpm) - 제트엔진 N1/N2 축의 회전을 % RPM으로 지시

Tachometer - 왕복엔진 크랭크 회전수를 분당 표시 (RPM)

(2) 엔진 배기가스 온도계(EGT indicator) - ℃ 단위로 지시

(3) 터빈 입구 온도, 터빈 가스 온도계(Turbine inlet, gas temperature)

(4) 연료 흐름양 계기(Fuel flow indictor) - GPH or PPH 단위로 지시

(5) 엔진 압력비 계기(EPR indicator) - 제트엔진 - unit 단위로 지시

(6) 연료 압력, 연료량, 온도계(Fuel pressure, Quantity, Temperature indicator)

(7) 오일 압력, 온도, 양 계기(Oil pressure, temperature, quantity indicator)

(8) 실린더헤드 온도계(Cylinder head temperature CHT) - 왕복엔진

(9) 압축기 입구 온도계(Compressor inlet temperature indicator, CIT)

(10) 압축기 배출 압력계(Compressure discharge pressure gauge)

(11) 매니폴드 압력계(Manifold pressure indicator) - 왕복엔진

(12) 기화기 온도계(Carburetor temperature) - 왕복엔진

(13) 토오큐 메터(Torque-meter) - 터보 프롭(turboprop. turboshaft 엔진)

그림 3-8과 3-9와 같이 2인 조종석 계기판에서는 엔진계기들은 조종사와 부조종사가 쉽게 볼 수 있도록

[표 3-1] 공통 엔진 계기(Common engine instruments)

왕복엔진(Reciprocating engines)	터빈엔진(Turbine engines)
오일 압력(Oil pressure)	오일 압력(Oil pressure)
오일 온도(Oil temperature)	배기가스 온도(Exhaust gas temperature : EGT)
실린더 헤드 온도(Cylinder head temperature : CHT)	터빈 입구온도(Turbine inlet temperature : TIT) 또는 터빈 가스 온도(turbine gas temperature : TGT)
매니폴드 압력(Manifold pressure)	엔진 압력 비(Engine pressure ratio : EPR)
연료 량(Fuel quantity)	연료 량(Fuel quantity)
연료 압력(Fuel pressure)	연료 압력(Fuel pressure) 연료 흐름(Fuel flow)
회전계(Tachometer)	회전계(Tachometer, %) N1 & N2 압축기 속도(N1 and N2 compressor speeds)
기화기 온도(Carburetor temperature)	토크미터(Torquemeter : 터보프롭 및 터보샤프트 엔진)

조종석의 중앙 계기판에 장착된다. 다발 왕복 엔진 항공기의 회전계 같은 경우 싱크로스코프(synchroscope) 계기로서 하나의 계기를 마스터(master)계기로 하고, 나머지 계기들은 슬래브(slave)로 하여 마스터 계기의 복사기(repeater)로 사용하여 전체 엔진의 회전수를 동일하게 조정하는데 사용한다. 또한 여러 종류의 엔진 계기들을 하나의 계기에 통합시켜 하나의 복합계기(multi indicator)로 대체하기도 한다.

[그림 3-8] A300-600 항공기 엔진 계기(engine indicators)

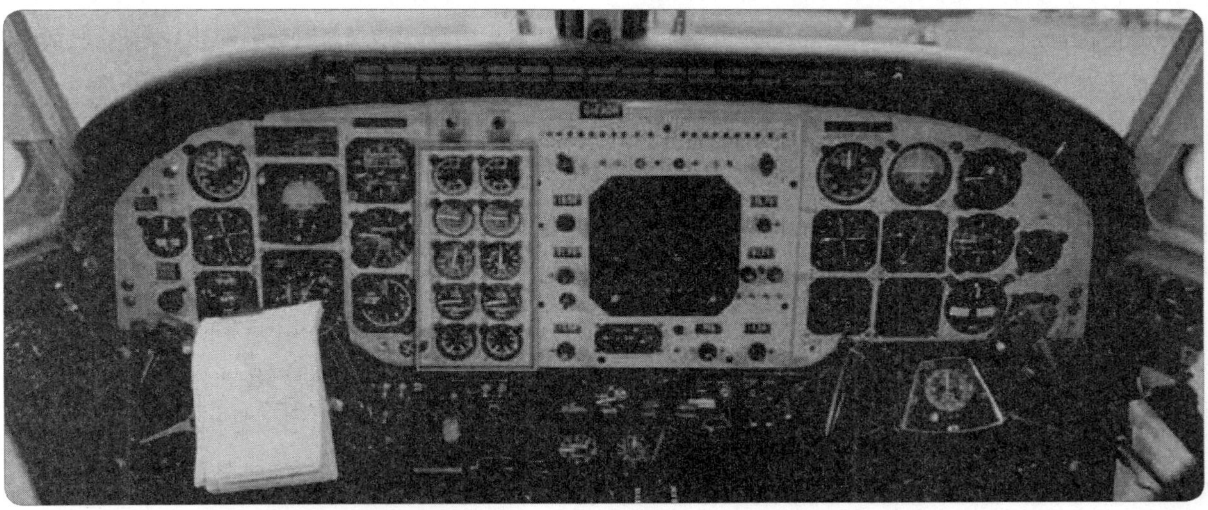

[그림 3-9] 계기판 중앙에 장착된 엔진 계기(engine instrumentation)

3.2.3 항법 계기(Navigation Instruments)

비행계획에 따라 정해진 항로로 비행하는 조종사에게 현재의 위치, 방향 및 필요한 정보를 계속적으로 제공하는 것이 항법계기이다. 그 종류는 다음과 같이 분류할 수 있다.

(1) 자기 나침반(Magnetic Compass) – 자북을 중심으로 현재 기수 방향 지시(예비용)
(2) 비행 방향계 (HSI. Horizontal situation indicator) – 기수방향, 비행방향등 지시
(3) 절대 고도계(RA. Radio Altimeter) – 착륙 시 항공기에서 육지까지 절대 높이 지시
(4) 자동무선방향탐지기(ADF, Automatic Directional Finder) – NDB 전파도래방향 지시
(5) 초단파전방향무선표시기(VOR, VHF Omnidirectional Radio Range) – 방위 지시
(6) 계기착륙장치(ILS. Instrument landing System) – 착륙 정보 지시
(7) 거리측정장비(DME. Distance Measuring Equipment) – 거리 정보 지시
(8) 전술항법장치(TACAN. Tactical Air Navigation) – 방위 및 거리 정보(군용)
(9) 관성항법장치(INS/IRS. Inertial Navigation System, Reference System) – 독립적인 항법자료제공
(10) 위성항법장치(GPS. Global Positioning System) – 지상 지원 장비 없이 항법 위성을 이용한 신뢰성 있는 주 항법자료제공
(11) 도플러 레이더 항법장치(Doppler Radar) – 자립항법으로 도플러 효과를 이용한 항법장치로 최근에는 더 이상 사용하지 않으나 선박이나 잠수함등에서 주로 사용한 항법장치
(12) 기상레이더(Weather Radar) – 항로상 기상 상태 정보제공

초기의 지문, 천체 또는 추측항법 등으로 항행을 하다가 그 후 전자 등대와 같은 무지향성비콘(NDB. Nondirectional Beacon) 출현으로 항공기에서 그 전파 도래 방향을 자동으로 찾는 자동 방향 탐지기(ADF) 수신기가 장착되면서 본격적으로 무선항법시대가 열린다. 이후 전방향표지장비(VOR), 거리측정장비

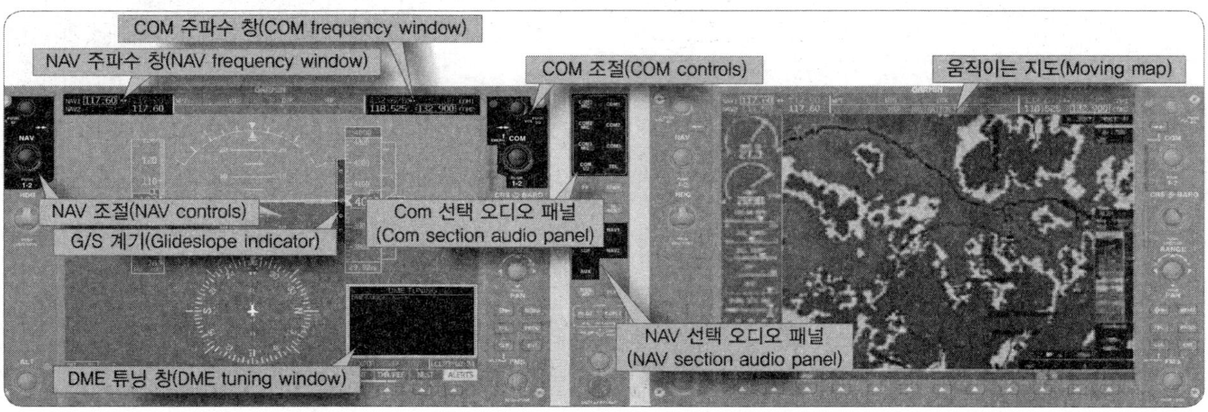

[그림 3-10] 항법 계기(Navigation instruments)

(DME), 계기착륙장치(ILS) 등이 연달아 개발 채택되면서 무선항법장비들이 대세를 이룬다. 이들의 특징은 지상에서 끊임없이 항법관련 자료를 무선주파수로 브내고 항공기의 수신기에서 이를 수신하여 방향, 방위, 거리 및 위치, 안전한 착륙정보에 대한 자료를 받아 더욱 정확한 비행을 하게 된다. 그 후 관성항법장치 개발로 항법계통의 획기적이 발전을 하면서 항공기는 이제 더 이상 지상의 무선항법설비들의 도움 없이도 작동하는 관성항법시대로 접어 들면서 태평양등을 횡단하는 장거리 직항이 가능해졌다. 최근에는 인공위성기술을 이용한 위성항법계통(GPS)으로 더욱 정확하고 신뢰성이 높은 위성항법시대를 맞이하고 있다.

3.2.4 기타 계기(Miscellaneous instruments)

상기 비행계기, 항법계기 및 엔진계기로 분류되지 않는 계기들을 편의상 기타 계기라고 한다. 이는 항공기가 대형화되면서 필연적으로 추가되는 계통들의 계기들로서 예를 들면 객실 냉난방 계통 및 객실 압력 계통, 전기 계통, 작동유(유압)계통, 비행 조종면 위치, 착륙장치 및 바퀴다리 작동 상태 및 제동장치 및 타이어 상태, 연료량 등을 지시하는 이들을 기타 계기로 분류한다.

(1) 객실 냉난방 온도계기 및 객실 압력 고도계, 아웃 플로우 밸브 계기
(2) 전기계통 계기류 - 전압, 전류, 과부하 및 발전기 상태 계기
(3) 비행 조종면 위치지시계(Flight control surface position indicators)
(4) 연료량, 연료압력, 연료온도 등 계기(Fuel quantity, pressure, temperature indicators)
(5) 작동유 유량, 압력 및 온도계(Hydraulic quantity, pressure, temperature indicators)
(6) 바퀴다리 위치 지시계(Landing gear position indicator), 타이어 압력 및 온도계(Tire pressure and temperature indicator)
(7) 산소 압력계(Oxygen pressure indicator)
(8) 공압 및 온도계(Pneumatic pressure and temperature indicator)
(9) 물 수량 및 압력계(Water quantity and pressure indicator)
(10) 보조동력장치(APU) 계기류 - APU 엔진 및 도어관련 계기류
(11) 객실 및 화물칸 등 도어 위치계(Door position indicator) 등

이같이 다양한 계기들이 어떻게 작동하고 어떻게 수리되고 정비되고 있는지 이해하기 위해서는 작동원리 및 용도에 따라 4가지 계기들로 분류된 것을 이해하는 것이 좋다. 모든 항공기의 계기를 4가지로 분류한 것은 아니나 왕복 엔진 항공기 및 최신 대형 항공기 계기들은 보통 4 가지로 분류한다. 일부 계기는 압력과 온도를 측정하기 위해 기계적인 방법을 이용하기도 하고, 어떤 계기류는 자기(磁氣, magnetism)와 전기특성을 활용해서 감지하고 지시하기도 한다. 또한 일부 계기는 자이로원리를 이용해서 지시하기도 하지만 전자기술을 이용한 최첨단 센서와 컴퓨터를 이용해서 주요한 정보를 지시하기도 한다.

3.3 압력계기 (Pressure Measuring Instruments)

3.3.1 압력의 종류(The kinds of pressure)

(1) 압력의 일반

항공기에 사용하는 유체로는 작동유, 윤활유, 연료, 물 등이 있는데 이들은 각각의 일정한 압력을 가지고 있다. 이 유체를 사용하는 계통에서 규정된 압력을 유지하지 못하면 공급이나 작동 등 제 역할을 할 수가 없다. 예를 들면 윤활유의 압력이 규정치보다 낮으면 엔진의 윤활과 냉각이 유효하게 이루어지지 않고 있으며 연료 압력이 낮으면 엔진으로 들어가는 연료가 이상이 생길 수 있어 결국은 엔진 출력에 영향을 줄 수 있다. 따라서 각 계통의 유체의 압력 유지가 중요하며 이를 지시하는 압력 계기, 또한 중요하다. 여러 계기가 압력 측정을 통해 항공기의 작동상태를 조종사에게 알려준다. 압력계기는 비행계기나 엔진계기분류에서도 찾아볼 수 있다. 이 압력 계기들은 직독식(direct-reading) 또는 원격식(remote-sensing)으로 감지하여 지시하며 항공기에서 중요한 계기 중 하나로 압력에 대한 정확한 정보를 지시하는 것이 안전운항의 필수 요건이다.

압력이란 단위 면적에 작용하는 힘으로 정의할 수 있으며 밀폐된 공간에서 유체의 압력은 단면의 방향에 관계없이 같은 압력 값이 되고 모든 단면에 수직으로 작용한다. 압력, 힘 그리고 작동기(actuator) 면적과의 관계식은 다음의 수식으로 표현된다. 압력의 단위는 종류가 많으나 항공기에서 주로 사용하는 압력의 측정 단위는 압력 계기에서는 PSI(Pound per Square Inch) 그리고 낮은 공기압으로 작동하는 고도계 등에서는 inHg가 주로 사용된다.

$$압력(P) = 힘(F) / 면적(A)$$
$$힘(F) = 압력(P) \times 면적(A)$$

(2) 압력 종류별 정의

① 절대압력(absolute pressure): 절대진공(absolute vacuum)을 기준으로 측정하는 압력

② 게이지압력(gage pressure): 대기압을 0 psi로 보고 측정하는 압력

③ 절대압력과 게이지압력과의 관계식

$$절대압력 = 대기압 + 게이지\ 압력$$

압력이란 두 가지 힘 사이에 비교 결과 값이라고 볼 수 있다. 절대압력은 하나의 힘이 절대 진공에 비교될 때이거나 또는 절대적으로 압력이 없을 때와의 비교된 압력이다. 대기에는 일정한 압력을 갖고 있는 공기가 항상 존재하기에, 절대압력으로 규정짓는 것이 필요한 것이다. 풍선이 바람이 빠질 때에도 외부의 작용하는 압력이 없는 것처럼 보이지만 이때 터지는 풍선의 안쪽과 바깥쪽에 여전히 대기압이 작용하

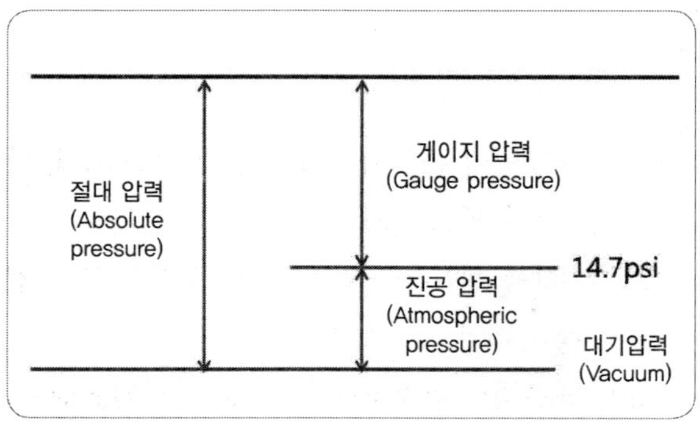

[그림 3-11] 대기압, 게이지 압력 및 절대압력 관계(The correlatioship of atmospheric pressure, gauge pressure and absolute pressure)

고 있는 것이다. 항상 우리 주변에 존재하는 대기압(atmospheric pressure)을 측정하기 위해서는 절대 진공상태의 기준이 필요하다. 많은 항공기 계기들 중 기압 고도계, 승강계, 그리고 매니폴드 압력계(manifold pressure gauge)와 같은 많은 계기들이 절대 압력값을 측정하여 지시한다. 이때 나온 절대 압력값은 아네로이드(aneroid)라는 수감부로 측정이 가능하다.

(3) 게이지 압력 이해

일상생활에서 가장 일반적인 압력 측정은 게이지 압력이다. 게이지 압력은 측정하고자 하는 압력과 대기압 사이에 차이 압력이다. 위에서 설명한 공기 빠진 풍선 안쪽에는 여전히 대기압이 있지만 게이지 압력으로 보면 0psi가 된다. 그러나 실제로는 대기압 14.7psi가 존재하지만 게이지 압력으로는 0psi로 보고 있는 것이다. 게이지 압력은 쉽게 측정되지만 그 압력에는 대기 압력이 추가로 포함하고 있다는 것을 무시하고 사용하는 것이다. 예를 들어, 자동차 타이어가 32psi 공압으로 채웠을 때 게이지 압력은 32psi로 지시하지만 실질적으로는 이미 타이어 바깥쪽에 14.7psi의 기압이 작용하여 32psi인 타이어의 절대압력은 타이어의 바깥쪽의 14.7psi와 균형을 이루는 데 필요한 14.7psi를 더해준다. 그래서 타이어의 절대압력은 46.7psi가 된다. 만약 동일한 타이어가 해면(sea level) 위 10,000 [feet]인 상공에서 32[psi]로 공압을 넣었다면, 타이어의 바깥쪽의 대기압은 약 10psi가 되어 균형을 잡기 위한 타이어 안쪽의 압력은 32psi + 10psi이 된다. 그래서 동일한 양의 팽창과 성능특성(performance characteristic)을 갖춘 타이어는 고도에 따라 대기압이 서로 다른 곳에서는 서로 다른 절대 압력 값을 갖는다. 그러나 타이어가 동일하게 부풀려진 것을 지시하는 게이지압력은 동일하게 지시한다. 결국 실생활에서 게이지압력 지시가 실제 타이어의 압력상태를 잘 나타내기에 게이지 압력이 유용하게 사용되고 있다. 게이지압력 측정과 이용은 간단하여 오늘날 널리 사용되고 있다. 수시로 변화하는 대기압을 무시하고 특별히 절대 압력을 측정할 필요가 없을 때는 게이지 압력을 보통 기본 압력으로 간주하고 사용할 수 있다.

항공 산업(aviation)분야에서 여러 가지 예로 보면 항공기 계통에서 필요한 정보를 얻기 위해서 두 가지 서로 다른 압력을 비교하는 것이 유용하다. 두 가지 압력을 한 계기 내에서 비교 측정한 압력을 차압(differential pressure)이라고 하고 이 게이지를 차압계(differential pressure gauge)라 한다. 예를 들어 항공기의 대기 속도계는 하나의 차압계인 것이다. 항공기 대기속도를 측정하기 위해 대기 속으로 이동하는 항공기 전면에 부딪히는 대기압(ram air pressure) 전체 압력 즉 total pressure와 그때 항공기 주변의 외기압(정압)(ambient air pressure)을 대기 속도계 내로 끌어들여 측정 및 비교하여 그 차이 압력으로 속도계를 구동시키는 일종의 차압계기가 된다. 또 다른 예로 터빈엔진의 엔진압력비계기(EPR, engine pressure ratio)도 또 다른 하나의 차압계이다. 이 엔진압력비계기는 엔진의 추력을 측정하기 위해 엔진 출구, 즉 터빈 출구 압력과 엔진의 입구인 압축기 압력을 동시에 측정 비교하여 그 차압으로 작동한 계기이다.

(4) 표준대기압 정의

항공분야에서는 표준대기압(standard pressure)이라고 널리 사용되는 기준 압력이 있다. 표준대기압은 1962년 국제표준기구(ISO) 산하 국제표준대기(ISA)

> 표준대기압 1기압이란?
> = 29.92inHg(760mHg), 1013.2hPa, 14.7psi
> at sea level at 15℃

에서 정의한 1 기압인 표준값이다. 이 표준 대기압 값은 29.92[inHg], 760[mHg], 1,013.2[hPa], 1,013[mb], 또는 14.7[psi]로 표시된다. 이 값은 해면(sea level)에서 기온 15[℃] 표준온도에서 외기압을 측정했을 때의 값이 상기에 여러 단위로 표시된 값이고 이를 표준대기압 1기압으로 정한 것이다. 대기압에서 밀도, 부피 및 점성 등의 값은 대기환경의 변화에 따라 계속해서 변하기 때문에 평균값을 정해 표준대기압을 정할 필요가 있는 것이다. 이 표준 대기압의 기준은 계기를 설계할 때 사용되고 또한 항공기 정비사와 조종사에 의해 사용된다. 특히 비행할 때 대기압 표준값(standard value)을 사용하는 것이 실제의 대기압값을 사용하는 것보다 더 필요한 경우가 많다. 예를 들어, 14,000피트 전이고도 이상에서는 대기압의 온도 변화가 적고 기압 및 밀도의 변화가 일정하여 이 고도 이상에서 비행하는 모든 항공기는 같은 고도 유지를 위해 그들 계기의 기준압력(reference pressure)으로 표준 대기압인 29.92[inHg]를 사용한다. 이렇게 하면 동일한 비행고도에서 모든 조종석의 게이지가 같은 고도를 지시하게 된다. 그렇게 함으로써 비행 중에 항공기 간의 고도 간격(vertical separation)을 유지하는 것이 가능하고 이를 지키는 것이 무엇보다 중요하기 때문에 중요한 수단으로 사용된다.

(5) 압력 수감부

압력계는 어떤 유동체(대기 등 기체 및 액체류)의 압력을 측정하여 기계적인 변위로 변환시킨 다음 이 변위를 다시 압력 단위로 읽을 수 있도록 한 것이다. 압력 측정은 압력에 변화를 감지할 수 있는 수감부들이 수행한다. 특히 항공기 계기계통에서 사용되는 몇 가지 기본적인 압력감지장치(pressure-sensing mechanism)가 있는데 버든 튜브(bourdon tube), 공함인 다이어프램(diaphragm)과 아네로이드(aneroid), 벨로즈(bellows), 그리고 반도체(solid-state) 기술이 접목된 압력감지장치 등이 있다.

A. 압력 수감부 종류

① 아네로이드(aneroid)정압 측정 – 고도계의 주요 수감부 (밀봉상태)

② 다이아프램(diaphragm)동압 측정 – 속도계의 주요 수감부 (개방상태)

③ 벨로즈(bellows) 중압 측정 – 오일압력. 연료압력 등 수감부

④ 버든 튜브(burdon tube) 고압 측정 – 작동유 계통 등에 사용되는 고압 수감부

B. 압력 수감부 특징

① 버든 튜브(Burdon tube)

그림은 버든 튜브 및 버든 튜브와 계기 눈금판이 같

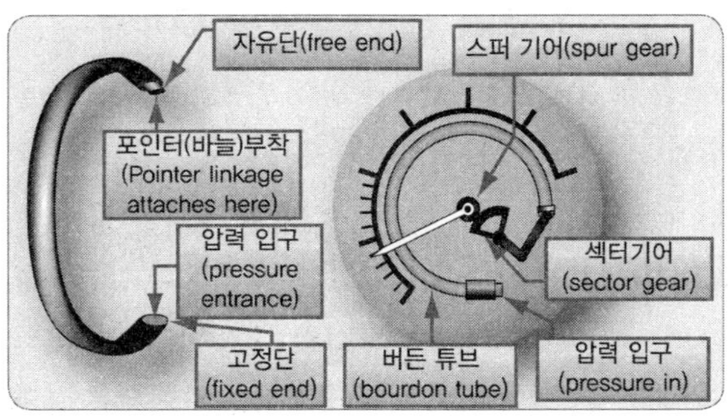

[그림 3-12] 버든 튜브 – 기본적인 압력 감지 장치
(The Bourdon tube is one of the basic mechanisms for sensing pressure)

이 조합된 직독식 계기를 보여주고 있다. 이 C자형 또는 나선식 튜브(coiled-tube)의 양 끝단에서 한쪽 끝단은 고정하고 다른 쪽 끝단은 미고정한 상태에서 유체 압력이 들어가면 이 구부러진 버든 튜브가 C자에서 I자형으로 펴지려는 쪽으로 움직이게 된다. 즉 유동체의 압력이 높아질수록 버든 튜브는 C자형에서 I형으로 곧게 펴지려고 하고 압력이 감소하면 다시 버든 튜브는 원래의 C자형으로 되돌아간다. 버든 튜브가 움직일 때 끝단에 연결된 부채모양으로 된 섹터 기어(sector gear)가 왕복으로 움직이고 이와 맞물린 피니언 기어(pinion gear)가 회전운동을 하면서 결국 이 피니언 기어에 연결된 바늘이 회전하면서 미리 정해진 눈금판위를 따라 바늘이 움직여서 압력 증감을 지시한다. 중간 연결 장치(linkage)에는 대부분 섹터와 피니언이 기어로 맞물려 있다.

버든 튜브는 비교적 압력 측정 범위가 커서 고압인 항공기 유압계기 계통에서 주로 사용되는 수감부이

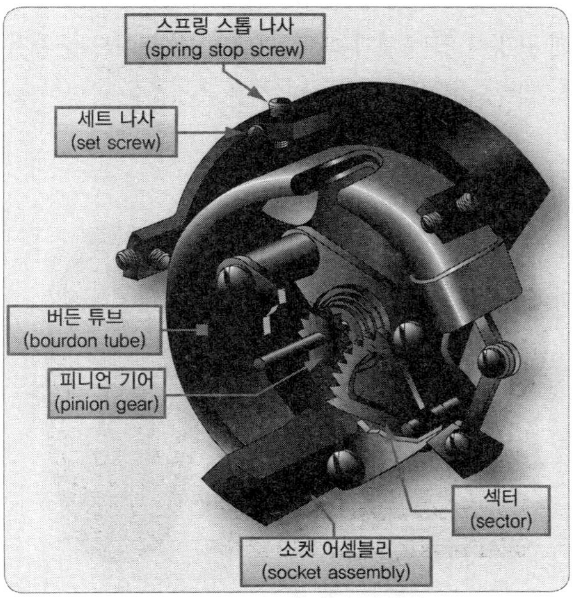

[그림 3-13] 버든 튜브 장치 - 고압 압력 장치
(the Bourdon tube mechanism)

다. 이 버든 튜브는 항공기에 사용되고 있는 압력계 대표적인 압력장치이다. 고압을 측정하고자 할 때 관(tube)은 좀 더 단단하게 설계되고 저압 게이지용은 보다 유연한 관을 사용한다. 대부분 버든 튜브는 황동, 청동, 또는 구리로 만든다. 이들 금속의 합금은 여러 번 반복적으로 펴졌다 구부려졌다 해도 그 탄성이 변하지 않는 특성이 있다. 그림 3-13과 같이, 버든 튜브 게이지는 간단하지만 신뢰성이 양호하다. 엔진 윤활유 압력계기, 작동유 압력계기, 산소 탱크 압력계기, 제빙 부츠 압력게이지 등에 주로 사용된다. 또한, 가열된 액체에서 생성된 증기압력이나 가스의 압력은 온도 상승에 따라 증가하기 때문에 버든 튜브는 온도 측정용으로 사용되기도 한다. 오일 온도계기는 가끔 버든 튜브를 사용하기도 한다. 버든 튜브를 사용해서 압력과 온도를 감지하고 지시하는 계기는 한 계기 안에서 이루어질 때 이를 직독식 계기라고 한다. 그러나 버든 튜브를 전달기(transmitter) 속에 장치하여 압력을 수감하고 전기신호로 변환하여 전기배선을 따라 멀리 조종석에 있는 계기를 지시하게 하는 원격지시계통이 오늘날 대세이다. 여하튼 버든 튜브로 측정하고자 하는 작동유 등을 직접 넣은 것이 중요하다. 예를 들어 직독식 엔진 오일 압력 계기라면 조종석 계기판에 계기가 장착되어 압력을 지시하지만 계기 뒤에는 가는 튜브가 연결되고 그 튜브는 엔진에 가압된 오일 배출구(oil port)에 연결되어 엔진의 오일 압력이 조종석 계기 안쪽에 있는 버든 튜브에 연결되어 작동하게 된다. 이런 방식의 설계 장착은 단발 소형 항공기에서 많이 사용되고 있는 계통 연결 방식이다. 이에 반해 대형 다발 엔진 항공기에서는 원격 지시 계통이 사용되는데 조종석에 계기가 있고 압력을 감지하는 버든 튜브는 엔진 등 압력원의 가까운 곳에 연결되

어 있다. 원거리에 장착된 압력 트랜스미터(pressure transmitter) 내에 있는 버든 튜브가 압력을 감지하고 싱크로 트랜스미터(synchro transmitter)가 압력 신호를 전기신호를 변환하여 전기배선을 이용해서 조종석 압력계기 내부에 있는 싱크로 리시버(synchro receiver)에 전기적인 신호를 보낸다. 이때 계기 내부에 싱크로 리시버는 전기적인 신호를 다시 기계적인 운동으로 바꾸어 계기의 바늘을 회전시켜 압력을 지시한다. 수감부에 있는 싱크로 트랜스미터와 계기에 있는 싱크로 리시버는 동기식으로 전달기의 움직임이 계기의 수신기에 의해서 100% 재현되는 특징이 있다. 그래서 동기식(synchro) 계기 계통이라 한다. 원격식 지시계통으로 직독식의 누설 가능성 감소 및 무게를 감소시키며 신뢰성이 향상되었다.

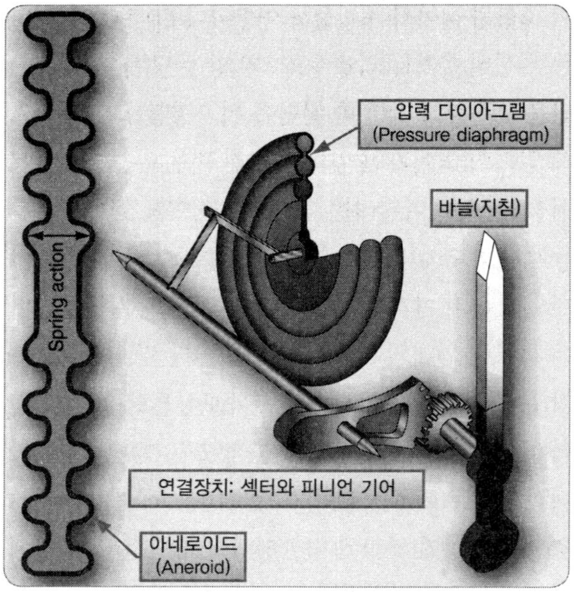

[그림 3-14] 다이아프램 - 저압 압력 감지 장치
(A diaphragm used for measuring pressure)

② 다이아프램(diaphragm)

대기압 등 저압을 감지하는 수감부이며 얇은 금속 평원 판으로 만들어진 공함이다. 다이아프램 내부로 압력이 들어가도록 구멍이 있어 내 · 외측에 압력을 모두 받을 수 있도록 설계되어 있어 내 · 외측 압력의 차, 즉 차압 측정에 사용한다. 전압이 공함 내부에 들어가고 외부에는 정압이 작용하게 하면 이 다이아프램은 차압에 의해 확장 또는 수축 운동을 하게 되고 이 움직임은 연결구(linkage)에 연결된 섹터기어를 왕복 운동하게 하고 여기에 맞물린 피니언 기어를 회전시켜 피니언 기어에 연결된 바늘을 압력에 따라 계기 눈금판 위에서 돌리게 되고 결국 계기판 눈금 위에 미리 표시된 압력값을 지시한다. 항공기 대표적인 차압계인 대기 속도계의 대표적인 수감부로 내부에는 전압이 들어가고 외부에는 정압이 작용하여 그 차압으로 항공기 대기속도를 측정한다.

③ 아네로이드(Aneroid)

모양과 재질이 다이아프램과 같게 제작되었으나 내부로 전압력을 끌어 들이기 위해 다이아프램은 가운데 구멍이 있는 것과 대조적으로 아네로이드는 완전히 밀봉되어 있다. 다이아프램은 측정하는 압력이 공

[그림 3-15] 아네로이드 - 저압 감지기 (Aneroid)

함 내부로 들어가서 측정하지만 아네로이드는 완전히 밀봉되어 있어서 외부에서 측정하는 압력이 작용한다. 아네로이드 내부가 진공 또는 1 기압으로 되어 있어 외부 압력을 절대압력으로 측정하는 데 사용되는 밀봉된 공함이다. 아네로이드의 내부를 진공으로 만들기 위해서는 이 공함을 먼저 진공으로 만든 다음 밀봉하면 된다. 아네로이드는 비행계기인 기압고도계의 주요 수감부이며 기압이라는 절대압력을 측정하는 데 사용한다. 공함 안에 진공대신 1 기압의 가스(gas)를 채울 수도 있다. 계기 케이스 안에 압력변화로 아네로이드의 팽창과 수축운동이 일어나고 이 움직임을 연결 장치인 섹터기어와 피니언 기어가 고도계의 바늘을 돌려 압력을 환산한 고도를 지시한다.

④ 벨로즈(bellows)

그림 3-16과 같이, 여러 개의 다이어프램을 겹쳐 놓은 형태로서 다이아프램 챔버(diaphragm chamber)와 함께 연결되었을 때, 이 장치를 벨로즈(bellows)라고 부른다. 아코디언 같은 모양새로 공함에 비해 수감 변위가 크고 정밀도 및 감도가 좋아 확대부가 적은 단순한 계기용으로 사용된다. 다이어프램과 마찬가지로 벨로즈 내부로 측정 대상물의 압력이 들어가고 또 반대편의 벨로즈 내부에는 또 다른 측정물의 압력이 작용하여 차압을 측정한다. 다이아프램 작동과 같이 압력에 의해 벨로즈가 확장운동을 하고 이때 섹터와 계기 바늘이 연결된 피니언 기어가 작동하여 계기 눈금판 위에서 회전운동을 하면서 미리 눈금이 새겨진 값을 지시한다.

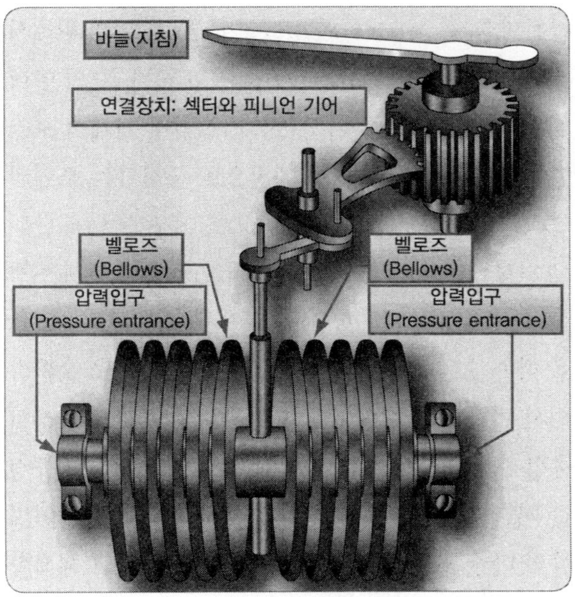

[그림 3-16] 벨로즈 – 중압 압력 감지 장치 (A bellow unit)

버든 튜브, 공함인 다이어프램과 아네로이드, 벨로즈 압력감지장치들은 이전 초기 항공기 압력계기 계통에서 직독식으로 계기 내에 장착되어 압력을 직접 측정하고 여기에 연결된 계기바늘이 조종석에서 직접 지시하는 것으로 측정과 지시가 단일 계기 내에서 이루어진다. 그래서 신뢰성이 양호하고 감지를 잘하는 이러한 압력 수감부를 사용하여 직독식 지시 방식을 채택하고 있다. 이 직독식은 수감부와 지시부가 짧은 소형 항공기에서만 가능하다. 물론 대형기의 원격 탐지식 계기계통에서도 다이어프램과 벨로즈 등을 사용한다. 이 경우에는 다이어프램 또는 벨로즈와 싱크로로 구성된 트랜스미터를 이용하여 압력을 감지하여 전기신호로 변환하여 계기내부 싱크로 리시버로 전달하여 계기에서 그대로 재현하는 방식을 사용한다. 이때 트랜스미터는 엔진 또는 기체 계통 압력원 가까이에 장착하고 계기까지는 전기선으로 연결한다. 이 싱크로 트랜스미터는 압력신호를 전기신호로 변환시키는 일종의 변환기(transducer)이자 전달기(transmitter)이다. 직독식 계기 또는 원격식 계기 방식에 다이아프램 또는 벨로즈를 사용하는 계기들은 기압 고도계, 승강계, 객실차압계(cabin differential pressure gauge), 그리고 매니폴드 압력계(manifold pressure gauge) 등이 있다.

⑤ 압력 트랜스듀서(Pressure Transducer)

최신 전자기술로 이루어진 압력 감지기들은 최신 항공기에서 임계압력(critical pressure)을 결정하기 위해 사용된다. 최근 디지털 압력 트랜스듀서 등은 압력신호로 전기 또는 디지털 신호를 변경하여 전자비행계기 컴퓨터 및 다른 탑재 컴퓨터 등에서 처리하도록 한다. 최근 신형 항공기에 사용되는 대부분 압력 수감부는 반도체 기술로 된 수감부로 측정한 압력신호를 전기신호 또는 저항값을 변화시키는 특성이 있다. 수정압전기(crystalline piezoelectric), 압력저항(piezoresistor), 반도체칩 수감부(semiconductor chip sensor) 등이 많이 사용되고 있다. 전형적인 압력 수감부를 보면 소형 회로전선이 수정(crystal) 또는 압력 감지 반도체칩에 내장되어 있다. 압력이 수정 수감부에 작용하면 소량의 전기가 생성되거나 반도체칩이나 몇몇 압전(piezoresitor)에서 미세한 저항 변화가 생긴다. 전류와 저항 변화는 수감부의 변화의 양에 직접 영향을 받아 변화하기 때문에 그 출력값을 해석하면 실제 압력값을 계기판에 나타낼 수 있다. 엔진, 기체, 비행계기 계통에 필요한 거의 모든 압력정보는 온도 센서들과 결합하여 반도체 압력 센서 사용을 통해 확보하여 지시할 수 있다. 그래도 아직까지 절대압력을 감지하는 아네로이드의 지속적인 사용은 주목할 만하다. 반도체식 압력감지장치는 원격탐지장치로 현대 항공기에 많이 사용된다. 이 센서들은 측정하고자 하는 곳이나 편리하고 효과적인 장소를 선택할 수 있어 현대 대형 항공기에서 많이 사용되고 있다.

3.3.2 압력계기 종류(Pressure Instruments)

비행하는 항공기 각 계통에 필요한 유체들의 일정한 압력유지 여부가 중요하다. 압력 계기 종류는 사용하는 유체의 종류에 따라 나눌 수 있다. 주로 엔진에 사용되는 오일, 연료, 공압 등이나 그와 다른 항공기 계통에 사용되는 작동유 압력, 물 압력 등이 있다.

3.3.2.1 엔진 오일 압력계(Engine Oil Pressure)

비행 중 조종사들이 엔진의 정상 작동 여부를 확인하는 방법은 여러 가지가 있는데 그중에서 엔진관련 유체들의 흐름 압력이 제대로 유지가 되고 있는지 아니면 유체의 온도가 제대로 유지되는지 확인하는 것이다. 그중에서도 가장 민감하게 반응하고 철저하게 확인하는 것이 바로 엔진 오일 압력계이다. 오일 압력은 보통 psi 단위로 지시한다. 아날로그인 원형계기에서 엔진의 정상작동범위라 하면 계기 바늘이 녹색 호(green arc) 안에서 지시하고 있다. 좀 더 정확한 허용 작동범위(acceptable operating range)를 알기 위해서는 제작사 정비교범(manual)을 참고 한다. 오일 압력계는 기계적 또는 전기적으로 작동하며 기계식 오일 압력계는 버든 튜브에서 엔진으로 들어가는 오일의 압력을 측정하여 연결 장치(link)를 이용하여 psi 단위로 지시한다. 오일 압력 계기에서 오일 압력 지시가 정상작동범위인 녹색 호 안에서 지시하면 윤활유 역할을 하는 오일이 엔진의 각 부분을 정상적으로 순환하면서 엔진의 모든 베어링 및 움직이는 부분을 충분히 윤활 시키고 있음을 의미한다. 만일 계기 지시가 규정값 이하라면 윤활이 충분하지 못하여 엔진의 베어링들의 마찰 부분에서 손상이 일어나고 있다고 해석할 수 있다. 왕복엔진과 터빈엔진에서 오일은 고속 회전

[그림 3-17] 아날로그 오일 압력 계기(An analog oil pressure gauge)

하는 베어링 면을 윤활 시키고 냉각시키는 역할을 한다. 만일 오일 압력을 잃게 되면 과도한 마찰이 일어나면서 고온상태가 되고 결국은 엔진 화재 등 큰 고장으로 연결된다. 앞에서 언급한 것과 같이, 아날로그계기를 사용하는 항공기는 가끔 직독식 버든 튜브 오일 압력계를 사용한다.

그림 3-17은 바로 이런 전형적인 오일 압력계를 보여주고 있다. 디지털 계기 계통은 아날로그 또는 원격 디지털 오일 압력 수감부를 채택하여 압력신호를 전기신호로 변환하여 계기 또는 컴퓨터로 보내 항공기 조종석 디지털 계기의 화면에 오일 압력을 지시한다. 오일 압력은 원형게이지 또는 선형게이지(linear

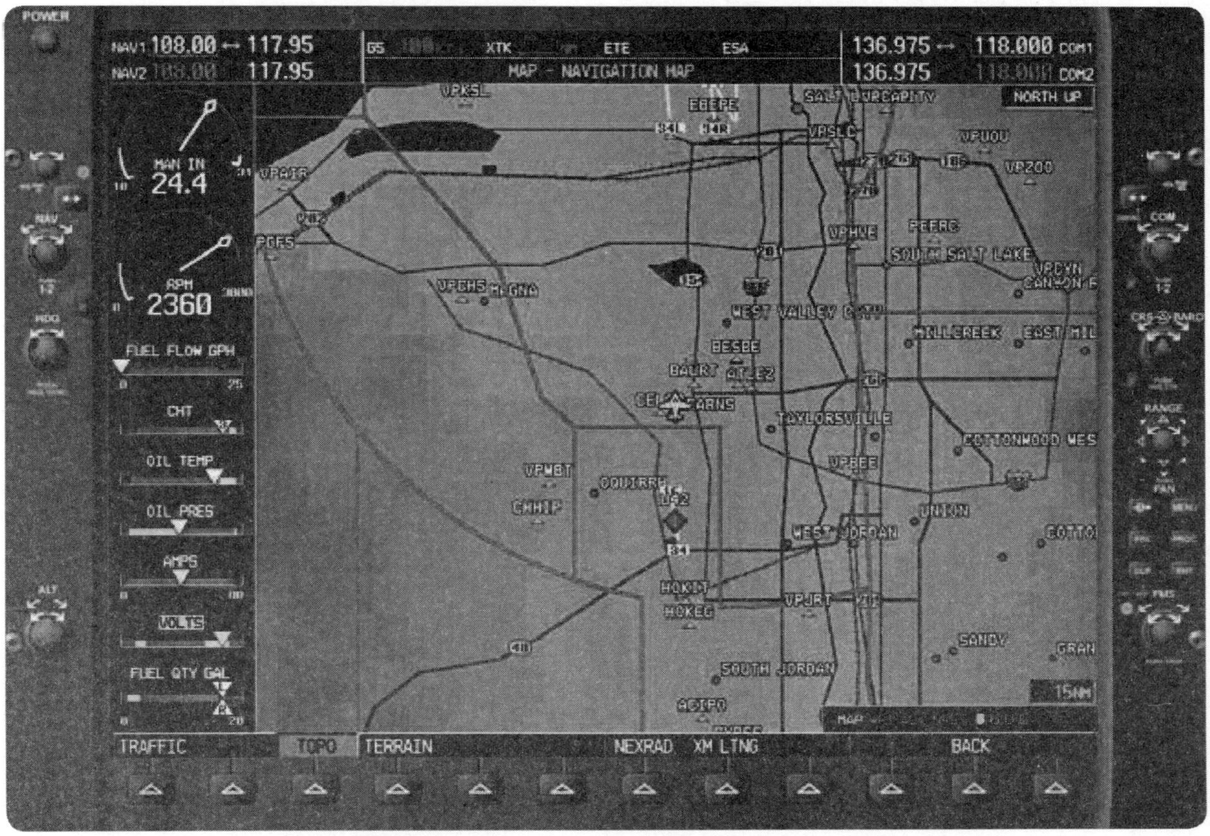

[그림 3-18] 오일 압력 계기 (Oil pressure indication with other engine-related parameters)

gauge)에 표시할 수 있고 때로는 화면에 수치로만 지시하기도 한다. 최근 종합전자계기계통에서는 다른 엔진계기들과 함께 하나의 계기 또는 하나의 액정화면(LCD)에 그룹으로 해서 표시하기도 한다. 그림 3-18은 Garmin G1000 항공기 전자계기계통을 보여주는 사진이다.

오일 압력을 계기의 압력 수감부가 수감하는 방식에는 2가지가 있다. 오일을 직접 버든 튜브에서 측정하는 방식과 중간에 트랜스미터(transmitter) 속에서 감지하는 방식이 있다. 버든 튜브에서 직접 감지하는 방식은 기온이 낮은 동절기에 오일의 점성이 높아 압력 측정이 어려운 단점이 있다. 이에 반해 중간 트랜스미터를 사용하면 점도가 낮은 케로신 등을 이용해서 압력을 측정하는 방식이 있다. 오일 압력계에는 버든 튜브식 또는 벨로즈 압력계가 널리 이용되고 있다. 버든 튜브 내부로 오일펌프에서 보내는 오일 압력이 전해지고 외부는 대기압이 작용된다. 따라서 지시하는 압력값은 게이지 압력이다. 단발 항공기 경우에는 엔진이 계기판과 가깝게 장착이 되어 있어서 계기판 뒷부분까지 가느다란 황동관이 연결되어 가압된 오일을 직접 계기에 유입시켜 오일 압력계에 접속하고 그 압력을 지시하는 직독식 방식으로 되어 있다. 다발 대형항공기에서는 엔진 가까이에 트랜스미터(transmitter) 즉 내부에 버든 튜브 또는 다른 압력 센서와 함께 있어 압력신호를 전기신호 또는 디지털 신호로 변환할 수 있는 기기가 바로 원격으로 떨어져 있는 계기에 신호를 전달하여 지시하는 원격식 지시 방식이다.

그림 3-19는 유럽 에어버스에서 제작한 A330 항공기 엔진 계기들이다. 이렇듯 최신 항공기에서는 한 계기 화면에 엔진 관련 계기들의 정보를 종합적으로 표시하는 경향이 있다. 또한 현대의 디지털 항공기에서는 압력원에서 압력 센서가 압력을 감지하여 바로 전기적 또는 디지털 신호로 변환시켜 신호를 계기로 전달해주는 방식으로 이와 같이 압력측정과 지시하는 부위가 멀리 떨어져 있어 이를 원격 지시 방식이라 하고 또한 한 화면에 관련 정보, 예를 들면 엔진 관련 화면이면 오일 압력뿐만 아니라 오일 양, 오일 온도 등을 한 화면에 지시하는 방식(멀티계기)으로 현대 디지털 항공기에서는 이 방법을 사용하고 있다.

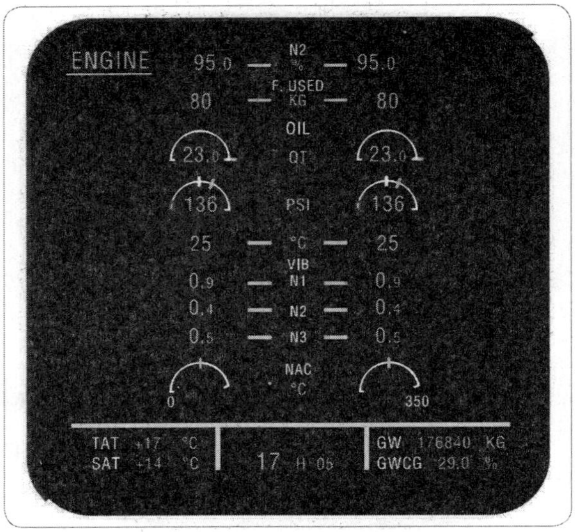

[그림 3-19] A330 항공기 엔진 및 경고 계기 (A330 EWD - Engine Warning Display)

3.3.2.2 매니폴드 압력계 (Manifold Pressure Indicator)

매니폴드 압력계는 흡기압력계라고도 하는데 이는 왕복엔진 항공기에서 사용하는 계기로 왕복 엔진의 실린더에 흡입되는 공기, 연료 혼합기의 압력을 측정하는 것으로 매니폴드 압력계라 부른다. 이 계기는 엔진의 흡입 매니폴드(induction manifold)에 있는 공기의 압력을 지시한다. 이것은 왕복 엔진의 출력을 산출하거나 조절할 때 회전계(RPM indicator)와 더불어 가장 중요하게 사용하는 계기이다. 또한 과급기(supercharger)의 작동 시기를 결정할 때 중요한 정보를 제공하는 역할을 한다. 엔진으로 가는 연료/공기 혼합 비율(Fuel/Air mixture)의 압력을 높이면 높일수록, 엔진이 더 많은 출력을 생산할 수 있다. 대개 흡기식인 왕복 엔진(aspirated engine)에서는 대기압에 가까운 지시치가 최대값이라는 것을 의미한다. 즉 흡기압력계는 inHg 단위를 사용하여 비행 당시의 대기압에 따른 매니폴드 압력을 절대압으로 지시한다. 터보엔진(turbo-charged engine) 또는 과급기 엔진(supercharged engine)은 연료와 혼합공기의 압력을 가해 엔진의 출력 지시가 대기압 이상이 된다. 디지털 계기는 inHg 단위대신 다른 눈금과 단위로 지시하는 경우가 있지만 대부분 매니폴드 압력계는 inHg로 표시하고 지시한다. 전통적으로 아날로그 매니폴드 게이지는 진공 공함인 아네로이드를 사용한다. 대기압이 계기 내에 있는 공함인 아네로이드 외부에 작용하면 여기에 연결된 바늘이 현재의 공기압을 지시한다. 매니폴드 입구에서 게이지까지 튜브가 연결되어 계기는 매니폴드 안 절대압력을 지시한다. 매니폴드 압력계는 절대압력을 지시하는 계기이므로 지상에서 항공기 엔진이 정지하고 있는 경우 현재 지상의 대기압을 지시한다. 그림 3-20은 전형적인 아날로그 매니폴드 압력계 계기와 계기 내부의 작동하는 것을 보여준다. 그림 3-18에서 보면 매니폴드 지시는 Garmin G1000 디지털 화면표시기인 다기능화면장치(MFD. Multi-functional display)의 엔진계기 상부에 위치하고 있다. 항공기 운영교범(aircraft's operating manual)에 연료유량, 프로펠러의 날개각도, 관련 매니폴드 압력 자료 관리, 엔진 시동, 비행 시 여러 비행 상황하의 여러 가지 성능 관리 자료들이 수록되어 있다.

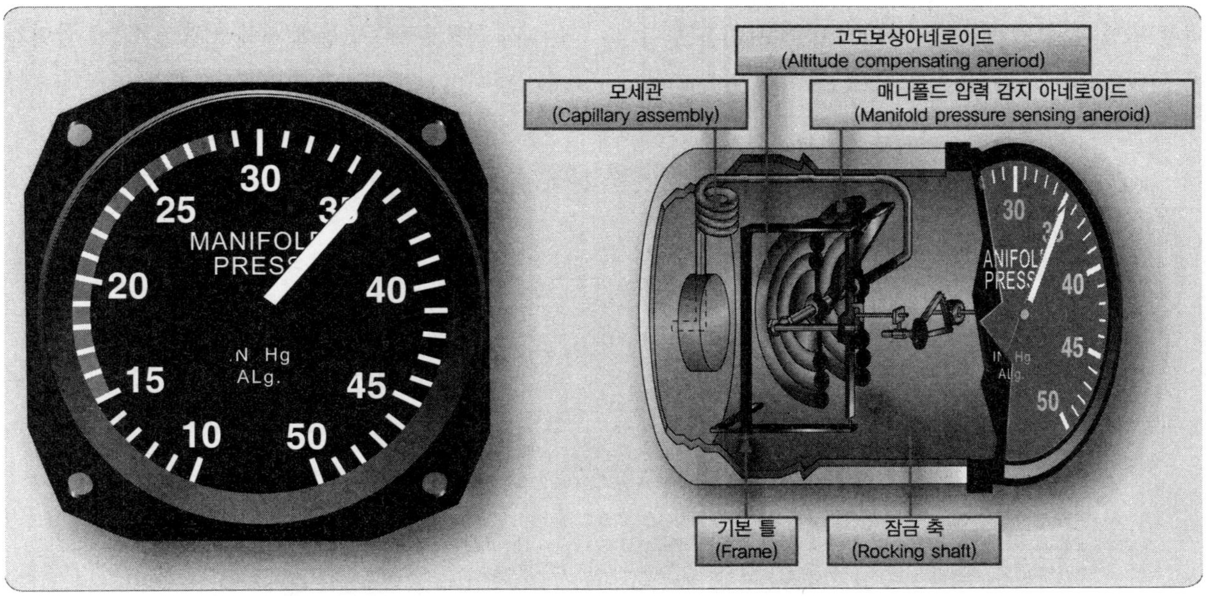

[그림 3-20] 아날로그 매니폴드압력계(An analog manifold pressure indicator)

3.3.2.3 엔진 압력비 계기 (EPR Engine Pressure Ratio)

터빈 엔진은 엔진 추력과 관련된 압력을 지시하는 계기가 있다. 이를 엔진 압력비 계기(EPR indicator)라 한다. 이 계기는 엔진 전체 배기 압력과 엔진 입구 압력을 비교한다. 이 압력비는 터빈 엔진 항공기의 추력을 결정짓는 중요한 요소이며 엔진 추력을 산출하는 데 사용한다. 공기의 온도, 비행고도 및 다른 관련된 요소들을 함께 계산하여 엔진 압력비(EPR) 값을 지시한다. 엔진압력비계기는 엔진입구 압축기 압력과 엔진 출구인 터빈 출력 압력을 비교하기 때문에 일종의 차압계(differential pressure gauge)라고 할 수 있다. 이 계기는 엔진 압력비 트랜스미터(EPR transmitter)로부터 전기적인 신호를 받아 작동하거나 또는 컴퓨터로부터 신호를 받아 작동하는 일종의 원격지시계기이다. 엔진압력비 트랜스미터는 내부에 압력감지기인 4개의 벨로즈들로 구성된 트랜스미터이다. 4개 재 중 2개는 기준용이며, 나머지 2개 중 하나는 입력 입구 압력, 다른 나머지 하나는 엔진 출력 출구 압력으로서 2개를 비교하여 그 비율 변화 값에 맞춰 생성된 전기적 신호가 계기로 보내져 엔진 압력비를 지시한다.

[그림 3-22] A330-600 EPR 계기

3.3.2.4 연료 압력계(Fuel Pressure Indicator)

연료압력계는 엔진으로 들어가는 연료의 압력 정보를 지시하는 중요한 계기이다. 항공기 연료는 연료 탱크에서 압력펌프로 연료에 압력을 실어서 원거리에 있는 엔진으로 보낸다. 엔진 구동식 또는 전기 구동식 연료 펌프를 장비한 항공기의 연료압력을 측정하는 방식은 엔진의 연료 공급방식에 따라 다르다. 연료압은 대체적으로 작동유등에 비해서 저압이므로 압력계기는 다이어프램 또는 2개의 벨로우즈로 구성되어 있

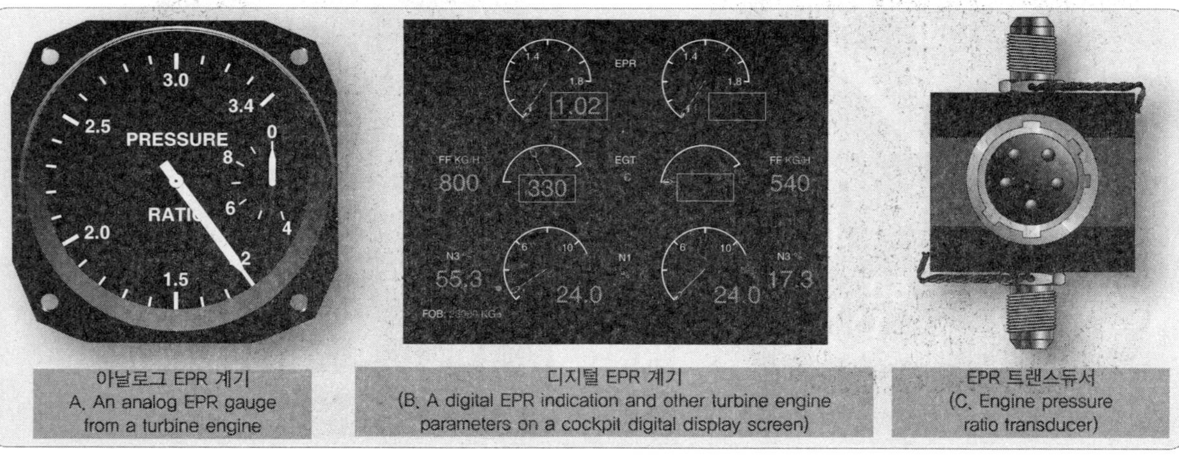

아날로그 EPR 계기
A. An analog EPR gauge from a turbine engine

디지털 EPR 계기
(B. A digital EPR indication and other turbine engine parameters on a cockpit digital display screen)

EPR 트랜스듀서
(C. Engine pressure ratio transducer)

[그림 3-21] 엔진압력비율계 (Engine pressure ratio gauge)

[그림 3-23] 아날로그 연료 압력 계기
(A typical analog fuel pressure gauge)

다. 이 2 개의 공함 중 1 개 공함의 안쪽에는 측정하고자 하는 연료가 다른 한 공함의 안쪽에는 대기압이 가해지는 일종의 차압계기이다. 구형 항공기에서 사용한 직독식 연료압력 계통은 연료 라인이 조종석 계기 뒤쪽까지 연결되는 방식으로 연료 누설에 의한 화재 위험 등이 있다. 현재 대형 항공기에서는 연료 공급라인이나 엔진 가까이에 트랜스미터인 압력 센서를 설치하여 엔진으로 들어가는 연료의 압력을 수감한 후 전기 신호로 변환하여 조종석에 장착된 연료 압력계기로 전달하여 지시하는 일종의 원격식 계기 지시 방식이다. 중간 압력 수감부인 트랜스미터 내부에는 벨로우즈와 싱크로 트랜스미터 등이 내장되어 있고 벨로우즈가 압력을 감지하여 움직이는 운동값을 싱크로 트랜스미터가 전기신호로 변경 후 계기 내부에 있는 싱크로 리시버로 전달하여 압력값을 지시한다.

트랜스미터이든 트랜스듀서이든 반도체 압력센서이든 이들의 역할은 직접 압력을 수감하고 이 압력신호를 전기신호로 변경하여 계기의 수신기로 전달하는 것이다. 일부 항공기 엔진계기 계통에서는 연료유량계(fuel flow rate)가 연료 압력계(fuel pressure) 대신 사용하기도 한다.

3.3.2.5 유압계기(Hydraulic Pressure Indicator)

유압계통은 주로 착륙기어(Landing Gear), 비행 조종면(Flight Control Surfaces), 브레이크 작동 등을 위해 사용된다. 이들은 원천적으로 무겁고 작동하는 데 많은 힘이 필요한 장치들을 작동하기 위한 충분한 압력, 즉 고압이 필요하다. 고압은 유압 펌프가 대체적으로 1000PSI(소형기) 또는 3000PSI (대형기 및 군용기), 최근에 A380이라는 대형 여객기인 경우는 5000PSI를 만들어서 공급한다. 유압펌프는 엔진에 의해서 작동하거나(EDP. Engine Driven Pump) 전기 모터를 이용한 펌프(EMP, Electrical Motor Pump), 때로는 공압에 의해서 작동되는 펌프(ADP. Air Driven Pump) 등이 있다. 대체적으로 유압계기는 조종석에 장착되어 있으며 가끔 유압을 보충하는 곳에도 정비 확인용 직독식 계기가 장착되기도 한다. 유압은 고압이기 때문에 이를 측정하는 수감부는 버든 튜브가 사용되거나 디지털 항공기 계통에서는 전자식 압력 센

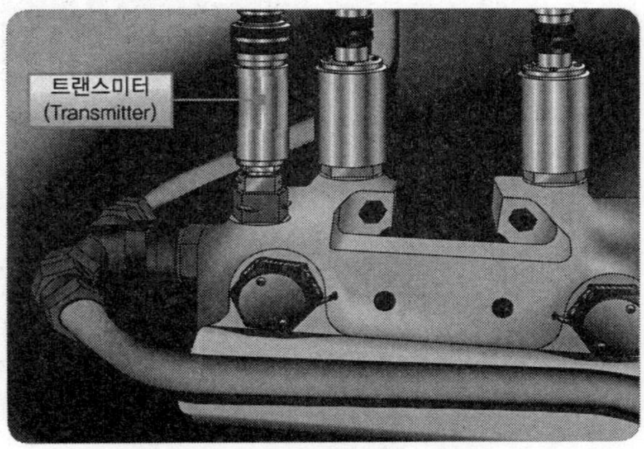

[그림 3-24] 유압 트랜스미터 (A hydraulic pressure transmitter)

서가 사용된다. 그림 3-24는 유압계통의 압력을 측정하는 트랜스미터에 대한 사진이다.

3.3.2.6 진공(흡인) 압력계 (Vacuum or Suction Pressure)

자이로 로터(rotor)가 진공압으로 구동되는 방식의 비행계기계통에서 이 진공압력을 측정하여 알려주는 계기가 바로 진공 압력계이다. 이계기의 또 다른 이름은 자이로압력계(gyro pressure gauge), 진공계(vacuum gauge), 또는 흡인 압력계(suction gauge)라고도 한다. 작동방법은 공기를 진공 쪽으로 뽑아냄으로써 자이로를 회전시킨다. 이때의 자이로의 회전속도는 일정한 압력의 범위에 따라 정해지며 결국 이 자이로 회전은 진공 압력과 직접 관련이 있다. 진공압력은 다이어프램 또는 벨로즈를 사용하여 그 내측에 자이로 수평의(Gyro Horizon) 압력(진공압)과 외측에 작용하는 대기압의 차이를 inHg 단위로 지시한다. 진공 압력계의 정상 범위는 대기압보다 4+/-0.25 inHg 낮은 것이 정상이므로 3.75~4.25 inHg의 범위를 지시할 때 정상 압력이다. 그것은 대기압보다 얼마나 적은 압력, 즉 부압(-)이 존재하는가를 보여준다. 보통 사용되고 있는 공기식 자이로 계기들은 수평의(자세계 - Gyro Horizon Indicator), 정침의(방향계 - DG. Directional Gyro) 및 경사 선회계(Turn & Bank Indicator)가 있다. 수평의, 정침의는 4inHg, 경사 선회계는 2inHg의 차압에서 정상적으로 작동하도록 제작되었다. 이 때문에 진공압력 조절기는 수평의 및 정침의의 구동 압력이 4inHg가 되도록 조절한다.

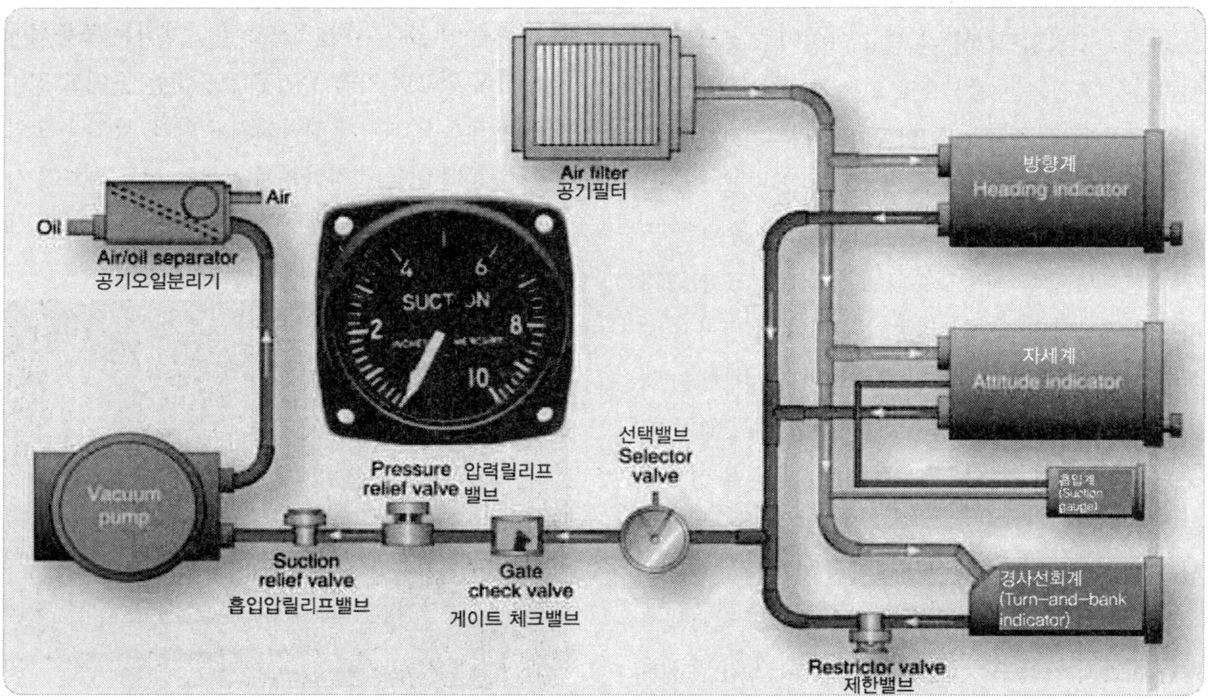

[그림 3-25] 진공(흡입) 압력계(Vacuum or suction pressure gauge)

3.3.2.7 압력 스위치(Pressure Switches)

압력에 의해서 개폐 작동되는 스위치로 항공분야에서 단순히 어떤 계통에서 작용하는 압력값보다 압력이 너무 높은지 또는 너무 낮은지 감시(monitor)만 해서 바로 조치를 할 필요가 있다. 이런 계통에는 압력을 지시하는 압력 계기계통보다는 압력스위치의 사용을 통해 이루어지고, 이런 계통에 사용되는 압력스위치는 계통에서 압력이 제한값에 도달하면 전기적으로 회로를 끊어주거나(off) 연결시켜주는(on) 간단한 장치이다. 그것은 전기회로가 보통 정상일 때 열리(open)고 또는 접속(close)될 수 있도록 되거나 아니면 반대로 정상일 때는 접속(on)되다가 비정상적인 압력이 되면 스위치가 떨어지도록 설계될 수도 있다.

압력 스위치는 내부에 다이아프램이 압력을 감지한다. 다이아프램 한쪽에는 기계적 연결 장치가 있어 전기적인 회로를 연결하거나 끊어주는 것이다. 즉 압력을 감지하는 다이아프램이 압력 변화에 따라 기계적인 작동으로 전기 회로를 연결시켜주거나 끊어주는 스위치 역할을 한다. 오일 압력계기 스위치는 압력 스위치들이 어떻게 작동하는지를 보여주는 일반적인 보기(example)이다. 이 스위치는 엔진에 장착이 되어 가압된 오일이 이 스위치의 내부에 있는 다이어프램에 가해지도록 되어 있다. 엔진이 작동하면 오일 압력이 증가하기 시작하고 다이어프램에 가해진 압력은 스위치가 접촉점에서 떨어지게 한다. 결국은 회로가 끊어져서 전기는 흐르지 않게 되고 저압 경고등은 작동하지 않게 된다. 그러나 오일 압력이 떨어지면 다이어프램에 가해진 압력이 낮아져서 끊어졌던 스위치는 다시 접촉하게 되고, 이는 끊어졌던 회로가 다시 연결 되어 저압 경고 회로가 작동하고 조종사에게 경고하기 위해 저압오일 압력을 지시하거나 보통 적색 경고등을 작동시킨다.

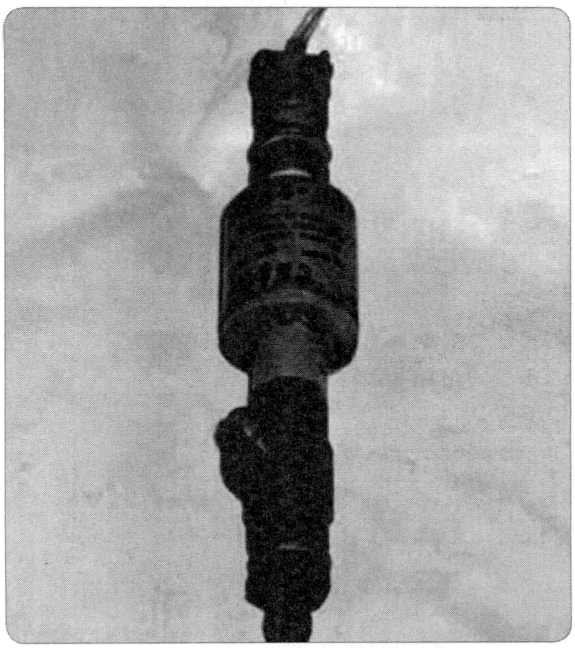

[그림 3-26] 압력 스위치 (A pressure switch)

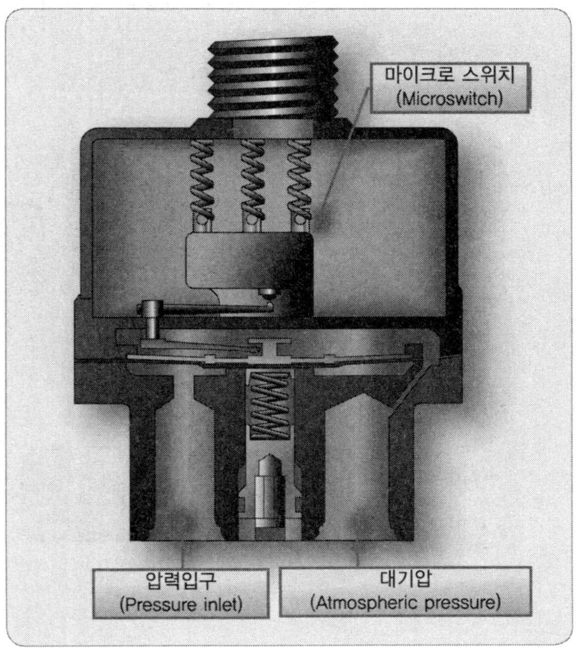

[그림 3-27] 압력 스위치 - 정상 개방 스위치
(A normally open pressure switch)

여러 가지의 부품 또는 계통의 압력 계기들은 위에서 언급한 것과 유사하게 압력을 감지하여 지시한다. 압력을 감지하고 측정하고 감시하는 몇몇 감지 장치에 맞추어서 최상의 지시를 위해 직동식 또는 원격식으로 배선하고 설계해서 가장 효과적으로 조종석에서 지시하도록 설계를 하여 모든 압력을 잘 유지하고 적절하게 감시하여 안전한 비행을 이루도록 꾸준히 연구 개발이 되고 있다. 그림 3-27을 보면 압력이 "pressure inlet" 속으로 들어가서 스프링 세기보다 낮은 압력일 때는 작동이 안 되다가 스프링을 누를 힘 이상 나오면 마이크로 스위치(micro switch) 접촉면이 작동하게 되어 회로를 구성한다. 이때 다른 쪽에는 대기 압력이 작동하게 되므로 일종의 차압으로 작동하는 기기다.

3.3.3 동 · 정압 계통(Pitot-static Systems)

동 · 정압 계기들은 대기압을 측정해서 지시하는 방식이다. 대개 압력을 기계적인 변위로 바꾸는 공함(pressure capsule), 즉 다이아프램이나 아네로이드로 대기압을 측정하여 항공기 비행 대기 속도, 비행 고도, 비행 상승 및 하강률 등을 지시하는데 이러한 계통을 동 · 정압계통(pitot-static system)이라 한다. 동 · 정압계통의 대표적인 계기로 고도계, 대기 속도

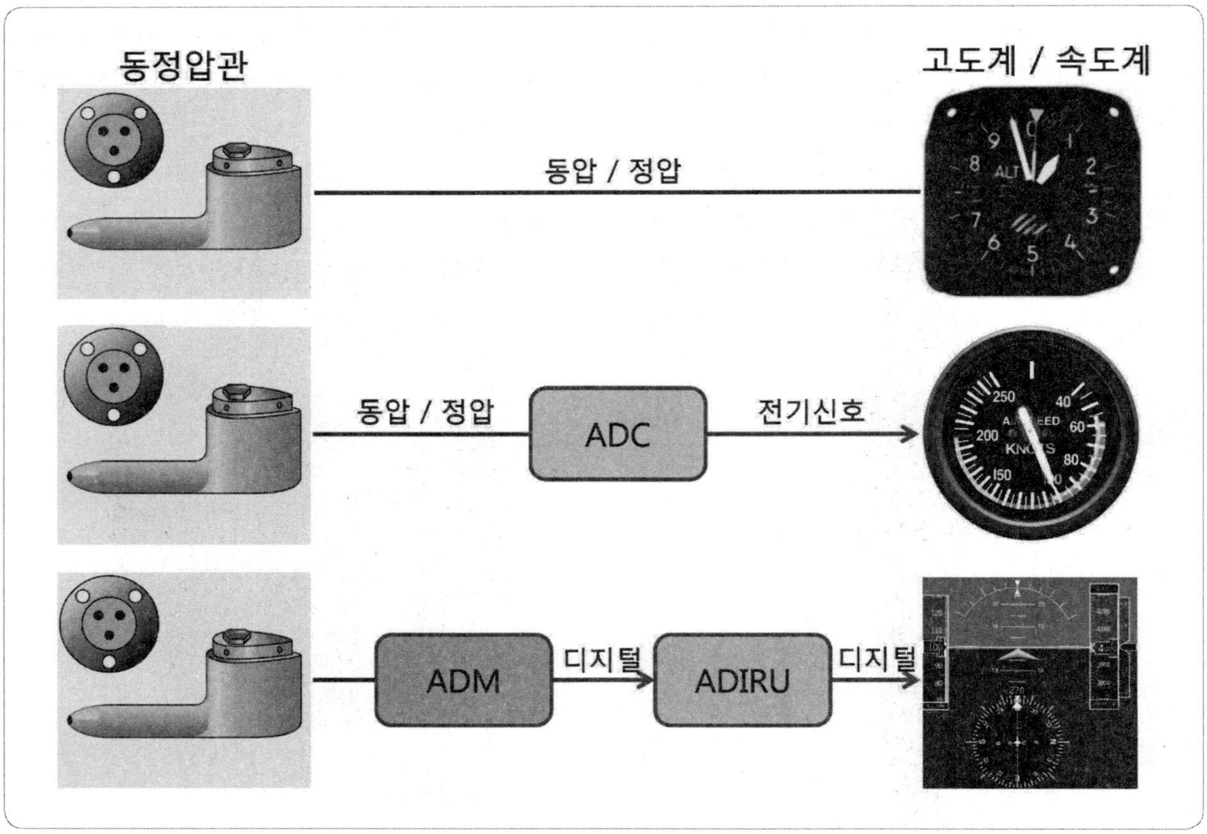

[그림 3-28] 피토-정압관과 계기 (Pitot & Static tube and Indicators)

계, 승강계, 마하계 등이 있고, 중간에 신호 변경 장치로 대기자료컴퓨터(ADC), 최근에는 대기자료모듈(ADM), 그리고 수감하는 동 · 정압관들로 구성되어 있다. 이들은 필요에 따라 피토관 또는 정압공에 연결되어 피토압 또는 정압을 수감하여 그 압력값으로 항공기 비행 상태 등을 알려준다. 이 밖에 피토 정압관은 여압계통, 자동 조종계통, 대기자료컴퓨터(air data computer), 비행기록장치(flight recorder) 등과 같이 전압이나 정압을 필요로 하는 계기 및 장치에 연결된다. 흔히들 피토(pitot)를 피토 또는 동압이라고도 하는데 엄격히 말하면 약간의 차이가 있지만 일반적으로 피토를 동압이라고도 한다. 다음 그림을 추가해서 설명하면 계기와 압력 수감부 연결 구성의 발달 과정을 설명하면 초기항공기에서는 동 · 정압관에서 계기까지 튜브가 직접 연결되어 조종석 계기들이 직접 피토압 · 정압을 받아 작동되는 직독식 지시 방식이다. 항공기가 대형화되고 관련 기술이 발달하면서 대기자료 컴퓨터가 채택이 되는데 이는 획기적으로 튜브길이가 짧아지고 누설에 대한 문제점이 개선되면서 지시값의 신뢰성이 향상되었다. 더 나아가 디지털 항공기가 등장하면서 동 · 정압계통도 획기적으로 발전을 한다. 동 · 정압관 바로 뒤에 대기자료모듈(ADM)이 연결되어 압력신호를 바로 디지털신호로 바꾸어 대기자료 컴퓨터로 보내고 이곳에서 다시 디지털 종합계기계통(IDS)으로 전달되어 대기 속도 및 제한 속도, 고도, 승강속도 및 관련 중요한 비행 정보 등이 구현되고 있다.

3.3.3.1 피토우 튜브 및 정압 관 (Pitot Tube and Static Ports)

항공기에 장착된 피토 · 정압관은 그림 3-29의 상기 그림과 같이 피토관(pitot tube)과 정압공(static port)이 별도로 장착되어 있는 경우와 상기 B747 피토 · 정압관 같이 2 개가 함께 장착되어 있는 경우 2가지가 있다. 그리고 피토관 형태도 엘보형(elbow type), 샤크형(shark type) 또는 캐논형(cannon type) 등이 있다. 초기 항공기 계통은 피토관 및 정압공으로 별도로 구성되어 있다. 정면의 전압 및 항공기 주변에 정압을 측정하도록 조종석 비행계기들에 동.정압 튜브가 연결되어 있다. 다음 세 가지 계기, 즉 고도계, 대기 속

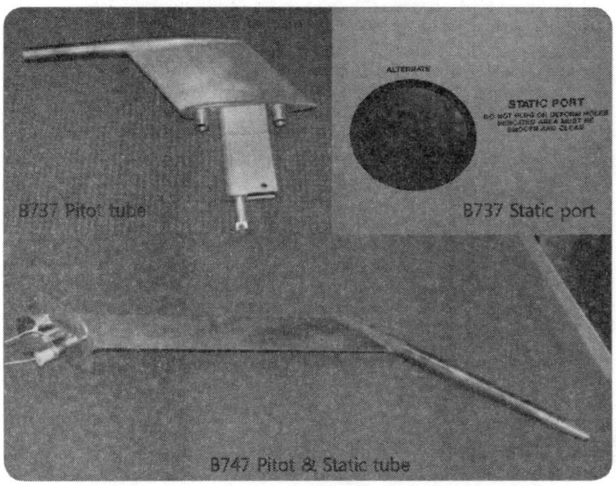

[그림 3-29] 피토 튜브, 정압 포트, 피토-정압 튜브 (Pitot Tube, Static Port and Pitot-Static Tube)

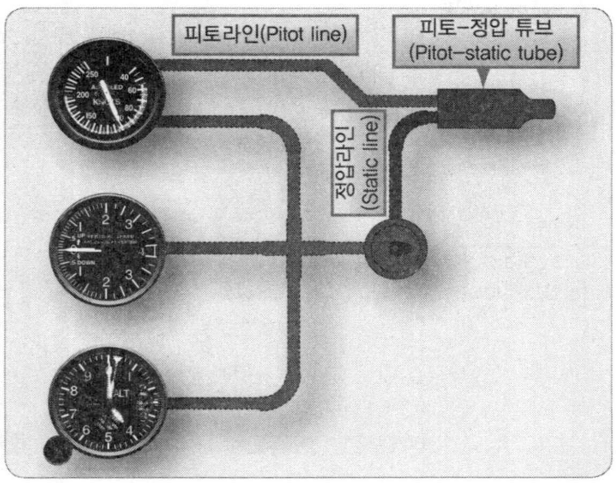

[그림 3-30] 기본 피토-정압 계통(A simple pitot-static system)

도계, 그리고 승강계 등이 가장 일반적인 동·정압 계기들이다. 그림 3-30에서는 이들 세 가지의 계기와 연결된 간단한 동·정압계통(pitot-static system)을 보여준다. 항공기가 앞으로 비행할 때 전방에서 가해지는 전체의 압력을 받기 위해 기류와 평형하게 장착되어 있고 즉 항공기 종축과 평형하게 피토관의 전면에 구멍이 나 있는 피토관이 장착된다. 이렇게 장착함으로써 전압공을 지난 공기는 습기나 찌꺼기들을 걸러주는 배플판(baffled plate)을 지나가게 된다. 동압관 바로 입구를 지나면 배플판이 있는데 이 배플판 밑이나 또는 지나서 배수공(drain hole)이 있어서 먼저 들어오는 공기 중에 빗물이나 습기 등이 빠져나가도록 설계되어 있다. 램 에어(ram air)가 동압관 챔버 후미까지 바로 들어와서 다시 위로 올라가 바로 속도계에 연결된다. 그림 3-30 또는 그림 3-31에서 보듯이 항공기 대기 속도계는 피토압과 정압을 동시에 받도록 연결되어 있고, 항공기 고도를 지시하는 고도계는 정압관만 연결되어 있어 정압만을 받아서 작동된다는 것을 알 수 있다. 그리고 항공기 상승 및 하강률을 지시하는 승강계도 정압만을 받아서 지시하는 것을 알 수 있다. 이때 피토압은 한 곳에서 수감하지만 정압은 피토-정압관 또는 항공기 동체 좌우에 1개 이상의 정압공에서 수감한다. 이는 항공기 비행 자세 등에서 오는 정압 차이를 보상하기 위한 것이다.

그림 3-31에서 보듯이 항공기 주변의 정압을 측정하기 위해 동체 좌우에 주 정압공과 예비용 정압공

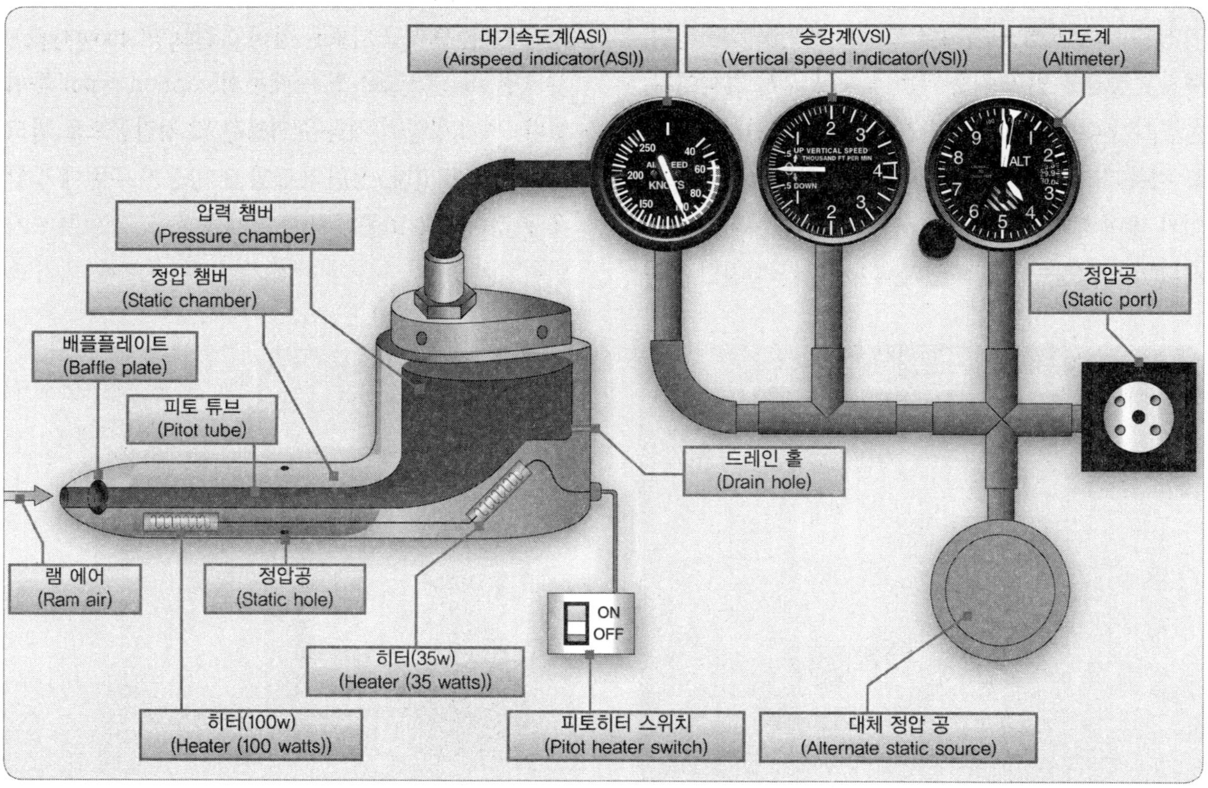

[그림 3-31] 전형적인 피토-정압 계통 피토관 (A typical pitot-static system head)

(alternate static source)이 계기에 연결되고 전면에서 측정하는 동압관이 직접 속도계, 고도계, 승강계에 연결되어 있다. 항공기 대기 속도계는 피토관 전방 구멍으로 들어오는 전압과 항공기 측면에서 들어오는 정압을 받아서 그 차압(동압)으로 작동하는 것이고 고도계와 승강계는 정압으로 작동한다. 측면 정압공에 문제가 있어서 고도계 지시치에 오차가 생기게 되면 예비용 정압공으로 연결 변경이 가능하다.

극한상태인 고공에서 비행하는 동안 동·정압관이 결빙되면 비행계기에 오차가 유발되므로 비행 중 결빙방지를 위해 방빙 계통(anti-icing System)이 설계되어 있다. 방빙 방법은 내부에 전열기가 내장되어 비행 내내 전기를 공급하여 방빙을 한다. 비행 후 작동 스위치를 까끔 끄지(off) 않아서 지상에서 항공기에 전원을 공급했을 때 작동하게 되는데 이는 굉장히 고열이기에 특히 조심해야 된다. 그래서 최근 항공기에서는 스위치를 없애는 대신 실제 비행모드(air mode)가 되거나 엔진의 시동을 걸었을 때만 내부적으로 회로가 연결되어 작동하도록 하여 지상에서 가열된 동압관 접촉을 피하도록 안전설계가 되어 있기도 하다.

[그림 3-32] 피토-정압 튜브 - B747 항공기
(Pitot-static tube on B744 airplane)

그림 3-32는 B747-400 항공기 전방 동체 좌우에 장착되어 있는 동·정압관이다. 이렇듯 동·정압관은 공기의 와류가 적은 위치에 항공기 비행방향과 평형하게 장착되어 있다. 그리고 장착 부위를 보면 페인트로 구분표식을 하였는데 특히 이 부위에는 공기의 흐름이 변형되어서는 안 되는 특별 관리지역으로 페인트, 리벳팅 등 정비를 하는 동안 기체의 완곡 면이 훼손되어서는 안 되는 구역이다. 동·정압관은 항공기 전면 또는 동체 앞부분의 옆면 아니면 날개, 심지어는 방향타 미부(ruder empennage)에 장착되기도 한다. 동·정압관 장착 위치는 항공기 종류별로 다르지만 전방의 전체의 압력(Pt)과 정압(Ps)을 정확하게 측정하기 위해서 항공기 설계 제작 시 여러 시험을 통해서 가장 적정한 곳에 장착 위치가 설정된다. 고공비행을 하는 항공기 대부분은 비상용으로 정압에 대한 대체 공급원(alternate Source) 장치가 설계되어 있다. 비행 중 동·정압계기들의 지시치가 정확하지가 않고 결함이 의심되면 조종사는 정압 공급원을 주 공급원에서 예비용 대체 공급원으로 선택할 수 있다.

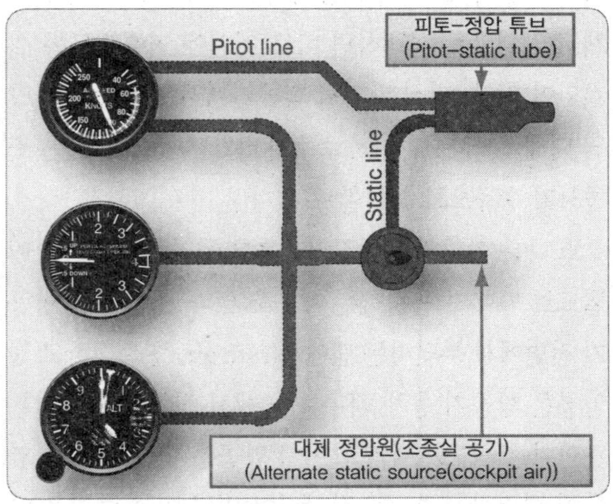

[그림 3-33] 비여압 항공기 대체치 정압원(On unpressurized aircraft, an alternate source of static air is cabin air)

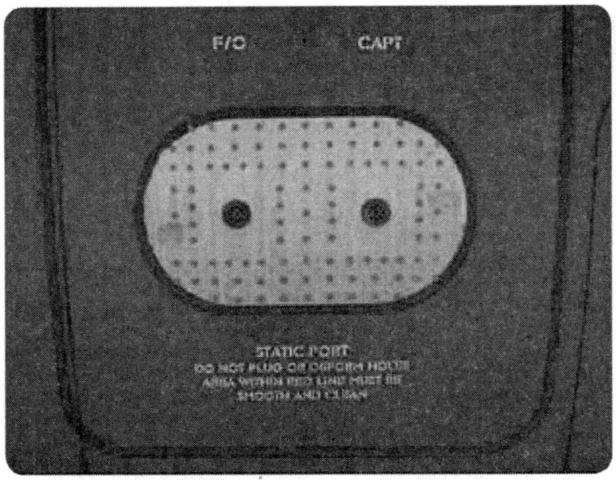

[그림 3-34] 정압원 가열
(Heated primary and alternate static source vents)

그림 3-33과 같이 저공비행하는 비여압 항공기(un-pressurized aircraft)에서는 대체정압원은 객실에서 정압을 받도록 설계되어 있다. 이는 객실압력이나 외기압과 같기 때문에 별 문제가 없다. 그러나 여압 항공기에서는 객실 내 기압은 항공기 외부압과 크게 다르다. 그래서 객실 내 압력을 쓰는 것이 아니라 동체 외부에 대체 정압공과 연결되어 사용된다. 정압공 모두 항공기의 바깥에 장착되어 있고 모두 배관으로 연결되어 있다. 그래서 조종사가 조정압원을 예비용 대체 정압원으로 선택하면 바로 계기에 연결되도록 설계되어 있다. 최신 디지털 항공기에서는 예비용 정압원 대체 선택은 대기 자료 컴퓨터가 자동으로 또는 조종사가 수동으로 선택할 수 있다.

또 다른 형태의 동 · 정압계통은 동압관과 정압공이 별도로 떨어져 측정하는 계통도 있다. 동압관은 항공기 전면에서 부딪히는 램에어(ram air)를 측정하고 정압공은 항공기 동체 좌우 측면에서 정압을 확보하는 것이다. 그림 3-34와 같이 정압공은 항공기 동체 옆쪽에 평평하게(flush) 장착되어 있고 이들 주변은 아주 깨끗하고 공기의 흐름에 조금이라도 방해가 될 수 있는 그 어떤 페인트칠이나 기체 표면 판금작업 또는 리벳 작업 등을 엄격히 제한하여야 하며 이 구역을 특별히 구분하여(상기에서는 적색 표시) 관리하여야 한다. 정압공은 좌우 계통별로 주공급원 및 대체 예비용 공급원으로 나누어서 장착된다. 또한 2개의 정압공이 동체 좌우에 설치되어 Y자 형태로 2개의 정압공과 계기가 연결된다. 이렇게 Y 형으로 설치하는 것은 항공기 비행 자세에 따른 좌우 공기 변화 차이를 보상할 수 있다. 정압공들은 동압공과 별도로 방빙을 위해 가열장치가 되어 있는 것도 있으나 최신 항공기는 대부분 정압공 튜브가 여압되는 항공기 기내로 배관되어 있어 가열장치가 필요 없는 경우도 있다. 그러나 동압관(pitot tube)는 반드시 가열장치가 내장되어 있다.

다발 엔진 및 여압 항공기의 동 · 정압계통은 비행계기, 자동조종계통, 그리고 다른 계통의 컴퓨터들이 보다 정밀한 동 · 정압을 필요로 함으로 방빙장치(anti-ice system)가 필수장치이다. 그림 3-35에서는 여압다발 항공기 아날로그 계기 계통과 동 · 정압 계통도를 보여주고 있다. 주종종사용 및 부조종사용 비행계기계통이 2중으로 설계되어 배선도가 좀 더 복잡해졌다. 또한 자동조종 및 객실여압계통이 정압 정보를 추가로 필요로 하고 있다. 조종사용 계기, 부조종사용 계기 그리고 예비 계통을 위해 2~3중으로 설치하는 것은 어느 한쪽의 계통에 결함이 발생하여도 나머지 계통이 대체하면서 정상적으로 계속 비행이 가능하도록 작동하기 위함이다.

3.3.3.2 대기자료컴퓨터(CADC/DADC. Central/Digital Air Data Computers)

고성능으로 운항하는 운송용 제트 항공기의 동 · 정압계통은 좀 더 복잡할 것이다. 고(高)고도에서 비행

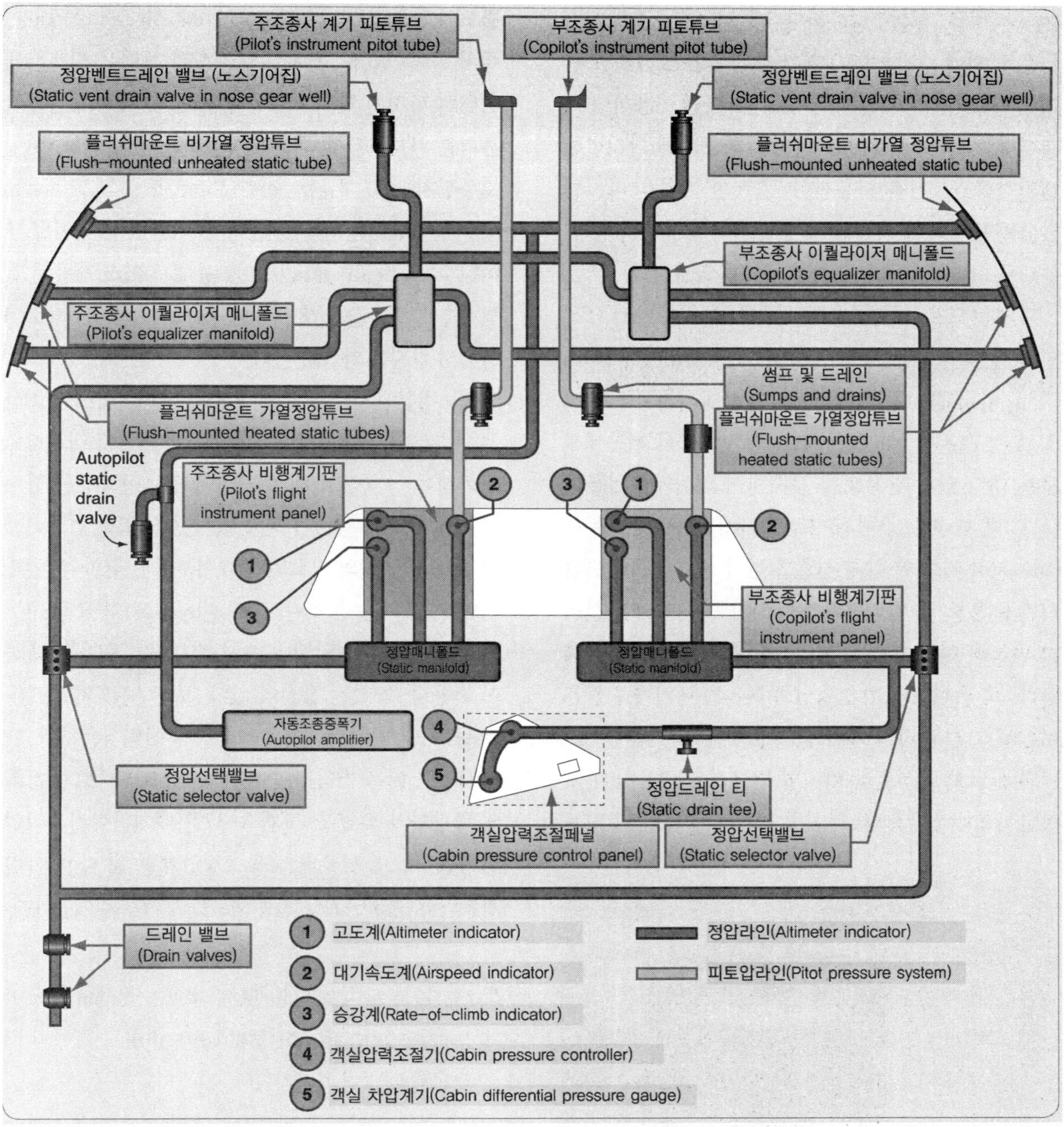

[그림 3-35] 여압항공기의 전형적인 피토-정압 계통 배선도 (Schematic of a typical pitot-static system on a pressurized aircraft)

하는 항공기의 외기온도는 영도(0℃) 이하가 된다. 이때 동압공에 들어오는 공기의 압축도는 저고도의 공기압축도와 다르다. 고속 및 고고도에서 온도에 따라 압력이 변하게 되어 있다. 동체 주변에 공기의 흐름이 변하면 정압 또한 변하게 되어 있다. 이때 정확한 정압의 값을 얻으려면 공기 온도 및 공기의 밀도를 보상하는 동 · 정압 계통이 필요하다. 대부분 아날로그 계기들은 자체에 보상하는 장치가 내장되어 있었지만 현대 고성능의 항공기는 대기자료컴퓨터를 이용하여 해결한다. 더구나 최근에는 디지털 항공기에 디지털식 대기자료컴퓨터를 사용한다. 감지한 기압을 디지털 값으로 변환하여 여러 상황에 맞추어 보상하여 이 컴퓨터로 처리하게 하여 정확한 정보를 확보한다.

대체적으로 대기 자료컴퓨터에는 아날로그식인 중앙대기자료컴퓨터(CADC. Central Air Data Computer)와 디지털식인 디지털대기자료컴퓨터(DADC. Digital Air Computer)가 있다. 이 계통에선 모든 대기 압력과 온도를 감지하여 대기자료컴퓨터(ADC)에 보낸다. 구형 대기 컴퓨터에서는 트랜스듀서(transducer)로 이 압력 신호를 전기 신호값으로 변환시키고 온도 및 밀도변화를 보정하여 전기적인 신호로 만들어 여러 동정압 계기들한테 보내어 지시하게 한다. 그 후 디지털 기술 발달로 디지털 대기자료 컴퓨터(DADC)는 디지털 형식으로 대기 자료를 받거나 아니면 아날로그 신호를 디지털 변환기를 경유하여 디지털신호로 입력한다. 디지털 변환은 컴퓨터 내 또는

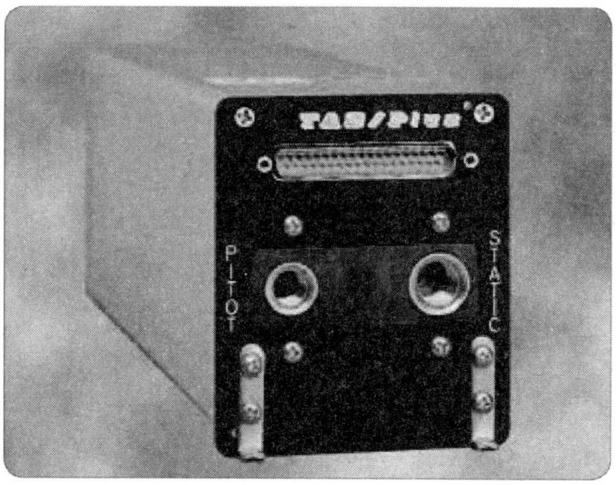

[그림 3-36] Teledyne의 90004 TAS/Plus 대기자료컴퓨터

별도의 장치인 대기자료모듈(ADM. Air Data Module)에서 할 수 있다. 그때 모든 계산과 보정은 컴퓨터에 의해서 디지털 방식으로 수행된다. 대기자료 컴퓨터 출력은 서보모터를 구동하거나 또는 여압 계통, 비행조종장치(FCU. flight control unit 또는 MCP. mode control panel) 등에 사용한다. 그리고 또한 디지털 데이터 버스(digital data bus)를 통해서 여러 계통에 입력신호로 사용을 위해 보낸다. 대기자료 컴퓨터(ADC) 사용의 장점은 다음과 같다.

동 · 정압관의 축소로 고질적인 누설 결함이 감소하고 연결부위가 적어지면서 정비가 용이하고 대기자료 신뢰성이 양호하며 컴퓨터 내에서 보정작업을 함으로 별도의 보정 장치가 필요 없어졌다. 또한 컴퓨터에서 여러 공급원의 자료의 유효여부를 시험할 수 있게 되었다. 그 기능은 바로 감지 원(source)의 불량 여부가 조종사에게 전달되어 즉시 대체 공급원을 선택하여 사용할 수 있는 장점이 있다. 또한, 반도체(solid-state) 기술이 첨가되면서 컴퓨터의 신뢰성은 더욱 향상되었고 많은 기능을 수행할 수 있으면서도 소형화 및 경량화가 되었다. 그림 3-37은 대기자료컴퓨터의 인터페이스로 컴퓨터가 동 · 정압계통 및 다른 여러 계통과의 연결 및 자료 전송 회로를 보여주는 그림이다.

3.3.4 피토정압 계기(Pitot-static Pressure-sensing Flight Instruments)

기본적인 아날로그 피토정압(일반적으로 동 · 정압이라 부른다)계기는 동 · 정압계통에 직접 연결되어 동 · 정압을 기계적인 방법으로 측정하여 바로 지시하는데 반해 디지털 비행계기들은 동 · 정압을 측정하여 전기 · 전자 신호로 변환하여 지시한다.

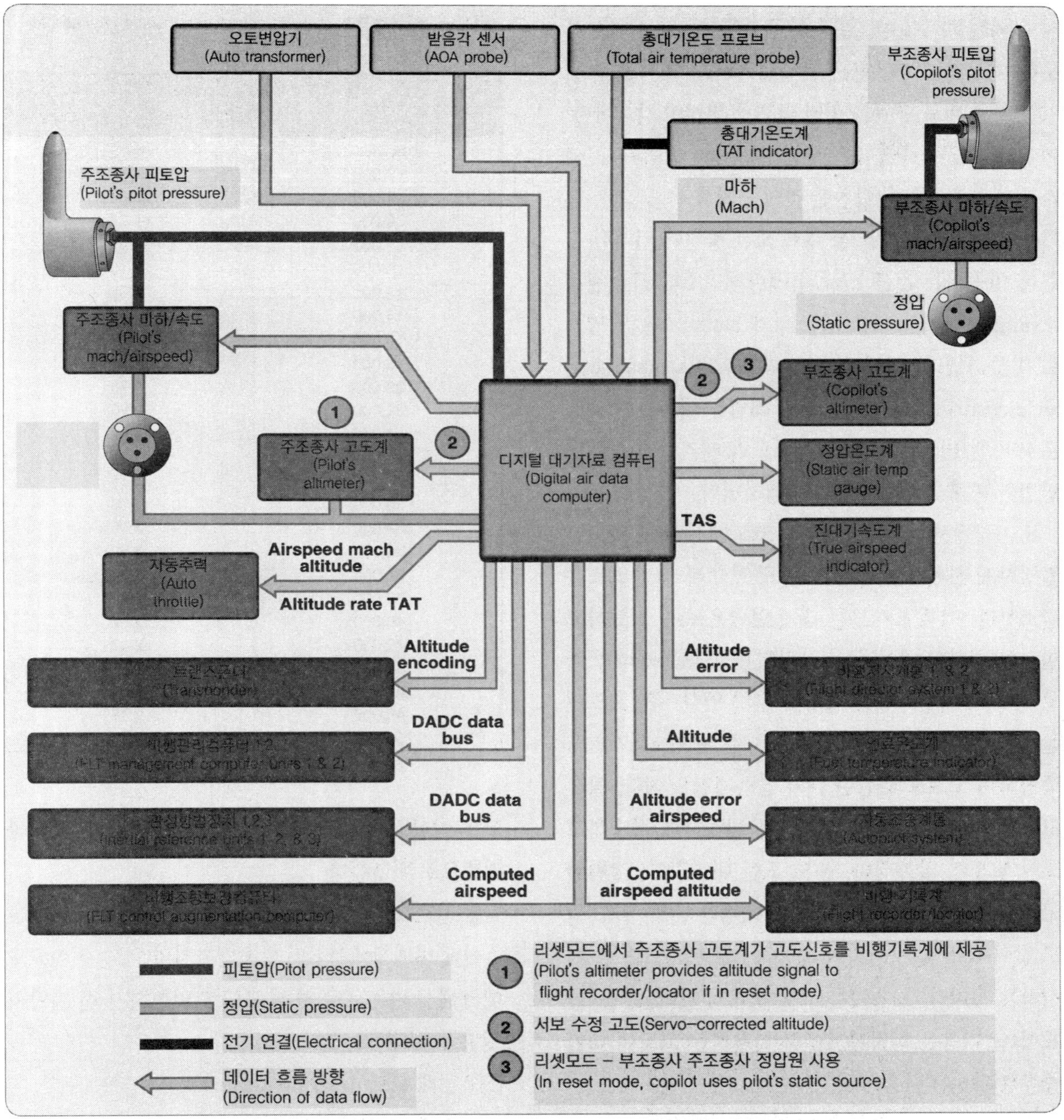

[그림 3-37] 대기자료컴퓨터 – 수령 및 프로세싱 – 피토-정압감지장치
(ADCs receive input form the pitot-static sensing devices and process)

3.3.4.1 고도계와 고도(Altimeters and Altitude)

고도계의 목적은 해수면 또는 지면으로부터 항공기의 비행 고도를 지시하는 것이다. 이 고도계의 주요 구성품인 수감부는 아네로이드이고 수감하는 압력은 항공기 동체 주변에 있는 대기압이다. 이 대기압은 정적(static)이기 때문에 정압이라 한다. 고도계의 기본 지

시 단위는 피트(feet. 일부 동구권에서는 meter를 사용하기도 함)이다. 최근 디지털 항공기에서는 스위치 하나로 피트 단위를 미터 단위로 변경이 가능하다. 이 비행고도를 측정하는 가장 일반적인 방법은 수 세기 전에 과학자들이 발견한 것에 근거를 두고 있다. 대기에 있는 공기가 우리들 주변 모든 물건에 일정한 압력을 미친다는 것을 17세기 에반젤리스타 토리첼리(Evangelista Torricelli)의 기압계(barometer) 발명으로 입증하였다. 이때 최초 대기측정기(atmospheric air measuring instrument)의 개념을 이용하여 블레즈 파스칼(Blaise Pascal)은 고도와 대기압력 사이에 밀접한 관계가 있다는 것을 증명하였다.

표 3-2에서 보여 주듯이 각 고도에서 대기 압력은 일정하게 정해져 있다. 고도가 증가할 때 대기 압력은 감소한다. 이때 줄어드는 대기 압력은 측정 가능하고 일정한 변화가 일어나 이 압력의 변화를 측정하면 바로 항공기 비행고도를 결정할 수가 있다. 즉, 고도계는 고도에 따라 일정한 압력으로 존재하는 대기압을 측정하여 고도로 환산한 대기 압력계인 것이다. 물론 고공으로 올라 갈수록 대기압은 일정하게 감소하고 또한 밀도가 약해진다. 온도 또한 내려간다. 정확한 고도를 지시하기 위하여 대기압 측정은 온도, 밀도 등도 같이 측정 및 보정하여 최종적으로 비행 고도를 지시하는 것이다. 표 3-2는 고도별 대기 압력을 비교한 표이다. 다음은 항공분야에서 사용하는 고도에 대한 종류별 정의는 다음과 같다.

[표 3-2] 대기압과 고도(Air pressure is inversely related to altitude)

대기압(Atmosphere pressure)	
고도(Altitude) (ft)	대기압력(Pressure) (psi)
Sea level	14.69
2,000	13.66
4,000	12.69
6,000	11.77
8,000	10.91
10,000	10.10
12,000	9.34
14,000	8.63
16,000	7.96
18,000	7.34
20,000	6.75
22,000	6.20
24,000	5.69
26,000	5.22
28,000	4.77
30,000	4.36
32,000	3.98
34,000	3.62
36,000	3.29
38,000	2.99
40,000	2.72
42,000	2.47
44,000	2.24
46,000	2.04
48,000	1.85
50,000	1.68

(1) 고도의 종류

① 기압 고도(pressure altitude)

표준대기압 기준선(29.92 inHg일 때 해면)으로부터 항공기까지 고도이며 이는 표준대기압 고도계로 전이고도 이상(14,000 feet)에서 모든 항공기는 이 고도를 기준으로 비행한다.

② 진고도(True Altitude)

실제 해면상에서부터 항공기까지의 고도. 전이고도 이하에서 기준으로 하는 고도로 비행하기 전 기압치 셋팅 후 비행하는 고도이다.

③ 절대 고도(Absolute Altitude)

지형(활주로)에서부터 항공기까지 고도로 전파고도계가 지시하는 고도처럼 절대고도 일종이다.

④ 밀도 고도(Density Altitude)

압력 고도에서 비표준 온도와 압력을 수정해서 얻은 고도. 항공기 이륙 및 상승 성능에 직접적인 영향을 미친다. 표준 대기압 상태에서는 기압 고도와 밀도고도가 일치한다.

⑤ 객실 고도(Cabin Altitude)

승객들이 탑승하고 있는 객실 내 압력을 표준대기압을 기준으로 나타내는 기압고도로 고공으로 비행하는 항공기의 최대 객실 고도는 8,000ft이다. 이때의 객실 내 압력은 지상보다 3.8PSI 낮은 10.91PSI 정도 된다. 최근 신형 항공기 (A380, B787 등)의 객실 고도는 6,000 feet이다

(2) 고도계의 작동 원리

대기압을 측정하여 항공기 비행 고도를 지시하는 고도계를 기압 고도계(pressure altimeter)라고 한다. 고도계는 일종의 아네로이드 기압계이며 절대 압력계이다. 측정하는 기압 눈금 대신 대기압에 해당하는 고도의 눈금이 표시되어 대기압과 고도와의 관계에서 대기 압력 대신 항공기의 고도를 지시하는 계기이다. 고도계는 1 기압 또는 진공으로 된 아네로이드(aneroid)를 이용하여 수감하는 압력(정압)을 기계적 변위로 바꾸어 연결구 및 지시부를 움직여 계기 바늘을 작동한다. 항공기에 사용되는 압력계기 중에 공합을 응용한 것이 많으며 이를 사용한 대표적인 계기에는 고도계, 대기 속도계, 그리고 승강계 등이 있다. 기압 고도계는 어느 위치, 즉 고도에서 주변의 대기압을 측정하도록 설계되어 있다. 항공기에서는 기압고도계와 정압공이 튜브로 서로 연결되어 있다. 측정 대기압은 절대압력이며 피트(feet) 단위로 고도를 지시하며 압력을 계기 내에서 직접 측정하고 지시하는 직독

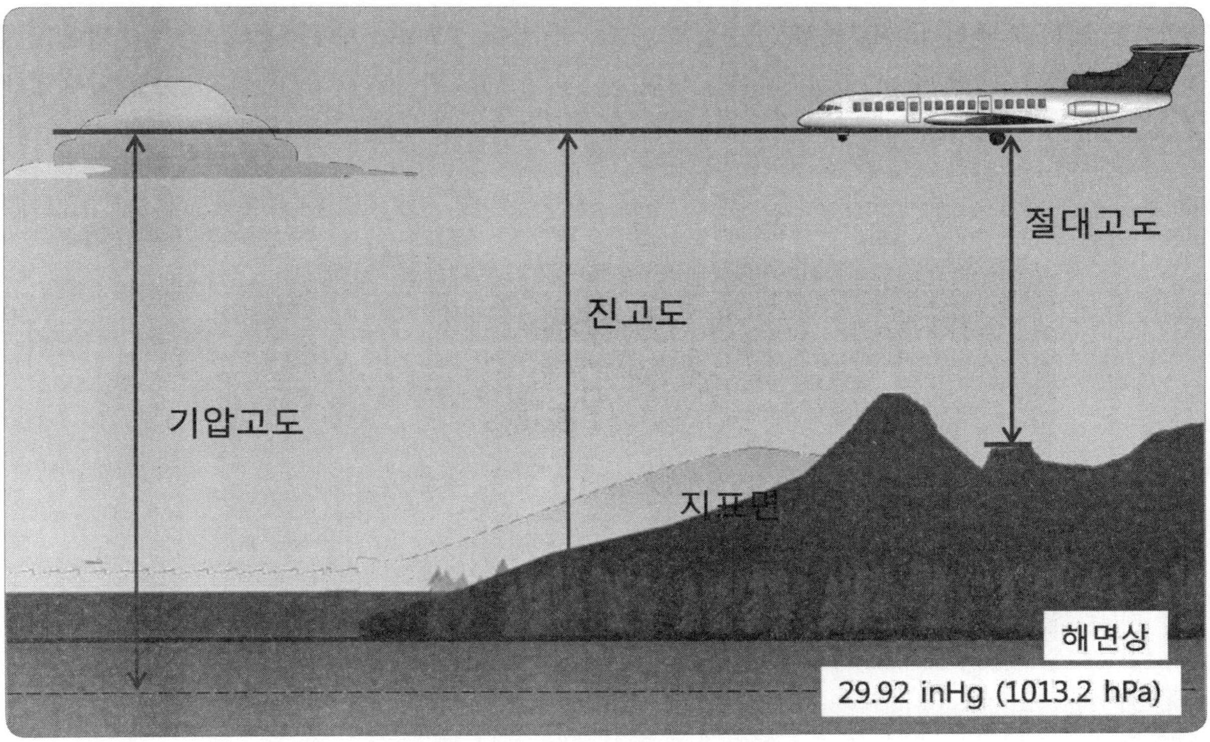

[그림 3-38] 고도의 종류 (Kinds of Altitude)

식 방식이다. 이 직독식 방식은 오늘날 대형기에서는 비상 예비용 계기(standby)로 사용한다. 그림에서 보면 고도계의 주요 구성품은 아네로이드이다. 고도에 따라 변화하는 압력은 아네로이드의 변화를 가져오고 이 변화하는 운동량으로 중간 연결 장치(linkage)가 계기 바늘을 회전하게 한다. 중간 연결 장치란 아네로이드에 부착된 연결기구 및 아네로이드의 팽창 및 수축운동을 감지하여 왕복운동으로 변환시키는 섹터 기어(sector gear) 그리고 이 왕복운동을 바늘이 연결된 피니언 기어(pinion gear)가 회전운동을 하여 결국은 바늘을 돌려주는 일련의 장치를 말한다. 실제 정압공(static port)으로 들어오는 정압은 계기의 밀봉된 케이스로 들어가서 아네로이드 겉에서 작용한다. 기압고도계는 해면상에서 주변 압력이 아네로이드에 가해졌을 때 0피트를 지시한다. 항공기가 상승하면 대기압은 감소하고 이때 아네로이드는 확장운동을 하게 되고 이에 연결된 고도계 바늘은 회전하게 된다. 당연히 고도가 낮아지면 압력은 다시 올라가고 계기 바늘은 반대로 0피트 쪽으로 내려온다.

고도계에서 이 값이 아네로이드 외부의 대기압에 해당하는 고도가 된다. 이와 같이 공합인 아네로이드는 고도계와 같은 동 · 정압계기의 성능을 좌우하는 가장 중요한 구성품이다. 이는 일반적으로 공함 재료의 탄성한계 내에서 가해진 외압과 그 변위량은 비례관계가 성립하며 외압이 제거되면 변위는 없어지고 원 위치로 돌아오게 된다. 공함에 사용되는 재료는 탄성한계 내에서 외력의 변위가 직선적으로 비례하며 비례상수 또한 커야 하고 제작성 등을 고려하여 구리의 합금이 사용되었으나 지금은 베릴륨-구리 합금이 많이 사용되고 있다.

(3) 고도계의 구조와 기능

일반적으로 계기는 수감부, 확대부, 지시부로 나눌 수 있다. 이를 고도계에 적용해보면 계기 내에 있는 아네로이드가 수감부가 되는데 이는 대기압의 변화에 의한 미세한 변위 량으로 계기를 지시하기에는 한

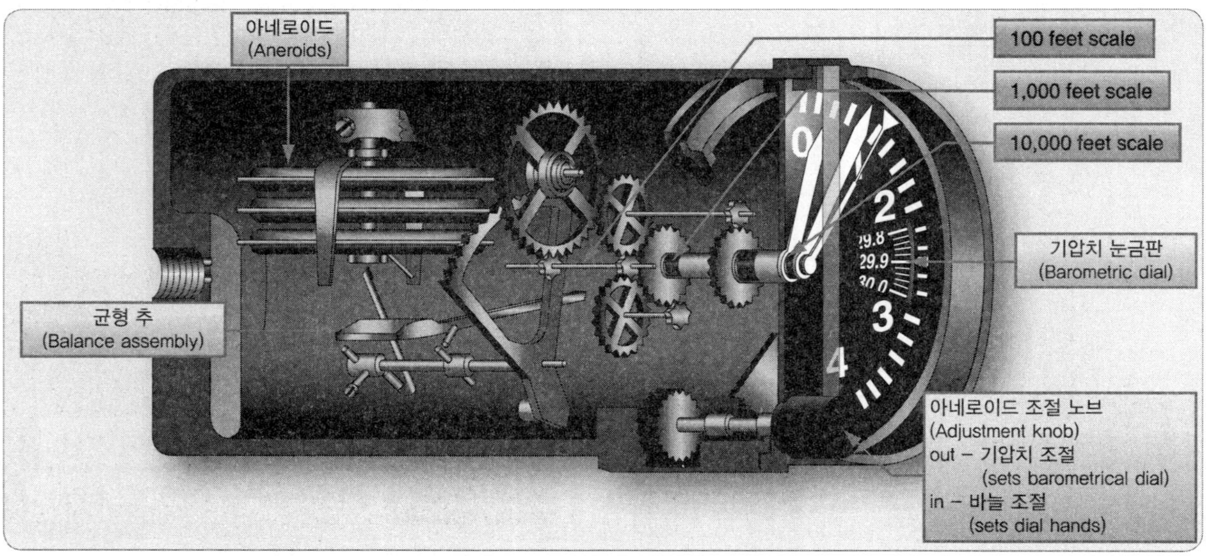

[그림 3-39] 아네로이드 고도계 내부 구조 (The internal arrangement of a aneroid operated altimeter)

계가 있다. 그래서 지시하기 전에 중간 확대부인 연결 장치(linkage)가 미세한 움직임을 확대하여 지시부인 바늘을 돌려 최종적으로 고도를 지시한다. 상기 아날로그 고도계의 눈금판은 시계와 유사하게 판독한다. 가장 긴 바늘이 100피트 단위로 한 바퀴 돌면 1,000피트를 지시하고 두 번째 긴 바늘은 더 느리게 이동하게 되는데 이는 긴 바늘이 한 바퀴 돌면 1,000피트 한 단위 움직인다. 그리고 세 번째 바늘은 1만 피트씩 증가한다. 계기를 보면 계기판에 크로스해치(cross-hatched area) 또는 이발소 표시(barber pole) 흑백 표시기가 있는데 이는 저고도 경고 계기(quick reference window)로 조종사가 상승 및 하강 시 계기 바늘과 눈금으로 고도를 확인하는 것이 아니라 조종사가 현재 1만 피트 이하의 저고도에서 비행하고 있다는 사실 혹은 하강 중에 1만 피트 이하로 하강하였다는 것 등을 신속하게 알게 하는 데 목적이 있다.

상기 그림 3-40과 같이 시계형식으로 된 고도계가 최근 디지털 항공기에서는 전자식 계기로 속도계, 승강계와 같이 일자형 테이프 형태(선형)의 계기에 현재 고도를 디지털 값으로 크게 표시하여 지시한다.

(4) 고도와의 관계 및 고도계 보정

고도계는 대기의 절대 압력을 측정하여 표준대기압력과 고도관계에서 간접적으로 고도를 알 수 있도록 만들어져 있다. 실제 대기압과 표준대기압과 다른 경우 고도는 같아도 고도계의 지시 수치가 다르게 된다. 이것은 착륙하는 공항의 기압이 다른 경우에는 고도계가 지시하는 고도와 실제 활주로 고도와 차이가 있게 된다. 그래서 실제의 고도계는 기압이 바뀐 경우라도 정확한 고도를 나타내도록 조절할 수 있다. 1928년도에, 폴 콜스만(Paul Kollsman)은 표준대기압을 기준으로 주변 기압에 변이를 반영하도록 고도계를 조정하기 위한 방법을 고안하였다. 그리고 바로 다음 해에 지미 두리틀(Jimmy Doolittle)은 콜스만의 정밀 고도계를 사용하는 조종석의 바깥쪽 시각 기준 없이 계기만을 보고 비행하여 계기비행의 가능성을 증명하는 시험비행을 성공적으로 수행하였다. 이후로 콜스

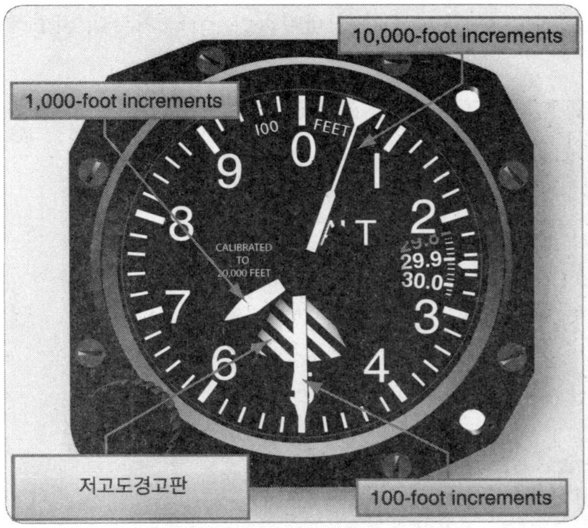

[그림 3-40] 정밀 고도계 - 3 개 바늘과 저고도 표식(A sensitive altimeter with three pointers and a cross-hatched area)

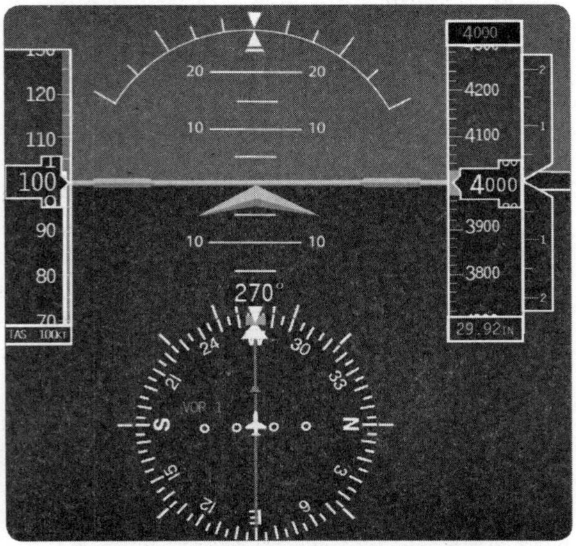

[그림 3-41] PFD 상 대기속도계, 고도계, 승강계 (Airspeed indicator, Altimeter and VSI in PFD)

만 창이라는 용어가 탄생하였고 고도의 기준이 해면상이기에 정확한 비행고도를 지시하기 위해서는 비행 당시의 해면 압력을 기준으로 설정하여야 한다. 기상 변화를 반영하여 정확한 진고도를 지시하기 위해서는 기압 눈금 창구 또는 콜스만 창(Kollsman window)에 그 당시의 해면기압을 맞추어야 한다. 이것을 고도계의 기압치 세팅 또는 보정(altimeter setting)이라 하며 다음과 같은 3가지 고도계 기압치 세팅 방법이 있다.

① QNH setting

전이고도(대한민국은 1만 4,000피트) 이하에서 항공기의 진고도를 지시하기 위한 고도계 보정방식이다. 이륙 당시 공항 기상 정보 중 그날의 기압치에 대한 정보를 교통 관제소로부터 받는다. 당시의 해면의 기압을 기압 눈금판에 맞추어 주면 고도계는 해면상에서부터 항공기까지의 높이, 즉 진고도를 지시하게 된다. 이 방식은 전이 고도(1만 4,000feet) 미만의 고도에서 사용하는 것으로 활주로에서 고도계가 활주로 표고(공항마다 활주로 표고가 있음)를 지시하도록 하는 보정이다. 항공기는 이륙할 때에 이륙 비행장에서 QNH로 보정하여 이륙하고 운항 중에는 근처의 교통 관제탑으로부터 대기의 정보를 수시로 받아 기압 눈금을 수정하면서 비행하게 되면 모든 항공기는 기준면이 일치하여 다른 항공기와 일정한 고도의 차이를 유지할 수 있다. 예를 들면 활주로 표고가 98피트(feet) 공항에서 그날 기압치가 29.98inHg이면 실제 고도계를 98피트에 맞추면 연동되어 있는 기압치는 29.98inHg를 지시하거나 아니면 반대로 기압치를 29.98inHg로 맞추면 고도계는 98feet를 지시하는 것이다. 이것이 서로 맞지 않으면 계기 조절 노브(knob) 옆에 작은 나사가 있는데 이것을 풀고 노브를 약간 빼내어 노브를 돌리면 기압치 눈금이 조절된다. 이를 고도계 기압치 조절 작업이라 한다.

② QNE setting

이륙 당시 QNH로 보정하고 비행하다가 전이고도, 즉 1만 4,000피트 이상으로 상승하게 되면 기압치를 29.92inHg(STD)로 맞추는 방식이다. 물론 고공에서 1만 4,000피트 이하로 하강하여 1만 4,000피트 이하가 되면 다시 QNH로 다시 세팅한다. 이는 기상의 변화에

[그림 3-42] 콜스만 창에 기준 압력 - 전이고도 (The reference pressure in the Kollsman window)

관계없이 1만 4,000피트 이상 비행하는 항공기들이 표준 대기면으로 부터 항공기까지 기압 고도를 지시하게 하는 방식이다. 1만 4,000피트 이상의 고도에서는 기상 변화가 적어서 정확한 지시를 할 수 있다. 국제선 대부분은 1만 4,000피트 이상의 고도에서 비행함으로 모든 조종사들은 고도계의 고도 기준을 표준 대기압에 맞추고 비행한다. 교통 관제소 및 조종사들은 이 고도를 기준으로 항공기간 수직 분리 및 고도 유지를 한다.

③ QFE setting

공항 활주로면의 기압을 맞추면 고도계는 활주로에서 항공기까지의 고도를 지시한다. 이는 항공기가 활주로 위에서 고도계가 0피트를 지시하도록 활주로를 기준으로 하는 방식이다. 이륙과 착륙 비행장을 항상 0피트로 하여 비행하기 때문에 단거리 비행이나 훈련 비행장에서 이착륙 훈련 시 또는 계기 착륙 시 편리한 방법이다. 지상에 있을 때 비행장의 기압을 맞추면 착륙할 때 고도계의 지시는 0피트를 지시한다.

(5) 고도계의 오차

고도계 지시에 영향을 주는 주요 요소는 기압의 변화와 온도이다. 고도계 내부에 바이메탈식 온도 보상 장치로 기압 변화가 지역 및 고도에 따라 다른 기압계 보정을 하고 온도는 아네로이드 탄성 변화 및 기압의 밀도의 변화와 연계되어 보정을 한다. 이들은 설계 시에 주요 고려 대상으로 고도계 오차의 주요 원인들이다. 다음은 고도계의 오차의 종류들이다.

① 눈금 오차(Pallarex Error)

이는 설계 및 제작 상 본질적으로 갖게 되는 고도계의 한계로서 고도와 압력 변위 관계가 일관성 있는 선형(linear) 직선식이 아니고 또한 아네로이드 변위량 또한 일정하지 않기에 여러 번의 실험을 거쳐서 눈금 표시를 하였지만 계기판의 눈금에 어느 정도의 눈금 오차가 생기게 된다.

② 온도 오차(Thermal Error)

고도계의 주요 구성품인 아네로이드 및 중간 연결 장치들이 금속 재질이어서 고도에 따른 심한 온도 차이로 의해서 금속들의 팽창 및 수축률에 따라 생기는 오차이다. 이를 감소시키기 위해 바이메탈식(bimetal) 온도보상 장치가 내부에 설치되어 있어서 어느 정도 오차를 보상하지만 완벽하게 오차를 제거하는 데는 한계가 있다.

③ 탄성 오차(Elastic Error)

압력을 측정하여 고도로 나타내는 아네로이드의 구성품은 구리 합금으로 온도 변화에 영향을 받는다. 이와 관련해서 생기는 오차는 다음과 같다.

- 탄성계수의 변화에 따른 오차
- 압력변화에 따라 휘어짐과 원상 복귀까지의 시간 지연에 따른 오차
- 장시간 동일한 압력 유지, 휘어짐으로 생기는 크리프(Creep) 현상에 의한 오차
- 재료의 피로현상에 의한 오차 등이 있다.

지연 효과는 압력에 따른 휘어짐의 양이 압력 증가 때와 압력 감소 때가 일치하지 않다. 그 현상을 그림으로 그리면 루프(loop)와 같이 나타난다. 이러한 현상을 히스테리시스(Hysteresis)라고 한다. 히스테

리 오차가 있다는 것은 항공기가 상승할 때 고도가 1만 피트 이었다면 하강할 때 같은 지점인데도 1만 피트가 아니고 1만 1,000피트와 같이 오차가 생기는 고도를 지시한다는 것이다. 물론 오래 그곳에 머무르면 천천히 1만 피트를 지시한다. 또한 탄성체의 크리프(creep) 현상에 의해서 지시치가 시간과 함께 조금씩 변해가는 것을 드리프트(Drift)라고 부른다. 드리프트가 심하면 결국은 고도의 오차로 이어져 교환을 한다.

밀도고도차트(Density Altitude Chart)

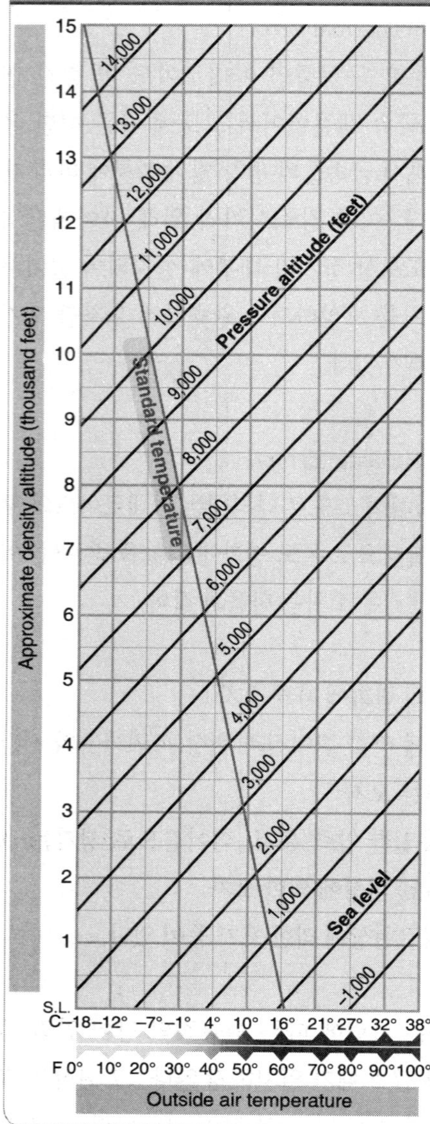

Altimeter setting ("Hg)	Pressure altitude conversion factor
28.0	1,824
28.1	1,727
28.2	1,630
28.3	1,533
28.4	1,436
28.5	1,340
28.6	1,244
28.7	1,148
28.8	1,053
28.9	957
29.0	863
29.1	768
29.2	673
29.3	579
29.4	485
29.5	392
29.6	298
29.7	205
29.8	112
29.9	20
29.92	0
30.0	-73
30.1	-165
30.2	-257
30.3	-348
30.4	-440
30.5	-531
30.6	-622
30.7	-712
30.8	-803

[그림 3-43] 항공기 성능에 대기 오도 영향(The effect of air temperature on aircraft performance)

④ 기계적 오차(Mechanical Error)

중간 연결구의 확대 장치, 섹터기어 및 피니언기어, 이들의 맞물림 등의 모양, 연결 기어의 섹터와 피니언 기어의 맞물림 등의 모양, 작동 반발(backlash), 마찰(friction) 등에 의해서 생기는 오차 등을 기계적 오차라고 할 수 있다.

(6) 기능 고도계

항공기 순수한 고도를 지시하는 기능 외에 추가로 필요한 기능을 첨부한 계기들을 기능 고도계라 하고 종류는 다음과 같다.

① 엔코딩 고도계(Encoding Altimeter)

관제구역에서 많은 항공기를 효과적으로 관제하기 위해 고밀도 비행구역에서 항공기의 정확한 위치와 고도 정보가 더욱 필요해졌다. 이에 맞추어 교통관제소(ATC) 레이더관제 화면에 항공기별 고도 신호를 제공하기 위해 개발된 계기가 엔코딩 고도계이다. 이는 교통관제소 트랜스폰더(ATC Transponder)와 연계 작동하여 교통관제소 레이더 스크린(PPI) 상에 항공기 식별 부호와 고도가 나타나도록 설계된 고도계이다.

② 서보 고도계(Servo altimeter – 오차보정고도계)

정압공 주변에 와류성 기류가 아니더라도 고도계 오차는 다른 원인에 의해서 발생할 수 있다. 즉, 고도계의 오차는 항공기의 속도, 고도, 기종에 따라 발생

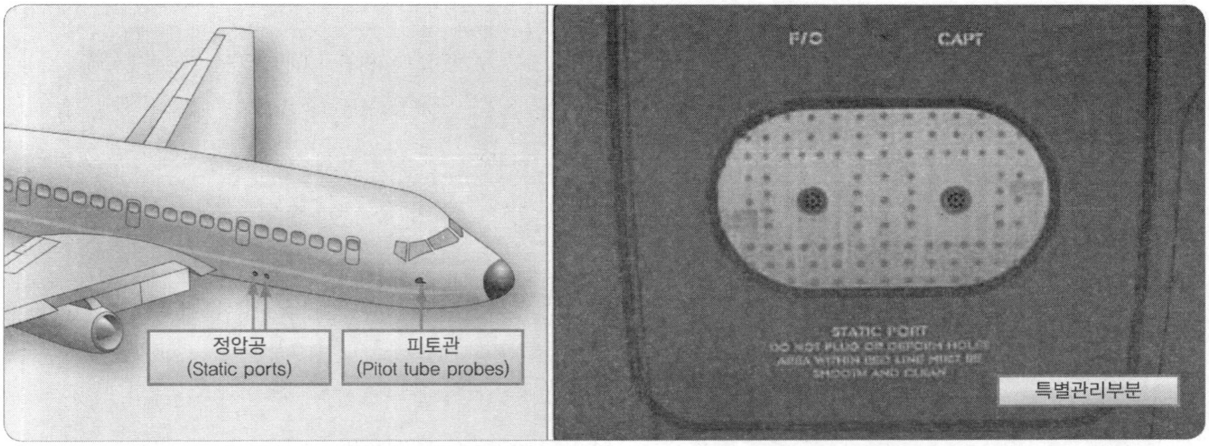

[그림 3-44] 정압공과 특별 관리 구역(The Static Port and Special Controlled Area on airframe)

하기도 한다. 서버 고도계(servo altimeter)는 기종마다 속도 온도에 의한 정압계통의 오차를 특정하고 그것을 속도 및 온도에 따라서 보정하는 기능을 추가한 계기이다. 고고도에서 고속으로 비행하는 항공기의 고도계로 많이 이용되고 있다.

③ 고도 지시계(Altitude Indicator)

정압공과 계기 사이에 대기자료 컴퓨터(ADC, Air Data Computer)를 두어 온도 및 밀도에 따라 보상을 하여 좀 더 정확한 고도를 지시하는 것으로 현재 항공기는 이 방식으로 고도를 측정하여 사용하고 있다. 대기자료 컴퓨터가 정압을 받고 또한 공기의 온도 및 밀도를 측정 보상하여 정확한 고도를 산출한다. 최근에는 정압공 바로 뒤 1미터도 안 되는 위치에 대기자료 모듈(ADM, air data module)이 정압신호를 바로 디지털신호로 변경하여 컴퓨터로 보내어 항공기 무게 감소, 정비용이 및 신뢰성을 향상시켰다. 이로 탄생한 정밀한 고도 고도계는 항공교통관제(ATC, air traffic control), 비행조종계통, 자동조종계통, 그리고 고도감시장치(altitude monitoring system)에서 사용하도록 통합되었다. 이들 고도계의 기본적인 압력감지는 동일하지만, 정보를 전송하기 위한 수단은 직독식에서 전기식 및 디지털식으로 발달되었다.

(7) 정압공 위치

정압공의 위치는 공기의 와류가 가장 적고 영향이 적은 곳에 장착되는데 대체적으로 동압관과 함께 있거나 아니면 전방 동체 옆 부위 양쪽에 장착되어 있다. 이 부위는 특별 페인트나 표식을 하고 특별 관리를 한다. 기류의 어떤 영향을 미칠 수 있는 페인트 등을 칠해서도 안 되고 공기의 흐름을 방해하는 어떠한 기체 편평함(flush)이 변형되는 정비 작업을 해서도 안 된다.

3.3.4.2 승강계(VSI, Vertical Speed Indicator)

그림 3-45의 승강계는 수직속도계(VVI/VSI, vertical velocity indicator/vertical speed indicator), 또는 상승계(rate-of-climb indicator)라고도 부른다.

(1) 목적: 승강계의 목적은 항공기가 상승 또는 하강을 할 경우 분당 몇 피트로 상승 또는 하강하는

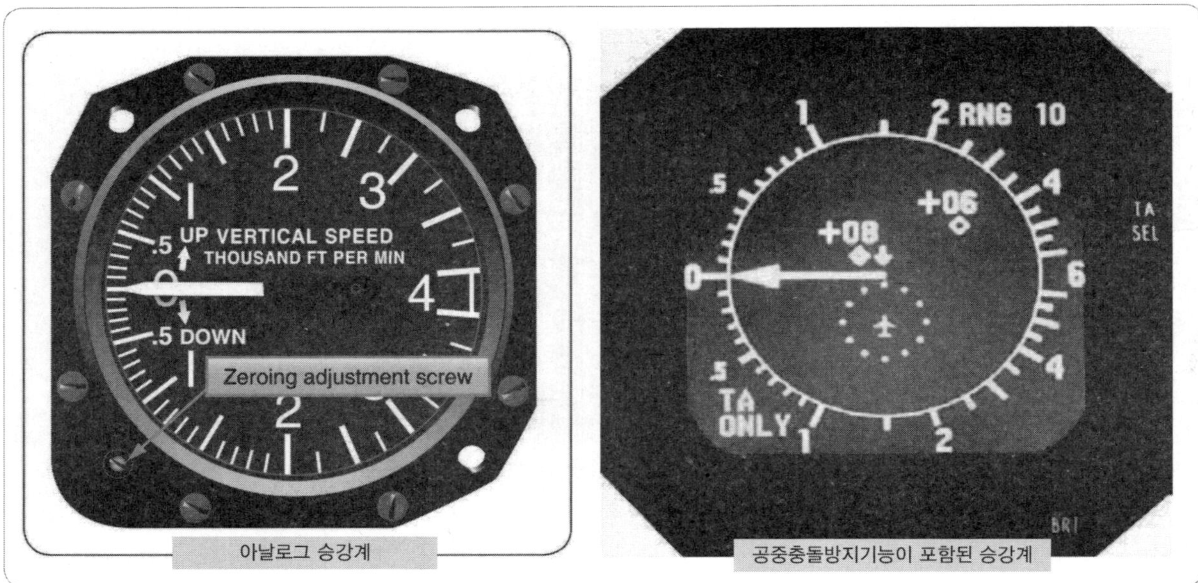

[그림 3-45] 아날로그 승강계 및 승강계/공중충돌방지 복합계기 (Analog VSI and Dual VSI/TCAS indicators)

지를 지시하는 것이다. 단위는 FPM이다.

(2) 주요 구성품: 다이아프램

(3) 작동 원리

일종의 차압계이다. 그림3-46의 계기는 직독식이며 항공기 외부 정압을 직접 받는 개방형 공함인 다이아프램 내부 압력과 계기 케이스 내 다이아프램 외부에 작용하는 압력의 차압이다. 정압은 다이아프램의 안과 밖을 자유롭게 흐르고 계기 바늘은 다이아프램 안쪽과 바깥쪽 압력이 같을 때 제로(0)를 지시한다. 항공기가 수평 비행을 하거나 지상에 있을 때 0을 지시하지만 상승 또는 하강 시 고도의 변화를 변화율(FPM, feet/minute)로 지시한다. 지상에서 0점 조절 즉 기계적인 오차가 있을 때 조절을 좌측 하단에 있는 나사로 조절한다. 그 조절 범위는 +/- 200FPM 정도 된다. 다음 그림 3-46과 같이 승강계는 차압 공함(Collapsile chamber, diaphragm)이 이용되는데 이 차압 공함의 내 · 외부의 압력차에 따라 항공기의 승강률이 나타난다. 항공기가 상승할 때는 공함의 안쪽은 그 당시의 고도 기압이 작용하고 바깥쪽은 바로 조금 전 상승 고도의 기압이 팽창하도록 되어 있어서 이 두 압력차에 의하여 공함이 팽창운동을 한다. 고도 상승을 멈추면 바깥쪽의 기압이 안쪽으로 모세관의 작은 구멍을 통해 흘러들어가는 것이 계속 되어 시간이 경과함에 따라 안팎의 압력차는 없어져서 공함은 원래의 상태로 복귀하게 되고 바늘은 0을 지시한다. 그러나 작은 구멍을 통하는 공기의 흐름에 의한 압력차는 고도가 증가함에 따라 계속 지속하게 될 때에는 공함은 팽창할 것이고 그 팽창 변위에 상당하는 양은 확대장치를 통하여 바늘이 지시된다.

또 항공기의 강하 비행을 할 때에는 안과 밖의 압력차가 반대로 작용하여 공함의 수축에 의한 변위를 지시하게 된다. 이 계기 지시에 대한 민감도는 작은 구멍의 크기(restricted passage)에 의해 결정되는데 구멍

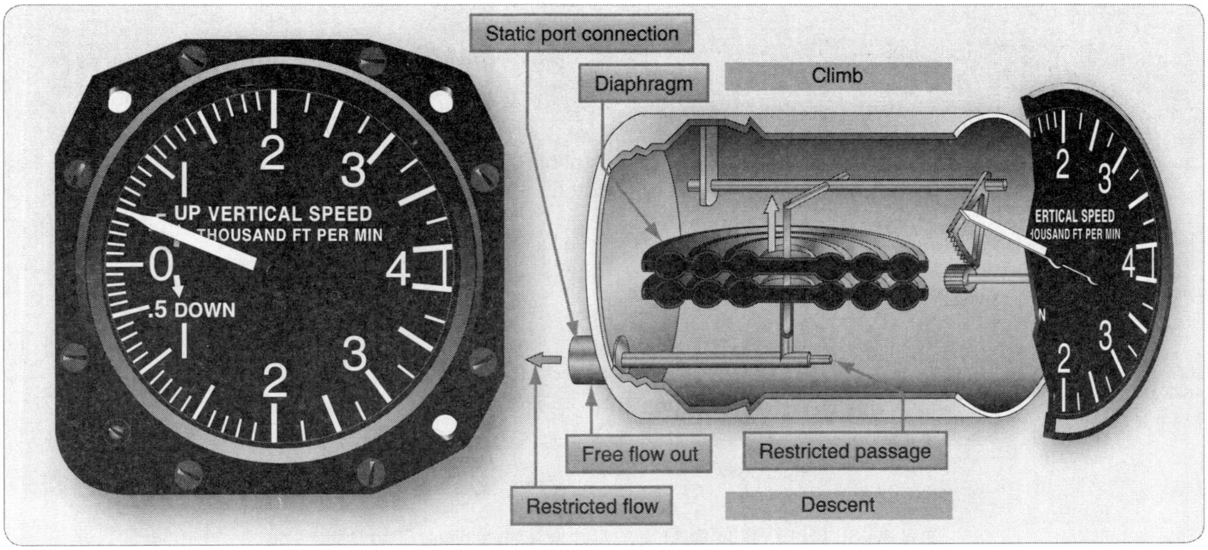

[그림 3-46] 승강계-수직 속도계(The vertical speed indicator)

이 큰 경우에는 지연 시간이 짧으나 감도가 작아지며 대신 구멍이 작은 경우는 감도는 높아지나 지연시간이 길어진다. 수평을 의미하는 0의 위치는 9시 방향에 위치하며 상승 시에는 위로 올라가고 하강 시에는 아래로 내려간다. 승강계의 눈금 범위는 0-4,000 또는 0-6,000ft/min의 범위 내에서 결정된다. 그리고 항공기에 공중충돌방지계통(TCAS)이 장착되면서 아날로그 승강계대신 공중충돌방지계기(TCAS indicator)의 기능을 포함한 디지털 복합 승강계가 장착되었다.

그림 3-46과 같이 승강계 기계장치의 단점은 6~9[sec]의 작동 지연이 생기는 것이다. 이 지시 지연을 해결하기 위하여 개발된 계기가 순간 수직 속도계(IVSI, instantaneous vertical speed indicator)이다. 이 계기 내에 지시 지연을 줄이기 위해 공함 내에 정압을 감지하는 과정에 가속 펌프(Dashpot Piston)가 설치되어 있다. 이는 하나의 펌프로 순간적인 가속으로 펌핑(pumping)하여 감지할 공기가 빨리 들어가도록 제어함으로써 지시 지연을 감소시킨 계기이다.

글라이더나 경비행기 승강계는 상승 및 하강의 상태를 알기 위해 바리오메터 승강계(variometer)를 사용한다. 이 바리오메터는 이미 알고 있는 압력과 측정하는 정압을 비교하는 것으로 일반 승강계의 작동 원리와 다르다. 이 계기는 매우 민감하여 상승 및 하강을 신속하게 지시한다. 측정된 압력이 바늘과 연결된 베인(vane)을 돌려 지시한다. 베인은 2 개의 챔버

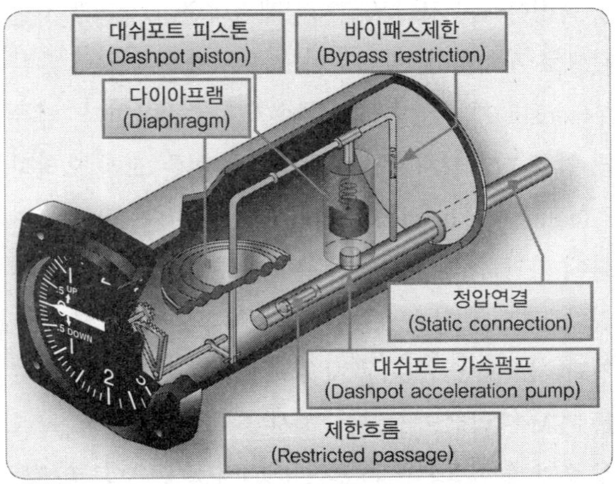

[그림 3-47] 순간수직속도계(순간승강계)에 있는 소형 대쉬포트(펌프)(The small dashpot in this IVSI)

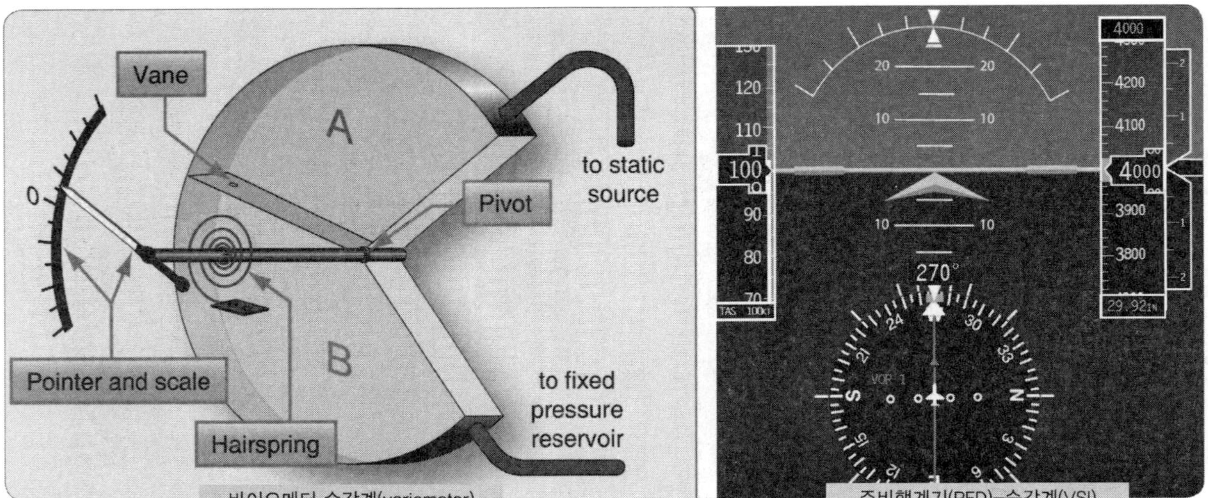

바이오메터 승강계(variometer) 주비행계기(PFD)-승강계(VSI)

[그림 3-48] 바이오메터(승강계) 및 디지털 승강계(Variometer and Digital VSI)

(chamber)로 나뉘고, 2 개의 챔버 중 한쪽은 항공기의 정압공과 연결되어 대기압을 직접 측정하고 다른 챔버는 이미 알고 있는 기준 압력을 내부에 가지고 있다. 이때 측정한 압력이 증가하면 챔버가 확장하게 되고 여기에 연결된 베인이 계기의 바늘을 하강 쪽으로 돌려서 항공기가 하강하고 있다는 것을 지시하고 반대로 정압이 감소하면 반대로 상승을 지시한다. 최근 디지털 항공기에서는 대기자료 컴퓨터(ADC)가 승강률을 측정하여 디지털 종합비행계기화면(IDS)에 디지털 값으로 지시한다. 아내로이드 또는 반도체 압력 수감부(sensor)가 정압변화에 계속적으로 반응한다. 컴퓨터 안에 디지털시계가 아날로그에 있는 교정 오리피스(calibrated orifice)의 역할을 대신 한다. 정압의 변화에 따라 컴퓨터 시계가 승강변화속도를 계산할 수 있다. 고도의 상승 또는 하강에 따라 이미 알고 있는 경과속도(lapse rate)을 사용하여 상승 또는 하강 속도를 FPM 단위로 계산하여 그 신호를 지시한다. 디지털식 승강계는 주비행계기화면의 고도계 옆 오른쪽에서 승강률을 지시한다.

3.3.4.3 대기 속도계(Airspeed Indicator)

대기 속도계는 주요 비행계기로 대표적인 차압계기이다.

(1) 대기 속도계의 목적

비행하는 항공기의 정면에 부딪히는 대기 속도를 노트(knot) 단위로 지시하는 것이다. 이는 지상의 속도와 다른 개념으로 목적지까지 얼마나 빨리 비행하는지 시간으로 계산할 수 있는 속도보다는 항공기와 공기가 부딪칠 때 기체에 작용하는 하중(load)을 고려하여 항공기 설계 강도를 기준으로 하여 항공기의 이륙속도, 착륙속도 및 플랩 등의 조종면 작동속도로서 항공기 기체 안전과 기동(maneuvering)에 안전 기준을 참고하는 속도이다.

(2) 속도계의 주요 구성품 및 단위

전압과 정압을 수감하는 개방형 공함인 다이아프램이 주요 구성품이고 단위는 노트(knot)를 사용한다.

(3) 전압(Total Pressure)과 정압(Static Pressure)

항공기의 대기속도를 알기 위해서 그림 3-49와 같이 항공기가 비행할 때 정면에 공기의 흐름 방향 쪽으로 열린 구멍으로 들어오는 전체 압력 Pt와 이 흐름의 90도 직각 방향 쪽에 열린 구멍으로 작용하는 Ps를 항공기 종축과 평형하게 장착된 피토 · 정압관이 측정한다.

그림 3-49에서 보듯이 Pt 부분의 공기압은 비행하는 항공기에 정면으로 부딪히는 압력으로 항공기 속드가 증가 할수록 압력이 커지지만 Ps 부분은 공기와 충돌하지 않고 그 항공기의 주위에 존재하는 정적인 압력으로 대기압과 같다. Pt-Ps, 즉 정면에 부딪히는 압력과 항공기 주의의 정압의 차이 압력이다. 이 차이 압력은 측정 장소의 공기의 밀도를 ρ, 공기 속도를 V로 하면 다음과 같은 관계식이 성립한다. 즉, 단열 압축 흐름의 식으로 음속 미만의 속도에 적용할 수 있다.

$$Pt-Ps=\frac{1}{2}\rho V^2$$

항공기 대기 속도(V)를 구하기 위해서는 Pt, Ps 및 공기 밀도인 ρ를 알 필요가 있다. 위에서 Pt를 전압(또는 피토압), Ps을 정압이라고 부른다. Ps는 그 장소의 대기압과 같고 Pt는 공기의 충돌에 의한 압력 증가분에 그 장소의 대기압을 더한 것이다. 그래서 전압이라고 부른다. 그림의 장치는 동 · 정압관(Pitot-Static Tube)이라고도 부르고 이것은 피토 튜브에 전압공과 정압공이 함께 설치된 것이지만 전압공만 있는 피토 튜브가 있으면 정압공은 동체의 좌우 측면에 별도로 설치한다. 상기 공식에서 항공기 대기 속도인 V를 구하려면 밀도인 ρ를 알아야 한다. 실제로 이용되고 있는 속도계는 표준대기의 해면에 접한 부분의 공기의 밀도 $\rho0$ 및 압력 P0를 이용하여 속도계 눈금이 만들어졌다. 그 때문에 고공에서 공기의 밀도가 해면의 공기 밀도보다 작아지면 항공기의 속도가 바뀌지 않는 경우라도 속도계의 지시 값이 작아지는 특징이 있다.

(4) 속도계의 작동

대기속도계의 주요 구성품은 다이아프램이고 전압과 정압을 동시에 받아서 그 차압 속도를 knot로 표시하는 계기이다. 그림 3-49에서 보듯이 다이아프램 내부로 전압이 직접 연결되어 작용하고 계기 케이스에

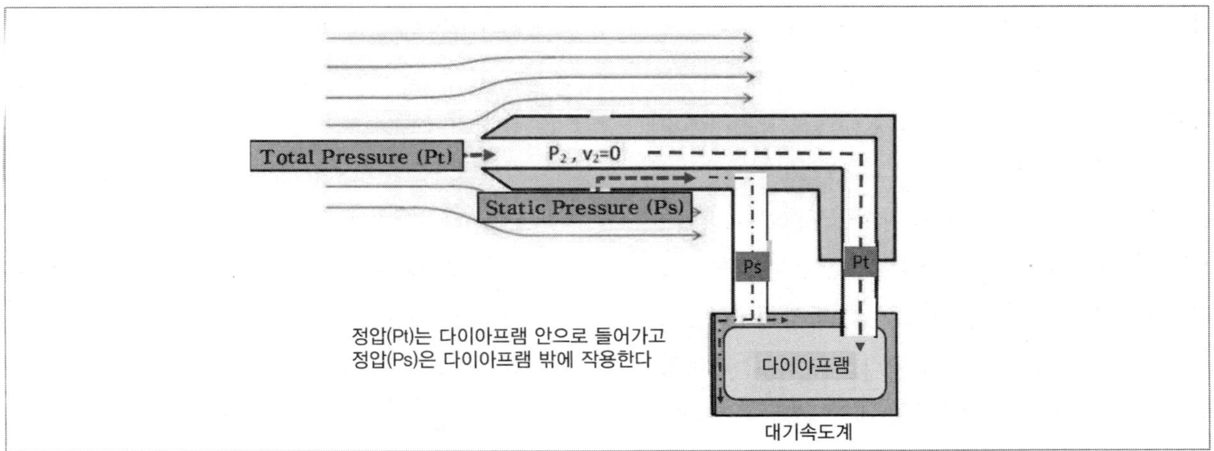

[그림 3-49] 피토관의 전압과 정압 측정 (The measurement of Total and Static pressure on Pitot-Static tube)

는 정압이 연결되어 있어 다이아프램 외부에 작용한다. 따라서 다이아프램 가동 부분의 변위는 전압(Pt)와 정압(Ps)의 차 (Pt–Ps)에 의해서 결정된다. 다이아프램의 운동으로 연결구(linkage)가 움직여 섹터 기어를 왕복운동하게 하고 여기에 맞물린 피니언 그어가 회전 운동을 하면 여기에 연결된 계기 바늘이 눈금판 위에서 지시한다. 항공기가 앞으로 전진할 때 대기에 대한 상대풍의 속도를 지시하는 것으로서 대기가 정지하고 있을 때에는 정지 항공기 속도와 같다. 속도계는 전압과 정압을 측정한 후 이 값을 베르누이 정리를 이용하면 항공기 대기 속도를 구할 수 있다.

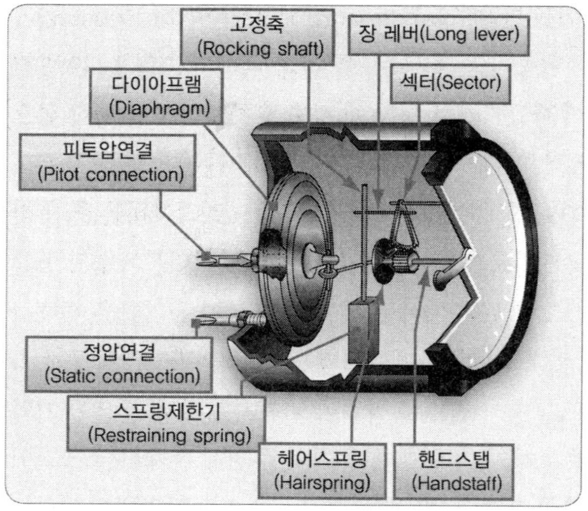

[그림 3–50] 대기속도계(An airspeed indicator)

(5) 대기 속도 계산

동 · 정압 계통의 대기 속도계는 베르누이 정리를 기본 이론으로 하여 다음과 같은 공식이 성립한다.

$$V(\text{항공기 대기 속도}) = \sqrt{2(Pt-Ps)/\rho}$$

피토관은 동압과 정압의 합해진 피토압을 받게 되는데 이것이 전압(Pt)이다. 즉, 피토압 = 전압(Pt)이다. 정압공에는 정압(Ps)이 작용하며 이때 전압과 정압의 차이는 동압(Pd)이 된다. 속도계의 공함에는 동압이 가해지고 이 동압은 유속의 제곱에 비례하므로 압력 눈금 대신에 환산된 속도 눈금으로 표시하면 대기속도가 결정된다. 속도계는 그림 3–50과 같이 밀폐된 케이스 안에 개방 공함인 다이어프램이나 다이아프램식 벨로즈와 같은 공함이 들어 있는데 공함 안쪽에는 피토압이 직접 전달되고 공함 바깥쪽에는 정압이 가해진다. 항공기 속도에 따라 이 두 압력의 차압, 즉 동압에 의하여 공함이 팽창 EH는 수축하게 되는데 이 변위량은 연결 장치에 의하여 확대되어 바늘에 전달된다. 변위량은 확대 기구에서 온도 보정을 거쳐 미리 표식이 된 눈금위를 지시하게 되며 대기 속도의 단위는 노트(knot, 1,852mile/hour 또는 1,609Km/hour)를 사용한다. 속도계는 피토관의 장착 위치에 따라 난류 등에 의한 오차가 생길 수 있다. 동 · 정압계기류의 취급에는 특별한 주의가 요구된다. 고도계의 아네로이드는 지상에서 29.92inHg의 압력이 가해지나 속도계의 다이아프램은 300mph에서 3.4inHg 정도의 압력이 가해지는 것으로 고도계의 압력보다 낮기 때문에 취급하는 데 더욱 주의가 요구된다.

(6) 속도의 종류

① 지시대기속도(IAS: Indicated Air Speed)

피토관 및 정압공에서 받은 공기압의 차이 압력으로 통상 속도계가 지시하는 속도로 구형 항공기 속도계가 지시하는 속도

② 수정대기속도(CAS: Calibrated Air Speed)

지시대기속도에서 피토 정압관의 장착 위치와 계기 자체에 의한 오차를 수정한 속도. 예를 들어 정압원 오

차수정(SSEC. Static Source Error Correction) 등을 통해 수정한 것으로 현대 디지털 항공기의 주비행계기(PFD)에 지시하는 것이 수정대기속도(CAS)이다.

③ 등가대기속도(EAS: Equivalent Air Speed)

수정대기속도에서 공기의 압축성 효과(Forced air correction)를 수정한 속도

④ 진대기속도(TAS: True Air Speed)

등가대기속도에서 다시 대기밀도를 보정한(Error of density=1.025 Kg/M³ at 15℃ Sea level) 속도로 실제 비행시간을 계산할 수 있는 것으로 디지털 항공기 항법계기(ND)에 지시하여 비행시간 및 도착시간 등을 계산하는 데 사용하는 속도

3.3.4.4 마하계 (Machmeter, Mach Number Indicator)

(1) 마하계 목적

항공기 대기 속도계의 한 종류로서 항공기의 대기 속도를 공기 중의 음속으로 나눈 값으로서 즉 음속에

[그림 3-51] 아날로그 진대기 속도계
(An analog true airspeed indicator)

대한 배율, 즉 마하수로 지시한다. 군용 전투기 및 미사일 등의 속도를 계산할 때 마하수를 사용한다. 이는 항공기 기동 시 속도 대비 맞부딪히는 대기의 압력 속에 대해 안전하게 조종면을 작동하고 속도를 얼마나 낼 수 있느냐의 중요한 속도의 개념이다.

(2) 마하계의 기본 원리

기본 작동 원리는 속도계와 비슷하다. 다만 마하수 변화와 깊은 관련이 있는 중력 가속도와 대기의 절대 온도 변화량이 계기 내에서 기계적인 변화량으로 보정해야 하기 때문에 같은 대기 속도일지라도 음속은 고도에 따라 다른 값으로 지시한다. 마하계는 절대 온도 변화와 중력가속도를 기계적인 변위로 나타내야 하지만 중력가속도와 절대온도가 고도에 따라 그 값이 정해진다. 따라서 중력가속도와 온도를 수감하는 수감부 대신 고도를 수감하는 소형의 아네로이드가 추가로 설치되어 고도 변화에 따른 기압의 변화를 보상할 수 있도록 되어 있다. 이 아네로이드를 고도 수정 아네로이드(altitude correction aneroid)라 한다. 고속의 제트 항공기에서 마하계는 속도계와 함께 절대적으로 필요한 계기로서 현대 제트 여객기에 사용되는 것은 5만 피트 고도 한계 내에서는 0.5~2.0마하수로 눈금이 새겨져 있다. 음속에 가까운 속도로 비행하는 항공기는 돌풍을 갑자기 만나면 기체의 일부가 음속을 넘어선 강한 충격파의 발생으로 항공기에 위험한 상태가 발생한다. 이 때문에 고속 항공기에서는 비행 중에 음속에 보고 어느 정도의 속도인가를 미리 알아서 돌풍 등에 대한 여유한계를 가질 필요가 있다. 공기 중에 음파가 전해지는 속도는 그 장소의 공기의 온도 상태로 결정된다. 그 속도를 C로 하고 항공기의 진대기 속도를 Vt로 하면 M=Vt/C를 마하수라고 부른다.

음속은 공기 상태(온도)에 의하여 그 속도가 변한다. 그 때문에 비행하고 있는 고도의 음속에 따라서 최대 운용 한계 속도를 바꾸어 지시할 필요가 있다. 일반적으로 대기 속도계를 보면 적색과 흰색의 사선(barber pole)으로 칠해진 바늘이 있는데 이는 비행하는 항공기의 속도와 고도에 따라 변화하는데 이는 고도에 따라 항공기의 최대 허용 속도를 지시하는 것으로 이를 초과해서 비행을 해서는 안 된다.

과속으로 인한 위험에 대비하고 안정조치를 위해 조종사는 항상 대기속도를 감시하여야 한다. 고속항공기에는 중요한 마하수를 감시하기 위해서 마하계가 장착되어 있다. 실제 마하계는 본질적으로 눈금판에 마하계와 함께 눈금이 새겨져 있는 하나의 속도계이다. Mcrit(최대허용속도, maximum allowable speed)는 형식증명 비행시험(type certification flight testing) 시에 항공기에 대해 정해진다. 이 속도를 임계 마하수(critical mach number) 또는 Mcrit라고 한다. 마하(Mach)는 음속에 대한 용어이다. 임계 마하수는 0.8마하처럼 소수(decimal)로 표현된다. 이것은 실제의 음속이 어떤 특정한 고도에서 어떻게 되는지에 관계없이 음속의 8/10이라는 것을 의미한다. 수많은 고성능 항공기는 Mcrit를 감시하기 위해 마하계를 갖추고 있다. 마하계는 근본적으로 눈금판에 Mach와 비교하여 미리 표시된 대기속도 계기이다. 그림 3-53과 같이 여러 가지의 눈금은 아음속 항공기(subsonic aircraft)와 초음속 항공기(supersonic aircraft)에서 존재한다. 다이아프램 외에 추가로 고도를 수감하는 아네로이드로 구성되어 있다. 마하수는 고도에 따라 음속이 변하기 때문에 이 수감 아네로이드가 최종 바늘을 보정 조절한다. 현대 항공기는 속도계에 마하계가 합쳐진 그림 3-52, 그림 3-54와 같은 마하 · 대기

[표 3-3] 표준 고도에 따른 온도 및 음속 비교표

표준 고도, 온도 및 음속 비교 (Standard Altitude, Temperature, and the Speed of Sound)		
Altitude (feet)	Temperature (°F)	Speed of sound (knots)
Sea level	59	661
2,000	52	657
4,000	48	652
6,000	38	648
8,000	30	643
10,000	23	638
12,000	16	633
14,000	9	629
16,000	2	624
18,000	–5	619
20,000	–12	614
22,000	–19	609
24,000	–27	604
26,000	–34	599
28,000	–41	594
30,000	–48	589
32,000	–55	584
34,000	–62	579
36,000	–69	574
38,000	–70	574
40,000	–70	574
42,000	–70	574
44,000	–70	574
46,000	–70	574
48,000	–70	574
50,000	–70	574

[그림 3-52] 마하 대기 속도계

속도계(mach/airspeed indicator)를 사용한다. 이 계기는 대기속도와 마하수를 나타내기 위해 서로 독립된 기계장치가 설계되어 있다. 대기 속도계에 고도 수정용 아네로이드가 추가로 있다고 보면 된다. 계기에서 흰색바늘은 대기속도를 노트(knot)로 지시하고 적 · 백색지침은 독립적으로 구동되며 최대허용속도(Maximum allowable speed)를 감시하기 위해 마하수 눈금을 기준으로 작동한다. 같은 속도에서도 고도가 변동을 하면 마하수가 변하기 때문에 이 바늘 또한 움직인다.

[그림 3-53] 마하계기(A machmeter indicator)

[그림 3-54] 마하/대기속도 복합계기(A combination mach/airspeed indicator)

3.4 원격 감지 및 계기 (Remote Sensing and Indications)

(1) 원격 감지 및 계기의 필요성

조종석으로 전달할 정보에 대해 직독식 방식은 대형기에서는 비효과적이거나 아예 불가능하다. 기체 또는 엔진 등 원거리에 수감부인 센서(sensor)를 위치시키고 조종석까지는 전선을 통해 전기적으로 자료를 전달하는 원격감지(remote-sensing)식 지시 방법이 널리 사용되고 있다.

(2) 계통 구성

① 수감부 - 압력, 온도, 양 등을 측정하거나 감지하는 것 - 센서 또는 감지기

② 트랜스미터(transmitter) - 수감부 센서에서 보내오는 기계적인 신호를 전기신호로 변환 하여 지시부로 전달하는 장치(수감부가 내장되어 있기도 함)

③ 지시부 - 조종석 계기로서 계기 내부에 수감부 또는 트랜스미터에서 보내오는 신호를 받아 재생하는 수신기가 내장되어 있다.

측정하고자 하는 부위에서 수감부인 센서(sensor)

가 감지하여 트랜스미터로 전달하면 트랜스미터에서 이것을 전기적 신호로 변환하여 조종석 계기까지 전선을 이용해서 보낸다. 계기 수신기에서 이 전기 자료를 받아서 해당되는 단위로 표시된 눈금판 위에서 지시한다. 또한, 최신 항공기에서는 대부분 엔진과 기체 계통 등에서 감지한 자료를 컴퓨터에서 최종 수집하여 정보 처리를 한다. 컴퓨터의 출력부는 전기적 또는 디지털 자료로 조종석 계기로 전송한다. 이런 식의 원격탐지 계기계통은 높은 신뢰도와 정밀성으로 작동한다. 이들 계통의 소요 전원은 항공기의 전기 계통에 의해 공급된다.

3.4.1 동기식 원격 계기류(Synchro-type Remote-indicating Instruments)

동기식 계통(synchro system)은 수감부에서 확보한 자료가 멀리 떨어져 있는 계기에서 똑같이 재현될 수 있도록 정보를 전달하는 방식을 동기식 원격계기라 한다. 이 "Synchro"라는 단어는 "Synchronous"의 약어이며 수감부와 지시부가 동시간대에 똑같이 재현된다는 의미이다. 지시 관련 구성품을 설계한 제작사의 적용 기술 방식에 따라 동기식 원격 기본 개념은 같으나 적용한 기술이나 명칭이 조금씩 상이하다.

(1) 동기식 계기 종류

① 위치지시계기 : 플랩위치 지시계. 착륙장치위치 계기, 도어 지시계 등

② 압력계 : 윤활유, 연료, 작동유, 물 압력계 등

③ 방향계: 비행 방향계 등

(2) 동기식 계통 종류

이들 3계통의 구조 측면에서는 서로 비슷하나 전기와 자기(magnetism) 사이에 양립하는 원리를 기반으로 작동한다. 일정한 방향성을 갖는 자기장(magnetic field)을 창출하기 위해 사용될 수 있는 전기, 그리고 자석과 다른 전자기장에 상호작용할 수 있는 자기장은 그들의 작동에 적용되는 기본적인 작동원리이다. 동기식 계통의 가장 일반적인 종류는 다음과 같다.

① 셀신 동기계통(selsyn synchro system)
  - 직류 전원

② 오토신 동기장치(autosyn synchro system)
  - 교류 전원

③ 마그네신 동기장치(magnesyn synchro system)
  - 교류 전원

3.4.1.1 셀신계통(DC Selsyn Systems)

직류전기를 주로 사용하는 항공기 특히 소형 항공기에서 셀신장치(dc selsyn system)가 널리 사용된다. 델신(Delsyn) 또는 직류셀신(DC Selsyn)이라고도 한다.

(1) 직류셀신계통 계기

① 위치표시계기 - 플랩위치 지시계, 착륙장치위치 지시계, 도어 개폐 지시계 등

(2) 주요 구성

주요 구성으로는 수감부인 센서를 포함한 트랜스미터(transmitter), 계기(indicator) 및 연결전선으로 이루어진다. 트랜스미터의 구성은 원형저항권선과 회전자이다. 회전자는 저항권선 중심에 있는 축을 중심으로 회전 작동한다. 측정하는 부위가 움직이면 송신기(transmitter)의 연결 장치가 운동하고 이때 연결된

코일 권선으로 전기가 공급되면 전자석으로 변환되어 회전자(rotor)를 같은 방법으로 회전시킨다. 송신장치인 트랜스미터 안에 수감장치인 센서가 위치하고 계기 안에는 수신 장치가 위치하고 있어서 트랜스미터에서 송신한 자료를 그대로 똑같이 재현하는 방법이다. 그림 3-55에서 트랜스미터의 저항 권선이 120도 간격으로 3부분으로 나누어 감겨져 있고 센서와 연결되어 있는 회전자가 회전하면 고정자인 저항권선과 계기 내부에 120도 간격으로 나누어져 있는 연구자석의 권선으로 전류가 흐르게 된다. 이때 계기 내부 영구자석 권선에서 자력선이 생성되고 이 결과 가운데 있는 영구자석인 회전자가 회전하고 이곳에 연결된 계기 바늘이 눈금판 위에서 회전하여 지시하게 된다.

착륙장치(LG, landing gear)는 업락(Up-lock) 또는 다운락(Down-lock)이라고 부르는 잠금장치가 있다. 업락은 착륙장치가 이륙 후 접어 들어가면 풀리지 않도록 고정 잠금을 하는 장치이고 착륙을 위해 착륙장치가 항공기 밖으로 나오면 착륙하는 동안 접어지지 않도록 고정 잠금을 하는 장치로 항공기 이륙 및 착륙할 때 이 착륙장치의 위치 상태에 대한 정보가 무엇보다 중요하다. 직류셀신계통으로 착륙장치위치 지시계통에 사용될 때 지시계기도 똑같이 착륙장치의 위치를 지시할 수 있다. 이는 수감부와 계기 내부의 회로 사이에 직류 셀신 회로가 연결되어 가능하다. 착륙장치의 위치를 감지하는 락스위치(lock switch)가 움직이면 수감부의 회전자(rotor contact)가 움직이게 되면서 회로 저항의 변화가 일어나면서 전류의 흐름의 변화가 생기고 이는 계속해서 계기 수신기의 자기장의 세기와 방향을 변화시켜 계기의 바늘을 회전시키면서 지시하는 방식이다. 그림 3-56은 삼(3)선식(three-wire) 셀신 계통으로 센서 인 잠금장치(lock switch)와 계기 수신기의 간단한 연결 회로를 보여 주고 있다.

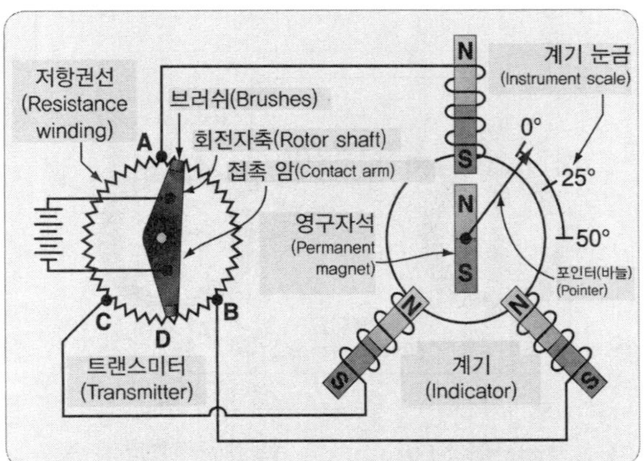

[그림 3-55] 직류(DC) 셀신(데신) 동기 계통 배선도

3.4.1.2 교류 싱크로 계통(AC Synchro Systems)

교류가 주 전원인 대형기에서 교류 싱크로 계통을 원격지시 계통으로 사용한다. 종류로는 오토신(autosyn)과 마그네신(magnesyn)이 있다. 이들은 직류대신 교류전력이 사용되는 것만 제외하고 직류셀신장치와 유사한 방법으로 작동한다. 직류셀신계통의 저항의 변화로 전류흐름의 변화를 이용한 것이 특징이라면 교류 싱크로계통은 전기유도(electric induction) 특징을 활용한 것이다.

(1) 마그네신(magnesyn)

① 목적: 방향계기계통에 사용한다.

② 작동: 마그네신(magnesyn)은 직류셀신장치와 같이 영구자석 회전자를 사용한다. 교류 전원으로 작동하고 보통 트랜스미터 자석이 계기 자석보다 크지만 계기의 회전자 및 바늘의 전자석의 움직임은 동일하다. 코일에 의해서 트랜스미터

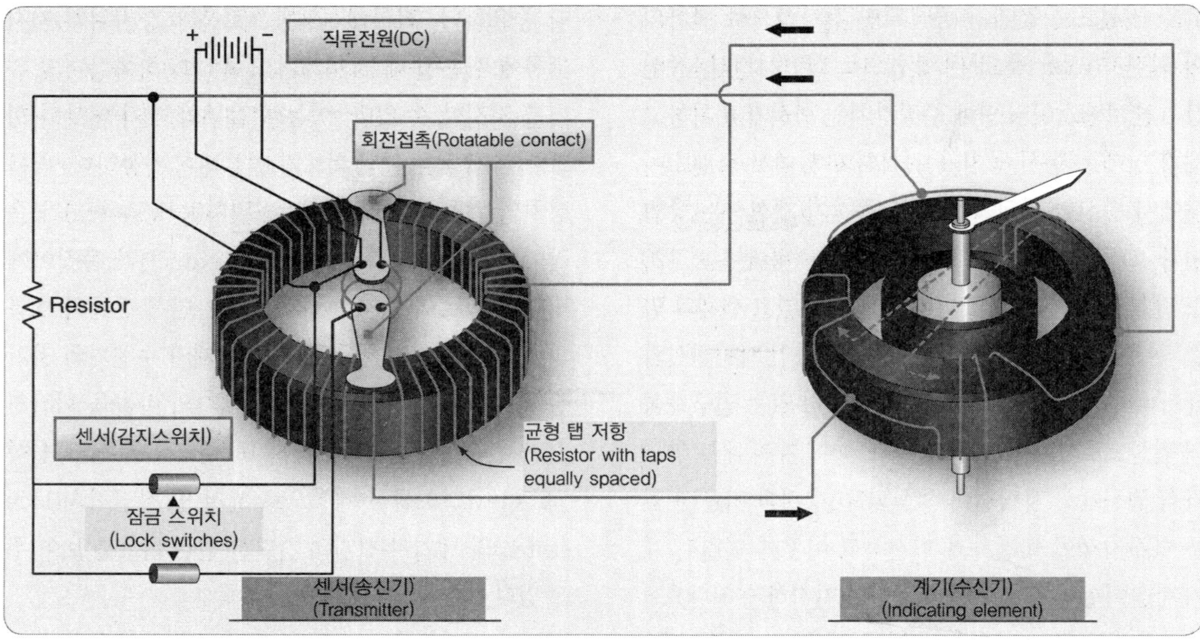

[그림 3-56] 3 선 셀신계통의 이중 잠금 스위치(A double-lock switch in a three-wire selsyn system)

에 계기의 바늘이 일직선으로 맞추어져 있고 트랜스미터의 회전자가 움직이면 계기의 바늘도 같은 각도로 움직인다. 즉 마그네신 계통은 원격 자력선 탐지기(flux valve)에서 수신한 자력선 방향 신호가 방향계에서 그대로 재현되는 것이다.

(2) 오토신(autosyn)

① 목적

작동유, 연료, 오일, 공압, 물 등 압력계기계통 등 압력을 감지하여 계기에 자동으로 그리고 동기식으로 동일하게 지시하는 계통이다.

② 구성

압력을 감지하는 센서와 싱크로 트랜스미터가 내장된 트랜스미터와 원격으로 떨어져 있는 조종석 압력계기 내에 싱크로 리시버(synchro resolver)가 주요 구성품이다.

③ 작동

그림 3-58과 같이 오토신 장치(autosyn system)는 트랜스미터와 계기 내 회전자가 영구자석대신 전자석

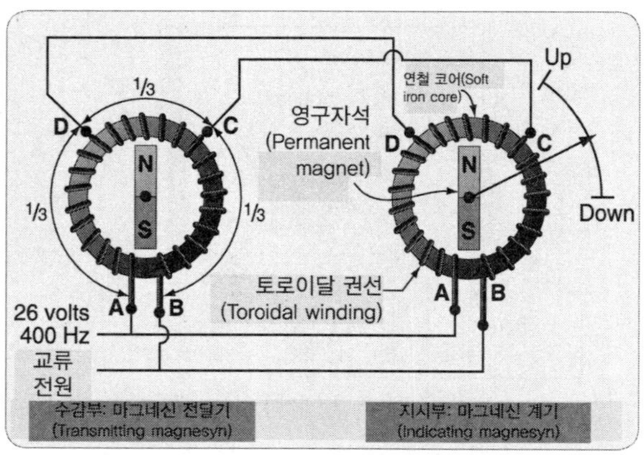

[그림 3-57] 마그네신 싱크로 원격 지시 계통

(electromagnet)을 사용한다. 압력을 감지한 센서의 움직임이 트랜스미터 내 회전자를 돌리면 트랜스미터 고정자(stator windings)의 전기가 계기 내 싱크로 트랜스미터의 고정자에 전류가 흘러 고정자 코일은 영구자석처럼 전자석(electromagnet)에 의해 자기장(magnetic field)이 형성되어 계기 내 싱크로 리시버의 회전자가 회전하게 되는데 이 바늘은 트랜스미터 회전자 위치와 같게 지시한다. 즉, 트랜스미터의 싱크로가 움직이면 계기에 있는 싱크로도 자동으로 똑같이 움직인다. 이를 오토신이라 한다. 교류동기장치(AC synchro system)는 직류셀신계통과 다르게 배선되며 작동 전원은 26AC 400 Hz 3 phase이다.

3.4.1.3 원격 연료 및 오일 압력계(Remote Indicating Fuel&Oil Pressure Gauge)

(1) 연료압력계(fuel pressure gauge)

① 목적: 엔진으로 들어가는 연료의 압력을 지시한다.

② 작동: 동기장치(synchro system) 사용으로 그 계기값을 용이하게 지시할 수 있게 되었다. 직독식 계기(direct-reading gauge)는 연료 관과 오일관 등이 객실을 걸쳐서 배관되기에 화재위험성 및 무게가 많이 나가는 단점이 있지만, 원격식 계기에서는 싱크로 트랜스미터를 계기와 멀리 원격으로 장착하고 전선만 조종석으로 배선되기에 안전하고 무게 면에서 가벼워졌다. 그림 3-59에서 보듯이 트랜스미터 안에 압력을 감지한 벨로우즈의 운동이 싱크로 회전자를 돌리면 고정자의 권선저항에서 전류가 생성되어 계기 내 싱크로 고정자로 전달되고 이는 계기 바늘이 연결된 회전자를 눈금판 위에 회전시켜 지시하게 된다.

③ 연료 압력계는 엔진연료 공급 방식에 따라 측정압력이 다르다. 엔진구동식 또는 전기구동식이냐에 따라 압력범위가 다르다. 연료압력계는 탱크에서 기화기(왕복엔진) 또는 연료제어장치(제트엔진)에 공급되는 연료압력을 지시한다. 연료압은 비교적 저압이므로 다이아프램 또는 벨로즈

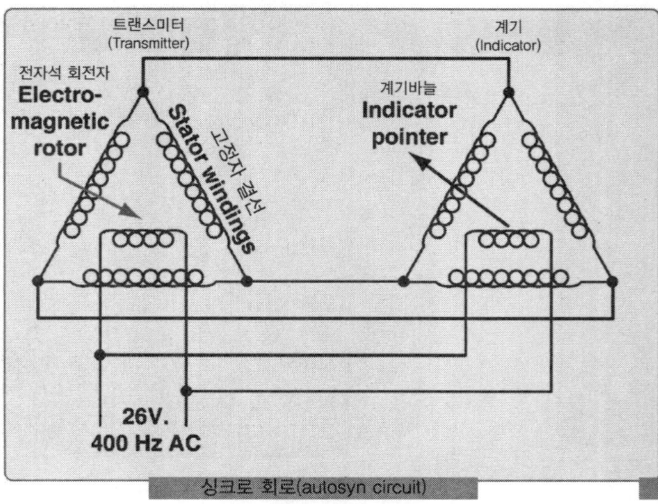

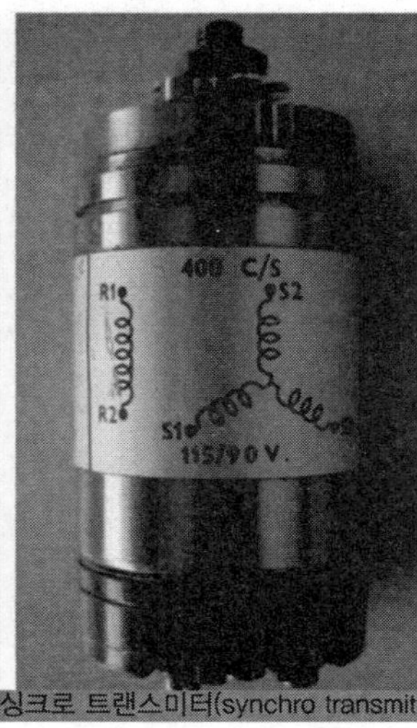

[그림 3-58] 오토신 원격 지시 계통 및 싱크로 트랜스미터(Autosyn remote indicating system and synchro transmitter)

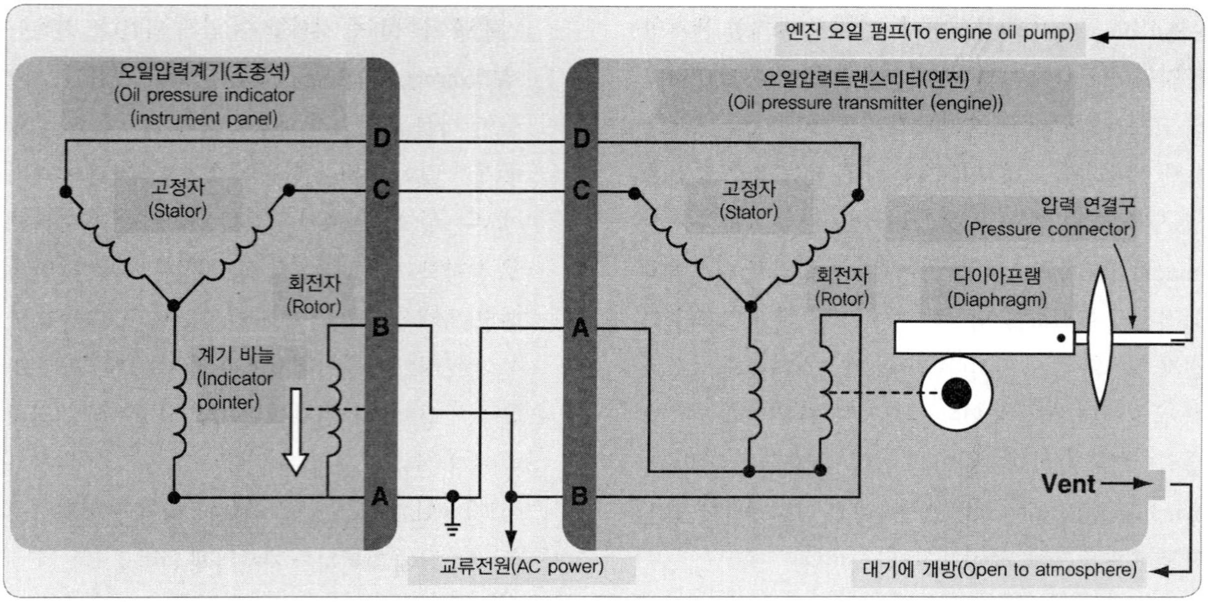

[그림 3-59] 원격식 압력 감지 계기 (Remote pressure sensing indicators)

로 구성, 이 공함의 안쪽은 연료가 들어가고 겉에는 대기압이 가해지는 게이지 압력계이다.

(2) 오일 압력계(Oil Pressure Indicator)

① 목적: 엔진 회전부분(베어링)에 공급되는 윤활유의 압력을 지시. 항공기 엔진은 회전부분 특히 베어링 부분을 윤활하도록 펌프로 가압한 오일을 강제적으로 보내주고 있다. 오일압력 지시가 정상이라면 가압된 오일이 엔진의 각 부분을 정상

왕복엔진 연료압력계
(Reciprocating engine)

제트엔진 연료압력계
(Gas-turbine engine)

[그림 3-60] 연료압력계(Fuel Pressure Indicators)

적으로 순환하여 모든 베어링 부분을 충분히 윤활 시키고 있음을 의미하며 만일 규정 값 이하로 지시한다면 윤활이 부족하여 마찰 부분의 손상이 되고 있으며 오일의 온도가 상승하여 엔진에 위험을 초래할 수도 있어 비행 중 가장 중요하게 관찰하는 계기 중 하나이다.

② 구성: 수감부인 트랜스미터 내에 버든 튜브나 벨로즈 그리고 전기적으로 변환시켜주는 오토 싱크로가 계기 내 싱크로 수신기와 연결할 회로로 구성되어 있다. 전형적인 오토신 원격 지시 방식은 26VAC 400 Hz로 작동된다. 오일 압력 지시는 PSI를 사용한다. 오일 압력계는 압력 측정을 하는 버든 튜브나 벨로즈 내부에 펌프로 가압된 오일 압력이 가해지고 외부에는 대기압이 작용한다. 따라서 지시하는 오일 압력은 연료 압력계와 마찬가지로 게이지 압력이 된다.

3.5 기계식 작동 계기류 (Mechanical Movement Indicators)

항공기에는 측정 부분품의 기계적인 운동으로 지시하는 계기들이 있다. 많은 계기들이 원격 탐지 및 동기식 지시계통으로 작동하지만 일부 계기들은 기계적인 움직임을 감지하여 지시하는 방식도 계기계통에서는 사용되고 있다. 이장에서 몇몇 독특하게 기계적으로 감지하여 작동하는 계기를 기능별로 설명을 한다.

3.5.1 회전속도계(Tachometers)

회전속도계(tachometer)는 왕복엔진의 크랭크축(crankshaft)의 회전속도를 분당 회전수(RPM)로 지시하고 가스터빈엔진에서는 압축기의 회전수를 최적의 압축기 회전속도를 100[%]로 해서 회전수를 백분율(%RPM) 단위로 지시한다. 전달 방식은 직독식 또

왕복엔진 오일압력계
(Reciprocating engine)

제트엔진 오일압력계
(Gas-turbine engine)

[그림 3-61] 오일 압력계(Oil Pressure Indicator)

는 원격식으로 작동하고 단위는 RPM 또는 %RPM으로 표시한다. 회전속도계는 엔진출력을 감시하여 운용한계 내에서 작동여부를 확인하는 데 사용한다. 그림 3-62에서 왕복엔진과 가스터빈엔진의 회전계를 구분하여 볼 수 있다.

헬리콥터(helicopter)에서는 주 회전 날개축(main rotor shaft) 회전속도를 지시하는 회전속도계(Nr)를 사용한다. 왕복엔진이 장착된 헬리콥터는 엔진회전계 및 주 날개 회전계가 장착되고 가스터빈 엔진이 장착된 헬리콥터는 N1, N2 및 Nr 회전계가 장착된다. 항공기에 사용되고 있는 회전계는 그 작동 원리로 분류하면 다음과 같다.

① 직접 구동식(기계식) 계기
② 원격 전기식 계기

3.5.1.1 기계식 회전계 (Mechanical Tachometers)

(1) 원심력식 회전계(centrifugal type)

그림 3-63과 같이, 원심력식 회전계는 엔진과 조종석 계기 사이 거리가 짧은 단발 엔진 소형 경비행기용으로 많이 사용한다. 구조는 가요성 구동축(flexible drive shaft)이 엔진에서 계기까지 기계적으로 직접 연결되어 엔진이 돌아가면 계기도 같이 회전하면서 회전수를 지시하는 방식이다. 엔진이 회전하면 엔진에 연결된 구동축이 회전함에 따라 회전축에 연결된 기어도 회전한다. 이것과 함께 회전하는 플라이 웨이트(flyweight)는 원심력을 받아 바깥쪽으로 벌어지면서 코일 스프링이 수축되고 운동이 전달되어 칼라가 미끄러져 로킹 축(locking shaft)을 통하여 섹터에 피니언 기어를 거쳐서 바늘이 움직인다. 이 바늘이 엔진의 회전수에 따라 지시한다.

(2) 와전류식 회전계(eddy-current type tachometer)

그림 3-64의 와전류식 회전계는 맴돌이 전류를 이

Reciprocating engine　　Gas-turbine engine

[그림 3-62] 왕복 엔진 및 터빈 엔진 용 회전계 (A tachometer for a reciprocating engine and turbine engine)

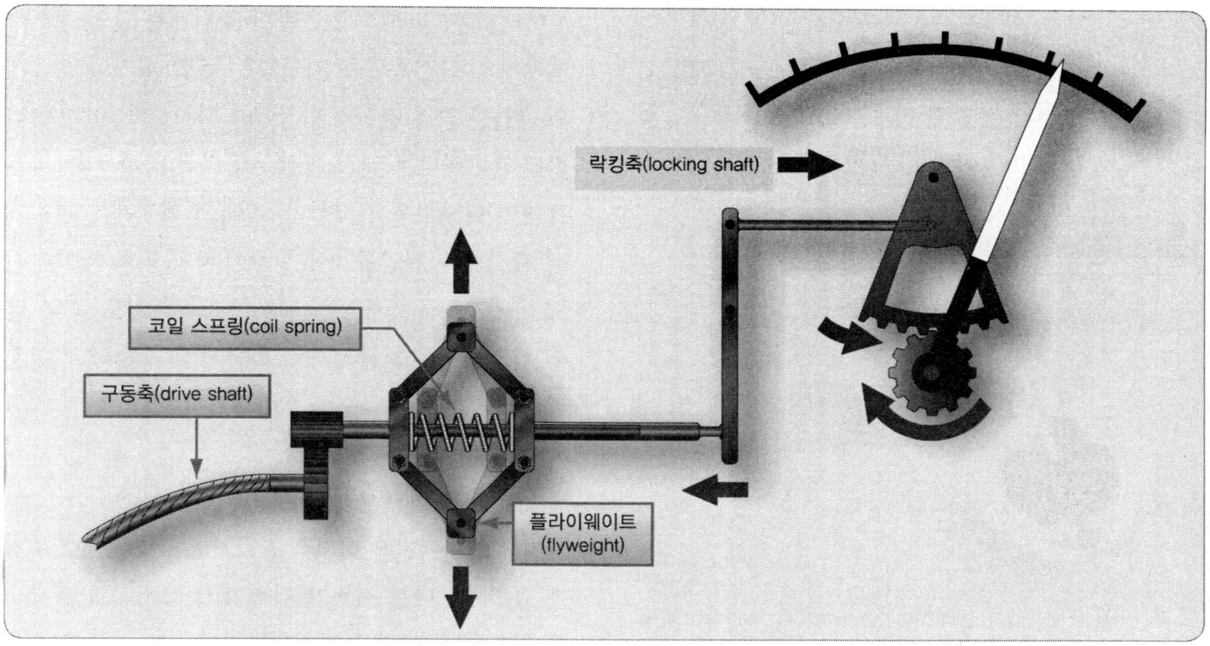

[그림 3-63] 플라이 웨이트 타입 기계식 회전계의 단순화된 메커니즘
(The simplified mechanism of a flyweight type mechanical tachometer)

용한 계기로서 회전 자기장 내에 있는 알루미늄 또는 황동의 비자성 전도체로 되어 있는 원판은 그 판에 유기되는 맴돌이 전류 효과에 의하여 회전 자기장과 같은 방향으로 회전하려는 토크(torque)가 생긴다. 이때 토크의 크기는 자기장의 세기와 회전속도에 비례하며 자기장의 세기는 영구 자석에 의한 것이므로 설계상 이미 주어진 것이어서 토크만 자기장의 회전 속도에만 비례한다. 자력선은 영구 자석의 N극으로부터 드래그 컵(drag cup)을 통하여 S극으로 돌아온다. 엔진의 회전축에 연결된 가요성 구동축은 계기에 연결되어 엔진의 회전축과 같은 속도로 영구자석을 회전시킴으로써 회전 자기장이 형성된다. 이로 인하여 드래그 컵에는 맴돌이 전류가 유기되고 이때 생성된 맴돌이 전류가 영구자석을 돌려주면 이에 따라 드래그 컵이 회전하게 된다. 따라서 회전력은 나선형 스프링의 힘과 균형이 된다. 이때 드래그 컵에 달려있는 바늘은 구동축 회전력, 즉 엔진의 회전수를 지시하게 된다.

3.5.1.2 전기식 회전계(Electric Tachometers)

(1) 전기 발전식 회전계(electrical generator)

대형기에서는 전기식 회전계를 사용한다. 가장 많이 사용되고 있는 전기식 회전계는 왕복엔진의 케이스 또는 터빈엔진의 구동장치(AGB, Accessory Drive Box)에 장착된 소형 발전기라고 할 수 있다. 엔진이 돌아갈 때 발전기도 같이 돌아간다. 이때 생성되는 발전기의 주파수 출력은 엔진 회전 속도에 비례한다. 이때 발전기와 계기 내에 싱크로 모터와 배선이 연결되어 있어 이 발전기 출력은 그대로 계기에 전달되어 지시한다. 기계식 회전계와 마찬가지로 드래그 컵 또는 드래그 드라이브 링크(drag drive link)가 계기의 바늘을

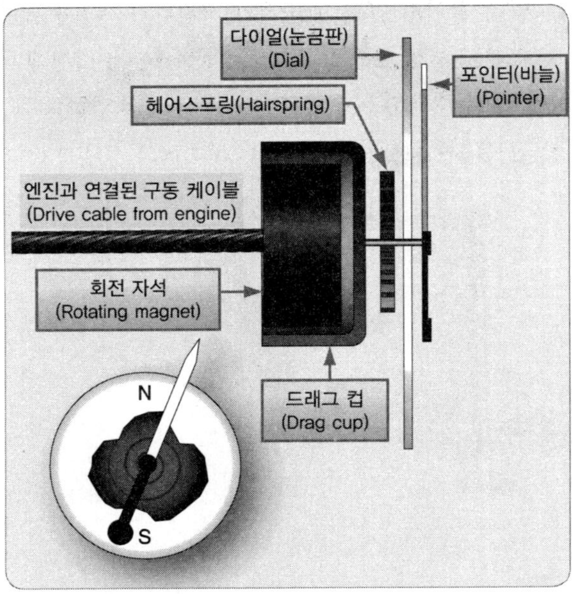

[그림 3-64] 자석 드래그 컵 회전계기(A simplified magnetic drag cup tachometer indicating)

작동시킨다. 그림 3-65는 전형적인 전기식 회전계 계통을 보여주고 있다.

그림 3-66에서는 회전수에 따라 발전하는 발전기의 장착 방식에 따라 2가지 형태의 장착 마운트를 보여주고 있다.

아래 그림 3-67의 2중 복합 회전계는 단일 케이스에 2개의 회전속도를 지시하는 복합 계기이다. 2개의 바늘은 각각 엔진의 회전수를 지시한다. 이는 헬리콥터에서 하나는 엔진 회전수를 다른 하나는 주 날개 로터의 회전수를 지시한다. 각각의 회전계 발전기에서 발전되는 전압을 비교함으로써 클러치 미끄러짐(clutch slippage)에 대한 정보를 제공하기도 한다. 일부 계기에서는 기본적으로 회전계 내에 클러치 미끄럼에 대한 지시를 하도록 포함되기도 한다.

(2) 전자식 회전계(tachometer probe)

일부 터빈엔진은 회전수를 지시하는 방법으로 회전계 발전기보다는 회전계 검출기(tachometer probe)를 사용한다. 이것은 회전발전기와 달리 가동부가 없는 것이 큰 장점이다. 회전계 검출기는 완전 밀봉되어 플랜지(flange)에 장착되어 있고 엔진 압축기 축(compressor shaft) 쪽으로 돌출되어 있다. 자기장(magnetic field)이 검출기(probe)안쪽에 발생하여 자극편(pole piece)을 거쳐 검출기(probe)의 끝단까지 자기장의 영향이 도달한다. 엔진압축기와 동일한 속도

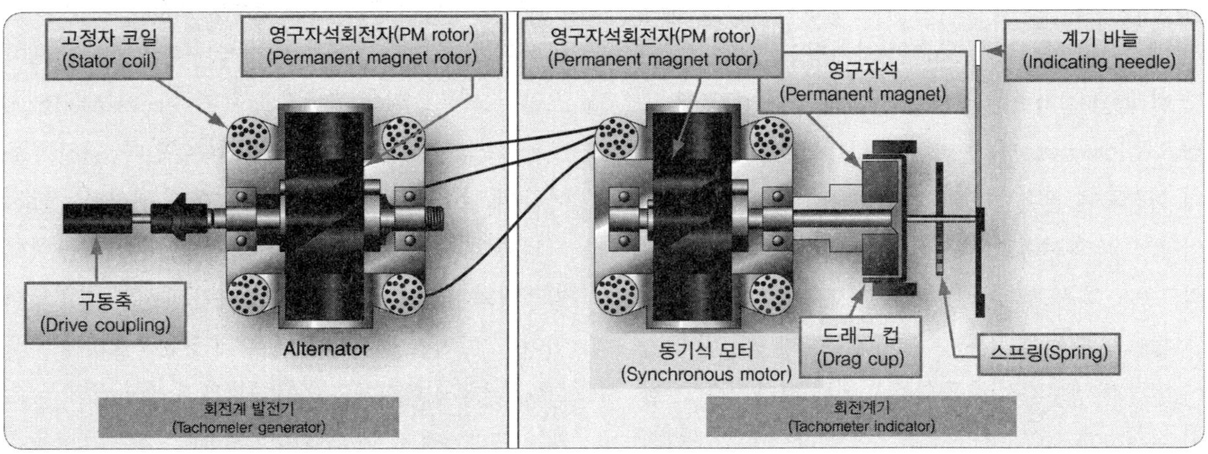

[그림 3-65] 전기 회전식 계통(An electric tachometer system)

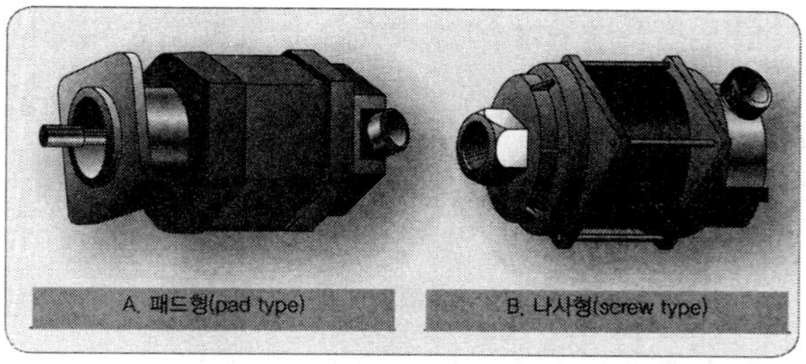

[그림 3-66] 회전 발전기 장착 마운트별 형식

[그림 3-67] 헬리콥터 회전계 (A helicopter tachometer)

로 움직이는 회전톱니바퀴(rotating gear wheel)는 360도 한 원주에 일정한 간격으로 톱니가 있고 그중 하나를 돌출하게 제작되어 있다. 그리고 이때 엔진 압축기가 회전하면 돌출 톱니가 검출기의 끝단 자극편(pole piece)을 지나갈 때 가장 근접하게 되어 자기장 자속 밀도값을 변경하게 된다. 이것으로 검출기 안쪽에 있는 코일에서 전압 신호가 발전된다. 이때 발생하는 기전력(EMF, electromotive force) 신호의 진폭은 엔진 속도에 따라 바뀐다.

그림 3-68과 같이 회전속도계 검출기의 출력신호는 멀리 떨어져 있는 모듈에서 처리된다. 이는 조종석에 있는 서보 모터형(servo motor-type) 회전계기를 구동하기 위해 신호 증폭 또한 이루어져야 한다. 이때 만들어진 신호는 계기 구동 이외에도 자동출력계통(ATS, Auto Throttle System)과 비행자료수집계통(FDAS, Flight Data Aquisition System) 또는 비행자료기록장치(FDR, Flight Data Recorder)의 입력 자료로도 사용된다.

3.5.2 동기계(Synchroscope)

싱크로스코프라고도 하며 쌍발 이상의 항공기에서 마스터 엔진과 나머지 엔진의 회전 속도를 비교하여 지시하는 계기가 동기계이다. 여러 개의 엔진을 장착

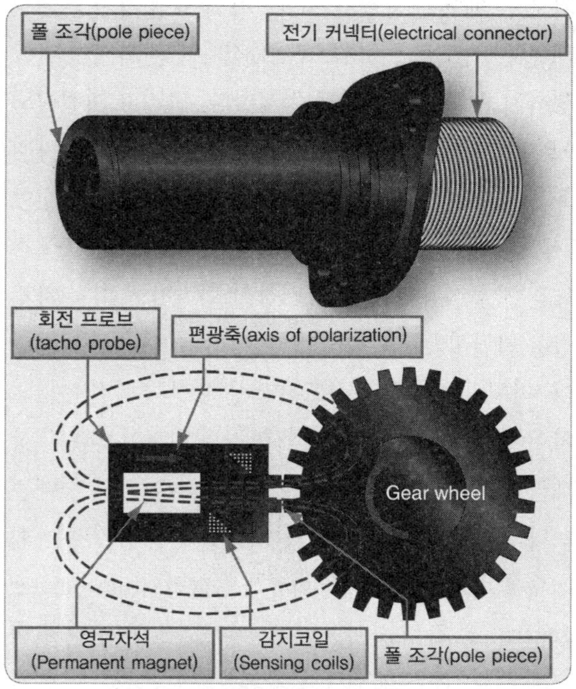

[그림 3-68] 움직임이 없는 회전 프로브
(A tach probe has no moving parts)

한 항공기는 엔진의 회전속도가 동일하도록 조절할 필요가 있다. 특히 다발 왕복 엔진 항공기나 프로펠러를 장착한 다발 항공기의 경우에 각 엔진의 회전 속도 차이가 나는 경우 엔진이나 프로펠러 소음과 진동이 발생하여 불쾌감이나 불안감을 줄 수 있다. 만일 회전 속도의 차이가 큰 경우에는 회전계의 지시 차이에 의하여 조절할 수 있지만 회전 속도의 차이가 작으면 회전계 지시를 보면서 엔진 조절이 어렵다. 이때 동기계를 사용하면 미세한 차이까지 정확히 지시할 수 있다.

동기계는 일종의 유도전동기의 회전축에 계기의 바늘을 부착시킨 것이다. 마스터 엔진에서는 3상을 동기계 고정자 코일(stator coil)를 장착하고 다른 슬레이브 엔진에서는 단상을 계자코일(field coil)에 부가하여 고정자와 회전자에 각각의 교류에 의한 회전자계와 단독 자계를 형성하도록 한다. 엔진의 회전 속도가 같을 때에는 고정자와 회전자의 회전 자기장은 원래 같은 속도로 이동함으로 회전자에는 회전력이 발생하지 않고 지시바늘도 정지한다. 그러나 회전속도에 차이가 발생하면 회전 자기장이 달라져 회전자의 회전 방향이 결정되면서 계기의 지시 바늘이 회전한다. 슬레이브 엔진이 마스터 엔진에 비해 회전 속도가 느리면 고정자의 회전 자기장이 회전자의 회전 자기장을 지연시키므로 지시 바늘은 SLOW 쪽으로 회전한다. 지시바늘의 회전 속도는 좌우 엔진의 회전 속도의 차이에 비례한다. 만일 지시 바늘의 회전이 멈춰진 상태라면 두 엔진이 서로 동기 되었거나 두 엔진 중에는 하나의 엔진이 정지되어 있는 상태이다. 동기계는 회전수를 비교하기 때문에 회전계용 발전기(tachometer generator) 출력을 이용한다. 계기는 양쪽 엔진의 회전계용 발전기로부터 전류를 받아 작동하는 소형 전동기(electric motor)로 이루어져 있다. 더 빠르게 작동중인 엔진으로부터 오는 전류는 동기계 전동기의 회전 방향을 제어한다. 만약 양쪽의 엔진(engine)이 같은 속도로 작동하고 있다면, 동기계 전동기는 작동하지 않는다. 동기계 중 마스터 엔진으로서 엔진 하나를 지정하는 것이 필요하며 이때 다른 엔진의 회전수는 항상 이 마스터 엔진의 회전수와 비교된다. 동기계 계기의 눈금판은 그림 3-69에서 보여준 것처럼 "Slow"와 "Fast"로 마스터 엔진과 비교하여 해당 엔진의 회전수가 빠른지 아니면 늦은지를 나타내며 이를 참고로 조종사는 해당 엔진을 조종한다.

3.5.3 가속도계(Accelerometers)

(1) 목적

① 가속도계(accelerometer)는 항공기의 가속도를 측정하는 계기이다. 기체에 작용하는 외부의 힘(대기와 부딪치는 충격)을 감시하기 위해 사용한다.

② 가속도계는 관성기준항법장치(INS/IRS, inertial navigation and reference system), 돌풍 경고 장

[그림 3-69] 다발 엔진 동기계(synchroscope on multi-engine)

치(Predictive Wind-shear Warning System) 등의 입력으로 사용된다.

(2) 특징

① 가속도계는 보통 고성능 항공기와 곡예비행 항공기 등 군용 전투기에는 필수적으로 장착된다. 기계식인 가속도계는 직독식으로 G 단위로 중력을 지시한다. 1[G]는 중력 1배와 같다. 가속도계의 눈금판은 +/- G를 표시한다. 항공기가 빠르게 상승하면 + G(Positive G)로 지시하고 급 하강을 하면 반대 방향, 즉 - G(Negative G)로 지시한다.

② 대부분 가속도계는 3개의 바늘을 갖고 있다. 하나는 현재까지의 최고 가속도 값을 지시한다. 다른 2개는 제동장치(ratcheting device)를 가지고 있다. +G(Positive G) 바늘은 최대 + G값을 지시하고 -G(Negative G) 바늘은 반대로 최대 - G값을 지시하며 리셋트(reset)되지 않고 계속 지시하고 있다.

③ 가속도계는 관성의 원리로 작동한다. 질량(mass) 또는 무게(weight) 추가 아주 작은 가속

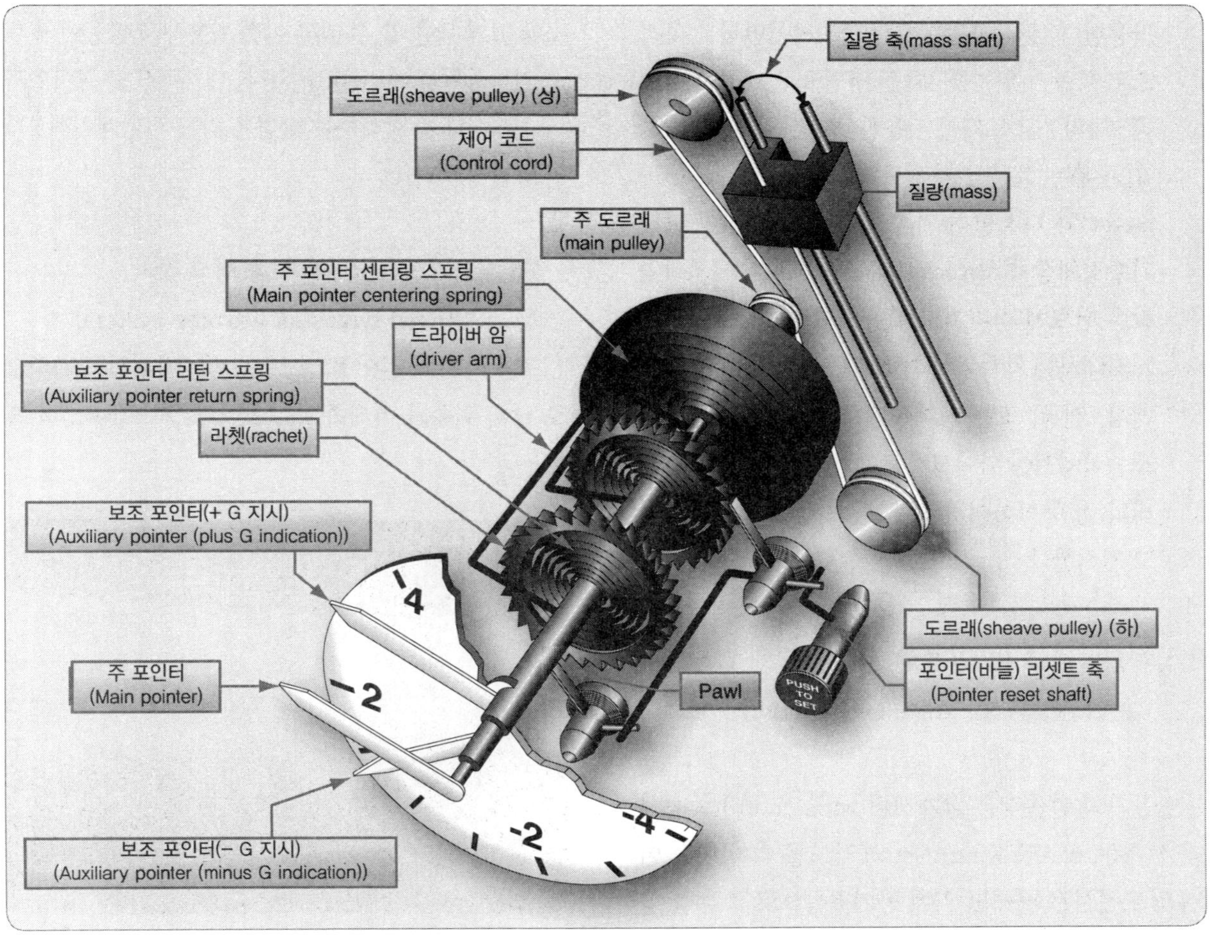

[그림 3-70] 질량 타입 가속도계 내부 작동 장치 (The inner workings of a mass-type accelerometer)

력에도 반응하여 축을 따라 자유롭게 미끄러지게 설계되어 있다. 비행의 어떤 기동으로 항공기에 가속력이 만들어질 때, 항공기와 계기는 움직이지만 관성에 의해 무게 추는 공간에 정지한 상태로 있게 된다. 대신 항공기와 함께 축이 무게 추 사이로 미끄러질 때 무게추의 상대적 위치가 변하게 된다. 이 변화된 위치가 가속의 힘의 크기를 나타내는 것이다. 그림 3-70과 같이, 일련의 풀리(Pulley), 스프링(Spring), 그리고 축(shaft)을 통해, 바늘은 가속력의 상대적 힘을 지시한다. 비행의 3개 축을 따라 가속도의 힘이 항공기 기체에 작용한다. 관성항법장치는 연속적이면서 수학적으로 항공기 위치를 3차원 평면으로 계산하기 위해 3개의 가속도계를 이용한다.

④ 최근에는 전기식 가속도계(electric accelerometer)와 디지털식 가속도계가 사용된다. 압전기수정체장치(piezoelectric crystalline device)와 같은 반도체 감지기가 사용되기도 한다. 이러한 계기에서는 가속력이 가해지면 그 힘에 비례해서 저항, 전류, 또는 커패시턴스 용량이 변화한다. 조종석에서는 마이크로 전기신호가 디지털 컴퓨터와 잘 통합하여 정보를 신속 정확하게 처리하고 지시한다.

3.5.4 실속경고 및 받음각 지시계(Stall Warning and Angle-of-attack Indicators)

항공기의 받음각은 날개시위(wing chord) 중심선과 상대풍(relative wind) 사이의 각도를 의미한다. 어떤 각도에서는 날개면 위에 공기흐름으로 충분한 양력 발생이 충분하지 않아 항공기 비행 유지가 어려워지고 바로 실속이 발생할 수 있다. 바로 이 계기는 받음각이 증가하여 실속이 임박하면 조종사에게 경고음을 알려준다. 그래서 조종사는 받음각 계기를 확인하고 미리 실속상황을 피하게 된다. 대부분 실속경고 장치는 날개의 정체점(stagnation point)의 원리를 이용한다. 정체점이란 앞에서 오는 공기가 앞전날개에서 위아래로 나누어지면서 공기가 박리되는 곳을 말한다. 이 지점을 지나는 공기의 일부는 표면의 상부로 일부는 아래로 통과하여 흐른다. 받음각이 증가하면 정체점은 아래로 움직이게 되는데 정체점의 위치는 공기의 흐름이 난류나 실속상태로 변화될 때 항상 같은 곳에 있게 됨을 알 수 있고 이를 이용해서 항공기의 실속 임박상황을 미리 알 수 있다. 대체적으로 경비행기의 실속상태를 알려주는 방법은 리드식과 베인식 2가지 방법이 있다.

3.5.4.1 리드식(Reed) 실속 경고 장치 (Reed type stall warning system)

그림 3-71과 같이 비행 시 공기는 정체점을 기준으로 날개 위쪽과 아래쪽으로 흐른다. 리드(reed)식 홈

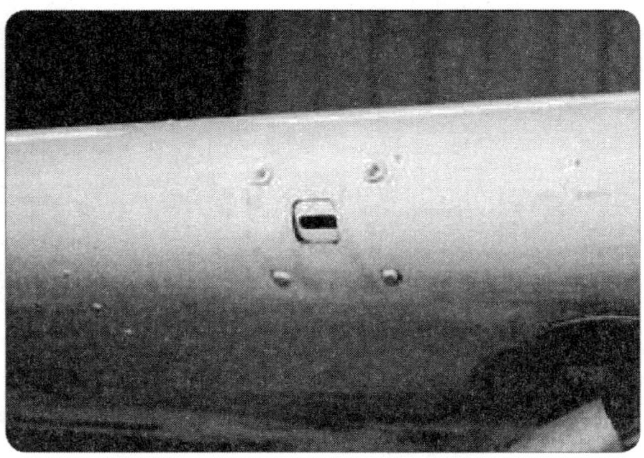

[그림 3-71] 리드식 실속 경고 장치
(A reed-type stall warning device)

의 입구를 정체점 가까이 설치하여 받음각이 증가하면 정체점은 열린 통로 아래로 움직여서 날개 안쪽에서 리드쪽으로 흐르게 한다. 곡선모양의 앞전날개 위로 흐르는 공기의 속도가 빨라지면서 압력은 작아진다. 이 현상은 통로를 통해 날개의 안쪽으로 공기를 빨아들이게 한다. 리드는 공기가 빠르게 움직일 때 진동하여 조종석에서 이 경고음을 듣게 되고 이 소리가 들리면 실속에 임박하였다는 것을 알게 된다.

3.5.4.2 실속 경고 스위치(Stall Warning Switch)

또 다른 일반적인 실속 경고 장치는 받음각이 항공기 실속 근처 지점까지 증가할 때 조종석에 경고음을 울려주는 것이다. 이 실속 경고 장치는 경고 회로를 작동시키는 스위치가 있다. 이 스위치는 경고음과 경고등도 동시에 작동하도록 회로로 연결되어 있다. 스위치는 앞전날개의 정체점에 있다. 이 스위치는 소형으로 약한 용수철 탭(tab)으로 작동하며 정상적인 받음각에서는 정체 지점에서 갈라지는 공기에 의해 탭은 그대로 있어서 스위치는 작동이 멈춰있다. 그러다가 받음각이 증가하면 정체지점은 밑으로 내려오고 갈라지는 공기는 날개 위로 흐르면서 탭을 위쪽으로 움직여서 스위치가 작동하여 경고음과 경고등이 작동한다.

3.5.4.3. 받음각 계기(AOA indicator)

진받음각 계기(True AOA indicating system)는 항공기의 현지 받음각(local AOA)을 탐지하여 조종석 계기에 받음각 정보를 지시한다. 이외에도 최신 항공기 일부 계통에 참조 기준 정보(Reference Standard Information)용으로 받음각 정보를 제공한다. 감지기 장치(sensing mechanism)와 트랜스미터는 보통 항공기 동체의 앞쪽 양쪽에 위치하고 있다. 받음각 센서는 방빙을 위해 내부에 가열 장치인 전열선을 가지고 있

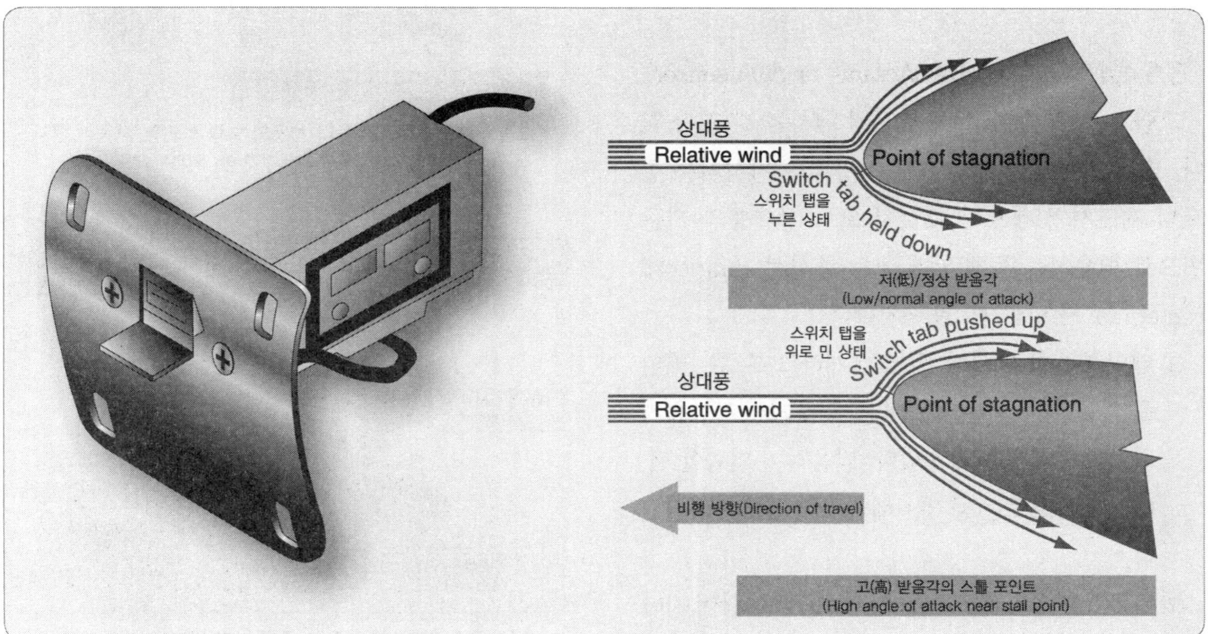

[그림 3-72] 실속경고스위치(앞전 날개 장착) (A popular stall warning switch located in the wing leading edge)

[그림 3-73] 받음각 계기 (Angle of attack indicator)

다. 그것은 전형적으로 부동운전(ice-free operating)을 보장하기 위해 방빙 회로가 준비되어 있다. 감지한 신호는 조종석 계기 또는 컴퓨터로 보낸다. 받음각 계기는 실제 각도, 임의의 단위, 양력의 퍼센트, 심볼, 또는 심지어 Fast/Slow으로 눈금 표시가 될 수 있다.

3.5.4.4 받음각 센서(AOA vane, or AOA sensor)

그림 3-74과 같이, 보통 받음각 센서는 2가지가 있다. 슬롯형과 베인형으로 작동 원리나 지시치는 같으니 제조사가 다르다. 2가지 모두 상대풍과 기준면으로 이용하는 동체 날개 코드 중심선(wing cord centerline) 사이에 각도를 탐지한다.

① 베인형 받음각 센서: 알파 날개라고 부르는 베인을 사용한다. 이는 베인이 바람에 의해 자유롭게 회전하도록 장착되어 있다. 받음각이 변화할 때, 베인으로 흐르는 공기는 베인의 각도를 변경시킨다.

② 스롯형 받음각 센서: 센서(sensor)에 바람이 지나갈 수 있도록 구멍(slot)이 있으며항공기 동체 앞부분 양쪽에 장착되어 있다. 외부의 바람에 따라 프로브(probe)가 자유롭게 회전한다. 받음각이 상승하면 각각의 슬롯으로 유입되는 공기압차이에 의해서 슬롯 패들(paddle)이 움직인다. 이 때 축에 연결된 가변저항(potentiometer)이 연결된 브리지 회로(bridge circuit)에서 저항값이 변하게 되어 새로운 신호가 만들어져 받음각 계기 지시치를 만들어 낸다.

③ 최신 항공기 받음각 센서: 최신 항공기에서는 받음각 센서는 대기자료 컴퓨터(ADC)로 출력신호를 보낸다. 받음각 자료는 보통 주비행계기(PFD)에서 받음각으로 지시된다. 정확한 실속의 지점

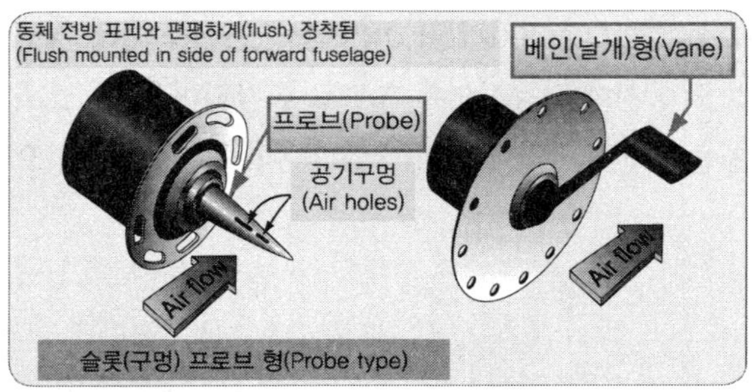

[그림 3-74] 슬롯형 받음각 센서와 알파 베인형 받음각 센서
(A slotted AOA probe and an alpha vane)

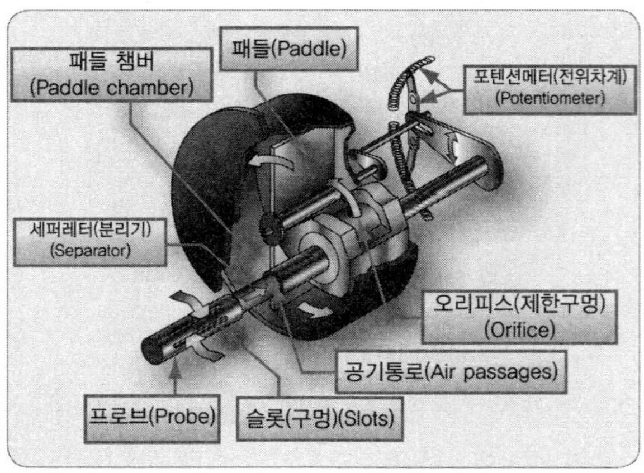

[그림 3-75] 슬롯 프로브 공기 방향 탐지기 내부 구조
(The internal structure of a slotted probe airstream direction detector)

을 판단하도록 플랩(Flap)과 슬랏(Slat) 위치 정보와 받음각 정보를 통합하기도 한다. 추가로 항공기 속도와 고도에 따라 받음각 값이 변화하는데 이런 미세한 오차도 보정하기 위해 대기자료 컴퓨터와 연계하여 더욱 정밀한 속도, 고도를 계산하는 데 사용하기도 한다. 받음각 센서가 임박한 실속 상태를 경고하기 위해 조종간을 진동하도록 설계되어 있다. 그래서 실속에 임박하게 되면 조종간이 진동하여 조종사에게 심각성을 알려준다. 또한, 어떤 계통에서는 조종간을 밀어주는 작동기가 있어서 실제로 실속에 가까우면 조종간을 앞으로 밀어 항공기 기수를 아래로 향하도록 하여 항공기 속도를 증가시켜 실속상태를 피한다. 현대 항공기에서 여러 가지 방법을 동원해서 받음각 실속 경고장치가 작동하도록 되어 있다.

3.6 온도측정계기 (Temperature Measuring Instruments)

비행하는 항공기에서는 많은 기계적, 전기적 또는 물리적인 작동이 있고 많은 움직임 속에서 필연적으로 발생하는 열이 있다. 이 열은 여러 계통에 영향을 주고 있으므로 온도를 측정하는 것이 중요하다. 온도를 보고 항공기가 원활한 작동 여부를 온도를 보고 판단이 가능하다. 온도를 측정하는 방법에는 측정할 부분에 직접 온도 수감부를 설치하여 온도를 감지하는 접촉식과 온도가 발생하는 지역의 복사열을 수감하거나 불꽃의 색깔로 온도를 알아내는 간접 측정법이 있으나 항공기에서 온도측정은 직접 측정법을 사용하여 온도를 측정한다. 온도계기의 종류에는 그 측정 원리에 따라 몇 가지로 나눌 수 있고 또한 측정 부위에 따라 나눌 수 있다.

(1) 온도 계기의 측정 범위

항공기의 경우 주요한 온도 측정 대상은 외기온도, 엔진배기가스온도, 오일 온도, 실린더 헤드온도 등이 있으며 측정 범위는 −100~1,200℃이다.

(2) 온도계기의 목적

① 온도에 의해서 작동제한을 받는 계통의 사용 한계 유지

② 사용제한 범위 내에서 최적의 성능으로 작동

③ 측정한 온도와 다른 양을 조합하여 제 3, 4의 또 다른 참고값 확보

온도계의 목적은 모든 기기는 작동제한을 하여 계통 및 부품의 사용 제한을 유지하고 엔진의 배기가스 온도를 측정하여 사용한계범위 내에서 엔진의 최적의 성능을 유지하기 위해 측정하며 또 다른 측정 목적은 외부의 대기 온도를 측정하여 고도, 속도, 엔진의 출력 설정, 진대기속도 등을 구하는데 사용한다.

[표 3-4] 온도측정원리와 온도측정범위

온도 측정 원리	측정 범위 (℃)
액체의 팽창 이용	− 200 ~ 600
고체의 팽창 이용	− 100 ~ 600
기체의 팽창 이용	− 200 ~ 600
열기전력 이용	− 250 ~ 1,600
전기저항 변화 이용	− 200 ~ 600
복사의 강도 이용	50 ~ 3,000
색온도 이용	700 ~ 3,000

(3) 온도변화에 따라 전기저항의 변화

대부분 금속인 도체 또는 반도체는 온도가 변화하면 내부의 전기 저항이 변한다. 합금(망간. 콘스탄탄) 등의 경우는 온도가 상승하면 변하는 전기 저항값이 커진다. 이에 비해 반도체는 온도가 상승하면 반대로 전기 저항이 감소한다. 온도가 1℃ 변화할 때 어느 정도의 저항이 변화하는가를 나타내는 값을 그 금속의 저항온도계수라고 부른다. 예를 들어 10℃ 100Ω의 저항체를 20℃로 가열한 결과 105Ω이었다고 하면 그 저항체의 전기 저항의 온도계수 α는 다음과 같다.

$$\alpha = (105 - 100) \times 1/100 \times 1/20-10 = 0.005$$

가 이 금속의 저항 온도계수가 된다.

표 3-5는 주요 금속저항의 온도 계수를 나타내는 것이다.

전기저항의 변화를 이용한 온도계에는 니켈선, 서미스터(thermistor: 일종의 반도체이며 온도가 상승하면 저항값이 정부 즉 상승 또는 감소방향으로 변화하는 물질) 등이 널리 사용되고 있다.

[표 3-5] 전기저항의 온도계수

물질의 종류	전기저항의 온도계수
알루미늄	4.2×10^{-3}
금	4.0×10^{-3}
은	4.1×10^{-3}
니켈	6.7×10^{-3}
백금	3.9×10^{-3}
망금(합금)	$-0.03 \sim 0.2 \times 10^{-3}$
콘스탄탄 (합금)	$-0.4 \sim 0.1 \times 10^{-3}$
수은	수 %

(4) 열기전력(Thermo Electromotive Force)

그림 3-76과 같이 서로 다른 금속, 즉 알루멜과 크로멜 금속을 접속하여, 열을 측정하는 곳을 온점(hot junction = 엔진 배기구 등)이라 하고 개방한 다른 끝에 전압계(조종석)를 접속하는 곳을 냉점(cold junction)이라 한다. 온점을 가열하면 온도 상승에 따라 알루멜과 크로멜 선을 따라 기전력이 발생하여 냉점에 연결된 전압계가 전압을 지시한다. 이와 같이 이종 금속을 접속하여 접속점(온점)과 개방점(냉점)의 사이에 온도차를 준 경우에 발생하는 전압을 열기전력이라고 부른다. 또 열기전력을 이용할 목적으로 이종 금속을 서로 접합한 이중 금속을 써머커플(Thermocouple)이라 한다. 오늘날 항공기 엔진 배기가스 온도 측정용으로 가장 많이 사용하는 써머커플은 알루멜과 크로멜 재질로 제작되어 있으며 100℃ 상승할 때마다 대략 4mV씩 거의 1,000℃까지 선형(linear)으로 일정하게 발생하는 특징이 있다. 이때 생산되는 기전력의 크기를 알게 되면 온도를 읽을 수가 있다. 이 특성 때문에 오랫동안 전투기부터 최신 민항기 엔진의 배기가스의 고온을 측정하는 데는 이 알루멜과 크로멜로 제작된 이 써머커플을 사용하고 있다.

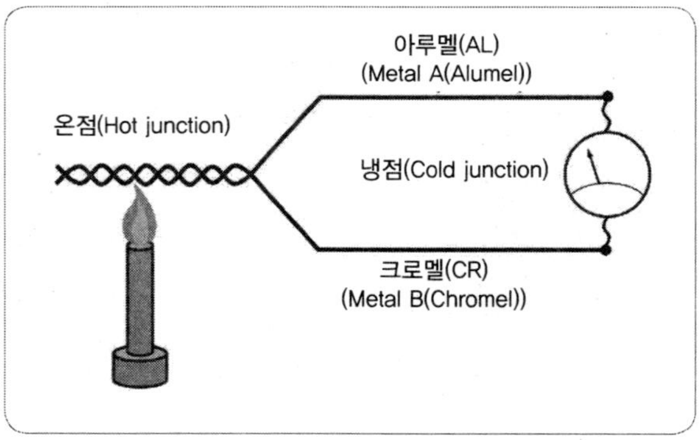

[그림 3-76] 열기전력과 열전대(Thermo electromotive force and thermocouple)

이외 써머커플은 구리-콘스탄탄, 철-콘스탄탄 재료 등이 저온측정용으로 사용되고 있다.

3.6.1 비전기적 온도 계기류(Non-electric Temperature Indicators)

(1) 증기압식 온도계(Vapor Pressure type)

어느 한 재료에 온도가 가열되면 그 재료의 물리적 성질은 변화하는 특성이 있다. 재료에 따라 변화하는 물리적인 현상은 고체, 액체, 또는 기체의 팽창 또는 수축으로 변하는 일정한 변화의 특성이 있다. 액체는 가열하면 증발하여 기체가 되는데 이때 증발성이 강한 액체를 밀폐된 용기에 넣고 가열하면서 압력을 측정하면 온도와 증기압은 일정한 함수관계를 갖게 되어 증기압으로 그 물체의 가해지는 온도를 구할 수 있다. 이때 주로 사용하는 액체는 증발성이 강한 염화메틸(methyl chloride)이 사용된다. 그림 3-77을 보면 모세관 내에 염화메틸을 넣고 수감부인 밸브에 열이

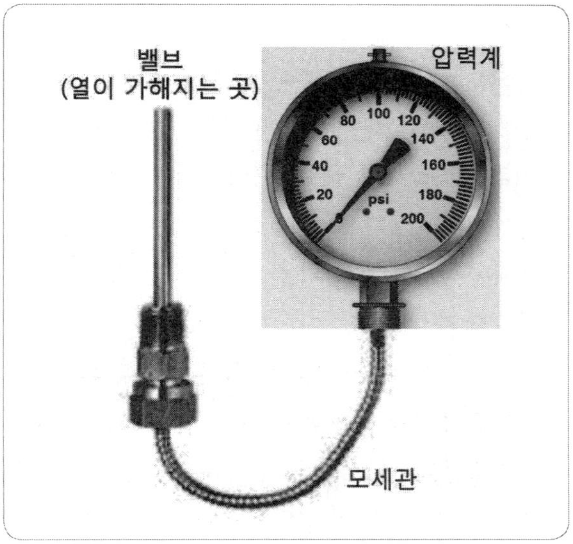

[그림 3-77] 증기압식 온도계 (Vapor Pressure Type)

가하면 내부에 있는 액체가 증발하여 모세관을 따라 그 증기압의 압력이 계기로 전달되는데 이때 계기에서 압력은 기계적인 변위를 통해 계기 바늘을 작동시킨다. 이는 압력의 의한 값이지만 이를 통해서 가해지는 온도를 알 수 있도록 만들어진 증기압식 계기이다.

(2) 바이메탈식온도계(Bi-Metal Type)

바이메탈온도계(bimetallic thermometer)는 항공분야에서 자주 유용하게 사용되고 있다. 바이메탈온도계의 온도 수감부는 서로 다른 2개의 금속을 함께

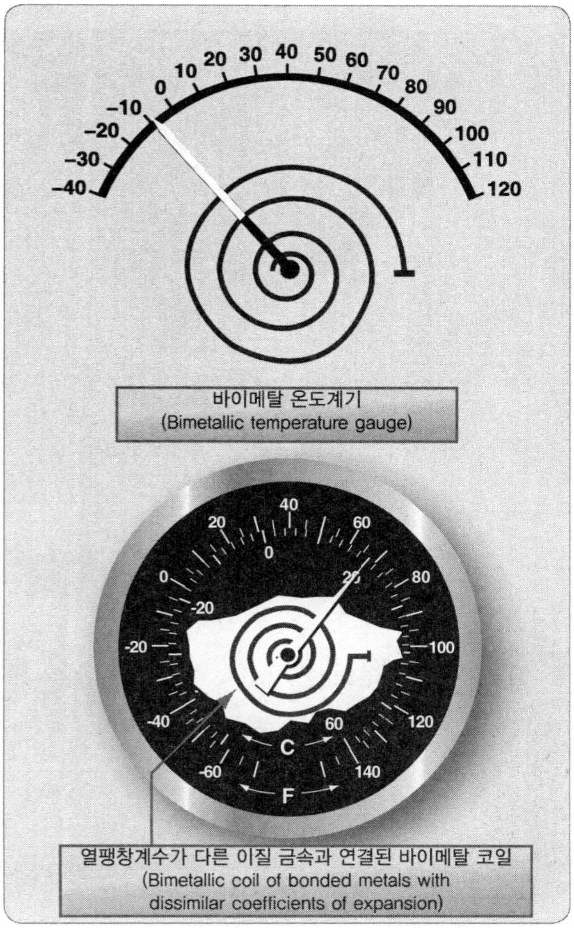

[그림 3-78] 바이메탈 온도계 (A bimetallic temperature)gauge

접착한 이종 금속판으로 제작한 것이다. 주로 사용하는 이종 금속판은 철과 구리, 인바 합금(Invar Alloy)과 구리 등이다. 조합 금속들 간의 열팽창 계수가 서로 다르기 때문에 온도 변화에 따라 팽창에 차이가 생기게 되면서 한쪽 금속은 많이 팽창하고 다른 한 금속은 적게 팽창하게 되면 결국은 서로 접촉한 금속은 한쪽으로 휘게 된다. 바이메탈은 한쪽 끝단은 고정하고 다른 쪽 끝단은 계기 바늘을 연결하여 온도가 가해질 때 서로 다른 열팽창계수 때문에 끝단의 부분이 물리적인 움직임이 발생하고 이곳에 장착된 바늘은 미리 표시된 온도를 지시한다. 이 온도계는 항공기의 외부 대기 온도계(OAT. Outside Air Temperature)에 주로 사용되며 지시 범위는 대체적으로 −60℃~+50℃ 정도된다. 그림 3−78과 그림 3−79에 경항공기 조종석에 장착된 직독식 온도계를 볼 수 있다.

[그림 3−79] 바이메탈식 외기온도계(A bimetallic outside air temperature gauge)

3.6.2 전기온도측정계기(Electrical Temperature Measuring Indication)

온도를 측정하기 위해서 전기 사용은 항공기에서 일반적이다. 대부분 금속에 온도가 증가하면 전기 저항이 증가한다. 금속선으로 저항체를 만들고 그 저항체에 정해진 전압으로 전류를 흘려 보내주면 그 저항체로 흐르는 전류는 그 저항체의 온도에 영향을 받아 온도와 반비례로 변화하는 저항 값 변화에 따라 변할 것이다. 따라서 지시 눈금이 온도 단위인 전류계 형태의 지시계로 그 저항체의 전류량을 측정한다면 그 저항체의 온도를 알 수 있을 것이다. 이때 사용되는 저항체는 다음과 같은 조건을 만족해야 한다.

(1) 온도계의 저항체 조건

① 저항과 온도와의 관계가 선형적(linear)인 관계(즉, 일정한 온도에 일정하게 저항 값이 변화하는 것)일 것

② 저항은 온도 외에 다른 조건에서는 변화가 없어야 할 것.

③ 전기 저항 계수가 클 것. 즉 온도 변화에 따라 저항 값이 크게 변화할 것

이런 조건을 만족하는 금속 재료로는 순 니켈, 니켈 망간 합금, 백금 코발트 등이 있으며 이 중에서 니켈이 많이 사용되고 있다. 또한, 써미스터(thermistor)처럼

온도가 상승하면 오히려 저항값이 떨어지는 재료도 있는데 이 금속은 대체적으로 화재탐지회로 등에 많이 사용하고 있다. 전기 저항식 온도계는 외부대기온도계, 오일 온도, 실린더헤드온도, 기화기의 공기온도 등의 측정에 사용된다. 측정범위는 -70[℃]~+150[℃] 범위로 저온과 중온을 측정하기 위해 사용된다.

(2) 전기 저항식 온도계 주의 사항

① 온도 측정 저항체와 계기간의 연결 도선의 길이나 전선 재료 및 굵기가 정비 등으로 인행 원래 것과 다르면 지시값이 변하므로 함부로 연결도선을 변화시켜서는 안 된다.

② 연결도선이 끊어지거나 접촉이 불량하면 바늘이 최대눈금을 지시하며 선이 단락(short)되면 눈금을 벗어나게(off scale) 지시한다.

③ 니켈 등의 저항체는 300℃ 이상에서 성질이 변하므로 300℃ 이상의 고온을 오랫동안 가해서는 안 된다.

여러 가지의 합금들은 높은 온도-저항 계수를 가지고 있는데 이것은 온도에 따라 정확한 계기 지시를 위해 저항이 상당한 양으로 변화하는 것은 온도감지기로서 적격이다. 합금속 저항기는 온도측정을 할 곳에 설치하고 조종석 계기와 전선으로 연결된다. 저항값을 측정하는 것이지만 계기눈금판은 저항 값(Ohm)대신 [℉] 또는 [℃] 표시되어 온도 값을 지시한다. 측정부위에 온도가 변화할 때, 금속의 저항 값이 변화하고 저항측정계기는 그 변화량을 지시한다. 전형적인 전기저항온도계는 보통 다른 온도게이지처럼 보인다. 계기는 다발기에 사용할 수 있도록 복합 형태(dual)로 지시하는 것이 가능하고 대부분 온도계기는 조종석 내 온도 변화에 대해 자체보정회로를 가지고 있다. 보정하기 위한 열 감지 저항기는 작동온도 범위 내에 각각의 온도 값에 대해 일정한 저항을 갖도록 제작되어 있다.

온도감지저항소자(Temperature-sensitive resistor element)는 절연 자재에 알맞은 합금이나 니켈/망간선으로 만들어진 권선과 그 자체 길이가 온도를 감지하는 저항소자가 되기도 한다. 그림 3-80과 같이 저항소자는 내부에 완전 밀봉하여 장착하기 쉽게 필요한 플러그에 나사산까지 6각으로 제작되어 하나의 부품으로 제작되기도 한다.

계기 내부는 저항측정계기(resistance-measuring instrument)로 구성되어 있는데 휘스톤브리지 회로(wheatstone-bridge circuit)를 개조한 형태를 사용하기도 한다. 휘스톤브리지 메터는 이미 알고 있는 3개의 저항에 대해 측정하고자 하는 미지의 저항과 균형을 이루어 미지의 저항값을 찾아내는 휘스톤의 균형원리를 이용한 것이다. 그림 3-81에서는 휘스톤브리지 회로를 보여주고 있다. 이 회로에서 저항 A, B, 그리고 C의 3 개의 동일한 값의 저항은 마름모꼴 브리지 회로에 연결되어 있다. 이 미지(unknown)의 저항값(D)도 이회로의 일부분이 된다. 이 미지의 저항(D)값이 온도측정 벌브를 나타내며 이 저항값의 변화 값이 곧 측정하고자 하는 온도를 나타내는 것이다.

[그림 3-80] 전기저항식 온도감지 벌브(An electric resistance thermometer sensing bulb)

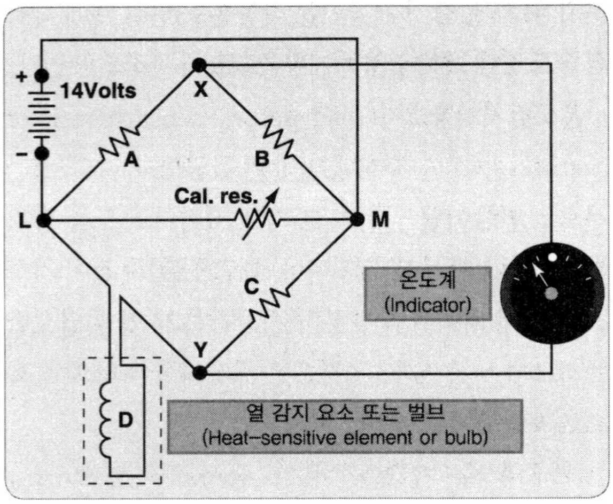

[그림 3-81] 브리지 회로를 갖춘 전기 저항 온도계 표시기(An electric resistance thermometer indicator features a bridge circuit)

온도가 벌브(bulb)의 저항으로 하여금 다른 저항의 값과 동일하게 될 때는, 전위차(potential difference)는 회로에서 X점과 Y점 사이에 존재하지 않는다. 그런 까닭에 회로의 검류계(galvanometer)에 전류가 흐르지 않는다. 만약 벌브의 온도가 변화하면 저항도변화하고, 전류로 하여금 한쪽 방향 또는 다른 쪽 방향으로 검류계를 통하여 흐르게 하여 브리지는 균형이 깨진다. 검류계 지침은 실제로 온도계기 바늘로서 이미 표시된 눈금판의 온도를 지시하게 된다. 대부분 계기는 눈금판에 제로(Zero) 조절나사가 있어서 스프링 장력을 조절하여 제로 점(zero point)을 맞추는 역할을 한다.

3.6.2.1 전기저항온도비율계(Ratiometer Electrical Resistance Thermometers)

전기저항온도계를 지시하는 또 다른 방법은 비율계(ratio-meter)를 사용하는 것이다. 휘스톤브리지식 계기가 선간 전압 파동 오차가 있다는 단점이 있다면 비율계는 이보다 더욱 안정되고 더욱 높은 정밀도로 지시한다. 이름 그대로 이 온도계는 전류흐름의 비율을 측정한다. 그림 3-82와 같이 전기저항온도비율계의 저항벌브감지부분은 근본적으로 위에서 설명한 것과 같다. 측정 및 지시를 위해 이 회로는 가변저항과 고정저항(R)으로 구성되어 있다. 전류 흐름을 위해 2개의 전류 전선이 연결되어 있다. 그 2개의 전선은 대형 영구자석 자기장내에 장착된 눈금 바늘의 양편에 감겨진 코일과 연결되어 있다. 이 코일을 통한 전류 흐름의 변경이 코일의 자기장의 세기를 변화시키고 연달아 큰 영구자석의 자기장을 변화시켜 결국은 바늘을 움직이게 한다. 바늘이 지시하는 온도값은 [℉] 또는 [℃]로 눈금판 위에 지시된다.

전기저항온도비율계는 여러 항공기에서 엔진오일 온도, 외기온도, 기화기 공기온도 등을 측정하는 데 사용된다. 이계기는 특히 정밀도가 중요한 곳이나 또는 공급전압의 큰 변이가 있는 곳의 온도 상태를 측정하는 곳에 많이 사용된다.

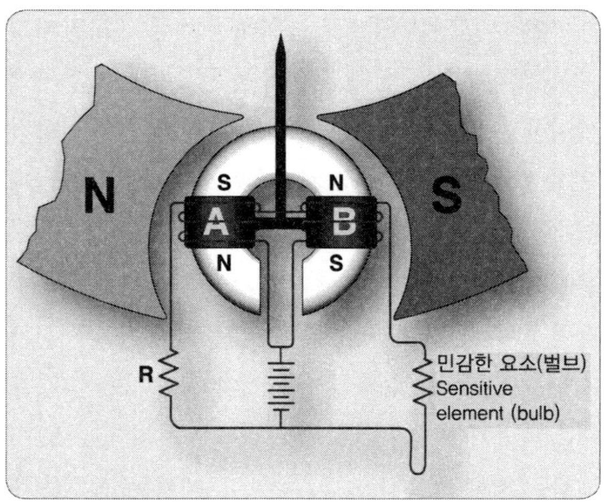

[그림 3-82] 2 개의 코일이 내장된 비율 온도계 (A ratiometer temperature measuring indicator has two coils)

3.6.3 열전대식 온도계 (Thermocouple Temperature Indicators)

열전대(thermocouple)를 일부에서는 열전쌍이라고도 한다. 그러나 전통적으로 계기계통에서 사용한 이름인 열전대로 통일하고 이는 2개의 이질 금속으로 된 하나의 회로이거나 접속이다. 열전대는 2개의 이질 금속으로 된 금속선 양끝을 서로 연결한다. 온도를 측정하는 곳에서 한쪽 끝을 서로 접한 이곳(엔진)을 온점(hot junction)이라고 하고 조종석 계기에서 다시 접합하는데 이곳을 냉점(cold junction)이라고 한다. 냉점의 온도는 그대로 있는 상태에서 온점(엔진 배기가스 배출구)에서 온도가 상승하면, 온점과 냉점 사이에 온도차이로 인하여 기전력이 만들어져 전류가 온점에서 냉점으로 흐른다. 이를 제어벡 효과(seeback)라고 한다. 이때의 전류를 열전류라 하고 이 2 개 금속의 접합을 열전대(thermocouple)라 하며 전류를 생기게 하는 기전력을 열기전력이라 한다. 열기전력은 두 금속의 종류와 접합점의 온도차에 의해서 정해지며 선의 굵기나 접합점의 온도가 일정할 때에는 열기전력은 다른 한쪽의 온도에 의해서만 정해진다. 이때 만들어진 기전력은 온도에 정비례하게 생성되므로 이 양을 측정하면 온도를 해석할 수 있다. 이를 이용해서 온도 측정하는 데 사용한다. 열전대는 고온을 측정하는 데 적합하다. 전기 저항식 온도계는 직류 12V 또는 24V의 외부 전원을 사용하지만 열전대식 온도계는 외부 전원 없이 온도의 변화에 의해 열기전력이 생기게 하는 2개의 금속으로 접합된 열전대식을 이용한다.

(1) 열전대의 재료

① 구리 – 콘스탄탄

최고 300℃까지 측정가능하며 왕복 엔진 실린더 헤드 온도(CHT)를 측정하는 데 쓰인다.

② 철 – 콘스탄탄

최고 800℃까지 측정 가능하다.

③ 크로멜 – 알루멜

최고 1400℃까지 측정 가능하며 현대 가스터빈엔진의 고온 측정에 사용한다. 가장 일반적으로 사용되는 것은 왕복엔진에서 실린더헤드온도와 터빈엔진에 배기가스온도 측정용으로 사용한다.

그림 3-83과 같이 이질 금속으로 된 열전대(thermocouples combine two unlike)가 가열될 때 생산되는 전압은 밀리볼트(millivolt)이다. 그런 까닭에 열전대 도선은 열전대 회로에서 일정한 양의 저항을 가지고 설계되어 있다. 아주 적은 양의 밀리볼트가 흐르기 때문에 도선의 재질, 길이, 또는 단면적의 크기는 회로의 저항변화에 민감하게 영향을 주기 때문에 저항의 보상 없이는 함부로 변경되어서는 안 된다. 전압계 뒤쪽에 연결되는 도선은 열전대와 동일한 재료이다. 열전대는 온도를 측정하고 장착하는 데는 2가지 형태를 가지고 있다. 장착 부위 또는 방법에 따라 다른 두 가지 일반적인 형태는 가스켓형(gasket type)과 베이요넷형(bayonet type)이 있다.

① 가스켓형(gasket type)은 그림 3-84에서 보듯이 이종 금속의 2개의 링(ring)들이 같이 부착되어 가스켓 형태를 해서 점화플러그 또는 실린더 장착너트(cylinder hold down nut) 아래쪽에 장착될 수 있다.

② 베이요넷형(Bayonet-type)은 이종금속이 구멍이 뚫린 보호덮개 안에서 접점한다. 베이요넷 열전대는 실린더헤드 구멍에 고정된다. 터빈엔진

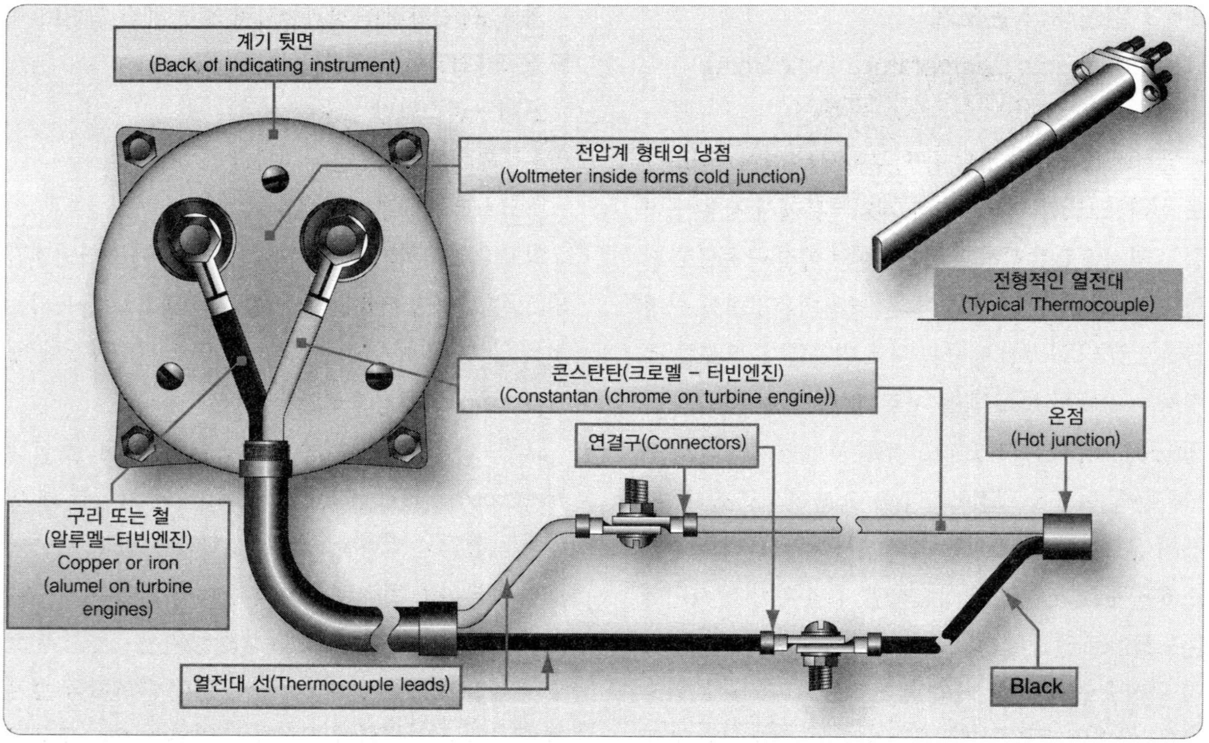

[그림 3-83] 2 개의 이질 금속으로 된 열전대 (Thermocouples combine two unlike metals)

에서 써머커플은 터빈입구 또는 출구케이스에 설치되고 배기가스 기류 안에 케이스를 통해 뻗쳐 있는 것을 볼 수 있다. 실린더헤드온도에서 열전대를 장착한 쪽 실린더는 최상의 작동조건 하에 가장 뜨거운 곳이다. 이 실린더 위치는 엔진에 따라 다르다.

열전대 회로의 냉점(cold junction)은 계기케이스 안에 있다. 회로에서 일으킨 기전력은 열점과 냉점 사이에 온도 차이에 따라서 생성되기 때문에 냉점에게 영향을 주는 조종석 온도 변화에 대한 계기를 보상하는 것이 필요하다. 이온도 보상은 계기의 기계장치에 연결된 바이메탈 스프링(bimetallic spring)을 사용함으로써 보상된다. 이것은 실제로 이전에 설명한 바이메

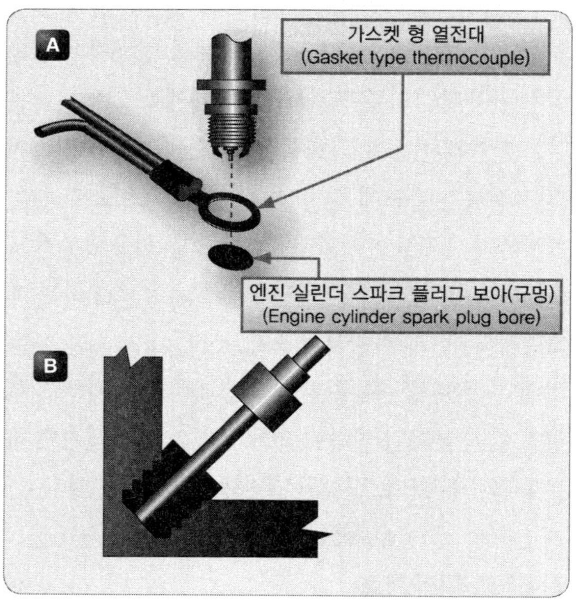

[그림 3-84] 가스켓 형 온점 열전대 (A thermocouple with a gasket type hot junction)

[그림 3-85] 전형적인 열전대식 온도계 (Typical thermocouple temperature indicators)

탈열전대와 마찬가지로 작동한다. 도선이 계기로부터 분리될 때, 계기판 주위 조종석안의 온도가 계기 눈금판에 지시할 수 있다.

3.6.3.1 터빈가스온도계기계통(Turbine Gas Temperature Indicating Systems)

터빈엔진 배기가스온도(EGT, exhaust gas temperature)는 터빈엔진작동에 중대한 변수(variable)이다. 배기가스온도계기는 터빈 출구 배기가스의 온도를 지시한다. 일부 터빈엔진에서는 배기가스의 온도를 터빈 입구에서 측정하기도 한다. 이런 경우 터빈입구온도지시장치(TIT, turbine inlet temperature indicating system)라고 일컫는다. 여러 개의 열전대가 배기가스온도 또는 터빈입구온도를 측정하는 데 사용된다. 열전대는 엔진터빈 케이스 또는 배기 덕트(duct)의 원주 주위에 일정한 간격으로 장착되어 있다. 미량의 열전대 전압은 매우 미량인 밀리볼트를 증폭하여 계기 바늘을 작동하기 위한 서보모터 작동 전원으로 사용된다. 그림 3-86의 배기가스온도계는 밀봉된 계기로 약간 위쪽 오른쪽에 버니어눈금판과 눈금판 아래쪽 부분에 위치된 전원경고표시(적색 OFF flag)를 갖추고 있으며 계기의 눈금은 0~1,200[℃]의 범위이다.

터빈입구온도지시장치(TIT, turbine inlet temperature indicating system)는 터빈에 들어가는 가스의 온도를 지시한다. 여러 개의 열전대로 터빈입구에 병렬로 설치되어 평균전압을 사용한다. 이중열전대(dual thermocouple)은 단일 탐사침(single probe) 안에 2개의 전기적으로 독립된 접합점으로 구성되어 있다. 이들의 열전대 중 하나는 조종석 계기에 전송되고 병렬로 연결된 다른 하나는 엔진 감시(engine monitoring) 및 제어장치(control system)에 온도신호를 보내준다. 각각의 회로는 독립적으로 작동하여 이중 계통(dual)으로 더욱 높은 신뢰성을 제공한다.

그림 3-87은 다발터빈항공기 엔진의 터빈입구온도장치에 대한 회로를 보여주고 있다. 계기는 브리지회로(bridge circuit), 단속기회로(chopper circuit, 직류증폭을 위하여 전류를 단속하는 인버터 회로), 바늘을 가동시키기 위한 2상 전동기(two-phase motor), 그

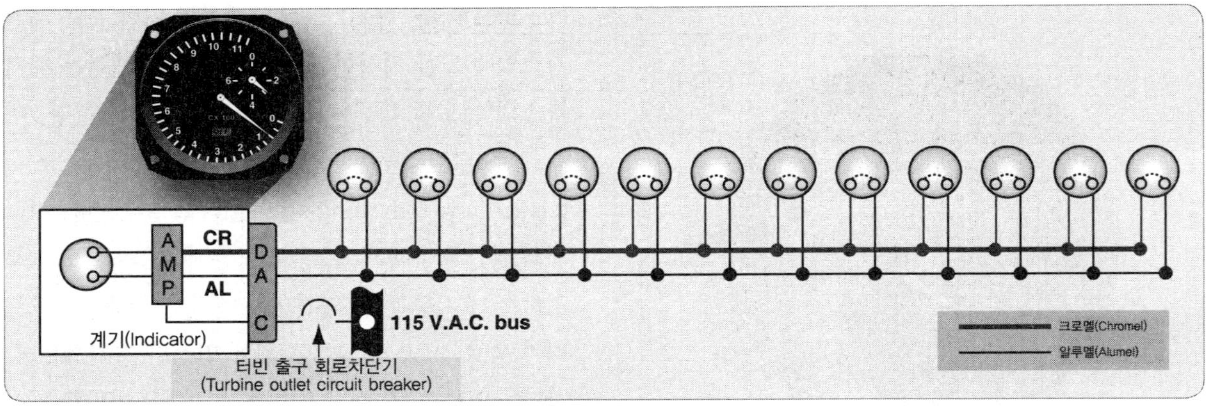

[그림 3-86] 전형적인 열전대식 배기가스온도계계통(A typical exhaust gas temperature thermocouple system)

리고 귀환전위차계(feedback potentiometer)로 구성되어 있다. 이외에도 전압기준회로(voltage reference circuit), 증폭기(amplifier), 전원 단절 경고 표시(Power Off Flag), 전원장치(power supply), 그리고 과열온도(over-temperature) 경고등(warning light)이 있다. 증폭기의 출력은 계기 주 지침과 디지털계기의 위치를 정하는 이상전동기(two-phase motor)의 가변 자기장(variable field)에 전압을 가한다. 전동기는 또한 온도신호에 비례하여 정확한 바늘 위치에 도달할 때 구동전동기를 멈추도록 흄밍 신호(humming signal-웅웅소리 나는 신호)를 주도록 귀환 전위차계(feedback potentiometer)를 가동시킨다. 전압기준회로는 입력전압 변이로부터 계기전원으로 오차를 막기 위해 브리지회로에 꼭 맞게 조절된 기준전압을 공급한다. 계기에 있는 과열온도 경고등은 터빈입구온도가 미리 설정된 한도에 도달할 때 들어온다. 외부 시험스위치는 보통 모든 엔진에 대한 과열온도 경고등을 동시에 시험할 수 있도록 장착되어 있다. 시험스위치가 작동될 때 과열온도신호는 각각의 계기 온도제어 브리지회로에서 모의실험이 된다. 디지털조종석 계기계통(digital cockpit instrumentation system)에서는 저항식 계기 또는 온도 보정을 위한 서보작동온도 계기들은 불필요하다. 센서 저항이나 전압값 등이 직접 컴퓨터로 입력되어 이곳에서 조절되고 처리되고 감시되어 조종석 디지털 액정화면에 표시된다. 그 신호들은 또한 여러 가지의 통합된 계통의 제어와 감시를 위해 온도정보를 필요로 하는 다른 컴퓨터로 보내어 사용된다.

3.6.4 총공기온도측정 (Total Air Temperature Measurement)

비행 중인 항공기 외부 대기온도는 많은 성능감시와 제어변수(control variable)가 의존하는 중요한 파라미터(parameter)가 된다. 비행하는 동안 정압공기(static air) 온도는 계속적으로 변화하여 당시의 외기온도를 실시간으로 정확히 측정하는 문제는 그리 쉽지 않다. 0.2마하 속도 이하에서는 간단한 저항식온도게이지 또는 바이메탈온도게이지가 비교적 정확한 공기온도 정보를 공급할 수 있다. 그러나 더 빠른 속도에서는 공기와의 마찰, 공기의 압축성, 그리고 경계층(boundary layer) 반응 때문에 정확한 온도 측정이 어

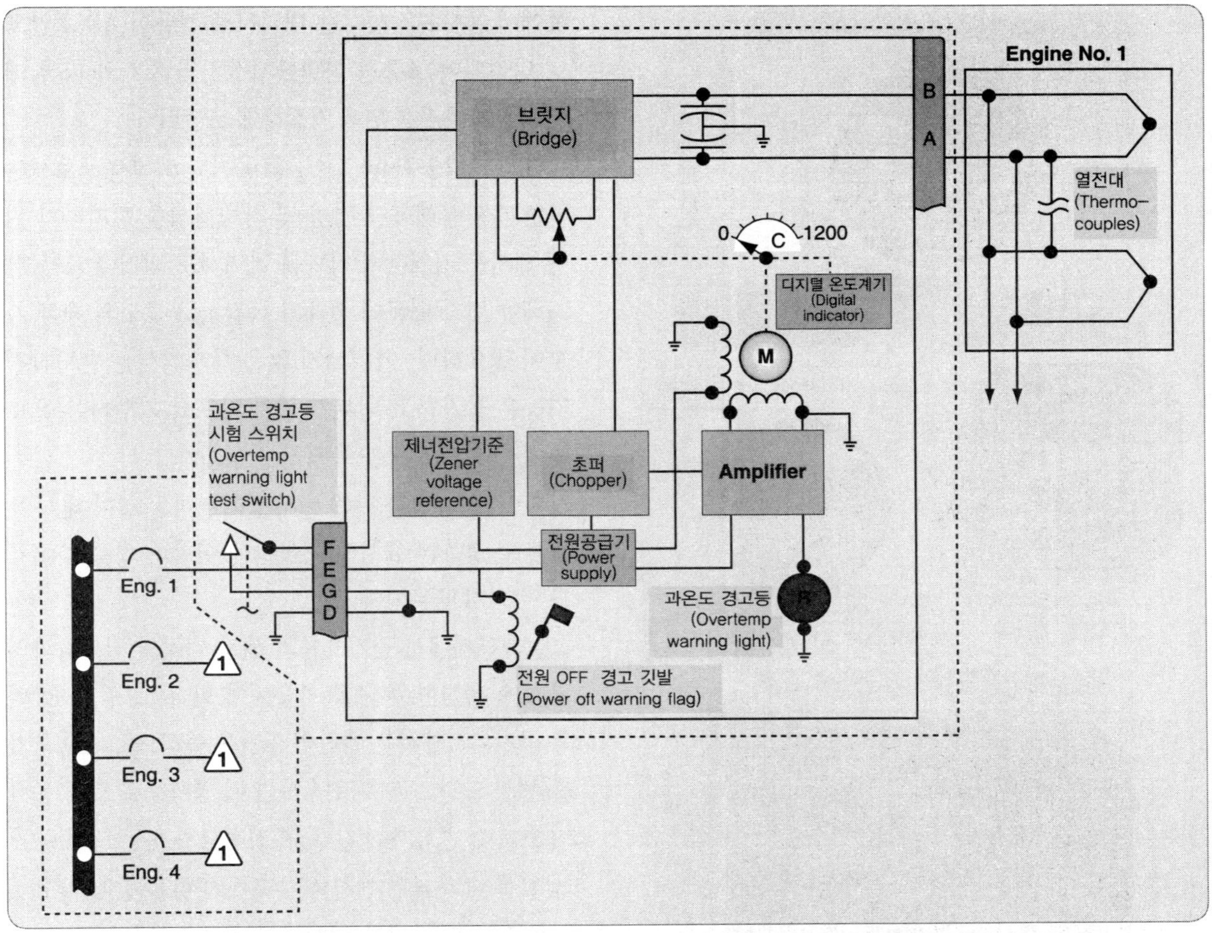

[그림 3-87] 전형적인 아날로그 터빈 입구 온도계 계통 (A typical analog turbine inlet temperature indicating system)

렵다. 이 총공기온도(TAT)는 정압공기 온도 외에 공기 속을 통과하는 항공기의 운동에 의해 생성된 온도 상승 값을 더하는 것이다. 이때 공기의 온도 상승은 램(ram) 공기의 상승으로 알려져 있다. 총공기온도감지 프로브(TAT sensing probe)는 이 상승값을 정확하게 측정하도록 설계되어 있고 그 측정값을 조종석 계기를 위한 신호뿐만 아니라 여러 엔진과 항공기 계통에서 이용하기 위해서 전달하도록 특별히 제작되었다.

간단한 총공기온도 측정장치는 센서와 기내장된(built-in) 저항평형회로(resistance balance circuit)와 계기로 구성되어 있다. 센서를 통해 흐르는 공기는 온도를 정밀하게 측정하도록 공기가 백금합금 저항소자에 세게 부딪치도록 설계되어 있다. 센서는 저항 온도 변화를 측정하기 위해 소자의 변화의 관점에서 설계되어 있다. 이 측정값을 브리지 회로에 연결했을 때 계기바늘은 가변 저항에 의한 불균형에 상응하여 지시한다.

그림 3-88과 같이, 더욱 정교한 계통은 신호교정기술을 사용하여 조종석에 있는 계기를 조정하기 위해 증폭된 신호가 서보모터로 보내진다. 이들 계통은 조

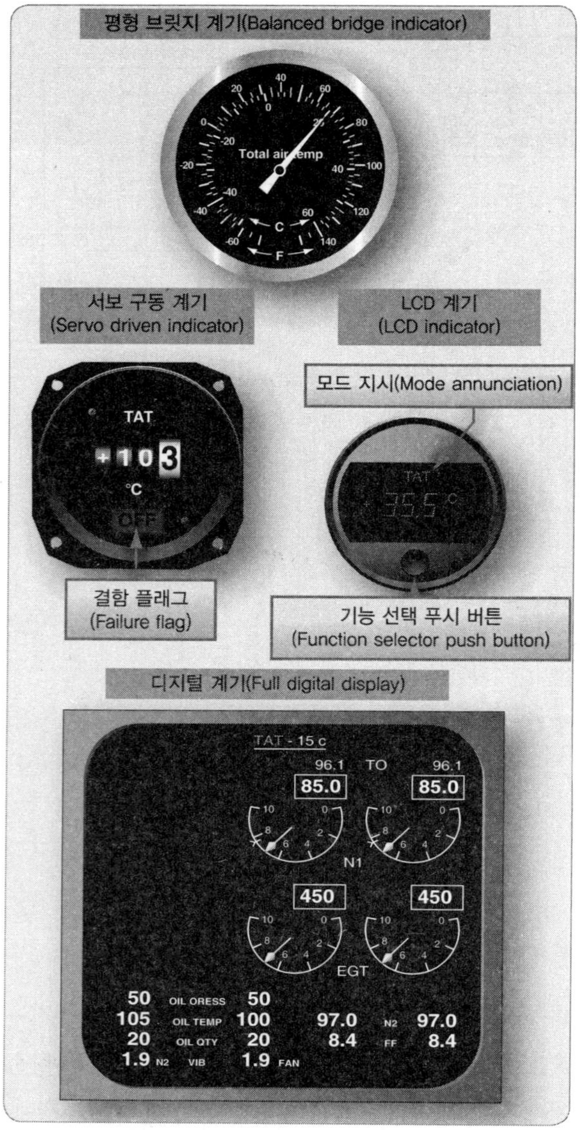

[그림 3-88] 다양한 TAT 지시계 (Different cockpit TAT displays)

절된 전원장치와 고장감시 기능을 가지고 있다. 그들은 숫자로 나타낸 드럼식 읽기(drum-type readout) 방식을 사용하지만 또한 액정표시장치(LCD) 화면에 지시하기 위해 액정표시장치 구동기로 보내기도 한다. 액정표시장치 화면표시기(display)는 정적공기온도(SAT)와 진대기속도(TAS)를 표시한다. 디지털 계통에서 온도보정신호는 대기자료 컴퓨터(ADC) 안으로 입력되어 조종석 화면표시장치의 지시와 다른 계통의 온도보정을 위해 적절하게 조절된다.

다음 그림 3-89와 같이, 총 공기 온도센서 프로브는 극한비행 상태에서 결빙 및 착빙형성을 방지하기 위해 센서를 가열해서 방빙을 하면서도 외기 온도를 감지해야 되기 때문에 설계가 복잡하고 고도의 제작 기술이 필요하다. 가열되지 않은 상태에서는 온도감지 기능은 불가하고 내부가 얼지 않도록 가열하는 온도 속에서 외기 온도를 측정하는 문제가 그리 쉽지 않는 상황이다. 방빙을 위해 센서를 가열하는 열이 대기 온도를 측정하는 센서의 저항값에 어떤 영향을 주어서도 안 되기 때문이다.

설계단계에서 공기흐름과 센서 재질의 전도율과의 관계에 세심한 주의를 기울여야 한다. 그림 3-89의 총 공기온도센서는 엔진의 뜨거운 블리드(bleed) 공기를 센서 도관으로 흐르게 하면 이 영향으로 외기 공기의 흐름에 변화가 생긴다. 측정하고자 하는 외기 공기의 흐름이 가열된 센서의 온도에 영향을 받지 않고도 바로 온도를 감지하는 백금센서(platinum sensor)에 접촉된다. 이러한 제작 설계로 센서는 센서대로 방빙(anti-icing)을 위해 가열하면서 엔진 블리드 공기를 끌어들이면 베르누이 정리에 의해 센서 내부에 진공이 생기게 되고 이때 발생한 압력 차이에 의해 외기 공기가 센서 도관 안으로 들어와 백금 센서에 직접 접촉이 이루어져 순수한 외기온도 측정이 가능하게 된다. 즉, 방빙을 위해 뜨겁게 달구어진 총 공기온도센서가 외기의 차가운 공기의 온도를 정확하게 측정하는 기술은 참으로 놀라운 설계방식이다.

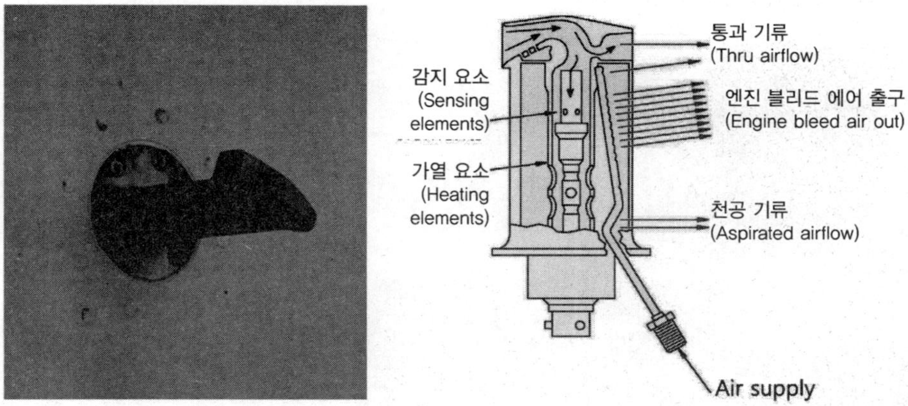

[그림 3-89] 총 공기온도 측정기 (Total air temperature(TAT) probes)

3.7 비행 방향 지시 계류 (Direction Indicating Instruments)

여러 가지 기술과 계기들이 비행의 항법을 향상시키고 있다. 비행의 방향을 알려주는 것도 항법 중 하나이다. 다음 장에서 항법과 통신에 대한 설명하겠지만 이번 장에서는 자기 방향(magnetic direction)에 대해서 논의할 것이다. 추가로 아주 보편적이면서도 신뢰성 있는 자이로 방향계(gyroscopic direction indicator)에 대해서 설명한다. 항법이란 한 지점에서 다른 지점으로 가기 위해 항로를 찾는 방법이라 할 수 있다. 목적지로 정확하게 비행하려면 지리학적인 위치에서 항공기 기수 방향과 현재 위치를 알아야 하는데 자기계기(magnetic indicator)도 이런 목적을 위해서 사용된다. 모든 위치, 즉 좌표가 진북과 진남을 중심으로 표시되어 있어서 자북과 자남을 기준으로 지시하는 자기계기 방향과는 오차가 생긴다. 지구의 자력선을 탐지하는 자기식 나침반에 대해서 좀 더 상세히 알아볼 필요가 있다.

3.7.1 나침반(Magnetic Compass)

항공기에 탑재된 방향계가 있다는 것은 조종사에게 든든한 보조자이자 귀중한 기기임에 틀림없다. 형식 승인을 받은 모든 항공기는 항공법이 아니더라도 필수적으로 자기방향 계기(magnetic direction indicator)를 갖추어야 한다. 나침반(magnetic compass)은 수백 년 동안 항법용으로 사용해온 방위측정계기(direction finding instrument)이다. 이것은 지구의 자기장(magnetic field)을 탐지하여 방위를 알 수 있는 간단한 계기이다.

그림 3-90은 지구, 진북, 자북 및 지구를 에워싸고 있는 자기장을 보여주고 있다. 북극(north pole)은 지구 축이 되는 지점으로 지리학적 북극(geographic north pole)이며 이를 진북(true north)라 한다. 이에 비해 자북극(magnetic north pole)은 진북에 매우 가깝게 위치하고 있지만 같은 위치는 아니고 2005년 조사에 의하면 캐나다 북부의 허드슨만 천연자력지대로 북위 82.7° 서경 114.4°에 위치하고 있다. 하지만 이 점은 지구의 자전과 여러 영향으로 해마다 조금씩 이

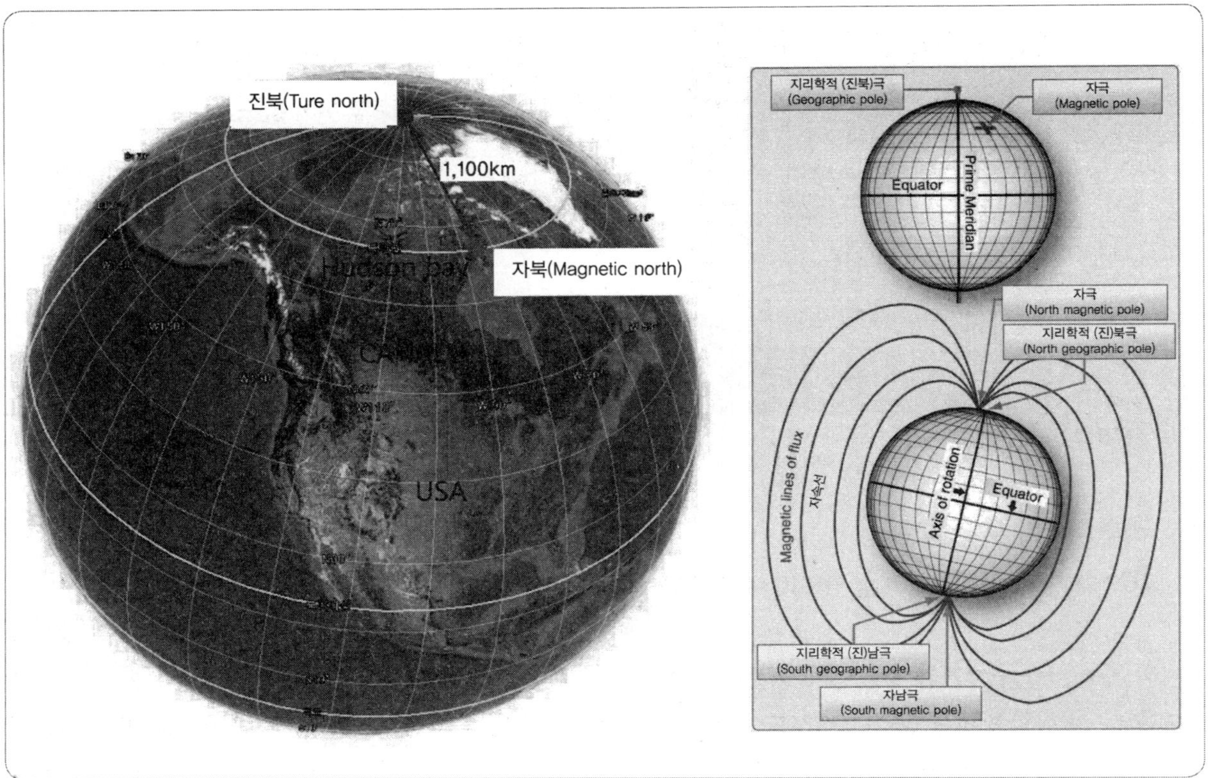

[그림 3-90] 지구와 자기장 (The earth and its magnetic field)

동하고 있으며 진북과 자북의 거리는 약 1,100km인 것으로 조사되었다. 영구자석을 자유롭게 놔두면 지침은 지구 자기장의 방향과 일치한다. 이 원리를 근거로 계기가 제작되어 조종사는 이 계기를 비행방위 기준으로 참조할 수 있게 되었다. 영구자석이 피봇(pivot)에 장착된 부자(float)의 아래에 부착되어 있어 수평면으로 자유롭게 회전하도록 제작되어 있다. 그러면서 자석은 지구의 자기장 방향에 일치한다. 눈금이 보통 5[°]씩 나뉘어서 표시된 나침반 카드(compass card)가 부자의 둘레(perimeter)에 설치되어 있다. 이것이 계기의 눈금판처럼 사용된다. 계기 전체 구성품은 완전히 밀봉된 케이스 안에 구성되어 있고 케로신(kerosene)과 같은 덤핑액(dumping fluid)으로 채워져 있다. 이 케로신 액은 나침반 계기의 진동과 발진을 완충시키고 마찰을 경감시키는 역할을 한다. 케이스의 정면 유리면에 세워진 수직선을 기준으로 나침반 카드의 방위표시를 보는 것이다. 항공기의 나침반의 수직선 눈금 표시가 현재 항공기의 기수 방위를 지시하는 것이다. 영구자석이 항상 0도, 즉 자북을 지시하고 이것을 기준으로 360도 방위 표시를 해놓으므로 항공기가 비행 방향을 변경하면 어느 방향에서도 나침반은 자북을 지시하고 있어 항공기의 비행 방위를 알 수 있다. 그림 3-91과 같이, 나침반 케이스를 채운 케로신 유동액는 항공기 고도 및 온도가 변할 때 팽창하거나 수축하게 되는데 이를 해결하기 위해 케이스 안에 벨로즈 또는 다이어프램을 설치하여 유동액 체적

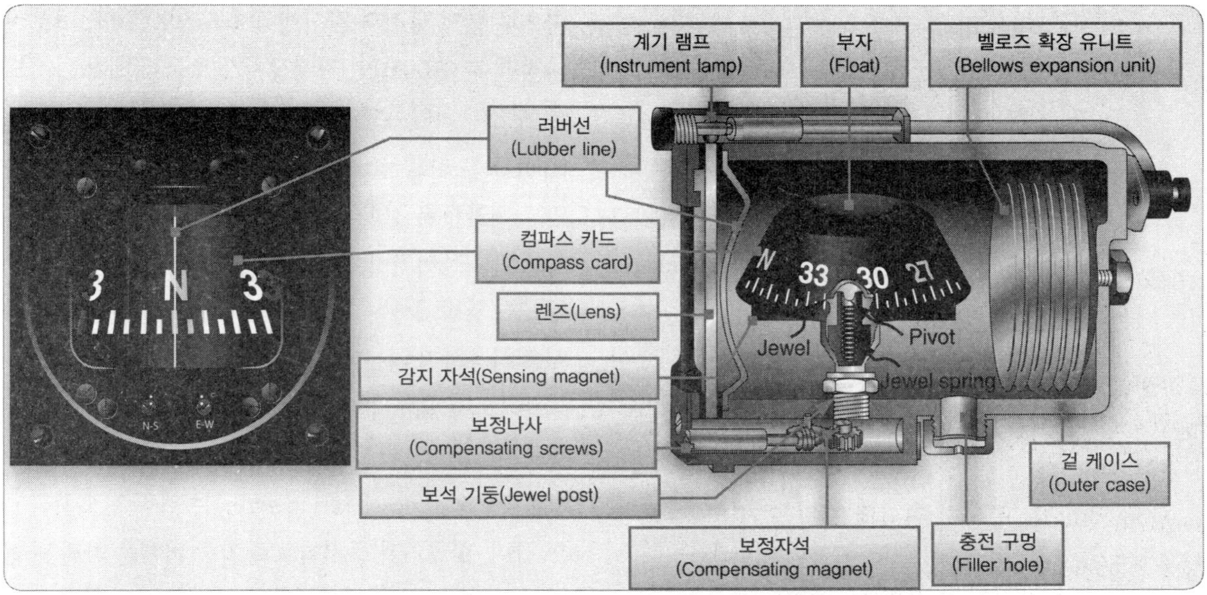

[그림 3-91] 나침반 내부 부품 (The parts of a typical magnetic compass)

변화에 대비한다. 나침반은 정밀도가 떨어지고 오차가 많아서 항법용 주 방향계로 사용하기보다는 예비용으로 사용하고 있다. 나침반의 오차는 다음과 같이 정의할 수 있다.

① 자기편차(magnetic deviation)

나침반의 자석은 지구의 자기장과 일치하지만 나침반이 장착되어 있는 조종석 내 각종 금속 구조물과 여러 계기들의 전기적 작동으로 생성된 전자기기의 영향 등이 합쳐진 합성 자기장을 지시하게 됨으로 진성 자북과 오차가 생길 수 있다. 이것을 자기편차(magnetic deviation)라고 부른다. 이 자기편차가 +/-10도 이상 오차가 발생하면 보정하기 위해 컴파스 스윙(compass swing)을 실시하고 오차가 나면 나침반 케이스에 소형 영구자석이 있는데 이를 조절하면 어느 정도 편차를 보정할 수 있다. 계기 전면 아래 덮개를 열어보면 N-S와 E-W라는 글자가 새겨져 있는 2개의 조정나사가 있는데 이들은 소형 영구자석으로 주 나침반 큰 자석 영향을 상쇄 또는 변형하여 보정을 하도록 준비되어 있다.

자기편차는 10[°] 이상은 안 된다. 비철 장착 스크루 사용, 비자성체 screw나 공구 사용, 조명전구전선을 차폐선 또는 꼬인 선(twisting wire)을 사용하는 것 등은 가능한 편차를 줄이기 위함이다.

② 자기편각(Magnetic Variation)

그림 3-92와 같이 나침반 또 다른 오차는 자기편각(magnetic variation)이 있다. 이 오차는 어느 한 지역에서 자북과 진북의 차이에 의해서 발생한 오차를 말한다. 자북과 진북이 일치하는 지역이 이 지구상에 그리 많지 않다. 일치하는 이들의 장소를 거쳐 그어진 선은 무편각선(agonic line)이라고 부른다. 이 외 다른 지점에서는 나침반이 가리키는 자북과 진북 사이에 약간의 편각(variation)이 있다. 등편각선

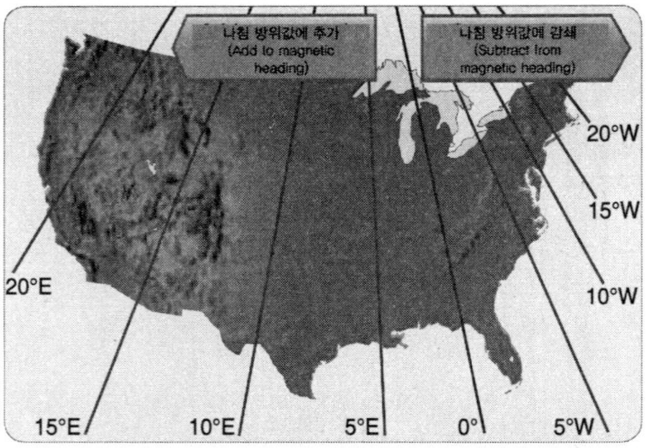

[그림 3-92] 무편각선에 따라 위치하고 있는 항공기 (Aircraft located along the agonic line)

(isogonic line)은 동등한 편각의 지점을 가리키는데 항공지도(aeronautical chart)에 그려져 있다. 항공기의 비행 위치에 따라, 비행 항법사는 정확한 지리적인 위치정보를 구하기 위해 자기 방향 지시(magnetic indication)에서 각도를 더해주거나 또는 빼주면서 방위를 계산해야 한다.

③ 복각(dip)

지자기 자력선의 방향과 지구 수평선이 이루는 각이다. 자유롭게 움직이는 영구자석이 지자기를 탐지하면 지자기 방향(자력선)과 영구자석의 축이 일직선으로 일치하게 된다. 그래서 복각은 영구자석 축과 지구 수평면이 이루는 각이라 할 수 있다. 복각은 양쪽 극으로 갈수록 90도 직각에 가깝고 지구 적도 지방으로 가면 거의 0도에 가까워진다. 그림 3-90과 같이 지구의 자기장은 극에서 거의 수직으로 존재하고 지구의 적도 표면에 수평으로 지나 연장되어 아치(arch)를 만든다. 자극 근처 즉 북극에서 항공기를 비행하면 이러한 특성 때문에 복각오차(dip error)가 발생하는데 이는 나침반 자석이 수평을 유지하지 못하고 나침반의 영구자석이 자북극 쪽으로 강하게 작용하여 아래쪽으로 끌어 당겨져 지시에 오차가 발생한다. 아무리 나침반 부자(float)인 기계장치가 조금 무게가 나가도록 제작이 되었어도 항공기가 자북극(north magnetic pole) 또는 자남극(south magnetic pole)에 더 가까우면 가까울수록 강한 자력선 때문에 거의 작동을 못할 정도로 기울어져 많은 오차가 발생을 한다. 그러므로 항공기 항법에서는 고위도 (72도)에서는 나침반의 지시를 사용하지 않는다.

복각오차에는 가속도오차(acceleration error)와 북선오차(turning error)가 있다.

가속도오차(acceleration error)는 가감속 오차라고도 하며, 항공기가 동서항로로 가속 비행을 하면 나침반의 부자(float) 기계장치의 관성 때문에 나침반이 북으로 회전하고, 이에 반대로 빠르게 감속 비행을 하면 나침반이 남쪽으로 회전한다. 즉, 가감속 오차는 복각도 원인이지만 관성도 주요한 원인이다.

북선오차(turning error)는 선회오차라고 하며 남쪽이나 북쪽에서 선회 시 뚜렷하게 나타나는 오차로 극지방으로 갈수록 자기장의 수직적 요소가 심화하기 때문이다. 만약 북극을 향하여 경사선회 비행하면 초기에 자기장의 하향 쪽으로 잡아당기는 힘 때문에 반대로 지시하다가 정상으로 지시하는데(지연 지시) 남극을 향하여 경사선회 비행하면 반대현상이 발생하는데 초기에 선회방향을 지시하지만 사실은 더 앞서서 지시한다. 즉 선도 오차가 발생하는 것이다.

④ 나침반의 또 다른 특수성이 있다. 그림 3-91에서 보면 나침반을 보면서 항공기를 북쪽 또는 표시된 방향으로 비행하는 경우 비행기를 외쪽으로 돌리면 방위(heading)숫자는 꾸준히 감소한다. 그러나 나침반 카드의 왼쪽에 있는 숫자가 실제로 증가하고 있다. 방

위기선(lubber line)의 오른쪽의 숫자는 왼쪽방향으로 회전한다. 이것은 조종사 좌석에서 실제로 나침반 카드의 뒷면을 보고 있기 때문이다. 주요한 문제점은 아니지만 그들이 항공지도(aeronautical chart) 또는 휴대용 나침반(hand-held compass) 상에서 360° 방향을 보는 것이 훨씬 직관적이다.

3.7.2 수직나침반(Vertical Magnetic Compass)

수직 나침반(vertical magnetic compass)은 전술한 자기나침반 카드의 단점인 역회전을 없애고 한층 개선된 상위 버전(version) 계기이다. 지시용 나침반 주 자석을 부자 대신 축에 장착을 하고 여러 가지 기어 등

[그림 3-93] 가속도 오차 효과(Effect of acceleration error)

[그림 3-94] 북선오차(Northerly turning error)

연결 장치를 통해서 컴파스 카드가 수평축에 대하여 선회하도록 제작되었다. 이 결과 지시카드(indicating card)에서 조종사가 설정한 방향으로 비행하고자 할 때 비행 방향을 방위숫자로 지시하게 되었다. 다시 말하면 오른쪽으로 선회하면 점점 방위 숫자가 증가하고 왼쪽으로 선회하면 숫자는 점점 감소하면서 회전한다. 그림 3-95에서 보듯이 수직 나침반은 또한 발진을 완충시키기 위해 와전류(eddy current)를 이용하는 댐핑 컵(damping cup)으로 구성된 액체충전계기(liquid – filled instrument)를 대신 사용하기 시작했다. 주목할 것은 수직나침반과 정침의(DG)가 매우 유사하며 계기판 기본 T 배열에서 중앙 아래쪽에 장착된다는 것이다. 양쪽 다 회전하는 나침반카드가 비행 방향을 지시하는 방식이 방위기선을 기준으로 삼고 있다는 것이다. 모양이나 지시하는 방식이 같지만 굳이 다른 점은 수직나침반에는 정침의 방향계에 있는 직립용 노브(knob)가 없다는 것이다.

[그림 3-95] 수직형 자기 방향계(A vertical magnetic direction indicator)

3.7.3 원격지시나침반 (Remote Indicating Compass)

자기편차(magnetic deviation)는 자차수정을 통해서 어느 정도 편차 보정이 가능하다. 자차수정은 나침반 로즈(compass rose)에서 항공기를 컴파스 스윙(compass swing : 비행기를 로즈 위에 표시된 방위와 맞추는 작업)으로 방위를 맞추어서 로즈의 방위와 나침반의 계기와 비교해서 오차가 나면 나침반에 있는 보정나사를 통해서 보정한다. 편차 해결책은 나침반을 편차요인이 많은 조종석에 장치하는 대신 멀리 떨어져 있는 그러면서도 자기장의 간섭이 적은 날개 끝 또는 수직안정판에 자력선 탐지기(flux valve)를 장착하고 동기식 원격지시장치(synchro remote indicating system)인 마그네신을 사용함으로써 나침반부자어셈블리(magnetic compass float assembly)는 동기장치(synchro system)의 회전자(rotor)처럼 작동할 수 있다. 자력선 탐지기의 부자 장치(float)가 회전하여 원격의 나침반이 자북에 일치할 때 비행방향 전환으로 변화된 전류가 송신기에서 만들어진다. 이 전류가 조종석에 있는 계기 코일의 자기장을 변화시켜 자기방향계기는 마그네신(magnesyn) 회로로 사용하여 비행방향을 지시한다.

3.7.4 원격지시 슬레이브 자이로 방향계(플럭스 게이트 컴퍼스)(Remote Indicating Slaved Gyro Compass (Flux Gate Compass)

자이로, 자기 나침반 및 원격 지시 계통의 사용을 결합한 정교하고 매우 정확한 방향 지시 방법이 개발되었다. 그림 3-96 슬레이브 자이로 컴퍼스 또는 플럭스 게이트 컴퍼스 시스템이라고 한다.

자력선탐지기(flux gate)를 이용한 원격 지시 나침반 계통에 자이로를 추가함으로서 항공기 방향계는 고위도 지방에서도 정확한 방향을 지시 하면서 발전을 거듭해왔다. 이런 지시방식을 슬레이브(종속)자이르나침반장치(slaved gyro compass system) 또는 플럭스게이트나침반장치(flux gate compass system)라고 부른다. 자력선을 탐지하는 장치를 플럭스 밸브(flux valve) 또는 플럭스게이트 컴파스(flux gate compass)이라고 부른다.

자력선 탐지기(flux valve)는 자기적으로 투과성이 좋은 원형 분절식(circular segmented)코어 프레임(frame) 과 삼발이(spider)로 구성된다. 지구의 자기장은 이 철심을 통해 흐르고 항공기 회전에 따라 자력선 탐지기도 같이 움직일 때 철심 단편을 통해 흐르는 자력선과 편차가 만들어지면서 분포의 변화가 생긴다. 픽업코일(pickup coil) 권선(winding)이 120[°] 간격으로 삼발이 각각 다리(leg)에 위치하고 있다.

레그(leg)를 통해 흐르는 지구 자기장은 항공기의 모든 방향에 독특하게 분포되게 된다. 코일은 코어의 중앙에 배치되고 AC 전류에 의해 전원이 공급된다. 방향이 바뀌면서 AC 흐름이 0을 통과하면 지구 자기장이 코어를 통과하게 된다. 그런 다음 코어 전류 흐름의 자기장이 다시 최고점으로 올라감에 따라 차단되거나 게이트(on)된다. 여자 코일(excitation coil)에 공급된 AC 주파수에서 사이클이 반복된다. 그 결과 픽업 코일을 가로 지르는 자기장은 흘렀다 멈췄다 하기를 반복한다. 각각 주기 동안, 지구 자기장에서 항공기의 방향을 반영하는 각 픽업 코일에 독특한 전압이 유도된다.

각각의 픽업 코일에서 흐르는 전기는 배선을 통해 플럭스 밸브에서 제 2 유닛으로 전달된다. 여기에는 오토신 트랜스미터, 방향 자이로(DG), 증폭기 및 싱크로 계통의 계기와 비슷한 3 중으로 감은 고정자가 포함된다. 고정자 코일을 통해 전송되는 플럭스 밸브 픽업 코일로부터 수신된 전압을 반영하는 이 고정자의 중심 회전자에 고유 전압이 유도된다. 이 유도된 전기는 DG의 위치 지시를 보강하기 위해 증폭되고 사용된

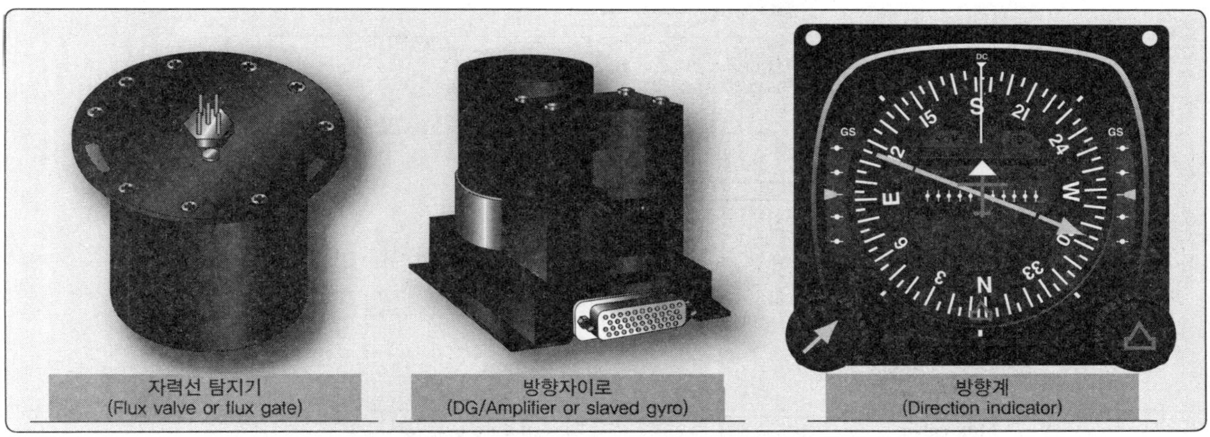

그림 3-96 방향계 주요 부품(Components used to provide direction indication)

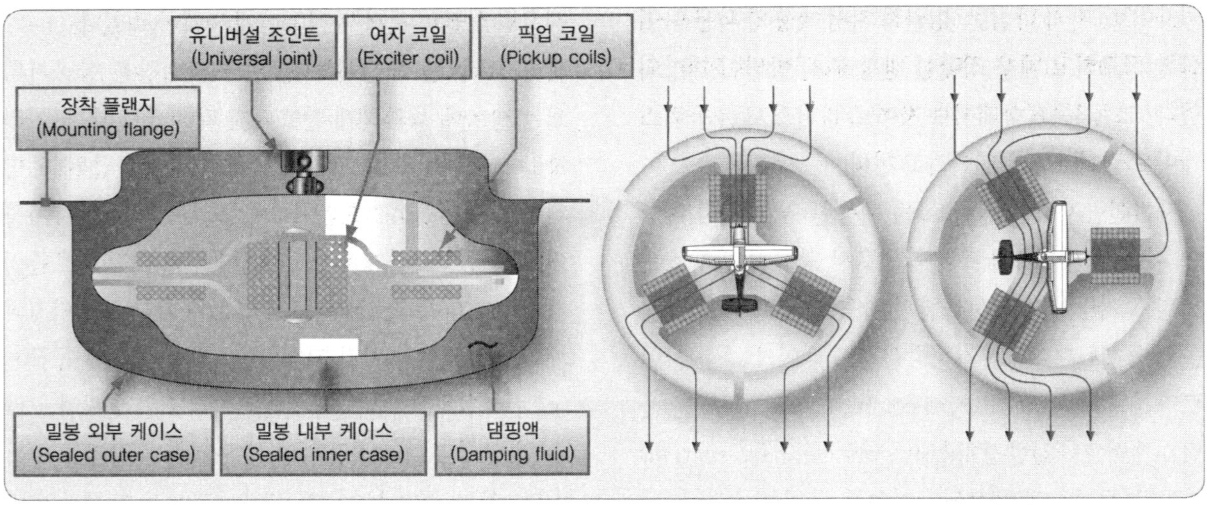

[그림 3-97] 자력선 탐지기 작동 원리 (The lines of flux flow lines vary through the permeable core of flux gate)

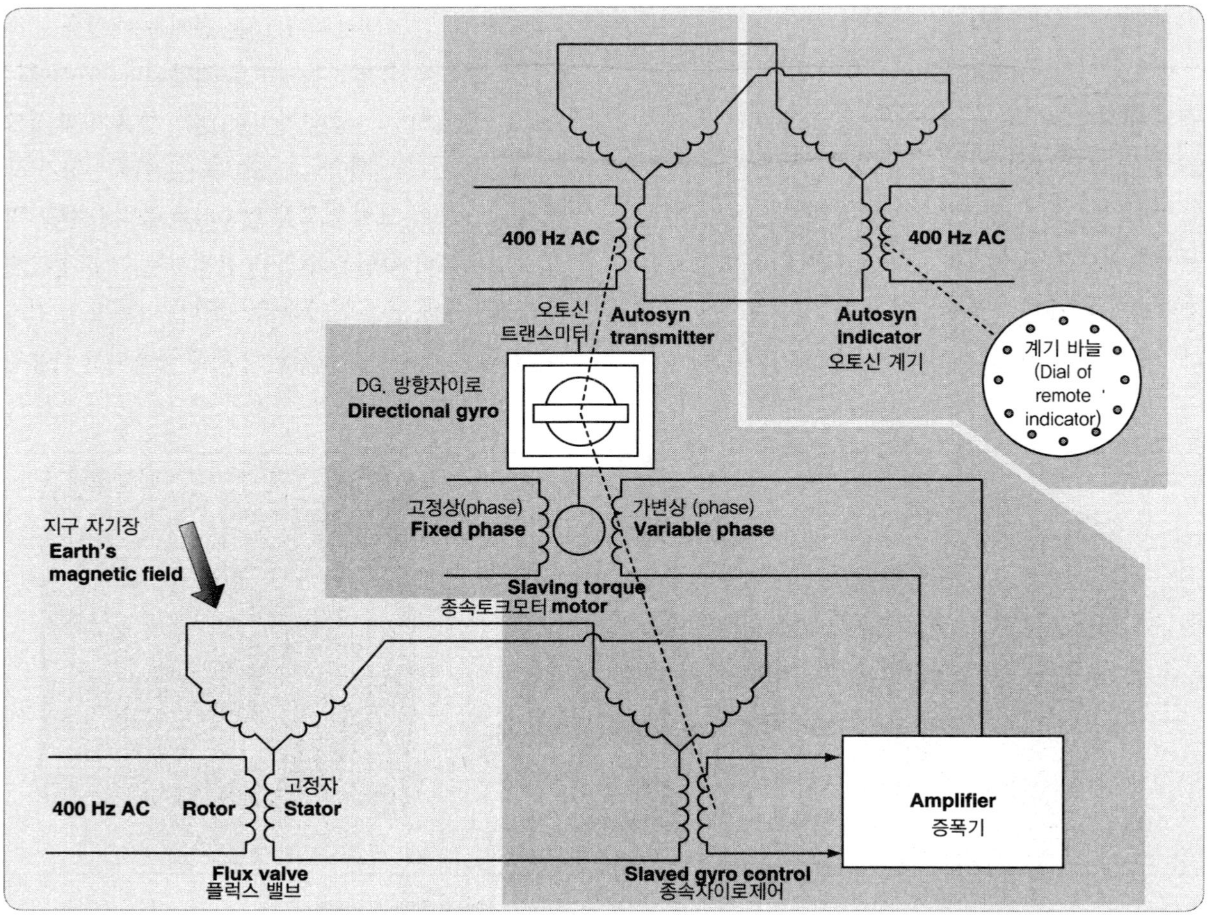

[그림 3-98] 플럭스 게이트, 슬래브 자이로 컴파스 계통 구성도 (A simplified schematic of a flux gate, or slaved gyro, compass system)

다. 자이로가 오토 싱크싱크로 계통에 연결되어 자이로 스코프의 위치를 조종석 계기에 전달하게 된다. 이때 계기에서는 수직 나침반 카드가 수직 나침반 컴퍼스 같이 기준선을 기준으로 회전하여 지시한다.

무선항법보조장치(radio navigation aid)와 통합하면서 방향탐지장치(directional finding system)는 좀 더 향상이 되었다. 무선자방위계기(RMI)등이 하나의 예가 되겠다.

[그림 3-99] 무선자기계 (RMI, Radio Magnetic Indicator)

그림 3-99의 무선자방위계기(RMI, radio magnetic indicator)는 슬레이브(종속)자이로나침반(slaved gyro compass)의 회전 방향 지시계(rotating direction indicator) 기능에 2개 바늘(pointer)을 추가하고 있다. 2개의 바늘 중 하나는 초단파전방향식무선표지국(VOR station)을 지시하고 다른 하나는 무지향성자동방향탐지기(ADF, nondirectional automatic direction finder) 기지국 방향을 지시한다.

3.7.5 반도체 자기력계 (Solid State Magnetometers)

그림 3-100과 같이 반도체자력계(solid-state magnetometer)는 현대 항공기에서 많이 사용하고 있다. 이 계통은 가동부가 없어서 더욱 정밀하다는 장점이 있다. 초소형의 적층구조(layered structure)는 전자 활성(electron activity)에서 변이로 귀착하는 분자수준의 자력에 반응한다. 전기소모량이 적은 장치는 북극 방향뿐만 아니라 자속자계의 각도까지도 감지할 수 있다. 이 장치는 표준 나침반에 문제 되었던

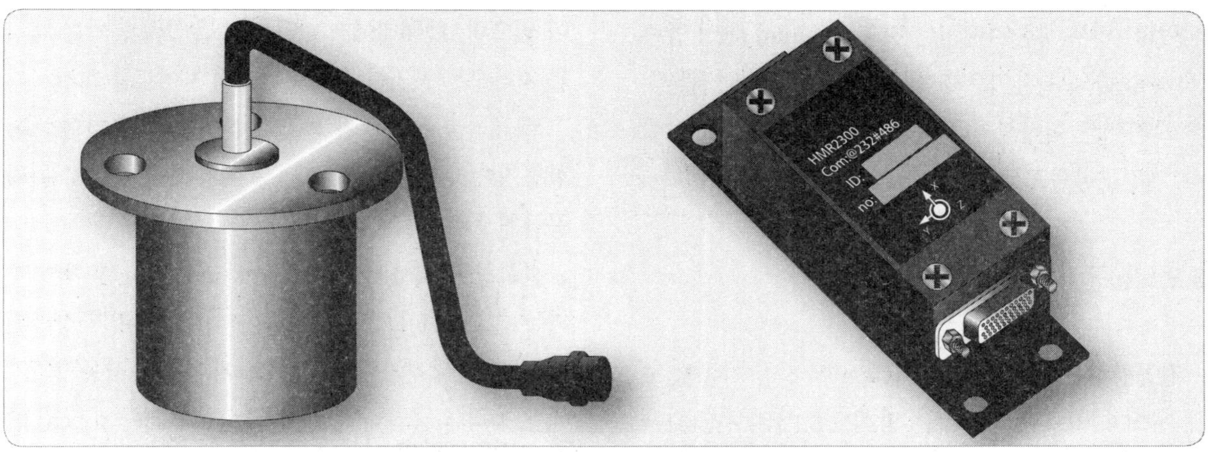

[그림 3-100] 반도체 자력 탐지기 (Solid State Magnetometer Units)

발진 문제가 전혀 없다. 이 기기는 통합처리 연산법(integrated processing algorithm)과 디지털장치와 쉽게 통합할 수 있다는 특징이 있다.

3.8 자이로 계기의 동력원 (The power sources of gyro instruments)

자이로계기(gyroscopic instrument)는 조종사에게 비행 중 비행 자세(attitude) 및 비행 방향(heading) 정보를 제공하는 중요한 비행계기이다. 특히 항공법상 계기비행(IFR, instrument flight rule)을 할 때는 조종석 내 계기만 보고 비행하는 규정이라 더욱 그렇다. 이 계기들의 동력원은 전기, 압력 및 진공압 등 다양하지만 필수 조건은 고속으로 자이로를 회전시키는 것이다. 원래 초기 자이로계기는 진공구동식(vacuum-driven)이었다. 진공의 힘으로 자이로가 회전하도록 계기 안쪽으로 통하게 하여서 진공으로 자이로를 작동하였다. 후에 전기로 작동하는 모터와 같은 선회전기자(turning armature)가 자이로 역할을 하면서 진공식 자이로보다 2배 빠르게 회전할 수 있게 되었다. 일부 항공기에서는 진공(vacuum) 대신 압력(pressure)으로 자이로를 회전시키기도 한다. 결론적으로 자이로 회전시키는 동력원에 따라 진공식, 압력식, 엔진구동펌프식 및 전기식 자이로로 나눌 수 있다.

3.8.1 진공계통(Vacuum Systems)

진공방식은 회전자의 날개(vane)에 진공 기류를 보내서 고속으로 회전시키는 방식으로서 수차(water wheel)를 돌리는 것과 유사하다. 대기압 상태에서는 먼저 여과기(filter)를 통해서 공기를 끌어와 계기 안으로 보내 자이로 로터(rotor)의 날개로 향하도록 한다. 흡입관(vacuum tube)이 계기케이스에서 진공 공급원까지 연결되어 있고 로터를 돌리면서 지난 공기는 항공기 바깥쪽으로 배출된다. 자이로 계기들의 로터(rotor)를 회전시키는 방법은 벤츄리(Venturi) 효과를 이용하거나 진공펌프(vacuum pump)가 사용될 수 있다. 계기 작동에 필요한 진공값은 보통 3.5 ~ 4.5[inHg] 정도 된다. 이 압력은 공급라인에 연결된 진공릴리프밸브(vacuum relief valve)가 조정한다. 그런데 선회경사계(turn-and-bank indicator)의 자이로는 이 압력보다 더 낮은 진공 압력으로 작동하므로 별도의 조정밸브가 사용된다.

3.8.1.1 벤튜리 튜브계통(Venturi Tube Systems)

진공을 만드는 방법 중 하나가 벤튜리(Venturi) 효과를 이용하는 것이다. 벤튜리 관을 지나는 공기의 속도는 자이로 계기를 회전시키는데 필요한 흡인력(suction)을 만들어낼 수 있기 때문이다.

공기가 이동하는 라인은 자이로계기에서 항공기 동체 바깥쪽에 설치된 벤튜리(Venturi) 입구까지 연결되어 있으며, 벤튜리에서 만들어진 흡입력 공기는 계기를 지나오는 공기를 끌어당기면서 자이로를 회전시키고 벤튜리를 통해 동체 밖으로 분출된다. 초기의 소형 항공기에서 이 벤튜리 효과를 이용해서 자이로 동력 공급원으로 사용했다.

선회경사계(turn-and-bank indicator)를 작동시키는 데 2[inHg] 압력이 만들어지는 벤튜리가 장착되고 비행 자세계와 비행 방향계 자이로를 작동시키기 위한 동력을 공급하기 위해서는 이보다 큰 8[inch] 벤튜리(venturi)를 갖추고 있다.

그림 3-101에서 벤투리진공계통(venturi vacuum system)의 간단한 회로도를 볼 수 있다. 일반적으로 계기로 들어가는 공기 통로에는 여과기를 장착하여 불순물을 제거한 깨끗한 공기가 사용되도록 한다.

벤튜리의 장점은 비교적 가격이 저렴하고 장착 및 작동이 단순하며, 전기가 필요하지 않다는 것이다. 그러나 다음과 같은 단점을 가지고 있다.

- 벤튜리는 표준 해수면에서 약 100[mph]의 진공을 만들어내도록 설계되어 있으나 자주 변화하는 대기속도 및 공기밀도의 변수 때문에 흡인압력도 수시로 변한다.
- 벤튜리 튜브에 형성된 얼음 때문에 공기 흐름이 방해받을 수 있다. 이륙 이후까지도 압력부족으로 회전자(rotor)가 정상작동속도에 도달하지 못하는 경우도 있어 자이로 계기들의 비행 전후 점검이 어렵다.

이런 이유로 진공 동력(vacuum power)의 비상 대치용 공급원이 개발되어 장착되기도 한다.

3.8.1.2 엔진구동진공펌프 (Engine-driven Vacuum Pump)

그림 3-102의 베인형 엔진구동펌프(vane-type engine driven pump)가 대부분 경비행기에 장착된 자이로 계기용의 가장 일반적인 진공 공급원이다.

① 엔진구동펌프(EDP, engine-driven pump) 중 하나는 엔진과 기어로 맞물려 있고 윤활, 냉각, 밀봉하기위해 윤활계통과 연결되어 있다.

② 건식진공펌프(a dry vacuum pump)는 윤활계통 없이 엔진 오일공급계통과 연결되어 있지 않는 상태에서 작동한다. 습식펌프계통에 보통 있는 공기 · 오일 분리기(air-oil separator) 또는 게이트 체크 밸브(gate check valve) 등이 필요 없다.

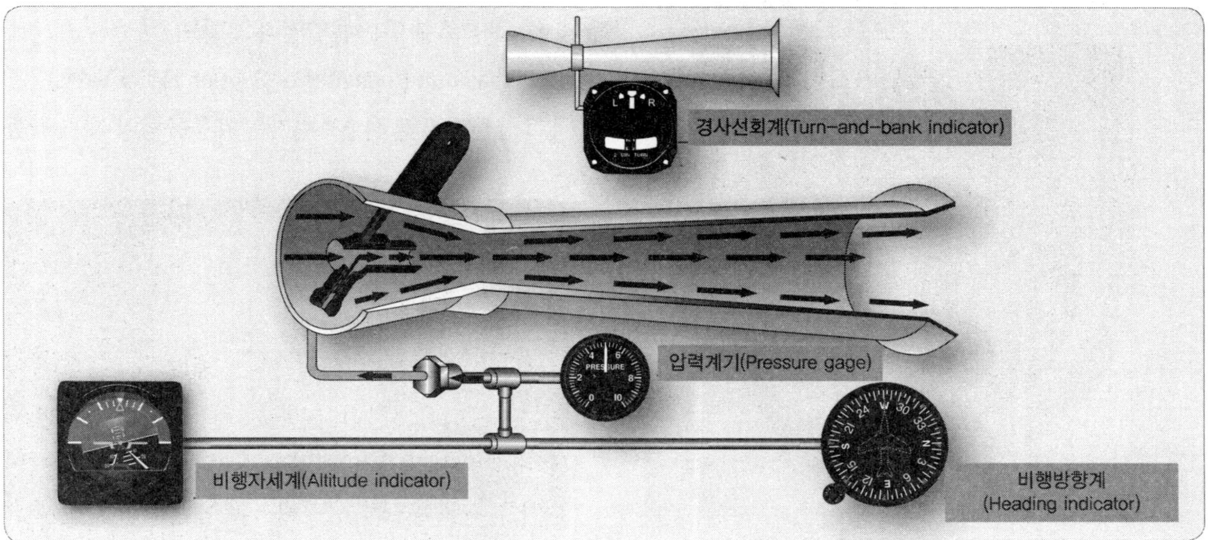

[그림 3-101] 자이로 계기 작동용 벤추리 튜브(Simple venturi tube system for powering gyroscopic instruments)

진공펌프가 진공인 부압(negative pressure)을 만들 때 동시에 펌프의 출력 단에서는 정압(positive pressure)이 만들어진다. 이 정압은 압축된 공기이다. 이 압력공기는 압력 자이로계기를 작동시키는 데 사용된다. 압력방식의 구성품들은 진공방식의 구성품들과 유사하다. 진공펌프에 의해 만들어진 정압은 제빙부츠(De-ice Boots) 또는 팽창 씨일(inflatable Seal)을 부풀리는 데 사용되고 나서 항공기 밖으로 배출된다. 엔진구동펌프의 장점은 지상이나 비행 중에도 중단 없이 일정한 성능을 발휘한다는 것이다. 심지어 엔진 저출력에서도 진공계기들을 작동시킬 충분한 진공을 생산한다.

엔진이 작동하는 한 진공방식은 계기 자이로를 계속 작동시키지만 단점으로는 단발 항공기에서 엔진이 고장 나면 더 이상 압력을 공급하지 못해 비행방향 및 비행자세 정보를 제공받을 수 없다는 것이다. 이런 문제를 해결하기위해 비상 시 배터리 전원에 연결하여

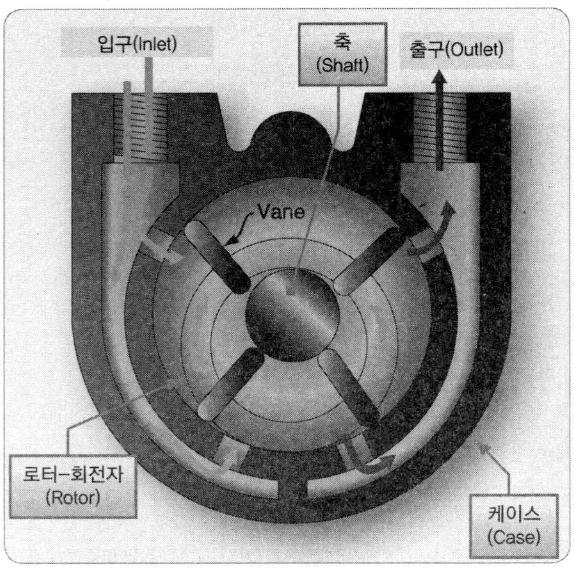

[그림 3-102] 엔진 구동식 베인형 진공펌프
(vane-type engine-driven vacuum pump)

비행자세 및 비행방향 정보를 계속 이용할 수 있도록 준비가 되어 있다.

다발기는 엔진별 독립적으로 작동하는 진공펌프가 있고 조종사와 부조종사용 계기들이 별도로 준비되어 있다. 엔진이 하나 고장이 나더라도 다른 쪽 엔진에서 만들어지는 진공을 상호 공급이 가능하도록 중간 밸브(선택 밸브 또는 크로스 밸브)가 있어서 계속 공급이 가능하고 계기도 계속 작동이 가능하다.

3.8.1.3 전형적인 펌프구동계통 (Typical Pump-driven System)

다음은 전형적인 자이로 진공식 계통 동력원 장치의 구성품들이다.

(1) 공기-오일 분리기(Air-oil Separator)

진공펌프의 오일과 공기는 분리기를 통해 분리해서 공기는 밖으로 배출하고 오일은 엔진오일계통으로 되돌려 보낸다. 건식펌프에서는 없는 구성품이다.

(2) 진공조절 또는 흡입릴리프 밸브 (Vacuum Regulator or Suction Relief Valve)

그림 3-103의 진공조절기는 계통용량이 계기 작동

[그림 3-103] 진공압 조절기 (A vacuum regulator)

량보다 크기 때문에 계기 작동에 필요한 만큼의 진공을 조절한다. 내부에 계기에 맞는 압력으로 미리 조절된 스프링이 있어 과압은 스프링이 받쳐주는 밸브를 열어 대기압으로 빠져 나가고 계기에는 일정한 압력이 공급되도록 하는 밸브이다.

(3) 게이트 체크 밸브(Gate Check Valve)

그림 3-104와 같이 게이트체크밸브(gate check valve)는 엔진 역화(engine back fire) 로 인한 공기와 오일 흐름의 역류로 계기 손상을 방지하기 위해 역류를 방지하는 밸브이다.

(4) 압력릴리프밸브(Pressure Relief Valve)

펌프(pump)로부터 공기의 역류로 인해 게이트체크밸브와 흡입릴리프밸브(suction relief valve)가 닫히게 될 때 생기는 높은 압력이 관(line)을 파열할 수 있다. 이를 방지하기 위해 압력릴리프밸브는 양정압(positive pressure)을 대기로 릴리프(배출)한다.

(5) 선택밸브(Selector Valve)

양쪽 엔진에 의해 가동되는 진공펌프를 갖춘 쌍발 항공기에서 대체펌프(alternate pump)는 엔진이든 펌프든 고장이 나면 고장 난 펌프 쪽을 체크밸브로 역류를 막고 대신 그곳으로 진공을 공급할 수 있도록 선택할 수 있는 밸브이다.

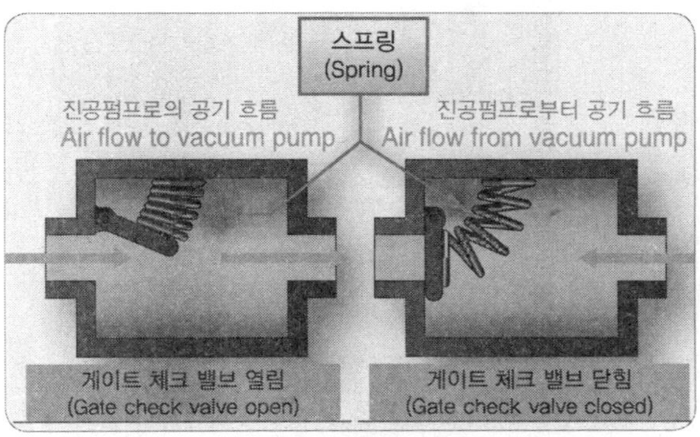

[그림 3-104] 게이트 체크 밸브(Gate check valve)

(6) 제한밸브(Restrictor Valve)

일정한 압력 공급원에서 선회경사계는 다른 자이로 계기보다 낮은 진공압이 필요하기 때문에 압력을 조절해야 한다. 이를 위해 공급라인에서 라인제한밸브(in-line restrictor valve)로 조절한다. 이 밸브는 니들밸브 또는 일정한 힘을 유지하는 스프링 작동식 조정밸브(spring-loaded regulating valve)로 경사선회계용으로 사용하기 위해 진공압을 감압시켜준다.

(7) 공기여과기(Air Filter)

마스터 여과기(Master Air Filter)가 전체 공급원에서 자이로 계기로 흐르는 모든 공기의 이물질을 1차로 여과한다. 이 여과기를 정기적으로 검사하는 것이 중요한 정비의 일이다. 여과기가 막히면 당연히 공기의 흐름 량이 줄어들고 진공압 계기에 압력이 낮아지는 원인이 된다. 일부 항공기에는 각 계기마다 각자의 여과기가 추가로 장착되기도 한다. 마스터 여과기가 없는 계통에서는 각 계기별로 여과기가 장착되어 있어 정기적으로 개별 검사를 수행한다.

(8) 진공게이지(Suction Gauge)

흡입계인 진공 게이지(suction gauge)는 계통 내 압력과 대기압 또는 조종석 압력 사이에 차압을 지시하는 압력계이다. 단위는 inHg이다. 필요한 진공압력, 최저한계(minimum limit), 최고한계(maximum limit)는 자이로계통설계(gyro system design)에 따라서 다르다. 만약 비행 자세계와 비행 방향계 작동을 위해 필요한 진공압이 5[inch]이고 최저한계가 4.6[inch]이라면, 압력지시가 최저한계인 4.6[inch] 이하를 지시하면 공기흐름이 원활하지 않아 자이로가 정상적으로 작동되고 있다고 볼 수 없다. 항공기 이런 계통에서는 몇 개의 지점에서 조종사가 진공 상태를 점검할 수 있도록 흡입계 선택밸브를 장착하고 있다. 흡인 · 진공압력(suction/vacuum pressure)은 실제로 부압으로서 대기압 이하인 inHg로 지시한다. (-)기호는 진공이 만들어지는 곳의 계기에서는 지시하지 않는다. 절대진공, 즉 0[psi] 또는 0[inHg])을 기준으로 할 때 진공방식계기의 지시치는 (+)양압(positive pressure)을 지시한다. 그림 3-105에서 상기의 구성품들을 갖추고 있는 전형적인 엔진구동펌프진공계통(engine-driven pump vacuum system)을 볼 수 있다. 1,000[rpm] 이상의 엔진회전속도에서 정상적인 펌프용량은 약 10[inHg]가 정상이다. 펌프용량과 펌프크기는 작동하는 자이로의 수량과 항공기에 따라 다르다.

3.8.1.4 쌍발항공기 진공계통 작동 (The operation of twin-engine vacuum system)

쌍발항공기 진공방식계통은 단발기 계통에 비해 복잡하다. 각각의 엔진마다 엔진구동식 진공펌프가 장착되어 있다. 각각의 펌프에 연결되어 있는 관(line)과 구성품들이 서로 독립적으로 작동하여 2개의 독립된 진공방식계통처럼 작동한다. 진공관(vacuum line)은 진공릴리프밸브와 체크밸브를 통하여 각각의 진공펌프로부터 진공릴리프밸브를 통해 그리고 체크밸브를 통해 진공 사로선택밸브(vacuum four-way selector valve – 4곳으로 선택해서 보낼 수 있는 밸브)로 전달된다. 진공 사로선택밸브는 어느 쪽 진공펌프라도 진

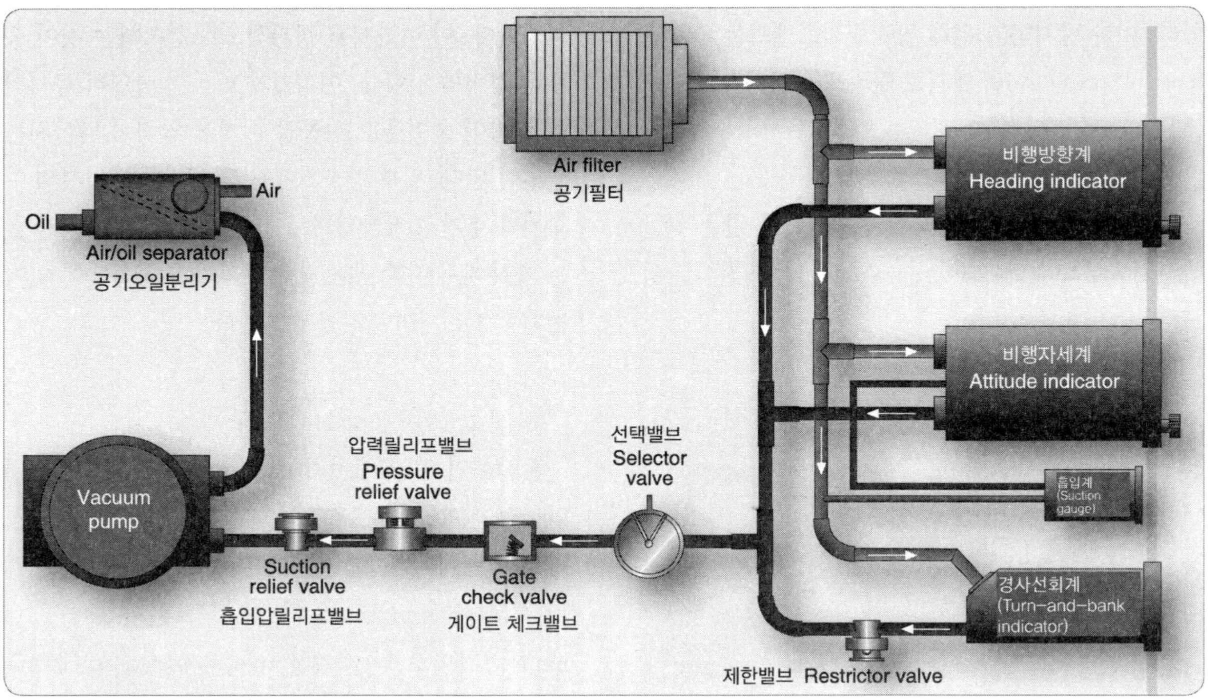

[그림 3-105] 전형적인 펌프 구동 진공 계통 (A typical pump-driven vacuum system)

공매니폴드를 공급하는 것이 가능하다. 매니폴드로와 진공식계기를 유연호스(flexible hose)가 상호 연결한다. 경사선회계용 진공은 작동 압력이 낮기 때문에 이 압력을 줄이기 위해 니들밸브(needle valve)가 양쪽 라인에 장착되어 있다. 인공수평의(Artificial Horizon Gyro. 비행 자세계)와 정침의(DG. 방향자이로)으로 가는 관은 완전 진공압을 받게 된다. 계기로부터 관은 경사선회계 선택밸브를 거쳐 진공계(vacuum gauge)로 연결되어 있다. 이 밸브는 주(main) 좌측 및 우측 경사선회계 3개를 선택할 수 있다. 주(메인) 위치에서는 진공계는 인공수평의와 정침의의 관에 진공압력을 지시한다. 다른 2 위치에서는 선회경사계의 보다 낮은 진공압을 지시한다.

그림 3-106에서는 쌍발항공기의 진공방식계통회

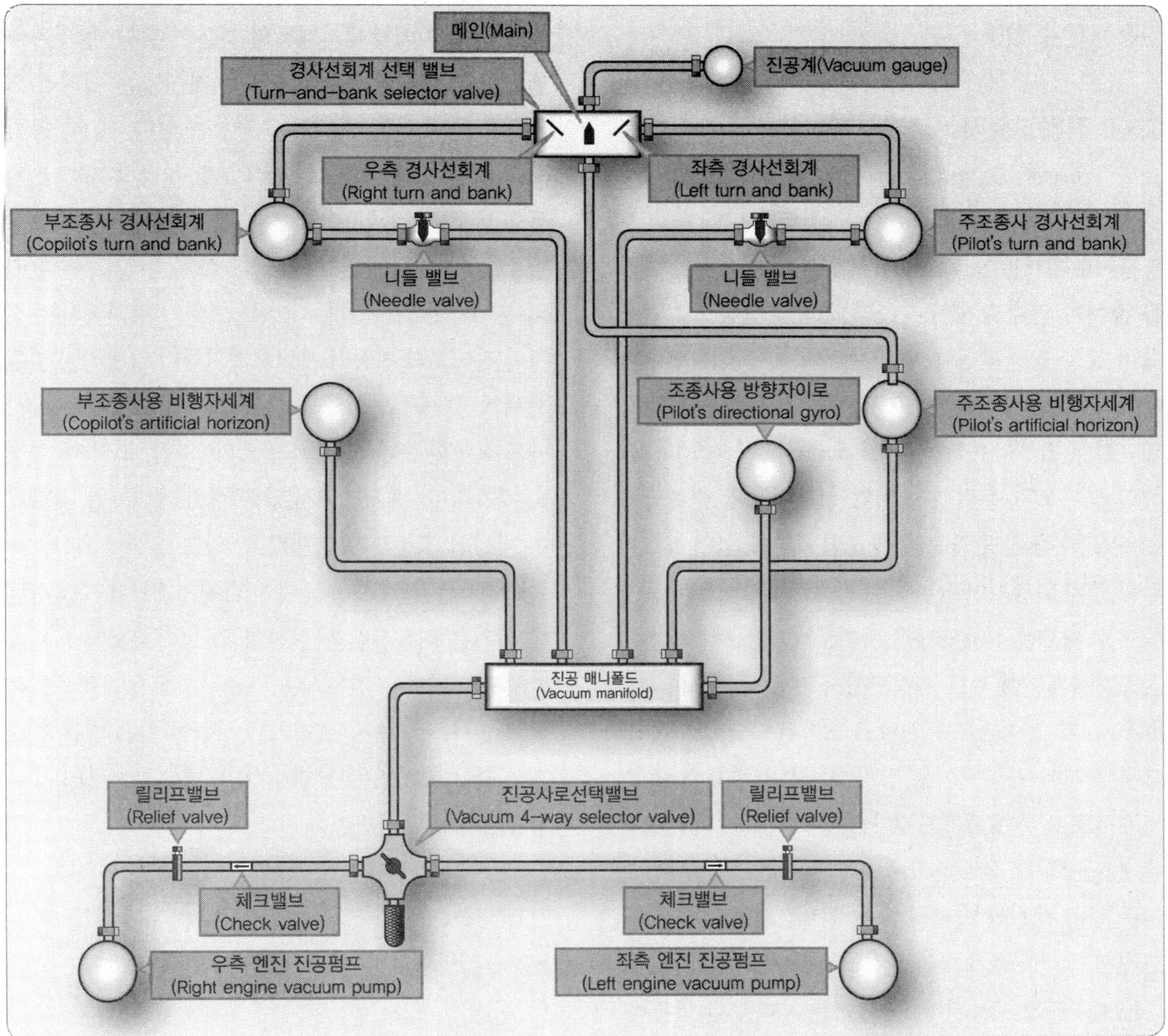

[그림 3-106] 쌍발엔진계기용 진공계통(An example of a twin-engine instrument vacuum system)

로를 보여준다. 이 진공방식계통의 구성품은 다음과 같다. 엔진구동펌프(2), 진공릴리프밸브(2), 플랩퍼형(flapper-type) 체크밸브(2), 진공매니폴드, 각각의 선회경사계용 진공 흐름제한기(vacuum restrictor), 엔진사로선택밸브(engine four-way selector valve), 진공게이지, 그리고 경사선회선택밸브 등이 있다. 계통과 개별의 계기 여과기는 보이지 않지만 배수관(drain line)은 계통에서 가장 낮은 지점에 장착되어 있음을 알 수 있다.

3.8.2 정압작동자이로계기계통(Pressure-driven Gyroscope Instrument Systems)

자이로계기는 정교하게 균형조절이 된 장치로 마찰을 줄이기 위해 보석이 장착된 축과 베어링으로 되어 있어 항상 정상 작동을 위해 깨끗하게 유지되어야 한다. 초기에 진공방식계통이 사용되었을 때는 오직 오일윤활식 펌프(oil-lubricated pump)만이 있었다. 심지어 공기오일 분리기가 있었어도 펌프의 출력단에는 오일의 흔적과 불순물이 포함되어 있었다. 그 결과 오염의 위험성이 상존하는 펌프출력압력을 사용을 줄이고 깨끗한 진공공기로 자이로계기을 작동시키는 진공방식계통이 주로 채택되었다. 자동 윤활식(self-lubricated) 건식펌프의 개발로 오염된 양압 출력을 크게 감소시켜 양압자이로 장치가 가능해졌고 높은 고도에서도 더욱 효과적으로 사용할 수 있다. 양압방식은 진공방식과 유사하고 동일한 구성요소를 사용하지만 진공 대신에 압력을 사용하도록 설계되어 있다. 그래서 압력조절기가 흡인릴리프밸브(suction relief valve) 대신에 사용된다. 여과기는 자이로 손상을 방지하기 위해 여전히 아주 중요한 역할을 하는 부품이다. 대개 공기는 압력자이로장치에 있는 펌프의 입구와 출구에서 여과된다.

3.8.3 전기 구동식 자이로계기계통(Electrically-driven Gyroscope Instrument Systems)

회전하는 모터전기자(motor armature)가 자이로처럼 작동할 수 있어 전기모터로 구동되는 자이로가 전기 구동식 자이로계기계통의 기본이 된다. 발전기나 엔진이 고장 나는 경우라도 전기자이로는 배터리 전원으로 한 동안에 작동하는 장점이 있다. 또한, 공기식에 비해 오염문제가 없으며 또한 진공식 자이로 계통의 필수구성품인 많은 배관, 진공펌프 등이 더 이상 필요 없어 무게를 줄일 수 있고 또한 누설로 인한 정비 문제가 감소하였다. 대부분 단발 소형기에서는 전기식 자이로와 진공식 자이로계기들이 결합하여 비행자세계 및 비행방향계를 전기 문제가 발생한 비상시에도 작동할 수 있도록 하고 있다. 또한, 그 반대 설계도 가능하다. 계기판에서 양쪽 형의 계기들을 결합하여 비상시 조종사가 선택할 수 있도록 한다. 다발 대형기에서는 전기 구동식 자이로 계기계통을 사용하는데 전원을 비상용을 마련하여 주 전기계통이 문제가 발생해도 예비용 전기계통(battery) 계속 작동하도록 하고 있다. 전기자이로계기는 전원이 없을 때는 전원 OFF 경고 표시기(OFF flag)가 나타나고 정상적으로 작동될 때에는 사라진다.

3.9 자이로 계기 원리 (Principles of Gyroscope Instruments)

3.9.1 기계식 자이로(Mechanical Gyros)

가장 일반적이면서도 중요한 비행계기인 비행자세계, 비행방향계, 경사선회계는 자이로가 주요 구성품이다. 이들 계기가 어떻게 작동하는지 이해하려면 자이로의 원리와 자이로 전원에 대한 지식이 필요하다. 그림 3-107 A 사진에서 보듯이 기계식 자이로스코프 또는 자이로라고 하며 이는 팽이와 같이 그이 질량이 자이로 주변에 집중된 휠(wheel) 또는 회전자(rotor)로 구성되어 있다. 이는 축이 1 개로 이를 1축 자이로라고 할 수 있으며 이 회전자에는 베어링이 있어서 고속으로 회전이 가능하다. 자이로의 축과 로터에 다양한 장착 구성을 할 수가 있어서 자이로가 회전축에 직각인 1 개 또는 2 개의 축을 중심으로 회전할 수 있다. 자이로의 자유로운 회전을 위해 회전자를 지지하는 지지고리(supporting ring) 축에 장착을 한다.(그림 B) 이는 항공기 비행 시 함께 자이로 축이 변하여도 내부의 자이로는 직각 또는 수평을 유지하면서 회전하게 된다. 만약 브라켓(bracket)이 회전축이 부착된 곳에서 지지고리(supporting ring) 주위에 90[°]로 부착되어 있다면 지지고리와 자이로는 360[°] 모두 자유롭게 움직일 수 있다. 이렇게 장착이 된 회전자를 전속자이로(captive gyro)라 흔히들 말한다. 그림 3-107 C와 같이 2개의 회전축이 서로 직각으로 연결되어 있지만 자이로는 단지 하나의 축을 중심으로 회전할 수 있다. 지지고리는 외부 링(outer ring) 안쪽에 설치될 수 있다. 베어링 지지점(bearing point)은 회전축이 부착된 곳에 지지고리 주위에 90[°]인 브라켓(Bracket)과 같은 지점이다. 이 외부링(outer ring)에 브라켓을 부착함으로써 자이로가 자이로 회전 시에 2개의 평면에서 회전이 가능해졌다. 이들은 자이로의 회전축에 직각으로 되어 있다. 그림 3-107 D와 같이, 설치된 브라켓에 더하여 2개의 링(Ring)을 설치한 자이로 어셈블리는 자이로의 회전축에 모두 수직으로 연결되어 있는 2개의 축을 중심으로 회전하는 것이 자유롭기 때문에 이를 자유 자이로(free gyro)라고 말한다. 결과적으로, 안쪽에 설치된 회전하는 자이로를 갖춘 지지고리는 외부의 링 안쪽에서 360[°]을 선회하는 것이 자유로운 것이다. 즉, 항공기가 어떠한 비행을 하더라도 내

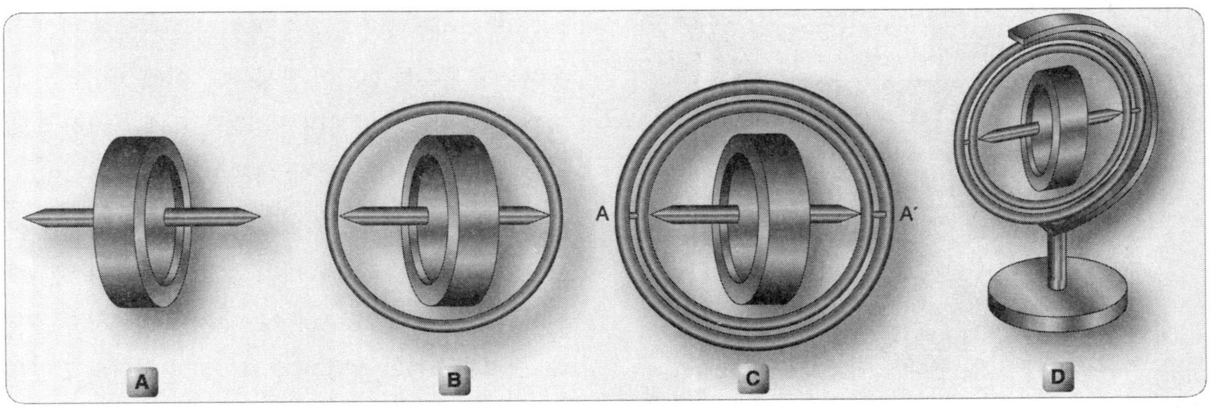

[그림 3-107] 자이로스코프 (Gyroscopes)

부의 회전자인 자이로는 항시 수직 또는 수평의 자세를 유지할 것이다.

그림 3-107의 자이로 회전자가 회전하지 않으면 특별한 특성이 없는 휠(Wheel)이다. 그러나 고속으로 회전하면 이 자이로는 몇 가지의 독특한 특성을 갖게 되는데 그 특성은 다음과 같다.

(1) 강직성(rigidity)

우주에 대한 자이로 강직성 또는 강직성(rigidity)이라고도 한다. 이것은 자유자이로(free gyro) 로터가 어떤 식으로 위치를 하든 항상 같은 방향을 가리킴을 의미한다. 즉 항공기 자세와 관계없이 내부 자이로는 회전을 계속하는 한 일정한 방향을 향해서 넘어지거나 기울어지지 않고 그 자세를 유지하고 있는 성질을 말한다. 즉, 수직 자이로는 수직 자세에서 수평 자이로는 수평 자세로 외부에 힘을 가하지 않은 이상 계속 유지하려는 성질을 의미한다. 이 강직성은 다음 몇 가지

[그림 3-108] 일단 회전하면 자유 자이로 로터는 같은 위치에서 한방향을 유지하면서 회전함

자이로 설계 요소에 의해 정해진다.

① 무게(Weight) – 자이로 휠이 같은 크기라면 무게가 클수록 강직성이 크고 쉽게 기울어지지 않는다.

② 각속도(Angular Velocity) – 회전속도가 클수록 강직성이 더 커지거나 기울어지는 힘에 대한 저항력이 커진다.

③ 무게가 집중되는 회전반경 – 최대 효과는 주요 중량이 자이로의 테(rim) 근처에 집중되어 고속 회전할 때 질량으로부터 얻어진다.

④ 베어링 마찰(Bearing Friction) – 베어링에 어떠한 마찰이든 이는 자이로에 편향력(deflecting force)을 증가시킨다. 베어링마찰이 적을수록 편향력을 최소로 할 수 있다.

우주공간에 강직성을 유지하는 자이로의 특성은 자이로를 사용하는 항공기 비행 자세계 및 비행 방향계 등에서 이용되고 있다.

(2) 세차운동(precession) 또는 선행성

자이로의 2번째 중요한 특성은 세차운동 또는 선행성이다. 또한 섭동성이라고도 한다. 자이로가 회전하는 동안 자이로의 수평축에 외부 힘을 가하게 되면 반응하는데 독특한 현상이 발생한다. 이때 자이로는 가해진 힘에 저항이 생기면서 수평축에 대해 가한 힘에 반응하기보다는 수직축에 대해 반응하여 움직인다. 다시 말하면 회전하는 자이로의 축에 가해진 힘은 축으로 하여금 경사지도록 하지 않고 오히려 자이로 회전자의 회전 방향으로 90[°]로 더 지난 점에서 반응한다. 그림 3-109와 같이 현재 자이로가 회전하고 있을 때 한 지점에서 힘을 가할 때(Applied force) 바로 힘

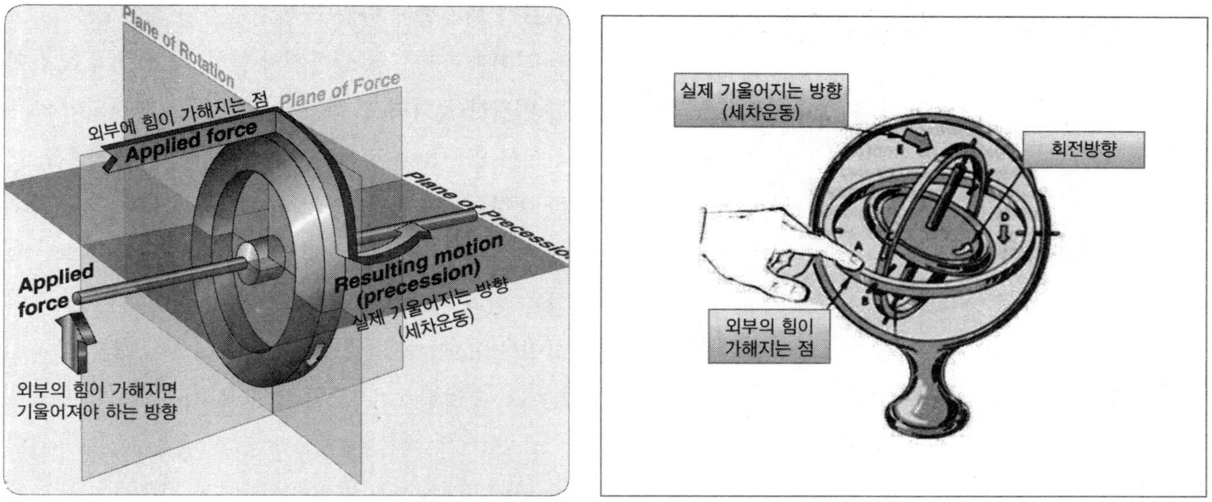

[그림 3-109] 자이로 선행성 (Gyroscopic precession)

이 가해지는 방향으로 자이로 축이 기울기보다는 계속 회전하면서 90[°]를 더 회전하는 위치에서 기울어진다. 이처럼 자이로 제어로 예상할 수 있는 세차운동(precession)은 2축 자이로를 사용하는 경사선회계에서 이용하고 있다.

3.9.2 반도체 자이로 및 관련계통 (Solid State Gyros and Related Systems)

좀 더 정확한 비행자세정보와 비행방향정보 확보는 항공산업분야의 꾸준한 과제였다. 최신 항공기에는 가동부(moving part)가 없는 아주 정밀한 반도체(solid-state) 비행자세장치와 비행방향장치가 개발되어 이를 계기계통에 활용하고 있다. 기존 기계식 자이로는 고속으로 회전하는 자이로와 축에 받쳐진 베어링 등의 마모 등으로 신뢰성이 낮았으며 유지 보수하는데 고도의 정밀 기술이 필요하고 고속 회전력에 따른 베어링의 자연스런 마모 등으로 장탈이 빈번하게 발생하여 고가의 정비비 등이 문제였으나 반도체 자이로계통은 기계식 자이로의 모든 단점을 극복하고 고도의 신뢰성과 고가의 정비비를 절감하는 효과를 가져왔다.

3.9.2.1 링 레이저자이로(RLG. ring laser gyros)

그림 3-110의 링 레이저자이로(RLG, ring laser gyro)는 민항 항공기산업에 폭넓게 사용되고 있다. 링 레이저자이로 작동의 기본은 빛이 정지(stationary)되어 있는 비회전원형경로(non-rotating circular path)를 따라 일주하는 데 어느 정도 시간이 걸린다는 것이다. 그런데 경로가 이동하는 방향과 같은 방향으로 회전하는 경우 이동이 완료하는데 시간이 더 걸린다. 그런데 이번에는 경로가 빛의 반대 방향으로 회전한다면 빛이 한 바퀴 일주하는 데 더 적은 시간이 걸린다. 경로의 길이는 경로가 정지 또는 같은 방향으로 회전하느냐 아니면 반대로 회전하느냐에 따라 길거나 짧게 만들어진다. 이것을 사냑 효과(Sagnac effect)라고 부른다. 레이저(laser)는 유도방사선의 방출에 의한 빛의 증폭이다. 레이저는 전자기에너지(electro

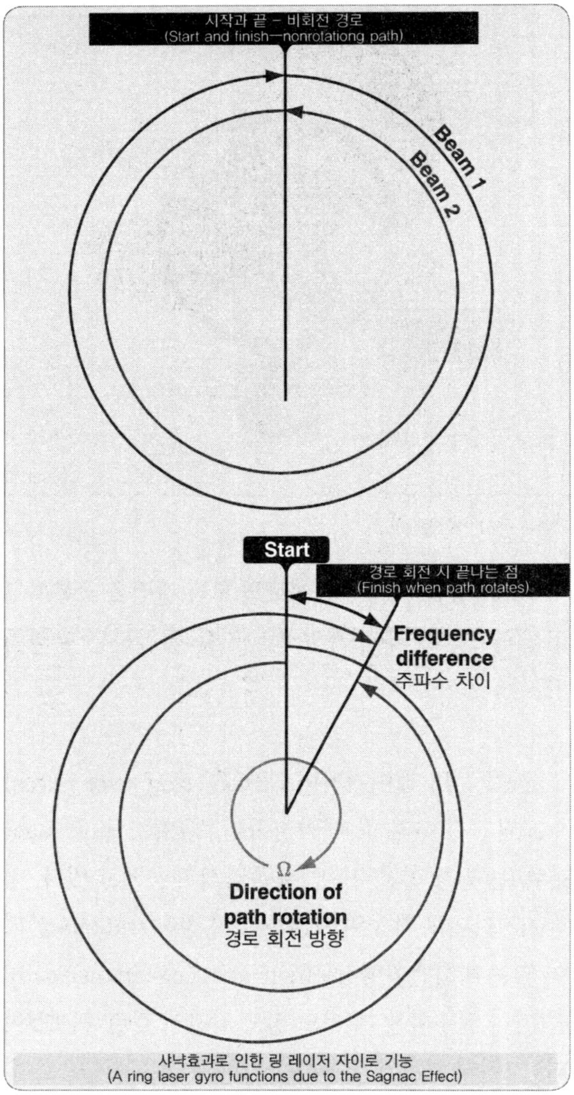

[그림 3-110] 링 레이저 자이로 빛의 운동 (Light traveling in opposite directions around non-rotating path)

magnetic energy) 또는 광양자(photon)를 방출하기 위해 플라즈마(plasma)에서 원자(atom)을 여자시킴으로(exciting)로써 작동한다. 링 레이저자이로는 밀폐된 삼각형의 공동(속이 빈) 주위에서 반대방향으로 진행하는 레이저광선을 양산한다. 루프(loop)인 경로를 일주하여 이동하는 빛의 파장은 고정되어 있어서 루프가 회전함에 따라 레이저가 이동해야 하는 경로는 길어지거나 또는 짧아져야 한다. 루프가 유효 길이를 변경함에 따라 빛 파장은 압축 또는 확장되어 루프 주의를 완전히 이동한다. 파장이 변하면 주파수도 또한 변한다. 빛에서 2개의 역회전하는 광선의 주파수에서 차이를 조사하여 경로가 회전하는 속도를 측정할 수 있다. 장치 중앙에 있는 압전기(piezoelectric) 디더링(dithering. 떨림) 모터가 진동하여 낮은 회전속도에서 출력신호가 잠기는 것을 방지한다.

링 레이저자이로(RLG)는 공동 경로(cavity path)가 비행기 3축(X.Y.Z 축) 중 하나를 기준으로 일주하여 회전하도록 원격으로 장착되어 있다. 역회전하는 레이저들 사이에서 검출된 주파수 위상변이(phase shift)의 속도는 항공기가 한 축을 중심으로 이동하는 속도에 비례한다. 링 레이저자이로는 비행기 각 3축에 장착된다. 링 레이저자이로 출력신호는 아날로그 계기계통과 자동조종계통에서 사용된다. 또한, 디지

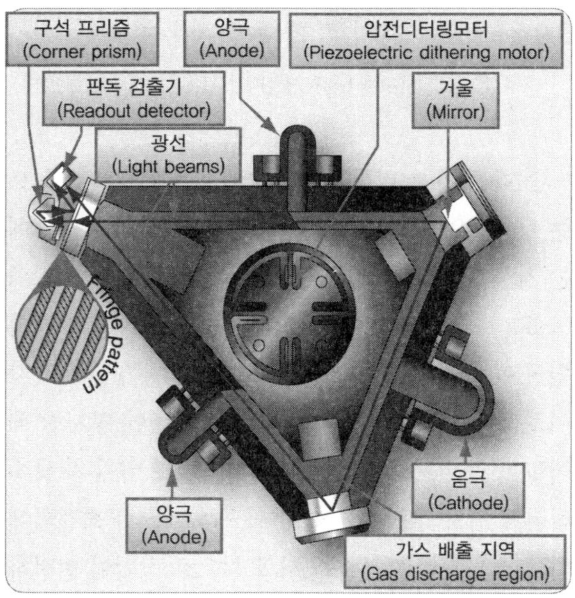

[그림 3-111] 링 레이저 자이로(견고하고 정확하며 마찰이 없음)

털계기계통 및 디지털 자동조종(digital autopilot) 계통 컴퓨터에 사용이 가능하도록 호환성이 있다. 링 레이저자이로는 매우 견고하고 가동부가 없어서 실질적으로 정비 없이 오랫동안 사용 가능하다. 링 레이저자이로는 축 주의의 움직임을 아주 빠르게 측정하고 지속적으로 출력을 제공한다.

3.9.2.2 마이크로 전자 · 기계 기반 자세 및 방향계통(Micro-electro-mechanical based Attitude and Directional Systems)

항공기에 마이크로전자 · 기계시스템(MEMS, micro-electro-mechanical system) 장치를 사용함으로써 공간과 무게를 줄일 수 있고 가동부가 없어서 신뢰성이 한층 증가되었다. 항공계기계통에서 MEMS 기술은 대기자료컴퓨터(ADC)와 결합되었다. 최근에 개선된 점은 저 비용과 항공기산업의 모든 분야에 확산 적용이 가능하다는 것이다. 자이로의 적용에서 MEMS는 일단 소형 및 대형 운송용 항공기에서 사용이 되고 있다. 저항 및과 커패시턴스 측정 픽업(Pick-off - 기계운동을 신호로 바꾸는 감지장치)을 갖춘 소형의 진동식장치는 정확하고 신뢰성이 좋으며 길이와 폭이 몇 밀리미터(millimeter)에 불과하다. 이들은 대개 다양한 조절과정이 수행된 후 출력을 생성하도록 설계된 완전한 마이크로 전자반도체칩에 통합된다. 초소형 회로기판과 유사한 칩(Chip)은 항공기에 장착된 전용 컴퓨터 또는 모듈(Module) 내부에 장착을 위해 팩키지화(packaged)될 수 있다. 그림 3-112와 같이, 대형 기계식 자이로는 평면에서 회전하는 동안 우주공간에서의 자이로의 강직성으로 항공기의 비행 자세나 움직임을 관찰하고 측정하는 데 사용되었다. 이에 비해 MEMS 자이로는 소형이지만 작동의 기본은

[그림 3-112] MEMS 자이로 사이즈
(The relative scale size of a MEMS gyro)

대형 자이로와 동일하다. 차이점은 진동하는 압전기장치(piezoelectric device)가 무거운 링을 가진 기계식 자이로가 회전하는 것을 대신 그 기능을 수행한다는 것이다. 그러나 움직임으로 한 번 설정되면 기하학적으로 배열된 픽업(pickups)을 통해 검출된 다양한 마이크로 전압 또는 커패시턴스를 통해 항공기의 어떠한 작은 움직임도 탐지할 수 있다는 것이다. 압전물질(piezoelectric substance)은 운동과 전기 사이에 관계를 갖고 있기 때문에 미세전기 자극(micro-electrical stimulation)은 압전자이로(piezoelectric gyro)를 작동시킬 수 있고 피에조(piezo)에서 작은 움직임을 매개로 하여 생성된 작은 전압이 추출 될 수 있다. 이때 추출한 작은 전압은 비행자세와 방향 정보를 계산하는데 필요한 변수로 입력할 수 있다.

3.9.2.3 기타 비행자세 및 비행방향계통(Other Attitude and Directional Systems)

그림 3-113의 현대 항공기에서 자세 · 방위기준방식계통(AHRS, attitude and heading reference system)은 개별적인 자이로계기들, 즉 비행 자세계, 비행 방향계 등을 종합적으로 하나의 화면에서 지시한다. MEMS이 자세 및 비행정보 등을 제공하

[그림 3-113] 글라스 조종실 계기 (Instrumentation displayed within a glass cockpit)

는 동안 자세방위 및 기준장치(AHRS)는 고도의 신뢰성의 정보를 계산하고 출력하기 위해 위성항법장치(GPS, global position system), 반도체 자기력계(magnetometer), 반도체 가속도계, 그리고 디지털대기자료 등을 모두 통합하였다. 그 결과 관련 계기는 놀라울 정도로 정확하고 신뢰성 높은 유용한 정보를 실시간으로 지시하고 있다.

3.10 자이로 계기 (Common Gyroscope Instruments)

3.10.1 진공식 구동 자세 자이로 (Vacuum-driven Attitude Gyros)

그림 3-114의 비행 자세계 또는 인공수평의(artificial horizon indicator)는 비행계기 중 하나로 항공기 외부를 보지 않고 비행할 때, 즉 계기 비행 시 중요한 피치(Pitch – 항공기 상승 및 하강)와 롤(Roll – 항공기 좌우 경사) 정보를 조종사에게 제공하는 계기이다. 항공기 비행 자세계는 수직을 축으로 수평하게 회전하는 자이로를 이용하는 것이다. 이때 이 자이로는 강직성(rigidity – 외력이 없는 한 계속 우주를 기준으로 한 방향으로 직립하고 있는 성질)을 통해 수평선을 나타내며 항공기가 피치와 롤을 수행하면 자이로 짐발(gyro gimbal, 수평으로 유지하는 장치)이 계기 하우징을 통해 항공기의 키놀이(상승하강) 옆놀이(좌우 경사)를 지시하도록 한다. 미니어처(miniature – 소형모형) 비행기의 수평선을 표시하는 수평선 바(bar)는 계기케이스에 고정되어 있고 수평선, 하늘 및 지상을 모형으로 색깔이 칠해진 반구(semisphere)가 자이로짐발(gyro gimbal)에 부착되어 있다. 하늘과 지

[그림 3-114] 진공구동식 비행자세계(A typical vacuum-driven attitude indicator)

상의 표시는 수평선 바(horizon bar) 선에서 서로 이웃하고 있어 수평선 바와 모형비행기 사이의 관계는 실제 항공기와 실제 수평선과를 나타낸다. 계기판에는 피치와 롤 각도 눈금이 있어 좌 또는 우로 경사를 지시하고 계기 전면에 조절 노브로 수평선 바의 높이를 조절할 수 있다.

전형적인 진공구동식 비행자세 자이로장치(attitude gyro system)에서는 여과기(filter)와 자이로를 구동시키는 방식으로 계기 내부를 지나서 공기를 빨아들인다. 직립기계장치(erecting mechanism –기울어지는 자이로를 직립시키는 장치)가 계기 내부에 기설치(built-in)되어 있는데 작동 중 자이로가 기울어져 있거나 또는 초기 전원 공급 시 기울어진 자이로를 수직으로 유지하는 장치이다. 베어링마찰로 생성된 세차운동(precession)의 결과로 직립계통이 필요해졌다.

회전자에서 공기가 가르비 모양의(scalloped) 구동장치와 맞물리게 한 후 계기에서 4개의 배출구를 통해 진공펌프 쪽으로 흐르게 한다. 이 배출구들은 자이로가 평면(plane)에서, 즉 직립 상태에서 회전하고 있을 때는 모든 배출구에서 동일한 양의 공기를 배출한다. 그러나 자이로가 평면을 벗어나 기울어지면서 회전하면 공기는 기울어지는 쪽보다 다른 한쪽의 밖으로 배출구로 향한다. 더 많은 공기로 하여금 반대쪽 배출구 밖으로 흐르도록 하게 하는 날개는 닫히면서 다른 쪽으로만 공기를 흐르게 한다. 이런 불균형을 통해 공기를 배출함으로써 생기는 불평등한 힘이 자이로 회전자를 다시 직립시키는 역할을 한다. 초기에 진공구동식 자세계는 자이로의 갑작스러운 세차운동(precession)과 공중제비하기(tumbling)의 원인이 되는 자이로 짐발이 정지점(stop)과 접촉하기 전에 항공기의 피치 및 롤 운동 범위가 제한되어 있었다.

비행 자세계 자이로에는 잠금장치(caging device –자이로가 기울어질 때 강제로 직립시켜서 기울어지지

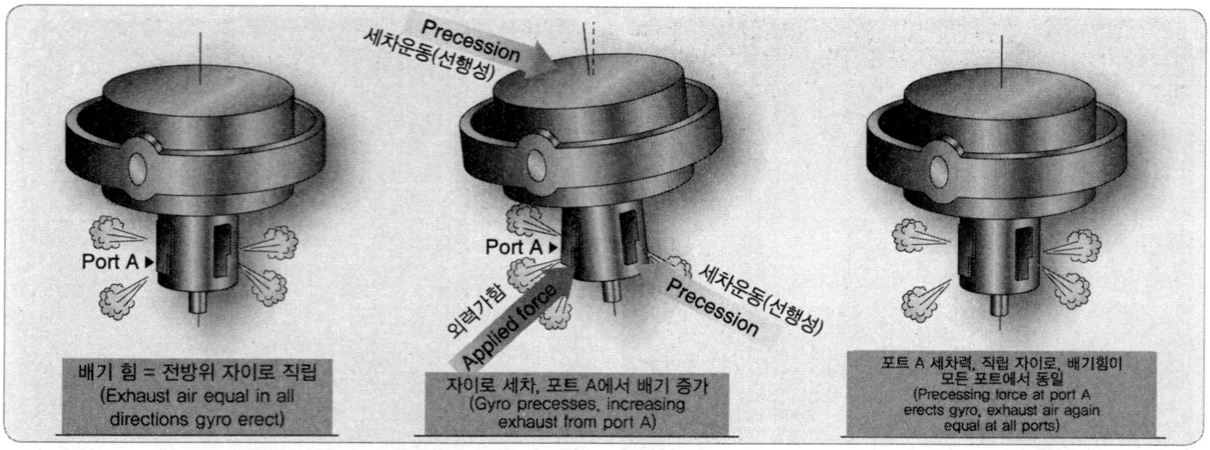

[그림 3-115] 진공식 비행 자세개의 직립장치, (The erecting mechanism of a vacuum-driven attitude indicator)

않도록 하는 기계식 직립장치)가 있다. 이는 비행 전에 또는 공중제비하기(tumbling) 이후에 자이로를 수직으로 강제 직립시키는 데 사용한다. 기울어진 채 작동하거나 기울어져 있는 자이로를 수직으로 직립시키려면 잠금장치를 앞으로 끌어당기면 된다. 또한, 장탈 후 운송을 할 때 자이로의 손상을 방지하기 위해 잠금 장치를 앞으로 끌어당겨 옆으로 돌리면 영구적으로 고정을 시킬 수 있다. 다시 자이로를 작동하려면 잠금장치를 풀어야 한다(uncage라고 함). 전원 플래그(flag)는 아직도 잠금 상태 이거나 전원이 없을 때 나타난다. 최신 자이로계기는 항공기 각운동량(angular movement)에 관계없이 공중제비하지(tumble) 않도록 내부에 잠금 장치가 설치되어 있다. 진공식 비행 자세계의 단점은 직립 장치에 의해서 생성되기도 하는 공기의 오염문제가 성능을 저하시킨다. 자이로 쪽으로 공기가 흐르도록 매달려 있는 베인이 회전면에서의 편차(deviation)로 생기는 힘뿐만 아니라 회전 중에 발생하는 원심력으로 인해 베인이 자이로 진공 공기의 비대칭 포팅을 허용하게 된다. 그 결과 특히 외활(skid)상태와 가파른 경사선회 시 항공기의 비행 자세를 부정확하게 지시하게 되는 단점이 있다. 또한 갑작스러운 가속도와 감속도는 자이로 회전자에 무리한 힘을 가하게 된다. 짐발에 매달려 있으면서 가속도계와 비슷하게 작동하여 상승(nose-up) 또는 하강(nose-down)에 오차지시를 하게 된다. 조종사는 이로 인한 오류를 인식하고 그에 따라서 적절하게 조종하는 것을 배워야 한다.

3.10.2 전기식 자세계 (Electric Attitude Indicators)

전기식 자세계(electric attitude indicator)는 진공구동식 자세계와 매우 유사하다. 주요 차이점은 구동장치에 있다. 전기자이로의 짐발(gimbal) 안쪽에 작은 농형전동기(squirrel cage electric motor)가 회전자이다. 전동기는 전형적으로 115[V], 400[㎐] AC로서 작동되고 회전은 약 2만 1,000[rpm]이다. 회전자는 수직축을 기준으로 수평면으로 회전하는 자유자이로 짐발은 항공기와 계기케이스가 움직여도 강직성을 유지하면서 회전한다. 이때 계기케이스에 고정된 모형비

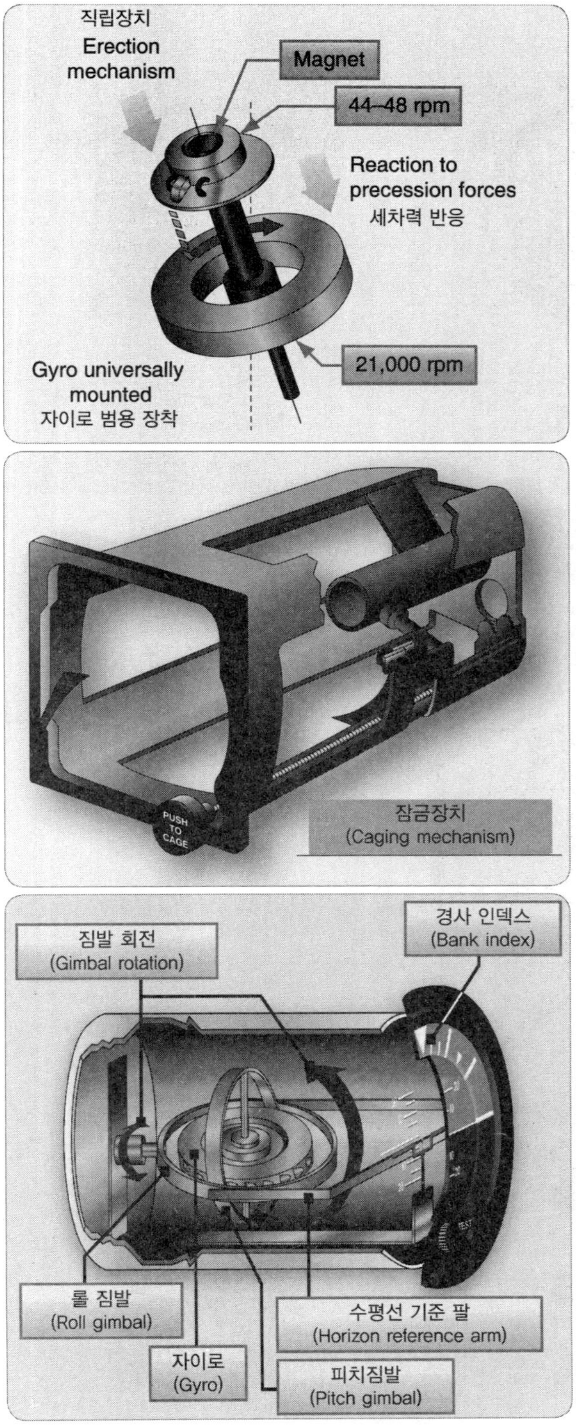

[그림 3-116] 전기식 자세계의 직립 및 잠금 장치(Erecting and caging mechanism of an electric attitude indicator)

행기는 수평선을 배경으로 움직이는 항공기의 비행 자세를 지시하게 된다. 이 전기식 계기에는 공기여과기, 조절기, 배관 작업관, 그리고 진공펌프 등이 더 이상 필요하지 않고 공기의 오염문제도 더 이상 문제가 되지 않는다. 이로 인해 베어링 수명이 길어지고 세차운동(precession)도 자연히 감소한다. 원심력에 대응하기 위해 매달린 베인이 필요 없으니 직립기계장치(erection mechanism) 배출구도 필요 없어졌다.

여전히 자이로가 어느 정도 세차운동을 하므로 아직 직립장치의 필요성은 있다. 직립운동은 자석(magnet)의 자력을 이용한다. 자이로축의 꼭대기에 부착된 자석은 약 2만 1,000[rpm]으로 회전하고 이 자석에 부착되지 않지만 약 44~48[rpm]으로 자기흡인(magnetic attraction)에 의해 회전하는 슬리브(Sleeve)가 있으며 스틸 볼(steel ball)이 이 슬리브(sleeve) 주위를 자유롭게 회전하게 되어 있다. 만약 중력의 끌어당김이 자이로의 축과 일치하지 않으면 볼(ball)은 낮은 쪽으로 떨어지게 되어 있고 그 결과 세차운동이 회전의 축을 수직으로 다시 일치시키려 한다. 그림 3-116에서 보면 전기구동식 자세계 자이로를 신속하게 직립시키기 위해 레버(lever) 및 내부의 캠 장치(cam mechanism)를 손으로 케이징(caging)할 수 있다. 전기식 자세계에 전원의 문제가 있으면 전원 경고 표시인 오프 플래그(OFF Flag)가 계기 상부 오른쪽 눈금판에 나타난다.

3.10.3 자이로 방향계 또는 방향자이로 (GDI & DG. Gyroscope Direction Indicator or Directional Gyro)

자이로 방향계(gyroscopic direction indicator) 또

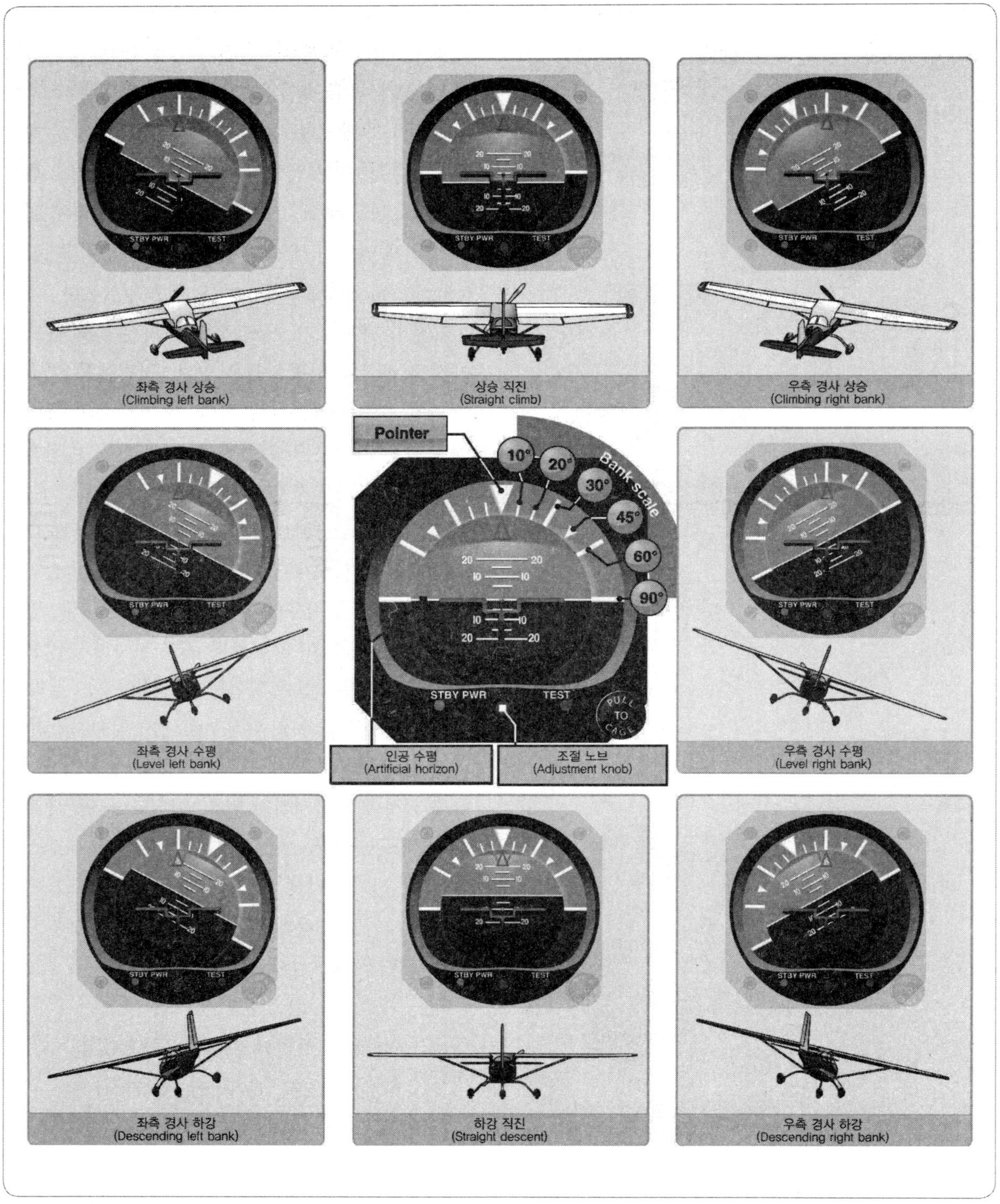

[그림 3-117] 비행 자세계의 다양한 지시 (Attitude representation by the attitude indicators to the relation)

는 방향자이로인 정침의(DG, directional gyro)는 항공기 방향계기이다. 나침반이 파동으로 인한 오차가 있어서 나침반에 일치시키는 자이로가 더욱 안정적인 비행방향을 지시할 수 있다. 자이로 방향계는 계기판 기본 티(Basic T) 배열에서 중앙에 위치한 비행 자세계 하단에 위치하고 있다. 그림 3-118과 같은 진공식 방향자이로(DG)가 소형 경항공기에 많이 사용하고 있다. 기본 원리는 수직 자이로와 마찬가지로 공간에서 자이로의 강직성을 이용하는 것이다. 자이로 회전자가 수평축을 기준으로 수직면에서 회전하는 동안 한 방향과 일치하여 계속 유지하고 있다는 것이다. 항공기와 계기케이스는 강직성을 유지하고 있는 자이로 주위에서 자유롭게 움직이게 함으로써 회전자 짐발(gimbal)과 기어로 맞물려진 방향계가 움직인다. 계기의 눈금판은 도(degree) 단위로 눈금이 매겨져 있고 30[°] 간격으로 숫자가 표시가 되어 있다. 계기 유리에 고정된 소형 비행기의 기수가 실제 항공기의 비행기

[그림 3-118] 진공식 자이로 방향계 (A typical vacuum-powered gyroscopic direction indicator)

수방향을 지시한다.

진공구동식 비행방향계는 비행자세계와 마찬가지로 자이로 계기류와 동일한 부분을 많이 갖고 있다. 세차운동을 위해 내부에 설치된 보상장치가 여러 가지가 있고 감금장치(caging device)도 있다. 비행 중 조종사가 나침반에 일치하도록 주기적인 수동 재조정을 해야 한다.

진공구동식 비행방향계는 비행자세계와 마찬가지로 자이로 계기류와 동일한 부분을 많이 갖고 있다. 세차운동을 위해 내부에 설치된 보상장치가 여러 가지가 있고 감금장치(caging device)도 있다. 비행 중 조종사가 나침반에 일치하도록 주기적인 수동 재조정을 해야 한다.

3.10.4 선회조정계(Turn Coordinators)

이 계기의 목적은 항공기 선회 시 항공기가 어느 정도 경사가 되었는지를 알려주는 계기이다. 이를 위해 선회조정계기 자이로의 회전자를 30[°] 위쪽방향으로 기울어지게 장착한다. 이렇게 장착하면 수직축 중심의 움직임인 요잉(yawing)뿐만 아니라 세로축(longitudinal axis)을 중심의 움직임인 롤링(rolling)을 감지하여 지시한다. 즉, 선회 시 경사상태를 볼 수 있다는 것이다. 선회조정계는 수직축을 중심으로 항공기를 회전(yawing)시키기 위해서 옆놀이(rolling)을 해야 하기 때문에 필요하고 유용하다. 따라서 옆놀이(롤)를 지시하는 계기는 직선 및 수평 비행에서 이탈 비행을 하는 경우 빠른 경고를 제공한다.

그림 3-119와 같이 전형적인 선회경사계의 눈금판은 소형항공기상이 있고 항공기 날개 끝(tip)은 수평비행 및 항공기가 선회하는 비율을 지시한다.

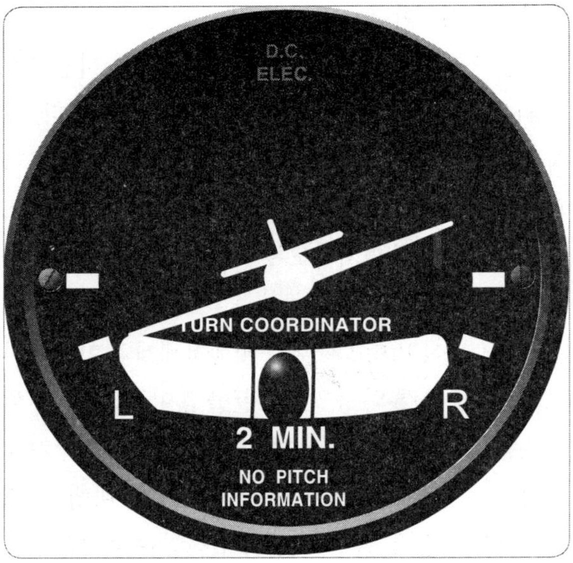

[그림 3-119] 선회조정계-롤 및 요의 비율(A turn coordinator senses and indicates the rate of both roll and yaw)

3.10.5 경사선회계(Turn-and-slip Indicator)

경사선회계(turn-and-slip indicator or turn and bank indicator)는 바늘과 볼 계기(Needle-and-ball Indicator)라고도 불린다. 목적은 항공기가 경사(banking)하는 동안 선회의 정확한 수행 여부를 보여주고 항공기, 즉 요(Yaw)축에 대하여 움직임을 지시한다. 대부분 경사선회계는 계기판 기본 티(Basic T) 배열에서 대기 속도계 아래쪽 방향계의 바로 왼쪽에 배치한다. 경사선회계는 하나의 계기 케이스 안에 별도의 2개의 계기가 있는 것으로 하나는 선회계 바늘이고 다른 하나는 내활을 지시하는 볼(ball)이다. 진공, 정압 또는 전기로 작동하는 자이로에 의해서 선회계 바늘이 작동한다. 볼 계기(ball)는 완전히 독립된 장치로 내활 및 외활여부를 지시한다. 이것은 미끄럼용 액(damping fluid)으로 채워진 유리관 안에 있는 원형의 유리구(agate) 또는 스틸 볼(steel ball)로 이 내부에 있는 볼은 항공기 선회 시 미치는 중력과 원심력 크기에 반응하여 움직이는 계기이다.

그림 3-120에서 보듯이 선회계는 다양하다. 이 계기는 항공기가 선회할 때 선회비율을 지시한다. 초당 3[°]씩 선회하면 항공기가 2[min] 동안 360[°]를 선회하는 것이다. 이것을 표준 선회로 간주한다. 대게 수직 자세에서 좌측 또는 우측의 한 눈금에 바늘을 맞춘 상태로 회전하면 2분 또는 4분 동안 360도 선회비율을 지시한다는 것이다. 표시가 없는 눈금판에서는 바늘의 폭을 눈금으로 사용되기도 한다. 이 경우 수직에서 하나의 바늘 폭으로 기울이면 초당 3[°] 기준 2[min] 선회율을 지시하는 것이다. 고속 항공기는 더 천천히 선회하려는 경향이 있으며 보통 4[min] 비율을 지시하는 눈금을 가지고 있다. 다시 말해서 이 계기에 눈금의 폭 또는 눈금 선에 일치하게 지시하는 것은 항공기가 초당 $1\frac{1}{2}$[°]을 선회하고 있다는 것을 지시하고 4[min] 동안 360[°] 선회를 완성한다. 2[min] 또는 4[min] 선회계인지를 계기판에 표시되어 있고 보통 2 민턴 또는 4 민턴 경사건회계라 부른다.

그림 3-121을 보면 선회바늘은 항공기가 수직축을 중심으로 선회하고 있을 때 그 선회속도 비율을 지시한다. 자이로의 세차운동으로 선회계의 바늘이 기울어진다. 자이로는 항공기의 세로축과 일치한 수직면을 기준으로 회전한다.

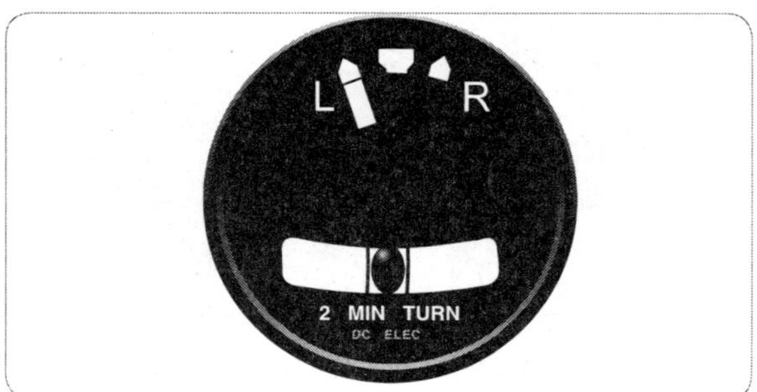

[그림 3-120] 경사 선회계 (Turn-and-slip indicator)

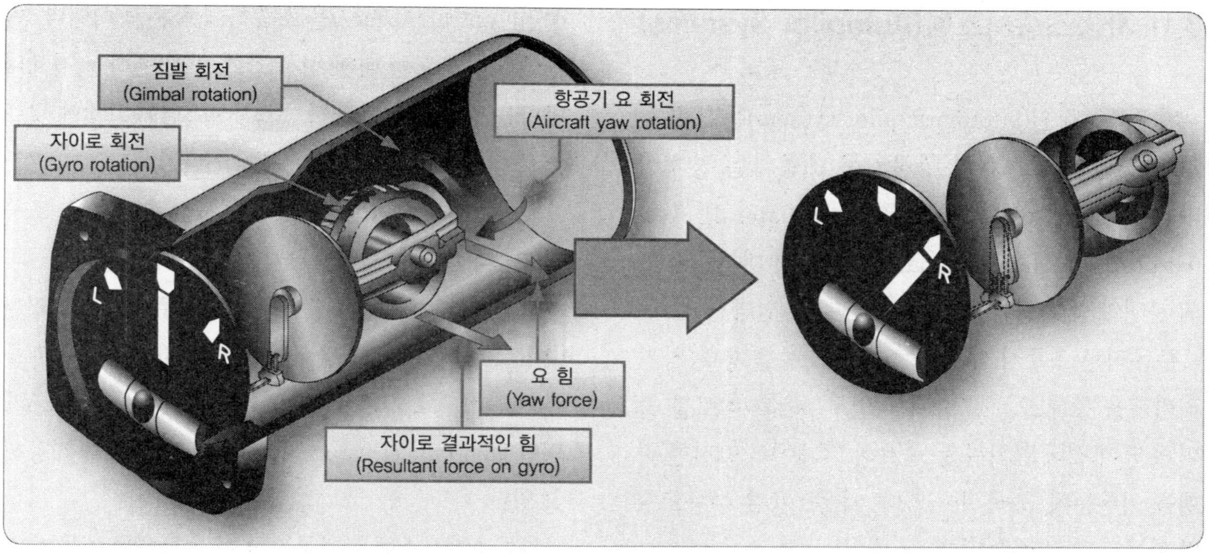

[그림 3-121] 경사선회계의 회전력에 대한 자이로 반응(The turn-and-slip indicator's gyro reaction to the turning force)

회전 중에 항공기가 수직축을 중심으로 회전하면 회전하는 자이로에 미치는 힘이 수직축에 작용한다. 세차운동으로 인해 자이로 로터의 반응은 회전 방향에서 90[°] 더 앞선 지점에서 나타난다(선행성). 이것은 수직축 주위 힘에 대한 반응이 항공기의 종축 주위의 움직임이라는 것을 의미한다. 이로 인해 회전자의 상단이 왼쪽 또는 오른쪽으로 기울어 진다. 바늘에는 연결구(linkage)가 연결되어 바늘이 반대방향으로 편향되어 회전 방향과 일치한다. 이것은 선회할 때 바늘이 동일한 방향으로 지시하게 되어 조종사에게 직관적이 된다.

계기의 내활계(slip indicator) 인 볼(ball)은 경사계이다. 이 볼은 직선수평비행(straight-and-level flight) 중에 오직 중력에만 반응한다. 그러므로 볼은 기준선(reference wire) 사이의 곡면 유리관의 가장 낮은 중앙 부분에 있다. 항공기 선회가 시작되고 경사를 하면 회전의 중력과 원심력이 볼에 작용한다. 만약 선회가 동위로 이루어진다면, 즉 항공기가 적당한 속도와 각도로 비행한다면 항공기가 기울어져 있어도 볼은 그곳 중앙 가장 아래 부분에 남아있게 된다. 이는 항공기의 외활이나 내활이 없는 상태로 정상적으로 선회하고 있음을 지시하는 것이다. 이에 반해 외활 선회(skidding turn)를 하게 되면 원심력이 중력보다 크게 되어 볼은 선회의 바깥쪽의 방향으로 움직인다. 이를 외활(skid)라고 한다. 원인은 속도가 각도에 비해서 크거나 아니면 반대로 각도가 속도에 비해서 너무 작은 경우 발생한다. 이와 반대로 내활 선회(slipping turn) 시에는 더 큰 각도로 경사선회가 되어 중력이 볼에 작용하는 원심력보다 더 크게 되어 볼은 항공기 선회의 안쪽으로 즉 유리관 안쪽으로 움직인다. 이를 내활(slip)이라 한다. 경사선회계는 진공식 또는 전기식으로 자이로를 회전시켜 작동할 수 있다. 전기식 경사선회계의 전원은 보통 직류전원(DC)이나 교류로 작동하기도 하다. 또한 진공동력식 경사선회계는 비행자세계와 비행 방향계보다 약 2[inHg]의 적은 진공으로 작동한다.

3.11 자동조종시스템(Autopilot Systems)

자동조종장치(automatic pilot system)는 조종사와 상관없이 시스템이 항공기를 조종하는 장치이다. 자동조종(Autopilot)을 통해 가로(lateral), 수직(vertical), 세로(longitudinal) 축(axis)에 대해 항공기의 자세와 방향을 유지하고 안정시킬 수 있다.

주목적은 조종사 대신 시스템의 조종을 통해 장거리비행을 통해 오는 조종사의 업무부담과 피로를 줄이게 되어 결국은 착륙 등 중요한 단계에서 안전한 비행을 이루는데 그 목적이 있다. 자동조종은 수동모드와 자동모드로 할 수 있다.

수동모드는 조종사가 각 축에 대한 약간의 입력을 자동조종제어기에게 제공하여 자동조종시스템이 조종면(Control Surface)을 조종하게 하는 방식이다. 반면에 자동모드는 비행 전 구간에 걸쳐 원하는 자세나 방향을 입력해 놓으면 자동조종시스템이 그것에 맞추어 조종면을 조종하게 하는 방식이다.

자동비행시스템은 항공기의 3개의 축에 대한 조종이 가능하다.

그림 3-122와 같이 경항공기의 경우에는 에일러론(Aileron)만 자동조종을 적용하기도 하지만 대형기들은 일반적으로 2개의 축(ailerons, elevators)이나 3개의 축(ailerons, elevators, rudder) 자동조종을 적용하고 있다.

자동조종시스템은 항공기별 여러 형태를 이루며 경항공기는 대형항공기에 비해 다소 간단한 자동조종시스템을 갖추고 있기도 한다. 그러나 이제는 경항공

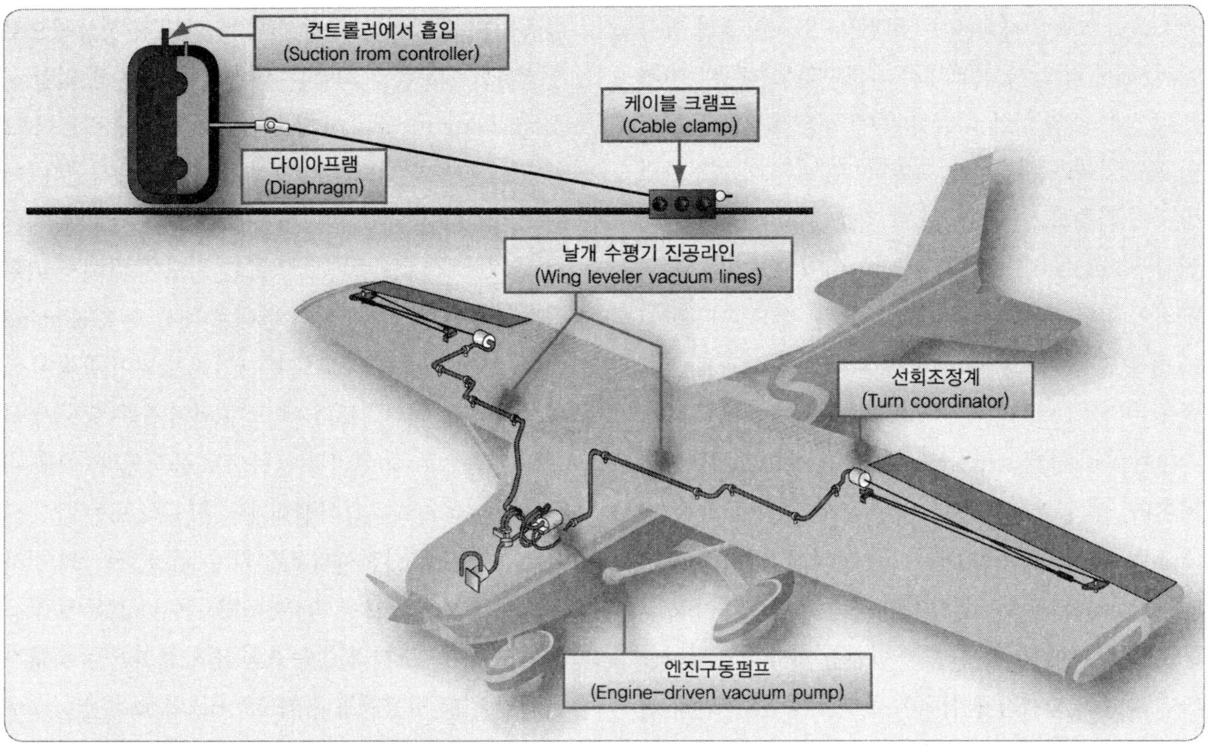

[그림 3-122] 진공작동식 1축 자동조종장치의 날개 수평기 계통

기에서도 항법기능이 통합된 다소 정밀한 자동조종시스템이 채택되고 있다.

자동조종계통이 발달하면서 이제는 비행 조종면 뿐만 아니라 각종 비행 파라미터까지 능숙하게 제어하기에 이르렀다. 여객운송용 항공기로 사용되는 일부 최신 고성능 항공기 자동조종계통은 AFCS(automatic flight control system)라고 해서 매우 정교한 자동비행제어장치가 장착되기도 한다. 이러한 AFCS(일부는 DFCS라고도 함)는 항공기의 3개의 축에 대한 제어의 의미를 넘어서서 상승, 하강, 순항, 하강, 접근, 착륙까지 자동으로 제어한다. 뿐만 아니라 자동추력(Auto-Throttle) 기능과 연계되어 비행 특성에 맞도록 엔진을 자동으로 제어하기도 한다.

또한 비행관리계통(FMS, flight management system)이 개발되어 AFCS와 통합되면서 더욱 정밀하고 안전하고 경제적인 자동비행이 이루어지고 있다. 자동조종계통과 FMS가 통합되면서 비행일정의 선 프로그램을 통해 비행의 모든 일정에 대한 자동조종, 자동추력, 적절한 항공로의 선택, 합리적인 연료소모관리 등이 가능해졌다.

3.11.1 자동조종의 기본개념 (Basis for Autopilot Operation)

자동조종장치의 기본개념은 오차의 수정이라 할 수 있다. 예를 들어 조종사의 의도된 항공기의 자세와 실제자세가 일치하지 않을 때 오차가 발생했다고 말한다. 이때 자동조종장치가 조종사에 의해 의도된 자세로 복원하기 위해 그 오차를 자동으로 수정하는 것이다.

이러한 오차를 수정하는 방식은 2가지로 나눌 수 있다. 위치기반(position based) 방식과 비율기반(rate based) 방식이다. 위치기반(position based) 자동조종이라 함은 시스템이 기억하고 있는 항공기의 의도된 자세와 실제 항공기의 자세를 비교하여 그 차이 값을 수정하는 방식이라 할 수 있으며, 비율(rate based) 자동조종은 항공기가 의도된 자세를 벗어날 때 항공기 움직임의 비율만큼 다시 반대의 움직임이 생기도록 항공기를 조정하는 방식이다. 대부분 대형항공기는 Rate Based 방식을 사용하며 소형항공기는 두 가지 모두를 사용한다.

3.12 자동조종장치의 구성요소 (Autopilot Components)

일반적인 자동비행장치(AP)는 크게 4개의 기본구성요소로 이루어져 있으나, 최신 대형기의 자동비행조종계통(AFCS)은 5개 구성요소로 이루어진다. 그림 3-123과 같이 네 가지 기본적인 구성 요소는 수감부(Sensing Element), 계산부(Computing Element), 출력부(Output Element), 명령부(Command Element)이고 최신 대형기에서는 피트백(Feedback or Follow-up)까지 5개 구성요소로 이루어진다.

3.12.1 수감부(Sensing Elements)

자세자이로(Attitude Gyro), 방향자이로(Directional Gyro), 경사선회계(Turn & Bank indicator), 고도제어(Altitude Control)는 수감부로 항공기의 움직임을 감지한다. 이들은 항공기의 움직임에 해당하는 만큼의 전기신호를 생성하여 보내주면 시스템이 원하는 비행을 할 수 있도록 이용한다. 자이로는 조종실이나 외부

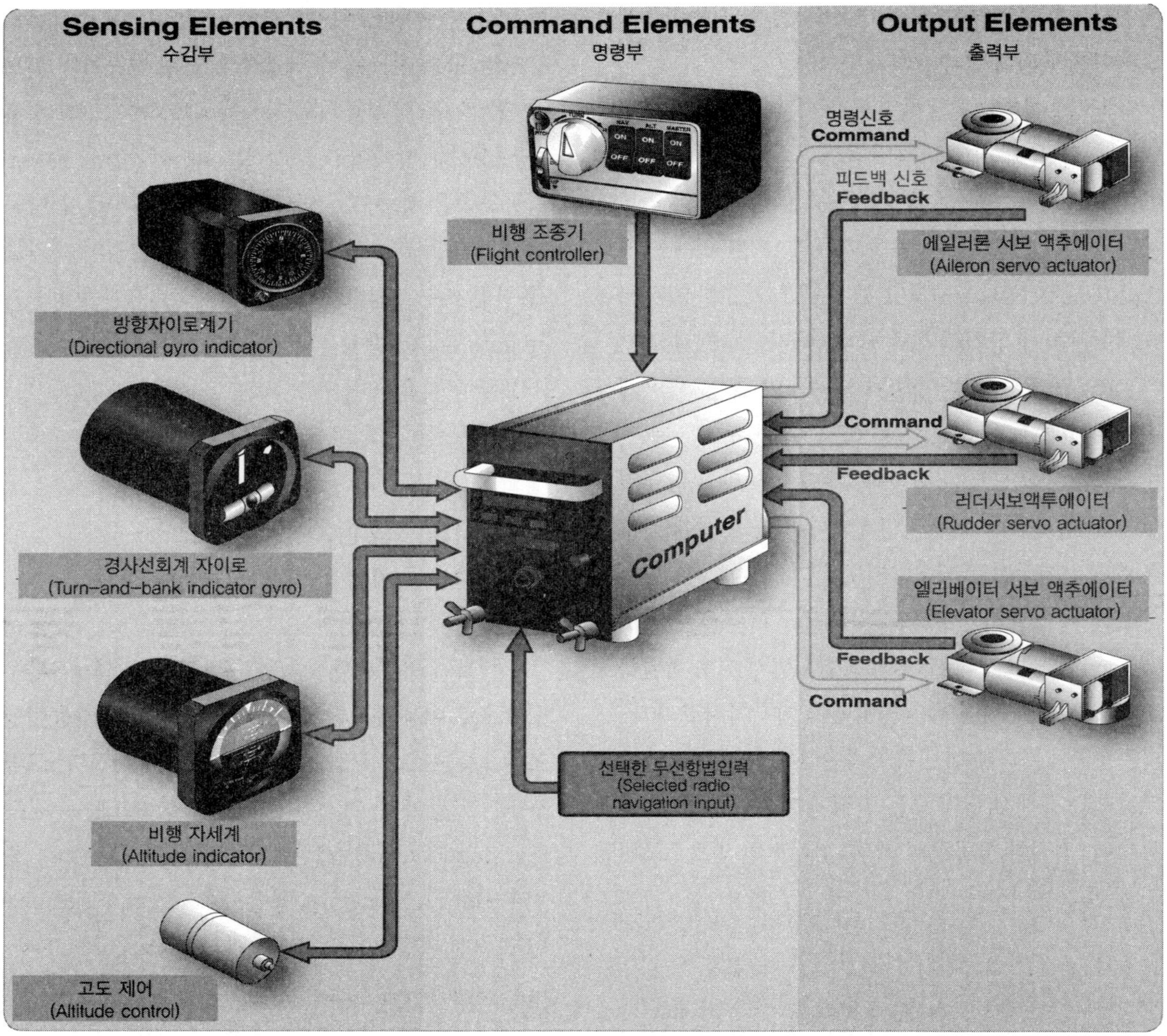

[그림 3-123] 아날로그 항공기 자동조종계통 구성품(Typical analog autopilot system components)

에 장착되어 항공기자세를 지시하기도 하지만 자동비행컴퓨터에 입력신호를 제공하기도 한다. 최신 디지털 자동비행장치는 여러가지 형태의 센서(Sensor)를 사용한다. 비율기반방식의 자동비행장치는 자이로를 전혀 사용하지 않으며 대신 다양한 센서가 하나의 컴퓨터에 모두 내장되고 컴퓨터 간의 데이터는 디지털 데이터 버스(Digital Data Bus) 형태로 전송된다. 항법정보 역시 디지털 데이터 버스를 통해 컴퓨터에 연결되어 있다.

3.12.2 계산부(Computer Elements)

자동비행장치의 계산부는 수감부로부터 보내어 온 데이터를 해석 및 계산하여 이를 명령부의 입력과 통합한 후 출력부로 보내고 한편 수감부는 이 신호를 항공기 자세유지를 위해 사용한다.

3.12.3 출력부(Output Elements)

대표적인 출력부는 항공기 조종면을 작동하는 서보이다. 서보는 각 조종면을 작동하는 시스템 내에 포함된 독립된 장치로서 조종면을 작동하는 방식에 따라 다양한 형태로 설계된다

케이블을 통해 조종면을 작동하는 시스템에서는 전기서보모터나 전기유압식서보(Eletro-Pneumatic Servo)가 사용되고 유압구동식 조종면을 사용하는 시스템에서는 전기유압식자동비행서보(Electro-Hydraulic Autopilot Servo)가 사용된다. 디지털 플라이바이와이어 (Digital Fly-By-Wire) 항공기에서는 자동비행과 수동비행 시 사용되는 서보가 동일하며 자동비행이 작동되면 서보는 오직 자동비행장치로부터 오는 명령에만 반응한다.

그림 3-124에서와 같이 케이블을 통해 조정면을 작동하는 항공기는 두 가지 기본적인 형태의 전기모터작동서보(Electric Motor-Operated Servo)를 사용한다.

한 가지는 양방향 회전이 가능한 모터가 감속기어를 통해 서보 출력축(output shaft)에 연결되어 있는 형태로서 모터는 자동비행컴퓨터에 의해 작동된다.

또 다른 한 가지는 그림 3-124에서처럼 케이블에 연결된 서보 출력축이 두 개의 자석 클러치(Magnetic Clutch)를 통해 한쪽 방향으로만 항상 회전하고 있는 모터에 연결된 형태이다.

DC 모터는 한쪽방향으로만 항상 회전하고 있어 회전력이 두 개의 자석 클러치(Magnetic Clutch)에 연결되지만 자동비행컴퓨터에 의해 자석 클러치는 한 개만 자화(energized)되어 작동하게 된다. 두 개의 자석 클러치는 서로 다른 방향으로 회전하도록 설계되어 있으므로 자석 클러치에 연결된 서보 축은 양방향중

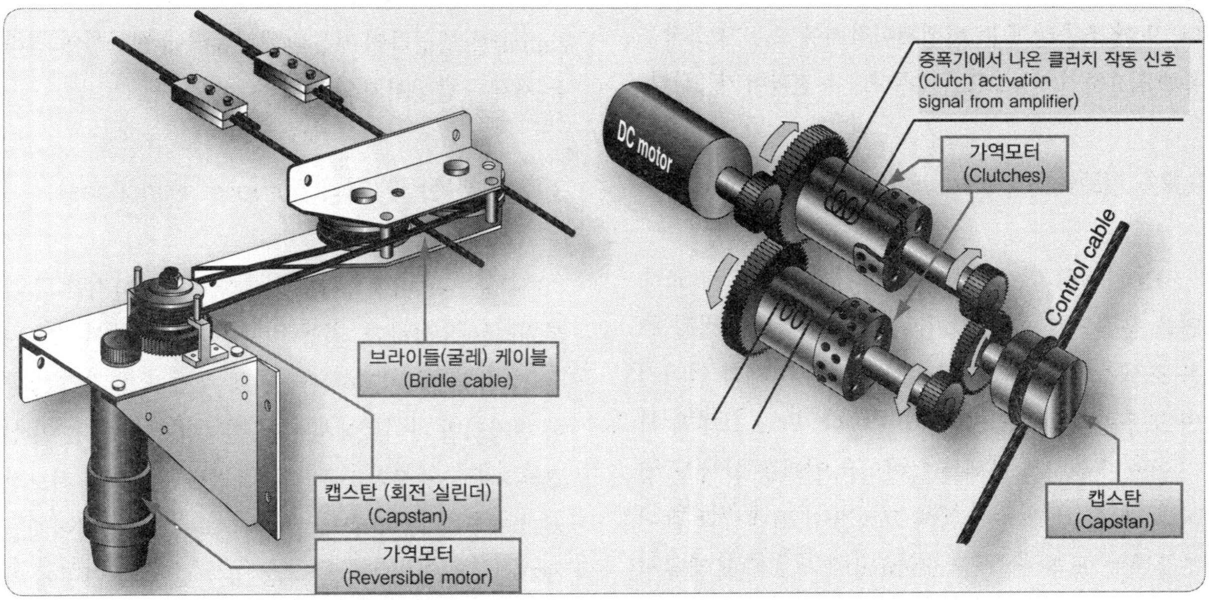

[그림 3-124] 가역모터와 단방향 회전모터(A reversible motor and single-direction constant motor)

한쪽 방향으로의 선택이 가능해진다.

어떤 자동비행장치에서는 전기유압식서보가 조종면의 케이블을 구동하기도 한다. 전기유압식서보는 자동비행컴퓨터에 의해 전기신호로 제어되며 서보는 공기압력을 이용하여 조종면 케이블을 구동하는 형식이다.

3.12.4 명령부(Command Elements)

비행제어장치(Flight Controller)라고 불리는 명령부는 조종사가 자동비행장치에게 비행 명령을 하는 장치로 자동비행장치와 조종사의 주요 인터페이스(interface)이다. 조종사가 조종석에 있는 메인비행제어장치(대형기에서는 MCP라 함)에 특정 스위치나 버튼을 선택하면 자동비행컴퓨터가 해당 액추에이터 서보를 구동하여 조종사의 명령을 수행한다. 자동 비행 중에도 스위치 또는 버튼 작동으로 또 다른 상승, 순항, 고도 변경 및 유지, 하강, 선회 등 조작이 가능하다. 또한 조종간 또는 비행제어장치에 스위치 조작을 통해 필요하면 자동모드를 수동모드로 전환이 가능하다.

3.12.5 피드백(Feedback or Follow-up Elements)

자동비행장치는 원하는 비행자세를 얻고자 조종면을 움직인다. 항공기가 원하는 자세에 근접할 즈음 조정면의 움직임을 줄여서 원하는 자세가 얻어지면 조종면의 움직임을 멈춰야 한다. 만일 그렇게 하지 않으면 원하는 자세를 넘어서는 결과를 얻게 될 것이다. 이를 해결하기 위해 그림 3-126에서와 같이 조종면의 액츄에이터(Actuator)나 서보에 트랜듀서(transducer. 변환기 : 운동량에 따라 전기 신호를 생성하여 전달하는 장치)를 장착하여 조종면의 움직임에 따라 피드백신호(feedback signal or follow-up signal)를 생성하여 자동비행컴퓨터에 제공하여 원하는 자세를 넘어서지 않도록 하는 것이다.

[그림 3-125] 자동조종계통 조종장치 컨트롤러(An autopilot controller of a simple autopilot system)

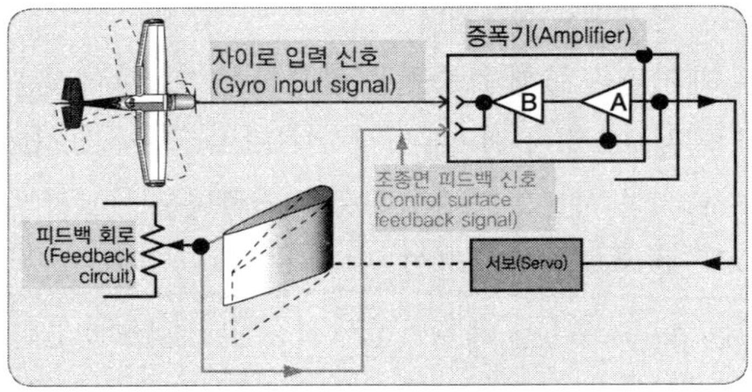

[그림 3-126] 아날로그 자동조종계통 기본 기능 (Basic function of an analog autopilot system)

3.12.6 자동비행기능(Autopilot Functions)

대부분 자동비행장치는 정교하고 복잡하지만 그 기본원리는 유사하다. 자동 비행은 자이로에서 생성되는 전기신호를 이용하는데 비행 자세 또는 자기 방향이 변경되면 자이로에서 전기 신호가 발생한다. 이 신호는 자동조종장치컴퓨터/증폭기로 전송되며 서보장치의 작동을 제어하는 데 사용된다. 3개의 제어채널 각각에 대한 서보는 수정신호 또는 조종사 명령에 따라 전기신호를 기계적 힘으로 변환하여 조종면을 작동시킨다. 방향타 채널(rudder channel)은 방향타의 이동시간과 움직이는 양을 결정하는 두 가지 신호를 수신한다. 첫 번째 신호는 나침반 시스템에서 파생된 코스(진로) 신호이다. 항공기가 자기방향(magnetic heading)에서 변위가 있으면 각도 변위에 비례하는 방향타 채널로 신호를 전송한다.

방향타 채널이 수신한 두 번째 신호는 항공기가 수직축을 중심으로 회전 할 때마다 정보를 제공하는 속도 비율 신호(rate signal)이다. 이 신호는 경사 선회계자이로(turn-and-bank indicator gyro)가 제공한다. 항공기가 처음 의도된 기수방향으로부터 벗어나려 할 때 비율 자이로(Rate Gyro)는 선회율(rate of turn)에 비례하는 신호를 발생시킨다.

방향타 채널의 증폭기는 이 두 가지의 신호를 받아서 신호를 증폭한 다음 러더 서보에 제공하고 서보는 선택된 기수방향으로 회전하도록 러더를 제어한다. 러더가 작동할 때 조종면의 움직임을 알 수 있는 궤환신호가 발생하는데 자동조종컴퓨터는 그 신호를 참조하여 항공기가 원래의 위치로 도달 할 때 방향타 서보(rudder servo) 작동을 중지시킨다.

에일러론(aileron channel)은 자이로 인공 수평의 비행 자세계(gyro horizon indicator)로부터 신호를 제공받는다. 항공기의 세로축(longitudinal axis)을 중심으로 항공기가 움직이면 자이로 감지장치가 신호를 생성하여 에일러론 서보에 제공하여 조종면을 작동시킨다. 에일러론이 작동하면 입력신호와 반대로 피드백 신호가 비례해서 생성되고 이 2 신호의 크기가 같아지면 서보 작동이 멈춘다. 즉 자동조종 컴퓨터는 입력신호와 궤환신호를 비교하면서 참조하여 항공기가 원래 의도된 수평비행을 할 수 있도록 에일러론을 제어한다.

승강타채널(elevator channel)은 항공기의 피치자세를 감지하여 제어한다는 점을 제외하고는 에일러론 채널과 유사하다. 고도제어를 위해 압력을 감지하는 다이어프램이 사용되는데 항공기가 선택한 고도를 벗어날 경우 신호를 생성하여 피치서보에 제공하여 항공기가 의도된 고도(상승 또는 하강 고도)를 회복할 수 있게 한다.

3.12.7 요댐핑(Yaw Dampening)

항공기가 정해진 방향(heading)으로 비행하는 중에 수직축을 중심으로 원하지 않은 요잉(빗놀이)이 발생하는 경향이 있다. 이 원하지 않은 요잉(yawing)의 원인은 더치 롤(dutch roll) 과 난기류 (turbulence)이다. 이런 원인으로 비행 방향이 틀어지는 현상을 해결하기 위해서는 지속으로 러더를 조절하여 수정하는데 이를 요댐퍼(Yaw Damper)라고 한다. 즉 요잉(yawing)을 줄여(damping)준다라는 말이다. 최신 항공기에서는 요댐퍼을 자동조종계통의 일부로 통합하기도 하고 일부 군용기등에서는 안전보강계통(SAS. Stability Augment System)이라고 해서 자동조종과는 별도로 운영하기도 한다.

요 댐퍼는 경사선회계자이로 또는 비율 자이로(rate gyro)부터 오차신호(error signal)를 받는다. 여기서 오차신호란 한 방향으로 비행 중 외부 요인에 의해서 더치 롤 또는 난기류 때문에 정해진 비행 방향에서 벗어났을 때를 뜻한다. 벗어나게 되면 비율자이로가 움직임의 비례되는 반대 신호를 만들어서 러더 서보롤 보내서 방향타를 자동으로 조종하여 요잉의 발생을 줄여준다. 이는 비행 중 계속적으로 작동을 하고 그 결과는 러더 계기(rudder indicator)로 보여주고 있다.

3.13 자동비행조종장치 (AFCS. Automatic Flight Control System)

항공기 자동조종과 관련된 여러 계통들이 하나의 단일시스템에 통합된 것을 자동비행조종장치라고 부른다. 자동비행조종장치는 일반적으로 최신 고성능 항공기에 장착되나 최근에는 소형항공기에도 널리 사용되고 있다. 최신의 비행조종 장치는 비행 계획을 미리 프로그램할 수 있으며 자동 조종(AP)에 각종 항법 장비(navigational aids), 비행지시(FD. flight director), 자동추력(AT)장치 및 자동 조종 착륙 장치(AL)등이 하나의 시스템에 통합되어 있다. 그림 3-127과 같이 조종석 전면 계기판 위에 장착되어 있는 자동비행조종계통의 제어 패널(에어버스 계열에서는 FCU, 보잉계열에서는 MCP라고 함)은 다양한 계통의 ON/OFF와 각종 명령 스위치 및 버튼 등이 통합되어 있어 조종사와 자동비행조종계통과의 인터페이스 역할을 하고 있다.

그림 3-128과 같이 일부 소형 항공기에 장착되는 자동비행 조종 장치에는 글라이드 슬로프(glide slope)를 포함하는 항행 보조 장비와 디지털 자세방향기준 장비(digital attitude and heading reference system, AHRS)가 통합되어 있다. 최신 대형 항공기에서는 AFCS에 FMS(비행관리계통), 엔진 출력 계통(AT), 자동 착륙 계통등과 통합되면서 마지막 착륙 및 롤아웃(roll -out)시 자동 브레이크까지 자동으로 이루어지고 있다.

최근 국내 저비용(LCC) 항공사를 포함해서 대부분 운영하고 있는 B737 항공기의 자동비행조종계통을 정리해 보면 B737에서는 AFCS 대신 DFCS(digital flight control system)이라 하고 AFCS FCC, ADIRU, FMC 등 주요 컴퓨터로 구성이 되어 있고 주요 기능은 AP(자동조종), FD(비행지시, flight director), AT(엔진추력자동제어, auto throttle), AL (자동착륙. auto landing), 고도이탈 경고 계통(altitude alert system), Mach trim(마크트림 – mach tuck 현상 수정), 스피드트림(speed trim – 이륙시 엔진 추력에 맞추어 속도제어) 기능 등이 있다.

3.14 비행지시장치 (Flight Director Systems)

자동 비행조종계통(AFCS)에서는 컴퓨터가 계산한 비행자세를 각 축 서보로 보내서 자동으로 컴퓨터가 직접 조종하지만, 비행지시(FD) 계통은 컴퓨터가 계

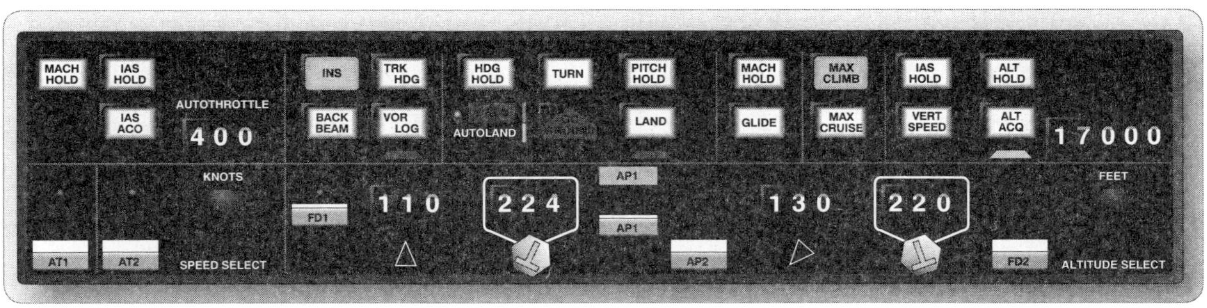

[그림 3-127] 자동비행조종계통 조종패널 (The AFCS control panel commands several integrated systems)

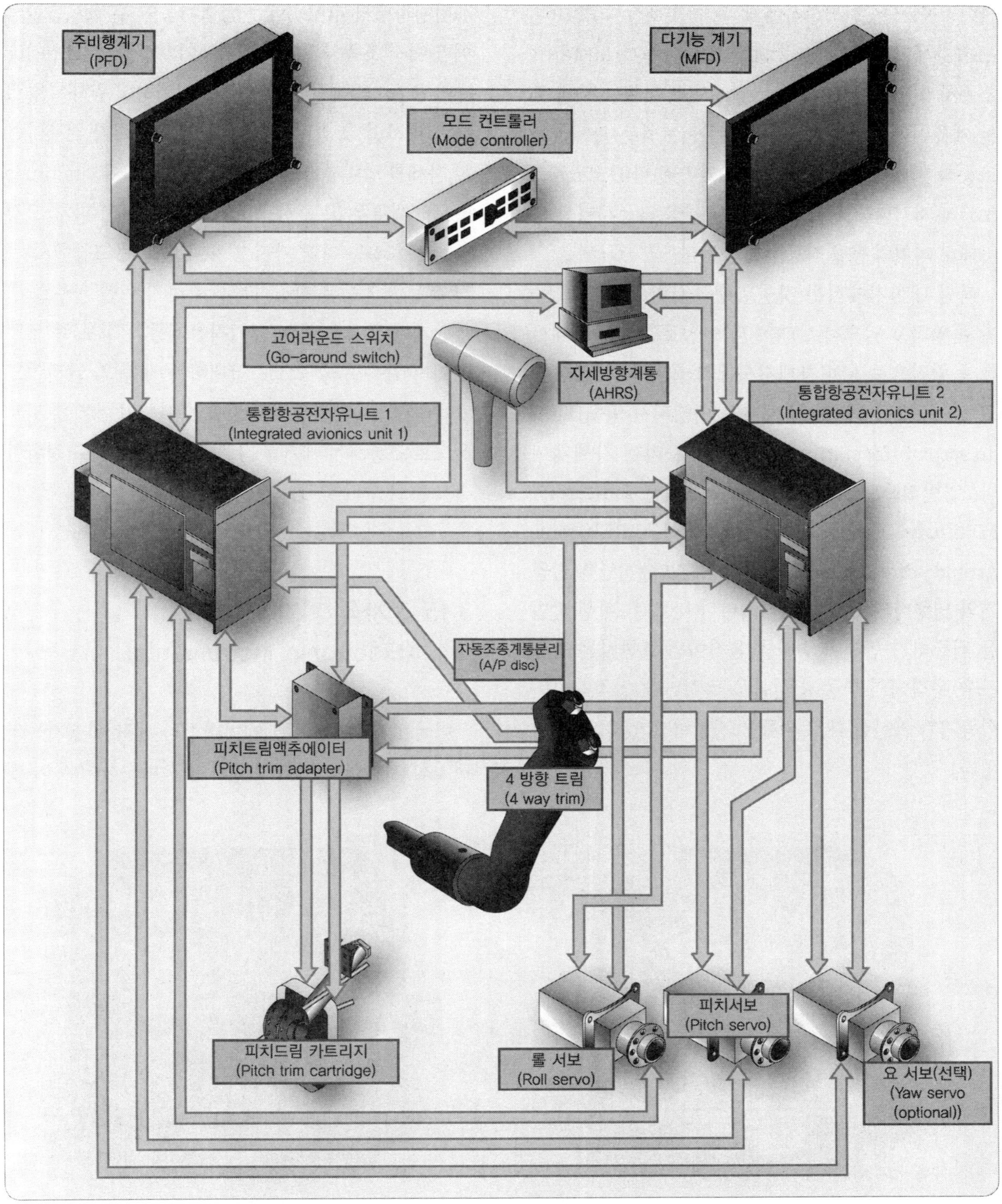

[그림 3-128] Germin G1000 항공기 자동비행조종계통 (automatic flight control system of a Garmin G1000)

산한 비행자세를 조종사에게 주(主)비행장치(PFD)나 ADI(자세지시계기)를 통해서 조종사에게 보여주고 조종사가 명령 바(command bar)대로 비행을 하게 하는 계통이다. 조종면을 제어하는 서보와는 관계없이 조종석 비행자세지시계기(ADI)의 명령바(Command Bar)가 지시한대로 조종사는 조종간을 작동시켜 명령바대로 피치와 롤을 작동시키면 된다.

최신 대형기에서는 자동비행장치의 기능으로 통합 운영되고 있으나, 소형이나 아날로그 항공기에서는 독립적으로 ADI(자세지시계기)를 통해서 작동하고 있다. 그림 3-129의 계기가 비행지시정보(flight director information)를 지시하는 비행 자세계이다. 일반적으로 ADI(Attitude Director Indicator), FDI(Flight Director Indicator) 또는 EADI(Elctronic Attitude Director Indicator)라고 하며 계기안의 항공기와 명령바의 모양은 제작사마다 다르다. 비행 방법은 컴퓨터가 먼저 명령바를 움직이면 조종사는 조종간을 움직여서 항공기 심볼을 명령바에 일치시키면 항공기가 계산한 대로 비행을 진행하고 있다고 할 수 있다.

비행자세지시(ADI)에는 항법기능이 추가로 통합되어 있어서 조종사가 항행지시제어패널(flight director control panel)에서 VOR 지국을 선택하여 원하는 항로를 입력하면 그 항로로 가기 위해 항공기가 취해야하는 자세를 명령바가 지시한다. 또한 고도유지(altitude hold), 새로운 고도 선택(altitude select), 피치 고정(pitch hold)등 여러 가지 기능이 있으며 그중에서 가장 유용한 기능은 항공기가 착륙하기 위한 활주로 진입단계에 도움을 주는 계기착륙계통의 정보 즉 로컬라이저(활주로 중앙으로 안내하는 계통)와 글라이드 슬롭(최적의 진입각)의 정보를 수신하여 계기에 지시하므로 조종사는 계기를 참조하면서 안전하고 정확한 착륙을 할 수가 있다.

3.15 전자식 계기류 (Electronic Instruments)

미국 보잉사 및 유럽 에어버스사 제작 비행기들의 전자식 계통의 기능은 동일하거나 비슷한데 용어 및

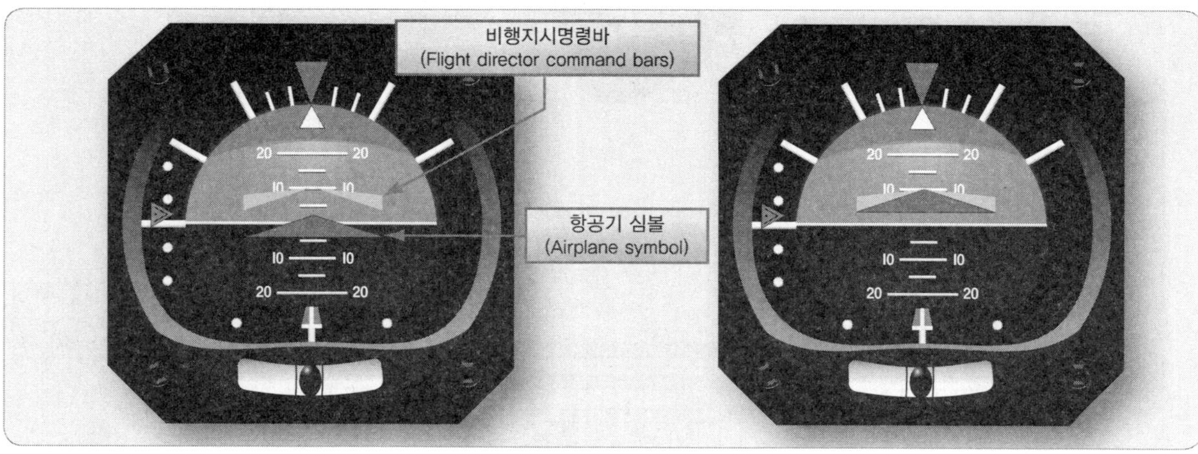

[그림 3-129] 비행지시명령바 신호(The flight director command bar signals the pilot)

명칭이 다른 경우가 많다. 이를 이해하도록 비교하여 정리하면 다음과 같다.

(1) 전자식 계기 계통 이름

최신 항공기의 첨단 조종실(glass cockpit)의 기본적인 전자계기계통이든 종합계기계통이든 계기계통은 기본적으로 6개의 화면장치(display unit)로 구성이 되어 있고 2명의 조종사가 사용 할 수 있도록 되어 있다.

① 에어버스사 항공기- 전자계기계통(EIS. Electronic Instrument System)

② 보잉사 항공기- 종합계기계통(IDS. Integrated Display System)

(2) 계통 구성

① EIS = EFIS + ECAM

② IDS = EFIS + EICAS

에어버스 항공기에서는 전자계기계통(EIS)라고 하고 전자식비행계기계통(EFIS) 및 전자식 중앙항공기감시계통(ECAM)으로 구성되어 있다. 보잉사 항공기에서는 여러 아날로그 계기들을 6개의 화면으로 종합했다고 해서 종합계기계통(IDS)라고 하고 그 후 다른 기종에서는 CDS(B737. common display system), PDS(B777. primary display system)이라고 부르기도 한다. 구성은 전자식비행계기계통(EFIS)과 엔진계기 및 승무원경고장치(EICAS)로 구성되어 있으며 에어버스사 ECAM과 보잉사의 EICAS는 계기와 기능이 같거나 거의 동일하다.

(3) 세부 계통 구성

① EFIS- PFD + ND

② ECAM - EWD + SD

③ EICAS - Main EICAS + Aux EICAS(or Upper EICAS, Lower EICAS)

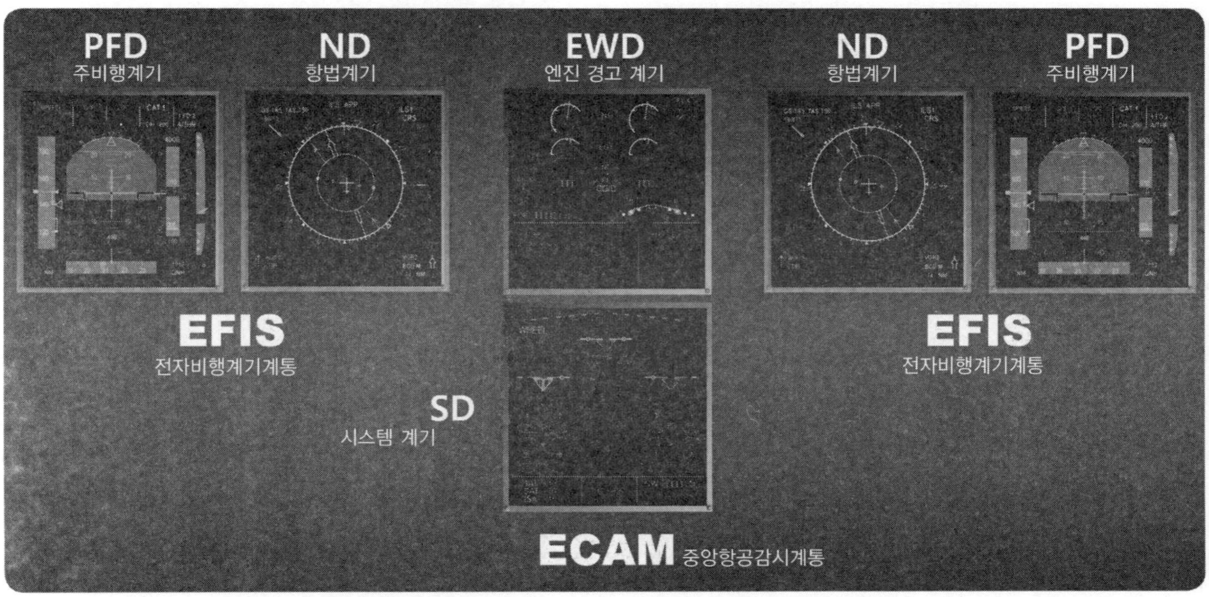

[그림 3-130] 에어버스 A330 항공기 전자계기계통(Airbus A330 airplane EIS – Electronic Instrument System)

(4) 용어정리

① EFIS – Electronic Flight Instrument System(전자비행계기계통)

② ECAM – Electronic Centralized Airplane Monitoring(전자중앙항공기감시계통)

③ EICAS – Engine Indicating and Crew Alerting System(엔진계기 및 조종사 경고계통)

④ PFD – Primary Flight Display(주(主)비행계기)

⑤ ND – Navigation Display(항법계기)

⑥ SD – System Display(기타계통계기 – 여러 계통 지시)

⑦ EWD – Engine & Warning Display(엔진 및 경고 계기)

⑧ IDS – Integrated Display System(종합계기계통)

⑨ EIS – Electronic Instrument System(전자계기계통)

전자비행계기계통(EFIS)의 주비행계기(PFD)는 기능이나 지시가 양쪽 모두 거의 같다. 대기속도계, 고도계, 승강계, 비행자세계, 비행방향계, 자동조종모드상태들을 실시간으로 지시한다. 그리고 항법계기(ND)는 위성항법, 관성항법, 무선항법 등 관련 항법자료를 4개 모드에 따라 지시하고 있다. 에어버스사의 전자중앙항공기감시계통(ECAM)은 보잉의 엔진 & 경고 계기(EICAS)와 동일하며 에어버스사의 엔진 및 경고 계기(EWD)는 보잉사의 Main EICAS와 마찬가지로 주요 엔진 파라미터 그리고 조종사에게 계통 결함 상태를 중요 등급에 따라 지시하고 조종사가 취해야 할 안전 조치 사항 등을 지시한다. 그리고 SD와 Aux EICAS는 아래 그림 3-132와 같이 2차 엔진 파라미터부터 여러 계통 즉 객실 냉난방, 전기, 연료, 작동유 및 공압, 비행조종계통 등 여러 계통 작동 상태를 실시간으로 시놉틱(synoptic: 개요그림) 형태로 보여주는 기능은 같다.

전자식 계기계통은 반도체 및 컴퓨터 기술 발달로 계속 변모를 거듭하고 있다. 다음은 초기의 전기식계기계통에서 현대의 전자식 계기계통의 발달 과정에 대한 설명이다.

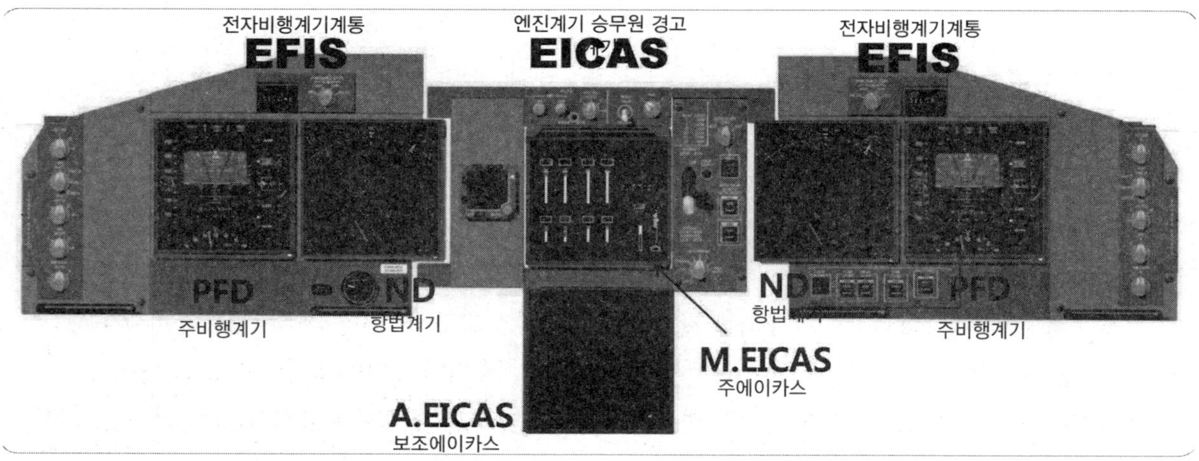

[그림 3-131] 보잉 b747 항공기 종합계기계통(Boeing B744 airplane IDS – Integrated Display System)

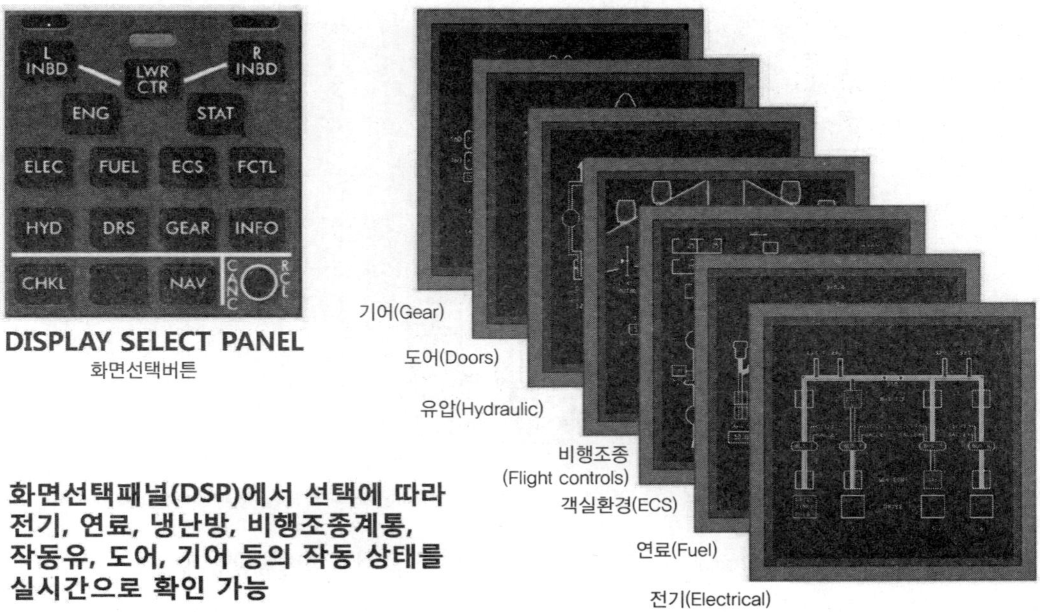

[그림 3-132] 보잉 B747 보조 에이카스의 시놉틱(Beoing B744 Aux EICAS Synoptic Displays)

3.15.1 전자식 자세지시계 (EADI, Electronic Attitude Director Indicator)

전자식 자세지시계(EADI, Electronic Attitude Director Indicator)는 이전에 설명하였던 자세계, 자세지시계 또는 전기식자세계의 향상된 변형이다. 항공기의 비행자세를 지시하는 것 외에도 컴퓨터가 비행지시하는 명령 바가 나타나고 추가하여 다수의 다른 상황의 비행매개변수(flight parameter)를 지시하고 계기착륙계통(ILS)의 계기가 통합되어 착륙 시 자세지시계기 명령 바(command bar)가 추가로 지시한다. 또한 자동조종계통과 항법계통과 같은 작동 중인 비행 상태를 지시한다. 그림 3-133의 전자식 비행자세지시계의 기본 개념은 비행관련 모든 정보를 조종사가 가까이에서 쉽게 그리고 한꺼번에 볼 수 있도록 지시한다는 것이다. 대부분 전자식 계기는 상기 그림 3-132와 같이 비행단계(flight phase)별로 기본적인 정보를 지시하면서도 필요하면 조종사가 원하는 계통 시놉틱을 우선순위를 가지고 볼 수 있도록 되어 있다. 또한, 항법계기도 필요에 따라 여러 가지 모드별로 항법 관련 정보를 볼 수 있도록 지시한다. 전자식 계기는 제작사 및 장착하는 항공기에 따라 서로 다르지만 대부분 지시 정보와 보는 방법은 비슷하다.

상기 그림 3-133을 잠시 살펴보면 비행자세를 지시하는 것 외에도 비행 명령바(director command bar)가 있고 계기착륙계통(ILS)의 계기들, 즉 로칼라이저(localizer) 및 글라이드 슬롭(glide slope) 바늘과 눈금

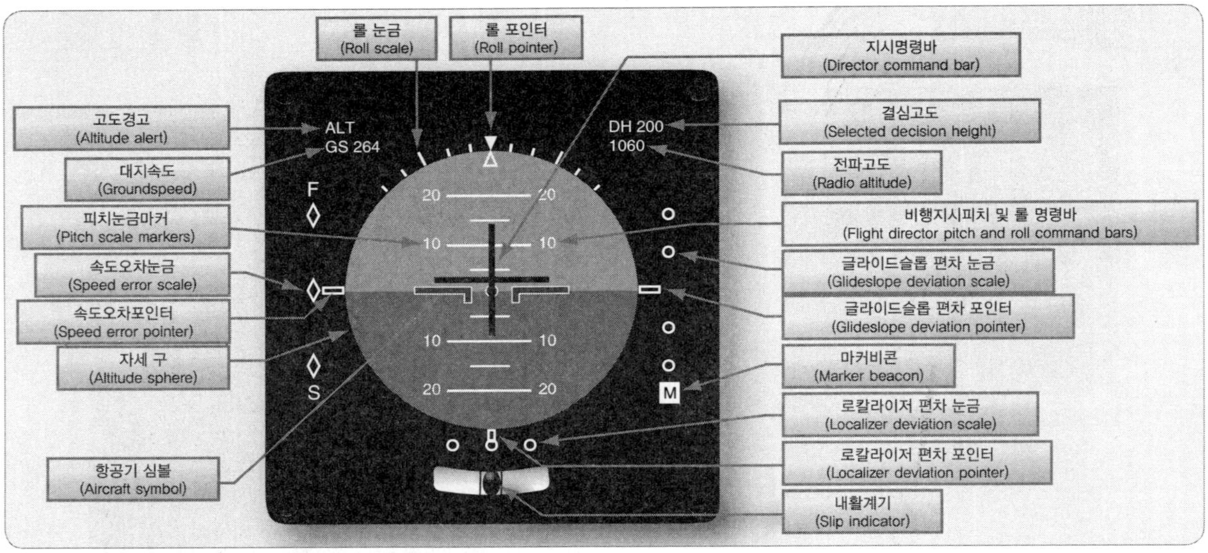

[그림 3-133] 전자식자세지시계기의 여러 파라미터 (Some of the many parameters and features of an EADI)

들을 볼 수 있고 슬립계기(slip indicator) 등 여러 기능들이 추가되었다는 것을 알 수 있다. 전자식비행자세지시계는 단일 계기곽(housing) 안에 여러 기능을 집합시키거나 또는 전자비행계기계통(EFIS)의 주 비행장치(PFD)에서 지시한다. 초기의 전자비행계기계통의 주비행계기등은 음극선관(CRT) 화면표시기를 사용하였다. 현재는 CRT 대신 액정표시장치(LCD. liquid crystal display)이 주를 이루고 있다. 이들을 구동하고 화면을 구현하기 위해 에어버스사는 신호발생기(SGU. signal generator unit – 일반 컴퓨터의 그래픽카드와 같은 기능)가 보잉항공기는 전자인터페이스 유니트(EIU. electronic interface unit)가 화면장치에 EADI를 구현하고 있다. 이 전자식비행지시계(EADI)는 전자식비행방향계(EHSI, electronic horizontal situation indicator) 와 가까이에 위치를 잡으면서 비행에 가장 중요한 항공기 비행자세와 비행방향을 지시한다.

3.15.2 전자식비행방향계 (EHSI. Electronic Horizontal Situation Indicator)

전자식수평상황계기(EHSI, electronic horizontal situation indicator)라는 이름으로는 잘 사용이 안되고 이해하기가 어려워 실제 기능인 전자식비행방향계로 통용한다. 즉, 한 화면에 항공기 기수방향, 비행경로방향 및 각종 항법자료를 기준으로 지시하는 계기이다. 자이로 방향계(gyroscopic direction indicator) 또는 방향자이로인 정침의(DG)에서 태동한 비행방향계(HSI, horizontal situation indicator)의 발전된 변형이다. 비행방향계(HSI)는 항공기의 기수 방향(heading)을 지시하는 기능 외에도 2개의 서로 다른 항법보조장치(navigational aids) 방위를 지시하는 바늘이 통합되어 있다. 이에 비행 전자식비행방향계(EHSI)는 비행방향계(HSI)보다 더 많은 유용한 항법관련 정보를 지시한다. 아래 그림 3-134의 그림처럼 비행관리컴퓨터(FMC. Flight Management Computer)와 화면표시제어기(CDU. Control Display

[그림 3-134] 보잉항공기 종합계기계통 - 항법계기모드(Boeing airplane IDS - Navigation Display(ND) modes)

Unit)와 함께 전자식비행방향계(EHSI)는 4가지의 기본 항법지시모드인 비행계획모드(PLAN-mode), 지도모드(MAP-mode), 비오알모드(VOR - mode) 그리고 계기착륙모드(ILS-mode - Approach mode)별로 자세한 정보를 나타내고 있다.

비행계획모드(PLAN-mode)는 비행전에 입력한 비행계획서대로 정해진 비행지도를 보여준다. 이것은 보통 각각의 비행구획(flight segment)과 도착지(destination) 공항(airport)정보뿐만 아니라 설정된 모든 항법보조장비(navigational aids)를 포함해서 지시한다. 전체 비행 계획 지도를 볼 수 있으며 현재의 항공기 비행 위치를 한눈에 볼 수 있다. 지도모드(MAP-mode)는 상세한 이동지도배경(moving map background)에 맞추어 현재 항공기 비행 상태를 보여준다. 활성화 또는 비활성화인 항법보조장비(navigational aids)를 보여줄 뿐만 아니라 다른 공항과 중간지점도 보여준다. 기상레이더(weather radar) 작동정보를 함께 보이도록 선택할 수도 있다. 일부 비행방향계(HSI)에 공중충돌방지계통(TCAS, traffic alert and collision avoidance system)이 통합되었을 때 항공기 부근 교통량(air traffic) 상태를 묘사 한다. 그림 3-135와 같이, 사용 중인 모드(Mode)와 선택한 모드의 특징을 지시하고 있다. 예를 들어 다음 중간지점(waypoint)까지 거리와 도착시간, 공항표지(airport designator), 풍향과 풍속 등과 같은 적절한 정보를 제공한다. 계통 제작사와 항공기 형식에 따라 약간씩 지시 차이가 나기도 하나 거의 동일하거나 비슷한 정보를 제공한다.

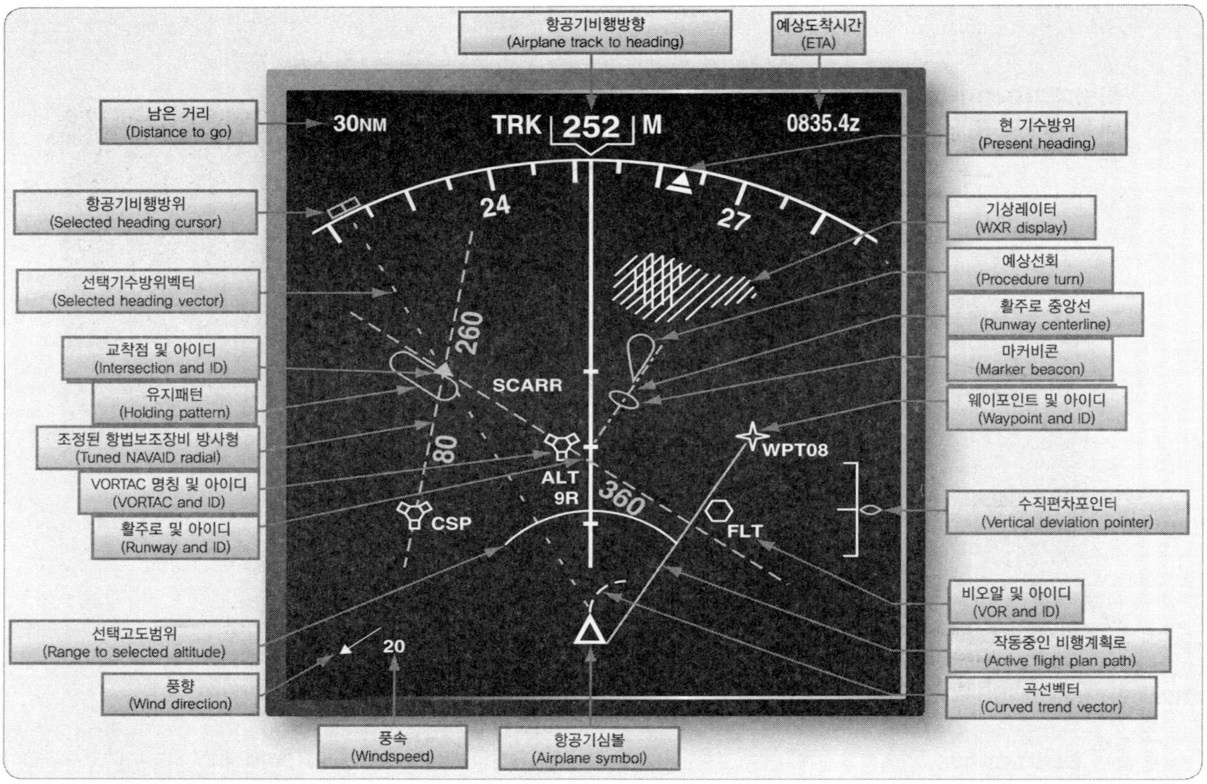

[그림 3-135] 전자식 비행방향계의 항법 정보 (An EHSI navigational information for the entire flight)

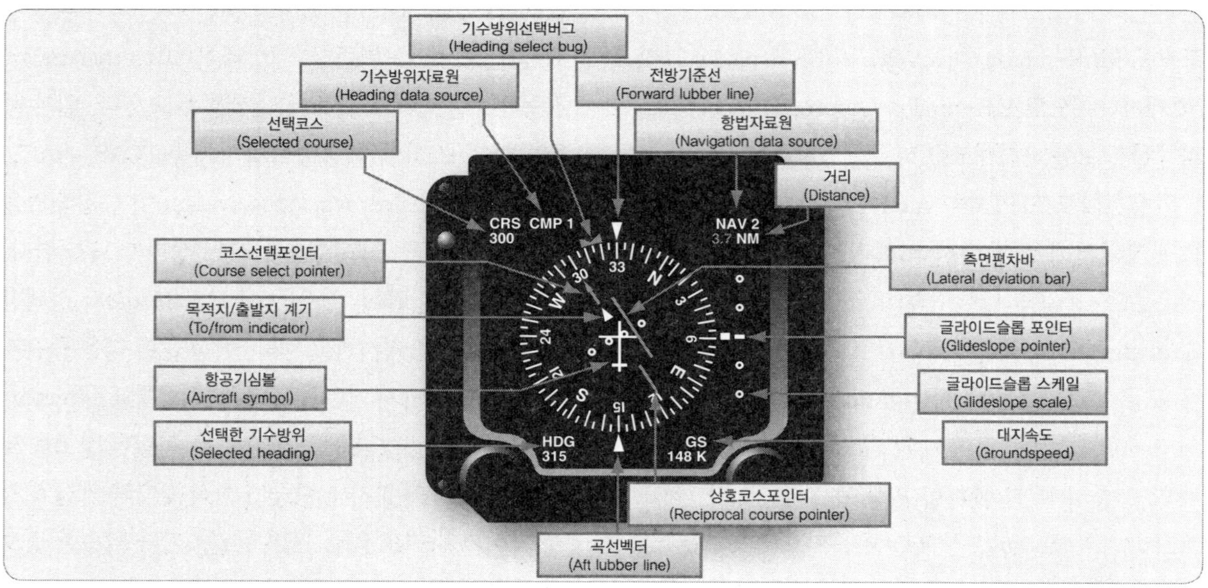

[그림 3-136] 전자식비행방향계의 접근 및 비오알 모드(Approach and VOR mode presentation of an EHSI)

비오알 모드(VOR mode)는 한 비행구획을 지나는 동안 선택한 초단파전방향무선표지(VOR, very high frequency omni-directional range) 또는 활성중인 다른 항법시설(navigational station)에 초점을 맞추고 있다. 전체 나침도(compass rose - 방향계 계기 눈금판이 360도 지시하게끔 원형으로 전개), 측면편위(lateral deviation) 바늘, 출발지/도착지정보(To/From information), 비행기수방향(heading), 그리고 거리정보를 기본적으로 지시한다. 그림 3-136 전자식비행방향계는 계기착륙모드(ILS - mode)의 착륙진입보조설비(approach aids)와 관계하여 항공기가 선택한 활주로에 진입할 때 글라이드 슬롭의 최적의 활공각(보통 3도) 및 로컬라이저의 활주로 중앙으로의 유도 상태를 동시에 지시한다. 이 정보를 보고 조종사는 정확하고 안전한 착륙에 집중할 수가 있다.

3.16 전자식비행정보계통 (Electronic Flight Information Systems)

항공기 운항의 안전성을 증가시키기 위해 컴퓨터들과 컴퓨터 계통 통합이 계속 이루어오고 있다. 비행계기, 엔진 및 기체 계통을 감시하는 부분은 컴퓨터 사용의 장점에 잘 맞는 기술이다. 컴퓨터 통합으로 다양한 개별 계기의 복잡하고 혼란스러운 계기관찰 대신 조종사는 중요도 및 긴급도가 높은 지시에 우선적으로 주의력을 집중하는 것이 가능해졌다. 최첨단 조종석인 "글래스 칵픽(glass cockpit)"은 액정화면에 여러 계기들을 유리같이 투 하게 지시하는 조종석을 의미하는 용어이다. 또한, 개개의 기계식계기를 대신 컴퓨터-연출 영상(computer-produced image)의 기법 사용을 의미하기도 한다. 더욱이 인간의 능력을 넘어서 운용되고 있는 항공기의 부분품 및 처리과정을 컴퓨터들과 컴퓨터장치가 대신 감시하여 조종사의 업무부담의 긴장을 풀어 안전운항을 하게 한다. 그 외에도 추가적인 장점으로는 반도체 부분품 사용으로 신뢰도가 훨씬 향상되고 또한 마이크로프로세서(microprocessors), 데이터 버스(data bus), 그리고 액정화면(LCD)의 채택으로 공간이 생기고 무게를 절감시키고 있다. 다음의 소개하는 계통들이 여기에 해당하는 것으로 향후 미래에서도 단계적으로 발전하면서 계속 사용되는 것은 분명하다.

3.16.1 전자식비행계기계통 (EFIS, Electronic Flight Instrument System)

비행계기에 먼저 컴퓨터기술이 채택되면서 다기능 표시가 가능한 평면 화면(MFD, multi-functional display)이 활용되었다. 한 화면에 한 가지 계통만을 지시하는 것이 아니라 선택에 따라서는 여러 계통의 화면을 지시한다는 것이다. 아래 그림 3-137을 보면 전자비행계기계통(EFIS)은 계기판 배열 기준이 되는 티(Basic T)자 배열에서 중앙에 있는 2개의 화면장치(DU)를 작동시키기 위해 각자의 전용 신호발생기(SGU, signal generator unit - 컴퓨터의 그래픽카드와 같은 역할담당)가 작동한다. 기계전기식인 비행자세지시계(ADI)와 정침의인 비행방향계(HSI) 대신 전자식자세지시계와 비행방향계를 지시하기 위해 초기에는 음극선관(CRT)이 사용되었다. 일부 항공기에서는 아직도 기계식 및 전자식으로 제한된 통합방식으로 작동되기도 한다. 항법정보 통합과 많은 계기들 대신 한 화면으로 볼 수 있는 전자식자세지시계(EADI)

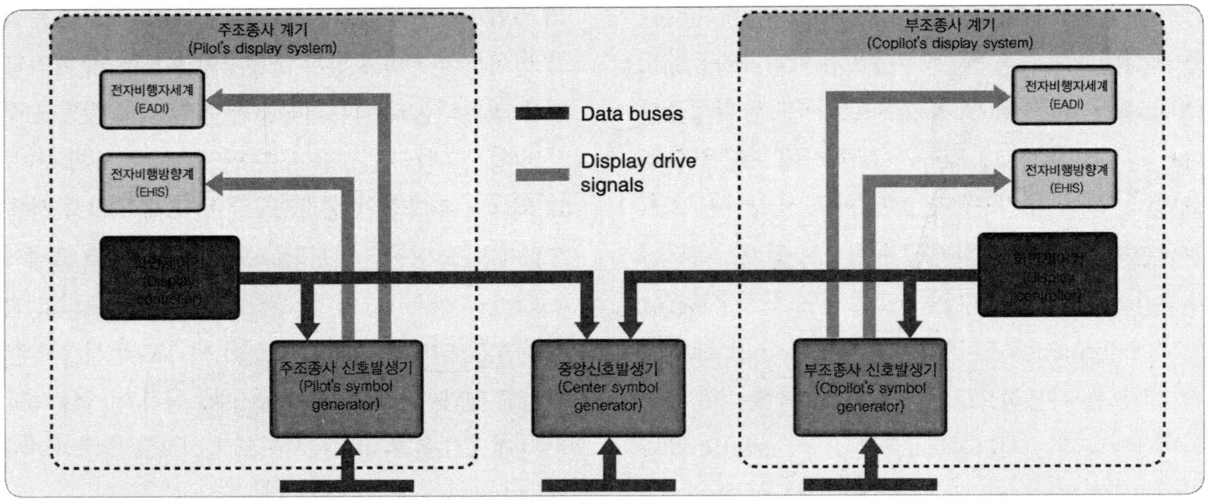

[그림 3-137] 전자비행계기계통 단순도(A simplified of an EFIS system)

와 전자식 비행방향계(EHSI) 통합 기술은 안전운항을 위해서 아주 필수적이다. 곧 이어 디지털 기술이 도입되면서 음극선관 대신 열도 나지 않고 수명도 좋고 선명도도 훨씬 좋은 LCD 가 사용되고 있다. 계통의 구성은 6 개의 화면을 구동하기 위해 2 개 화면 당 하나의 신호발생기 또는 EIU 등이 구성되어 작동하다가 어느 것 1 개가 결함이 발생하면 나머지 2 개가 이번에는 2 개 대신 3 개씩의 화면을 구현하도록 구성하고 있다.

그림 3-138은 주비행계기(PFD)로서 비행자세지시계(ADI)와 비행방향계(HSI)정보의 전자식 묘사(electronic depiction)가 전자비행계기계통(EFIS)의 핵심이다. 이와 같이 기존 아날로그 계기를 훨씬 뛰어넘게 커진 크기와 표시능력은 더 많은 비행계기자료의 통합을 가능하게 하였다. 항공기 대기속도계가 수직막대형으로 비행 자세계 좌측에서 지시하는 것은 아날로그 기본 티(T) 배열에 자세계 및 속도계 배치와 같다. 마찬가지로 비행 자세계 오른쪽에는 항공기 고도계와 승강계가 배치되어 지시하고 있다. 대부분 전자비행계기계통인 전자자세지시계(EADI) 화면표시가 보통 선회조정계(turn coordinator)의 부분인 경사계(inclinometer)를 포함하기 때문에, 기본적인 전체 비행계기들이 전자비행계기계통(EFIS) 화면표시기(PFD)에서 지시하고 있다.

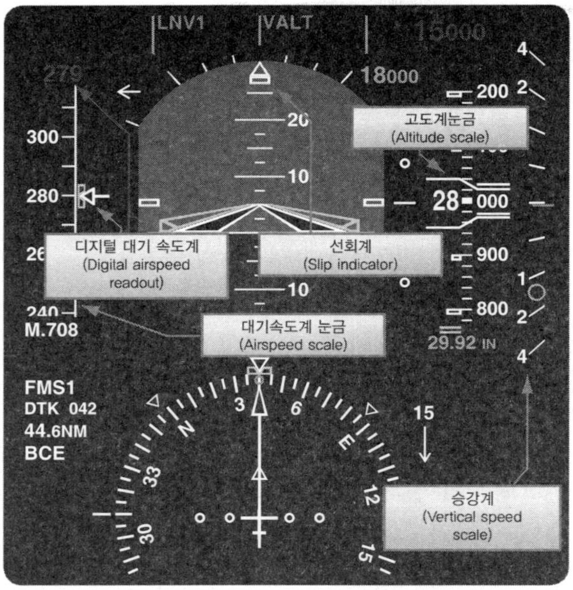

[그림 3-138] 주비행장치(PFD)의 대기속도계지시 (An EFIS displays an airspeed scale)

상기 전자식비행계기계통의 주비행화면(PFD)의 내용을 잠깐 확인해보면 상부에 작동 중인 자동조종모드(Lnav. Vnav)가 표시되고 좌측부터 보면 대기 속도계가 279노트(knot) 및 마하계가 0.708을 지시하고 있으며 비행자세계 및 비행지시계가 수평 상태를 지시하고 있다. 바로 우측에 고도계가 현재 2만 8,000피트를 지시하고 고도 기압치는 29.92inHg로 조종사가 표준대기압을 선택했고 그 오른쪽에 승강계가 현재 수평상태를 지시하고 있다. 하단에 비행 기수 방위가 40도 임을 지시하고 추가로 비행자료관리계통 No.1이 작동중이고 지상보조항법시설까지 44.6NM 거리를 표기하는 등 한 화면(PFD)에 주요 비행계기들을 종합적으로 지시하고 있다.

3.16.2 전자중앙항공기감시계통(ECAM. Electronic Centralized Aircraft Monitor)

앞서 설명하였지만 전자중앙항공기감시계통은 에어버스사(Air Bus) 항공기에서 보잉사 EICAS와 동일하게 사용하는 용어이다. 비행중인 항공기에서 조종사의 주 업무는 비행계기, 항공기 밖 상태 및 항공기의 관련 계통 작동 상태를 지속적으로 감시하는 것이다. 또한 엔진계통과 다른 항공기 계통의 적절한 작동상태를 주의 깊게 관찰하는 것이다. 이를 해결하고 보조하기 위한 것이 설계 및 제작 장착되었는데 이를 전자중앙항공기감시계통(ECAM)이라 한다. 이 계통의 기본적인 개념은 조종사의 감시임무를 대신 자동적으로 실행하는 것이다. 결함이 발생하거나 어떤 문제가 탐지되면 조종사가 청각적으로 들을 수 있도록 소리를 만들고 조종사 눈에 보이도록 시각적으로 경고등을 켜서 보여주고 뿐만 아니라 엔진 및 경고 화면(EWD)에 결함내용을 텍스트 메시지로 표시를 해줄 뿐만 아니라 결함이나 문제 대비 조종사가 취해야 할 조치사항들을 알려주고 그 조치 후 어떤 현상이 발생할 것인지도 알려준다. 아래 사진에서 보면 작동유 B 계통 레저버가 과열 결함이 발생(HYD B RSVR OVHT)하였음을 알려주고 조치사항으로는 "No.2 엔진 B 펌프(pump)를 OFF하라"는 것이다. 이 계통이 자동적으로 시스템감시를 수행하므로 조종사는 문제점이 발생할 때까지는 항공기를 조종하는 데 좀 자유로운 것이다.

초기에 에어버스항공기 A300-600에 장착된 이 계통은 항공기 몇몇 계통을 감시하여 지시하였다. 그러나 엔진매개변수(parameter)는 아날로그 계기방식으로 계기별로 지시하였다. 물론 현재는 엔진계기까지 통합하여 지시(EWD)하고 있다. 2개의 화면 중 왼쪽 또는 위쪽 화면(항공기마다 위치가 다름)은 계통 상태 정보와 결함 경고(warning)를 지시하는데 이것은 점검표 형식(checklist format)으로 이루어졌다. 오른쪽 또는 아래쪽 화면은 주요계통 감시화면(primary

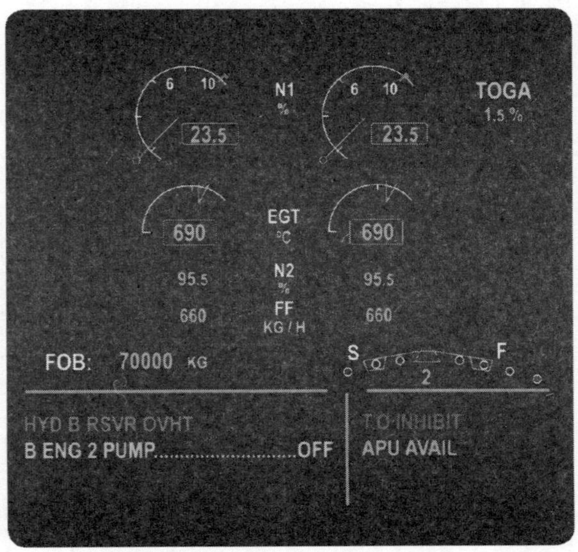

[그림 3-139] 엔진 계기 및 경고 지시계
(Engine warning Display(EWD) - A330)

monitor)으로 관련 계통의 시놉틱(synoptic – 계통 작동 상태를 그림으로 묘사)으로 표시한다. 그림 3-137과 같이 전자중앙항공기감시계통(ECAM)은 전용 신호발생기(SGU)에 의해 동력 및 정보가 구현된다. 다음 설명은 그림 3-142를 참조하면서 보아야 이해가 쉽다. 항공기 각 계통의 자료는 2개의 비행경고컴퓨터(FWC)로 보내진다. 그리고 아날로그자료는 먼저 계통자료아날로그변환기(SDAC. system data analog converter)로 보내어 디지털로 변환한 뒤 비행경고컴퓨터(FWC)로 보내진다. 이 경고컴퓨터가 수집 및 감시한 결과 자료를 신호발생기(SGU)에 보내 정보를 처리하여 최종적으로 그림, 메시지 등으로 화면장치(DU)에 구현한다. 그리고 SD(시스템지시)는 여러 계통을 지시하는데 그 지시방식은 여러 계통을 한 번에 지시하는 것이 아니고 필요에 따라서 4 가지의 기본적인 지시 모드로 지시한다. 우선 4 가지 모드는 비행단계(Flight Phase), 충고(Advisory), 결함(Failure), 수동(Manual Mode)으로 나눌 수 있고 지시 내용은 모드에 따라 다음과 같다.

① 비행단계모드(Flight Phase Mode)

정상비행 중 비행 모드가 변경될 때마다 내정된 정보(defaulted display)를 지시하는 모드이다. 비행단계(Flight Phase)는 다음과 같다. 비행 전(preflight), 이륙(takeoff), 상승(climb), 순항(cruise), 하강(descent), 진입(approach), 그리고 착륙 후(post landing)로 구성되어 있다. 즉, 비행 단계별로 관련된 계통 작동상태를 표시한다. 예를 들어 이륙 단계일 때는 엔진계통이 중요하니 엔진 관련 2차 매개변수(N2 rpm, 오일 압력, 온도, 오일량, 엔진 진동 ---등) 및 관련 정보들을 표시하고 APU를 작동 중일 때는 APU 관련 정보를 지시한다.

② 충고(Advisory)모드

어느 계통이 아직 결함은 아니더라도 정상상태에서 벗어나고 있을 때 지시하는 모드이다. 예를 들어 전기 계통의 발전기의 윤활유 온도는 정상일 때가 118℃인데 윤활문제로 너무 높으면(185℃) 발전기를 포기하고 엔진에서 분리를 해야 되는데 비행 중 정상온도(118℃)에서 조금씩 벗어나서 상승하고 있으면 전기 시놉틱 페이지가 자동으로 표시하여(pop-out) 보여주고 있다. 이를 충고 모드(advisory mode)라고 하고 조종사에게 "현재 발전기의 온도가 정상을 벗어나고 있다"라는 충고와 함께 계속 감시를 요하는 것이다.

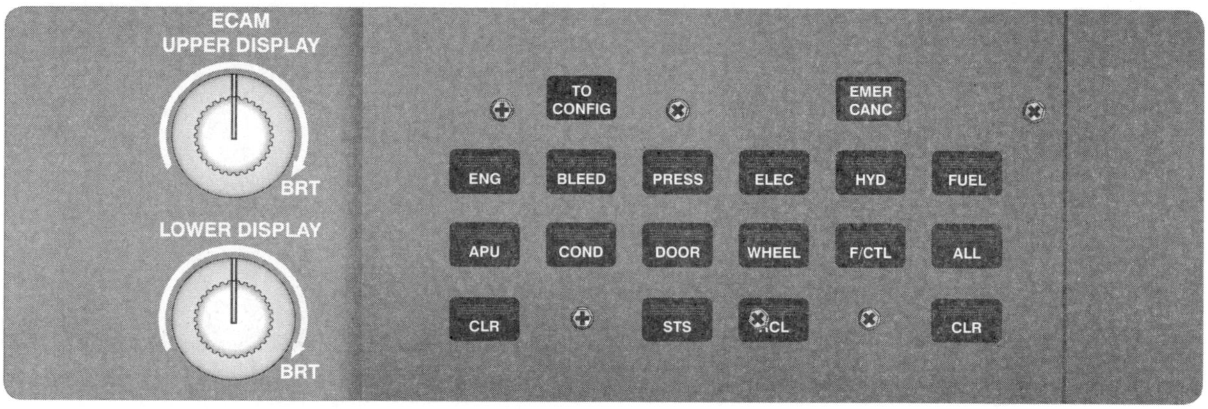

[그림 3-140] ECAM 화면선택패널(An ECAM display selector panel)

③ 결함모드(Failure)

계통에 결함이 발생하면 결함 경고 메시지가 엔진 경고계기(EICAS or EWD)에 텍스트로 경고 메시지를 표시하고 계통계기(SD) 또는 보조엔진계기 및 승무원 경고계기(AuX EICAS)에 결함관련 시놉틱 페이지(synoptic page)를 자동으로 표시(pop-out)되면서 결함부위를 표시한다. 결함이 발생하면 앞서 어떤 페이지가 선택되어 있더라도 우선권을 가지고 결함관련 화면이 자동으로 나타난다. 이는 또한 결함의 중요도나 긴급성 그리고 경고, 주의에 따라 색깔별로 부호화(color coding)해서 화면에 나타난다.

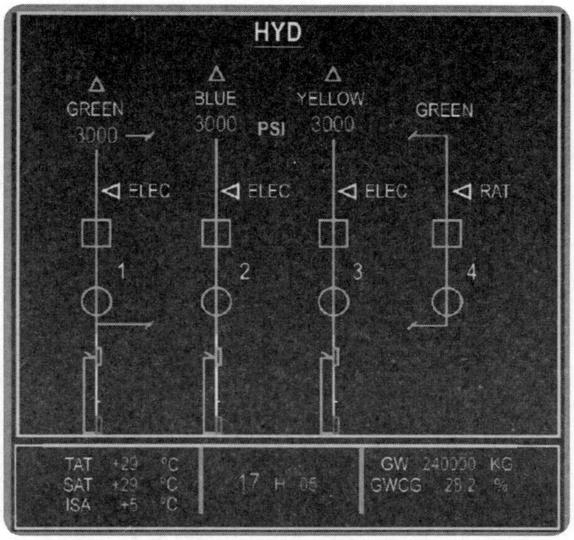

[그림 3-141] 유압계통 시놉틱 페이지
(The synoptic display of hydraulic system)

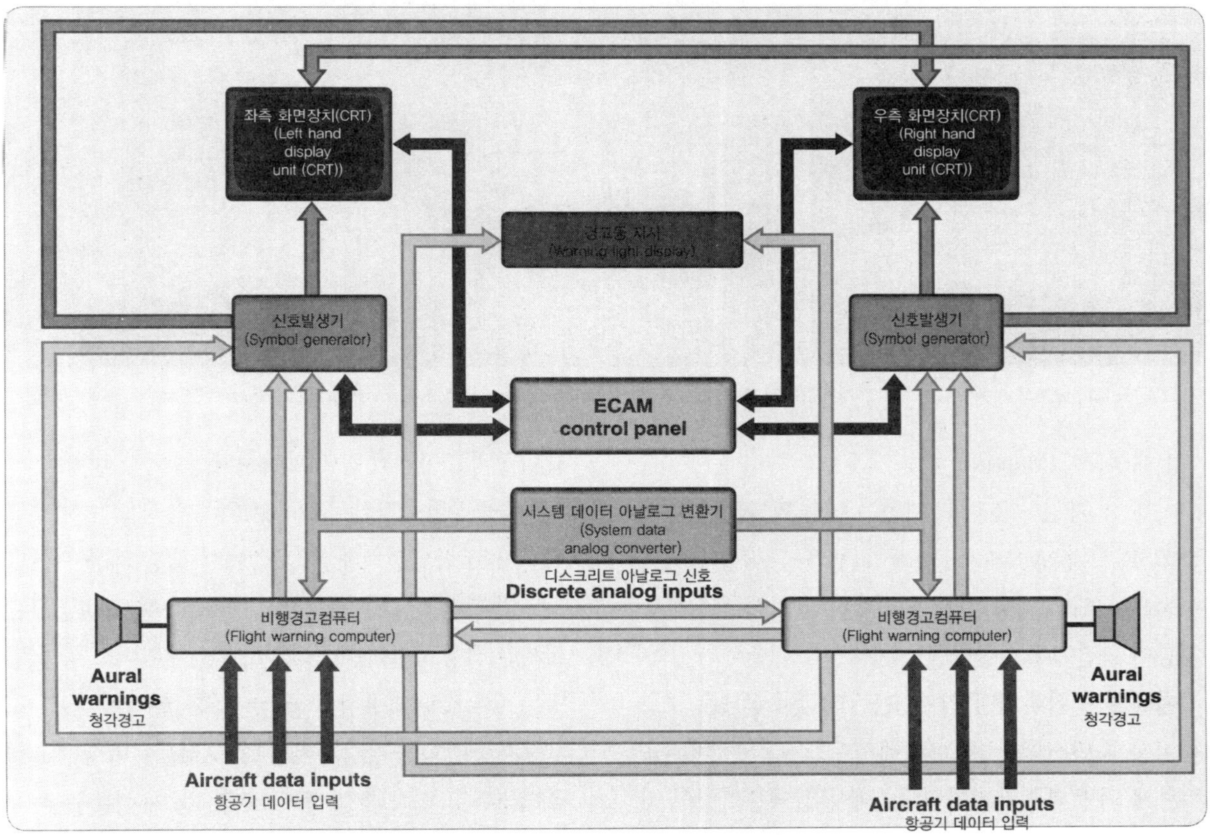

[그림 3-142] 전자중앙항공기감시계통(An electronic centralized aircraft monitor(ECAM) system)

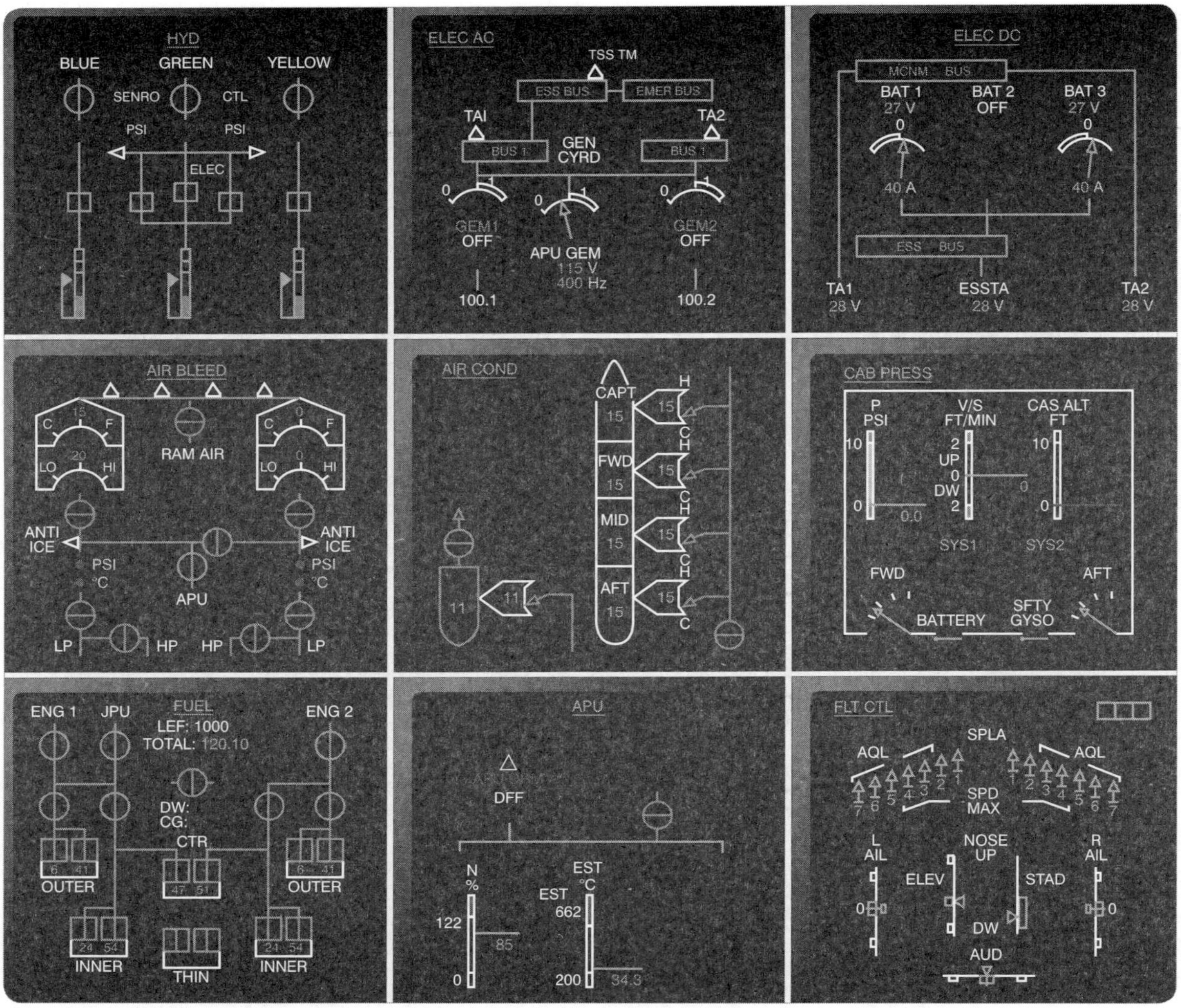

[그림 3-143] ECAM 수동모드 – 12 개 계통을 9개 계기로 표시(Nine of the 12 available system diagrams from the ECAM manual mode)

④ 수동모드(Manual)

비행 중 확인하고 싶은 계통이 있을 때 화면선택패널(DSP. Display Select Panel. 그림 3-140)을 통해서 수동으로 해당 계통 버튼을 선택하면 언제든지 해당 계통이 화면에 표시한다.

예를 들어 비행 중 유압계통(HYD)작동 상태를 보고 싶어서 화면선택판넬(DSP)에서 "HYD"라는 버튼을 누르게 되면 계통계기화면(SD)에 유압계통화면이 시놉틱형태로 아래와 같이 보여준다.

전자중앙항공기감시(ECAM)의 수동모드는 상기 그림 3-140 화면선택패널(DSP)에서 해당 계통 버튼을 누르면 다음과 같은 계통의 개략도(synoptic)와 함께 실시간 작동화면이 계통계기(SD – 에어버스 항공기) 또는 Aux EICAS(보잉 항공기)에 지시한다.

전자중앙항공기감시계통(ECAM)의 비행경고컴퓨터(FWC) 및 신호발생기(SGU) 등 구성품들은 시험기능이 내장(BITE)되어 있어 처음 엔진을 시동할 때마다 이들은 자체시험하고 스스로 계통을 진단한다. 정비용 패널에서 계통의 저장된 결함 및 계통 작동시험을 실시할 수 있다. BITE 원어는 built-in test equipment로서 일종의 시험장비가 전자구성품에 내장되어 있는 것이다. 이것은 자체 컴퓨터 자신뿐만 아니라 연결된 항공기의 다른 계통까지도 감시하고 진단하고 시험할 수 있는 장치이다. 비행경고컴퓨터(FWC)로 들어가는 모든 항공기 계통의 입력들은 이 정비용 패널에서 시험될 뿐만 아니라 계통아날로그변환기(SDAC)의 입력과 출력도 모두 시험할 수 있다.

그림 3-144에서 보여준 것과 같이 비행경고컴퓨터와 신호발생기의 결함은 상기 정비패널(maintenance panel)에 연결되어 시험이 가능하다. 전자중앙항공기감시(ECAM)와 관련 계통을 시험할 때 자세한 절차나 주의 사항은 제작사교범(manufacturer's guidelines)에 따른다.

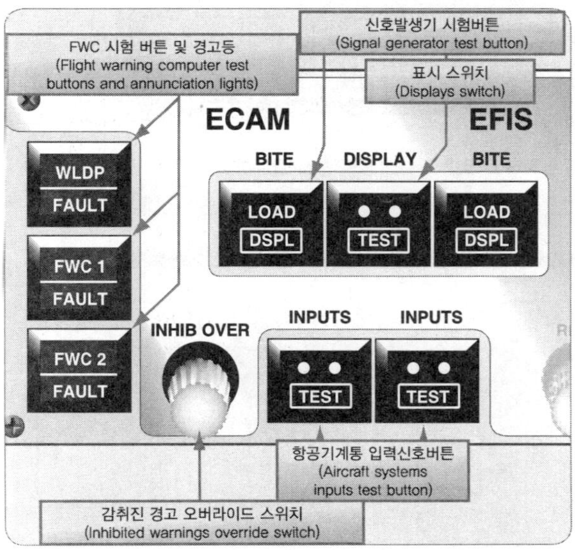

[그림 3-144] ECAM 정비 패널(An ECAM maintenance panel)

3.16.3 엔진계기 및 승무원경고계통(EICAS. Engine Indicating and Crew Alerting System)

엔진계기 및 승무원경고계통(EICAS)은 전자중앙항공기감시계통(ECAM)과 같은 동일한 기능을 수행한다. ECAM이 에어버스 항공기에서 사용하는 용어이고 EICAS는 보잉사 항공기에서 사용하는 용어이다. 목적은 조종사를 위해 여전히 항공기 계통을 감시하는 것이다. 모든 엔진계기 및 승무원경보계통(EICAS)은 엔진의 주요 파라미터, 즉 EPR, EGT, N1 RPM, Fuel Flow 등뿐만 아니라 객실압력 및 냉난방계통, 전기계통, 비행조종계통, 연료계통, 작동유계통의 상태를 시놉틱 그림으로 계통의 개략도로 표시하고 있다(그림 3-132 참조). ECAM과 같이 어느 한계통의 결함이 발생하면 자동으로 Aux EICAS 화면이 표시(pop-out)되고 언제든지 선택패널에서 수동으로 선택하여 여러 계통의 화면을 볼 수 있다.

그림 3-145와 같이, 엔진계기 및 승무원경보장치(EICAS)는 화면선택패널(DSP. display select panel), 2개의 화면장치(two DU), 2개의 컴퓨터로 구성되어 있다. 2개의 화면장치중 위에 있는 것(upper EICAS)은 주요 엔진 계기(PED)를 지시하고 아래 화면장치(Aux EICAS)는 2차 엔진 계기, 전기계통, 연료계통 등 여러 계통을 표시한다. 이 계통은 항공기 대부분 계통으로부터 디지털입력, 아날로그 및 디스크리트(discrete) 입력을 끊임없이 받아들여 계속 감시한다. 결함이 발생하거나 정상에서 벗어나면 중요도 및 긴급도 주요 등급에 따라 주의 등(caution light)과 경고 등(warning light)뿐만 아니라 조종석 실내 스피커를 통해서 청각톤(aural tone)까지도 함께 작동하고 조종석 계기판 전면에 경고(warning) 또는 주의(caution) 또는 충고

(advisory)에 따라 적색등 또는 황색등을 켜서 조종사로 하여금 주의를 기울이도록 한다.

2개의 화면 중 상부에 장착된 엔진계기 및 승무원경보계통(EICAS)은 주요엔진매개변수(parameter)인 엔진압축비(EPR), 저압축 회전계(N1), 엔진배기가스온도(EGT) 등을 지시한다. 그리고 주의, 충고, 경고급에 관련된 결함정보를 색깔별로 등급별로 상위에서부터 표시한다. 2차 엔진매개변수와 비엔진계통 상태는 하부화면(bottom screen)에 지시한다. 하부화면은 또한 항공기가 지상에 있을 때 정비고장탐구를 위해 사용한다. 결함에 따라 색부호화가 사용될 뿐만 아니라 메시지 우선순위매기기(message prioritizing)까지도 사용된다. 화면선택패널(DSP)을 통해서 조종사나 정비사는 컴퓨터가 실시간으로 공급하는 정보를 선택

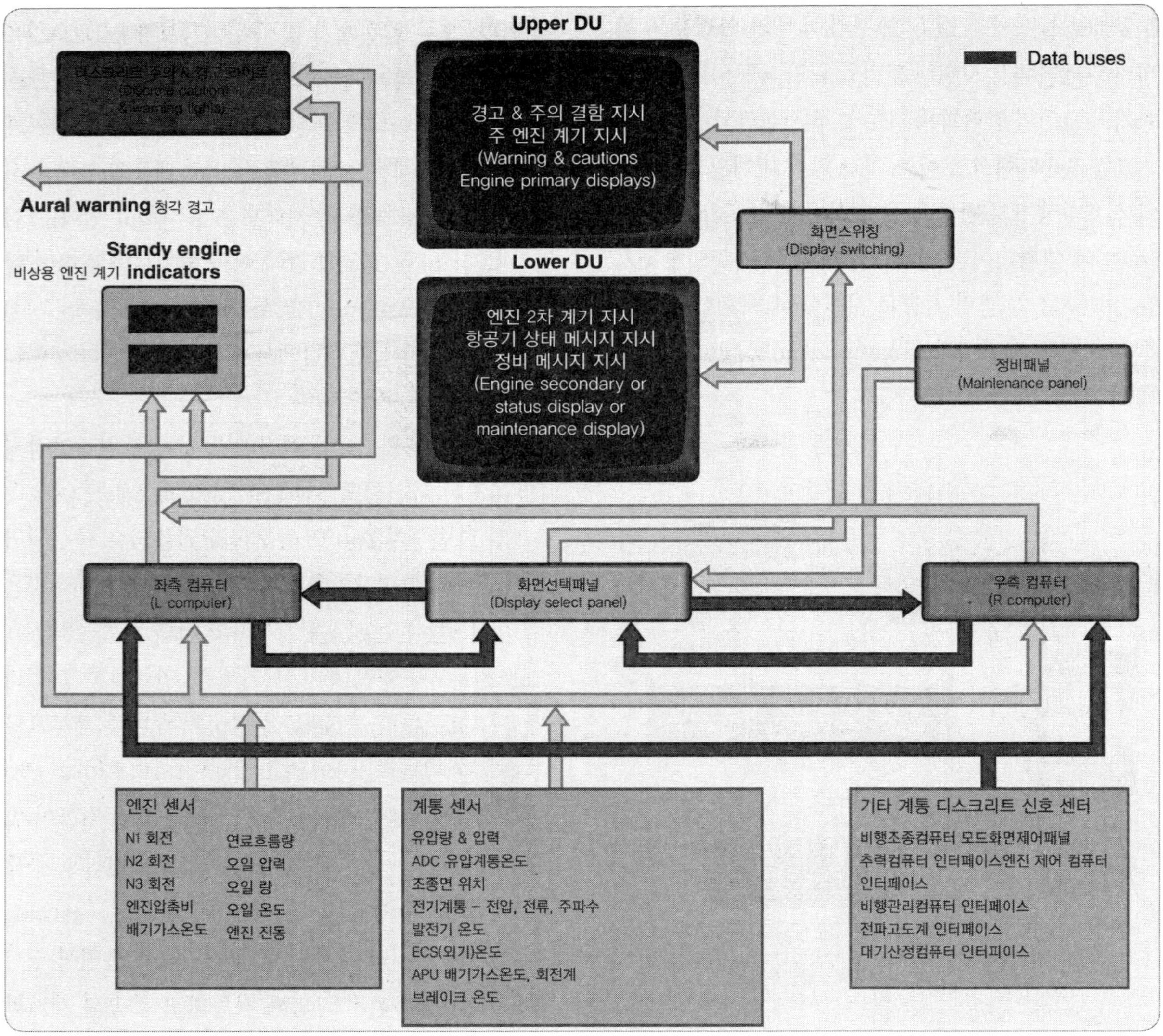

[그림 3-145] 엔진계기 및 승무원 경고계통 회로도(Schematic of an engine indicating and crew alerting system(EICAS)

하여 볼 수 있다. 또한 제2차 엔진계기정보(secondary engine information)를 볼 수 있고 다른 계통들의 작동 상태를 실시간으로 볼 수 있다. 이 계통은 독특한 기능이 있는데 결함이 발생할 경우 결함이 발생할 때의 계통 상태를 기록한다. 이는 마치 순간 사진으로 찍듯이 항공기 결함 당시의 상태를 사진 찍듯이 자동으로 기록한다. 또는, 비행 중 발생한 문제점을 의심하는 조종사가 또는 요청을 받고 사건기록버튼(event record button)을 수동으로 눌러 기록할 수 있다. 이것은 순간 포착을 위해 사진을 찍듯이 계통의 작동상태를 기록해두어 나중에 정비의 일환으로 고장탐구, 결함분석 등을 하는 데 참고자료로 사용할 수 있도록 자동 또는 수동 기록하는 특별한 기능이 있다. 대체적으로 유압자료(hydraulic data), 전기 자료(electrical data), 객실환경자료(environmental data), 엔진성능자료(performance data), 그리고 보조동력장치(APU) 자료(data) 등이 기록 대상이다.

그림 3-146과 같이, 엔진계기 및 승무원경보장치(EICAS)의 계통과 주요 구성품들은 내부에 내장시험장비(BITE)가 있어서 전원을 받자마자 자체 시험 및 상호 연결되어 있는 계통까지도 시험하고 정비 패널(maintenance panel)은 항공기정비사가 지상에서 시험 및 고장탐구를 할 때 사용하도록 준비된 정비용 패널이다.

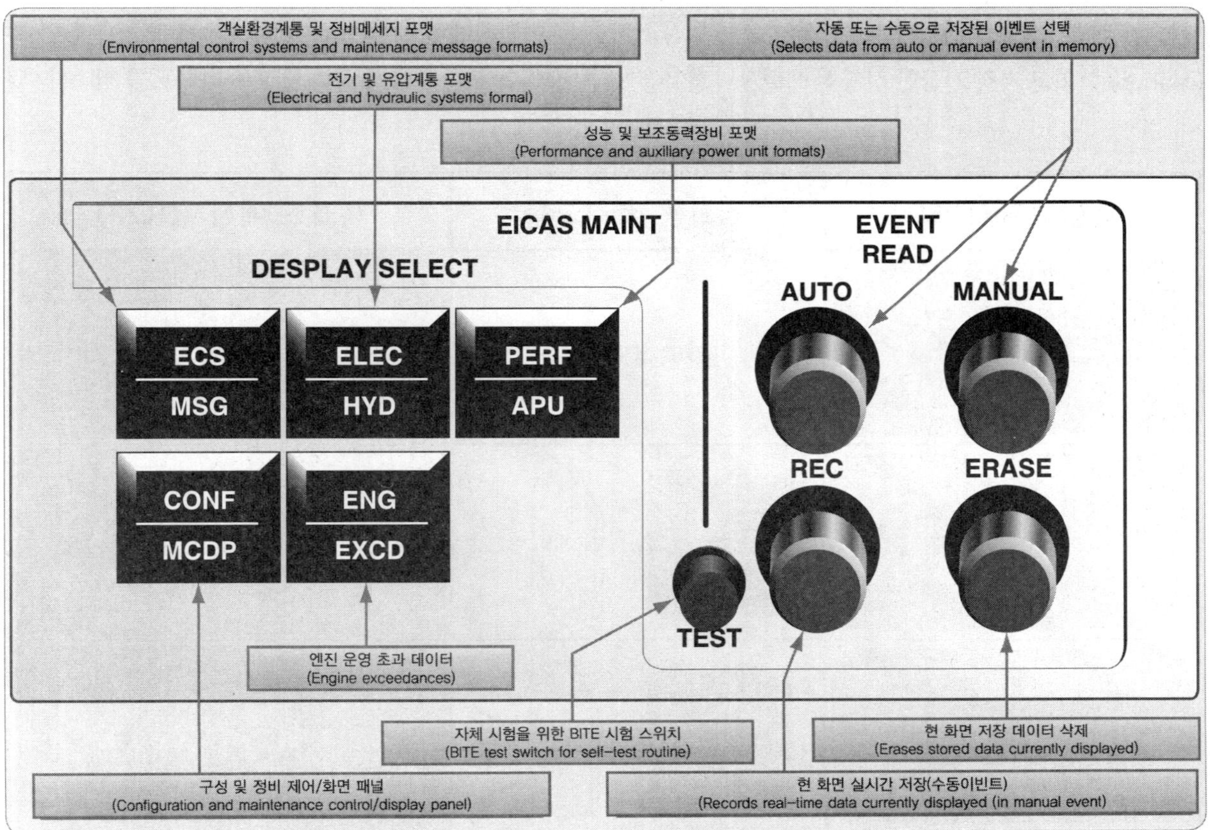

[그림 3-146] EICAS 정비 제어 패널(EICAS maintenance control panel)

3.17 경고 및 주의 (Warning and Cautions)

비행 중 항공기계통 결함이 발생하면 결함에 따라 항공기 안전에 크게 영향을 줄 수도 있고 그렇지 않는 경우도 있다. 모든 결함이 똑같이 비행에 영향을 주는 것은 아니다. 대체적으로 결함에 따라 레벨을 미리 정하여 조종사에게 결함 정보를 주고 조종사가 그 결함에 맞는 조치를 취하도록 도와주는 계통이 비행경고계통이다. 제작사나 항공기 형식에 따라 약간씩 다르지만 이곳에서 에어버스사 A330계열의 계통을 중심으로 소개한다.

결함의 긴급도에 따라 다음과 같이 레벨(level)를 나눈다. 레벨 1 – 충고급(advisory), 레벨 2 – 주의급(caution) 그리고 가장 긴급한 상황인 레벨 3 – 경고급(warning)으로 나눌 수 있다. 결함 정보를 제공하는 방법은 대체적으로 3가지 방법으로 한다. 오디오(경고음을 청각적으로), 비디오(경고등을 시각적으로) 그리고 텍스트 메시지(문장으로) 방법으로 제공하고 레벨에 따라 다양한 소리로, 다른 색깔 라이트(color light) 그리고 텍스트(문장으로)도 색깔별로 구분해서 통보한다. 전통적으로 충고급 결함과 주의급 결함은 황색으로 그리고 경고급 결함은 적색으로 표식을 한다. 다음 레벨별로 간단히 정리하면 다음과 같다.

3.17.1 어넌시에터계통(Annunciator Systems – 호출 표시기 계통)

어넌시에터 계통(annunciator system – 결함이 발생하면 조종사의 주의를 끌도록 라이트를 켜준다. 일

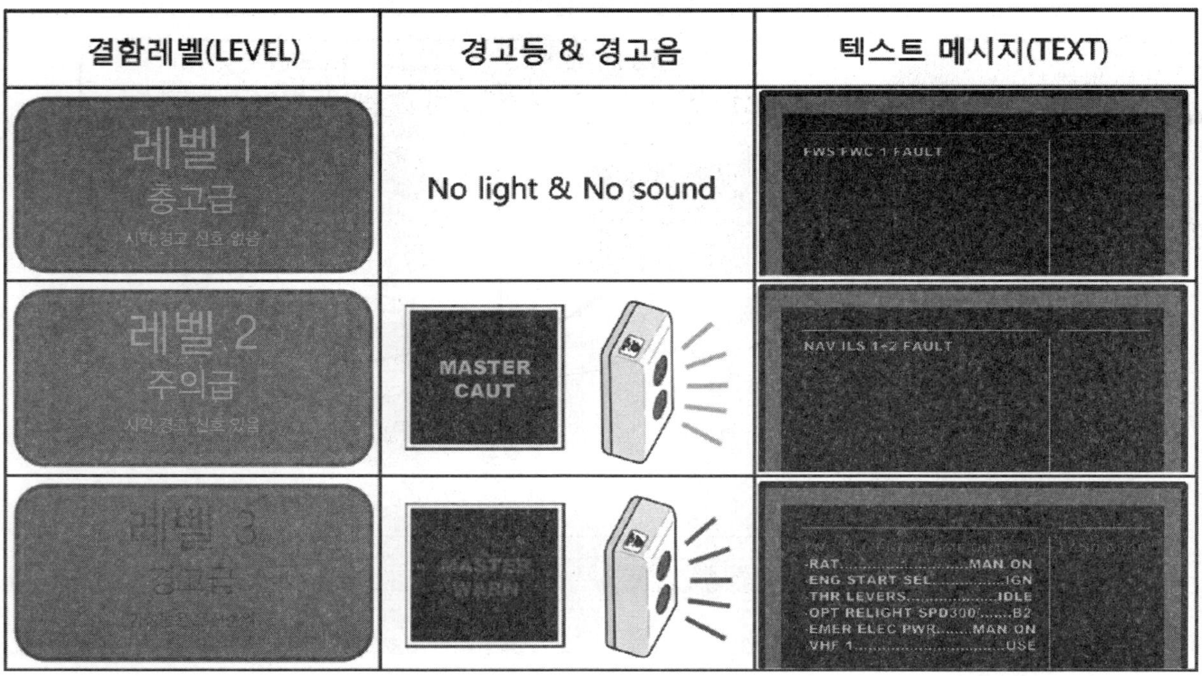

[그림 3-147] 결함레벨, 경고음, 경고등 및 경고 텍스트 메시지 (Faults levels, alarms, warning lights and warning text messages)

명 호출 표시기라고도 한다.) 계기들은 두 가지 목적으로 장착되는데 하나는 현재 상황을 실시간으로 나타내기 위한 것으로, 즉 계통이 ON, OFF 또는 정상 작동 또는 열림 또는 닫힘 등을 나타내고 다른 하나는 비정상적인 상황, 즉 결함이 발생하면 결함 상태를 알려주는 것이다. 표준화된 색깔은 시각 메시지로 신속하게 식별하는 데 사용된다. 예를 들어 초록색(color green)은 정상 상황을, 황색(Yellow)은 좀 더 감시가 필요하고 주의가 필요한 상황(serious condition)을 나타낼 때, 그리고 적색(Red)은 심각한 결함이나 상황을 지시하는 경고 색깔이다. 계기판이든지 또는 별도의 시각경고장치(visual warning system)이든지 간에 이들의 색으로 조종사에게 신속한 시선을 끌어들여 정보를 제시하는 것이다. 대부분 항공기는 조종사의 주의가 요구되는 문제가 발생할 때 작동되는 신호 표시 등이 장착되어 있다. 이들은 여러 가지의 표현수단으로 여러 가지 색깔을 사용한다. 조종석 계기 가까이에 개별적인 경고등 또는 일반적으로 여러 가지의 계통을 동시에 지시하는 집단적 표시방식이 계기판 중앙에 위치하는 것이 일반적이다. 각각의 경고등에 계통 이름 또는 상태 등(status light)이 새겨져 있어서 라이트가 켜졌을 때 어느 계통이 문제가 있는지 신속 분명하게 판단하도록 도와준다. 좀 더 복잡한 대형 항공기에서는 여러 계통과 많은 컴퓨터들의 작동상태를 계속적으로 감시 및 확인해야 한다. 이에 따라 중앙경고장치(CWS. centralized warning system)는 여러 가지 계통과 많은 컴퓨터들의 결함의 상태를 단순화하여 체계적인 방법으로 주요한 결함 순서대로 긴급도에 따라 우선순위를 두어 지시하게끔 개발되었다. 계기판 한 부분에 단일 어넌시에터 패널(annunciator panel)을 장착시켜서 경고를 알려줄 수도 있다. 그림 3-148과 같이 아날로그 항공기 경고 장치는 항공기

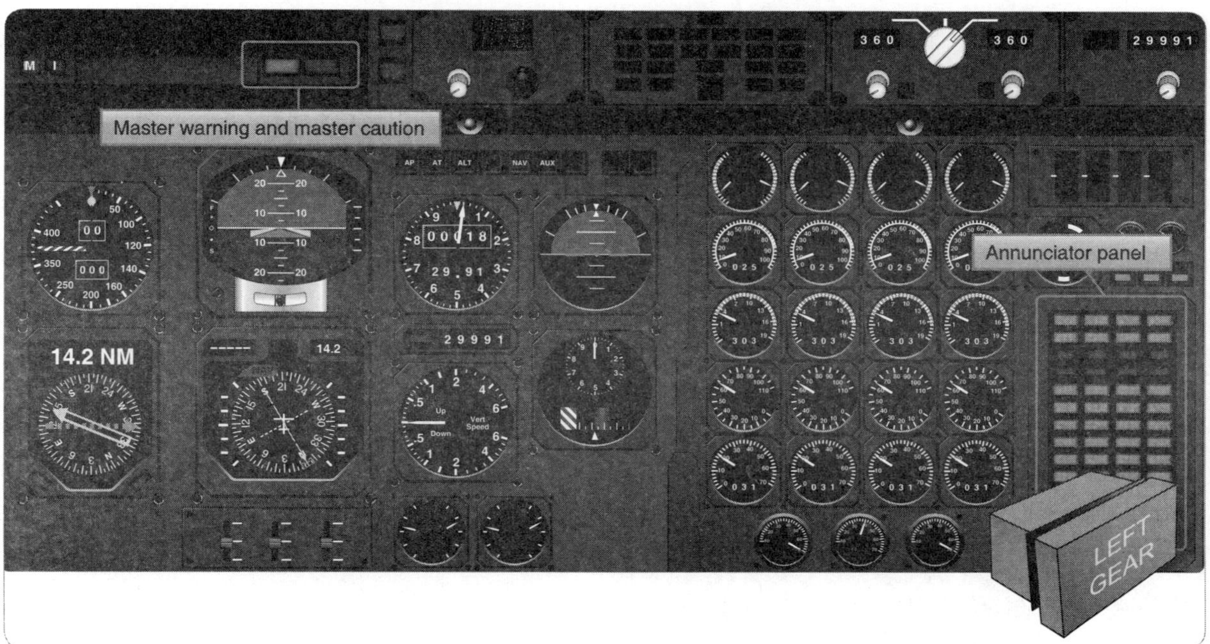

[그림 3-148] 중앙집중식 아날로그 어넌시에터 패널(Centralized analog annunciator panel)

마스터 코션 라이트
(Master Caution Light)

마스터 경고, 주의 및 어넌시에터
B737

[그림 3-149] 마스터 주의 등 스위치 및 마스터 어넌시에타 – 계기판
(A master caution lighted switch and Master Annunciators on the instrument panel)

형식, 제작사 선택사항 및 계통들의 장착 상태에 따라 다르게 배치되기도 한다. 전자비행계기장치(EFIS)에서는 항공기 비행조종과 감시능력의 일부분으로 등급에 따라 주의(caution) 충고(advisory) 메시지와 경고(warning) 메시지의 어넌시에터를 제공하는 것을 보여주고 있다. 전자계기계통에서는 경고표시를 위해 주요화면표시장치(primary display)가 준비되어 있어 결함 및 경고에 대해 텍스트(본문 문장)로 표현하여 전달하는 일정한 화면이 준비되어 있다.

마스터 주의 등(master caution light)은 호출표시기(annunciator)에서 결함에 대한 내용을 텍스트(text, 본문내용)로 표시하는 것 외에 승무원의 주의를 끌기 위해 황색 불을 켜서 작동하여 중대한 상황(critical situation)을 알린다. 이들 마스터 주의 등(燈)은 대부분 계통과 전기적으로 연결 배선되어서 관련 계통 또는 주요 구성품 중 어느 것이라도 주의를 요할 정도의 결함이 발생하면 승무원의 주의를 끌기 위해 언제나 조명한다. 일단 경고 또는 주의 등이 조명하여 인지하게 되면 조종사는 마스터 주의 등을 OFF(reset)할 수 있다. 그림 3-149와 같이 주의 등이 작동된 상태에서 이를 취소(cancelling)하는 것은 해당 스위치를 누르면 라이트는 off가 된다. 그러나 관련 계통의 결함이 계속 활성화되어 있으면, 즉 초기의 결함이 수정되기 전까지는 마스터 주의 등이 재 작동 된다. 누름시험(PTT, Press to Test)이 전체 결함 주의 표시 계통을 시험할 수 있는데 이 누름 시험스위치(PTT)를 누르면 전체 경고 또는 주의 등의 작동상태를 볼 수 있다. 마스터 주의 등을 누르면 모든 마스터 주의 회로에 회로소자와 램프에 실제 전류를 가해져서 결함상태 확인 계기의 작동 여부를 확인할 수 있다. 가끔 이 시험은 이 계통에서 내부의 백열전구를 교체하기 위한 정비할 때도 필요하다.

3.17.2 경고음계통(Aural Warning Systems)

항공기 경보음계통(AWS, aural warning system)은 전광식 어넌시에터(신호표시) 계통(illuminated annunciator system), 즉 경고등(warning light)과 함께 작동된다. 이 경고음 계통은 계통에 결함이 발생하면 가청 소리로 조종사 주의를 끌기 위해 마스터 경고등과 함께 작동한다. 여러 계통의 결함을 구분하여 결함 중요도나 긴급도에 따라 소리도 여러 가지 톤으로 그리고 소리음도 다양하게 구분하여 조종사에게 울린다. 예를 들어 접어 들이식 착륙장치(retractable landing gear)를 갖춘 항공기가 만일에 착륙장치가 접어지지 않거나 완전히 펼쳐지지 않은 불안전상태가 되면 승무원에게 경보를 알리기 위해 경고음장치(aural warning system)가 작동한다. 만일 엔진 추력조절기(throttle)가 낮은 상태에서 착륙장치가 내림 작동이 안 되고 아직도 잠금 상황에 있다면 항공기가 불완전한 상태이기에 이 상태를 알리기 위해 벨이 작동한다. 엔진이나 보조동력장치 또는 항공기 다른 계통 등에 화재가 발생하면 벨소리가 요란하게 작동되고 또한 경고등도 번쩍이면서 계속 경고 계통을 작동시킨다. 긴급 상황이 되면 소리로 그리고 불빛으로 조종사에게 계속 경고를 한다. 일반적인 운송용 항공기에서 조종사에게 음성신호로서 경보를 발하는 장치를 갖추고 있는데 비정상이륙(abnormal takeoff), 비정상착륙, 비정상여압상태, 비정상마하대기속도조건, 엔진 또는 휠웰(Wheel Well) 화재발생, 승무원호출(crew call system), 공중충돌방지계통 등 여러 계통에

[표 3-6] 항공기 가청 경고음(Aircraft aural warnings)

항공기 청각 경고 예(Examples of Aircraft Aural Warnings)				
작동단계	경고계통	경고신호	원인	수정조치
Takeoff	Flight control	Intermittent horn	Throttles are advanced and any of the following conditions exist: 1. Speed brakes are not down 2. Flaps are not in takeoff range 3. Auxiliary power exhaust door is open 4. Stabilizer is not in the takeoff setting	Correct the aircraft to proper takeoff conditions
In flight	Mach warning	Clacker	Equivalent airspeed or mach number exceeds limits	Decrease aircraft speed
In flight	Pressurization	Intermittent horn	If cabin pressure becomes equal to atmospheric pressure at the specific altitude (altitude at time of occurrence)	Correct the condition
Landing	Landing gear	Continuous horn	Landing gear is not down and locked when flaps are less than full up and throttle is retarded to idle	Raise flaps; advance throttle
Any stage	Fire warning	Continuous bell	Any overheat condition or fire in any engine or nacelle, or main wheel or nose wheel well, APU engine, or any compartment having fire warning system installed Whenever the fire warning system is tested	1. Lower the heat in the the area where in the F/W was activated 2. Signal may be silenced pushing the F/W bell cutout switch or the APU cutout switch
Any stage	Communications ATA 2300	High chime	Any time captain's call button is pressed at external power panel forward or rearward cabin attendant's panel	Release button; if button remains locked in, pull button out

서 계통별에 따라 소리와 불빛으로 경고계통이 작동한다. 표 3-6을 보면 경고 발생 단계, 경고계통, 경고신호, 경고원인 및 경고신호 수정에 대한 정보를 정리하였다. 많은 항공기에 공통 상황이지만 항공기 형식별로 조금씩 다를 수도 있다.

3.18 시계(Clocks)

시계(clock)이든 크로노미터(chronometer, 천문 · 항해용 정밀시계)라고 부르든지 간에, 항공안전법에 시간 표시기는 계기비행규칙 인증(IFR, instrument flight rule-certified) 조건에서 항공기의 조종석에서 필수품이다. 조종사는 시간대응(time maneuver)용이든 항행 목적을 위해서든 비행 중 시계를 이용한다. 조종석에서 시계는 보통 비행계기 그룹근처 또는 선회경사계(turn coordinator) 근처에 장착된다. 이 시계는 시간, 분, 초 단위로 지시한다. 그림 3-150과 같이

[그림 3-150] 전형적이 기계식 8일 항공기 시계
(A typical mechanical 8-day aircraft clock)

기계식 8일시계(mechanical 8-day clock)는 수동으로 한 번 태엽을 감아주면 전원 없이도 8일 동안 작동하며 오랫동안 항공기 시간 관리의 표준장치(standard aircraft timekeeping device)로 역할을 해 왔다. 이

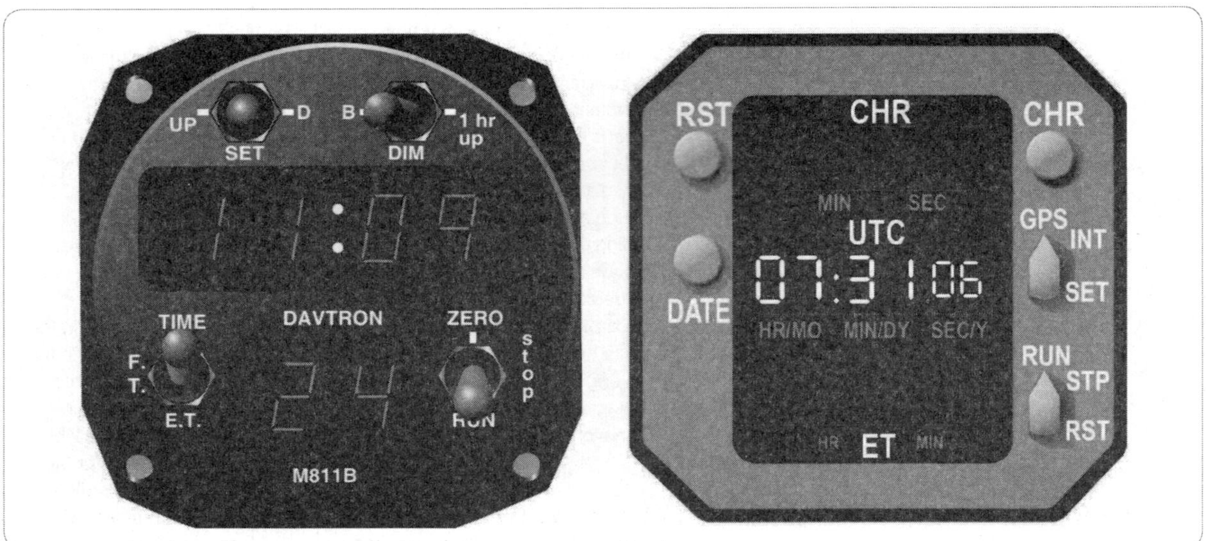

[그림 3-151] 전형적인 항공기 전자시계 (A typical aircraft electronic clock)

기계식 시계는 사용목적에 맞게 신뢰성이 좋고 정밀하고 정확하다. 일부 기계식 항공기시계(mechanical aircraft clock)는 푸시버튼(push-button)을 작동하면 경과시간(ET. elapsed time)을 측정할 수 있는 기능도 있다.

전기 계통과 전자기술 발달되면서 이전 기계식 시계보다 신뢰성 좋고 비상용 대체 기능이 있는(backup) 전기 · 전자식 시계가 기계식 시계를 대신하고 있다. 물론 전기식 시계 또한 경과시간을 측정할 수 있는 기능을 갖춘 아날로그시계도 있다. 이 시계는 축전기(battery) 또는 배터리 버스(battery bus)에 배선이 연결될 수도 있어 전기식 시계는 항공기 계통에 전원 공급에 문제가 발생해도 전원이 축전기(batter)에 연결되어 있어 작동은 계속될 수 있도록 설계되어 있다. 그림 3-151과 같이 최근 항공기의 시계는 발광다이오드(LED)로 표시하는 디지털전자식시계(digital electronic clock)가 사용하고 있다. 이 시계는 가동부(moving part)가 없어 고장이 적고 소비전력이 적고 신뢰도가 높고 매우 정밀하다. 반도체 기술을 이용한 전자식시계는 경과시간(ET), 이륙(takeoff)하자마자 비행시간을 자동적으로 계산하는 기능, 스톱워치(stop watch)기능 및 기억저장 기능 등이 있다. 심지어 일부 전자식 시계는 온도와 날짜 등도 지시한다. 항공기의 전기계통으로 작동하지만 내부에 자체 비상 축전지가 내장되어 있어 항공기 전원이 없어도 자체 내 축전지로 계속 작동되도록 설계되어 있다. 현대의 디지털 종합전자계기에서는 컴퓨터의 내부시계 또는 위성항법장치 시계는 보통 주(主)비행표시화면(primary flight display)에서 디지털 시간으로 정보를 제공하고 있다. 항공기에 전원 및 자체 축전지(battery)에 연결되어 있어 위성항법계통에서 우주 시간을 계속 연계 확인하여 정확한 시간을 제공하고 있다. 시계전면에 있는 버튼(button)이나 스위치를 이용하여 시각, 연월일 등 날짜 등 여러 가지 기능 등을 선택하여 지시할 수 있다.

3.19 계기곽(케이스) 및 취급 (Instrument Housings and Handling)

항공기 계기 케이스(계기곽. housing)는 계기의 내부 구성품들의 작동을 보호하고 성능을 보강하기 위하여 여러 가지의 재료가 사용된다. 계기 케이스 재료로는 알루미늄합금, 마그네슘합금, 강(steel), 철, 그리고 플라스틱 등 일반적으로 사용되는 것들로 전기식 계기는 보통 내부 전류흐름에 의해 발생되는 전자기(electromagnetic) 자속을 억제하기 위해 강철 또는 철 합금 케이스를 사용한다. 계기 케이스 외부는 겉보기에는 견고해 보여도 모든 계기들 특히 아날로그 기계식 계기류는 내부에 정교하게 균형 잡힌 추, 베어링, 톱니 등 여러 가지 연결 장치들이 서로 맞물려서 유지하고 있어서 특별한 주의로 취급하여야 한다. 계기 케이스는 특별히 기밀(氣密, airtight)되어 있는데 이 기밀 상태가 고장 나면 계기 내부의 정상적인 성능 및 감항성을 보장하기가 어렵다. 계기마다 특성과 구성품이 다르지만 어떤 계기의 배출구 특히 동 · 정압 계통 계기등의 배출구는 절대 바람을 불어넣으면 안 되며 계기가 장착되기 전까지 외부 물질 진입에 따른 손상(FOD - 외부물질로 인한 손상)을 예방하기 위해 마개로 막아야(plug in) 한다. 자이로의 모든 계기들은 계기판에 장착될 때까지 고정 노브(case knob)를 당겨서 계기 내부의 자이로 등 움직이는 기계들을 고정시켜야 한다. 계기 케이스 겉에 적혀있는 모든 주의 사항을 준수하고 장탈, 장착, 포장, 운송, 선적할 때 적절한 취급을 위한 제작사에서 발행한 매뉴얼을 준수한다.

3.20 계기 장착 및 계기 색깔 표시 (Instrument Installation and Markings)

3.20.1 계기판(Instrument Panels)

계기판들은 보통 알루미늄 합금 판(aluminum alloy sheet)으로 제작되고 무광택의 어두운 페인트 색으로 칠해진다. 계기판은 정비할 때 접근이 쉽도록 계기의 뒤쪽으로 서브 계기판(Sub-panel)이 장착되기도 한다. 이 계기판들은 보통 저주파이면서도 높은 진폭의 충격(high-amplitude shock)을 흡수하기 위한 충격흡수장치(shock observer)가 설계되어 있다. 계기판 충격흡수장치는 수직진동과 수평진동의 대부분을 흡수하지만 미세한 진동 상황에서도 계기의 작동은 정상적으로 이루어져야 한다. 그림 3-152를 보면 계기판과 항공기 동체가 서로 다른 이질 금속이기에 본딩 스트랩(bonding strap – 항공기의 이질 금속접촉 간의 전기적인 전위차를 없애기 위해 연결하는 전도체)을 장착하여 계기판과 항공기 기체사이에 연결하여 전기적 연속성을 유지하여야 한다.

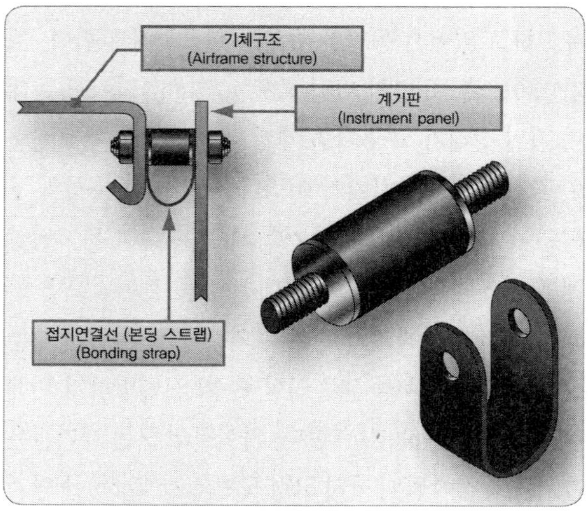

[그림 3-152] 계기판 충격흡수장착대 (Instrument panel shock mounts)

계기판용 충격흡수 장착대(shock-mount)의 형태와 구성 수는 계기판의 무게에 따라 결정된다. 충격흡수잦착 계기판은 모든 방향으로 자유롭게 움직일 수 있도록 장착이 되어야 하고 지지구조에 서로 부딪치는 것을 피할 수 있도록 충분한 간격을 유지해야 한다. 계기판과의 적절한 간격유지가 불가할 때에는 주기적으로 계기판의 장착대가 느슨하게 장착되었는지 파손 여부 및 자재의 변형의 악화 여부 등을 검사하여야 한다. 구형 항공기에서 계기판 배치는 외관상 일정치 않았던 것 같다. 계기비행의 출현으로 항공기 밖의 수평선 또는 지면 등 외부기준 없이 계기만을 보면서 비행할 때 매우 중요한 것이 비행계기들이고 이들의 배치가 상당히 중요한 것이 되었다. 그림 3-153을 보면 계기판에서 계기들의 장착 배열은 비행계기용 기본 티(T) 배열이 채택되었다. 전자식비행계기장치(EFIS)와 디지털 조종석화면표시(digital cockpit display)계통에서도 보면 기본적으로 계기 기본 배열인 기본 T 배열을 유지하였다. 비행계기와 기본 T 배열은 조종사와 부조종사의 좌석의 바로 정면에 위치하고 있다. 일부 경항공기는 왼쪽 좌석의 정면, 즉 조종사전면에 단일 세트로 비행계기를 배열하기도 한다. 그림 3-154에서 보면 비행계기배열과 달리 엔진계기들과 항법계기들의 배치 장소는 다양하다. 이상적인 배치로는 조종사와 부조종사 모두에게 접근하기 쉬운 것이어야 한다. 다수의 개량형 계기들이 계기판의 중앙에 제한

[그림 3-153] 비행계기 - 조종석 전면 배치(Flight instrument directly in front of the pilot)

된 공간을 활용하도록 다수의 여러 가지 변형 판을 두어 승무원들의 접근성을 주고 있기도 한다. 대형 항공기에서는 조종사 사이에 있는 중앙받침대(Center Pedestal)와 오버헤드계기판(Overhead Panel) 채택으로 더 많은 공간을 확보하였다. 소형 항공기에서는 엔진계기는 가끔 계기판에서 가장자리로 옮기고 대신 중앙에는 항법계기 및 무선작동을 위한 공간을 우선적으로 확보하기도 하였다.

최신의 항공기에 와서는 전자비행계기장치와 디지털 비행정보장치는 계기판의 다양하고 복잡한 계기들의 혼란을 줄이고 양쪽 운항승무요원이 모든 계기들에 접근을 쉽게 하도록 배치하였다. 제어가 가능한 화면표시판은 많은 정보를 제공하면서도 공간을 차지하기보다는 정상이나 관련이 없는 계기는 필요할 때만 해당 페이지를 선택하여 필요정보를 볼 수 있도록 해서 많은 공간도 절약할 수 있게 되었다.

3.20.2 계기 장착(Instrument Mounting)

조종석 계기판에 각각의 계기를 장착하는 방법은 계기케이스의 모양과 장착 설계에 따라 다르다. 그림 3-154와 같이 계기를 장착하는 방식은 크게 3가지 방식으로 장착한다. 장착 방법은 다음과 같이 전방 장착식(front mounted), 후방 장착식(rear mounted) 및 클램프 장착식(clamp mounted)으로 나눌 수 있다

(1) 전방 장착식(front mount)

이 방법은 계기의 가장자리(flange - 계기 앞면에서 유리를 계기 케이스에 부착시키는 베젤이 있고 이를 다시 계기판에 장착을 할 수 있도록 나사 연결이 되도록 만들어진 것)가 있는 계기로 계기판 앞에서부터 계기를 넣고 장착 나사로 계기를 계기판에 장착하는 방식이다. 장착나사 - 계기 베젤 - 장착대 및 장착대 뒤쪽에 있는 너트플레이트로 최종 연결이 된다. 대체

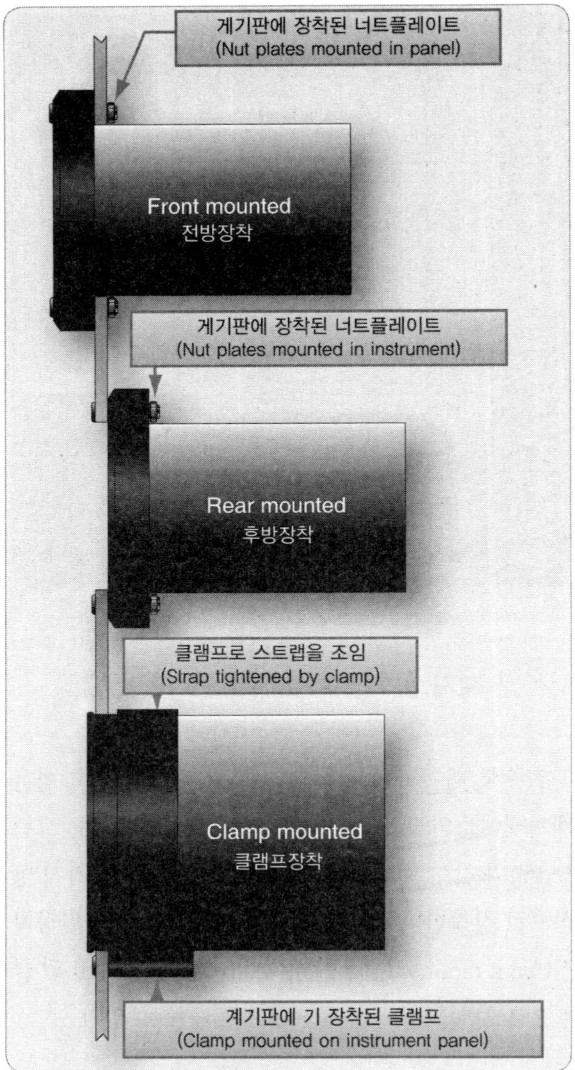

[그림 3-154] 계기장착 – 플랜지 & 무플랜지Instrument mounts–flanged(top and middle) and flangeless(bottom)

적으로 계기판 장착용 구멍(hole)에는 너트 플레이트(nut plate)가 이미 장착되어 있어 장착나사를 장착하면 자동 잠금(self-locking)이 된다. 이는 계기들의 유리를 감싸고 있는 베젤(bezel)들이 앞으로 튀어 나와 있는 형태이다.

(2) 후방 장착식(rear mount)

계기의 가장자리(flange)가 있는 계기로 전방장착식과 반대로 계기판 뒤에 계기를 장착하는 방식으로 계기판, 계기, 너트배열로 되어 장착된다. 이는 계기판에 계기의 베젤이 보이지 않고 튀어 나와 있는 부분을 없앤 방식이다. 장탈, 장착 정비가 어려운 방식이다.

(3) 클램프 장착식

계기들 중 가장자리가 없는(flangeless) 엔진 계기류 같은 원형 계기들은 계기케이스를 고정시키기 위해 원형으로 된 특별한 클램프(clamp)가 계기판 뒷면에 이미 영구적으로 고착시켜둔 상태다. 계기를 정면에서 클램프가 연결된 계기판 구멍으로 미끄러지게 집어넣고 바로 계기 옆 계기판에 장착된 클램프(clamp)의 장착 나사를 돌리게 되면 클램프가 조여지면서 계기를 계기판에 고정시키는 방식이다. 장착, 장탈 정비가 쉽고 다만 계기가 원형이라 계기눈금이 기울어지게 장착이 될 수도 있어서 장착할 때 주의해야 한다. 어떠한 방식으로 계기가 장착되더라도 항공기 착륙의 충격 내내 견뎌야 하고 또한 다른 계기와 접촉되지 않아야 한다. 계기판의 제한된 공간 때문에 계기들 사이의 간격이 좁다.

3.20.3 계기 전원 요구 조건 (Instrument Power Requirements)

대부분 항공기 계기 작동을 위해 전원이 필요하다. 심지어 비전기식 계기일지라도 내부 조명용으로 전기가 필요하다. 항공기 발전기는 그 한계성으로 일정량의 전기만을 생산한다. 항공기의 전기는 항공기에 탑재된 계기류, 여러 가지의 컴퓨터 또는 부품들, 무선 장비 및 다른 계통의 장비들의 소요되는 전기부하에 따라 발전기 정격이 결정된다. 항공기의 소요 전기량은 발전기의 발전용량을 넘어서는 안 된다. 항공기에서 계기를 포함한 전기장치는 자체 고유의 전력소요량(power rating)을 갖고 있다. 이것은 구성부분품이 정확하게 작동하기 위해 필요한 전압이 얼마인지 그리고 얼마의 용량에서 작동되는지 보여주고 있다. 항공기에 어떤 구성품을 장착하기 전에 반드시 전기 소모량을 검사하여야 한다. 항공기 제작사가 의도한 범위 내에 모든 구성품들의 모든 부하를 담당할 수 있는 전기 계통을 운영하려면 어떤 구성품을 교환할 때는 동일한 전력소요량을 갖는 것과 교환하는 것이 중요하다. 새로운 부품을 추가로 장착하거나 기존 것과 전류 소모량이 다른 것을 장착하는 경우에는 반드시 부하 점검(load check)을 하여야 한다. 이것은 근본적으로 전기 계통이 항공기에 장착된 모든 전기소비장치를 공급할 수 있는지 확인하는 것이 지상 작동 점검 중 하나이다. 이 점검을 어떻게 수행하는지는 제작사교범에 따른다. 최근 대형 항공기의 전기 계통 중 발전, 배전 및 부하 조정을 간단히 정리해보면 다음과 같다. 보통 항공기는 교류 115V 400Hz 3phase 발전기를 통해서 항공기별로 약 90KVA에서 120KVA 정도 발전을 하고 티알유(TRU: Transformer Rectifier Unit – 변압정류장치)가 교류를 직류(28VDC)로 바꾸어 공급한다. 동기식 계기용으로 26VAC 400Hz 전기와 조명등용 교류 5V 등은 115VAC를 변압기로 감압시켜서 사용한다.

3.20.4 계기의 범위 표시 (Instrument Range Markings)

비행 중 감시가 중요한 엔진계기등은 안전하고 정상 작동 범위 내에 있는지 아니면 비정상적으로 작동하는지를 한눈에 즉시 판단하기 위해 해당 계기 눈금판에 작동 범위를 색깔표식을 한다. 이는 눈금을 정확하게 읽지 않더라도 신속한 상황 판단을 할 수 있도록 하기 위함이다. 이러한 색깔 표시는 형식증명 자료시트(Type Certificate Data Sheet) 또는 항공기 정비매뉴얼에 정보가 있다. 이 계기들의 작동한계 등을 설명하는 자료는 항공기 제작사 작동 교범(조종사용 매뉴얼)(OM: Manufacturer's Operating Manual) 과 정비교범(MM: Maintenance Manual)에서도 찾아볼 수 있다. 때때로 정비사는 계기에 색깔 표식이 되어 있지 않으면 정비교범을 보고 직접 표식을 정확하게 하여야 한다. 색깔 표식은 페인트 또는 데칼(Decal)로 계기의

[그림 3-155] 대기속도계 – 범위 색깔 표시 사용 (An airspeed indicator makes extensive use of range markings)

덮개유리(cover glass)에 한다. 항공기의 운용한계, 경고와 경계범위 또는 정상범위 등을 표식하며 그 종류는 다음과 같다.

(1) 적색방사선(red radial line)

최대 및 최소 운용한계를 나타내며 이 범위를 벗어나는 것은 비정상적 위험한 상황이며 이를 벗어난 운용은 피해야 한다.

(2) 황색호선(yellow arc)

황색호선의 의미는 계기가 현재 안전운용범위를 조금씩 벗어나고 있거나 초과금지까지의 경계로서 주의를 요하는 것이다. 적당한 조치를 취하지 않으면 위험 범위인 적색선 쪽으로 넘을 수 있는 것으로 주의가 필

[표 3-7] 계기 범위 표시 (Instrument range markings)

계기(Instrument)	표시 범위(Range marking)
대기속도계(Airspeed indicator)	
White arc	Flap operating range
bottom	Flaps-down stall speed
Top	Maximum airspeed for flaps-down flight
Green arc	Normal operating range
bottom	Flaps-up stall speed
Top	Maximum airspeed for rough air
Blue radial line	Best single-engine rate-of-climb airspeed
Yellow arc	Structural warning area
bottom	Maximum airspeed for rough air
top	Never-exceed airspeed
Red radial line	Never-exceed airspeed
캬브레터공기온도(Carburetor air temperature)	
Green arc	Normal operating range
Yellow arc	Range in which carburetor ice is most likely to form
Red radial line	Maximum allowable inlet air temperature
실린더헤드온도(Cylinder head temperature)	
Green arc	Normal operating range
Yellow arc	Operation approved for limited time
Red radial line	Never-exceed temperature
매니폴드압력계(Manifold pressure gauge)	
Green arc	Normal operating range
Yellow arc	Precautionary range
Red radial line	Maximum permissible manifold absolute pressure
연료압력계(Fuel pressure gauge)	
Green arc	Normal operating range
Yellow arc	Precautionary range
Red radial line	Maximum and/or minimum permissible fuel pressure
오일압력계(Oil pressure gauge)	
Green arc	Normal operating range
Yellow arc	Precautionary range
Red radial line	Maximum and/or minimum permissible oil pressure
오일온도계(Oil temperature gauge)	
Green arc	Normal operating range
Yellow arc	Precautionary range
Red radial line	Maximum and/or minimum permissible oil temperature
토크메터(왕복)(Tachometer (reciprocating engine))	
Green arc	Normal operating range
Yellow arc	Precautionary range
Red arc	Restricted operating range
Red radial line	Maximum permissible rotational speed
토크메터(터빈)(Tachometer (turbine engine))	
Green arc	Normal operating range
Yellow arc	Precautionary range
Red radial line	Maximum permissible rotational speed
회전계(Tachometer (helicopter)) Engine tachometer	
Green arc	Normal operating range
Yellow arc	Precautionary range
Red radial line	Maximum permissible rotational speed
Rotor tachometer	
Green arc	Normal operating range
Red radial line	Maximum and minimum rotor speed for power-off operational conditions
토크계기(Torque indicator)	
Green arc	Normal operating range
Yellow arc	Precautionary range
Red radial line	Maximum permissible torque pressure
배기가스온도계(터빈엔진)	
Green arc	Normal operating range
Yellow arc	Precautionary range
Red radial line	Maximum permissible gas temperature
N1 회전계(터보샤프트)	
Green arc	Normal operating range
Yellow arc	Precautionary range
Red radial line	Maximum permissible rotational speed

요한 범위이다.

(3) 녹색호선(green arc)

정상 작동 범위 즉 계속 운전 가능 범위를 나타내는 것으로 순항운용범위를 의미한다.

(4) 청색호선(blue arc)

청색호선은 기화기를 장비한 왕복엔진 계기들에 표시하는 색으로 흡기압력계(manifold pressure indicator), 엔진회전계기(tachometer), 기통 두 온도계(cylinder head temperature indicator) 등에 표시한다. 연료와 공기 혼합비가 오토 린(auto-lean)일 때의 상용안전 운용범위를 나타낸다.

(5) 백색호선(white arc)

① 백색 호선은 대기 속도계에 표시하는 색이다.
② 플랩을 조작할 수 있는 속도 범위를 표시한다.
③ 최대착륙무게(MLW)에 대해 플랩을 내린 상태에서 비행 가능한 최대속도 하한점을 표시한다.
④ 플랩을 내리더라도 항공기 구조 강도상에 무리가 없는 플랩내림최대속도(maximum flap down speed) 상한점을 표시한다.

(6) 백색 방사선(white radial line)

백색 방사선은 유리 미끄러짐 표시(white slippage mark)이다. 계기의 유리와 케이스에 걸쳐서 표시한다. 이는 계기 눈금판에 맞추어 녹색, 적색 등 다른 색깔로 표식 하였는데 만일 베젤(bezel) 속 계기 유리 자체가 잘못되어 돌아가 버린 경우 색깔표시와 계기 눈금이 서로 맞지 않게 된다. 유리 자체가 돌아갔는지 확인할 수 있는 방법으로 유리와 계기 플랜지에 걸쳐서 백색 페인트로 백색 선을 표식 해 놓고 유리 자체가 계기 눈금과 일치하는지 아니면 일치하지 않은지 판단하도록 한다. 그림 3-155와 표 3-7과 같이 표시하는 색깔은 적색(Red), 황색(Yellow), 녹색(Green), 청색(Blue) 그리고 백색(White)으로서 사용된다. 그리고 표식(marking)은 호형(arc)과 방사상선(radial line)의 형태로 계기 눈금판 위 바로 유리에 표시한다.

3.21 계기 및 계기계통 정비(Maintenance of Instruments and Instrument Systems)

계기 내부 자체 정비는 업무 한정을 자격을 갖은 공장 정비사가 하지만 항공기에서 계기장착, 장탈, 검사, 고장탐구 그리고 기능점검 등은 자격을 갖은 정비사들에 의해서 바로 현장에서 모두 수행된다. 또한, 어떤 정비가 요구되고 있는지 이들의 필요조건을 부합하기 위해서 승인된 절차를 어떻게 접근하는지 아는 것도 정비사의 책임이다. 다음 문장에서 여러 가지의 정비절차와 서비스절차(servicing procedure) 그리고 제안사항들이 기술되는데 개략적이라 설명이 부족한 부분은 항공기 제작사 또는 계기 제조사의 승인된 정비 매뉴얼에 자세히 나와 있으니 참고하기 바라고 다만 기본은 항공안전법 및 정비규정을 준수해야 한다는 것이다.

(1) 계기의 장탈

고장이 발생한 경우 해당 계통의 정비교범에 따라 정확한 고장탐구를 수행 후 계기가 확실히 불량 상태를 확인한 후 계기를 장탈한다. 계기의 장탈은 계기의 장착 방식에 따라 장탈 방법이 다르다. 대체적인 장탈 방법은 다음과 같다.

① 장탈할 계기 장착 방식을 파악하고 전원상태, 유압연결상태, 다른 계통의 작업진행상태 등을 점검하고 불필요한 전원 및 작동유등을 차단하여 계기계통과 격리시킨다.
② 장탈할 계기의 명칭, 부품번호, 일련번호, 장탈 위치 등을 기록하고 배선 플러그(connector plug), 배관 등은 꼬리표(tag)를 달아 표식을 해둔다.
③ 계기의 배관, 배선을 장탈 하고 해당되는 전용 캡(cap)이나 플러그(plug)로 막고 장탈한 계기는 사용불능 꼬리표(unserviceable tag)에 결함 사항 등을 기록하고 꼬리표를 계기와 함께 부착한다.
④ 외부충격 및 정전기방지조치를 취한 후 전용 케이스에 넣어서 운반한다.

(2) 계기의 장착(indicator installation)

계기를 장착할 때는 반드시 사용가능한 품목인지 꼬리표를 보고 확인한 후 장탈 순서의 반대로 장착한다. 대략적인 장착 순서는 다음과 같다.

① 사용가능 여부를 확인하고 장탈한 계기와 동일한 것인지 확인한다. 전기나 유압 등은 차단되었는지 확인한다. 배관 및 배선을 확인하고 캡이나 플러그가 있으면 제거하고 장탈 역순으로 장착한다.
② 배선 및 배관 연결 후 뒤틀림이 없는지 제대로 조여져 있는지 확인한다. 장착이 완료되면 해당 전원이나 동력원을 공급하고 작동 시험을 한다.
③ 시험이 끝나면 항공일지에 정확히 기록하고 SIGN OFF 한 후 항공기를 원상 시킨다.

상기 계기의 장탈 및 장착 그리고 작동 시험은 해당 정비교범에 기술한 내용대로 하는 것이 무엇보다 앞서며 중요한 사항으로 제시한 절차와 주의 사항에 따라 작업을 수행하여야 한다.

(3) 계기의 배관 또는 동 · 정압관 연결 작업

정확한 측정 및 지시를 위해선 배관의 정확한 연결이 중요하다. 방진 계기판을 지나 장착된 배관은 방진계기판이 항공기 기체 구조와 상대운동을 한다. 이로 인한 배관의 풀림 또는 느슨해짐과 깨짐 등을 피하기 위해 기체의 일부분에서부터 계기까지는 유연호스(flexible hose)로 연결하는데 연결 후 호스의 장착 상태를 레이선(lay line)으로 확인한다. 유연호스를 사용할 수 없는 경우에는 스테인리스 관이나 동관 등을 코일 모양으로 하여 계기와 연결하여 충격 등에 의한 풀림 등을 방지한다.

(4) 배관의 식별

지상에서 정비하는 동안 엔진 부위. 동체내부, 날개내부, 착륙장치 휠웰(wheel well) 등에는 복잡하게 연결되어 있는 수많은 배관이 설치되어 있다. 이 배관들은 계통별로 또는 작동유, 연료, 물, 동 · 정압관 등과 같이 압력종류에 따라 여러 배관들이 있어서 점검 및 정비하는 동안 구분하는데 혼동을 피하는 것이 중요하다. 혼돈을 최소화하기 위해 일정한 양식대로 계통별로 색깔표시(color marking)를 하였다. 동 · 정압계기 계통 관련 배관이나 호스도 색깔표시가 되어 있으며 색깔표시는 착색테이프가 이용된다. 또한 락카(locker)라는 것도 사용되는데 이는 계기 유리에서 미끄럼방지 백색 선을 사용하듯이 피팅과 배관을 일자로 표시해서 비행 중 또는 작동 중 계속적인 진동에 의해서 피팅이 풀렸는지 확인하는 데 사용한다. 만일에 풀렸다면 일자선으로 표시해놓은 백색페인트나 락카의 선이 일직선에서 어긋나게 되어 정비사가 확인하는 데 도움이 된다. 또한, 배관을 풀고 연결한 후에도 반드시 락카 표식을 하여 추후에 점검 중 연결부위가 풀렸는지 확인하는 것이 중요하다.

(5) 계기 배선

계기의 배선 연결은 계기 포스트에 아셔와 너트를 이용하여 터미널을 가진 배선을 접속하는 방식과 계기자체에 리셉태클(receptacle)이 준비되어 항공기 계통의 플러그(plug)와 연결하는 방식 등이 있다. 항공기 전기 배선은 다음과 같은 특징이 있다.

① 항공기의 전기 배선은 단선 방식(single)이다. 항공기의 구성품의 전원은 + 전원을 연결하고 – 전원을 항공기 본체를 접속하여 연결하는 방식이다. 그래서 항공기 부분품의 작동전원의 연결은 + 전원선이 전원으로부터 연결이 되고 – 선은 항공기 기체에 접지시켜서 사용한다. 이와 같이 + 선 하나만 사용하여서 흔히들 단선방식이라 한다.

② 앞서 설명하였듯이 계통의 – 전원이 연결되는 부위인 항공기 본체가 이질 금속으로 연결되어 있어 전위차를 없애기 위한 본딩(bonding) 연결이 중요하다. 본딩을 할 경우 특히 중요한 것은 전해부식(electrolitic corrosion)인데 이를 방지하기 위해 본드 선을 접속할 경우 재료의 구성이 중요하므로 정비교범대로 본딩 작업 및 점검을 수행한다.

3.21.1 고도계 시험(Altimeter Tests)

항공기를 계기비행규칙(IFR, instrument flight rule) 하에서 운용하고자 할 때 고도계의 정확성이 그 무엇보다 중요하다. 정확한 고도계 지시 여부를 확인하기 위해서 고도계시험(test)은 24개월 이내에 주기적으로 수행해야 한다. 규정에는 이 시험뿐만 아니라 피토정압계통과 자동기압고도보고계통(automatic pressure altitude reporting system)의 시험까지 요구하고 있다. 정비사는 고도계검사를 수행할 권한은 없지만 제작사 또는 인가된 수리인가업자 아니면 avionics 특기 정비사에 의해서 정확하게 수행한다는 것은 알고 있어야 점검 시기가 도래하면 작업의뢰 등을 하여 항공기를 계속 감항성을 유지하도록 적법하게 관리해야 한다.

3.21.2 동정압계통정비 및 시험 (Pitot-static System Maintenance and Tests)

항공기가 우기에나 비구름 속으로 비행하는 경우 공기 중에 있는 수분이나 습기가 동 · 정압계통(pitot-static system) 안으로 들어올 수 있다. 이때 들어와 고인 물은 동 · 정압비행계기 지시에 부정확한 지시나 오차의 원인이 될 수 있다. 특히 고공에서 고였던 물이 비행 중에 얼어버리면 심각한 문제가 나타난다. 이는 항공기 대기 속도계, 고도계, 승강계, 마하계 및 다른 조종계통에 심각한 문제를 일으킨다. 가능한 수분의 침투 방지 및 해결을 위해 정비 시에 어떤 습기나 물을 제거하기 위해 배관계통에서 제일 낮은 지점에 배수관(drain)이 설치되어 있다. 이를 주기적으로 배수를 관리하여야 한다. 배수관이 없는 항공기에서는

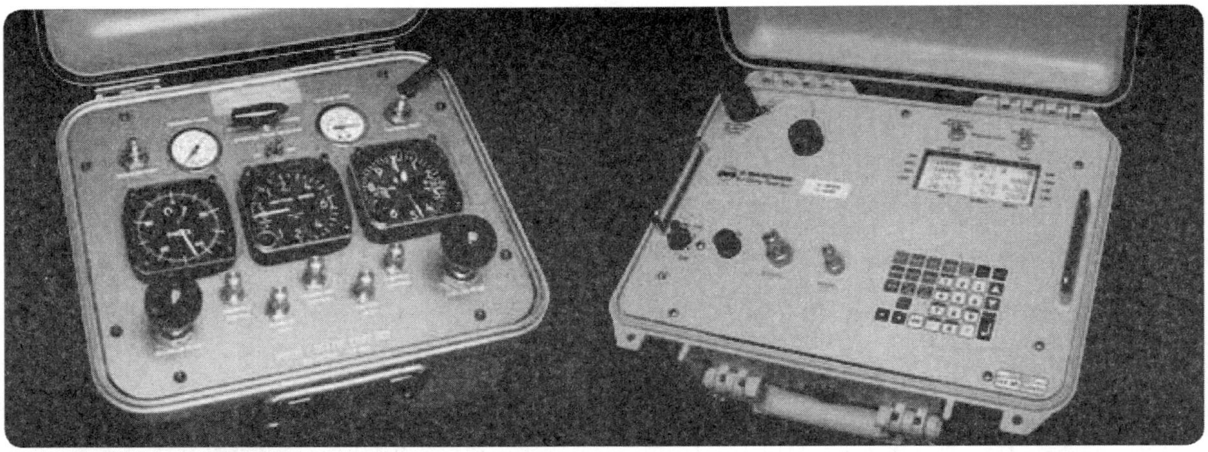

[그림 3-156] 동정압계통시험장비 – 아날로그(좌측) 및 디지털 (우측)An analog(left) and digital(right) pitot-static system test unit

주기적으로 건조한 압축공기 또는 질소로 동 · 정압관을 통해 불어낸다. 이 작업은 수행하기 전에 반드시 동 · 정압 계기들을 분리하고 항시 계기 끝단에서 동압과 정압의 배출구 쪽으로 불어낸다. 이 절차대로 작업한 다음에 누설점검을 수행하여야 한다. 배수관을 갖춘 계통은 누설점검 필요 없이 물을 배출시킬 수 있다. 작업완료 후에 항공기 정비사는 배수관이 닫혀졌는지를 승인된 정비절차에 부합되게 안전하게 장착되어 있는지를 확인해야 한다. 항공기 동 · 정압계통의 구성품 및 부품의 장탈 및 장착 후 그리고 결함이 예상될 때 누설시험을 해야 된다. 계기비행규칙(IFR) 인가를 받은 항공기라면 24개월마다 시험하여야 한다. 그림 3-156과 같이 동 · 정압 누설검사의 방법은 항공기 형식 및 동 · 정압계통, 그리고 시험 장비에 좌우된다. 본질적으로 시험장치를 정압공 끝단에서 정압계통으로 연결하고 압력은 고도계에서 1,000피트[feet]를 지시하는 데 필요한 양만큼 계통에서 압력이 줄어든다. 그다음 계통은 밀봉하고 1분 동안 누설 여부를 관찰한다. 최대 허용치는 100피트 이하이다. 만약 100피트 이상 누설된다면 고장탐구, 즉 누설부위를 찾을 때까지 체계적인 점검을 수행하여야 한다. 대부분 누설은 부속품 연결 부위에서 일어난다. 동 · 정압계통의 동압부분은 유사한 방식으로 점검된다. 모든 동 · 정압계통을 점검을 수행할 때 제작사사용법 교범에 따른다.

모든 경우 동 · 정압 시험장비의 압력 및 진공압력은 항공기 계기 손상을 피하기 위해 천천히 압력을 가하거나 빼내야 한다. 동 · 정압계통 누설점검 장비는 자체에 내장된 고도계가 있다. 이것은 정압계통점검을 수행하는 동안 항공기의 고도계와 기능상 상호 비교검토를 하는 데 사용한다. 누설시험이 완료되면 모든 계통이 정상비행형태로 되돌아갔는지 반드시 확인한다. 누설을 점검하는 동안 여러 부분을 필연적으로 차단했던 것 그리고 분리했던 것, 그리고 관련 플러그, 어댑터(adapter), 접착테이프 등을 다시 한 번 점검 및 확인하는 것이 중요하다.

3.21.3 회전계 정비(Tachometer Maintenance)

회전속도계 점검은 느슨해진 유리 상태, 눈금표식

상태 불량, 또는 느슨해진 계기 바늘에 대해 수행한다. 계기를 가볍게 두드려서 두드리기 전과 후 바늘의 지시 차이는 약 ±15[rpm]을 초과해서는 안 된다. 이 값은 계기 제조사에서 지정한 공차에 좌우된다. 회전계용 발전기와 계기 모두는 기계식 및 전기식으로 연결 여부를 점검해야 한다. 상세한 정비절차를 위해 제작사사용법교범을 항상 고려하여야 한다. 전기식 회전속도계를 장착한 엔진이 공회전 상태(idle rpm)에 있을 때는 회전속도계 계기눈금이 흔들리다가 낮은 값을 지시한다. 이것은 동기전동기(synchronous motor)가 회전계용 발전기 출력(generator output)과 동조하지 않는다는 것을 표시하는 것이다. 엔진회전속도가 증가하고 전동기는 회전수와 동기화되어 정확히 회전수를 지시해야 된다. 동기화(synchronization)가 이루어지는 회전수(RPM)는 회전속도계계통의 설계에 따라 다르다. 만약 계기바늘이 이 동기값(synchronizing value) 이상인 속도에서 발진한다면 총 발진은 허용오차를 초과하지 않도록 한다. 계기바늘 발진은 유연케이블 특성 때문에 기계식 지시계통에서 발생할 수 있다. 구동축(drive shaft)은 휩핑(whipping – 잡아채는 현상)을 예방하기 위해 주기적으로 다시 고착시켜야 한다. 기계식 계기를 장착할 때, 유연케이블이 계기판 뒤쪽에서 정확한 배선을 하는데 필요한 굽힘으로 인해 장치가 패널에 고정되어 있을 때 계기에 변형(strain)의 원인이 되지 않아야 한다. 구동장치를 심하게 구부리는 것을 피해야 한다. 잘 못 장착된 구동장치는 계기가 지시를 못하거나 부정확한 지시의 원인이 된다.

3.21.4 나침반 정비 및 보정(Magnetic Compass Maintenance and Compensation)

나침반(magnetic compass)은 반복적인 설정(setting)이 필요 없고 전원이 필요하지 않은 간단한 계기이다. 최소의 정비 정도만 필요하지만 이 계기는 자력선에 의해 작동하는 계기라 검사 시에 일반계기계통과 다르게 취급하여야 한다. 다음 항목들은 나침반 검사에 포함되는 항목이다.

① 항공기 비행방향과 계기의 눈금이 맞는지 확인하고 필요하면 다시 보정해야 한다.
② 나침반 내부의 가동부(moving part)는 쉽게 움직여야 한다.
③ 나침반계기는 진동방지장치 위에 정확히 장착되어 있어야 하고 그 어떤 금속 물질 일부이라도 접촉되어서는 안 된다.
④ 나침반계기는 내부에 케로신인 액체로 채워져야 있고 이 액체에는 기포(bubble)가 없어야 하고 변색이 되어서는 안 된다.
⑤ 눈금은 읽기 쉬운 것이어야 하고 조명이 잘 되어야 한다.

그림 3-157과 같이 나침반 자기편차는 조종석에 있는 철제재료와 주변 전기 구성품 작동으로 발생하는 전자기방해(electromagnetic interference)에 의해서 만들어지는 오차이다. 자기편차는 나침반을 스윙(swing)시키면서 보정자석을 조정함으로써 줄일 수 있다. 이 교정 방법의 예는 다음에서 제시하였다. 그리고 보정 작업 결과는 조종석에 있는 나침반 근처에 배치된 나침반보정카드(compass correction card)에 기록 및 날인하여 보관하여 비행 시 계기의 지시치의 오차 여부를 확인하는데 참고한다.

내부에 N-S, E-W 보정용
소형영구자석 내장

자차수정(compass swing) 후
기록한 카드(correction card)

[그림 3-157] 나침반 및 보정카드 (A magnetic compass and correction card)

자차 수정을 위해 나침반을 스윙(compass swing)하는 방법은 여러 가지가 있다. 지상에서 수행하는 방법과 비행 중 공중에서 수행하는 방법이 있다. 다음에 설명하는 것은 지상에서 수행하는 대표적인 방법이다. 나침반을 스윙하는 방법과 스윙 빈도수에 대해서는 항공기 제작사사용법교범에 따른다. 자차 수정은 보통 비행누적시간 또는 일정한 시간 간격으로 이루어진다. 그리고 대체적으로 대수리나 중정비(heavy maintenance)를 수행하고 나서 수행하기도 하고 새로운 무선(radio)장비 또는 전기식 작동 구성품이 나침반 주위 즉 조종석에 추가 장착이 되었을 때 나침반에 영향을 주기 때문에 오차가 발생하게 되고 이를 수정하기 위해 수행한다. 자차수정을 위한 나침반 스윙compass swing)과 절차의 목록은 해당 매뉴얼에서 찾아볼 수 있다. 그림 3-158에서 보여준 것과 같이 나침반을 스윙(swing)하기 위해 나침반 로즈(compass rose)가 필요하다. 대부분 공항에서는 교통량이 적고 정비하기에 좋은 지역 타막(tarmac. 포장용 아스팔트 응고제, 상표명) 위에 동서남북 사방팔방표식을 한 나침반 로즈가 준비되어 있다. 나침반 주위 지하를 포함하여 나침반 로스 지역은 전자기교란(electromagnetic disturbance)의 어떤 가능성이 없어야 하며 아니면 아예 그곳으로부터 멀리 떨어져 있어야 하고 자차 수정을 하는 동안 어떤 철제 물건 또는 대형 장비의 소거가 이루어져야 한다. 자차수정을 위해 항공기는 수평 자세를 유지하여야 한다. 항공기를 나침반스윙(나침반 로즈에서 항공기를 회전시키면서 4방위에 일치시키는 것)을 하려면 외부에서 엔진 구동중인 항공기를 끌고 회전해야 하는데 보통 항공기 뒤쪽에서 토잉(towing)을 하게 되는데 목재, 알루미늄 또는 다른 비철재료로 된 토잉 바(towing bar)를 항공기 동체 후방에 연결하여 수행한다. 항공기 내부 및 화물칸 추가로 적재된 화물들은 나침반에 영향을 주지 서는 안 된다. 보통 비행 중 장착 및 사용하는 장비들

나침반 스윙(Compass Swing)

나침반 로즈(Compass Rose)

[그림 3-158] 컴파스 로즈 및 스윙 (Compass Rose & Swing on airport ramp)

은 탑재된 상태로 비행조건을 갖추고 엔진 또한 작동하고 있어야 한다.

자차 수정을 위해 나침반을 스윙할 할 때 기본적인 개념은 미리 나침반 로즈에 표시된 남북(north-south) 반경과 동서(east-west) 반경 표시에 항공기를 일치시켜 나침반과의 편차를 우선 기록하는 것이다. 그다음에 편차를 없애기 위해 나침반의 전면 하부에 장착되어 있는 보정자석을 조절한다. 조절할 때 사용하는 공구는 비철 스크루드라이버이며 이 공구로 나침반의 보정자석을 조절하여 나침반 로즈와 나침반 지시수치와 맞추어 나가는 것으로 시작한다. 북쪽을 향하는 N-S 반경에 항공기의 세로축을 일직선으로 맞춘다. 편차가 없이 정상이라면 나침반 지시가 0[°]가 되지만 오차가 나면 정확히 0[°]가 되도록 N-S 보정스크루를 조정한다. 그다음 동쪽을 향하는 E-W 반경에 항공기의 세로축을 일직선으로 맞춘다. 나침반 지시가 90[°]가 되도록 E-W 보정자석을 조절한다. 바로 남쪽을 향하는 N-S 반경과 일직선으로 맞춰지도록 항공기를 이동한다. 만약 나침반이 180[°]를 지시한다면, 항공기가 정북 또는 정남을 향하고 있는 동안 편차가 없는 것이지만 이것은 보기 드문 일이다. 남향지시가 무엇을 지시하더라도 180[°]에서 편차를 없애기 위해 편차의 1/2을 보정하기 위해서 N-S 보정스크루를 조절한다. E-W 반경에서 서쪽으로 항공기를 향하도록 하여 그리고 270[°]에서 서향 편차를 없애기 위해 차이 값의 1/2 정도로 E-W 보정자석을 조절한다. 이 작업이 완성되면 N-S쪽으로 다시 항공기를 돌리고 지시를 기록한다. 최대 허용 범위는 10[°]이다. 10[°]를 벗어나게 되면 여러 번의 나침반 수정을 통해서 아니면 편차에 영향을 주는 작업을 수정해서 조정한다. 그리고 나침반 로즈에서 매 30[°] 방위마다 항공기를 일직선으로 맞추고 나침반 보정카드에서 각각의 지시값을 기록한다. 30[°]마다 기록한 기록카드에 수행 날짜 및 작업자 서명하고 조종석에 비치하여 비행 중 참고하도록 한다.

3.21.5 진공계통정비(Vacuum System Maintenance)

진공 자이로계기에 나타난 지시오차의 의미는 설

계한 흡인한도(design suction limit) 내에서 작동하도록 하는 진공장치를 방해하는 어떤 요소의 결과일 수 있다. 또한 이 지시오차는 계기 내에서 발생하는 어떤 마찰, 닳아진 부품, 또는 부러진 부분품으로 인해 오차를 일으킬 수도 있다. 설계 속도에서 자이로의 자유회전을 방해하는 동력원은 과도한 세차운동(precession)을 일으키고 또한 계기의 고장으로 연결되는 결과일 것이다. 항공기정비사는 진공계통 기능 불량의 예방 또는 유지보수 정비에 책임이 있다. 예방 및 정비에는 여과기 세척 또는 교체, 진공 압력 점검 또는 정비, 진공펌프 또는 계기 장탈 또는 교환 작업 등으로 이루어진다. 표 3-8은 진공계통 고장 및 원인, 고장탐구 및 작업방법에 대한 설명이다.

3.21.6 액정표시장치(LCD Display Screens)

액정표시장치(LCD, liquid crystal display) 기술을 활용하는 전자식계기계통(electronic instrument system)과 디지털 계기계통(digital instrument system)의 표시화면(display screen)에는 대한 특별한 관심을 기울어야 한다. 예를 들어 반사방지코팅(coating) 사용은 섬광을 줄이고 화면표시기가 더 잘

[표 3-8] 진공계통 고장탐구 안내(Vacuum system troubleshooting guide)

결함 및 원인 (Problem and Potential Causes)	고장탐구절차 (Isolation Procedure)	수정절차 (Correction)
1. 무진공 또는 저압(No vacuum pressure or insufficient pressure)		
Defective vacuum gauge	Check opposite engine system on the gauge	Replace faulty vacuum gauge
Vacuum relief valve incorrectly adjusted	Change valve adjustment	Make final adjustment to correct setting
Vacuum relief valve installed backward	Visually inspect	Install lines properly
Broken lines	Visually inspect	Replace line
Lines crossed	Visually inspect	Install lines properly
Obstruction in vacuum line	Check for collapsed line	Clean & test line; replace defective part(s)
Vacuum pump failure	Remove and inspect	Replace faulty pump
Vacuum regulator valve incorrectly adjusted	Make valve adjustment and note pressure	Adjust to proper pressure
Vacuum relief valve dirty	Clean and adjust relief valve	Replace valve if adjustment fails
2. 과한 진공(Excessive vacuum)		
Relief valve improperly adjusted		Adjust relief valve to proper setting
Inaccurate vacuum gauge	Check calibration of gauge	Replace faulty gauge
3. 자이로 자세계 바 미반응(Gyro horizon bar fails to respond)		
Instrument caged	Visually inspect	Uncage instrument
Instrument filter dirty	Check filter	Replace or clean as necessary
Insufficient vacuum	Check vacuum setting	Adjust relief valve to proper setting
Instrument assembly worn or dirty		Replace instrument
4. 경사선회계 미반응(Turn-and-bank indicator fails to respond)		
No vacuum supplied to instrument	Check lines and vacuum system	Clean and replace lines and components
Instrument filter clogged	Visually inspect	Replace filter
Defective instrument	Test with properly functioning instrument	Replace faulty instrument
5. 경사선회 바늘 진동(Turn-and-bank pointer vibrates)		
Defective instrument	Test with properly functioning instrument	Replace defective instrument

보이게 하는 역할을 한다. 이런 반사방지코팅은 정비사의 손이나 피부의 기름기(oil) 또는 암모니아 같은 것이 함유된 세척제를 사용함으로써 품질을 악화시킬 수 있다. 최첨단 조종석에서 액정표시화면장치를 깨끗하게 유지 관리하는 것은 정비사의 매우 중요한 일이다. 세척할 때는 깨끗한(clean) 린트 프리천(lint-free cloth – 보푸라기 없는 천)과 반사방지 코팅 물질에 안전하다고 제작사에서 권고한 세제를 사용하는 것이 중요하다.

04 통신항법 계통

Communication and Navigation System

4 통신항법 계통

Communication and Navigation System

4.1 무선통신(Radio Communication)

4.1.1 초단파 무선통신(VHF: Very High Frequency Communication)

초단파무선통신 VHF는 항공기의 주 통신계통으로서 항공기와 지상, 항공기와 다른 항공기 상호 간의 단거리 통신에 이용되며 보통 3세트가 준비된다. 사용되는 주파수대는 118.000~137.975MHz이며 채널(channel)별 간격(space)은 25kHz이었으나 최근에는 수요가 많아 25kHz 채널 간격을 3등분한 8.33kHz 대역으로 세밀하게 분할하여 총 2,280개의 VHF 채널이 생성되고 이 중 하나를 선택할 수 있다. 이러한 채널은 공항의 교통관제타워, 진입관제, 항공로 관제의 무선국에 할당하여 인접 무선국과 중복되지 않는다.

전파의 전달 방식은 초단파를 이용하기 때문에 전리층에서 반사되지 않고 통과하는 등대기층에서의 매질 차를 이용한 반사파 통신을 하지 못하고 대신 직접파 또는 지표 반사파를 이용하여 가시거리 통신(단거리 통신)에 이용된다.

고(高)고도에서 비행하는 항공기와 관할 항공교통관제(ATC: Air Traffic Controller)와의 교신이 VHF통신을 통해 대부분 이루어지며, 반사파가 아닌 직접파이기 때문에 잡음이 적은 깨끗한 음질을 제공하여 실제 비행 중 가장 많이 이용하는 통신 수단이다.

그림 4-1은 VHF 관련 장비인 라디오 컨트롤 패널(RCP, Radio Control Panel)로서 RMP(radio management panel)라고도 하며, 통신 계통의 인터페이스로 통신하고자 하는 통신 시스템(HF, VHF, 무선항법계통 등) 또는 주파수대를 선택할 수 있다.

VHF 통신 시스템은 음성 통신(voice communication)뿐만 아니라 데이터통신(data communication)에도 사용된다. 데이터 통신의 대표적인 계통은 운항정보통신시스템(ACARS, Aircraft Communication

[그림 4-1] 라디오 컨트롤 패널 (Radio Control Panel)

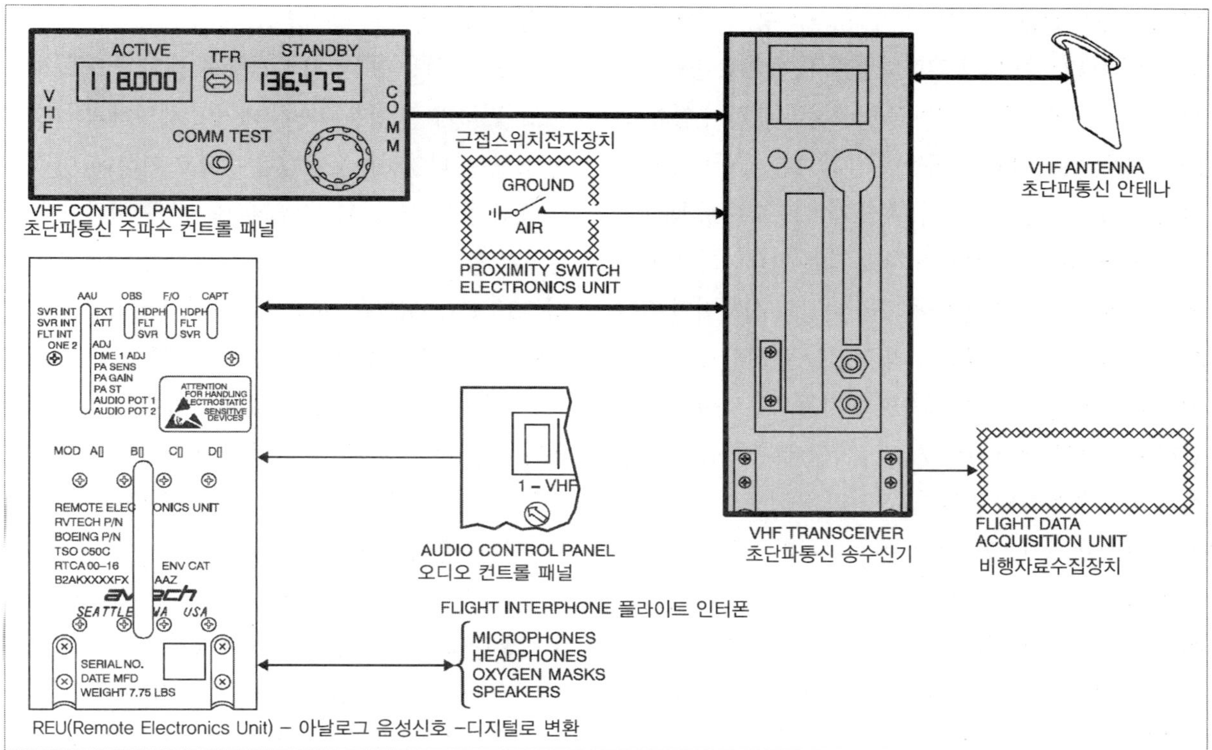

[그림 4-2] B737 항공기 VHF 통신계통 (B737 VHF Communication System)

Addressing and Reporting System)은 항공기와 지상 간의 메시지를 자동으로 전송하는 양방향 데이터 통신 시스템이다. 음성 통신으로만 이루어지던 각종 데이터들을 데이터로 송 · 수신함으로써 채널 점유 시간 및 통신 채널수의 감소를 이룰 수 있다. VHF 기반의 ACARS는 항공기와 지상국 간 데이터 통신을 제공하는 것으로 항공기가 공항 출발 전에 관제탑으로부터 출발하거나 항공사로부터 무게 및 균형(Weight & Balance) 자료를 무선 데이터로 받을 수 있고, 관련 공항의 기상정보, 게이트 정보 등을 지상에 요청하여 데이터로 받을 수 있는 양방향 통신장비이다.

초단파 무선통신 계통의 주요 구성품은 보통 3 세트로 구성되는데 VHF Transceiver(초단파 무선통신 송.수신기), VHF 안테나, VHF 주파수 선택하는 VHF 컨트롤 패널, 송수신 음량 조절 및 송수신 선택하는 오디오 컨트롤 패널(ACP panel) 등 각각 3 대식으로 이루어진다. (그림 4-2 참조)

4.1.2 단파 무선통신 (HF: High Frequency Communication)

항공기와 지상, 항공기와 타 항공기 상호 간의 HF(단파) 전파를 이용하여 장거리 통화 및 VHF 통신 결함 시 비상용으로 사용된다. 그림 4-3과 같이 HF 전파는 전리층에서 반사되고 다시 지상에 반사되는 특징으로 지구 반대편 원거리까지 전달되는 통신이 가능하나 잡음이나 페이딩(fading – 통신 신호 감쇄 현상)이 많으며 태양 흑점의 활동 영향으로 전리층이 산란되어 통신 불능이 가끔 발생하는 단점이 있다. HF 전파는 VHF에 비해 파장이 길기 때문에 안테나의 길이가 길어지지만 항공기 구조 제한과 고속성 때문에 큰 안테나를 장착하지 못하고 작은 안테나가 사용된다. 또한 주파수의 변화에 따라 파장의 실제적인 길이의 변화도 크므로 주파수의 적정한 안테나 길이와 매칭(matching)이 이루어지도록 자동으로 작동하는 안테나 커플러(antenna coupler)가 안테나와 HF 송수신기 사이에 부착되어 있다. 장거리 통신용으로 사용되고 있는 현용 HF 통신시스템은 장거리 항공이동 통신서비스 대역으로 할당된 2.85~22MHz 범위에서 국제적으로 몇몇 채널을 지역적으로 할당받아 이용하고 있으며, 1kHz 간격으로 채널을 설정할 수 있는 형식과 100Hz 간격으로 세밀하게 구분된 채널 간격을 갖는 시스템 등이 주로 사용되고 있다. 일반적으로 장거리 통신에 사용되는 3~30MHz 주파수 대역은 아마추어 통신, 어업용 통신, 지상 공중용 통신 등으로 사용 용도 및 국가 간 이용주파수 대역이 세밀하게 설정되어 있으며, 다양하면서도 많은 수요로 인하여, 양측파대 통신 방식(DSB: Double Side Band) 중 한쪽만을 이용하는 방식인 주파수 간격 3kHz의 단측파대 통신 방식(SSB: Single Side Band)을 사용하고 있다.

HF는 전파특성상 장거리 통신이 가능하여 태평양 등 대양과 같이 항법시설이 없는 지역에서 사용할 수 있다는 장점이 있지만, 신뢰성이 매우 낮고 주파수 이용의 증가로 사용상 한계점에 도달하였다고 볼 수 있다. 또한, 통신위성시스템(SATCOM)이 일반화되어 HF 통신의 사용 빈도는 줄어들었으나, 위도가 높은 극지방과 같이 위성 통신이 사용되지 못하는 지역에서는 유용하게 사용된다. 단파통신(HF)계통의 구성은 일반적으로 2 세트 또는 1 세트로 구성되어 있으며, 주요 구성품으로는 HF RT(송수신기, Transceiver, 보

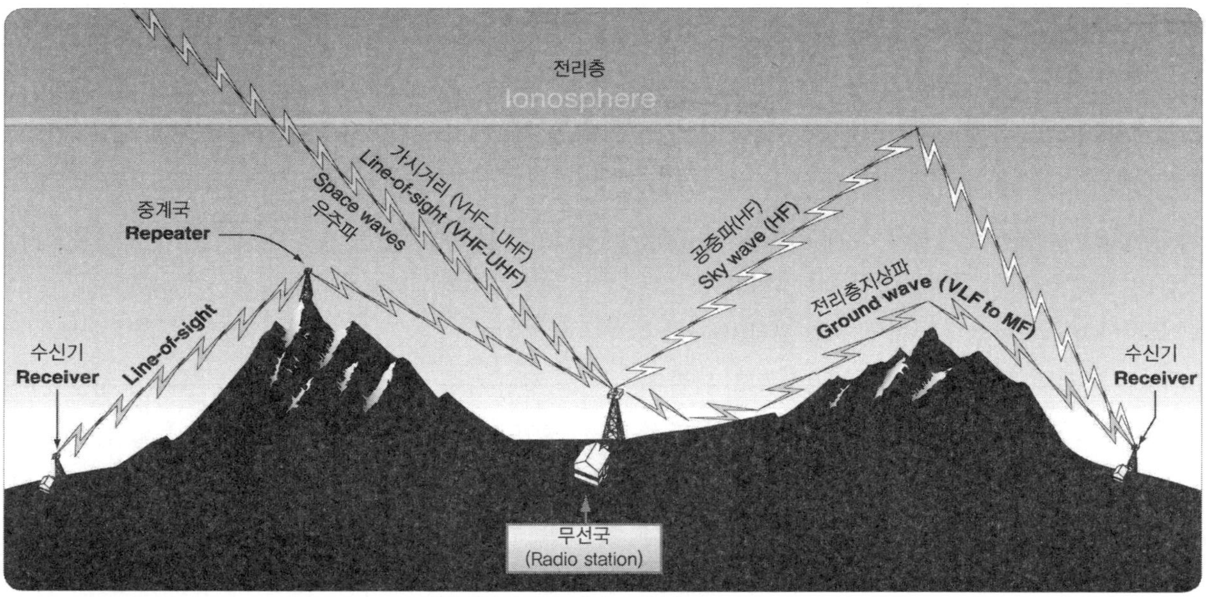

[그림 4-3] 단파 무선파 (HF Radio Wave)

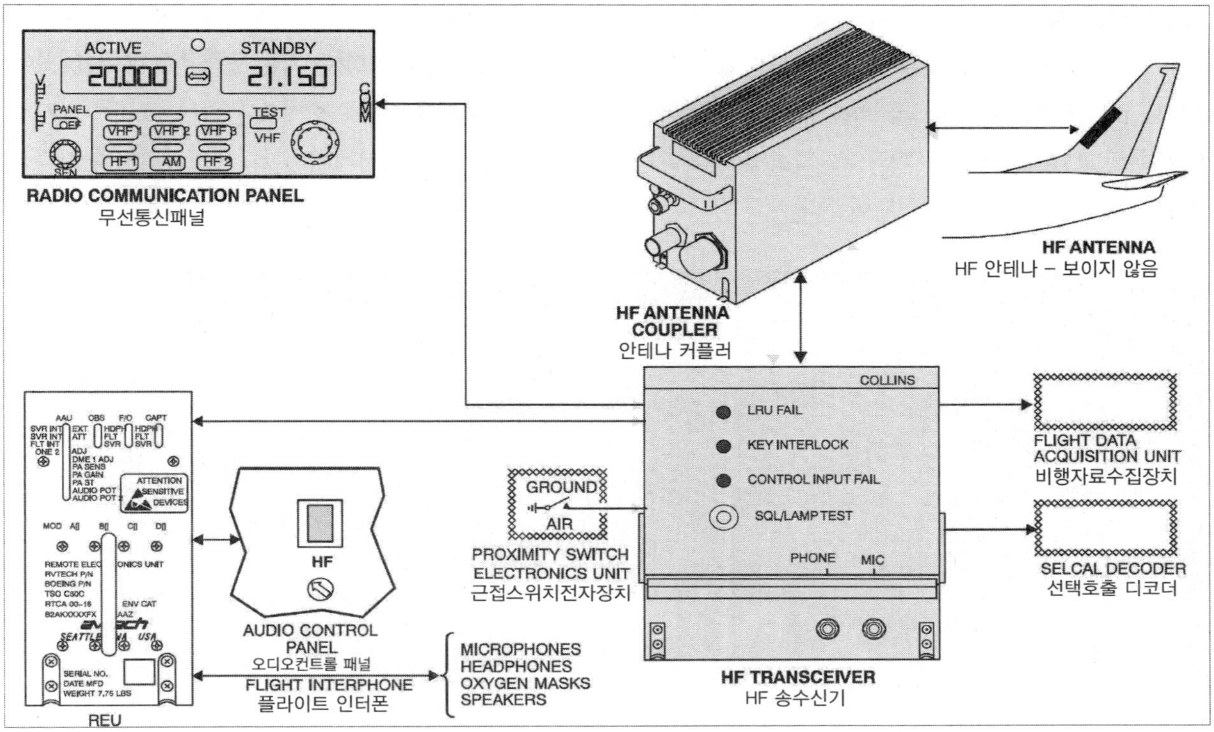

[그림 4-4] B737 단파 통신 계통 (B737 HF Communication System)

통 RT라고 함), HF 안테나, VHF계통에는 없는 HF 안테나 커플러, HF 주파수선택을 할 수 있는 RCP(무선 컨트롤 패널 : VHF 와 함께 사용), 오디오 컨트롤 패널(ACP) 등으로 구성되어있다.

4.1.3 비상 위치 표시 장치 (ELT: Emergency Locator Transmitter)

비상위치표시장치(ELT)는 항공기에 큰 충격으로 인한 중력(G-force)이 왔을 때, 즉 충돌이나, 추락 등 조난 상태의 항공기의 위치를 알려주기 위해서 장착된 시스템으로 배터리가 장착되어 있어 항공기 시스템 전원을 이용하지 않고 자체의 배터리 전원으로 구조 전파를 발사한다. ELT는 적어도 24시간 동안 5watts의 출력으로 매 50초 간격으로 406.025MHz의 디지털신호를 송신한다. 조난 신호는 COSPAS-SARSAT 위성시스템(위성지원 탐색 및 구조)에 있는 위성에 의해 전 세계 어디에서든지 수신이 된다. 두 종류의 위성, 즉 저궤도위성(LEOSATs: low earth orbiting satellites)과 정지위성(GEOSATs: geostationary satellites)은 서로 보완하여 이용된다. 이들 위성에서 ELT에서 받은 조난신호를 부분적으로 처리하고 저장한 다음에 지상국 지역사용자단말기(LUTs: local user terminals)로 중계된다. 지역사용자단말기(LUTs)에서 조난신호를 해독하여 탐색구조작전을 수행할 목적으로 설립한 임무통제센터(MCC, mission control center)로 보내서 탐색 및 구조를 한다.

NOTE 해상선박 비상위치 비콘(EPIRBs: maritime vessel emergency locating beacons)과 개인위치비콘(PLBs, personal locator beacons)은 동일한 시스템을 사용한다. 그림 4-5에서는 COSPAS-SARSAT 시스템에 있는 기본적인 구성요소를 보여준다.

ELT는 FAR 91.207 및 항공안전법에 의거 항공기에 장착되어야 한다. 이것은 기존 블랙박스(balck box)에 있던 ULB 외에 추가로 장착이 되었다. ELT는 12개월마다 장착상태, 배터리의 부식, 제어감지기와 충격감지기의 작동상태, 그리고 안테나의 신호 송신상태에

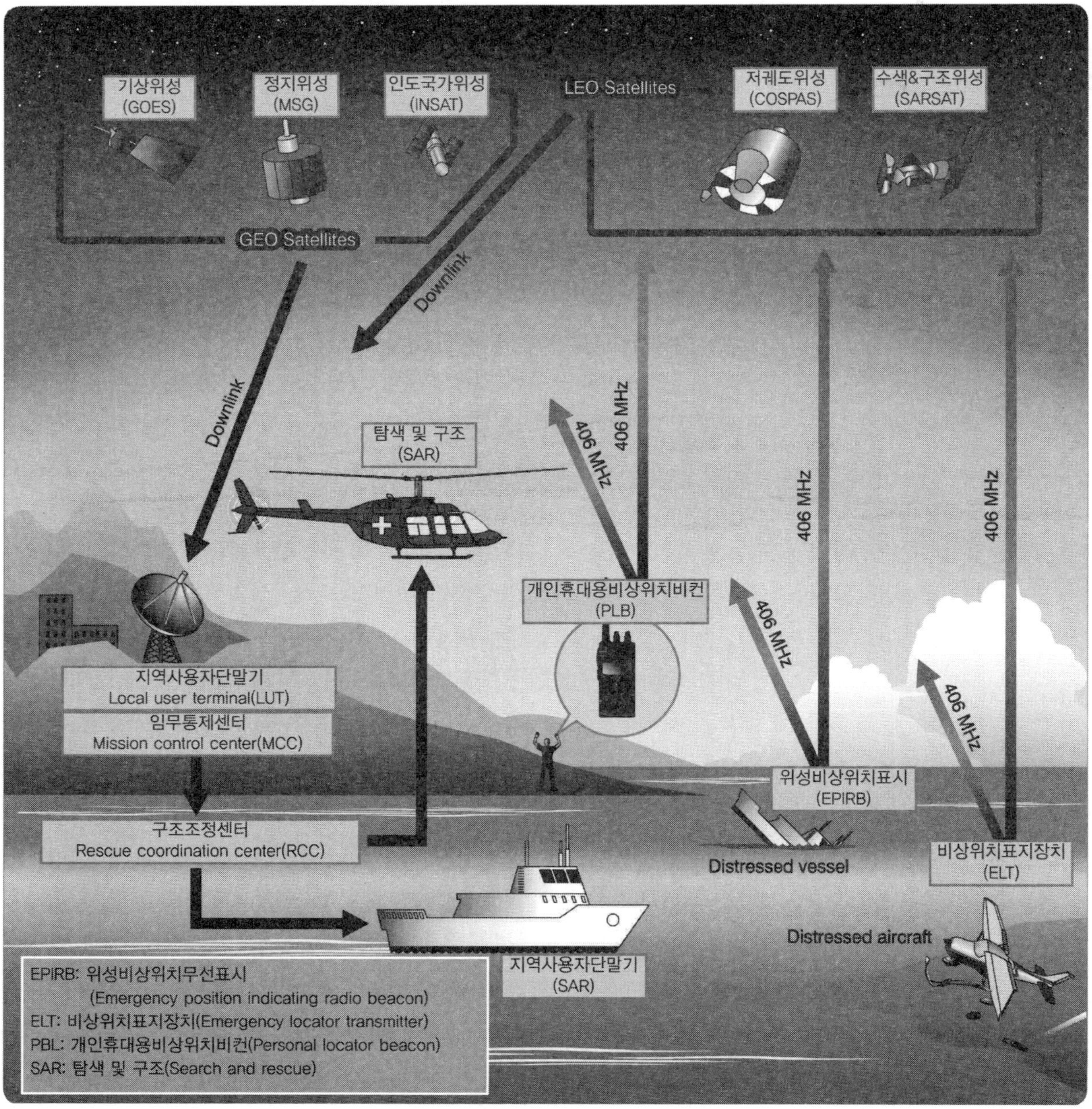

[그림 4-5] 위성지원탐색&구조 시스템(COSPAS-SARSAT System)

대한 사전검사를 수행해야 한다. 자체 바이트(BITE: Built-In Test Equipment)가 있어서 실제 조난 신호를 전송하지 않고도 시험을 할 수 있는 장치이다. ELT 점검 시 조난신호가 송신되지 않도록 주의해야 한다. 검사를 수행한 후 배터리의 유효기간을 포함하여 항공일지 및 ELT 외부에 기록한다. 장착 위치는 보통 항공기 기체의 뒤쪽에 장착되며, ELT 내부에 장착된 중력(G-force) 감지기가 항공기의 세로축에 일치하도록 장착된다. ELT의 장착, 검사 그리고 정비에 대해서는 제작사 매뉴얼을 따른다. 그림 4-6에서는 ELT장착위치(항공기 꼬리날개 부분)를 볼 수 있다.

최신 2 세대 406MHz ELT 디지털신호에는 ELT 내부의 수신기에 위성항법장치(GPS)의 위치정보(위도, 경도)가 저장되어 있어서 조난위치 정확도가 100[m] 이내로 탐색할 수 있을 뿐만 아니라 그 디지털신호에는 고유의 항공기등록 정보 즉 항공기등록번호, 소유자, 그리고 연락처 등을 인식할 수 있다.

그림 4-7의 휴대용 ELT 단말기도 마찬가지로 항공기가 추락 등으로 충격을 받게 되면 자동으로 중력 감지(automatic G-force)장치의 G-스위치가 작동하여 디지털신호를 발사하는 것으로 휴대용으로 항공기에

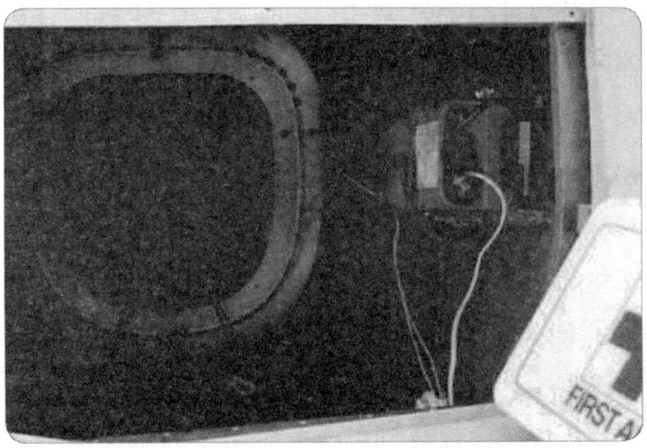

[그림 4-6] ELT 장착위치 (Emergency Locator Transmitter(ELT)

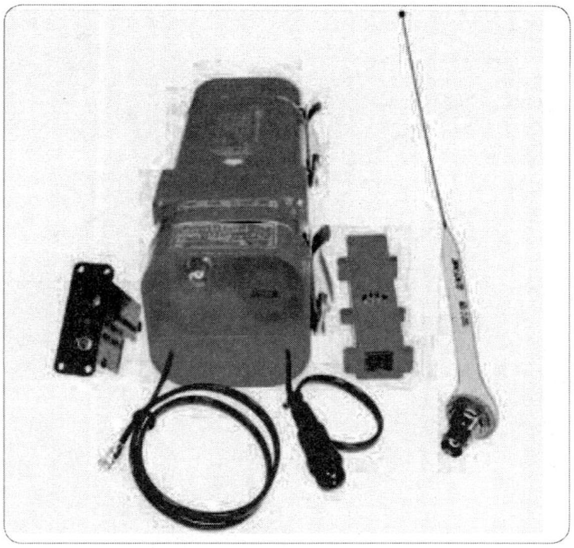

[그림 4-7] 휴대용 ELT 및 부품 (ELT and its components)

서 ELT는 쉽게 장탈이 가능하다. 가끔 사고 항공기의 조난자들이 사고현장에서 멀리 떨어져 있더라도 휴대용 ELT를 사용하여 구조요청 조난 신호를 발사할 수 있다. 조종실에 제어 패널은 ELT가 작동 시 경보를 발하여 작동 상태를 알려주도록 되어 있다.

그림 4-8과 같이 ELT의 주요 구성은 안테나, ELT 트랜스미터 및 조종석에 제어 페널로 구성되어 있다. ELT 제어 패널의 ARM 위치는 비행 중 선택위치로 실제 충격 시 바로 작동하고 ON 위치는 지상에서 시험을 하거나 수동으로 작동을 할 때 사용한다.

ELT 트랜스미터는 내부에 G-force(중력)을 감지하는 스위치가 있어서 일정한 G 이상이 걸리면 작동하고 또한 내부에 독립적인 전원장치 배터리가 있어서 항공기 전원이 없어도 작동하며 자체에 바이트 기능이 있어서 시험이 가능하다.

일부 ELT는 121.5MHz로 조난 신호를 아날로그로 전송방식을 사용하는데 이는 2009년 이전에 121.5MHz가 CORPAS-SARSAT 위성으로 감지하여

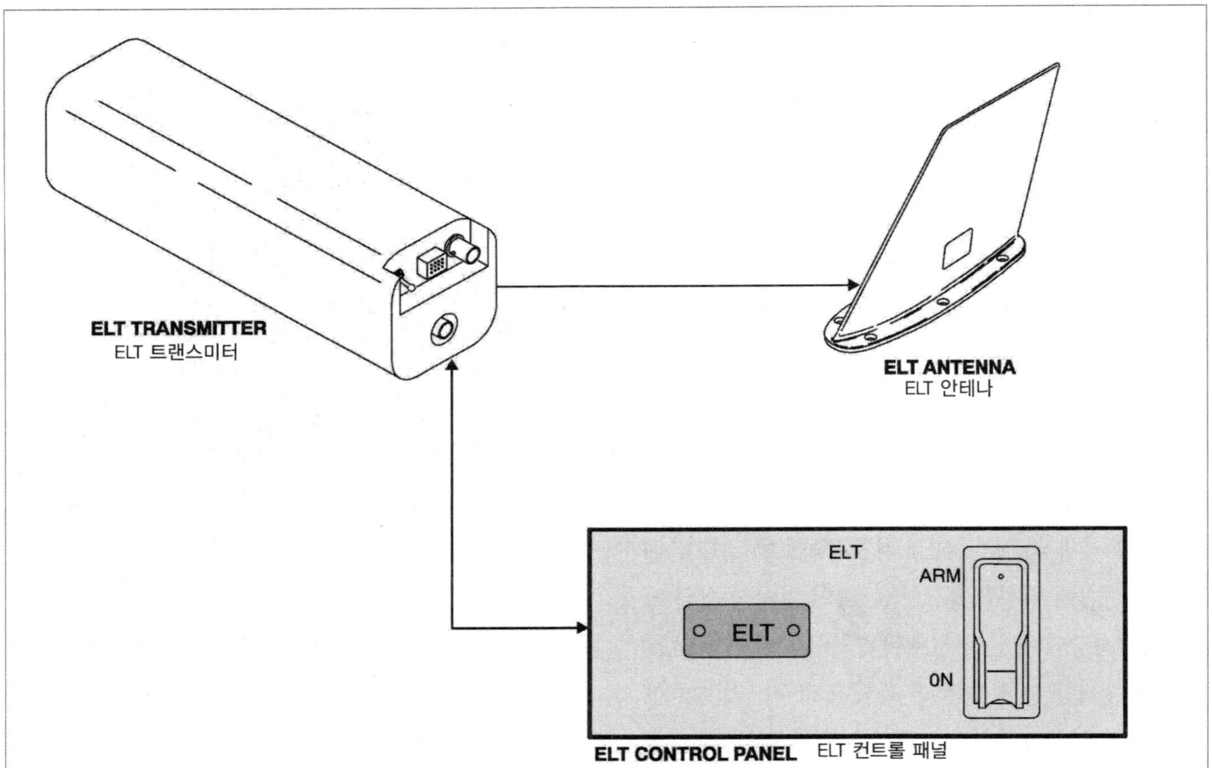

[그림 4-8] 비상위치표시장치 (ELT SYSTEM) 구성

세계적으로 널리 사용하는 비상주파수이었다. 그러나 406MHz가 표준으로 채택이 되면서 121.5MHz 전송은 더 이상 위성에서 수신하여 전달하는 방식은 아니다. 그러나 구형 항공기에서는 0.75[watt] 아날로그 121.5MHz 긴급신호를 발신하는 ELT가 장착되어 운영 중이다. 121.5MHz 주파수는 아직도 사용 중인 비상주파수로 항행 중인 항공기와 관제탑에 의해 감시된다. 정비사는 12개월 주기로 121.5MHz ELT의 검사와 시험을 수행해야만 한다. 그러나 구식의 ELT는 바이트(BITE: Built-In Test Equipment)가 없으므로 정확한 작동시험을 위해서 신호를 전송시켜야 하므로 안테나를 제거하고 대신에 더미로드(dummy load)를 장착하여 수행할 수 있다. 시험을 위해 ELT 신호(signal)의 발신은 오직 매시 정각에서 5분 이내에 수행되어야 한다. 또한, ELT 시험 전 지역관제탑(local control tower) 또는 비행지원국(flight service station)에 시험 통보를 하여야 한다.

구식의 121.5MHz 아날로그신호 ELT는 가끔 243.0MHz의 주파수로 비상 신호를 전송할 수도 있으며, 오래전에 군비상 주파수로 사용되었으나, 디지털 ELT 신호와 위성감시가 가능해짐에 따라 점차 폐지되고 있다. 406MHz ELT는 적용범위의 개선, 위치정밀도, 거짓경고의 식별, 그리고 짧아진 응답시간 등의 장점 때문에 현재 전 세계적으로 널리 사용되는 표준 장비이다.

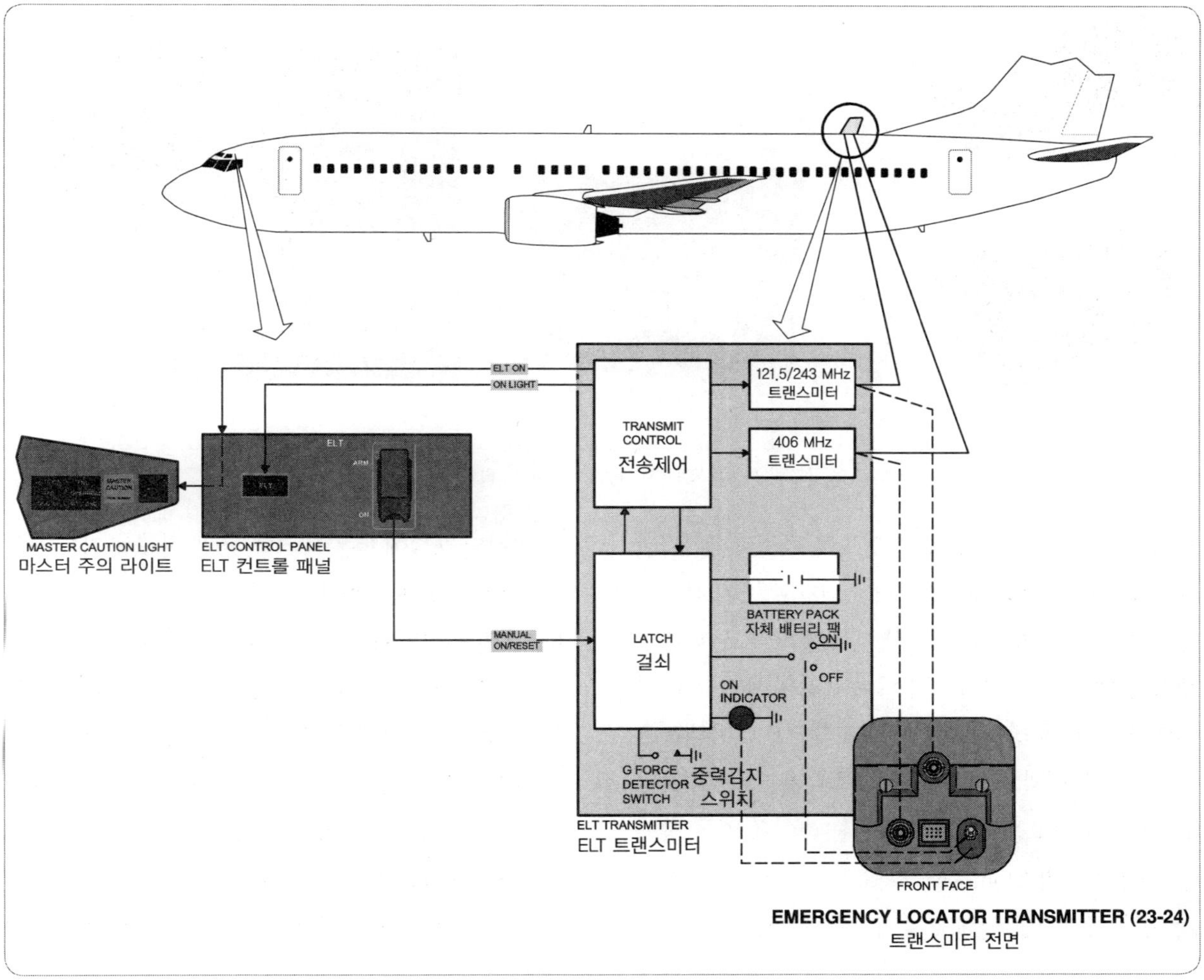

[그림 4-9] B737 ELT 시스템 (B737 ELT System)

4.1.4 조종실 음성기록장치 (CVR: Cockpit Voice Recorder)

항공기에는 블랙박스(black box)라고 하는 기록장치가 있는데 이 블랙박스 구성은 비행기록장치(FDR. flight data recorder)와 조종실 음성기록장치(CVR. cockpit voice recorder)로 구성되어있다(그림 4-10 참조). 이들의 목적은 항공기 사고 후 사고원인을 규명하기 위해 사고 직전까지 비행 및 음성 자료를 저장한 일종의 기록장치 이다. 그 기록을 항공기 사고 후에도 안전하게 보존하기 위해서 물리적으로 특수하게 제작을 하여 고온(1,000℃)에서 2 시간 이상 견디고 고충격(3,400 g) 및 심해(6,000 m)에서도 30일 이상 견디도록 특별히 제작이 되었으며 흔히들 blackbox라고 부르지만 발견하기 쉽게 걸 케이스 색상도 밝은 황색이고 항공기에 장착위치는 사고 시 충격과 화재로 인한 손상을 최소화하기 위해 ELT와 마찬가지로 항공기 후방 꼬리 부분에 장착이 되어 있다(그림 4-10 참조).

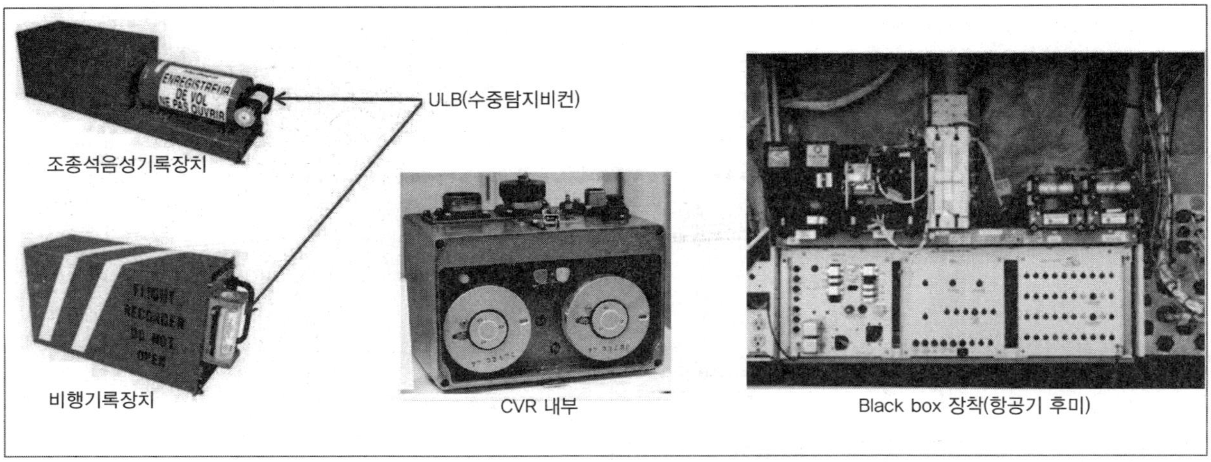

[그림 4-10] 블랙박스 (Black Box = FDR + CVR)

또한 사고 후에 바로 찾을 수 있도록 수중탐지비컨인 ULB(Underwater Locator Beacon)가 수중에 잠기는 순간에 비상 주파수를 30일간 계속 발사하고 이 주파수를 통해 위치를 찾아 회수하여 녹음된 내용을 분석하여 사고 직전 상황과 원인을 규명한다. 기록내용은 조종실 승무원의 통신 내용 및 대화내용, 그리고 조종실 내 제반 경고음 등을 녹음한다. 테이프 기록 장치는 30분 엔드리스(endless) 타입으로 4 채널로 구성되며, 동시에 4채널 입력 신호가 공급되어도 개별적으로 지정된 채널에 녹음이 된다. 최근 반도체 기록 장치인 CVR은 120분까지 4채널로 연속적으로 저장이 된다. 테이프 타입이든 반도체 타입이든 마지막 사고가 발생하여 녹음이 멈추는 시간을 기준으로 30분, 120분 저장하는 것으로 끝까지 저장되면서 돌아가면 다시 처음부터 이전 것을 지우면서 다시 저장되기 시작한다. 즉, 저장이 끝나는 시점을 기준으로의 녹음 저장한 시간을 의미하는 것이다.

4개의 각각의 채널에 따라서 채널1에는 선임 옵서

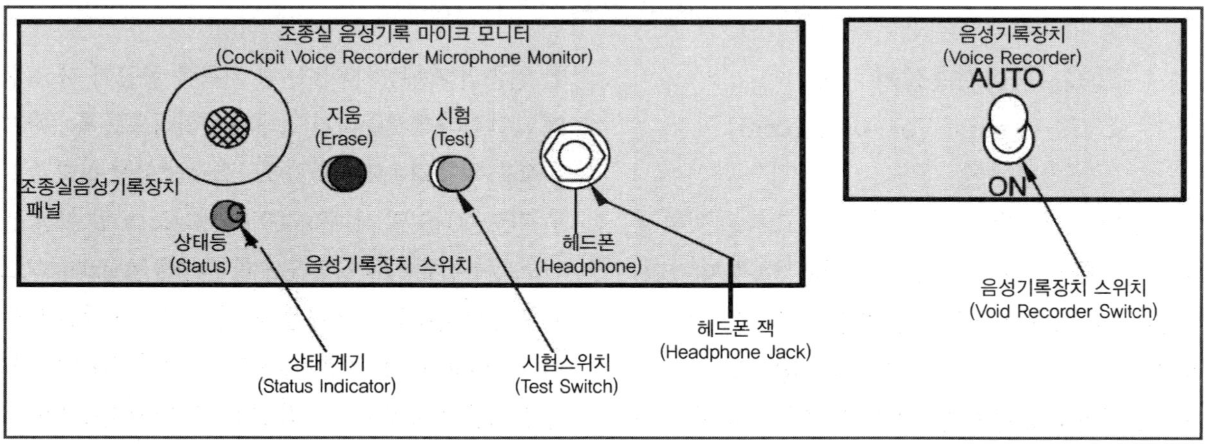

[그림 4-11] 조종석 음성 기록 장치 컨트롤 패널 (CVR Control Panel)

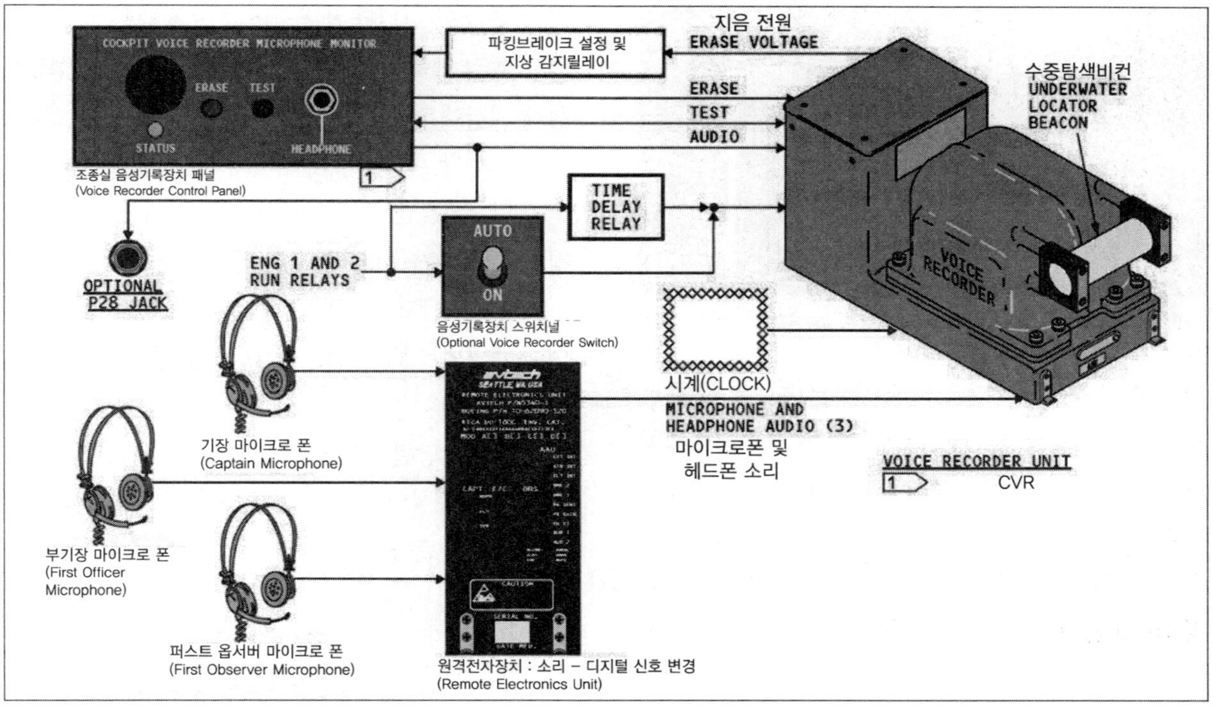

[그림 4-12] B737 조종실음성기록장치계통 (B737 CVR System)

버(First Observer), 채널2에는 부기장(First Officer), 채널3에는 기장(Captain), 채널4에는 주변음성(Environment Audio)이 조종실에 장착되어 있는 마이크에 의해 CVR에 저장된다.

조종석 CVR 컨트롤 패널에서 작동 상태를 시험 할 수 있고 필요하면 녹음 내용을 삭제할 수 도 있다. 항공기가 비행 중이나 활주로 진입하는 중에는 데이터 삭제가 불가능하다.

4.1.5 선택호출장치 (SELCAL: Selective Calling System)

지상에서 특정 항공기를 호출하는 시스템으로 지상(회사)에서 호출이 오면 조종사에게 톤(tone)과 라이트(light)로 호출신호를 알려주는 계통으로 조종사는 비행 중 계속 감시 할 필요는 없는 계통이다.

그림 4-13과 같이 항공사 무선네트워크가 지상국과 항공기 간의 통신을 제공하고 선택호출계통을 작동하기 위해 각 항공기마다 고유의 4 자리 코드를 가지고 있으며, 조종석 계기판에 부착되어 있다. SELCAL 코드라고 하며 각 문자는 각기 다른 오디오 톤을 가지고 있다. 지상에서 항공기를 호출하기 위해서는 해당 톤을 HF, VHF 통신계통을 통해 보내는 것이다. SELCAL 코드는 알파벳 A~S 사이에서 I, N, O를 제외한 16개의 문자 중 4개의 문자로 구성되어 있다. 그림 4-13에서는 코드가 FNNH로서 항공기의 VHF 또는 HF 안테나를 통해서 호출 신호가 오면 SELCAL Decorder(코드해석기)가 그 신호를 해석을 하여 당 항공기의 코드와 일치하는지 확인한다. 코드

그림 4-13. 조종석 선택호출코드 - SELCAL Code 4 Letter on Cockpit

가 일치된 것이 확인되면 수신된 시스템, 즉 VHF 또는 HF 중 신호를 수신한 시스템 쪽의 음성조정패널(ACP: Audio Control Panel)에 호출 라이트를 점등하며 차임(chime)을 통하여 승무원에게 오디오로 알려준다. 이러한 호출장비로 인하여 조종실 승무원이 항상 HF 또는 VHF의 수신 상태에 주의를 기울일 필요가 없을 뿐만 아니라 해당국의 수신 상태를 작동상태(Active)로 해놓을 필요조차 없어졌다. 즉, SELCAL을 통해 지상에서 호출할 때만 연결하면 된다. 단, 항공기에서 해당 주파수가 선택되어 있지 않으면 호출이 되지 않으므로 항공기는 관할 지역을 비행할 때는 항상 지상국 관련 주파수를 설정하여야만 한다.

SELCAL 디코더 내부엔 4개의 디코더로 구성되어 있어 채널별로 VHF, HF 시스템이 할당되어 있다. 각 디코더의 역할은 수신된 신호의 코드를 분석하여 당 항공기의 할당된 코드와 같은지 여부를 판단한다. 같을 경우 조종실의 호출을 위해 해당 ACP에 호출 라이트를 점등해 준다.

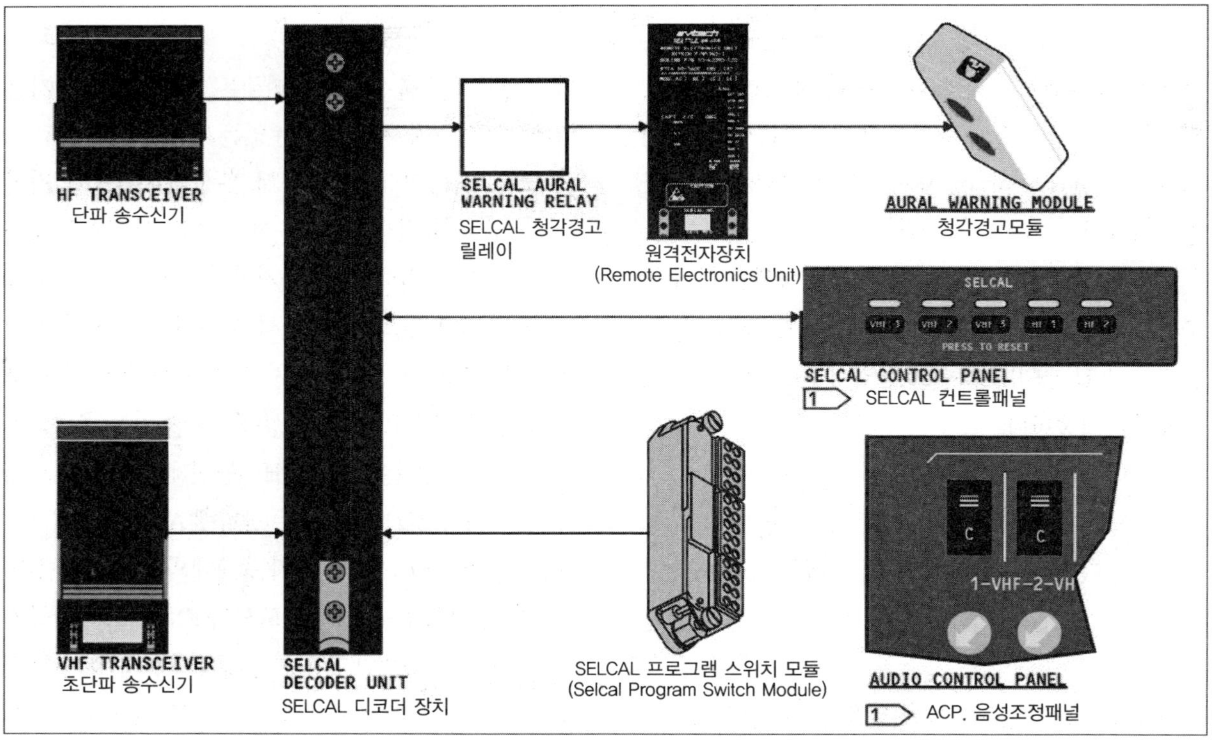

[그림 4-14] B737 선택호출계통 (B737 SELCAL System)

4.1.6 운항정보교신 시스템 (ACARS: Aircraft Communication Addressing And Reporting System)

ACARS는 항공기와 지상(항공사 및 관제사)간의 효율적인 항공운항정보통신(AOC, Airline Operations Communication)을 위하여 VHF/HF/위성통신시스템(SATCOM: Satellite Communication System) 등의 무선 데이터 링크를 이용하여 메시지와 보고서등 운항 상태 정보를 문자 위주로 통신하는 방식이다. 즉 데이터 링크 통신 계통이다. 이것은 미국 항공 무선협회(ARINC: Aeronautical Radio Incorporation)가 1976년에 개발한 것으로서 ARINC 619 ACARS Protocols for Avionics End System 표준이다. SITA(Society of International Telecommunications Aeronautics – 항공운송산업에 IT 및 통신 서비스를 제공하는 다국적 정보기술회사)도 1985년부터 동일한 서비스를 제공하고 있다. 이것은 등록번호로 구분되는 항공기별로 일상적인 운항상태보고 및 지시사항에 대한 처리 결과 데이터를 항공사에게 자동 전송함으로써 조종사의 통신 부담을 감소시킨다 [그림 4-15 참조]. 또한 역으로 조종사가 항공사에게 기상 상태 및 연결 편 정보 등

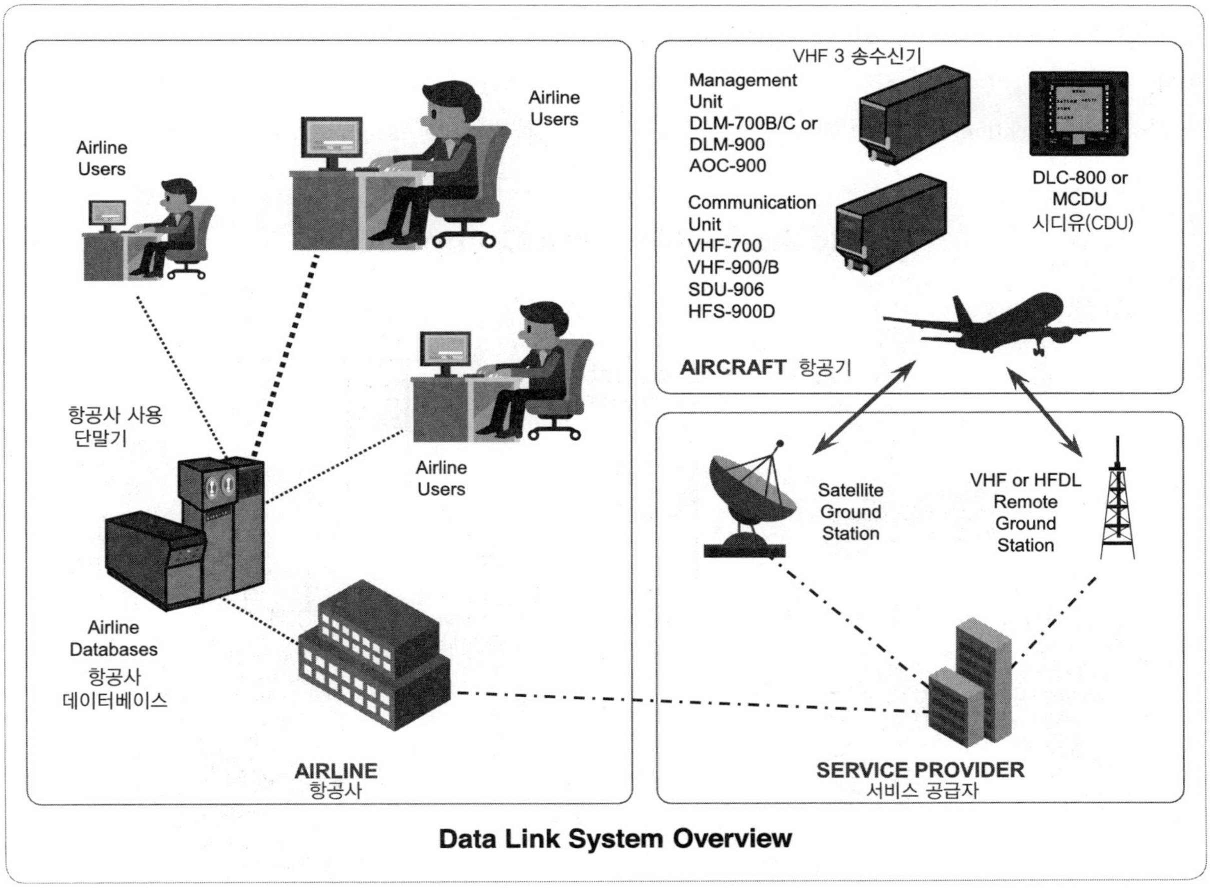

[그림 4-15] 데이터 링크 계통 (Summary of Data Link System)

을 질의할 수 있고 자료를 응답받아 프린트도 할 수 있다. 이러한 ACARS 시스템은 항공사별로 특정 응용을 지원할 수 있기 때문에 실제 ACARS 메시지의 내용은 항공사별로 다르다. 항공기에서 지상으로의 메시지를 다운링크(downlink)라고 하고 지상에서 항공기로의 메시지 또는 보고서를 업 링크(uplink)라고 한다.

ACARS는 항공운항 중에 필요할 때와 예정된 비행시간에 항공기에서 자동으로 데이터를 메시지로 보내거나 지상에서 자료를 받는 계통이다. 이 계통으로 음성으로 수행해야 하는 승무원들의 업무량을 줄이고 항공사나 정비부 입장에서는 항공기 현황 등을 실시간으로 모니터가 되어 효율적인 운항관리를 할 수 있다. 다음은 ACARS가 다운 링크하는 전형적인 메세지이다.

- Crew identification(승무원 성명)
  - ATC (교통관제소)
- Out, off, on, in (OOOI) times
  - ATC (교통관제소)
- Engine performance
  - Engine Manufacture (엔진 제작사)
- Flight status
  - AMT (정비사)
- Maintenance items
  - AMT (정비사)

항공기 운항 상태[OOOI; 푸시아웃 (Push Out), 이륙(Take Off), 착륙(Land On), 도착 램프인(Ramp In)] 시간, 엔진의 성능 데이터, 무게중심 및 균형(Weight and Balance), 비행계획(Flight Plan), 날씨, 항공고시보인 노탐(NOTAM: Notice To Airmen), 게이트 배정(Gate Assignment) 등을 자동으로 다운링크

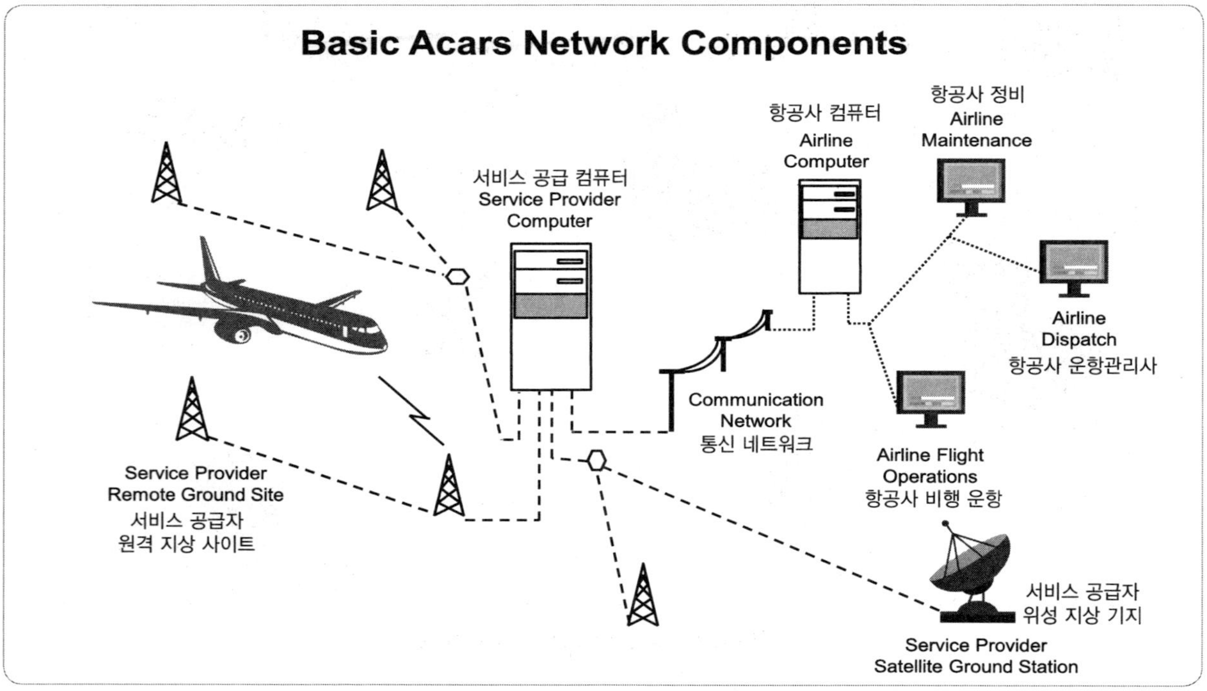

[그림 4-16] 기본 ACARS 네트워크(Basic ACARS Network)

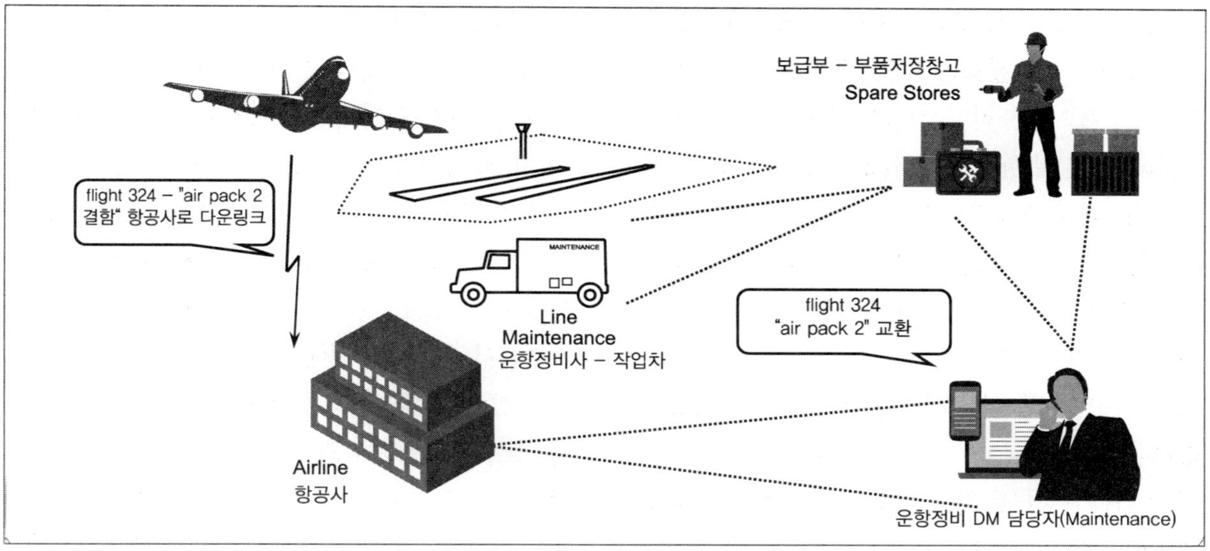

[그림 4-17] 항공기 결함 자료 자동 다운링크(Auto Down Link of Fault Data)

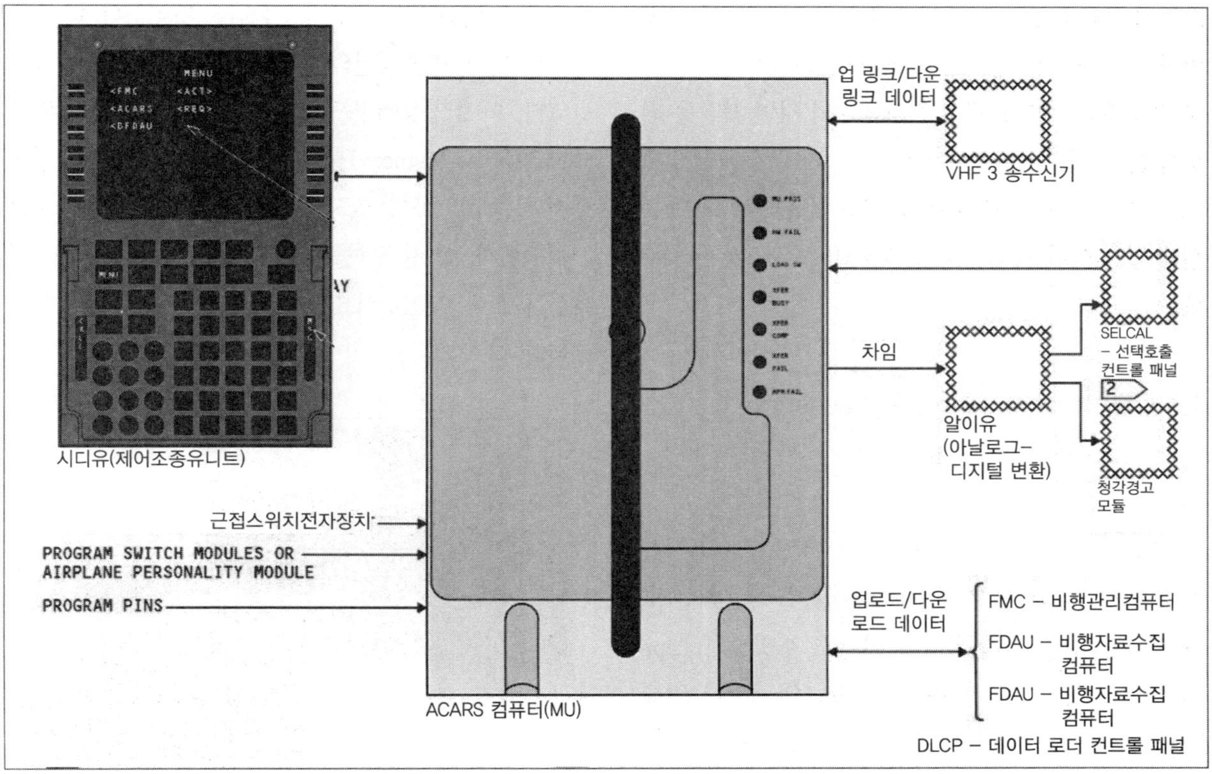

[그림 4-18] B737 ACARS 계통 (B737 ACARS System)

(down link) 및 업 링크(up link)한다. 또한 정비 분야의 ACARS 데이터 활용은 적기의 정비를 통해 정시성 향상에 크게 기여를 하고 있다. 비행 중에 항공기 결함 데이터, 엔진 및 항공기 감시(Monitoring) 데이터를 지상 정비부로 자동 전달이 되고 정비부에서는 결함 분석 및 고장탐구, 여분의 부품 준비 등을 통해 항공기 운항지연을 최소화하여 정시성을 향상 시킬 수 있다 [그림 4-16 및 4-17 참조].

그림 4-17을 좀 더 상세히 설명하면 항공기 flight 324 비행 중 "air pack 2" 결함이 발생하여 항공기 VHF 3으로 결함 데이터를 지상 서비스 공급자에게 다운 링크하면 그 데이터는 해당 항공사 운항 정비부 DM(데스크 매니저) 컴퓨터로 전달이 된다. 운항 정비사는 flight 324 착륙하기 전에 이미 결함 정보를 받아서 필요하면 보급부에 부품 확보 및 결함 이력 확인 및 고장 탐구하는 등 정비 할 준비를 하여 항공기 착륙하자마자 바로 조치를 함으로서 결함해소의 지연 시간을 최소화 할 수 있다.

ACARS의 주요 구성품은 ACARS 컴퓨터(MU), 메뉴 선택 및 제어판 기능이 있는 CDU(비행관리컴퓨터 부품),

4.1.7 기내 오락 계통(PES: Passenger Entertainment System)

PES는 승객이 장시간 여행 시 좀 더 즐겁고 쾌적한 시간이 될 수 있도록 기내 음악과 영화를 제공하는 오락 시스템이다. 기내 음악은 테이프 재생장치(Tape Reproducer)나 CD 재생장치(CDR: Compact Disc Reproducer)에서 나오는 음악 신호를 승객의 각 좌석에 제공 해주는 시스템으로 테이프 재생장치뿐만 아니라 영상 신호에서의 음성 신호도 함께 전송된다. 또한, 승객들의 영화 관람을 위해 대형 스크린에 프로젝터로 상영하는 것이 일반적 이었지만, 객실 승무원이 임의대로 상영해주는 영화는 승객에게 충분한 만족감을 주지 못해 더욱 나은 승객 서비스를 제공할 필요가 생겼다. 이에 1단계 기내 엔터테인먼트 장치(IFE: In Flight Entertainment Equipment)로 일괄적인 영화 상영에서 여러 영화 중에서 승객이 원하는 것을 선택할 수 있도록 개인영상시스템(IVS: Individual Video System)을 채택하게 되었다. 또한 더욱 많은 음악과 좋은 음질을 위해서 테이프 재생장치에서 CD 재생장치로 바뀌었고 음악 채널도 늘었다. 2단계로 1단계 영화 상영의 단점은 여러 영상테이프 플레이어(Video Tape Player)에서 상영하지만 개인이 어느 채널을 보고 싶을 때 처음부터 보지 못한다는 것이었다. 다시 말하면 현재 해당 채널의 영상테이프에 맞춰 보는 것이었다. 이에 영상테이프 플레이어가 아니라 대용량 메모리(Mass Memory)를 사용함으로써 원하는 시점에서 처음부터 볼 수 있도록 하였다. 음악도 마찬가지로 지원한다. 이 시스템을 에이비오디 즉 주문형 음성 영상 시스템(AVOD: Audio & Video On Demand)이라고 한다.

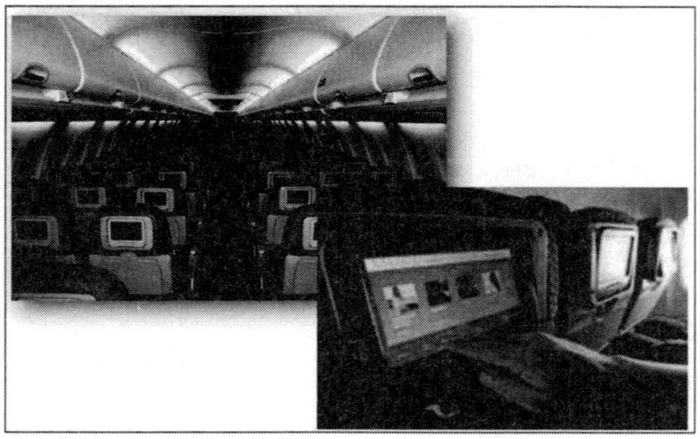

그림 4-19. 기내오락계통 - 주문형 오락계통 (PES - AVOD)

4.1.8 인터폰 시스템 (Interphone System)

유선통신계통 종류는 운항 승무원 인터폰(flight interphone system), 객실 승무원 인터폰(cabin interphone system), 지상 정비사 인터폰(service interphone)이 있다. 플라이트 인터폰은 비행 중 조종사 및 옵저버 사이에 통화가 가능하고 지상 정비사 및 객실 승무원과도 통화가 가능하다. 캐빈 인터폰(cabin interphone system)은 당연히 객실 내 승무원끼리 사용하는 인터폰 시스템이다. 서비스 인터폰 시스템은 지상에서 정비하는 동안 항공기 이곳 저곳에 작업을 하고 있는 정비사들끼리 통신하는 계통으로 항공기 외부 필요한 곳에 인터폰 잭(jack)이 있어서 인터폰 헤드셋을 연결하여 통화를 할 수 있다.

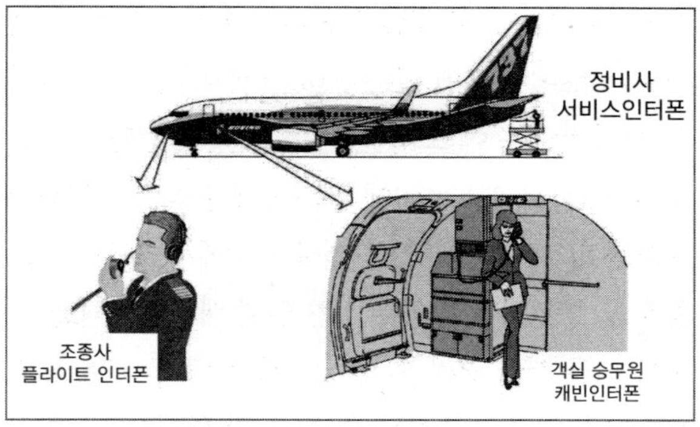

그림 4-20 인터폰 시스템 (interphone system)

4.1.8.1 지상 정비사 호출 계통 (Ground Crew Call System)

지상정비사호출 계통은 조종실의 조종사와 지상에 있는 정비사간의 서로 상호 호출하여 통화하는 계통이다. 조종실의 조종사가 정비사를 호출하기위하

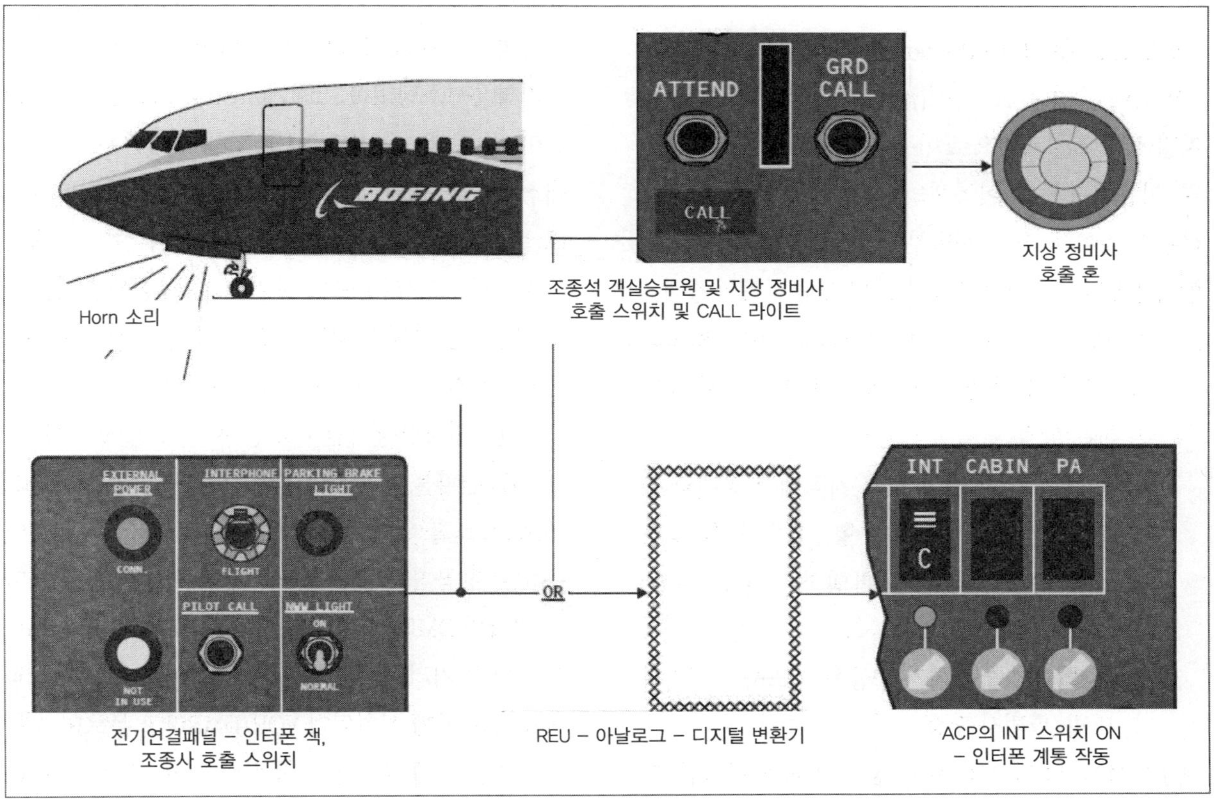

그림 4-21 지상 정비사 및 조종사 상호 호출 계통 개요 (ground call system)

여 GRD CALL 스위치를 작동하면 항공기 노스 휠 웰(nose wheel well)에 있는 혼(horn)이 울린다. 지상에 있는 정비사는 이 소리를 듣고 외부 전기 연결 패널(external power panel)에 있는 인터폰 잭에 연결하여 통화를 할 수 있다. 또한 반대로 지상에서 조종실의 조종사를 호출 하려면 외부 전기 연결 패널에서 헤드 셋을 인터폰 잭에 연결 후 패널에 있는 PILOT CALL 스위치를 누르면 조종석에 차임소리와 함께 CALL 라이트가 켜진다(그림 4-21 참조).

4.2 항법계통(Navigation System)

4.2.1 항법기초(Foundation of Navigation)

4.2.1.1 개요(Introduction)

항법이란 이동체(항공기, 자동차, 선박)가 어느 한 지점에서 다른 지점으로 이동하는 경우 현재 위치, 방위, 이동거리 등 그 이동체의 진로에 대한 정보를 제공하는 방법이다. 최초 선박부터 항공기까지 이용해 온 항법계통의 발달 변천과정을 보면 대략 다음과 같다.

1) 지문항법 : 초기에는 조종사가 해안이나 철도 노선, 호수, 산등을 참고 하면서 목적지를 향해 비행하는 항법
2) 추측항법 : 이미 알고 있는 지점에서 방위와 거리를 계산하여 이것에 풍향, 풍속 등을 고려하여 목적지까지 추측 비행하는 방법(Dead Reckoning Navigation)
3) 천체항법 : 하늘의 별자리 등을 참조하여 비행하는 방법 (항법사 탑승)
4) 무선항법 : 지상에 무선설비(무지향 표시시설, 전방향표지시설, 거리측정시설 등)를 설치, 무선장치 도움으로 비행하는 항법
5) 관성항법 : 해상장거리 비행 시 지상의 무선설비 지원 없이 관성항법장치(INU)에 의해서 자체에서 위치 방향을 찾아 비행하는 방법
6) 위성항법 : 인공위성을 이용한 항법

(1) 무선 항법 시스템

무선 항법은 지상의 무선 항법 지원 시설로부터 송신되는 전파를 이용하여 항공기의 운항에 필요한 자신의 위치, 방위, 거리 등의 정보를 획득하는 방법이다. 이 장치로는 무지향표지시설(NDB: Non Directional radio Beacon)의 수신기인 자동방향탐지기(ADF: Automatic Direction Finder), 초단파 전방향표지시설(VOR: VHF Omnidirectional Range), 거리측정장치(DME: Distance Measuring Equipment), 계기착륙시스템(ILS: Instrument Landing System) 등이 있다. 먼저 NDB/ADF 항법시스템은 가장 오래전부터 이용되고 있는 것으로서 무지향성(Non-Directional) 안테나를 가지는 일종의 전파 등대인 NDB국과 이 전파를 수신하여 NDB의 방향을 탐지하는 자동방향 탐지기(ADF)에 NDB 방향을 계기에 지시함으로써 항공기의 비행 방위를 알 수 있다.

초단파전방향장치인 VOR은 지상의 VOR국으로부터 VHF전파를 수신하여 항공기의 자방위(Magnetic Direction)를 알게 되는 방법이다. 거리측정장비인 DME는 항공기가 송신한 질문 전파에 대한 응답 전파를 지상의 DME국으로부터 받아 전파 지연 시간으로부터 해당 거리를 계산하는 방법이다. 보통 VOR국과 DME국은 함께 설치되어 VOR/DME라고 부르며 방향과 거리를 함께 알 수 있도록 한다. 또한 계기착륙시스

템은 착륙 시 항공기 방위각제공 (특히 활주로 중앙선 정보) 시설인 Localizer, 활공각(약 3 도) 제공시설인 Glide slope 및 활주로까지의 접근 거리 정보를 제공하는 Marker Beacon을 통해서 저시정 상태에서도 안전하게 착륙을 할 수 있도록 하는 시스템이다.

(2) 관성항법시스템

지상의 항행 지원시설이 없는 곳(대양)을 비행하는 경우 기내의 자이로 등 관성항법 장치를 이용하여 현재 위치와 방향을 스스로 계산하여 비행하는 방법으로서 자율항법이라고도 부른다. 이러한 관성항법을 사용하면 태평양과 같이 지상의 항행지원 시설이 없는 곳에서도 비행경로에 따라 정확하게 장거리 비행할 수 있는 무정차 태평양 횡단 시대가 도래 하였다.

(3) 위성항법시스템

자동차용 내비게이션과 같이 위성에 의한 전 위성 항행시스템인 GPS(Global Positioning System)를 이용하여 자신의 위치를 측정하는 방법으로 대부분 현대 항공기의 주 항법계통이다. 항공기의 경우 자동차와 달리 3차원의 위치 정보가 필요하므로 4개 이상의 GPS 위성을 이용하여 자신의 위치 및 고도를 인식한다.

4.2.1.2 항법의 기초지식(Background knowledge of Navigation)

(1) 노티칼 마일(NM: Nautical Mile)과 노트(Knot)

적도 주변을 360등분한 도(degree)에 대하여 다시 60등분한 분(minute)의 거리를 1NM이라고 한다. 지구의 적도상 원주의 길이가 2만 4,901마일(4만 km)이므로, 이것을 360×60으로 나누면, 1NM은 1.15마일(1,852m)이 된다. 그리고 Knot는 시간당 1NM의 속도를 의미하며 1knot는 1.15마일/hour(1,852m/hour)이다(참고로 1mile/h 속도는 0.868knot이다. 1mile=1.6Km).

(2) 대기속도(Air Speed)/대지속도(Ground Speed)

항공기를 600mph로 600마일을 비행할 경우 실제 비행시간은 바람의 영향에 의해 1시간보다 길어질 수도 있고 단축될 수도 있다. 따라서 항공기의 속도는 지면에 대한 항공기의 속도인 대지속도와 대기 중에서의 항공기 속도인 대기속도로 구분된다. 항공기가 뒷바람의 영향을 받으면, 대지속도는 증가할 것이다. 즉, 대기속도보다 대지속도가 증가한다. 반면에 앞바

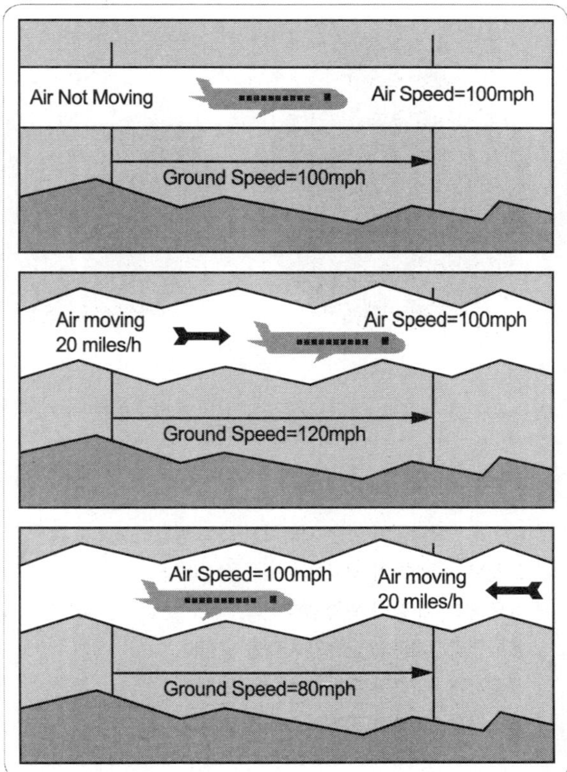

[그림 4-22] 대기속도와 대지속도 (Air Speed and Ground Speed)

람의 영향을 받으면 대지속도<대기속도가 된다. 미국을 갈 때와 한국으로 돌아올 때의 비행시간 차가 2~3시간 나는 것도 바로 항로상의 제트기류 때문이다(1mile=1.6km).

(3) 진북(True North)/자북(Magnetic North)

항공지도는 우리가 흔히 보는 지도에 표기된 북극을 의미하는 진북(True North)을 기준으로 작성된다. 즉, 진북은 지구의 자전축 상에 있으며 이 축의 연장선에는 북극성(polaris)이 있는 지리적인 기준점이다. 하지만 지구 자기장에 의해 실제 나침반이 가리키는 북극을 자북(magnetic north)이라고 하며, 실제로는 진북 기준으로 작성된 지도의(81.5°N, 111.4°W – 해마다 조금씩 위치가 변함 – 캐나다북극에서 시베리아로 매년 55Km 씩 이동하고 있다)에 있는 캐나다의 허드슨 만 천연자력지대에 있으며, 진북과는 950km 정도 떨어져 있다 (본 저자가 공부할 당시에는 1,400Km 떨어져 있었다) 한편 지구 자기의 극점은 진북과 자북점과 일치하지 않기에 지구 자전축에 대해 11.5°기울어져 있다

이러한 실제 나침반의 방향과 지도상의 진북 방향의 각도 차이를 자기 편각(magnetic variation) 또는 magnetic declination이라고 한다. 따라서 지도에 표시된 진북 방향으로 이동하기 위하여 나침반이 가리키는 자북 방향으로 걸으면 실제 목적지와 다른 장소에 도착하는 거리오차가 발생할 수 있다. 이러한

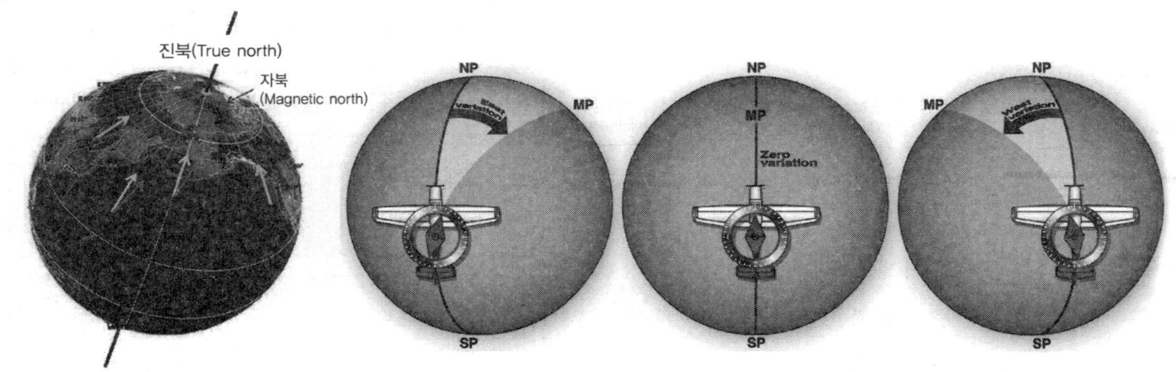

[그림 4-23] 진북 과 자북(True North and Magnetic North)

<간략 요약>

①진북 : 북극점이 있는 지리학적 북쪽 방향이다.
②자북 : 나침반이 지시하는 북쪽 방향이다.
③도북 : 지도상의 북쪽 방향이다.
④자편각 : 자북과 진북의 차이를 말한다.
⑤도자각 : 도북과 자북의 차이를 말한다.
⑥도편각 : 도북과 진북의 차이를 말한다.

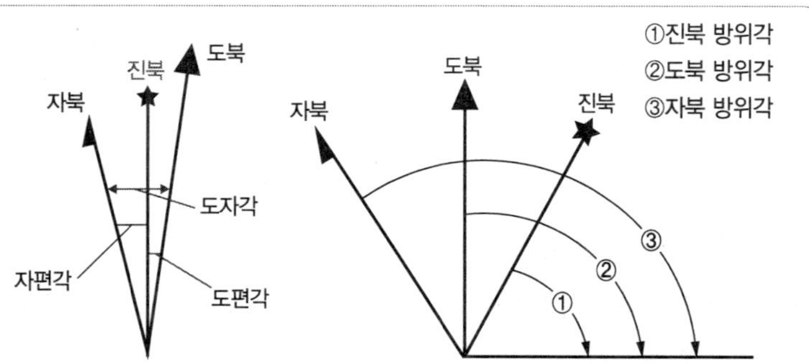

[그림 4-24] 진북, 자북, 도북(지도북) (True North, Magnetic North, Map North)

것을 보정하기 위하여, 자신의 나침반을 자기 편각(magnetic declination)만큼 보정해야 한다. 항공지도에는 이러한 자기 편각이 표기되어 있는데, 극지방에 가까울수록 크다.

편각을 수정하려면, 즉 진북에서 자북으로 변환하려면, 또는 차트상의 코스에서 나침의 방위각을 구하려면, 편각서(west variation)의 경우 진북 방위각에 편각을 더하고, 편각동(east variation)의 경우는 진북 방위각에서 편각을 빼면 된다. 예를 들어 비행하고자 하는 코스가 0°이고 편각이 "13°W"일 때 실제 조종사가 비행하여야 할 나침반의 방위각(자북 방위각)은 13°(0+13=13)이다.

(4) 방위

1) 기수방위(Heading) 또는 자방위(Magnetic heading)

나침반에 의한 자북 기준의 기수 방위각이다.

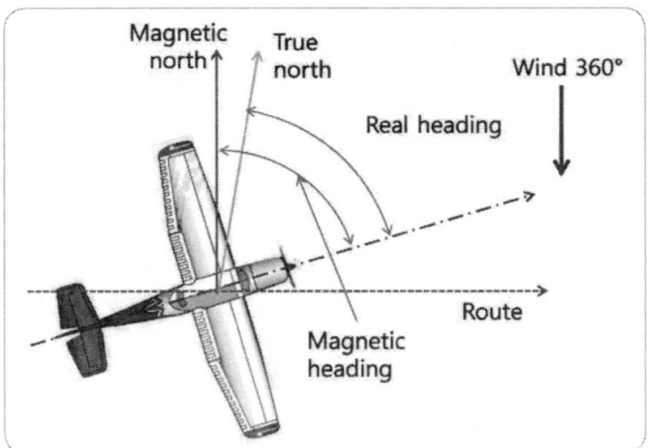

[그림 4-25] 자방위(Magnetic Heading)

2) 상대방위(Relative Bearing)

① 기수에서 보이는 무지향성 전파탐지 신호(NDB: Non-Directional radio Beacon)와 같은 무선표식 장치의 방향을 시계방향으로 측정한 방위각이다.

② 자동방향탐지기(ADF: Automatic Directional Finder) 계기바늘이 지시하는 방위가 상대방위이다. 이는 실제 무지향표지시설의 전파 도래 방향이다.

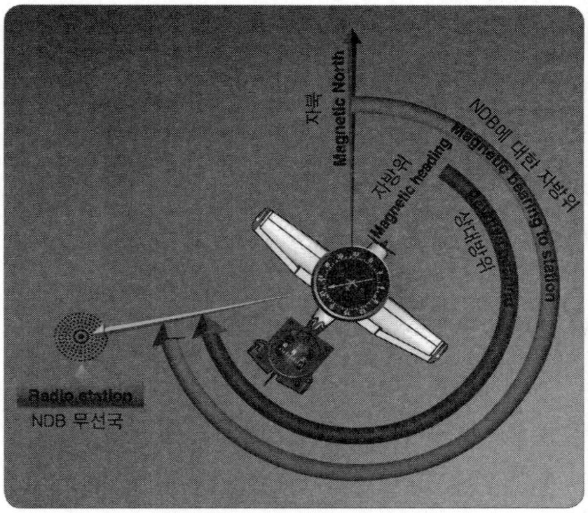

[그림 4-26] 상대방위 와 자방위
(Relative Bearing and Magenetic heading)

3) 방위(Bearing) 또는 자침방위(Magnetic Bearing)

항공기 입장에서 해당 무선표식 장치의 위치를 자북기준 시계방향으로 측정한 방위각이다. 이 자침방위(Magnetic Bearing)는 상대방위(Relative Bearing)와 기수 자방위(magnetic heading)를 더한 값으로 계산할 수 있다.

> 자침방위(Magnetic Bearing) =
> 상대방위(Relative Bearing) + 기수 자방위(magnetic heading)

4) 진행방향(Course)

기수 방위값으로 표시한 비행경로이다.

5) 방사선 또는 전파 방위각(Radial or Reciprocal bearing)

무선 표시 장치 입장에서 항공기의 위치를 자북 기준 시계 방향으로 측정한 방위각이다. 이 방위는 기수의 진행 방향과 무관하다. Reciprocal bearing각은 Magnetic bearing의 반대 값으로서 Magnetic bearing 각에 180°를 더하거나 뺀 값이다.

6) NDB

무지향 표지시설(NDB: Non-Directional radio Beacon)는 광범위하게 사용된 최초의 전자항법 시설을 말한다. NDB국은 160~415kHz의 장중파를 360° 전 방향으로 송신하여 항공기의 자동방향 탐지기(ADF: Automatic Direction Finder)의 지침이 NDB 국의 방향을 가리키도록 하는 일종의 전파등대이며 통달거리는 20~330km 정도이다. 항공 지도에는 NDB의 위치와 주파수가 기재되어 있으며 초기에 국내 항공로는 이러한 NDB들을 연결하고 있다. 통달거리는 25NM급의 공항에 설치된 NDB는 Homing beacon 또는 Homer라고 하는데 이것은 공항으로의 방향을 지시한다. 현재는 한국에는 거의 사용하지 않는 시설로 유사한 기능의 VOR 장비로 대치되고 있다

(5) 전파

시간에 따라 변화하는 전기장은 자기장을 유도하고, 다시 자기장은 전기장을 유도하는데, 이 전기장과 자기장이 서로 90도를 이루면서, 서로가 서로를 유도하여 소멸되지 않고 멀리까지 전달되어 나가는 것이 전자파이다. 시간에 따라 그 양과 변화량이 모두 변하는 전기장과 자기장은 서로 상대방을 유도할 수 있다. 이와 같은 원리로 서로를 유도하면서 잘 소멸되지 않고 퍼져나가는 것이 전자파이다(이래서 직류에서는 자기장만 나올 뿐, 전자파는 나오지 않는다).

전자파의 전기장과 자기장은 모두 사인파의 모양을 하고 있으며, 전파의 진행방향에 모두 직각이고, 자기들끼리도 서로 직각을 이루면서 서로 유도한다. 전파는 전기장(Electric Field)과 자기장(Magnetic Field)으로 이루어지는 일종의 유동에너지로서, 파장이 0.1mm 이상인 전자기파(Electromagnetic Wave)이다. 1979년 전파의 정의는「현재 인공적으로 유도됨이 없이 공간을 전파하는 3,000GHz(3THz) 이하의 전자기파」로 규정되었다.

$$\lambda = \frac{C}{f},\ C(3\times 10^8 m/s)$$

일반적으로 대부분 극초단파를 마이크로파라는 명칭으로 부른다. 전자기파의 존재는 1864년 영국의 J. C. 맥스웰이 수학적 이론에 의거하여 예언했다. 전자기파의 속도가 빛의 속도와 같다는 것을 확인하고, 빛도 전자기파의 일종임을 증명했다.

안테나로부터 자유공간 속에 발사되는 전파는 빛과 마찬가지로 직진한다. 전기장과 자기장은 서로 같은 위상으로 직교하며, 진행 방향은 전파의 진행방향과 직각이다. 매초의 진동수 를 주파수(단위는 Hz)라 하는데, 파장 (람다라고 읽음. 단위는 m)와 전파의 속도 C(단위는 m/s)와는 다음과 같은 관계에 있다.

$$f = \frac{C}{\lambda},\ C(3\times 10^8 m/s)$$

단파(HF)대 이하의 전파는 전리층과 지표면 사이에서 반사를 되풀이하면서 수천 km의 원거리에까지 전달되므로 선박 · 항공기 · 지상의 고정통신과 국제방송 등 장거리 통신에 이용된다.

초단파(VHF)대는 송신안테나에서 보았을 때 보이

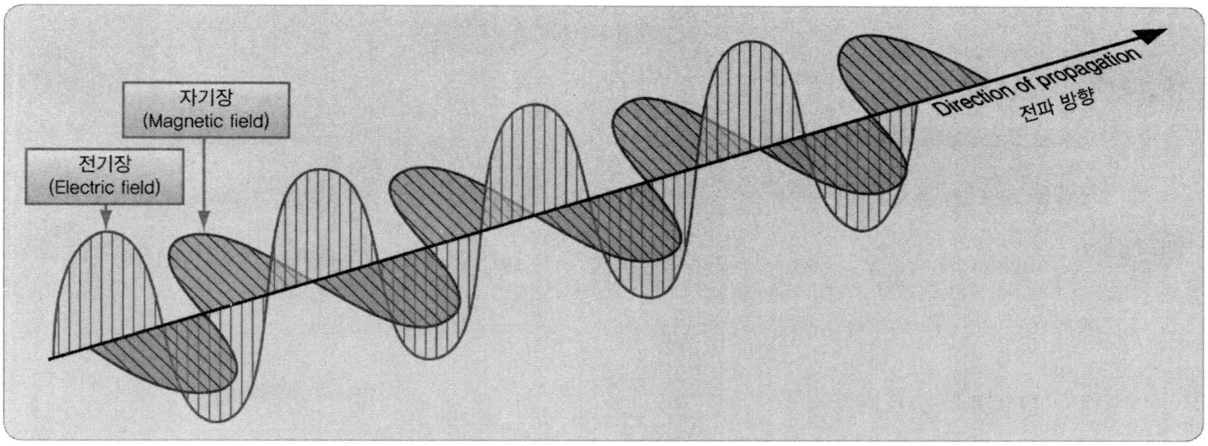

[그림 4-27] 전파의 전기장과 자기장 (The Electric Field and Magnetic Field of a Radio Wave)

는 범위 내에서 통신이 이루어지는 것으로 일정 지역 내의 이동통신이나 텔레비전 방송 · FM방송 등에 이용된다. 항공기에서 관제소나 다른 항공기와의 단거리 통신에 주로 이용된다.

마이크로파대는 반사경 안테나에 의해 전파를 한 방향으로 집중해 송신할 수 있으므로, 산꼭대기나 높은 탑 위에 안테나를 장치한 중계소를 수십 km 간격으로 설치해 텔레비전 다중전화의 원거리 중계에 이용

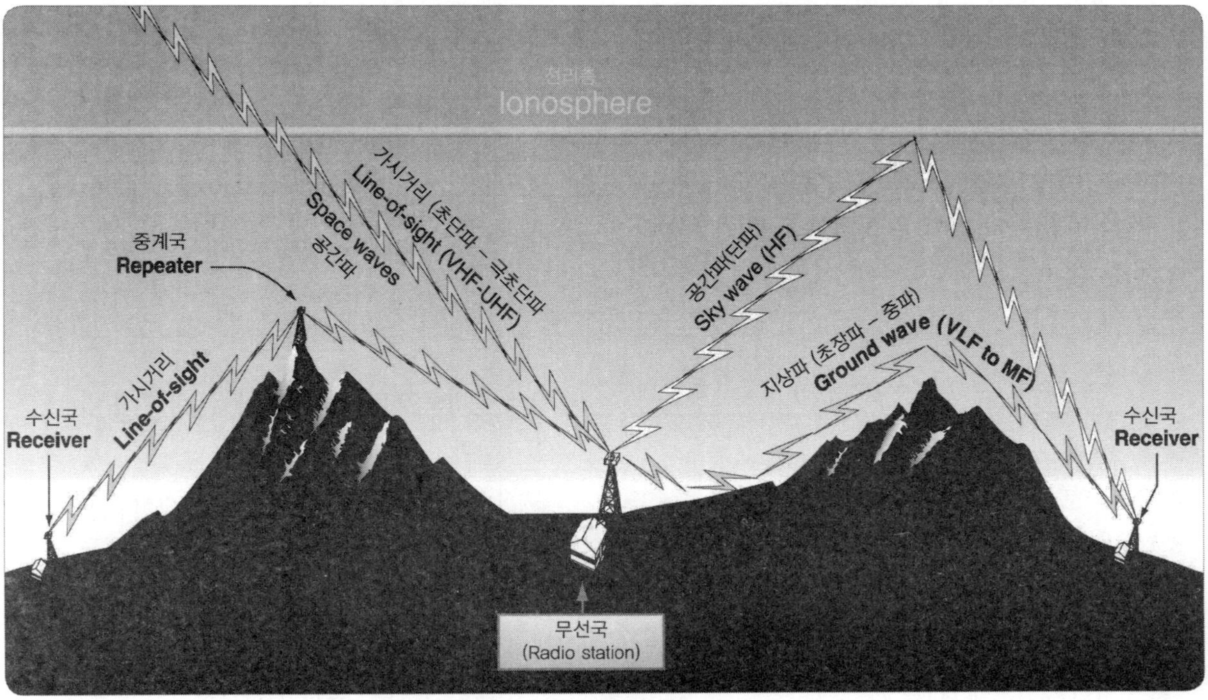

[그림 4-28] 전파 종류 (Radio waves)

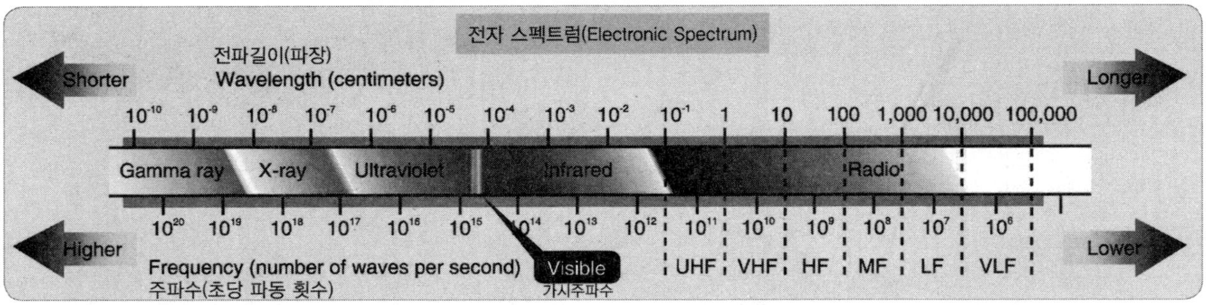

[그림 4-29] 전파 – 우주의 일부인 전자기파 (Radio waves are just some of the eletromagnetic waves found in space)

한다(파장이 1mm~1m).

(6) 주파수

1) 주파수

1초 동안 반복되는 사이클의 수

$$f = \frac{P \cdot N}{120},\ (P\text{: 자극 수},\ N\text{: rpm})$$

$$f = \frac{1}{T}$$

① 전파: 전자파가 공중에 전달되어 퍼지는 성질. 주파수가 10kHz에서 3,000 GHz(3THz)까지의 전자파 파장(파의 길이)은 빛의 속도를 주파수로 나눈 값이다.

$$\lambda = \frac{C}{f},\ C(3 \times 10^8 m/s)$$

2) 주파수 범위

- 초장파(VLF), 장파(LF), 중파(MF)는 전리층 E층에서 단파(HF)는 F층에서 반사되는데
- 초단파(VHF)대와 그 이상의 주파수는 전리층을 뚫고 나가 반사하지 않음.

[표 4-1] 주파수 범위

명칭	주 파 수 범 위	사용처
초장파(VLF)	30kHz 이하 (100~10㎞)	오메가항법
장파(LF)	30~300kHz (10~1㎞)	ADF, 로란C (Loran-장거리 항법)
중파(MF)	300kHz~3MHz (1㎞~100m)	ADF(AM라디오), 로란A
단파(HF)	3~30MHz (100m~10m)	HF통신 햄(HAM. 아마추어 무선통신)
초단파(VHF)	30~300MHz (10m~1m)	FM라디오, VOR, VHF 통신, LOC, 마커비컨
극초단파(UHF)	300~3,000MHz (1m~10cm)	UHF통신, G/S, ATC, TCAS, DME, TACAN
극극초단파(SHF)	3~30GHz (10cm~1cm)	도플러 레이더, 기상레 이더, 전파고도계
초극초단파(EHF)	30~300GHz (1cm~1mm)	

3) 전파 경로에 의한 분류를 하면 다음과 같다

① 지상파

ⓐ 지표파: 지표면을 따라 전파(근거리: VLF, LF, MF, HF)

ⓑ 직접파: 송신안테나에서 수신안테나로 직진함(근거리: VHF, UHF, SHF)

ⓒ 지표반사파: 지표에서 반사되어 수신안테나에

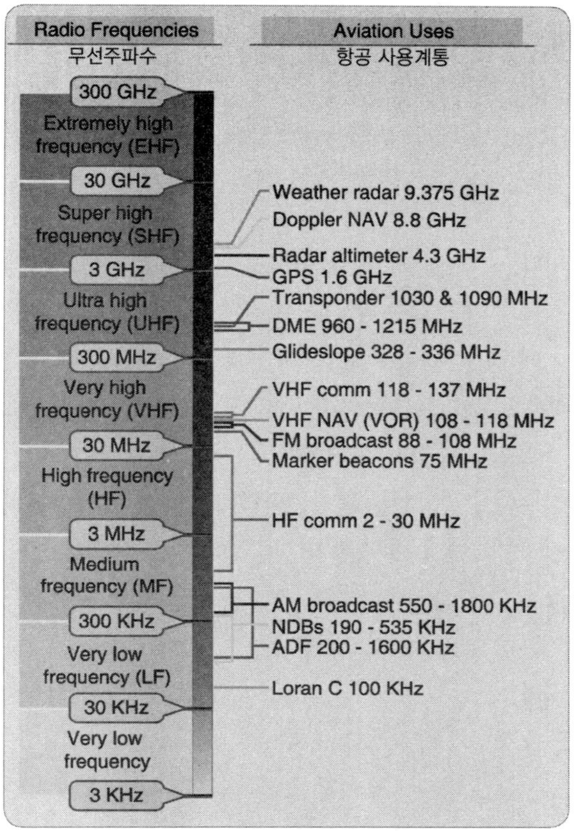

[그림 4-30] 항공 통신 및 항법에 사용되는 무선주파수 대
(Wide Range of Radio Frequencies)

도달함(근거리: VHF, UHF)

② 공간파: 공중으로 발사된 전파가 전리층 또는 대류권에 의해 반사, 굴절되어 전파됨. 대류권파를 포함(원거리: VLF, LF, MF, HF, 원거리 대류권파: VHF, UHF, SHF)

4) 대기권의 구조

① 대류권(Troposphere, 지표면으로부터 평균 약 11km까지의 대기층): 온도변화, 날씨변화, 기상변화 고도가 증가할수록 온도, 압력, 밀도가 감소하는 등 대류현상이 일어나며 약 10 km부근 (대류권계면)에는 제트기류(Jet Stream – 보통 100 – 300 Km 속도)가 존재하여 항공기 순항에 이용된다. 대류권에서 온도는 1,000m 증가 할 때마다 6.5℃씩 감소한다. 대류권과 성층권의 경계면을 대류권계면이라 한다.

② 성층권(Stratosphere, 10km 높이에서 약 50km 높이까지의 대기층): 대류권과 반대로 올라갈수록 온도 상승, 열역학적으로 안전하고 오존층이 있으며 기층에 난류가 없고 안정되어 국제선 비행기의 항로로 많이 이용된다.

③ 중간권(Mesosphere, 50km 높이에서부터 약 80km까지의 대기층): 성층권과 열권 사이를 말하며 고도가 증가함에 따라 온도가 감소하며, 중간권계면에서 기온이 가장 낮다. 유성이 많이 관측되는 곳이다(중간권 계면: 중간권과 열권의 경계면).

④ 열권(Thermosphere, 80~500km): 고도가 높아짐에 따라 온도가 높아지지만, 공기는 매우 희박해진다. 열권에는 태양이 방출하는 자외선에 의하여 대기가 전리되어 자유 전자의 밀도가 커지는 층이 있는데 이 층을 전리층이라 하며 전파를 흡수, 반사하는 작용을 하고 통신에 영향을 미친다.

⑤ 극외권(Exosphere, 500km 이상): 대기가 아주 희박하고 기체분자들이 서로 충돌하는 방해를 받지 않는 층이다.

5) 전리층(Ionosphere)

지상 60km 이상에서는 태양 복사선에 의해 대기 분자들이 전리되어 이온화 되어 있어서 전리층이라 한다.

① D층: 지상 약 70km 높이에서 단파와 중파는 흡수하여 약하게 하고 장파(LF)는 반사하는 층이다.

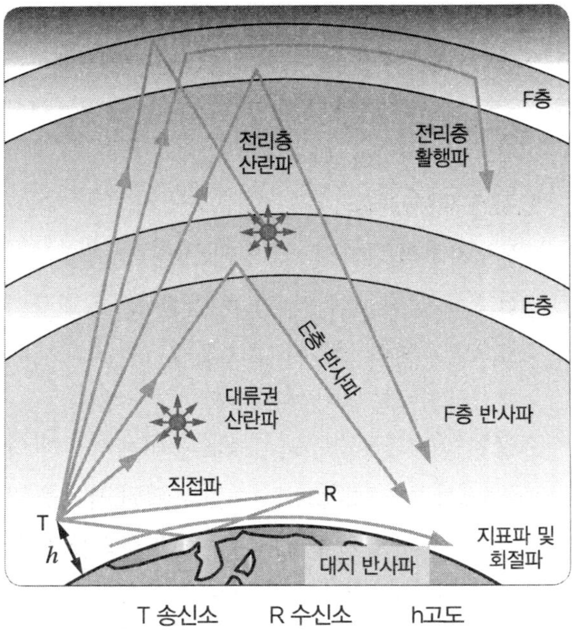

[그림 4-31] 무선주파수의 전파 및 분산
(Transmitting and Dispersion of Radio Wave)

이 층은 밤에는 소멸하는 층이다.

② E층: 지상 약 100km 높이에서 중파(MF)를 반사한다.

③ F층: 지상 약 200km 높이의 F1층과 약 350km 높이의 F2층으로 나뉘어 있지만, 밤에는 F1층이 소멸된다. F층은 단파(HF)를 반사한다.

(7) 송신기(Transmitter)

송신기는 주파수가 높은 전류를 만들어 내는 장치이다. 송신기에서 만들어진 이 교류 전류를 안테나에 흐르게 하면 같은 파형을 한 전파가 공간으로 나간다. 이때 정현파(Sine Wave)의 교류 전류만을 안테나에 흘려도 전파는 나가지만, 이것만으로는 전파에 정보가 포함되어 있지 않아 통신장치라 말할 수 없다.

무선 송신장치는 먼저 송신하고자하는 주파수대의 일정한 주파수의 정현파 전류를 만들고 여기에 보내고자 하는 음성이나 신호 정보를 담는 것을 변조라고 하는데 이 변조된 교류 전류를 증폭시켜 안테나로 보낸다.

1) 정현파 발진기(Sine Wave Oscillator)

송신기 내부에서 기본 정현파의 고주파를 발생시킨다.

2) 주파수 체배기(Frequency Multiplier)

발진기에서 발생한 고주파를 송신 주파수(반송 주

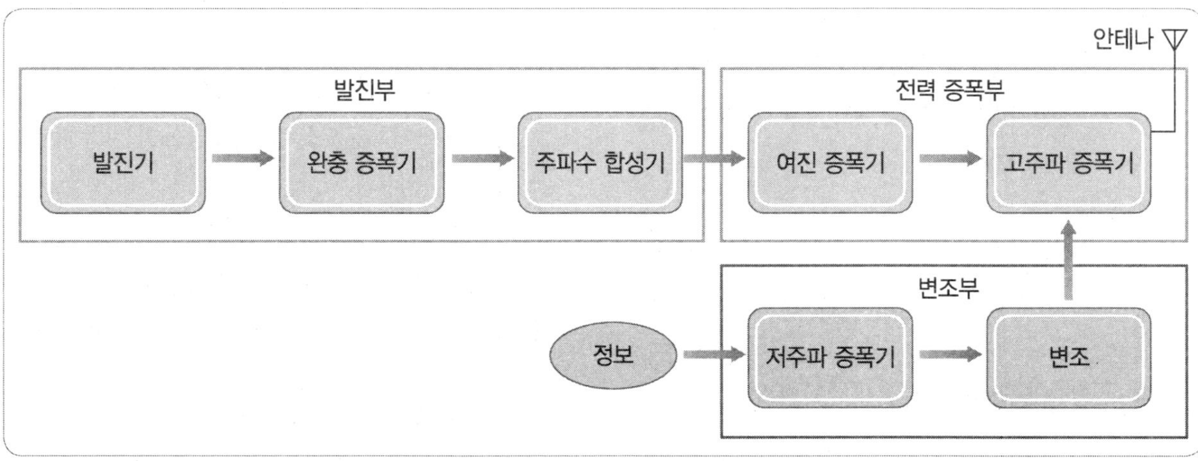

[그림 4-32] 무선 송신기 블록 다이아그램 (Block Diagram of Radio Transmitter)

파수. 캐리어 웨이브)가 되도록 몇 배로 체배한다.

3) 신호

전파(반송파)에 실은 정보로서, 이 신호는 전송하고자 하는 것이다. 음성에 비례한 음성 전류 플레이어(Player)로부터의 전압, TV 신호, 제어신호(Control Signal) 등이 있다.

4) 변조기(Modulator)

변조라는 것은 반송파(Carrier) 신호에 음성이나 신호를 싣는 과정을 의미한다. 쉽게 말해 서울에서 부산까지 짐(음성)을 자동차(반송파)에 싣는 것이라고 생각하면 된다. 여기에 두 가지 방법을 많이 사용하는데, 진폭변조(AM)와 주파수 변조(FM)방식이다. 그림에서 AM이란 부분이 진폭변조이고, 아래 FM은 주파수 변조된 신호를 보여준다.

① 진폭변조 특성은 변조 및 복조가 간단하다. 역사가 오래된 변조방식으로 특히 복조과정이 매우 간단하기 때문에 라디오 등에 많이 사용된다. 단점은 외부의 전기적인 잡음영향을 많이 받는다.

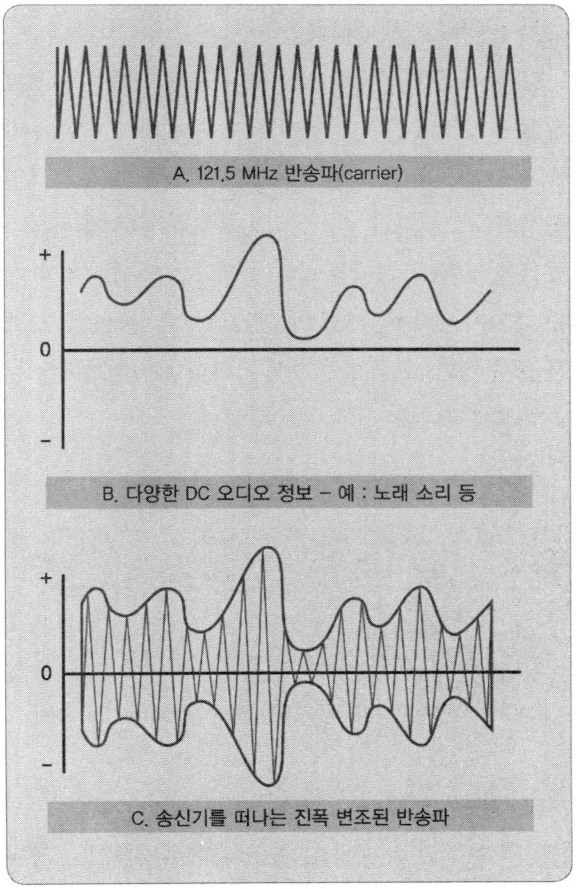

[그림 4-33] 진폭변조(Amplitude Modulation)

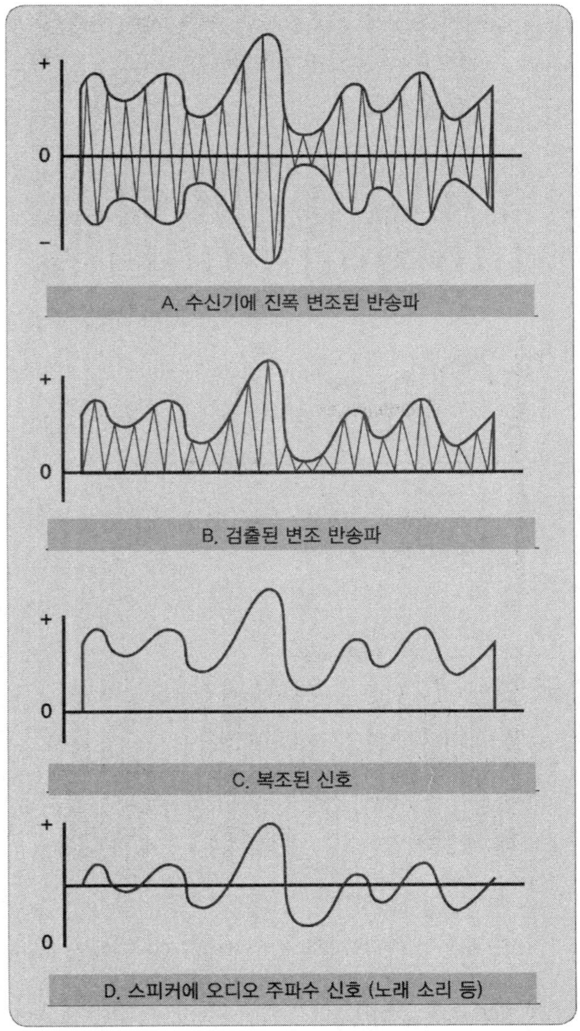

[그림 4-34] 수신 무선 신호의 복조
(Demodulation of received Radio Signal)

가령 AM라디오를 듣는 도중에 번개가 친다든지, 형광등을 켜면 라디오에서 지지직거리는 잡음이 들린다.

② 주파수 변조는 AM(진폭변조)의 단점(주변잡음영향을 많이 받는 것)을 없앤 것으로 신호에 따라 반송파 주파수가 변하는 방식이다. 주변에서 발생하는 전기적 노이즈는 진폭에 영향을 주고 주파수에는 영향을 주지 않는다. 따라서 주변 노이즈 영향을 적게 받아 깨끗한 음질을 즐길 수 있게 된다. 다만 복조하는 과정이 복잡하고, 가격이 비싼 것이 단점이다.

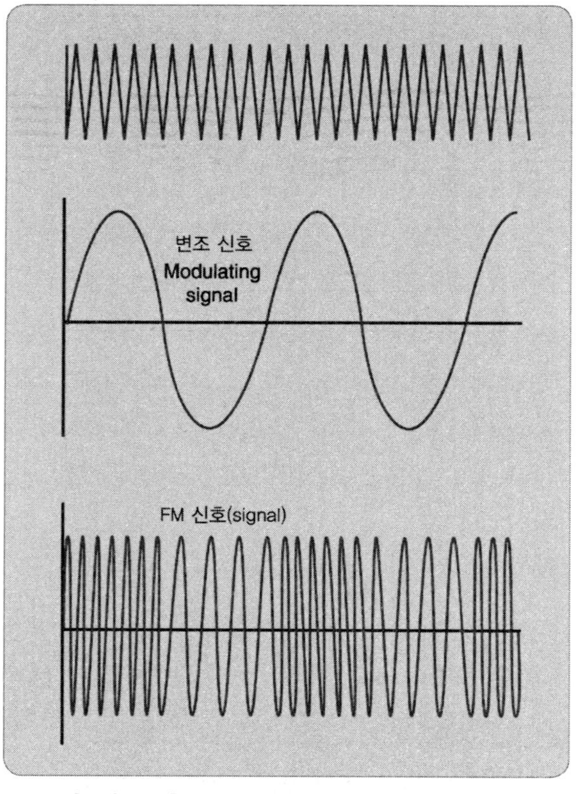

[그림 4-35] 주파수 변조 (Frequency Modulation)

5) 증폭기(Amplifier)

변조된 반송파의 전력은 작으므로 필요한 크기의 전력으로 만들어 안테나로 보낼 필요가 있다. 이 때문에 전력 증폭기로 변조된 반송파를 증폭한다.

(8) 수신기

공중에 날고 있는 전파를 수신하려면, 먼저 금속 막대 또는 도선(안테나)이 필요하다. 전파는 말하자면 전기장 또는 전계(Electric Field)와 자기장 또는 자계(Magnetic Field)가 일체된 힘으로서 둘 중에 하나를 이용한다. 전계를 이용하려면 금속 막대를 전계의 힘의 방향에 놓으면 이 힘이 금속 막대 속의 자유전자에 작용하여 움직이게 한다. 이렇게 하여 금속 막대에 전류가 흐르게 되는 것이다.

한편 자계 부분에서 받으려면 금속 막대를 루프로 하여 코일처럼 만들어 두면 전파 속의 자계 변화에 따라 전자 유도의 원리에 의해 코일에 기전력, 즉 전계가 발생한다. 그 결과, 이 전계의 힘으로 루프에 전류가 흐르는 것이다. 전파를 받는 안테나 형태에는 현재 여러 가지가 있으며, 기본적으로 두 가지 형식으로 크게 나눌 수 있다. 그런데 공간에 날아다니는 전파에는 여러 가지 주파수의 전파가 섞여 있다.

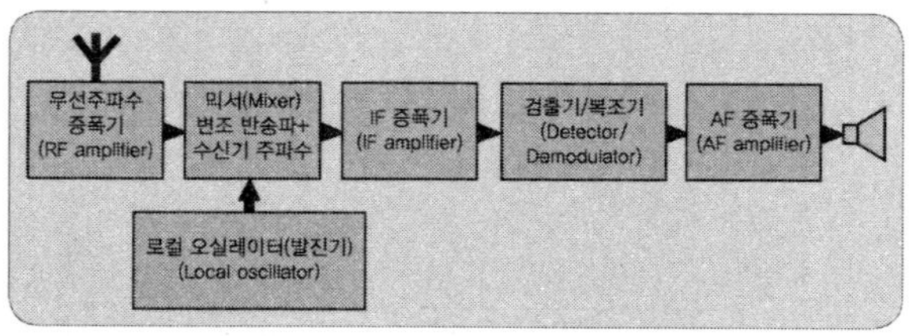

[그림 4-36] 수시기의 기본 단계 (Basic Stages of Receiver)

(9) 항공기 안테나

① 주파수의 파장에 따라 안테나의 길이가 결정된다. 가장 이상적인 안테나의 길이는 파장의 1/2 λ

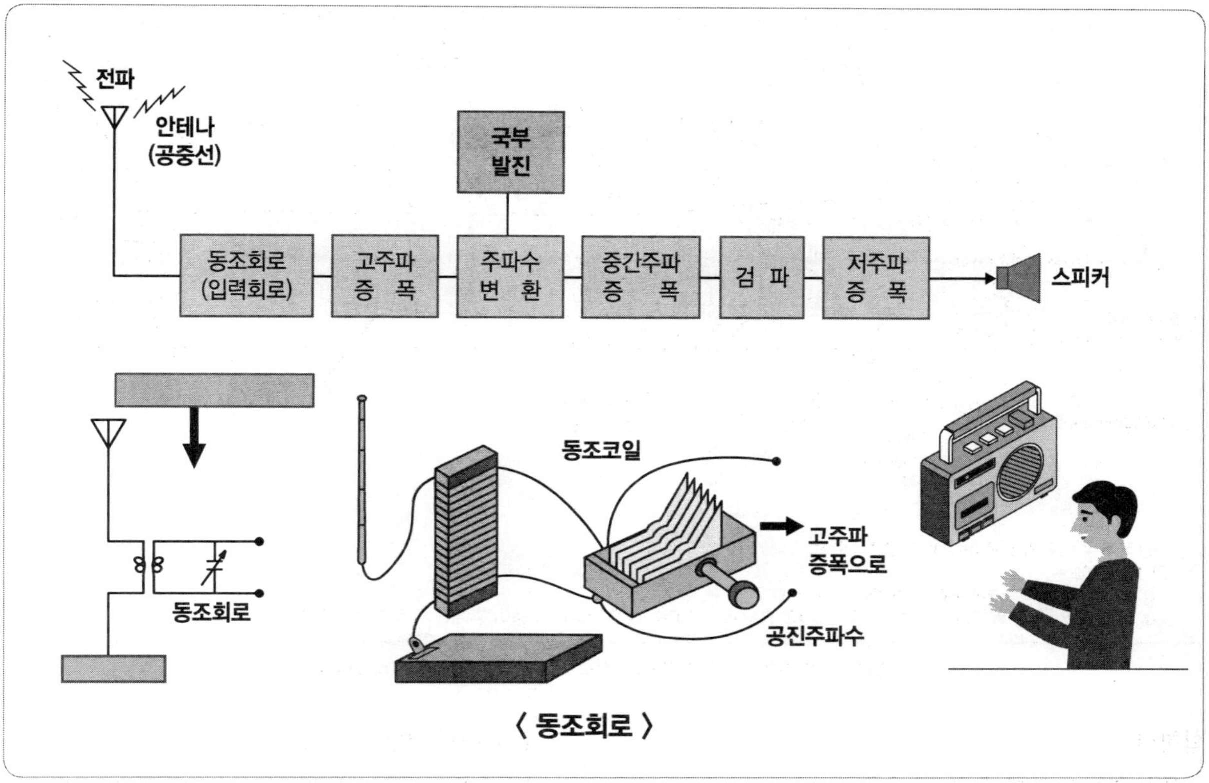

[그림 4-37] 슈퍼헤테로다인 수신기 블록 다이아그램 (Block Diagram of Superheterodyne Receiver)

(람다)이지만 최근 항공기에서는 1/4 λ 크기의 안테나를 사용하고 있다

② 항공기에 사용되는 안테나

1) 무지향성안테나

모든 방향을 균일하게 전파를 송수신-통신용 수직 안테나로 전방향성이다

2) 지향성안테나

특정 방향으로만 송수신하는 안테나 - ADF의 루프 안테나

3) 스캐닝안테나(Scanning antenna)

예민한 지향성을 가진 안테나를 회전이나 왕복운동으로 넓은 범위 탐지

4) 플러시형(Flush type) 안테나

장착혀태가 항공기체 외부로 돌출 되지 않고 항공기체 내부에 내장되는 안테나

5) 와이어 안테나(Wire antenna)

저속기(300 마일 이하)에서 장파/중파 단파용으로 기체 외부에 와이어를 이용해서 장착한 안테나로 ADF의 센스 안테나와 마커비컨 수신 안테나에 사용.

6) 로드 안테나(Rod antenna)

① 경비행기에서 좋은 성능발휘, 기계적 압력으로 고속기 부적당

② 송수신 시 전 방향 서비스를 위해 수직형태 설계

7) 수평 비 안테나

토끼 귀 모양으로 된 TV안테나와 유사하며 단일방향으로 만들 수 없는 것이 결점이다. 저속항공기에 적

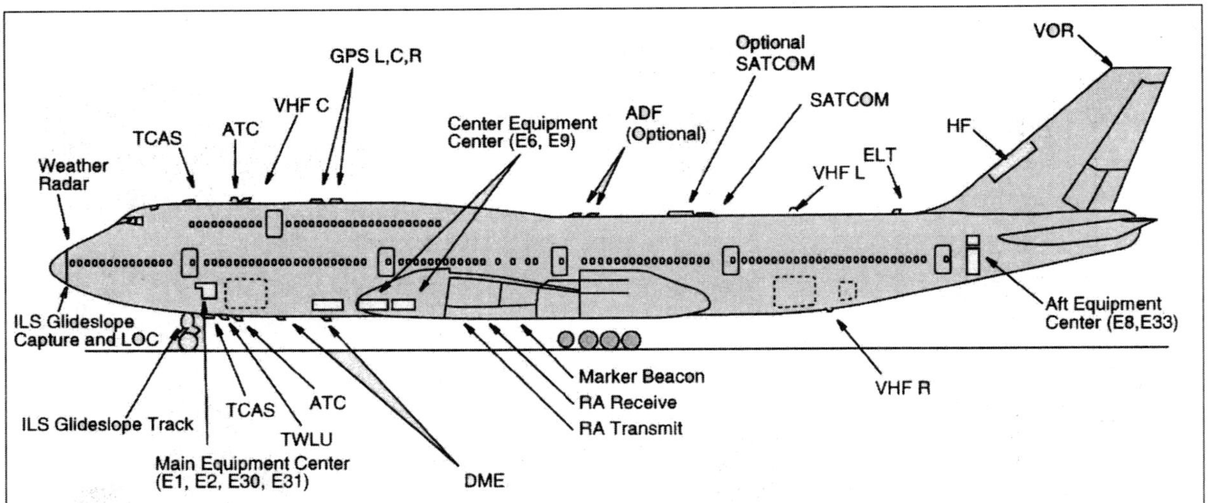

1)안테나 = 전파의 현관문(전파의 송신, 수신)
2) 항공기에는
① 통신용 안테나: VHF, HF, SATCOM antenna
② 항법용 안테나: W/R, ILS, TCAS, ATC, DME, RA, ADF, VOR, GPS antenna 등이 혼재해서 장착이 되어 있다.

[그림 4-38] B747 항공기 안테나 장착 위치(B747 Antenna Locations)

합하다

8) 블레이드 안테나(Blade antenna)

수직축은 통신목적을 위한 수직안테나이나 항법 비 안테나는 꼭대기의 뒤로 벌어진 수평구조이며 공기저항 최소로 설계하고 유리 섬유구조의 밀폐된 매질이 특징으로 ATC트랜스폰더, 거리측정장치(DME), 초단파무선주파수(VHF) 안테나의 구조 형태이다

9) 접시형 안테나(Parabolic antenna)

지향성이 높은 예리한 전자파 빔 생산하는 것으로 기상레이더 안테나로 사용

10) 슬롯 안테나

접시형 안테나의 여진용, 항공기용 레이더 복사기로 사용하며 글라이드 슬롭 수신용 안테나.

11) 나팔형 안테나: 전파고도계 사용

12) 원통형 안테나: 마커비컨

13) 탐침형(Probe): 단파(HF)통신

14) 다이플 안테나: VOR, LOC

15) 안테나 길이는 파형의 1/2 λ 이 가장 적정하지만 최근에는 항공기 기체 전도체를 이용해서 1/4 λ 길이까지도 안테나의 길이를 줄일 수 있다.

4.2.2 초단파전방향표지장치(VOR: Very high frequency Omni-directional Range) Navigation System

4.2.2.1 초단파전방향표지장치(VOR) 개요 (Introduction of VOR)

초단파전방향표지장치(VOR) 항법계통은 VOR 지상국에 대한 절대방위(Absolute Bearing)를 제공하는 계통인 반면 자동방향탐지기(ADF, Automatic Direction Finder)가 무지향표지시설(NDB: Non Directional radio Beacon)과의 상대방위(Relative Bearing)만을

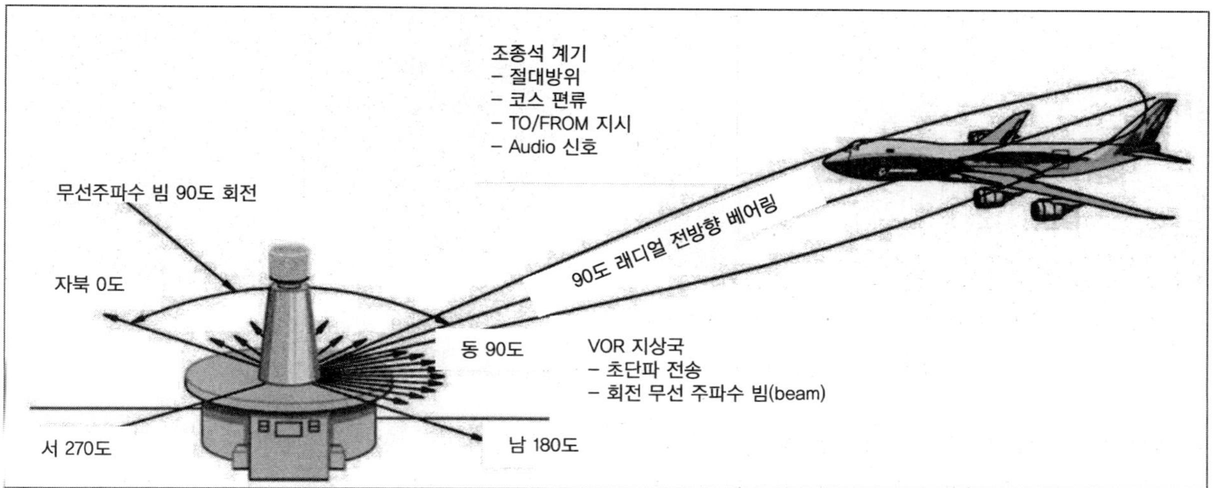

[그림 4-39] 초단파전방향표지장치 지상국과 항공기 (VOR ground station and Airplane)

제공한다. 나침반 없이 ADF만으로는 NDB에 대한 자북방위를 알 수는 없다. 이러한 문제점을 해결하기 위하여 자북방위각 정보를 무지향성 초단파(VHF) 안테나로 송신하는 무선표식 장치가 VOR 지상국이다. VOR은 NDB보다 정확도가 높아 계기비행규정(IFR) 하에 비행하는 항공기는 의무적으로 VOR 수신기를

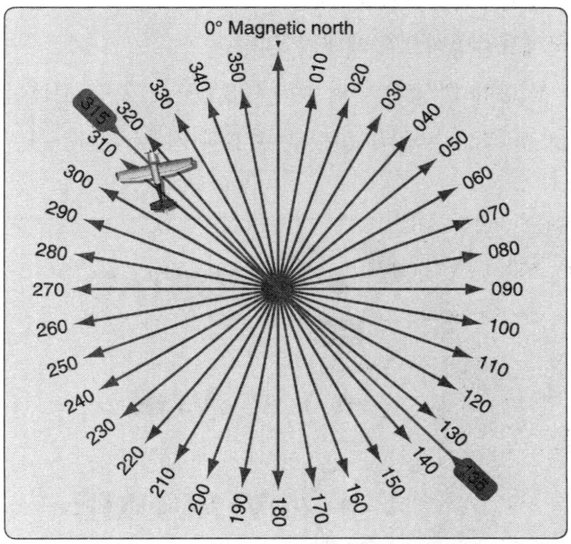

항공기 RMI 계기에 VOR 지상국이 자북기준 315도 방위에 있다고 지시함

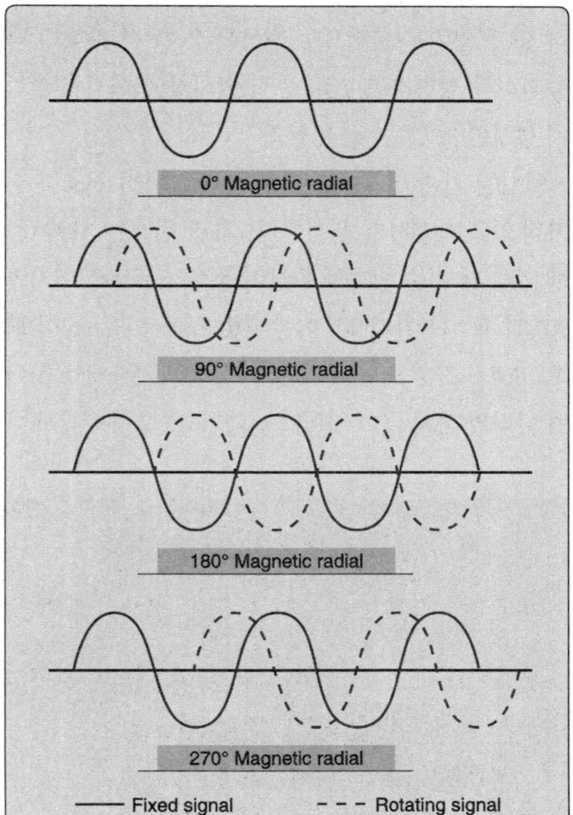

2개의 VOR 신호의 위상 관계

[그림 4-40] VOR 지상국 생성 신호(VOR transmitter produces signals)

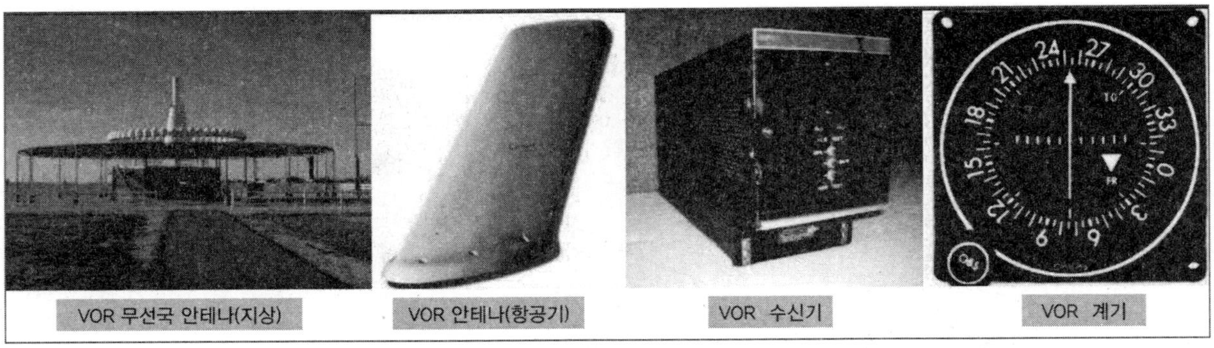

[그림 4-41] 초단파전방향표지장치 주요 구성품 (VOR system components)

다. VOR System은 VOR Ground Station에서 방위전파를 발사하여 항공기에 비행방위를 지시하게 하는 무선항행보조시설이다. VOR 지상국은 자북을 기준으로 방위정보를 360° 방사형 신호로 회전하듯이 1도부터 360도까지 순차적으로 생성한다. 좀 더 자세히 작동원리를 설명하면 VOR 송신기(지상국)에서는 2 가지 생성한다. (그림 4-40참조)

하나는 기준 신호이고 다른 하나는 가변 신호를 전자적으로 회전시켜 생성한다. 가변 신호는 자북(0°)에 있을 때 기준 신호와 위상이 동상(in phase)이지만 90° 일 때 위상차가 90° 이상(異相)(out of phase)이 되고 180° - 270° 되면서 기준과 가변 신호는 서로 차이가 나다가 다시 극이 차이가 나다가 0° 즉 자북에서 다시 동상이 된다. 항공기의 VOR 수신기는 이 위상차(기준 신호 - 가변 신호)를 해독하고 VOR 지상국과 항공기의 각도를 도(°) 단위로 결정한다. 다음 그림에서 보면 항공기 비행방향과 관계없이 VOR 지상국의 방향이 315°에 있다는 것을 나타내고 있다. 계통의 주요 사용 주파수는 118.00 - 117.95 MHz with spacing 0.1인 경우 100 개 채널로 사용. 주요 구성품은 지상 및 항공기에 VOR 안테나, VOR 수신기, VOR 계기(RMI 계기)등으로 구성되어 있다. 이 VOR 시스템은 1949년 ICAO(국제민간항공기구)의 단거리 항행보안시설의 국제표준방식으로 채택되었다.

VOR에 할당된 주파수는 108.00~117.95MHz이고 이 주파수에는 30Hz로 변조된 기준(reference),

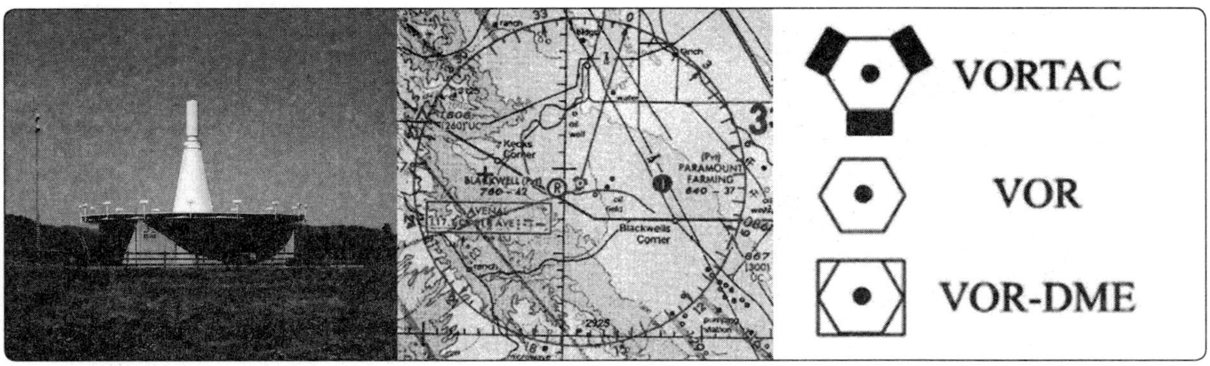

[그림 4-42] VOR 지상국 및 항공지도 VOR 표식(VOR ground station)

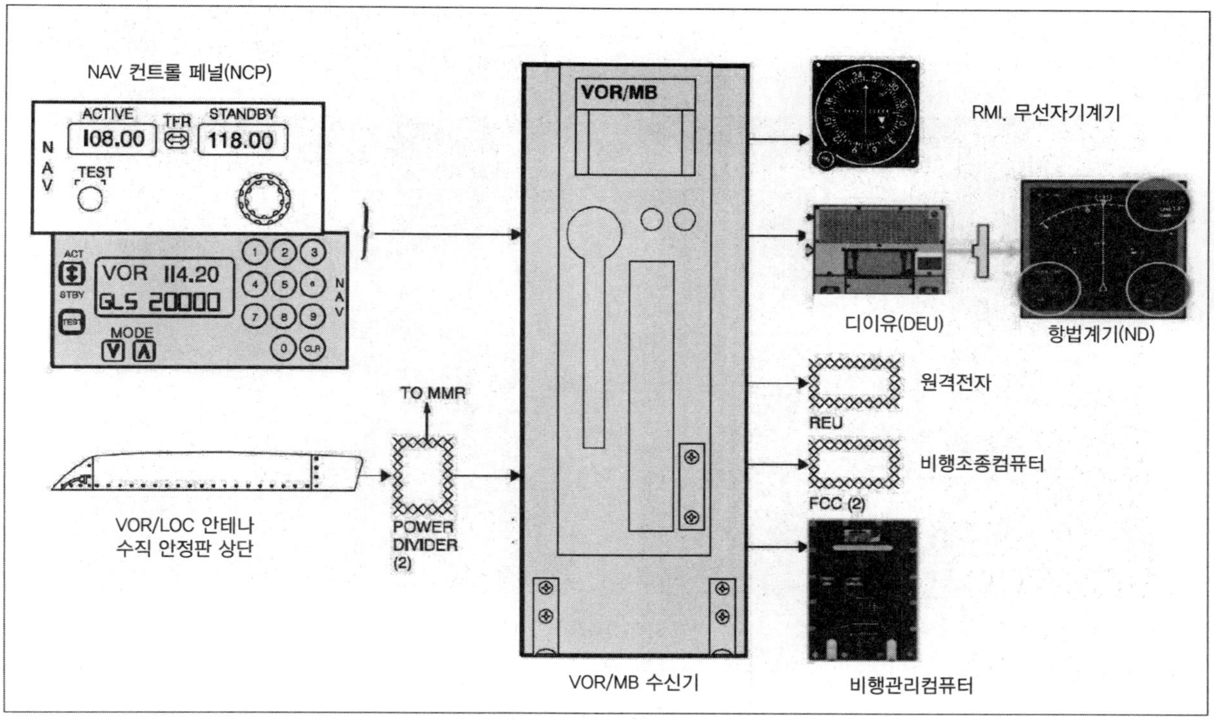

[그림 4-43] 초단파전방향표지 시스템 (VOR system)

가변(variable) 신호와 음성 및 Morse Code(station identification)가 포함된다. 가변신호는 AM으로 변조된 VOR 주파수에 포함되어 있고, 30Hz의 기준신호는 FM 변조된 9960Hz Subcarrier에 포함되어 있다. VOR 주파수에 포함된 기준신호는 전 방향으로 발사되며 가변신호는 카디오이드 안테나 방사 패턴(Cardioid Antenna Radiation Pattern)으로 발사되어 항공기 수신기의 위치에 따라 위상이 다르다. VOR 지상국은 기존 VOR(CVOR, Conventional VOR: 기준위상은 FM 변조, 가변위상은 AM변조)과 도플러 VOR(DVOR,

[그림 4-44] 경비행기 항법/통신 수신기 (A NAV/COM receiver typically found in light aircraft)

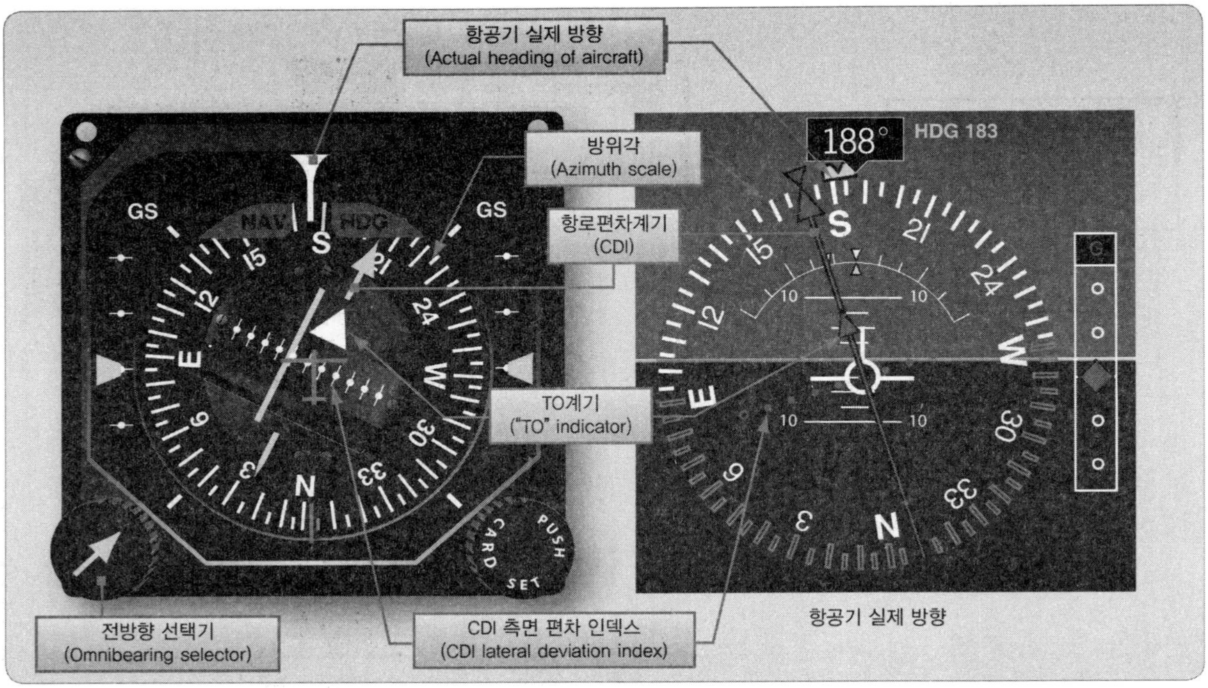

[그림 4-41] VOR Indicator

[그림 4-45] VOR 계기 (아날로그 방향계와 디지털 항법 계기)

Doppler VOR: 기준위상은 AM변조, 가변위상은 FM 변조)이 있다. VOR 지상국 안테나 가운데 DME 안테나와 같이 있는 경우가 대부분이고 항공지도에 VOR 기지국 표식은 그림에서 참조할 수 있다.

4.2.2.4 VOR 자료 표시(VOR data display)

VOR data가 Navigation Display(ND)에 지시되려면 EFIS control panel에서 VOR mode를 선택하고 NAV control panel에서 VOR 주파수를 입력하여야 한다. VOR 의 절대방위를 지시는 RMI 계기와 항법 계기(ND)등에서 지시를 한다. VOR 방위 및 VOR 항로상 편차도 지시를 한다(CDI)

4.2.3 자동방향탐지기 (ADF: Automatic Direction Finder)

4.2.3.1 개 요 (Introduction)

자동방향탐지기(ADF)는 1937년부터 사용된 가장 오래된 전파 항법으로 지상에 설치한 무지향표지장치(NDB: NON Directional Radio Beacon)로부터 송신되는 전파를 항공기에 장착된 ADF 수신 장비(ADF receiver)로 수신하여 전파의 도래 방향을 계기에 지시하도록 하는 일종의 전파등대이며 통달 거리는 20 – 330Km 정도이다. VOR 보다는 원거리를 지원하기 때문에 보조용으로 유효하지만 최근에 GPS 항법 등 발전으로 국내에서는 거의 사용이 되지 않고 있다. ADF 주파수의 범위는 190~1750kHz(Commercial

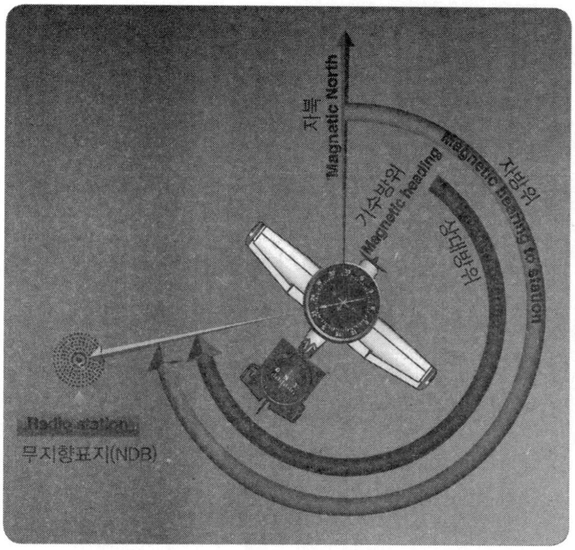

[그림 4-46] 절대방위와 상대방위

[그림 4-47] 가동 컴파스 카드 ADF 계기
(A moveable card ADF indicator)

AM radio stations: 540~1,620 kHz, Non-Directional Beacon: 190~535kHz)이다.

ADF는 전파의 직진 특성 때문에 지향성이 있는 루프 안테나(Loop Antenna)를 사용하여 무선국위 방향을 알 수 있는 원리를 이용한 것이다. [그림 4-46]과 같이 송신국과 평행한 위치로 설정될 경우 수신감도가 최대가 된다(옆으로 8자 모양). 그러나 루프 면이 좌우로 될 때 (옆으로 8 자 모양) 수신 감도만으로는 송신국이 좌측 방향인지 우측방향인지 구분하기가 어렵다. 이런 모호성을 해결하기 위해서 여기에 무지향성 센스 안테나(Sense Antenna)를 함께 사용하여 합성하면 오른쪽 모양인 하트 모양의 지향성을 얻는다. 최대 감도 방향(오른쪽) 보다는 최소 감도 방향의 지향성이 더 뚜렷하므로 ADF 장치는 최대점 대신에 최소점을 찾는 방법으로 루프안테나의 모터를 회전시켜서 송신국과의 상대 방위를 지시한다.

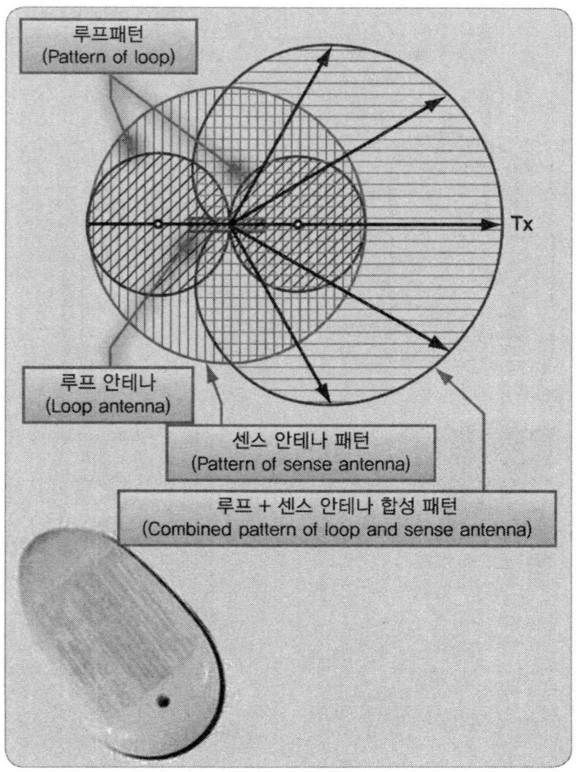

[그림 4-48] 루프 및 센스 안테나의 수신 필드
(Reception Field of a Loop and Sense Antenna)

4.2.3.2 자동방향탐지기(ADF) 시스템 구성 (Configuration of ADF)

자동방향탐지기 컨트롤패널(ADF control panel)은 NDB 주파수를 선택하면 ADF 수신기는 지상 ADF 지상국에 대한 방향정보를 수신한다. 수신 신호는 무선자기계(RMI) 혹은 항법계기(ND: Navigation Display)에 지시되고, 또한 오디오관리장치(AMU: Audio Management Unit)를 통하여 헤드폰에 NDB국의 비콘 음을 들을 수 있다. ADF 안테나는 센스 안테나(전기장 에너지 수신) 와 루프 안테나(자기장 에너지 수신)가 서로 90°로 구성된다.

4.2.4 계기착륙장치 (ILS: Instrument Landing System)

계기착륙장치(ILS)는 낮은 운고와 저 시정 기상 상태에서도 항공기가 안전하게 착륙하도록 유도 보조해주는 장치이다. 항공기가 공항에 진입하고 활주로에 안전하게 착륙할 수 있도록 수평(Lateral) 및 수직(Vertical) 위치데이터(Position Data)를 제공한다. 주요 구성품은 지상에 방위각제공시설(Localizer)과 활공각 제공시설(Glide Slope) 및 활주로 끝까지의 거리정보를 제공하는 마커 비컨이 있고 항공기에는 이 신

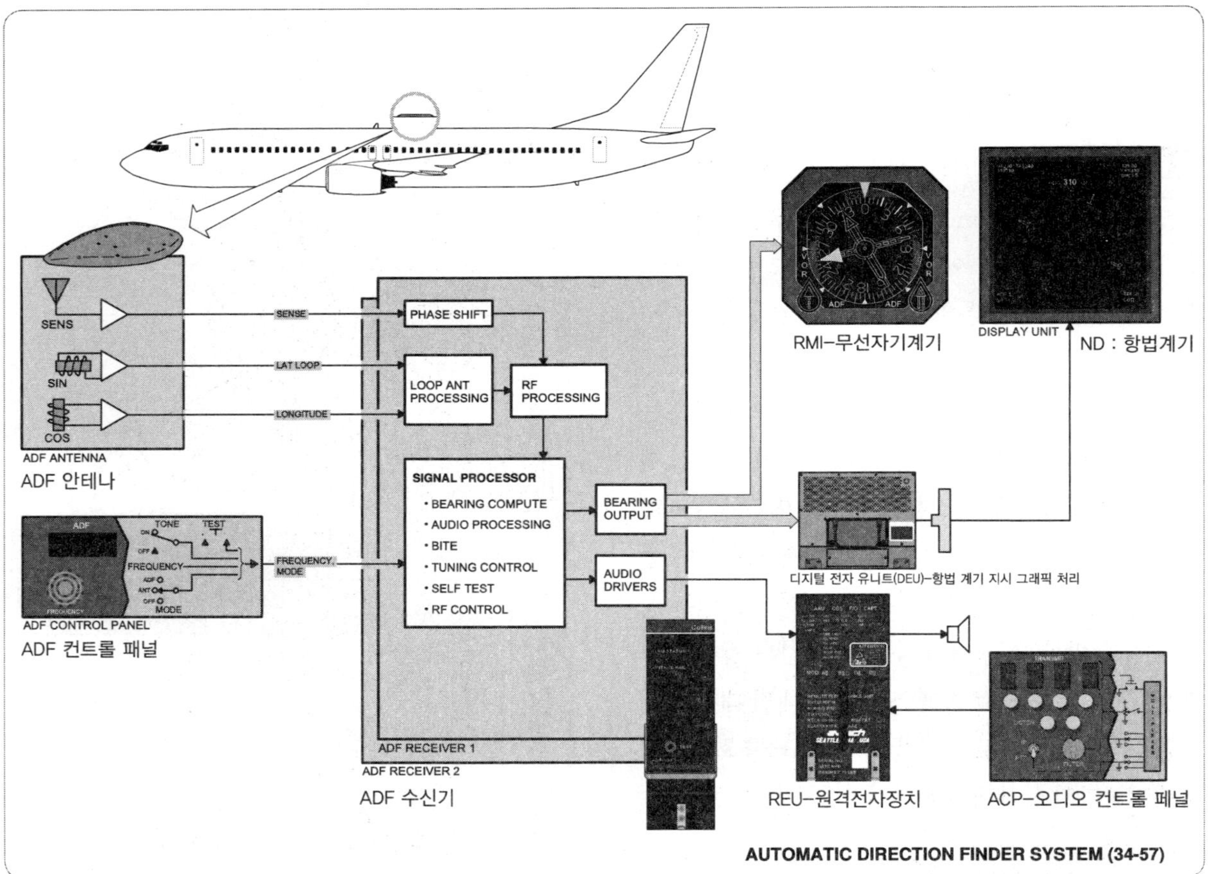

[그림 4-49] 자동방향탐지기 계통 (ADF System)

호를 수신하여 조종사에게 정보를 제공 처리하는 계기착륙수신기(ILS receiver), 또는 멀티모드수신기(MMR: Multi-mode Receiver), 안테나 그리고 항법계기등이 있다. 지상국 및 항공기 지시 관계는 [그림 4-48]을 참조 한다.

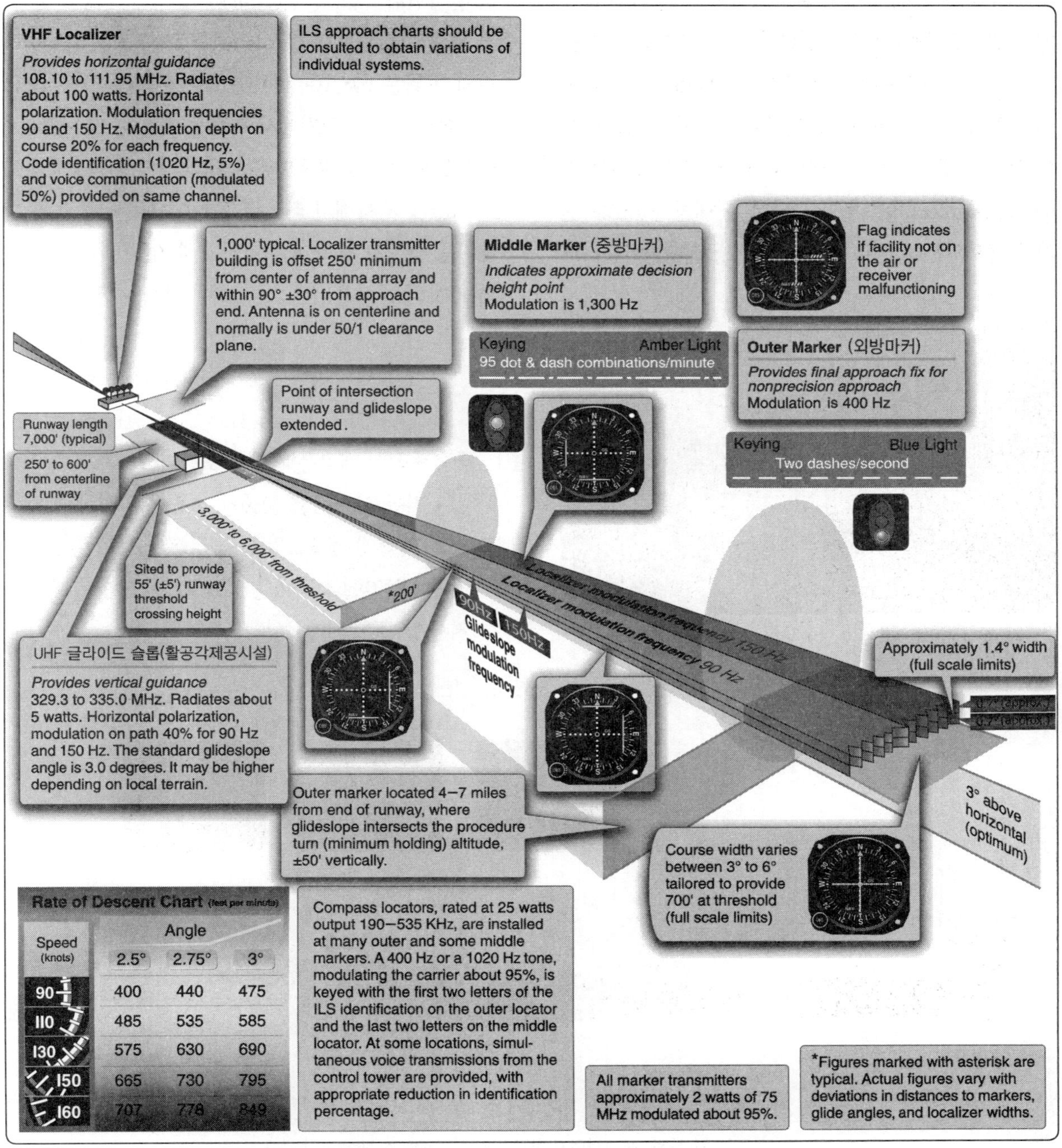

[그림 4-50] 계기착륙계통 구성품 – 지상 Components of an Instrument Landing System(ILS)

4.2.4.1 방위각제공시설(Localizer)

목적은 착륙하는 항공기를 활주로 중앙선으로 안내하는 장치이다. 지상 방위각제공시설(Localizer 장치)의 위치는 계기 진입용 활주로의 진입 단 반대 측에 있는 활주로 중심선 연장선에 설치하여 이착륙 항공기와 충돌하지 않도록 활주로에서 적어도 1,000ft 떨어진 곳에 있다. Localizer 전파는 활주로의 진입방향에 있는 중방 표지소(Middle Marker)와 외방 표지소(Outer Marker) 쪽으로 발사되며, 반대방향으로도 전파가 발사되는데 진입 측 전파를 전방 진행방향(Front Course), 반대쪽을 후방 진행방향(Back Course)이라 부른다. Localizer는 2,000ft의 고도에서 최저 25노티칼 마일(NM)까지 빔(Beam)이 전달될 수 있도록 전파를 발사한다. 진행방향(Course)의 폭은 보통 3~6°로서 활주로 끝단(TH: Threshold)에서 700ft이고 주파수의 범위는 108.10~111.975MHz이다. 항공기상의 계기에는 지상송신기에서 나오는 좌우 주파수(90Hz, 150Hz)의 변조성분에 따른 전계의 강약차이에 의하여 Localizer 지시계가 좌우로 움직이므로 조종사는 항공기를 활주로 중앙에 위치시킬 수 있다(50kHz 단위의 40개 채널 사용).

[그림 4-51] 로컬라이저 안테나 (ILS Localizer Antenna)

4.2.4.1.1 로칼라이저(Localizer) 시스템의 작동 (Operation of Localizer system)

활주 중심선 제공용 지향성 초단파(VHF) 전파를 발사하는 지상 시스템은 항공기 조종사 입장에서 활주로 방면 우측에 150Hz의 변조 성분이 우세한 신호를 방사하는 반면에 좌측에는 90Hz의 변조 성분이 우세한 지향성 신호를 방사한다. 오른쪽 안테나는 150Hz

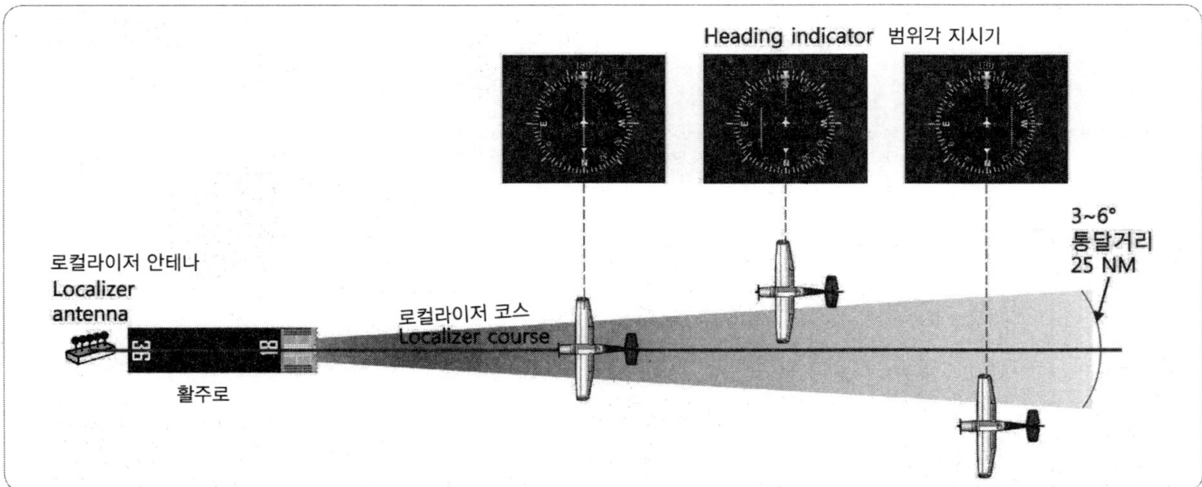

[그림 4-52] 로컬라이저 계기 (Indication of Localizer)

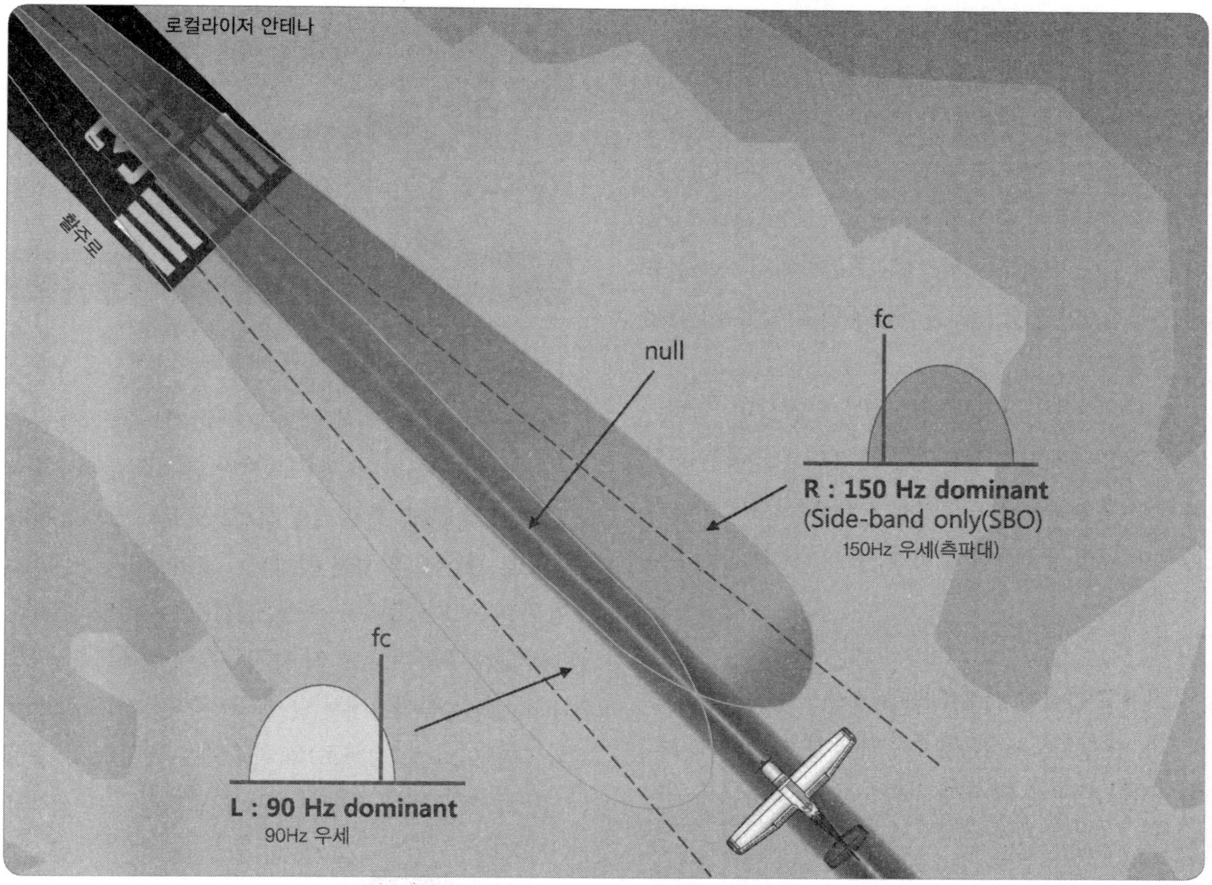

[그림 4-53] 로컬라이저 안테나 전파 패턴 (Radio Wave Pattern of Localizer Antenna)

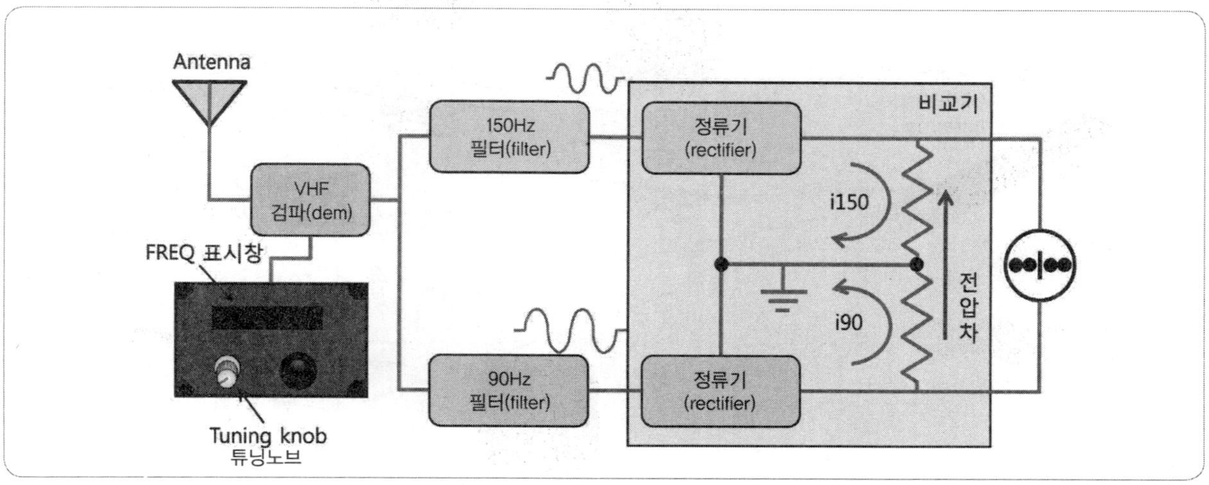

[그림 4-54] 로컬라이저 수신기 기본 원리 (Basic Principle of Localizer Receiver)

신호와 반대 위상의 90Hz 신호를 송신하며, 왼쪽 안테나는 이것과 반대로 정위상의 90Hz 신호와 반대위상의 150Hz 신호를 송신한다. 즉, 좌우의 안테나 간에 위상이 다르다. 이러한 위상의 신호들이 합성되면 다음과 같이 활주로 중심선에 null(no signal or zero)을 만들게 된다. 따라서 항공기의 로컬라이저 수신신호의 세기가 0이면 활주로 중심선에 위치하였다고 판단할 수 있다.

항공기 수신부 구조는 아래 그림과 같으며, 입력된 90Hz와 150Hz 신호 성분의 진폭에 따른 정류된 전압의 크기가 동일하면 0이 된다. 만약 90Hz나 150Hz 성분의 신호가 세다면 그 차이에 따라 표시 바늘을 움직이게 한다.

4.2.4.2 활공각 시설(Glideslope)

지상 글라이드 슬롭(활공각 제공시설, Glideslope) 송신기는 전파를 발사하여 활주로에 착륙하기 위하여 접근 중인 항공기에 안전한 착륙 각도인 3°의 활공각 정보를 제공하며 활주로 진입 단으로 부터 750~1,250ft 내측에, 활주로 중심선으로부터 400~600ft 옆으로 떨어진 위치에 설치된다. Glideslope 주파수 범위는 UHF 328.6MHz~335.4MHz이며 ILS 주파수(localizer 주파수)를 선택 시 자동으로 선택된다. 지상 Glide slope 송신기에서 발사되는 주파수도 Localizer와 같이 Course(강하로)의 하측에는 150Hz, 상측은 90Hz로 변조되는 지향성 전파를 발사하며 항공기상

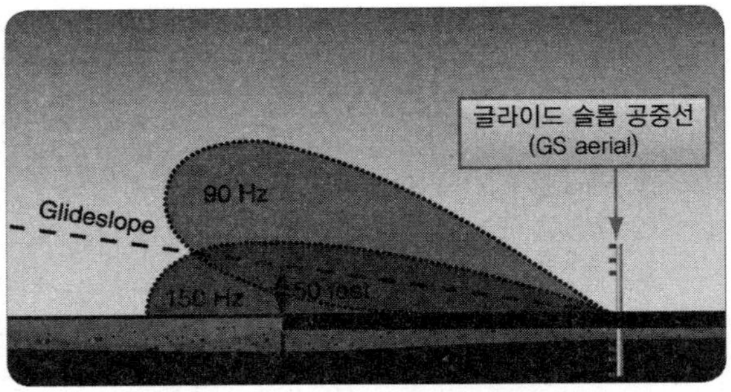

[그림 4-55] 글라이드슬롭 안테나 전파 신호 (Glideslope Antenna Broadcast Signal)

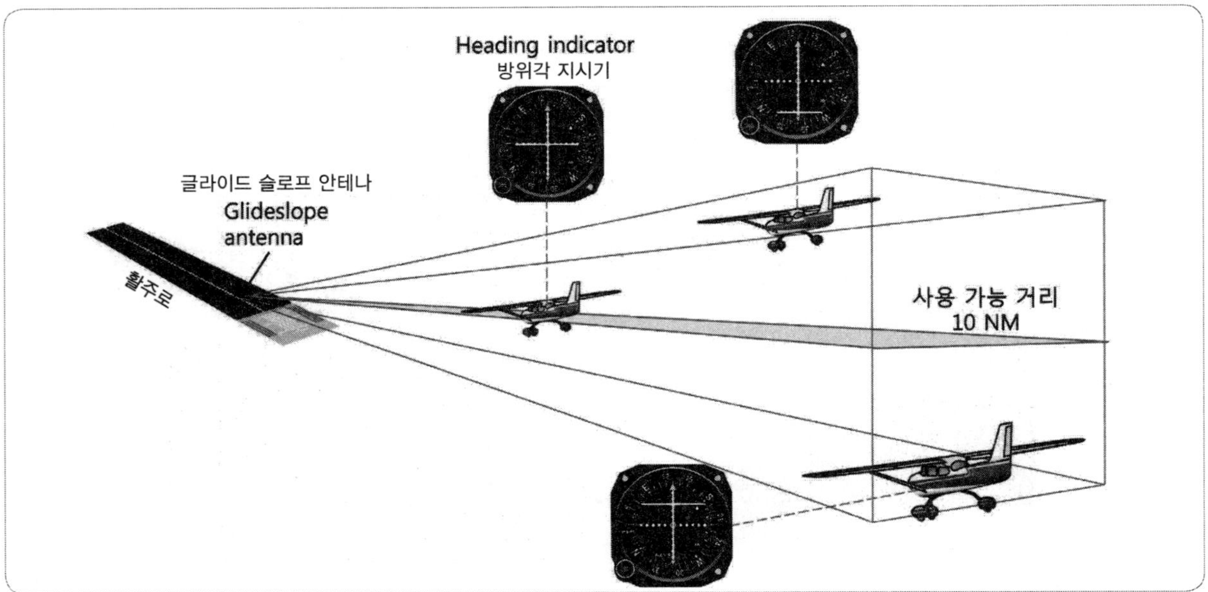

[그림 4-56] 글라이드 슬롭 계기 (Indication of Glideslope)

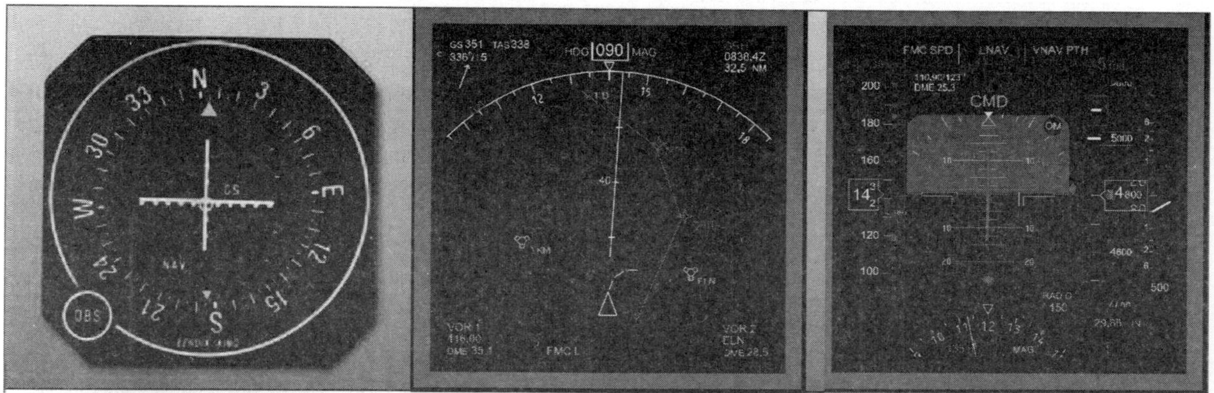

계기착륙계통(ILS) 계기 항법 계기(ND) 주비행계기(PFD)

[그림 4-57] 계기착륙계통계기 - 코스편차 및 LOC/GS 지시

[그림 4-58] 글라이드슬롭 안테나 - 비금속항공기용(좌측). 비철금속항공기용 (우측) (Glideslope Antenna)

[그림 4-59] 계기착륙장치 수신기 (ILS Receiver)

의 수신기는 두 변조성분에 따른 전계의 강약차이에 의하여 Glideslope 지시계가 상하로 움직이게 하여 적절한 강하 각도를 알려주어 항공기가 안전하게 착륙할 수 있도록 한다.

[그림 4-55]에서 착륙 접근 시 코스 편차를 볼 수 있고 디지털 항공기에서는 PFD에 ILS계기를 볼 수 있고 그림 4-56에 나오는 Glideslope 안테나는 실제로 캡처 안테나와 트랙 안테나가 있으며 그림 4-57에서는 항공기 계기착륙을 위한 장비인 계기착륙장치(ILS: instrument landing system) 수신기(receiver)를 보여준다.

4.2.4.3 마커 비컨(Marker Beacons)

마커비컨은 계기착륙계통의 지상 구성품 중 하나로 지상에 설치된 항행원조무선시설이다. 접근하는 항공기에 활주로 끝단까지 거리를 알려주는 것으로 활주로 진입 쪽 중심 연장선상의 일정한 지점에 설치하여 착륙하는 항공기에 수직상공으로 역원추형의 75MHz의 초단파(VHF) 전파를 발사하여 진입로상의 일정한 통과지점에 대한 위치정보를 제공하는 시설로

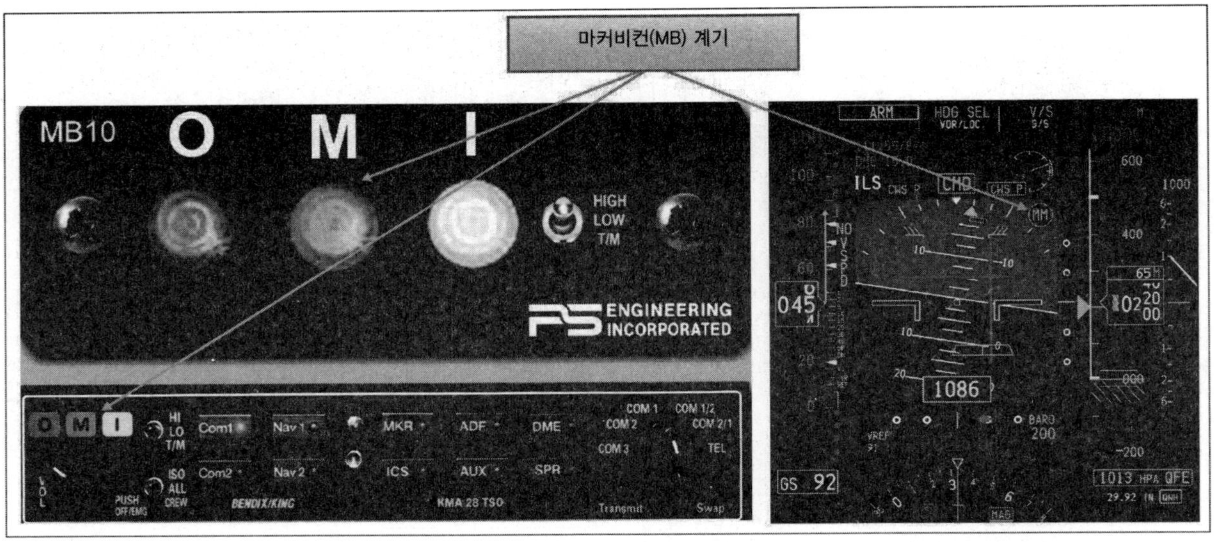

[그림 4-60] 마커비컨 계기 및 표시등 (Various Marker Beacon Instrument Panel Display Lights)

마커 비컨의 지상국은 외방 마커(Outer Marker), 중방 마커 (Middle Marker), 내방 마커(Inner Marker)가 있다.

4.2.4.3.1 외방 마커(OUTER MARKER)

정밀계기접근이 이루어지는 전방코스방향으로 설치하고 공항으로부터 4~7노티칼 마일(NM) 되는 지

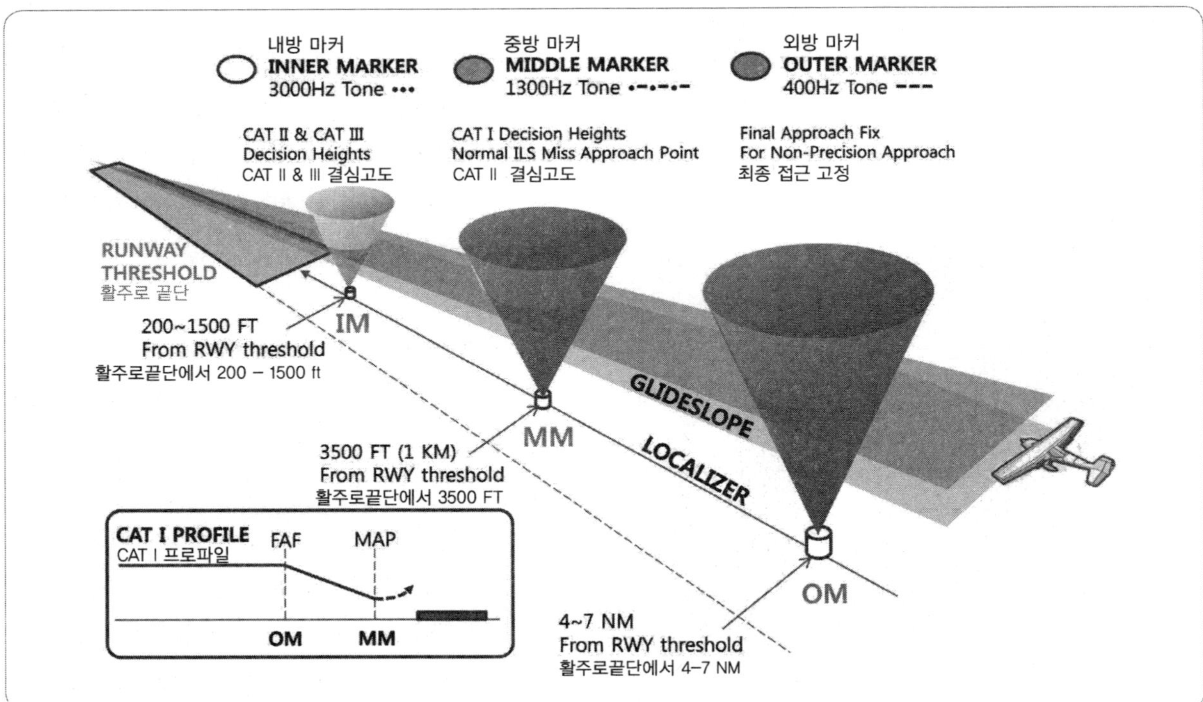

[그림 4-61] 마커비컨 위치 및 지시 등(Position and Display Lights of Marker Beacon)

점에 400Hz로 변조되는 전파를 발사하는데 매초 2회씩 Morse 신호의 Dash(-)음을 연속 발사하여 조종사가 이를 듣고 계기접근(Instrument Approach)에서 이 지점을 확인할 수 있게 하며 "O" Lamp에 Blue(파란색) 등이 점멸된다.

4.2.4.3.2 중방 마커(Middle Marker)

활주로 진입 단으로부터 약 3,500feet의 전방에 설치하고 1,300Hz로 변조되는 전파를 발사하는데 매초 2회씩 Morse 신호의 dash와 dot음을 연속 발사하여 조종사가 이를 듣고 계기접근(Instrument Approach)에서 이 지점을 확인할 수 있고 "M" Lamp 또는 "MM"에 Amber (호박색) 등이 점멸된다.

4.2.4.3.3 내방 마커(Inner Marker)

중앙 마커와 활주로 접근 단 사이에 설치되고 3,000Hz로 변조되는 전파를 발사하는데 매초 6회씩 Morse 신호의 dot음을 연속 발사하며(6dot/초) 주로 Category II로 운영되는 공항에는 설치하고 있다. "IM" Lamp에 White(흰색)등이 점멸됨으로써 내방 마커의 통과를 확인할 수 있다.

4.2.4.4 계기착륙시설(ILS) 의한 진입 방법 및 등급

4.2.4.4.1. 진입방법

항공기가 곧 착륙할 예정이나 안전벨트를 착용하라는 기내방송을 듣게 되는 최초 접근 지정(initial approach fix) 은 활주로에서 25-13 NM 정도 떨어진 지점으로 조종사는 이지점부터 ILS 방위각과 활공가의 지시계기에 맞추어 비행하면서 착륙기어 내리고 플랩 내리고 결심고도까지 접근한다. 최종적으로 착륙 결심에서 복항 또는 착륙을 할 것인지를 선택한다.

4.2.4.4.2 계기착류시설(ILS) 등급

기상관측소에서 제공되는 활주로 가시거리(RVR. Runway Vidual Range) 및 착륙 결심고도(Decision Height)에 따라 다음과 같이 각 공항의 활주로의 계기착륙시설의 등급(category. CAT)이 부여된다. 이는 공항에 접근하는 중에 활주로 가시거리(공항 기상 관측소에서 정보를 받음)정보를 받고 저 시정 상태에 따라서 그리고 지상의 지원 장비 설치 여부에 따라 착륙을 할 수 있거나 회항을 할 법적 근거가 된다. 예를 들어 CAT IIIa 공항에 접근 중 RVR 값이 200 미터이어서 접근을 할 수 있다. 그러나 결심 고도 30m 까지 활주로에 접근을 했는데 안개 때문에 활주로가 보이지 않으면 회항을 하여야 한다. 그러나 30 미터까지 접근에서 활주로가 보이면 이 공항에서 착륙이 가능한 것이다. 이는 공항마다 착륙 시점에서의 활주로 가시거리정보를 받아서 결심고도까지 접근을 해서 활주로의 시야

[표 4-2] 계기착륙시설(ILS)의 등급

성능/CAT	CAT-I	CAT-II	CAT-III		
			CAT-IIIa	CAT-IIIb	CAT-IIIc
PVR (Runway Visual Range)	550미터 이상 (1,800ft)	350미터 이상 (1,200ft)	200미터 이상 (700ft)	50미터 이상 (150ft)	None
DH (Decision Height)	200ft (60m)	200-100ft (30-60m)	30m	15m	None

[그림 4-62] ILS 시험 장비 (ILS Test Unit)

여부를 확인한 후 착륙 또는 회항을 하는 것으로 안전한 착륙을 위한 것이다. 다음은 법으로 정해진 각 공항의 ILS 등급 기준이다.

계기착륙장치(ILS) 항법장비는 그림 4-61의 시험장치(test unit)로 시험할 수 있으며, localizer, glideslope, 그리고 마커 비컨(marker beacon) 수신기가 정상적으로 작동을 하고 계기가 정확하게 지시하는 지를 확인하기 위해 사용한다.

4.2.5 거리 측정 장치(DME: Distance Measuring Equipment)

거리 측정 장치(DME)는 비행 중인 항공기에 조종사가 선정한 VOR/DME 무선국까지 연속적으로 거리정보를 제공하는 항행보조방식 중의 하나이다. 항공기로부터 질문 신호를 받은 지상 무선국은 자동으로 응답신호를 전송한다. 이 신호가 항공기에 도달할 때까지의 왕복시간을 거리로 환산하여 조종석 항법계기에 지시한다. DME 송신기는 VOR 무선기지국과 같이 설

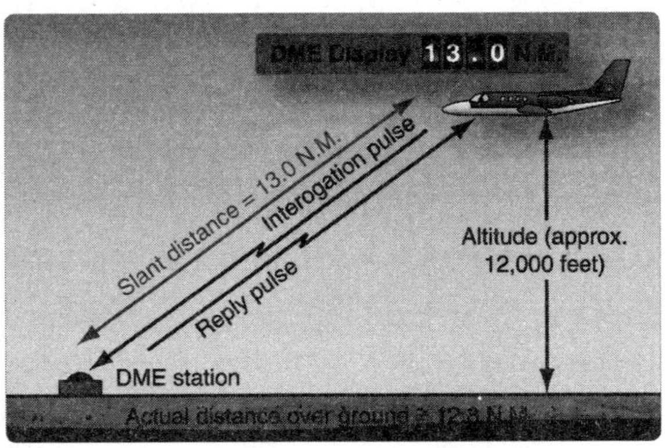

[그림 4-63] 거리측정장치 (DME)

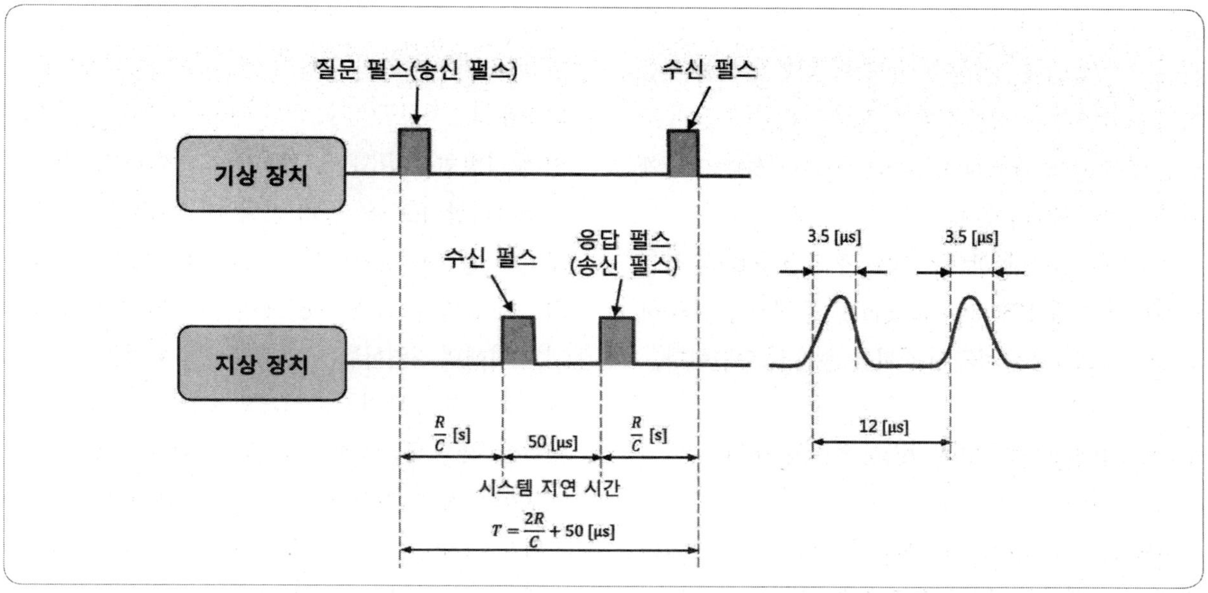

[그림 4-64] DME 질문기와 트랜스폰더의 펄스 패턴 (Pulse Pattern of Interrogator and Transponder)

치된다. VOR에서 방위정보를 수신하면서 DME에서 거리 정보를 받아서 좀 더 정확한 항공기 위치 및 비행 방위를 결정할 수가 있다. DME 주파수는 항공기에서 VOR 및 ILS주파수 선택 시 주파수 1,025~1,150MHz로 송신 하면 지상국에서는 50μsec 후에 주파수 UHF 960~1,215 MHz로 항공기에 응답하면 항공기의 수신기는 전파의 왕복시간을 계산하여 거리를 계산한다.

[그림 4-65] 전형적인 항공기 DME 안테나
(Typical Aircraft mounted DME Antenna)

이 때 지시하는 거리는 항공기에서 DME 기지국까지 사선 거리(slant distance)인 13 NM을 지시한다. DME의 최대 탐지 거리는 399.99노티컬 마일(NM)이다.

항공기의 거리 측정 장비 호출기(DME Interrogator)가 송신하는 질문 펄스는 일정한 주기 내에서 미리 정해진 랜덤 패턴 형태로 구성된 2개의 펄스로 구성된

[그림 4-66] VOR/DME 초단파전방향표지시설 및
거리측정장치 송신기

펄스 쌍이다. 이렇게 2개의 펄스(3μsec 폭, 12μsec 간격)를 보내는 것은 간섭이나 잡음에 의한 손실을 예방하기 위함이다. 이것을 수신한 지상 거리 측정 장비 자동응답기(DME Transponder)는 50μsec 시간 이후에 다른 주파수로 응답한다.

대부분의 경우에 DME 안테나는 그림 4-65와 같이 블레이드 안테나(Blade antenna)로 동체 중심선의 하면(underside)에 설치되어 전파를 송신 및 수신한다.

4.2.6 지역항법(RNAV: Area Navigation)

지역항법(RNAV: Area Navigation)은 항공기가 VOR 등 항행시설 무선국으로 직접 이동하지 않고 항법비콘 네트워크 내에서 Point A에서 Point B까지 코스를 선택해서 효율적인 IFR(계기비행규칙)항법이다. 즉, 항공기가 지상 항행시설인 VOR, VORTAC와 VOR/DME 지상국 유효 범위 내 또는 자체 항법 장비인 위성항법장치(GPS), 관성항법장치(INS), 그리고 비행관리장치(FMS) 능력 범위 내 또는 이 두 가지를 조합한 방법을 사용하여 계획된 비행경로로 비행이 가능하게 한다. 그림 4-67에서는 공항 A에서 공항 B까지 비행의 지역항법(RNAV) 항로를 보여준다. VOR/DME와 VORTAC 기지는 실제의 목적지 지상국이라기보다는 최종 목적지까지 비행하는 데 참고하는 중간 지점이라 볼 수 있고 RNAV는 공항 A에서 공항 B까지 직행노선(direct route)으로 비행하는 데 도움을 준다.

모든 RNAV 시스템은 웨이 포인트를 사용한다. 웨이포인트(waypoint)는 경로 정의(route definition) 또

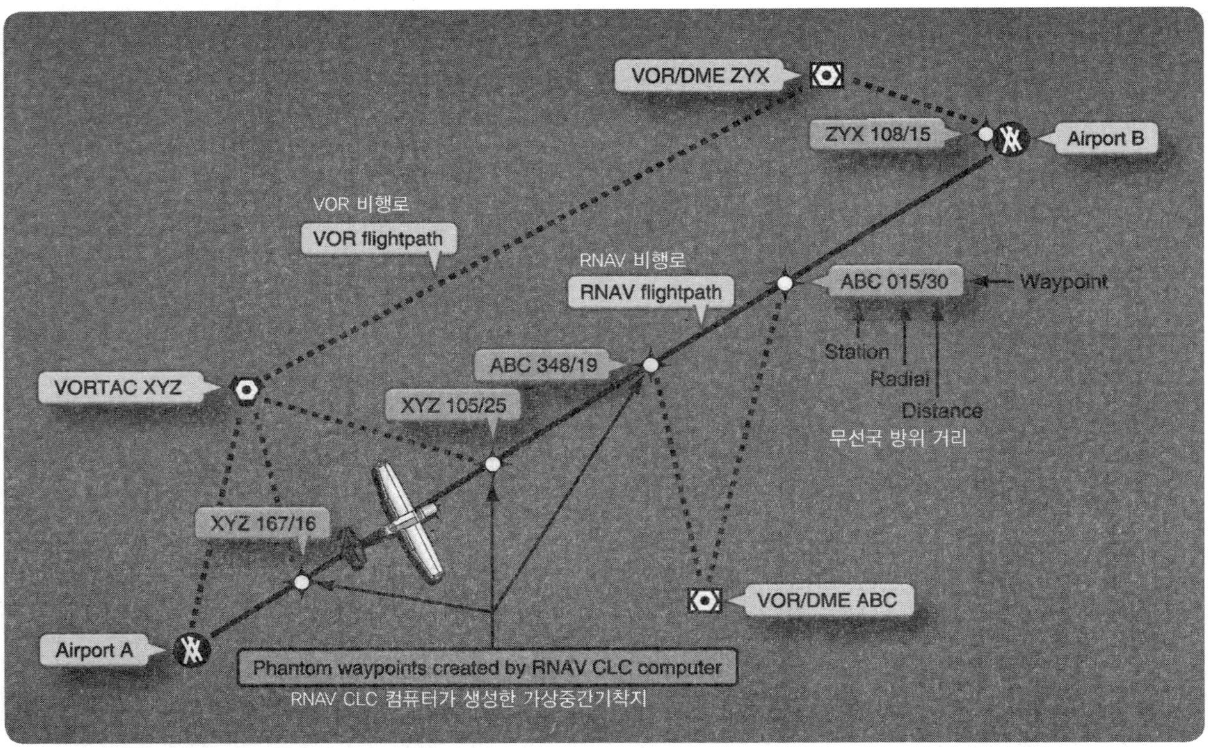

[그림 4-67] RNAV(지역항법)

는 진행률보고 목적(progress-reporting purpose)으로 사용되는 지리적 위치이다. 위도/경도 그리드 좌표를 사용하거나 VOR을 기반으로 하는 RNAV의 경우에는 VOR 반경의 점으로 설명된 후 VOR 무선국과의 거리가 표시 된다 예를 들어 ABC 015/30 이면 ABC 무선국, 무선국 방위는 015도 그리고 그곳까지 거리가 30 NM이다.

RNAV는 VOR 수신기, 안테나 및 CDI와 같은 VOR 디스플레이 장비를 사용한다. RNAV 장치의 컴퓨터는 기본 기하학 및 삼각법 계산을 사용하여 각 웨이포인트에 대한 방위, 속도 및 시간 판독 값을 생성한다. VOR 지상국은 RNAV를 사용하기 위해 항공기에서 가시거리와 작동 범위 내에 있어야한다. [그림 4-67 참조]. RNAV는 GPS 개발로 유연성이 향상되었다. GPS 데이터를 VOR RNAV 비행 계획에 통합하면 VOR을 사용하지 않고 GPS 루트 계획이 가능하다.

4.2.7 비행관리시스템(FMS: Flight Management System)

비행관리시스템(FMS)은 조종사가 설정한 비행계획에 맞추어 최적의 연료 소비량 및 시간으로 안전하게 비행할 수 있도록 관성항법장치(IRS: Inertial Reference System) 및 에어데이터컴퓨터(ADC: Air Data Computer) 등으로부터 수집되는 동적인 비행정보와 항법데이터베이스(NDB: Navigation Data Base)에서 제공하는 항법 자료 및 이착륙 절차 등과 같은 고정 정보를 활용하여 최적화된 속도, 상승률, 비행경로, 엔진 추력 등을 계산한다.

계산된 정보를 바탕으로 FMS는 자동비행조종시스템(AFCS: Autopilot Flight Control System)과 엔진의 자동추력시스템(Auto Throttle System)에게 비행자세제어 및 엔진 추력 제어를 수행시켜 자동비행이 가능하도록 한다. FMS의 주요 기능은 다음과 같다.

① 항법(Navigation)

FMC 메모리에 항로상의 모든 항법 데이터를 저장하고 있는 NDB(항법데이터베이스. Navigation Data Base)가 있어 비행 계획을 설정할 때 이용한다. 이 데이터를 이용해서 비행 중 항공기 위치를 계산한다. 이 NDB는 매달 UPDATE를 한다.

② 성능(Performance)

FMC 메모리에 비행 중 변수에 대비해 항공기 성능을 계산하는 PDB(성능데이터베이스(Perfoamance Data Base)가 있어서 비행계획을 설정할 때 항공기 전체 무게, 순항고도 및 비용 인덱스(cost index)를 입력하면 FMC는 가장 경제적인 속도(economy speeds), 최적의 순항고도(best flight alititude) 및 하강 지점(top of descent point)를 계산한다. 이 컴퓨터가 계산한 최적의 결과치는 비행계기에서 목표 속도(target speed) 및 고도(target altitude)로 지시된다.

③ 제어 안내 (Guidance)

FMC 는 항법자료와 최적의 속도 고도를 계산하여 자동조종계통(AFCS) 및 자동추력(AT)계통에 명령을 보내어 수평(lateral) 비행모드(LNAV) 및 수직(VNAV) 비행모드에서 항공기를 자동으로 제어한다.

4.2.7.1 비행관리계통 구성품

FMS의 주요 구성품은 주 컴퓨터인 비행관리컴퓨터(FMC), 인터페이스 역할을 하는 제어표시기(CDU.

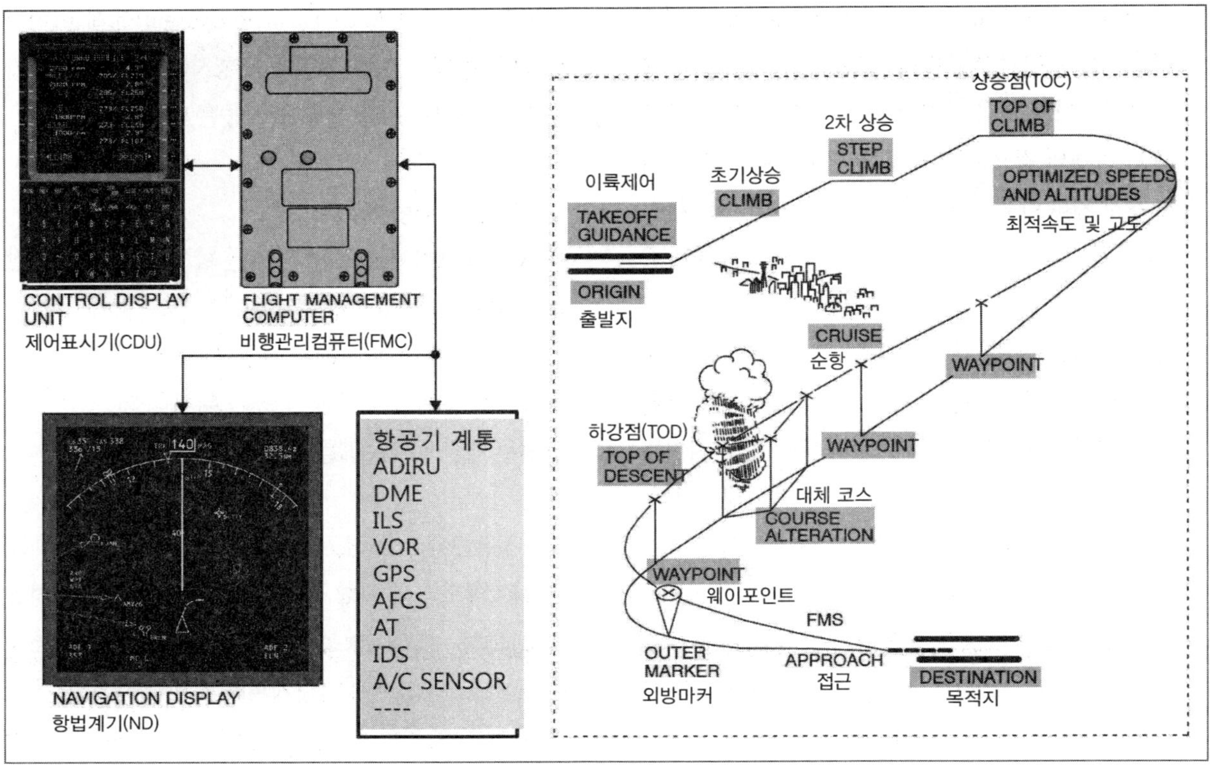

[그림 4-67] RNAV(지역항법)

control display unit)가 있고 항법계기(ND)에서 여러 가지 비행계획 및 항법 현황을 볼 수 있고 항공기 대부분 주요 계통과 상호 연결이 되어 있다. (그림 4-68참조)

비행관리컴퓨터(FMC)는 2개가 장착되며 항공기의 여러 계통에서 받은 정보와 자체 내 저장하고 있는 데이터를 이용해서 항법, 자동조종, 종합계기, 자동추력 등 비행관리계통(FMS) 작동을 위해 계산을 하는 주요 컴퓨터이다.

제어지시장치(CDU: Control Display Unit)는 FMS와 조종사 사이의 인터페이스로 FMC가 처리한 항행 데이터나 엔진 회전수 등의 내용을 조종사에게 보여주는 디스플레이 기능과 조종사가 FMC에 명령할 때 사용하는 입력기능을 제공한다.

다양한 FMC의 기능 중에서 수평항법(LNAV: Lateral Navigation) 및 수직항법(VNAV: Vertical Navigation)은 다음과 같다.

(1) 수평항법(LNAV) 기능: FMC의 LNAV 기능은 수평방향의 비행경로를 제어한다. 전 세계의 공항, 지상의 무선항법지원시설, 경로에 관련된 모든 정보가 저장되어 있는 항법데이터베이스(NDB: Navigation Data Base)를 이용해서 비행계획이 프로그램되어 있어 조종사는 원하는 비행경로만 단순히 입력하면 된다. 이 경로는 보통 출발 시에 설정하지만 비행 중 변경도 가능하다. 일단 비행경로가 선택되면 현재의 위치로부터 다음의 지정한 경로점(waypoint)까지의

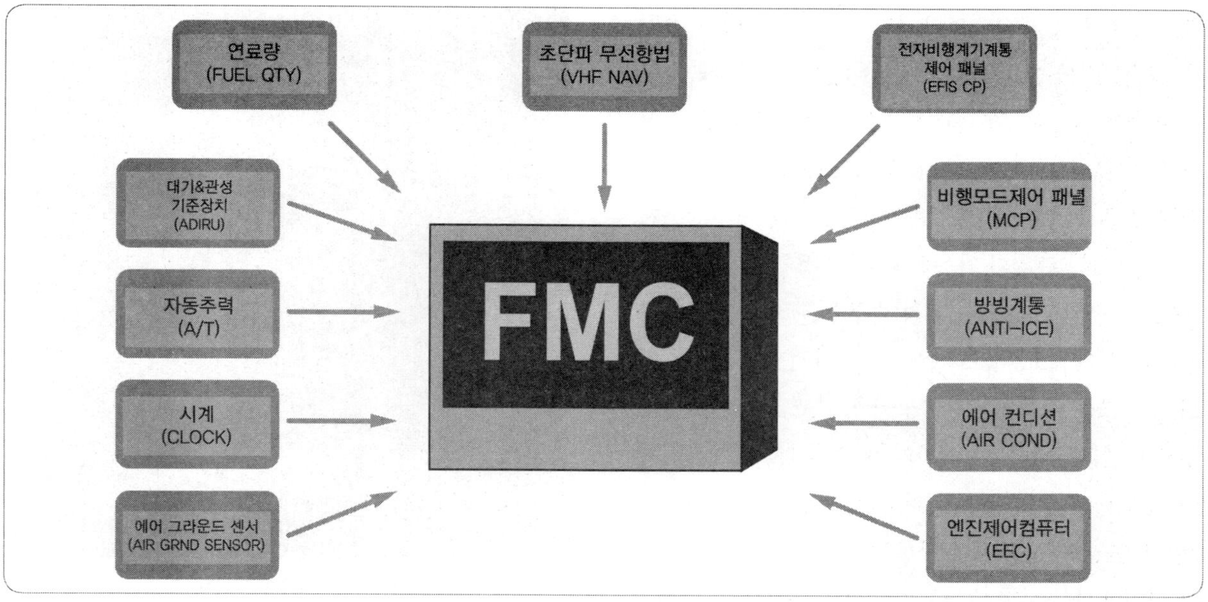

[그림 4-69] 비행관리계통 입력자료 (FMC Input Data)

비행경로가 FMC에서 자동으로 계산된다. 비행 중 FMC는 현재의 위치와 설정된 비행경로위치를 비교하여 그 차이만큼 신호를 자동조종장치(FCC: Flight Control Computer)에 보내어 조종면을 제어하게 한다. 이를 위하여 FMC는 자신의 현재 위치를 정확하게 알고 있어야 하므로 관성항법장치(IRS)로부터의 정보나 무선항법지원 시설로부터 수신되는 항법 정보를 참조한다.

(2) 수직항법(VNAV) 기능: FMC의 VNAV 기능은 연료 절약을 위한 가장 효율적인 수직 방향의 비행경로를 제어한다. FMC는 출발 전에 항공기의 무게, 연료량, 엔진의 성능 등의 데이터를 수집하여 비행 계획에 따른 각 waypoint에서의 속도 및 고도 제한 사항을 고려하여 기종과 장착 엔진에 적합한 최적 속도나 승강률에 따른 추력 값을 계산한다. 비행 중에도 비행고도, 무게, 풍향, 풍속 등의 데이터를 참조하여 최적의 속도나 추력을 계산한다. 또한 비행시간, 비행거리에 따른 연료 소모량의 예측이나 최적 비행 고도의 계산, 진입속도의 계산 등의 운항에 필요한 다양한 계산을 수행하여 목표치에 따른 상승각 정보를 비행조종컴퓨터(FCC)에 전달하여 조종면을 제어하도록 한다. 동시에 자동추력시스템(Auto Throttle System)을 이용하여 엔진의 추력을 제어한다.

4.2.8 위성항법시스템 (GPS: Global Positioning System)

GPS는 인공위성에서 발사한 전파를 수신하여 관측점까지 소요시간을 측정하면 위성과 항공기의 수신기까지 거리를 구할 수 있고 이때 송신된 신호에는 위성의 위치게 대한 정보가 들어있다. 최소한 3개의 위성과의 거리와 각 위성의 위치를 알게 되면 삼변측량에서와 같은 방법을 이용하고 4 번째 위성에서 시간 신호를 받아서 항공기 위치를 구하는 체계이다. 즉, 4

개 이상의 위성을 이용하면 3차원적인 위치를 측정할 수 있다. GPS는1970년대 미국 국방성이 군사목적으로 이용하기 위해 개발되었고 1980년대부터 GPS 신호 C/A(Coarse/Acquisition) 코드를 민간인이 사용할 수 있도록 개방되었으며 전 세계 어디에서나 전천후 및 24시간 측위가 가능하고 위치 정확도는 수평 약 100m, 수직 150m이다. 위성의 구성은 적도와 55도로 경사각을 가지고, 경도 상에 60도 간격으로 6개의 궤도에 각 궤도마다 4개의 위성이 그리고 스페어로 3 개 정도 (전체 27개 --- 해마다 전체 수량은 변함)위성이 11시간 58분의 공전 주기로 지구 표면으로부터 약 2만 200km의 상공에서 작동하고 있다. 따라서 지구상 어디에서나 수평선 15도 이상의 하늘에서 최소한 4 개가 관측이 되도록 배치되어 있으나 통상적으로 5 - 8 개의 위성이 보인다. 러시아의 전역위성항법시스템(GLONASS: Global Navigation Satellite System) 및 유럽의 GALILEO 위성도 미국의 GPS와 같은 장치이다. 이 모든 항법시스템을 통칭하여 전역위성항법시스템(GNSS: Global Navigation Satellite System)으로 통칭하고 있다.

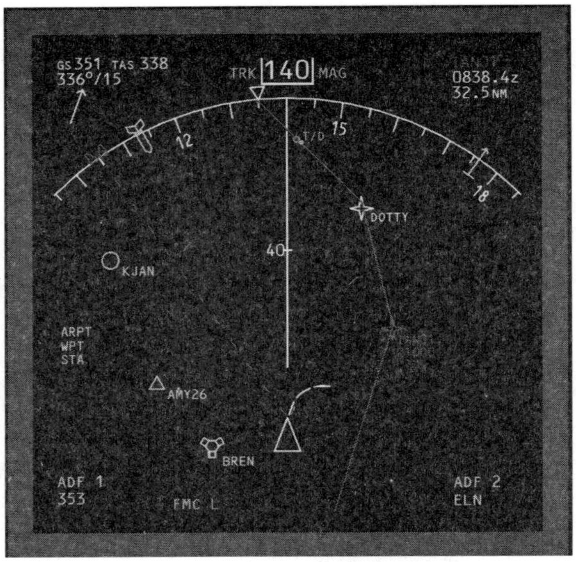

[그림 4-71] 항법계기 (ND)

위성항법시스템이 지시하는 것은

- 위도 (latitude)
- 경도 (longitude)

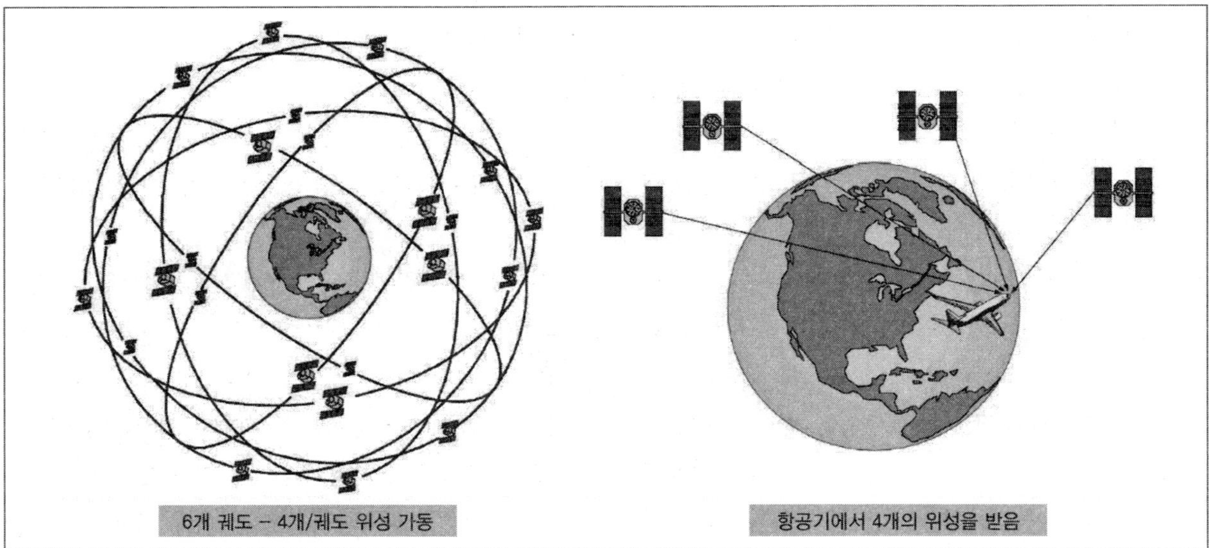

[그림 4-70] 위성항법계통 (GPS)

- 고도 (altitude)
- 정확한 시간 (accurate time)
- 대지속도 (ground speed) 등이다.

위성항법시스템(GPS)에서 생성하는 정보는 다음과 같고 항법계기(ND) 및 비행계기에 지시한다.

- 위도 (latitude)
- 경도 (longitude)
- 고도 (altitude)
- 정확한 시간 (accurate time)
- 대지속도 (ground speed) 등이다.

4.2.8.1 위성 항법 시스템(GPS) 위치측정 (Positioning of GPS)

위성 항법 시스템(GPS)의 위치측정 원리는 현재의 위치에서 보낸 시각이 기록된 위성 신호를 수신한 후 전파도달 시간을 측정하면 해당 위성과 수신기가 있는 현재 위치 간의 거리를 측정할 수 있으며, 이를 3개의 위성으로부터 동시에 수신하게 되면 그 교차점에 3차원(위도, 경도, 고도의 3차원 위치측정)의 자신의 현재 위치가 되는 원리이다. 이를 위해 GPS는 위성이 지구 중심에 관한 자기위치를 지구고정 좌표시스템으로 송신하고, 또한 신호 송신시간, 주기속도, 위성 상태 신호 등을 송신한다. 수신기는 궤도에서 거리측정에 가장 유리한 위성 간 거리가 상대적으로 가장 먼 4개의 위성을 선택하여 선택된 위성의 항법신호를 수신한다. 수신기 부분은 위성으로부터 신호를 수신하여 현재 위치를 측정하는 장비로서 수신기에서 위성까지의 거리는 위성에서 송신된 신호가 수신기에 전달되는 데 소요되는 시간을 측정하여 여기에 전파속도를 곱함으로써 측정된다.

위성과 수신기는 동일한 신호를 동시에 발생하고 수신기는 수신기 신호와 위성으로부터 수신된 신호를 비교하여 시차를 구한다. 이때, 위성과 수신기는 정확한 시간을 측정할 수 있는 시계가 각각에 장착되어야 한다. GPS 수신기는 수신된 항법신호를 이용하여 수신기와 각 위성 사이의 거리를 계산하여 위치를 구한다.

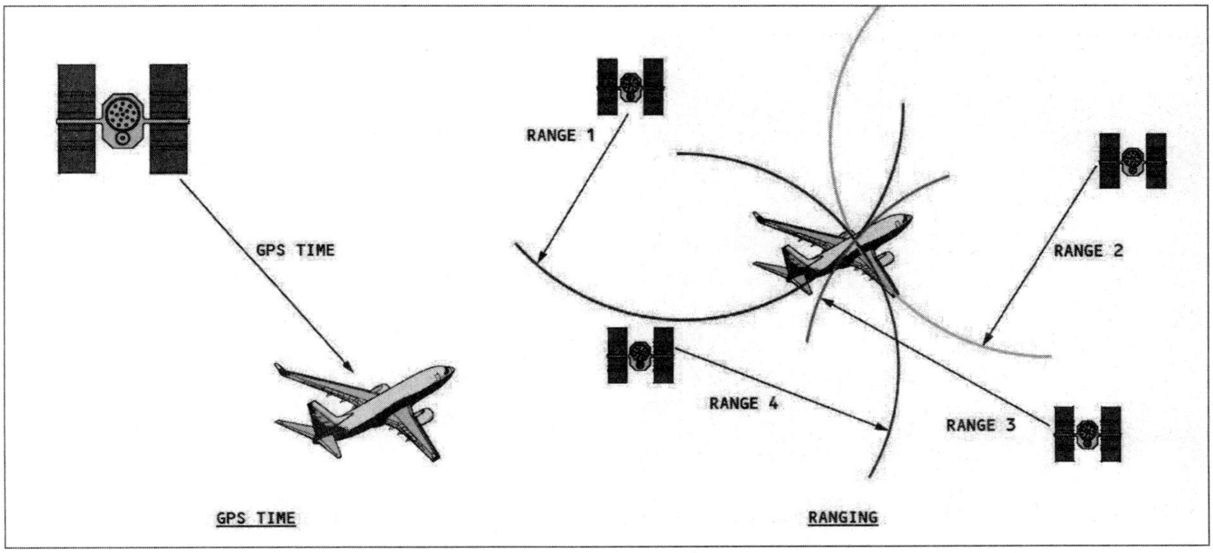

[그림 4-72] 항공기 위치 계산 (Computation of Aircraft Position)

4.2.8.2 광역보강항법장치(WAAS: Wide Area Augmentation System)

위성항법에 정확성, 무결성 및 가요성을 향상 기키기 위해 FAA에서 개발한 항행보조장치이다. 항공기로 수정 정보를 전송하는 약 25개의 정확한 측정이 가능한 지상국으로 이루어져 있다. 그림 4-74에서는 WAAS 구성요소와 운영의 전체 개요를 보여준다.

WAAS 지상국은 GPS 신호와 전방 위치 오류를 수신하여 시간 및 위치 정보를 분석하고 수정 명령을 정지궤도에 있는 통신위성으로 보낸다. 위성은 WAAS가 GPS 위성으로부터 수신된 위치정보를 GPS 수신기가 수정할 수 있도록 GPS-like 신호를 전파한다. 또한, WAAS는 GPS 수신기가 WAAS를 사용할 수 있게 하여 지상기반접근장비(ground-based approach equipment. ILS) 없이도 많은 공항에서 정밀접근(precision approach)을 수행할 수 있다. WAAS는 항공기가 정밀접근 수행 시 항공기와 항공기 간의 간격을 줄일 수 있고 수평 및 수직으로 1~3[m] 정도 위치

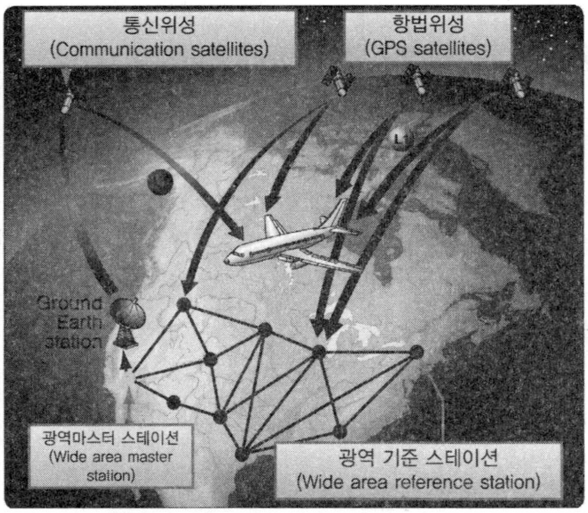

[그림 4-73] 광역보강항법계통(WAAS) The wide area augmentation system(WAAS))

오차를 줄일 수 있다.

4.2.9 관성항법시스템(INS: Inertial Navigation System) / 관성기준항법시스템(IRS: Inertial Reference System)

관성항법장치(INS: Inertial Navigation System)는 관성 센서라 불리는 자이로스코프와 가속도계에 의해 항공기의 회전 각속도와 선형 가속도를 측정하고 이들 출력을 이용하여 외부의 도움 없이 기준 항법 좌표계에 대한 항공기의 비행자세, 현재 위치(PP), 대지속도(Ground Speed) 및 기수방향 정보를 제공해준다. INS는 외부의 요인으로 인한 신호교란이나 날씨와 시간제한 등에 영향을 받지 않는다.

INS는 항공기의 회전 운동으로 생성되는 외부의 영향을 물리적으로 격리시키는 플랫폼(flatform)에 관성 센서를 장착하는 짐발형 관성항법장치(Gimbaled INS)와 항공기의 기본적인 가속도를 감지하는 가속도계 3 개 및 적분기 등이 관성항법장치안에 같이 장착되어 있다. 주요 구성품은 INU(자이로, 가속도계, 적분기 등), MSU(Mode Selector Unit), SDU(System Display Unit) 들이다.

4.2.9.1 안정 플랫폼(Stable Platform)

3개의 가속도계가 서로 직각으로 플랫폼(Platform)에 고정되어 있다. 3 개 중 하나의 가속도계는 진북을 향하고 두 번째는 동서 방향으로 고정되어 있고 세 번째는 플랫폼(Platform)에 수직으로 세워져 있다. 북쪽(North) 가속도계는 수평적으로 장착되어 항상 항공기의 방향(Heading)에 상관없이 진북을 지시하고 있다.

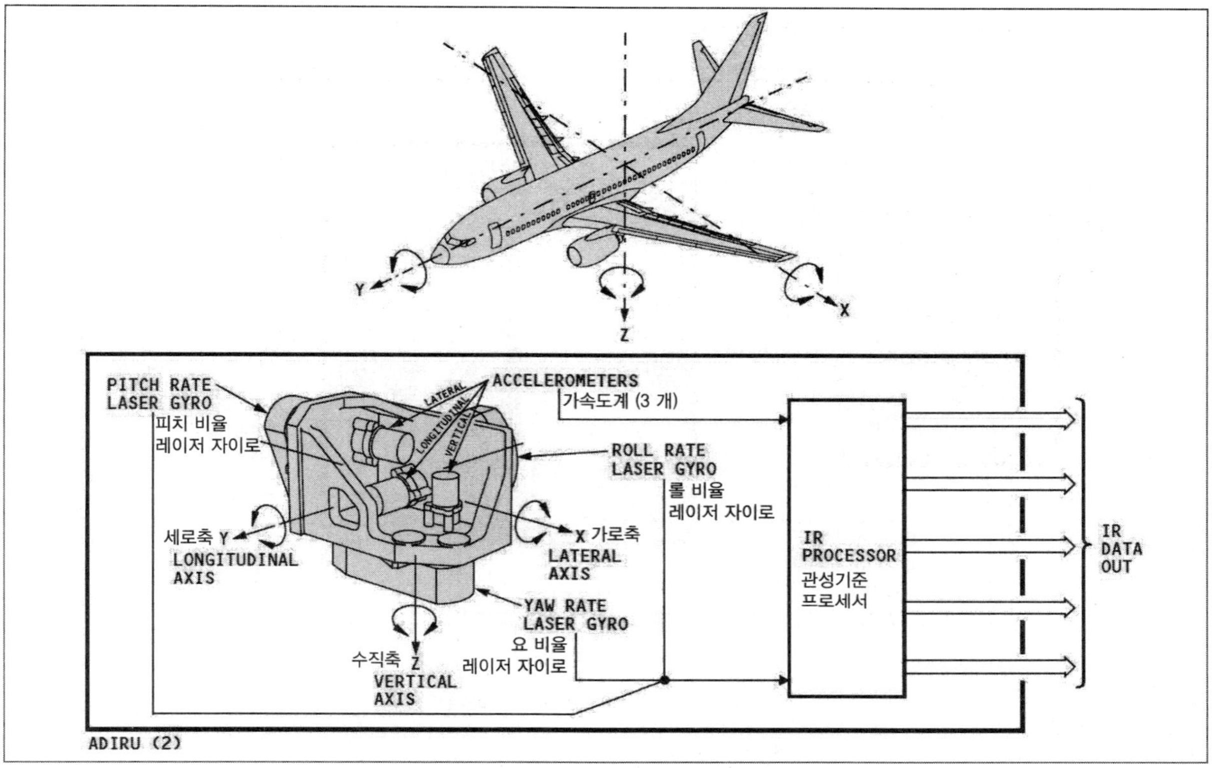

[그림 4-74] IRS의 안정성유지된 플랫폼 (Stable Platform of IRS)

이것은 Platform과 가속도계가 항공기의 Pitch/Roll 운동에 상관없이 지구면에 수평을 유지함을 의미하며 가속도계 또한 중력이나 항공기의 움직임으로 인한 오차(error)를 받지 않는다. 지구는 자전하는 동안 항공기는 지구 표면을 따라 움직이므로 INS Computer는 플랫폼이 기울어지는 것을 감지하고 수정을 해야 한다.

4.2.9.2 가속도계(accelerometer)

가속도계의 작동의 원리는 뉴톤의 제 2 법칙 가속도의 법칙으로 물체의 운동 변화율은 가해진 힘에 비례하고 가해진 힘의 방향을 유지한다.

가장 많이 사용하는 가속도계는 진자(Pendulum) 및 폐회로 피드백 시스템(Closed Loop Feedback System)으로 강제균형센서(Forced Balance) 혹은 Fore-Balance 가속도계로 불린다.

진자(Pendulum)의 회전축(Pivot)은 오직 한 축으로 움직일 수 있다. East-West로 정렬(Align)된 Pendulum은 North-South 방향의 가속도(Acceleration)를 감지하지 못한다. 항공기 속도의 변화가 크면 Pendulum의 변위가 크고 E 및 I Bar 탐지기(Detector)의 평형이 깨지고 픽업 코일(Pick-Off Coil)로 많은 전류가 유기된다. Pick-off Coil에 흐르는 전류는 INS 컴퓨터가 감지하며 힘이 가해진 피드백 코일(Force Feed Back Coil)에 직류(DC)전류를 발생시키

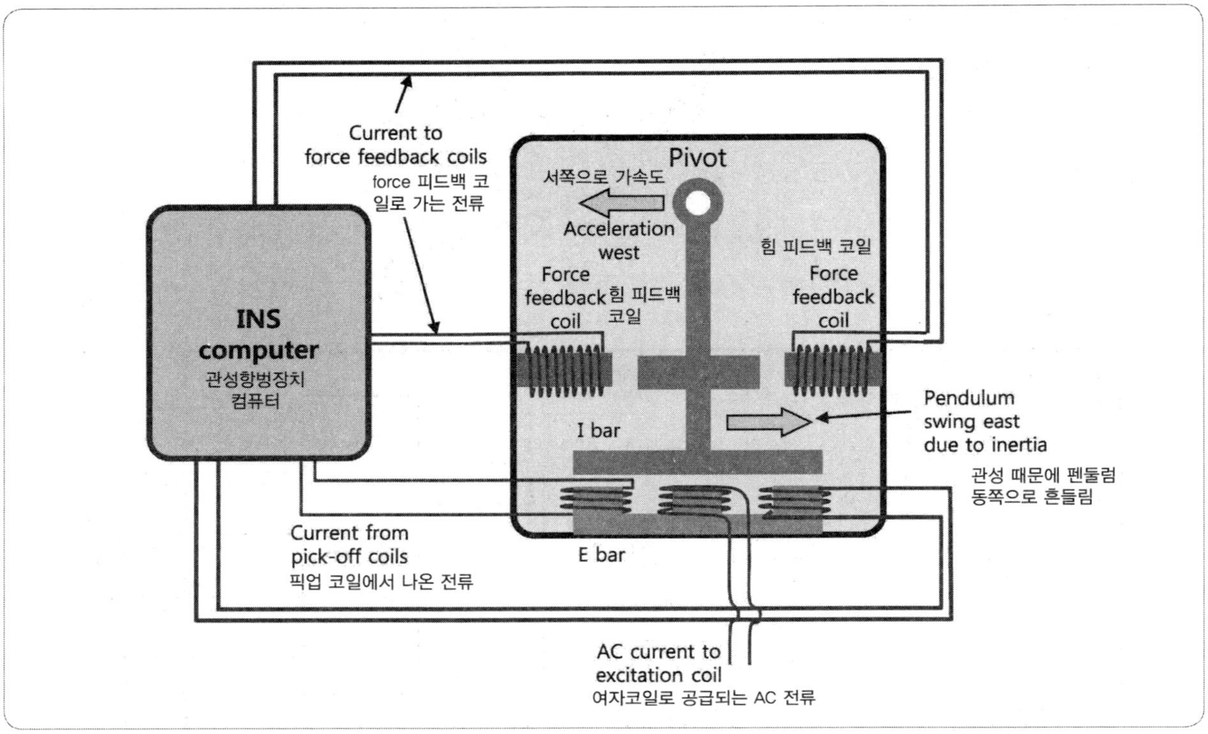

[그림 4-75] 가속도계의 원리 (Principle of Accelerometer)

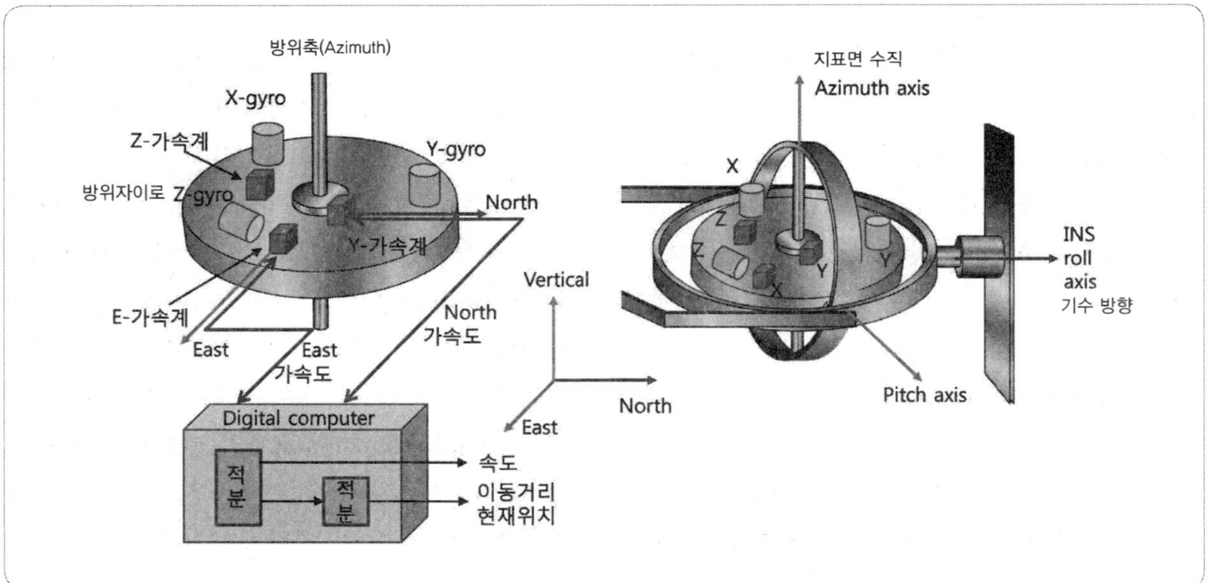

[그림 4-76] 가속도에 의한 항공기 비행거리 및 위치 계산

고 Pendulum이 수직으로 되도록 한다.

수직으로 유지하게 하는 전류의 세기는 진자를 변위시킨 가속도에 비례하고 전류의 크기는 가속도를 측정하는 데 사용된다. 바다 상공을 비행하는 장거리 국제선 항공기의 경우 스스로 위치를 측정할 수 있는 방법이 필요하다.

가속도를 적분하면 속도가 되고, 속도를 다시 적분하면 이동거리를 알 수 있고, 이동 방향도 알고 있다면 거리로부터 이동된 현재 위치를 계산할 수 있다. 이러한 가속도를 활용하여 속도 및 거리를 구하는 예는 그림 4-76과 같다. 이렇게 출발점을 기준으로 비행 중의 가속도와 방향을 활용하여 현재의 속도와 거리 및 위치를 계산하여 비행하는 데 활용하는 방법을 관성 항법이라고 한다.

4.2.9.3 짐발 자이로(Gimbaled Gyro)

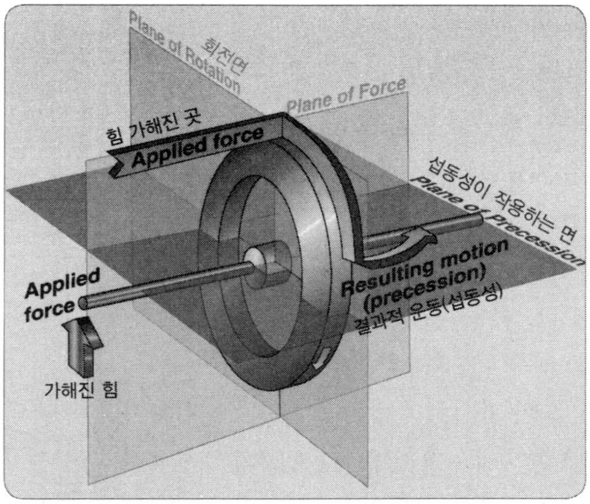

[그림 4-77] 자이로의 섭동성 (Precession of Gyro)

INS에서 사용하는 자이로는 시계방향으로 고속으로 회전하는 원판의 축에 대하여 한쪽 방향으로 힘을 가하면, 가해진 힘의 방향에 대하여 90° 시계방향으로 원판의 축을 이동시키는 섭동(Precession) 힘을 활용

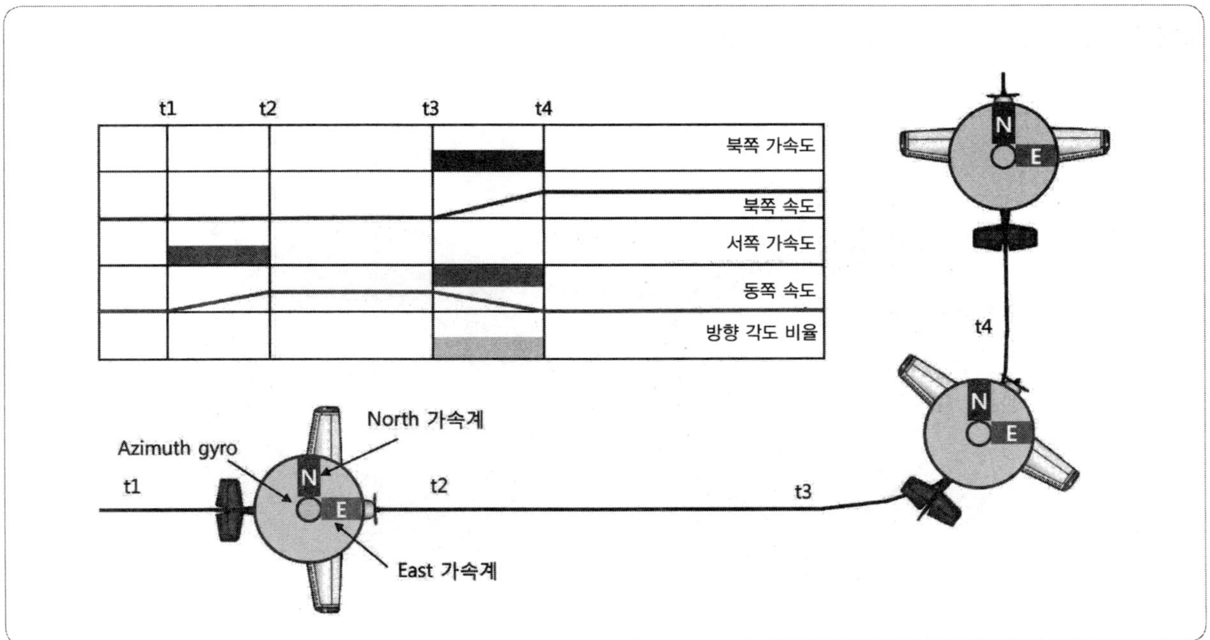

[그림 4-78] 관성항법장치의 속도 산출 (Principle of INS)

한 것이다.

다음은 가속도 신호를 속도를 산출하는 방법으로 그림 4-79을 보면 항공기가 동쪽으로 주기되어 있다가 이동을 시작하면, East 가속계는 East 가속도를 측정하고 INS 컴퓨터는 이를 적분하여 속도를 구하며 이를 다시 적분하여 동쪽 방향으로의 이동거리도 구한다. 이후 기수 방향이 변경되기 시작하면 North와 East쪽의 가속계의 값이 변화하게 된다.

또한 자이로의 방위 각속도가 변화하지만 이 판의 방향은 계속 유지되므로 항공기 내부에서는 이 판이 시계 방향으로 회전될 것이다. 선회 중에는 북향속도가 증가되는 반면 동향속도는 감속된다. 일단 선회가 완료되면 일정한 북향 속도만을 표시하게 된다.

[그림 4-79] 에어 데이터 & 관성기준장치(ADIRU)

4.2.9.4 관성기준항법시스템 (IRS: Inertial Reference System)

관성항법장치(INS)가 초기 기계식 자이로와 가속도계로 구성된 것이라면 관성기준항법장치(IRS)에서는 신뢰성이 좋은 3개의 링 레이저 자이로(RLG: Ring Laser Gyro)와 반도체식 가속도계가 사용하면서 보다 신뢰성 있는 항법계통으로 위성항법과 함께 항법기준계통으로 자리매김을 하게 된다. 부품의 성능이 다를 뿐 작동원리는 같다. IRS가 정밀한 GPS와 결합함으로

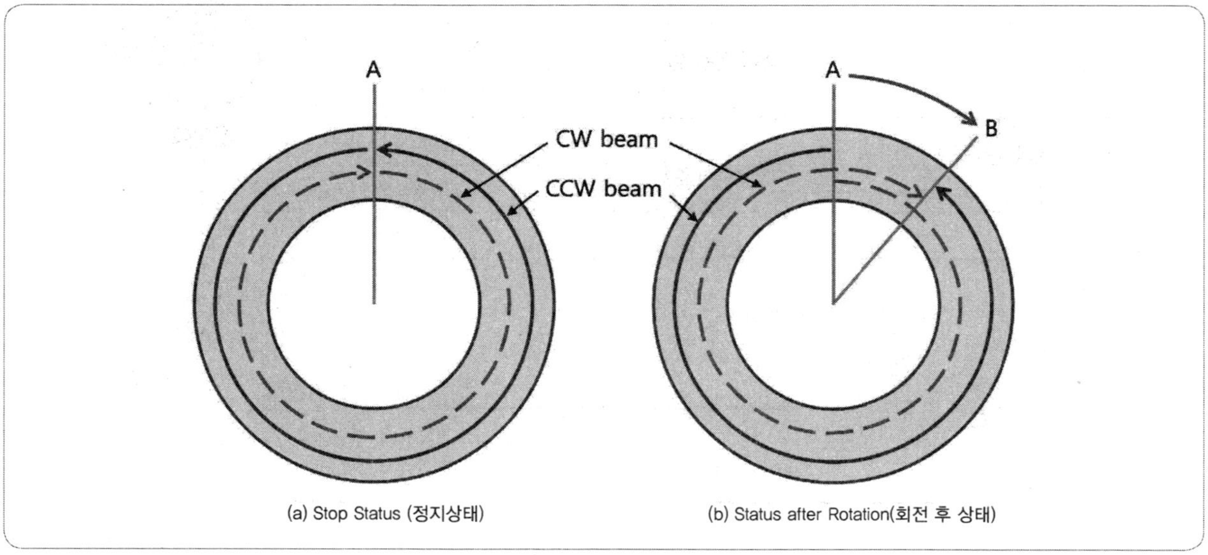

[그림 4-80] 링레이저자이로 원리(Principle of RLG)

서 최신 항공기의 주 항법 장치로 사용되고 있다.

링 레이저 자이로(RLG: Ring Laser Gyro)를 사용하는 관성기준항법장치 IRU(Inertial Reference Unit)가 B767에 최초로 탑재되었으며, B777, B737NG 등에서 IRU와 ADC(Air Data Computer)가 ADIRU(Air Data Inertial Reference Unit)으로 통합되었다.

기계적으로 움직이는 부품이 전혀 없는 링 레이저 자이로(RLG)의 원리는 [그림 4-80]과 같다. 자이로가 정지하고 있으면, 빔1과 빔2의 일주 경로 거리가 같다. 그러나 자이로가 오른쪽으로 회전했을 때 도착점은 A점에서 B점에 이동된다. 이 경우 A점을 출발한 빔1의 거리는 자이로가 정지된 경우보다 길어지지만, 거꾸로 빔2의 거리는 짧아진다. 이 결과 레이저광의 주파수 차이가 발생한다. 이 주파수 차이는 간섭계에 의해 측정되며 이러한 간섭의 정도는 자이로의 각 속도에 비례하는 특성을 가진다.

4.2.9.5 관성항법장치/관성기준장치 제어 (INS/IRS control)

장치의 작동제어는 모드선택패널(MSP)의 모드선택을 관성항법시스템표시장치(ISDU)를 통해서 디지털 정보를 시스템에 보내고 디지털 정보 및 정비정보를 받을 수 있다. 이 2 부품을 통해서 항공기 얼라인먼트를 수행한다.

(1) 모드선택패널 – 관성항법의 스위치로서 4 가지 모드(OFF, ALIGN, NAV, ATT)를 선택할 있고 얼라인 및 배터리 등 전원상태를 지시한다.

(2) 시스템 표시 장치 (IRS System Display Unit)

항공기 초기 출발 전에 항공기를 출발지 위치(위도. 경도)를 맞추어 주는 것을 alignment 라고 한다.

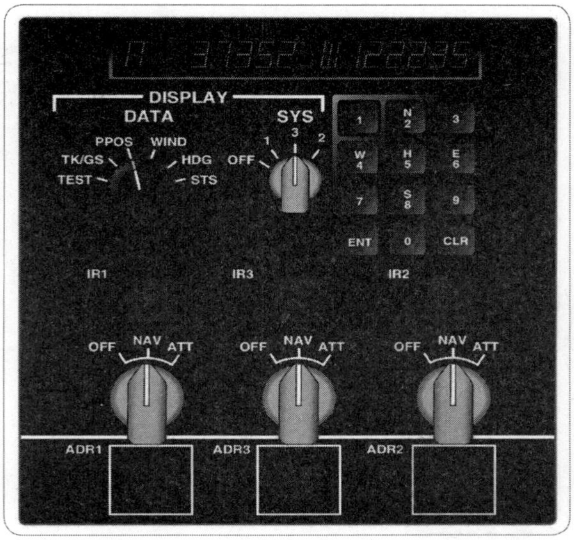

[그림 4-81] 모드선택패널 및 관성항법장치 시스템 표시 장치 (MSP & ISDU)

4.2.9.6 INS/IRS 얼라인먼트(alignment)

비행 전 관성항법/기준장치는 항공기와 공항위치(위치와 방향)사이의 관계를 설정하는 초기화 절차가 필요하다. 즉 항공기 관성항법계통에 현재의 항공기가 출발하는 지점 위치를 입력시키는 것으로 이 작업을 얼라인먼트(정렬)라고 한다. 완전히 초기화부터 정렬하기까지는 항공기는 정지 상태에서 상당한 시간(10분 정도)이 걸린다.[그림 4-82 참조]

(1) 얼라인먼트 방법

모드선택스위치를 OFF에서 NAV로 선택하고 시스템 표시 장치(ISDU) 또는 FMS – CDU(그림 4-83 참조)에서 현재 위치(위도. 경도)를 입력하면 된다. 입력 방법은 키패드를 이용해서 먼저 해당 공항 (예 인천국제공항 – 위도 : 37.4692, 경도 : 126.451)의 위도 N37.469 E126.451를 입력하면 초기화가 약 10분 정도 진행된다. 위치 정보는 공항의 GATE에 공지되어 있다. 만일 항공기 위치가 마지막 착륙 후 같은 장소와 변함이 없다면 관성항법장치가 저장하고 있는 마

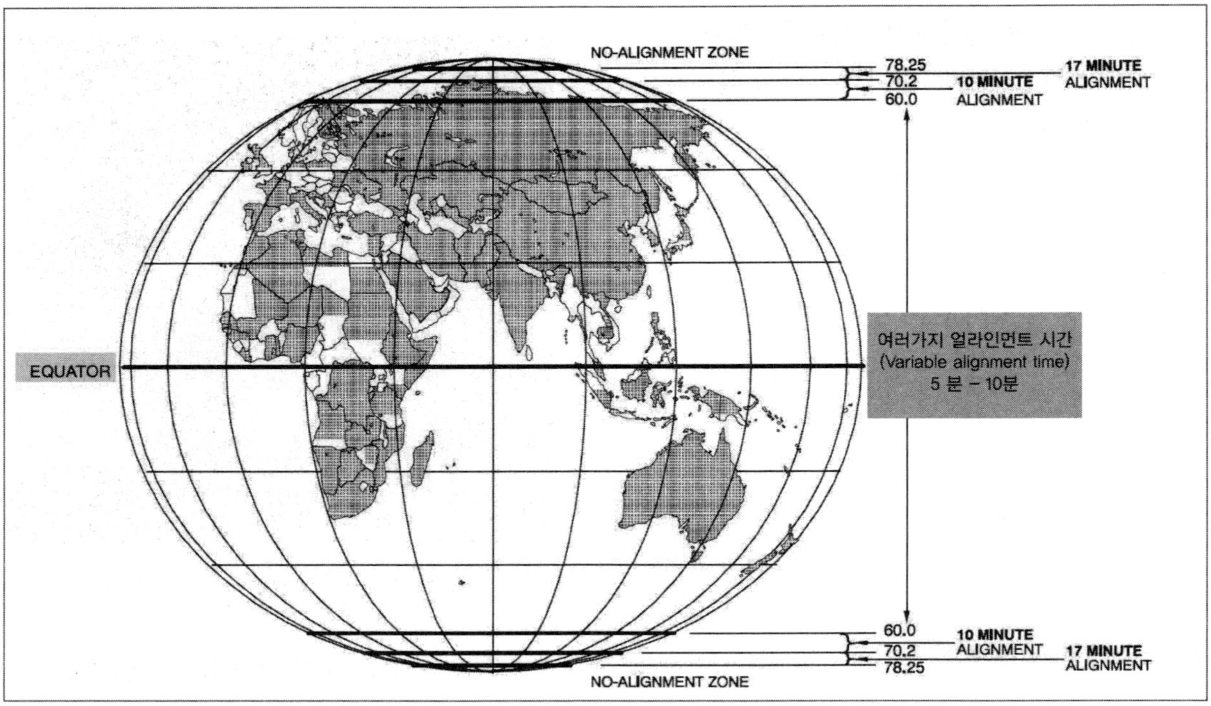

[그림 4-82] 관성항법/기준장치 시스템 얼라인먼트 및 지역별 소요시간

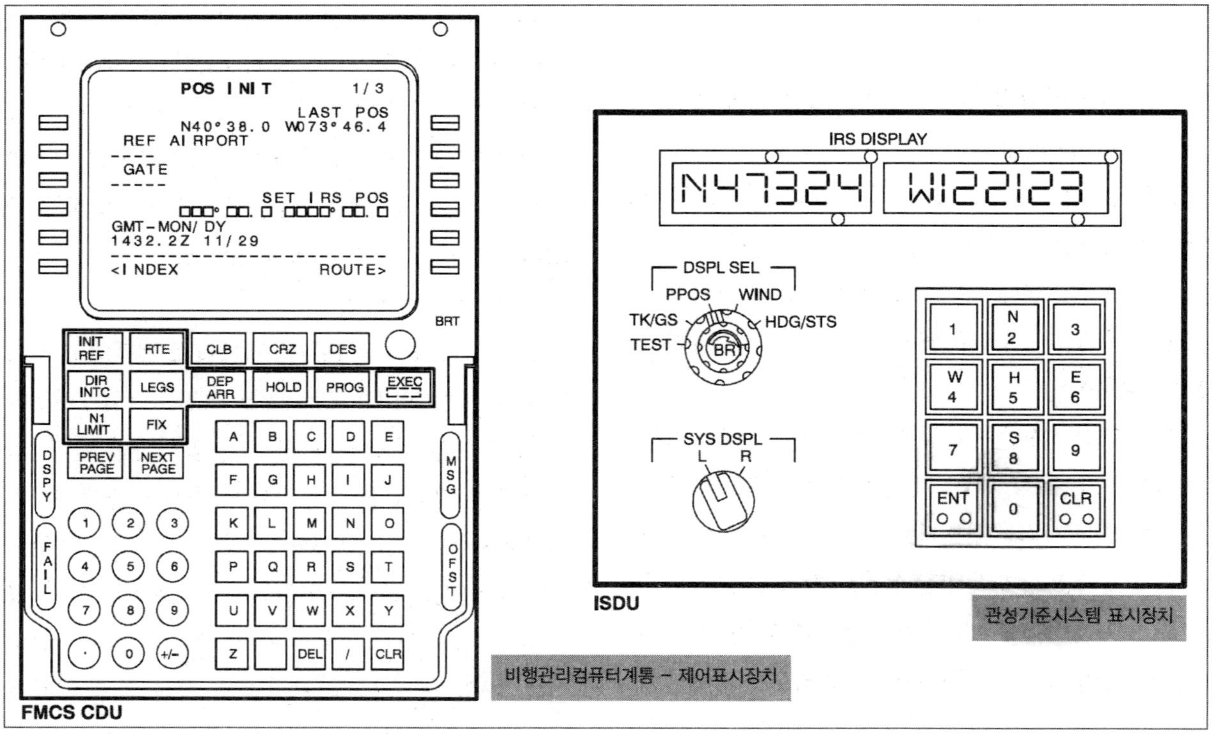

[그림 4-83] 관성항법/기준장치(INS/IRS) 얼라인먼트

지막 위치(Last Present Position)를 CDU 상에서 다시 사용을 할 수 있다. 위도 경도 위치 대신 공항코드(예 : KJFK. 4 자리 코드)를 입력하는 방법 또는 위성항법(GPS) 현재위치를 입력하는 방법 등이 있다.

4.2.10 항공교통관제시스템 (ATC: Air Traffic Control System)

전파에너지(Radio Energy)는 지향성 안테나에서 발사되어 어느 목표물에 부딪히면 에너지의 일부가 되돌아오는 반사파가 생기고 이 반사파를 수신, 검파하면 유용한 정보를 얻을 수 있다. 즉, 전파의 왕복시간과 안테나의 지향특성에 의해 목표물의 위치(방위 및 거리)를 측정하면 전파가 지상 안테나에서 발사되고 수신될 때 그 소요시간이 거리에 비례하므로 목표물의 방위(Bearing)로 위치확인과 동시에 거리도 알 수 있게 된다. 이와 같은 원리를 이용하여 목표물을 탐지하는 것을 1차 감시 레이더(PSR: Primary Surveillance Radar)라 하며 반사되어 돌아오는 신호는 관제사의 현재위치계기(PPI)에 나타난다, 그림 4-84와 같다.

항공기의 교통관제계통은 ATC 지상국 질문기(interrogator)에서 비행 중인 항공기에 탑재되어 있는 ATC 계통의 트랜스폰더에 질문을 한다. 항공기의 트래스폰더는 지상에서 사용하는 코드화된 정보 형태로 응답한다. 그 응답 신호가 그림 4-84 관제사의 PPI 계기에 display 되는 것이다. 또한 항공기의 ATC 트랜스폰더는 다른 항공기 공중충돌방지계통(TCAS)으로 오는 모드 S 질문에도 자동으로 응답한다. 응답은 펄스 코드화된 신호로 ID 및 항공기 고도 정보가 포함되어 있다. 항공기의 ATC의 주요 구성품은 항공기 상하

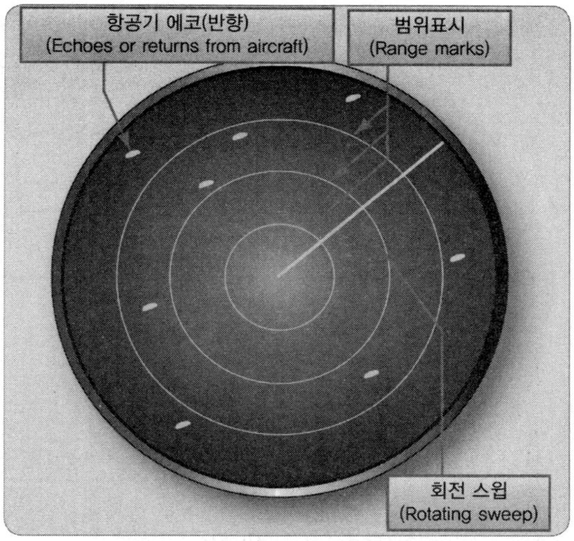

[그림 4-84] 교통관제 1차 감시레이더 계기 (PPI)

동체에 장착되어 있는 안테나(2 개), ATC/TCAS 컨트롤 패널(ATC/TCAS control panel), ATC 트랜스폰더(ATC transponder) 등이다. [그림 4-90] 참조

2차 감시레이더(SSR: Secondary Surveillance Radar)는 지상설비인 질문기(Interrogator)로부터 질문신호를 발사하면 항공기의 트랜스폰더가 질문신호에 대응하는 응답신호를 지상설비로 반송하는 시스템이다. SSR 시스템은 지상국으로부터 1,030MHz의 질문에 대하여 트랜스폰더가 일제히 1,090MHz로 응답한다. 즉, SSR 트랜스폰더에서는 일괄질문(All Call)에 대하여 Mode A(식별코드)/C(고도정보) 응답을 보내어 지상관제사는 항공기의 방위, 거리, 식별코드 및 고도를 알 수 있게 되어 항공기를 쉽게 구별할 수 있게 한다. 그러나 교통량이 많은 공역에서는 응답 펄스가 공간에서 중첩되어 간섭의 우려가 있으므로 Mode S의 기술을 적용하면 24bits에 해당하는 항공기의 고유 어드레스를 부여하고 Mode S 지상국과 Mode S가 장착된 각 항공기에 개별 질문이 가능하게 되어 1:1의

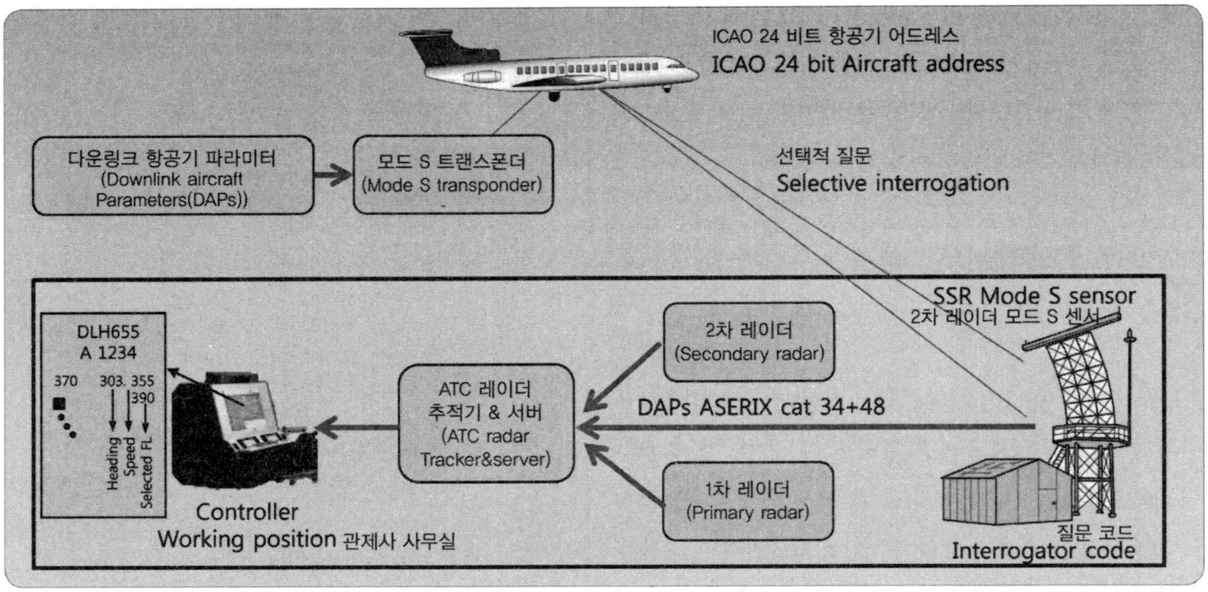

[그림 4-85] 2차 감시 레이더 (Secondary Surveillance Radar)

데이터링크를 구성함으로써 기존 SSR의 단점을 보완한다.

SSR 기능은 1차 감시 레이더의 정보를 보완하여 관제사의 업무를 크게 감소시킬 수 있을 뿐만 아니라, 실제 ATC 운영에 있어 관제 용량과 안전도를 증가시킬 수 있다. 현재 유럽의 대다수 국가를 포함하는 Euro-Control 회원국과 미국의 교통량이 많은 공항과 항로에는 4,096부호를 사용하는 트랜스폰더와 고도 부호화기(Decoder)를 의무적으로 탑재하고 운항하고 있지만 모든 국제선 항공기가 탑재하고 있으므로 항공 교통량의 증가에 따르는 SSR 운용에 많은 문제점이 나타나기 시작했다. 이러한 문제점들은 SSR 시스템의 근본적인 문제들로 모든 항공기가 단 두 개의 송·수신 주파수만으로 질의, 응답을 하는 위험 요소를 내재하고 있다. 이러한 한계 사항들로 인하여 기존 SSR 성능개선 방안이 마련되었다.

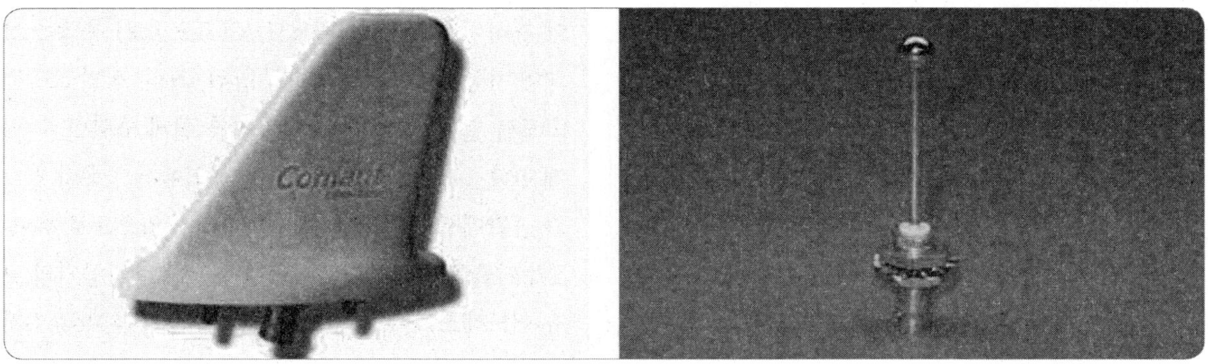

[그림 4-86] 항공기 레이더 비컨 트랜스폰더 안테나(Aircraft Radar Beacon Transponder Antenna)

그림 4-89는 교통관제레이더 표지시스템(ATCRBS, air traffic control radar beacon system)을 보여준다. SSR 성능개선 방안으로 첫째, 기존의 SSR에 모노펄스(Mono-Pulse) 기법을 도입하는 것이며, 두 번째는 바로 SSR 모드 S, 즉 선택적 어드레싱 기법을 도입하는 것이다. 모노펄스 기법의 가장 큰 장점은 기존의 SSR 장비의 변형 없이도 지상국에서 모노펄스 기법을 이용함으로써 방위각 측정의 정확도를 대폭 개선시킬 수 있으며 이로 인하여 혼신을 감소시키며, 또한 주파수 이용효율을 높일 수 있다. 이는 기존 SSR의 여러 가지 문제점들을 모두 개선할 수 있는 근본적인 해결책은 될 수 없으나 교통량 증가에 따른 포화상태를 상당 기간 지연시킬 수 있다.

한편, 선택적 어드레싱, 즉 SSR 모드 S 기법은 기존의 방식과 가장 큰 차이는 항공기가 개별적으로 호출되어 질의, 응답기능을 수행할 수 있다는 점이다. 항공기 질문기 안테나 빔 영역 내에 있으면 질문기는 어떤 항공기에 언제 질문할 것인가를 자체적으로 선택할 수 있다. 이러한 기능을 할 수 있는 것은 항공기마다 고유의 어드레스가 부여됨으로써 가능한데 SSR 모드 S는 24bits를 사용하여 서로 다른 1,600만 개의 코드를 부여할 수 있으므로 동일한 코드의 반복사용이

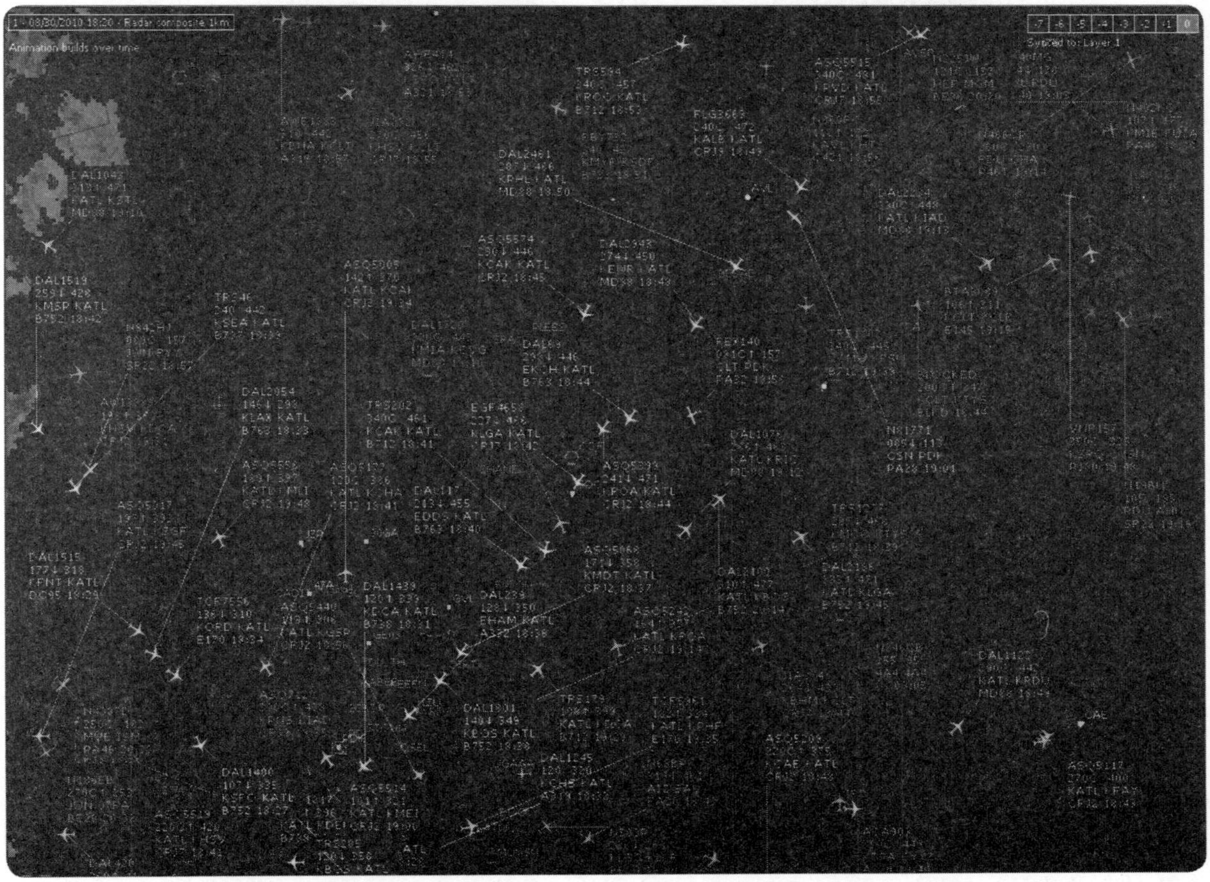

[그림 4-87] 항공교통관제(ATC) PPI 레이더 스크린 (The Display Air Traffic Information on a PPI Radar Screen)

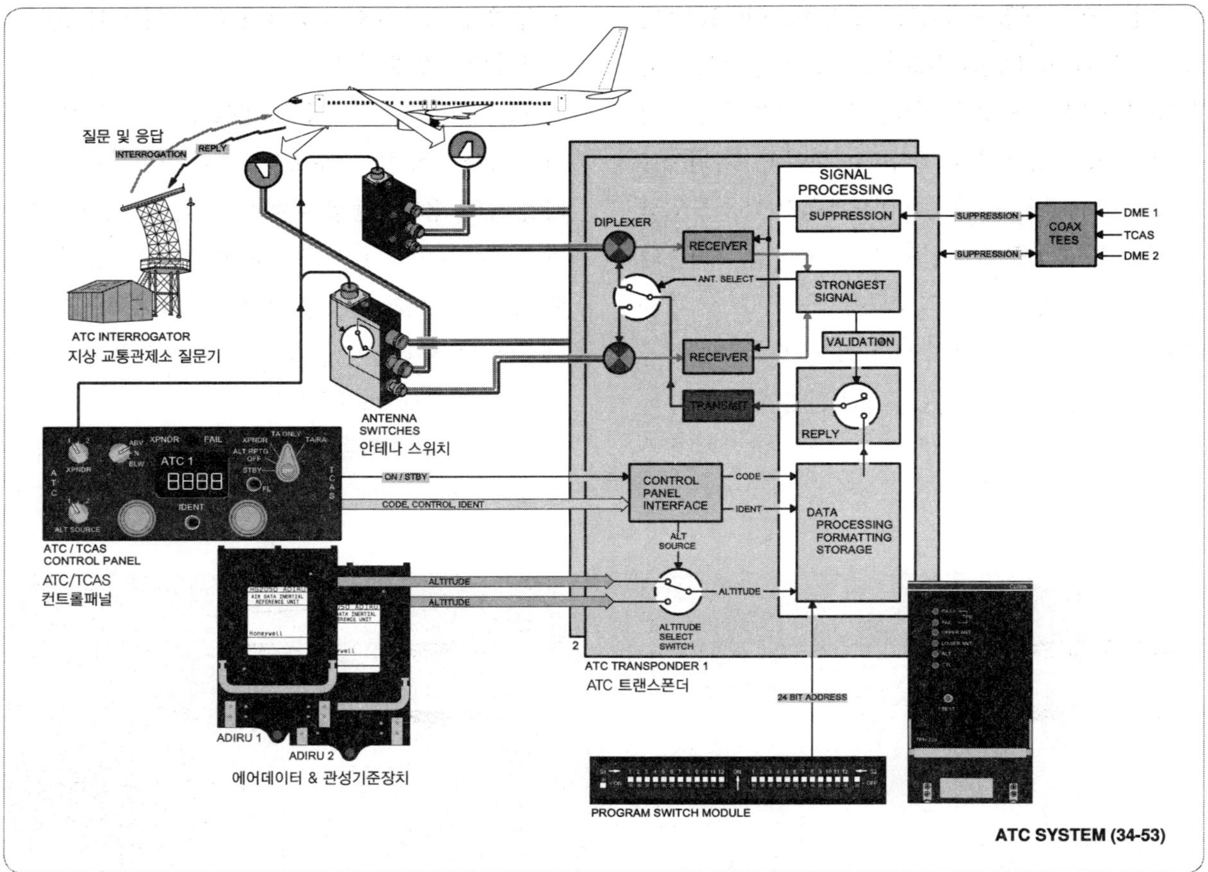

[그림 4-88] 항공교통관제계통 (ATC System)

불가능하여 혼신을 방지할 수 있으며, 기존 ATC에서 발생하던 각종 오류 및 단점들을 극복할 수 있다. 또한, SSR 모드 S의 두드러진 장점으로는 기존의 전송주파수와 동일한 주파수를 사용함으로써 현존하는 SSR 시스템(모드 A, C)과 호환될 수 있다는 점이다.

이로 인하여 탑재장비의 별다른 변화 없이 기존의 모드 A, C의 기능으로 SSR 모드 S 질문기(Interrogator)의 서비스를 제공받을 수 있다. 즉, SSR 모드 S 지상국에서 전 기번호출(All-Call)시에는 ICAO Annex 10에 규정된 형식(기존의 SSR 호출방식)으로 모든 항공기에 대하여 호출함으로 모드 A, C 및 모드 S를 탑재한 항공기에도 이에 응답이 가능하며, 마찬가지로 기존의 모드 A, C 지상국에서의 호출에 대해서도 모드 S를 탑재한 항공기도 응답이 가능하다.

4.2.10.1 트랜스폰더의 시험 및 검사(Test and Inspection of Transponder)

연방정부 규정 코드 – Code of Federal Regulation(CFR) part 91의 Title 14, section 91.413 –는 관제공역(controlled airspace) 내에서 비행하는 항공기에 모든 트랜스폰더는 24 개월마다 14 CFR part 43, Appendix F에 의거 검사 및 시험하여야 한다. 격납고에서 또

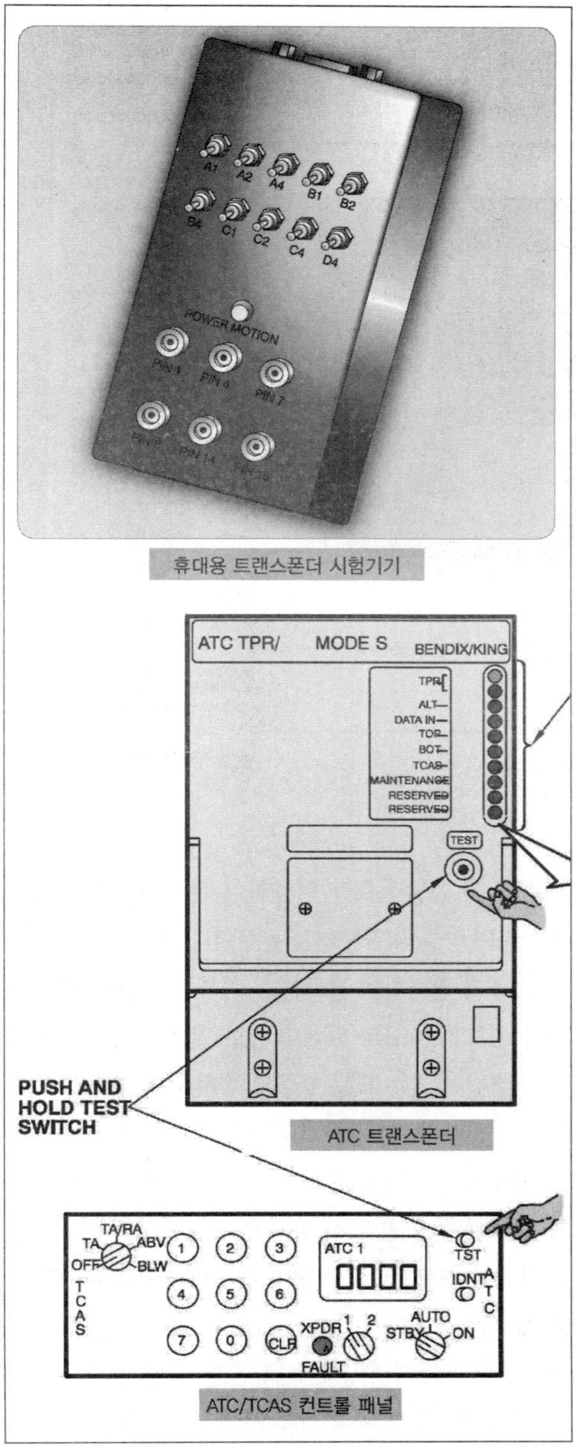

휴대용 트랜스폰더 시험기기

ATC 트랜스폰더

ATC/TCAS 컨트롤 패널

[그림 4-89] ATC 계통 시험

는 주기장에서 트랜스폰더 작동 시험 시 질문 및 응답 신호가 영향을 받으므로 코드 선택 시 주의를 하여야 한다. 부주의한 부호(code) 선택을 피하기 위해 OFF 또는 스탠바이 모드(Standby Mode)에서 시험한다. Code 7500은 납치사태(hijack situation) 및 Code 7600과 Code 7700은 비상용(emergency use)을 위한 코드이므로 특히 주의를 하여야 한다.

4.2.11 공중충돌방지장치(TCAS: Traffic Alert and Collision Avoidance System)

항공기 교통량이 증가하면서 항공기들간에 공중충돌가능성이 점자 커지고 있다. 따라서 항공기간의 공중충돌가능성을 사전에 감지하여 조종사에게 시각 및 청각적으로 경보를 제공하여 공중충돌을 방지할 수 있도록 도와주는 계통이 공중충돌방지계통(TCAS)이다. ACAS(Airbone collision avoidance system)이라고도 한다. 좌석수 30 석 이상 및 최대 이륙 중량이 15,000Kg을 초과하는 항공기는 기본적으로 장착이 의무화 되어 있다.

4.2.11.1 관제간격

기본적으로 항공기간의 관제간격은 ICAO에 기본 표준이 설정이 되어 있다. 지역과 항공기 종류, 관제 시설등 다양한 변수에 따라 차이가 있지만 29,000 feet 이하의 고도에서 항공기간의 수직간격을 1000 feet, 29,000 feet 이상의 고도에서는 2000 feet 이상을 유지하고 옆으로는 18Km, 고(高)고도에서는 32Km, 동일 경로를 동일고도로 비행할 경우에는 10 분 이상 차이를 가지도록 관제간격을 한다.

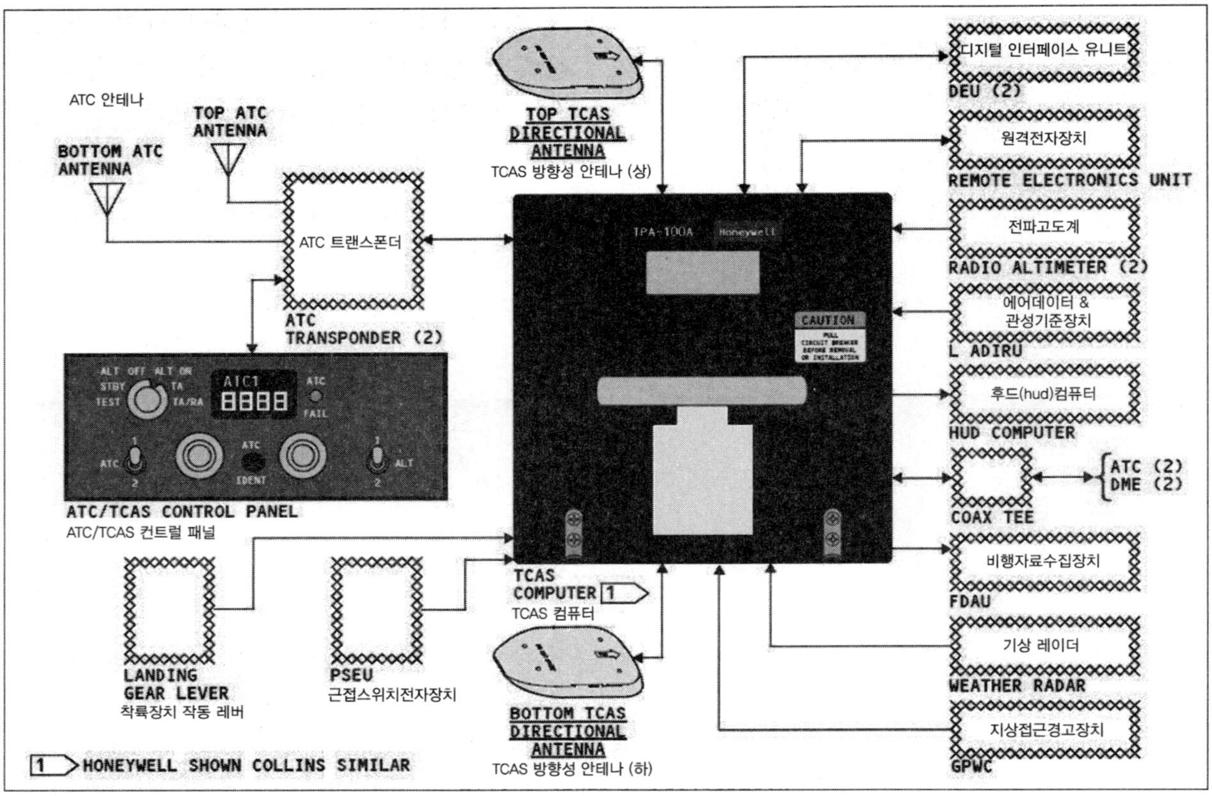

[그림 4-88] 항공교통관제계통 (ATC System)

4.2.11.2 공중충돌방지장치(TCAS) 구성

TCAS 컴퓨터, 동체 상하에 장착된 TCAS 안테나(2개), 조종석에 ATC/TCAS 컨트롤 패널 (ATC와 TCAS 함께 사용), 그리고 TCAS 계기로 구형에서는 TCAS 계기가 병합된 승강계 (그림 4-92) 또는 디지털 항공기에서는 ND(항법계기) 및 주비행계기(PFD)에 지시한다.

4.2.11.3 TCAS 작동

ATC 트랜스폰더가 장착된 항공기에 TCAS은 지상 ATC와 독립적으로 작동한다. TCAS가 장착된 항공기로부터 초당 1회씩 송신되는 신호를 수신한 주변 28Km 이내에 다른 항공기들은 즉시 응답신호를 보내오는데 이 응답신호를 이용하여 거리, 방위, 고도를 계산하여 충돌의 가능성을 판정한다. 한다.

TCAS가 판정하는 경고는 두 종류로 나뉜다. 하나는 접근 경보TA(traffic advisory)로 일정한 거리 이내에서 비행하고 있는 모든 항공기의 비행 방향과 상대 고도를 지시한다. 각 항공기들의 색깔이 다른 기호를 사용하여 위협의 가능성 정도를 구분하여 조종사가 접근 경보를 들으면 위험 공역으로 들어오는 항공기를 확인해야 하고, 고도를 변경하여 피해야 한다. 또 다른 하나는 회피지시(RA, resolution advisory)로 충돌 가능성이 제기되면 상승, 하강 또는 수평 유지 등 실제로 계기 상으로 비행지시를 하여 충돌가능성을 피하도록 한다. 두 항공기가 모두 TCAS II를 탑재하고 있

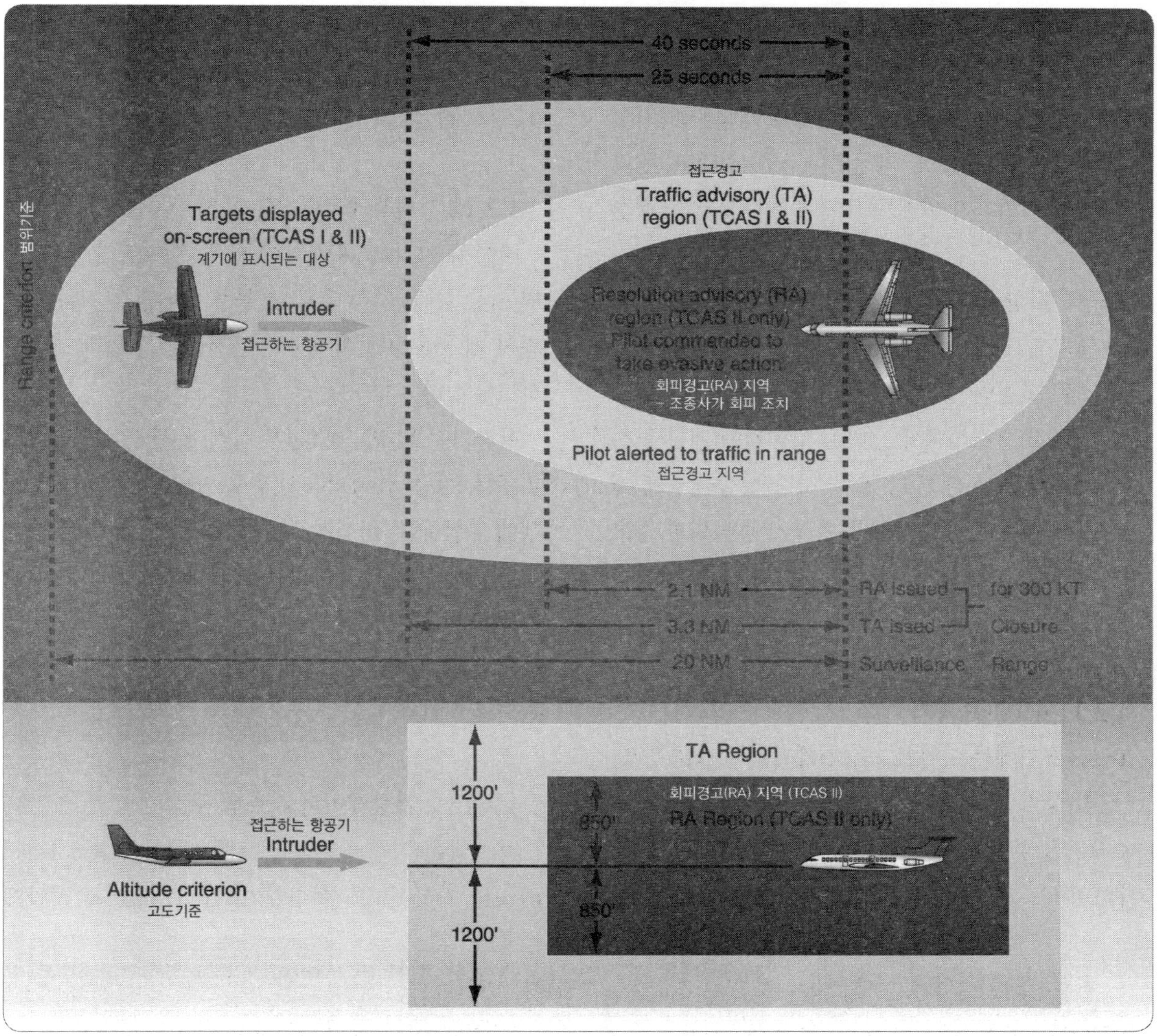

[그림 4-91] TCAS 작동 및 판정

다면 각각의 컴퓨터는 서로 상충되지 않는 회피지시를 낸다.

TCAS II는 접근하는 항공기의 거리, 방위 및 고도를 결정하기 위하여 1,030[MHz] 전파를 전 방향으로 질문 메시지를 송신하여 접근하는 항공기의 응답기로 보낸다. 일정한 지연시간이 경과한 후 접근하는 항공기의 응답기는 질문에 대한 메시지를 1,090[MHz]로 응답한다. 질문 전송과 응답 접수까지의 경과 시간은 접근하는 항공기의 거리를 나타낸다.

접근하는 항공기의 방위는 공중 충돌회피 장치의 방향성 안테나를 이용한다. 안테나 내부는 4개의 수동형 안테나 소자로 구성되어 각 안테나 소자 간 위상 차이로 접근하는 항공기의 상대 방위를 인식한다. 수집된 주변의 교통상황에서 TCAS가 접근하는 항공기의 거리, 방위, 고도자료를 사용하여 접근하는 항공기의 상대적인 위치, 접근율, 수직속도를 반복적으로 계산하여, 접근하는 항공기의 예상비행 경로와 자기항공기의 예상비행 경로를 계산한다. 만일 위협이 된다면 충돌을 회피하기 위해 필요한 수직축 조작을 결정한다.

접근하는 항공기가 충돌 약 35~45초 전으로 진입하는 경우인 경계 영역에서는 접근경보(TA)를 충돌 약 20~30초 전인 경고영역에 진입 시에는 침입경보(RA)를 각각 발령하여 접근하는 항공기에 대한 표시(symbol), 색깔, 상대고도, 방위, 하강/상승률 등을 계기에 표시해주고, 조종사에게 항공기 충돌회피 정보(항공기 상승/하강률)를 제공해주는 공중충돌 방지장치이다.

4.2.11.4 TCAS 계기

TCAS 초기에는 아날로그 승강계자리에 TCAS/VSI가 장착(상기 그림 좌측)이 되어서 TA만 지시를 하였다. 디지털 항공기에서 TCAS 는 TA 및 RA를 항법계기(ND)에서 지시하고 주비행계기(PFD)의 승강계는 회피 지시를 한다. (그림 4-92 참조)

4.2.12 기상 레이더(Weather Radar)

4.2.12.1 기상레이더계통 목적

비행 중 야각/날씨로 인한 저시정에서도 항로 및 주변 기상 상태, 지상 윤곽 및 돌풍 상태를 탐지하여 조종석 계기(ND)에 지시하여 안전운항을 위한 조치를 하도록 한다.

항공기는 비행 중 악천후 특히 폭풍권이나 발달된 비구름, 돌풍(wind shear) 등을 만날 수 있고 이는 비행에 위험하다. 비행 중 기상변화와 그 위치를 육안으로 탐지하여 피한다는 것은 거의 불가능하다. 이러한 기상 조건을 미리 알고 멀리 우회하거나 고도를 변경하여 안전 비행을 가능하게 하는 것이 기상레이더 계통의 목적이다.

4.2.12.2 기상레이더 시스템 구성

시스템은 기상레이더 컨트롤 패널(W/R control panel), 기상레이더 송수신기(WR Transciver), 안테

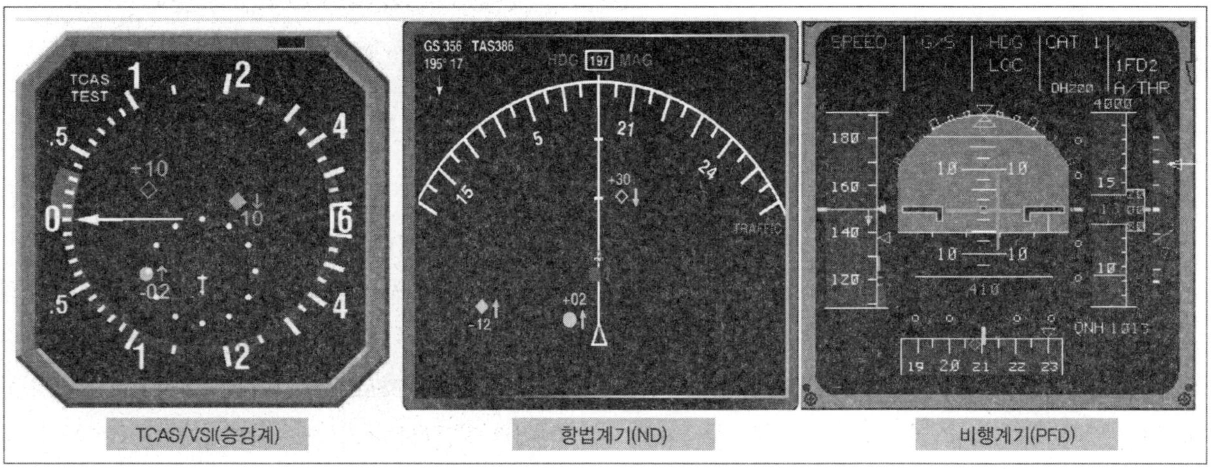

[그림 4-92] 공중충돌방지계통(TCAS) 계기

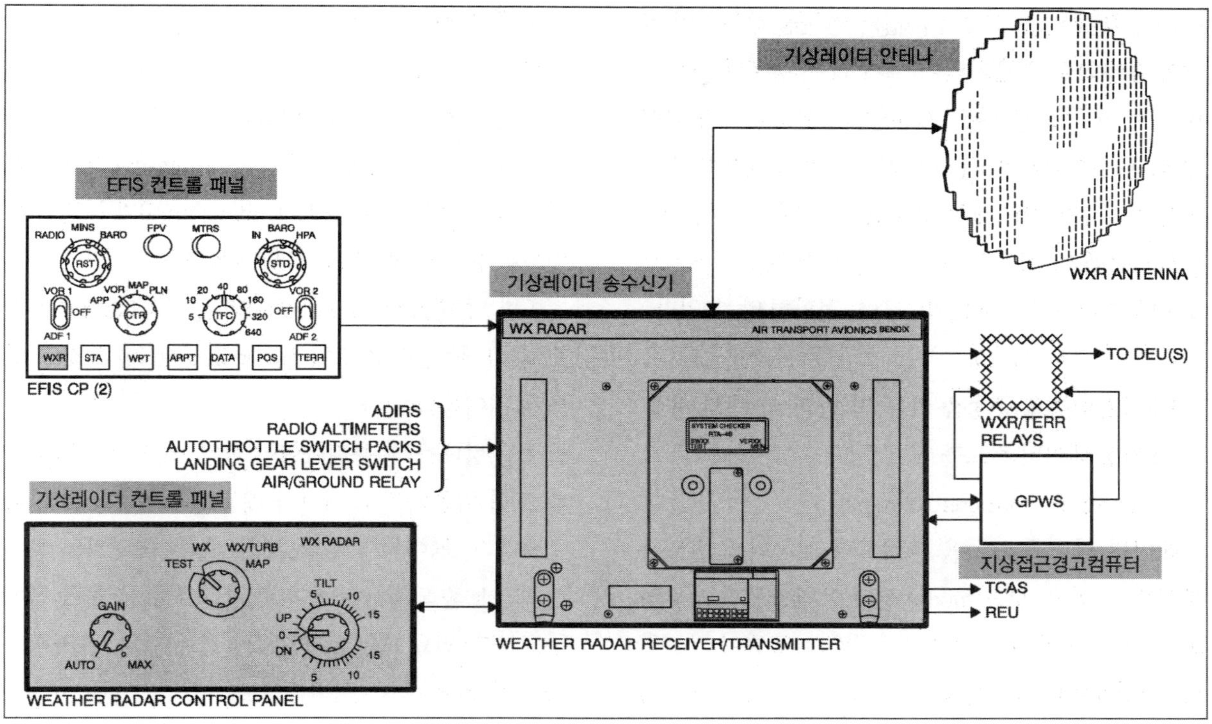

[그림 4-93] 기상레이더시스템 구성

나 그리고 기상 상태를 지시하는 계기 등으로 구성된다.

4.2.12.3 기상 레이더 작동

탑재기상레이더(on-board weather radar) 계통은 1차 감시레이더와 마찬가지로 전파가 강수에서 반사되는 주파수를 이용하는 것이다. 짙은 강수량이 좀 더 강한 반사 주파수를 생성하고 기상레이더 수신기는 이 반사파를 이용해서 그 강도에 따라 적색, 황색 및 녹색으로 표시를 한다. 난기류는 마젠타(핑크)으로 표시를 한다.

기상 레이더에 사용하고 있는 주파수는 X-밴드(주파수 9,375GHz)와 C-밴드(주파수 5,44GHz) 대역을 주로 사용하고 있다. 강우량이 많을 때는 C-밴드가

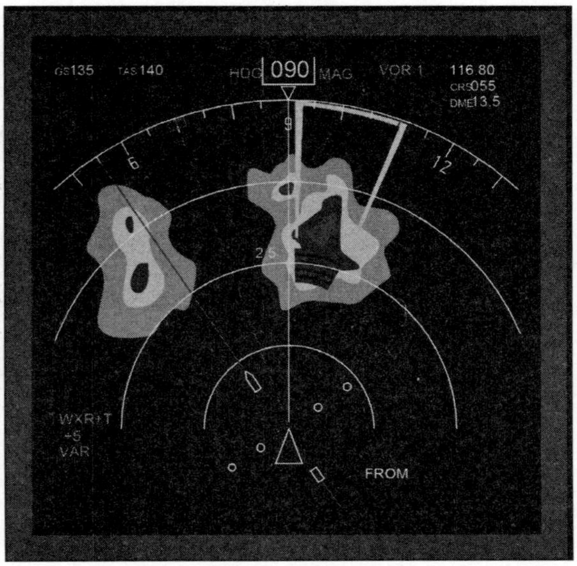

[그림 4-94. 기상상태 및 전단풍 표시 on 항법계기(ND)

감쇄가 작기 때문에 악천후 영역의 전방 강우지역 탐지에 우수하고 강우지역이 크지 않는 경우나 강우량이 적은 구름의 경우에는 X-밴드가 유효거리가 길어서 더 우수하다. 안테나의 직경이 일정한 경우에 빔의 폭은 주파수에 반비례하기 때문에 C-밴드보다는 X-밴드의 경우가 빔 폭이 좁아져 방위 분해능이 커지므로 비구름이나 천둥구름의 징조를 정확히 알 수 있다.

4.2.12.4 주요 구성품 기능 및 정비 시 주의 사항

(1) 기상 레이터 컨트롤 패널
(weather radar control panel)

레이더 피드백 gain을 조정하여 레이더의 범위를 제어할 수 있고, 모드(mode) 선택 및 테스트가 가능하고 비행 중 안테나를 상하로 조절(tilt)조절이 가능하다. 기상레이더 제어판(weather radar control panel)이다.

(2) 정비 시 주의 사항

정비사는 기상레이더 시스템의 정비나 작동을 하기 전에 매뉴얼의 주의사항들을 숙지하고 난 후 수행을 한다. 안테나 덮개인 레이돔(radome)에 페인트를 하는 경우 레이더 무선신호(radio signal)가 통과될 수 있도록 승인된 페인트로 칠해야 한다.

또한 낙뢰(lightning strike)와 정전기(static)를 전도시키도록 접지 스트립(grounding strip)을 갖고 있어서 레이돔을 교환하거나 부분 수리를 할 경우 접지 스트립 상태를 잘 유지하여야 한다. 레이더를 작동할 때 또한 마찬가지로 제작사 매뉴얼을 숙지하는 것이 중요하다. 레이더에서 방출되는 높은 에너지의 빔에 인체가 노출 되지 않도록 하고 격납고 내, 건물을 앞에 두고 또한 연료 보급 시에는 작동을 금한다. 유자격자가 작동한다.

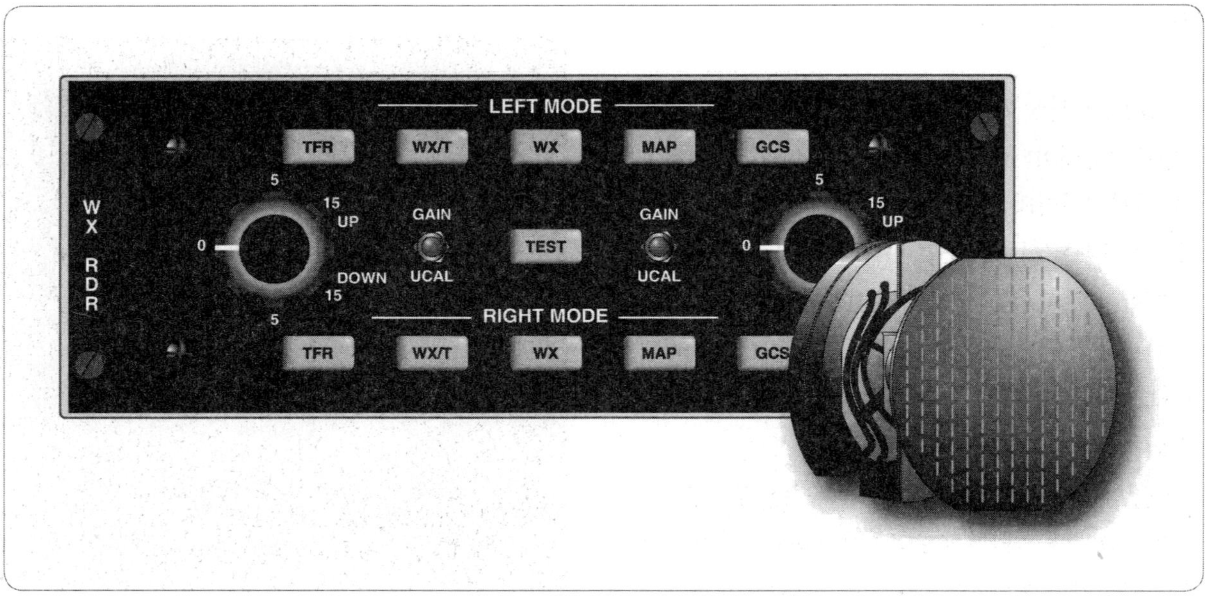

[그림 4-95] 기상레이더 컨트롤 패널(Weather Radar Control Panel)

4.2.12.5 전단풍 및 낙뢰탐지

난기류, 전단풍 및 우박 또한 조종사에게 주요 관심사이다. 탐지된 강수의 움직임으로부터 풍량 및 난류를 해석해야한다. 낙뢰탐지는 잠재적으로 위험한 날씨를 인지하기 위한 또 다른 수단이며, 낙뢰는 그 자체의 전자기 신호(electromagnetic signal)를 방출하기 때문에 자동방향탐지기(ADF)에서 사용되는 루프형 안테나를 이용하여 낙뢰 치는 방향을 계산할 수 있다.

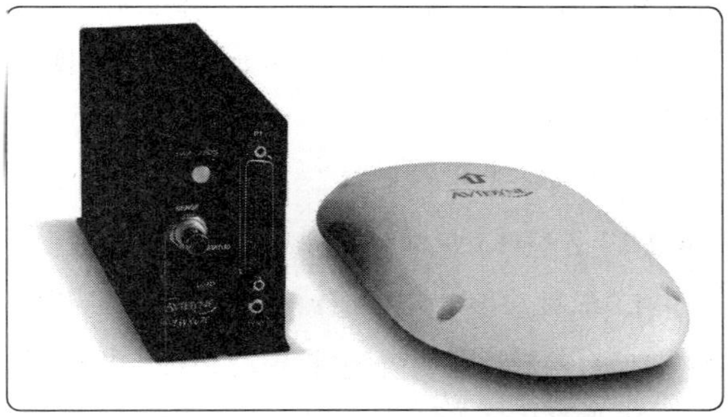

[그림 4-96] 낙뢰탐지기 수신기 및 안테나
(Receiver and Antenna from a Lightning Detector System)

낙뢰의 범위는 그것의 강도에 밀접하게 관련되기 때문에 격렬한 낙뢰는 항공기에 가까이에 있을 때 좌표에 의해 위치가 결정된다.

낙뢰의 지시는 별도의 낙뢰표시계기(그림 4-97. Stormscope)나 항법계기 (ND)에서 200 NM이내에서 낙뢰위치를 좌표로 지시를 한다. 좁은 지역에서 낙뢰의 수는 Storm Cell을 지시하게 되고, 조종사는 그것을 피해서 항행할 수 있다.

4.2.12.6 비행 중 기상 정보

기상정보는 위성을 이용하여 실질적으로 전 세계 어디든지 비행 중인 항공기로 보내져 항법계기(ND)에 텍스트 데이터(text data)로 뿐만 아니라 실시간 레이더정보까지도 제공한다. 그림 4-98에서 보듯이 위성 또는 지상링크(ground link)을 통해 기상정보제공을 이용할 수 있는 기상정보의 리스트와 기상개요(weather summary)를 볼 수 있다.

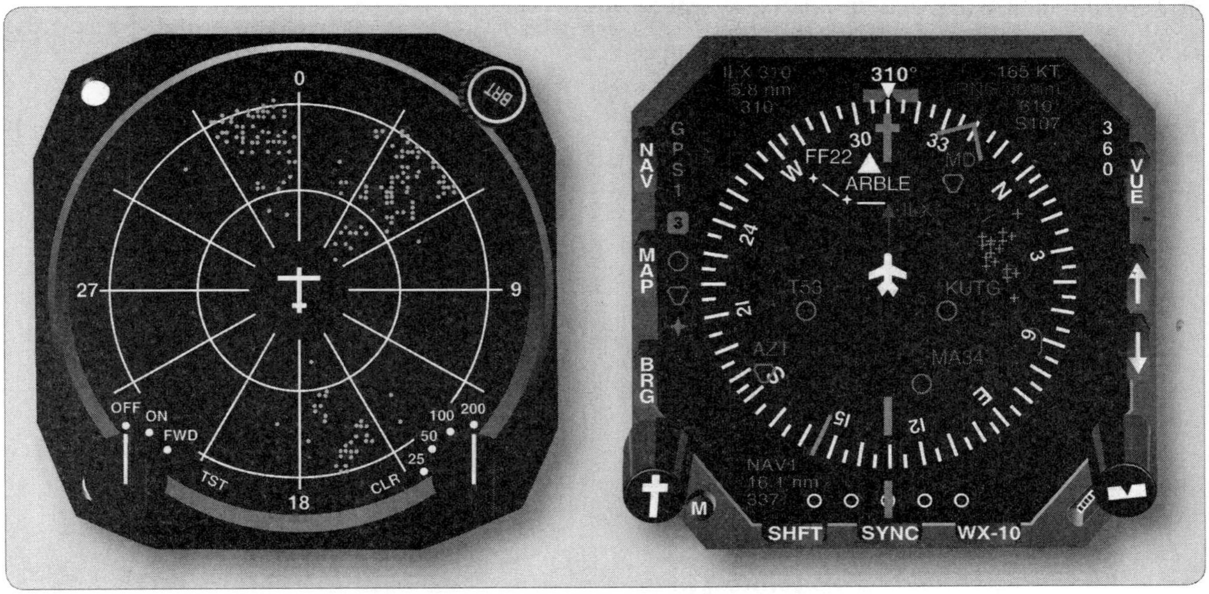

[그림 4-97] 폭풍우 스코프 낙뢰탐지기 및 항법계기

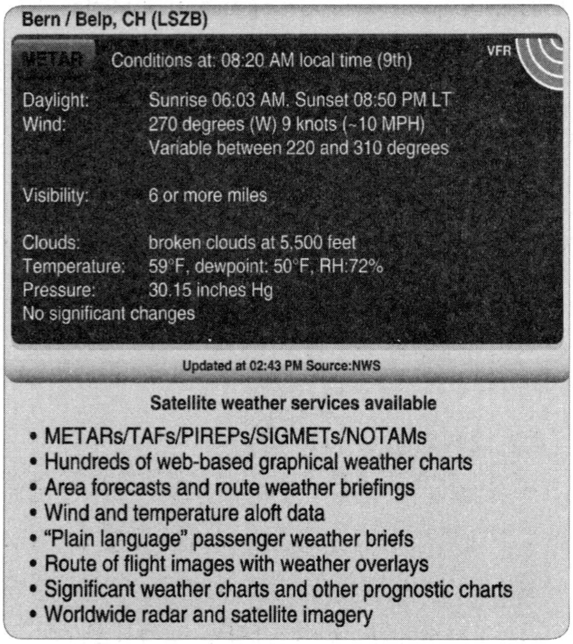

[그림 4-98] 메터 일기 예보
(Plain Language METAR Weather Report)

위성 기상 수신 장치 및 안테나를 사용하면 항공기 기상 레이더보다 실시간 텍스트 및 그래픽 날씨 정보를 볼수 있다. 휴대용 GPS에도 이러한 기능이 장착 될 수 있다. 위성 기상 정보는 [그림 4-99]와 같이 항법계기(ND)에 표시하도록 할 수 있다.

4.2.13 전파고도계(Radio Altimeter)

4.2.13.1 전파고도계 목적

전파고도계 또는 절대고도계는 항공기로부터 항공기 바로 아래쪽 지형까지의 거리를 측정하는 데 사용되며, 특히 계기진입 시 2,500[feet] 이하의 저고도 또는 야간비행 시에 우선적으로 사용한다. 전파고도계는 착륙결심높이에 대한 기본고도정보를 제공하며, 항공기가 해당 고도에 도달할 때 조종사에게 시각 또는 청각적 경고로 알려주는 고도 버그가 통합되기도 한다.

4.2.13.2 전파고도계시스템 구성

전파고도계 송수신기(RA Transciever), 송신 및 수신 안테나, 계기로 구성이 된다. 전파고도계 안테나는 수신 안테나와 송신 안테나가 별도로 장착이 되어 있다. 작동범위는 20 ~ 2,500feet 범위내에서 작동한다. 여러 계통과 연결되어 지상접근경고장치나 기상레이더계통등 여러 계통에 지에서 항공기까지의 높이정보를 제공한다.

송신기와 지향성 안테나를 사용하여 전파고도계는

[그림 4-99] 위성 기상수신기 및 안테나 (Satellite weather receiver and antenna)

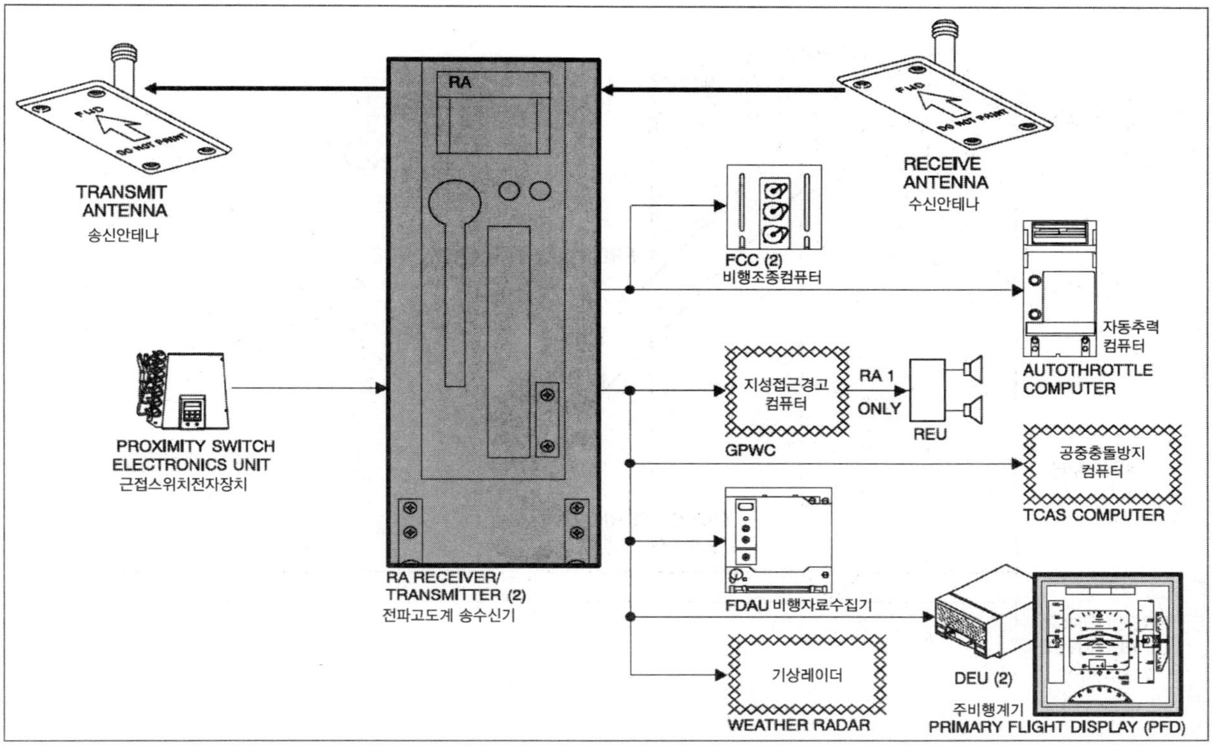

[그림 4-100] 전파고도계계통 구성도

항공기에서 지상으로 주파수 4,3GHz를 발진하고 이것을 50MHz에서 주파수를 변조한다. 그림 4-100에서와 같이, 송신 안테나에서 발사된 전파는 지표면에서 반사되어 그 반사파가 수신 안테나를 거쳐 수신기로 수신된다.

전파고도계는 저고도에서 지상고도 정보에 대해 기압식 고도계보다 더 정확하다.

디지털 항공기의 조종석 디스플레이는 결심고도에 도달되었을 때 지시를 위해 버그(bug), 라이트, 또는 칼라 변화로서 화면에 디스플레이 된다. 대형 항공기에서는 항공기 아래쪽 지형에 잠재적으로 위험한 접근을 승무원에게 청각적으로 경보를 발하여 알려주는 지상접근경고장치(GPWS: ground proximity warning system)에 전파고도계의 고도정보를 제공한

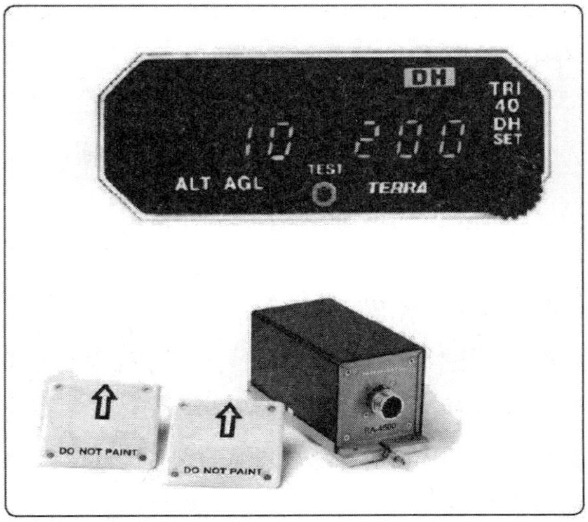

[그림 4-101] RA 고도계, 안테나, 송수신기
(Digital Display Radio Altimeter, Antenna, and Transceiver)

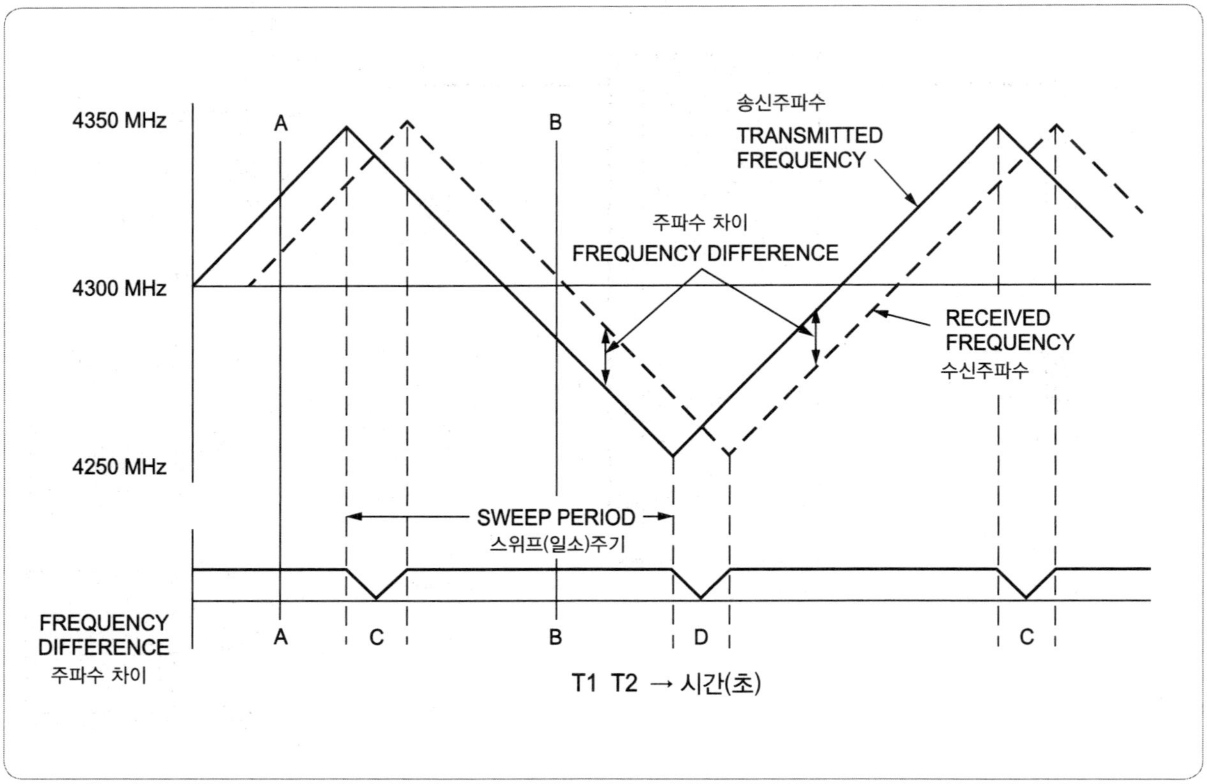

[그림 4-102] 전파고도계 고도 측정 (Measurement of Radio Altitude)

다. 그림 4-103의 전자자세지시계(EADI, electronic attitude director indicator)에서 결심고도(DH 200)의 지시를 볼 수 있다.

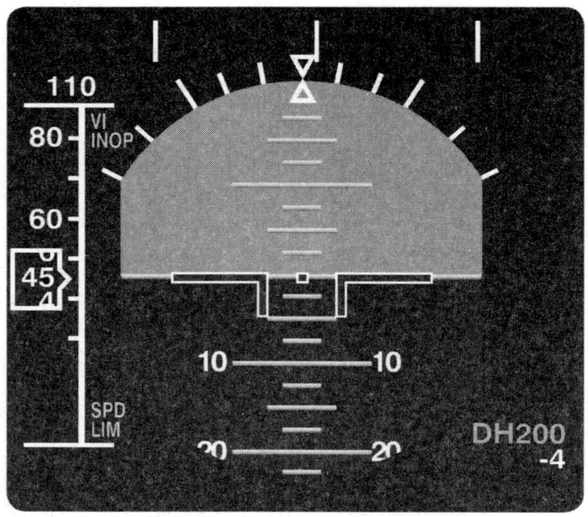

[그림 4-103] 결심고도 (DH200)
(The Decision Height in EADI Display)

4.2.14 지상접근경보장치(GPWS: Ground Proximity Warning System)

4.2.14.1 목적 및 구성

항공기가 산악 또는 지면에 이상접근, 즉 강하율 과도, 착륙 지형이 아닌 상태에 착륙을 시도할 때 등 지표면에 접근하여 위험한 상태에 달할 때 조종사에게 알려주기 위한 경보 장치이다. 항공기는 속도, 고도, 강하율, 착륙장치(L/G)위치, 이륙, 순항, 진입, 하강,

진입 및 착륙에서 얻어진 입력신호를 컴퓨터에서 처리하여 지형에 따라 또는 비행 단계에 따라 경고하는 장치이다. 경고 방법은 청각적으로(aural message), 시각적으로 (light) 그리고 메시지 지시(displays)로 조종사에게 경고한다.

4.2.14.2 지상접근경고계통 지시

전파고도를 이용한 고도 계산을 기준으로 경보 정보의 등급에 따라 항법 계기(ND)에 color 별로 나타내고 동시에 경고음을 작동시킨다. 또한 전단풍(windshear)이 탐지되면 스피커로부터 'WINDSHEAR'라는 경고음이 울리고 주비행계기(PFD)에 적색 메시지로 flashing을 하면서 지시한다. [그림 4-105 참조).

GPWS 계통은 항공기와 지형의 상대적인 관계에 따라 모드 1에서 모드 7까지의 상태를 설정하고 있다. 최신 항공기에서는 아래 모드 중에 mode 7이 추가 보강되면 되면서 EGPWS(Enhanced GPWS)라고도 한다. 일부 항공기에서는 모드 7 전단풍 탐지 기능이 기상레이더(Weather Radar System)에 포함되기도 한다.

① Mode 1: 과도한 강하율(Excessive Descent Rate)

② Mode 2: 과도한 지표 접근율 – 지상에 빠르게 접근(Excessive terrain closure rate)

③ Mode 3: 이륙 후 과도한 고도 감소(Altitude Loss After Take Off)

④ Mode 4: 불안전한 지형 거리(착륙이 아닌데 고도가 너무 낮음)(Unsafe Terrain Clearance)

⑤ Mode 5: 글라이드 슬롭 경로에서 밑으로 벗어남(Excessive Deviation Below Glideslope)

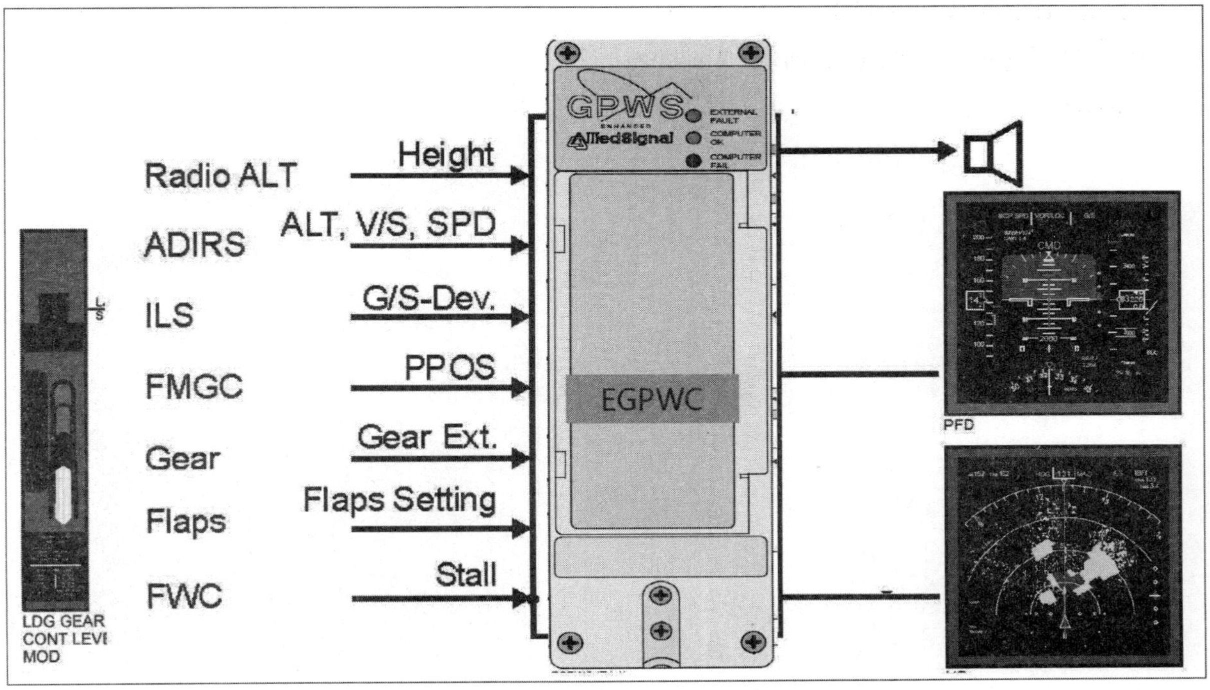

[그림 4-104] 지상접근경고장치 구성품(Composition of GPWS)

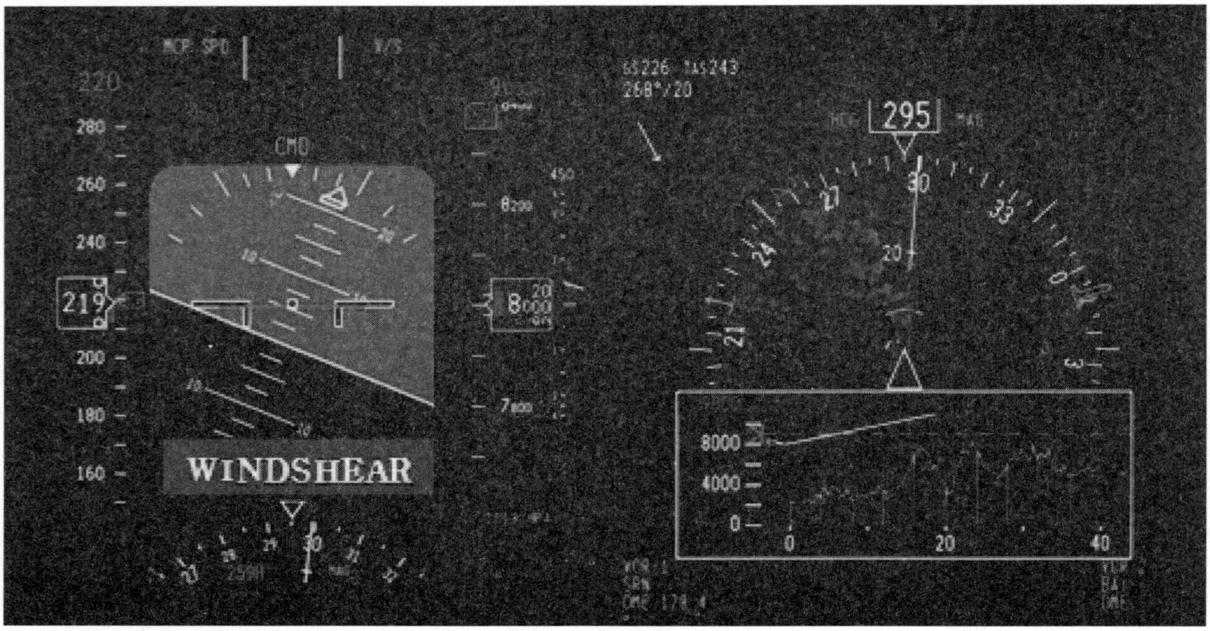

[그림 4-105] 지상접근경고계통 지시

⑥ Mode 6: 전파 고도 불러줌 기능/과도한 경사각 (Altitude callout/Bank Angle)

⑦ Mode 7: 전단풍 탐지 기능(Windshear Warning Detection)

개정집필위원

* 표시는 대표 집필자임

김천용(세한대학교 항공정비학과)
최세종(한서대학교 항공융합학부)
채창호(중원대학교 항공정비학과)
김맹곤(중원대학교 항공정비학과)
박희관(초당대학교 항공정비학과)
김건중(초당대학교 항공정비학과)
하영태(호원대학교 국방기술학부) *
이형진(청주대학교 항공기계학과)
최병필(경남도립남해대학 항공정비학부)
손창근(세한대학교 항공정비학과)

감수위원

* 표시는 대표 연구 · 감수진임

김근수(세한대학교)
박기범(대한항공)
이종희(세한대학교)
황효정(세한대학교)
김사웅(세한대학교)
권병국(아세아항공전문학교) *

기획 및 관리

* 표시는 연구 책임자임

국토교통부

김상수(항공안전정책과장)
차시현(항공안전정책과)
강경범(항공안전정책과)
김은진(항공안전정책과)
홍덕곤(항공기술과)

세한대학교 산학협력단

김천용(항공정비학과장) *
장광일(항공정비학과)
조민수(항공정비학과)
류용정(항공정비학과)

편집 및 디자인

노드미디어

주소 | 서울특별시 용산구 한강대로341 대한빌딩 206호
TEL | 02-754-1867 FAX | 02-753-1867
등록번호 | 제302-2008-000043호

개정판 항공정비사 표준교재 **항공기 전자전기계기**(기본)

발행일 | 초판 2020년 3월
발행처 | 국토교통부 항공안전정책과(세종특별자치시 도움6로 11)
TEL | 044-201-4311 **FAX** | 044-201-5632 **홈페이지** | www.molit.go.kr
ISBN 978-89-6541-481-0 93550
인쇄처 | 도서출판 진영사 032-505-4207